Klein / Tietjen / Scheuermann

Inventor 2025

AF803769

Ihr Plus – digitale Zusatzinhalte!

Auf unserem Download-Portal finden Sie zu diesem Titel kostenloses Zusatzmaterial. Geben Sie dazu einfach diesen Code ein:

plus-69f4r-7v092

plus.hanser-fachbuch.de

Patrick Klein
Thorsten Tietjen
Günter Scheuermann

Inventor 2025

Grundlagen und Methodik
in zahlreichen Konstruktionsbeispielen

7., aktualisierte Auflage

HANSER

Über die Autoren:
Patrick Klein, Bremen
Thorsten Tietjen, Osterholz-Scharmbeck
Günter Scheuermann, Nürnberg

MIX
Papier aus verantwortungsvollen Quellen
FSC® C083411

Print-ISBN: 978-3-446-48227-2
E-Book-ISBN: 978-3-446-48365-1

Die allgemein verwendeten Personenbezeichnungen gelten gleichermaßen für alle Geschlechter.

Bibliografische Information der Deutschen Nationalbibliothek:
Die Deutsche Nationalbibliothek verzeichnet diese Publikation in der Deutschen Nationalbibliografie; detaillierte bibliografische Daten sind im Internet unter http://dnb.d-nb.de abrufbar.

Kolbergerstraße 22 | 81679 München | info@hanser.de
www.hanser-fachbuch.de
Lektorat: Dr. Philippa Söldenwagner-Koch
Herstellung: Melanie Zinsler
Covergestaltung: Max Kostopoulos
Titelmotiv: © Patrick Klein, Thorsten Tietjen
Satz: Eberl & Koesel Studio, Kempten
Druck: CPI Books GmbH, Leck
Printed in Germany

Inhalt

TEIL I

Learning by Doing

Kurze Einführung in den Aufbau des Buches, Versions- und Installationshinweise sowie eine detaillierte, in kleine Arbeitsschritte aufgeteilte und trotzdem umfassende Einstiegsübung – angefangen mit Bauteilkonstruktionen über den Zusammenbau als Baugruppe bis hin zu Zeichnungsableitungen mit Inventor.

- Einführung, Aufbau des Buches
- Installation, Systemvoraussetzungen
- Grundlegende Bedienfunktionen
- Schnelleinstieg anhand eines Praxisbeispiels (Projekt „Rollenständer“)

1 Einführung

Das Ziel einer Entwicklung bzw. Konstruktion ist es, die Funktionsweise einer komplexen Konstruktionsaufgabe unter realistischen Bedingungen visualisieren und simulieren zu können, ohne dass dazu ein kostspieliger Prototyp gebaut werden muss. Das Stichwort hierfür heißt **Digital Prototyping**. Mit dem Einsatz dieser Technik werden die Entwicklungszeiten verkürzt, die Kosten gesenkt und die Qualität der Produkte verbessert.

Die Grundlage stellt ein virtuelles 3D-CAD-Modell dar, an dem mit rechnerischen Methoden, wie kinematische und dynamische Simulation, Finite-Elemente-Methode, Visualisierung oder Funktions- und Montagesimulation, sowohl die Werkstoff- und Festigkeitseigenschaften als auch die fertigungs- und die montageseitigen Bedingungen optimiert werden können.

Es existieren weltweit wenige Computerprogramme, die in der Lage sind, solche virtuellen Modelle zu erzeugen und die vorangehend genannten Schritte des Digital Prototyping umzusetzen. Die Software Autodesk Inventor gehört zu dieser Gruppe, und in die Arbeit mit diesem Programmpaket soll dieses Buch eine grundlegende und umfassende Einführung geben.

Inventor ist ein leistungsfähiges 3D-CAD-System. Das sollte Sie nicht verunsichern, sondern eher dazu motivieren, das Programm zu Ihrem Nutzen einsetzen zu können.

Nicht das Lesen des Buches soll im Vordergrund stehen, sondern die Kombination aus eigenständigem Arbeiten mit Inventor und dem Nachvollziehen im Buch. Dafür ist es sinnvoll, bei der Lektüre des Buches das hier behandelte CAD-Programm zur Verfügung zu haben und damit zu arbeiten.

Es ist für das grundsätzliche Kennenlernen des Programms aber nicht zwingend notwendig, die aktuellste Inventor-Version zu verwenden. Diese unterstützt aber dabei, den Funktionsumfang des Programms anhand des Buchs besser nachvollziehen zu können. Inventor wurde seit der letzten Ausgabe dieses Buchs immer weiter verbessert. Die Änderungen betrafen inhaltliche Punkte und vor allem die Benutzeroberfläche mit den jetzt einheitlich gestalteten Dialogfenstern, die auch eine angepasste Bedienung nach sich gezogen haben. Bereits bei der letzten Ausgabe dieses Buchs waren schon erste Ansätze bei wenigen Funktionen umgesetzt. Nun bestimmt dieses Layout durchgehend das Programm, und das neue Erscheinungsbild von Dialogen und Funktionen im Design und Layout machte es erforderlich, dass das Buch nun in einer komplett neu überarbeiteten Version vorliegt.

Zu Beginn ist vor allem die Vielfalt der gebotenen Möglichkeiten in Inventor erschreckend groß, doch es ist hier wie so häufig der Fall, dass nach dem Pareto-Prinzip ca. 80 % der zu lösenden Aufgaben mit maximal 20 % der zur Verfügung stehenden Möglichkeiten gelöst werden können.

Dies zu erkennen und um mit dem Programm rationell arbeiten zu können, stand bei der Ausgestaltung des Buchs im Vordergrund, und es soll als Unterstützung und Nachschlagewerk dienen.

Ihre Autoren

1.1 Der Aufbau dieses Buches

Dieses Buch richtet sich an alle Anwendergruppen gleichermaßen. Unabhängig von Ihren Vorkenntnissen können Sie mit diesem Buch den sicheren Umgang mit Autodesk Inventor erlernen. Mit den vorgestellten Übungen können Sie Ihre Kenntnisse vertiefen und als erfahrener Anwender gezielt Anwendungsbereiche und Funktionen nachschlagen.

Das Buch gliedert sich dementsprechend in drei Teile:

Teil I – Learning by Doing: In diesem Teil wird eine kurze Einführung mit den notwendigen Grundinformationen gegeben. Dann geht es Schritt für Schritt in das Erzeugen eines Produkts, das aus verschiedenen Bauteilen (Komponenten) besteht. Die hierfür benötigten Funktionen werden über die Multi-Funktionsleiste MFL (siehe Abschnitt 2.2.3) vorgestellt.

Teil II – Anwendungsbereiche und Funktionen: Dieser Teil des Buches stellt das typische Nachschlagewerk dar. Hier wird auf die grundlegenden und möglichen Arbeitsbereiche eingegangen, wobei angemerkt werden muss, dass es aufgrund der unzähligen Möglichkeiten eines 3D-CAD-Systems nahezu unmöglich ist, detailliert auf alle Punkte einzugehen.

Teil III – Arbeitsbereiche und Übungen: Für spezielle Konstruktionsaufgaben, wie beispielsweise die Gestaltung von Schweißkonstruktionen oder Gussformen, bietet Inventor eigene Arbeitsbereiche mit angepassten Funktionen. Anhand von Beispielaufgaben werden die unterschiedlichen Arbeitsbereiche vorgestellt. Darüber hinaus bietet dieser Teil Übungen mit durchgängigen Konstruktionsaufgaben.

In jedem Buchteil werden Hinweise und Tipps mit entsprechenden Symbolen und in hinterlegten Bereichen hervorgehoben. Sie sollen den Umgang mit Inventor erleichtern. Darüber hinaus sind für die vorgestellten Funktionen und Befehle die Icon-Symbole, die in den Inventor-Menüleisten verwendet werden, in der Randspalte abgebildet.

Farbschema des Buches und Zugang zu den Beispieldateien

Für die Gestaltung des Buches wurde versucht, möglichst kontrastreiche Abbildungen für den Druck zu erstellen. Wer die gleichen Hintergrundfarben verwenden möchte, wie sie für alle Abbildungen des Buches verwendet wurden, findet unter dem Befehl **DATEI** ganz unten die Schaltfläche **OPTIONEN**. Hierunter befinden sich verschiedene Einstellungen, mit denen Inventor konfiguriert werden kann. Wer hier die Registerkarte **Farben** öffnet, kann das Farbschema **Taubengrau** auswählen, bei Hintergrund **Hintergrundbild** selektieren und als Hintergrundbild *Inventor_Blue_Hanser.png* laden. Alternativ besteht natürlich auch die Möglichkeit, eigene Kombinationen an Einstellungen vorzunehmen. Inhaltlich hat dieses keine Nachteile für das Durcharbeiten des Buchs.

Die Übungsdateien zum Buch finden Sie unter *http://plus.hanser-fachbuch.de*.

1.2 Installation von Inventor

Inventor wird in der Professional-Version mit allen Zusatzmodulen als Testversion (neben der käuflichen Variante) angeboten. Eine detaillierte Übersicht über den Funktionsumfang von Inventor finden Sie auf der Autodesk-Website unter:

https://www.autodesk.com/de/products/inventor/overview?term=1-YEAR&tab=subscription

Für Lehrende und Lernende bietet Autodesk kostenlose Lizenzen über die Autodesk Education Community an. Hier können auch Klassenraumlizenzen für Schulen bezogen werden. Diese Versionen sind Vollversionen, mit denen uneingeschränkt gearbeitet werden kann, die jedoch nicht für gewerbliche Zwecke verwendet werden dürfen und eine Laufzeit von einem Jahr haben.

TIPP: Inventor bietet für Schüler:innen/Studierende kostenlose Lizenzen an. Den Zugang und weitere Hinweise finden Sie unter *https://www.autodesk.com/education/home*. Ist das unterrichtende Institut dort als Schule/Hochschule eingetragen, können dessen Schüler:innen/Studierende/Lehrende kostenlos eine Inventor-Version beziehen und sich hier registrieren lassen.

Die Installation für die Übungen, die in diesem Buch enthalten sind, wurde mit der Option „vollständige Installation (inklusive der Inhaltscenter Normteilbibliotheken)“ durchgeführt.

Sollten Sie Inventor mit anderen Optionen als den hier genannten installiert haben, so kann es bei verschiedenen Beispielen im Buch möglich sein, dass Sie diese auf Ihrem System nicht in jedem Detail eins zu eins nachvollziehen können. Auf die zentralen Aspekte, die mit den Beispielen vermittelt werden sollen, hat dies jedoch keinen Einfluss.

Systemvoraussetzungen

Bedingt durch ihren Aufbau benötigen CAD-Systeme Computer mit möglichst viel Arbeitsspeicher (mindestens 16 GB RAM für Baugruppen mit weniger als 500 Bauteilen, empfohlen werden 32 GB oder mehr) und einem leistungsstarken Prozessor (mindestens 3 GHz oder mehr). Lauffähig ist Inventor ausschließlich auf Windows-Betriebssystemen in der 64-Bit-Version (Windows 10 und Windows 11).

Grundsätzlich gilt: Je mehr Bauteile geöffnet sind, desto mehr Rechenoperationen finden gleichzeitig statt und desto mehr Rechenleistung sollte Ihr Computer besitzen.

Für ein entspanntes Arbeiten werden ein großer Bildschirm (> 20 Zoll) sowie entsprechende Eingabegeräte empfohlen.

Mit jeder Version von Inventor gibt Autodesk Hinweise für die Systemanforderungen heraus, sowohl für Hardware als auch für die unterstützten Betriebssysteme. Informationen können schnell über die Suche auf der Autodesk-Website in Erfahrung gebracht werden.

Auf den Autodesk-Webseiten können Sie kostenlose Zusatz- und Serviceprogramme für die Arbeit mit Inventor bzw. mit Inventor-Dokumenten herunterladen. Weiterhin stehen hier Updates & Service-Packs zum Download bereit:

https://knowledge.autodesk.com/support/

2 Grundlagen der Programmbedienung

Inventor legt für jedes Objekt (Bauteil, Baugruppe etc.) separate Dateien an, die auch vom Windows Datei-Browser verwaltet werden können.

Symbol	Objekte	Dateiendung
	**Bauteile** Blechteile und Vorlagen	*.ipt
	**Baugruppen** auch Schweißbaugruppen, Rohr- und Leitungsverlegungen sowie Bewegungsdefinitionen	*.iam
	**Zeichnungen** Zeichnungsableitungen, Einzelteilzeichnungen, Baugruppenzeichnungen, Explosionszeichnungen (einschließlich Stücklisten) usw.	*.idw
	**Präsentation** Explosionsdarstellungen und Animationen	*.ipn

Nach dem Programmstart zeigt Inventor eine Startseite, die zur Verwaltung der existierenden Baugruppen und Bauteile dient und deshalb zu Beginn leer ist.

> **TIPP:** Wer auf die Einblendung der Ausgangsansicht beim Programmstart verzichten möchte, kann unter der Registerkarte **Datei** den Button **OPTIONEN** auswählen und im Dialogfeld auf der Registerkarte **Allgemein** bei „Start-Aktion" den Haken setzen. Drei verschiedene Optionen stehen zur Auswahl, die beim nächsten Programmstart wirksam werden.

Im Schnellzugriff-Werkzeugkasten, gleich neben dem Inventor-Icon, befinden sich wichtige Programmfunktionen, die direkt ausgeführt werden können. Hier befindet sich beispielsweise der **RÜCKGÄNGIG**-Befehl, der die letzte Aktion widerruft. Dieser Werkzeugkasten lässt sich um häufig genutzte Funktionen erweitern. Über das Kontextmenü der verschiedenen Inventor-Funktionen werden diese dem Werkzeugkasten zugefügt.

Unter dem Schnellzugriff befinden sich die Register für die verschiedenen Anwendungsbereiche, z. B. **Anwendungsoptionen**. Sie bilden die Multifunktionsleiste, in der die Inventor-Funktionen in Befehlsgruppen, z. B. **Optionen**, gruppiert sind.

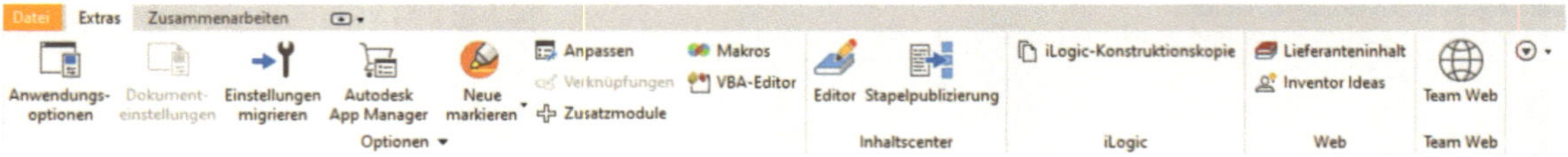

2.1 Organisation in Projekten

Jede etwas umfangreichere Konstruktionsarbeit mit Inventor sollte innerhalb einer Projektstruktur geschehen. Die Vorteile dieser Arbeitsweise sind:

- Alle Dateien und Dokumente einer Konstruktion befinden sich in einem Arbeitsordner. Verknüpfungen zwischen Bauteildateien und Baugruppendateien werden so geschützt.
- In der Projektverwaltung behält man die Übersicht und kann schnell zwischen einzelnen Projekten wechseln.
- Zur Weitergabe der Konstruktionen ist die Zusammenfassung zu Projekten sinnvoll.

In der Teamarbeit, vor allem beim Einsatz von PLM-Systemen oder der Dokumentverwaltung Vault, ist eine Arbeit ohne Projekte nicht denkbar.

Das Anlegen bzw. das Auswählen eines Projekts kann auf verschiedenen Wegen erfolgen. Im Schnellzugriff-Werkzeugkastenbefindet sich das entsprechende Icon **PROJEKTE** gleich neben dem Icon **STARTSEITE** (Haus-Symbol).

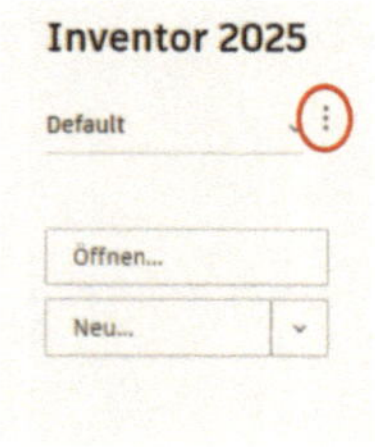

Das Anlegen bzw. Auswählen eines Projekts erfolgt über die Registerkarte **Datei** > **Verwalten** > **Projekte**. Alternativ kann dieses neben dem Icon im Schnellzugriff-Werkzeugkasten sowie auch über den nebenstehend gekennzeichneten Funktionsaufruf **Projekte und Einstellungen** erfolgen.

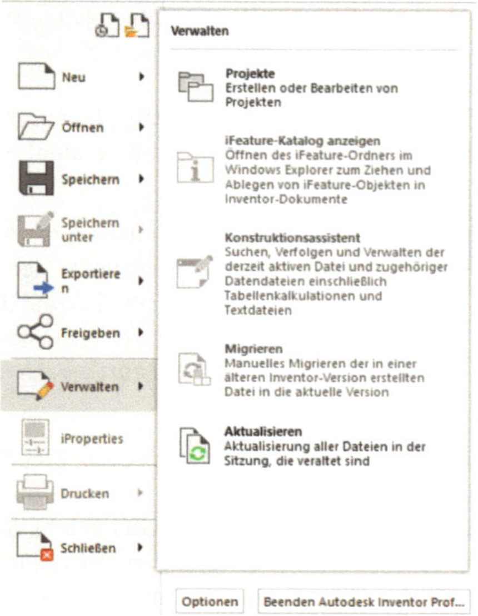

Eingeblendet wird ein Dialogfenster mit den bisher angelegten Projekten. Darüber hinaus kann im Fenster **NEU** geklickt werden, um ein **Neues Einzelbenutzer-Projekt** zu erzeugen. Über den Inventor-Projekt-Assistenten erfolgen letztendlich die programmgeführten notwendigen Einträge, wie die Vorgabe eines Projektnamens und des Projektordners zum Speichern der zugehörigen Daten.

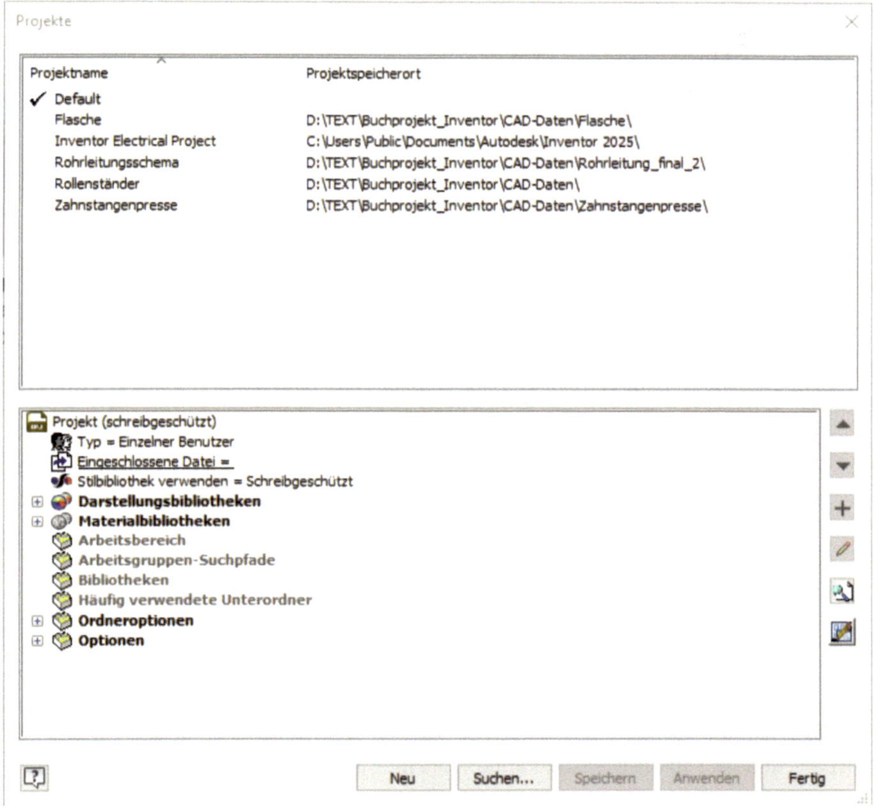

2.2 Die Arbeitsumgebung in Inventor

Wurde in der Ausgangsansicht links die Schaltfläche **NEU** (Registerkarte **Datei**) und anschließend per Bauteil-Icon bzw. Baugruppen-Icon eine entsprechende Vorlage, z. B. *Standard.ipt* oder *Standard.iam*, gewählt, erscheint die noch leere Arbeitsumgebung, in der im nächsten Schritt ein Bauteil bzw. eine Baugruppe erstellt werden kann. Anhand dieser Anzeige sollen an erster Stelle die wichtigsten Fensterbereiche der Arbeitsumgebung erläutert werden.

HINWEIS: Wird im Dialogfeld **Neue Datei erstellen** der Unterordner **de-DE** und dann **Metric** gewählt, „verdoppeln" sich quasi die zur Verfügung stehenden Vorlagen (Templates). Für alle Typen stehen nun Templates mit der Bezeichnung **xxx (mm)** sowie **xxx (DIN)** zur Auswahl. Bei den Vorlagen wurden unterschiedliche Normen und Einheiten zugrunde gelegt. Auswirkungen merkt der Anwender zumeist erst bei der Erstellung von Zeichnungen, da sich mit der Vorlage die (Ausführungs-)Stile steuern lassen (siehe Abschnitt 7.2.1). Inventor ist ein CAD-System mit dem Ursprung in den USA. Entsprechend kommt es in seiner Grundform auch mit amerikanischen Einstellungen daher. Die Vorlagen *Standard.ipt* bzw. *Standard.iam* (oberste Stufe unter *de-DE*) haben als Einheit jeweils **mm**, zugeordnet ist hier aber die Norm **ASME** (Industriestandard American Society of Mechanical Engineers). Im Unterverzeichnis (*de-DE* > *Metric*) stehen bereits Vorlagen, die mit **DIN** verknüpft sind. Bei Verwendung dieser Vorlagen werden dann Stile genutzt, bei denen Bemaßungen und Anmerkungen auch die gewünschten Einstellungen für die DIN-Normen repräsentieren.

Unterschieden wird bei den Templates auch die Ausrichtung bzw. Anordnung im Koordinatensystem. Beispielsweise bedeutet für die Vorlage

- *Standard(DIN).ipt*: Die **XY-Ebene** hat hier den ViewCube **OBEN**.
- *Standard(mm).ipt*: Die **XY-Ebene** hat hier den ViewCube **VORNE**.

Die Abbildung zeigt das Inventor-Fenster mit den Voreinstellungen nach dem Programmstart und den für die Arbeit wichtigen Bereichen für die Modellierung von Bauteilen. Diese Bildschirmdarstellung kann je nach persönlichen Einstellungen und Vorlieben konfiguriert werden und somit eventuell anders als hier abgebildet aussehen.

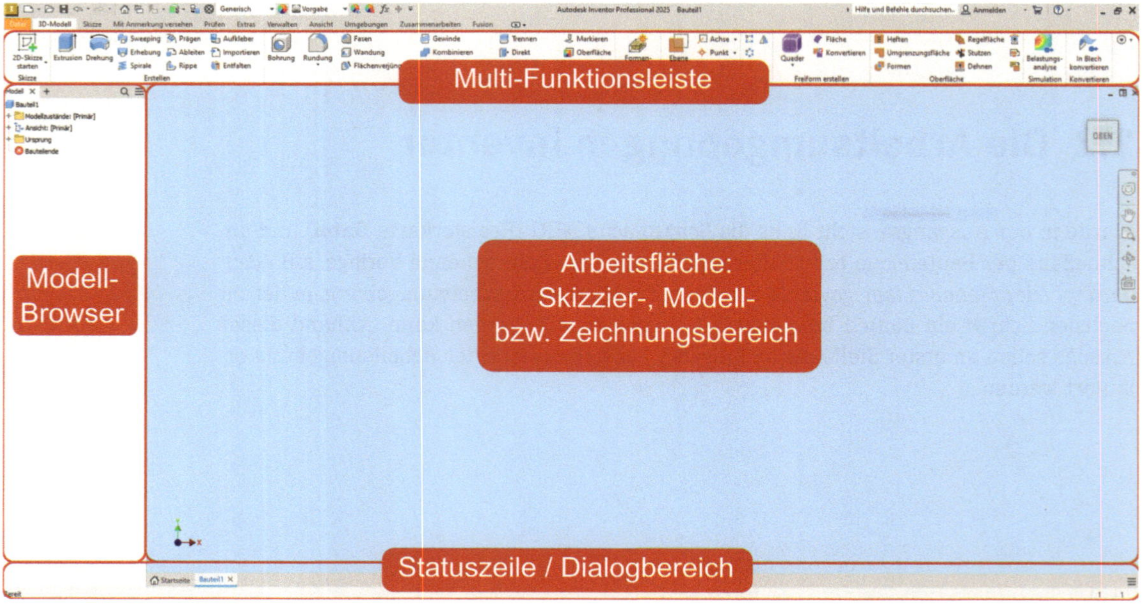

2.2.1 Strukturbaum (Modellbrowser)

Der Strukturbaum zeigt immer den vollständigen Objektaufbau an. Dieses kann ein Bauteil, aber auch eine Baugruppe mit zugeordneten Bauteilen sein. Abgebildet wird die gesamte Erstellungshistorie. Der Aufbau ähnelt der Explorer-Funktion von Windows. Die Symbole vor den Einträgen lassen sich anwählen, und damit klappt der Baum weiter auf.

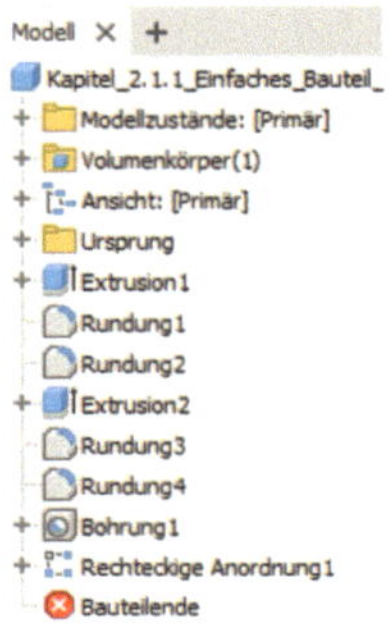

HINWEIS: Der Strukturbaum ist neben der Arbeitsfläche der wichtigste Arbeitsbereich. In ihm wird die vollständige Struktur des aktiven Objekts (Bauteil, Baugruppe usw.) angezeigt, und es werden alle Schritte der Konstruktion detailliert und in der chronologisch richtigen Reihenfolge wiedergegeben. Außerdem können alle Änderungen an einem Bauteil von hier gestartet werden.

An oberster Stelle steht immer die **Bauteildefinition**, in der Regel der Name der Bauteildatei. An zweiter Stelle steht der **Volumenkörper**. In Inventor kann eine Bauteildatei mehrere Körper enthalten, z. B. einen linken und einen rechten Wellenabschnitt. Das kann für eine übersichtliche Konstruktion sinnvoll sein. Außerhalb der Bauteilumgebung sieht man nur ein Bauteil, anders als bei Baugruppen, in denen mehrere Bauteile funktionsgemäß „zusammengebaut" werden. Die Klammerzahl gibt die Anzahl der enthaltenen Körper- oder Flächendefinitionen an (siehe Kapitel 5). An dritter Stelle werden in der Struktur unter **Ansicht** > **Hauptansicht** die gespeicherten Ansichten verwaltet. Ansichten aus verschiedenen Richtungen oder auch Schnittansichten können hier gespeichert sein. An vierter Stelle steht immer die geometrische Definition des **Ursprungs**, der Koordinatenachsen und der grundlegenden Arbeitsebenen X, Y und Z. Danach folgen alle Arbeitsschritte in der chronologischen Reihenfolge ihrer Erstellung bis hin zum **Bauteilende**.

TIPP: Zur Analyse der Arbeitsschritte kann das Bauteilende im Strukturbaum verschoben werden. Die nach dem Bauteilende gelisteten Objekte werden dann ignoriert. Interessant ist die Funktion insbesondere zur Analyse von Bauteilstrukturen.

Über **Erweiterte Einstellungen** (siehe Markierung in der nebenstehenden Abbildung) kann die Darstellung innerhalb des Strukturbaums, wie beispielsweise der **Abhängigkeitsstatus** von Bauteilen innerhalb einer Baugruppe, angepasst werden.

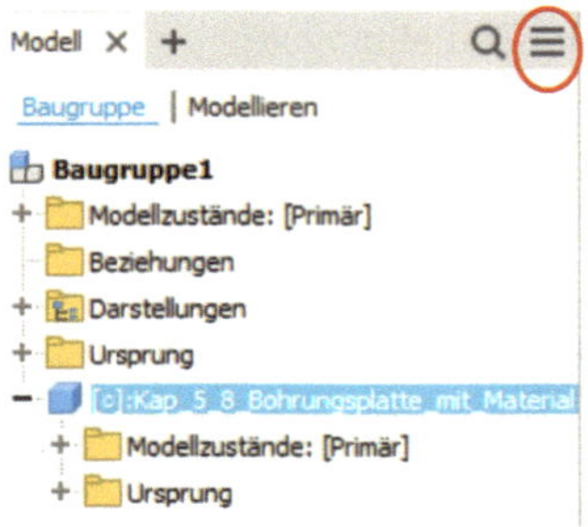

Unterschieden wird hier zwischen

- einem schwarzen Punkt, der angibt, dass die Komponente vollständig mit Abhängigkeiten versehen wurde,
- einem hohlen Punkt, der angibt, dass die Komponente unterbestimmt ist und noch Freiheitsgrade vorhanden sind,
- einem Bindestrich, der anzeigt, dass der Abhängigkeitsstatus der Komponente unbekannt ist (wenn möglich, sollte dann eine **Aktualisierung** der Baugruppe erfolgen).

TEIL I

2.2.2 Die Statusleiste

Ganz unten befindet sich, eher unscheinbar, einer der wichtigen Fensterbereiche: die Statusleiste. Hier zeigt Inventor den Status in Textform an, z. B. welche Eingabe oder Auswahl das Programm erwartet.

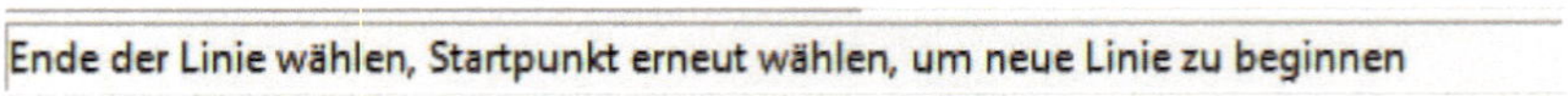

Der mittlere und rechte Bereich der Statusleiste ist vor allem in der Skizzenumgebung (siehe Kapitel 4) interessant. Hier werden dann die aktuellen Koordinaten des Cursors und der Status der Skizze mit Bezug auf fehlende Angaben angezeigt, z. B. sind noch vier Bemaßungen erforderlich. Darüber hinaus wird auch die Anzahl der geöffneten Dokumente angezeigt.

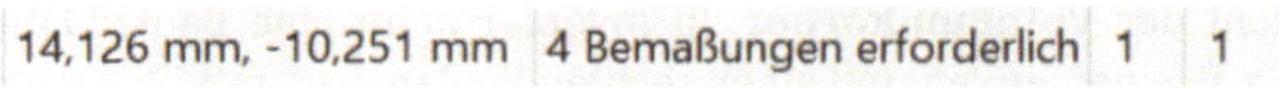

Im mittleren Bereich der Statusleiste werden in der Skizzenumgebung (siehe Kapitel 4) Funktionen und Schalter eingeblendet, die das Programmverhalten verändern.

2.2.3 Multifunktionsleiste (MFL)

Die **Multifunktionsleiste** enthält die zur jeweiligen Tätigkeit passenden Befehlsschaltflächen. Die Multifunktionsleiste verhält sich dynamisch, d. h., sie wechselt ihren Inhalt je nach Arbeitsumgebung automatisch. Die Inhalte ändern sich ständig entsprechend der durchzuführenden Konstruktionsarbeit. Hier wird in der Softwareentwicklung auch von einem kontextsensitiven Verhalten gesprochen.

im Skizziermodus	→	Skizzenbefehle
im Bauteilmodus	→	Bauteilbefehle
im Baugruppenmodus	→	Baugruppenbefehle
im Zeichnungsmodus	→	Zeichenbefehle

TIPP: Um eine kleine Hilfe zum jeweiligen Befehl zu erhalten, kann man den Cursor auf eine Befehlsschaltfläche schieben (nicht anklicken). Beim Verweilen mit dem Cursor auf dem Icon öffnet sich ein Hilfe-Fenster, und es wird in zwei Stufen zuerst ein kurzer erklärender Text und bei längerem Verweilen eine ausführlichere Erklärung, in der Regel mit Bild, angezeigt. ■

Die Darstellung von Icon und zugehöriger Textbeschreibung bzw. ausschließlich des Icons hängt von der Bildschirmgröße sowie dem zur Verfügung stehenden Platz ab. Funktionsgruppen, wie **Erstellen** und **Ändern**, können jederzeit aus der Leiste herausgelöst werden, indem diese bei gedrückter Maustaste in den Zeichnungsbereich gezogen werden.

2.3 Ansichten steuern und bearbeiten

Viele einfache „Handgriffe" werden in jedem 3D-CAD-System benötigt, die Bedienung ist aber bei oft gleicher Funktion in jedem System etwas anders. Das wichtigste Gerät zur Steuerung der aktuellen Ansicht in allen Arbeitsbereichen ist die Maus bzw. das angeschlossene Zeigegerät. Inventor unterstützt den Einsatz professioneller Zeigegeräte, wie etwa die SpaceMouse oder den SpacePilot der Firma 3Dconnection, die viele Funktionen zum Manipulieren der Anzeige in sich vereinigen.

2.3.1 Zoom und Pan

Die Standardfunktionen **ZOOM** und **PAN** werden von einer Scroll-Maus unterstützt. Befindet sich der Cursor im Arbeitsbereich, kann mit dem Drehen des Scroll-Rads gezoomt und mit gedrücktem Scroll-Rad das Objekt im Arbeitsbereich verschoben werden.

HINWEIS: Manche zusätzlich installierten Maustreiber verhindern die gerade geschilderte Funktion. Dann sollte der Maustreiber deaktiviert und durch den Standard-Maustreiber des Betriebssystems ersetzt werden.

2.3.2 Der ViewCube

Der ViewCube ist ein 3D-Navigationswerkzeug, mit dem sehr schnell zwischen verschiedenen Standardansichten und isometrischen Ansichten umgeschaltet werden kann. Ein Klick auf die jeweilige Fläche, Kante oder Ecke des Würfels erzeugt sofort die gewünschte Ansicht. Der ViewCube kann bei gedrückter Maustaste aber auch frei gedreht werden, um z. B. die Ansicht nur um einen kleinen Winkel zu drehen.

Mit dem kleinen Home-Button (das kleine Häuschen neben dem ViewCube) wird die Standardansicht aufgerufen, mit der das Bauteil gespeichert ist. Im Kontextmenü des ViewCube kann eine Ansicht als Ausgangsansicht festgelegt werden, die dann standardmäßig beim Öffnen verwendet wird. Zudem kann im Kontextmenü die Vorderansicht, die unter **VORNE** sichtbar ist, neu definiert werden.

2.3.3 Funktionsleiste zum Steuern der Ansicht

Alle Symbole zum Steuern der jeweiligen Ansicht befinden sich in der Symbolleiste, die sich rechts am Rand des Arbeitsbereichs befindet. Standardmäßig wird nur die kurze Variante angezeigt, die jedoch mit dem Ausklapp-Pfeil ganz unten beliebig erweitert werden kann.

	**VOLLNAVIGATIONSRAD:** Ein Menü wird geöffnet, das wichtige Ansichtsfunktionen in einer anderen grafischen Ansicht aufruft.
	**PAN** erlaubt das Verschieben der Objekte in der Arbeitsfläche (Alternative: eine Mausbewegung mit dem gedrückten Scroll-Rad).
	**ZOOM** vergrößert oder verkleinert die Objekte in der Arbeitsfläche. Das kleine Dreieck mit der Spitze nach unten öffnet ein Untermenü mit alternativen Zoom-Funktionen.
	**ORBIT** erlaubt es, die Objekte im Arbeitsbereich um verschiedene Achsen frei zu drehen.
	**AUSRICHTEN NACH:** Die Ansicht wird nach einer zuvor ausgewählten Fläche ausgerichtet. Mit der aktivierten Funktion können nicht nur Bauteilelemente, sondern auch Arbeitsebenen sowie Ursprungsebenen und -achsen im Strukturbaum angeklickt werden.
	Der kleine **PFEIL** ganz unten in der Symbolleiste öffnet ein Menü, mit dem weitere Funktionen in die Randleiste aufgenommen werden können.

Wer lieber mit der Multifunktionsleiste arbeitet, kann die Symbolleiste im Arbeitsbereich natürlich auch ganz ausblenden und stattdessen mit den Schaltflächen auf der Registerkarte **Ansicht** in der Befehlsgruppe **Navigieren** arbeiten.

TIPP: Falls die Funktionsleiste versehentlich geschlossen wurde, lässt sich diese jederzeit wieder anzeigen. Hierzu ist im Register **Ansicht** unter der Befehlsgruppe **Fenster** der Befehl **BENUTZEROBERFLÄCHE** aufzurufen. Hier kann die Funktionsleiste wieder aktiviert werden.

2.3.3.1 Orbit, freies Drehen einer Ansicht

Die Funktion **ORBIT** zeigt einen Kompasskreis, und je nachdem, wohin jetzt die Maus in Bezug auf den Kreis bewegt wird, zeigt sich ein anderer Maus-Cursor. Damit wird visualisiert, wie sich das angezeigte Objekt verhalten wird.

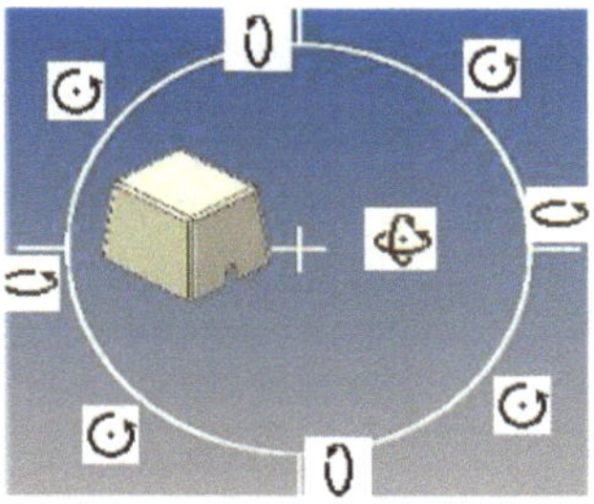

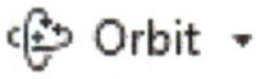

Symbol	Ort, an dem das Symbol erscheint	Wirkung
	außerhalb links und rechts an den waagerechten Strichen	exakt horizontales Drehen
0	außerhalb oben und unten an den senkrechten Strichen	exakt vertikales Drehen
	außerhalb sonst zwischen den Strichen	exaktes Rotieren um den Mittelpunkt
	innerhalb	freies Drehen um alle Achsen

Bei der Funktion **ORBIT** gibt es noch zwei weitere Varianten, die über dem Ausklapp-Pfeil unter dem Icon sichtbar werden: zum einen **ORBIT MIT ABHÄNGIGKEITEN** und zum anderen **UM GRADWERT DREHEN**. Abhängigkeit bedeutet in diesem Zusammenhang, dass das Drehzentrum in der Modellmitte bleibt, auch wenn sich das Modell selbst nicht in der Mitte des Bildschirms befindet. Wird die Funktion **UM GRADWERT DREHEN** verwendet, wird ein Menü eingeblendet, und hier kann die inkrementelle Drehung in Grad eingegeben werden. Das Steuern des Modells erfolgt anschließend über die neben dem Eingabefeld für die Gradzahl abgebildeten Icons.

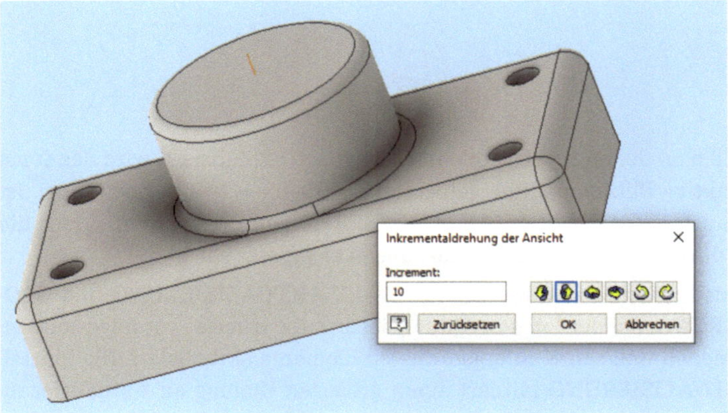

2.3.3.2 Zoomen

	Bei großen Teilen oder Arbeiten an kleinen Details muss man oft in die Gesamtansicht einer Skizze oder eines Bauteils zoomen. Ein Klick auf **ALLES ZOOMEN** holt immer wieder die gesamte Ansicht in ihren äußersten Grenzen zurück auf den Bildschirm.
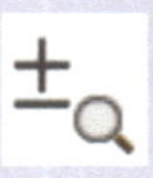	**ZOOM** erlaubt die stufenlose Verkleinerung bzw. Vergrößerung durch das Bewegen der Maus bei gedrückter linker Maustaste.
	**FENSTER ZOOMEN** erlaubt es, bei gedrückter linker Maustaste ein Fenster aufzuziehen. Der Inhalt des aufgezogenen Zoom-Fensters wird mit dem zweiten Klick bildschirmfüllend gezoomt.
	Eine ähnliche Funktion hat der Button **AUSGEWÄHLTE OBJEKTE ZOOMEN**. Ein Klick auf **AUSGEWÄHLTE OBJEKTE ZOOMEN** zeigt am Cursor das Auswahlsymbol, und es lässt sich das Element bzw. der Bereich selektieren, der gezoomt bzw. fokussiert werden soll.

2.4 Modellansichten aktualisieren

In der Regel bemerkt Inventor jede Veränderung an beliebigen Stellen im Konstruktionsprozess automatisch und aktualisiert die betroffenen Modell- und Zeichnungssichten selbsttätig. Dies ist systemtechnisch aber nicht immer möglich und bei größeren Konstruktionsarbeiten mit sehr vielen Bauteilen unerwünscht, da das Aktualisieren die Prozessorleistung stark beanspruchen kann.

Die Funktion **AKTUALISIEREN** gehört zu einer der grundlegenden Funktionen, die in verschiedenen Inventor-Anwendungsumgebungen benötigt wird. Sie ist zum einen auf der Schnellstartleiste (siehe Abbildung) und zum anderen in der Befehlsgruppe **Aktualisieren** in der Registerkarte **Verwalten** zu finden.

In den Ausnahmefällen, in denen Inventor nicht automatisch aktualisiert, wird das sonst graue und damit inaktive Blitzsymbol die gelbe Farbe annehmen (siehe Abbildung). Ist das der Fall, sollte auch auf den Button **AKTUALISIEREN** geklickt werden, damit die aktuelle Ansicht an die durchgeführten Veränderungen angepasst wird.

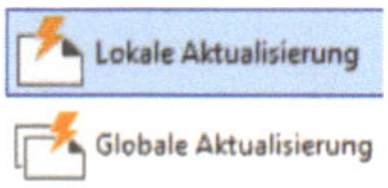

Inventor unterscheidet zwischen den Befehlen **LOKALE AKTUALISIERUNG** und **GLOBALE AKTUALISIERUNG**. Bei der lokalen Aktualisierung, die zumeist voreingestellt ist, werden das aktive Modell und seine untergeordneten Elemente aktualisiert. Die Einstellung **GLOBALE AKTUALISIERUNG** initiiert einen größeren Umfang an Aktualisierungen. Betroffen sind beispielsweise bei Baugruppen alle zugehörigen Bauteildateien.

Verzögerungen durch andauernde Aktualisierungen bei umfangreichen Baugruppen können als störend empfunden werden. Inventor enthält hierfür in der Registerkarte **Extras** und der Befehlsgruppe **Optionen** den Befehl **ANWENDUNGSOPTIONEN**. Es öffnet sich ein Dialogfenster mit verschiedenen weiteren Registerkarten. Das Register **Baugruppe** enthält Einstellmöglichkeiten, u.a. die Option **Aktualisierung aufschieben**. Wird der Haken hier gesetzt, wird Inventor bei Baugruppen keine automatische Aktualisierung mehr vornehmen. Die Funktion **AKTUALISIEREN** wird damit natürlich häufiger zu benutzen sein.

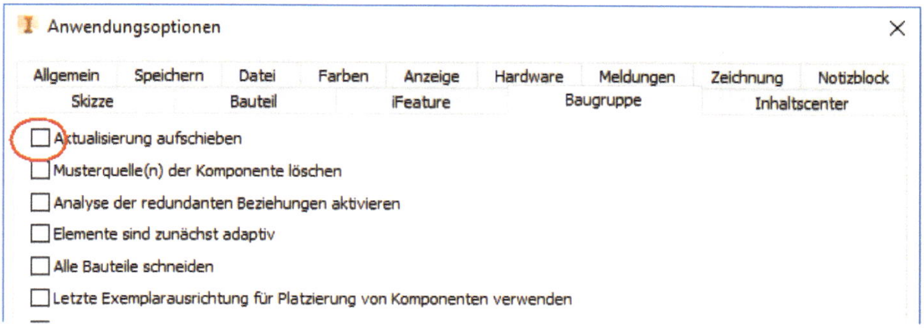

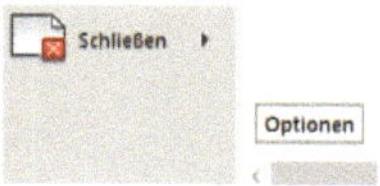

Die **Anwendungsoptionen** können auch über die Registerkarte **Datei** und die dort vorhandene Schaltfläche **OPTIONEN** aufgerufen werden.

Die Befehlsgruppe **Aktualisieren** in der Registerkarte **Verwalten** enthält drei weitere Befehle, die kurz vorgestellt werden sollen.

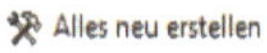

Der Befehl **ALLES NEU ERSTELLEN** bewirkt, dass Inventor die gesamte Datei, in der die aktuellen Modelldaten abgelegt sind, neu erstellt. Dieses ist unabhängig davon, ob Geometrieelemente eine Aktualisierung erfordern.

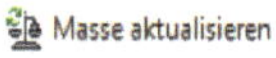

Der Befehl **MASSE AKTUALISIEREN** bezieht sich auf die unter den iProperties verwaltete Masse. Es handelt sich dabei um eine physikalische Eigenschaft des Bauteils (siehe Abschnitt 5.8). Die Masse eines Bauteils kann Inventor erst berechnen, wenn vorab eine Materialzuordnung durchgeführt wurde (siehe Abschnitt 8.4). Masseeigenschaften werden in Inventor nicht automatisch bei Modelländerungen aktualisiert. Die Daten für physikalische Eigenschaften sind also immer manuell zu aktualisieren, wenn Modelländerungen durchgeführt wurden und die korrekte Masse angezeigt werden soll.

TIPP: Um die physikalischen Eigenschaften beim Speichern einer Bauteil- bzw. Baugruppendatei immer aktuell zu halten, ist bei den **Anwendungsoptionen** die Registerkarte **Allgemein** zu wählen und der Haken im gekennzeichneten Feld zu setzen.

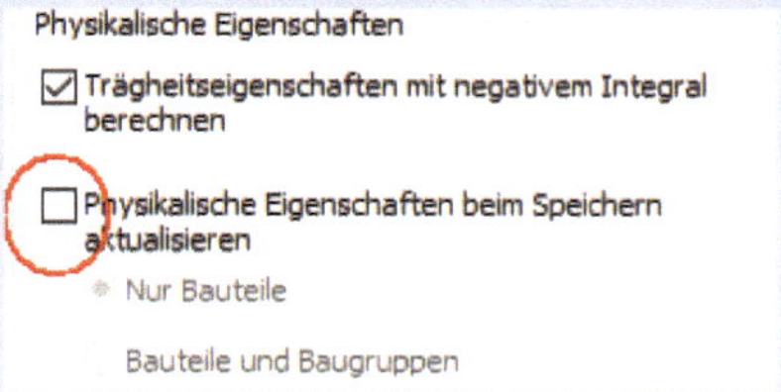

Aktualisierung aufschieben

Die Funktion **AKTUALISIERUNG AUFSCHIEBEN** ist nur bei ausstehender Aktualisierung sichtbar. Sie bewirkt, dass ein Modell nicht sofort aktualisiert wird. Zeichnungsansichten (siehe Kapitel 7), Kommentare (siehe Kapitel 8) und abhängige Properties (siehe Abschnitt 5.8) bleiben unangepasst. Insbesondere bei der Erstellung von Baugruppen und hier der Positionierung einzelner Bauteile ist es sehr hilfreich, wenn eine Aktualisierung nicht direkt nach dem Setzen einer Abhängigkeit oder Verbindung (siehe Abschnitt 6.3) erfolgt.

2.5 Elemente auswählen bzw. markieren

Als letzte Technik in diesem Kapitel soll das Auswählen von Elementen im Modell- und Skizzierbereich angesprochen werden. Elemente werden durch Anklicken mit der linken Maustaste selektiert. Sollen **mehrere Elemente gleichzeitig selektiert** werden, so gibt es verschiedene Möglichkeiten:

1. Die einfachste Variante ist, die betroffenen Elemente nacheinander anzuklicken, wobei gleichzeitig die **STRG**- oder die **SHIFT**-Taste gedrückt werden muss. Im Gegensatz zu anderen Programmen macht es bei Inventor keinen Unterschied, welche der beiden Tasten für eine Mehrfachauswahl benutzt wird.
2. Die zweite Variante, auch bekannt aus AutoCAD, besteht in der Möglichkeit, ein Rechteck aufzuziehen.

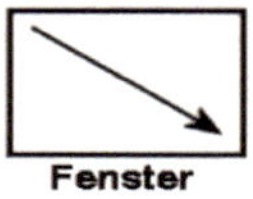

Fenster-Auswahl

3. Die **Fenster-Auswahl** wird von **oben links nach unten rechts** aufgezogen, und selektiert werden nur die Elemente, die sich vollständig im Fenster befinden.

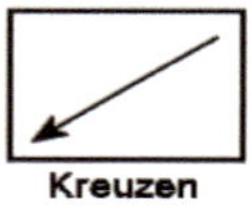

Kreuzen-Auswahl

4. Die **Kreuzen-Auswahl** wird von **oben rechts nach unten links** aufgezogen, und selektiert werden alle Elemente, die sich im Fenster befinden, und zusätzlich alle Elemente, die den Fensterrand kreuzen, also ins Fenster hineinragen.

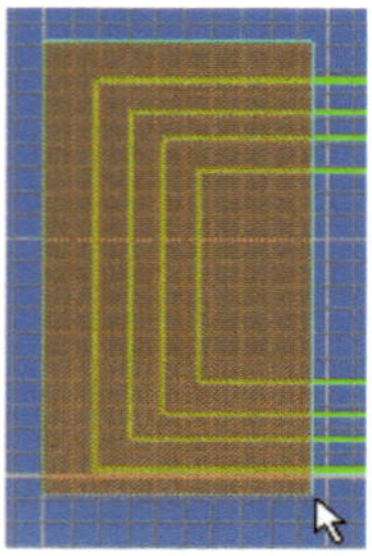

Das Selektieren-Fenster ist von links nach rechts aufgezogen.

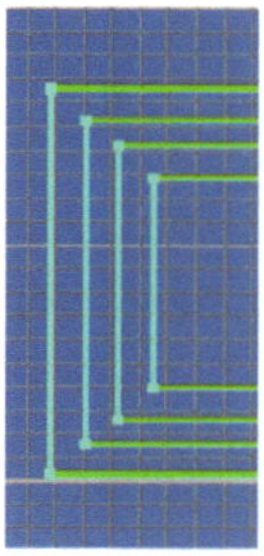

Ergebnis: Selektierte Fenster-Elemente, alle Geometrien, die vollständig im Auswahlfenster eingeschlossen sind.

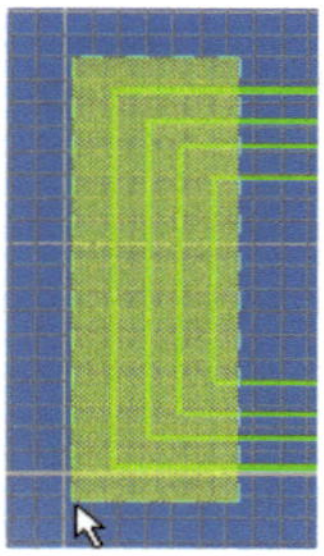

Das Kreuzen-Fenster ist von rechts nach links aufgezogen.

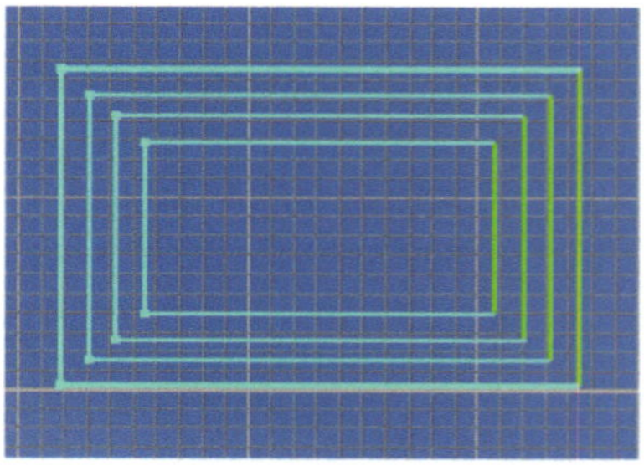

Ergebnis: Selektierte Kreuzen-Elemente, alle Geometrien, die vollständig im Auswahlfenster eingeschlossen sind und die vom Auswahlfenster geschnitten werden.

2.6 Das Kontextmenü (rechte Maustaste)

Die Bedienung bzw. das Aufrufen einzelner Funktionen ist bei Inventor äußerst vielschichtig, und darüber hinaus stehen umfangreiche Konfigurationsmöglichkeiten zur Verfügung. Aus vielen Windows-basierten Programmanwendungen bekannt sind beispielsweise Kontextmenüs, die auch im Inventor ein zügiges Arbeiten ermöglichen.

Wurde über die Registerkarte **Ansicht** und die Funktion **BENUTZEROBERFLÄCHE** der Haken vor dem Eintrag **Minimenü** gesetzt, gelangt man über den Klick auf die rechte Maustaste in ein erweitertes Kontextmenü mit zusätzlichen Funktionsbuttons, das sich an die jeweilige Arbeitsumgebung anpasst. Das Menü zeigt immer eine direkt zur Umgebung passende Befehlsauswahl. Die Befehle sind natürlich auch über die Multifunktionsleiste zu erreichen.

Wird der Cursor in Richtung eines Funktions-Buttons bewegt, so spannt sich ein Fächer aus, der den entsprechenden Befehl aktiviert. Der Cursor muss nur in eine Richtung bewegt werden, damit die entsprechende Funktion aktiviert wird.

Zusätzlich kann ein sogenannter **Mini-Werkzeugkasten** für verschiedene Funktionen aktiviert werden. Wird nun ein Befehl über das Kontextmenü aufgerufen, erscheint zusätzlich ein Dialogfeld als Mini-Werkzeugkasten. Diese Darstellungsform ist eher dem erfahrenen Anwender zu empfehlen, kann aber identisch zu den Dialogfeldern genutzt werden, die über die Multifunktionsleiste aufgerufen werden. Darüber hinaus erscheinen kleine Markierungsmenüs mit häufig genutzten Funktionen, sobald Elemente (z. B. Kanten) selektiert werden.

TIPP: Inventor verwendet für jeden Befehl ein einheitliches Symbol. Sie können also Befehle, die Sie aus der Multifunktionsleiste kennengelernt haben, schnell in jedem Kontextmenü identifizieren und wie gewohnt nutzen.

Ebenfalls eher an erfahrene Anwender adressiert ist die Möglichkeit, bei gedrückter rechter Maustaste mit dem Cursor Schrift-Symbole direkt in den Modellbereich zu malen, anhand derer Inventor einen Befehl erkennt und aufruft.

3 Das Projekt „Rollenständer“

Bücher dieser Art müssen immer auf die Herausforderung reagieren, dass sie sowohl von Anwendern, die das Programm schon kennen, als auch von absoluten Anfängern gelesen werden. Der Kompromiss in diesem Buch sieht so aus: Noch bevor wir mit detaillierten Erklärungen über die Programmbedienung und der unverzichtbaren Theorie beginnen, soll in diesem Kapitel ein komplettes Beispielprodukt mit Inventor erstellt werden. Die erfahrenen Anwender und „alten Hasen“ finden im hinteren Teil des Buches detaillierte Ausführungen zu allen Funktionen.

3.1 Für wen und warum

Dieses Kapitel ist insbesondere für Neulinge ohne jede Inventor-Erfahrung und für Umsteiger von anderen CAD-Systemen gedacht. Es werden sehr ausführlich die ersten Schritte in Inventor 2025 beschrieben. Der Anwender wird „an die Hand genommen“ und kann ein durchgängiges Beispiel selber nachvollziehen.

Die Übung ist so aufgebaut, dass mit vielen vorgefertigten Dateien bzw. Inventor-Dokumenten gearbeitet werden kann, die unter *http://plus.hanser-fachbuch.de* bereitstehen und die jeweils zu ergänzen sind. Alternativ kann das Übungsbeispiel aber auch von Grund auf selbst erstellt werden.

3.2 Das Produkt „Rollenständer“

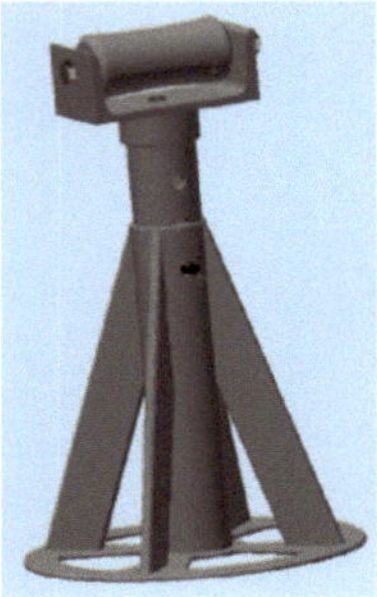

Die Konstruktion des abgebildeten Rollenständers ist Gegenstand dieser Konstruktionsaufgabe. Vorgestellt werden dabei u. a.

- die Programmbedienung,
- das Skizzieren,
- das Vergeben von 2D-Abhängigkeiten in Skizzen,
- das Erzeugen und Bearbeiten von Bauteilen,
- das Erzeugen von Baugruppen,
- das Erzeugen von Bauteilen im Kontext einer vorhandenen Baugruppe,
- das Erstellen des Zusammenbaus aus einzelnen Bauteilen und Baugruppen, und
- das Vergeben von 3D-Abhängigkeiten.

Der Rollenständer besteht, wie man in der Abbildung des Strukturbaums erkennen kann, aus zwei Baugruppen - *Kap_3_6_Ständer.iam* und *Kap_3_13_Schiebeteil.iam*. Beide Baugruppen werden durch den Bolzen (**DIN EN 22341 ...**), der mit einem Splint (**DIN 94 – ersetzt durch DIN EN ISO 1234 ...**) gesichert ist, zusammengehalten.

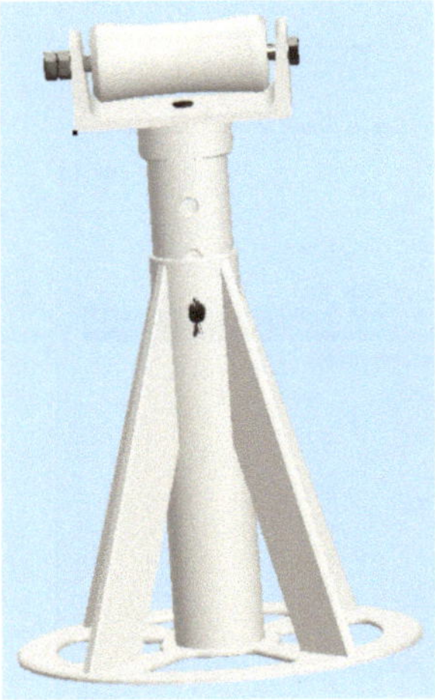

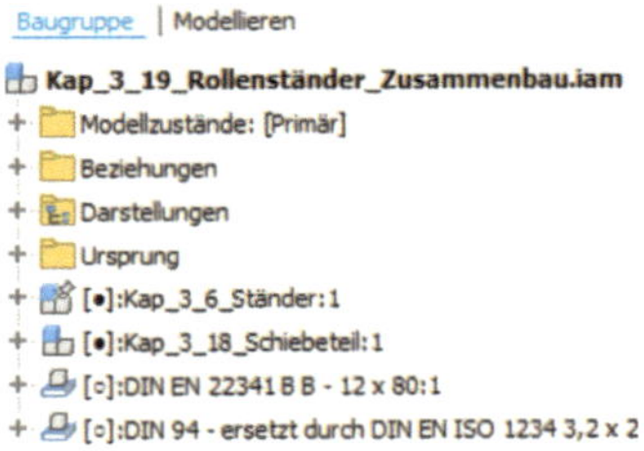

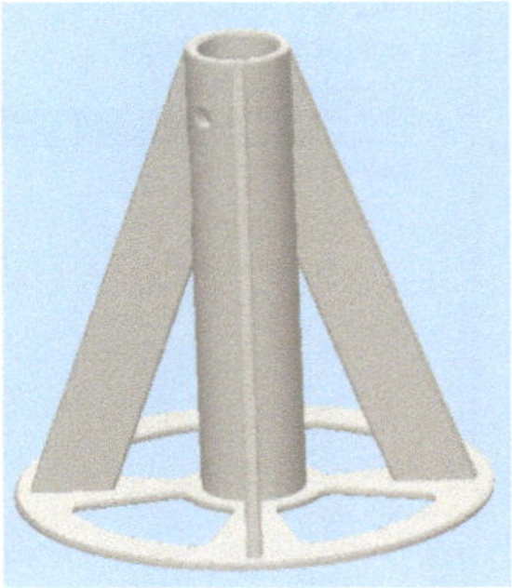

Die Erstellung der Unterbaugruppe *Kap_3_6_Ständer.iam* wird im Folgenden detailliert erklärt und kann Schritt für Schritt nachvollzogen werden. Die Konstruktion der Unterbaugruppe *Kap_3_18_Schiebeteil.iam* wird dagegen nur in groben Schritten beschrieben. Es sollte nach dem Nachvollziehen der ersten Baugruppe bereits möglich sein, diese weitgehend selbstständig zu erstellen.

3.3 Ein Projekt erstellen

Im folgenden Dialogfenster ist auf **NEU** zu klicken, um ein **Neues Einzelbenutzerprojekt** mit dem Namen *Kap_3_Rollenständer.ipj* zu erzeugen.

Als Projektordner ist der Ordner auszuwählen, in den die unter *http://plus.hanser-fachbuch.de* heruntergeladenen Übungsdateien kopiert wurden.

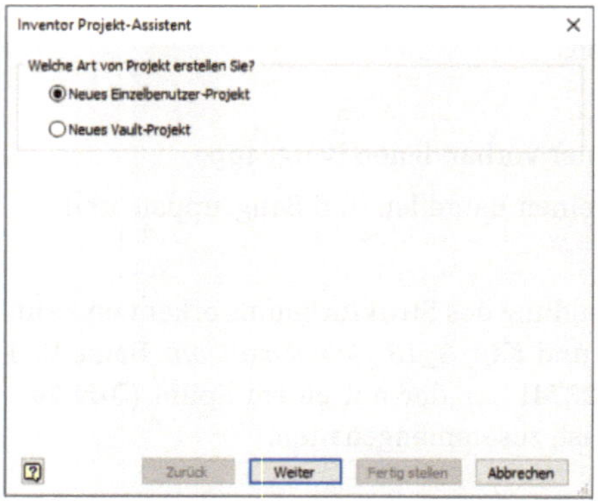

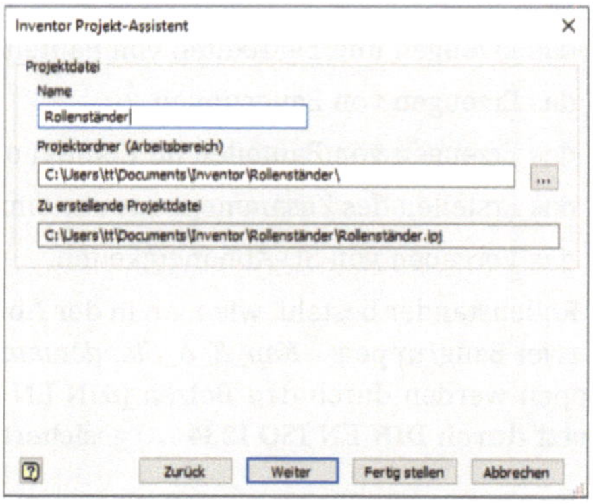

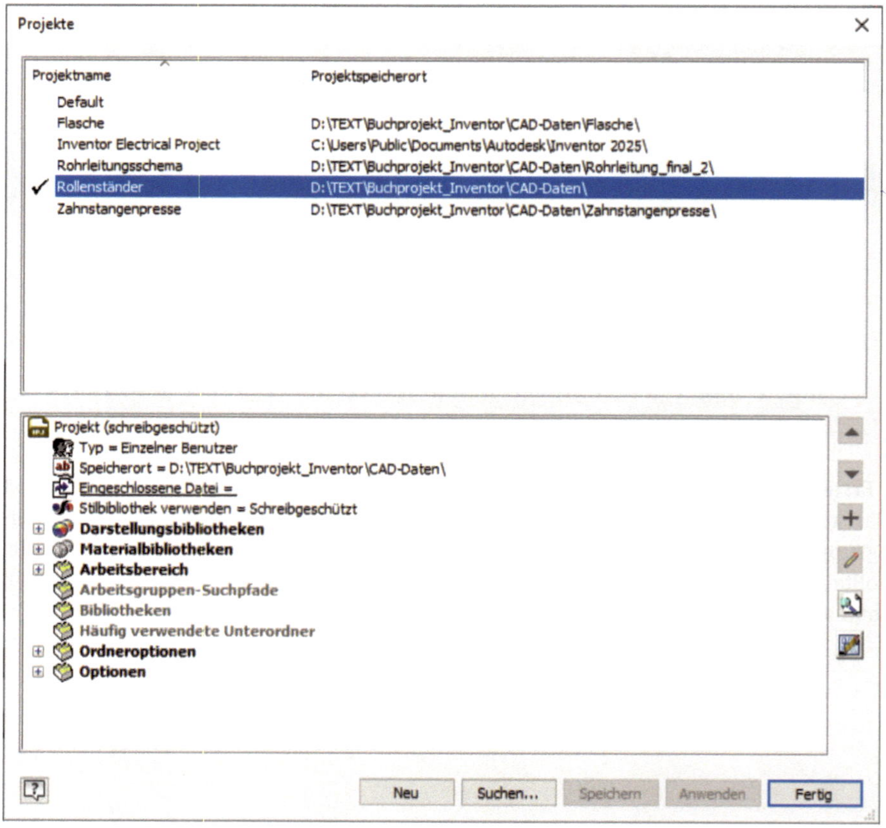

3.4 Die Baugruppe „Ständer“ erstellen

Der Ständer besteht aus drei zu konstruierenden Bauteilen, der Grundplatte, dem Ständerrohr und einer Rippe, die viermal eingefügt wird. Eine kleine Besonderheit bei dieser Konstruktion wird sein, dass nach der Erstellung der Grundplatte sofort in die Baugruppenumgebung gewechselt und alle anderen Teile adaptiv, d. h. voneinander abhängig, in der Baugruppe konstruiert werden. Näheres dazu wird an den entsprechenden Stellen beschrieben.

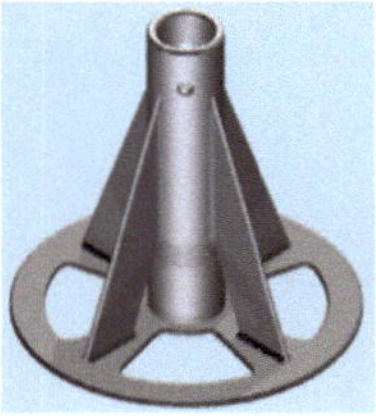

HINWEIS: Inventor hat hinsichtlich der Auswirkung zwei ähnliche Funktionen, die es erlauben, Elemente und Geometrien von anderen Bauteilen zu übernehmen. Zum einen ist dies die **Adaptivität** (siehe auch Abschnitt 5.9 und Abschnitt 6.12) und zum anderen die Funktion **ABLEITEN** in der Bauteilumgebung (siehe auch Abschnitt 5.4.9). Sie ermöglichen jeweils, Beziehungen zwischen verschiedenen Bauteilen herzustellen. Bei der Funktion **ABLEITEN** wird gezielt eine Datei geöffnet, und von dieser Datei werden ausgesuchte Elemente in die aktuelle Bauteildatei übernommen. Bei der **Adaptivität** ist es im Prinzip genauso. Der Unterschied besteht jedoch darin, dass permanent gerechnet und nachgesehen wird, ob sich Informationen geändert haben. Bei großen Baugruppen kann dieses zu Performanceproblemen führen, was aber bei diesem Beispiel nicht zu erwarten ist. ■

Vor dem Beginn einer Konstruktion sollte immer eine Planung darüber durchgeführt werden, wie ein Bauteil bzw. eine Baugruppe am einfachsten zu realisieren ist („Konstruktionsprinzip“). Bei dieser Baugruppe bietet es sich an, mit der Grundplatte zu beginnen und dieses symmetrische Bauteil so im Konstruktionsraum auszurichten, dass der Mittelpunkt im Koordinatenursprung liegt.

3.5 Das Bauteil „Grundplatte“ erstellen

Die Grundplatte soll als erstes Teil konstruiert werden. Die fertige Skizze befindet sich im Projektordner unter dem Dateinamen *Kap_3_5_Grundplatte01_Skizze1.ipt*. Diese Vorgabe soll aber nicht davon abhalten, die Skizze selbst zu erstellen. Deshalb werden diese Schritte nachfolgend auch detailliert erklärt.

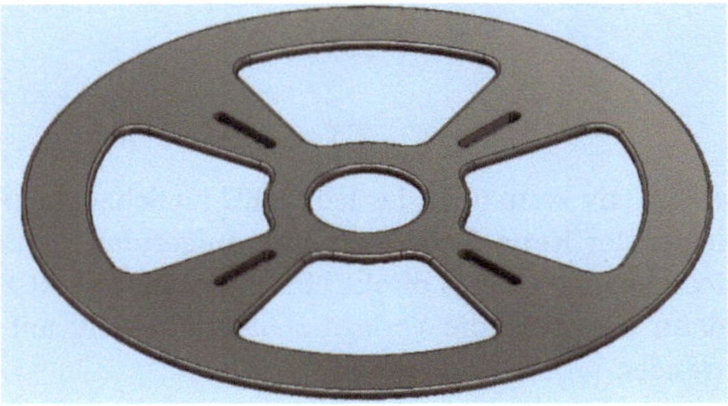

3.5.1 Mit der Konstruktion eines Bauteils starten

Der Start kann auf unterschiedlichen Wegen erfolgen. Über das Icon **STARTSEITE** im **Schnellzugriff-Werkzeugkasten** wird immer die Startseite von Inventor aufgerufen. Hier wird über die Auswahl der Schaltfläche **NEU…** das Dialogfenster **Neue Datei erstellen** zur Auswahl der zu verwendenden Vorlage aufgerufen. Gewählt wird *Standard(DIN).ipt* (Unterverzeichnis *de-DE* > *Metric*) für Bauteile und mit dieser Vorlage erfolgt die Modellierung der Grundplatte (*Kap_3_5_Grundplatte.ipt*). Neben der Norm sind als Einheiten **Millimeter** und als Material **Generisch** zugeordnet.

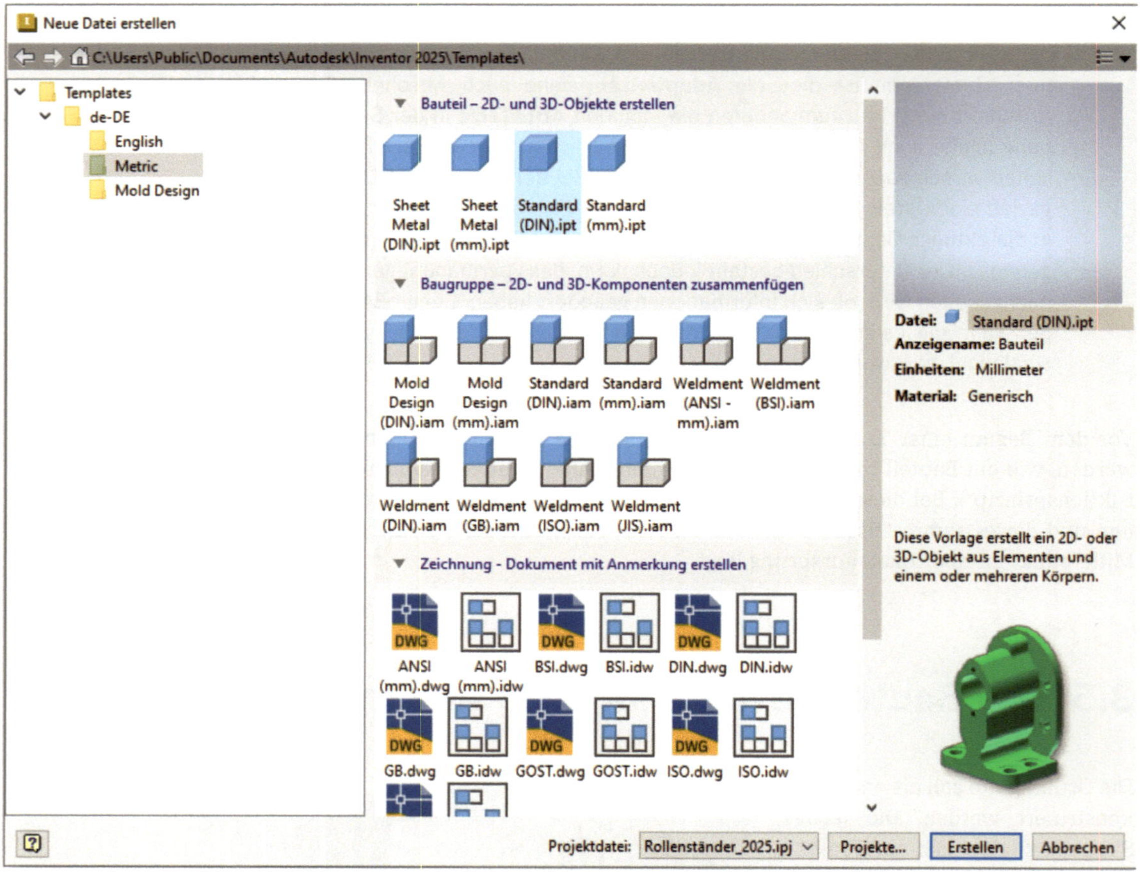

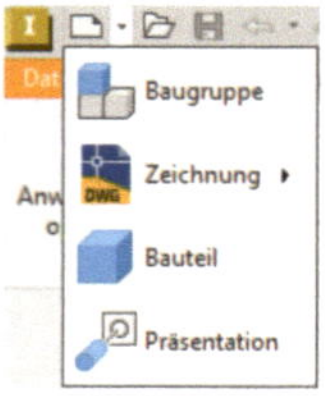

Alternativ kann über das Icon **NEU** im Schnellzugriff-Werkzeugkasten ebenfalls das Dialogfenster **Neue Datei erstellen** aufgerufen werden. Wird der kleine Pfeil neben dem Icon gedrückt, kann direkt über den Menüpunkt **BAUTEIL** gestartet werden. Hier wird dann allerdings die Vorlage *Standard(mm).ipt* mit der Norm bzw. dem Stil **ASME** verwendet.

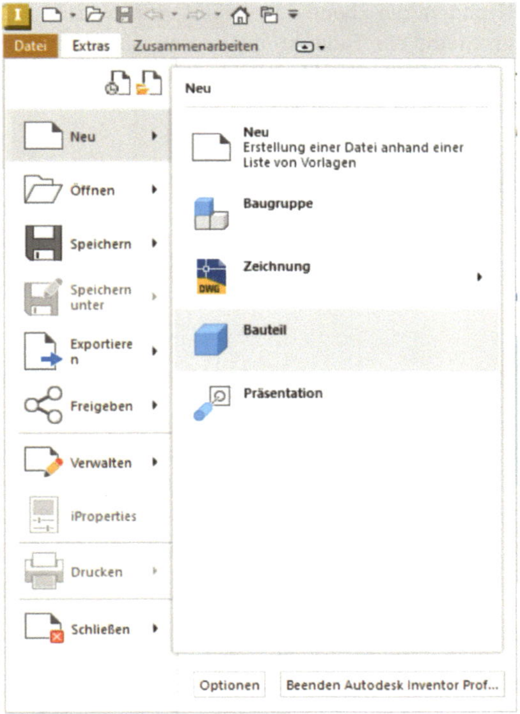

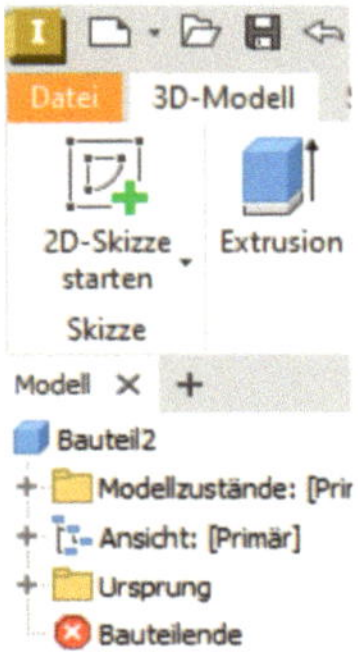

Letztendlich kann ein neues Bauteil auch über die Registerkarte **Datei** mit der Auswahl **NEU** erzeugt werden. Ebenfalls ist hiermit aber die Verknüpfung zum Stil **ASME** als aktive Norm verbunden. Überprüft werden kann dieses über die **Dokumenteneinstellungen** (Registerkarte **Extras** > Befehlsgruppe **Optionen** > **DOKUMENTENEINSTELLUNGEN**).

Nach einem Doppelklick auf das Vorlagensymbol im Dialogfenster bzw. der Betätigung der Schaltfläche **ERSTELLEN** öffnet Inventor die Vorlage für ein neues Bauteil. Die Arbeitsumgebung eines neuen Bauteils besteht dabei aus einer leeren Arbeitsfläche und einer sehr rudimentären Auflistung im Strukturbaum.

Um ein neues Bauteil zu erzeugen, wird in den meisten Fällen zuerst eine 2D-Skizze erstellt, aus der im nächsten Schritt durch Extrusion der Fläche oder Rotation (Drehung) der Fläche um eine vorgegebene Achse ein 3D-Körper erzeugt werden kann.

Zunächst muss also die 2D-Skizze der Grundplatte erstellt werden.

3.5.2 Eine 2D-Skizze für die „Grundplatte“ erstellen

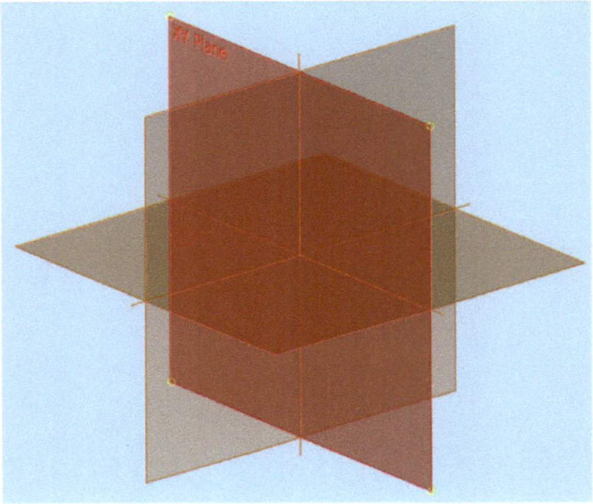

Mit der Schaltfläche **2D-SKIZZE STARTEN** öffnen wir die Skizzenansicht. Inventor blendet an dieser Stelle zunächst die drei Ursprungsebenen (X-Y, X-Z und Y-Z) ein und verlangt die Auswahl der Ebene, auf der eine neue Skizze erstellt werden soll. Für die erste Skizze dieses Bauteils ist die **X-Y-Ursprungsebene** auszuwählen. Wenn hierfür die Maus über die dargestellten Ebenen gezogen wird, erscheint jeweils ihr Name.

Nachdem die Ebene ausgewählt wurde, dreht sich die Ebene in die Bildschirmfläche. Es erscheint ein Fadenkreuz, dessen Mittelpunkt den Ursprung der 2D-Skizze markiert. Gleichzeitig ist im Modell-Browser die Skizze hervorgehoben, und die anderen Elemente des Modells sind ausgegraut.

HINWEIS: Jede 2D-Skizze benötigt eine Ebene, auf der sie definiert werden kann. Ebenen können die Ursprungsebenen oder beliebige ebene Oberflächen von bereits existierenden Bauteilen sein, sie können aber auch als neue Arbeitsebenen frei im Koordinatensystem erzeugt werden.

3.5.2.1 Konzentrische Kreise erstellen

Um die Grundplatte erstellen zu können, werden zunächst einige Kreise benötigt, deren Mittelpunkte am besten im **Koordinatenursprung (0,0)** liegen. Insgesamt sind vier Kreise zu skizzieren, die direkt nacheinander erzeugt werden können. Die Durchmesser der Kreise sollen: **50**, **90**, **240** und **300 mm** betragen.

1. In der Befehlsgruppe **Erstellen** ist die Schaltfläche **KREIS** zu betätigen.
2. Den Kreismittelpunkt ist auf den **Koordinatenursprung (0,0)** zu setzen, indem man den Mittelpunkt vom Fadenkreuz anklickt. Befindet sich der Cursor genau über dem Fadenkreuz, verändert sich seine Farbe.
3. Der Cursor ist vom Mittelpunkt nach außen zu bewegen, sodass ein Kreis erscheint. Der Kreisdurchmesser kann direkt mit **300 mm** per Tastatur eingegeben werden, bevor mit der **ENTER**-Taste die Erstellung des Kreises bestätigt wird.
4. Alternativ kann zunächst ein Kreis mit nicht festgelegtem Durchmesser durch Bestätigen der **ENTER**-Taste erzeugt werden. Dann muss der Durchmesser mit der Schaltfläche **BEMASSUNG** nachträglich bemaßt werden (siehe Abschnitt 4.8).

Schritt 3 und 4 sind für die restlichen Kreise (**240**, **90** und **50 mm**) zu wiederholen. Abschließend ist die Funktion **Kreis** mit der **ESC**-Taste zu beenden. Alternativ kann auch **ABBRECHEN (ESC)** im Kontextmenü (rechte Maustaste) verwendet werden.

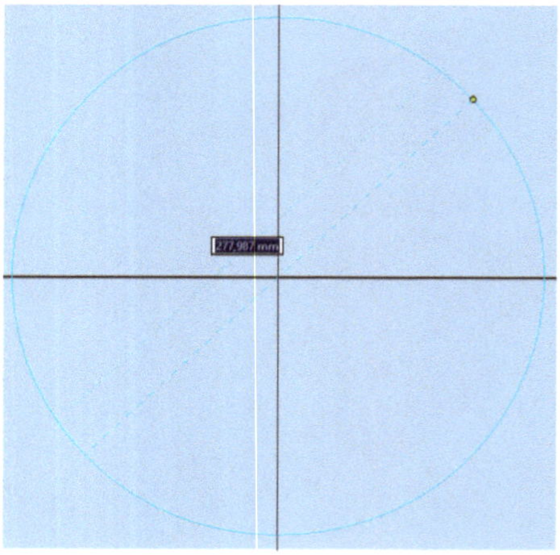

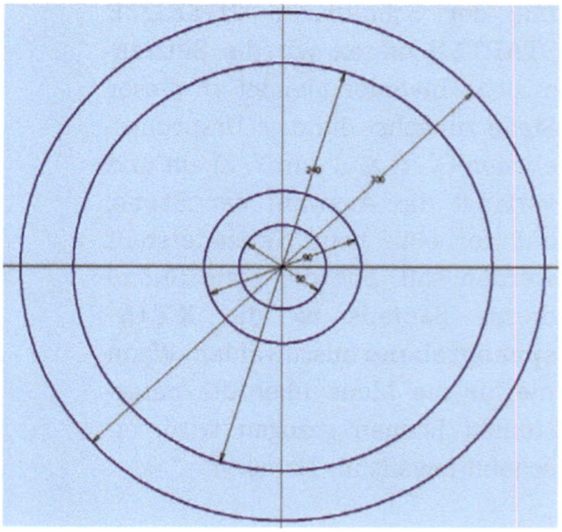

TIPP: Es ist bei der Skizzenerstellung häufig sinnvoll, mit dem größten Element, hier mit dem Kreis von **300 mm**, zu beginnen und dieses Element in den Ansichtsbereich zu zoomen. Die Übersicht für die folgenden kleineren Skizzenelemente ist dann besser.

3.5.2.2 Linien in radialer Anordnung erzeugen

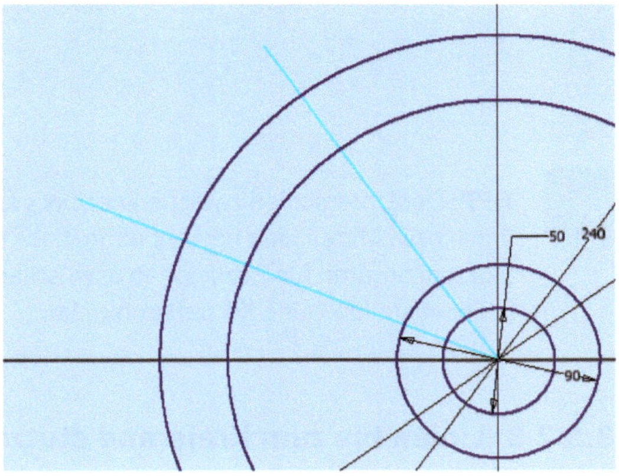

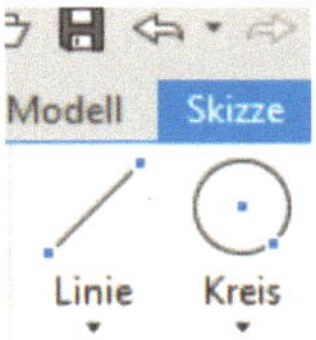

Im nächsten Schritt sind drei Linien zu erstellen, die ihren Anfangspunkt im Mittelpunkt der Kreise haben. Im Folgenden soll aus zwei der gezeichneten Kreisdurchmesser ein Ringsegment entstehen. Hierzu fehlen als Begrenzung noch zwei Linien, die jeweils durch den Mittelpunkt der Kreise führen.

1. In der Befehlsgruppe **Erstellen** ist die Schaltfläche **LINIE** zu betätigen.
2. Den Kreismittelpunkt ist auf den **Koordinatenursprung (0,0)** zu setzen, indem der Mittelpunkt vom Fadenkreuz angeklickt wird. Befindet sich der Cursor genau über dem Fadenkreuz, verändert sich seine Farbe.

Die beiden Linien werden nach links über den Kreisrand hinausgezogen. Auf die Länge der Linie kommt es jetzt noch nicht an. Auch der genaue Winkel zur Horizontalen kann später bestimmt werden. Der Linienzeichenmodus kann mit **ESC** oder im Kontextmenü mit **ABBRECHEN (ESC)** verlassen werden.

TIPP: Die Linienfunktion in Inventor geht grundsätzlich davon aus, dass eine aus mehreren Elementen bestehende Kontur gezeichnet werden soll, weshalb der Linienzeichenmodus nach dem Setzen eines Endpunkts aktiv bleibt. Eine Ausnahme besteht, wenn der Endpunkt auf einen anderen markanten Punkt, anderen Endpunkt, Mittelpunkt usw. fällt.

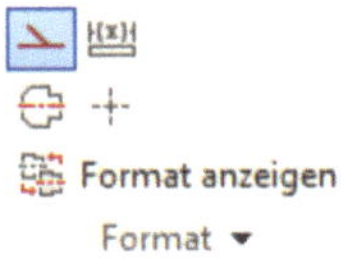

Nach den beiden Linien zeichnen wir noch eine horizontale Hilfslinie, die uns später eine Winkelbemaßung ermöglicht. Die Hilfslinie soll Gegenstand der Bauteilkontur sein, weshalb diese Linie als **Konstruktionslinie** definiert werden soll. Auch ihre Länge ist unerheblich, sie soll lediglich über die Kreise hinausreichen.

Um ein gezeichnetes Element nachträglich als Konstruktionslinie zu definieren, ist es zunächst durch einen Mausklick zu markieren. In der Befehlsgruppe **Format** kann der Button **KONSTRUKTION** aktiv gesetzt werden, um die Umwidmung durchzuführen. Optisch wird diese Linie dann gestrichelt dargestellt. In der Abbildung ist das schwer erkennbar, da die Konstruktionslinie auf der Linie der waagerechten Hauptachse liegt.

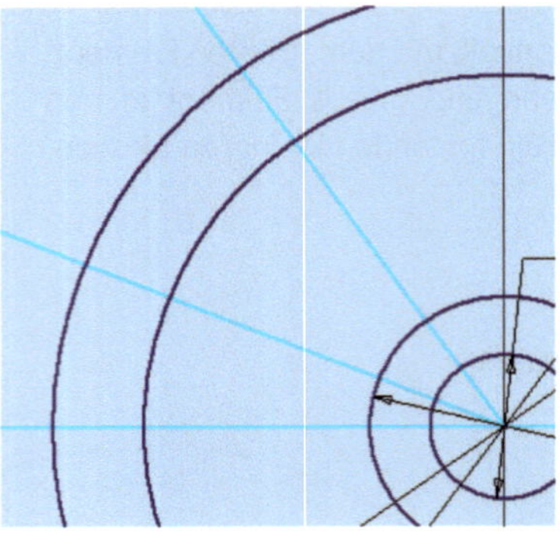

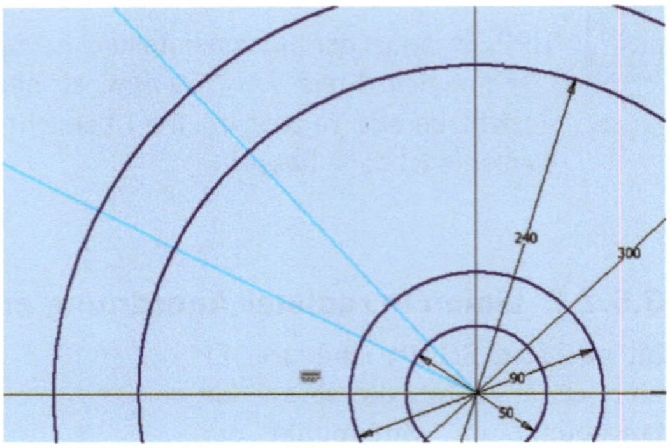

TIPP: Der Unterschied zwischen normal gezeichneten Elementen und Konstruktions- bzw. Mittellinien besteht darin, dass nur normal gezeichnete Elemente als Skizzenkonturen für Extrusionen usw. erkannt werden. Konstruktions- bzw. Mittellinien stellen keine Körperkanten dar.

3.5.2.3 Linien bis zum Kreisrand stutzen

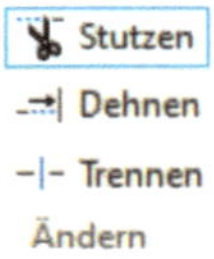

Um die gewünschte Kontur für die Grundplatte zu erhalten, ist zunächst der Überstand der Linien abzuschneiden. Hierfür können mit der Funktion **STUTZEN** die Linien so gekürzt werden, dass ihre Endpunkte auf dem Kreis liegen. Mit der gleichen Funktion können auch Kreise in Kreissegmente gestutzt werden.

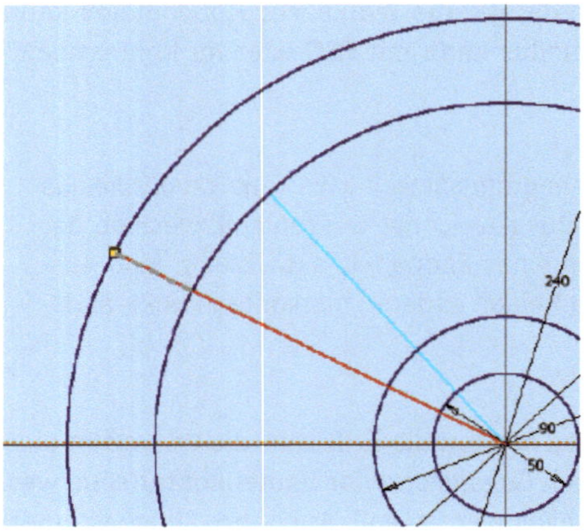

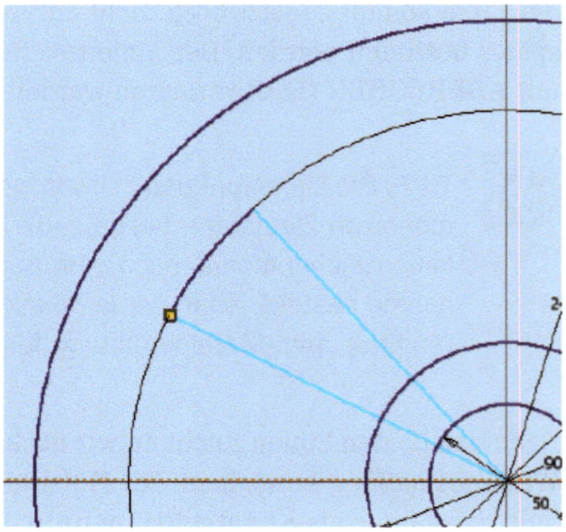

Die schrägen Linien und die inneren Kreise können nun so gestutzt werden, dass nur noch ein segmentförmiger Ausschnitt zwischen dem innersten und dem äußersten Kreis stehen bleibt.

1. In der Befehlsgruppe **Ändern** ist die Schaltfläche **STUTZEN** zu betätigen.
2. Mit dem Cursor ist auf den Linien- oder Kreisabschnitt zu gehen, der entfernt werden soll. Der zu entfernende Teil erscheint gestrichelt, der verbleibende Teil als Volllinie. Mit Klick auf die rechte Maustaste wird das Stutzen bestätigt.

Die horizontale Konstruktionslinie wird nicht gestutzt.

3.5.2.4 Abhängigkeiten kontrollieren und neu vergeben

Abhängigkeiten im Zusammenhang mit einem CAD-System beziehen sich innerhalb der Skizzierumgebung auf das parametrische Zeichnen. Hierbei handelt es sich um eine Technik innerhalb einer Entwurfsskizze, bei der mit dem Setzen verschiedener Abhängigkeiten Verknüpfungen und Beschränkungen festgelegt werden, die in der 2D-Geometrie Anwendung finden. Innerhalb der Skizzierumgebung bestimmen Bemaßungsabhängigkeiten die Werte von Abständen, Längen, Winkeln oder Radien von Objekten.

Ein Problem, das beim Ändern von Elementen häufig auftritt: Durch die Veränderungen können auch bestehende Abhängigkeiten verloren gehen, die festlegen, wie Linien zueinander angeordnet sind, z. B. rechtwinklig, oder wie sie zusammengehören, z. B. als konzentrische Kreise.

TIPP: Abhängigkeiten bestimmen einerseits die Lage und andererseits die Zusammengehörigkeit der gezeichneten Elemente. Sind gezeichnete Elemente vollständig abhängig, d. h. voll bestimmt, zeigt Inventor dies mit einem Farbumschlag von Hellblau nach Dunkelblau für diese Elemente an. Die Kreise unserer Skizze sind durch ihren Mittelpunkt und die Durchmesserbemaßung vollständig festgelegt und werden deswegen in Blau dargestellt.

Die beiden Linien (siehe Abschnitt 3.5.2.2) hatten ursprünglich als Abhängigkeit, dass ihre Anfangspunkte im **Koordinatenursprung (0,0)** lagen. Diese Abhängigkeit ist jedoch durch das Stutzen wieder verloren gegangen, sodass sie nicht mehr als radiale Linien definiert sind: Wenn nun die gestutzten Linien bewegt werden, bleiben die Endpunkte zwar auf den Kreisen, zeigen in ihrer Verlängerung aber nicht mehr auf den Mittelpunkt (siehe gelbe Linie in der Abbildung).

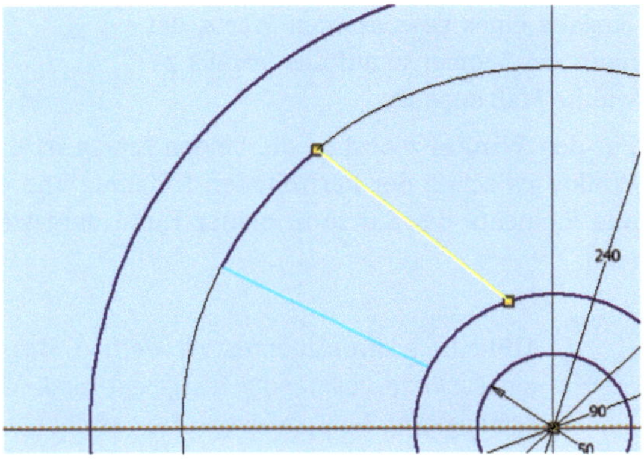

Um die beiden gestutzten Linien nun wieder in Abhängigkeit zu den Mittelpunkten zu setzen, kann die Befehlsgruppe **Abhängig machen** genutzt werden.

Hierzu ist die Abhängigkeit **KOINZIDENT** zu wählen, mit der dann festgelegt wird, dass ein Punkt und eine Linie auf einer gemeinsamen Geraden liegen.

TIPP: Wenn der Cursor einige Zeit auf den Symbolen verweilt, zeigt Inventor die Befehlsnamen im Klartext. Sehr langes Verweilen zeigt eine Kontexthilfe an.

Für jede Linie ist wie folgt vorzugehen:

1. Mit dem aktiven **KOINZIDENT**-Befehl ist zuerst die gewünschte **Linie** zu wählen.
2. Anschließend ist als zweites Element der **Mittelpunkt** des Kreises anzuklicken.
3. Diese beiden Schritte sind für die zweite Linie zu wiederholen.

Die Linien sind jetzt ausgerichtet. Ihre Endpunkte können nicht mehr auf dem Kreis bewegt werden. Um die Linien nun vollständig festzulegen, fehlt aber noch die Bemaßung des durch die Linien aufgespannten Winkels.

3.5.2.5 Bemaßen der aufgespannten Winkel

Um den Winkel, den die beiden Linien aufspannen, zu bemaßen, ist einfach in der Befehlsgruppe **Abhängigkeit** auf **BEMASSUNG** zu klicken. Inventor erkennt bei aktiver Bemaßungsfunktion aufgrund der angeklickten Elemente selbsttätig, welche Bemaßungsart, also ob Winkel- oder Längenbemaßung, anzuwenden ist, und fügt das entsprechende Maß automatisch ein. Ein nochmaliger Klick auf die Maßzahl ermöglicht die Eingabe eines gewünschten Werts, der dann die Geometrie auf das jeweils gewählte Maß anpasst.

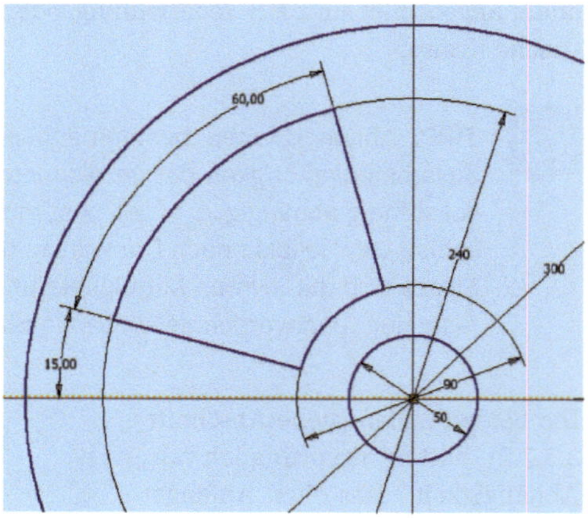

Für den **Winkel** zwischen die beiden Linien ist der Wert **60°** einzutragen und für den Winkel zwischen der horizontalen Hilfslinie und der ersten Linie **15°**. Ab jetzt müssen alle Elemente der Skizze in blauer Farbe dargestellt sein, da sie vollständig festgelegt sind.

TIPP: Es sollte sichergestellt werden, dass alle Maße und Abhängigkeiten in einer Skizze vollständig festgelegt sind. Wenn Sie nicht sicher sind, welche Abhängigkeit fehlt, bewegen Sie das noch in Türkis (Hellblau) gefärbte Element, um seinen Freiheitsgrad zu erkennen, und ergänzen Sie die Abhängigkeit oder Bemaßung. Am Ende sollten alle Elemente in blauer Farbe dargestellt sein.

In Abschnitt 4.8 wird die **Allgemeine Bemaßung** noch sehr viel ausführlicher behandelt.

3.5.2.6 Segmente vervielfältigen und Muster verwenden

Die nächste Funktion erspart viel Zeichenarbeit: Mit ihr können wir die segmentförmige Kontur mehrfach kopieren und diese dabei gleichzeitig kreisförmig wie ein Muster anordnen. Dazu wird über die Funktion **POLAR** in der Befehlsgruppe **Muster** ein Dialogfeld aufgerufen. Hier ist die Funktion **GEOMETRIE** vorausgewählt, und es kann nun die segmentförmige Kontur ausgewählt werden.

1. Die vier Elemente der Kontur sind auszuwählen: die beiden schrägen Linien und die beiden Kreisbögen.
2. Im Anschluss ist die Funktion **ACHSE** durch Klicken auf den kleinen Cursor-Pfeil davor (jetzt blau hinterlegt) zu wählen. Dann wird noch der Mittelpunkt als Drehachse definiert.

Die **Anzahl** der Elemente wird mit **4** eingetragen, und der **Drehwinkel** beträgt **360°**. Hierdurch werden die Elemente gleichmäßig auf den Umfang verteilt. Mit dem **OK**-Button entsteht die fertige Skizze der Grundplatte.

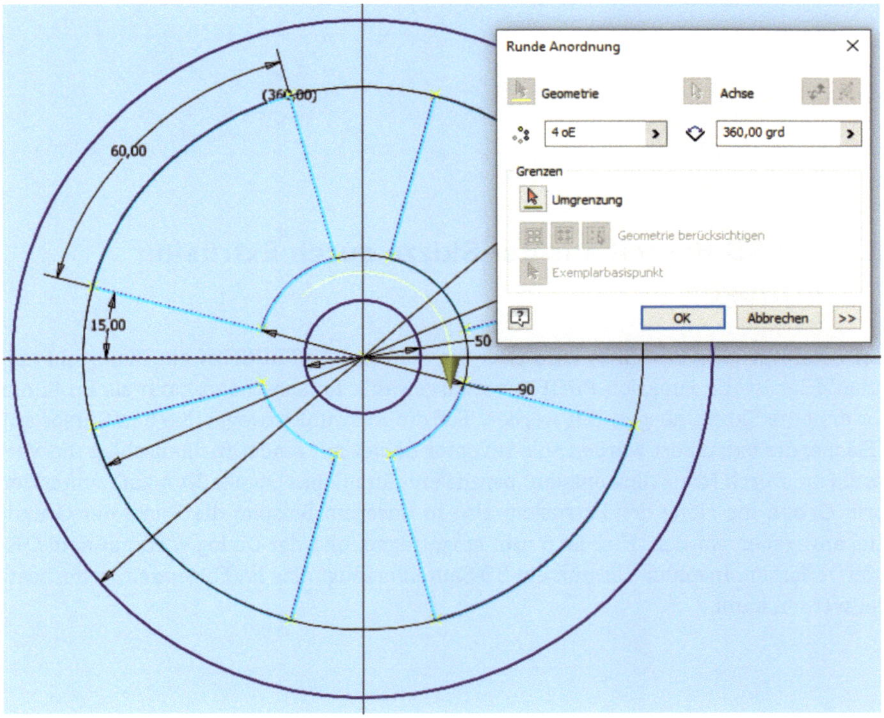

TEIL I

3.5.2.7 Skizze beenden

Mit dem Befehl **BEENDEN** (Registerkarte **Skizze**, Befehlsgruppe **Beenden**) wird die Skizzenumgebung wieder verlassen und zurück in den 3D Modell Bereich verzweigt. Hier wird die Skizze so dargestellt, dass sie auf der am Anfang gewählten XY-Ebene liegt.

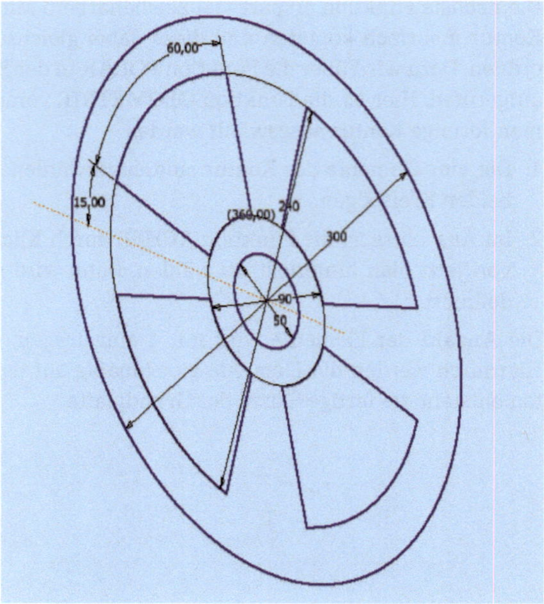

3.5.3 Ein 3D-Bauteil aus der Skizze durch Extrusion erzeugen

In der Befehlsgruppe **Erstellen** wird über die Funktion **EXTRUSION** ein Dialogfeld aufgerufen. Hier ist die Funktion **PROFIL** vorausgewählt. Entsprechend kann als Profil die zuvor erstellte Skizze, ausgewählt werden. Für die Auswahl bewegen Sie den Cursor auf die Fläche, die extrudiert werden soll. Inventor deutet mit einem Farbumschlag die Vorauswahl an. Durch Mausklick entsteht bereits ein räumliches Objekt. Nun kann unter der Rubrik **Größe** die Höhe der Extrusion, also in unserem Beispiel die Dicke der Grundplatte, angegeben werden. Hier ist **5 mm** einzutragen, und der Dialog wird mit dem **OK**-Button verlassen. Inventor hat nun ein 3D-Bauteil erzeugt, das im Folgenden weiterbearbeitet werden kann.

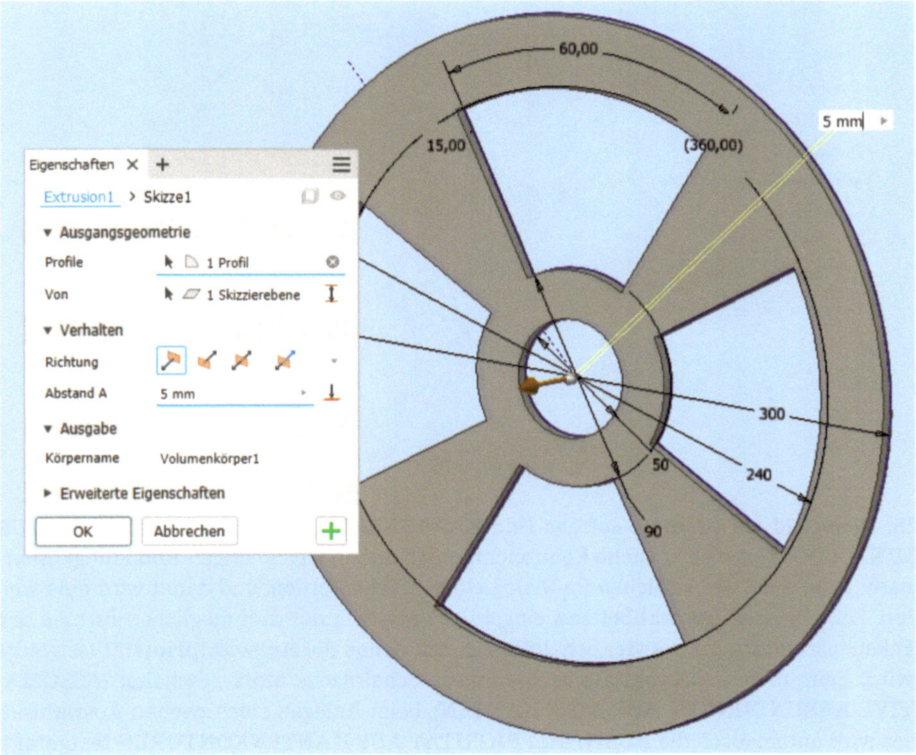

3.5.4 Abrunden und Anfasen der Bauteilkanten

Das Abrunden der Kanten erfolgt sinnvollerweise in zwei Schritten. Zuerst werden die Innenkanten der ausgesparten Segmente mit einem etwas größeren Radius (**10 mm**) versehen, danach alle anderen Kanten mit einem kleineren Radius (**2 mm**) verrundet.

Für die Innenradien der Segmente können alle 16 vertikalen Eckkanten in einem Zug ausgewählt werden. In der Rubrik **Volumenkörper** kann hierfür die Checkbox **Alle Innenradien** aktiviert werden. In der kleinen Tabelle des Dialogfelds wird nun angegeben, dass insgesamt 16 Kanten ausgewählt wurden. Die Kanten werden im Bauteil jetzt farblich hervorgehoben.

Der Radius für die Rundung kann im Dialogfeld oder auch direkt im Feld, welches auf den Radius zeigt, eingegeben werden. Eingestellt wird hier ein **Radius** von **10 mm**. Durch Klicken der Schaltfläche **OK** wird die Verrundung bestätigt und das Dialogfeld geschlossen. Da bereits mit der Eingabe visuell eine Umsetzung des Radius erfolgt ist, lassen sich in diesem Dialog weitere Radien erzeugen, ohne dass bereits **OK** gedrückt wird.

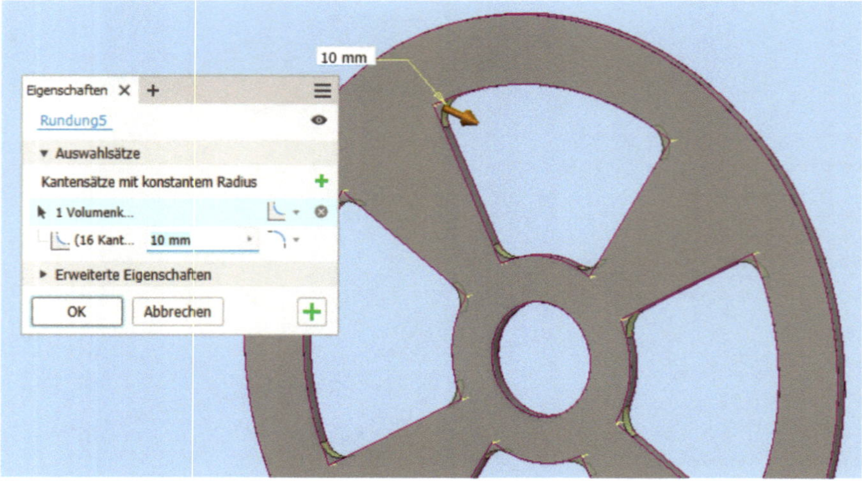

Im Dialogfeld wird hierfür auf das Feld **KANTENSATZ MIT KONSTANTEM RADIUS HINZUFÜGEN** gedrückt (siehe Kennzeichnung in der nebenstehenden Abbildung). Alternativ kann auch das **+**-Zeichen im Dialogfeld gedrückt werden, und damit wird eine weitere Zeile bei den **Auswahlsätzen** eingefügt. Unterhalb der drei möglichen Formen der Eckenausrundung gibt es vier Schaltflächen, mit denen die **Auswahlpriorität** festgelegt wird. Beim ersten Auswahlsatz ist die untere Schaltfläche aktiv geschaltet (**ASSOZIATIVE ABRUNDUNGEN AUF ALLE KANTEN**), beim Anlegen eines zweiten Auswahlsatzes wird automatisch die **AUSWAHLPRIORITÄT AUF KANTENKONTUREN festgelegt**.

Nun kann der vorgesehene Radius von **2 mm** eingestellt werden. Anschließend sind die vier Segmente auszuwählen. Durch Anklicken des **OK**-Buttons wird die Aktion abgeschlossen und das Dialogfeld verlassen.

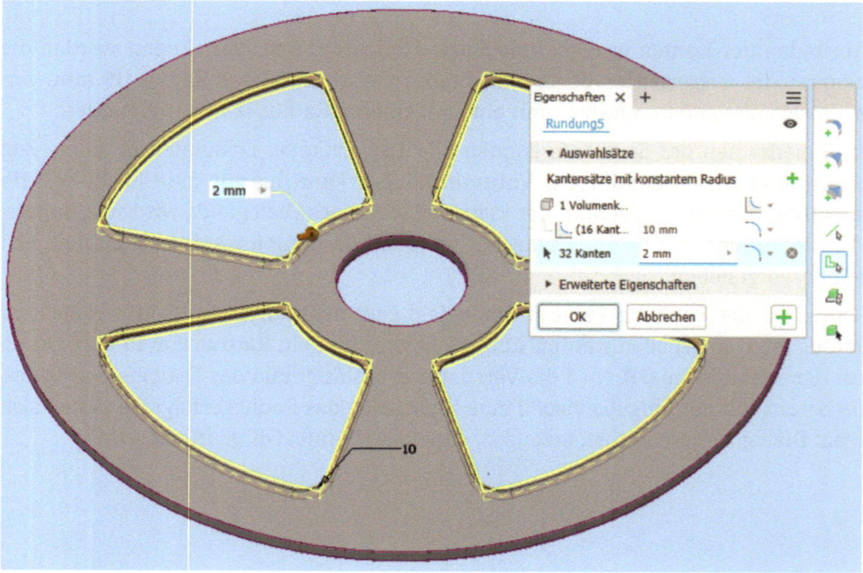

Die obere umlaufende Außenkante der Grundplatte soll mit einer Fase von **2 mm** versehen werden. Die Funktion **FASE** befindet sich ebenfalls in der Befehlsgruppe **Ändern**. Nach dem Anklicken erscheint ein Dialogfeld mit verschiedenen Einstellmöglichkeiten. Die obere umlaufende Kante ist mit dem Cursor auszuwählen (die Kante wird im Bauteil dann farblich hervorgehoben), und in der Rubrik **Abstand** ist für die Fase das Maß **2 mm** einzugeben. Durch Anklicken des **OK**-Buttons wird die Aktion wieder abgeschlossen.

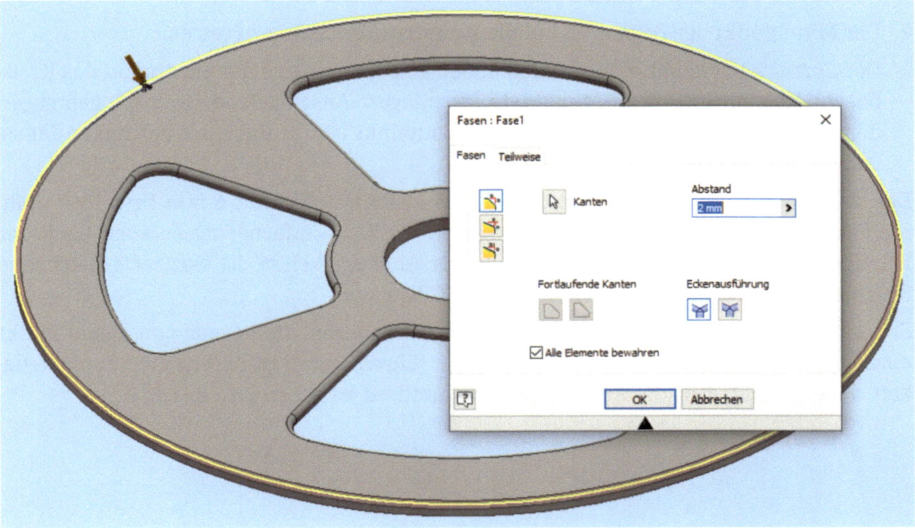

3.5.5 Nut (Langloch) für die Rippen einbringen

In Anlehnung an das Erzeugen des Ringsegments im Rahmen der ersten Skizze werden nun die vier Nuten, die die Führung für die Rippen darstellen, erzeugt. Dazu ist wieder die Schaltfläche **2D-SKIZZE STARTEN** zu wählen und die Oberfläche der Grundplatte ist als Skizzenansicht festzulegen. Skizziert wird eine Nut, die anschließend über die Funktion **RUNDE ANORDNUNG/POLAR** vervielfältigt wird.

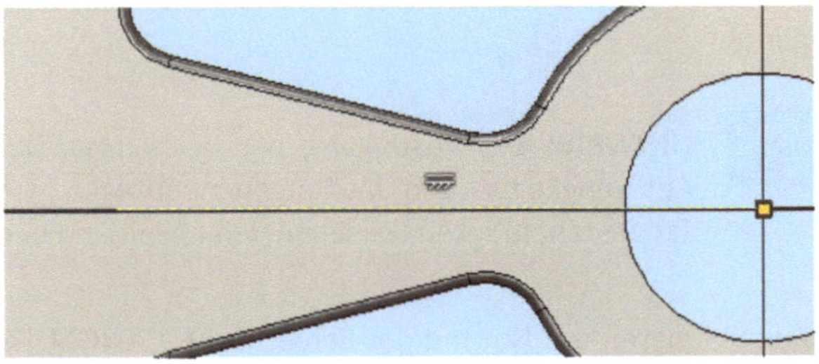

Nach der bekannten Vorgehensweise wird eine horizontale Hilfslinie erzeugt, die der parametrischen Festlegung der Nut, bestehend aus zwei Kreisbögen und zwei horizontalen Linien, dient. Die Hilfslinie ist wiederum nicht Gegenstand der Bauteilkontur und als **Konstruktionslinie** zu definieren. Die Konstruktionslinie ist in Abhängigkeit vom Mittelpunkt und horizontal festzulegen. Hierzu kann wieder die Befehlsgruppe **Abhängigkeit** verwendet werden.

Das Skizzieren des Langlochs kann auf unterschiedliche Art durchgeführt werden. Sinnvoll ist es aber, die Aufgabe mit der Erzeugung zweier **Kreisbögen** und zweier **Linien** oder auch mit dem in Inventor vorhandenen Befehl **LANGLOCH** durchzuführen. Beschrieben sind nachstehend beide Vorgehensweisen.

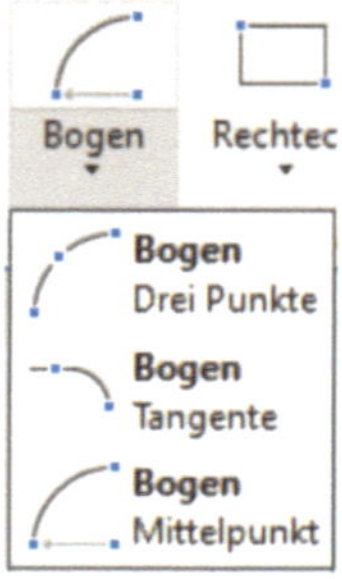

Nun werden die beiden Kreisbögen skizziert.

1. In der Befehlsgruppe **Erstellen** ist die Schaltfläche **BOGEN** zu betätigen. Hier ist anschließend das Untermenü **BOGEN + MITTELPUNKT** zu wählen.
2. Der Mittelpunkt des Bogens ist auf die **Konstruktionslinie** zu setzen.
3. Der Cursor ist vom Mittelpunkt nach außen zu bewegen, und der Startpunkt des Kreisbogens ist mit der **linken Maustaste** festzulegen. Anschließend ist der Bogen gegen den Uhrzeigersinn aufzuziehen, und der Endpunkt ist ebenfalls mit der linken Maustaste zu bestätigen.

Der Durchmesser des Bogens und der Winkel können direkt mit **6 mm** bzw. **180°** während des Skizzierens per Tastatur eingegeben werden. Einfacher ist es aber, nach der Erzeugung der Verbindungslinien mithilfe der Abhängigkeiten die skizzierte Geometrie festzulegen. Die Funktion wird wieder mit **ESC** beendet.

Erst einmal sind aber die Verbindungslinien zu skizzieren, die jeweils von einem Punkt eines der Kreisbögen zum anderen Kreisbogen führen. Damit ist bereits eine Punktstetigkeit sichergestellt, d. h., die Abhängigkeit **Koinzident** ist gesetzt.

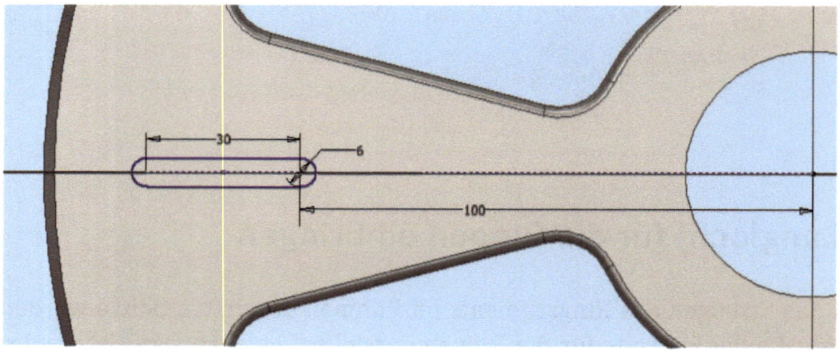

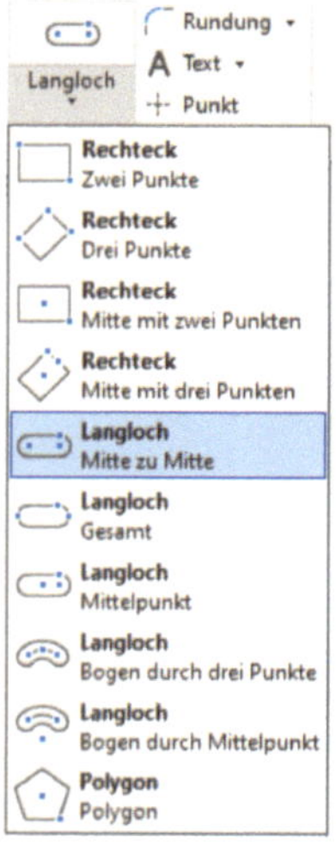

Über die Schaltfläche **BEMASSUNG** erfolgt die größenmäßige Festlegung der fehlenden Maße. Die Mittelpunkte der beiden Kreisbögen haben einen Abstand von **30 mm**, und der innen liegende Mittelpunkt des Langlochs liegt **100 mm** vom Mittelpunkt der Grundplatte.

HINWEIS: Die Festlegung der skizzierten Nut kann mit unterschiedlichen Abhängigkeiten und Maßabgaben erfolgen. Unverzichtbar ist allerdings die Tangentenstetigkeit zwischen den Linien und den Kreisbögen.

Das Skizzieren der Nut mit der Schaltfläche **LANGLOCH** (Mitte zu Mitte, kleiner Cursor-Pfeil unterhalb von **Rechteck**, Befehlsgruppe **Erstellen**) bietet etwas mehr Komfort, da hier bereits die meisten Abhängigkeiten vordefiniert sind. Nach dem Setzen des ersten Mittelpunkts kann direkt **30 mm** über die Tastatur eingegeben werden. Es folgen **0°** für die Neigung und **6 mm** für die Breite.

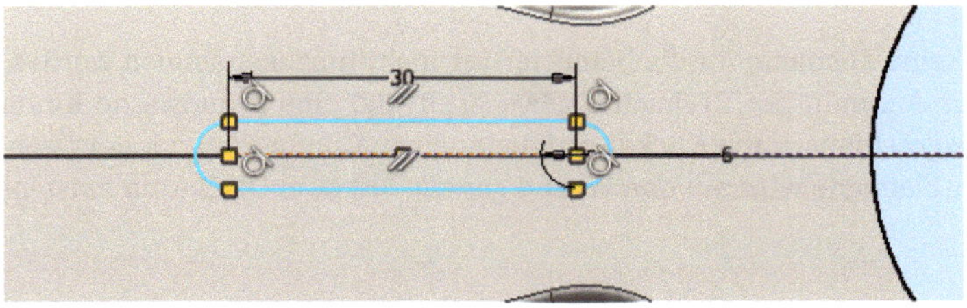

Zum Schluss muss noch die exakte Position des Langlochs zum Mittelpunkt der Grundplatte angegeben werden. Die Schaltfläche **BEMASSUNG** wird hierzu aufgerufen, und der Mittelpunkt der Grundplatte und der innen liegende Mittelpunkt des Langlochs werden ausgewählt. Eingegeben wird wieder das Maß **100 mm**.

Nach dem Setzen der Abhängigkeit **Kollinear** zwischen der Konstruktions- und der Symmetrielinie des Langlochs sollte dieses dann komplett festgelegt sein, und die 2D-Skizze kann mit **SKIZZE FERTIGSTELLEN** verlassen werden.

Extrusion

In der Befehlsgruppe **Erstellen** wird nun über die Funktion **EXTRUSION** ein Dialogfeld aufgerufen. Innerhalb des Dialogfelds muss noch im Funktionsbereich **Verhalten** die **Richtung Umgekehrt** sowie bei **Ausgabe** > **Boolesch** > **Differenz** eingestellt werden. Damit wird der erzeugte Körper von der bisherigen Geometrie abgezogen („Materialschnitt“).

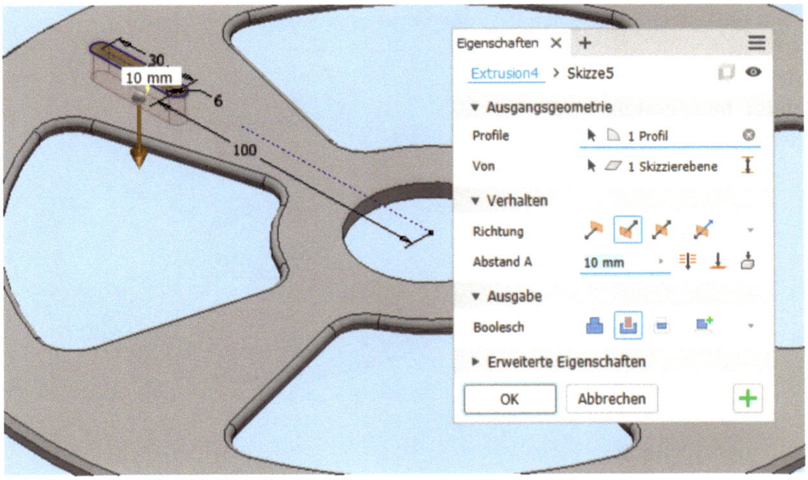

3.5.6 Nuten vervielfältigen (Muster verwenden)

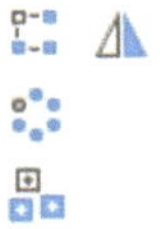
Muster

Bisher wurde die Funktion **MUSTER** für die Grundplatte auf Ebene einer 2D-Skizze angewendet. Diese Funktion kann aber auch auf Volumenkörper angewendet werden. Im Strukturbaum ist der gezeichnete Extrusionskörper (**Extrusion2**) auszuwählen, und anschließend ist mit der Funktion **RUNDE ANORDNUNG** in der Befehlsgruppe **Muster** das Dialogfeld aufzurufen. Da vorab der Extrusionskörper im Strukturbaum ausgewählt wurde, müssen jetzt keine Elemente für die Bemusterung mehr hinzugenommen werden. Es muss nur noch zur Auswahl der Drehachse gewechselt und eine zylindrische Kante gewählt werden. Dies geschieht durch Klicken auf den kleinen Cursor-Pfeil vor der Drehachse. Die Anzahl der Elemente wird auf den **Wert 4** gesetzt. Mit dem **OK**-Button entsteht das fertige Muster.

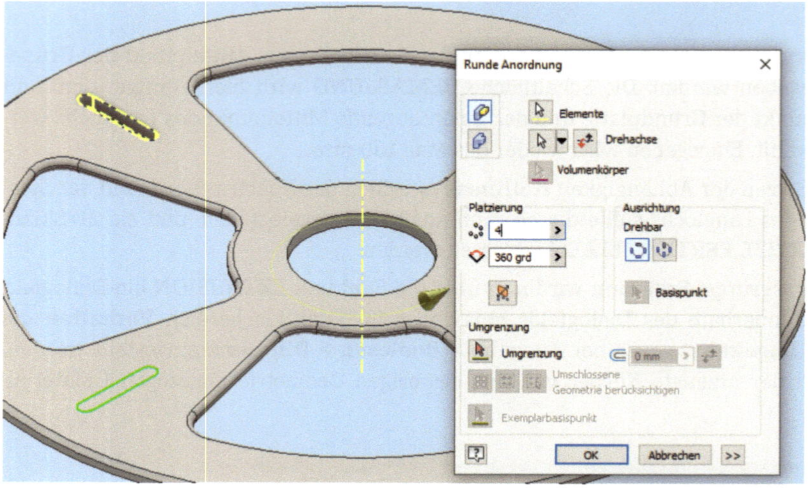

Mit den letzten Aktionen wurde die Grundplatte fertiggestellt und sollte nun der Darstellung entsprechen.

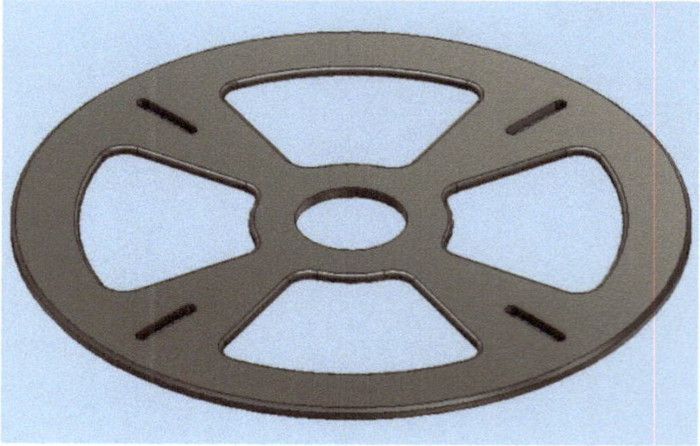

3.5.7 Auswahl eines Materials für die fertige Grundplatte

Da die Bauteildaten im Beispiel nicht für eine Fertigung der Grundplatte weiterverwendet werden, ist die Definition eines „echten“ Materials nicht ganz so wichtig. In der Praxis sollte jedoch jedem Bauteil immer auch ein passendes Material zugewiesen werden, damit Stücklisten richtig erzeugt und FEM-Analysen und/oder eine dynamische Simulation durchgeführt werden können.

Über die Material-Auswahlliste in der obersten Befehlsleiste (voreingestellt ist **Generisch**) können vorgegebene Materialien sehr schnell ausgewählt und zugewiesen werden. Für unsere Grundplatte wird aus der Liste als Werkstoff **Stahl, weich** ausgewählt. Mit dieser Auswahl werden dem Bauteil die Kennwerte dieses Werkstoffs als Bauteil-Eigenschaften zugewiesen.

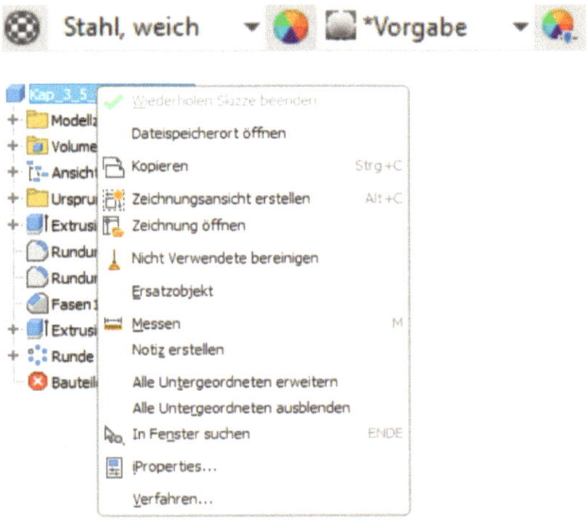

Alternativ besteht auch die Möglichkeit, dem Bauteil ein Material über den Strukturbaum zuzuordnen. Im Strukturbaum-Kontextmenü des Bauteils lassen sich die sogenannten **iProperties** aufrufen, wo alle Bauteil-Eigenschaften aufgeführt sind. Im Register **Physikalisch** kann nun ebenfalls das Material ausgewählt werden. Mit **ÜBERNEHMEN** bzw. **SCHLIESSEN** wird der Vorgang beendet.

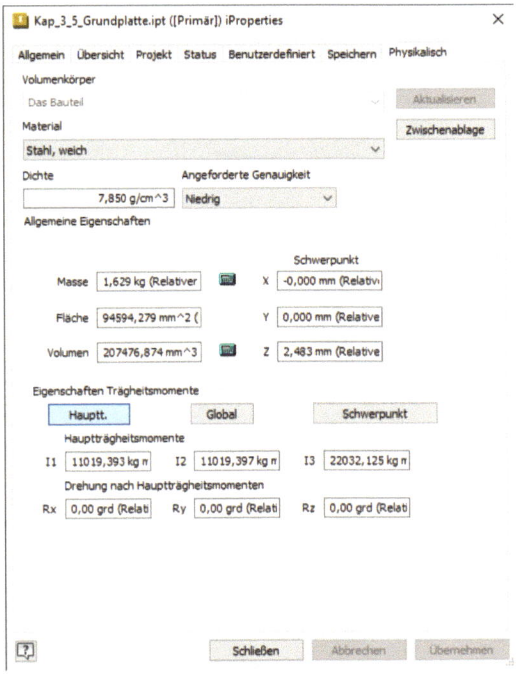

Das Strukturbaum-Kontextmenü des Bauteils kann auch zur Kontrolle der gesetzten Eigenschaften aufgerufen werden. Im Register **Physikalisch** ist jetzt z. B. angegeben, dass die Grundplatte mit dem gewählten Material eine Masse von 1,63 kg hat, denn durch das gewählte Material ist die Dichte und durch das Modell das Volumen der Platte definiert (falls die Angaben fehlen, ist erst die Schaltfläche **AKTUALISIEREN** zu betätigen). In Inventor können auch eigene Materialdaten definiert werden, deren Material-Kennwerte selbst festgelegt werden können (z. B. mit Datenblättern eines Lieferanten). Das Anlegen neuer Materialien wird in Abschnitt 8.4.3 genauer beschrieben.

Im allerletzten Schritt sollte natürlich das abschließende **Speichern** (**Schnellzugriff-Werkzeugkasten**) nicht vergessen werden. Hierzu ist das Bauteil unter dem Namen *Kap_3_5_Grundplatte.ipt* im Ordner des Projekts abzulegen. Gegebenenfalls kann die Bauteildatei dann geschlossen werden (Fenster schließen).

3.6 Die Baugruppe „Ständer“ erstellen

Wie einleitend in Abschnitt 3.2 beschrieben, besteht die Baugruppe „Ständer“ (*Kap_3_6_Ständer.iam*) aus insgesamt drei verschiedenen Bauteilen, nämlich der Grundplatte, dem Ständerrohr und den vier baugleichen Versteifungsrippen. Man kann entweder die fehlenden Bauteile einzeln erstellen und erst dann eine Baugruppe anlegen oder zunächst eine neue Baugruppe anlegen, in diese das erste erzeugte Bauteil, die Grundplatte laden und fixieren und anschließend aus der Baugruppenansicht heraus direkt die fehlenden Bauteile erzeugen. Die zweite Variante bietet einige wesentliche Vorteile, weshalb nachfolgend zunächst eine Baugruppe „Ständer“ erzeugt wird, obwohl erst ein einziges Bauteil der Baugruppe existiert.

Eine neue Baugruppe anlegen

Das Anlegen einer neuen Baugruppe erfolgt analog zum Anlegen neuer Bauteile mit dem Unterschied, dass nun eine andere Vorlage gewählt und dadurch eine andere Umgebung geladen wird.

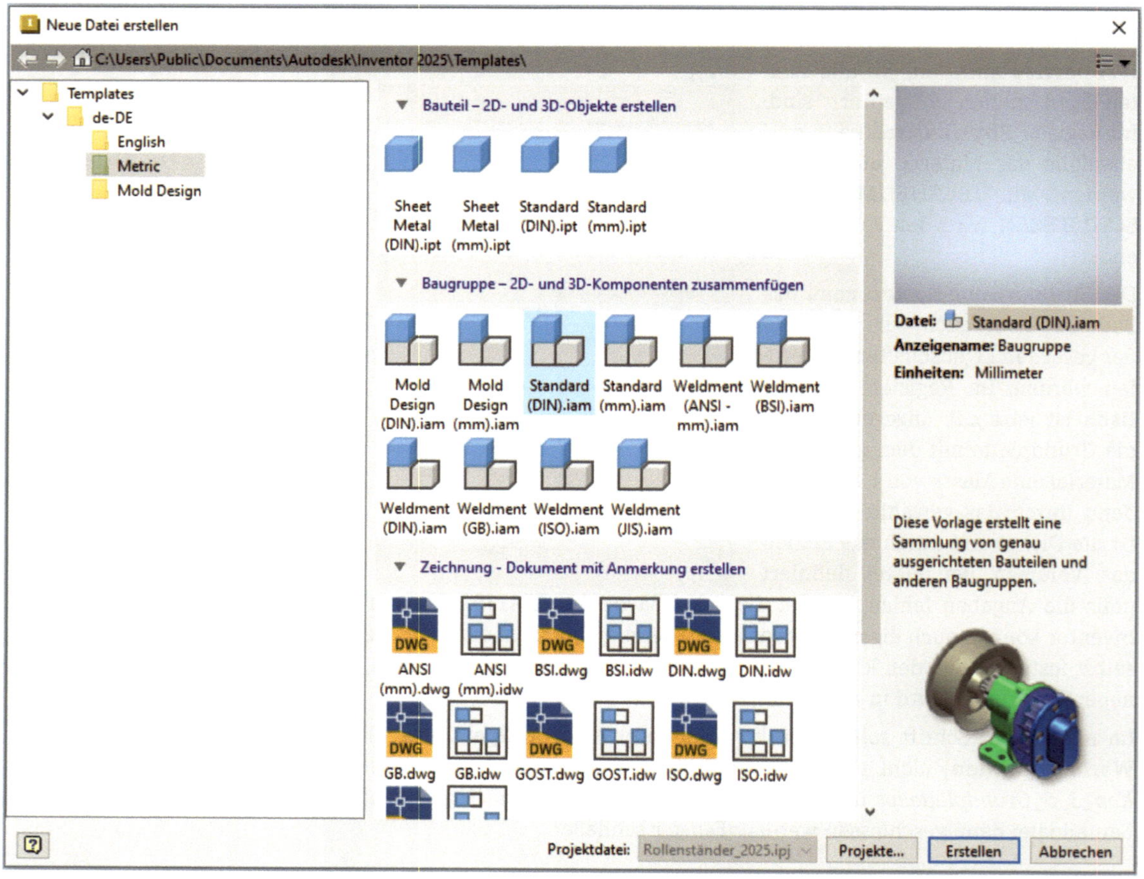

Über den Button **NEU** im **Schnellzugriff-Werkzeugkasten** öffnet sich ein Dialogfeld. Hier ist im Ordner *de-DE > METRIC* die Vorlage *Standard(DIN).iam* auszuwählen. Der Vorgang wird mit der Schaltfläche **ERSTELLEN** (linke Maustaste) bzw. mit einem **Doppelklick** auf die Vorlage abgeschlossen.

In die leere Arbeitsumgebung der Baugruppe wird mittels der Funktion **PLATZIEREN** nun die fertige Grundplatte eingefügt.

Da wir uns weiterhin im Projekt „Rollenständer“ befinden, wurde die Grundplatte in diesem Ordner gespeichert und erscheint jetzt als in die Baugruppe einzufügendes Bauteil. Wählen Sie diese Datei aus, und bestätigen Sie die Auswahl mit **ÖFFNEN**.

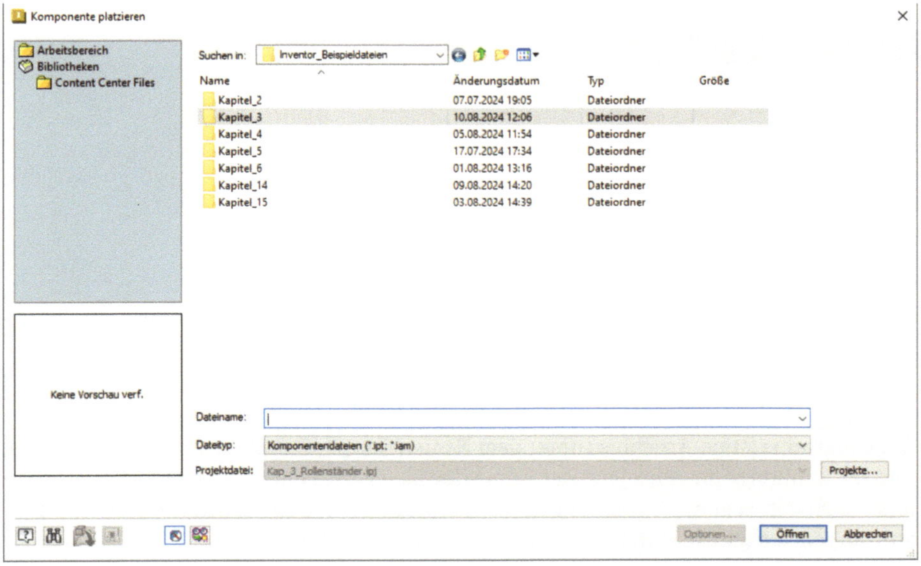

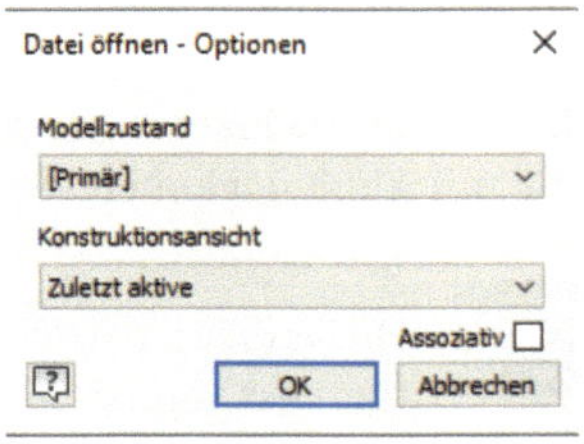

Eingeblendet wird beim ersten Platzieren eines Bauteils ein weiteres Dialogfenster mit Optionen in Bezug auf das einzufügende Bauteil. Die Voreinstellungen sind mit **OK** zu bestätigen, und das Dialogfenster wird damit wieder geschlossen. (Dieses Fenster kann jederzeit auch über den Button **OPTIONEN...** geöffnet werden.) Nun ist im Dialogfenster **Komponente platzieren** der Button **ÖFFNEN** zu drücken. Auch das Dialogfenster wird damit geschlossen, und das Bauteil hängt am Cursor, ist jedoch mit dem Koordinatensymbol versehen. Mit einem Klick auf die rechte Maustaste erscheint das Kontextmenü, in dem weitere Manipulationen noch vor dem eigentlichen Platzieren vorgenommen werden können. Mit der Auswahl **Am Ursprung fixiert platzieren** wird die Grundplatte als erstes Bauteil in die Baugruppe eingefügt und fixiert. Abschließend ist noch **ABBRECHEN (ESC)** zu drücken.

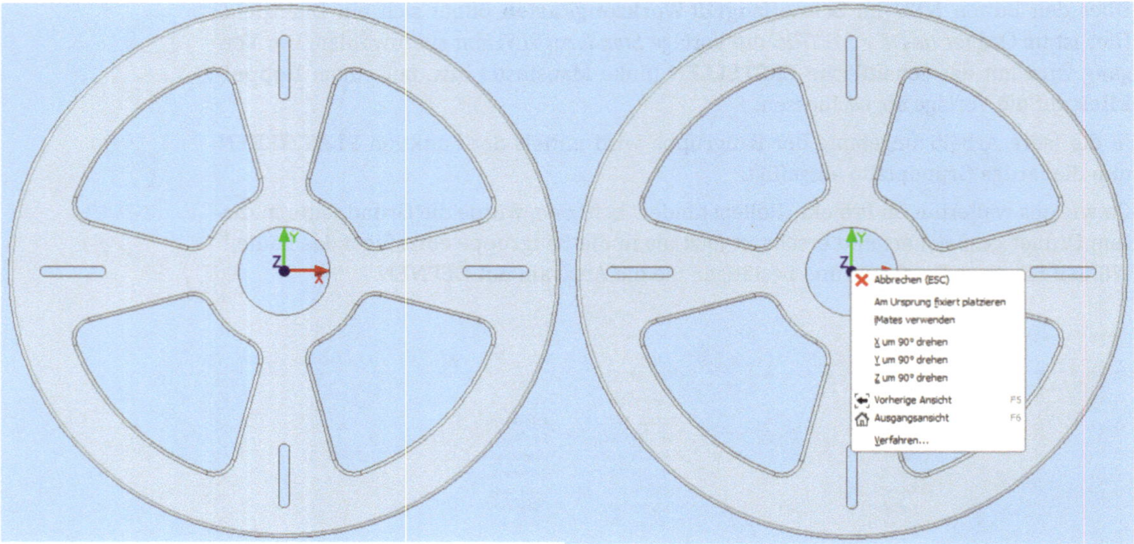

HINWEIS: Inventor bleibt beim Platzieren von Bauteilen im Einfügemodus und fügt eine Komponente beim Klicken so oft und so lange ein, bis über das Kontextmenü **ABBRECHEN (ESC)** gewählt wird.

Die Baugruppe ist im Anschluss unter dem Namen *Kap_3_6_Ständer.iam* zu **SPEICHERN**, und im Strukturbaum wird jetzt der Name der Baugruppe entsprechend angepasst. Darunter befinden sich die Gliederungselemente **Modellzustände**, **Beziehungen** und **Darstellungen**. Letzteres enthält die Hauptansicht (siehe Abschnitt 6.13). Im Ordner *Ursprung* wird die Ursprungsdefinition aufgeführt, und zum Schluss steht das einzige der Baugruppe zugeordnete Bauteil, die *Kap_3_5_Grundplatte:1*. Auffallend ist am Bauteil-Icon der Grundplatte die Pin-Nadel, deren Darstellung aussagt, dass dieses Bauteil in der Baugruppe **fixiert** ist. Der **schwarze Punkt** vor dem Bauteil gibt an, dass dieses vollständig mit Abhängigkeiten versehen wurde (siehe Abschnitt 2.2.1).

HINWEIS: Ein fixiertes Bauteil, in der Regel das Basisteil, ist im Koordinatensystem fest verankert und kann nicht verschoben oder bewegt werden. Alle anderen Bauteile werden als beweglich eingefügt und können über 3D-Abhängigkeiten mit dem fixierten Bauteil verbunden werden (siehe auch Abschnitte 6.5 und 6.6). Fixierungen können im Kontextmenü des Strukturbaums aufgehoben oder neu vergeben werden.

3.7 Neue Baugruppenkomponenten im Kontext einer Baugruppe anlegen

Mit der Funktion **GEOMETRIE PROJIZIEREN** sind wesentliche Vereinfachungen im Rahmen einer Konstruktionsaufgabe möglich. Das heißt, ausgehend von vorhandenen Komponenten werden weitere Bauteile (Komponenten) erzeugt und zu einer Baugruppe zusammengefügt. Drei Schritte sind hierfür notwendig:

1. In der Befehlsgruppe **Komponente** ist die Funktion **ERSTELLEN** zu wählen.
2. Der Name des neuen Bauteils ist als **Neuer Komponentenname** in das Dialogfenster einzutragen. In unserem Fall wird der Name *Kap_3_7_Ständerrohr* vergeben, unter dem dieses Bauteil gespeichert werden soll.
3. Die Skizzierebene ist für das neue Bauteil noch festzulegen. Hierfür muss im Dialogfenster das Auswahlfeld **Skizzierebene von gewählter Fläche oder Ebene abhängig machen** aktiviert sein.

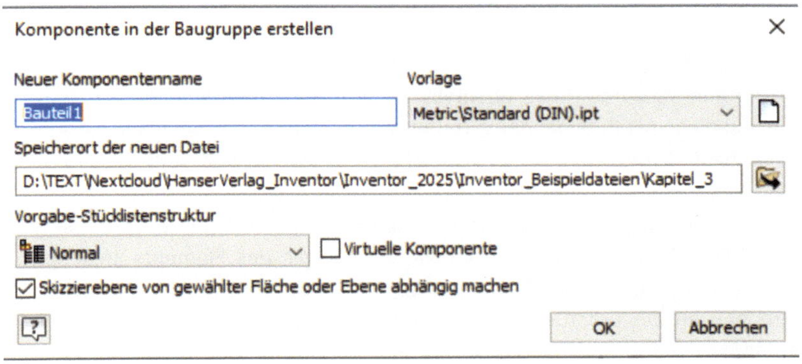

Als Ausrichtungsebene für das Bauteil „Ständerrohr“ wird die obere Fläche der Grundplatte ausgewählt.

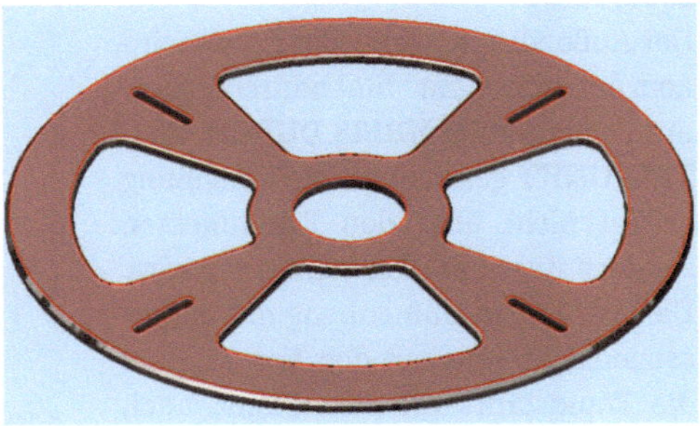

HINWEIS: Inventor startet nach diesem Vorgang die neue Bauteil-Arbeitsumgebung innerhalb der Baugruppen-Arbeitsumgebung. Anschließend kann genauso verfahren werden wie bei der Erstellung eines neuen Bauteils. Im ersten Schritt muss also eine neue Skizze für das neue Bauteil erstellt werden.

2D-Skizze starten

Über das Icon wird der Befehl **2D-SKIZZE STARTEN** aufgerufen und als Skizzenebene die Oberfläche der Grundplatte ausgewählt. Inventor schaltet jetzt automatisch in die Skizzierumgebung um, in der die Grundplatte nur noch schemenhaft zu erkennen ist. Die Skizzierebene befindet sich direkt auf der Oberfläche der Grundplatte, deren Elemente für die Konstruktion des Ständerrohrs mitverwendet werden können.

Geometrie projizieren

In der Befehlsgruppe **Erstellen** befindet sich die Funktion **GEOMETRIE PROJIZIEREN**, die jetzt zum Einsatz kommen soll.

Der Innendurchmesser des Rohrs entspricht dem innersten Durchmesser der Grundplatte. Dieser Durchmesser kann entsprechend von der Grundplatte auf die aktive Skizzierebene des Ständerrohrs projiziert werden. Durch dieses Verfahren müssen wir uns nicht mehr um einzelne Maße kümmern. Der Innendurchmesser des Rohrs wird damit in Abhängigkeit vom gewählten Durchmesser der Grundplatte gesetzt.

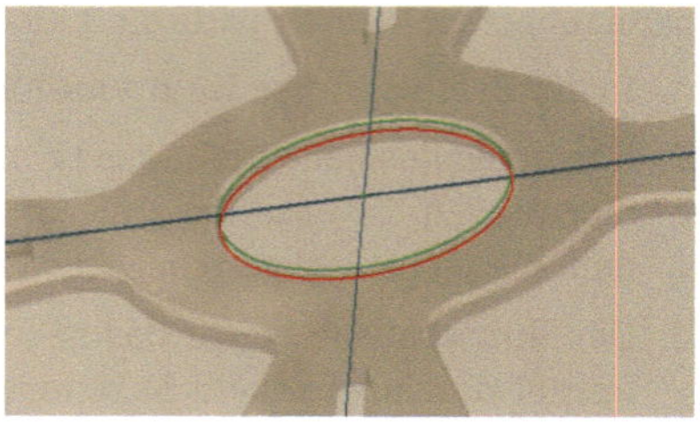

HINWEIS: Diese Abhängigkeit bewirkt, dass, wenn später der Innendurchmesser der Grundplatte geändert wird, sich der Innen- und gegebenenfalls der Außendurchmesser des Rohrs ebenfalls ändern. Sind alle Bauteile einer Baugruppe auf diese Art miteinander verbunden, genügen oft nur wenige Maßänderungen, um neue Varianten aus einer bestehenden Grundkonstruktion zu erstellen.

Alternativ kann das Projizieren von Geometrieelementen auch in Verbindung mit der **STRG**-Taste erfolgen. Hierbei wird eine Kopie des Elements angelegt, und im Strukturbaum erfolgt keine Kennzeichnung bezüglich einer Adaptivität. Änderungen an der ursprünglichen Geometrie werden jetzt auch nicht mehr übernommen.

Kreis

Der Außendurchmesser des Rohrs wird konzentrisch zum Innendurchmesser mit der Funktion **KREIS DURCH MITTELPUNKT** gezeichnet. Die Bemaßung erfolgt nicht über den Durchmesser, sondern über die Wandstärke **= 8 mm**. Dies hat im Zusammenhang mit der gesetzten Abhängigkeit den Vorteil, dass die Wandstärke erhalten bleibt, auch wenn sich der Innendurchmesser ändern würde. Ist dies geschehen, dann ist die Skizze bereits fertig und wird mit **SKIZZE BEENDEN** geschlossen.

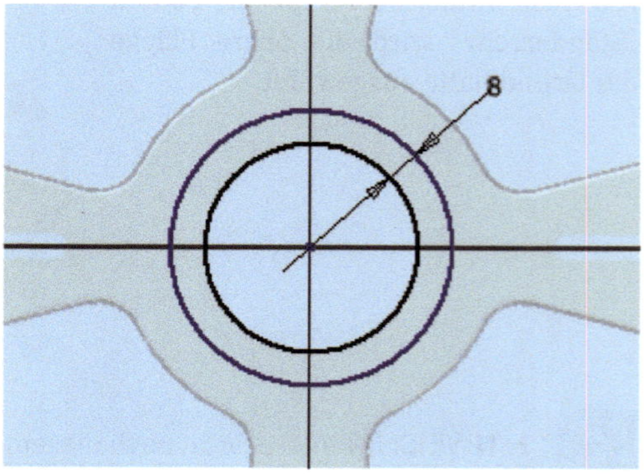

TIPP: Alternativ könnte der Außendurchmesser auch durch eine Formel mit dem Innendurchmesser verknüpft werden, etwa Da = Di × 1,2. Oder es könnte eine iLogic-Regel erstellt werden, in der tabellenartig je ein Außendurchmesser einem bestimmten Innendurchmesser zugeordnet wird. Sowohl die Formeln als auch iLogic werden in Abschnitt 4.13 und Abschnitt 11.6 näher beschrieben.

Inventor erstellt auf der Oberfläche der Grundplatte eine neue Arbeitsebene, auf der sich die Rohr-Skizze befindet. Die **Sichtbarkeit** dieser Arbeitsebene kann für eine bessere Übersichtlichkeit im Strukturbaum ausgeschaltet werden.

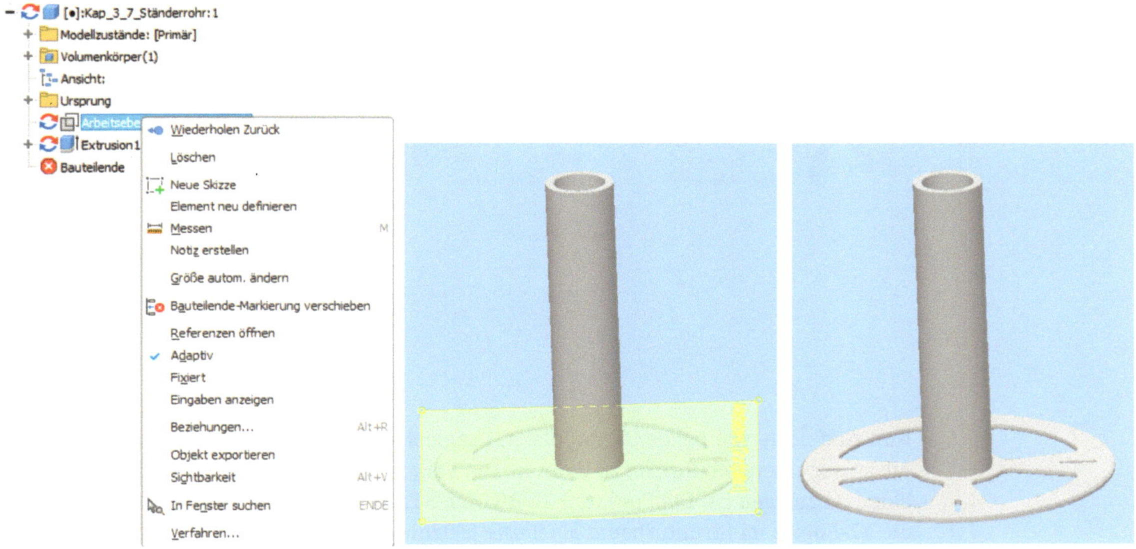

Nachdem die Skizze beendet wurde, erfolgt die **Extrusion** auf eine Länge von **300 mm** nach dem gleichen Schema wie bei der Grundplatte. Mithilfe der Funktionen **FASEN** und **RUNDUNG** wird anschließend die obere Innenkante des Rohrs mit einer Fase von **2 mm** und die obere Außenkante des Rohrs mit einer Abrundung von ebenfalls **2 mm** versehen. Einzustellen sind jeweils die Art der Erzeugung und natürlich die Maßangabe selbst.

Rundungen lassen sich zusätzlich noch unterscheiden zwischen **Kantenansatz mit konstantem Radius**, **Abrundung mit variablem Radius** und **Eckenausführung**.

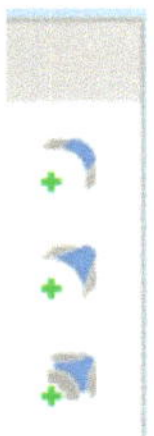

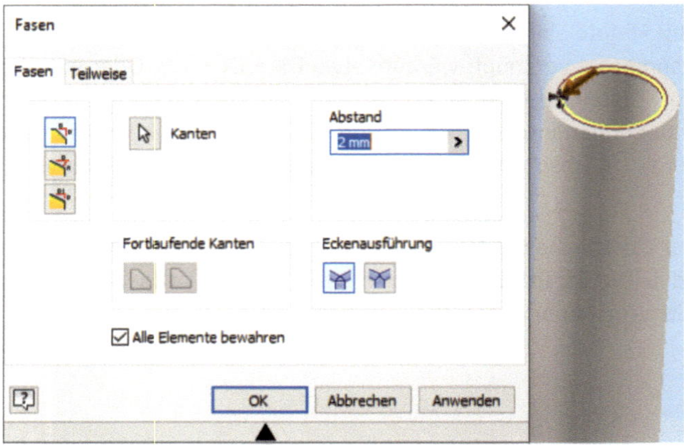

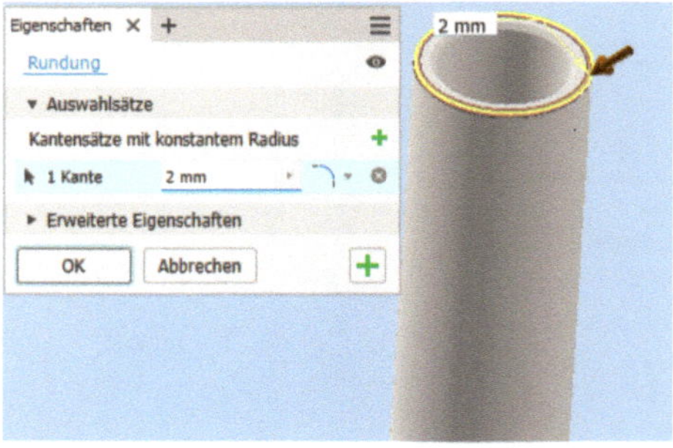

Nun sind noch, wie bei der Grundplatte, Langlöcher in das Bauteil einzubringen, um hier die später erzeugten Rippen zu fixieren. Die Vorgehensweise ist wieder so, dass eine neue Skizze anzulegen ist. Die Funktion **2D-SKIZZE STARTEN** ist zu wählen und anschließend die **YZ-Ebene** im Strukturbaum als Bezug festzulegen.

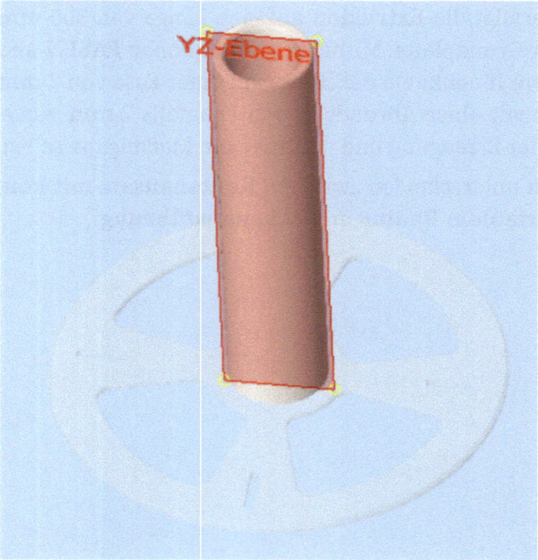

TIPP: Beim Skizzieren kann es einfacher bzw. übersichtlicher sein, kurzzeitig die **Sichtbarkeit** vom bisherigen **Volumenkörper (1)** des Bauteils Ständer über das Kontextmenü im Strukturbaum zu deaktivieren, da die Skizze auf die **YZ-Ebene** gelegt wurde und damit innerhalb des Rohrs liegt.

Das Skizzieren der Nut erfolgt direkt mit der Schaltfläche **LANGLOCH** (Mitte zu Mitte, Befehlsgruppe **Erstellen**). Hierzu ist vorab wieder eine vertikale **Konstruktionslinie** zu zeichnen, die durch den **Ursprung** geht. Nach dem Setzen des ersten Mittelpunkts kann direkt **50 mm** über die Tastatur eingegeben werden. Es folgen **90°** für die Neigung und **6 mm** für die Breite. Der Abstand zum Ursprung beträgt **180 mm**.

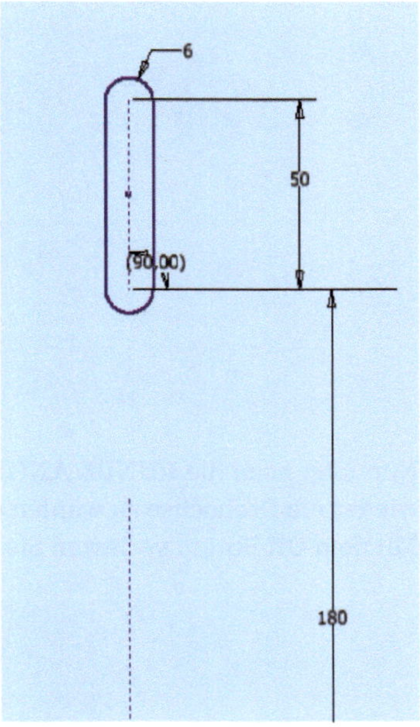

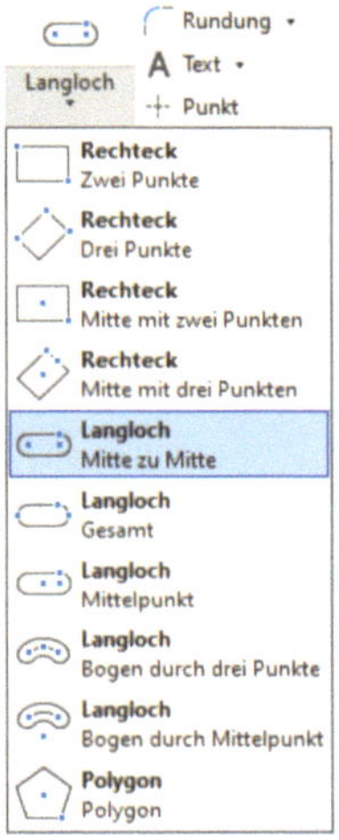

Wir verlassen nun wieder den Skizzier-Modus mit **BEENDEN**. Falls der **Volumenkörper (1)** auf „nicht sichtbar" gestellt wurde, ist dieser im Strukturbaum mit der rechten Maustaste anzuwählen und wieder auf **Sichtbarkeit** zu stellen.

Die **Extrusion** sollte nun keine Herausforderung mehr darstellen. Im Dialogfeld ist **Differenz** zu wählen, und die **Tiefenangabe** kann entweder über einen ausreichenden Zahlenwert oder über das dynamische Ziehen an der **angezeigten Pfeilspitze** eingestellt werden. Mit dem **OK**-Button ist der Dialog abzuschließen.

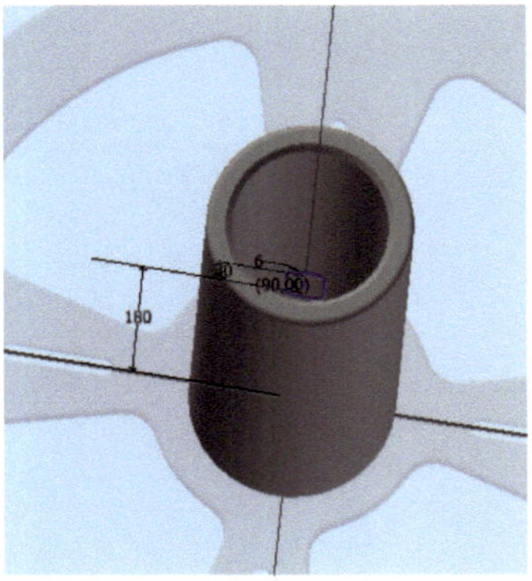

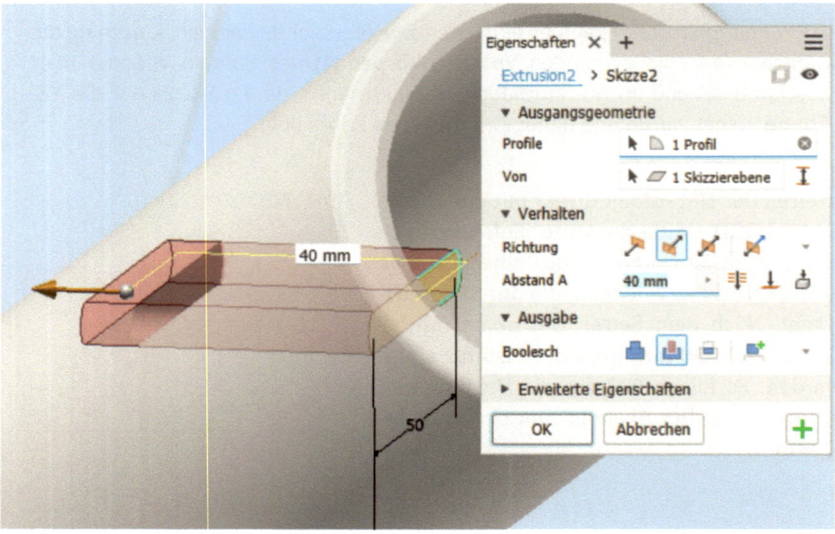

Nun folgt noch die **RUNDE ANORDNUNG** des Langlochs. Über das Dialogfeld ist hierzu wieder die Drehachse zu wählen (**Z-Achse**), und die Anzahl ist auf den **Wert 4** zu stellen. Mit dem **OK**-Button verlassen Sie den Dialog.

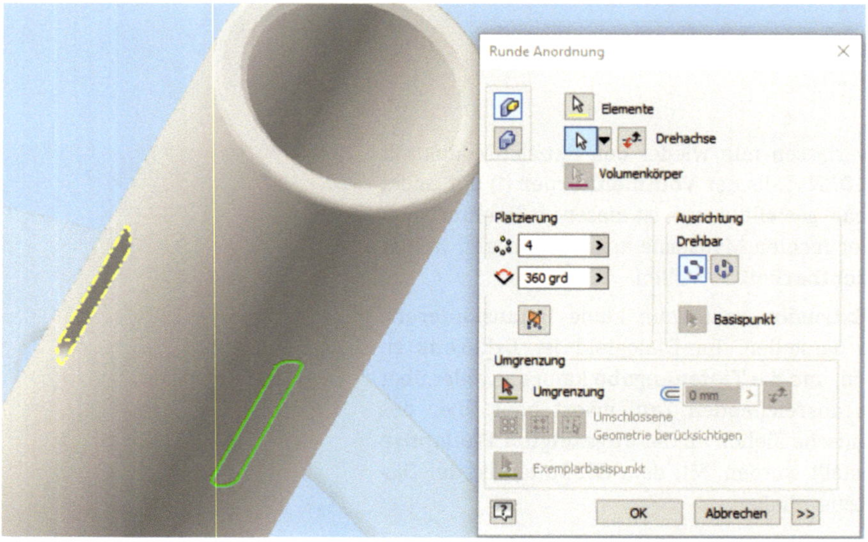

Wie schon der „Grundplatte“ wird nun auch dem „Ständerrohr“ das Material **Stahl, weich** aus der Inventor-Materialbibliothek zugewiesen (standardmäßig ist für das Bauteil wieder **Generisch** eingestellt).

Das „Ständerrohr“ ist jetzt erstellt, und die Bearbeitungsumgebung des Bauteils kann beendet werden. Dies kann mit einem Doppelklick auf die Baugruppe *Kap_3_6_Ständer.iam* im Modellbaum erfolgen oder über das Icon **ZURÜCK** und dann über den Menüpunkt **ZURÜCK ZU ÜBERGEORDNETEM**.

Inventor schaltet daraufhin in die normale Baugruppenumgebung zurück. Bei der nächsten Speicherung der Baugruppe wird automatisch das Bauteil „Ständerrohr“ als Bauteildatei erzeugt und gespeichert.

Im Strukturbaum ist erkennbar, dass aufgrund der Konstruktionsvorgehensweise das *Kap_3_7_Ständerrohr:1* als **adaptiv** gekennzeichnet wurde. Weiterhin besagt der **hohle Punkt**, dass das Bauteil innerhalb der Baugruppe bezüglich der Positionierung unterbestimmt ist. Abgeleitet wurde der Kreisdurchmesser, wodurch fünf Freiheitsgrade eliminiert wurden. Möglich ist aber immer noch die Rotation vom „Ständerrohr“ in Bezug auf die „Grundplatte“. Dieses kann mithilfe der Funktion **ABHÄNGIGKEIT** und dem Modus **Fluchtend** gelöst werden.

Auszuwählen ist im Strukturbaum jeweils bei beiden Bauteilen die **YZ-Ebene**. Mit dem Button **OK** wird der Vorgang abgeschlossen und im Strukturbaum wird das „Ständerrohr“ nun auch mit einem **schwarzen Punkt** im Strukturbaum gekennzeichnet.

TEIL I

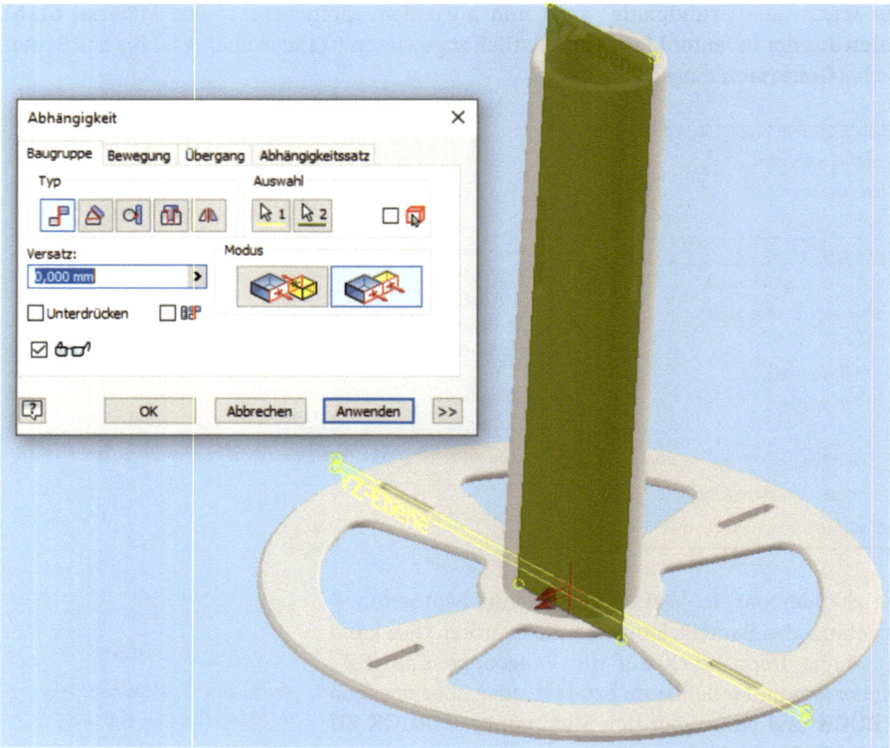

3.8 Die Rippe in der Baugruppe erstellen

In fast derselben Art und Weise wie vorher das „Ständerrohr“ wird nun eine Versteifungsrippe erzeugt und anschließend vervielfältigt. Dazu wird die Funktion **KOMPONENTE ERSTELLEN** aufgerufen, und der Komponentenname „Rippe“ wird im Dialogfenster eingetragen. Allerdings ist die Skizzierebene keine Bauteilfläche sondern sie wird aus den Ursprungsebenen der Baugruppe abgeleitet. Die YZ-Ebene in der Ursprungsdefinition schneidet die Baugruppe vertikal genau mittig. Sie ist deshalb als Skizzierebene gut geeignet.

Nach der Auswahl der YZ-Ebene wird automatisch das neue Bauteil (Komponente) aktiv geschaltet, und die Baugruppe wird mitsamt den bisher erzeugten Bauteilen grau hinterlegt, d. h., diese sind derzeit inaktiv.

Wurde die Bauteil-Arbeitsumgebung für die Rippe gestartet, so ist, wie auch schon beim Ständerrohr, zuerst eine Skizze anzulegen (**2D-SKIZZE STARTEN**). Die Skizzierebene dieser Skizze soll sich ebenfalls in der YZ-Ebene der Ursprungsdefinition, jetzt allerdings der Rippe, befinden.

Liegt die Skizzierebene schräg im Raum, so kann mit dem Icon **AUSRICHTEN**, das sich am rechten Bildschirmrand befindet, und einem Klick auf die Skizze im Strukturbaum die Skizzierebene nach der XY-Ebene ausgerichtet werden.

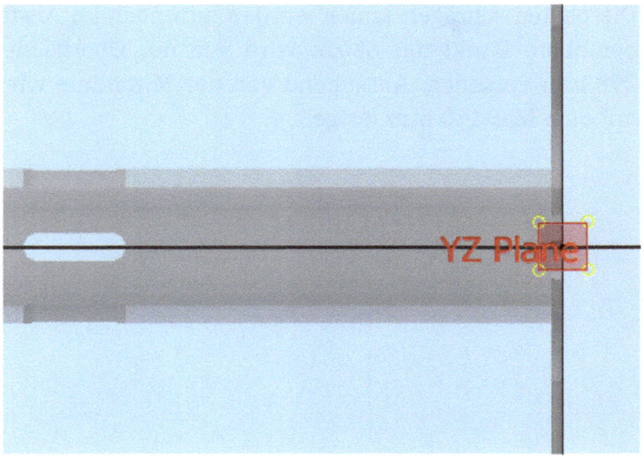

Auch die Rippe soll in Abhängigkeit vom Rohr und von der Grundplatte skizziert werden, weshalb wieder die Funktion **GEOMETRIE PROJIZIEREN** aufgerufen wird.

Projiziert werden nun die Oberfläche der Grundplatte und die vertikale Kante des Außendurchmessers des Rohrs, da die zu konstruierende Rippe diese beiden Elemente miteinander verbinden soll. Beide Linien werden anschließend zu **Konstruktionslinien** geändert.

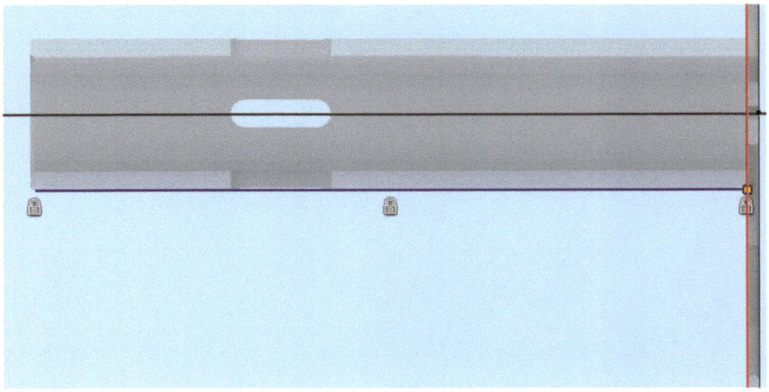

Die Skizze wird jetzt mittels einer Polylinie über **LINIE ERSTELLEN** gezeichnet, die eine koinzidente Verbindung zu den projizierten Kanten der beiden anderen Bauteile hat. Der Linienanfangspunkt ist nun koinzident auf die vertikale Kante zu setzen. Es wird hierzu eine schräge Linie nach links oben, mit dem Endpunkt koinzident auf der horizontalen Kante, platziert. Anschließend wird im Linienzug weiter nach rechts auf der horizontal projizierten Kante verfahren. Der Linienzug wird nun nach rechts unten so fortgeführt, dass der Endpunkt koinzident auf der Vertikalen liegt. Die Rippenkontur muss jetzt geschlossen werden, d. h., die letzte Linie geht vertikal nach unten bis zum Anfangspunkt. Alternativ kann über das Kontextmenü die Funktion **SCHLIESSEN** gewählt werden. Damit ergänzt Inventor den Linienzug, und es entsteht eine geschlossene Fläche. Die beiden Schrägen sind nun noch parallel zu setzen. Über **ABHÄNGIGKEIT PARALLEL** und Anwählen beider Schrägen lässt sich dieses schnell umsetzen.

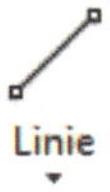

Die beiden schrägen Linien werden nun noch im Abstand von **50 mm** angeordnet, und der obere Punkt der Skizze wird von der Oberfläche der Grundplatte mit dem Maß **298 mm** versehen. Ausgehend von der Mittellinie wird der Abstand der unteren Linie mit dem Maß **140 mm** festgelegt.

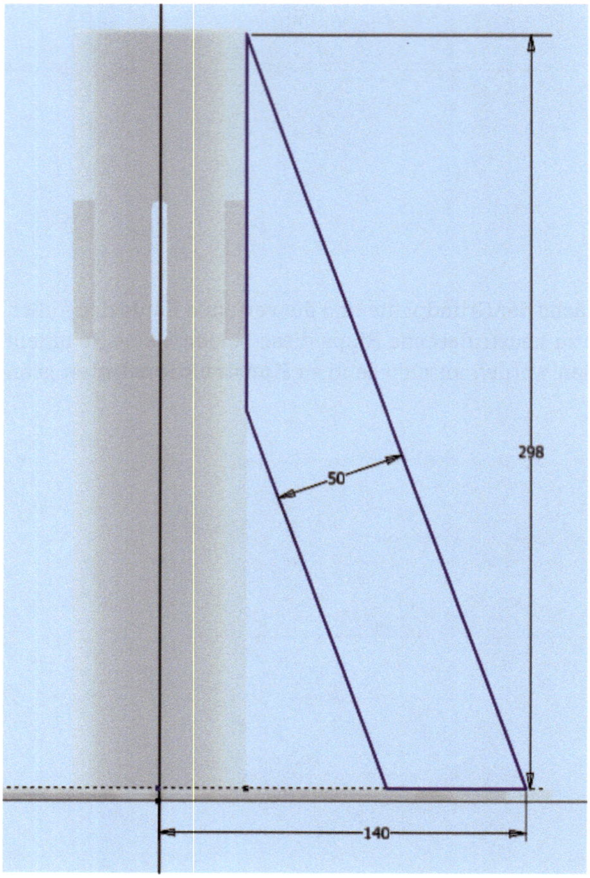

HINWEIS: Sollte der Linienzug beim Erstellen unterbrochen werden, so kann er jederzeit mit der Funktion **NEUSTART** im Kontextmenü oder mit dem erneuten Aufruf der Funktion **LINIE** wieder begonnen werden. In diesen Fällen ist jedoch darauf zu achten, dass der Anfangspunkt der neuen Linie immer genau am Endpunkt der bestehenden Linie angefügt werden muss. Zu sehen ist dies daran, dass der sonst kleine gelbe Punkt in diesen Fällen zu einem größeren grünen Punkt wird.

Ist alles fertiggestellt, erscheint die Kontur durchgängig in Blau, was ein Zeichen dafür ist, dass alle notwendigen Bedingungen gesetzt sind. Die Skizze kann mit dem Aufruf **SKIZZE BEENDEN** geschlossen werden.

3.8.1 Die Extrusion der Rippe

Nun wird die bereits bekannte Funktion **EXTRUSION** aufgerufen. Da die Skizzierebene die Baugruppe genau in der Mitte schneidet, ist lediglich zu beachten, dass die Extrusion nach beiden Seiten, also mittig – **Symmetrisch** – erfolgt, weil die Rippe sonst einseitig eingefügt werden würde und neu ausgerichtet werden müsste. Die Dicke der Rippe beträgt **10 mm**.

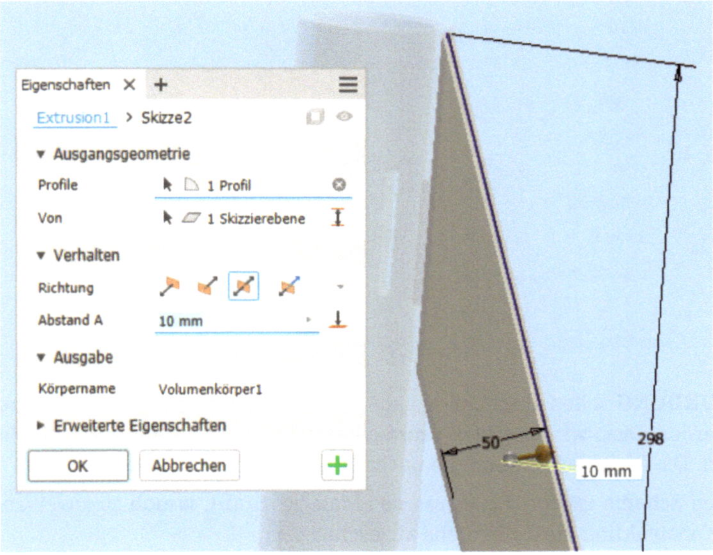

3.8.2 Zapfen an den Enden der Rippe anbringen

Mit der schon bekannten Funktion **GEOMETRIE PROJIZIEREN** werden die konstruierten Langlöcher von der Grundplatte und dem Ständer auf die Rippe abgeleitet. Hierzu ist vorab **2D-SKIZZE STARTEN** aufzurufen und die entsprechende Stirnfläche der Rippe als **Skizzierebene** zu wählen.

Im Dialogfeld **Extrusion** (Befehlsgruppe **Erstellen**) wird nun noch das Maß **5 mm** eingestellt. Mit dem **OK**-Button folgt die Bestätigung. Analog zur beschriebenen Vorgehensweise erfolgt die Konstruktion an der ständerseitigen Stirnfläche der Rippe. Hier ist als Maß ebenfalls der Wert **5 mm** einzustellen.

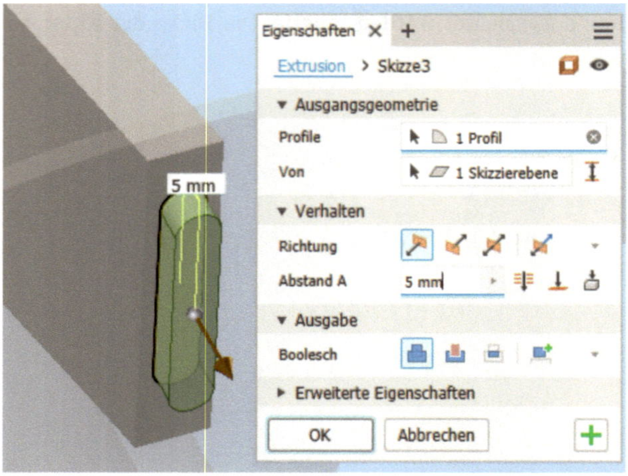

Mit der Funktion **RUNDUNG** sollen abschließend alle vier schrägen Kanten und die obere Kante gebrochen werden. Dazu wird das Maß **1 mm** eingestellt, und die Kanten werden in einem Zug selektiert. Die Rippe sollte dann die nachfolgend abgebildete Gestalt haben.

Nach dem bekannten Schema ist der Rippe nun das Material **Stahl, weich** zuzuweisen. Damit ist auch die Konstruktion dieses Bauteils abgeschlossen.

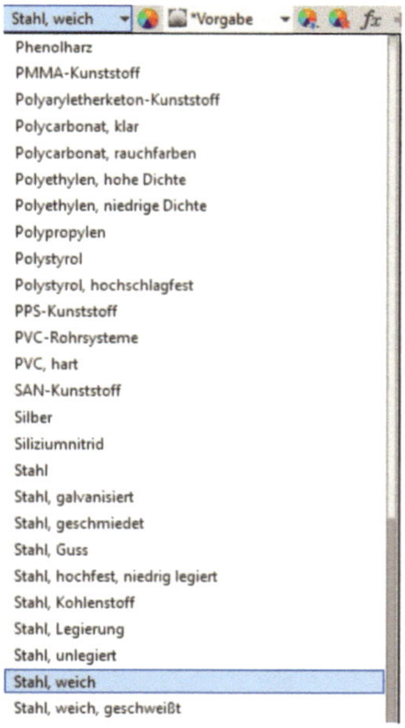

Die nächsten Schritte, die Vervielfältigung der Rippe, werden wieder in der Baugruppenumgebung vollzogen, weshalb jetzt die Erstellung der Rippe mit der Betätigung der rechten Maustaste auf **ZURÜCK** abgeschlossen wird. Das anschließende Speichern der Baugruppe erzeugt und speichert gleichzeitig das neue Bauteil unter dem Namen *Kap_3_8_Rippe.ipt* im Projektordner.

3.8.3 Vervielfältigen der Rippe auf Baugruppenebene

In der Registerkarte **Zusammenfügen** befindet sich die Befehlsgruppe **Muster**, die wiederum die Funktion **MUSTER (Komponente anordnen)** enthält. Hiermit ist das Mehrfachkopieren von Bauteilen in Baugruppen in rechteckiger oder runder Anordnung möglich. Die zu kopierende Komponente ist die *Rippe*, als Drehachse kann die **Z-Achse** des Rohrs im Feld **Platzierung** über den Drop-down Button gewählt werden. Die Anzahl der Elemente beträgt **4** (oE = ohne Einheit), und der Drehwinkel zwischen den Elementen wird mit **90°** angegeben. Ist alles eingegeben, wird die Anordnung bereits temporär angezeigt und mit Klick auf den **OK**-Button auch so in die Baugruppe übernommen.

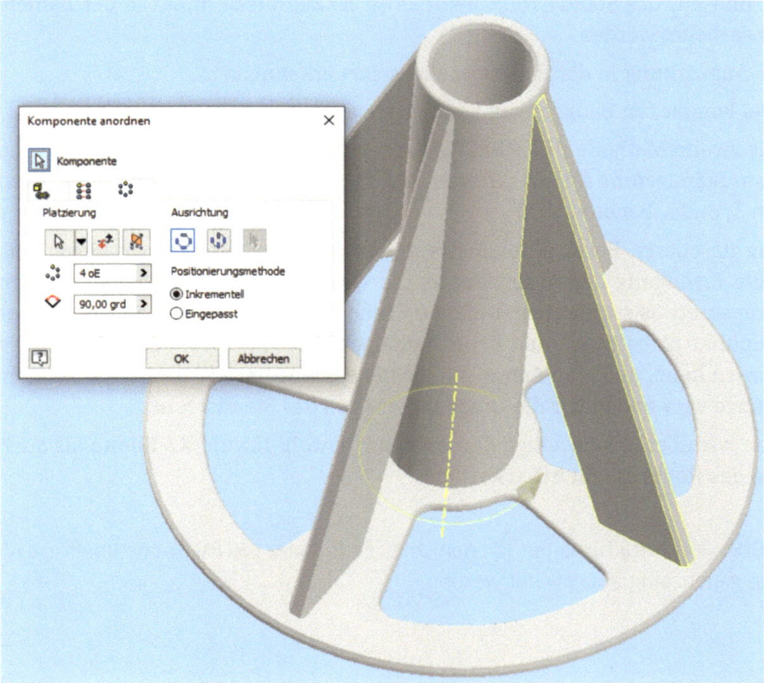

Im Strukturbaum ist die Rippe auf den ersten Blick nicht zu sehen, sie versteckt sich hinter dem Eintrag *Komponentenanordnung*, dem alle vier Rippen untergeordnet sind, wobei im ersten Eintrag die Originalrippe hinterlegt ist, was hier nachträgliche Änderungen ermöglicht.

TEIL I

3.9 Ein Bauteil nachträglich weiterbearbeiten

In das Bauteil „Ständerrohr" soll in späteren Schritten ein verschiebbares Rohr mit einer Rolle eingebracht werden. Um dieses in verschiedenen Höhen arretieren zu können, muss im Ständerrohr nachträglich noch eine Bohrung für den Arretierstift eingebracht werden.

Damit die Bohrung am Ständerrohr erzeugt werden kann, muss das Bauteil in den Bearbeitungsmodus gesetzt werden. Für diesen Vorgang gibt es in der Baugruppe zwei Möglichkeiten:

1. Das Ständerrohr ist im Strukturbaum zu markieren, und mit einem Klick der rechten Maustaste wird anschließend **ÖFFNEN** ausgewählt. Dieser Vorgang öffnet das Ständerrohr in einem eigenen Dokumentfenster als Bauteil.

   Vorteil: Das weitere Arbeiten erfolgt ausschließlich an dem übersichtlicheren Bauteil.

   Nachteil: Man sieht nicht sofort, wo sich die Bohrung im Zusammenbau befindet.

2. Das Ständerrohr ist zu markieren, und mit Klick der rechten Maustaste ist nun **BEARBEITEN** zu wählen. Dieser Vorgang blendet in der Baugruppenumgebung die anderen Bauteile ab, und nur das Ständerrohr bleibt aktiv. Es kann jetzt direkt in der Bauteilumgebung bearbeitet werden.

   Vorteil: Die Auswirkung in der Baugruppe ist sofort erkennbar.

   Nachteil: Bei komplexen Baugruppen kann es etwas unübersichtlich werden.

Wir wenden die zweite Methode **BEARBEITEN** an und müssen im nächsten Schritt eine Arbeitsebene am Ständerrohr für die Arretierbohrung erstellen, die für die Bohrungen quer durch den Zylinder benötigt wird.

Da die Bohrung im oberen Bereich des Rohrs mittig zwischen zwei Rippen liegen soll, gestaltet sich die Erzeugung der Arbeitsebene, die vertikal unter **45°** verdreht zu den Rippen liegen muss, etwas schwieriger. Um eine Ebene definieren zu können, auf der der Bohrungsmittelpunkt platziert werden kann, benötigen wir eine vorhandene Ebene, die ausgewählt werden kann, und eine Achse, um die neue Ebene um **45°** drehen zu können. Für diese Vorgänge verwenden wir die Ursprungsebenen des Ständerrohrs.

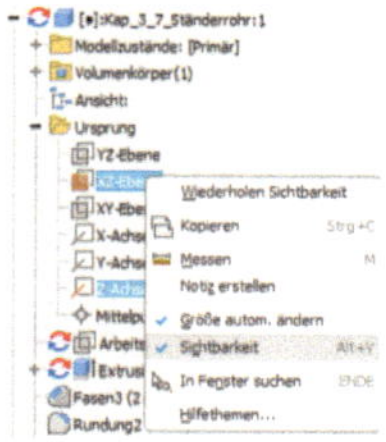

Hierfür schalten wir über das jeweilige Kontextmenü sowohl für die **XZ-Ebene** als auch für die **Z-Achse** des Rohrs die **Sichtbarkeit** ein.

> **HINWEIS:** Im Strukturbaum können mit gedrückter **STRG-Taste** mehrere Objekte gleichzeitig ausgewählt werden.

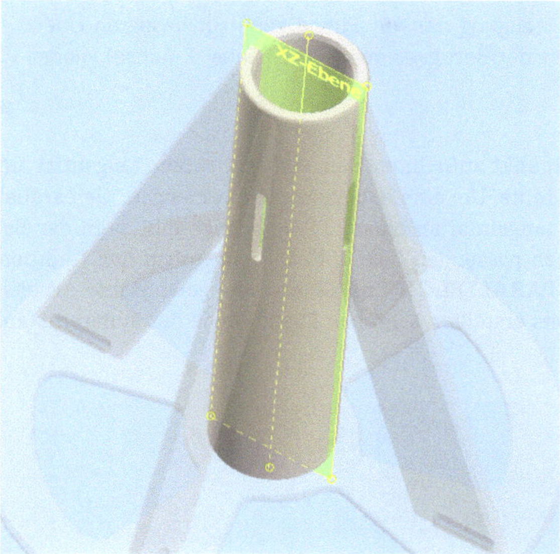

In der Befehlsgruppe **Arbeitselemente** finden wir unter der Schaltfläche **EBENE** den Eintrag **WINKEL ZU EBENE UM KANTE**, der uns den Hinweis zur Erzeugung der gewünschten Ebene gibt. Als Hilfselemente benötigen wir also zunächst eine **Ebene** und eine **Kante** – beides haben wir bereits sichtbar gemacht und anschließend im Strukturbaum selektiert. Jetzt kann mit der Funktion **WINKEL ZU EBENE UM KANTE** eine neue Arbeitsebene unter **45°** erzeugt werden.

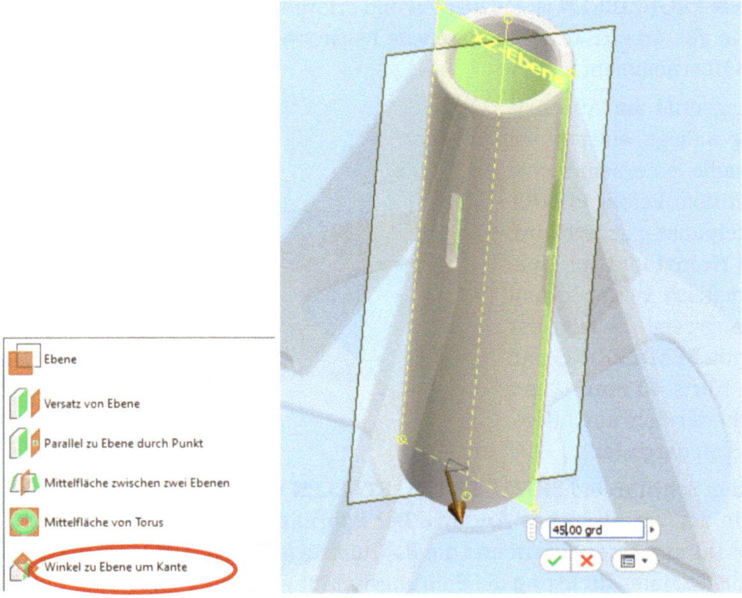

TIPP: Nach erfolgreicher Erzeugung der 45°-Ebene kann zur besseren Übersichtlichkeit die Sichtbarkeit der Bezugselemente (XZ-Ebene, Z-Achse) wieder ausgeschaltet werden.

Die Ebene, die den Bohrungsmittelpunkt aufnehmen soll, soll sich außen, tangential am Rohr befinden und nicht in dessen Mitte. Um eine Arbeitsebene zu erzeugen, die parallel zu einer anderen und gleichzeitig tangential an einem Zylinder liegt, gibt es in der Befehlsgruppe **Arbeitselemente** einen passenden Befehl. Nach dem Aufruf der Funktion **TANGENTIAL ZU FLÄCHE UND PARALLEL ZU EBENE** wird die gewünschte Arbeitsebene nach der Selektion der bereits erstellten schrägen Ebene sowie der äußeren Mantelfläche des Rohrs neu erstellt.

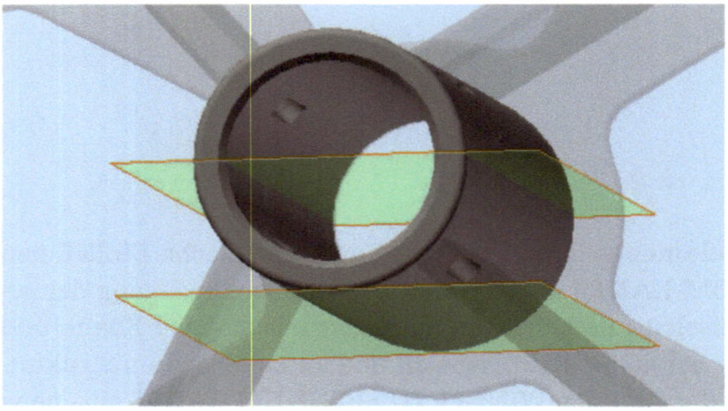

Auf der neuen tangentialen Arbeitsebene ist eine **Neue Skizze** zu erstellen. Die Funktion **SCHNITTKANTEN PROJIZIEREN** ist aufzurufen und erfordert keine weiteren Eingaben. Alle Kanten, die in der Arbeits- bzw. Skizzierebene liegen, werden automatisch als Referenz in die Skizze übernommen.

Da die Skizze tangential am Außenzylinder des Rohrs anliegt, entsteht an der Berührungsstelle eine senkrechte Linie, auf der mit dem Befehl **PUNKT** der Bohrungsmittelpunkt platziert wird. Die Abhängigkeit **Koinzident** zur Linie wird dabei automatisch vergeben und beim Platzieren angezeigt. Es folgt der Aufruf der Funktion **BEMASSUNG** und die Eingabe des Werts **40 mm**. Damit ist der Mittelpunkt der Bohrung festgelegt und wird in Blau dargestellt.

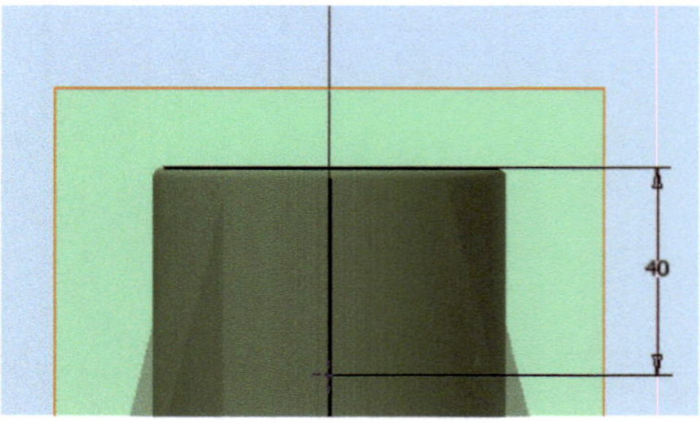

Die nächsten beiden Schritte sind **SKIZZE FERTIG STELLEN** und das Aufrufen der Funktion **BOHRUNG** in der Befehlsgruppe **Ändern**. Der Bohrungsmittelpunkt wird automatisch erkannt. Der Durchmesser **13 mm** und die Bohrungstiefe **Durch alle** sind einzustellen. Gegebenenfalls ist unter **Richtung** die Bohrungsrichtung umzudrehen.

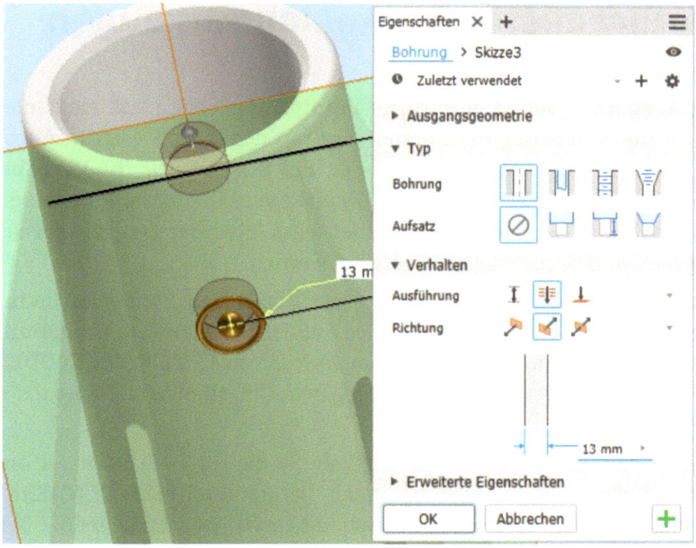

HINWEIS: Alternativ steht für eine **Einfache Bohrung** im Bohrungstool auch die Richtung **Symmetrisch** zur Verfügung. Damit kann die Bohrungsskizze direkt auf die erzeugte Arbeitsebene, die durch die Achse des Ständerrohrs führt, gelegt werden. Ebenfalls möglich ist es, die **Skizzierumgebung** direkt aus dem Dialogfenster **Bohrung** aufzurufen.

Die Außenkanten der Bohrung sind nun noch mit der Funktion **FASEN** um **1 mm** zu brechen.

Jetzt, nachdem das Ständerrohr fertig bearbeitet ist, wird zur übergeordneten Baugruppe *Kap_3_6_Ständer.iam* zurückgekehrt. Der Strukturbaum zeigt alle Elemente der Baugruppe.

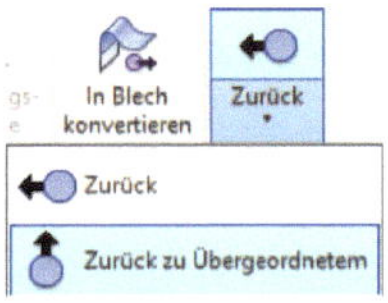

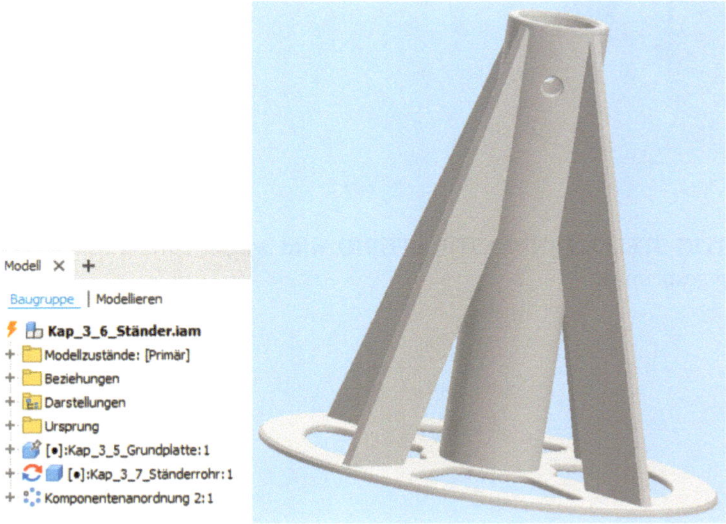

3.10 Eine fotorealistische Ansicht erzeugen

Auf der Registerkarte **Ansicht**, in der Befehlsgruppe **Darstellung**, finden sich viele interessante Funktionen für die Anpassung der Darstellungen in der Modell-Ansicht. Angezeigt wird hier auch, dass Inventor standardmäßig den Beleuchtungsstil **IBL-Vorgabe** geladen hat. „IBL“ steht für Umgebungsbeleuchtung und ist ein in der Bibliothek gespeicherter globaler Stil, der für die Darstellung verwendet wird. Über das Drop-down-Feld können aber auch alternative Beleuchtungsstile geladen werden.

Wenn möglichst realistische Abbildungen des Bauteils gewünscht sind, kann man die **Inventor Studio**-Umgebung nutzen. Hierfür befindet sich auf der Registerkarte **Umgebungen** in der Befehlsgruppe **Beginnen** das Symbol zum Aufruf von **INVENTOR STUDIO** (siehe Kapitel 8). Die Anwahl verzweigt in die entsprechende Umgebung, um fotorealistische Darstellungen zu erzeugen.

Ein Klick auf die Funktion ruft die Menüleiste von Inventor Studio auf, in der sich u. a. die Befehlsgruppe **Rendern** befindet. Hier findet sich auch die Funktion **BILD RENDERN**, die ein Dialogfenster öffnet, in dem verschiedene Parameter gesetzt werden können. Über die Schaltfläche **RENDERN** in diesem Dialogfenster kann aber bereits ohne weitere Einstellungen ein recht ansprechendes Ergebnis erzielt werden. Das Ergebnis des Renderns ist natürlich davon abhängig, dass den einzelnen Komponenten vorab durchgängig ein Material mit passender Oberflächendarstellung zugeordnet wurde.

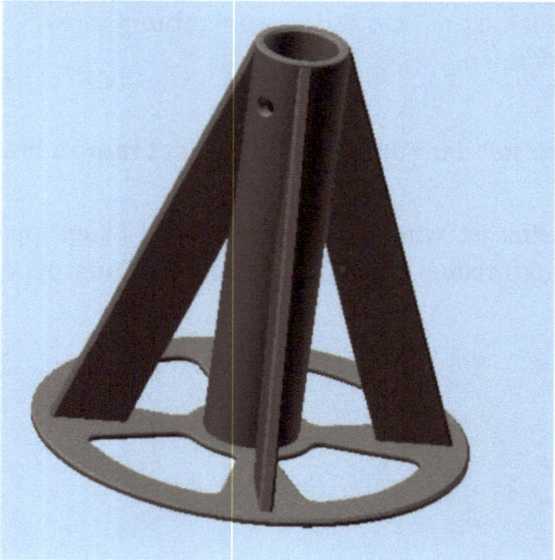

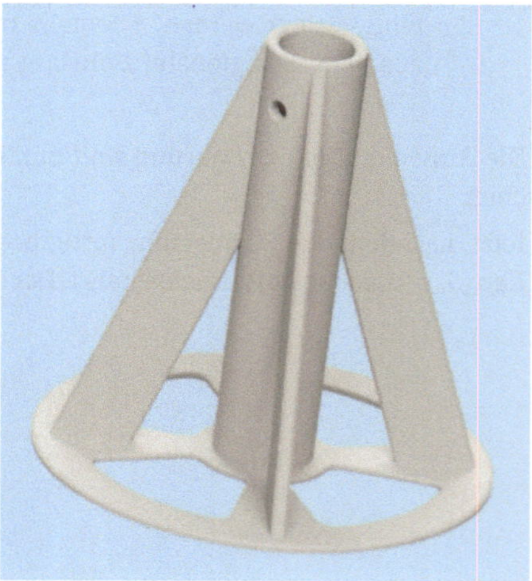

Mit Klick auf **FERTIG STELLEN INVENTOR STUDIO** wird wieder zurück in die Baugruppenumgebung gesprungen.

3.11 Die Baugruppe „Schiebeteil“

Diese Baugruppe wird ganz ähnlich erstellt wie der Ständer, weshalb sich die Anleitungen zur Erstellung der Baugruppe bzw. der Bauteile etwas kürzer gestalten. Sie sollten jetzt in bestimmten Bereichen bereits dazu in der Lage sein, die zuvor vorgestellten Funktionen anzuwenden.

Im Wesentlichen besteht die Baugruppe aus drei Hauptteilen: dem „Schieberohr“, einem „U-Profil (Traverse)“ und der „Rolle“.

3.12 Das Schieberohr konstruieren

Das eigentliche Rohr ist sehr einfach zu konstruieren. Gestartet wird wieder über die Schaltfläche **NEU** in der Registerkarte **Datei** bzw. über das Icon im Schnellzugriff-Werkzeugkasten. Es öffnet sich das Dialogfenster **Neue Datei**. Im Strukturbaum für die Templates (Vorlagen) ist *de-DE > METRIC* und die zu verwendende Vorlage *Standard(DIN).ipt* auszuwählen.

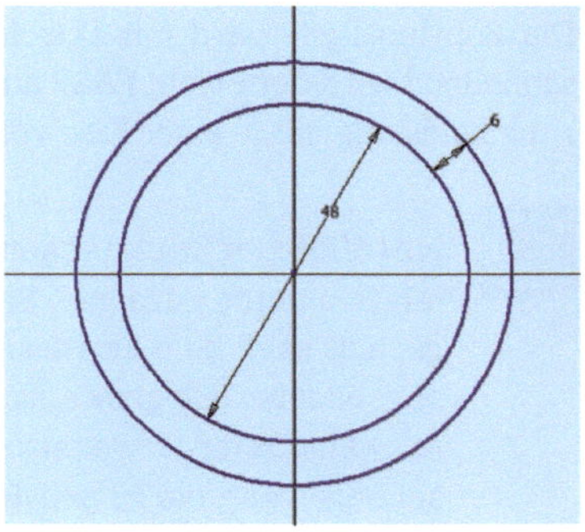

Die Skizze dazu besteht aus zwei konzentrischen Kreisen mit dem Außendurchmesser **48 mm** und dem Innendurchmesser **36 mm**. Das Kreiszentrum liegt im Koordinatenursprung **(0,0)**. Der Innendurchmesser wird allerdings über die Wandstärke **6 mm** bemaßt, was den Vorteil hat, dass bei Varianten, die unterschiedliche Außendurchmesser aufweisen, die Wandstärke erhalten bleibt und es z. B. nicht passieren kann, dass der Außendurchmesser kleiner als der Innendurchmesser wird. Die Länge des Rohrs beträgt **300 mm**. Am unteren Ende wird das Rohr, damit es leicht in das Ständerrohr eingeführt werden kann, mit einer **4-mm**-Fase ausgestattet.

Von den fünf vorgesehenen Arretierbohrungen (Durchmesser **12,5 mm**, beidseitig mit **1-mm**-Fase) wird zunächst nur die unterste ausgeführt. Dazu ist, wie beim Ständerrohr beschrieben, zunächst eine **tangentiale Arbeitsebene** zu erstellen.

Abgeleitet wird diese von der **XY-Ursprungsebene** und dem Aufruf **TANGENTIAL ZU FLÄCHE UND PARALLEL ZU EBENE**. Für diese Funktion sind die **XY-EBENE** und die **MANTELFLÄCHE** des Außendurchmessers auszuwählen.

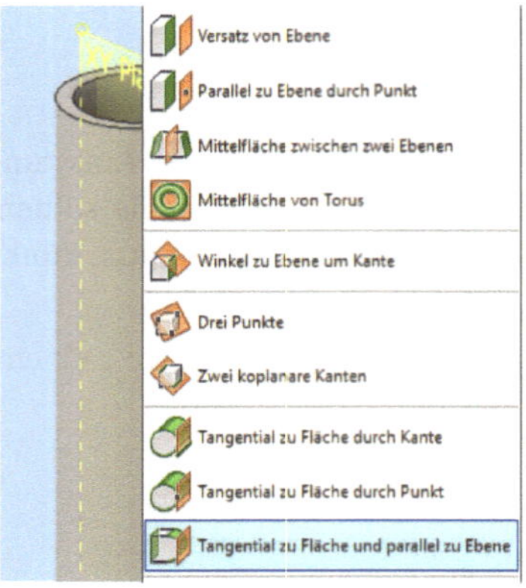

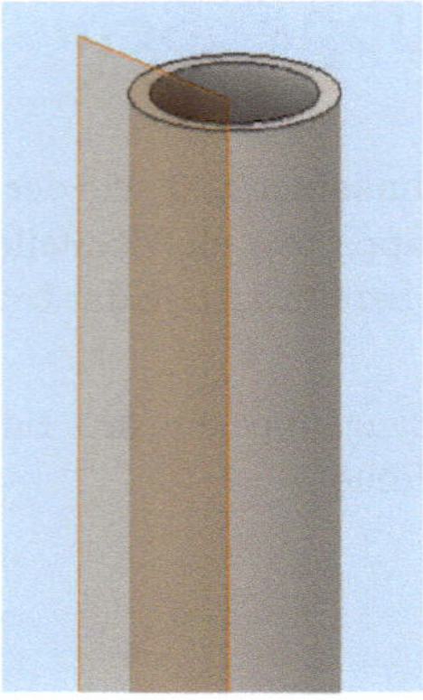

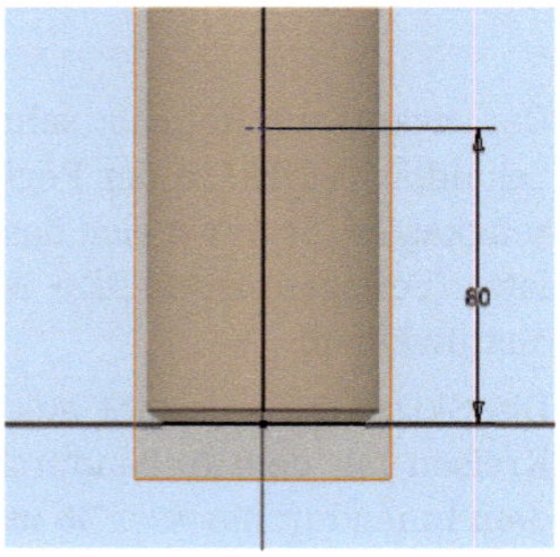

Die erzeugte Ebene wird nun die Bohrungsskizze aufnehmen. Hierzu ist wieder die Funktion **SCHNITTKANTE PROJIZIEREN** zu wählen, um die untere horizontale Kante des Rohrs in die Skizze als Linie zu übernehmen. Anschließend kann der Mittelpunkt der Bohrung mit **Punkt** gesetzt und mit dem Maß **80 mm**, ausgehend von der projizierten Kante, festgelegt werden.

Bohrung

Die Bohrungstiefe wird mit **Durch alle** eingestellt. Anschließend wird der Befehl **FASE** aufgerufen und die Bohrung beidseitig mit je einer Fase von **1 mm** versehen.

HINWEIS: Im Strukturbaum lassen sich die wichtigsten Parameter der erzeugten Geometrie anzeigen. Standardmäßig sollte dieses Feature jedoch nicht eingestellt sein. Zum Einstellen dieses Features ist über **Datei** und **Optionen** die abgebildete Dialogbox aufzurufen. Unter dem Register **Bauteil** befindet sich die Auswahlbox für „Erweiterte Informationen nach Elementknotennamen im Browser anzeigen“, die zu aktivieren ist.

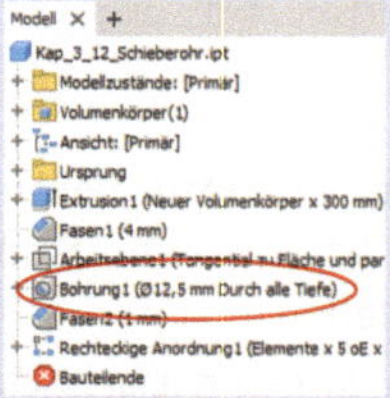

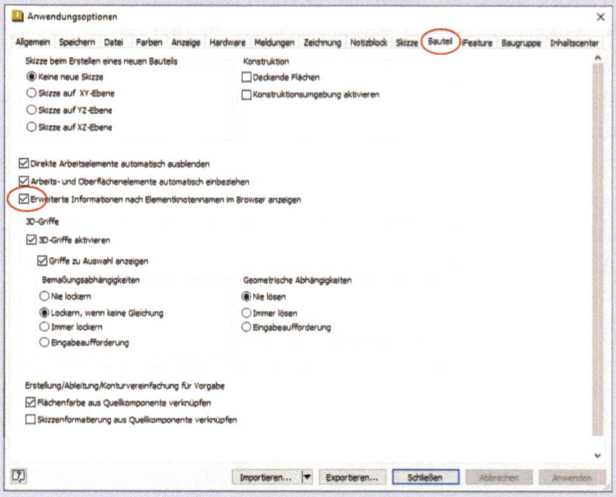

Das Vervielfältigen der Bohrung erfolgt zusammen mit der Fase über die Funktion **RECHTECKIGE ANORDNUNG**, die sich in der Befehlsgruppe **Muster** befindet. Bei dieser Funktion eines Musters können zwei Richtungen für die Anordnung der gewählten Elemente vorgegeben werden; **Richtung 1** und **Richtung 2**. Da in diesem Beispiel die Bohrung zusammen mit den Fasen nur in eine Richtung vervielfältigt werden soll, müssen Sie sich um die Angaben für **Richtung 2** nicht kümmern, solange die zugehörigen Felder ausgegraut bleiben. Auszuwählen ist für die **Richtung 1** die **Y-Achse** und anzugeben sind zum einen die Anzahl **5** und zum anderen der Abstand von **40 mm**.

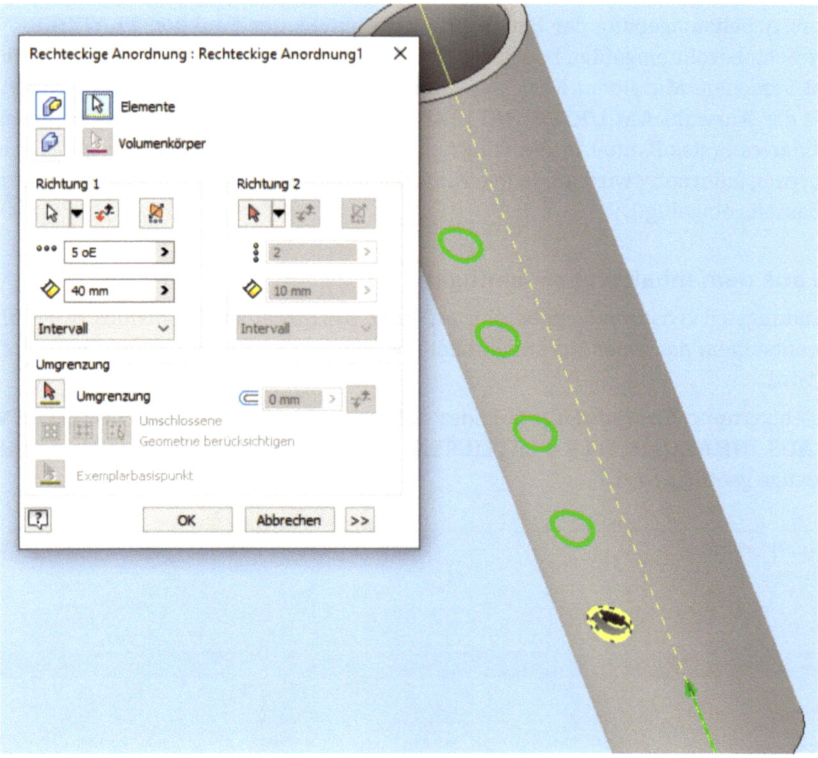

TIPP: Die Auswahl der zu vervielfältigenden Elemente kann auch im Strukturbaum erfolgen, in dem die Einträge oft viel leichter selektiert werden können, ohne das Bauteil bewegen zu müssen.

Nun wird dem Schieberohr noch das Material **Stahl, weich** zugewiesen. Damit ist dieses Bauteil bereits fertig erstellt und kann gespeichert werden.

3.13 Anlegen der Baugruppe „Schiebeteil“

Neu

Wie bereits bei der Baugruppe Ständer wollen wir auch bei dieser Baugruppe die weiteren Bauteile in Abhängigkeit vom ersten konstruierten Bauteil erzeugen. Es ist also eine neue Baugruppe zu erstellen, die den Namen *Kap_3_13_Schiebeteil.iam* erhält. Über den Button **NEU** öffnet sich das Dialogfeld, in dem wieder der Ordner mit Vorlagen angezeigt wird. Ausgewählt wird erneut *Standard(DIN).iam*. Der Vorgang wird mit der Schaltfläche **ERSTELLEN** (linke Maustaste) abgeschlossen.

Platzieren

In die leere Arbeitsumgebung der Baugruppe wird mittels der Funktion **PLATZIEREN** das fertige Schieberohr eingefügt. Das Bauteil hängt am Cursor und ist mit dem Koordinatensymbol versehen. Mit einem Klick auf die rechte Maustaste erscheint das Kontextmenü. Mit der Auswahl **AM URSPRUNG FIXIERT PLATZIEREN** wird das Schieberohr nun als fixiertes erstes Bauteil in die Baugruppe eingefügt. Die Taste **ESC** beendet den Einfügevorgang (alternativ wird mit jedem Klick der linken Maustaste ein weiteres Exemplar des Bauteils eingefügt).

Bauteile aus dem Inhaltscenter einfügen

Das Verbindungsteil zwischen Schieberohr und Rolle soll aus einem Profilstück (U-Profil, Traverse) entstehen, das einer Normteilbibliothek, dem sogenannten Inhaltscenter, entnommen wird.

Aus Inhaltscenter platzieren

In der Befehlsgruppe **Komponente** befindet sich unter der Schaltfläche **PLATZIEREN** das Icon **AUS INHALTSCENTER PLATZIEREN**, mit dem die Datenbank für Normteile und Halbzeuge geöffnet wird.

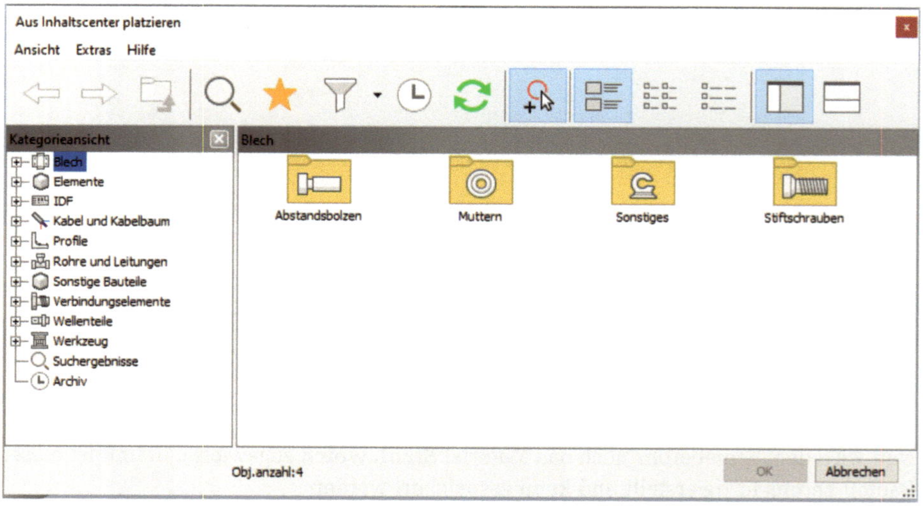

Das Inhaltscenter enthält in einer Ordnerstruktur verschiedene Kategorien, u.a. auch Profile. Gesucht wird nun ein **U-Profilstahl nach DIN 1026-1**.

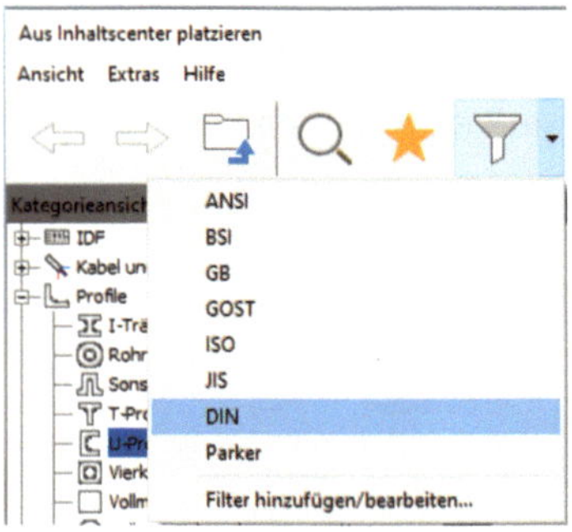

TIPP: Um die Anzahl der angezeigten Profile in den verschiedenen Normen einzugrenzen, ist es sinnvoll, den Filter auf die Anzeige von DIN-Teilen einzustellen.

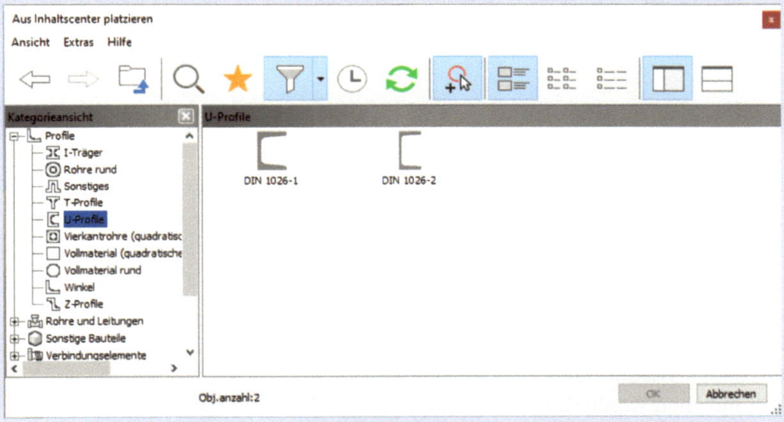

Ein Doppelklick mit der linken Maustaste auf die entsprechende Profilgruppe öffnet eine Dialogbox, in der die benötigte Größe ausgewählt werden kann. Die Profilgröße **U 160** wird ausgewählt und eine Länge von **80 mm** eingetragen. Die Festlegung wird mit **OK** bestätigt, und das Profilstück wird daraufhin in die Baugruppe eingefügt.

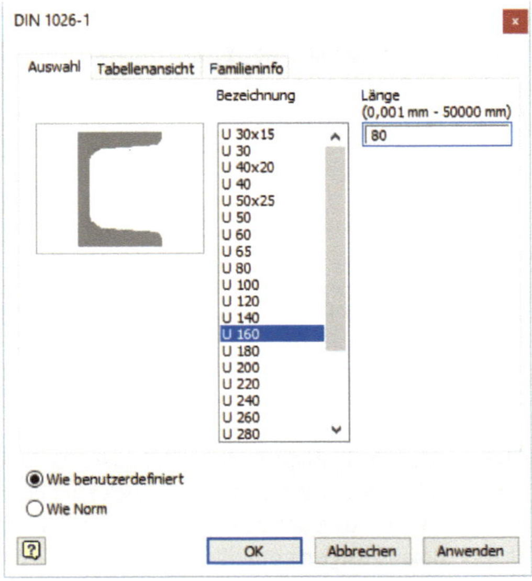

Es folgt das Abspeichern des Profilstücks als eigenständiges Bauteil im Projektordner, wobei der Name des Bauteils von Inventor zwar vorgegeben wird, jederzeit aber auch verändert werden kann. Mit dem Button **SPEICHERN** wird der Vorgang abgeschlossen.

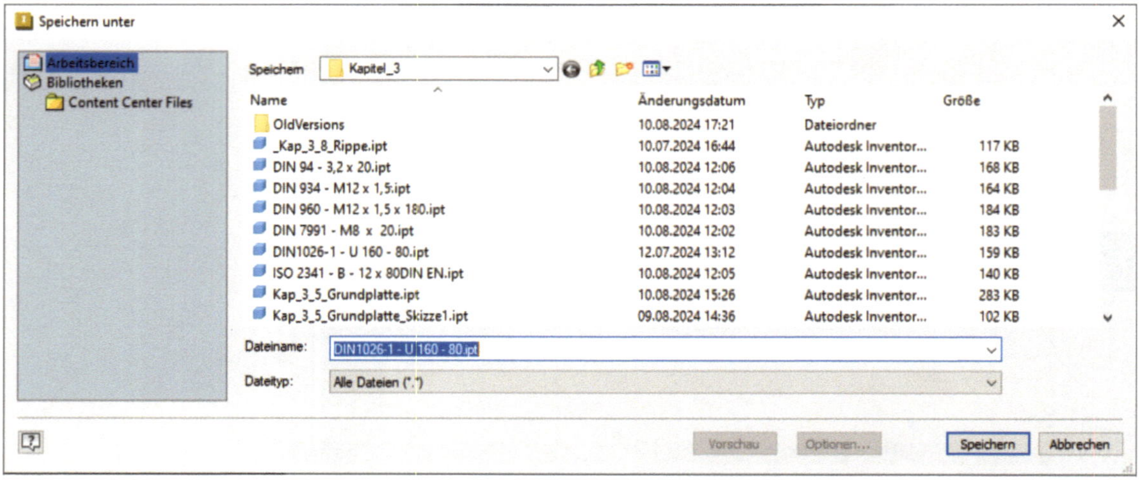

Das Profilstück ist nun so zu verschieben und zu drehen, dass es sich in der Nähe der oberen Stirnfläche des Rohrs befindet und ungefähr in seiner Einbaulage positioniert ist. Das Bauteil hängt wieder am Cursor, und mit dem Kontextmenü (rechte Maustaste) erfolgt eine grobe Positionierung. Inventor stellt mit dem 90°-Drehen um die einzelnen Achsen (**X**, **Y**, **Z**) geeignete Funktionen zur Verfügung.

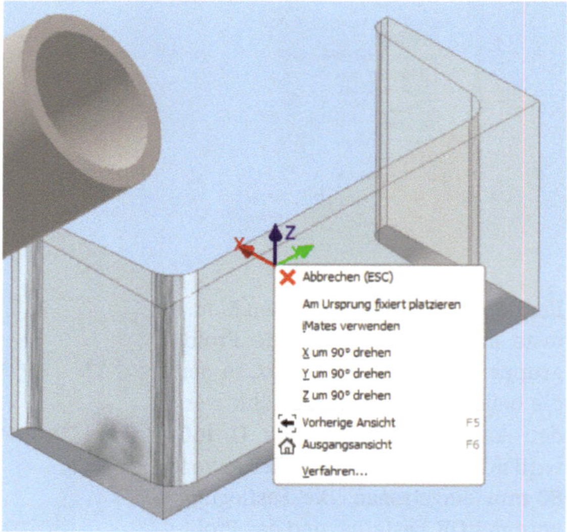

> **TIPP:** Die Befehle **FREIE DREHUNG** und **FREIE VERSCHIEBUNG** für jedes einzelne Bauteil in einer Baugruppe befinden sich auch in der Befehlsgruppe **Position**.

Abhängigkeit

Obwohl das Profilstück noch nicht auskonstruiert ist (Bohrungen und Verbindung zum Schieberohr fehlen), wird das Profilstück zunächst innerhalb der Baugruppe exakt angeordnet, damit hierfür vorhandene Geometrieelemente genutzt werden können. Die Befehlsgruppe **Beziehungen** enthält den Befehl **ABHÄNGIGKEIT**, der hierfür zum Einsatz kommt.

HINWEIS: Jedes Bauteil besitzt die sechs möglichen Freiheitsgrade in Bezug auf den Einfügepunkt innerhalb einer Baugruppe. Mit den gesetzten Abhängigkeiten werden diese Freiheitsgrade eingeschränkt bzw. komplett eliminiert, sodass Bauteile ihre Position zueinander behalten.

Die Ebenen im Ursprung der beiden Bauteile und die Stirnflächen des U-Profils und des Schieberohrs bieten sich hierfür an. Einzustellen ist jeweils der **Modus Passend** bzw. **Fluchtend**. Zusätzlich ist der vorgesehene **Versatz** einzugeben. Das U-Profil ist in einem Abstand von **5 mm** zur oberen Stirnfläche des Schieberohrs zu positionieren. Bei der seitlichen Ausrichtung (siehe Abbildung rechts) beträgt das einzutragende Maß **40 mm**. Mit dem Setzen der drei Abhängigkeiten erhält auch das eingefügte U-Profil im Strukturbaum einen schwarzen Punkt, welches ein Hinweis dafür ist, dass dieses Bauteil komplett innerhalb der Baugruppe festgelegt wurde. Es kann seine Position zum Rohr nicht mehr verlieren.

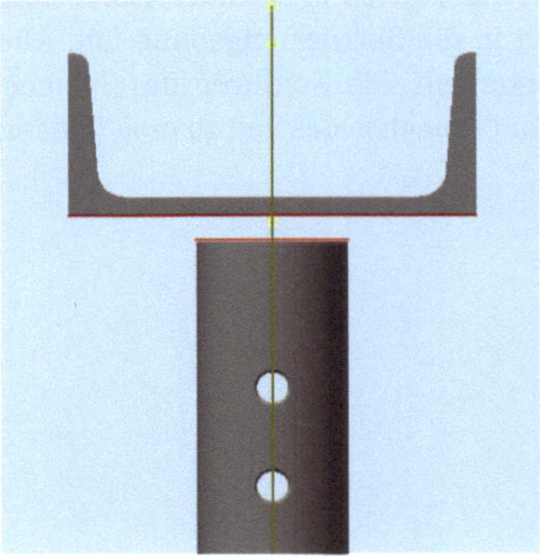

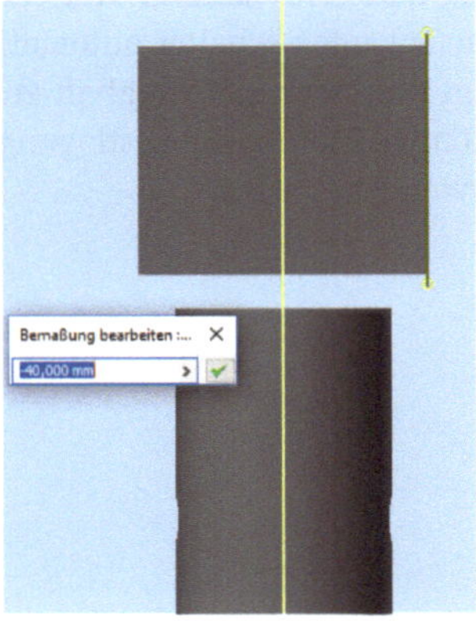

3.14 Konstruieren rotationssymmetrischer Teile

Nun wird die Verbindung zwischen U-Profil und Schieberohr konstruiert, welches unter dem Namen *Kap_3_14_Verbindungsteil.ipt* gespeichert wird. Dieses Bauteil ist als Drehteil (mit Erzeugung durch Rotation) auszuführen.

Erstellen

Über die Befehlsgruppe **Komponente** und den Befehl **ERSTELLEN** wird das neue Bauteil erzeugt. Im Dialogfenster ist der Name *Kap_3_14_Verbindungsteil* einzugeben. Die verknüpfte Vorlage ist wieder *Standard(DIN).ipt*. Ein **Klick** mit der linken Maustaste fügt das neue Bauteil in den Strukturbaum ein. Als Bezugsebene wird die **XY-Ebene** der Baugruppe oder des Schieberohrs verwendet.

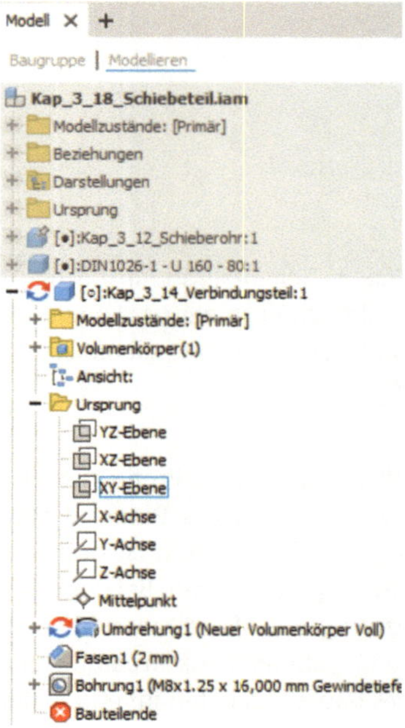

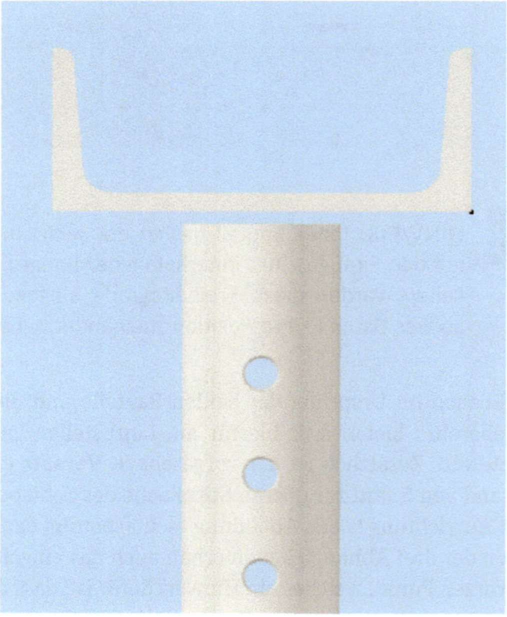

2D-Skizze starten

Über das Icon wird der Befehl **2D-SKIZZE STARTEN** aufgerufen und als Skizzenebene die **XY-Ebene** angegeben. Inventor schaltet automatisch in die Skizzierumgebung um. Alle anderen Bauteile sind nur noch schemenhaft zu erkennen. Die Konturen des Schieberohrs und U-Profils können nun für die Festlegung der Geometrie des neu zu erstellenden Verbindungsteils verwendet werden.

In der Befehlsgruppe **Zeichnen** ist nun die Funktion **GEOMETRIE PROJIZIEREN** aufzurufen.

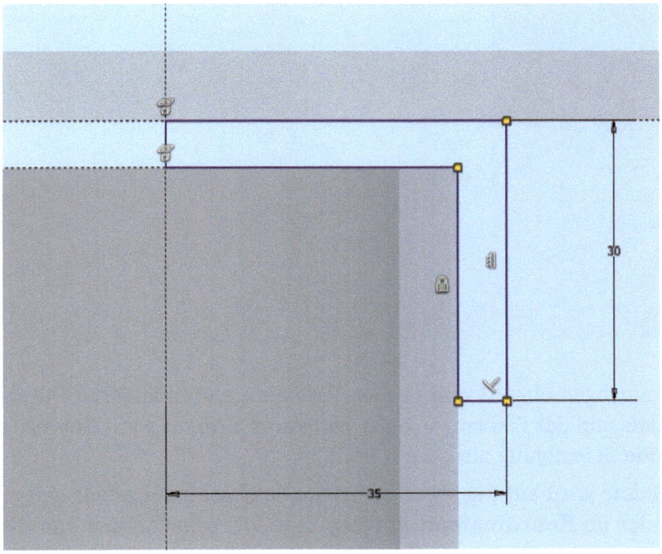

Die Linien der Stirnkanten von Schieberohr und U-Profil werden wieder in **Konstruktionslinien** geändert, um hierauf anschließend die Skizzengeometrie anlegen zu können. Mit dem Einfügen der Bemaßung (Höhe **30 mm**, Radius **35 mm**) sollte die gesamte Geometrie wieder in der Farbe Blau dargestellt sein, d. h., alle Maße und Abhängigkeiten der Skizze wurden vollständig festgelegt.

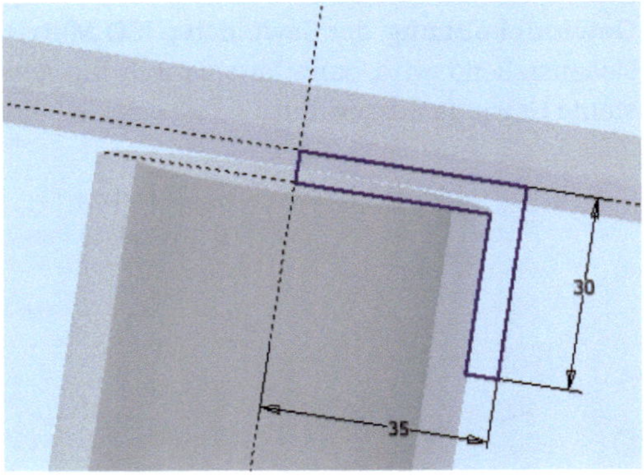

Jetzt kann die Skizze verlassen werden, und die Funktion **DREHUNG** wird aufgerufen. Neben dem Profil (Geometrie der Skizze) ist zusätzlich nur noch die Drehachse auszuwählen und der **OK**-Button zu betätigen. Als Drehachse kann auch die im nachstehenden Bild gekennzeichnete Kante verwendet werden.

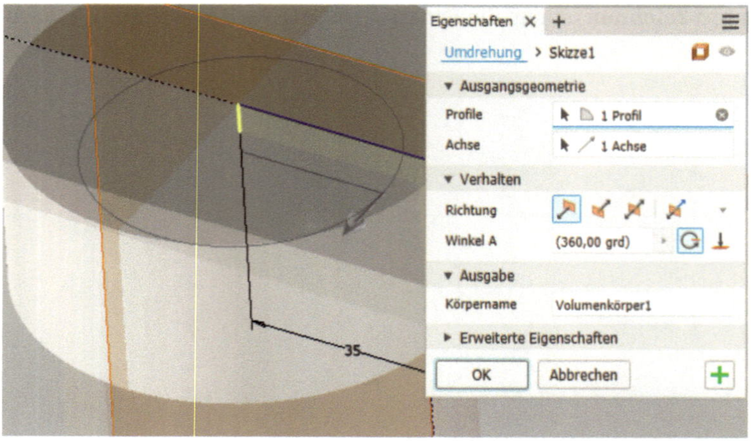

Nun erfolgen noch das Anbringen einer **2 mm** breiten Fase am unteren äußeren Durchmesser des Verbindungsteils und das Einbringen einer **zentralen Bohrung** mit **Gewinde** für die später zu erstellende Befestigung mit dem U-Profil.

Bohrung

Die hierfür notwendige Skizze wird auf die obere Stirnseite des Verbindungsteils gelegt. Erzeugt wird ein **Punkt**, der im **Koordinatenursprung** liegt. Wir schauen uns nun die Dialogbox etwas genauer an (siehe Abbildung). In der unteren Hälfte sind verschiedene Auswahlboxen und Einstellmöglichkeiten aufgeführt. Eingestellt werden hier der Typ **Gewindebohrung**, der Gewindetyp **ISO Metrisches Profil** und für die Größe der Wert **8**. Nebenstehend wird dann automatisch die korrekte Bezeichnung für das zusammengestellte Gewinde ausgewählt.

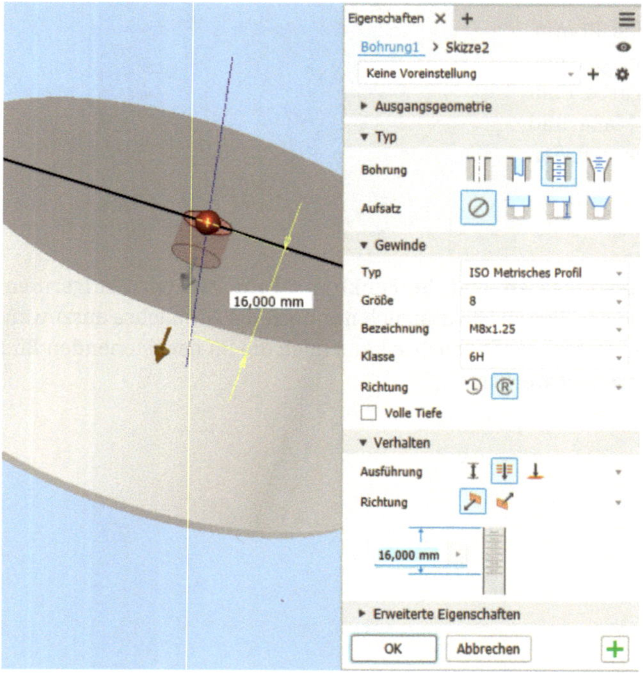

Mit dem Button **OK** wird der Vorgang abgeschlossen, und im Bauteil sollte jetzt das Innengewinde dargestellt werden. Die Konstruktion des Verbindungsteils ist damit abgeschlossen. Es kann nun zur übergeordneten Baugruppe Schiebeteil zurückgewechselt werden.

3.15 Bohrungen in das U-Profil (Traverse) einbringen

Gestartet wird mit der zentralen Bohrung für die Schraubenverbindung zum Verbindungsteil. Die 2D-Skizze ist schnell erzeugt. Mithilfe der Funktion **GEOMETRIE PROJIZIEREN** wird der Bohrungsdurchmesser des Verbindungsteils auf die Skizzierebene projiziert. Dann kann die Skizze bereits wieder geschlossen werden.

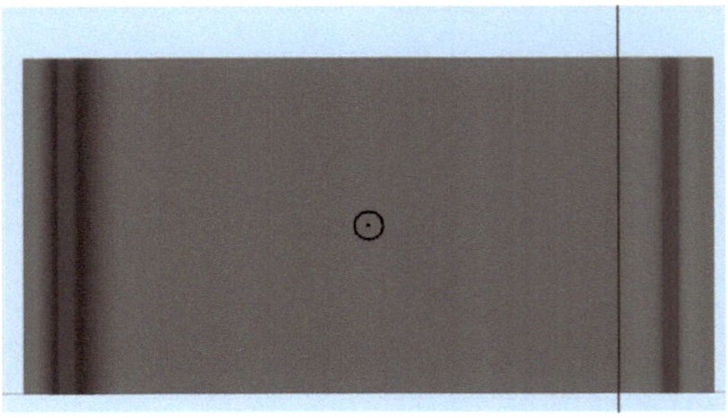

Das Bohrungstool ist nun aufzurufen, um, basierend auf der Skizze, die Bohrung einzubringen. Vorgesehen ist es, eine Senkschraube **M8** nach **DIN 7991** – **ersetzt durch DIN EN 10642** einzubauen. Entsprechend ist in der Dialogbox der Typ **Konische Senkung** auszuwählen. Als Durchmesser wird **9 mm** eingestellt. Der Öffnungswinkel beträgt **90°** und der Durchmesser der Senkung **15 mm**.

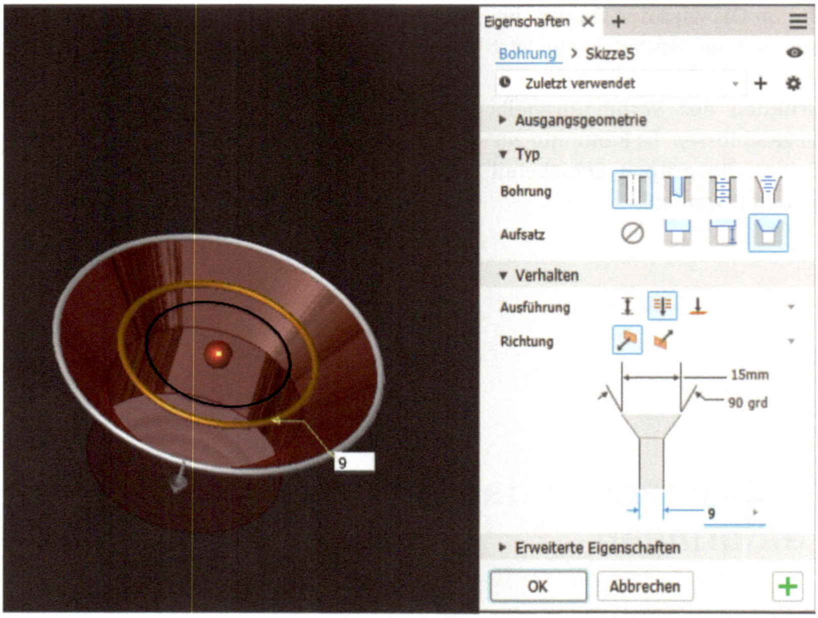

Mit dem **OK**-Button wird die eingestellte Bohrung übernommen und im Bauteil dargestellt.

Es folgen noch die Bohrungen für die Aufnahme der Rolle, die in die seitlichen Stege des U-Profils eingebracht werden. Im Unterschied zu vorher öffnen wir dieses Mal die Traverse zur weiteren Bearbeitung in einem eigenen Fenster. Da beide Bohrungen fluchtend sein müssen, bietet es sich an, auf einer der Seitenflächen eine neue Skizze anzulegen und diese als Bezug für beide Bohrungen zu verwenden. Mit der Funktion **Bohrung** und der Einstellung **Durch alle** wird eine Bohrung mit dem Durchmesser von **12,5 mm** durch die gesamte Traverse gebohrt.

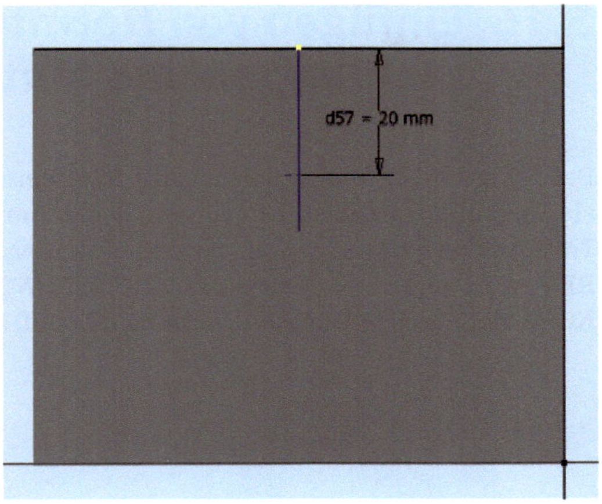

Die Skizze enthält nur zwei Elemente, eine **Linie** und einen **Punkt**. Die Linie liegt genau in der Mitte der oberen Traversenkante (der Mittelpunkt wird mit den Koordinaten angezeigt, wenn mit der Maus über die Linie gefahren wird), und der Punkt wird auf der Linie im Abstand von **20 mm** platziert. Linie und Punkt sollten anschließend blau dargestellt werden. Sie sind damit in ihrer Position festgelegt.

Die Skizze ist jetzt zu beenden und der Befehl **BOHRUNG** aufzurufen. Mit den benannten Einstellungen (**Durch alle**, **d = 12,5 mm**) wird in beiden Stegen ein Bohrloch erzeugt.

Die beiden Bohrungen bekommen innen und außen jeweils eine **Fase** von **1 mm**. Zusätzlich werden die **acht Außenkanten** des U-Profils mit einer **Rundung** von **1 mm** versehen.

Damit ist auch dieses Bauteil fertig konstruiert. Nachdem die Bearbeitung vorgenommen wurde, wird die Traverse gespeichert und das Dokument geschlossen.

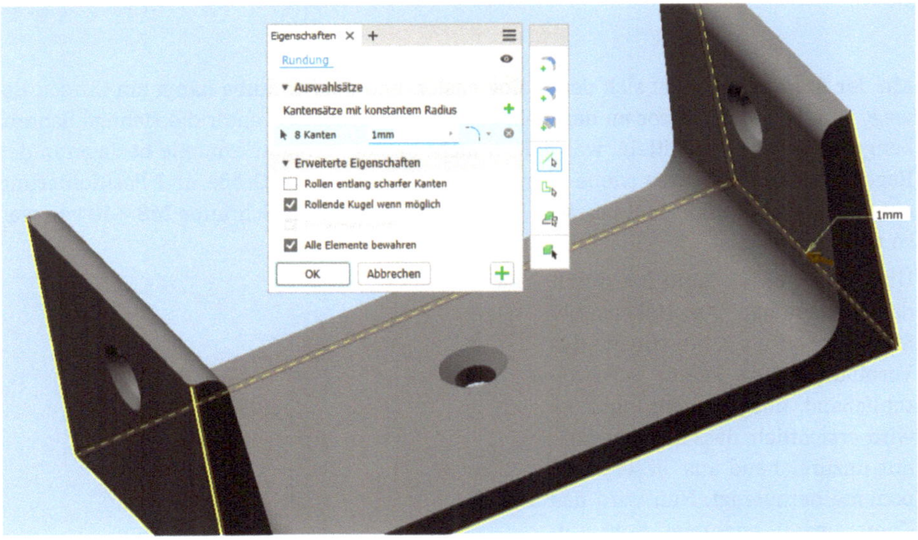

3.16 Einfügen von Normteilen (Schrauben und Muttern)

Das Vorgehen, Teile aus dem Inhaltscenter einzufügen, wurde schon bei der Traverse als U-Profil angewendet. Es soll eine Senkschraube als Verbindungselement zwischen Traverse und Verbindungsteil verwendet werden. Mit **AUS INHALTSCENTER PLATZIEREN** wird unter der Kategorie **VERBINDUNGSELEMENTE** > **SCHRAUBEN** > **SENKKOPF** die Schraube **DIN 7991 – ersetzt durch DIN EN 10642** ausgewählt.

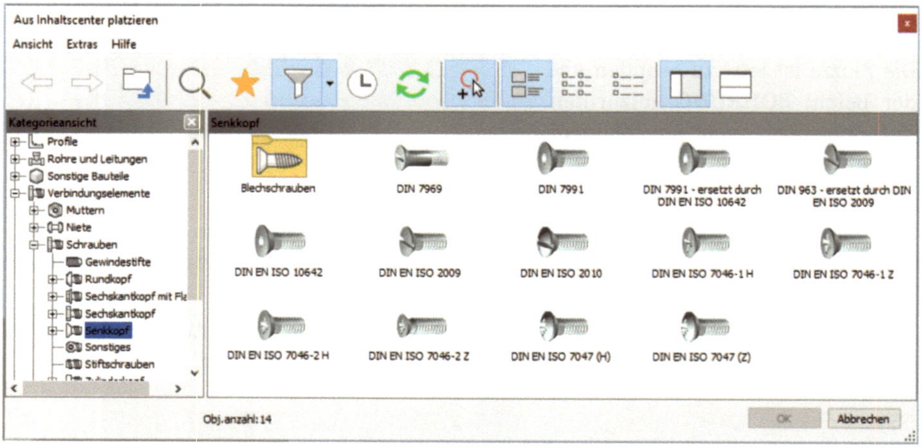

Mit der Auswahl schließt sich das Dialogfenster, und die Schraube hängt am Cursor. Bewegt man jetzt den Cursor an den Bohrungsrand, versucht Inventor die richtige Schraubengröße selbst zu ermitteln, was jedoch nicht immer gelingt. Normteile besitzen in der Regel sogenannte **iMates** (siehe Abschnitt 11.2), welche die Größe und Positionierung automatisiert vorschlagen. In diesem Fall schlägt Inventor die Schraube **M8 × 10** vor, was so nicht passend ist.

Überprüft werden kann das durch das Wegnehmen des Hakens bei **Sichtbarkeit** im Kontextmenü des Verbindungsteils. Dieses wird anschließend ausgeblendet, und es wird ersichtlich, dass die Schraube nur unzureichend aus dieser Komponente herausragt. Nun wird das Kontextmenü angezeigt bzw. aufgerufen. Über **GRÖSSE ÄNDERN** kann eine ganz spezifische Schraube festgelegt werden.

Nachdem im Kontextmenü **GRÖSSE ÄNDERN** gewählt wurde, erscheint das Dialogfenster der Schraube DIN 7991 mit allen verfügbaren genormten Größen. Da die Traverse 10 mm dick ist und der Boden des Verbindungsteils ebenso, wird eine Schraube **M8** mit einer

Länge von **20 mm** ausgewählt. Mit dem **OK**-Button wird die Schraube in die Baugruppe eingefügt.

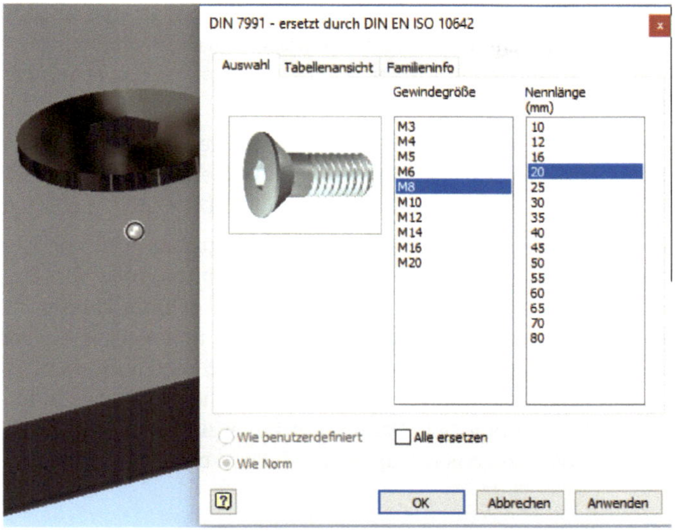

Nun folgt das Einfügen der Sechskantschraube für die Aufnahme der Rolle. Mit **AUS INHALTSCENTER PLATZIEREN** wird dieses Mal unter der Kategorie **VERBINDUNGSELEMENTE** > **SCHRAUBEN** > **SECHSKANTKOPF** die Schraube **DIN 960 – ersetzt durch DIN EN 28765** ausgewählt.

Inventor schlägt eigenmächtig wieder eine viel zu kurze Schraube vor. Deshalb muss im Kontextmenü **GRÖSSE ÄNDERN** gewählt werden. Nachdem diese Option gewählt wurde, erscheint das Dialogfenster der Schraube nach DIN 960 mit allen genormten und verfügbaren Größen. Da die Traverse **160 mm** lang ist, wird eine Schraube **M12 × 1,5** mit einer Länge von **180 mm** ausgewählt.

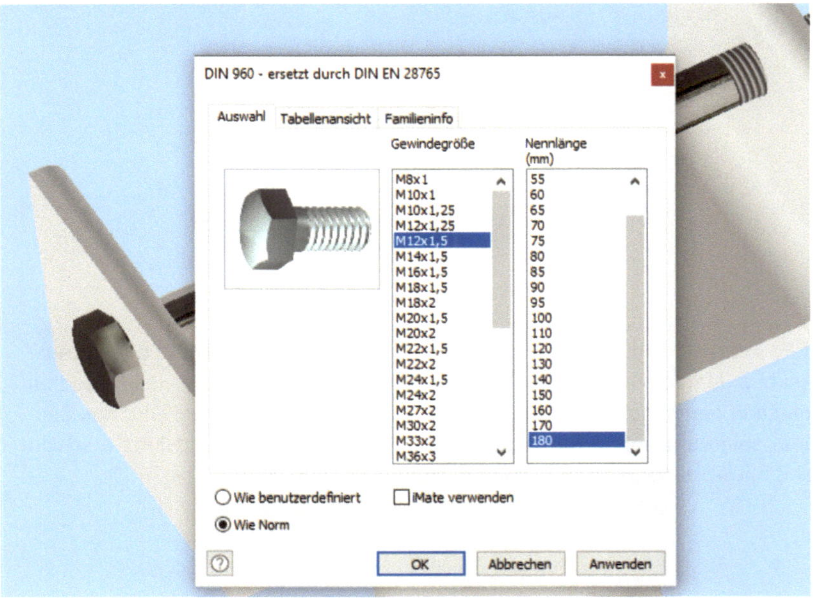

Mit dem **OK**-Button wird die Schraube in die Baugruppe eingefügt und das Dialogfenster geschlossen. Befindet man sich weiterhin im Einfügemodus (sichtbar dadurch, dass eine weitere Schraube am Cursor für die nächste Positionierung hängt), kann dieser Modus durch die **ESC**-Taste beendet werden.

Die Schraube wird mit zwei Muttern, die gekontert werden, befestigt. Es sind also im nächsten Schritt in gleicher Art und Weise **zwei** Muttern **DIN 934 – ersetzt durch DIN EN 24032/28673/28674** in der Größe **M12 × 1,5** in die Baugruppe einzufügen.

Die Mutter hängt wieder am Cursor. Bewegt man jetzt den Cursor an einen Bohrungsrand, schlägt Inventor eigenmächtig eine Muttergröße vor. Ein Mausklick (linke Maustaste) legt den Einfügepunkt fest. Über den **grünen Haken** im eingeblendeten Fenster **AutoDrop** wird der Einfügemodus beendet, und es wird ein Fenster mit den möglichen M12-Muttern angezeigt. Die Mutter **M12 × 1,5** wird ausgewählt, und das Fenster wird mit dem **OK**-Button geschlossen. Anschließend hängt die zweite Mutter am Cursor, und der Vorgang wiederholt sich. Danach wird über das Kontextmenü (**ABBRECHEN (ESC)**) oder mit der **ESC**-Taste das Einfügen der Muttern beendet.

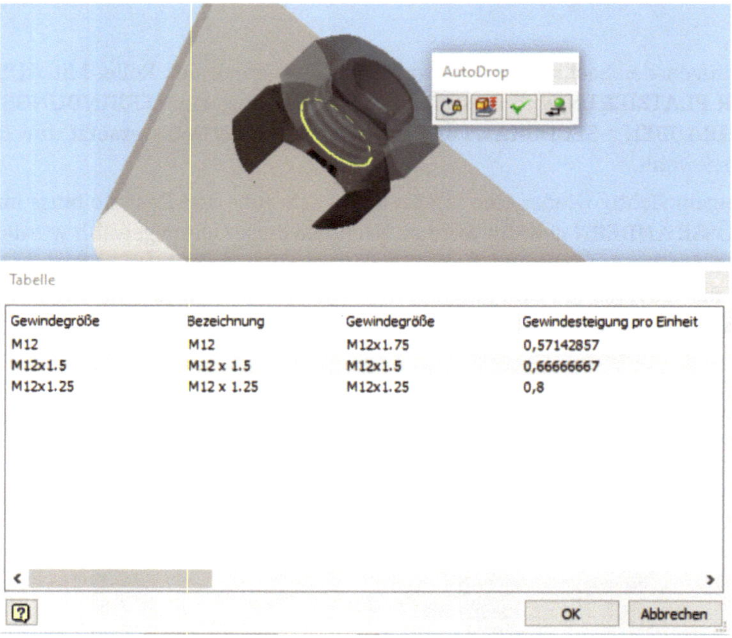

TIPP: Wenn es nicht gelingt, die Schraube und die Muttern bereits bei der Auswahl aus dem Inhaltscenter richtig zu positionieren, kann das jeweilige Bauteil einfach in den Konstruktionsraum gesetzt werden. Anschließend wird das Bauteil in seine ungefähre Einbaulage geschoben und gedreht und jetzt erst von Hand mit **Abhängigkeiten** versehen (siehe Abschnitt 6.3).

HINWEIS: Neben der Funktion **ABHÄNGIGKEIT** gibt es in Inventor noch den Befehl **VERBINDUNG**. Im Resultat gibt es für diese Baugruppe keinen Unterschied zwischen diesen beiden Funktionen. Beim Setzen einer **Verbindung** kann es jedoch schnell zu einem nicht vorhersehbaren Ergebnis kommen, wenn nicht exakt die Vorgaben des Programms (Reihenfolge der Auswahl) befolgt werden. Beim Befehl **VERBINDUNG** wird immer die zuerst gewählte Komponente bewegt.

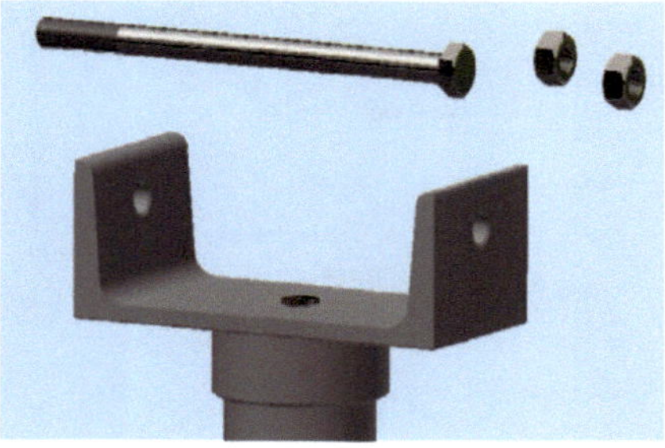

Verbindung

3.17 Erstellen des Bauteils „Rolle“ als Drehteil

Die Rolle ist das nächste Bauteil, das erstellt werden soll. Da sie, vom Bohrungsdurchmesser abgesehen, in keiner direkten geometrischen Abhängigkeit zum Schiebeteil steht, wird sie als Bauteil in einer neuen Bauteilumgebung konstruiert.

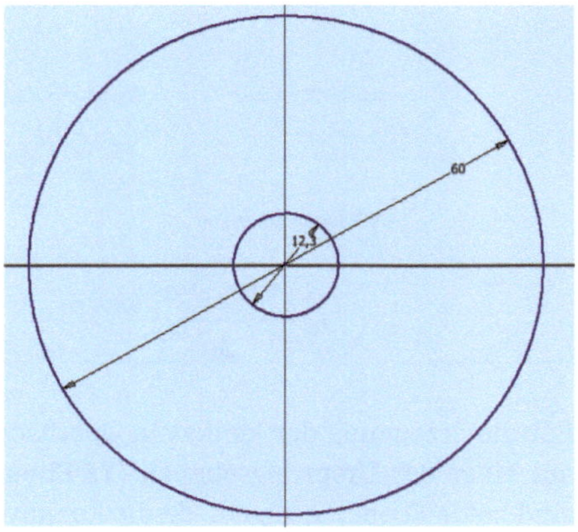

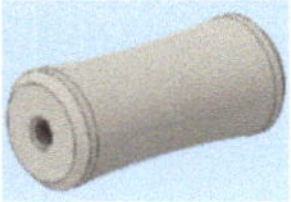

Neu

Mit **DATEI** und **NEU** sowie der Vorlage *Standard(DIN).ipt* ist zunächst ein neues Bauteil anzulegen und auf der XY-Ebene eine Skizze (**2D-SKIZZE STARTEN**) zu erzeugen. Die Skizze besteht aus nur zwei konzentrischen Kreisen, deren Zentrum im Ursprung **(0,0)** liegt und deren Durchmesser **12,3 mm** für die Bohrung und **60 mm** für den Außendurchmesser der Rolle betragen.

Der Kreisring ist nun auf eine Länge von **130 mm** zu extrudieren. Da die Rolle anschließend noch eine konkave Oberfläche bekommen soll, bietet sich eine symmetrische Ausdehnung an, um hinterher die Skizzierfläche zentriert anlegen zu können.

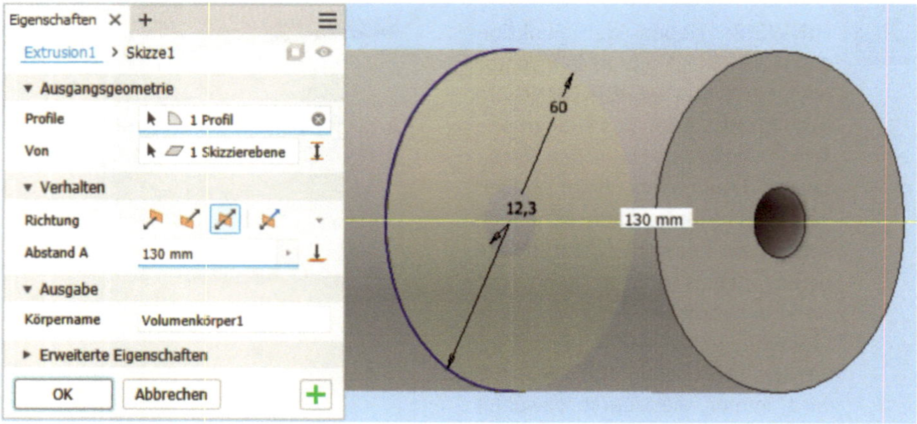

Die Fase am Außendurchmesser beträgt **5 mm**, und die Bohrung erhält beidseitig eine Fase von **2 mm**.

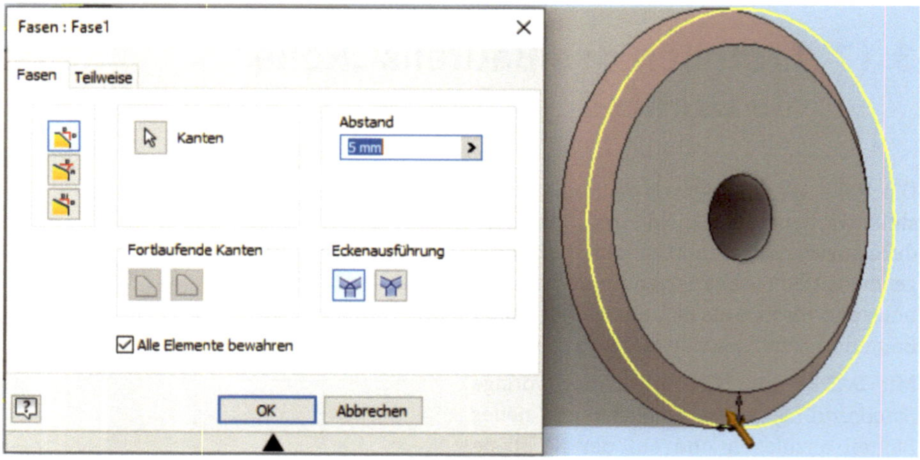

Für die Erzeugung der konkaven Oberfläche ist eine neue **2D-Skizze** notwendig, die sich auf einer der Ursprungsebenen (**YZ-Ebene** oder **XZ-Ebene**) befinden muss. Im Prinzip sind beide Ebenen geeignet, da die konkave Oberfläche am einfachsten durch einen Rotationskörper, der vom bisherigen Zylinder abgezogen wird, zu erzeugen ist.

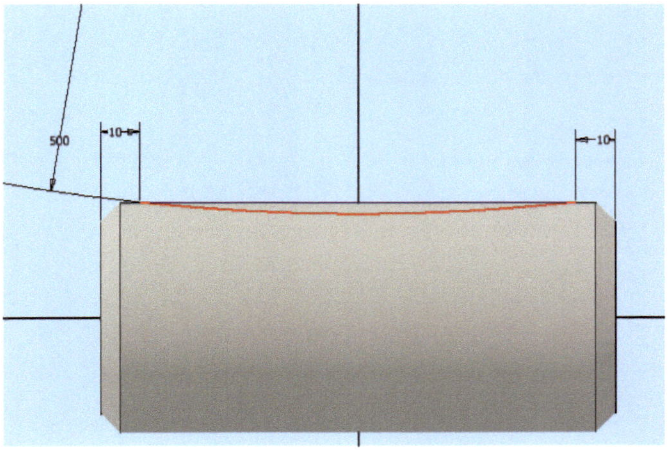

Jetzt ist von Vorteil, dass vorab eine symmetrische Ausdehnung gewählt wurde. Der Mittelpunkt des Kreisbogens kann somit auf der Ursprungsachse der Skizze positioniert werden.

Gezeichnet wird nun ein **Bogen** (**Radius 500 mm**) mit den Seitenabständen von **10 mm**. Geschlossen wird die Kontur mit einer **Linie**, die eine Verbindung zwischen Start- und Endpunkt des Kreisbogens darstellt.

Nachdem die Skizze beendet wurde, kann die **Drehung** als **Differenz** um die Längsachse (X-Achse) ausgeführt werden.

Drehung

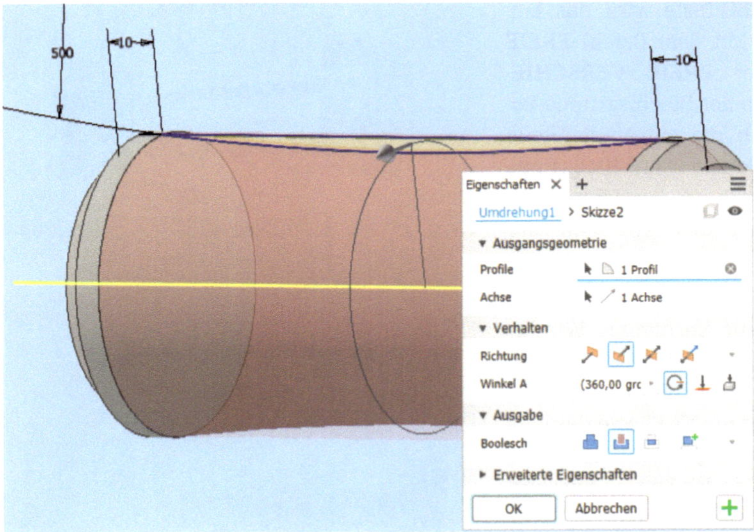

Im letzten Schritt werden alle Kanten der Rolle auf beiden Stirnseiten mit einer **2-mm-Rundung** versehen. Es folgen noch die Zuweisung eines Materials (**Stahl, weich**) und das Abspeichern unter dem Namen *Kap_3_17_Rolle.ipt*.

TEIL I

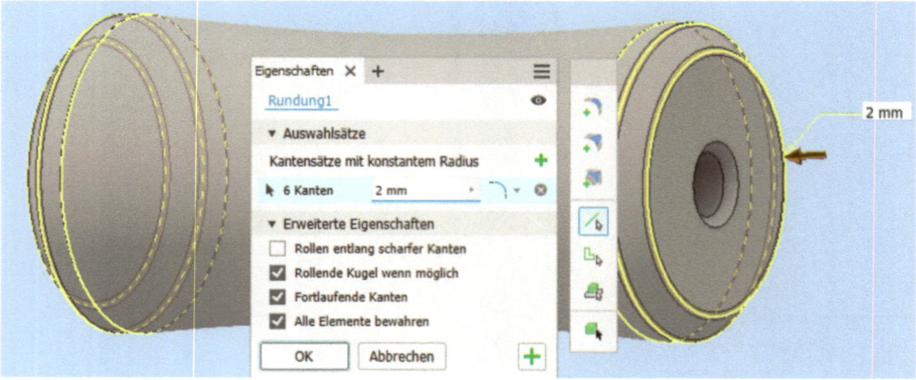

3.18 Die Baugruppe „Schiebeteil" vervollständigen

Freie Verschiebung

Freie Drehung

Die Baugruppe „Schiebeteil" wird wieder geöffnet, und die erzeugte Rolle wird grob mit dem Befehl **PLATZIEREN** in den Konstruktionsraum geladen. Mit der **ESC**-Taste wird das Einfügen beendet. Mit dem Befehl **FREIE DREHUNG** oder **FREIE VERSCHIEBUNG** innerhalb der Befehlsgruppe **Position** lässt sich die eingefügte Rolle nun in ihrer Position zur Baugruppe neu ausrichten. Diese Ausrichtung ist jedoch noch ohne Abhängigkeiten oder Verbindungen.

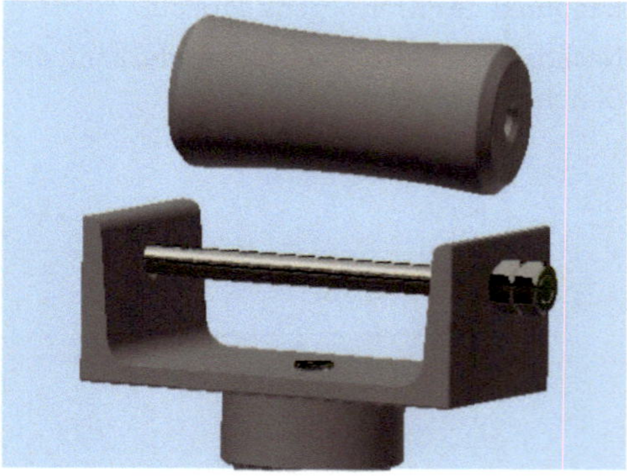

Für den Einbau stehen verschiedene Möglichkeiten zur Verfügung. Wir bedienen uns wieder der Funktion **ABHÄNGIGKEIT**. Die **XY-Ebene** der Rolle wird in Deckung zur **YZ-Ebene** der Baugruppe Schiebeteil gebracht. Im Strukturbaum erscheint der Eintrag **Passend** mit dem zugehörigen Symbol. Als weitere Festlegung werden die Achsen der Schraube (DIN 960) und der Rolle ebenfalls mit **Passend** aus der Funktion **ABHÄNGIGKEIT** ausgerichtet.

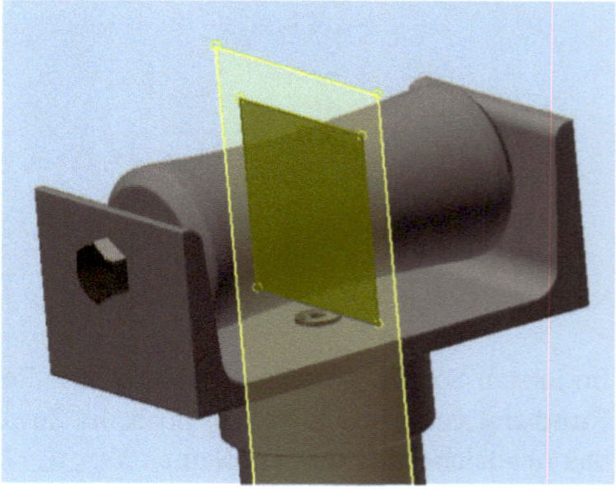

HINWEIS: Die Rolle, wie auch alle eingefügten Normteile, sind im Strukturbaum gekennzeichnet mit einem hohlen Punkt - sie sind also nicht in Bezug auf die sechs Freiheitsgrade komplett festgelegt. Offen ist jeweils die Drehung um die Hauptachse, was aber bei rotationssymmetrischen Bauteilen keine Auswirkung auf die Ansicht des Zusammenbaus hat.

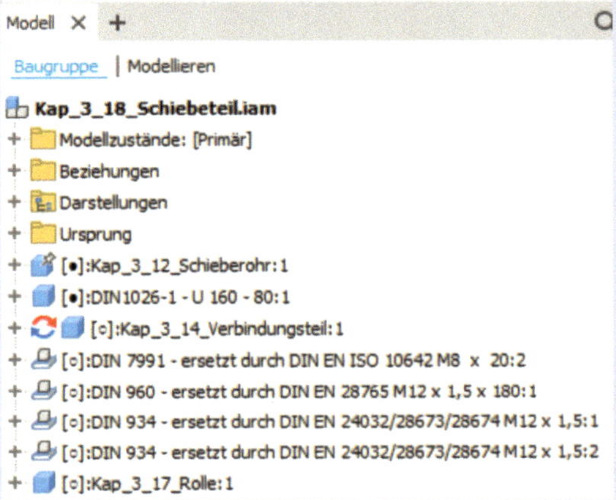

3.19 Der „Rollenständer" wird zusammengebaut

Die Konstruktionsaufgabe wird abgeschlossen mit dem Erstellen einer neuen Baugruppe. Die Vorlage ist wieder *Standard(DIN).iam*, und mit **PLATZIERUNG** werden die beiden Baugruppen *Kap_3_6_Ständer.iam* und *Kap_3_18_Schiebeteil.iam* eingefügt. Jeweils mit **ESC** wird das Einfügen abgeschlossen.

HINWEIS: Da das Schiebeteil beweglich zum Ständer bleiben soll, ist zuerst der Ständer mit der Funktion **Am Ursprung fixiert platzieren** in die Baugruppe einzufügen. Anderenfalls muss die Fixierung von Hand erfolgen bzw. aufgehoben werden.

Die beiden Unterbaugruppen müssen wieder zueinander **abhängig** gemacht werden.

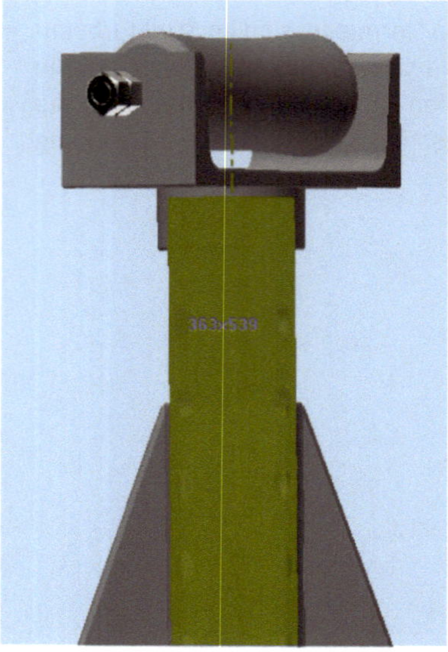

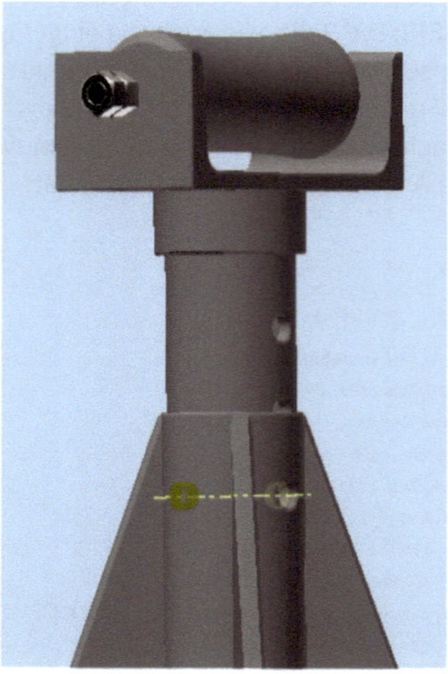

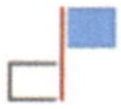

Abhängigkeit

Jeweils mit **Passend** werden die Achsen des Ständerrohrs und des Rohrs des Schiebeteils zueinander ausgerichtet. Gleiches erfolgt für die vertikalen Achsen der Arretierbohrung.

Jetzt ist der Rollenständer fast fertig. Es fehlt noch der Arretierstift mit dem zugehörigen Splint (Sicherung gegen ein unbeabsichtigtes Entfernen des Stifts). Beide Teile werden als Normteile eingefügt und mit entsprechenden Abhängigkeiten versehen.

Aus Inhaltscenter platzieren

Der Bolzen befindet sich im Ordner *Verbindungselemente > Stifte/Schrauben > Bolzen mit Kopf > Gebohrter Schaft*. Hier wird einzig der Stift nach **DIN EN 22341 B** aufgeführt, der mit einem Doppelklick auf die linke Maustaste auszuwählen ist. Wie beim Einfügen der Schraube stimmen auch hier die Größenverhältnisse erst einmal nicht. Auch bei den eingefügten Bolzen sind **iMates** hinterlegt (siehe Abschnitt 11.2), welche die Größe und Positionierung automatisiert vorschlagen. Hierzu ist der Bolzen, der am Mauszeiger hängt, an die Bohrung zu bewegen. Über den **grünen Haken** im eingeblendeten Fenster **AutoDrop** wird der Einfügemodus (Achsenausrichtung) anschließend beendet. Nun wird eine planare Referenz für die axiale Ausrichtung des Bolzenkopfes gesucht, die aber in diesem Fall nicht vorhanden ist. Entsprechend kann jetzt das Einbauen abgebrochen werden, und über das Kontextmenü (**rechte Maustaste**) und die Funktion **GRÖSSE ÄNDERN** wird ein Fenster mit den möglichen Bolzengrößen angezeigt. Auszuwählen sind der Nenndurchmesser **d = 12 mm** und die Nennlänge **l = 80 mm**. Mit **OK** wird der Einfügemodus beendet.

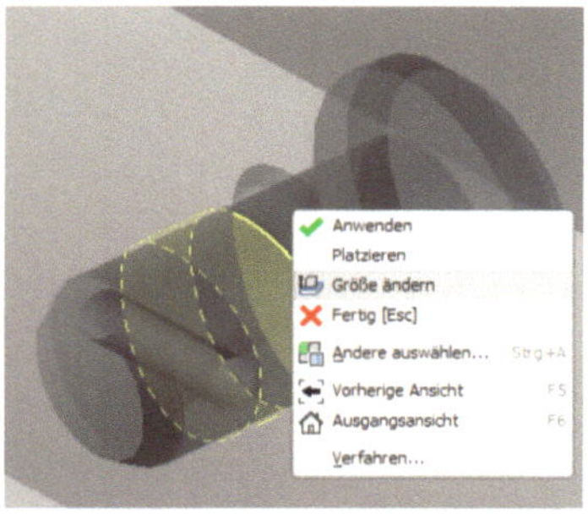

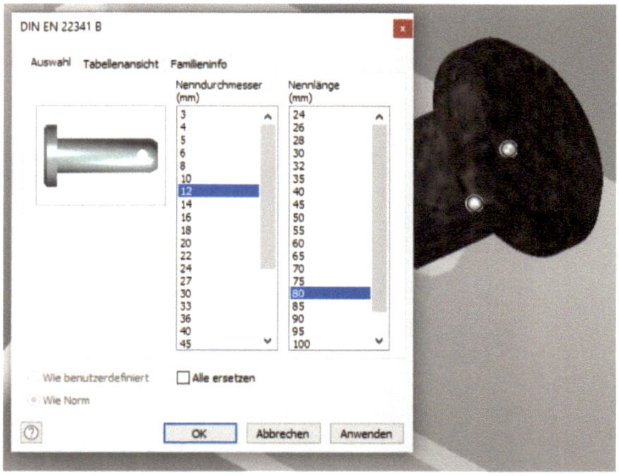

Abschließend ist manuell die horizontale Einbauposition des Bolzens festzulegen. **ABHÄNGIGKEIT** ist aufzurufen und im Funktionsbereich **Typ** ist **Tangential** zu wählen. Beim **Modus** ist **Außerhalb** einzustellen, da der Bolzenkopf auf der Mantelfläche liegt. Mit **OK** wird der Vorgang abgeschlossen.

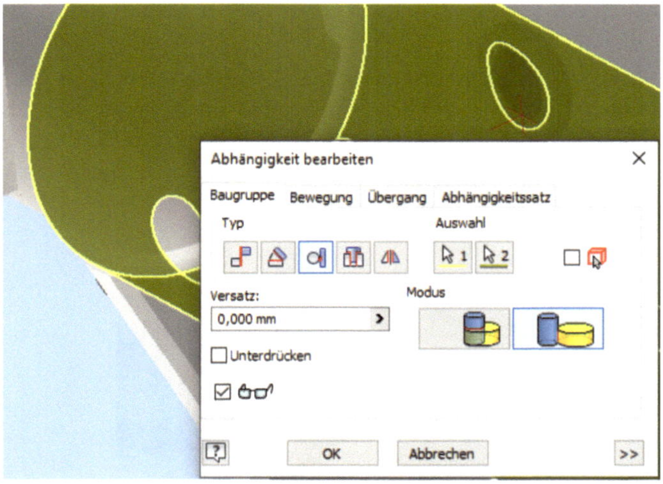

Einzufügen ist noch der Splint (**VERBINDUNGSELEMENTE** > **STIFTE** > **SPLINTE**) nach **DIN 94 – ersetzt durch DIN EN ISO 1234** mit den Maßen **d = 12 mm** (Schraubendurchmesser max.), Splint-Nenndurchmesser **d = 3,2 mm** und Splintlänge **l = 20 mm**.

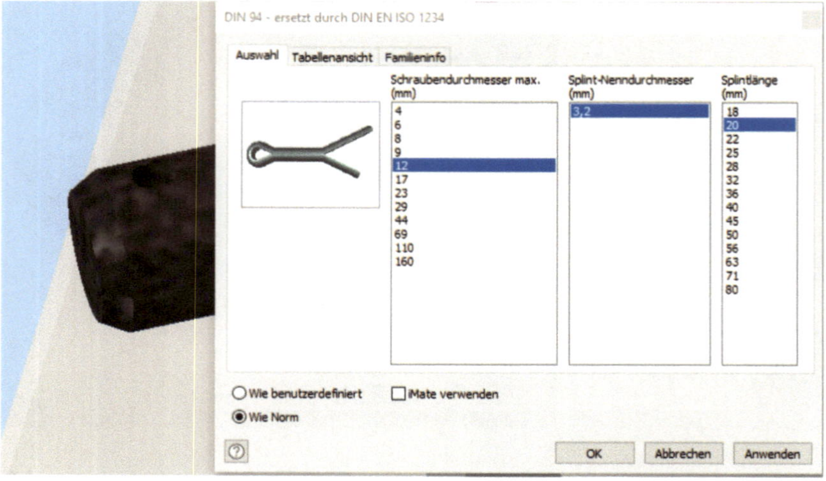

Der Splint besitzt ebenfalls **iMates**, die aber nicht angesprochen werden. Entsprechend ist der Splint in der Nähe der Bohrung zu platzieren. Ein **Klick** mit der linken Maustaste bestimmt die Position, und **ESC** beendet das Einfügen weiterer Splinte.

Richten wir vor dem Einbauen des Splints einmal den Fokus auf den Strukturbaum für dieses Bauteil.

Neben den bekannten Ebenen und Achsen, die im Ordner *Ursprung* angeordnet sind, existieren eine **Arbeitsachse1** und zwei Arbeitsebenen (eine davon wird hier als **Work Plane3** aufgeführt). Wo diese Elemente im Bauteil liegen, lässt sich schnell ermitteln, indem mit dem Mauszeiger das jeweilige Element im Strukturbaum angewählt wird.

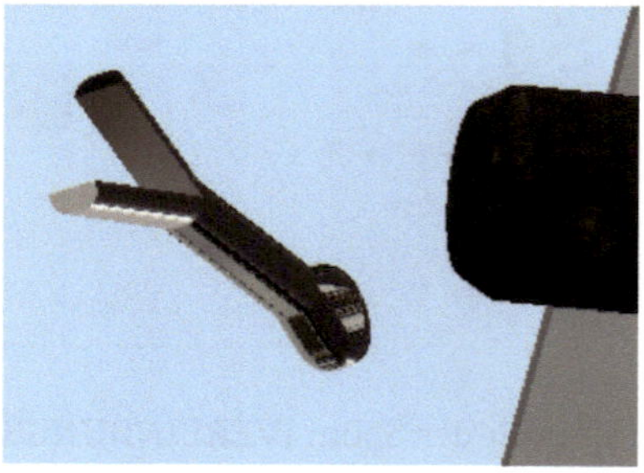

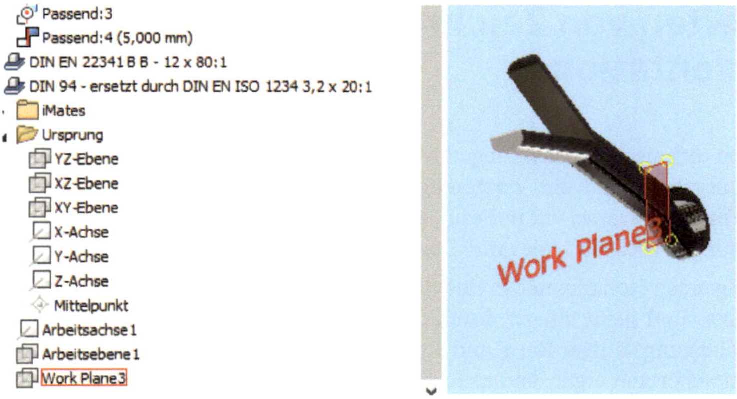

Die **Arbeitsachse** und die **Work Plane 3** sind sehr gut geeignet, um den Splint korrekt zu positionieren. Hierzu wird wieder der Befehl **ABHÄNGIGKEIT** verwendet. Zum einen wird im Funktionsbereich **Typ Passend** eingestellt, und es werden die beiden Achsen von der Querbohrung im Stift sowie vom Splint gewählt. Zum anderen ist der **Typ Tangential** einzustellen. Auszuwählen sind hierfür die **Mantelfläche** des Bolzens sowie im Strukturbaum die **Work Plane3**.

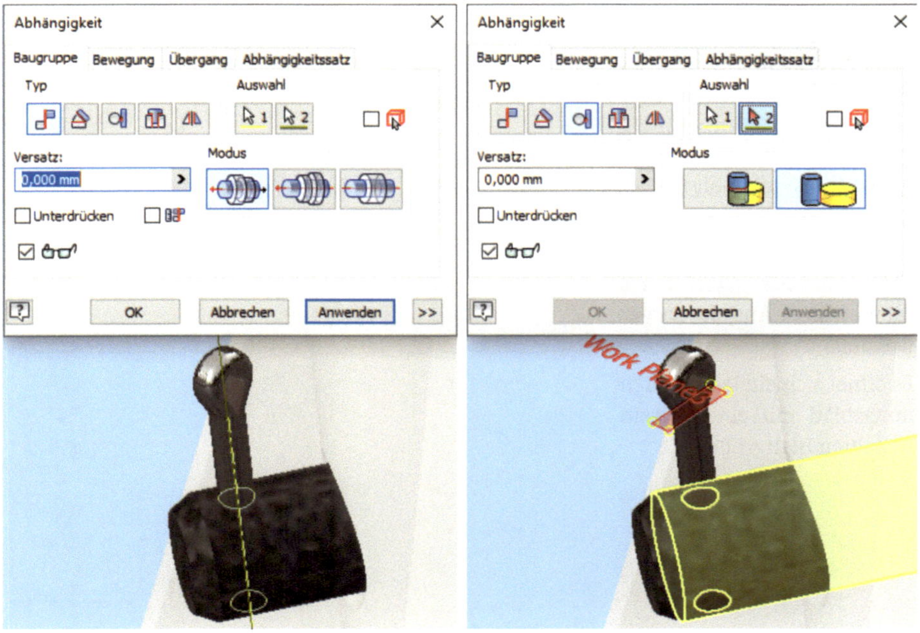

3.20 Ableiten von Zeichnungen und Präsentationen

Die Bedeutung von technischen Zeichnungen ist immer noch sehr groß. Sie haben einen hohen Informationsgehalt, sind ein Verständigungsmittel über Sprachgrenzen hinweg und stellen eine Fertigungsvorschrift in Bezug auf die Umsetzung dar. Außerdem stellen technische Zeichnungen rechtlich relevante Dokumente dar.

Aufgrund der steigenden Komplexität in der Produktgestaltung, der effizienten Produktion dieser Produkte und nicht zuletzt durch die technischen Möglichkeiten aufgrund der Verfügbarkeit leistungsfähiger Hard- und Software stehen jedoch zunehmend weitere visuelle Präsentationsformen ergänzend zu technischen Zeichnungen im Blickfeld.

Die Präsentationsumgebung in Inventor dient der Erstellung von Dokumentationen mit statischen Explosionsansichten und lässt sich für Visualisierungen von Animationen einsetzen, die z. B. für animierte Montageanleitungen Verwendung finden können. Jede statische Präsentationsansicht kann in einer Zeichnungsableitung verwendet werden.

3.20.1 Die Einzelteilzeichnung

Für das Bauteil Ständerrohr ist eine Zeichnung abzuleiten. Aus dem Anwendungsbereich **Datei** ist hierfür die Funktion **NEU** aufzurufen. Als Vorlage ist *DIN.DWG* zu wählen, und von den vier vordefinierten Layouts ist die erste Variante (Zeichnungsrahmen ohne Ansicht) zu verwenden.

Es öffnet sich ein leeres Zeichnungsblatt mit einer voreingestellten Blattgröße.

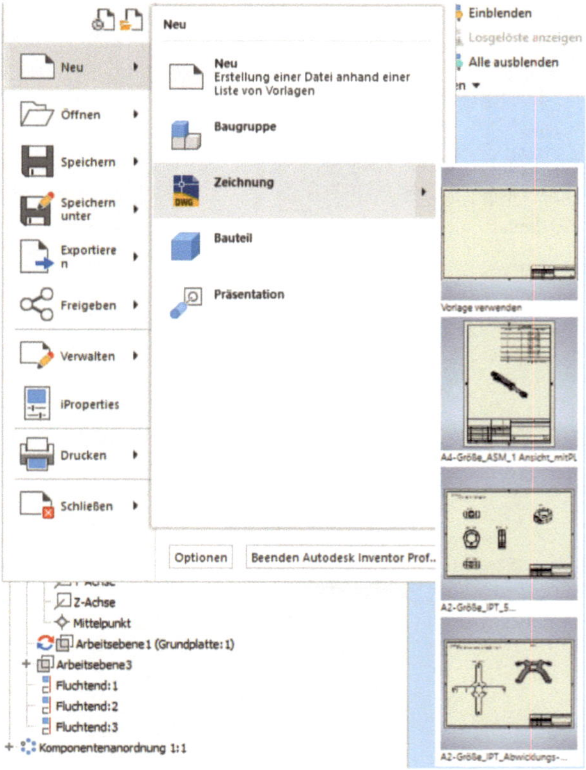

Im Strukturbaum wird der Bereich **ZEICHNUNGSRESSOURCEN** > **ARBEITSBLATT-FORMATE** geöffnet und der Eintrag **A4-Größe_ASM_1 Ansicht_mitPL** mit einem Doppelklick der linken Maustaste aktiviert.

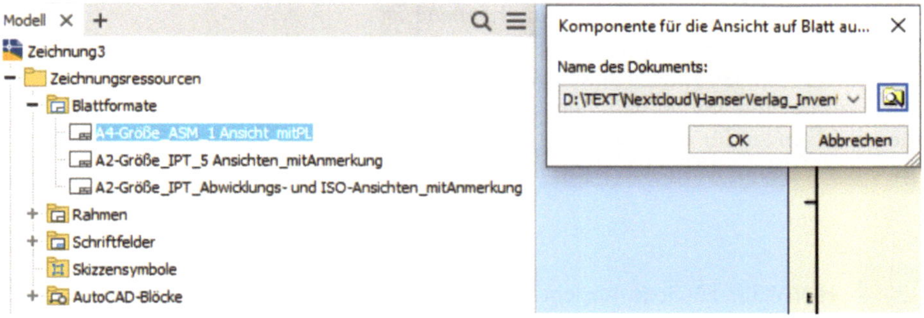

Es wird ein Dialogfenster eingeblendet, und die Modell-Datei *Kap_3_7_Ständerrohr.ipt* ist auszuwählen. Dann wird entsprechend der Vorlage eine voreingestellte Ansicht des Bauteils in das Zeichnungsblatt eingefügt. Hierbei handelt es sich um die sogenannte Erstansicht, die in jeder Zeichnung vorhanden sein muss und die der Ausgangspunkt für abgeleitete Ansichten und Schnittdarstellungen ist.

Über den Strukturbaum und auch über das Kontextmenü ist die Funktion **ANSICHT BEARBEITEN...** zu erreichen. Dieses kann auch mit dem Setzen des Mauszeigers in die standardmäßig eingefügte Ansicht und einem **Doppelklick** der linken Maustaste erfolgen. Es öffnet sich ein Dialogfenster, in dem u. a. ein Maßstab für die Ansicht ausgewählt werden kann (hier **Skalierung 1 : 2**). Über den **ViewCube** lässt sich die Ansicht einstellen bzw. ändern.

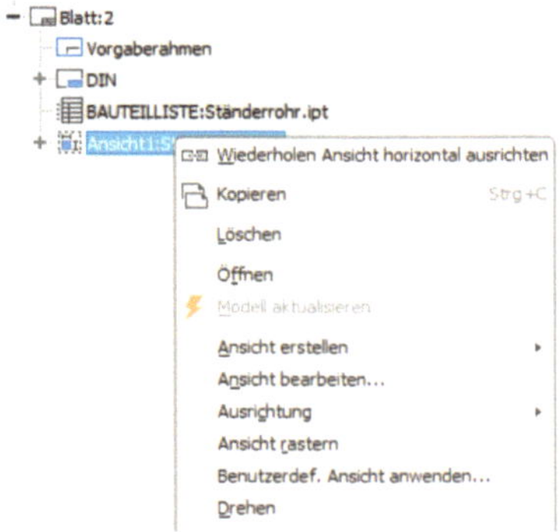

Die in der Abbildung dargestellte Ansicht ist einzustellen. Mit **OK** wird aus der Ansichtsvorschau des Modells eine Zeichnungsansicht.

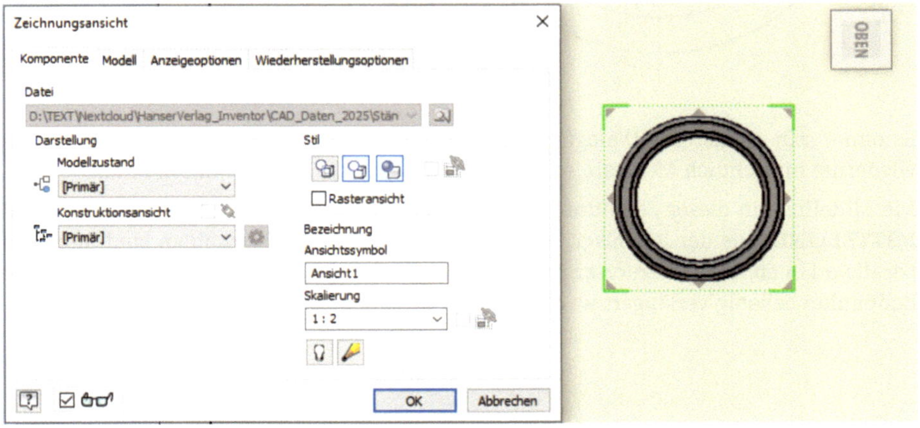

Nun sind in der Ansicht noch Mittellinien einzutragen. Hierfür befinden sich im Anwendungsbereich **Mit Anmerkung versehen** in der Befehlsgruppe **Symbole** verschiedene Funktionen. Auszuwählen ist die **Mittelpunktmarkierung**. Anschließend ist der größte Durchmesser mit dem Mauszeiger anzufahren und die linke Maustaste zu betätigen. Die Ansicht wurde nun mit Mittellinien vervollständigt, die im Folgenden für die Festlegung der Schnittverläufe der weiteren Ansichten verwendet werden.

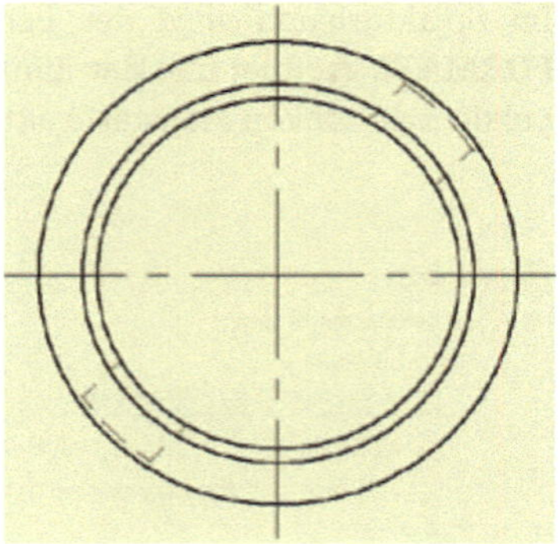

HINWEIS: Für jede Ansicht wird beim Überfahren mit dem Mauszeiger ein äußerer Begrenzungsrand angezeigt. Am Mauszeiger hängt anschließend ein **Symbol**, das besagt, dass die Ansicht nun bei gedrückter linker Maustaste beliebig auf dem Blatt verschoben und damit neu positioniert werden kann.

Weitere Ansichten sind noch als **Vollschnitt** einzufügen. Über **Ansichten platzieren** ist der Befehl **SCHNITT** aufzurufen. Entsprechend den Systemhinweisen ist die betroffene **Ansicht** zu wählen und der **Startpunkt der Schnittlinie** sowie der **Endpunkt der Schnittlinie** sind einzugeben. Mit der rechten Maustaste ist dann das **Kontextmenü** aufzurufen und der Button **WEITER** ist zu drücken.

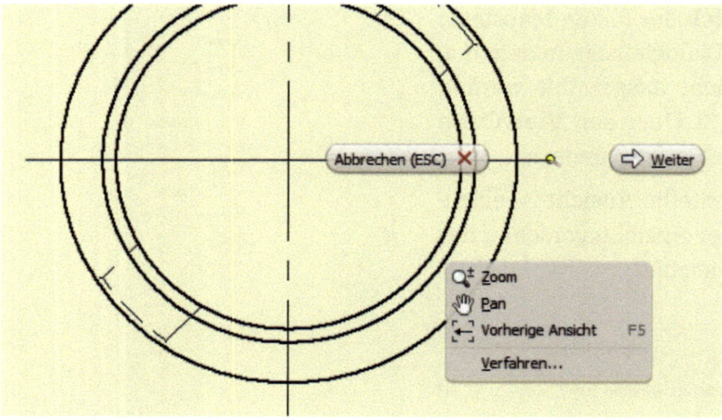

Es öffnet sich wieder das Dialogfenster für die Zeichnungsansicht, die an dieser Stelle wiederum hinsichtlich Maßstab, Anzeigeoptionen usw. eingestellt werden kann.

Die Mittellinie in dieser Schnittansicht wird mit der Funktion **SYMMETRIELINIE DER MITTELLINIE** aus der Befehlsgruppe **Symbole** eingefügt. Auszuwählen sind hier zwei parallele Linien, und Inventor ergänzt die Mittellinie. Diese kann über Verschieben der Endpunkte beliebig verlängert werden.

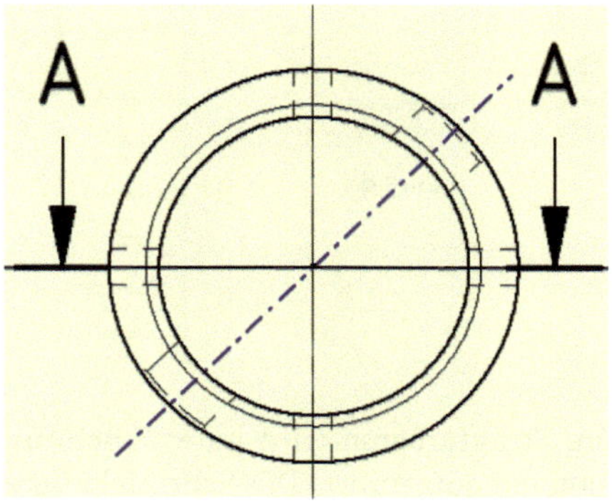

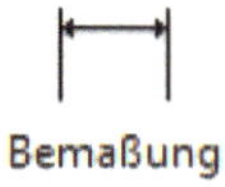

Maßeintragungen erfolgen über den Aufruf **BEMASSUNG**. Elemente (Linien, Kreise) können direkt angewählt werden. Es lassen sich aber auch die Abstände zwischen zwei ausgewählten Elementen bemaßen.

Analog zum ersten Schnitt wird ein zweiter Schnitt eingefügt. Hierfür ist allerdings vorab über **SKIZZE STARTEN** (Registerkarte **Mit Anmerkung versehen**) der Schnittverlauf einzuzeichnen. Mit dem **Winkel 45°** führt diese Linie durch den Mittelpunkt der dargestellten Kreise (**ABHÄNGIGKEIT > ABHÄNGIGKEIT KOINZIDENT**). Der Start- und Endpunkt der Linie sind anschließend für den Schnittverlauf anwählbar.

Vordefiniert ist, dass sich die Ansichten wie abgeleitete Parallelansichten verhalten, und die **Schnittansicht B-B** wird entsprechend um **45°** geneigt eingefügt. Im Kontextmenü (bei selektierter Ansicht) ist deshalb die Funktion **DREHEN** aufzurufen. Über den Dialog kann entweder **Winkel** oder **Kante** ausgewählt werden. Mit **OK** wird das Drehen bestätigt.

Gegebenenfalls ist jetzt noch die Schraffur zu korrigieren. Hierfür ist der Mauszeiger auf das Schraffur-Muster zu setzen, und über das Kontextmenü wird **BEARBEITEN...** aufgerufen. Im Dialogfeld sind für den Winkel **45°** oder alternativ **135°** anzugeben.

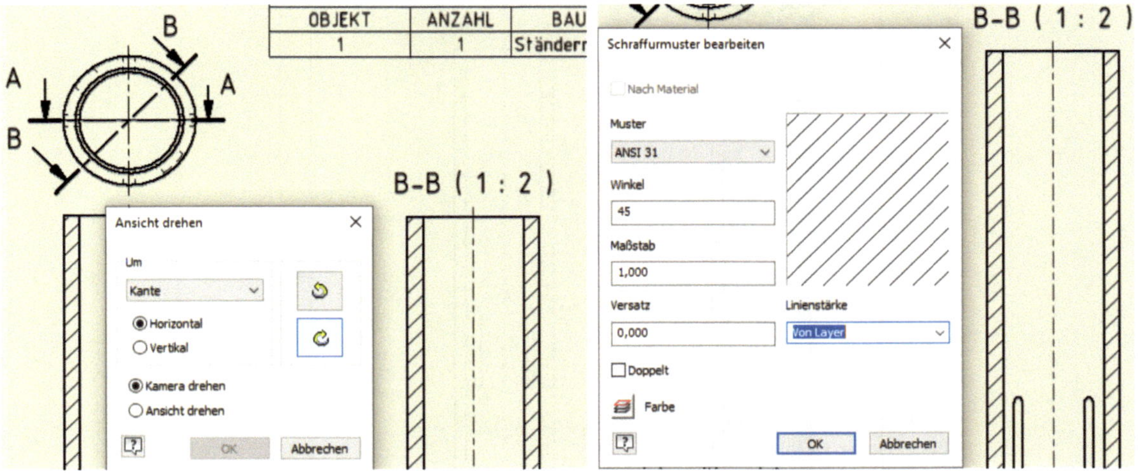

Zum Schluss dieses Abschnitts soll noch kurz auf die Eintragungen im Schriftfeld eingegangen werden, die zum Teil über die Einträge unter **iProperties** (Eigenschaften) automatisch ergänzt werden können. Das **iProperties**-Dialogfenster erreicht man über das Kontextmenü der Baugruppe oder des Bauteils im Strukturbaum.

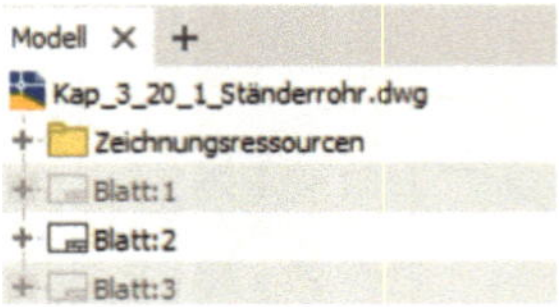

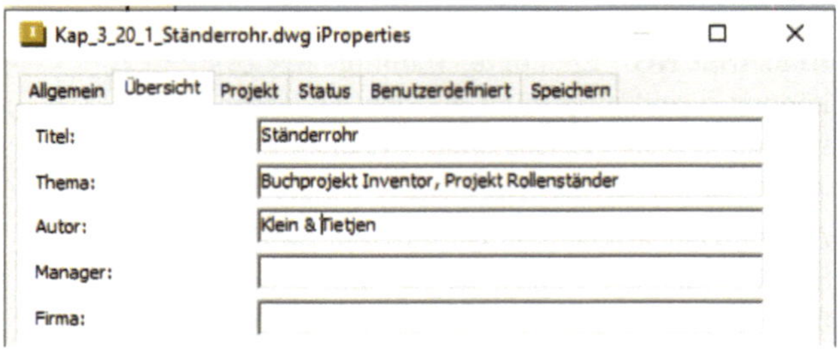

Im Strukturbaum wird unter **Zeichnungsressourcen** das aufgeführte DIN-Schriftfeld für alle angelegten Blätter aufgeführt. Weiterhin gibt es für jedes Blatt einen Eintrag im Strukturbaum. Über das Kontextmenü und **DEFINITION BEARBEITEN** ruft Inventor den **Skizzierer** auf. Hier lassen sich auch die darzustellenden Elemente des Schriftfelds modifizieren und iProperties-Felder zusätzlich einfügen (siehe Abschnitt 7.3.3).

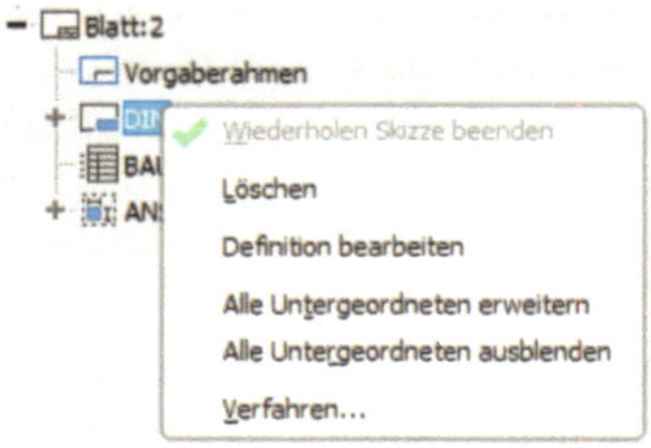

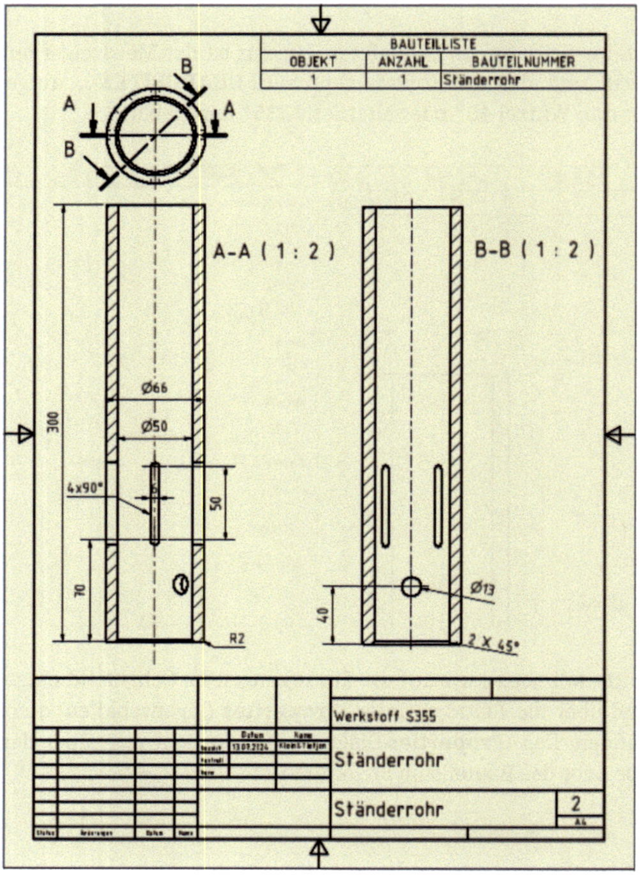

3.20.2 Eine Explosionsdarstellung mit Stückliste erstellen

Komponenten in einer Zusammenbauzeichnung als Explosionsdarstellung abzubilden und mit der zugehörigen Stückliste zu ergänzen, ist eine gängige Methode für eine Baugruppen-Dokumentation.

Präsentation

In Inventor erfolgt das Erzeugen einer Explosionsdarstellung über den Umweg einer zusätzlich erstellten Präsentationsdatei (*.ipn). Geladen wird hierbei eine Umgebung für Präsentationen, die ähnlich aufgebaut ist wie die Baugruppenumgebung. Es können jedoch in dieser Umgebung keine Änderungen an Teilen oder der Baugruppe vorgenommen werden.

Eine neue Präsentation wird über die Registerkarte **Datei** und **NEU** mit der Vorlage *Standard(DIN).ipn* erstellt. Inventor verzweigt in die Präsentations-Arbeitsumgebung und öffnet einen Dialog zum Einfügen der entsprechenden Baugruppen-Datei. Der fertig konstruierte *Kap_3_19_Rollenständer_Zusammenbau.iam* ist hier auszuwählen und mit **Öffnen** zu bestätigen.

Komponentenpositionen ändern

Explosionsansichten werden als sogenannte „Snapshot-Ansicht" erzeugt und in den Strukturbaum der Präsentationsdatei eingefügt. Automatische Explosionen gehören nicht zum Funktionsumfang, und entsprechend ist die Positionierung der einzelnen Komponenten manuell vorzunehmen.

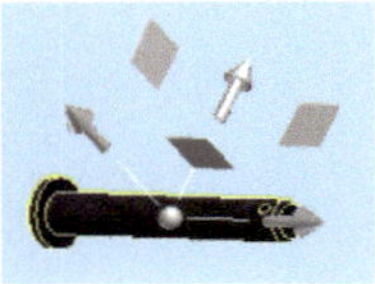

In der Befehlsgruppe **Komponente** befindet sich der Befehl **KOMPONENTENPOSITIONEN ÄNDERN**. Es erscheint ein Kontextmenü mit verschiedenen Einstellmöglichkeiten. Mit dem Mauszeiger lassen sich nun die einzelnen Komponenten anwählen und positionieren. Hierzu ist einfach das entsprechende Symbol (Pfeile = verschieben in eine Richtung, Ebenen = Bewegen auf der Ebene, Mittelpunkt = frei im Raum bewegen) anzuwählen und das Bauteil zu positionieren.

Neue Snapshot-Ansicht

Einmal eingestellt, kann von der Explosionsansicht ein Abbild (Snapshot) erstellt werden, das letztendlich Grundlage für die Explosionsdarstellung in einer technischen Zeichnung ist.

Nun ist im Prinzip die Vorbereitung abgeschlossen, und die Präsentationsdatei kann zunächst über **DATEI** > **SPEICHERN** gesichert werden.

Zeichnungsansicht erstellen

Im Anschluss folgt das Anlegen einer Zeichnung direkt aus der Präsentationsumgebung heraus. In der Befehlsgruppe **Zeichnung** befindet sich der Befehl **ZEICHNUNGSANSICHT ERSTELLEN**. Diese Funktion führt den Anwender anschließend im Dialog bis zur Erzeugung der Zeichnungsdatei.

Die in der Präsentationsdatei gespeicherte **Snapshot-Ansicht** ist einzustellen (hier: **Ansicht3**), und zusätzlich kann der Maßstab vorgegeben werden. Der Vorgang ist mit **OK** zu bestätigen. Aus der Modellansicht wird eine Zeichnungsansicht, die genauso behandelt werden kann, wie die vorab beschriebene Schnittansicht in Abschnitt 3.20.1.

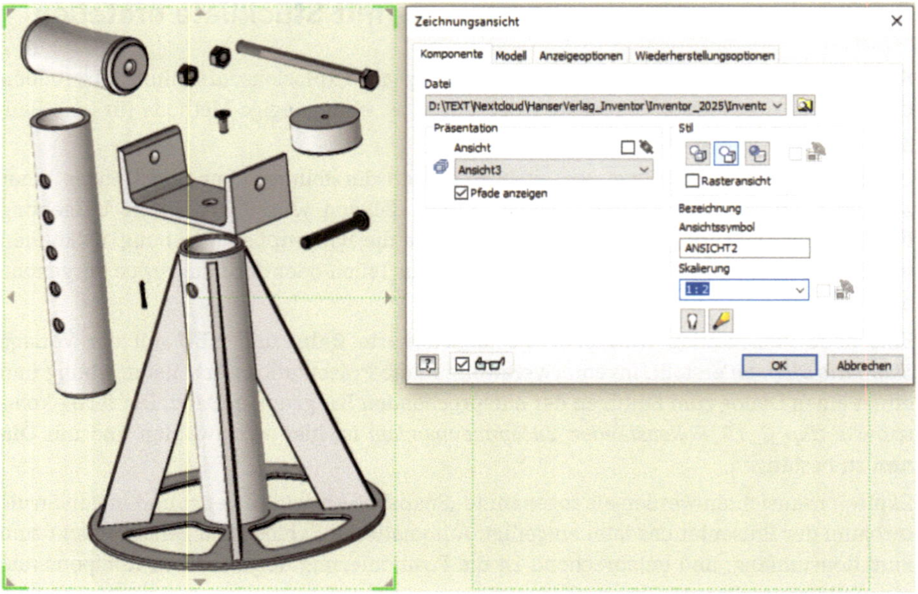

Bauteil-
liste

Die erzeugte Zeichnungsdatei mit Explosionsdarstellung kann noch mit einer Bauteilliste (Stückliste) ergänzt werden. Die Funktion **BAUTEILLISTE** befindet sich unter der Registerkarte **Mit Anmerkung versehen** in der Funktionsgruppe **Tabelle**. Es öffnet sich ein Dialogfenster, und die Ansichtsdatei (hier: *Kap_3_19_Rollenständer_Zusammenbau.iam*) ist auszuwählen. Weiterhin ist die Stücklistenansicht auf **Nur Bauteile** einzustellen. Mit **OK** wird der Vorgang abgeschlossen, und die Position der Tabelle auf dem Zeichnungsblatt ist mit der linken Maustaste festzulegen.

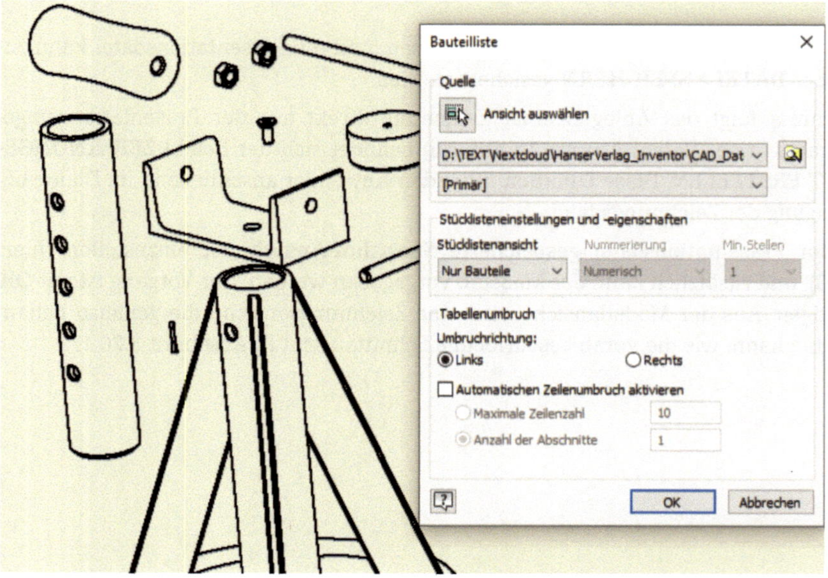

HINWEIS: In der Baugruppenumgebung (*Kap_3_19_Rollenständer_Zusammnebau.iam*) befindet sich unter der Registerkarte **Zusammenfügen** in der Befehlsgruppe **Verwalten** der Funktionsaufruf **STÜCKLISTE**. In dem sich öffnenden Dialogfenster ist bei den Modelldaten **Nur Bauteile** vorab einzustellen. Ansonsten beschränkt sich die Tabelle in der Zeichnungsansicht mit der Explosionsdarstellung ausschließlich auf die beiden Baugruppen *Kap_3_6_Ständern.iam* und *Kap_3_18_Schiebeteil.iam* sowie die beiden Normteile *Bolzen* und *Splint*.

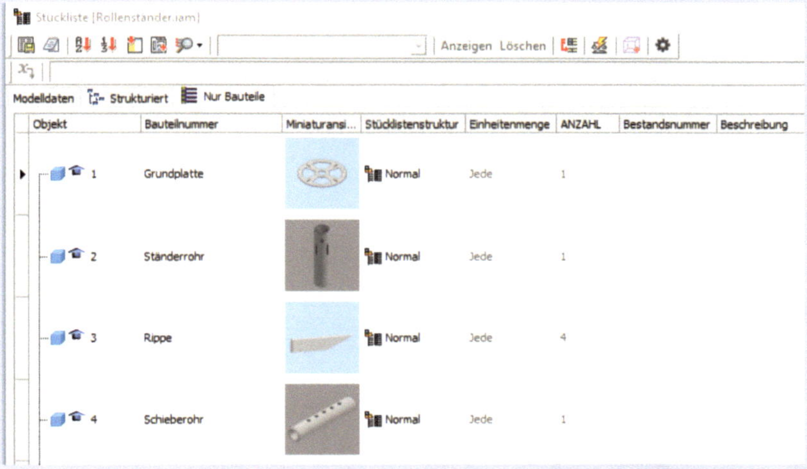

In der Explosionsansicht fehlen nun noch die Teilenummern, die die Verbindung zur Bauteilliste herstellen. Mit der Funktion **POSITIONSNUMMER** bzw. **AUTOMATISCHE POSITIONSNUMMER** (Registerkarte **Mit Anmerkung versehen**) in der Befehlsgruppe **Anmerkungen** erfolgt die Zuordnung der Referenzkreise entweder einzeln oder für die gesamte Baugruppe. Nach dem Aufruf der Funktion wird ein Dialogfenster mit Optionen für die Platzierung und Gestaltung der Nummern eingeblendet. Wesentlich ist hierbei, **Ansichtensatz auswählen**, die Stücklistenansicht auf **Nur Bauteile** umzustellen und die **Positionsnummernform** festzulegen. Am einfachsten ist es nun, die Baugruppe *Kap_3_19_Rollenständer_Zusammenbau.iam* im Strukturbaum zu selektieren. Es kann aber auch mit der Maus (bei gedrückter linker Maustaste) ein Fenster über die gesamten Bauteile aufgezogen werden. Die selektierten Bauteile werden anschließend in einer anderen Farbe dargestellt. Der Button **OK** im Dialogfenster ist zu Beginn und auch nach dem Selektieren der Bauteile noch ausgegraut! Über das **Kontextmenü** (**RECHTE MAUSTASTE**) ist nun der Button **WEITER** zu betätigen (nicht ganz intuitiv!). Erst dann erscheinen die noch mit „X" gekennzeichneten Positionsnummern in einer Voransicht. Der Vorgang kann nun mit **OK** bestätigt werden.

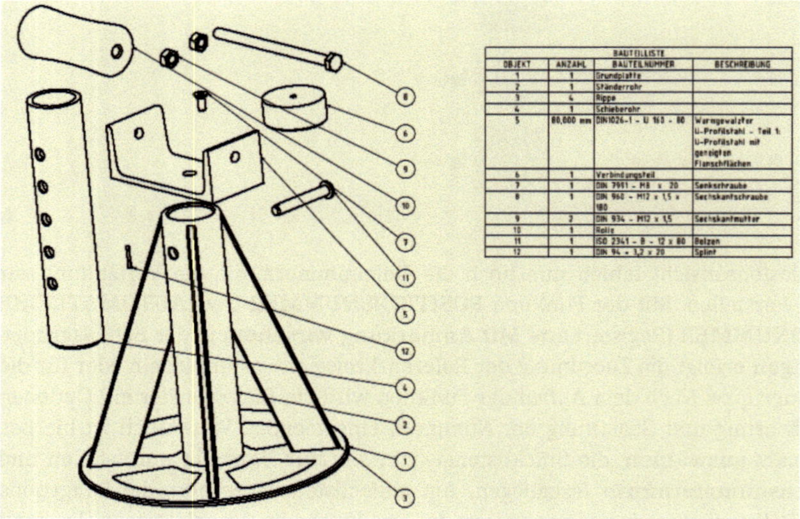

BAUTEILLISTE			
OBJEKT	ANZAHL	BAUTEILNUMMER	BESCHREIBUNG
1	1	Grundplatte	
2	1	Ständerrohr	
3	4	Rippe	
4	1	Schieberohr	
5	80,000 mm	DIN1026-1 - U 160 - 80	Warmgewalzter U-Profilstahl - Teil 1: U-Profilstahl mit geneigten Flanschflächen
6	1	Verbindungsteil	
7	1	DIN 7991 - M8 x 20	Senkschraube
8	1	DIN 960 - M12 x 1,5 x 180	Sechskantschraube
9	2	DIN 934 - M12 x 1,5	Sechskantmutter
10	1	Rolle	
11	1	ISO 2341 - B - 12 x 80	Bolzen
12	1	DIN 94 - 3,2 x 20	Splint

3.21 Fazit

In diesem Kapitel konnte und sollte nicht der gesamte Funktionsumfang der vorgestellten Arbeitsumgebungen beschrieben werden. Dies erfolgt in Teil II des Buches. Ziel war es, die wesentlichen Arbeitsschritte im Umgang mit Inventor deutlich zu machen. Dieses Kapitel sollte einen ersten Eindruck von der Arbeitsweise und den Möglichkeiten in Inventor vermitteln. Die Arbeitstechniken und viele Funktionen, die während dieser „Modellierungsaufgabe“ nur kurz angesprochen wurden, werden in den folgenden Kapiteln detailliert erläutert und mit weiteren Beispielen und Übungen vertieft.

TEIL II

Anwendungsbereiche und Funktionen

Detaillierte Beschreibung der Funktionen für die Skizzen-, Bauteil-, Baugruppen- und Zeichnungserstellung, der Modell-, Zeichnungs- und Präsentationsaufbereitung sowie Vorstellung der Konstruktionsassistenten und Werkzeuge zur Konstruktionsautomatisierung

- Skizzenerstellung, Bauteilkonstruktion, Baugruppenerstellung
- Zeichnungsableitung, realistische Darstellungen und Animationen
- Assistenten zur Konstruktion und Berechnung von Maschinenelementen
- Normteile, Teile- und Baugruppenfamilien, nutzerdefinierte Features und regelgesteuerte Modelle
- Datenaustausch, Prüf- und Analysewerkzeuge

4 Skizzen und Arbeitselemente

Ein sehr häufig genutzter Weg zur Erstellung von Bauteilen in einem CAD-System ist die Erzeugung eines 2D-Profils, das im nächsten Schritt im Allgemeinen durch Extrusion oder Rotation in ein 3D-Bauteil überführt wird. Auch für Änderungen an Bauteilen, z. B. Bohrungen, Taschen, Nuten und ähnliche Konturänderungen, werden in der Regel zuerst 2D-Skizzen als Basis für die spätere Geometrieänderung erstellt. Beispiele hierfür sind:

- Die 2D-Skizze enthält Punkte, die die Mittelpunkte für zu erstellende Bohrungen bilden.
- Eine Querschnittskontur wird in einer 2D-Skizze erstellt, mit der im Anschluss durch Rotation entlang einer Mantelfläche eine Nut erzeugt werden kann.
- Die Kontur einer Tasche wird zuerst als 2D-Skizze vorgegeben und dann über den Befehl **EXTRUSION** in die dritte Dimension auf- und vom bestehenden Volumenkörper abgezogen.

Skizzen sind also ein sehr wichtiges Hilfsmittel für 3D-Modelle, die mit einem CAD-Programm erzeugt wurden, weshalb das Thema in diesem Kapitel ausführlich behandelt wird.

In Inventor können neben 2D- auch 3D-Skizzen erzeugt werden, die aber seltener benötigt werden. 3D-Skizzen werden in Abschnitt 4.15 behandelt.

4.1 Arbeitselemente

Arbeitselemente und Koordinatensysteme sind sowohl beim Skizzieren als auch in der Bauteil- und Baugruppenumgebung von zentraler Bedeutung. Sie stellen die wichtigste Unterstützung

- beim Erstellen komplexer Skizzen,
- beim Bearbeiten von Bauteilen, und
- beim Anordnen von Komponenten in Baugruppen dar.

Arbeitselemente sind hierbei Arbeitsebenen, Arbeitsachsen und Arbeitspunkte.

Arbeitsebenen werden in den meisten Fällen zur Aufnahme neuer Skizzen benötigt. Mitunter werden auch Hilfsebenen und/oder Arbeitsachsen und -punkte als Hilfsgeometrie zum Erstellen neuer Arbeitsebenen benötigt.

4.1.1 Die Ursprungsgeometrie

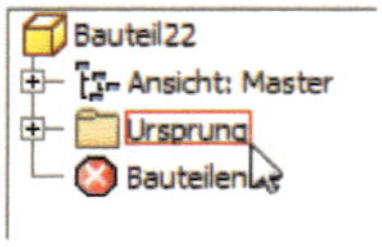

Unter dem Ursprung versteht Inventor nicht nur den Nullpunkt des Koordinatensystems, sondern das ganze, der Konstruktion zugrunde liegende Koordinatensystem mit allen Ebenen, Achsen und dem Nullpunkt. Im Strukturbaum, im Ordner *Ursprung*, sind diese Elemente zusammengefasst. Über das Kontextmenü (**rechte Maustaste**) kann hier für alle vorhandenen Arbeitselemente **sichtbar** oder **nicht sichtbar** eingestellt werden.

HINWEIS: Nur als sichtbar eingestellte Arbeitselemente lassen sich im Modellbereich auswählen oder markieren.

Die wichtigsten Arbeitselemente sind durch das Koordinatensystem bereits vorgegeben. Es sind

- die drei **Ursprungsebenen XY-**, **XZ-** und **YZ-Ebene**,
- die drei **Ursprungsachsen X-**, **Y-** und **Z-Achse** und natürlich
- der eigentliche **Ursprungspunkt**, der Nullpunkt des Koordinatensystems.

Für die erste Skizze in einer Bauteil-Arbeitsumgebung wird automatisch diese Ursprungsgeometrie zur Auswahl eingeblendet.

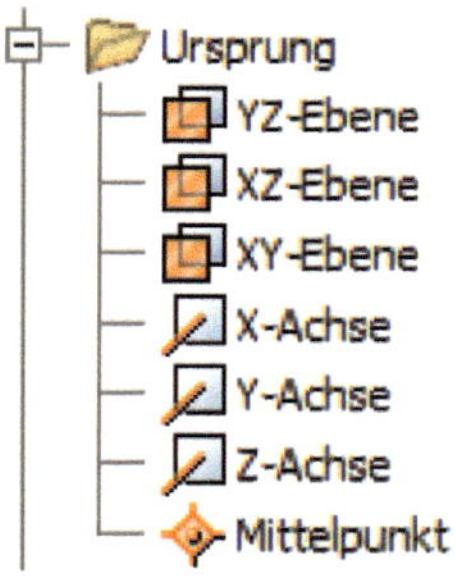

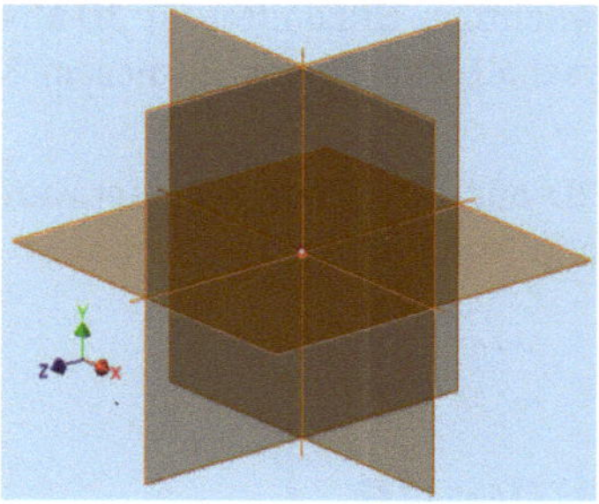

HINWEIS: Befinden sich in der Arbeitsumgebung noch keine vom Anwender erzeugten oder eingefügten Elemente, muss die erste Skizze auf einer der drei Ursprungsebenen erzeugt werden.

4.1.2 Die Befehlsgruppe Arbeitselemente

Auf der Registerkarte **3D-Modell** im Bauteilbereich und auf der Registerkarte **Zusammenfügen** im Baugruppenbereich befindet sich jeweils die Befehlsgruppe **Arbeitselemente** mit den entsprechenden Befehlsschaltflächen, mit denen neue Arbeitselemente erstellt werden können.

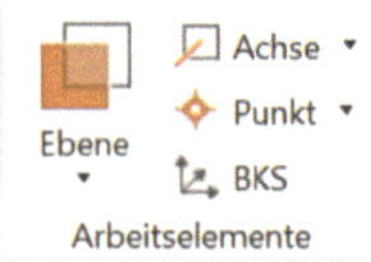

Arbeitselement Ebene

Mit dem Befehl **ARBEITSEBENE** können Arbeitsebenen auf verschiedene Art und Weise erstellt werden:

Ebene	**EBENE:** Eine Arbeitsebene wird über ausgewählte Elemente (z. B. Punkte, Kanten oder Flächen) definiert. Inventor erkennt diese Elemente und nutzt die jeweils passende der nachfolgend vorgestellten Funktionen.
Versatz von Ebene	**VERSATZ VON EBENE:** Eine Bezugsebene oder planare Fläche ist anzugeben. Daneben sind Richtung und Wert für den Versatz zu bestimmen. Die Arbeitsebene liegt dann mit dem vorgegebenen Abstand parallel zur Bezugsebene bzw. -fläche.
Parallel zu Ebene durch Punkt	**PARALLEL ZU EBENE DURCH PUNKT:** Für die neue Arbeitsebene sind ein Punkt und eine Bezugsfläche(-ebene) anzugeben. Die Arbeitsebene liegt genau auf dem Punkt, und die Ausrichtung ist parallel zum Bezugselement.
Mittelfläche zwischen zwei Ebenen	**MITTELFLÄCHE ZWISCHEN ZWEI EBENEN:** Eine Arbeitsebene wird zwischen zwei planaren Flächen oder Ebenen erzeugt. Die Bezugselemente müssen nicht zwingend parallel liegen!
Mittelfläche von Torus	**MITTELFLÄCHE VON TORUS:** Hiermit wird eine Arbeitsebene erzeugt, die durch die Mitte oder den Mittelpunkt eines Körpers verläuft.
Winkel zu Ebene um Kante	**WINKEL ZU EBENE UM KANTE:** Hiermit lässt sich eine Arbeitsebene unter einem beliebigen Winkel erzeugen. Die Kante fungiert als Rotationsachse, und die Ebene stellt den Bezug zur Angabe des Winkels her.

Drei Punkte	**DREI PUNKTE:** Die Lage einer Arbeitsebene ist eindeutig beschrieben, wenn sie durch drei Punkte verläuft. Diese sind hier vorzugeben (z. B. durch Auswahl von Eck- oder Mittelpunkten).
Zwei koplanare Kanten	**ZWEI KOPLANARE KANTEN:** Hier sind zwei Kanten (Linien) auszuwählen, die parallel zueinander liegen müssen. Die Bezugselemente liegen genau auf der neuen Arbeitsebene.
Tangential zu Fläche durch Kante	**TANGENTIAL ZU FLÄCHE DURCH KANTE:** Bezugsgrößen sind hier eine parallel liegende Kante und eine gekrümmte Oberfläche. Die neue Arbeitsebene führt vom tangentialen Übergang der Fläche hin zur Kante.
Tangential zu Fläche durch Punkt	**TANGENTIAL ZU FLÄCHE DURCH PUNKT:** Die Erzeugung erfolgt wie die vorangestellte Methode, nur dass hier ein Punkt als weitere Bezugsgröße zu wählen ist.
Tangential zu Fläche und parallel zu Ebene	**TANGENTIAL ZU FLÄCHE UND PARALLEL ZU EBENE:** Die Erzeugung erfolgt wie die vorangestellte Methode, nur dass hier eine parallele Ebene als weitere Bezugsgröße zu wählen ist.
Lotrecht zu Achse durch Punkt	**LOTRECHT ZU ACHSE DURCH PUNKT:** Die neue Arbeitsebene wird lotrecht zu einer Kante oder Achse erzeugt und verläuft durch den vorzugebenden Punkt.
Lotrecht zu Kurve bei Punkt	**LOTRECHT ZU KURVE BEI PUNKT:** Diese Methode steht nur bei Bauteildateien zur Verfügung. Eine Arbeitsebene wird hier erzeugt, indem zum einen eine nicht lineare Kante (Bogen, Kreis usw.) gewählt wird und zum anderen ein Punkt, durch den die Arbeitsebene dann verläuft.

HINWEIS: Die Definition einer neuen Arbeitsebene erfordert immer die Angabe eines vorhandenen Geometrieelements oder mehrerer Elemente, aus denen sich *eindeutig* eine neue Ebene bestimmen lässt. Dies geschieht beispielsweise durch Versetzen einer vorhandenen Ebene oder durch Auswahl von drei Punkten oder von zwei parallelen Linien.

Beispiel: Erzeugen einer Arbeitsebene

Die neue Ebene soll durch zwei Kanten eines modellierten Körpers verlaufen. Hierzu ist die Methode **Zwei koplanare Kanten** zu wählen, die beiden Kanten sind zu selektieren, und anschließend wird die neue Ebene eingefügt.

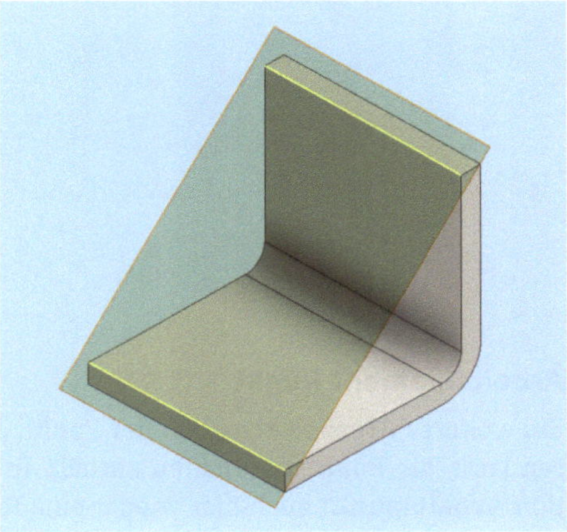

Arbeitselement Achse

Achsen werden ebenfalls als Hilfsgeometrie zum Erstellen von Elementen oder Arbeitsebenen verwendet. Inventor liefert im Drop-down-Menü der Funktion **ACHSE** auch hier eine Vielzahl von vordefinierten Varianten:

Achse	**ACHSE:** Es wird eine mit anderen Objekten parametrisch verbundene Arbeitsachse erstellt.
Auf Linie oder Kante	**AUF LINIE ODER KANTE:** Die neue Achse verläuft kollinear zu einer ausgewählten Linie oder Kante.
Parallel zu Linie durch Punkt	**PARALLEL ZU LINIE DURCH PUNKT:** Die Achse führt durch den angegebenen Punkt und liegt parallel zur ausgewählten Linie oder Kante.
Durch zwei Punkte	**DURCH ZWEI PUNKTE:** Startpunkt der neuen Achse ist der erste gewählte Punkt und der Endpunkt der zweite.
Schnittlinie zweier Ebenen	**SCHNITTLINIEN ZWEIER EBENEN:** Zwei sich schneidende und damit nicht parallel liegende Ebenen bilden eine gemeinsame Schnittkante, die als Arbeitsachse erzeugt wird.
Lotrecht zu Ebene durch Punkt	**LOTRECHT ZU EBENE DURCH PUNKT:** Die Achse verläuft lotrecht von einer Ebene oder einer planaren Fläche und führt durch einen vorzugebenden Punkt. Die Methode steht nur für Bauteildateien zur Verfügung!

Durch Mitte von runder oder elliptischer Kante	**DURCH MITTE VON RUNDER ODER ELLIPTISCHER KANTE:** Es wird eine Arbeitsachse, die koinzident mit der Achse eines Kreises, einer Ellipse oder einer Rundung ist, erstellt.
Durch gedrehte Fläche oder gedrehtes Element	**DURCH GEDREHTE FLÄCHE ODER GEDREHTES ELEMENT:** Die neue Achse verläuft koinzident mit der Achse einer Fläche oder eines Drehteils.

Arbeitselement Punkt

Punkt ▾

Ein weiteres Arbeitselement ist der Punkt, der sich durch jede Geometrieangabe definieren lässt, die Punktkoordinaten enthält. Inventor liefert im Drop-down-Menü der Funktion **Arbeitspunkt** auch hier wieder eine Reihe von vordefinierten Varianten:

Punkt	**PUNKT:** Es wird ein mit anderen Objekten parametrisch (d. h. direkt) verbundener Hilfspunkt erstellt.
Fixierter Punkt	**FIXIERTER PUNKT:** Unter Angabe der X-, Y- und Z-Koordinate wird ein Arbeitspunkt erzeugt. Die Methode steht nicht für Baugruppen-Dateien zur Verfügung.
Auf Scheitelpunkt, Skizzierpunkt oder Mittelpunkt	**AUF SCHEITELPUNKT, SKIZZIERPUNKT ODER MITTELPUNKT:** Erstellt einen Arbeitspunkt auf einem 2D- oder 3D-Punkt (Mittel-, Scheitel-, ...).
Schnittpunkt dreier Ebenen	**SCHNITTPUNKT DREIER EBENEN:** Im Schnittpunkt von drei Arbeitsebenen wird ein Punkt erzeugt.
Schnittpunkt zweier Linien	**SCHNITTPUNKT ZWEIER LINIEN:** Es wird ein Arbeitspunkt im Schnittpunkt zweier Linien erzeugt.
Schnittpunkt von Ebene/Fläche und Linie	**SCHNITTPUNKT VON EBENE/FLÄCHE UND LINIE:** Bezug für die Positionierung des Arbeitspunkts sind Ebene bzw. Fläche und eine Achse bzw. Linie, die sich schneiden müssen. Die Methode steht nicht für Baugruppen-Dateien zur Verfügung.
Mittelpunkt von Kantenkontur	**MITTELPUNKT VON KANTENKONTUR:** Bestimmt wird hier der Arbeitspunkt über eine geschlossene Kantenkontur. Die Methode steht nicht für Baugruppen-Dateien zur Verfügung.

Mittelpunkt von Torus	**MITTELPUNKT VON TORUS:** Hier wird als Bezug ein Körper ausgewählt und der Arbeitspunkt in der Mitte oder auf der Mittelebene erzeugt.
Mittelpunkt der Kugel	**MITTELPUNKT DER KUGEL:** Am Mittelpunkt einer Kugel wird ein Arbeitspunkt erstellt.

4.1.3 Koordinatensysteme

Inventor erzeugt in jeder Bauteildatei ein unveränderbares Koordinatensystem, welches den festen Bezugspunkt für alle Volumenkörper und Elemente des Bauteils bildet. Auch wenn nur Bemaßungen und Abhängigkeiten zwischen den Bauteilelementen untereinander gesetzt werden, wird der Bezug zum Koordinatensystem für alle Elemente eindeutig, sobald eines dieser Elemente eine Abhängigkeit zum Koordinatensystem besitzt. (Eine Skizze ist erst vollständig bestimmt, wenn für ein Element Bezug zum Ursprung gesetzt wurde.) Inventor erlaubt aber auch den Einsatz benutzerdefinierter Koordinatensysteme, die einen festgelegten Bezug zum unveränderbaren Koordinatensystem besitzen. So können sich Abhängigkeiten und Bemaßungen auf einen selbst gewählten veränderbaren Ursprung beziehen.

BKS

Mithilfe benutzerdefinierter Koordinatensysteme (BKS) vereinfacht sich entsprechend sowohl die Erstellung neuer Skizzierebenen als auch die von Arbeitsebenen. In der Befehlsgruppe **Arbeitselemente** befindet sich die Schaltfläche **BKS**. Mit ihr kann das neue benutzerdefinierte Koordinatensystem per X-, Y- und Z-Koordinaten absolut zum Ursprungspunkt (0, 0, 0) des Bauteil-Koordinatensystems positioniert werden. Nach der Positionierung kann das BKS nach seinen Achsen ausgerichtet werden. Am Cursor erscheint dazu ein Symbol, das sich je nach Cursor-Position ändert.

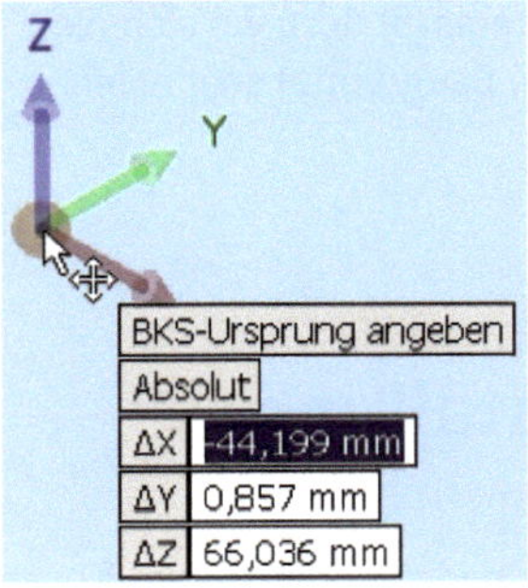

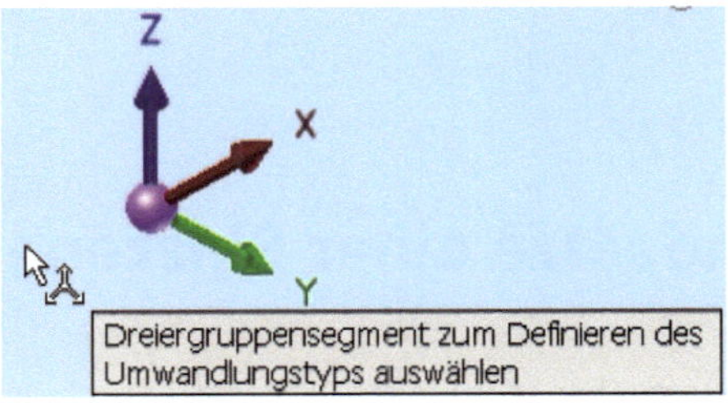

Die Symbole am Cursor bedeuten im Einzelnen:

	Ein Dreiergruppensegment zur Ausrichtung selektieren. Hiermit wählt man das BKS, das verändert werden soll.
	Den Ursprung des BKS längs einer Achse verschieben.
	Einen Punkt zum Ausrichten des BKS selektieren.
	Den Ursprung des BKS frei verschieben.
	Das BKS um eine Achse rotieren.

Bewegt man das Symbol in die Nähe markanter geometrischer Punkte, z. B. Eckpunkte eines Körpers, dann kann das BKS mit relativem Bezug auf diesen Punkt gesetzt werden. Verändert dieser Punkt seine Position, wandert allerdings auch das BKS mit. Auch bei der relativen Positionierung sollte ein BKS ausgerichtet werden. Dies kann mit Bezug auf eine schon vorhandene Geometrie erfolgen, indem Punkte (z. B. Eckpunkte) ausgewählt werden.

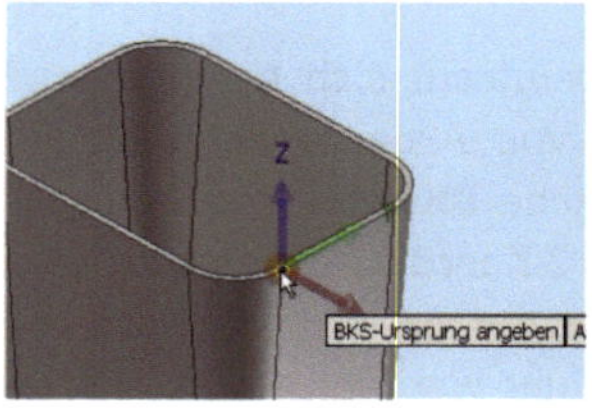

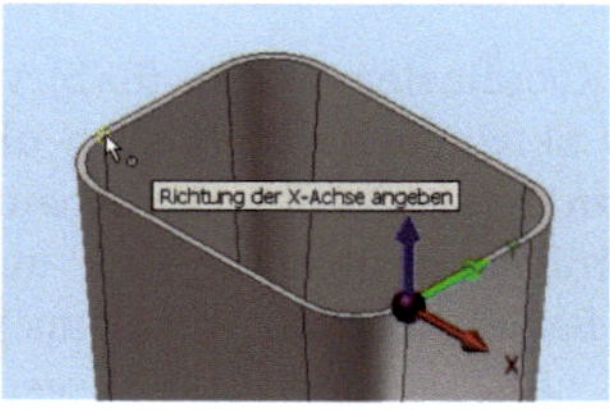

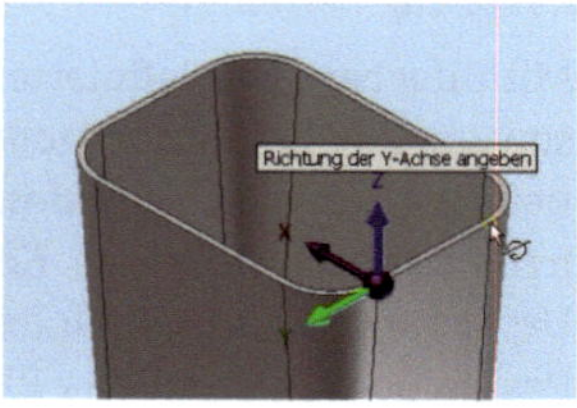

HINWEIS: Der absolute Nullpunkt des Koordinatensystems ist dort, wo sich die drei Ursprungsebenen einer Arbeitsumgebung (Bauteil, Baugruppe) schneiden.

4.2 Grundsätze einer Skizzenerstellung

Es ist wichtig zu verstehen, dass jedes 3D-Bauteil durch verschiedene, alternative Konstruktionsschritte erzeugt werden kann und mehrere Möglichkeiten bestehen, die gewünschte Bauteilgeometrie zu erzeugen. Exemplarisch hierfür soll kurz die Konstruktion einer beliebigen Antriebswelle betrachtet werden:

- Eine Welle kann erstellt werden, indem zunächst das Profil entlang der Wellenachse in einer 2D-Skizze gezeichnet wird und dieses Profil im Anschluss um die Hauptachse rotiert.

- Es ist auch möglich, eine Welle zu erstellen, indem die Wellenabschnitte als Zylinder entlang der Achse aneinandergereiht werden. Die Grundflächen der Zylinder können hierfür als Kreise mit 2D-Skizzen vorgegeben und jeweils über die Funktion **EXTRUSION** erzeugt werden.
- Basierend auf Wellenabschnitten bietet Inventor als weitere Möglichkeit auch ein sogenanntes Wellen-Generator-Modul, das die Bauteilerstellung über Dialogfelder unterstützt (siehe Kapitel 10).

Welche Methode am besten geeignet ist, hängt von vielen Faktoren ab: Von den Präferenzen des Konstrukteurs, von den Fragen, welche Abhängigkeiten zwischen Parametern gesetzt werden sollen, welche anderen Elemente die Skizze eventuell noch enthalten soll oder auch von der Komplexität des Bauteils.

Es empfiehlt sich daher, am Anfang verschiedene Vorgehensweisen zu probieren bzw. auch zu überlegen, wie das Bauteil gefertigt werden soll.

HINWEIS: Es gibt mehrere Möglichkeiten, über unterschiedliche Skizzen zum gleichen Bauteil zu kommen. In diesem Punkt, dem Erkennen der besten Skizzengeometrie für ein bestimmtes Bauteil, liegt die Kunst der Bauteilmodellierung in 3D-CAD-Systemen.

Skizzen sollten nicht irgendwie, sondern nach einer begründbaren Vorgehensweise erstellt werden. Eine Skizzenerstellung sollte sinnvollerweise wie folgt erfolgen:

1. Es sollten zuerst die großen Elemente der Skizzen erstellt und im Anschluss kleinere Elemente hinzugefügt werden.
2. Die Ausnutzung von Symmetriebedingungen reduziert den Skizzenaufwand erheblich. Aus diesem Grund ist es sinnvoll, zuerst Mittellinien und Achsen zu erstellen und im Anschluss jeweils nur die benötigte Teilkontur (z. B. nur Achse und obere Hälfte eines Wellenquerschnitts).
3. Nach dem Zeichnen der Konturen sollten fehlende 2D-Abhängigkeiten hinzugefügt bzw. kontrolliert und gegebenenfalls ergänzt werden. Inventor zeigt in der Statuszeile fehlende Abhängigkeiten an (siehe Abschnitt 4.4).
4. Die Bemaßung sollte von groß nach klein erfolgen, da Inventor den Darstellungsmaßstab durch die Anfangsmaße festlegt. Werden zunächst kleinere Maße festgelegt, dann kommt es leicht zu einem „Umschlagen“ der Skizzengeometrie, und es ist mühsam, die richtige Kontur wiederherzustellen.

TIPP: Die erste Bemaßung in einer Skizze bestimmt den Darstellungsmaßstab der Skizze, deswegen sollte der größte Abstand, der in einer Skizze vorkommt, zuerst bemaßt werden. Diese Funktion verhindert, dass die Geometrie komplizierter Skizzen durch eine spätere Bemaßung grob verzerrt wird.

4.3 Skizzenumgebung öffnen

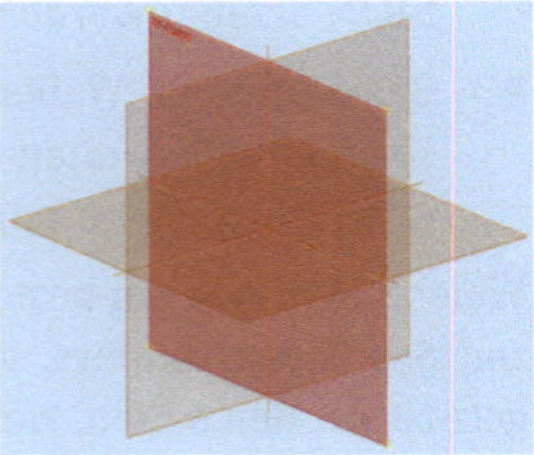

In der leeren Bauteil-Arbeitsumgebung wird mit dem Befehl **2D-SKIZZE STARTEN** begonnen. In der daraufhin erscheinenden Darstellung der drei Ursprungsebenen ist nun die Ebene auszuwählen, die die Skizze aufnehmen soll.

HINWEIS: Beim Überfahren mit dem Cursor hebt Inventor die nutzbaren Elemente hervor. Bei den Ursprungsebenen wird die Benennung sichtbar. Neben den Ebenen können auch beliebige Oberflächen eines Körpers als Basis für eine 2D-Skizze herangezogen werden, falls diese schon vorhanden sind.

Sobald eine neue Skizze gestartet wurde, schaltet Inventor in die Skizzen-Arbeitsumgebung um. In den drei Bereichen des Programmfensters ändert sich Folgendes:

- Die Multifunktionsleiste zeigt die Skizzierbefehle.
- Die Arbeitsfläche wird nach der gewählten Skizzierebene, hier die XY-Ebene, ausgerichtet und enthält ein Fadenkreuz mit dem Ursprung der Skizze.
- Im Strukturbaum wird die neue Skizze als neues Element eingetragen.

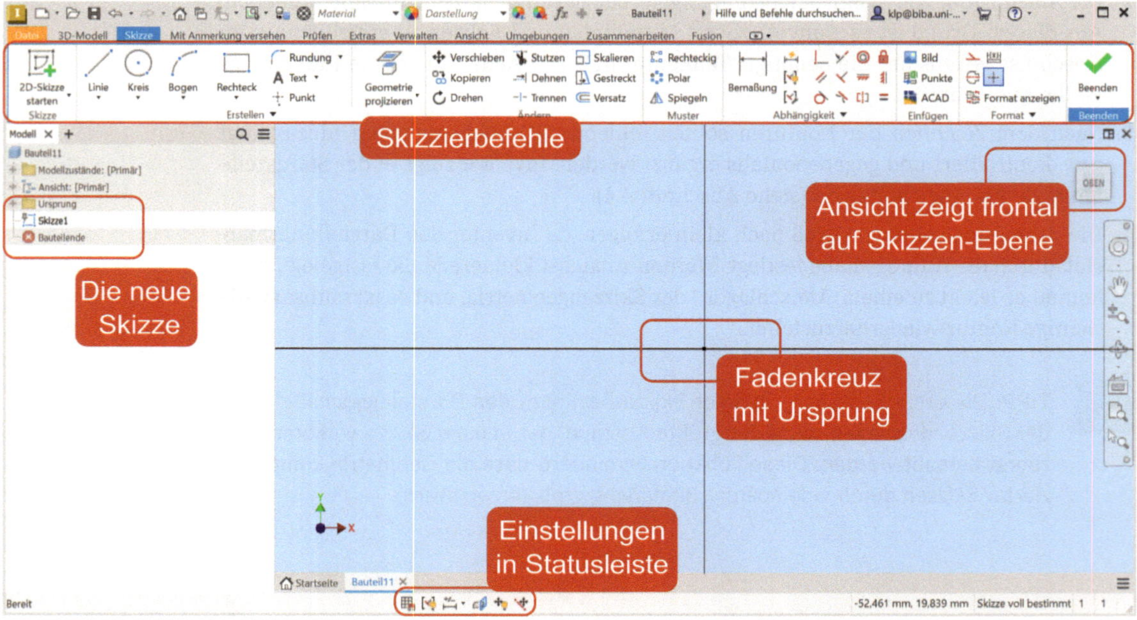

4.4 Einstellungen für das Arbeiten mit Skizzen

Die Darstellung und das Verhalten der Skizzier-Arbeitsumgebung lassen sich an persönliche Vorlieben anpassen. Auf der Registerkarte **Extras** befindet sich die Schaltfläche **ANWENDUNGSOPTIONEN**, mit der vielen Programmeinstellungen vorgenommen werden können. Auf der Registerkarte **Skizze** des Dialogfensters befinden sich diverse Einstellmöglichkeiten für die Skizzier-Arbeitsumgebung, die das Aussehen und das Verhalten beeinflussen.

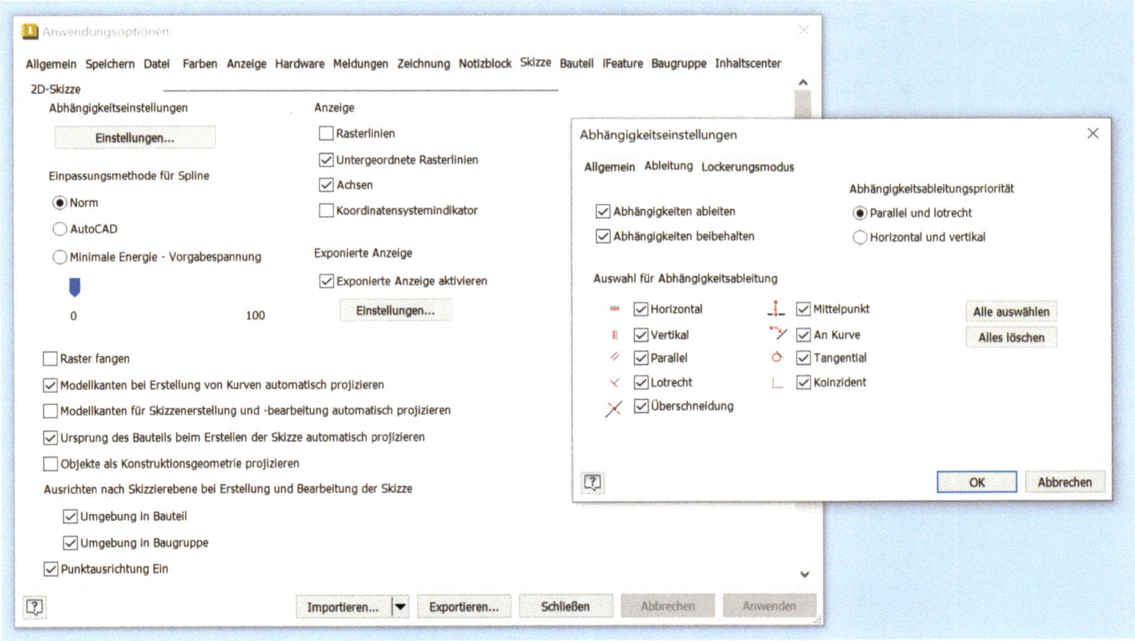

Der Funktionsbereich **Abhängigkeitseinstellungen** erlaubt die Anpassung der automatisch vergebenen Abhängigkeiten. Inventor vergibt beim Skizzieren automatisch Abhängigkeiten zwischen gezeichneten Elementen, die das Verhalten der Elemente zueinander regeln (siehe auch Abschnitt 4.9). Hinter der Schaltfläche **ABHÄNGIGKEITSEINSTELLUNGEN** verbirgt sich ein weiteres Dialogfenster mit vielen Möglichkeiten, dieses Verhalten zu beeinflussen.

Der Funktionsbereich **Anzeige** ermöglicht die Anpassung der Darstellung von Elementen in der Skizzierebene:

- **Rasterlinien** und **Untergeordnete Rasterlinien** zeigen ein millimeterpapierähnliches Raster in der Skizzierebene an.
- **Achsen** blendet die Koordinatenachsen ein oder aus.

- **Koordinatensystemindikator** zeigt das Koordinatensymbol immer am Nullpunkt des Achsenkreuzes an.
- **Exponierte Anzeige aktivieren** schaltet die laufende Koordinatenanzeige am Cursor, die Maßanzeige beim Erstellen von Skizzenelementen und die automatische Bemaßung von Skizzenelementen ein bzw. aus. Der Button **EINSTELLUNGEN** öffnet ein weites Dialogfenster, in dem jeweils das einzelne Verhalten dieser Anzeigen verändert werden kann.

Dokumenteinstellungen

Dokument-einstellungen

Über die Registerkarte **Extras** können mit **DOKUMENTEINSTELLUNGEN** weitere Einstellungen für die Skizzenumgebung vorgenommen werden.

- Der Funktionsbereich **Fangabstand** legt die Abstände fest, in denen der Cursor bei eingeschaltetem Fangmodus bewegt werden kann.
- Der Funktionsbereich **Rasteranzeige** definiert den **Abstand der Rasterlinien**, die im Bereich **Anzeige** ein- oder ausgeschaltet werden können.

Es gibt noch viele weitere Einstellmöglichkeiten in diesem Dialogfenster, deren Funktion einfach ausprobiert werden kann. In der Regel sind die Voreinstellungen jedoch praktikabel und sinnvoll.

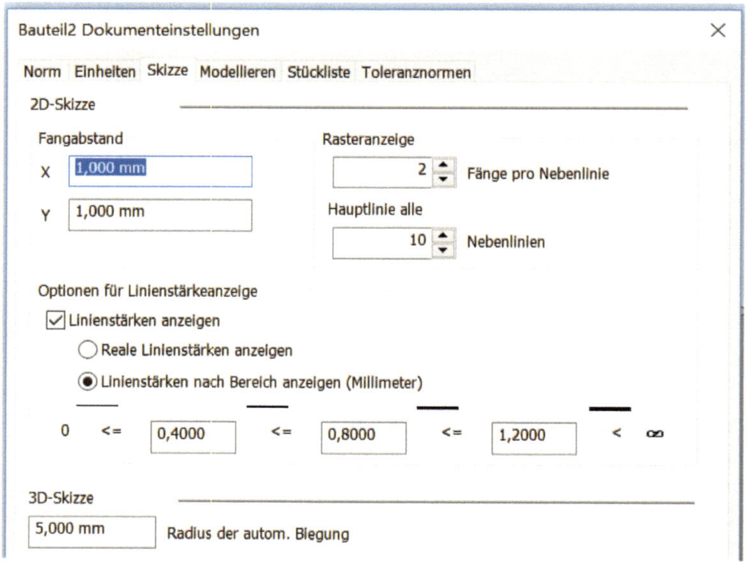

Direkte Einstellungen in der Statuszeile

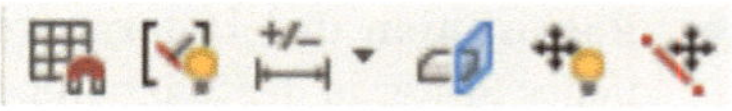

In der Statuszeile, direkt unter dem Skizzier-Arbeitsbereich, werden sechs Symbole angezeigt, mit denen das Verhalten der Arbeitsumgebung direkt beeinflusst werden kann.

Raster fangen: Ist diese Funktion eingeschaltet, so bewegt sich der Cursor beim Zeichnen und Ändern der Geometrie nur noch in den eingestellten Rasterabständen (siehe Abschnitt 4.4).

Alle Abhängigkeiten einblenden oder **… ausblenden:** Diese Funktion zeigt die gesetzten Abhängigkeiten durch kleine Schaltflächen am jeweiligen Element an. Sie ist auch auf den Funktionstasten F8 (**ein**) und F9 (**aus**) hinterlegt.

In dieser Funktionsgruppe wird eine Auswahl eingeblendet, mit der die Anzeige der Bemaßung gesteuert werden kann. Durch **AUSDRUCK** werden Formeln sichtbar, falls diese hinterlegt sind.

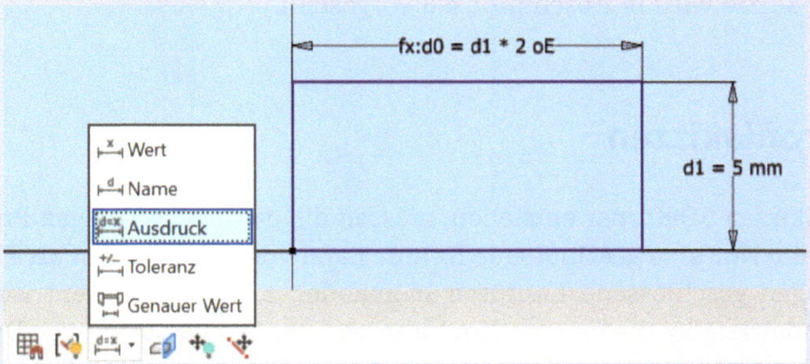

Befindet sich eine Skizze hinter einem schon vorher erstellten Element, so wird mitunter ein Teil oder die ganze Skizze von diesem Element verdeckt. Die Funktion **Grafiken aufschneiden** blendet alle Elemente, die sich vor einer Skizze befinden, aus bzw. ein. Sie kann auch mit der Funktionstaste F7 gesteuert werden.

Die Funktion **Alle Freiheitsgrade einblenden** oder **… ausblenden** zeigt über rote Doppelpfeile alle Freiheitsgrade an, in denen sich ein Element noch bewegen kann.

Damit ist es sehr viel leichter, in umfangreichen Skizzen die noch zu bestimmenden Abhängigkeiten zu finden.

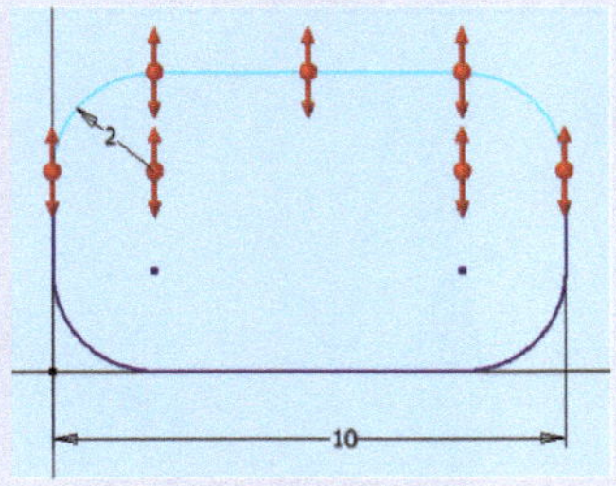

Der **Lockerungsmodus** bewirkt, dass auch bei voll bestimmten Skizzen, bei denen ansonsten Änderungen nur über ihre Bemaßungen möglich sind, Elemente assoziativ verschoben werden können. Die betroffenen Maße passen sich automatisch (assoziativ) der neuen Geometrie an.

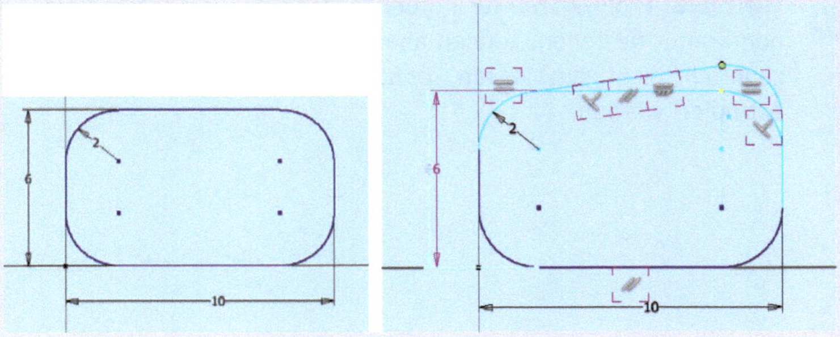

4.5 2D-Skizzen

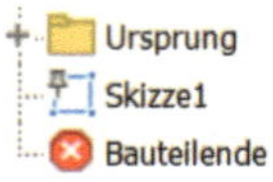

Neben Profilen, welche die Grund- oder Querschnittsflächen des späteren Körpers beinhalten, können 2D-Skizzen genutzt werden, um sogenannte Pfade zu erstellen. Solche Pfadskizzen werden in Kombination mit Profilskizzen genutzt, um Bauteile zu erzeugen, deren Profil nicht linear in einer Richtung, sondern entlang des skizzierten Pfades extrudiert wird (siehe auch Abschnitt 5.4.4).

Um Skizzenelemente an Bildern, d. h. Fotos, Grafiken usw., zu orientieren, müssen diese in einer Skizze hinterlegt werden. Das Einfügen und Skalieren von Bildern in den Hintergrund einer Skizze wird in Abschnitt 5.4.8 vorgestellt.

4.5.1 Profilskizzen

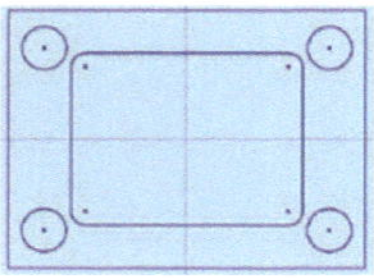

Sollen aus Skizzen 3D-Körper entstehen, müssen die dafür notwendigen Profilskizzen geschlossen sein. Nur eine geschlossene Kontur kann vom CAD-System als Fläche erkannt werden. Liegen geschlossene Konturen ineinander, z. B. zwei konzentrische Kreise, so werden standardmäßig die inneren Konturen von der Fläche abgezogen. Durch Auswahl bzw. Anklicken der jeweiligen Kontur kann dieses Verhalten jedoch beeinflusst werden, sodass unterschiedliche Bauteile auf Grundlage der gleichen Skizze möglich sind (siehe auch Abschnitt 4.14.2).

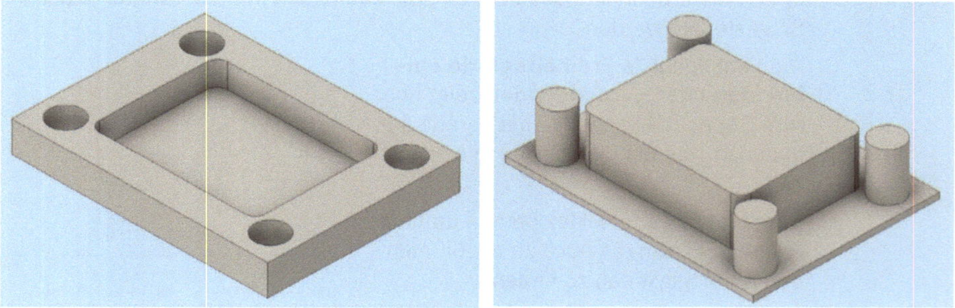

Beispiel einer Profilskizze mit mehreren geschlossenen Konturen, aus denen zwei unterschiedliche extrudierte Bauteile erstellt wurden.

HINWEIS: Profilskizzen für Körper müssen aus mindestens einer geschlossenen Kontur bestehen, können aber auch mehrere davon enthalten. Sind Skizzenprofile nicht geschlossen, können keine Körper, sondern nur Flächen daraus extrudiert werden.

4.5.2 Pfadskizzen

Bauteile, die mithilfe einer Pfadskizze erzeugt werden, benötigen zwei Skizzen. Eine Skizze muss eine Profilskizze sein, die andere die Pfadskizze. Beide Skizzen basieren auf der gleichen Vorlage (2D-Skizze). Sie enthalten jedoch unterschiedliche Elemente. Inventor benötigt Pfadskizzen z. B. für die Aktion **SWEEPING** (Pfadextrusion). Pfadskizzen stellen die Pfade dar, entlang derer ein Profil (eine Profilskizze) *gesweept* werden kann, d. h., ein Bauteil entsteht beim Sweepen dadurch, dass sich ein Profil entlang eines Pfads (Pfadskizze, Bahn) bewegt. Inventor bietet die Möglichkeit, eine Arbeitsebene senkrecht zu einer Linie oder Kurve zu definieren. Auf diesen so erzeugten Arbeitsebenen kann dann leicht eine Profilskizze erzeugt werden.

HINWEIS: Pfadskizzen müssen sich auf einer Ebene befinden, die sich mit der Ebene der Profilskizze schneidet. Pfadskizzen können offen oder geschlossen sein. Als Pfade für das Sweeping können auch bereits vorhandene Körperkanten verwendet werden. ▪

Im Folgenden sind Beispiele einer Bauteilerstellung dargestellt, einmal aus einer offenen Pfadskizze und dem daraus erstellten Bauteil (Abbildung links) und einmal aus einer geschlossenen Pfadskizze und dem daraus erstellten Bauteil (Abbildung rechts).

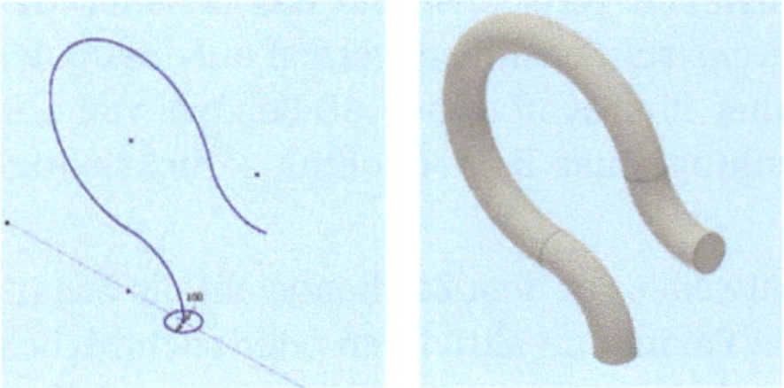

Bauteilerzeugung mit einer offenen Profilskizze

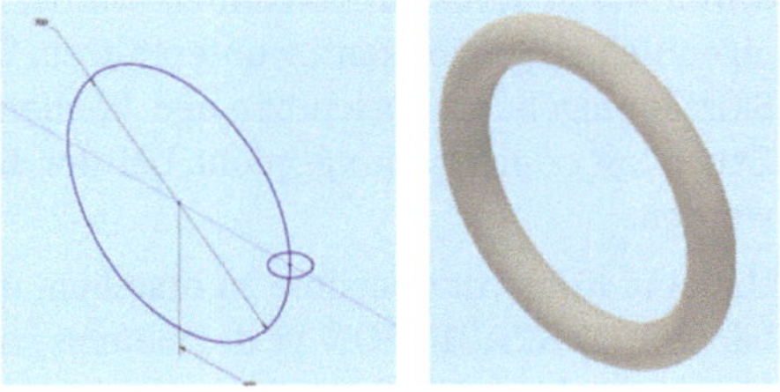

Bauteilerzeugung mit einer geschlossenen Profilskizze.

4.6 Die Geometrieelemente der Skizze

Innerhalb der Skizzenumgebung kann mit verschiedenen Linienarten und Geometrieelementen gearbeitet werden:

- Standardlinien, Konstruktionslinien, Mittellinien und Punktdarstellung
- Referenzgeometrie und Blockgeometrie

Alle Elemente werden im Folgenden ausführlich dargestellt.

4.6.1 Standardlinien

In einer Profilskizze wird die gewünschte Kontur mit Standardlinien erzeugt. Die Linien bilden also die Kanten des Profils und damit des späteren Bauteils. Soll eine Skizze einen Pfad enthalten, entlang dessen eine Kontur später extrudiert werden kann, wird dieser ebenfalls als Standardlinie erzeugt.

Wurde der Linientyp nicht manuell verändert, sind Standardlinien als dünne Volllinien dargestellt. Die Farbe für diese Linienart variiert je nach Skizzenstatus (Freiheitsgrad der Skizzenelemente). Eine **vollständig bestimmte** Linie, in der sowohl das Maß als auch die Position festgelegt wurden, wechselt die Farbe. Solche Linien können dann nicht mehr mit der Maus verschoben oder verändert werden.

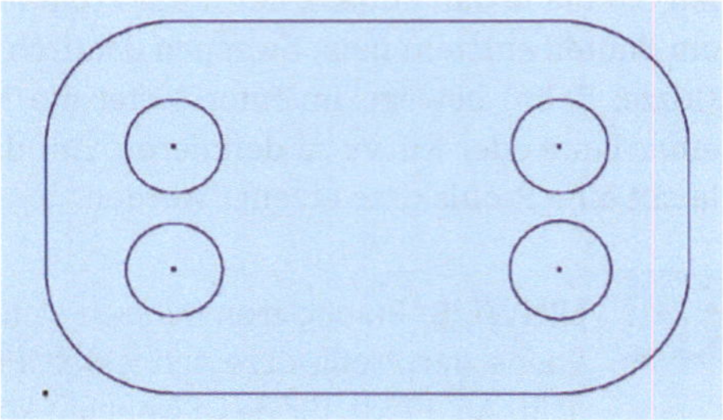

4.6.2 Konstruktionslinien

Mithilfe von Konstruktionslinien werden Hilfslinien gezeichnet, die das Erstellen der eigentlichen Skizzenkontur unterstützen. Die Konstruktionslinien werden außerhalb der Skizzenumgebung unsichtbar und können daher für nachfolgende 3D-Befehle, wie z. B. Extrusion oder Drehung, nicht bei der Erstellung einer Bauteilkontur berücksichtigt werden.

Um eine Konstruktionslinie zu erstellen, ist entweder vor dem Zeichenbefehl die Schaltfläche **KONSTRUKTION** in der Befehlsgruppe **Format** zu aktivieren oder nachträglich für ein markiertes Skizzenelement anzuklicken. Im voreingestellten Format werden Konstruktionslinien als gestrichelte Linien dargestellt.

Die Abbildung zeigt zwei Konstruktionslinien, deren Schnittpunkt den Mittelpunkt des Kreises festlegt. Im Gegensatz steht hierzu der Durchmesser des gezeichneten Kreises. Die Farbgebung zeigt, dass hier noch eine Festlegung fehlt (Durchmesser des Kreises).

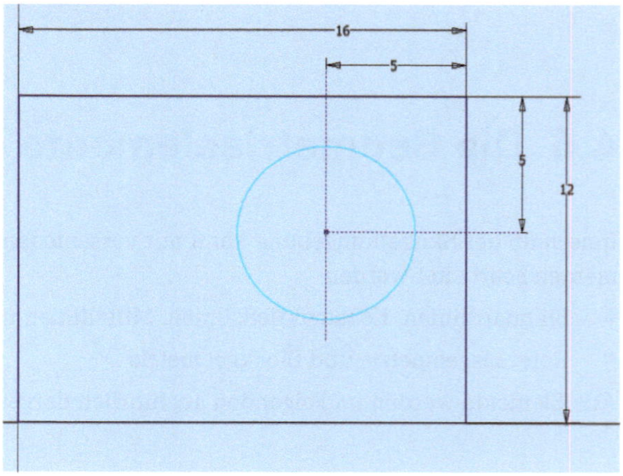

4.6.3 Mittellinien, Mittel- und Skizzierpunkte

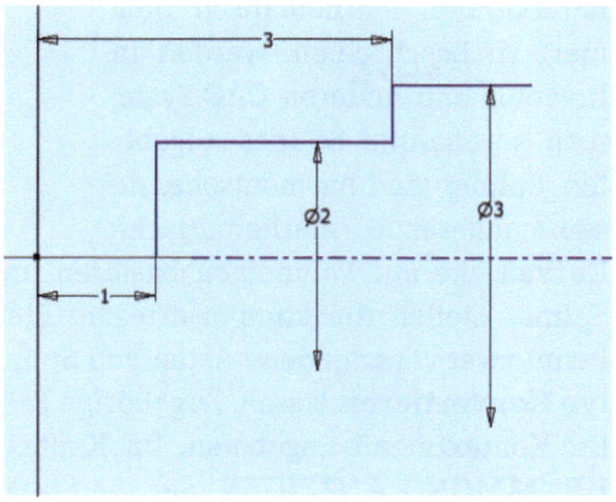

Linien und Kurven, die als Mittellinien erstellt werden, haben ähnliche Eigenschaften wie die Konstruktionslinien. Sie bleiben im Gegensatz zu Konstruktionslinien jedoch auch außerhalb der Skizzenansicht sichtbar und können somit z. B. als Achse für eine **DREHUNG** gewählt werden, um ein 3D-Modell zu erstellen.

Um eine Mittellinie zu erstellen, ist entweder vor dem Zeichenbefehl die Schaltfläche zu aktivieren oder nachträglich für ein markiertes Skizzenelement anzuklicken. Beim Bemaßen zu einer Mittellinie hin, bemaßt Inventor automatisch den entsprechenden Durchmesser über die Mittellinie hinweg.

TIPP: Möchte man die automatische Durchmesserbemaßung nicht verwenden, kann diese, während ein Maß gesetzt wird, im Kontextmenü der Bemaßung abgeschaltet werden.

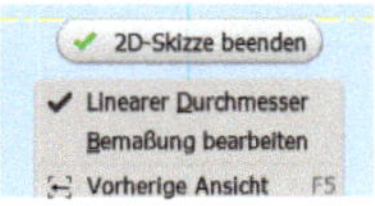

Mittel- und Skizzierpunkt

Die Formatierung der Punktdarstellung bzw. die Funktionsausführung des Befehls **PUNKT** gehört ebenfalls zur Mittelliniengeometrie. Das Icon **MITTELPUNKT** in der Befehlsgruppe **Format** schaltet die Darstellung eingegebener Punkte zwischen einem **Mittelpunkt** Achsenkreuz (aktiviert) und einem einfachen **Skizzierpunkt** (nicht aktiviert) um bzw. formatiert diese entsprechend. Mittelpunkte werden bei der Erstellung von Bohrungen automatisch als Bohrungspunkte erkannt, Skizzierpunkte nicht.

4.6.4 Linie, Spline, Ellipse, Rechteck, Langloch und weitere Skizzenelemente

In der Befehlsgruppe **Erstellen** werden in der Skizzenumgebung neben Linien, Kreisen und Bögen weitere Elemente zum Erstellen einer Skizze angeboten. Die Befehlsleisten lassen sich hierfür durch Klick auf das kleine Dreieck-Symbol unterhalb des Namens erweitern. Die folgende Tabelle gibt eine Übersicht.

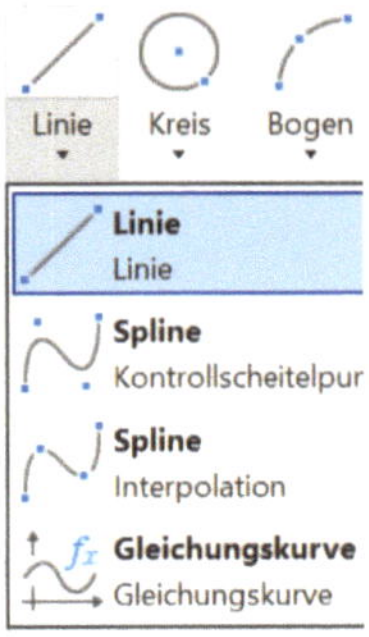

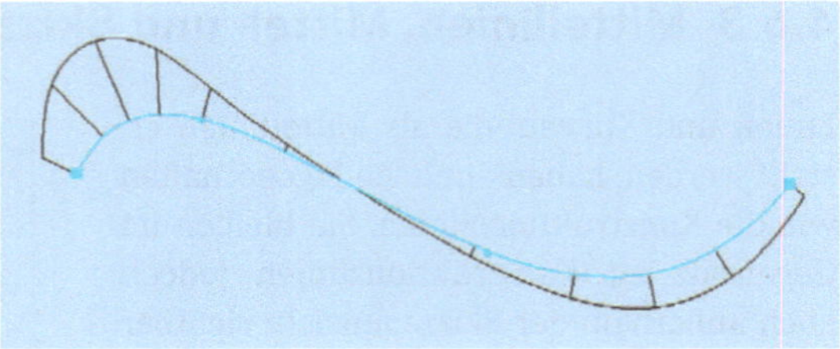

Um Kurven mit nicht konstanten Radien, wie beispielsweise Freihandkurven, mathematisch definiert zu beschreiben, werden in Inventor und anderen CAD-Systemen sogenannte Splines angeboten. Splines sind harmonische, zusammengesetzte mathematische Kurven, die auf Polynomen basieren und deshalb auch Polynomzug genannt werden. Splines stellen die kompliziertesten Elemente in der Skizzenumgebung dar. Inventor kennt zwei verschiedene Arten von Splines, die sich aber in den jeweils anderen Splinetyp **Konvertieren** lassen. Zugehörige Befehle zur Veränderung von Splines werden über ihr Kontextmenü angeboten. Im Kontextmenü findet sich darüber hinaus der Befehl **KRÜMMUNG ANZEIGEN**, der die Stärke der Krümmung in jedem Punkt des Splines visualisiert.

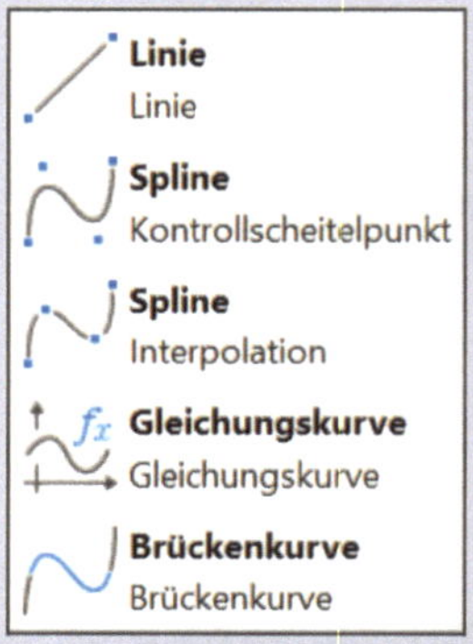

LINIE: Es kann eine Linie zwischen zwei Punkten erstellt werden. Der Befehl unterstützt in der Voreinstellung Polylinien, d. h., der gesetzte Endpunkt einer Linie wird unmittelbar zum Anfangspunkt der nächsten angehängten Linie. Bei gedrückt gehaltener **Maustaste** werden Bögen erstellt, sodass es möglich ist, ein Rechteck mit abgerundeten Ecken zu erstellen, ohne die Funktion zu verlassen.

SPLINE KONTROLLSCHEITELPUNKT: Beim Erstellen dieses Splinetyps werden nacheinander sogenannte Kontrollscheitelpunkte gesetzt, die mit Konstruktionslinien verknüpft sind. Der dabei entstehende Spline verläuft hier nicht durch, sondern zwischen den gesetzten Punkten, und die Konstruktionslinien schneiden den Spline bei einem Krümmungswechsel der Kurve. Der Verlauf der Splinekurve kann über die Kontrollscheitelpunkte, die als kleine Kreissymbole sichtbar sind, verändert werden. Je länger eine Linie, desto größer die Krümmung in diesem Abschnitt der Splinekurve. Über das Kontextmenü kann auch die Anzahl der Punkte erhöht oder reduziert werden. Der Spline ist am Anfangs- und Endpunkt immer tangential zu den Konstruktionslinien.

SPLINE INTERPOLATION: Interpolationssplines verlaufen durch eine Reihe von Punkten, die nacheinander in der Skizzenumgebung frei gewählt werden. Über die gesetzten Punkte kann der Spline in seiner Form auch geändert bzw. angepasst werden. Wählt man einen Punkt des Splines an, erscheint eine Tangentenlinie durch den Punkt (sogenannter Griff). Im Kontextmenü des Punkts kann der Griff aktiviert werden. Der Griff lässt sich dann drehen, ziehen und stauchen, um die Krümmung im Punkt anzupassen. Über das Kontextmenü kann auch die Anzahl der Punkte erhöht oder reduziert werden. Hier finden sich zudem weitere spezifische Befehle wie **FLACH** oder **KRÜMMUNG**, die das Verhalten im jeweiligen Punkt vorgeben.

GLEICHUNGSKURVE: Der Befehl öffnet ein Dialogfeld, in dem eine Gleichung für den mathematischen Verlauf einer Kurve definiert werden kann. Die verwendete Variable ist **t**. Es können also sowohl die X- als auch die Y-Koordinate in Abhängigkeit von **t** angegeben werden. Der Bereich für die Kurve wird durch Eingabe von **tmin** und **tmax** festgelegt. Eine Parabel entsteht z. B. durch folgende Eingabe:

X(t): 20*t *Y(t):* t^2 *tmin:* 0 *tmax:* 100

Über das Kontextmenü kann nachträglich die Gleichung geändert bzw. erneut bearbeitet werden.

BRÜCKENKURVE: Die Brückenkurve schließt mit stetigen Übergängen eine Lücke zwischen zwei Bögen oder Splines. Hierfür wird als Kurve ein passender Spline mit stetigen Übergängen an den Endpunkten erstellt.

In der zweiten Funktionsgruppe werden Funktionen zum Erstellen von Kreisen und Ellipsen angeboten. Kreise können (wie alle anderen Skizzenelemente) mit Konstruktionslinien erzeugt werden, sodass Teilkreise und ähnliche Konstruktionshilfen direkt in der Skizze erzeugt werden können.

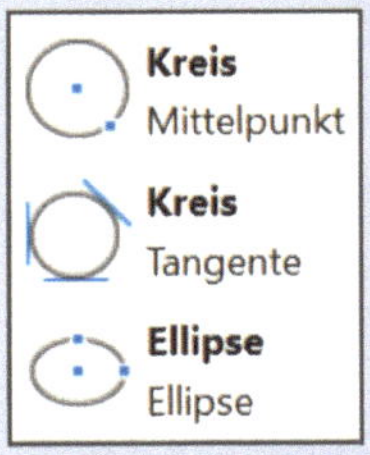

KREIS – MITTELPUNKT: Der Kreis wird bestimmt, indem zuerst der Mittelpunkt angewählt wird, also beispielsweise der Skizzenursprung, dann wird der Kreis aufgezogen. Es kann direkt ein Wert für den Durchmesser angegeben werden.

KREIS – TANGENTE: Der Kreis wird nicht durch Mittelpunkt und Radius, sondern durch die Auswahl von drei Linien festgelegt, die später tangential zum Umfang liegen. So kann z. B. ein Kreis leicht in ein Dreieck oder einer beliebigen geschlossenen Kontur eingepasst werden.

ELLIPSE: Die Ellipse wird durch drei Punkte definiert. Zunächst wird der Mittelpunkt gesetzt, der zweite Punkt definiert die Ausdehnung in horizontaler und der dritte in vertikaler Richtung.

In der dritten Funktionsgruppe werden Funktionen zum Erstellen von Bögen angeboten. Bögen können direkt aneinandergesetzt werden, um beispielsweise s-förmige Kurven zu erzeugen.

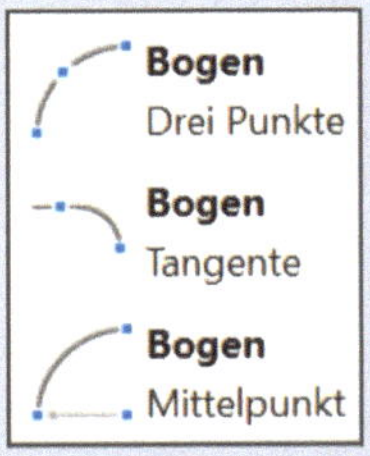

BOGEN – DREI PUNKTE: In dieser Einstellung werden zunächst Anfangs- und Endpunkt des Bogens gesetzt. Durch Setzen des dritten Punktes, der auf dem Bogen liegt, wird im Anschluss die Krümmung des Bogens bestimmt.

BOGEN – TANGENTE: In dieser Einstellung wird der Bogen nicht mit Mittelpunkt und Radius, sondern vom Endpunkt, z. B. einer Linie, stetig weggeführt, hin zu einem zweiten Punkt, der frei gewählt werden kann.

BOGEN – MITTELPUNKT: In dieser Einstellung wird der Bogen mit Mittelpunkt und Radius bestimmt. Die Bogenlänge entsteht durch Aufziehen nach dem Setzen des Radius.

Die vierte Funktionsgruppe beinhaltet Rechteckprofile, Polygone und Langlöcher, die aus Linien und Bögen zusammengesetzt sind. Die angebotenen Profile könnten entsprechend auch direkt über Linien und Bögen skizziert werden. Da jedoch auch geometrische Abhängigkeiten vordefiniert sind, ist die Verwendung der angebotenen Profile schneller und einfacher.

RECHTECK – ZWEI PUNKTE: Das Rechteck wird nur über die Auswahl von zwei Punkten erzeugt und über geometrische Abhängigkeiten immer waagrecht und senkrecht ausgerichtet.

RECHTECK – DREI PUNKTE: Das Rechteck wird über drei Eckpunkte erzeugt. Die Funktion ist hilfreich, wenn die Rechteckseiten nicht waagrecht und senkrecht liegen sollen.

RECHTECK – MITTE MIT ZWEI PUNKTEN: Für das Rechteck wird zunächst der Mittelpunkt angegeben. Der zweite gewählte Punkt ist ein Eckpunkt. Das entstandene Rechteck wird mit Konstruktionslinien über die Diagonalen erzeugt und ist immer spiegelsymmetrisch zum Skizzenursprung.

RECHTECK – MITTE MIT DREI PUNKTEN: Um das Rechteck zu erstellen, müssen nach dem Mittelpunkt noch Eckpunkt und Seitenmittelpunkt gewählt werden. Das entstandene Rechteck wird dann mit Konstruktionslinien über die Diagonalen erzeugt.

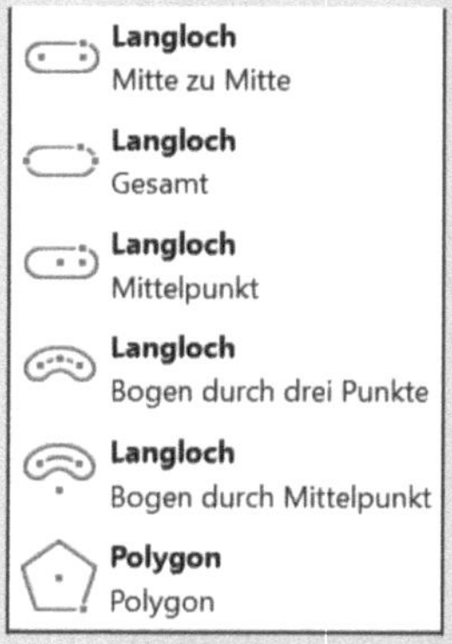

LANGLOCH – MITTE ZU MITTE: Das Langloch wird über eine Konstruktionslinie erstellt, deren Endpunkte auf den Mittelpunkten der Halbkreise liegen. Die Breite wird durch einen dritten Punkt festgelegt.

LANGLOCH – GESAMT: Das Langloch wird über eine Konstruktionslinie erstellt, deren Endpunkte die Gesamtlänge markieren. Die Breite wird durch einen dritten wählbaren Punkt festgelegt.

LANGLOCH – MITTELPUNKT: Das Langloch wird über seinen Mittelpunkt und einer Konstruktionslinie zum Mittelpunkt eines der beiden Halbkreise definiert. Die Breite wird durch einen dritten wählbaren Punkt festgelegt.

LANGLOCH – BOGEN DURCH DREI PUNKTE: Mit dieser Funktion kann das Langloch entlang eines Bogens festgelegt werden. Zunächst wird ein Bogen mit drei Punkten erstellt. Dann wird die Breite durch einen vierten Punkt vorgegeben.

LANGLOCH – BOGEN DURCH MITTELPUNKT: Mit dieser Funktion kann das Langloch entlang eines Bogens oder Teilkreises festgelegt werden. Zunächst wird ein Bogen mit Mittelpunkt und zwei Endpunkten erstellt. Dann wird die Breite durch einen vierten Punkt vorgegeben.

POLYGON: Mit dieser Funktion können Vielecke, d. h. Dreiecke, Vierecke, Fünfecke, Sechsecke usw., erstellt werden. In ein kleines Dialogfeld wird die Anzahl der Ecken eingegeben. Dann wird in der Skizze ein Punkt als Mittelpunkt gewählt und das Vieleck mit der Maus in seiner gewünschten Größe aufgespannt.

Für alle Elemente gilt: Nach dem Erstellen können sie mit 2D-Abhängigkeiten ausgerichtet (siehe Abschnitt 4.9) und mit Bemaßungen versehen werden (siehe Abschnitt 4.8).

TIPP: Bei Splines können auch die einzelnen Splinepunkte teilweise oder vollständig mit Abhängigkeiten versehen werden. So kann z. B. ein Splinepunkt koinzident auf eine Linie gesetzt werden.

4.6.5 Text in Skizzen einfügen

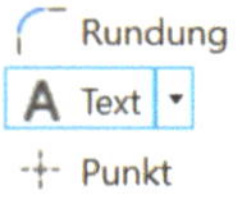

Um Text in eine Skizze einfügen zu können, stehen zwei verschiedene Funktionen zur Verfügung. Mit dem Befehl **TEXT** öffnet sich ein Dialogfenster zur Texteingabe, nachdem zuvor ein Punkt zur Positionierung des Textes in der Skizze gewählt wurde. Die Schriftart, der Textstil und die Größe können im Editor umfassend formatiert werden. Auch das Einfügen vordefinierter Parameter, wie Metadaten (z. B. der Autor) auf Basis von iProperties, ist möglich (das Vorgehen ist identisch zu Text in Schriftfeldern und wird in Abschnitt 7.3.3 am Beispiel beschrieben).

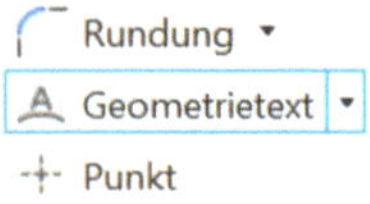

Mit der Funktion **GEOMETRIETEXT** kann ein ausgerichteter Text eingefügt werden. Nachdem ein Geometrieelement, z. B. ein Bogen, ausgewählt wurde, kann im Dialogfeld ein beliebiger Text eingegeben und formatiert werden. Nach dem Schließen des Dialogfensters wird der Text am Geometrieelement ausgerichtet. Die Nutzung vordefinierter Parameter auf Basis von iProperties ist für Geometrietext jedoch nicht möglich.

HINWEIS: Splines können nicht als Geometrieelemente für Geometrietext gewählt werden.

4.6.6 Linien umformatieren

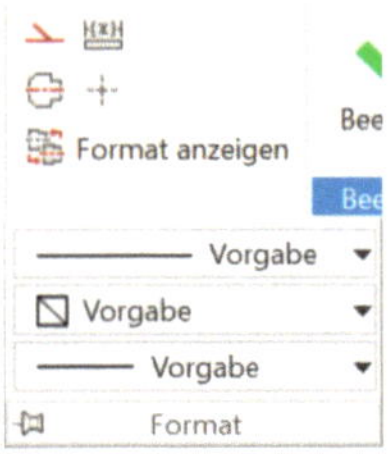

Wird die Befehlsgruppe **Format** erweitert, gelangt man zu den Einstellmöglichkeiten der Linienarten in einer Skizze. Die Farbe, die Dicke und die Linienart selbst können hier eingestellt werden. Die Einstellung kann global oder als Änderung nur für markierte Elemente vorgenommen werden.

HINWEIS: Die hier vorgenommenen Einstellungen beeinflussen nicht die Anpassung der Darstellungen für technische Zeichnungen oder 3D-Annotationen. Solche Anpassungen sind über den Stil-Editor möglich (siehe Abschnitt 7.4).

Format anzeigen

Wurde von der Vorgabe eine abweichende Darstellung bei Linienarten und Format eingestellt, dann kann mit der Schaltfläche **FORMAT ANZEIGEN** zwischen der benutzerdefinierten Ansicht und der Vorlagen-Ansicht umgeschaltet werden.

HINWEIS: Wird in der Formatfunktion die Linienfarbe verändert und die Skizze mit **FORMAT ANZEIGEN** dargestellt, kann nicht mehr zwischen bestimmten und unbestimmten Elementen unterschieden werden, da die Einstellung der Linienfarbe Vorrang hat.

4.6.7 Geometrie projizieren – Referenzgeometrien

Geometrie projizieren

Schnittkanten projizieren

Als Referenzgeometrie werden Skizzenelemente bezeichnet, die von anderen Skizzen oder Bauteilkanten in die aktuelle Skizze projiziert werden. Die Standardbefehle zum Erzeugen von Referenzgeometrien sind:

GEOMETRIE PROJIZIEREN: Mit dieser Funktion können einzeln zu selektierende Elemente (Kanten, Punkte) vorher erstellter Elemente in die aktive Skizzierebene projiziert werden.

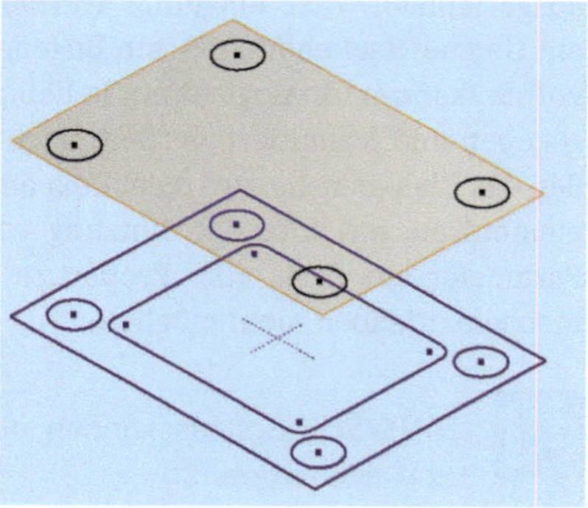

Die Abbildung zeigt eine Skizze auf einer neu angelegten Arbeitsebene, in die vier Kreise aus einer bereits vorhandenen Skizze, die unterhalb der neuen Ebene erzeugt wurde, projiziert wurden. Projizierte Geometrien werden hier als Volllinien mit abweichender Farbe dargestellt.

- **SCHNITTKANTEN PROJIZIEREN:** Mit dieser Funktion werden automatisch alle Durchdringungspunkte oder Tangentenlinien aller vorher erzeugten Elemente, welche die aktive Skizzierebene durchdringen oder tangieren, als Referenzgeometrie in die Skizze übernommen.

  Die nachstehende Abbildung zeigt eine Skizze auf einer Arbeitsebene, die eine Pyramide in halber Höhe schneidet. Das innere Rechteck der Skizze besteht aus einer durchlaufenden Linie und ist die **projizierte Schnittkante** zwischen Arbeitsebene und Pyramide, das äußere Rechteck besteht aus vier Linien und vier Bögen und ergibt sich aus der **projizierten Geometrie** der Pyramiden-Grundfläche. Eine verschobene Arbeitsebene verändert nur die projizierte Schnittkante, nicht die projizierte Geometrie.

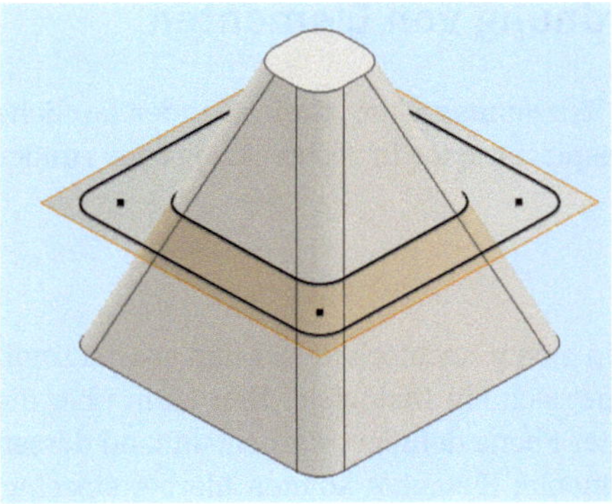

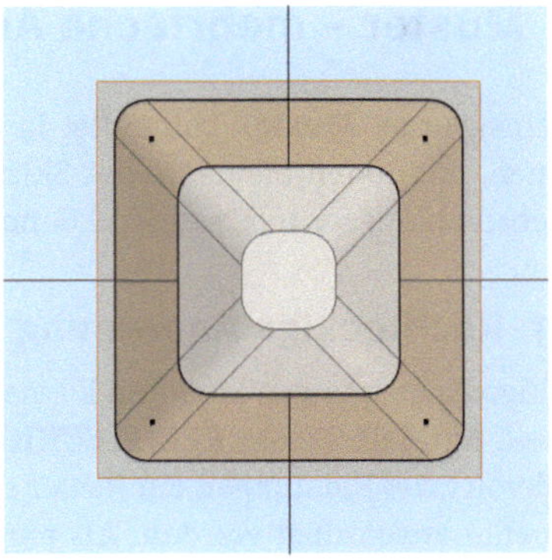

Auf 3D-Skizze projizieren

- **AUF 3D-SKIZZE PROJIZIEREN** ermöglicht, eine 2D-Skizze auf einer anderen Fläche abzubilden. Die projizierte Geometrie wird während der Bearbeitung zunächst in einer Vorschau angezeigt und dann nach Beendigung der Skizze in eine 3D-Skizze gewandelt (siehe auch Abschnitt 4.15).

TIPP: Diese Funktion projiziert nur die gesamte 2D-Skizze und erlaubt keine Auswahlmöglichkeit für zu projizierende Elemente. Verlässt man die 2D-Skizze und erstellt eine neue 3D-Skizze, steht in dieser Umgebung der Befehl **AUF FLÄCHE PROJIZIEREN** zur Verfügung. Über diesen Befehl können nicht nur die Elemente einer Skizze separat und gezielt ausgewählt werden, sondern es werden auch verschiedene Arten der Projektion angeboten (siehe Abschnitt 4.15.4). ■

DWG GEOMETRIE PROJIZIEREN ermöglicht, eine bestehende DWG-Datei als Vorlage für eine Skizze zu verwenden. Über die Registerkarte **Verwalten** und die Funktionsgruppe **Einfügen** kann mit der Funktion **IMPORTIEREN** der Bauteildatei eine DWG-Datei hinzugefügt werden. Anschließend können die Elemente der DWG-Geometrie ausgewählt und in die Skizze projiziert werden. Die in die Skizze projizierten Elemente können genutzt werden, die DWG-Geometrie bleibt dabei unverändert.

Abwicklung projizieren

- Die Funktion **ABWICKLUNG PROJIZIEREN** ist nur aktiv, wenn ein Bauteil mit der Arbeitsumgebung **Blechteil** (siehe Abschnitt 13.1) geladen bzw. angelegt wurde. Die Funktion projiziert quasi von einem Blechbauteil ausgewählte Flächen in die Skizzierebene. Das Besondere an dieser Funktion ist, dass hiermit eine oder mehrere nicht verbundene Flächen auf einer ebenen Skizzierebene abgewickelt werden können.

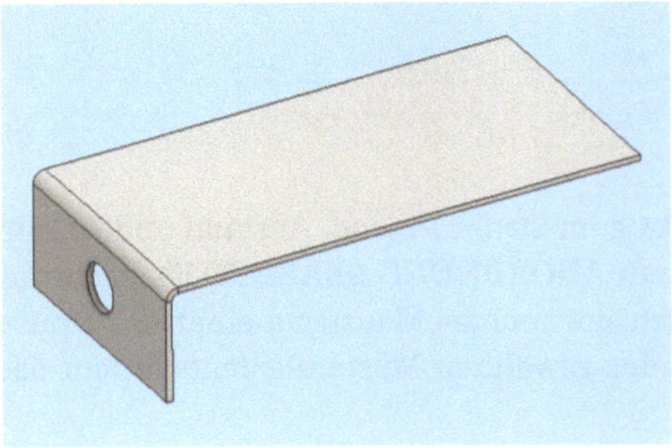

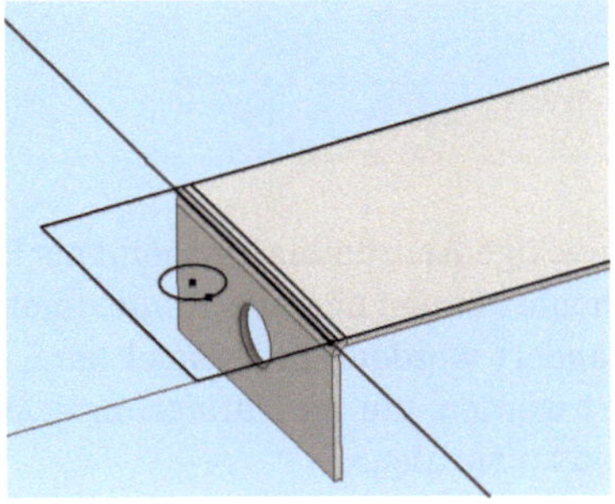

4.6.8 Muster – mehrfache Anordnung von Elementen

Die Befehlsgruppe **Muster** beinhaltet in der Skizzenumgebung drei einander ähnliche Funktionen, mit denen Elemente der Skizze gespiegelt oder in rechteckiger oder runder Form mehrfach angeordnet werden können.

4.6.8.1 Rechteckige Anordnung

Rechteckige Anordnungen kopieren Elemente in einem Rechteck-Raster und sparen somit viel Arbeit. Mit dem Befehl **RECHTECKIG** öffnet sich ein Dialogfeld. Hier kann über die Auswahl von zwei Richtungen ein Raster in einer Ebene definiert werden, anhand dessen die Elemente angeordnet werden. Als anzuordnende Elemente können hierbei einzelne, aber auch mehrere Skizzenelemente zugleich gewählt werden. Für jede Richtung kann neben der entgegengesetzten Richtung (rot-blauer Doppelpfeil-Button) auch **Symmetrisch** gewählt werden, um die Elemente beidseitig vom Ursprungselement anzuordnen.

Um das Muster nur innerhalb eines definierten Bereiches zu erlauben, steht die Funktion **Umgrenzung** zur Verfügung, die im Vorgehen analog zu Musterumgrenzung in der Bauteilumgebung ist und in Abschnitt 5.7.1 beschrieben wird.

In der Abbildung wurde ein zuvor erstellter Kreisring im Rechteck mehrfach angeordnet. Als Geometrie wurden die beiden Kreise des Kreisrings ausgewählt, für die erste Richtung die horizontale Rechteckkante und für die zweite Richtung die vertikale Rechteckkante. Mit einer Anzahl von jeweils **3** in beiden Richtungen und einem passenden Abstand von **20 mm** werden die Kopien des Kreisrings als Rechteckmuster mit neun Elementen angeordnet. Das Ergebnis wird als Vorschau dargestellt und kann mit **OK** bestätigt werden.

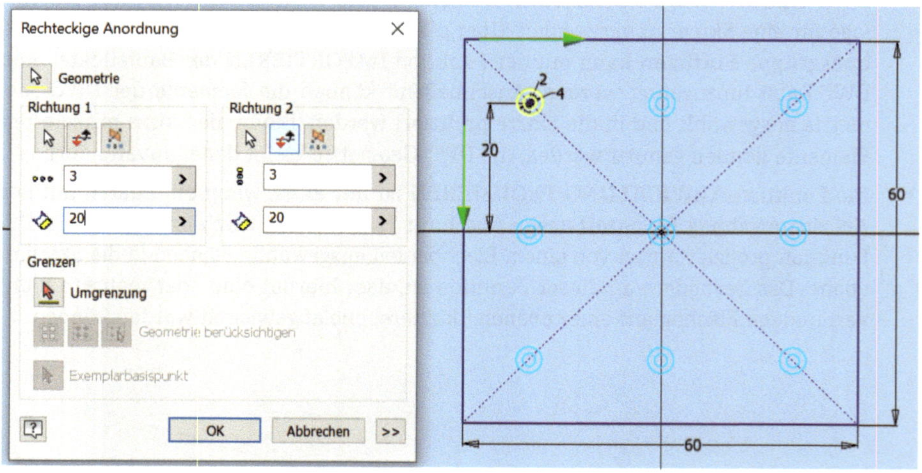

Die rechteckige Anordnung erscheint als Eintrag im Strukturbaum. Abstand und Anzahl der Elemente können über das Kontextmenü mit **ANORDNUNG BEARBEITEN** nachträglich verändert werden. Im Beispiel kann auch mit rechter Maustaste einer der Kreise selektiert werden, um im Markierungsmenü des gewählten Musterelements erneut das Dialogfeld aufzurufen.

4.6.8.2 Runde Anordnung

Die Funktion **POLAR** öffnet das Dialogfenster für eine runde Anordnung (ähnlich der rechteckigen Anordnung). Hier erfolgt jedoch die Vervielfältigung mit einem kreisförmigen Kopiervorgang um eine Achse. Anstelle der Richtung muss ein Punkt als Achse gewählt werden oder ein Kreis, dessen Mittelpunkt dann als Achse erkannt wird. Wird als Winkel ein Wert kleiner 360° eingestellt, werden die Elemente nicht über den ganzen Umfang, sondern nur über einen Kreisbogen verteilt. Für die Kreisanordnung kann neben der entgegengesetzten Richtung (Button mit rot-blauem Doppelpfeil) auch **Symmetrisch** gewählt werden, um die Elemente beidseitig vom Ursprungselement im Kreis anzuordnen.

Um das Muster nur innerhalb eines definierten Bereiches zu erlauben, steht die Funktion **Umgrenzung** zur Verfügung, die im Vorgehen analog zu Mustern in der Bauteilumgebung ist und in Abschnitt 5.7.1 beschrieben wird.

In der Abbildung wurden die beiden konzentrischen Kreise (Kreisring siehe Abschnitt 4.6.8.1) mit einer Anzahl von **9** Elementen **Symmetrisch** über den halben Umfang des Kreises (R = **25 mm**) verteilt.

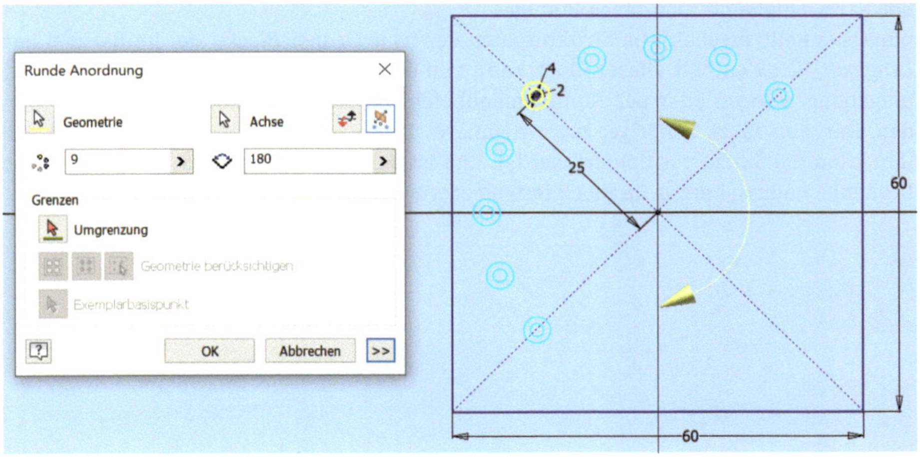

4.6.8.3 Spiegeln

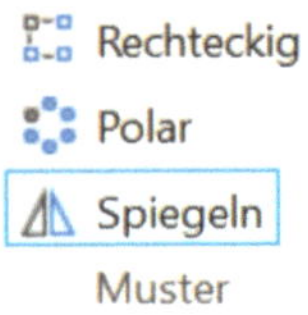

Die Funktion **SPIEGELN** öffnet das Dialogfenster für eine gespiegelte Anordnung, ähnlich der rechteckigen Anordnung. Zunächst müssen die zu spiegelnden Elemente durch Selektion in der Skizze ausgewählt werden. Als Spiegelachse kann eine Linie, Konstruktionslinie oder Ursprungsachse genutzt werden. Für **Splines** ermöglicht das Optionsfeld **Selbstsymmetrisch** einen stetigen Übergang an der Spiegelachse, die entstandene Kurve verläuft so ohne Knick.

Für die an der Achse gespiegelten Elemente setzt Inventor automatisch die geometrische Abhängigkeit **Symmetrie** (Abschnitt 4.9.2). Eine Veränderung am Ausgangselement überträgt sich durch diese Abhängigkeit auf das gespiegelte Element. Um dieses Verhalten zu unterbinden, können die bestehenden geometrischen Abhängigkeiten einfach gelöscht werden.

4.6.9 Blockgeometrie

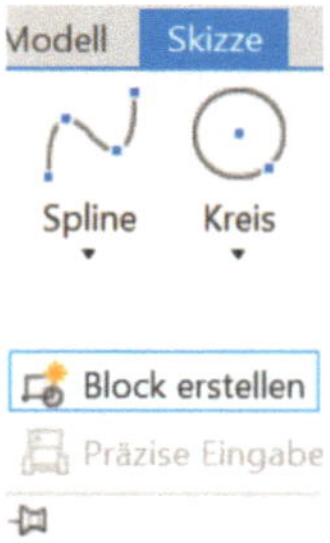

Die Funktion **BLOCK ERSTELLEN**, die über das Aufklappen der Befehlsgruppe **Zeichnen** erreichbar ist, ermöglicht die Wiederverwendung von Skizzen oder Teilskizzen, die zuvor als Block definiert wurden.

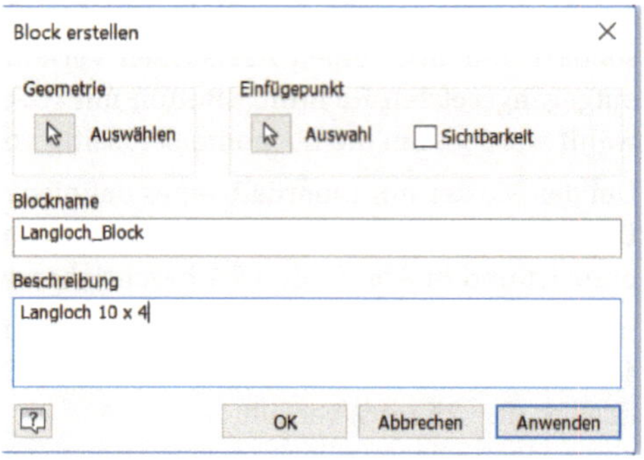

Über das Dialogfeld **Block erstellen** können Geometrieelemente in Skizzen ausgewählt und als Blöcke zur Wiederverwendung definiert werden. So kann beispielsweise ein Langloch in einer Skizze gezeichnet, bemaßt und als Block mit dem Namen *Langloch_Block* abgelegt werden. Dieser Block steht dann für die Nutzung in anderen Skizzen der Bauteildatei zur Verfügung.

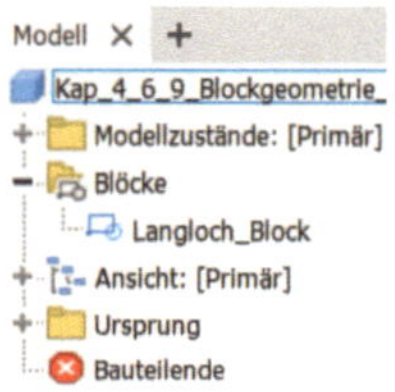

Wurde ein Block durch die Auswahl der Skizzenelemente und eines Einfügepunkts erstellt, erscheint im Strukturbaum der neue Ordner *Blöcke*, der im Beispiel den *Langloch_Block* enthält. Dieser Block kann nun entweder einfach in eine aktive Skizzenumgebung gezogen oder per Kontextmenübefehl **BLOCK PLATZIEREN** eingefügt werden. Der zum Block gehörige, zuvor definierte Einfügepunkt wird gelb dargestellt. Mit ihm kann die Skizze positioniert werden und ist dann vorbestimmt, da die Längen- und Breitenbemaßung bereits im Block festgelegt wurden.

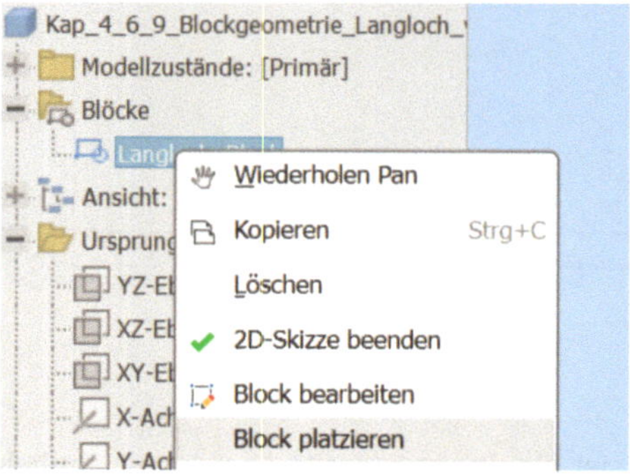

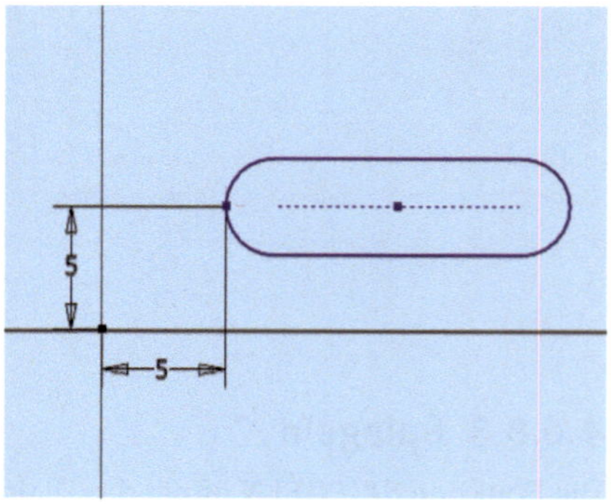

Blockgeometrien können in der Skizzenumgebung, in die sie eingefügt wurden, nicht mehr bearbeitet werden, sondern nur über **BLOCK BEARBEITEN** im Kontextmenü des Strukturbaums.

4.7 Genaues Zeichnen durch Koordinatenangabe

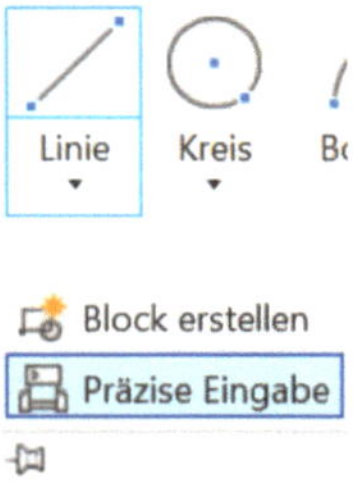

In der Voreinstellung der Skizzierumgebung ermöglicht Inventor die direkte Eingabe von Längen- und Winkelwerten beim Erstellen der Elemente. Aus diesen Angaben errechnet Inventor die Koordinaten der Skizzenpunkte (z. B. Endpunkte einer Linie) mit Bezug auf den Skizzenursprung.

HINWEIS: Die Funktion **PRÄZISE EINGABE** ist nur erreichbar, wenn ein Zeichenbefehl (Linie, Bogen, Kreis, Spline usw.) aktiv ist, ansonsten ist sie ausgegraut. ■

Über die Funktion **PRÄZISE EINGABE**, die über das Aufklappen in der Befehlsgruppe **Zeichnen** erreichbar ist, können gezeichnete Elemente mit Angabe von X- und/oder Y-Koordinaten für jeden einzelnen Skizzenpunkt erstellt werden, wodurch die genaue Positionierung der Skizzenpunkte möglich wird. Die Abbildung zeigt die Erstellung eines Spline mit der Angabe von Stützpunkten über die Funktion **PRÄZISE EINGABE**.

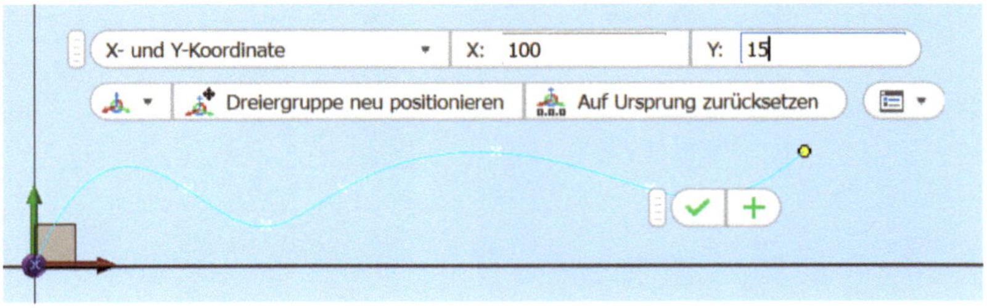

Alternativ zur Koordinateneingabe ist auch die Angabe von **Achswinkel und Koordinate** oder **Abstand und Achswinkel** möglich. Die Funktion kann über das Drop-down-Menü ganz rechts mit **SCHLIESSEN** verlassen werden.

4.8 Elemente in Skizzen bemaßen

Die Bemaßungsfunktion wird auf der Registerkarte **Skizze** in der Befehlsgruppe **Abhängig machen** durch den Befehl **BEMASSUNG** oder im Skizzierbereich über das Kontextmenü **ALLGEMEINE BEMASSUNG** aufgerufen. Ist die Schaltfläche aktiv, sind zur Bemaßung jeweils nur die zu bemaßenden Elemente (also z. B. Bogen, Linie, Kreis) anzuklicken.

HINWEIS: Die unterschiedlichen Bemaßungsarten, wie linear, Winkel, Durchmesser, Radius usw., erkennt Inventor automatisch.

Zur Bemaßung von Abständen müssen immer zwei Elemente direkt nacheinander angewählt werden. Inventor zeigt dann das Abstandsmaß. ■

Bemaßungen verhalten sich parametrisch, d. h., das Verändern einer Maßzahl bewirkt die geometrische Änderung des bemaßten Elements und der Elemente, die durch Abhängigkeiten mit diesem verbunden sind. Eine erstellte Geometrie wird also nachträglich verändert, indem vorhandene Maßzahlen überschrieben werden.

4.8.1 Ausgerichtete Bemaßung

Lineare Bemaßungen werden grundsätzlich horizontal oder vertikal ausgeführt, je nachdem, wie der Cursor bewegt wird. Soll eine Bemaßung nach einer schrägen Linie ausgerichtet werden, so kann während der Bemaßung über das Kontextmenü die Funktion **AUSGERICHTET** aufgerufen werden. Vorab ist natürlich die jeweilige Linie auszuwählen. Die Maßzahl gibt dann die Kantenlänge und nicht mehr den horizontalen oder vertikalen Abstand zwischen den Endpunkten der Linie an.

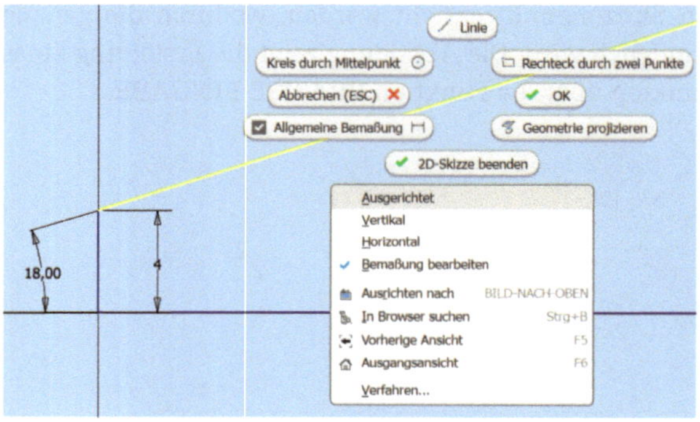

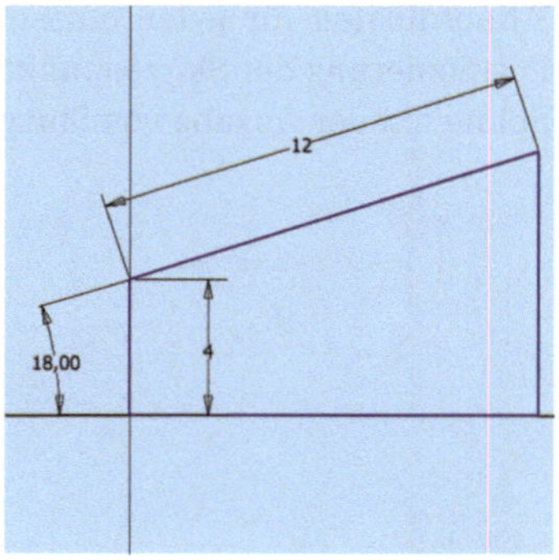

4.8.2 Getriebene Bemaßung

Wird bei einer vollständig bemaßten Skizze ein Maß zu viel angegeben und die Skizze dadurch überbestimmt, so erscheint ein Meldungsfenster, das darauf hinweist, dass zu viele Abhängigkeiten zugewiesen wurden. Durch **Akzeptieren** der Meldung besteht nun die Möglichkeit, eine **getriebene Bemaßung** zu erstellen. Die DIN-gerecht in Klammern gesetzten Maße verhalten sich assoziativ. Sie ändern zwar bei Geometrieänderungen ihren Wert, können aber nicht direkt geändert werden, sondern nur indirekt durch Änderung der anderen Maßangaben.

Das in Klammern gesetzte Maß in der Abbildung ist eine getriebene Bemaßung. Da der Wert der 45°-Fase durch die beiden Abstände von **4 mm** in der Skizze bereits vollständig bestimmt ist, zeigt das Maß nur den rechnerisch ermittelten Wert zur Information an und gibt nicht die Länge vor.

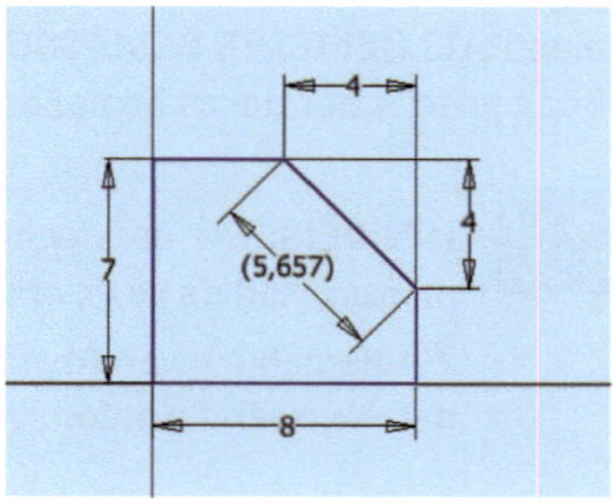

Wenn Maße nicht als getriebene Bemaßung einer vollständig bestimmten Skizze hinzugefügt werden können, erfolgt die Meldung „Skizzenbemaßung ist bereits vorhanden“.

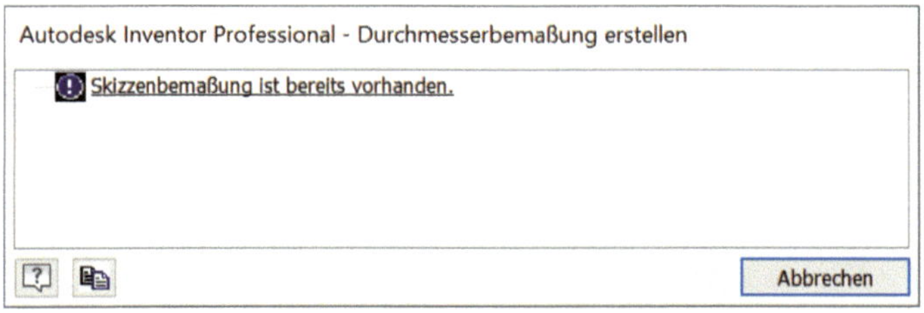

Eine getriebene Bemaßung kann auch absichtlich erzeugt werden, bevor die Skizze vollständig bemaßt ist. Hierfür muss während des Bemaßungsvorgangs die Schaltfläche **GETRIEBENE BEMASSUNG** in der Befehlsgruppe **Format** aktiv gesetzt werden. Ein getriebenes Maß kann über sein Kontextmenü in ein parametrisches Maß geändert werden, sofern die Skizze sonst nicht überbestimmt ist.

4.8.3 Toleranzangaben

Häufig werden Bauteile und Baugruppen konstruiert, um anschließend technische Zeichnungen ableiten zu können. Toleranzen werden dann direkt in der Zeichnung hinzugefügt. Das Bauteil bleibt davon unbeeinflusst, besitzt also keine Toleranzangaben. Skizzen, und damit auch Bauteilbemaßungen, mit Toleranzen auszuführen, kann in bestimmten Fällen jedoch sinnvoll sein, beispielsweise wenn 3D-CAD Daten direkt an die Fertigung oder nachgelagerte Prozesse übergeben werden.

HINWEIS: In Skizzen können Bemaßungen ebenfalls mit Toleranzangaben versehen werden. Sie werden in abgeleitete technische Zeichnungen übernommen, wenn in der Zeichnungsumgebung die Funktion **Modellanmerkungen abrufen** (siehe Abschnitt 7.9.9) eingesetzt wird.

Werden keine Toleranzen angegeben, so wird die Standardeinstellung (siehe **Dokumenteinstellungen** in der Registerkarte **Extras**) angewendet.

Sollen von der Standardeinstellung abweichende Toleranzwerte für ein Maß angegeben werden, so ist dies bei nicht aktiver Bemaßungsfunktion durch die Auswahl **BEMASSUNGSEIGENSCHAFTEN...** im Kontextmenü eines Maßes möglich. Im Dialogfenster **Bemaßungseigenschaften** können alle Einstellungen bezüglich Genauigkeit und Toleranzangaben eingegeben werden.

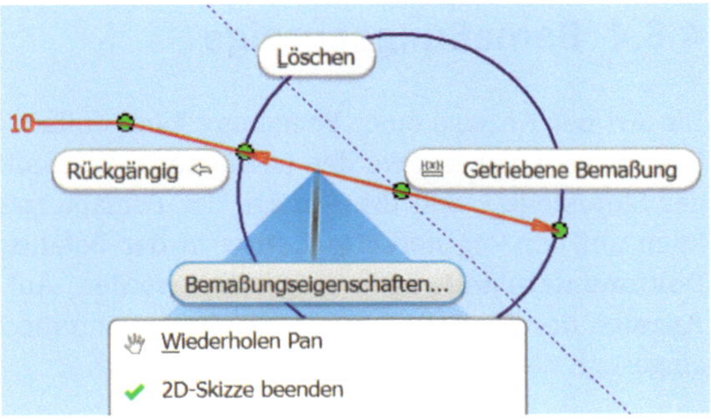

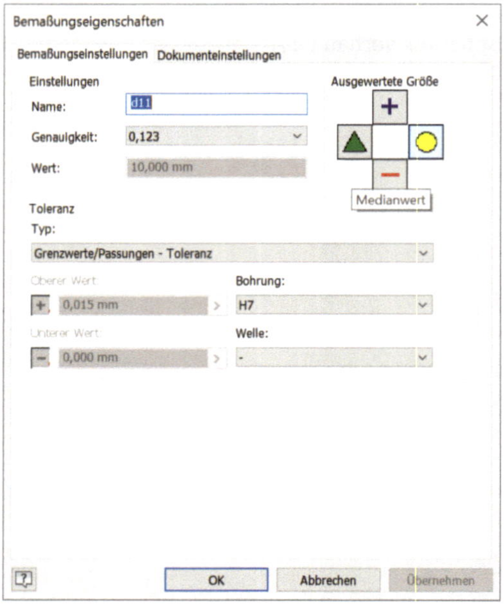

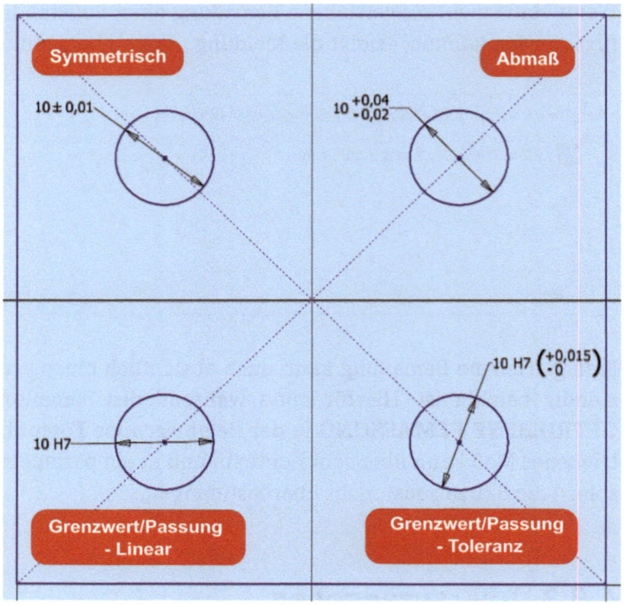

Der **Name** im obersten Feld der Abbildung links oben bezeichnet den Parameternamen der gewählten Bemaßung. Im Listenfeld **Toleranz** > **Typ** kann die Toleranzart ausgewählt werden.

Wird, wie im Beispiel, eine Passungsangabe (**H7**) gewählt, erscheinen in den deaktivierten Feldern für das obere und untere Abmaß die Werte für diese Passungsangabe, und am Maß wird der Zusatz **H7** neben der Maßzahl eingefügt. Oberes und unteres Abmaß werden in Klammen ebenfalls angezeigt (siehe Maßangabe unten rechts in der Abbildung). Die Toleranz wird nach Verlassen des Dialogfelds in der Skizze angezeigt.

Entsprechend wird bei der Auswahl **Symmetrisch** und dem Wert **1 mm** die Plus-/Minustoleranz an der Maßzahl eingetragen. In der Abbildung oben links ist eine Bemaßungstoleranz des Typs **Symmetrisch** mit dem Wert **1 mm** eingestellt. Für den Toleranztyp **Abmaß** können separate Werte für das obere und untere Abmaß eingetragen werden, die Ausgabe entspricht der Abbildung oben rechts.

4.8.4 Bemaßungsanzeige

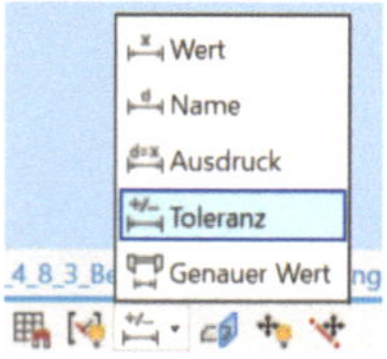

Die Art der Anzeige einer Bemaßung kann einfach und schnell über den Button in der Statuszeile angepasst werden (siehe auch Abschnitt 4.4, Absatz „Direkte Einstellung in der Statuszeile"). Soll die Anzeige der Bemaßungsart dauerhaft eingestellt bleiben, so kann auf der Registerkarte **Extras** in der Befehlsgruppe **Optionen** das Dialogfenster **Dokumenteinstellungen** aufgerufen werden. Auf der Registerkarte **Einheiten** unter **Anzeige der Modellierungsbemaßung** kann die Anzeige des Maßes einer Bemaßung eingestellt werden.

4.9 2D-Abhängigkeiten in Skizzen erstellen

2D-Abhängigkeiten (2D-Constraints) steuern die Lage und/oder die Größe der gezeichneten Elemente in Skizzen. Da Skizzen grundsätzlich parametrisch sind (siehe Abschnitt 4.13.1), verändern sie ihre Gestalt, wenn eine ihrer geometrischen Eigenschaften verändert wird. Damit die Skizze und später auch das Bauteil ihre generell definierte Form beibehalten, müssen zusätzlich **2D-Abhängigkeiten** vergeben werden, wenn eine Geometrie durch die Bemaßung noch nicht vollständig festgelegt ist.

Grundsätzlich lassen sich drei Arten von **2D-Abhängigkeiten** unterscheiden:

- absolute geometrische Abhängigkeiten
- relative geometrische Abhängigkeiten
- Bemaßungsabhängigkeiten

Die Bemaßungsabhängigkeiten wurden bereits in Abschnitt 4.8 behandelt.

4.9.1 Absolute Abhängigkeiten

Eine absolute Abhängigkeit legt ein Element nur aufgrund seiner eigenen geometrischen Eigenschaft fest. Die Abhängigkeit **FEST** nimmt dabei eine besondere Stellung ein. Sie bestimmt lediglich die Position eines Elements in Bezug auf das Koordinatensystem. Mit dieser Funktion werden Skizzen im Koordinatensystem fest verankert und können damit leichter vollbestimmt werden.

HINWEIS: Absolute Abhängigkeiten bestimmen die Lage eines Elements im Raum, unabhängig von anderen Elementen.

TIPP: Beginnt man das erste Skizzenelement (Linie, Boden, Kreismittelpunkt usw.) im Ursprung des Koordinatensystems (Nullpunkt), so wird dieser Anfangspunkt automatisch festgelegt.

Im Folgenden sind die absoluten Abhängigkeiten zusammengefasst.

Symbol	Erklärung	Symbol	Erklärung	Symbol	Erklärung
	**HORIZONTAL** richtet Elemente horizontal aus.		**VERTIKAL** richtet Elemente vertikal aus.		**FEST** legt den Endpunkt eines Skizzenelements auf eine Position fest.

4.9.2 Geometrische Abhängigkeiten

Wenn z. B. sichergestellt werden soll, dass zwei Bögen immer dieselbe Größe aufweisen oder zwei Linien immer parallel verlaufen, können die entsprechenden geometrischen Abhängigkeiten auf diese Objekte angewendet werden. Neben gezeichneten Elementen können auch zu projizierter Geometrie, projizierten Schnittkanten, Konstruktionslinien, Mittellinien oder Blockgeometrie geometrische Abhängigkeiten gesetzt werden.

> **HINWEIS:** Geometrische Abhängigkeiten stellen Beziehungen zwischen zwei Elementen her. Sie können zwischen zwei Objekten in derselben Skizze oder zwischen den Objekten einer Skizze und einem vorhandenen Element (per Referenz) erstellt werden.

Die Bezeichnungen für geometrische Abhängigkeiten in den Skizzen sind folgende:

Symbol	Erklärung	Symbol	Erklärung	Symbol	Erklärung
	**LOTRECHT** richtet zwei Elemente rechtwinklig zueinander aus.		**PARALLEL** richtet zwei Elemente parallel zueinander aus.		**KOLLINEAR** macht Elemente in ihrer Verlängerung achsengleich.
	**STETIG** (G2) glättet Übergänge, z. B. von Splines zu Linien oder zu Splines.		**TANGENTE** richtet zwei Elemente tangential zueinander aus.		**KONZENTRISCH** macht Bögen, Kreise, Ellipsen und Arbeitspunkte konzentrisch zueinander.
	**GLEICH** macht Elemente gleich lang.		**SYMMETRISCH** macht Elemente in Bezug auf eine Achse symmetrisch.		**KOINZIDENT** macht Elemente einer Skizze deckungsgleich.

4.10 Automatisch vergebene Abhängigkeiten

Geometrische Abhängigkeiten werden bereits während des Skizziervorgangs automatisch angewendet und eingefügt. Wird beim Erstellen einer Skizze z. B. eine Linie zu einer anderen als parallel erkannt, so fügt Inventor diese Abhängigkeit automatisch ein. Zu sehen ist dieser Vorgang während des Zeichnens an den Abhängigkeitssymbolen, die an den Elementen eingeblendet werden.

Die nachstehende Abbildung zeigt die automatisch vergebenen Abhängigkeiten, die beim Zeichnen eines **Langlochs** über die Befehlsgruppe **Erstellen** gesetzt wurden. Die Halbkreise verlaufen alle tangential in Linien über, die zueinander parallel liegen. Die Mittellinie wurde horizontal abhängig gesetzt.

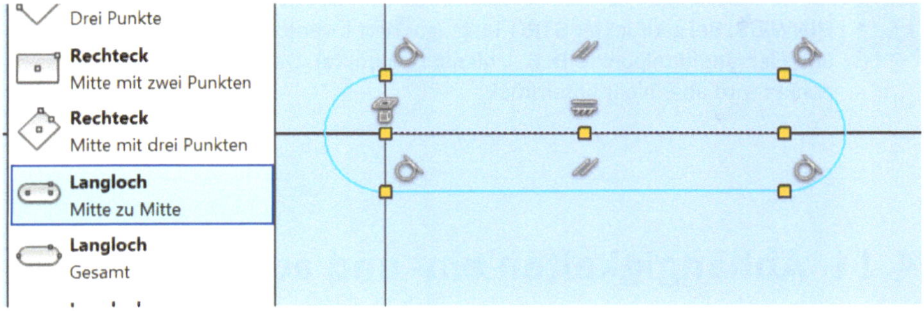

> **HINWEIS:** Sind automatisch vergebene Abhängigkeiten im Einzelfall nicht erwünscht, kann diese Funktion beim Zeichnen durch das Drücken der **STRG**-Taste unterdrückt werden.

Sollen alle, bestimmte oder keine Abhängigkeiten automatisch vergeben werden, so besteht die Möglichkeit, über **ABHÄNGIGKEITSEINSTELLUNGEN** und das entsprechende Dialogfenster diejenigen Abhängigkeiten auszuschalten, die nicht erwünscht sind.

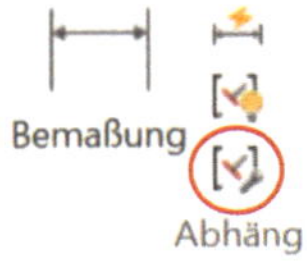

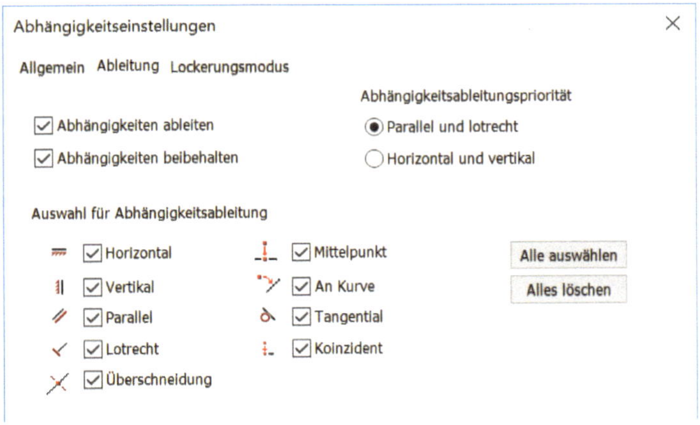

Beim Zeichnen wechselt auch die Darstellung des jeweiligen Endpunkts des aktiven Elements. Der **kleine gelbe Punkt**, der in der Regel unter dem Fadenkreuz-Cursor liegt, erscheint als allgemeiner Endpunkt. Er zeigt bereits einen aktiven Objektfang, um z. B. den Endpunkt einer Linie auf eine Linie zu setzen.

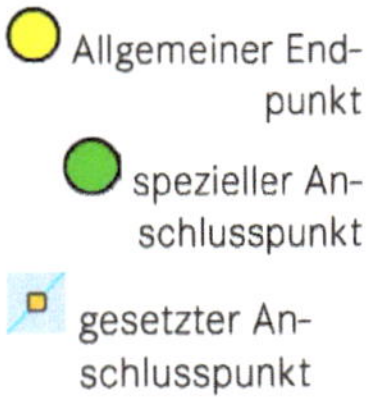

Der Punkt wechselt in einen etwas größeren **grünen Punkt**, wenn der zu zeichnende Endpunkt mit einem anderen Anschlusspunkt (Linien- oder Bogenende, Linien- oder Bogenmitten, Zentrumspunkt) übereinstimmt. Die grüne Farbe zeigt also an, dass der Objektfang einen Anschlusspunkt gefunden hat. Gesetzte Anschlusspunkte werden in der Skizze als kleine gelbe Quadrate gekennzeichnet.

HINWEIS: Bei gedrückter **STRG**-Taste ignoriert Inventor den Fang der Elemente und Elementmittelpunkte (z. B. Linienmittelpunkte). Der Fang eines Anschlusspunkts wird aber nicht unterdrückt.

4.11 Abhängigkeiten ein- und ausblenden

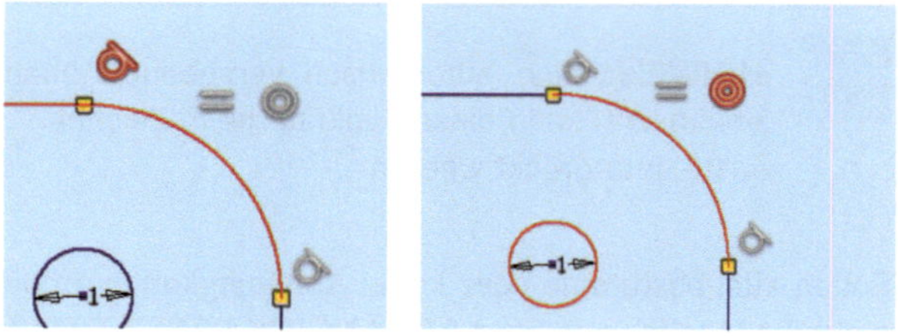

Die Abhängigkeiten eines einzelnen Elements werden mit einem Klick auf das Icon zum Anzeigen geometrischer 2D-Abhängigkeiten und zum anschließenden Zeigen auf das zu untersuchende Element aufgeführt. Neben dem Cursor befindet sich ein Abhängigkeits-Anzeigesymbol. Wird der Cursor über gezeichnete Elemente bewegt, erscheinen temporär die Symbole der vergebenen Abhängigkeiten. Wird ein Element angeklickt, so bleiben die entsprechenden Symbole stehen. Beim Überfahren eines Symbols mit dem Cursor wird es gelb ausgefüllt, und die von dieser Abhängigkeit betroffenen Elemente werden rot dargestellt.

In der folgenden Abbildung (links) wurde die vertikale Linie zur Anzeige der Abhängigkeiten mit dem Cursor überfahren. Während das Element rot dargestellt wird, werden die Abhängigkeiten dieses Elements gelb hervorgehoben. Die Anschlusspunkte sind koinzident zu den anschließenden Elementen, die Linie steht lotrecht auf der anderen, und der Übergang zum Bogen erfolgt tangential. Nach einem Klick auf das rote Element werden die entsprechenden Abhängigkeiten permanent angezeigt und können bearbeitet werden.

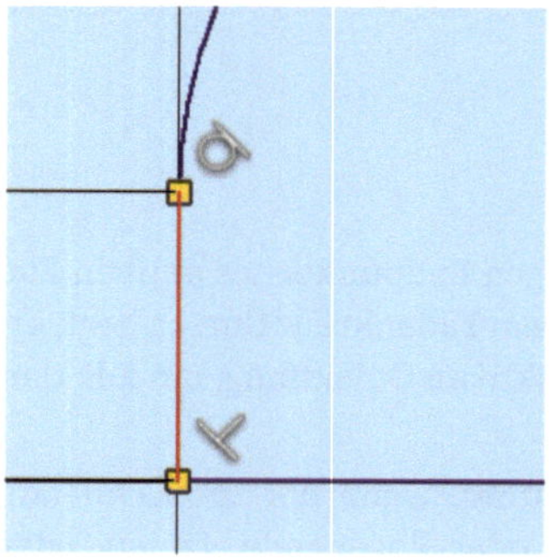

Anzeige der Abhängigkeiten der vertikalen Linie (rot): lotrecht und tangential. Die Endpunkte sind zweimal koinzident.

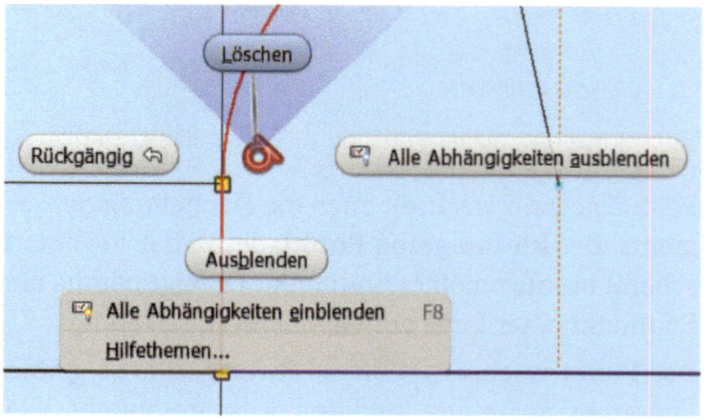

Abhängigkeiten können über ihre Symbole einzeln selektiert und über das Kontextmenü ausgeblendet oder gelöscht werden.

HINWEIS: LÖSCHEN der jeweiligen Abhängigkeit über das Kontextmenü des Abhängigkeitssymbols bedeutet, dass die entsprechende Verknüpfung der Elemente entfernt wird und die Elemente nicht mehr über diese Abhängigkeit verfügen.

Die Schaltfläche **ALLE ABHÄNGIGKEITEN EINBLENDEN** (mit Glühbirnen-Symbol an/aus) in der **Statuszeile** oder die Funktionstasten **F8** und **F9** ermöglichen ein globales Ein- und Ausblenden (siehe Abschnitt 4.4, Absatz „Direkte Einstellungen in der Statuszeile“).

Überbestimmte Abhängigkeiten

Wenn versucht wird, Abhängigkeiten entweder mehrfach zu vergeben oder sich widersprechende Abhängigkeiten zu setzen, so erscheint eine entsprechende Inventor-Meldung.

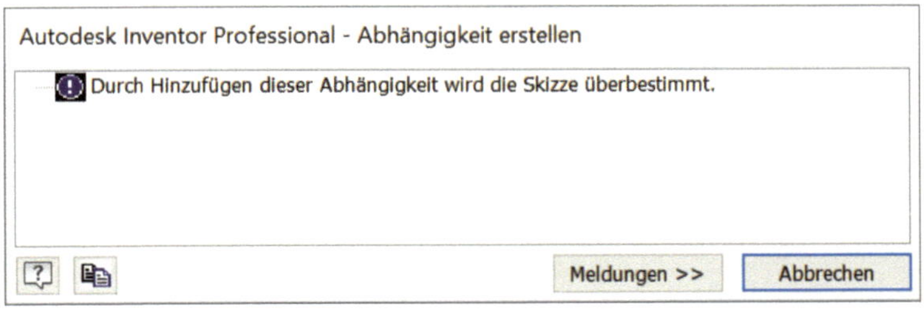

4.12 Konturen in Skizzen ändern

In der Befehlsgruppe **Ändern** stehen eine Reihe von Änderungsfunktionen zur Verfügung. In der Regel erfordern die Änderungsbefehle im ersten Schritt die Auswahl der Elemente, die geändert werden sollen.

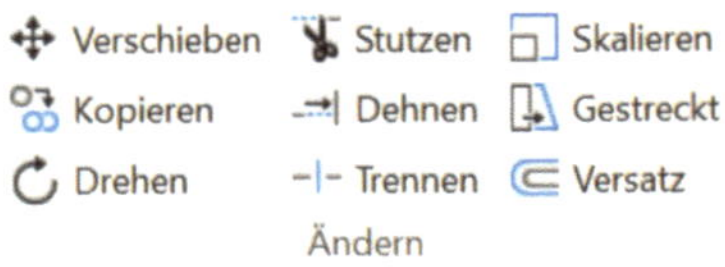

HINWEIS: Wie in Abschnitt 2.5 beschrieben, können neben einer einzelnen Selektion durch Anklicken auch die sogenannten Auswahlfunktionen **Fenster** oder **Kreuzen** verwendet werden, bei denen entweder alle Elemente innerhalb eines aufgezogenen Fensters (**Fenster**) oder zusätzlich alle Elemente, die den Fensterrahmen schneiden (**Kreuzen**), auf einmal selektiert werden.

4.12.1 Verschieben, Kopieren und Drehen

Verschieben
Kopieren
Drehen

Mit den Befehlen **VERSCHIEBEN**, **KOPIEREN** und **DREHEN** werden Skizzenelemente innerhalb einer Skizze verschoben, kopiert oder um einen bestimmten Winkel verdreht. Alle drei Funktionen sind grundsätzlich ähnlich zu bedienen.

Alle Befehle beginnen mit dem **Auswählen** der betreffenden Elemente und verlangen anschließend die Bestimmung eines **Basispunkts** bzw. eines **Mittelpunkts**, von dem aus die Aktion stattfinden soll:

- **Verschieben/Drehen** > Option **Kopieren**: Kopiert das selektierte Element.
- **Verschieben/Kopieren/Drehen** > Option **Präzise Eingabe**: Blendet das Dialogfenster für die Koordinateneingabe ein.
- **Verschieben/Kopieren/Drehen** > Option **Für Einzelauswahl optimieren**: Bei aktiver Option wird sofort nach der Auswahl eines Skizzenelements die Eingabe des Basispunkts aktiviert.

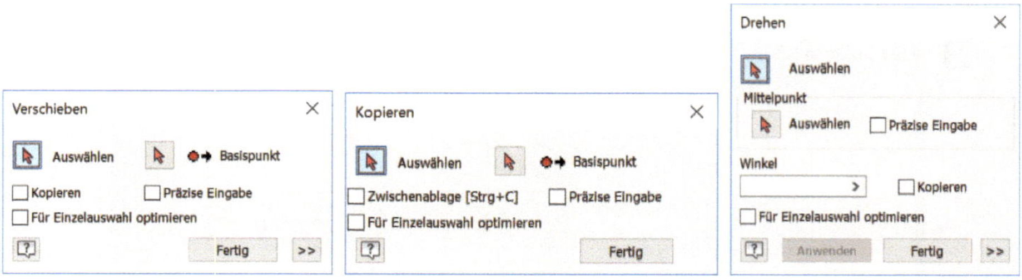

HINWEIS: Der Unterschied zwischen der Funktion **VERSCHIEBEN** mit der aktiven Option **Kopieren** und der Funktion **KOPIEREN** besteht darin, dass mit **Verschieben** nur eine Kopie, mit **Kopieren** dagegen beliebig viele Kopien einer Selektion erstellt werden können.

Befinden sich zu verschiebende oder zu drehende Elemente in einer Abhängigkeit zu anderen Elementen (Bemaßungen, 2D-Abhängigkeiten), kann das Verhalten der Funktion im erweiterten Dialogfenster der jeweiligen Funktion beeinflusst und eingestellt werden.

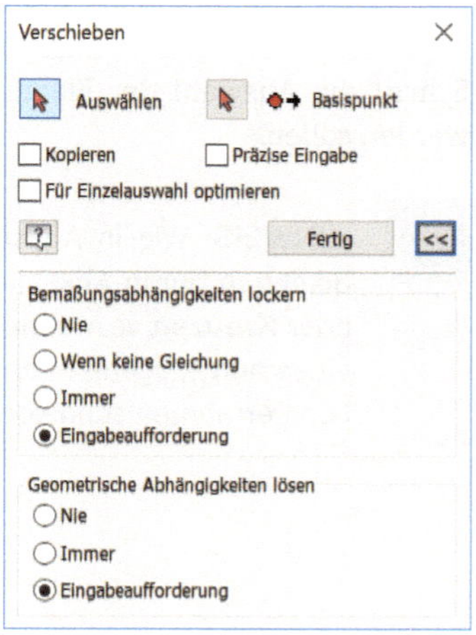

4.12.2 Stutzen, Dehnen und Trennen

Stutzen
Dehnen
Trennen

Die Funktionen **STUTZEN**, **DEHNEN**, **TRENNEN** und **VERSATZ** rufen kein Dialogfenster auf, sondern blenden ausschließlich das **+-Symbol** am Cursor ein.

- **STUTZEN** schneidet Elemente bis zu den nächstliegenden Elementen ab.
- **DEHNEN** verlängert Elemente bis zu den nächstliegenden Elementen. Splines sind von dieser Funktion ausgeschlossen. Sie können nicht gedehnt, sondern nur als nächstliegendes Element genutzt werden.
- **TRENNEN** zerschneidet ein Element an einem markanten Punkt (z. B. Schnittpunkt) und macht aus einem Element zwei.

Verschiebt man den Cursor auf ein zu bearbeitendes Element, wird die Auswirkung der jeweiligen Funktion als Vorschau angezeigt, durch Anklicken bestätigt man das Ergebnis.

Sowohl beim Stutzen als auch beim Dehnen können mehrere Elemente gleichzeitig bearbeitet werden, indem mit gedrückter Maustaste über die zu bearbeitenden Elemente gefahren wird. So wurden in der Abbildung (rechts) drei Linien gleichzeitig auf den äußeren Kreisdurchmesser gestutzt.

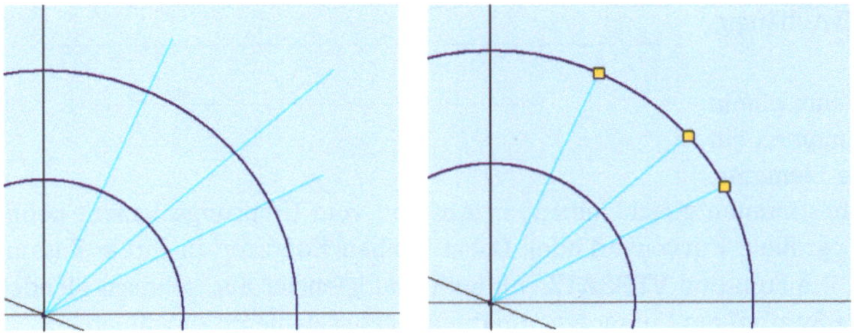

4.12.3 Skalieren, Gestreckt und Versatz

Skalieren
Gestreckt
Versatz

Die Dialogfenster der Funktionen **SKALIEREN** und **GESTRECKT** haben viele Ähnlichkeiten mit den Dialogfenstern der Funktionen **KOPIEREN**, **VERSCHIEBEN** usw. Gleichlautende Optionen dieser Befehle haben somit auch dieselbe Bedeutung und können dort nachgelesen werden (siehe Abschnitt 4.12.1).

Der Befehl **SKALIEREN** vergrößert oder verkleinert ein Element oder eine Kontur ausgehend vom Basispunkt um einen bestimmten Skalierungsfaktor. Gegebenenfalls vorhandene Bemaßungen werden entsprechend gelockert und als getriebene Bemaßung dargestellt. In der Abbildung wurde der Ursprung als Basispunkt gewählt.

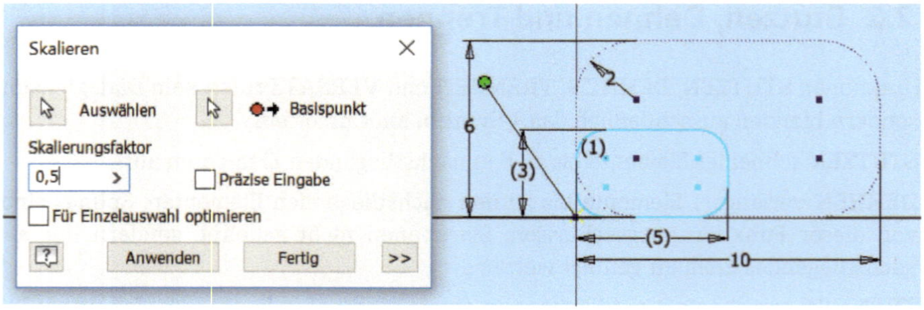

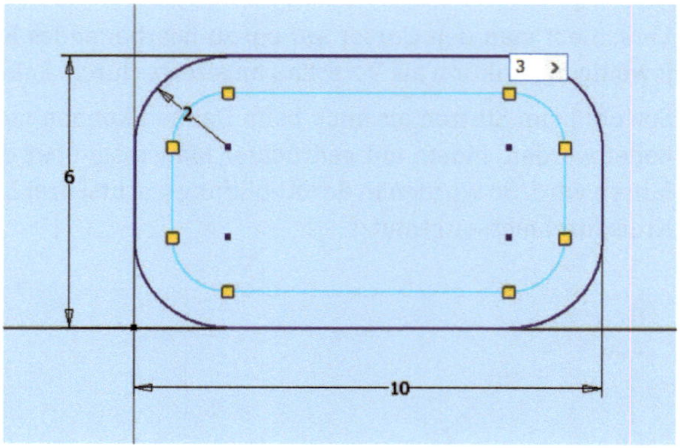

GESTRECKT verzieht ein Element oder eine Kontur. Beim Verziehen, das mit dem Zeigegerät ausgeführt wird, verändert sich unter Umständen die Geometrie sowohl der verzogenen als auch der angrenzenden Elemente entsprechend der definierten 2D-Abhängigkeiten.

VERSATZ erzeugt aus einem oder mehreren Elementen ein oder mehrere neue Elemente, die sich in einem bestimmten gleichbleibenden Abstand vom Ursprungselement befinden (*Äquidistante*, parallele Kurvenverläufe). Dabei bleiben Konturen in ihrem Zusammenhang erhalten. Die Funktion **VERSATZ** ruft kein Dialogfenster auf, sondern blendet ausschließlich das **+-Symbol** am Cursor ein, um die Ausgangselemente zu wählen.

Der Abstand zur Ursprungskontur kann direkt über das Eingabefeld festgelegt werden (hier im abgebildeten Beispiel **3 mm**).

4.12.4 Rundung und Fasen

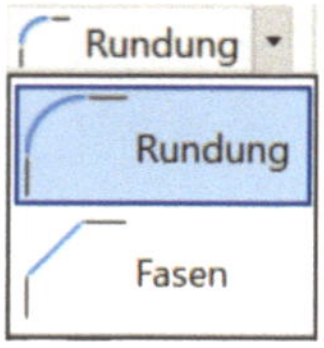

Der Befehl **RUNDUNG** in der Befehlsgruppe **Erstellen** ermöglicht es, eine Ecke durch eine abgerundete Ecke zu ersetzen. Hierfür wird im Dialogfenster ein Radius abgefragt. Im Anschluss sind die beiden Linien zu selektieren, welche die zu verrundende Ecke bilden.

Der Befehl **FASEN** in der Befehlsgruppe **Erstellen** ermöglicht es, eine Ecke durch eine Fase zu ersetzen. Hierfür werden im Dialogfenster Fasenabstände abgefragt. Im Anschluss sind die beiden Linien zu selektieren, welche die anzufasende Ecke bilden. Neben der symmetrischen Fase können durch Auswahl im Dialogfenster auch asymmetrische Fasen erstellt werden. Die beiden Schalter ganz links im Dialogfeld aktivieren oder deaktivieren die automatische Bemaßung der Fase.

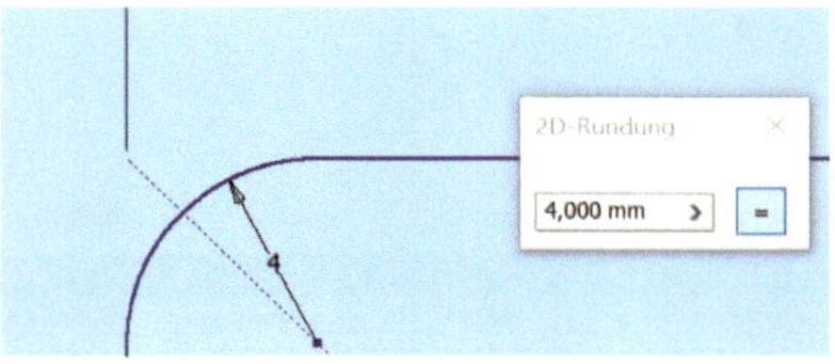

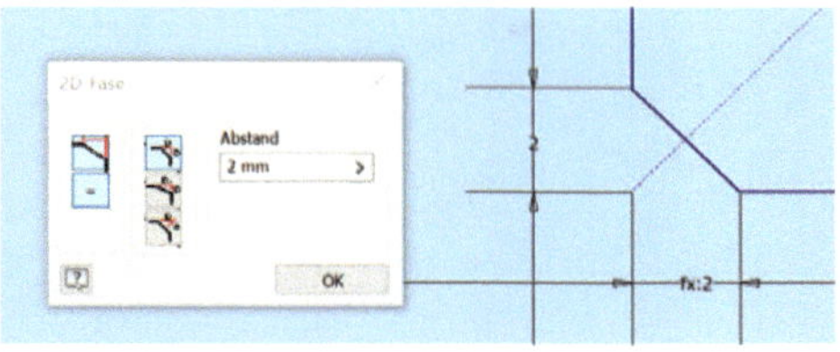

TIPP: Beim Konstruieren von Bauteilen können Rundungen und Fasen häufig einfacher und komfortabler nachträglich durch Änderung des 3D-Volumenkörpers erzeugt werden(siehe Abschnitt 5.5.2 und Abschnitt 5.5.3). ■

4.13 Maße mit Formeln oder Wertetabellen verknüpfen

In Inventor ist es möglich, anstelle von numerischen Werten auch Formeln für Maße zu hinterlegen und so die Maße einer Skizze untereinander zu verknüpfen. Weiterhin können die tatsächlichen Maße einer Skizze direkt mit einer Wertetabelle verknüpft werden. Inventor bietet hierfür die Möglichkeit, die CAD-Parameter direkt mit Werten aus Excel-Tabellen zu verknüpfen. Als Konsequenz hieraus können dann die Maße eines Bauteils direkt über die verknüpfte Excel-Tabelle gesteuert werden.

4.13.1 Die Parametrik des Systems

Bei einer Parametrik bzw. einem parametrischen Entwurf werden Variable (Parameter) verwendet, die einen veränderlichen Wert haben. Bei Skizzenelementen beinhalten diese Parameter messbare geometrische Informationen (Längen, Winkel usw.). Die Assoziativität zwischen der Geometrie des Skizzenelements und seiner Parameter ist bidirektional, d. h., ändert ein Element seine geometrische Form (z. B. die Länge), dann ändert sich automatisch auch der Parameterwert, der diese Eigenschaft (z. B. die Länge) bestimmt, und umgekehrt.

Unter der Registerkarte **Verwalten** gibt es die Befehlsgruppe **Parameter** mit der entsprechenden Schaltfläche. Die Funktion ruft das Parameter-Fenster auf.

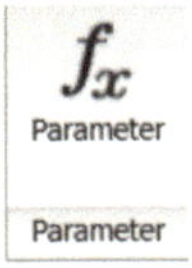

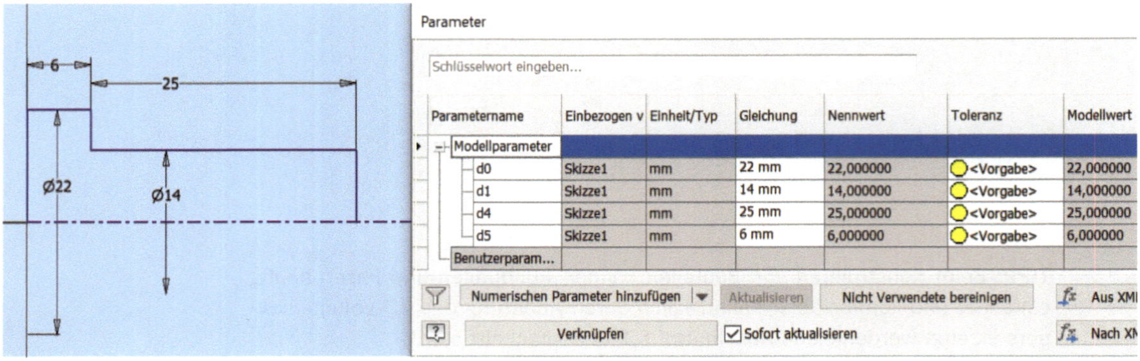

Jedes durch eine Skizzenbemaßung oder durch eine Bauteilaktion (Extrusion, Rotation, Erhebung usw.) definierte Maß wird von Inventor als Parameter definiert und in diese Liste eingetragen. Die Parameternamen werden automatisch vergeben und dabei fortlaufend durchnummeriert mit d0, d1, d2 usw. Wird nun der Wert eines Parameters in der Spalte „Gleichung" geändert, so passt Inventor die Skizze dem veränderten Wert an.

HINWEIS: Parameternamen können geändert werden. Wenn Sie mit Parametern arbeiten, sollten Sie die vorgegebenen Bezeichnungen in *sprechende* Namen (Breite, Länge, Dicke usw.) ändern, indem in die entsprechende Zelle geklickt und der Name überschrieben wird. Wenn Parameternamen oder Formeln direkt in der Skizze sichtbar gemacht werden sollen, kann die Darstellung über die Statuszeile (siehe Abschnitt 4.4) umgestellt werden.

4.13.2 Maße mit Formeln verknüpfen

Anstelle von (numerischen) Werten können in der Spalte „Gleichung" der Befehlsgruppe **Parameter** auch Formeln eingegeben werden. Solche Formeln können sowohl andere Parameter des CAD-Modells als Variablen enthalten als auch fixe Werte (Konstanten) sein.

Im nachfolgenden Beispiel wird in der Abbildung links die erzeugte Parametertabelle dargestellt und der Wert für die Länge (**15 mm**) soll durch eine Formel ersetzt werden. Die Abbildung rechts zeigt die geänderte Tabelle und der Parameter „Länge" erhält jetzt immer den Wert, der dem Ergebnis von **1,35 × Breite** entspricht (**oE** bedeutet „ohne Einheit"). Die Spalte „Nennwert" zeigt immer das Ergebnis der Berechnung an. Wird jetzt der Wert für die Breite geändert, so ändert sich automatisch auch die Länge des Bauteils, und die „neue" Länge wird als Nennwert angezeigt. Gleichzeitig passt sich die Geometrie in der Skizze dem neuen Nennwert an.

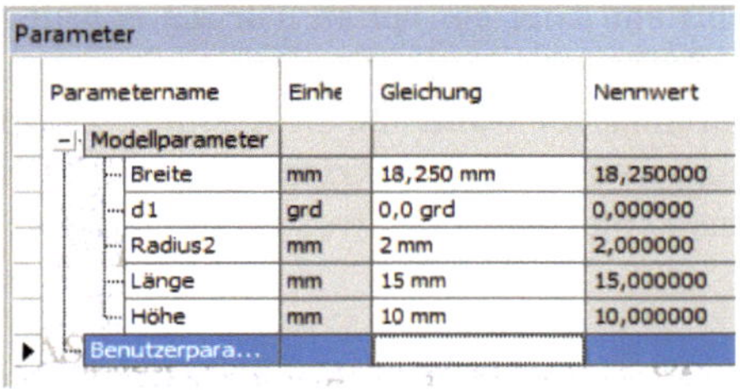

Parameter

Parametername	Einhe	Gleichung	Nennwert
Modellparameter			
Breite	mm	18,250 mm	18,250000
d1	grd	0,0 grd	0,000000
Radius2	mm	2 mm	2,000000
Länge	mm	15 mm	15,000000
Höhe	mm	10 mm	10,000000
Benutzerpara...			

Parameter mit Werten

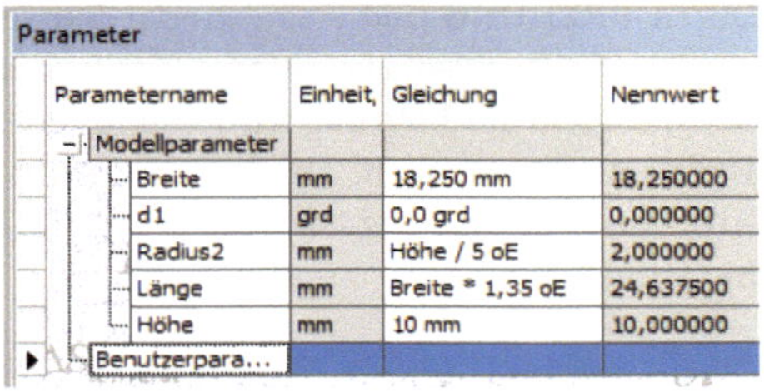

Parameter

Parametername	Einheit	Gleichung	Nennwert
Modellparameter			
Breite	mm	18,250 mm	18,250000
d1	grd	0,0 grd	0,000000
Radius2	mm	Höhe / 5 oE	2,000000
Länge	mm	Breite * 1,35 oE	24,637500
Höhe	mm	10 mm	10,000000
Benutzerpara...			

Parameter mit Formeln, die andere Parameter verwenden

Neben den Operatoren (+, –, *, /) können auch weitere mathematische Funktionen in Formeln verwendet werden. Nachstehend sind zulässige Formelzeichen (unvollständige Auswahl) aufgeführt, die im Parameter-Fenster eingegeben werden können (anstelle von „x" ist die Parameterbezeichnung einzusetzen).

Formelzeichen	Bedeutung
+, –, *, /	Grundrechenarten
^, sqrt(x)	Exponent und Wurzel
%	Gleitpunkt-Modulo (Division-Restwertberechnung)
()	Klammern als mathematische Strukturelemente
abs(x)	Absolutwert
tan(x), atan(x), tanh(x)	Tangens, Arcus Tangens, Tangens Hyperbolicus
cos(x), acos(x), cosh(x)	Cosinus, Arcus Cosinus, Cosinus Hyperbolicus
sin(x), asin(x), sinh(x)	Sinus, Arcus Sinus, Sinus Hyperbolicus
int(x)	ganze Zahl von x
floor(x), ceil(x), round(x, y)	Rundungsfunktionen

HINWEIS: Die Möglichkeit, Konstruktionsschritte zu automatisieren, wird auch als wissensbasierte Konstruktion bezeichnet und vertiefend in Kapitel 11 behandelt. Hier finden sich u. a. nähere Informationen zu den iLogic-Funktionen von Inventor.

4.13.3 Maße mit einer Wertetabelle verknüpfen

Als Beispiel soll ein Bolzen mit Kopf (ähnlich ISO 2341 – Form B) mit einer Tabelle so verbunden werden, dass alle Abmaße für die Bolzen unterschiedlicher Größe automatisch ausgewählt werden und nur die Bolzengröße gewählt werden muss. Dieses wird auch als parametrische Bauteilsteuerung bezeichnet.

Hierfür wird quasi als „Basis"-Modell zunächst ein Bolzen mit dem Nenndurchmesser **14 mm** entsprechend der nachfolgenden Skizze erstellt und vollständig bemaßt. Auch der Mittelpunkt für die Splintbohrung wird auf die Achse gesetzt (Abstand **6 mm** vom Ende).

Durch **DREHUNG** und Auswahl der Skizze entsteht dann ein Bolzen. Für die Bohrung wird die Skizze wiederverwendet (Kontextmenü im Strukturbaum, siehe Abschnitt 4.14.2). Im Dialogfeld der Bohrung wird nun für den Durchmesser **4 mm** und als Ausführungstyp **Durch alle** angegeben. Anschließend wird links daneben **Symmetrisch** gewählt. Nach Abschluss der Bohrung kann die Skizze über das Kontextmenü im Strukturbaum unsichtbar gesetzt werden.

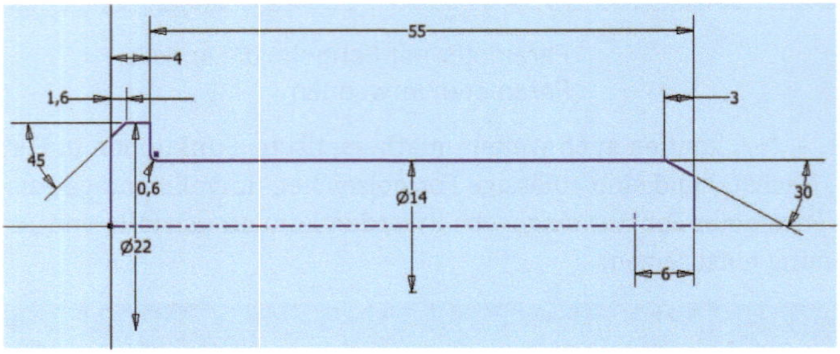

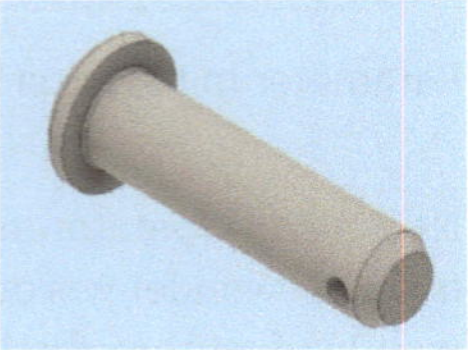

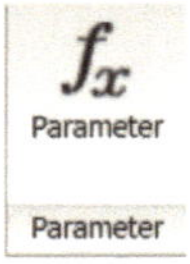

Um die Verknüpfungen zur Wertetabelle besser nachvollziehen zu können, wurden im nächsten Schritt mit dem Befehl **PARAMETER** in der Registerkarte **Verwalten** die Parameter so umbenannt, dass jeder Parameter als Name den Spaltennamen der Wertetabelle und die Endung *inv* für Inventor erhält (die beiden Winkel wurden nicht gesondert benannt, da sie für alle Bolzen immer gleich sind).

Parameter

Parametername	Einbezogen von	Einheit/Typ	Gleichung	Nennwert
Modellparameter				
d7	Skizze1	grd	30 grd	30,000000
d8	Skizze1	grd	45 grd	45,000000
dk_inv	Skizze1	mm	22 mm	22,000000
d_inv	Skizze1	mm	14 mm	14,000000
L_inv	Skizze1	mm	55 mm	55,000000
k_inv	Skizze1	mm	4 mm	4,000000
r_inv	Skizze1	mm	0,6 mm	0,600000
e_inv	Skizze1	mm	1,6 mm	1,600000
c_inv	Skizze1	mm	3 mm	3,000000
le_inv	Skizze1	mm	6 mm	6,000000
dl_inv	Bohrung2	mm	4 mm	4,000000

4.13.3.1 Erstellen und Verknüpfen der Wertetabelle

Eine verknüpfte Wertetabelle muss einer bestimmten Struktur folgen, damit Inventor den Parameternamen und den Wert aus den Zellen richtig erkennt und zuordnet:

a) Die erste Spalte enthält immer den Parameternamen.

b) Die zweite Spalte enthält seinen Wert.

c) Die dritte Spalte enthält die Einheit (optional).

d) Die vierte Spalte kann Kommentare enthalten (optional).

Die Titelzeile (Zeile 1) kann völlig frei gestaltet werden und dient nur der eigenen Übersicht, da als **Startzelle A2** gewählt werden kann.

> **HINWEIS:** Es kann im Prinzip eine beliebige Zelle als Startzelle verwendet werden. Es ist aber darauf zu achten, dass die Startzelle immer die erste Zelle links oben im auszuwertenden Inhaltsblock ist.

Derzeit ist Inventor nur in der Lage, jeweils einen Wert für einen Parameter zu übernehmen. Diese Einschränkung wird im Folgenden durch den spezifischen Aufbau der Tabelle umgangen.

Da alle Einträge unterhalb einer Leerzeile oder hinter weiteren Spalten von Inventor ignoriert werden, kann die „eigentliche" Wertetabelle unterhalb oder neben dem Inventor-Tabellenbereich platziert und mit diesem über die Excel-Funktionen **SVERWEIS** verknüpft werden. Die Funktion sucht mit dem Wert der Eingabezelle (hier **B13**) über die erste Spalte der Matrix (**F2:O13**) die richtige Zeile und den passenden Wert der Zeile. Eine Indexspalte zu Beginn der Wertetabelle dient später der Auswahl. Die Tabelle kann nun unter dem Namen *Kap_4_13_Bolzen_mit_Kopf_Wertetabell.xls* gespeichert und geschlossen werden.

	A	B	C	D
1	**Parametern**	**Wert**	**Einheit**	**Kommentar**
2	L_tabelle	80	mm	Nennlänge
3	d_tabelle	24	mm	Nenndurchmesser
4	dk_tabelle	36	mm	Kopfdurchmesser
5	dl_tabelle	6,3	mm	Lochdurchmeser
6	c_tabelle	4	mm	Fase_30
7	e_tabelle	2	mm	Fase_Kopf
8	k_tabelle	6	mm	Kopfhöhe
9	le_tabelle	9	mm	Lochabstand
10	r_tabelle	1	mm	Abasatzverundund
11				
12				
13	**Auswahl**	**12**		
14				

F	G	H	I	J	K	L	M	N	O
Index	**L**	**d**	**dk**	**dl**	**c**	**e**	**k**	**le**	**r**
1	20	4	6	1	1	0,5	1	2,2	0,6
2	25	5	8	1,2	2	1	1,6	2,9	0,6
3	30	6	10	1,6	2	1	2	3,2	0,6
4	40	8	14	2	2	1	3	3,5	0,6
5	45	10	18	3,2	2	1	4	4,5	0,6
6	50	12	20	3,2	3	1,6	4	5,5	0,6
7	55	14	22	4	3	1,6	4	6	0,6
8	60	16	25	4	3	1,6	4,5	6	0,6
9	65	18	28	5	3	1,6	5	7	1
10	70	20	30	5	4	2	5	8	1
11	75	22	33	5	4	2	5,5	8	1
12	80	24	36	6,3	4	2	6	9	1

Verknüpfung mit einer Excel-Tabelle

Im Parameter-Dialogfenster ist jetzt auf den Button **VERKNÜPFEN** zu klicken. Ein Fenster zum Öffnen von Dateien erscheint, in dem die zuvor erstellte Datei *Kap_4_13_Bolzen_mit_Kopf_Wertetabelle.xls* ausgewählt werden kann. Im Feld **Startzelle** kann die Startzelle **A2** eingetragen werden, damit Inventor die Suche nach Parametern in der zweiten Zeile beginnt. Durch Klicken auf den Button **ÖFFNEN** im Dateifenster wird die Verknüpfung hergestellt.

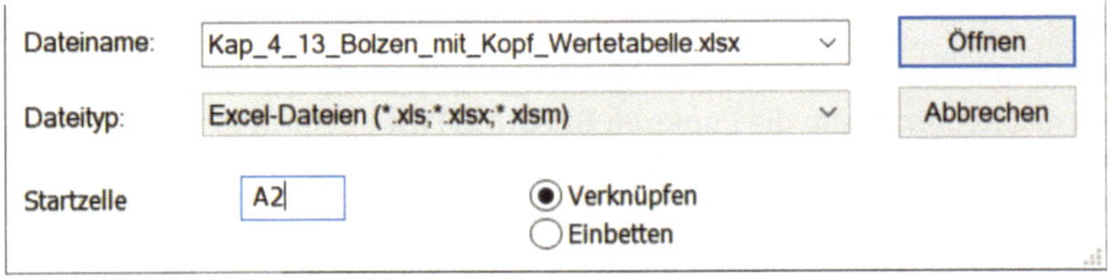

Im Parameter-Fenster erscheint eine neue Zeile mit dem Pfad zur verknüpften Excel-Datei. Darunter befinden sich nun alle Parameter aus der Excel-Tabelle mit ihren Werten.

k_inv	Skizze1	mm
le_inv	Skizze1	mm
r_inv	Skizze1	mm
Benutzerparameter		
C:\Kap_4_13_Bolzen_mit_Kopf_Wertetabelle.xlsx		
r_tabelle	r_inv	mm
e_tabelle	e_inv	mm
c_tabelle	c_inv	mm
dl_tabelle	dl_inv	mm

Im Anschluss müssen in der Spalte „Gleichung“ die Parameternamen der Excel-Tabelle eingegeben werden, die unter Benutzerparameter stehen. Der Wert wird dann jeweils für jeden Parameter übernommen (siehe Spalte „Nennwert“).

Parametername	Einbezogen von	Einheit/Typ	Gleichung	Nennwert
Modellparameter				
d7	Skizze1	grd	30 grd	30,000000
d8	Skizze1	grd	45 grd	45,000000
dk_inv	Skizze1	mm	dk_tabelle	22,000000
d_inv	Skizze1	mm	d_tabelle	14,000000
L_inv	Skizze1	mm	L_tabelle	55,000000
k_inv	Skizze1	mm	k_tabelle	4,000000
r_inv	Skizze1	mm	r_tabelle	0,600000
e_inv	Skizze1	mm	e_tabelle	1,600000
c_inv	Skizze1	mm	c_tabelle	3,000000
le_inv	Skizze1	mm	le_tabelle	6,000000
dl_inv	Bohrung2	mm	dl_tabelle	4,000000
Referenzparameter				

TIPP: Namen von Modellparametern in Inventor und Parameternamen in Excel müssen nicht identisch sein. Die Excel-Parameternamen erscheinen in Inventor als Benutzerparameter und können den Modellparametern zugewiesen werden.

4.13.3.2 Steuern des CAD-Modells über die Tabelle

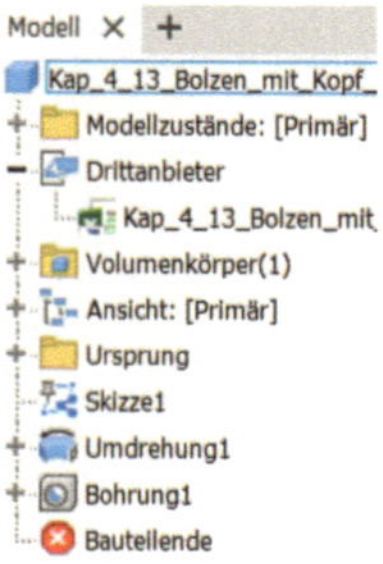

Wurden CAD-Modell und Wertetabelle korrekt verknüpft, erscheint im Strukturbaum ein neues Ordnerobjekt mit dem Namen *Drittanbieter*. Darin befindet sich die Verknüpfung zur Excel-Tabelle *Kap_14_3_Bolzen_mit_Kopf_Wertetabelle.xlsx*.

HINWEIS: Sollen die Abmessungen des Bauteils in Excel geändert werden, dann darf die Excel-Tabelle nur über diese Verknüpfung geöffnet und bearbeitet werden, ansonsten erkennt Inventor die Veränderungen nicht.

Nach dem Selektieren von *Kap_14_3_Bolzen_mit_Kopf_Wertetabelle.xlsx* im Strukturbaum muss über das Kontextmenü die Funktion **BEARBEITEN** aufgerufen werden. Dann wird die Excel-Datei, in der jetzt die Bolzenmaße ausgewählt werden können, geöffnet. Um nun die gewünschte Baugröße zu ändern, kann ein Index ausgewählt werden (im vorangegangenen Beispiel durch Eintrag in die Auswahlzelle **B12**). Durch die Excel-Formeln werden die neuen Werte nun in den Inventor-Bereich (also die zweite Spalte) geschrieben. Anschließend muss die Excel-Datei gespeichert und geschlossen werden, damit die Änderungen für Inventor wirksam werden.

Die neuen Abmessungen sind nun mit dem Inventor-Bauteil verknüpft, werden aber unter Umständen noch nicht umgesetzt. Dafür leuchtet der Button **AKTUALISIEREN** in der Schnellzugriffleiste als gelber Blitz auf (siehe Abschnitt 2.4). Nach dem **Aktualisieren** werden die Parameter im Bauteil übernommen, d. h., der Bolzen wird kleiner bzw. größer dargestellt – entsprechend den Vorgaben aus der Wertetabelle.

Mit **MESSEN** unter der Registerkarte **Prüfen** (siehe Abschnitt 12.1) kann gegebenenfalls die jeweilige Länge des Bolzens kontrolliert werden.

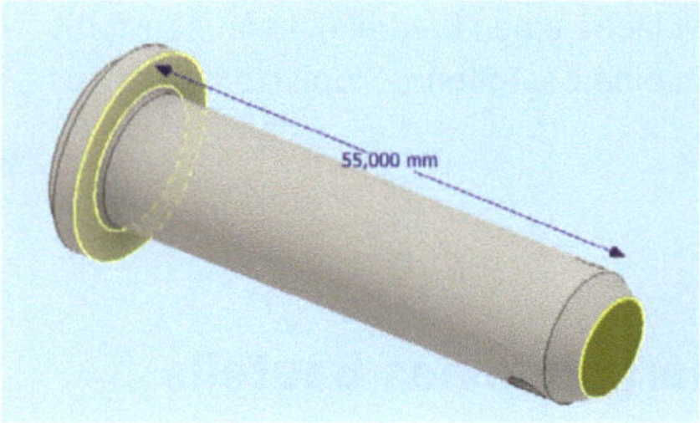

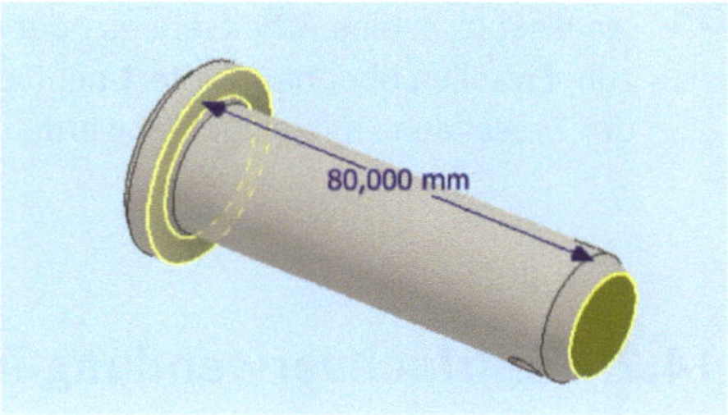

Das Anlegen einer Excel-Verknüpfung ist mit etwas Arbeit verbunden. Insofern macht der vorgestellte Weg vor allem dort einen Sinn, wo mit einem parametrischen Bauteil verschiedene Varianten erzeugt werden oder Parameter aus komplexeren Formeln hervorgehen sollen.

TIPP: Für das Erstellen von Teile- und Baugruppenfamilien, wie für Norm- oder Kaufteile (Bolzen, Schrauben, Griffe, Hebel usw.) üblich, bieten iParts (siehe Abschnitt 11.3) und iAssembly (siehe Abschnitt 11.4) umfassendere Möglichkeiten.

4.14 Mehrfache Skizzenverwendung

Skizzen können sowohl inner- als auch außerhalb eines Bauteils mehrfach verwendet werden. In beiden Fällen ist dieses Vorgehen oft effizienter als das Zeichnen neuer Skizzen, vermindert aber gegebenenfalls die Übersichtlichkeit einer Konstruktion.

4.14.1 Verwendung in anderen Bauteildateien

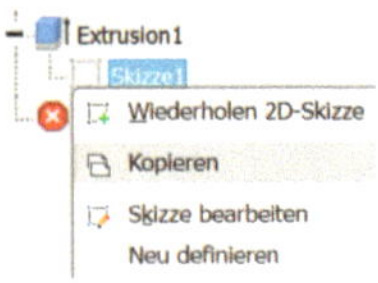

Soll eine bestehende Skizze für ein weiteres Bauteil wiederverwendet werden, so lässt sich diese im Strukturbaum über das Kontextmenü **KOPIEREN** (oder auch mit **STRG+C**) vervielfältigen. In der Skizzierumgebung einer neuen oder einer anderen Bauteildefinition lässt sich diese Skizze dann über Kontextmenü **EINFÜGEN** (oder **STRG+V**) dem anderen Bauteil hinzufügen. Die so eingefügte Skizze verliert den Bezug zur Ursprungsskizze.

Bei diesem Verfahren muss das Zieldokument in der Skizzierumgebung geöffnet sein. Falls **KOPIEREN** im Kontextmenü des Quelldokuments nicht zur Verfügung steht, wird es über den Modellbereich in der Skizzierumgebung angeboten, wenn Skizzenelemente selektiert wurden. Es lassen sich so auch Teile von Skizzen in andere Bauteile übernehmen. Dabei ist darauf zu achten, dass die Skizze im Quelldokument nicht mit Abhängigkeiten zu anderen Elementen versehen ist, da diese nicht mit kopiert werden.

HINWEIS: Wird ein Element ausgewählt, auf dem sich eine neue Skizze erstellen lässt (z. B. eine Arbeitsebene oder die Fläche eines Bauteils), kann alternativ zum Erstellen über das Kontextmenü auch eine bestehende kopierte Skizze aus der Zwischenablage eingefügt werden.

4.14.2 Mehrfachverwendung innerhalb eines Bauteils

Eine Skizze, aus der bereits ein Modell entstanden ist, ist Bestandteil dieses Modells und Grundlage für dessen Extrusion, Rotation usw. und damit bereits verbraucht. Soll nun z. B. für einen weiteren Bearbeitungsschritt am selben Modell eine zusätzliche Extrusion mit derselben Skizze ausgeführt werden, so kann das erst einmal nicht funktionieren, denn die Skizze ist ja bereits an eine Extrusion gebunden.

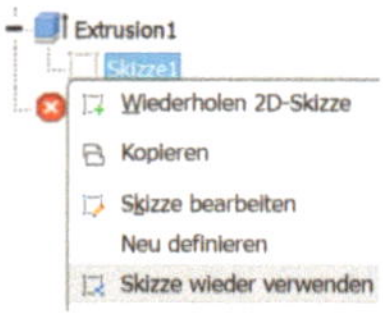

Für weitere Arbeitsschritte ist eine mögliche Lösung, immer wieder neue Skizzen auf dem Bauteil zu erstellen, um mit ihnen das Modell weiterzubearbeiten. Eine Alternative besteht darin, eine Skizze mehrfach zu verwenden. Soll eine Skizze mehrfach für unterschiedliche Aktionen verwendet werden, so kann man im Strukturbaum im Kontextmenü der Skizze die Funktion **SKIZZE WIEDER VERWENDEN** auswählen. Wenn eine Skizze wiederverwendet wird, wird im Strukturbaum ein zusätzlicher Verweis zur ursprünglichen Skizze über dem Originalelement platziert. Die so freigegebene Skizze kann für zusätzliche Bearbeitungsschritte benutzt werden. Sie ist jedoch verknüpft und **keine** Kopie der Ursprungsskizze. Anpassungen werden also auch für die Ursprungsversion übernommen und beeinflussen die anhängigen Features, wie beispielsweise eine bestehende Extrusion oder Drehung.

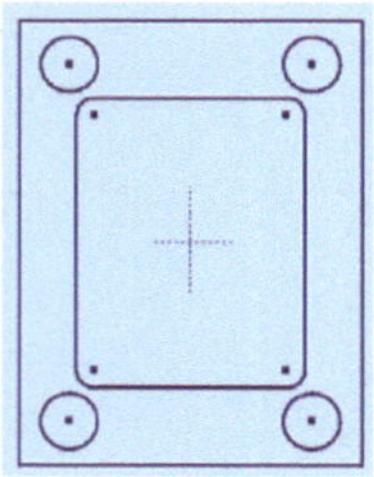

Skizze, von der im ersten Schritt nur eine Kontur extrahiert werden soll.

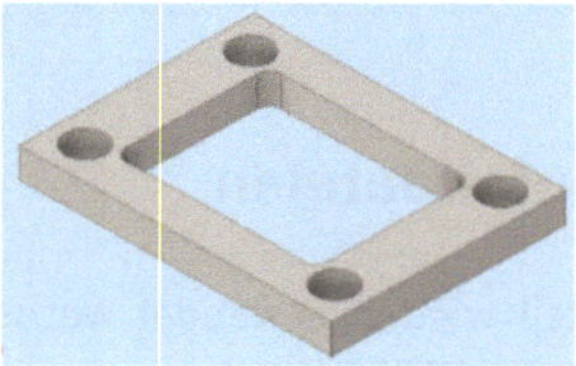

Extrudiertes Bauteil aus der nur zum Teil verwendeten Skizze.

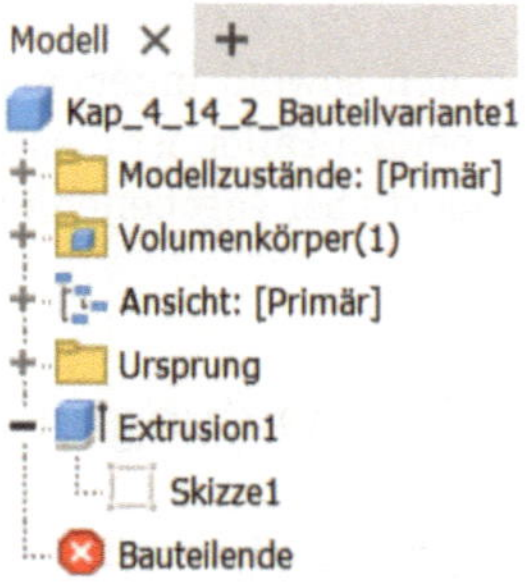

Strukturbaum mit dem extrudierten Bauteil und der für die Extrusion verbrauchten Skizze.

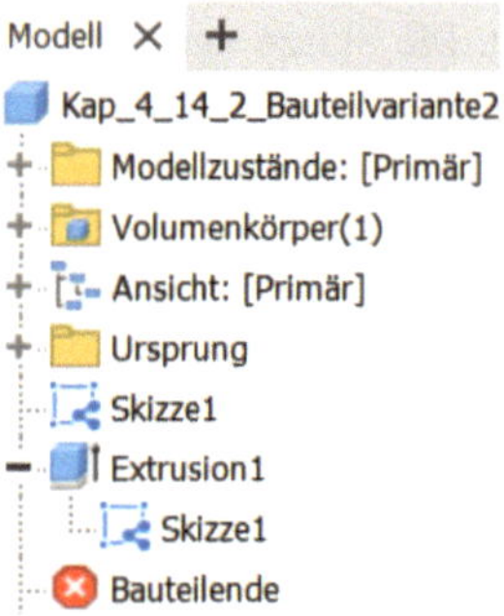

Die **Skizze1** wurde oberhalb der Extrusion als freie Skizze eingefügt.

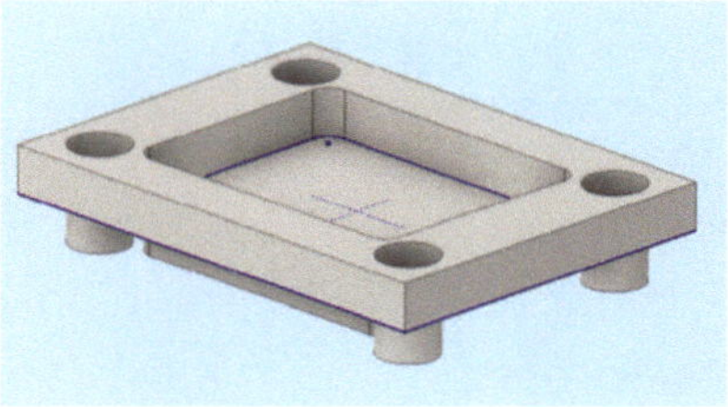

Aus der freien Skizze können weitere Extrusionen erstellt werden.

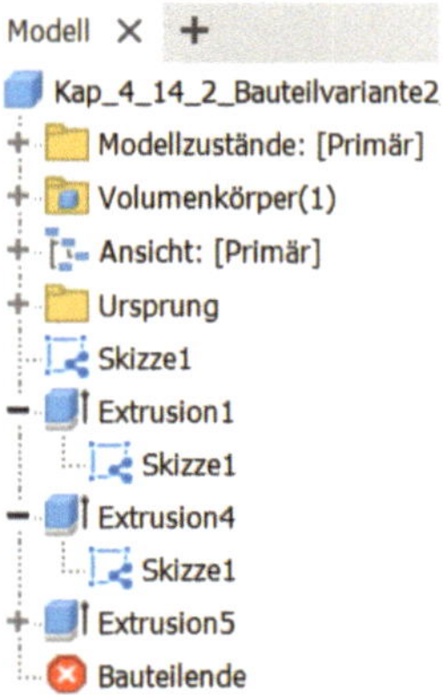

Strukturbaum mit zwei Extrusionen und der gemeinsamen Skizze (Skizze1).

Auch nach weiteren Extrusionen, Rotationen usw. bleibt die Skizzenkopie erhalten und kann wiederverwendet werden, ohne sie noch einmal kopieren zu müssen.

4.14.3 Die Skizzen-Ableitung aus anderen Bauteilen

Für die Skizzen-Ableitung aus anderen Bauteilen wird auf der Registerkarte **Verwalten** in der Befehlsgruppe **Einfügen** die Schaltfläche **ABLEITEN** verwendet. Nach dem Anklicken dieser Funktion und der Auswahl der gewünschten CAD-Datei als Quelldatei kann im nachfolgenden Dialogfenster selektiert werden, welche Teile von dem Modell in einem neuen Bauteil oder einer Baugruppe (abgeleitet) verwendet werden sollen.

HINWEIS: Nicht sichtbare Skizzen werden nicht zur Ableitung gefunden. Sie müssen zunächst in der Originaldatei auf sichtbar gesetzt werden.

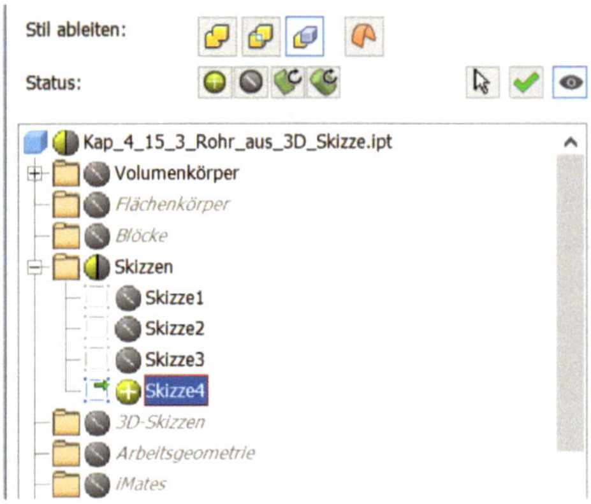

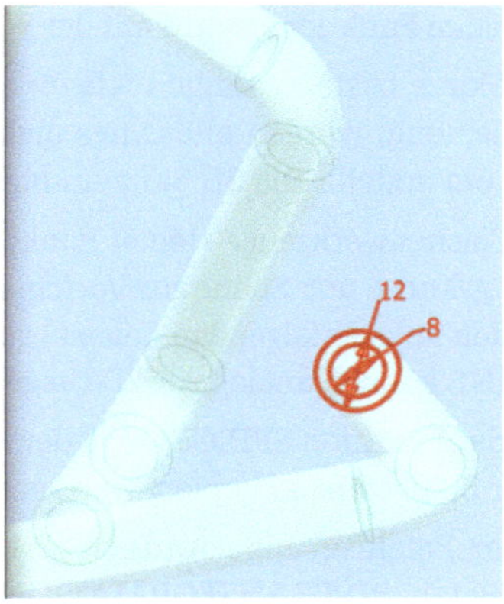

Im Beispiel wurde aus der Datei *Kap_4_15_3_Rohr_aus_3D_Skizze.ipt* nur eine Skizze mit dem Rohrquerschnitt abgeleitet (siehe auch Abschnitt 4.15.3). Die ausgewählten Elemente werden in die aktuelle Arbeitsumgebung eingefügt. Im Strukturbaum wird das abgeleitete Bauteil weiterhin als eigenständiges Bauteil geführt. Die Skizze kann im Anschluss für eine Extrusion verwendet werden.

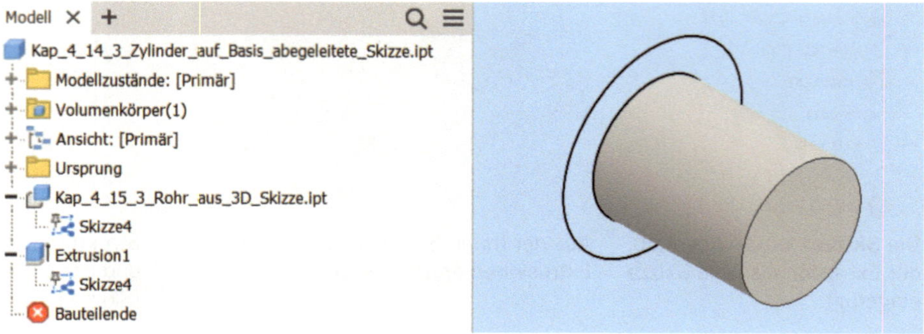

HINWEIS: Veränderungen einer so abgeleiteten Skizze können nicht vorgenommen werden, sehr wohl jedoch Ergänzungen sowie alle Arten von weiterführenden Aktionen (Extrusion, Rotation usw.).

4.15 3D-Skizzen

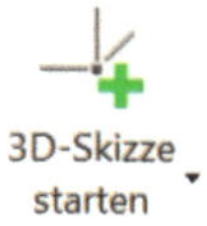

In diesem Abschnitt soll die Erstellung von 3D-Skizzen näher betrachtet werden. In der Praxis wird diese Art der Bauteilerstellung seltener eingesetzt. Insbesondere jedoch für Projektionen von Profilkonturen auf Oberflächen oder Freiformflächen sind die Funktionen in der 3D-Skizzen-Umgebung sehr hilfreich. Die Funktion **3D-SKIZZE STARTEN** befindet sich – wie die Funktion für **2D-SKIZZE STARTEN** – in der Befehlsgruppe **Skizze**. Zwischen diesen beiden Funktionen wird mit der Pfeiltaste ▼, die rechts angeordnet ist, umgeschaltet.

Eine 3D-Skizze besteht, ähnlich wie eine 2D-Skizze, aus Linien, Splines und Bögen. Diese Skizzenelemente werden allerdings nicht in einer 2D-Skizzierumgebung, sondern direkt im 3D-Raum erstellt. Die 3D Skizzenumgebung bietet folgende Möglichkeiten:

- Als Zeichenwerkzeuge stehen Punkt, Linie, Bogen, spiralförmige Kurve, Biegung, Gleichungskurve und Spline zur Verfügung. Die Funktionen **LINIE**, **BOGEN** und **BIEGUNG** werden im nachfolgenden Beispiel genutzt. Die Funktionen **GLEICHUNGSKURVE** und **SPLINE** können analog zur 2D-Umgebung verwendet werden (siehe Abschnitt 4.6.4).

- Mit der Funktion **SPIEGELN** in der Befehlsgruppe **Muster** können Elemente anhand einer Spiegelebene kopiert werden.
- In der Befehlsgruppe **Ändern** gibt es neben **STUTZEN**, **DEHNEN** und **TRENNEN** den Befehl **3D-TRANSFORMATION**, mit dem ein bestehendes Element in X-, Y- oder

Z-Richtung im Raum verschoben werden kann. So kann beispielsweise eine Schnitt- oder Silhouettenkurve entlang der X-Achse verschoben werden.

- Über Projektionen kann eine bereits bestehende Geometrie einbezogen werden. Sie werden in Abschnitt 4.15.4 gesondert vorgestellt.

> **HINWEIS:** Um 3D-Elemente im Raum positionieren zu können, sind Stützpunkte eine große Hilfe. Sie können vorher auf Arbeits- oder Ursprungsebenen angelegt werden. Eine 3D-Linie kann dann von einem Stützpunkt zu einem anderen gezogen werden (siehe Abschnitt 4.15.1 und Abschnitt 4.15.2).

Beispiel: Erzeugen einer spiralförmigen Feder auf Basis einer 3D-Skizze

Spiralförmige Kurve

Über den Befehl **SPIRALFÖRMIGE KURVE** lässt sich schnell eine Helix im 3D-Raum erzeugen, die beispielsweise als Vorlage (Pfadskizze) zur Konstruktion von Nuten oder Federn genutzt werden kann. Die spiralförmige Kurve stellt eine Alternative zur Bauteil-Funktion **SPIRALE** dar, für die jedoch zwingend ein Profil aus einer 2D-Skizze benötigt wird (siehe Abschnitt 5.4.6). Im Beispiel wird **Variable spiralförmige Kurve** erstellt, um im Anschluss mit **SWEEPING** eine kegelige Schraubendruckfeder zu erstellen. Sie besitzt, wie häufig bei diesem Federtyp vorzufinden, einen Rechteck-Querschnitt von **5 × 5 mm**.

Im Dialogfeld stehen unterschiedliche Definitionen zur Auswahl: **Steigung und Windungen**, **Windungen und Höhe** sowie **Steigung und Höhe**. Entsprechend dieser Auswahl lassen sich anschließend Werteeingaben im darunterliegenden Feld vornehmen. Für das Beispiel wurde als Typ **Steigung und Windungen** gewählt und ein Anfangsdurchmesser von **50 mm** und ein Enddurchmesser von **25 mm** vorgegeben. Die Steigung beträgt durchgängig **10 mm**. Mit der Anzahl von **7 Windungen** ergibt sich die Gesamthöhe von **70 mm**.

Das Feder-Profil wird erst nach Verlassen der 3D-Skizze erstellt. Hierfür ist eine 2D-Skizze mit dem Rechteckprofil auf einer Arbeitsebene zu erstellen, welche am Endpunkt der Spirale mit der Funktion **LOTRECHT ZU KURVE DURCH PUNKT** erzeugt wird.

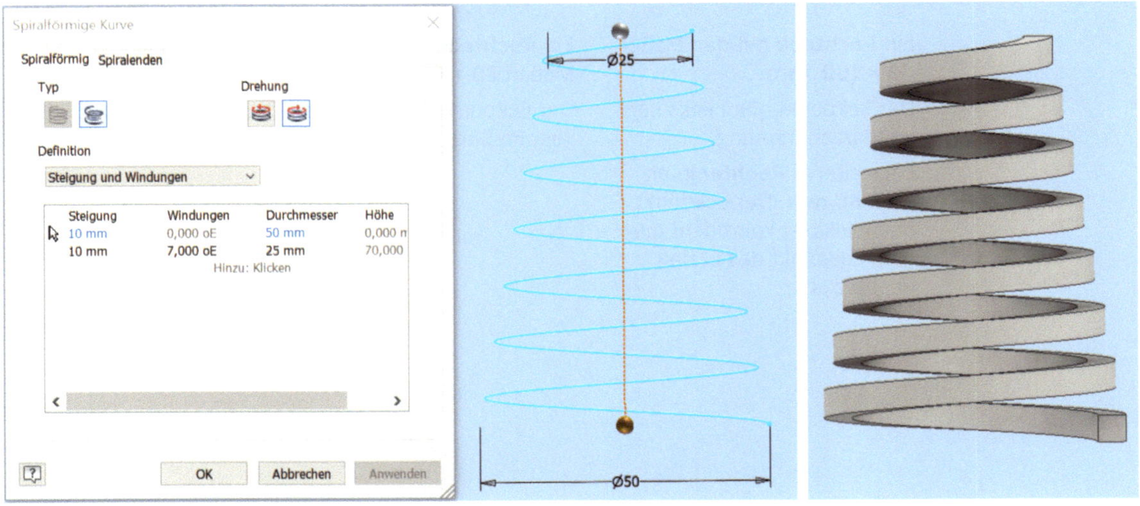

Durch **Hinzu: Klicken** im Eingabebereich des Dialogfensters lassen sich beliebige weitere Abschnitte für die spiralförmige Kurve (auch Helix genannt) erzeugen. Der Wert für die Steigung lässt sich genauso variieren wie der für den Durchmesser. Bei der Anzahl der Windungen ist nur zu beachten, dass in der letzten Zeile immer die Gesamtzahl stehen muss.

4.15.1 Eine Stützkonstruktion erstellen

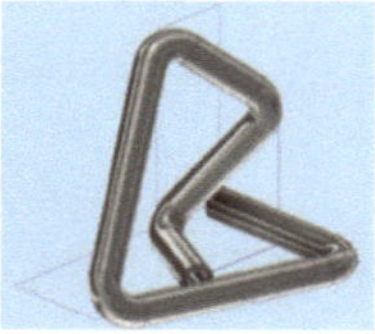

In diesem Beispiel wird ein dreidimensional gebogenes Rohr auf Basis einer 3D-Skizze erstellt. Die Eckpunkte von drei verschiedenen 2D-Skizzen, die auf den drei Ursprungsebenen liegen, sollen dabei als Stützpunkte für die 3D-Skizze dienen.

2D-Skizze in **XY-Ebene**:

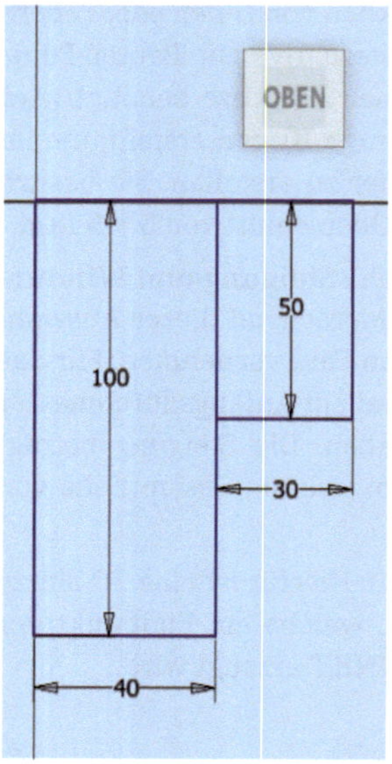

Ein **Rechteck** mit den Maßen **40 × 100 mm**.

Der Eckpunkt oben links liegt im Skizzenursprung.

Ein weiteres **Rechteck** mit **30 x 50 mm**. Der Eckpunkt oben links ist koinzident mit dem Eckpunkt des ersten Rechtecks.

2D-Skizze in **YZ-Ebene**:

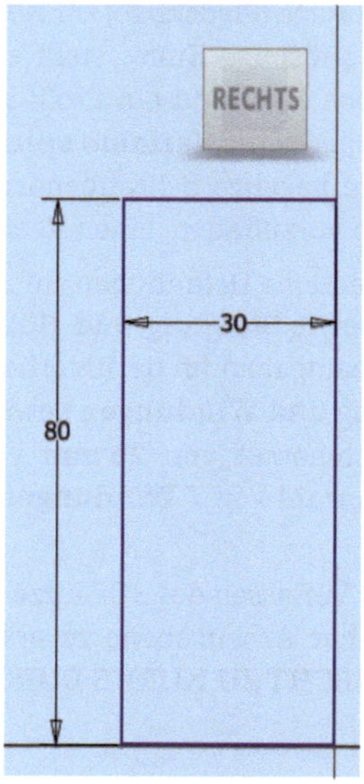

Ein **Rechteck** mit den Maßen **30 × 80 mm**.

Der Eckpunkt unten rechts liegt im Skizzenursprung.

2D-Skizze in **XZ-Ebene**:

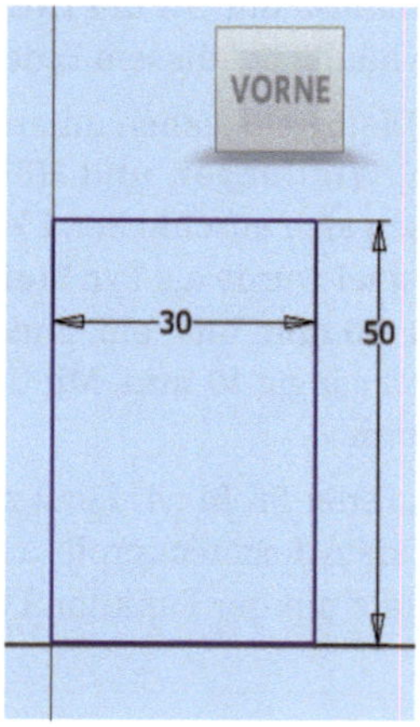

Ein **Rechteck** mit den Maßen **30 × 50 mm**.

Der Eckpunkt unten links liegt im Skizzenursprung.

Die Abbildung zeigt die drei Skizzen, die für die Stützkonstruktion erstellt wurden.

Bevor im nächsten Schritt der 3D-Verlauf erstellt wird, können sämtliche Linien in Konstruktionslinien umgewandelt werden. Dazu wird jede Skizze geöffnet, alle Linien werden markiert und die Schaltfläche **KONSTRUKTION** aktiviert (Abschnitt 4.6.2).

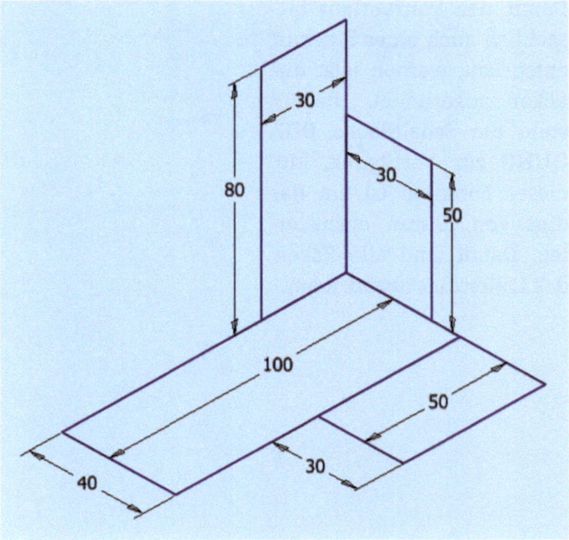

4.15.2 Linienverlauf in 3D-Skizze erstellen

Die Skizzierumgebung für **3D-Skizzen** befindet sich unterhalb des Befehls **2D-SKIZZE STARTEN**. Diese Funktion bietet ähnliche Zeichenbefehle wie 2D-Skizzen. Mit dem Befehl **LINIE** wird zuerst ein Linienzug von Eck- zu Eckpunkt erzeugt.

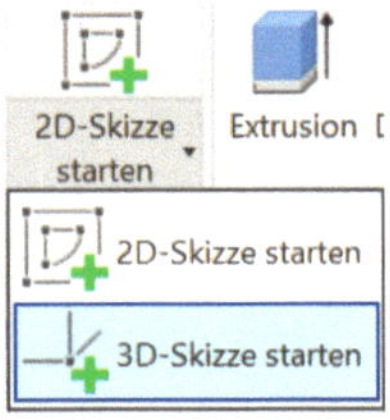

Die Abbildung soll die Entstehung des Linienzugs mit der Funktion **Linie** verdeutlichen, der sich aus sechs einzelnen Linien zusammensetzt:

- **Linie 1:** Punkt 1 zu Punkt 2
- **Linie 2:** Punkt 2 zu Punkt 3
- **Linie 3:** Punkt 3 zu Punkt 4
- **Linie 4:** Punkt 4 zu Punkt 5
- **Linie 5:** Punkt 5 zu Punkt 6
- **Linie 6:** Punkt 6 zu Punkt 7

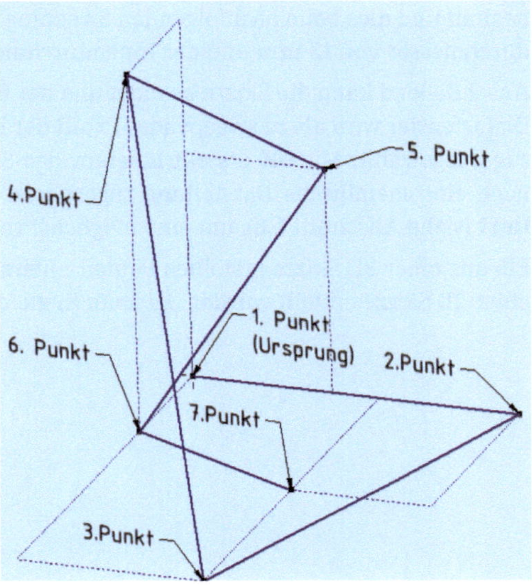

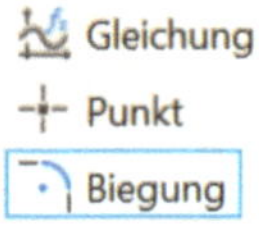

Damit der Rohrverlauf tatsächlich auch einer Biegung entspricht, werden jetzt die Ecken abgerundet. Hierfür steht die Schaltfläche **BIEGUNG** zur Verfügung. Mit dieser Funktion ist ein Radius von **10 mm** einzustellen. Damit sind alle Ecken des Linienzugs abzurunden.

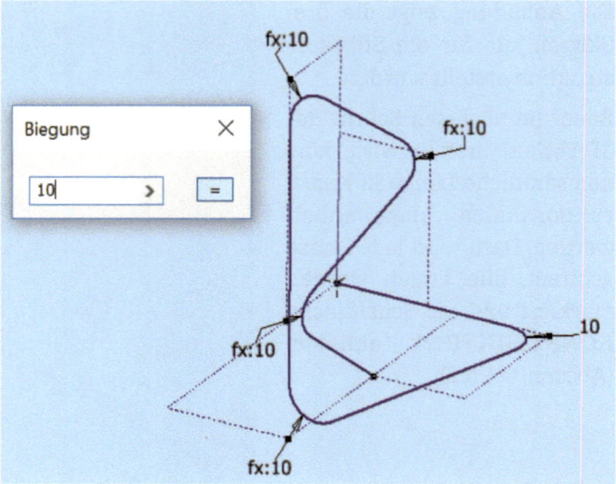

4.15.3 Querschnitt entlang eines 3D-Pfades aufziehen

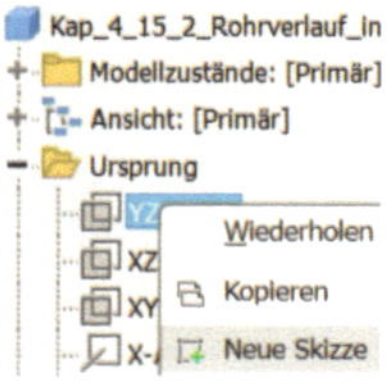

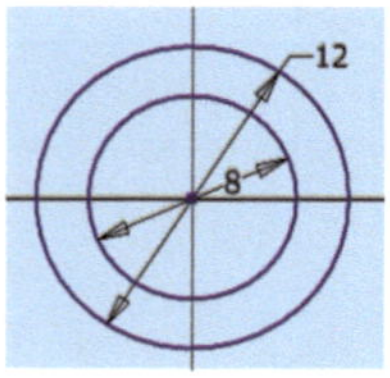

Bauteile, die mithilfe von **SWEEPING** aus **3D-Skizzen** (siehe Abschnitt 5.4.4) erstellt werden sollen, benötigen sowohl eine Pfad- als auch eine geschlossene Profilskizze. Die Erweiterung bei **3D-Skizzen** besteht darin, dass hier der Pfad im 3D-Raum verankert wird.

Als Rohrprofil muss für dieses Beispiel ein Kreisring gezeichnet werden. Dies erfordert eine **NEUE SKIZZE** auf der **YZ-Ebene**. Das Zentrum der in die Skizze zu zeichnenden Kreise soll wieder im Ursprung liegen, was den Vorteil hat, dass dort auch der Linienzug beginnt und dies beim nachfolgenden Sweeping ideale Bedingungen darstellt. Der Außendurchmesser von **12 mm** und der Innendurchmesser von **8 mm** sind noch zu bemaßen.

Anschließend kann die Skizze beendet und der Befehl **SWEEPING** aufgerufen werden. Im Dialogfenster wird als zu sweependes **Profil** der Kreisring, als **Pfad** wird nur der 3D-Linienzug ausgewählt. Mit **OK** erstellt Inventor das 3D-Gebilde. Dem fertigen Rohr kann jetzt noch eine metallische Darstellung zugewiesen werden, wie beispielsweise **Chrom poliert** (siehe Abschnitt 5.8), um eine möglichst realistische Darstellung zu erzielen.

Ein aus einer 3D-Skizze erstelltes Bauteil unterscheidet sich nicht von Bauteilen, die aus einer 2D-Skizze erstellt wurden. Es kann in gleicher Art weiterbearbeitet werden.

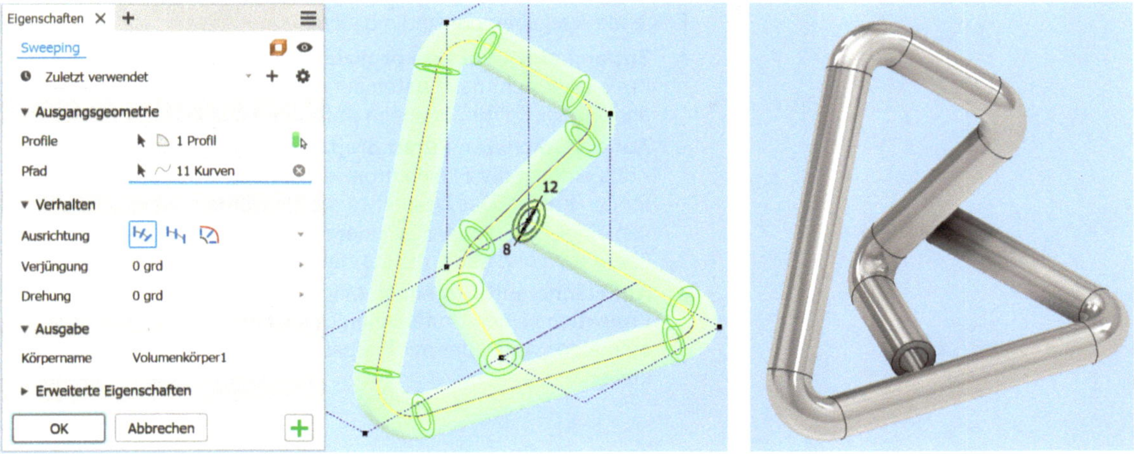

4.15.4 Schnittkurven, Silhouettenkurven und Projektionen in 3D-Skizzen

Die nachfolgend vorgestellten Funktionen unterstützen die Erstellung von Kurven in 3D-Skizzen durch Projektion und Ableitung von anderen Elementen.

 Schnittkurve	**SCHNITTKURVE:** Schneiden sich zwei Flächen, Freiformflächen oder eine Fläche und eine Ebene, entsteht eine Schnittkurve oder Schnittlinie. Wird beispielsweise ein Zylindermantel von einer schrägen Ebene geschnitten, ist die resultierende Schnittkurve, die auf dieser Ebene liegt, eine Ellipse. Solche Schnittkurven können mit dieser Funktion abgeleitet und weiterverwendet werden.
 Silhouettenkurve	**SILHOUETTENKURVE:** Die Silhouettenkurve entsteht, wenn ein zuvor erstellter Körper und dann eine bestimmte Richtung, z. B. eine Achse, ausgewählt wurden. Die entstandene Kurve liegt auf der Oberfläche des Körpers. Sie würde quasi den Übergang von Licht zu Schatten darstellen, wenn der Körper aus der gewählten Richtung angestrahlt würde. Bei einer Kugel ist die Silhouettenkurve also ein Kreis.
 Auf Fläche projizieren	**AUF FLÄCHE PROJIZIEREN:** Diese Funktion hat in 3D-Skizzen drei verschiedene Ausgabemodi, die nachfolgend am Beispiel eines Kreises, der auf einen Zylindermantel projiziert wird, erläutert werden sollen. Die Funktion öffnet ein Dialogfeld, in dem zunächst die Fläche (also z. B. die Mantelfläche eines zuvor erstellten Zylinders) und dann die Kurve ausgewählt werden müssen. Als Kurve kann z. B. ein Kreis gewählt werden, der auf einer zuvor erstellten und zur Zylinderachse parallelen Ebene erzeugt wurde.

Folgende Ausgabemodi sind möglich:

- **Entlang eines Vektors projizieren:** Im Modus 1 wird der Kreis senkrecht nach unten auf die Mantelfläche projiziert, ähnlich der Kontur, die beim Aufbohren des Zylinders entsteht.
- **Auf den nächsten Punkt projizieren:** Im Modus 2 wird der Kreis entlang der Fläche projiziert, die lotrecht zum nächsten Punkt verläuft. Das ist in etwa so, als würde man kegelförmig von einer Linie auf der Zylinderachse in den Kreis der Ebene übergehen und dabei die Mantelfläche schneiden.
- **Auf Fläche aufbringen:** Im Modus 3 behält der Kreis bei der Projektion seinen Umfang bei. Das ist in etwa so, als würde man einen Aufkleber mit Kreisaufdruck auf den Zylindermantel kleben.

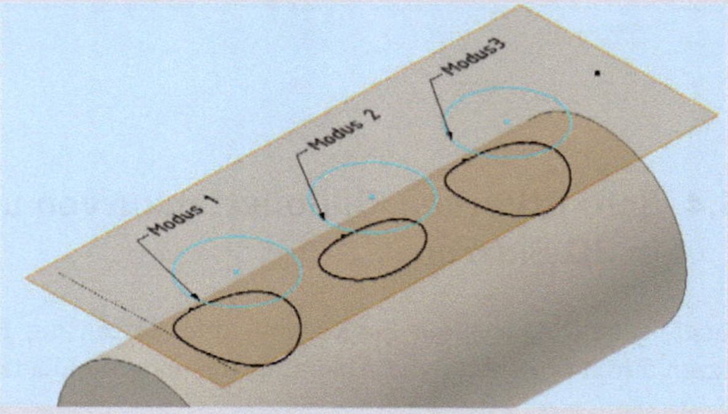

KURVE AUF FLÄCHE: Nachdem die Fläche eines bestehenden Elements ausgewählt wurde, z. B. die Mantelfläche eines Zylinders, kann direkt auf dieser ggf. gekrümmten Fläche ein Spline erzeugt werden, indem nacheinander Punkte auf der Fläche ausgewählt werden. Die entstandene Kurve lässt sich jedoch nicht bemaßen. Deswegen empfiehlt es sich für die meisten Aufgaben, eher mit **AUF FLÄCHE PROJIZIEREN** zu arbeiten.

GEOMETRIE EINSCHLIESSEN: Mit dieser Funktion können Kanten, Ecken oder Elemente aus 2D-Skizzen in die 3D-Skizze eingeschlossen werden. So können beispielsweise die Kanten eines bestehenden Zylinders als Kreis in einer 3D-Skizze genutzt werden oder die Kanten eines Quaders als Linien.

Beispiel: Projizieren einer Linie auf einen Zylinder, um ein Rändelprofil zu erstellen

Auf einem Zylinder soll ein Rändelprofil erzeugt werden, in dem eine Doppelnut über dem Umfang verteilt wird. Mit der **SWEEPING**-Funktion kann mit einem Dreiecksprofil die Nut erzeugt werden. Hierfür ist zusätzlich zum Profil eine Pfadkurve auf dem Umfang notwendig, die zuerst erstellt werden soll.

Zunächst wird ein Kreis mit Durchmesser **24 mm** in einer Skizze auf der **XY-Ebene** erstellt und mit beidseitiger **EXTRUSION** ein Zylinder mit **12 mm** Höhe erzeugt.

Um die Projektion einer über die Körperkante hinaus verlängerten Pfadkurve zu ermöglichen, wird im nächsten Schritt als Hilfsmittel eine Mantelfläche erzeugt, die über den Zylinder hinausragt. Mit der Funktion **OBJEKT KOPIEREN** wird die Mantelfläche des Zylinders kopiert. Im Dialogfeld ist unter **Ausgabe** der Modus **Objekt erstellen** und unter **Objekt** ist **Fläche** ausgewählt und im Funktionsbereich **Ausgangsgeometrie** der Modus **Flächen** aktiv gesetzt.

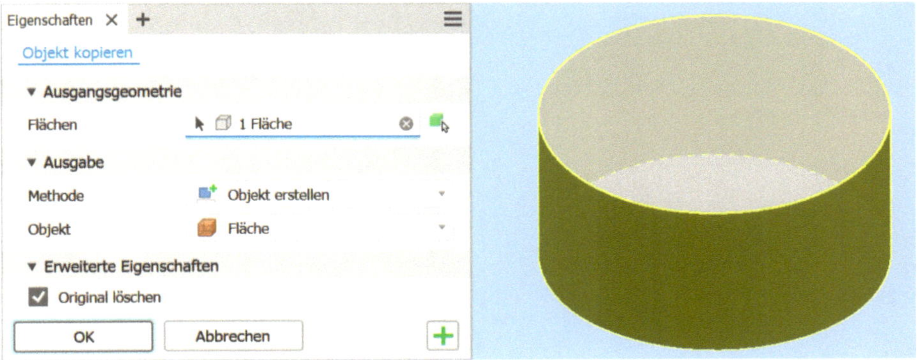

Mit der Funktion **FLÄCHE DEHNEN** in der Befehlsgruppe **Oberfläche** kann die als Kopie erstellte Mantelfläche durch Auswahl der oberen Kante um den **Abstand 3 mm** erweitert werden. Der erneute Funktionsaufruf ermöglicht die Ausdehnung an der anderen Kante.

Die zu projizierende Skizze wird auf eine Arbeitsebene gelegt, die mit der Funktion **TANGENTIAL ZU FLÄCHE UND PARALLEL ZU EBENE** erstellt wurde und tangential zur erweiterten Mantelfläche und parallel zur **XZ-Ebene** ist.

Die auf der Arbeitsebene liegende **2D-Skizze** enthält eine Linie im **70°**-Winkel und verläuft durch den Skizzenursprung über die ganze erweiterte Mantelfläche, wie in der Abbildung ersichtlich. Für die geometrischen Abhängigkeiten und die Bemaßung ist es hilfreich, die Kanten der Mantelfläche als Linien in die Skizze zu projizieren, sodass die Kanten in der Skizze zur Verfügung stehen, um die Eckpunkte der Linie koinzident zur Kante zu setzen.

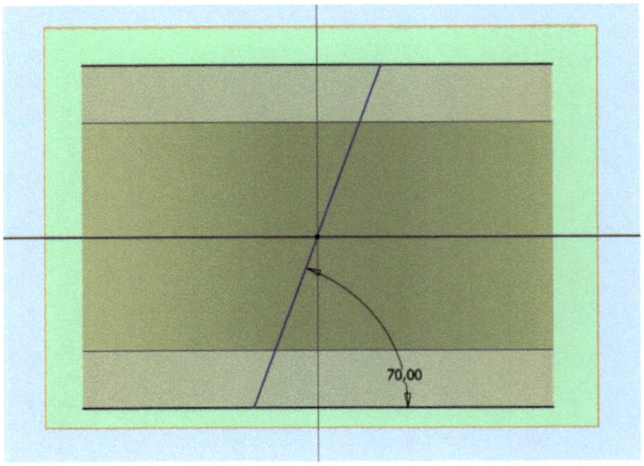

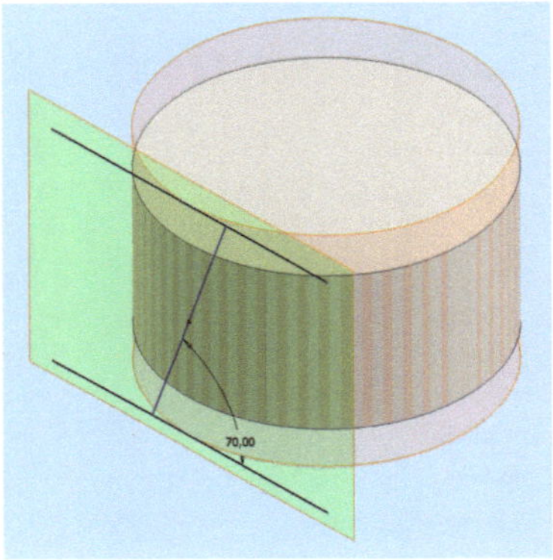

Nach Verlassen der 2D-Skizze wird eine **3D-SKIZZE** erstellt, um die Linie mit dem Befehl **AUF FLÄCHE PROJIZIEREN** auf die Zylindermantelfläche zu projizieren. Als Ausgabe wird hier **Entlang eines Vektors projizieren** gewählt. Nachdem die projizierte Linie, die nachfolgend als Pfadkurve für das Sweeping dient, erzeugt wurde, können die 2D-Skizze und die Arbeitsebene über ihr Kontextmenü im Strukturbaum mit **SICHTBARKEIT** ausgeblendet werden.

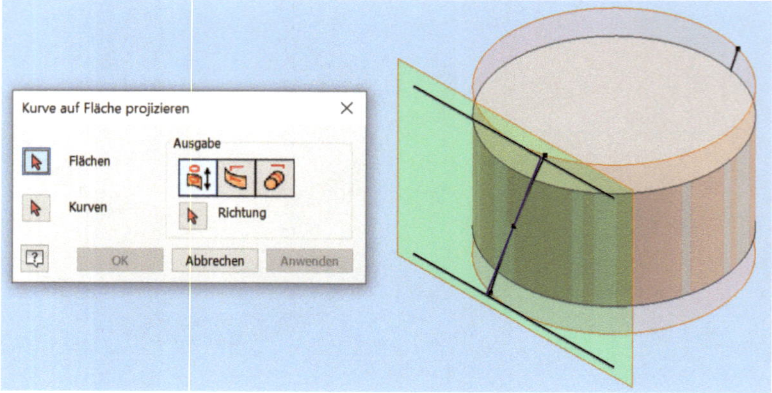

An einem Endpunkt der Pfadkurve wird eine Arbeitsebene mit dem Befehl **LOTRECHT ZU KURVE BEI PUNKT** erzeugt. Auf der zum Pfad lotrechten Ebene kann nun die Profilskizze erstellt werden. In diese Skizze wird mit **GEOMETRIE PROJIZIEREN** der Endpunkt der Pfadkurve projiziert.

Mit dem Befehl **POLYGON** kann im Anschluss ein Dreiecksprofil erstellt werden, dessen Mittelpunkt im projizierten Endpunkt der Pfadkurve liegt. Die obere Dreieckseite soll waagrecht in der Skizzenebene liegen (hierfür wird je nach Ausrichtung der Skizze **Vertikal** oder **Horizontal** genutzt). Die Höhe des Dreieckprofiles beträgt **1 mm**.

Nach Verlassen der Skizze wird die Nut mit **SWEEPING** erzeugt. Als **Profil** wird das Dreieck gewählt, als **Pfad** die projizierte Linie und unter **Ausrichtung** der Modus **Führung**. Als Oberfläche für die **Führung** kann die erweiterte Mantelfläche gewählt werden. Im Dialogfeld muss der **Flächenmodus** (Schaltfläche oben links) inaktiv sein, und unter **Ausgabe** wird der Modus **Differenz** gewählt.

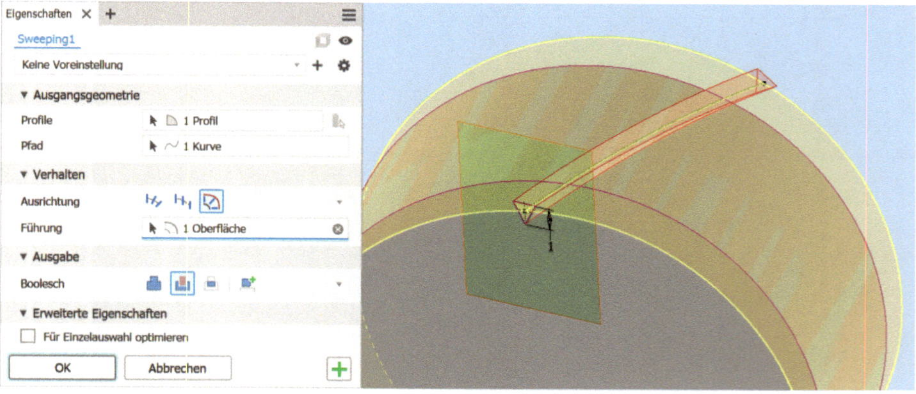

Bevor die Nut vervielfältigt wird, wird der Flächenkörper über das Kontextmenü auf nicht sichtbar gesetzt und beidseitig eine **Fase** mit **0,5 mm** erstellt. Mit **SPIEGELN** in der Befehlsgruppe **Muster** kann die Nut an der **YZ-Ebene** gespiegelt werden, sodass eine X-Form als Doppelnut entsteht. Die Rändel entsteht als Muster über **RUNDE ANORDNUNG** mit **32 Instanzen**. Als **Drehachse** kann die Zylinderkante gewählt werden.

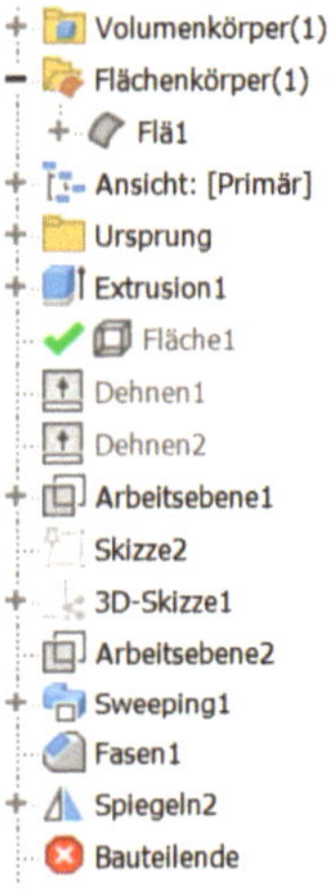

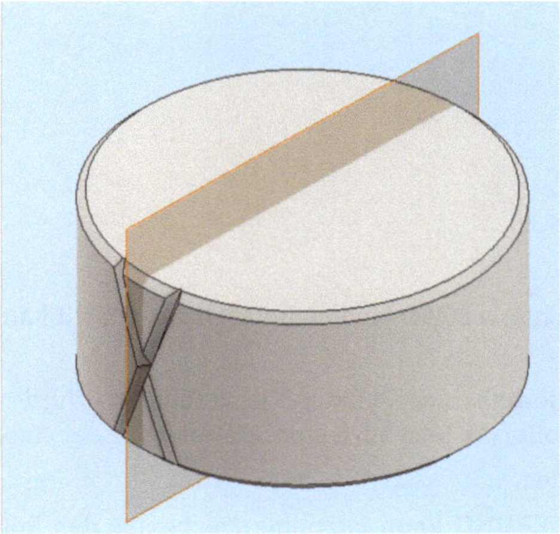

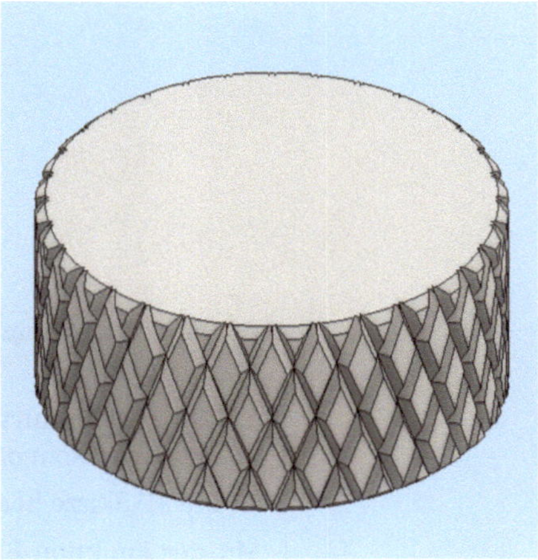

4.16 3D-Punktewolke importieren

In Inventor ist es möglich, **3D-Punkte** mit ihren Koordinaten aus Tabellen in das Programm einzulesen und damit Flächenelemente oder Körperoberflächen zu erstellen. Der Befehl **PUNKTE** steht dabei sowohl in der 2D- als auch 3D-Skizzierumgebung zur Verfügung.

Als Beispiel wurden in Excel die 3D-Koordinatenpunkte einer paraboloiden Fläche berechnet und anschließend direkt in die 3D-Skizzierumgebung importiert. Wird in der Tabellenkalkulation ein Datenfeld aus X- und Y-Koordinaten angelegt, so kann über die Paraboloid-Formel $Z = X^2 + Y^2$ die Z-Koordinate errechnet werden. Um die paraboloide Fläche nicht so stark zu krümmen, wurde im Beispiel der Z-Wert noch durch den Wert **100** dividiert: $\mathbf{Z = (X^2 + Y^2)/100}$

Um aus den 3D-Punkten in Inventor eine Fläche zu erzeugen, sind folgende Arbeitsschritte auszuführen:

1. Eine neue Bauteildatei erzeugen.
2. Die Funktion **3D-SKIZZE STARTEN** anwählen.

X	Y	Z
0	0	0
0	10	1
0	20	4
0	30	9
0	40	16
0	50	25
0	60	36
0	70	49
0	80	64
0	90	81
0	100	100
10	0	1
10	10	2
10	20	5
10	30	10
10	40	17
10	50	26
10	60	37
10	70	50
10	80	65
10	90	82
10	100	101
20	0	4

3. Mit dem Befehl **PUNKTE** aus der Befehlsgruppe **Einfügen** die Werte der Excel-Datei importieren.

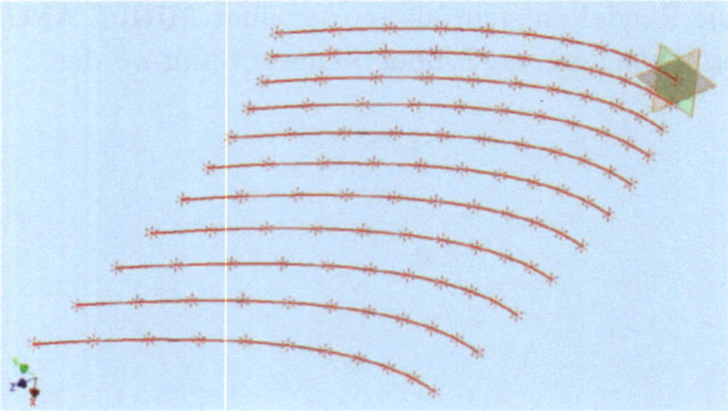

Die Punkte erscheinen nun im CAD-Modell. Im nächsten Schritt kann hieraus eine Fläche erzeugt werden.

1. Mit **SPLINE**-Kurve jeweils eine Punktereihe verbinden. Wurde jede Punktereihe als Spline gezeichnet, sollte die jetzt vorhandene Geometrie der Abbildung entsprechen.
2. Die 3D-Skizze beenden.

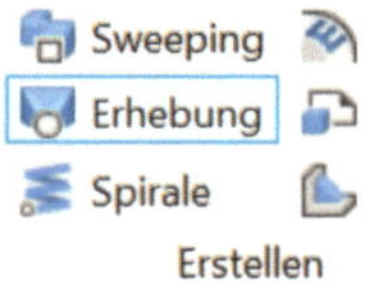

Mit der Funktion **ERHEBUNG** kann jetzt eine Fläche aus den Splines erzeugt werden. Beim Vorgehen ist darauf zu achten, dass die Splines der Reihe nach in das Schnitte-Auswahlfenster der Funktion übernommen werden. Ein abschließendes **OK** erzeugt die Fläche.

Die folgende Abbildung zeigt die Vorschau der erzeugten Fläche mit den gewählten Splines im Dialogfenster der Funktion **ERHEBUNG**.

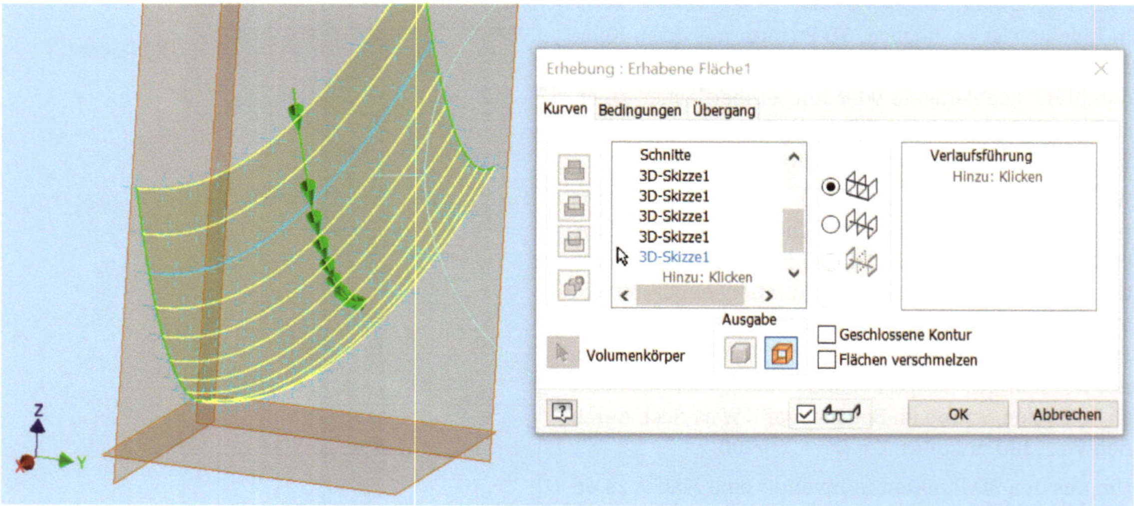

5 Bauteile

In Abschnitt 5.1 werden die von Inventor unterschiedenen Bauteiltypen und Körper vorgestellt. Anschließend werden Funktionen und Befehle zum Erzeugen und Bearbeiten von Bauteilen erläutert. Zusätzlich zu den in diesem Abschnitt vorgestellten Funktionen bietet Inventor, je nach Konstruktionsaufgabe, eigenständige Arbeitsbereiche, z. B. zur Erstellung von Gestellen, Kabelbäumen, Rohrleitungen, Zahnradpaaren, Riementrieben und ähnlichen Konstruktionen. Diese Arbeitsbereiche werden separat in Kapitel 10 und Kapitel 13 vorgestellt.

TIPP: Prüfen Sie anhand des Inhaltsverzeichnisses, ob Inventor für das zu erstellende Bauteil einen Konstruktionsassistenten oder einen eigenständigen Arbeitsbereich bietet.

5.1 Bauteiltypen

Dieser Abschnitt soll einen Überblick über die wesentlichen Dateitypen im Bauteil- und Modellbereich geben. Neben den vorgestellten Befehlsgruppen existieren jedoch zahlreiche weitere Funktionen, die gegebenenfalls nötige oder hilfreiche Unterstützung für die Bauteilmodellierung bereitstellen, z. B. **Messen** (siehe Abschnitt 12.1) oder **Schnittdarstellungen** (siehe Abschnitt 12.3).

5.1.1 Bauteile – regulär

Bauteile werden in der Regel aus Skizzen, Flächen oder Freiformen als Volumenkörper erzeugt. Die wichtigsten Funktionen hierzu sind auf der Registerkarte **3D-Modell** in der Befehlsgruppe **Erstellen** zusammengefasst und werden in Abschnitt 5.4 ausführlich erläutert.

TIPP: Bevor ein Bauteil erstellt wird, ist es ratsam zu prüfen, ob dieses bereits in den von Inventor bereitgestellten Bibliotheken, d. h. im Inhaltscenter, vorhanden ist. Im Inhaltscenter sind viele Normteile und Halbzeuge zu finden (siehe Abschnitt 11.1).

Wurde ein Bauteil in seiner Grundform erzeugt, kann diese weiterbearbeitet werden. Hierzu stehen auf der Registerkarte **3D-Modellierung** in der Befehlsgruppe **Ändern** verschiedene Befehle zur Verfügung. Mit diesen Funktionen lassen sich die konstruktiven Eigenschaften eines Modells, wie Taschen oder Bohrungen, in bestehenden Körpern modellieren. Sie werden auch als **Feature-Technologie** bezeichnet, da sie auf einer Aggregation unterschiedlicher Grundfunktionen aufsetzen. Als Features können also vordefinierte Gestaltelementänderungen bezeichnet werden, bei denen eine technische Bedeutung hinterlegt wurde.

In Inventor lassen sich auch eigene Features (sogenannte iFeatures) erzeugen, die den Funktionsumfang der 3D-Modellierung für den Nutzer erweitern. In Abschnitt 11.5 wird näher auf das Thema Feature-Technologie eingegangen.

TIPP: Wenn sich bestimmte Konstruktionsschritte wiederholen oder Bauteile ähneln, ist es gegebenenfalls sinnvoll, Arbeitsschritte zu automatisieren oder „intelligente“ Bauteile zu erzeugen. So lassen sich z. B. sogenannte **iParts** erstellen, mit denen es möglich ist, mehrere Varianten eines Bauteils auf Basis einer Bauteildatei zu kontrollieren. Solche Funktionen werden in Kapitel 11 behandelt.

5.1.2 Freiformkörper, Flächen und Hüllkörper

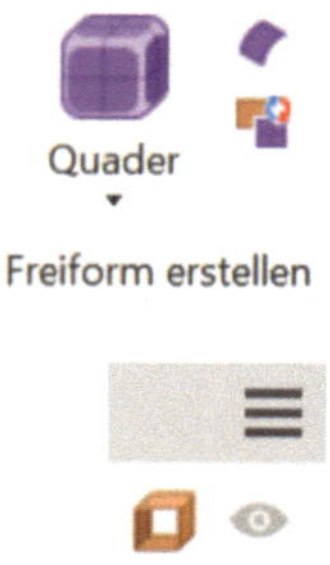

Mit den Befehlen der Funktionsgruppe **Freiform erstellen** können komplexe Freiformkörper auf Basis von Quadern, Zylindern oder Kugeln durch Manipulation der Oberflächen (z. B. Stauchen) erzeugt werden (siehe Abschnitt 5.3).

Die Funktionen zum Erzeugen von Flächen und Hüllkörpern können in der Regel mit der Option **Fläche**, die in den Bauteil-Werkzeugen **DREHUNG**, **EXTRUSION**, **SWEEPING** und **VERDICKUNG** in den jeweiligen Dialogfenstern verfügbar ist, erstellt werden. Die Erstellung von Freiformflächen über Leit- und Schnittkurven ermöglicht darüber hinaus die Funktion **ERHEBUNG**. Die entsprechenden Befehle werden in Abschnitt 5.4 beschrieben.

Die zur Verfügung stehenden Funktionen zum Bearbeiten von Flächen befinden sich in der Befehlsgruppe **Oberfläche**. In Abschnitt 5.6 werden diese Funktionen detailliert vorgestellt.

5.1.3 Blechbauteile, Schweißbauteile und Formenbau

Für die Erzeugung von Blechbauteilen, Schweißbauteilen oder Bauteilen für den Formenbau existieren eigene Programmumgebungen. Durch Auswahl einer spezifischen Formatvorlage wird festgelegt, ob ein Blechbauteil oder eine Schweißbaugruppe bzw. ein Mold-Design erstellt werden soll. Inventor stellt anschließend aufgabenspezifische Befehlsgruppen und Funktionen zur Verfügung.

Auch beim Ändern von Geometrie wird zwischen verschiedenen Bauteiltypen unterschieden, d. h., neben der Standardumgebung existieren für Änderungen an Blechen, Schweißverbindungen und Formenbau eigene Befehlsgruppen in der jeweiligen Programmumgebung.

HINWEIS: Für Schweißkonstruktionen und Formenbau existieren gesonderte Formatvorlagen auf Basis von Baugruppen. Sie erlauben ein Einfügen zuvor erstellter Bauteile zur Nutzung in der jeweiligen Umgebung.

Sheet Metal (DIN).ipt Sheet Metal (mm).ipt

Für **Blechbauteile** muss vor dem Start die Formatvorlage *Sheet Metal(DIN).ipt* bzw. *Sheet Metal(mm).ipt* gewählt werden, um eine gesonderte Umgebung zu öffnen – das Blechmodul. In diesem Modul werden Konstruktionen umgesetzt, die aus Blech gefertigt werden sollen, d. h. Bauteile mit dünner Wandstärke. Die Funktionen zum Erstellen und Bearbeiten von Blechbauteilen sind detailliert in Abschnitt 13.1 beschrieben.

Weldment (DIN).iam

Schweißbauteile werden in Inventor als Baugruppen betrachtet, wie auch an der Bezeichnung und Zuordnung der Vorlage ersichtlich ist. Obwohl verschweißte Teile unlösbar miteinander verbunden sind, werden sie bei der Bearbeitung in Inventor nicht als Bauteil aufgefasst, da sie immer aus mehreren Bauteilen bestehen.

Für Schweißbauteile muss vor dem Start die Formatvorlage *Schweißkonstruktion* gewählt werden, um die gesonderte Umgebung zu öffnen. In der sich nun öffnenden Arbeitsumgebung werden tatsächlich nur die Schweißnähte erstellt und nicht die zu verschweißenden Bauteile. Zuvor erstellte Bauteile lassen sich als Schweißbauteile in die entsprechende Umgebung einladen. Die Schweißkonstruktionsumgebung wird in Abschnitt 13.2 vorgestellt.

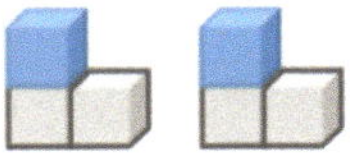

Mold Design (DIN).iam Mold Design (mm).iam

Auch die Umgebung **Mold Design** (Formen-/Werkzeugbau) ist im eigentlichen Sinne eine Baugruppe. Ausgehend von einem herzustellenden Bauteil wird in dieser Umgebung eine zugehörige Form konstruiert bzw. mit den vorstrukturierten Funktionen modelliert. Dies entspricht wiederum dem Vorgehen bei einer Bauteilkonstruktion. Für den Formenbau muss vor dem Start die Formatvorlage *Mold Design* gewählt werden, um die gesonderte Umgebung zu öffnen.

Die Funktionen für den Formenbau (Werkzeugbau) beziehen sich in erster Linie auf das Erstellen geeigneter Betriebsmittel für die Modellierung von konstruierten Gußbauteilen. Die Registerkarten **Form-Anordnung** und **Formbaugruppe** enthalten spezifische Funktionen, die in diesem Zusammenhang Anwendung finden. Die Umgebung zum Modellieren von Formen und Werkzeugen wird in Abschnitt 13.3 vorgestellt.

5.2 Grundkörper erstellen

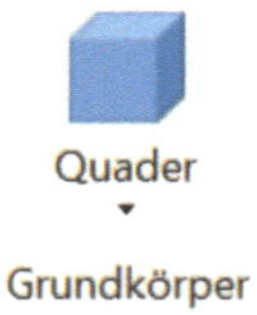

Die Funktionsgruppe **Grundkörper** ermöglicht das schnelle Erzeugen von einigen geometrischen Grundkörpern. Das Erzeugen eines Grundkörpers ist eigentlich keine neue Funktion, sondern lediglich eine sinnvolle Kombination der Arbeitsschritte, die auch beim Erzeugen „von Hand“ notwendig wären. So ist auch der erste Schritt bei allen Grundkörpern derselbe, nämlich das Bestimmen der Ebene, auf der die zugrunde liegende Skizze platziert werden soll.

HINWEIS: Beim erstmaligen Starten von Inventor kann es sein, dass die Gruppe **Grundkörper** in der Multi-Funktionsleiste (siehe Abschnitt 2.2.3) nicht aufgeführt wird. Ein Einblenden erfolgt über Anpassen der angezeigten Funktionsgruppen in der Multi-Funktionsleiste bei dem Drop-down-Button am rechten Ende der Funktionsleiste.

Beispiel: Quader erzeugen

Am Beispiel des Quaders soll das Prinzip der Grundkörpererzeugung demonstriert werden. Alle Details und Einstellmöglichkeiten werden aber noch beim Erstellen von Bauteilen in Abschnitt 5.4 ausführlich erklärt.

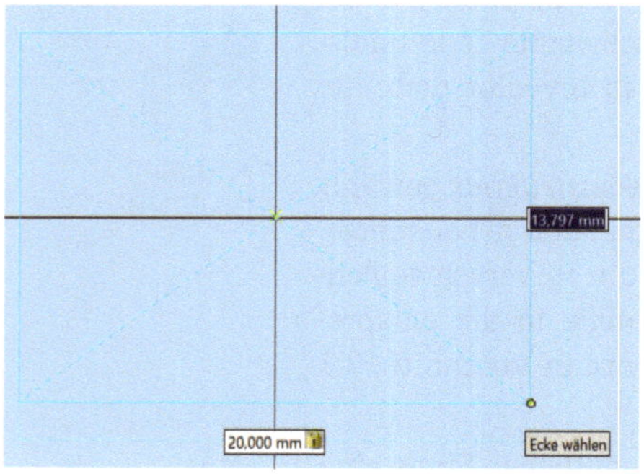

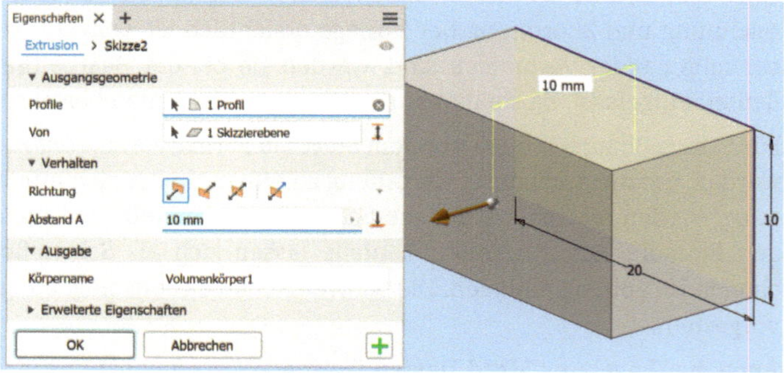

Ein Quader wird in vier Schritten erstellt:

1. Die Skizzierebene ist auszuwählen.
2. Der Mittelpunkt der Anordnung ist festzulegen (z. B. Skizzenursprung).
3. Die Höhe und die Breite des Rechtecks (Rechteck über Mittelpunkt, siehe Abbildung) müssen angegeben werden.
4. Die Extrusionsart und -tiefe muss eingegeben werden.

5.3 Freiformkörper

Freiformkörperfunktionen erlauben das Ändern der Körperkontur direkt an seiner Oberfläche. Die Vorgehensweise der Geometrieveränderung erinnert entfernt an die Modellierung mit Knetmasse. Entsprechend eignen sich die Funktionen vor allem, wenn Körper nach ästhetischen Aspekten geformt werden sollen, z. B. die Grundform einer Computermaus oder eines Handgriffs.

Die Erstellung von Freiformkörpern erfolgt grundsätzlich in drei Schritten:

1. Freiform erzeugen.
2. Freiform ändern.
3. Freiformmodul verlassen und Freiformkörper als „normales" Bauteil weiter bearbeiten (siehe Abschnitt 5.5).

5.3.1 Freiform erzeugen

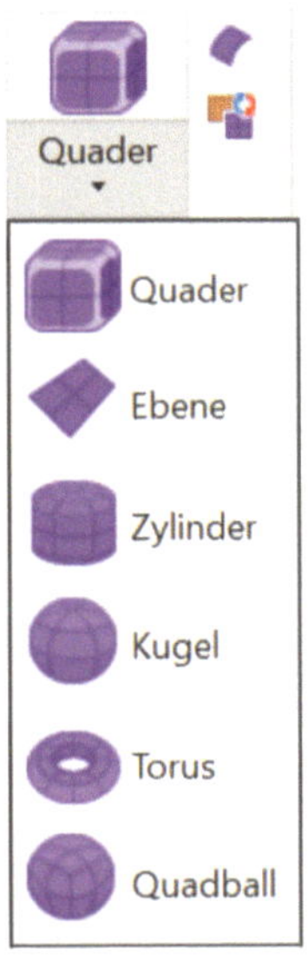

Ein Freiformkörper entsteht aus einer Freiform, die einem Flächennetz gleichkommt. Zur Erzeugung einer Freiform ist aus den Vorgaben eine der sechs Möglichkeiten auszuwählen, die Ihrem Konstruktionsziel am nächsten kommt.

Für das folgende Beispiel ist in einer neuen, noch leeren Bauteilumgebung aus der Befehlsgruppe **Freiform erstellen** die Funktion **QUADER** auszuwählen. Als **Arbeitsebene** für die Erstellung wird die **XZ-Ursprungsebene** selektiert.

Im Dialogfenster sind die **Länge**, **Breite** und **Höhe** jeweils mit ihrer **Abmessung** und der **Anzahl der Flächen** einzutragen. Das Beispiel soll einen breiten symmetrischen Körper ergeben, weshalb das Auswahlfeld **Breite** – **Symmetrie** selektiert wird. Mit **OK** wird die grundlegende Freiform erzeugt.

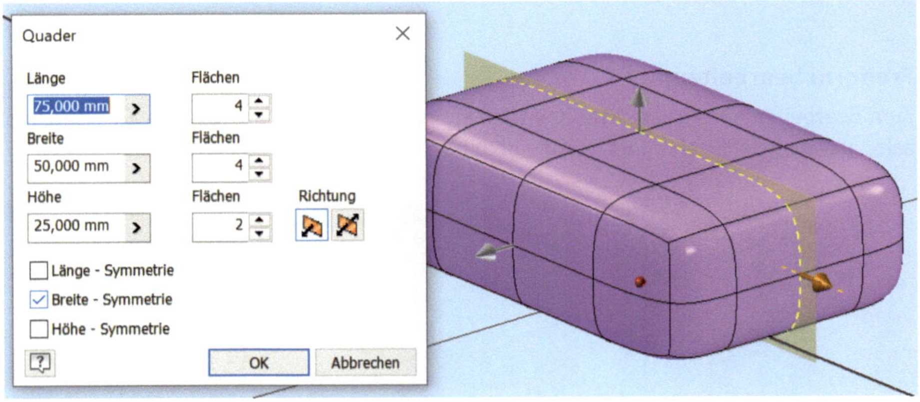

5.3.2 Freiform ändern

Zum Bearbeiten und Ändern einer Freiform stehen die in der nachstehenden Abbildung dargestellten Funktionen zur Verfügung.

Um die weitere und die spätere Bearbeitung als Bauteil zu erleichtern, soll im ersten Schritt die Form am Ursprungskoordinatensystem ausgerichtet werden.

Freiform ausrichten

Die Funktion **FORM AUSRICHTEN** ermöglicht es, je nach **Modus**, entweder Punkte oder Ebenen eines Körpers an einer Ebene auszurichten. Wird ein Knotenpunkt des Netzes (sogenannter Scheitelpunkt) gewählt, verschiebt sich der Körper so, dass der gewählte Punkt auf der entsprechenden Ebene liegt. Im Beispiel wurde als auszurichtende **Geometrie** die **Symmetrieebene gewählt**, die beim Erzeugen der Form angegeben wurde. Die **Zielebene** ist hier die **XY-Ebene des Ursprungs**.

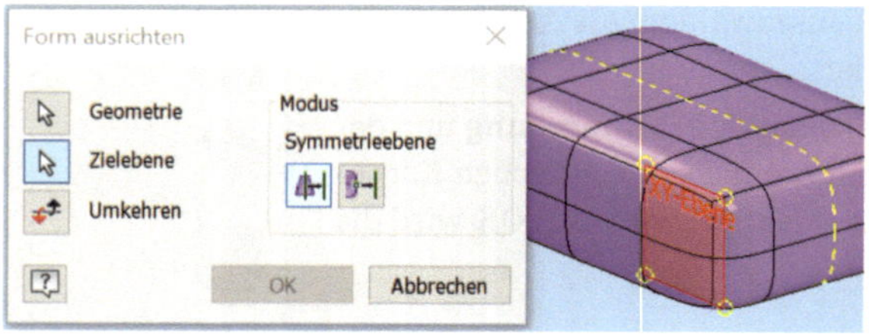

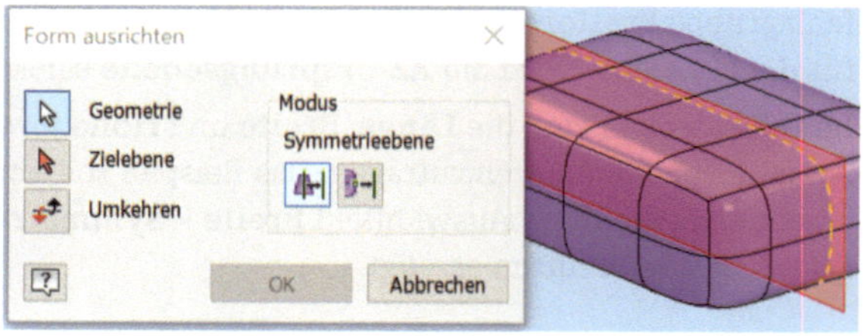

Freiform bearbeiten

Zum Bearbeiten einer Form wird das Flächennetz manipuliert, an dem alle Elemente einzeln oder mehrfach selektiert werden können.

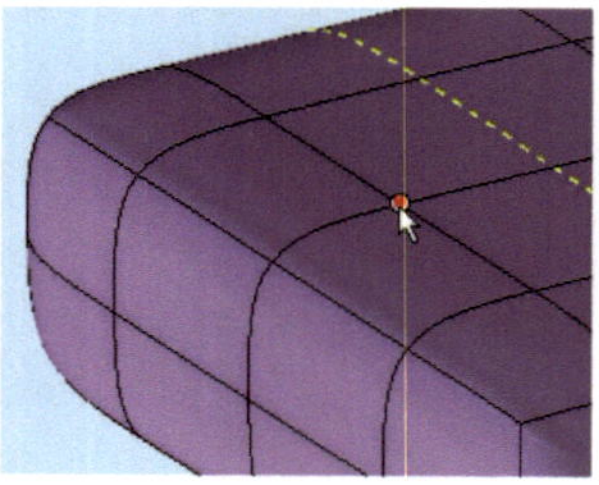
Punktauswahl

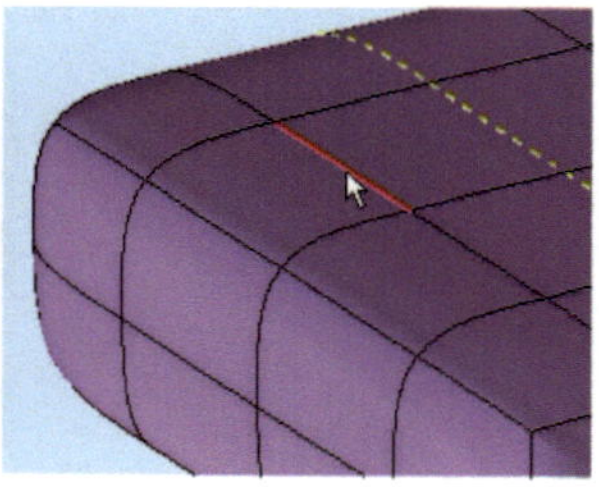
Linienauswahl

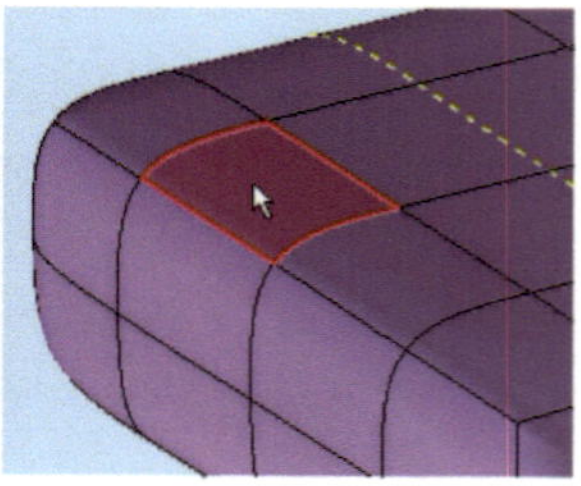
Flächenauswahl

Mit gedrückter **STRG**- oder **SHIFT**-Taste können jeweils mehrere Elemente gleichzeitig ausgewählt werden. Über eine vorhandene Symmetrieebene werden die jeweils symmetrischen Elemente ebenfalls grafisch hervorgehoben.

Form bearbeiten

Die Funktion **FORM BEARBEITEN** verlangt im ersten Schritt die Selektion der zu bearbeitenden Teile des Netzes (sogenannte Patches).

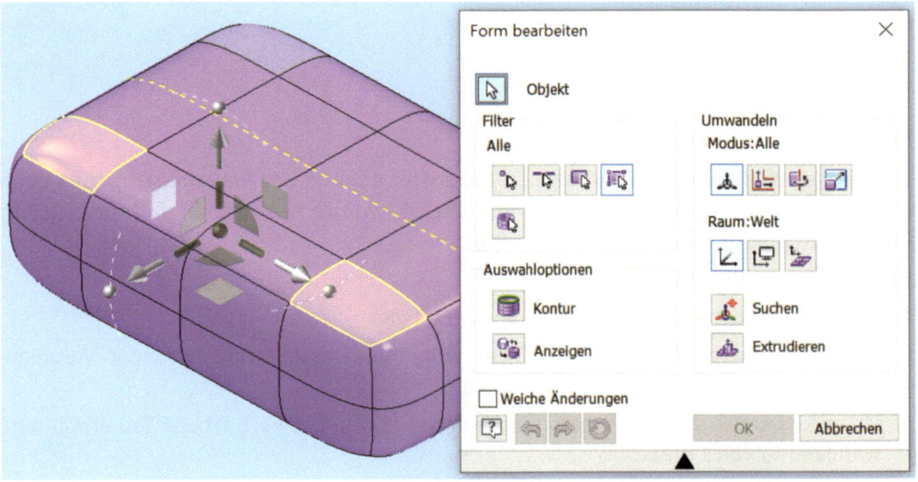

Werden beispielsweise die beiden Flächenelemente vorne links selektiert und diese mit dem Manipulator-Pfeil nach oben gezogen, dann entsteht aufgrund der definierten Symmetrie der in der nachstehenden Abbildung links dargestellte Körper. Wird im nächsten Schritt eine der beiden vorderen Teilflächen nach vorne gezogen, entsteht ein recht komplexes Gebilde, das mit herkömmlichen Mitteln nur sehr umständlich zu konstruieren wäre (Abbildung rechts).

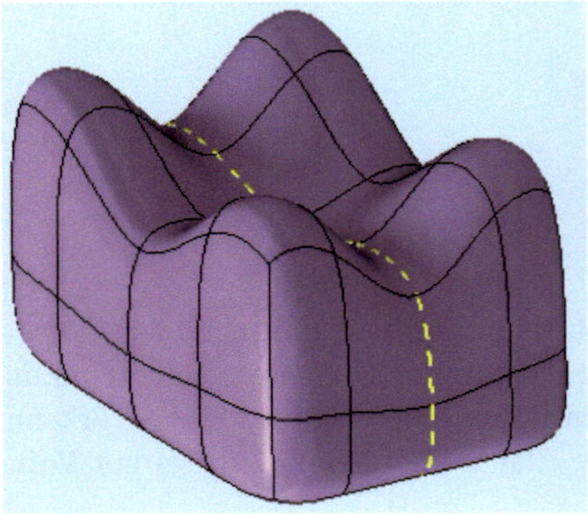

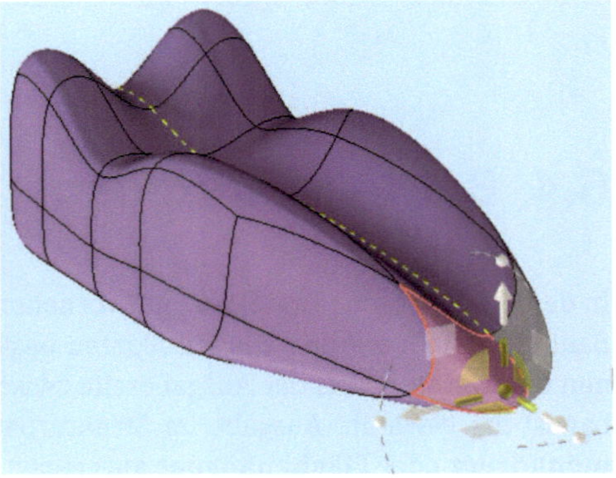

Freiform fertigstellen

Der Button **FREIFORM FERTIG STELLEN** beendet die Freiform-Umgebung und erzeugt aus der Form einen Volumenkörper, der weiterbearbeitet werden kann.

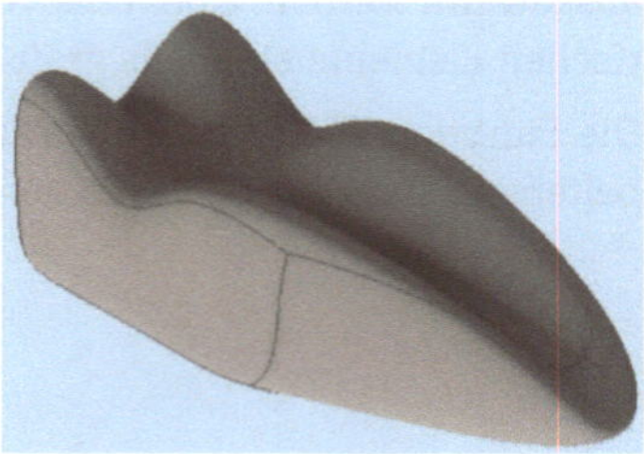

Freiformkörper weiterbearbeiten

In drei weiteren Bearbeitungsschritten, die später anhand der Bauteilbearbeitung noch detailliert erklärt werden (siehe Abschnitt 5.5.4), wurde aus dem Freiformkörper ein Kunststoffteil mit **1 mm** Wandstärke erzeugt.

Die Arbeitsschritte sind folgende:

1. Eine Arbeitsebene ist als Trennebene zu erzeugen.
2. Mit der Funktion **TRENNEN** und der Volumenkörperauswahl wird der Volumenkörper an der Trennebene aufgeschnitten.
3. Mit **WANDUNG** wird die untere Fläche entfernt, und das verbliebene Teil erhält eine Wandstärke von **1 mm**.

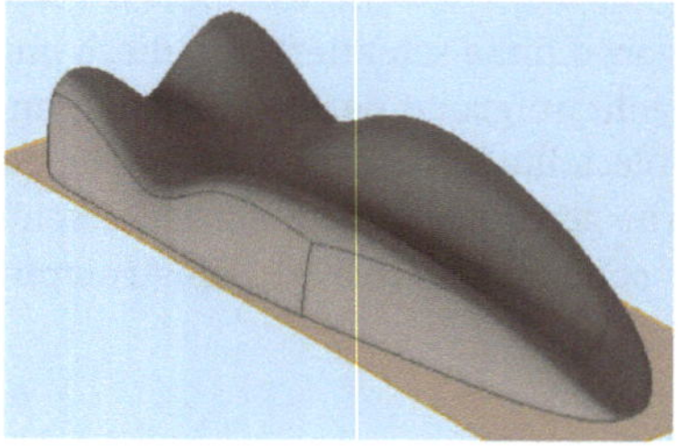

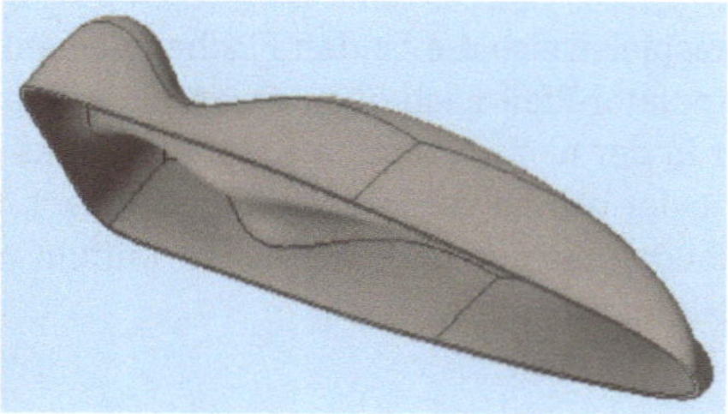

5.4 Bauteile erstellen

In der Befehlsgruppe **Erstellen** sind vornehmlich die Befehle aufgeführt, mit denen neue Bauteile erstellt werden, die auf Skizzen basieren. Einige der hier vorgestellten Funktionen differenzieren bei der Ausgabeseite zwischen **Volumenkörper** und **Fläche**. Erkennbar ist die gewählte Ausgabe im Strukturbaum. Hier werden dann Einträge mit **Volumenkörper** oder **Flächenkörper** angegeben.

HINWEIS: Sollen nach Abschluss einer **ERSTELLEN**-Funktion (z. B. Extrusion) nachträglich die Eingaben angepasst werden, können über das Kontextmenü im Strukturbaum mit **ELEMENT BEARBEITEN** die entsprechenden Dialogfelder erneut zur Bearbeitung geöffnet werden.

5.4.1 Extrusion

Die einfachste Art der Bauteilerzeugung ist das Aufziehen einer 2D-Skizze in die dritte Dimension (senkrecht zur Fläche). Aufgerufen wird diese Funktion über den Befehl **EXTRUSION** über die Befehlsgruppe **Erstellen**, über das Kontextmenü (**rechte Maustaste**) im Modellbereich oder über den ersten Button im Markierungsmenü nach Anwahl der Skizze mit der linken Maustaste.

HINWEIS: Einige der hier detailliert erklärten Funktionen treten bei vielen Befehlen in der Bauteilerstellung auf, z. B. Richtungs- und Größenangaben oder Volumenkörper-Modi. Diese sich wiederholenden Funktionen werden in den folgenden Beschreibungen nicht mehr oder nur kurz wiederholt.

Voraussetzung für das Aufziehen eines Körpers ist, dass das selektierte **Profil** (Profilskizze) geschlossen ist. Mit offenen Profilskizzen können nur Flächen erzeugt werden.

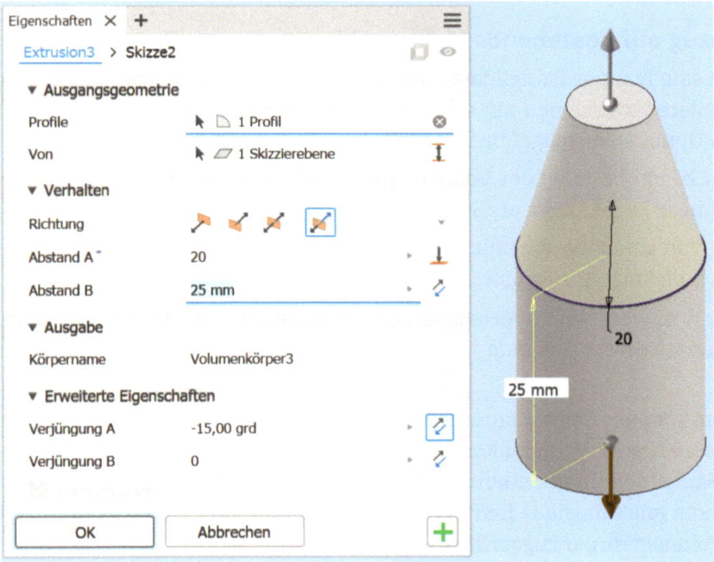

Im Funktionsbereich **Extrusion** werden Attribute für die zu erzeugende Extrusion eingestellt. Der zweite Eintrag **Skizze** ruft die Skizzierumgebung auf. Die Option **Fläche**, im eingeblendeten Fenster für die Extrusion, steuert, ob ein Körper (Volumenkörper, Bauteil) oder eine Fläche aus der Skizze erzeugt werden soll.

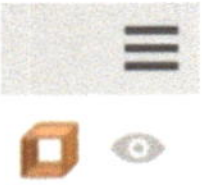

Im Funktionsbereich **Ausgangsgeometrie** können nacheinander die vorhandenen **Profile** in der Skizze gewählt werden (also z. B. zwei Flächen einer Skizze, die insgesamt drei Flächen enthält). Inventor hebt die in der Skizze auswählbaren Flächen farblich hervor. Unter **VON** wird die Ausgangsebene der Extrusion angegeben. Alternativ zur Skizzierebene kann auch eine parallele Ebene oder Körperfläche ausgewählt werden. Die Grundfläche des Volumenkörpers liegt dann auf dieser Ebene, das Profil bezieht sich jedoch auf die zuvor gewählte Skizze.

Die Schaltfläche **ZWISCHEN** ermöglicht neben der Auswahl einer Ausgangsebene auch eine Zielebene. (Das Erzeugen einer Arbeitsebene wird in Abschnitt 4.1.2 vorgestellt.) Die Volumenkörper besitzen dann auf jeder Ebene eine Oberfläche.

Im Funktionsbereich **Verhalten** wird mit **Richtung** die Extrusionsrichtung angegeben, wobei neben den beiden Hauptrichtungen auch eine zweiseitige Extrusion von der Ausgangsebene für eine symmetrische Extrusion gewählt werden kann. Auch eine asymmetrische Extrusion (blauer Pfeil) ist möglich. Diese erwartet dann eine Eingabe für den zweiten Abstand und gegebenenfalls ihre eigene Verjüngungsangabe. Unter **Abstand** kann die Ausdehnung des zukünftigen Volumenkörpers als Wert eingegeben werden.

Im Funktionsbereich **Ausgabe** kann ein Name für den Volumenkörper vergeben werden. Die Namen von Volumenkörpern werden in der Anzeige des Strukturbaums genutzt, haben aber keine Auswirkung auf den Bauteilnamen.

Im Funktionsbereich **Erweiterte Eigenschaften** der Extrusion kann eine positive oder negative **Verjüngung** der Extrusion eingestellt werden, die in Grad angegeben werden muss. Die mit Doppelpfeil dargestellte Schaltfläche bewirkt bei Anwahl eine Richtungsumkehr.

Extrusion mit Bezug auf bestehende Volumenkörper

Mit der ersten Extrusion in einer Bauteildatei kann immer nur ein neuer Volumenkörper erzeugt werden. Weitere Extrusionen am selben Volumenkörper können dann aber mit einer der folgenden Optionen durchgeführt werden.

- **Vereinigung**, d. h., ein bestehender Volumenkörper wird um eine zusätzliche Extrusion erweitert (diese Funktion ist als Standard voreingestellt).
- **Differenz**, d. h., von einem bestehenden Volumenkörper wird eine zusätzliche Extrusion abgezogen (Bohrung, Absatz usw.).
- **Schnittmenge**, d. h., von einem vorhandenen Volumenkörper bleibt nur bestehen, was als gemeinsame Masse aus dem bestehenden Körper und der neuen Extrusion ermittelt wird.
- **Neuer Volumenkörper**: Wenn schon ein Körper existiert, wird ein Multipart-Objekt erstellt, das aus mehreren Volumenkörpern besteht. Sind bereits mehrere Volumenkörper in der Bauteildefinition enthalten und soll kein neuer Volumenkörper extrudiert werden, dann muss die neue Extrusion mit dem Button **Volumenkörper** einem vorhandenen Volumenkörper zugeordnet werden.

Im Funktionsbereich **Verhalten** steht alternativ zur Maßeingabe, mit der die Extrusion ausgeführt wird, die Auswahl **Durch alle**, **Bis** und **Zur nächsten** zur Verfügung.

Größenangabe	Bedeutung
Durch alle	Die Extrusion wird mit der maximal möglichen Ausdehnung ausgeführt, die durch vorhandene Körper/Flächen/Ebenen erreicht werden kann.
Bis	Extrudiert wird bis zu irgendeiner vorhandenen Fläche/Ebene, die in der Extrusionsrichtung liegt.
Zur nächsten	Extrudiert wird bis zur nächsten Fläche/Ebene, die in der Extrusionsrichtung liegt.

5.4.2 Drehung

Mit dem Befehl **DREHUNG** werden Rotationskörper aus einem Profil erzeugt, welches um eine Achse rotiert. Aufgerufen wird diese Funktion über die Befehlsgruppe **Erstellen**, über das Kontextmenü im Modellbereich oder über das Markierungsmenü nach Anwahl der Skizze mit der linken Maustaste.

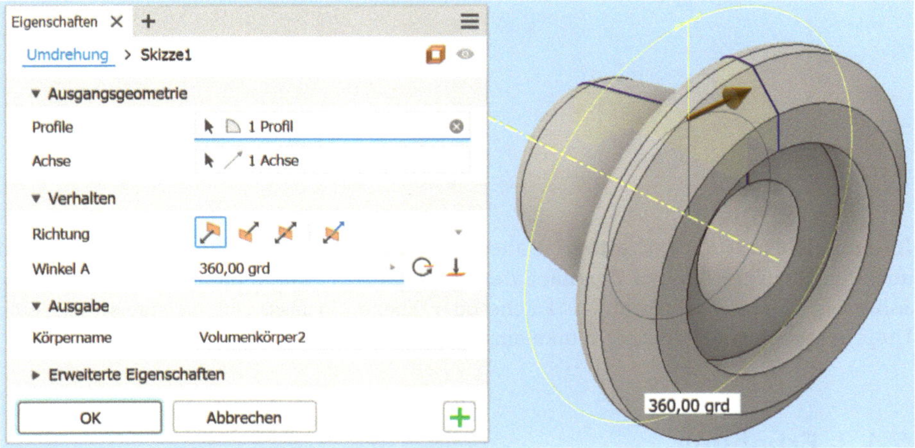

Im Funktionsbereich **Ausgangsgeometrie** können nacheinander die zu rotierenden **Profile** aus der Skizze gewählt werden. Unter **Achse** wird eine Linie gewählt, um die das Profil rotiert. Als Drehachse können Körperkanten, Koordinatenachsen und Mittellinien verwendet werden. Wird in der Skizze die Drehachse mit der Linienart **Mittellinie** gezeichnet, hat das einen Einfluss auf die Skizzenbemaßung. Die Mittellinie wird dann von Inventor als solche erkannt, und die Maße zu dieser Mittellinie werden als Durchmesser in die Skizze eingetragen (siehe Abschnitt 4.8). Eine vorhandene Mittellinie wird von Inventor automatisch als **Achse** vorgeschlagen.

Im Funktionsbereich **Verhalten** wird die **Richtung** der Drehung angegeben, wobei neben den beiden Hauptrichtungen auch eine zweiseitige Rotation von der Ausgangsebene aus gewählt werden kann. Auch eine asymmetrische zweiseitige Rotation (blauer Pfeil) ist möglich. Weiterhin kann ein **Winkel** für die Rotation angegeben werden.

Die Schaltfläche **Vollständig** erspart die Angabe **360°**-Winkel. Die Schaltfläche **Bis** erlaubt alternativ zur Winkelangabe die Auswahl einer Fläche oder Ebene, bis zu der hin die Drehung erfolgen soll.

Rotation mit Bezug auf bestehende Volumenkörper

Besteht bereits ein Volumenkörper, besitzt die Funktion **DREHUNG** zusätzliche Optionen (analog zum Verhalten bei Extrusion). Mit **Differenz** lassen sich Nuten in bestehenden Volumenkörpern erzeugen. So kann beispielsweise die Nut für einen Bajonett-Verschluss erzeugt werden.

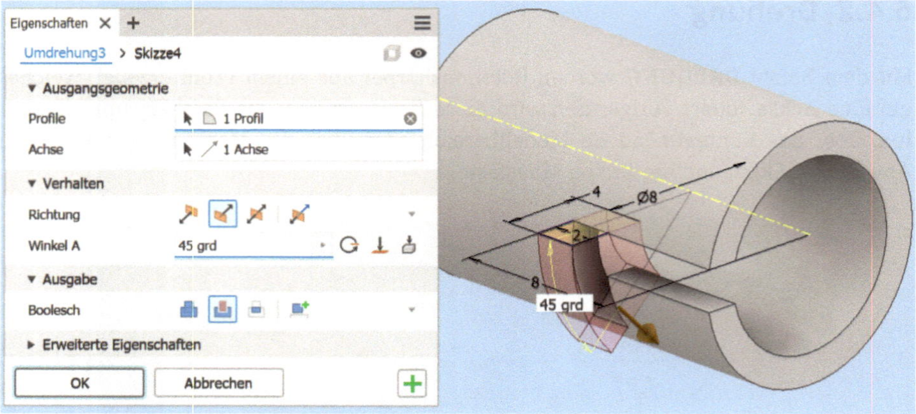

Im Funktionsbereich **Verhalten** ist alternativ zur Maßeingabe des Drehwinkels dann auch die Auswahl **Bis** und **Zur nächsten** verfügbar. Die Funktionen erlauben die **Drehung** bis zu einer ausgewählten Fläche oder Ebene. So lässt sich beispielsweise eine Ursprungsebene anstatt einer Winkeleingabe wählen.

5.4.3 Erhebung

Erhebung

Eine **ERHEBUNG** (Befehlsgruppe **Erstellen**) ist die Verbindung von mindestens zwei Skizzen durch einen Übergangskörper, der seinen Querschnitt kontinuierlich an die Skizzenformen auf der jeweiligen Ebene anpasst.

Auf mehreren Skizzierebenen, die zuvor durch Arbeitsebenen oder Bauteilflächen definiert wurden, müssen geschlossene Profilskizzen vorhanden sein, damit eine Erhebung durchgeführt werden kann, die zu einem Volumenkörper führt.

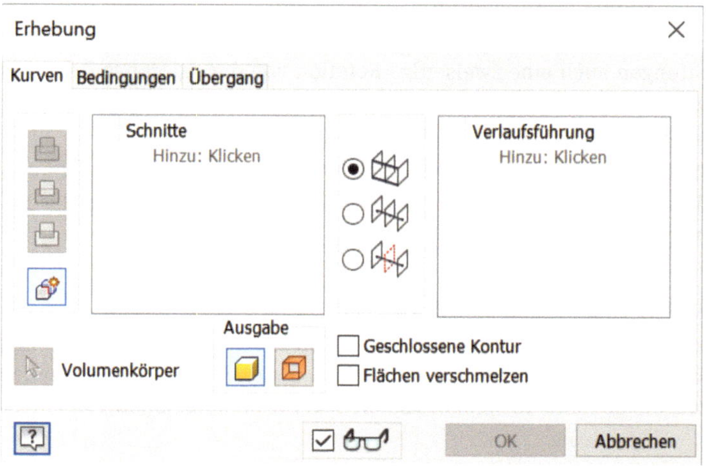

HINWEIS: Die Schaltflächen **Vereinigung**, **Differenz**, **Schnittmenge** und **Volumenkörper** werden erst aktiv, wenn bereits ein Volumenkörper existiert. Sie erlauben die Änderung des bestehenden Volumenkörpers durch die boolesche Operation, wie beispielsweise ein Verschmelzen zu einem gemeinsamen Volumenkörper.

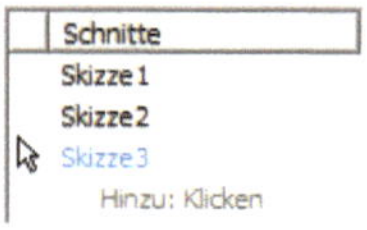

Die Erhebung wird immer in der Reihenfolge der Auswahl der Profilskizzen durchgeführt. Die geschlossenen Profile müssen deswegen der Reihe nach zur Auswahl hinzugefügt werden. Die **Bedingungen** der Erhebung, d.h. die Verlaufsführung, die **Winkel** der Angleichung für die Endabschnitte, die **Randbedingungen** und **Übergänge** können durch zusätzliche Stützpunkte und Skizzen beeinflusst und verändert werden.

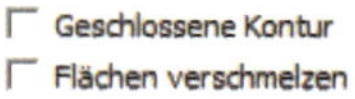

Die Auswahl **Geschlossene Kontur** im eingeblendeten Fenster erzeugt bei Aktivierung einen geschlossenen Körper (ringförmig), indem die letzte Skizze wieder mit der ersten Skizze durch die Erhebung verbunden wird.

Die Auswahl **Flächen verschmelzen** erzeugt bei Aktivierung anstelle der sonst in Flächenstreifen aufgeteilten Oberfläche eine homogene Oberflächenschale aus einem Flächenelement. Optisch ist dieser Unterschied am fertigen Körper nicht zu erkennen. Eine Bedeutung hat er aber, wenn mit den entstandenen Flächenelementen weitergearbeitet werden soll.

Durch Auswahl der **Ausgabe** wird entweder ein Volumenkörper oder alternativ ein Flächenkörper erzeugt.

Beispiel: Erzeugen eines Bauteils mithilfe von drei Querschnittsskizzen

Als Beispiel für die Anwendung des Befehls soll ein Handgriff als Bauteil erstellt werden. Es werden zunächst drei Skizzen auf jeweils eigenen Arbeitsebenen erstellt: zwei identische Ellipsen und zusätzlich genau in der vertikalen Mitte ein kleines abgerundetes Rechteck.

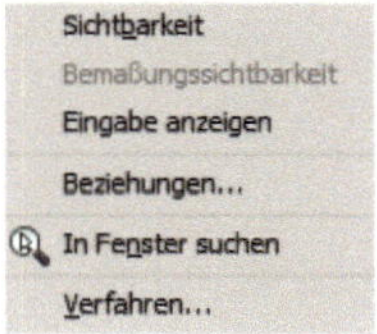

In der Abbildung wurde die Bemaßung der Skizzen der Übersichtlichkeit halber ausgeblendet. Sie sollte aber natürlich vorhanden sein. Die Einstellung der Bemaßungssichtbarkeit erfolgt im Modellbaum über das Kontextmenü und ist hier mit der linken Maustaste zu erreichen.

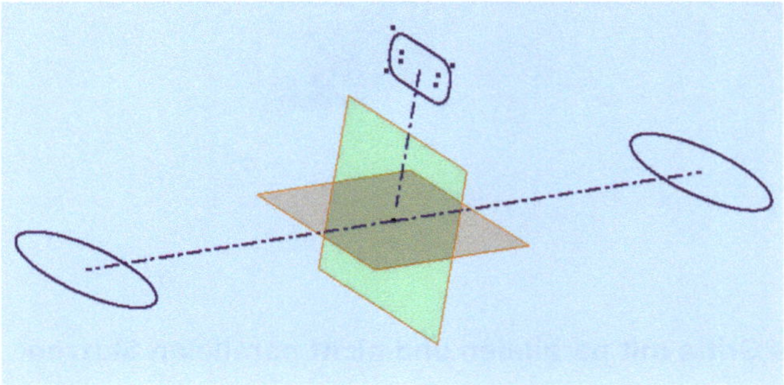

Die **Erhebung** wird durchgeführt, indem die drei Skizzen der Reihe nach als Schnitte in die Auswahl übernommen werden. Nachdem im Feld **Schnitte** der Text **Hinzu: Klicken** angeklickt wird, kann im Anschluss jeweils eine Skizze ausgewählt werden.

Für die Bedingungen und Übergangsdefinitionen wurden die Voreinstellungen des Programms übernommen.

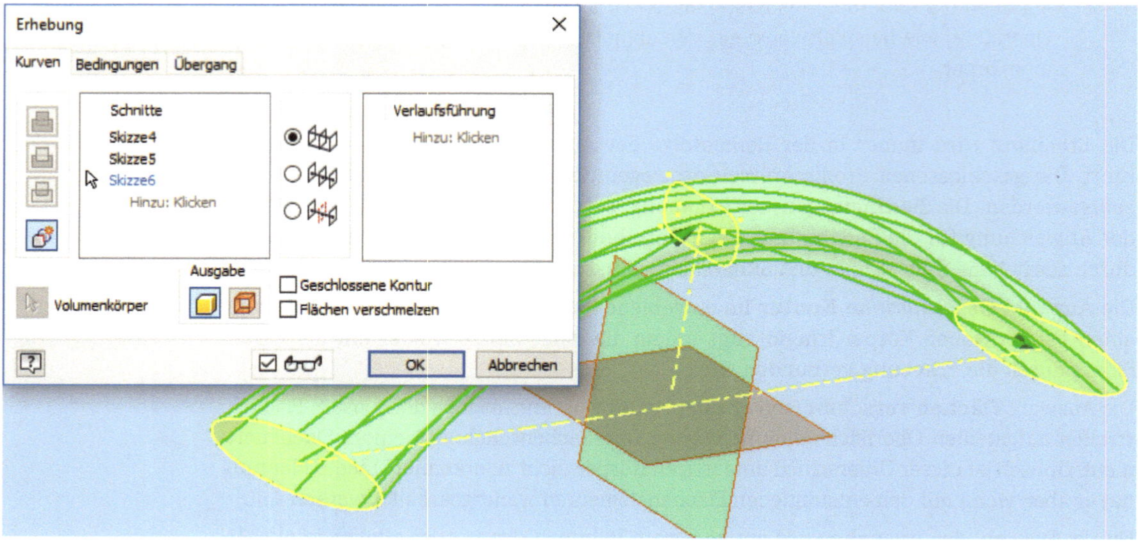

HINWEIS: Damit die **Erhebung** ausgeführt werden kann, müssen sich die gezeichneten Konturen in jeweils eigenen Skizzen befinden. Würden sich beispielsweise die beiden Ellipsen in einer einzigen Skizze befinden (das würde sich ja anbieten, da diese auf der gleichen Ebene liegen), könnte die Erhebung nicht ausgeführt werden.

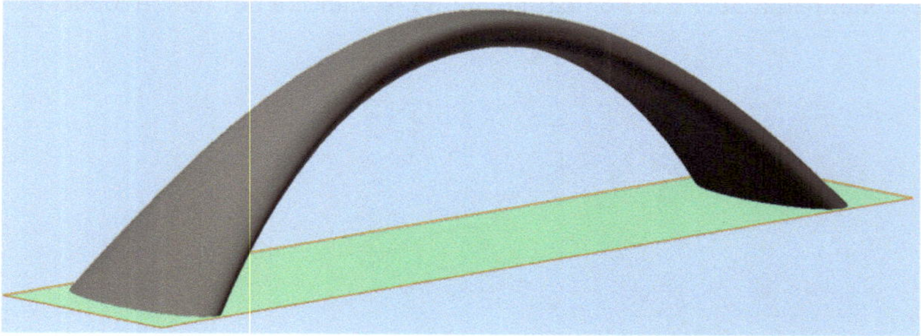

Beispiel: Erzeugen eines Griffs mit parallelen und nicht parallelen Skizzen

Dieses Beispiel zeigt einen Türgriff, der mit sechs Skizzen auf jeweils eigenen Arbeitsebenen modelliert wurde. Die ersten beiden Skizzen beinhalten Kreise mit jeweils **15 mm** Durchmesser auf zwei Arbeitsebenen im Abstand von **40 mm**. Die dritte Skizze zeigt noch einmal denselben Kreis, jedoch jetzt auf einer um **90°** gedrehten und um **17,5 mm** versetzten Arbeitsebene. Zuletzt wurden noch drei elliptische Skizzen im Abstand von je **40 mm** hinzugefügt. Dem Griff wurde das Material **Edelstahl** und die Darstellung **Halbpoliert** zugewiesen (siehe Abschnitt 8.4.2).

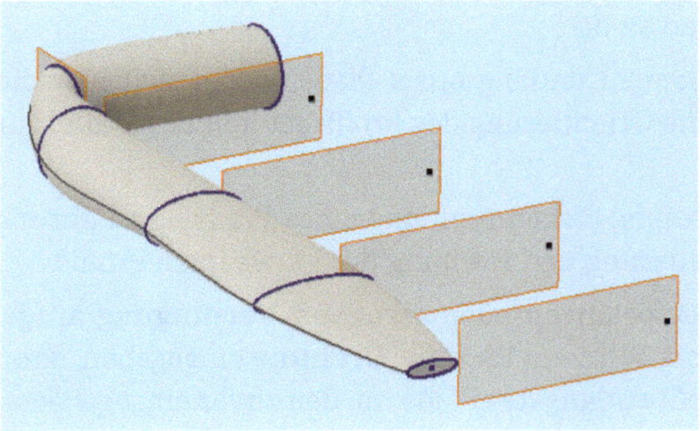

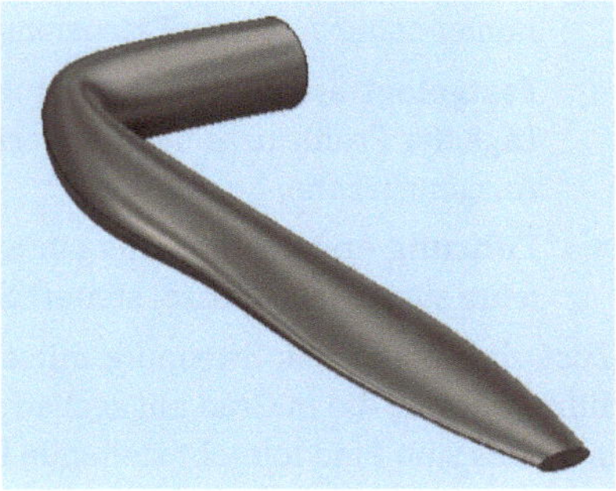

Bei der **Erhebung** wurde die (Start-)Bedingung der ersten Skizze mit einem Winkel von **90°** versehen, damit der Erhebungsbeginn genau vertikal zur ersten Skizze startet.

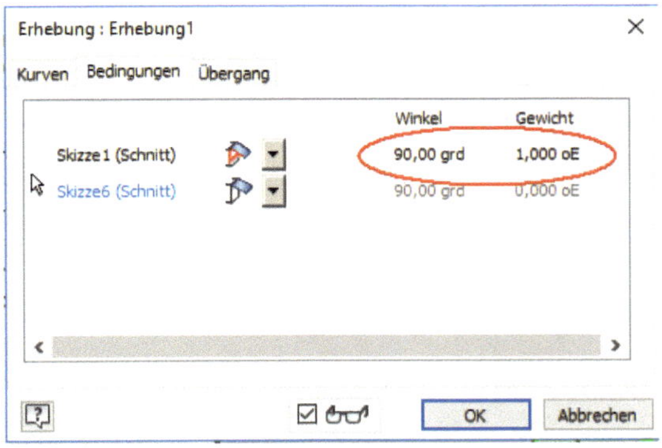

TEIL II

5.4.4 Sweeping

Sweeping

Das **SWEEPING** ist eine besondere Form der Extrusion, bei der eine Skizze entlang eines Pfads extrudiert wird (siehe auch Pfadskizzen, Abschnitt 4.5.2).

Im Dialogfeld im Funktionsbereich **Ausgangsgeometrie** können Profil- und Pfadskizzen gewählt werden. Um einen Volumenkörper erzeugen zu können, muss mindestens eine geschlossene Profilskizze (**Profil**) vorhanden sein, für Flächen können auch offene Profilskizzen verwendet werden. Als Extrusionspfad muss entweder eine offene oder geschlossene Pfadskizze (**Pfad**) oder eine Körperkante vorhanden sein. Eine Pfadskizze muss sich auf einer eigenen Skizzierebene, die sich mit der Ebene der Profilskizze schneidet, befinden.

Im Funktionsbereich **Verhalten** können unter **Ausrichtung** drei verschiedene Sweeping-Varianten gewählt werden (gegebenenfalls die Auswahldarstellung von **Symbol** auf **Drop-down** umstellen):

- **Pfad folgen** beschreibt die Modellierung entlang des **Pfads**, wobei die Profilskizze immer senkrecht zum Extrusionspfad steht.
- **Festgelegt** erstellt ein Sweeping-Element entlang eines Pfads, wobei sich hier die Lage der Profilskizze nicht ändert, die Orientierung des Profils ist immer parallel zur Ausgangsebene.
- **Führung** erstellt ebenfalls ein Sweeping-Element entlang eines Pfads. Die Führung (eine zusätzliche Skizze) steuert Skalierung und Drehung des gesweepten Profils.

Zusätzlich kann das Sweeping mit einer positiven oder negativen **Verjüngung** ausgeführt werden, die in Grad angegeben wird. Wird ein Wert für **Drehung** eingegeben, dann wird das zum Pfad lotrecht stehende Profil entlang des Pfads um den zuvor eingegebenen Winkel in sich gedreht. In der Abbildung wurde ein quadratisches Profil mit Sweeping entlang einer Linie geführt und dabei mit **Drehung** von **180°** in sich verdreht.

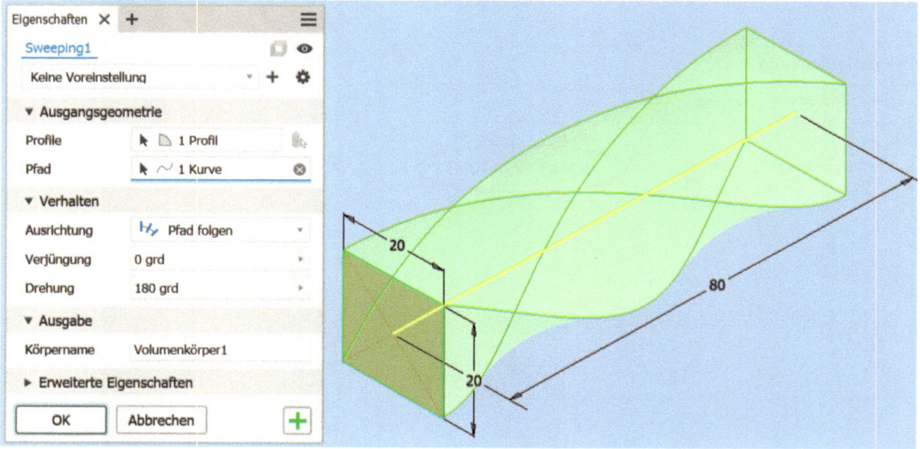

Beispiel: Körper entlang eines Pfads aufziehen

Als erste Skizze wurde auf der **XY-Ebene** ein Kreis mit dem Durchmesser **15 mm** gezeichnet. Auf der **YZ-Ebene** wurden als Pfad eine **Linie** (**40 mm**) vom Kreismittelpunkt aus (Abhängigkeit: **Geometrie projizieren**) und anschließend rechtwinklig dazu eine **Linie** (**100 mm**) gezeichnet. Die Ecke ist mit einem Radius von **20 mm** abgerundet.

Beim anschließenden **Sweeping** (Typ **Pfad**) wurden der Kreis als **Profil** und der Linienzug als **Pfad** ausgewählt und die Sweeping-Extrusion mit den Voreinstellungen durchgeführt. Die Stirnfläche des Griffs wurde nach der Extrusion mit einem Radius von **2 mm** abgerundet.

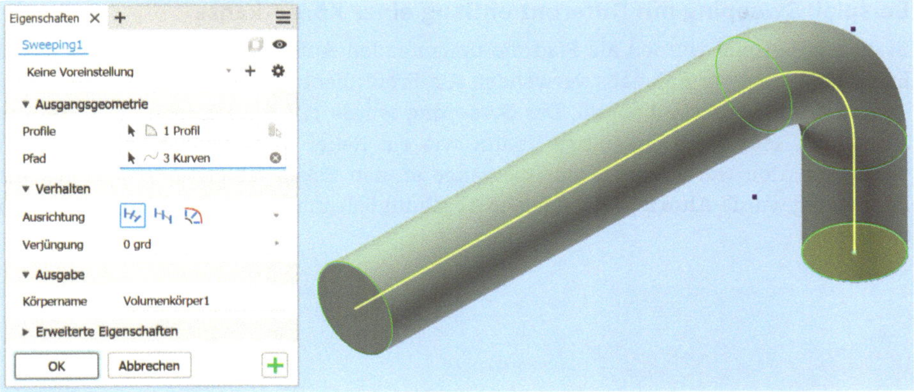

Beispiel: Körper entlang eines Pfads und einer Verlaufsführung

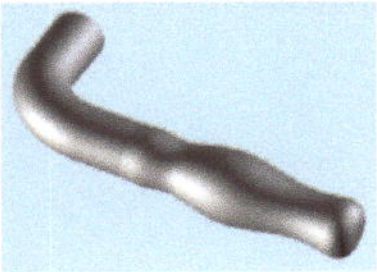

In diesem Beispiel wurde der Türgriff in seiner Kontur verfeinert. Hierfür wurde zusätzlich zu den Skizzen im vorangegangenen Beispiel auf der **YZ-Ebene** eine weitere Pfadskizze als Verlaufsführung erzeugt. Die Führung besteht aus Linien-, Bogen- und Spline-Elementen. Im Anschluss wurde **Sweeping** mit **Ausrichtung** als **Führung** ausgeführt und in der Auswahl für die **Verlaufsführung** die dritte Skizze gewählt. Zuletzt wurde die Stirnfläche mit einer separaten Abrundung versehen.

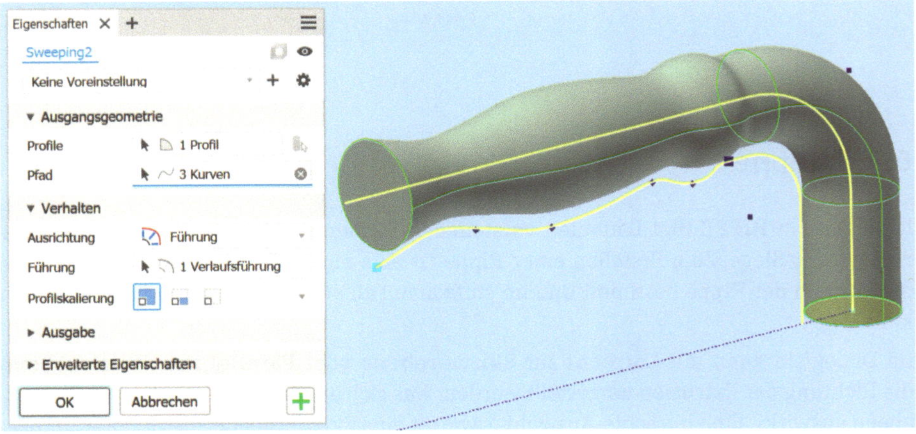

Sweeping mit Bezug auf bestehende Volumenkörper

Besteht bereits ein Volumenkörper, enthält die Funktion **Sweeping** (analog zum Verhalten bei Extrusion) zusätzliche Optionen über boolesche Operationen.

Beispiel: Sweeping mit Differenz entlang einer Körperkante

In diesem Beispiel wurden als Pfad die umlaufenden Außenkanten eines zuvor durch Extrusion erzeugten Rahmens verwendet. Als Profil dient hier eine Skizze mit dem zu entfernenden Querschnittsprofil. Das **Sweeping** wurde mit **Pfad folgen** als **Differenz** ausgeführt, sodass die endgültige Kontur wie ein Relief herausgearbeitet wurde. Bei dieser Funktion werden auch die Übergänge an den Ecken fehlerfrei ausgeführt. Als Darstellung wurde **Ahorn** gewählt (siehe Abschnitt 5.8), um visuell einen Holzrahmen zu erhalten.

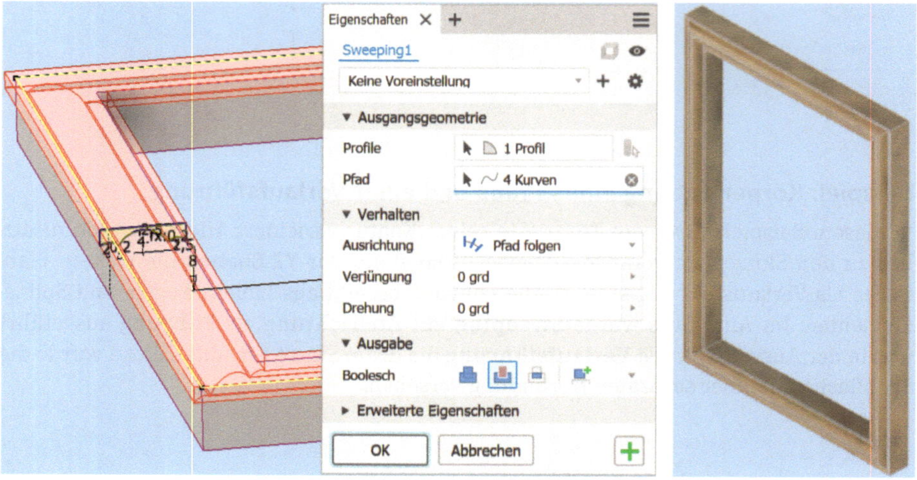

5.4.5 Rippe

Rippe

Die Funktion **RIPPE** fügt Bauteilen versteifende Elemente hinzu, wie z. B. Versteifungsrippen oder Stege. Zum Erstellen einer Rippe ist eine eigene Skizze erforderlich, welche die Position der Rippe bestimmt und im einfachen Fall aus einer einzigen Linie bestehen kann.

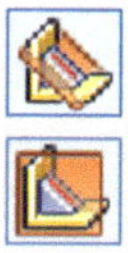

Im Dialogfeld kann mit **Lotrecht** zur **Skizzierebene** oder **Parallel zur Skizzierebene** die Richtung der Extrusion umgestellt werden, was sich auf die jeweils erwartete Skizzenebene auswirkt. Eine lotrechte Auswahl erwartet eine Skizzierebene, die parallel zur oberen Stegfläche liegt (siehe nachstehende Abbildung links). Hier können mehrere Linien zur schnellen Erstellung mehrerer Stege gewählt werden. Parallele Auswahl erwartet eine Skizze parallel zur Stegflanke (siehe nachstehende Abbildung rechts).

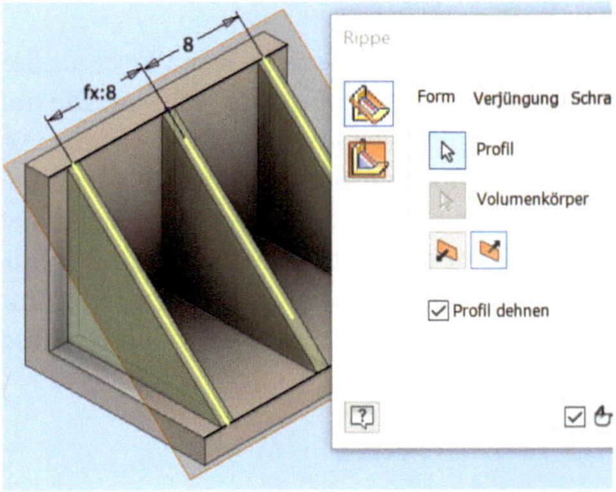

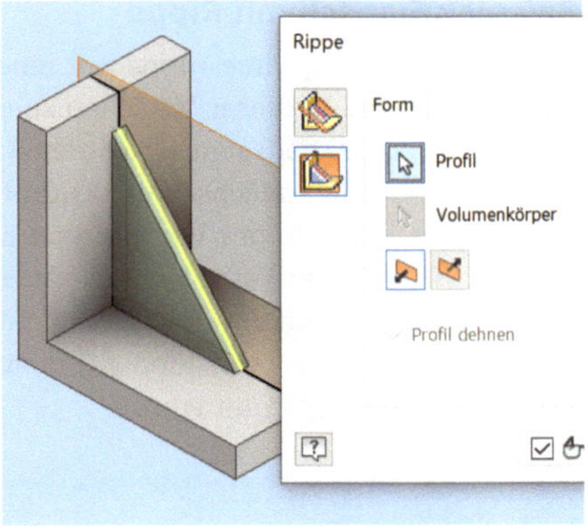

Die Option **Profil dehnen** legt fest, dass die Rippe an allen Stellen bis zu den Bauteilgrenzen gedehnt wird. Mit **Stärke** wird die Wandstärke der Rippe eingegeben. Mit den Richtungs-Buttons wird die **Richtung**, in der die Rippe in die Breite ausgedehnt werden soll, bestimmt.

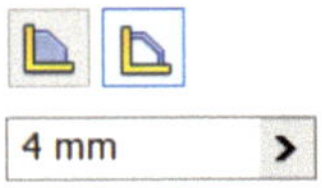

Die Ausführungsform wird mit den beiden Schaltflächen **ZUR NÄCHSTEN** als **Rippe** oder **BEGRENZT** als **Steg** gewählt, wobei bei der Auswahl **BEGRENZT** die Stegtiefe angegeben werden muss.

Die Registerkarte **Verjüngung** erscheint nur bei **Lotrecht** zur **Skizzierebene**. Sie ermöglicht trapezförmige Rippen, bei denen angegeben werden kann, ob die Stärke am oberen oder am unteren Ende beibehalten werden soll.

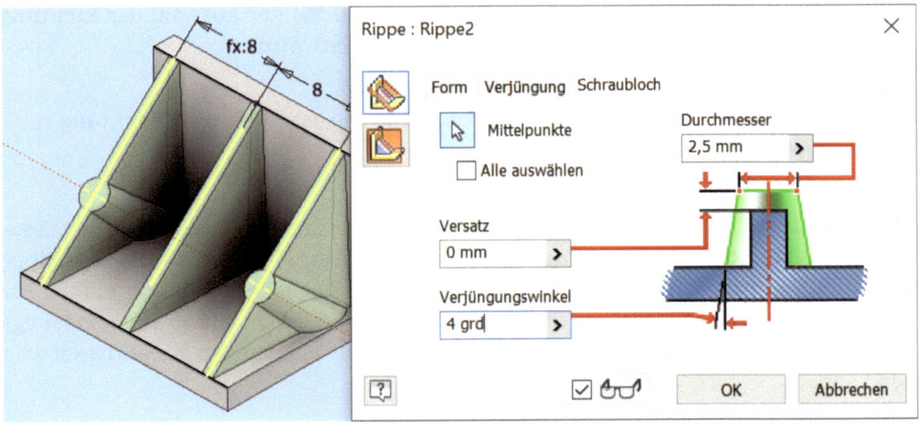

Über die Registerkarte **Schraubloch** kann durch Auswahl über **Mittelpunkte** ein Schraublochsockel in die Rippe eingefügt werden. Ein zuvor in der Skizze erzeugter **Punkt** wird akzeptiert, wenn er zum Rippenprofil (d. h. zur Linie) die Abhängigkeit **koinzident** besitzt. Die Konstruktion erfolgt in ähnlicher Weise wie bei der entsprechenden Funktion für Kunststoffteile (siehe Abschnitt 13.6).

Beispiel: Flansch mit Rippe

Die Abbildung zeigt eine Rippe mit einem dünnwandigen Flansch in der Vorschau der Funktion **RIPPE**. In dieser Vorschau sind Arbeitsebene und Profilskizze sichtbar. Die auf einer schrägen Arbeitsebene positionierte Skizze beinhaltet nur eine **Linie**. Für die Arbeitsebene wurde zunächst mit **Winkel zu Ebene um Kante** eine Hilfsebene erzeugt. Anschließend konnte mit **Versatz von Ebene** die Arbeitsebene für die Skizze abgeleitet werden. Winkel- und Versatzangabe der Ebenen führen entsprechend zu Höhe und Schrägung der Rippe. Anfangs- und Endpunkt der Linie müssen hierbei nicht an der Kontur anliegen. Inventor vervollständigt automatisch die Rippe bis zur Kontur, wenn das Feld **Profil dehnen** angewählt wurde.

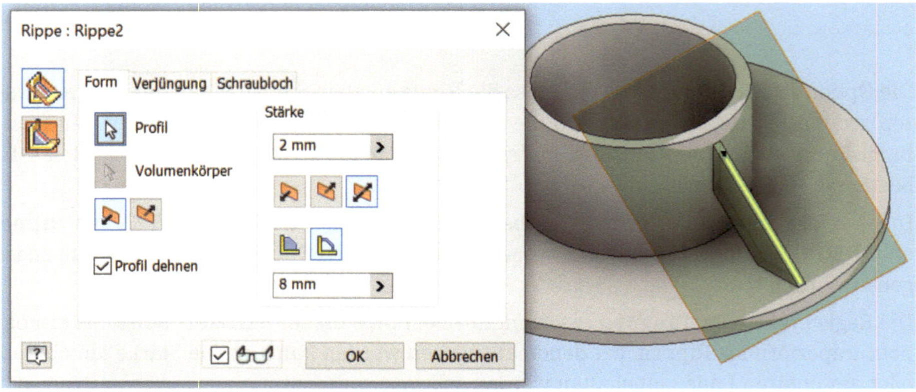

Im Dialogfenster **Rippe** ist die Linie als **Profil** gewählt. Mit der Auswahl der **Richtung** wird eingestellt, dass die Rippe zum Bauteil hin extrudiert wird.

> **HINWEIS:** Falls keine Rippe erstellt werden kann, ist die Auswahl **Richtung** zu überprüfen.

Die Stärke **2 mm** bestimmt die Dicke der Rippe. Die Ausrichtungstasten unter dem Stärkefeld legen die **Extrusionsrichtung** der Rippendicke fest (hier: **beidseitig**). Die Rippe wird durch die Funktion **Begrenzt** als Steg mit der Steghöhe **8 mm** ausgeführt. Für Schweißkonstruktionen ist diese Stegausführung notwendig, da nur so eine eindeutige und weitgehend spannungsfreie Verbindung zwischen zwei Bauteilen gewährleistet werden kann.

Beispiel: Flansch mit verjüngter Rippe und Schraubloch

Wie für diese Art von Funktionen üblich, lässt sich das Dialogfeld für die Funktion **RIPPE** erneut aufrufen, wenn im Strukturbaum im Kontextmenü der modellierten Rippe **Element bearbeiten** aufgerufen wird. In der Abbildung wurde die erstellte Rippe ohne Änderung der Wandstärke mit der Schaltfläche **ZUR NÄCHSTEN** ohne Steg ausgeführt. Zusätzlich wurde sie über die Registerkarte **Verjüngung** mit einer Verjüngung von **5°** ausgeführt. Außerdem wurde in der Mitte der Rippe ein ebenfalls konisches (**5°**) Schraubloch mit einem Versatz von **2 mm** über die Rippe hinaus und einem Durchmesser von **5 mm** erzeugt.

HINWEIS: Für die Positionierung eines Schraublochs innerhalb der Rippe ist die Auswahl eines Mittelpunkts erforderlich. Hierfür kann direkt in der bestehenden Skizze ein Punkt ergänzend werden. Der Punkt benötigt die Abhängigkeit **Koinzident** zur Linie.

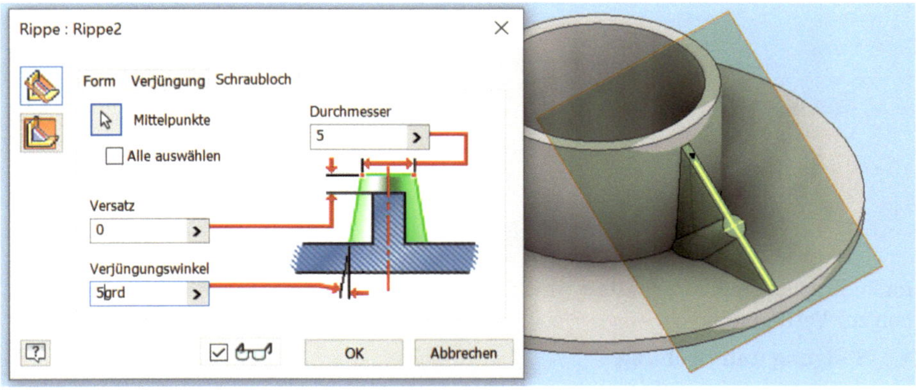

5.4.6 Spirale

Spirale

Der Befehl **SPIRALE** erzeugt letztendlich eine besondere Form einer Pfadextrusion. Um mit dieser Funktion einen Volumenkörper erzeugen zu können, muss mindestens eine geschlossene Profilskizze vorhanden sein. Für Flächen können wieder offene Profilskizzen verwendet werden. Eine Drehachse (**Achse**) wird sich in der Regel außerhalb der zur Spirale zu extrudierenden Kontur (**Profile**) befinden, könnte aber auch Teil dieser Kontur sein.

HINWEIS: Druck- und Zugfedern als Beispiele für Spiralen können in Inventor über einen Assistenten erstellt werden, der nicht nur die Darstellung, sondern auch die konstruktive Auslegung erlaubt (siehe Abschnitt 11.1).

Im Funktionsbereich **Ausgangsgeometrie** muss als **Profil** die Profilskizze im Modellbereich ausgewählt werden. Unter **Achse** wird eine Linie gewählt, um die das Profil rotiert. Als Achse können Körperkanten, Koordinatenachsen und Mittellinien verwendet werden.

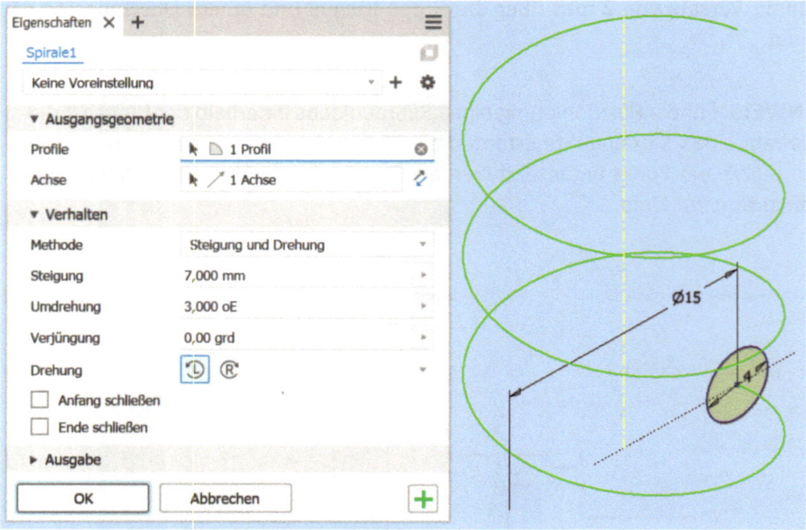

Im Funktionsbereich **Verhalten** wird die **Methode** eingestellt. Es stehen folgende Optionen zur Verfügung:

- **Steigung und Drehung**,
- **Drehung und Höhe**,
- **Steigung und Höhe**, sowie
- **Spirale**.

Die entsprechenden Angaben sind in darunter angezeigten Eingabefeldern vorzunehmen. Die letzte Option **Spirale** im Dialogfenster zeichnet eine archimedische Spirale (Uhrwerksfeder).

Der Windungssinn kann rechts- oder linksdrehend sein und wird mit der Schaltfläche **Drehung** eingestellt.

Die Felder **Anfang schließen** und **Ende schließen** erlauben das Anpassen der Spiralenden, die flach ausgebildet werden können. Die Spiralenden verlaufen mit **Flacher Winkel 90°** im rechten Winkel zur Drehachse, was ein Anlegen bewirkt. Die Spirale beginnt somit parallel zu ihrer Ausgangsebene. Der **Übergangswinkel** definiert den Beginn des Übergangs bis zur vorgegebenen Steigung.

Besteht bereits ein Volumenkörper, enthält die Funktion **Spirale** im Funktionsbereich **Ausgabe** zusätzliche Optionen (wie auch bei Extrusion oder Drehung). Die Schaltflächen **Vereinigung**, **Differenz**, **Schnittmenge** und **Volumenkörper** erlauben die Änderung des bestehenden Volumenkörpers durch die boolesche Operation. Beispielsweise ist damit ein Verschmelzen zu einem gemeinsamen Volumenkörper möglich.

Beispiel: Uhrwerksfeder und Kontur eines Bohrers

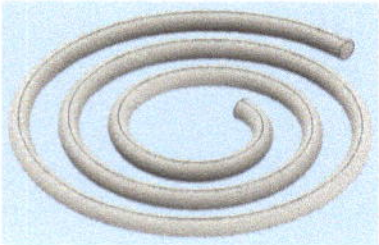

Die Skizze einer Uhrwerksfeder besteht aus einem Kreisprofil mit **3 mm** Durchmesser im Abstand von **7,5 mm** zu einer Drehachse. Die über die Option **Spirale** ausgeführte Feder besitzt **3 Windungen** und eine Steigung von **7 mm**. Die **Drehung** wurde auf **Linksgewinde** gesetzt.

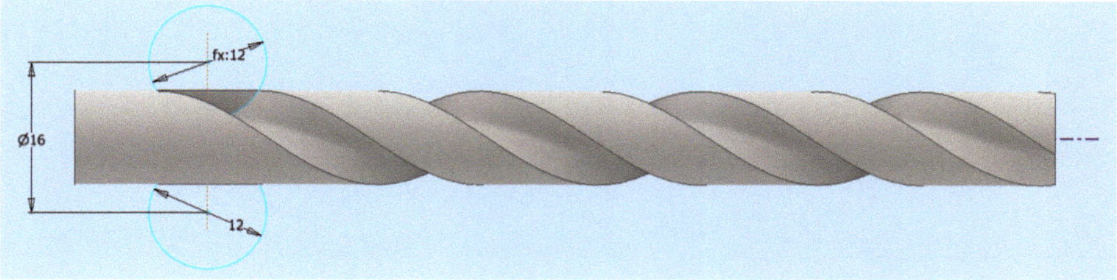

Für die Modellierung des abgebildeten Bohrers ist zunächst mit **EXTRUSION** ein Zylinder mit einem **10-mm**-Durchmesser zu erzeugen. Die Profilskizze besteht aus zwei Kreisprofilen mit **12 mm** Durchmesser im Abstand von **8 mm** zur Achse des Zylinders. Die über die Option **Steigung und Drehung** ausgeführte Spirale hat **5 Windungen** und eine Steigung von **45 mm**. Im Funktionsbereich **Ausgabe** wurde **Boolesch** auf **Differenz** gesetzt.

Die Kontur für einen Spiralquerschnitt kann eine beliebige Form haben. Beispielsweise lässt sich mit einem gleichseitigen Dreieck (mit abgeflachter Spitze) um einen Zylinder herum eine Gewindekontur erzeugen. Gegenüber der Gewindefunktion in Inventor (siehe Abschnitt 5.5.6) handelt es sich hierbei dann jedoch nicht um ein Inventor-Gewinde, welches von Inventor in Zeichnungen als solches erkannt wird.

TEIL II

5.4.7 Prägen

Mit der Funktion **PRÄGEN** wird eine Erhöhung oder Absenkung eines skizzierten Profils (z. B. Text in einer Skizze), relativ zur Modellfläche, um eine bestimmte Tiefe und in einer bestimmten Richtung erreicht.

Beispiel: Geprägte Drehrichtungshinweise auf einem Wellenende

Im Beispiel wurde auf der Stirnfläche eines Wellenendes eine neue Skizze erzeugt, in der ein Drehrichtungspfeil eingefügt wurde. Zusätzlich wurde mit der Funktion **TEXT** das Wort **Drehrichtung** in der Skizze erstellt.

Nach Aufruf der Funktion **PRÄGEN** können mit **Profil** die Skizzenelemente gewählt werden, die zum Prägen einbezogen werden sollen. Im linken Dialogfeldbereich ist **Von Fläche prägen** voreingestellt, was zu erhabener Kontur führt. Als Tiefe wird **0,3 mm** angegeben. Zusätzlich kann hier über die Kachel-Auswahl eine **Darstellung** für die Stirnseite der Prägung ausgewählt werden.

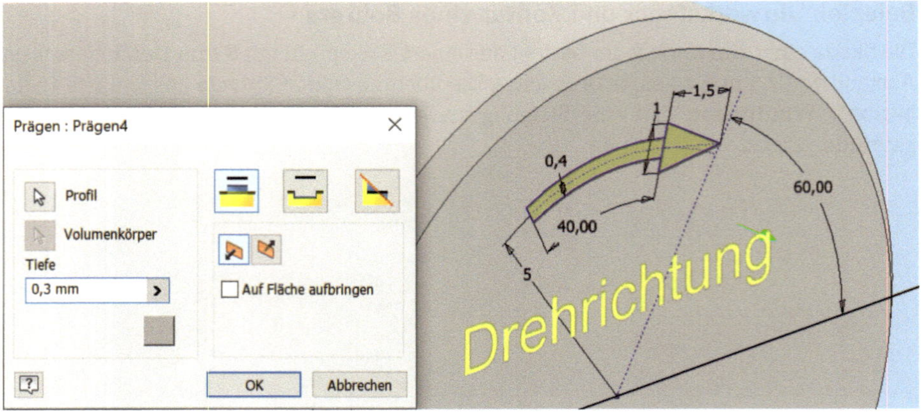

Die Funktion **PRÄGEN** kann nicht nur auf planen Flächen eingesetzt werden. Für eine alternative Variante wurden Richtungspfeil und Schrift in einer Skizze gezeichnet, die auf einer Arbeitsebene liegt, die sich tangential zur Umfangsfläche eines Wellenendes befindet. Die Arbeitsebene kann mit der Funktion **TANGENTIAL ZU FLÄCHE UND PARALLEL ZU EBENE** erstellt werden. Zusätzlich zur Umfangsfläche kann hierfür auch die **XY-Ebene** ausgewählt werden.

Nach Aufruf der Funktion **PRÄGEN** können mit **Profil** die Skizzenelemente gewählt werden, die zum Prägen einbezogen werden sollen. Im linken Dialogfeldbereich ist **Von Fläche gravieren** auszuwählen, was zu eingelassener Kontur führt. Als Tiefe wird wieder **0,3 mm** angegeben.

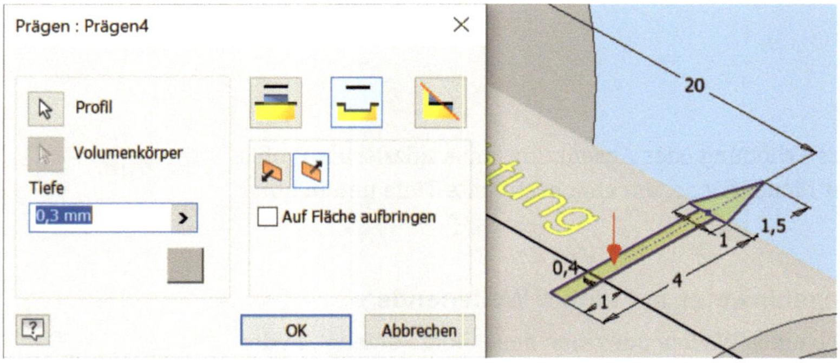

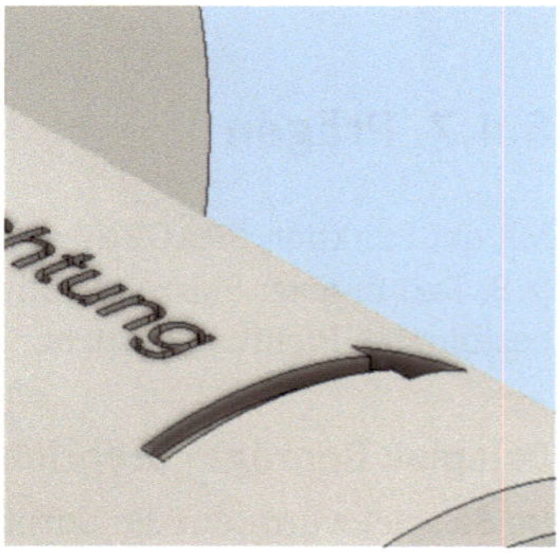

5.4.8 Aufkleber

Aufkleber

Die Funktion **AUFKLEBER** befindet sich ebenfalls in der Funktionsgruppe **Erstellen**.

Im Funktionsbereich **Ausgangsgeometrie** können unter **Bild** verschiedene Bildformate (*.gif, *.jpg, *.png, *.bmp) ausgewählt werden, die zuvor in eine Skizze importiert wurden. Unter **Fläche** wird die Fläche ausgewählt, auf die das Bild projiziert werden soll. Hierbei kann immer nur eine Fläche gewählt werden.

Mit der Auswahl **Auf Fläche aufbringen** sowie **Angrenzende Flächen** wird das Bild an den Kanten nicht abgeschnitten, sondern auch auf die angrenzende Fläche projiziert. Es ist also auch hier sichtbar. Die Funktion **AUFKLEBER** lässt sich auch für Freiformflächen nutzen.

HINWEIS: Flächen, die nicht parallel zur Skizze des Bildes liegen, führen zu einer Verzerrung des projizierten Bildes.

Beispiel: Bild auf einen Gewürz-Behälter aufbringen

Mit der Funktion **DREHUNG** wurde mithilfe einer Konturskizze eine kleine Porzellanflasche modelliert. Im Anschluss wurde eine **Arbeitsebene** erzeugt, die parallel zur Ursprungebene und auf der Mantelfläche der Flasche liegt.

Bild

Die Arbeitsebene ist der Bezug für eine Skizze, in der mit der Funktion **BILD** eine Bilddatei positioniert wird. Weil das Bild Bestandteil einer Skizze ist, kann es mit Abhängigkeiten und Bemaßungen versehen, positioniert und skaliert werden. Unter **Fläche** wurde die plane Fläche am Zylinder als Ziel bestimmt. Durch Auswahl oder Abwahl von **Angrenzende Flächen** können zwei Varianten für den Volumenkörper erstellt werden. Werden hier angrenzende Flächen einbezogen, wird das Bild an seinen Rändern auch auf den Zylindermantel projiziert.

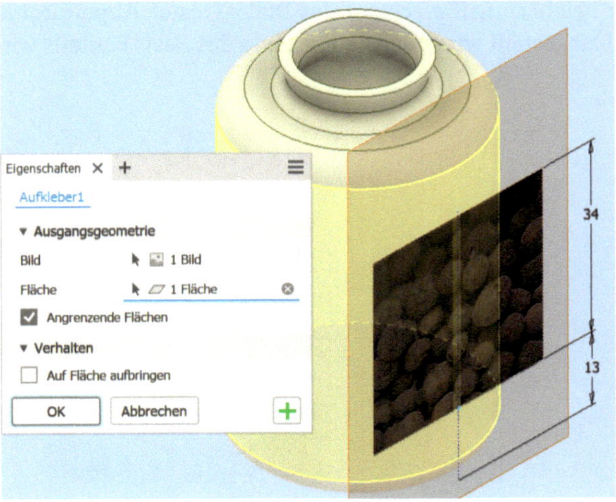

TIPP: Um einen Aufkleber zu erzeugen, der beispielsweise auch in Stücklisten eigenständig erscheint oder als eigenes Element in einer Baugruppe verfügbar ist, kann zuerst ein Bauteil als dünner Volumenkörper erzeugt werden, auf das dann das Bild des Aufklebers aufgebracht wird. (Dieses Verfahren wurde auch in Abschnitt 15.6 gewählt.)

5.4.9 Abgeleitete Komponenten

Ableiten

Eine weitere Art ein Bauteil zu modellieren, ist das Einfügen und anschließende Anpassen von abgeleiteten Komponenten. Das neu erstellte Bauteil wird zu einer **abgeleiteten Komponente**, die auf der Grundlage eines anderen, bereits konstruierten Bauteils erstellt wurde.

Um ein neues Bauteil mithilfe einer abgeleiteten Komponente zu erstellen, wird im ersten Schritt ein **Neues Bauteil** erzeugt. Ohne die Skizzier-Arbeitsumgebung aufzurufen, kann in der Befehlsgruppe **Erstellen** der Befehl **ABLEITEN** aufgerufen werden. Zusätzlich wird die Funktion auch auf der Registerkarte **Verwalten** in der Befehlsgruppe **Einfügen** angeboten.

HINWEIS: Ein abgeleitetes Bauteil kann in seiner bestehenden Geometrie in der aktuellen Arbeitsumgebung nicht verändert, sondern nur um weitere Bearbeitungen ergänzt werden. Sollte es erforderlich sein, die Ursprungsgeometrie zu verändern, ist dies nur im ursprünglichen Bauteil selbst möglich. Im Kontextmenü für das abgeleitete Bauteil im Strukturbaum existiert dafür der Befehl **Basiskomponenten öffnen.**

Beim Aufruf des Befehls **NEUES BAUTEIL** öffnet sich ein Dialogfenster, und es kann eine bereits erstellte Bauteildatei ausgewählt werden, welche dann in die neue Arbeitsumgebung eingefügt wird. Nach dem Befehlsaufruf erscheint das Dialogfenster **Abgeleitetes Bauteil**, in dem ausgewählt und eingestellt wird, welche Elemente des Basis-Bauteils verwendet werden sollen.

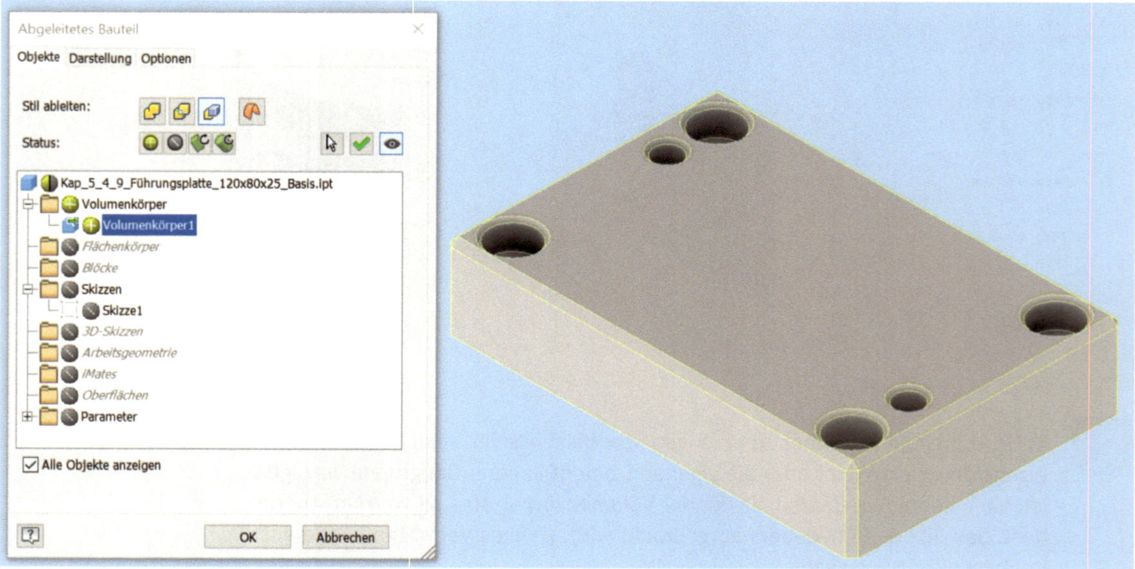

Eine wichtige vorzunehmende Einstellung befindet sich ganz oben im Dialogfenster, denn hier wird der Ableitungsstil bestimmt:

	Zusammenführung eines Volumenkörpers durch Verbindung planarer Flächen.
	Erhalten eines Volumenkörpers durch Verbindung planarer Flächen unter Beibehaltung der Einzelflächen.
	Jeden Volumenkörper als Volumenkörper erhalten.
	Körper als Arbeitsfläche ableiten.

In der Regel ist es sinnvoll, die Voreinstellung **Jeden Volumenkörper als Volumenkörper erhalten** beizubehalten. Durch Anwahl der **Kreissymbole** kann im Dialogfeld jedoch festgelegt werden, was übernommen werden wird. Ein Klick verändert den Eintrag und legt so fest, ob beispielsweise nur eine Skizze anstelle eines Volumenkörpers übernommen werden soll. Außerdem kann hier ein Skalierungsfaktor eingestellt oder eine Spiegelung des Bauteils vorgenommen werden.

Nach dem Einfügen wird das abgeleitete Bauteil im Strukturbaum (Objekt-Browser) mit dem Symbol des angewendeten Stils angezeigt.

Im Kontextmenü für das abgeleitete Bauteil gibt es den Befehl **ABGELEITETES BAUTEIL BEARBEITEN**, der das anfängliche Dialogfenster wieder öffnet und nachträgliche Änderungen am Verfahren zum Einfügen zulässt.

Beispiel: Führungsplatte mit U-Profil als abgeleitetes Bauteil

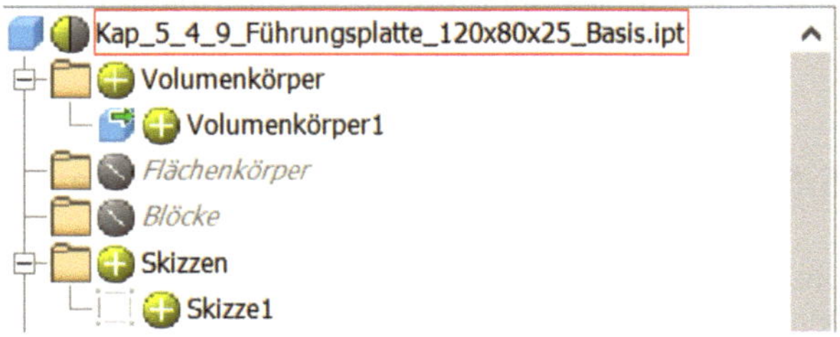

Am Beispiel einer Führungsplatte für ein Stanzwerkzeug soll die Funktion verdeutlicht werden. Hierzu wird ein **Neues Bauteil** geöffnet und die Funktion **Ableiten** aufgerufen. Im **Öffnen**-Dialog kann die Datei *Layout_Führungsplatte_120x80x25_Basis.ipt* ausgewählt werden. Die Führungsplatte mit den Grundmaßen **120 × 80 × 25 mm** und eingefügten Schrauben- und Stiftlöchern erscheint anschließend in der aktuellen Bauteildatei.

Im Anschluss öffnet sich das Dialogfeld für die Auswahl der Elemente, die für die Ableitung übernommen werden sollen. Wichtig ist, dass der Eintrag **Volumenkörper**, insbesondere der Eintrag **Volumenkörper1**, ausgewählt ist und mit einem **+-Zeichen** dargestellt wird. Ein Klick auf das **Kreissymbol** verändert diesen Eintrag. Die Auswahl ist mit **OK** zu bestätigen. Nach dem Einfügen wird das abgeleitete Bauteil im Strukturbaum mit dem Symbol des angewendeten Stils angezeigt.

Die Arbeit am neuen Bauteil kann nun beginnen. Eine **Neue Skizze** wird auf der Bauteiloberfläche erstellt und mithilfe von zwei mittigen Konstruktionslinien ausgerichtet. Dann wird ein **U-Profil mit 40 × 40 × 8 mm** gezeichnet, das im Beispiel ein Stanzprofil darstellen soll.

Nachdem die Skizze fertiggestellt wurde, kann das U-Profil per **Differenz-Extrusion** in die Führungsplatte eingearbeitet werden. Im letzten Schritt erhält die Kontur in der Führungsplatte noch eine ausreichend große und umlaufende Fase (siehe Abschnitt 5.5.3), um das Bewegen des Gegenstücks zu erleichtern.

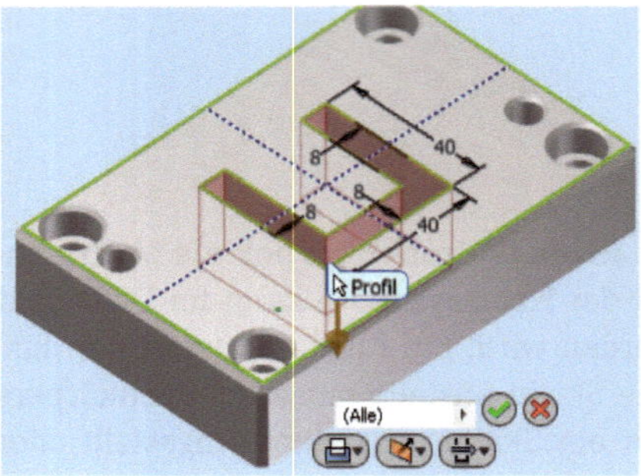

5.5 Bauteile ändern

Die im Folgenden beschriebenen Funktionen befinden sich alle in der Befehlsgruppe **Ändern**. Die Anwendung der hier zusammengefassten Befehle ist also nur möglich, wenn vorab bereits Bauteile erzeugt wurden.

5.5.1 Bohrungen und Innengewinde

Bohrung

Die Funktion **BOHRUNG** der Befehlsgruppe **Ändern** erzeugt verschiedene Arten von Bohrungen. Durchgangs- oder Grundbohrungen, mit oder ohne Senkung und mit oder ohne Innengewinde sind durch Wahl der Einstellungen möglich.

Im Funktionsbereich **Bohrung** werden Attribute für die zu erzeugende Bohrung eingestellt. Der zweite Eintrag **Skizze** erscheint, wenn unter **Positionen** eine Fläche eines Volumenkörpers, auf der eine Bohrung platziert werden soll, gewählt wurde. Für jede weitere Bohrung gleichen Typs kann die Fläche erneut angewählt werden. Die **Skizze** ist mit der Skizzierumgebung verbunden und ermöglicht die Festlegung der Bohrungsmittelpunkte mit **Bemaßung** und anderen Funktionen aus der Befehlsgruppe **Abhängig machen**. Wurde zuvor eine Skizze mit Bohrungsmittelpunkten oder passender Geometrie für eine Fläche erstellt, verwendet Inventor diese Skizze als Bezug für die Bohrungen. Die

Schaltfläche **Erstellung von Mittelpunkt** sollte gegebenenfalls aktiviert werden, um Zylindermittelpunkte und ähnliche Elemente zur Positionierung der Bohrung zu nutzen.

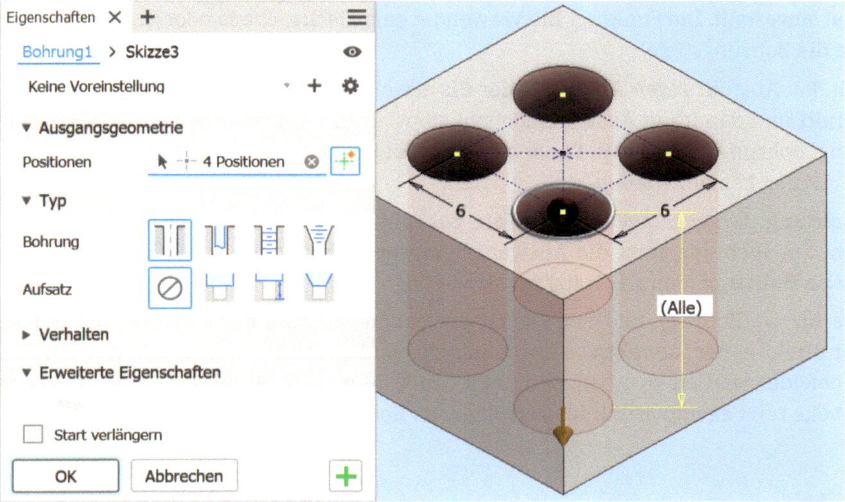

Der Funktionsbereich zur Beschreibung der Attribute unterteilt sich wiederum in verschiedene Gruppen, die jeweils über das voranstehende Symbol ▸ ein- bzw. ausgeblendet werden können.

Im Funktionsbereich **Typ** können **Bohrungstyp** und ein **Aufsatztyp** gewählt werden:

- Beim **Bohrungstyp** wird zwischen einer **Einfachen Bohrung**, einer **Durchgangsbohrung**, einer **Gewindebohrung** und **Gewindebohrung mit Verjüngung** unterschieden.
- Der **Aufsatztyp** beschreibt die mögliche zusätzliche Formgebung am Anfang der Bohrung, also **Zylindrische Senkung**, **Anflachung** oder **Konische Senkung**. Je nach Auswahl erweitert sich im Bereich **Verhalten** der grafisch unterstützte Dialog zur Eingabe der benötigten Maße.

Funktionsbereich **Schrauben**:

- Ausschließlich beim Typ **Durchgangsbohrung** können über Auswahllisten eine **Schraubennorm** sowie ein **Schraubentyp** festgelegt und anschließend eine **Schraubengröße** aus einer vorgeschlagenen Liste gewählt werden. Mit **Anpassen** wird die Einpassung der Durchgangsbohrung relativ zur ausgewählten Schraube angegeben.

Funktionsbereich **Gewinde**:

- Dieser Typ wird aktiviert, wenn der Bohrungstyp **Gewindebohrung** oder **Gewindebohrung mit Verjüngung** ausgewählt wurde. Hier wird über Auswahllisten das Gewinde beschrieben und eine entsprechende Größe vorgegeben. Darüber hinaus kann unter **Richtung** eingestellt werden, ob es sich um ein Rechtsgewinde oder ein Linksgewinde handelt. Inventor passt die Textur entsprechend an.

TEIL II

Im Funktionsbereich **Verhalten** können **Ausführung** und **Richtung** gewählt sowie die Bohrungsmaße eingegeben werden.

- **Ausführung**: In diesem Bereich wird die Ausführungsform (**Abstand**, **Durch alle**, **Bis**) eingestellt. Die Funktion **Bis** verwendet eine Fläche, Ebene oder Kante als Bezug für die Bohrungstiefe.

  Mit den Ausführungen **Abstand** oder **Bis** erweitert sich die Auswahl um **Bohrungspunkt** und damit um Auswahlmöglichkeiten für die Ausprägung am Ende der Bohrung. Bohrungspunkte wie **Flach** oder **Winkel** können direkt im grafisch unterstützten Dialog bemaßt werden.
- **Richtung:** Die von Inventor erkannte Bohrungsrichtung kann hier umgestellt werden. Für Richtung steht die Auswahl **Symmetrisch** nur für den Bohrungstyp **Einfache Bohrung** (ohne Aufsatz) zur Verfügung.
- Die für die Bohrung und den Aufsatztyp benötigten Parameter können nacheinander direkt in der interaktiven Zeichnung des Dialogfensters eingegeben werden. Eingabefelder werden sichtbar, wenn eine Maßzahl angeklickt wird. Die nachfolgende Tabelle zeigt exemplarisch für verschiedene Bohrungen gewählte Eingaben.

(A) **Einfache Bohrung** ohne **Aufsatz** Die Ausführung **Mit Abstand** und Bohrungspunkt **Winkel** wurden gewählt. Durchmesser und Längenmaß(e) können angepasst werden sowie der Winkel für das Ende der Bohrung.	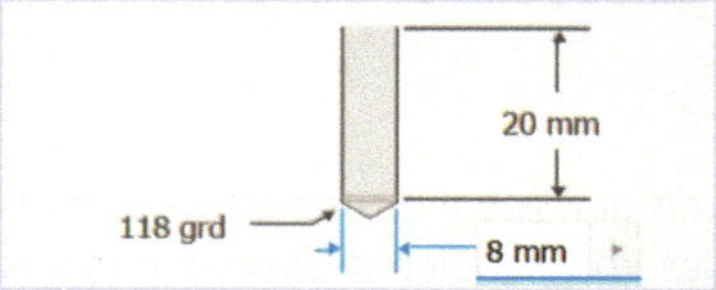	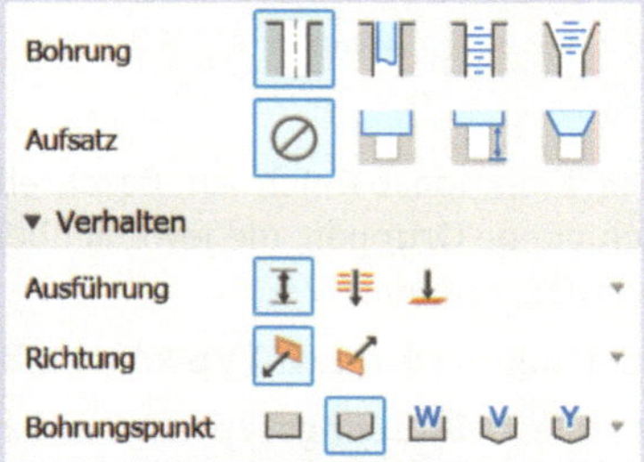
(B) **Einfache Bohrung**, mit **Zylindrische Senkung** und Ausführung **Durch alle** Vorzugeben sind zusätzlich die Maße für die Senkung mit dem Durchmesser und der Tiefenangabe.	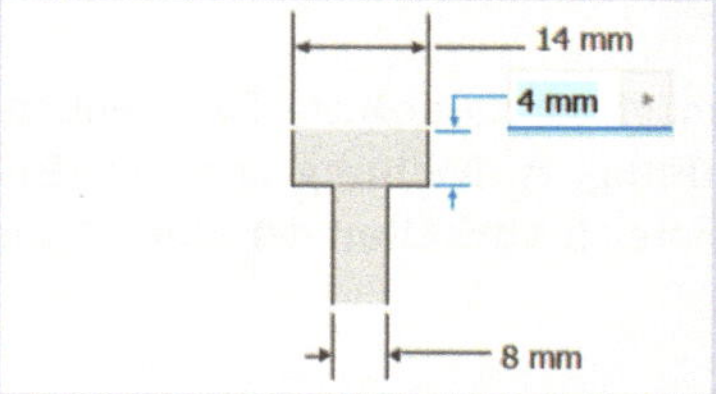	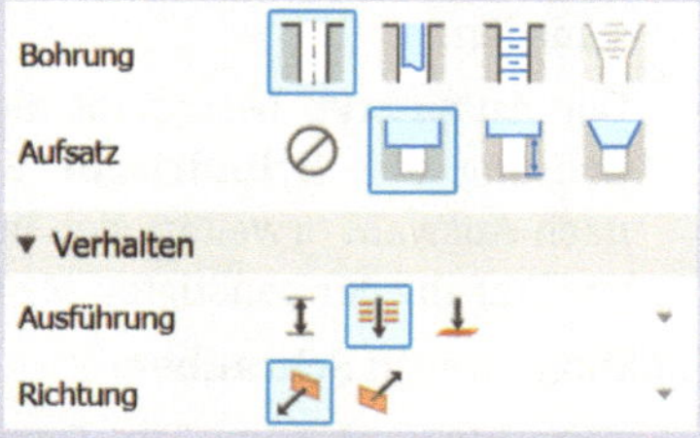
(C) **Durchgangsbohrung** mit **Konische Senkung** Vorzugeben sind **Norm**, **Schraubentyp** und **Größe** mit Drop-down-Feldern, woraus die Bohrungsmaße abgeleitet werden. Für die Senkung sind hier zusätzlich zur Bohrung ein Durchmesser und Öffnungswinkel (ggf. passend zum Schraubenkopf) anzugeben.	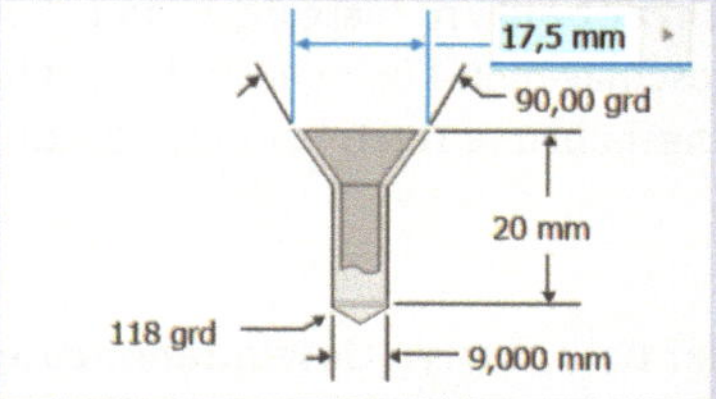	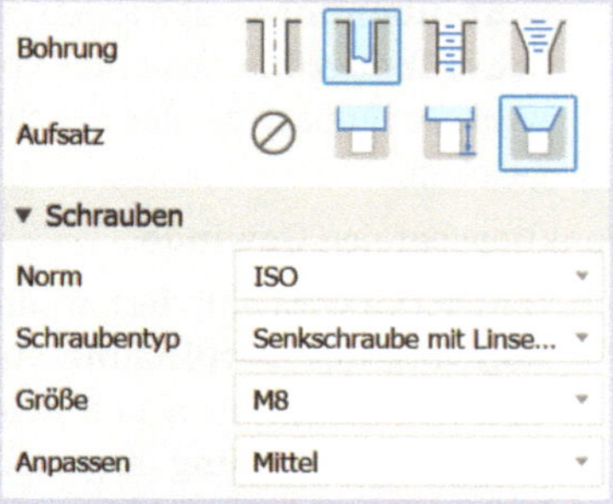

(D)

Gewindebohrung mit **Anflachung**

Vorzugeben sind **Norm**, **Schraubentyp** und **Größe** mit Drop-down-Feldern, woraus die Bohrungsmaße abgeleitet werden.

Eine Anflachung ist in ihrer Gestalt ähnlich einer zylindrischen Senkung. Im Gegensatz zur Senkung kann hier die Tiefenangabe auf **0 mm** gesetzt werden, was in Kombination mit **Start verlängern** hilfreich ist.

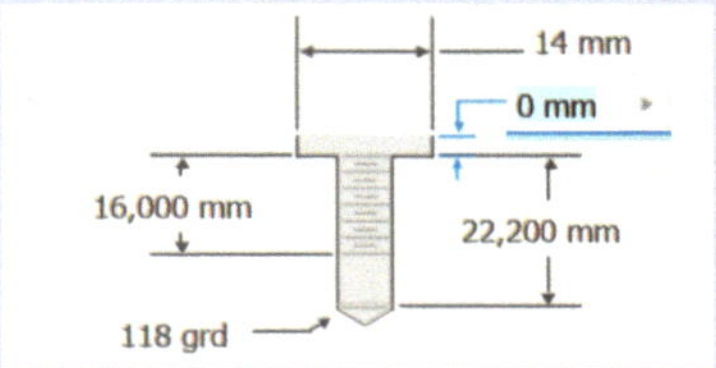

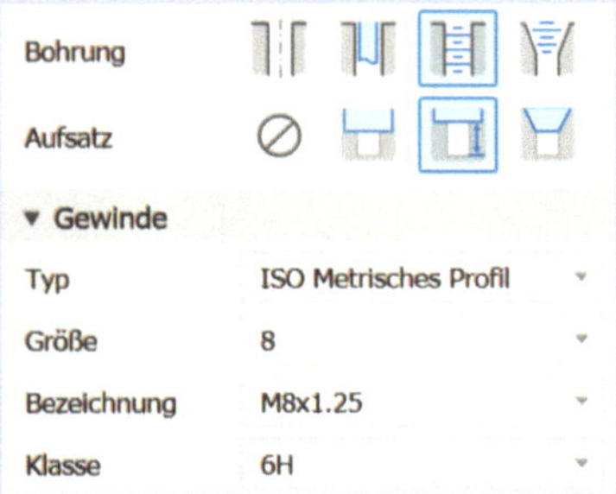

(E)

Gewindebohrung die **Kein Aufsatz** hat mit der Ausführung **Bis** zu Fläche.

Vorzugeben sind **Norm**, **Schraubentyp** und **Größe** mit Drop-down-Feldern sowie eine zu wählende Fläche für den Tiefenbezug.

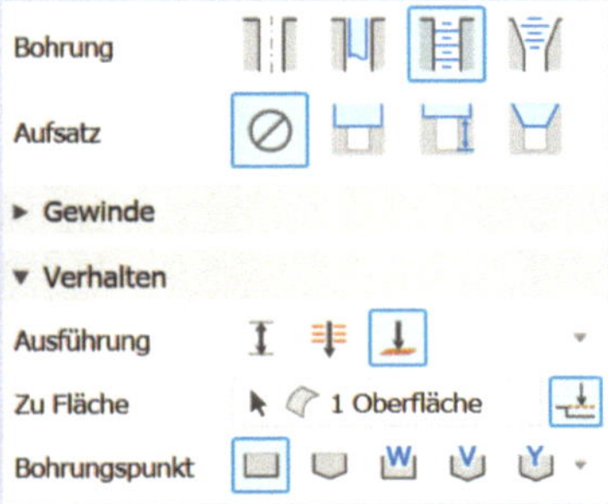

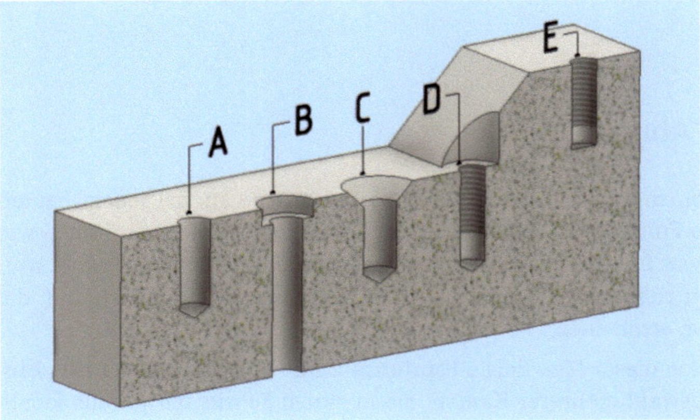

Im Funktionsbereich **Erweiterte Einstellungen** befinden sich zwei zusätzliche Optionen:

- Mit **iMate** (siehe Abschnitt 11.2) können automatisch Elemente auf der erstellten Bohrung platziert werden.
- **Start verlängern** ist eine Funktion für Bohrungen an Übergangsflächen. Mit dieser Option wird die Startfläche einer Bohrung bis zur ersten Stelle verlängert, an der es keinen Schnittpunkt mit dem Zielkörper gibt (siehe nachstehende Abbildung rechts).

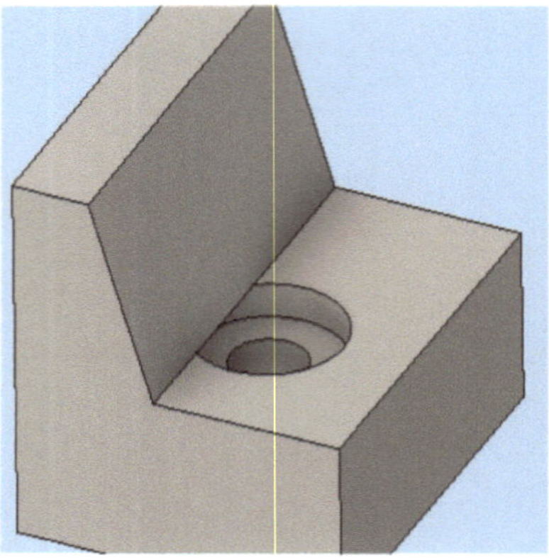

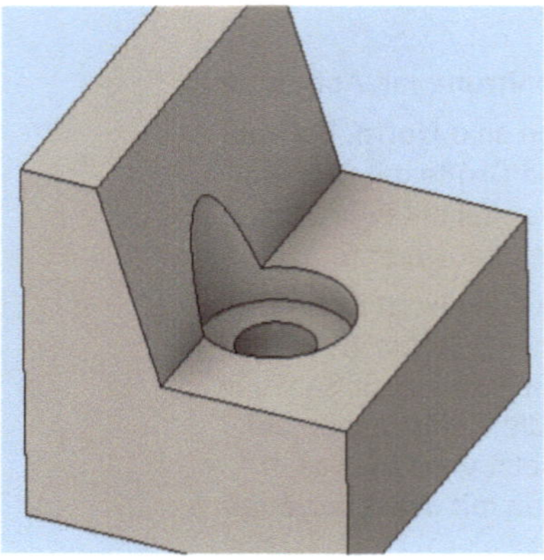

HINWEIS: Ein Innengewinde wird nur mit angedeuteten Gewindegängen angezeigt, die als Bild auf die Bohrungswand projiziert sind. In der Zeichnungsableitung werden Gewinde jedoch erkannt und entsprechend der Zeichnungsnormen dargestellt, wie in der Abbildung (für Bohrung D) exemplarisch abgebildet.

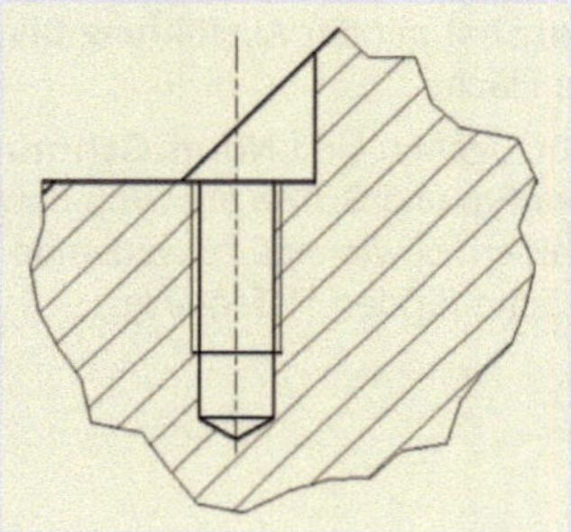

5.5.2 Rundung, Abrunden

Abrundungen und Fasen sind klassische Nachbearbeitungen, die an fast jedem Bauteil Anwendung finden. Die Funktion **RUNDUNG** verrundet Bauteile sowohl an Innen- wie auch an Außenkanten, was Inventor automatisch unterscheidet und nicht eingestellt werden muss. Die Funktion ruft ein Dialogfeld mit einer ergänzenden Menüleiste auf, die ebenfalls im Modellraum erscheinen.

Die oberste Unterfunktion dieser Menüleiste **Kantensatz mit konstantem Radius hinzufügen** erlaubt die Auswahl mehrerer Kanten, die in einem Schritt mit jeweils identischem Radius, also beispielsweise **2 mm**, verrundet werden sollen. Um weitere Kanten mit einem anderen Radius, also beispielsweise **4 mm**, zu verrunden, kann der Button erneut benutzt werden. Die Angaben werden im Dialogfeld aufgelistet und können durch Anwahl mit dem Cursor auch nachträglich bearbeitet oder durch den **X**-Button separat gelöscht werden. Der Rundungsradius kann auch in das entsprechende Feld beim Volumenkörper eingegeben oder mit dem braunen Pfeil größer oder kleiner gezogen werden.

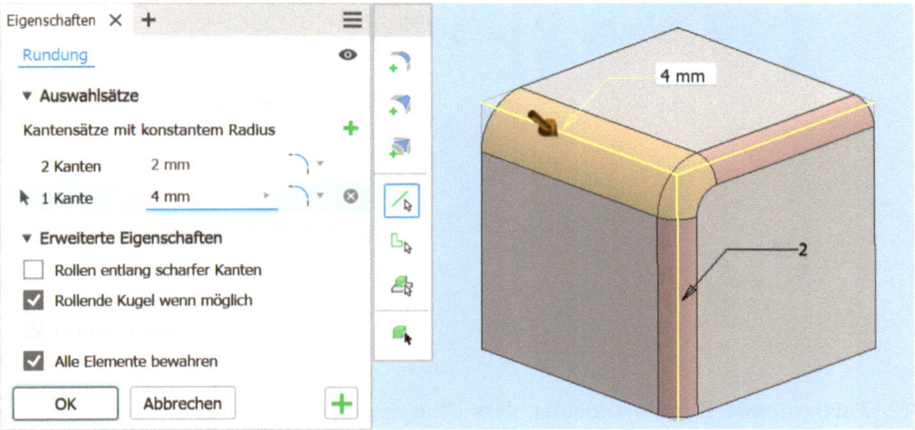

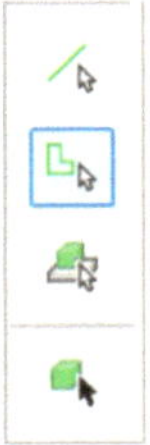

Um noch schneller ganze Bauteile mit einem konstanten Radius zu versehen, kann mit den Schaltflächen im unteren Bereich der Menüleiste die Auswahlpriorität auf Flächen oder Elementen wie beispielsweise **Taschen** umgestellt werden. Die unterste Schaltfläche erlaubt, das ganze Bauteil mit nur einem Funktionsaufruf zu verrunden, alle Körperkanten haben dann denselben Radiuswert.

Im Funktionsbereich **Erweiterte Eigenschaften** erhält man weitere Optionen zur Ausführung der Rundung, die auch für Kantensätze mit variablem Radius zur Verfügung stehen.

- **Rollen entlang scharfer Kanten** ermöglicht das Abrunden an Flächen, die zur Aufnahme des Radius an bestimmten Stellen erweitert werden müssten. Mit der aktiven Option wird der Radius an diesen Stellen abgeschnitten, sodass die Quaderkante gerade bleibt.

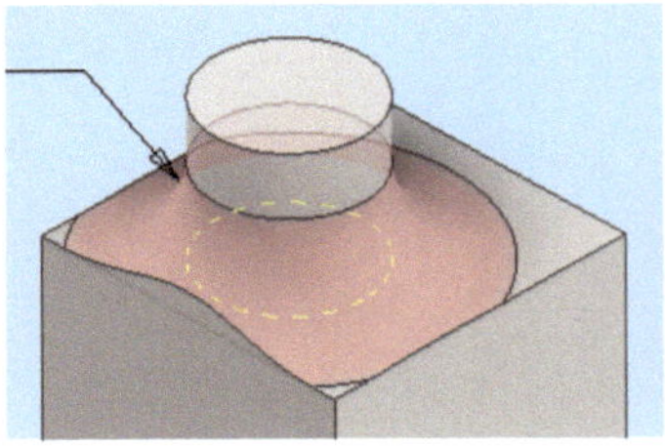

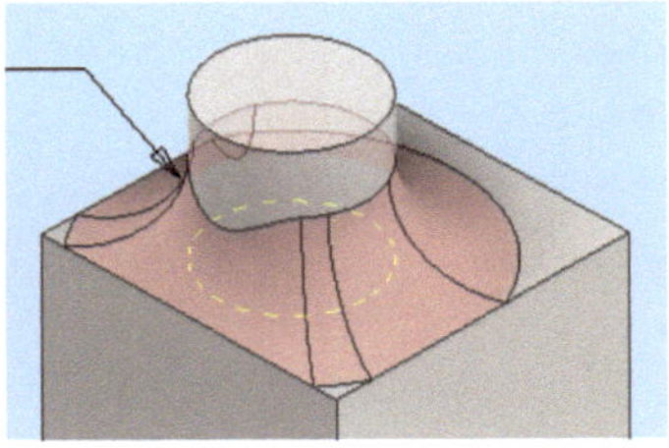

- **Rollende Kugel wenn möglich** regelt den Übergang mehrerer Radien zueinander. Das linke Bild zeigt die aktive Option, die auch voreingestellt ist, die Variante rechts ergibt sich bei deaktivierter Option.

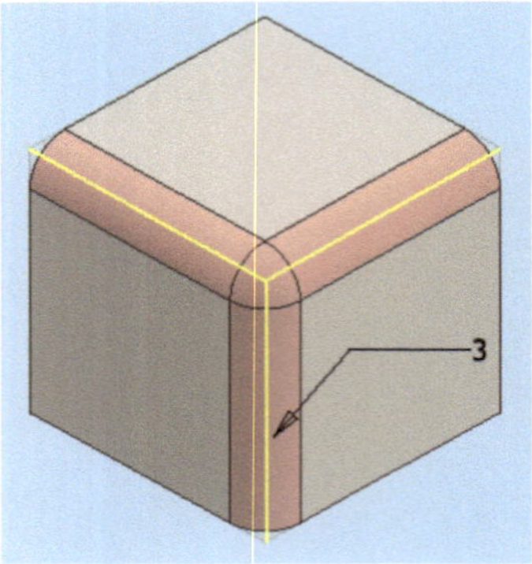

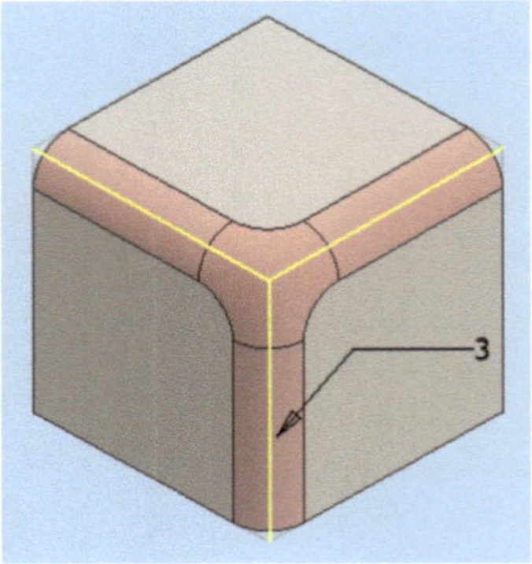

- **Fortlaufende Kanten** bedeutet, dass beim Auswählen einer zu rundenden Kante automatisch alle tangentialen Kanten mit ausgewählt werden.
- Die Option **Alle Elemente bewahren** bezieht bei der Berechnung der Rundung alle Elemente bzw. Schnittpunkte mit ein, die sich mit der Rundung schneiden.

Die Auswahl **Verrundung mit variablem Radius hinzufügen** ermöglicht das Abrunden mit veränderlichen Radien. Es können hierbei wieder eine oder mehrere Kanten ausgewählt werden. Für jede einzelne Kante können der Anfangsradius, der Endradius und Radien an beliebigen dazwischenliegenden Stützpunkten festgelegt werden. Zusätzlich lässt sich im Drop-down-Menü hinter den Maßzahlen wählen, ob der Übergang stetig oder tangential erfolgen soll.

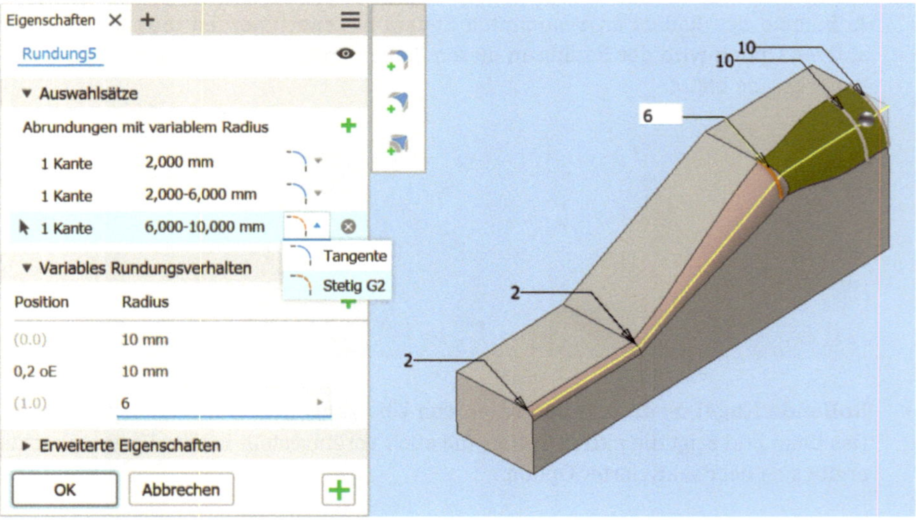

Nach Angabe der Kantenradien ist es mit der Funktion **Eckenausführung hinzufügen** möglich, die Übergänge zwischen abgerundeten Kanten zu beeinflussen, wenn diese in einer Ecke zusammenlaufen. Hierfür ist ein Scheitelpunkt, also der Eckpunkt zu wählen und dann für die Kanten ein Abstand für die Eckenausführung anzugeben.

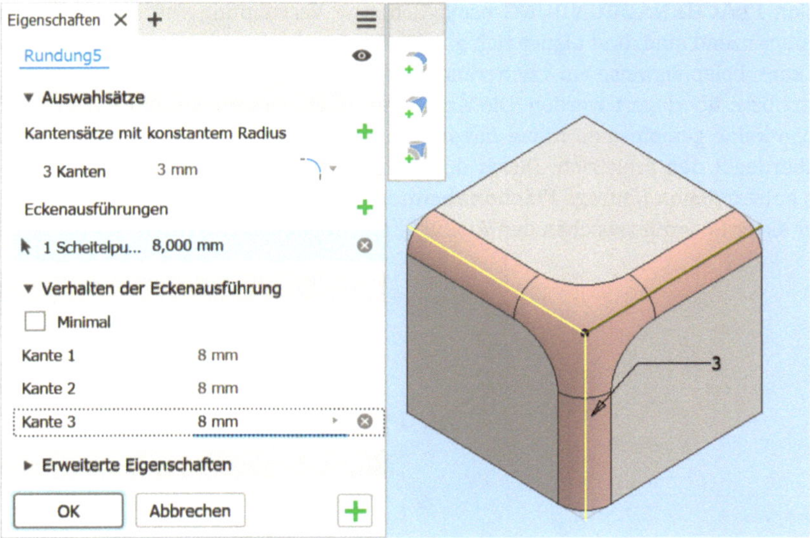

In der nachfolgenden Abbildung wurde eine variable Verrundung (gelb eingefärbt), die von **2 mm** in einen **4-mm**-Radius übergeht, einer konstanten Verrundung (rot eingefärbt) gegenübergestellt, die ebenfalls von **2 mm** in **4 mm** übergeht.

Weiterhin ist es möglich, Kanten invers zu verrunden, indem im Dropdown-Feld hinter der Radien-Angabe als Einstellung **Invertierte Rundung** gewählt wird. Die invertierte Verrundung von **3 mm** wurde an der oberen Kante ausgeführt (orange eingefärbt).

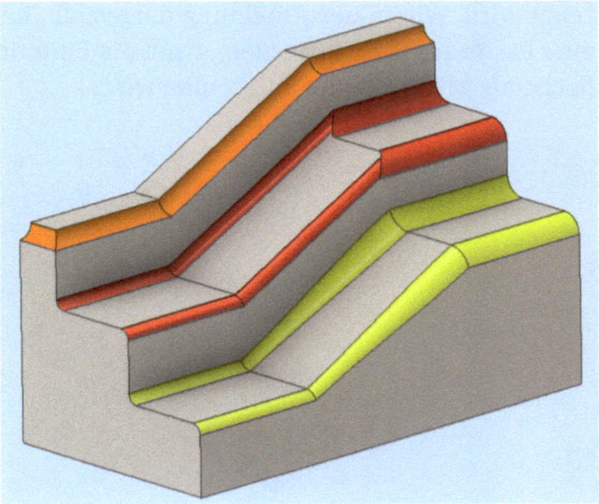

TIPP: Da die zu verrundende Geometrie bei Übergängen und Verschneidungen von Inventor durch Berechnung ermittelt wird, empfiehlt es sich die Funktion **Runden** erst am Ende einer Konstruktion zu nutzen. So werden mögliche Fehler, die im Widerspruch zu Folgeoperationen stehen, vermieden.

Unterhalb der Funktion **RUNDEN** werden in einem erweiterten Menü zwei zusätzliche Funktionen angeboten, die sich an fortgeschrittene Anwender richten.

Die Funktion **FLÄCHENABRUNDUNG** ermöglich eine Verrundung von Flächen, auch wenn sie angrenzend sind, und eignet sich gut für die Anpassung bestehender Konstruktionen. So kann beispielsweise ein existierender Freistich an einer Welle durch eine Rundung ersetzt bzw. überlagert werden. Die Abbildung zeigt, dass die gewählte Stirn- und Mantelfläche keine gemeinsame Kante haben. Die Funktion füllt das fehlende Material auf und überdeckt den Freistrich. Durch den Kontextbefehl **ELEMENTE UNTERDRÜCKEN** des entstandenen Eintrags **Flächenabrundung** im Strukturbaum wird der Freistich wieder aktiv. So kann zwischen den Ausführungen gewechselt werden.

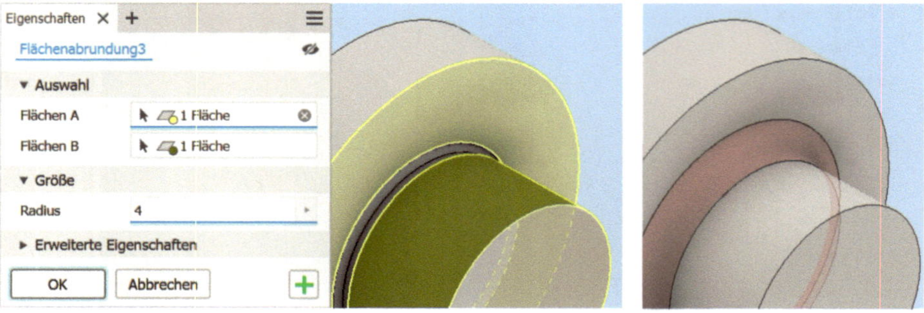

Die Funktion **VOLLE ABRUNDUNG** ermöglicht durch Auswahl dreier benachbarter Flächen die gleichzeitige Abrundung an zwei Kanten, sodass ein durchgehender Bogen erzeugt wird. Wie in der Abbildung dargestellt, kann damit aus einem rechteckigen Block eine Passfeder erstellt werden, wenn die Funktion zweimal und mit der jeweiligen Stirnfläche als **Mittenfläche** aufgerufen wird.

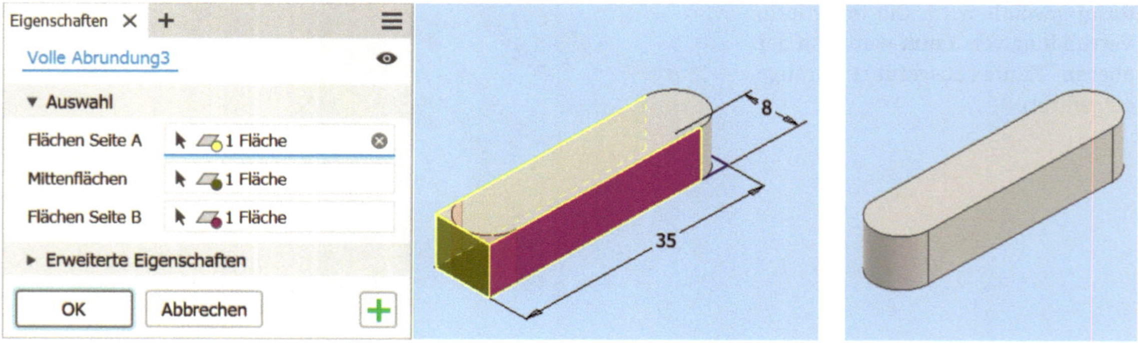

Die Funktion **VOLLE ABRUNDUNG** ist nicht auf rechteckige Flächen beschränkt. Sie kann zum Beispiel auch in einer Wellennut eingesetzt werden. Die zylindrische Nutgrundfläche wird zur **Mittenfläche**, die Seitenflächen der Nut können jeweils für **Seite A** und **Seite B** gewählt werden. Bei Veränderung der Nutbreite passt sich die Verrundung immer automatisch an, da im Gegensatz zur Funktion **Rundung** für die Funktion **Volle Abrundung** der Rundungsradius aus dem Abstand der Seitenflächen errechnet wird.

5.5.3 Fasen

Im Vergleich zum Abrunden ist die Funktion **FASEN** von Kanten einfacher gehalten. Der Auswahlmodus, der mit den linken drei Schaltflächen eingestellt wird, beinhaltet die Möglichkeiten **Abstand**, **Abstand und Winkel** und **Zwei Abstände**. Durch die Icons und die entsprechenden Eingabefelder ist diese Auswahl selbsterklärend.

Fasen

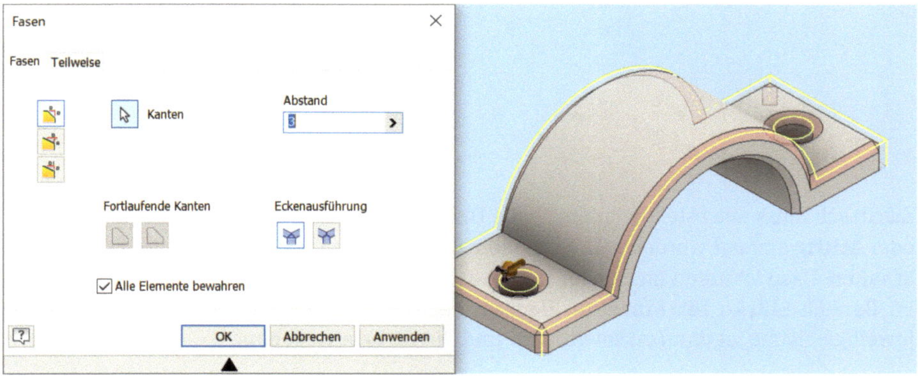

Wenn sich Kanten an einem Tangentialpunkt treffen, können **Fortlaufende Kanten** oder **Einfache Kante** gewählt werden. Die Auswahl erfolgt sofort nach dem Aufruf der Funktion, da sonst die fortlaufenden Kanten voreingestellt und die Buttons deaktiviert sind.

Fortlaufende Kanten

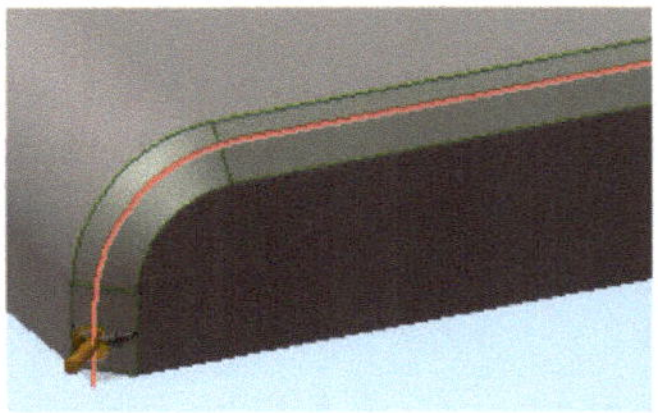

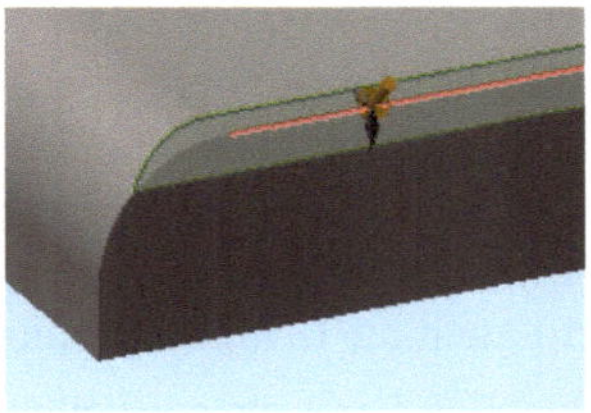

Wenn sich Kanten an einem Punkt treffen, kann die **Eckenausführung** bestimmt werden. Wie die Symbole der Schaltflächen anzeigen, können Ecken flach oder spitz ausgeführt werden. Die Art der Eckenausführung kann während der Befehlsausführung umgeschaltet werden.

Eckenausführung

5.5.4 Wandung, Wandstärke

Massive Körper können mit der Funktion **WANDUNG** in Hohlkörper mit definierbaren Wandstärken umgewandelt werden. Dieses wird in anderen CAD-Systemen auch als Schalen-Tool bezeichnet. Diese Funktion erfordert nicht viele Eingaben. Eine Maßeingabe für die Stärke bestimmt die zu erzeugende Wandstärke. Mit **Flächen entfernen** können die Flächen ausgewählt werden, an denen der Körper offen ist, was erforderlich ist, wenn man einen rundum geschlossenen Hohlkörper vermeiden möchte.

Wandung

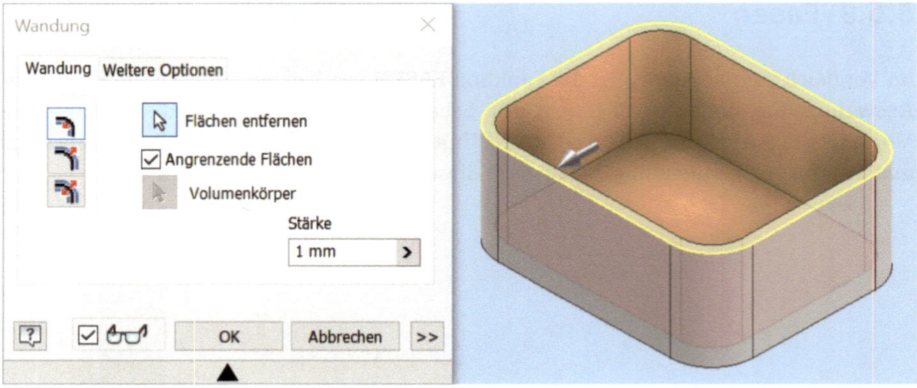

Zusätzlich muss eingestellt werden, ob die Dicke der Wandstärke nach **Innen**, nach **Außen** oder **Mittig** erzeugt werden soll. Einzelne Flächen können dabei unterschiedliche Dicken erhalten. Dazu ist unten im Fenster mit **>>** das erweiterte Dialogfenster aufzuklappen und im Bereich **Stärke für einzelne Flächen** der Text **Hinzu: Klicken** zu aktivieren. Die jeweilige Fläche ist dann zu selektieren und die Dicke anzugeben.

Beispiel: Erzeugen einer Schale mit Griffaussparung und dickem Boden durch Fläche entfernen

Hierfür wird ein massiver Block mit seitlich abgerundeten Kanten (**B = 25 mm, T = 20 mm, H = 10 mm; R = 4 mm**) erzeugt und mit der Funktion **MARKIEREN** im Modus **Durchgehend markieren** ein Langloch auf zwei Seitenflächen aufgebracht.

Die **Stärke** der Wandung wird mit **1 mm** vorgegeben. Mit **Flächen entfernen** wird die obere Fläche gewählt, sodass der Körper oben offen ist. Nachdem **Angrenzende Flächen** deaktiviert wurde, können nun zusätzlich an beiden Seitenflächen, die als Markierung ausgeführten Langlöcher (**11 x 4 mm**), als zu entfernende Flächen ausgewählt werden. So entstehen im gleichen Schritt auch die Griffaussparungen.

Nach Erweiterung des Dialogfelds kann als zusätzliche Anpassung mit **Stärke für einzelne Flächen** angegeben werden, dass die Bodenfläche abweichend von den übrigen Wandstärken mit einer Dicke von **1,5 mm** ausgeführt werden soll.

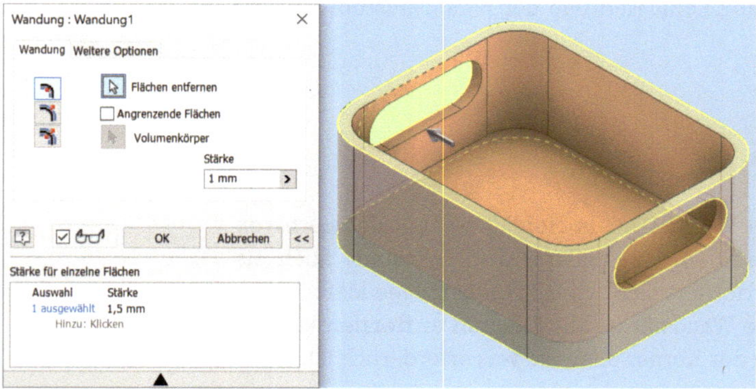

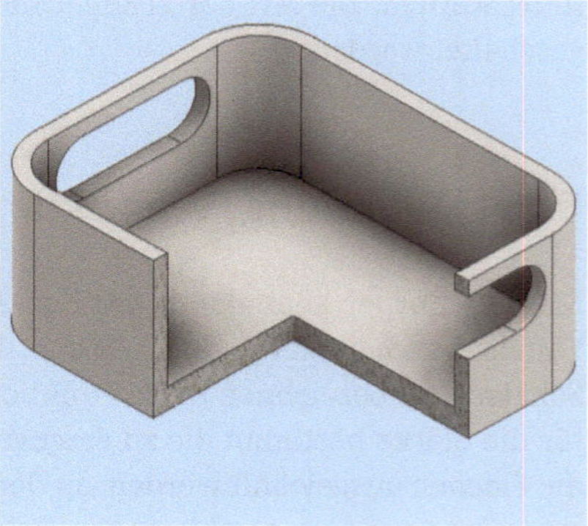

> **HINWEIS:** Gerade bei der Verwendung von **FLÄCHE ENTFERNEN** ist es wichtig, vorab über notwendige Radien an einem Körper nachzudenken. Damit wird sichergestellt, dass bei einem Aushöhlen die äußeren Radien auch im Inneren eines Körpers vorzufinden sind. Sicherzustellen ist aber auch, dass die zu entfernende Fläche scharfkantige Übergänge aufweist. ■

5.5.5 Flächenverjüngung

Flächenverjüngung

Die Funktion **FLÄCHENVERJÜNGUNG** gehört zu den Befehlen der Bauteilmanipulation. Die Funktion hat direkten Bezug zum Formenbau (siehe Abschnitt 13.3). Beim Erstellen von Formen oder Bauteilen, die gegossen werden sollen, sind in der Regel Aushebeschrägen vorzusehen, die mit dieser Funktion erzeugt werden können. Es werden hiermit nachträgliche Verjüngungen von einzelnen oder mehreren Flächen um einen bestimmten Winkel erzeugt.

Unter der Eingabe **Zugrichtung** kann hier die Richtung angegeben werden, in der eine „gedachte" Form weggezogen wird; sie zeigt also in Richtung der Verjüngung. Durch die Schaltfläche **ZUGRICHTUNG UMKEHREN** kann die Verjüngung in die entgegengesetzte Richtung ausgeführt werden.

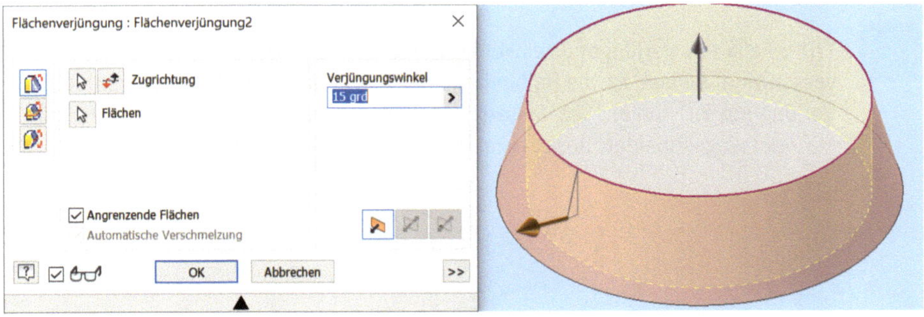

- Der **Verjüngungswinkel** in Grad beschreibt die Verjüngung und ist in das Wertefeld einzugeben. In der Abbildung wurden **15 Grad** gewählt.
- Bei der Option **Feste Kante** bleibt die ausgewählte Kante erhalten, und es werden neue, verjüngte Flächen erstellt. In der Abbildung wurde die Oberkante des Zylinders gewählt.
- Bei der Option **Feste Ebene** bleibt die ausgewählte Ebene erhalten, von der aus die Flächen verjüngt werden.
- Die Option **Trennfuge** ermöglicht eine beidseitige Verjüngung, wie sie z. B. bei Gussteilen mit Trennfuge benötigt wird.

Beispiel: Allseitige Verjüngung der Seitenwände einer Schale

Im folgenden Beispiel wird ein Quader mit vier abgerundeten Seitenkanten erstellt und mit der Funktion **WANDUNG** eine Schale mit **1 mm** Wandungsstärke erzeugt. Im Anschluss wird die Funktion **FLÄCHENVERJÜNGUNG** mit der Option **Feste Ebene** und der **Zugrichtung** nach oben ausgewählt, um die Innenflächen der Schale zu verjüngen. Der **Verjüngungswinkel** beträgt hier **8°**, und als feste Ebene wurde die Oberseite ausgewählt, die offen ist.

Im Anschluss wird die Funktion **FLÄCHENVERJÜNGUNG** mit der Option **Feste Ebene** erneut aufgerufen, um auch die Außenflächen mit **8°** zu verjüngen.

> **TIPP:** Falls der Verjüngungswinkel aufgrund geringer Wandstärken den Körper verschwinden lässt, ist die Reihenfolge der Auswahl zu beachten. Zuerst ist die Verjüngung zu wählen, die Material hinzufügt, und dann die Verjüngung, die Material wegschneidet. Sonst erzeugt Inventor eine Fehlermeldung.

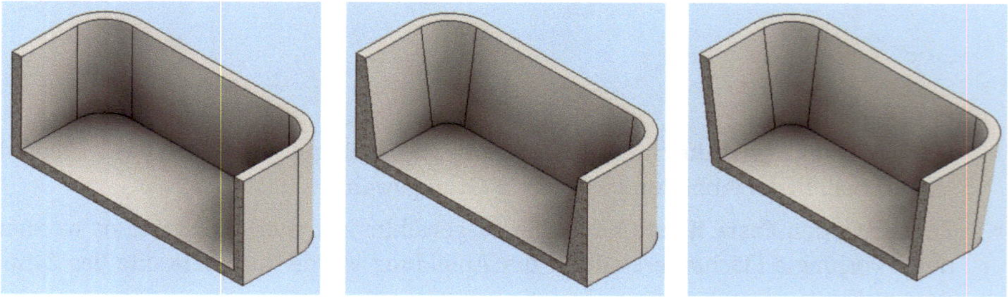

5.5.6 Außen- und Innengewinde

Gewinde

Mit der Funktion **GEWINDE** können Außen- und Innengewinde erzeugt werden. Ein vorhandener Zylinder ist bei der Erstellung eines Außengewindes Voraussetzung. Für Innengewinde muss im Unterschied zu Bohrungen mit Gewinde (siehe Abschnitt 5.5.1) bei dieser Funktion bereits eine Bohrung vorhanden sein.

Die zu wählende **Fläche**, auf der das Gewinde auf- bzw. eingebracht werden soll, muss eine zylindrische Oberfläche sein. Im Funktionsbereich **Gewinde** können **Typ** und die **Größe** angegeben werden (ebenso Rechts- oder Linksgewinde). Als **Typ** kann beispielsweise **ISO Metrisches Profil** gewählt werden, auch ein **Trapezgewinde** ist möglich. Für ein Feingewinde ist die Auswahl bei **Bezeichnung** zu ändern. Hier stehen im Drop-down-Feld unterschiedliche Gewindesteigungen zur Auswahl.

Der Eintrag für **Tiefe** gibt an, bis zu welcher Tiefe das Gewinde gesetzt werden soll. Alternativ kann über die Wahl der Schaltfläche **VOLLE TIEFE** das Gewinde für die gesamte gewählte Zylinderfläche erstellt werden. Über die Eingabewert **Versatz** wird das Gewinde entlang der Zylinderachse verschoben. Durch die Angabe eines Versatzes kann beispielsweise der Schaft einer Schraube sehr einfach definiert werden. Von welcher Stirnfläche aus der **Versatz** und die **Tiefe** gemessen werden, kann durch Wahl der Nähe der jeweiligen Stirnfläche beeinflusst werden.

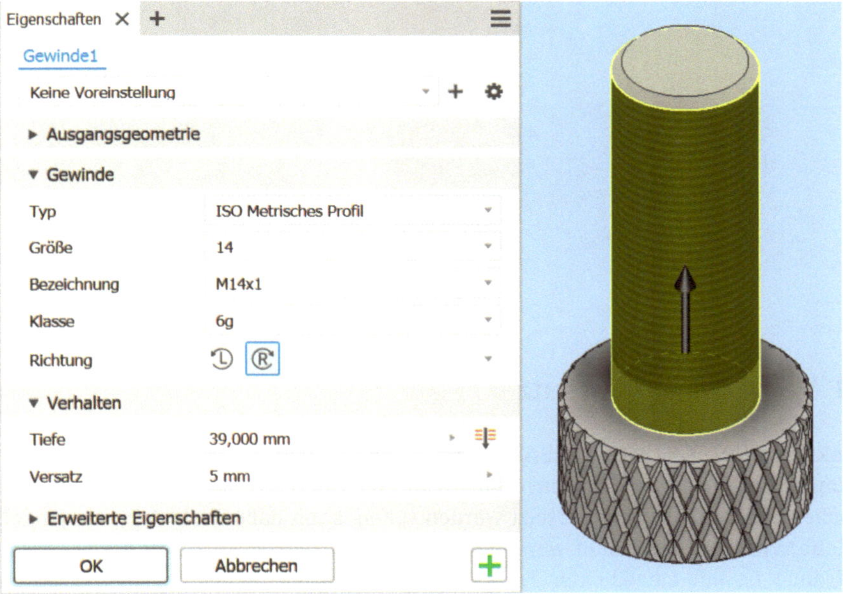

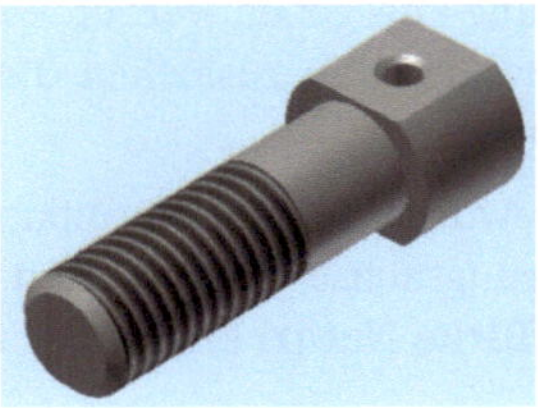
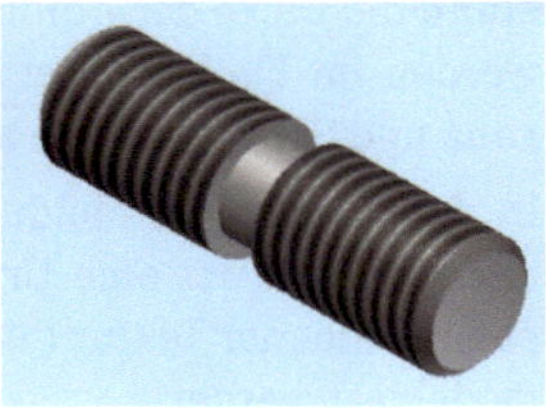

Wie bei Gewindebohrungen werden auch bei dieser Funktion die Gewinde nur mit angedeuteten Gewindegängen angezeigt, die als Bilder auf die Zylinderwand projiziert sind. In der Regel wird dies keine Nachteile haben. Sollen jedoch genaue Volumen- und Gewichtsberechnungen mit größeren Gewindedurchmessern vorgenommen werden, dann kann dieser Umstand ein Grund für Ungenauigkeiten sein.

5.5.7 Kombinieren

Die Funktion **KOMBINIEREN** führt mit den booleschen Operationen getrennt erzeugte Körper zusammen. Je nach gewählter Schaltfläche werden die beiden Körper entweder addiert, subtrahiert oder eine gemeinsame Schnittmenge wird erzeugt. Im nachfolgenden Beispiel wird zunächst mit **DREHUNG** ein Wellenstück mit einem Absatz modelliert. Im Anschluss wird mit **KUGEL** aus der Befehlsgruppe **Freiform** ein zweiter Volumenkörper erstellt und mit Material „Klar-Grün“ transparent gesetzt. Im Dialogfeld der Funktion **KOMBINIEREN** wird als **Grundkörper** die Kugel und als **Werkzeugkörper** das Wellenstück gewählt. Mit der booleschen Ausgabe **Ausschneiden** entsteht in der Kugel eine Hohlkontur, um ein Wellenende mit Klemmring aufnehmen zu können.

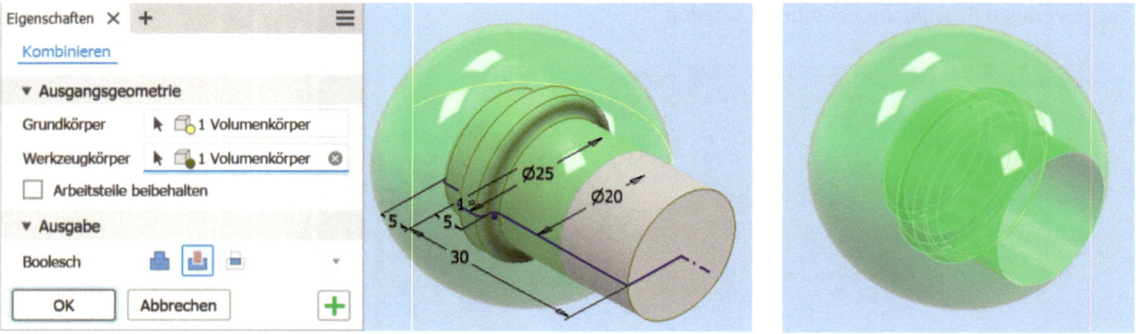

5.5.8 Verdickung/Versatz

Verdickung/ Versatz

Die Funktion **VERDICKUNG/VERSATZ** verdickt Bauteilflächen oder verdickt bzw. versetzt (kopiert) Flächen oder Flächenverbunde. Mit der Auswahl der Bauteilflächen oder der Flächen, die verdickt bzw. versetzt werden sollen, kann dabei festgelegt werden, ob ein **Flächenverbund** bearbeitet werden soll oder nicht (Die in Abschnitt 5.5.11 modellierte Wanne ist ein aufgedickter Flächenverbund.). Im Funktionsbereich **Verhalten** kann die Richtung mit **Innen**, **Außen** oder **Zentriert** (also beidseitig) sowie unter **Abstand** die Dicke der Aufdickung angegeben werden. Existiert bereits ein Volumenkörper, werden im Funktionsbereich **Ausgabe** zusätzlich die Funktionen **Vereinigung**, **Differenz** und **Schnittmenge** angeboten.

In der folgenden Abbildung wurde eine Freiformfläche selektiert, die durch Drehung eines Splines um eine Ursprungsachse definiert und um **4 mm** aufgedickt wurde. Mit entsprechender Textur (hier **Birke Natur**) kann so beispielsweise eine kleine Holzschale modelliert werden.

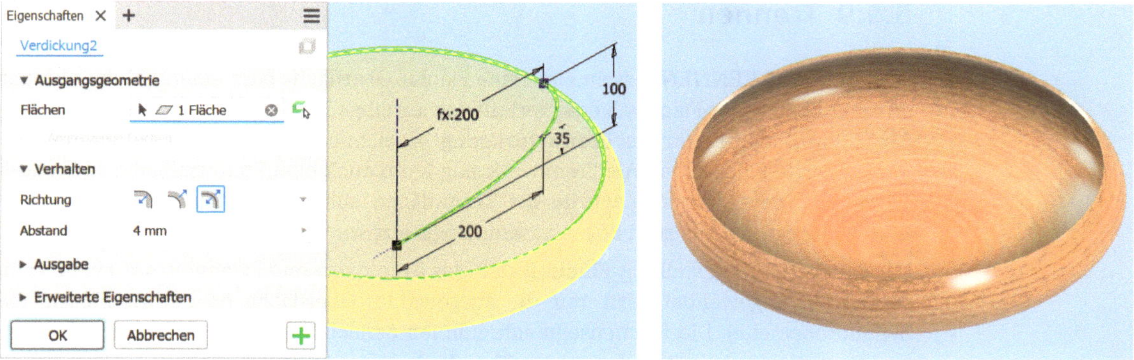

Beispiel: Gummipuffer als neuer Volumenkörper durch Verdickung

An die Stirnfläche eines Einschraubfußes aus poliertem Stahl (erstellt mit einer Profilskizze und **DREHUNG**, **D = 45 mm, H = 10 mm; M10 x 1,5, L = 30 mm**) soll ein Gummipuffer aufvulkanisiert werden. Die Verdickung beträgt **8 mm** und wird unter Ausgabe als **Neuer Volumenkörper** ausgeführt. Der Befehl ist nur aktiv, wenn kein Häkchen bei **Automatische Verschmelzung** gesetzt ist. Im Strukturbaum wird nach dieser Aktion ein Multikörper-Bauteil mit zwei Volumenkörpern angezeigt, denen unterschiedliche Materialien oder Darstellungen zugewiesen werden können.

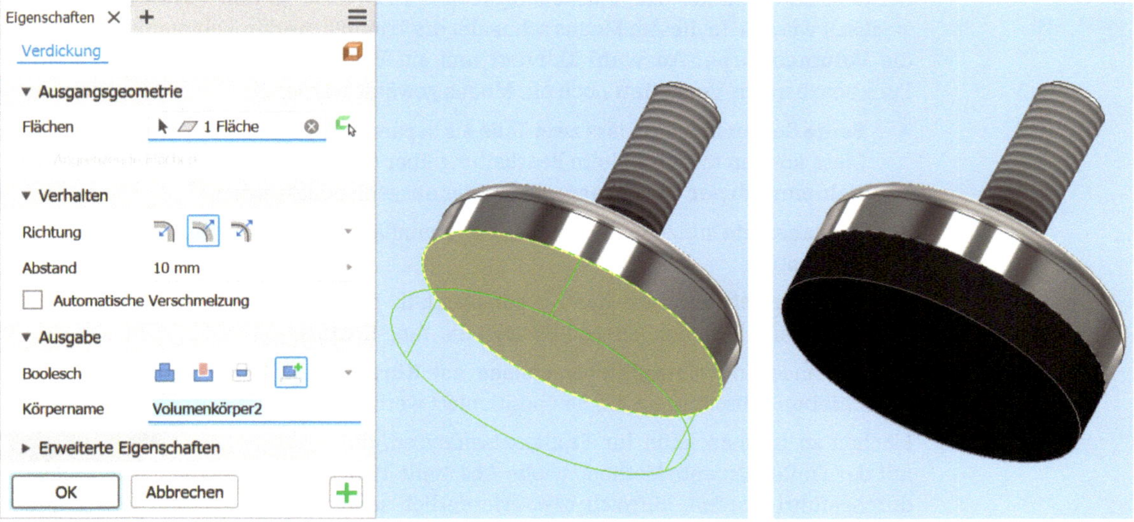

5.5.9 Trennen

Trennen

Die Funktion **TRENNEN** zerschneidet eine Fläche, Oberfläche oder einen Volumenkörper an einer Ebene oder Fläche ab oder zerteilt das jeweilige Element in zwei Teile. Die Trennfläche (im Dialogfenster als **Trennwerkzeug** bezeichnet) kann eine Arbeitsebene oder eine erzeugte Fläche sein. Als Trennwerkzeug kann auch eine Freiformfläche verwendet werden. In der Abbildung wurde die Trennfläche aus einer extrudierten s-förmigen Kurve erzeugt, die aus zwei Bögen zusammengesetzt wurde.

Mit der Standardeinstellung **Flächen** teilt das Trennwerkzeug, wenn es auf einen Volumenkörper angewendet wird, nur die ausgewählte Oberfläche (in der Abbildung die Zylinderoberseite). Die Flächensegmente können danach einzeln selektiert und für weitere Operationen (z. B. **Wandung** oder **Oberfläche**) genutzt werden.

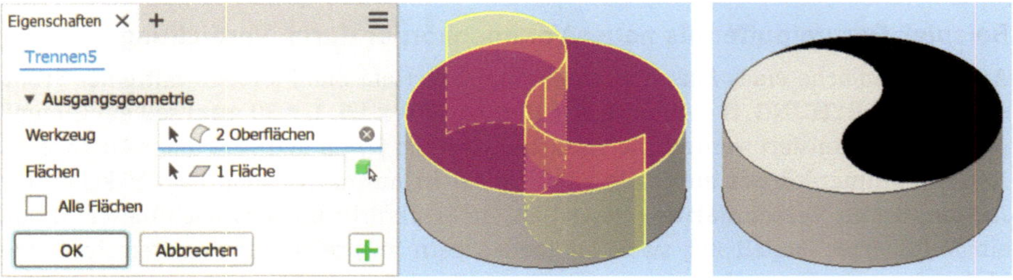

Mit dem Button hinter dem Flächeneingabefeld kann zur Auswahl **Volumenkörper** gewechselt werden. In diesem Modus schneidet die Trennfläche den Volumenkörper. Wurde die **Volumenkörper-Auswahl** aktiviert und ein Volumenkörper ausgewählt, kann im Funktionsbereich **Verhalten** noch ein Modus gewählt werden:

- **Beide Seiten** bewirkt, dass zwei Teile als separate Volumenkörper bestehen bleiben. Diese können für die weitere Bearbeitung über den Strukturbaum unter dem Knoten **Volumenkörper** einzeln angewählt oder ausgeblendet werden.
- **Vorgabeseite** stutzt den Körper bis zur Trennfläche (im oberen Beispiel verbleibt die Yin-Kontur).
- **Seite umkehren** stutzt den Körper ebenfalls bis zur Trennfläche, aber die andere Seite bleibt bestehen (also im Beispiel die Yang-Kontur).

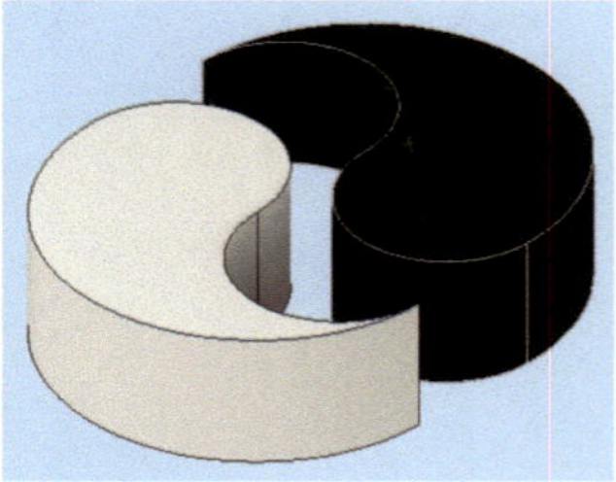

Die entstandenen Volumenkörper können mit **Körper verschieben** (Abschnitt 5.5.12) neu positioniert werden.

Flächen zu trennen kann für Festigkeitsanalysen, die mit der Finite-Elemente-Methode (siehe Abschnitt 12.6) durchgeführt werden, hilfreich bzw. erforderlich sein. In diesem Kontext werden häufig Kraftangriffsflächen benötigt, die nicht über eine ganze Fläche gehen. Mit Funktion **TRENNEN** lassen sich dann Teilbereiche von Flächen als getrennte Flächen definieren, an denen Kräfte angreifen, während andere Bereiche bzw. Flächen unbelastet bleiben.

Beispiel: Formteile für einen Handgriff erstellen

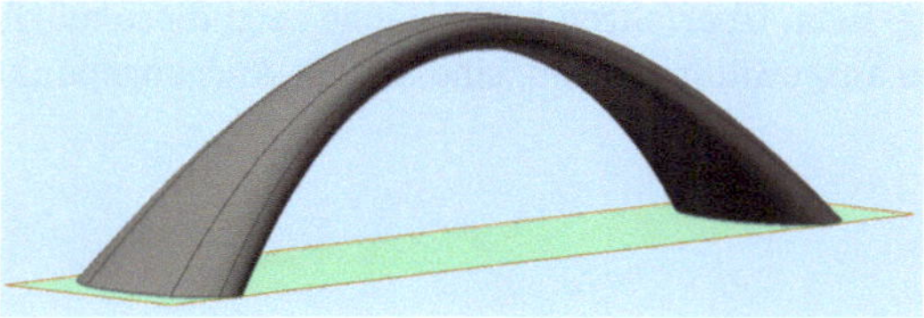

In relativ wenigen Schritten kommt man mit der Funktion **TRENNEN** auch zu (vereinfachten) Negativ-Formteilen (in Abschnitt 13.3 wird die Formenbau-Umgebung vorgestellt).

1. Der in Abschnitt 5.4.3 erstellte Schubladengriff kann verwendet werden oder ist neu zu modellieren (mit drei Skizzen und der Funktion **ERHEBUNG**).
2. Ein Quader mit **100 mm × 40 mm × 30 mm** ist zu erstellen (**EXTRUSION** mit Modus **Symmetrisch**).
3. In die Bauteildatei mit dem Quader ist der Griff als abgeleitetes Bauteil einzufügen (**Ableiten**).
4. Mit **KÖRPER VERSCHIEBEN** (siehe Abschnitt 5.5.12) wird der Griff in die richtige Position geschoben (hilfreich ist, wenn unter **Ansicht Drahtmodell** gewählt wird).
5. Quader und Griff werden nun mit **KOMBINIEREN** (Differenz) zu einem Bauteil zusammengefasst.
6. Der Quader kann mit der Funktion **TRENNEN** geteilt werden.
7. Mit **KÖRPER VERSCHIEBEN** können abschließend die beiden Volumenkörper auseinandergeschoben oder aufgeklappt werden.

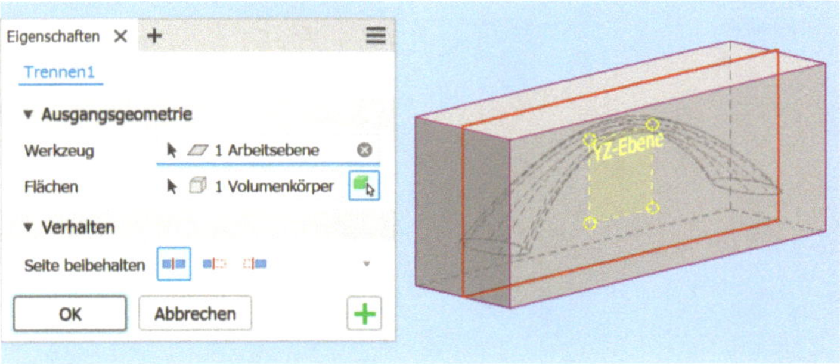

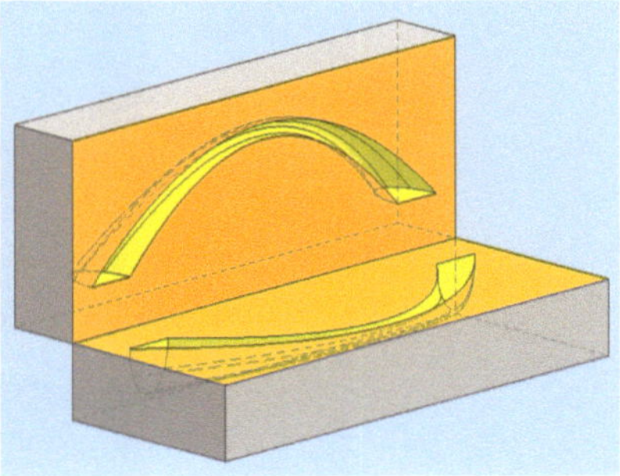

5.5.10 Direkt, Direktbearbeitung

Mit der Funktion **DIREKT**, die sich ebenfalls in der Befehlsgruppe **Ändern** befindet, können Manipulationen direkt an der Oberfläche des Körpers vorgenommen werden:

- Bauteile bzw. einzelne Bauteilflächen verschieben.
- Bauteile bzw. einzelne Bauteilflächen verdrehen.
- Bauteile bzw. einzelne Bauteilflächen skalieren.

Anders als bei den meisten anderen Funktionen öffnet sich kein zusätzliches Dialogfenster mit Einstell- bzw. Eingabemöglichkeiten. Es steht ausschließlich ein direkt eingeblendetes Markierungsmenü zur Verfügung. Beim Überfahren einer Fläche zeigt diese mögliche Manipulationspunkte an. Wenn sie ausgewählt werden, sind sie der Ausgangspunkt der jeweiligen Manipulation.

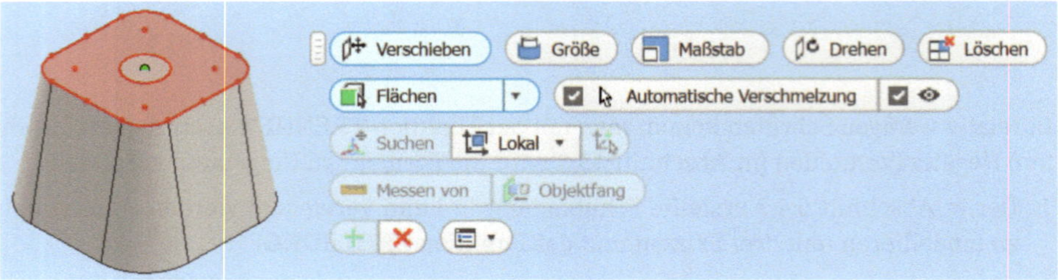

Beispiel: Erzeugen einer Wanne für eine Schubkarre

Ausgehend von einem einfachen Quader mit vier abgerundeten Kanten wird die Wanne einer Schubkarre erstellt. Für den Quader wird mit **EXTRUSION** von einer Skizze mit Rechteck und abgerundeten Ecken um den **Abstand** von **10 mm** extrudiert, wobei beim Extrudieren eine **Verjüngung** um **10°** hinzugefügt wird.

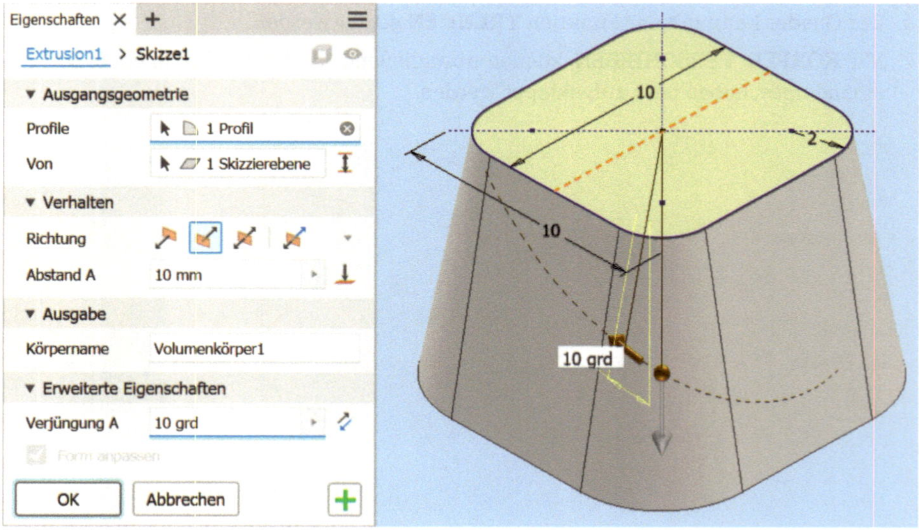

Für die weiteren Änderungen wird die Funktion **DIREKT** genutzt, die erlaubt, ganze Körper oder Flächen mithilfe direkter 3D-Manipulation zu verändern.

Verschieben – mit Funktion Direkt

Im ersten Schritt wird im eingeblendeten Markierungsmenü **VERSCHIEBEN** gewählt, die Seitenfläche des Quaders selektiert und anschließend verschoben. Die vorausgewählte Schaltfläche **AUTOMATISCHE VERSCHMELZUNG** bewirkt, dass angrenzende Elemente bei der Manipulation berücksichtigt werden. In diesem Fall werden die Rundungen des Quaders auch mit verschoben.

Für die korrekte Verschiebung wird der Bezug von **Lokal** auf **Welt** umgestellt. Die Verschiebung ist jetzt nicht mehr direkt auf die ausgehende Fläche bezogen, sondern global auf das Koordinatensystem des Volumenkörpers ausgerichtet.

Im Eingabefeld kann während des Verschiebens **10 mm** eingetragen werden. Mit **rechter Maustaste** und **Anwenden** wird das Verschieben abgeschlossen. Die Länge des Quaders entspricht nun der **1,5-fachen** Breite.

Maßstab – mit Funktion Direkt

Mit **MASSSTAB** wird im Gegensatz zu **GRÖSSE** der gesamte Volumenkörper manipuliert. Die Funktion skaliert über einen oder mehrere Faktoren den selektierten Körper entweder gleichmäßig oder in jede Richtung des Koordinatensystems unterschiedlich.

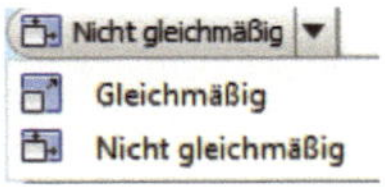

Im nächsten Schritt kann im **Direkt**-Menü die Funktion **MASSSTAB** gewählt und der bestehende Körper ausgewählt werden. Mit einer Skalierung von **20** vergrößert sich der Körper zu einem Quader von **800 mm × 400 mm** Grundfläche. Durch die Skalierung werden auch die abgerundeten Kanten angepasst.

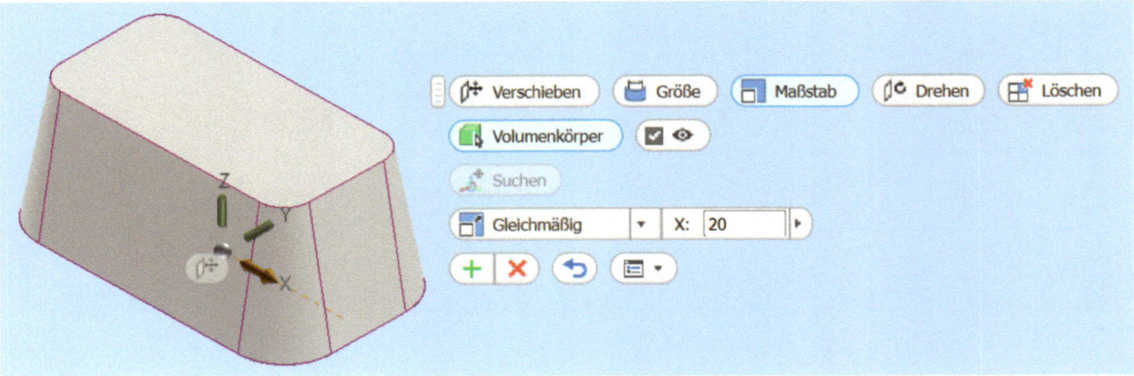

Drehen – mit Funktion Direkt

Mit **DREHEN** kann mithilfe des 3D-Dreh-Manipulators ein Volumenkörper oder eine einzelne Fläche um eine Achse verdreht werden. Beim Verdrehen einzelner Flächen bleibt der funktionelle Zusammenhang zum Volumenkörper erhalten, und die anderen Verbindungsflächen werden gegebenenfalls angepasst.

Um die Schubkarren-Wanne zu erstellen, wird die Frontfläche um **40°** nach vorne verdreht. Hierfür wird im **Direkt**-Menü die Funktion **DREHEN** gewählt, und die Frontfläche und der Manipulationspunkt werden in der Mitte der Oberkante ausgewählt. Wie in der Abbildung dargestellt, erscheinen nun drei Segmente, die jeweils für eine Drehung in einer anderen Dimension genutzt werden können. Nach Auswahl des Segments (in der XZ-Ebene) erfolgt die Eingabe von **–40°** im Eingabefeld. Die seitlichen Flächen passen sich hierbei automatisch an.

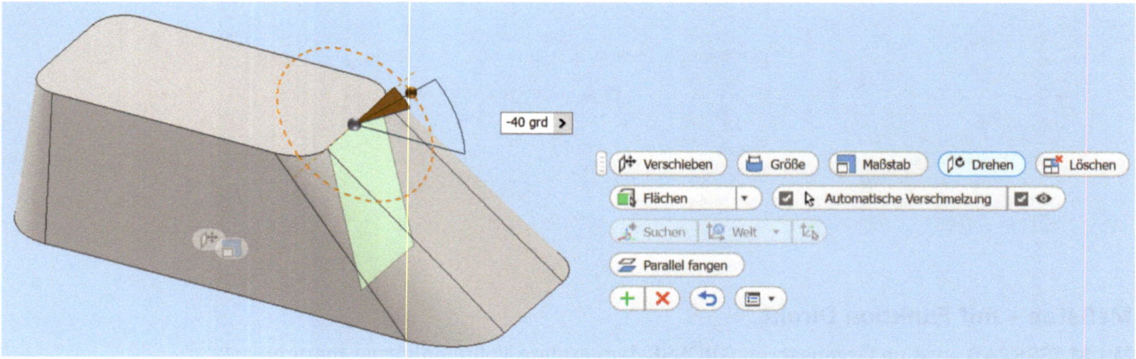

Eine weitere Drehung der oberen Fläche vervollständigt die Außenkontur der zu erstellenden Wanne. Für die Drehung wird der Manipulationspunkt in der Mitte der Fläche gewählt und ebenfalls das Segment in der XZ-Ebene. Ein Winkel von **5°** kann direkt eingegeben werden.

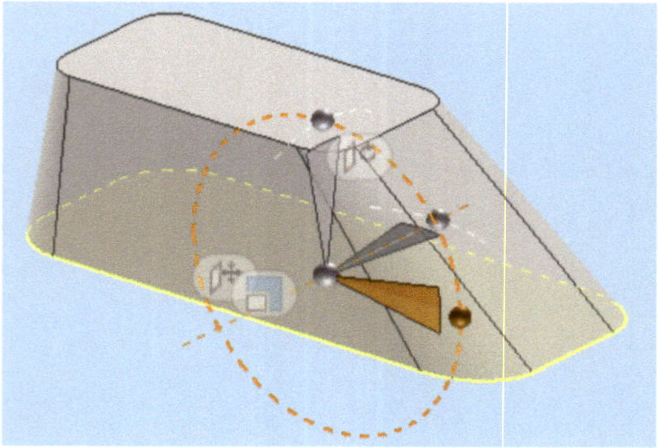

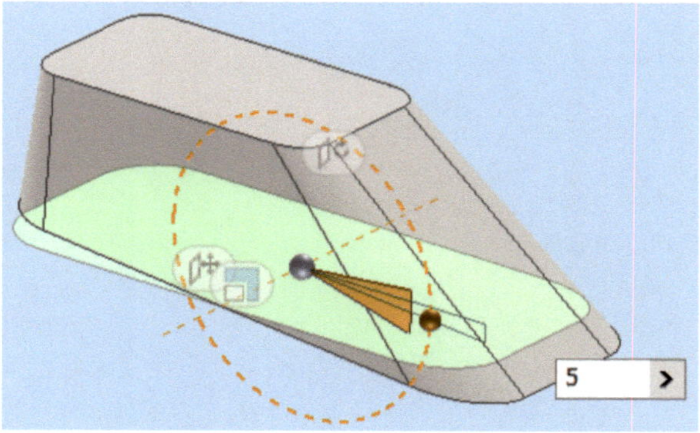

Größe ändern

Die Funktion **GRÖSSE** erlaubt das Bearbeiten von Bauteilen durch Verändern ihrer Flächen. Durch **Verschieben** einer ebenen Fläche des Volumenkörpers kann die Größe des Körpers angepasst werden. Bei gewölbten bzw. runden Flächen wird die Größe der Rundung oder Wölbung verändert. Durch Auswahl der Funktion **GRÖSSE** im **Direkt**-Menü im Modus **Versatz** sowie Auswahl der Körperfläche und Angabe des Versatzes von **10 mm** vergrößert sich das Volumen des Körpers. Durch nachträgliche Änderung dieses Wertes kann das Volumen der Wanne später verändert werden.

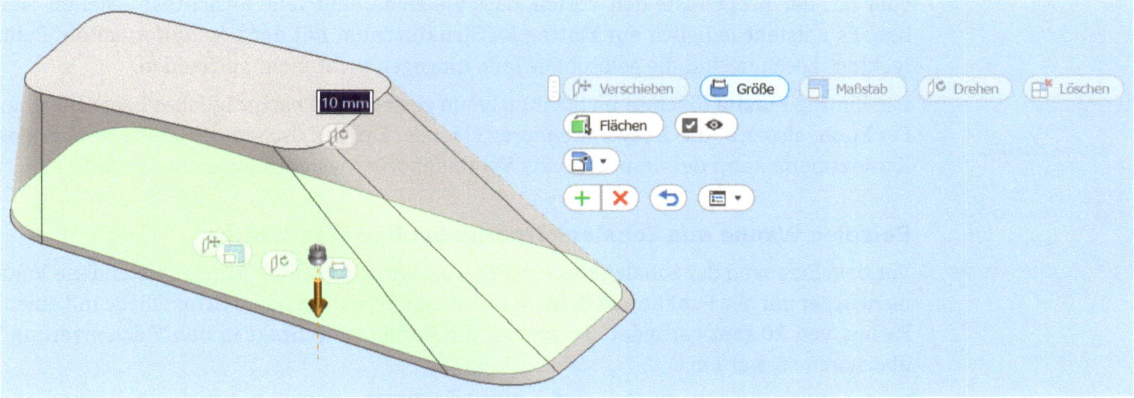

HINWEIS: Wenn der Direkt-Befehl aktiv ist, werden die durchgeführten Manipulationen mit entsprechenden Symbolen am Körper angezeigt und können mit einem Doppelklick auf das jeweilige Symbol erneut aktiviert und verändert werden.

5.5.11 Fläche löschen

Die Funktion **FLÄCHE LÖSCHEN** zeigt sehr gut die Unterschiede zwischen verschiedenen Modelliertechniken auf und hätte als Funktion auch der Befehlsgruppe **Oberfläche** (siehe Abschnitt 5.6) zugeordnet werden können. Mit der Funktion **FLÄCHE LÖSCHEN** können einzelne Flächen eines Bauteils gelöscht werden.

Hybridmodellierer (wie in Inventor eingesetzt) beherrschen sowohl das CSG-Modell[1] als auch das B-Rep-Modell.[2] Mit dieser Funktion wird aus einem Volumenmodell (CSG) ein offenes Flächenmodell, das dann nur Flächenmanipulationen zulässt.

---

[1] Constructive Solid Geometry (CSG): Die Basis des CSG-Verfahrens bilden dreidimensionale geometrische Modelle, wie die Kugel oder Pyramide, der Quader oder Zylinder.

[2] Bei der Boundary Representation handelt es sich um eine Volumenbeschreibungsmethode, welche die Geometrie durch die umhüllenden Begrenzungsflächen bzw. durch deren Begrenzungen (engl.: *Boundaries*) erfasst.

HINWEIS: Wird eine Fläche eines Volumenkörpers gelöscht, so wird das restliche Gebilde ein masseloser Flächenverbund, bei dem Änderungen nur eingeschränkt möglich sind.

Die beiden Optionen **Einzelne Fläche auswählen** und **Stück oder Hohlraum auswählen** gestatten entweder nur Flächen oder alternativ Volumenkörper von Bauteilen zu löschen, falls diese aus mehreren Volumenkörpern bestehen. Das Löschen von Volumenkörpern in solchen Multipart-Bauteilen hat gegenüber dem **Löschen** im Kontextmenü oder mit der **ENTF**-Taste den Vorteil, dass die gelöschten Teile unsichtbar erhalten bleiben. Es entsteht lediglich ein Eintrag im Strukturbaum mit der Löschinformation. Beim „echten" Löschen sind die gelöschten Teile hingegen nicht mehr vorhanden.

Der Eintrag **Fläche löschen** im Strukturbaum gestattet ein nachträgliches Bearbeiten der Funktion, also z. B. die Auswahl anderer Flächen. Durch Löschen des Eintrags über das Kontextmenü kann der ursprüngliche Volumenkörper wiederhergestellt werden.

Beispiel: Wanne aus Schalenkörperhülle ohne Wandstärke

Vor dem Erzeugen der Schalenkörperhülle wird der in Abschnitt 5.5.10 entstandene Volumenkörper mit der Funktion **RUNDUNG** an seiner (oben liegenden) Grundfläche mit einem Radius von **20 mm** gerundet. So können die Rundungen direkt in den Flächenverbund übernommen werden.

Im Anschluss wird die Funktion **FLÄCHE LÖSCHEN** gewählt. Der Körper wird in seiner Ansicht gedreht und die größere der planaren Flächen als zukünftige offene Oberseite zum Löschen ausgewählt.

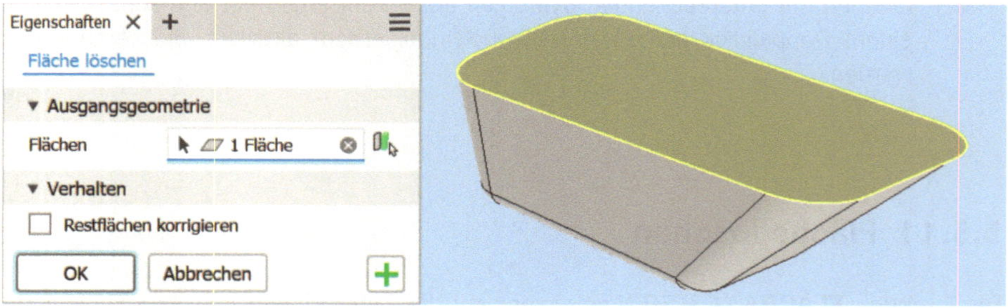

Durch die gelöschte Fläche wird aus dem Volumenkörper ein Flächenverbund, bestehend aus den verbleibenden Flächen. Im Strukturbaum werden entsprechend Ordner und Symbol für Flächenkörper angezeigt.

Der entstandene Flächenkörper kann nun weiter verändert werden. Mit einer Skizze auf der **XZ-Ebene** wird die Querschnittsfläche als **Konstruktionslinie** in die Skizze projiziert und mit der Funktion **BOGEN – TANGENTE** ein Falzprofil an dieser Konstruktionslinie angefügt.

Mit **SWEEPING** kann eine umlaufende Kontur erstellt werden. Im Dialogfeld ist als **Profil** das Falzprofil der Skizze auszuwählen und unter **Pfad** die offene Kante, entlang der Kontur der gelöschten Fläche. Im Funktionsbereich **Verhalten** sind als Ausrichtung **Füh-**

rung und als Führung der **Flächenverbund** im Modellbereich auszuwählen. Nach Verlassen des Dialogfelds mit **OK** entsteht der Falz als erweiterte Fläche. Es existiert also weiterhin noch kein Volumenkörper.

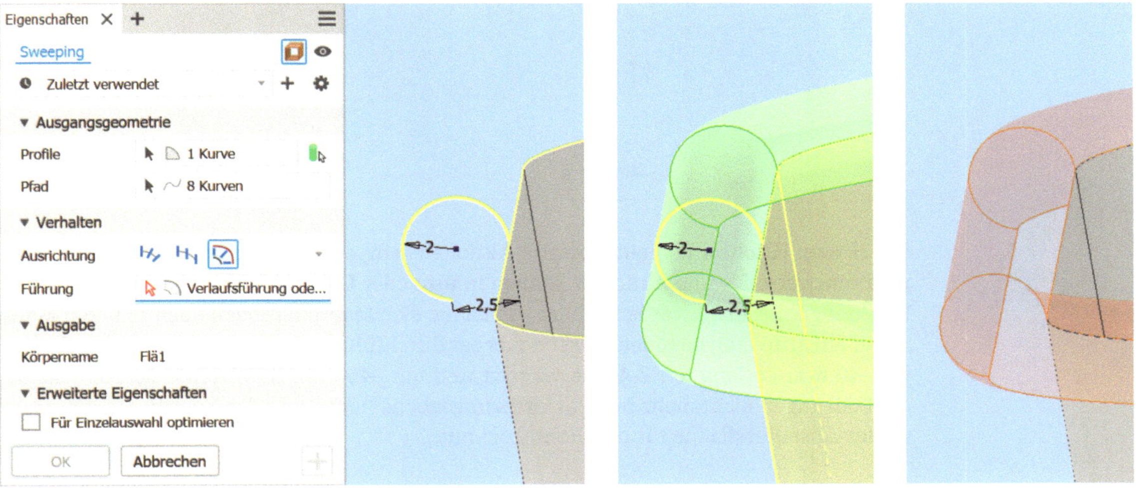

Für die Wanne wird aus dem Flächenkörper mit der Funktion **VERDICKUNG/VERSATZ** ein dünnwandiger Volumenkörper mit Dicke **1 mm**, der jetzt in seiner Form einer Schubkarrenwanne entspricht. Hierfür wird die Funktion zunächst auf die Falzflächen angewendet und im letzten Schritt der Flächenverbund verdickt.

Bei Bedarf kann die Wanne zum Koordinationsursprung mit der Funktion **KÖRPER VERSCHIEBEN** mit **Drehen** um **180°** neu ausgerichtet werden, sodass die Ausgangsansicht die Wannenöffnung nach oben zeigt.

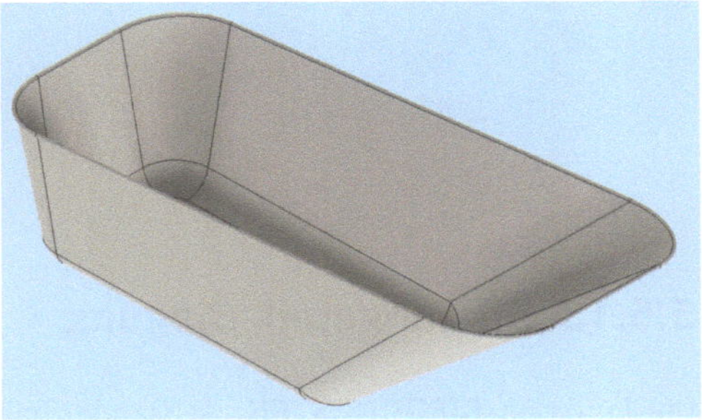

5.5.12 Verschieben und Drehen (von Körpern)

Die Funktion **KÖRPER VERSCHIEBEN** ist im ausklappbaren Teil der Befehlsgruppe **Ändern** versteckt und erlaubt das Neupositionieren von Volumenkörpern im Koordinatensystem, wobei folgende Optionen gewählt und gegebenenfalls kombiniert werden können:

Körper verschieben

- Körper in X-, Y- und Z-Richtung verschieben.
- Körper entlang eines Strahls (Achse) verschieben.
- Körper um eine Achse drehen.

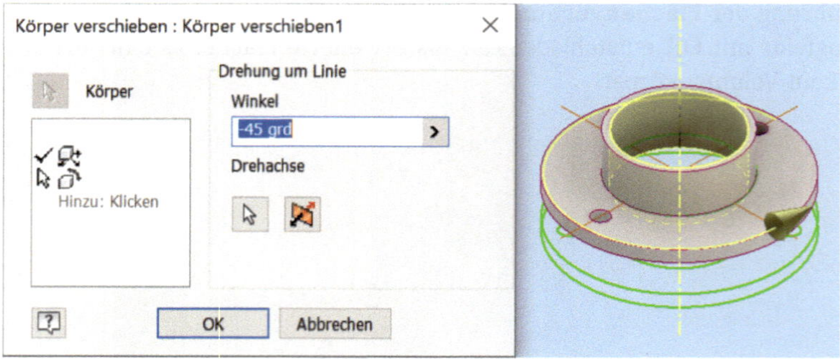

Mit **Hinzu: Klicken** können mehrere Aktionen zeitgleich ausgeführt werden. Die Manipulationswerte für alle Aktionen können in **mm** oder **Grad** in die entsprechenden Eingabefelder geschrieben werden. Alternativ lassen sich Manipulationen auch mit dem Mauszeiger am grün eingeblendeten Pseudokörper durchführen. Im Beispiel wurde ein Flansch um –**10 mm** entlang der Z-Achse versetzt und um –**45°** um die Z-Achse gedreht, sodass die Bohrungen nicht mehr in einer Ursprungsebene liegen und der Koordinatenursprung an der Anschlussfläche für den Rohrabschnitt.

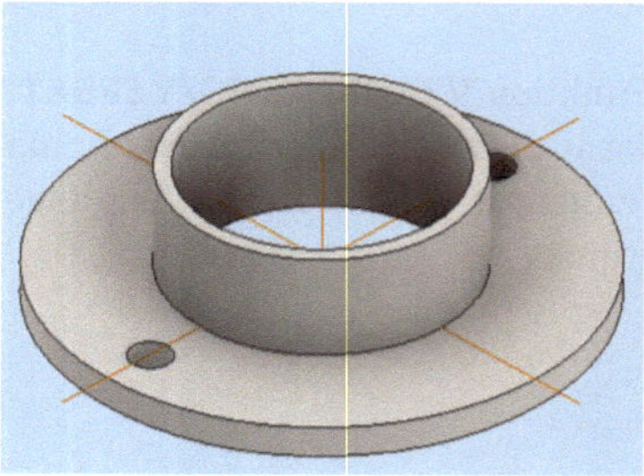

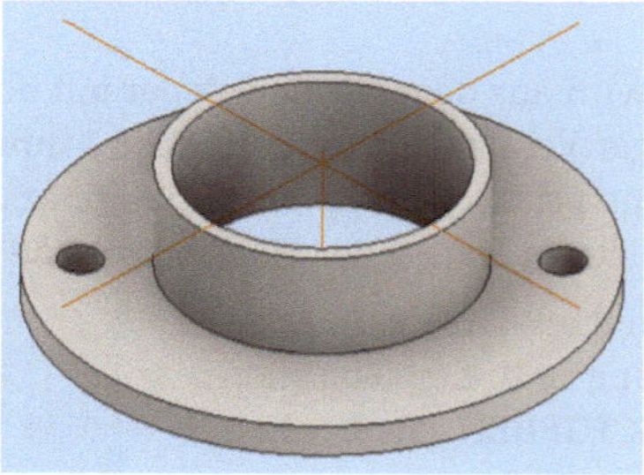

5.5.13 Biegungsteil, Biegung

Biegungsteil

Die Funktion **BIEGUNGSTEIL** ist standardmäßig ebenfalls im ausklappbaren Teil der Befehlsgruppe **Ändern** versteckt. Mit dem Befehl lassen sich auf recht einfache Art und Weise Bauteile verbiegen, d. h., entlang einer Knicklinie verformen. Um eine Biegung durchführen zu können, ist eine Skizze notwendig, welche die **Biegelinie** enthält, um die das Bauteil gebogen bzw. geknickt werden soll. Hierfür reicht bereits eine einfache Linie als Skizze aus.

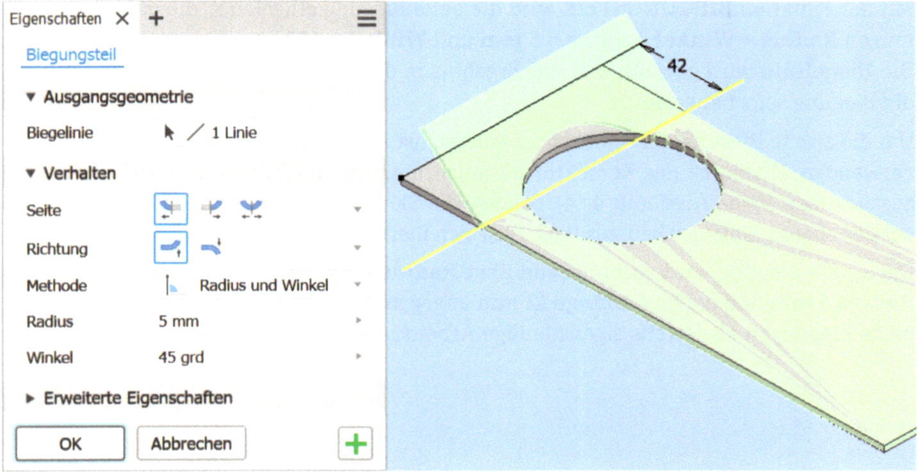

Im Funktionsbereich **Verhalten** kann als **Methode** für die Biegung wahlweise eine der drei Optionen ausgewählt werden:

- Radius + Winkel
- Radius + Bogenlänge
- Bogenlänge + Winkel

Weiterhin kann die **Richtung** der Biegung festgelegt werden. Wichtig ist dieser Punkt, falls mehrere Biegungen durchgeführt werden sollen und alle Biegelinien in einer Skizze eingezeichnet wurden.

Beispiel: Plattenbereiche hochbiegen

Das Ausgangsbauteil ist eine einfache Platte, die nicht zu dick sein sollte (im Beispiel **3 mm**), um bei typischen Blechdicken zu bleiben. Auf der Oberfläche der Platte wurde eine Skizze mit zwei Biegelinien erzeugt.

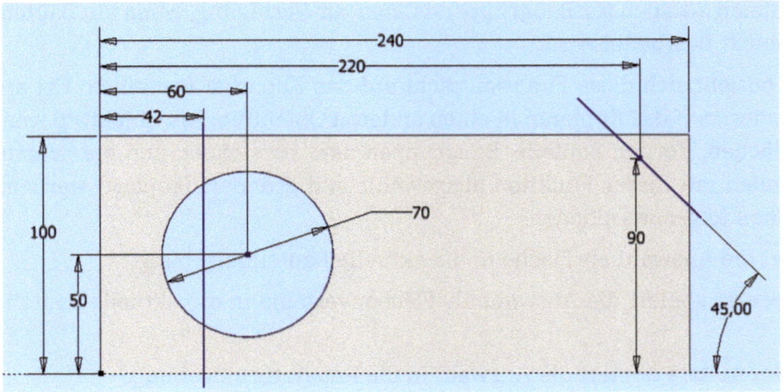

Mit der Funktion **BIEGUNGSTEIL** wird die erste Biegung eingeleitet, die mit den Einstellungen **Radius + Winkel**, **Radius = 5 mm** und **Winkel = 45°** vorgenommen werden soll. Die **Biegelinie** wird gewählt und das Ergebnis in der Vorschau dargestellt. Mit **OK** wird die Biegung sofort ausgeführt.

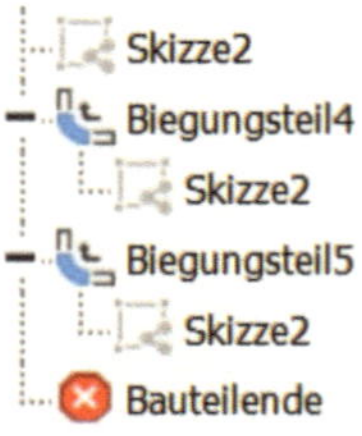

Um die zweite Biegung durchführen zu können, ist im Strukturbaum die Skizze wiederzuverwenden. Hierzu ist das Kontextmenü aufzurufen und **SKIZZE WIEDERVERWENDEN** auszuwählen (siehe Abschnitt 4.14). Solange die Skizze mit der benötigten Biegelinie noch auf der ebenen Seite des Bauteils liegt, lässt sich hiermit eine weitere Biegung durchführen.

Die zweite Biegung wird anschließend über **Radius + Bogenlänge** angegeben, wobei als **Radius 6 mm** und als **Bogenlänge 12 mm** angegeben wurden. Im Strukturbaum werden beide Biegungen als jeweils eigenständige Arbeitsgänge (Objekte) angezeigt.

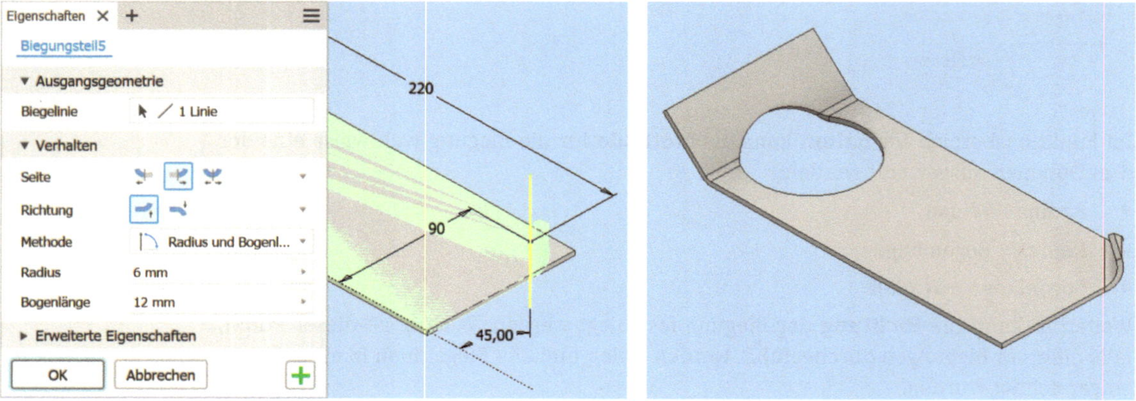

5.5.14 Objekt kopieren

Objekt kopieren

Die Funktion **OBJEKT KOPIEREN** in der erweiterten Befehlsgruppe **Ändern** steht sowohl für Bauteildateien als auch für Baugruppendateien zur Verfügung, wenn ein Bauteil im Baugruppenkontext bearbeitet wird.

Auf Bauteilebene bezieht sich diese Funktion nicht auf das Kopieren von einem Ort an einen anderen, sondern auf das Kopieren in einen anderen Objekttyp. Als Objekttyp werden in Inventor Flächen, Körper, Bauteile, Baugruppen usw. bezeichnet, und die beiden erstgenannten können mit dieser Funktion ausgewählt und geändert (kopiert) werden. Zur Verfügung stehen folgende Optionen:

- **Fläche** kopiert die Auswahl als Fläche in die aktuelle Bauteilumgebung.
- **Zusammengesetzt** kopiert die Auswahl als Flächenverbund in die aktuelle Bauteilumgebung.
- **Reparierte Geometrie** kopiert die Auswahl in die Reparaturumgebung.[3]

[3] Inventor besitzt für die Fehlersuche und das Korrigieren eine eigene Reparaturumgebung (siehe Abschnitt 9.1). Diese kommt insbesondere bei importierten Daten zum Tragen, die fehlerbehaftet sein können.

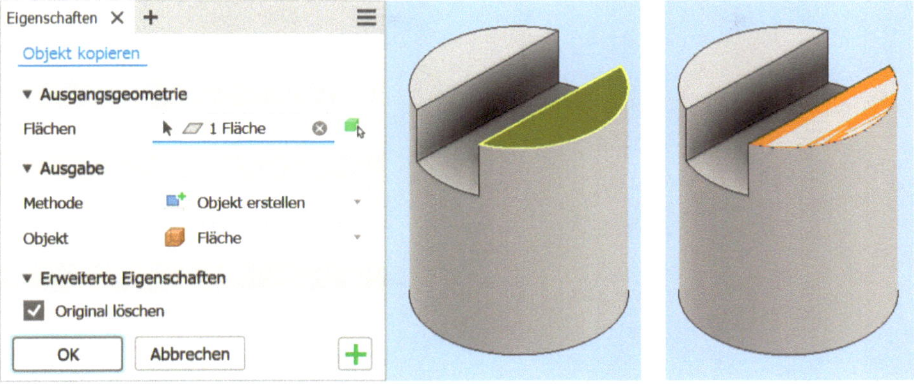

Im Strukturbaum entsteht jeweils ein neuer Eintrag, unter dem die kopierten Objekte eingetragen und bei Bedarf im Anschluss von dort weiterverarbeitet werden können.

5.5.15 Markieren

Markieren

Die Funktion **MARKIEREN** in der Befehlsgruppe **Ändern** erlaubt es, Skizzenelemente sowie Text auf Oberflächen zu projizieren. Im Ergebnis können die entstandenen Markierungslinien ähnlich verwendet werden wie Körperkanten. Eine von einer Markierung umschlossene Fläche kann hierbei für den Befehl **OBERFLÄCHE** ausgewählt werden, um z. B. der Markierungsfläche eine Textur zu geben.

Im Unterschied zur Funktion **PRÄGEN** können auch nicht zylindrische Flächen, wie Freiformflächen oder Flächen, die durch Sweeping erzeugt wurden, mit einer Markierung versehen werden, wenn hierbei die **Methode Projektion** verwendet wird.

Die Funktion **MARKIEREN** ist auch sehr hilfreich, um mithilfe einer **DXF-Datei** direkt Informationen an einen Schnitt- oder Gravur-Laser zu übergeben. Hierfür kann im Kontextmenü einer ausgewählten planen Oberfläche die Funktion **FLÄCHE EXPORTIEREN ALS...** verwendet werden, die direkt eine DXF-Datei erzeugt.

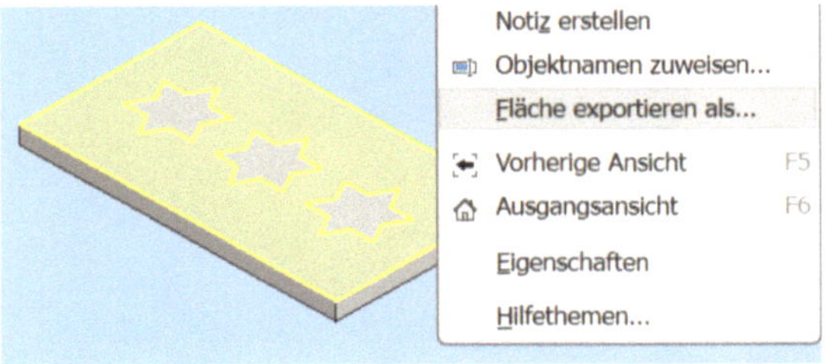

Beispiel: Beschriftung eines Rohrbogens mit Ellipsenquerschnitt

Auf der **XZ-Ebene** wird eine Skizze mit einem Profil erstellt, in dem konzentrisch zwei Ellipsen gezeichnet werden. Die Pfadskizze liegt in der **XY-Ebene** und besteht aus einem einfachen Kreisbogen mit **300 mm** Durchmesser. Mit der Funktion **SWEEPING** kann jetzt das elliptische Ringprofil entlang des **90-Grad**-Bogens zu einem Rohr erweitert werden.

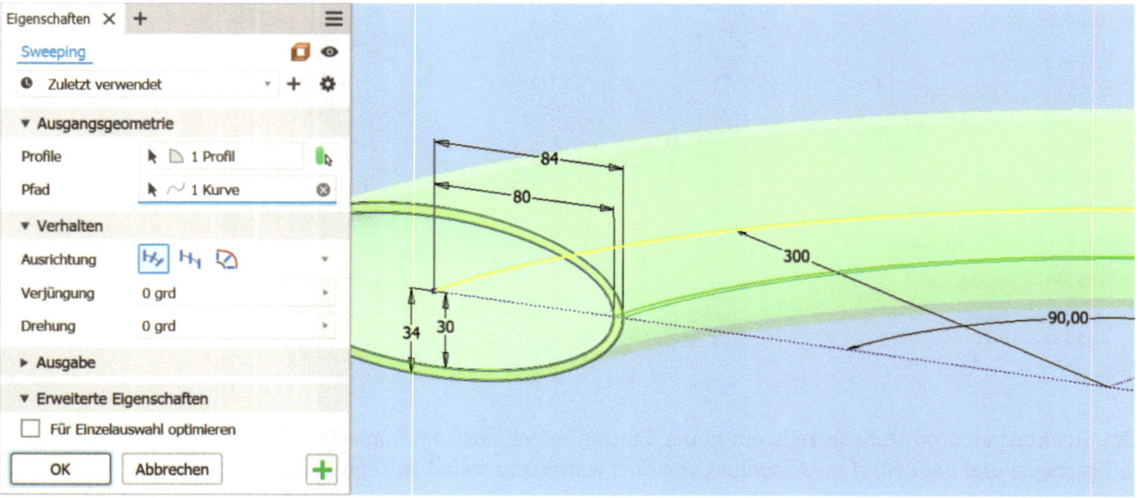

Mit **VERSATZ VON EBENE** wird eine Arbeitsebene erzeugt, die um **40 mm** von der **XY-Ebene** versetzt liegt. Auf dieser Ebene wird in einer Skizze ein Kreisbogen passend zur Pfadskizze des Rohres, also mit **300 mm** Durchmesser, gezeichnet und mit **GEOMETRIE-TEXT** das Wort Flussrichtung entlang des Bogens ausgerichtet. Mit Schrift-Sonderzeichen lassen sich hierbei Dreiecksymbole ergänzen. Im Dialogfeld **Geometrietext** kann mit Schriftgröße **30** und **Versatz** von **15 mm** sowie einem Anfangswinkel von **20°** die Schrift passend über der Rohrmitte positioniert werden.

Mit der Funktion **MARKIEREN** wird ein Dialogfeld aufgerufen, und unter **Objekte** ist die Schrift auszuwählen. Die **Methode Projektion** sollte ausgewählt sein und **Richtung** zur Rohrmitte zeigen.

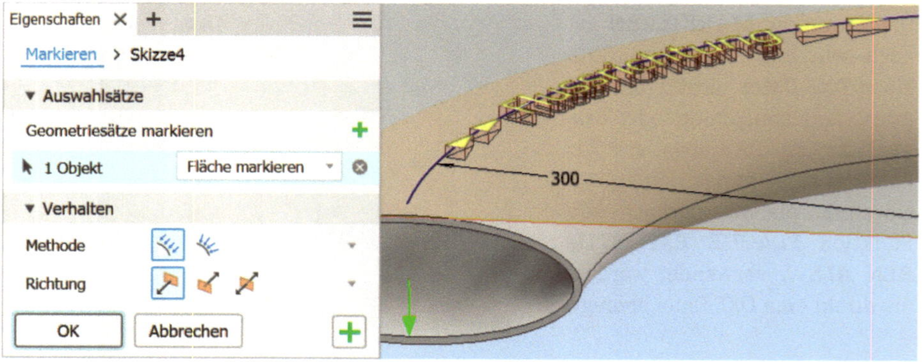

Nachdem die Markierung gesetzt wurde, kann sie mit der Funktion **OBERFLÄCHE** in der Befehlsgruppe **Ändern** eingefärbt werden. Hierfür wird der Typ **Darstellung** gewählt und im Drop-down-Feld eine blaue Darstellung gewählt.

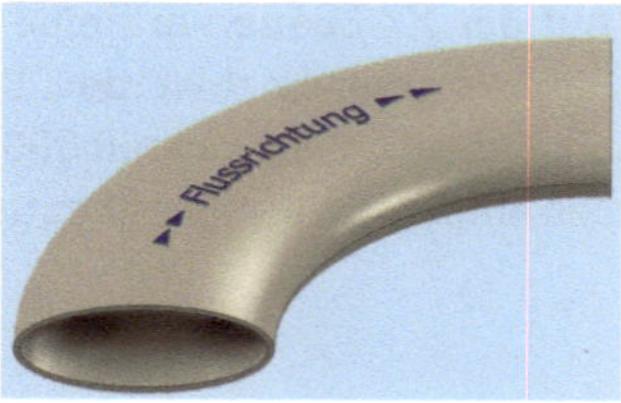

5.5.16 Oberfläche

Oberfläche

Mit der Funktion **OBERFLÄCHE** der Registerkarte **Ändern** können zusätzlich zur Materialauswahl (für das gesamte Bauteil – siehe Abschnitt 5.8) ausgewählte Oberflächen gesondert hervorgehoben werden, die beispielsweise eine Oberflächenbehandlung erfahren sollen. Es öffnet sich wieder ein Dialogfenster mit verschiedenen Bereichen.

Im Dialogfeld im Funktionsbereich **Ausgangsgeometrie** lassen sich Flächen zusammenstellen, d. h. **Einschließen** oder **Ausschließen**. Die errechnete Gesamtfläche ändert sich entsprechend.

Im Funktionsbereich **Verhalten** lassen sich für die gewählten Flächen fünf verschiedene Typen auswählen:

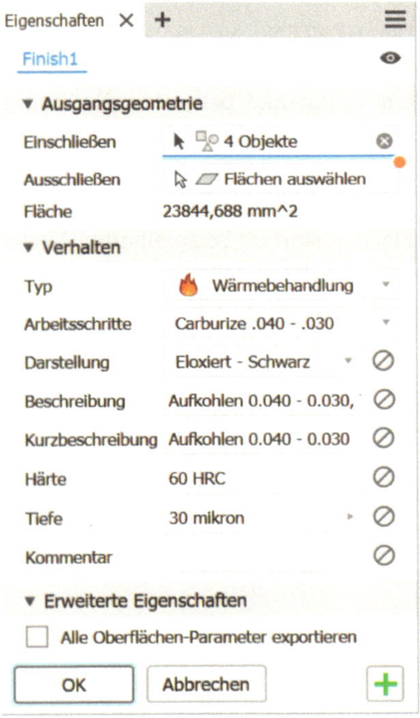

- **Darstellung** weist den Flächen nur eine Textur aus der Darstellungsbibliothek zu. Es können jedoch zusätzlich Kommentare hinterlegt werden.
- **Materialbeschichtung** erlaubt neben der Angabe der **Darstellung** unter dem Punkt **Arbeitsschritte** auch die Auswahl einer Legierung sowie die Angabe der **Dicke** der Beschichtung.
- **Wärmebehandlung** erlaubt neben der Angabe der **Darstellung** unter dem Punkt **Arbeitsschritte** auch die Auswahl eines Härteverfahrens sowie die Angabe von **Härte** und **Tiefe**.
- **Oberflächenbeschaffenheit** erlaubt neben der Angabe der **Darstellung** unter dem Punkt **Arbeitsschritte** die Auswahl einer Oberflächenbehandlung (wie **Polishing** oder **Honig**).
- **Einfärben** erlaubt neben der Angabe der **Darstellung** unter dem Punkt **Arbeitsschritte** die Auswahl von RAL-Farben sowie eine Angabe der **Dicke**.

Unter **Darstellung** kann für jeden Typ eine Textur gewählt werden, die die jeweilige Bearbeitung im Modell hervorhebt (siehe auch Abschnitt 5.8).

Definierte Bauteiloberflächen werden mit der jeweils gewählten Textur im Modell hervorgehoben. Die Oberflächenangaben erscheinen anschließend auch im Strukturbaum im Ordner *Oberfläche*. Die Einstellungen können hier über das Kontextmenu nachträglich geändert werden. Unter **ELEMENT BEARBEITEN** öffnet sich das Kontextmenü erneut.

5.6 Flächenbefehle

Ausgabe

Die Flächenerzeugung erfolgt in der Regel mit der Option **Fläche**, die in den Erzeugungswerkzeugen **DREHUNG**, **ERHEBUNG**, **EXTRUSION**, **SWEEPING** und **VERDICKUNG** in den Dialogfenstern verfügbar ist. Anstelle von massiven Körpern werden damit masselose Flächen mit der Dicke von **0 mm** erstellt. Mit den Flächenbefehlen der Befehlsgruppe **Oberfläche** können erzeugte Flächen manipuliert werden.

5.6.1 Fläche heften

Heften

Das **HEFTEN** von Flächen wird eingesetzt, um Flächen zu kombinieren, deren aneinanderstoßende Kanten exakt dieselbe Größe haben. Es entsteht ein Flächenverbund oder ein Volumenkörper, wenn die Summe der Flächen einen Raum vollständig umhüllt. Im Flächenverbund können die Übergänge der Flächen verrundet werden.

Im Dialogfenster **Heften** steht die aktuelle Anzahl der ausgewählten Flächen. Nach Anklicken von **Anwenden** erscheinen die Kanten in der Liste. Die zum Heften ausgewählten Flächen sind im beispielhaften Modell hervorgehoben. (Sie sind mit **OBJEKT KOPIEREN** der Stirnfläche sowie **EXTRUSION** eines Bogens entstanden.)

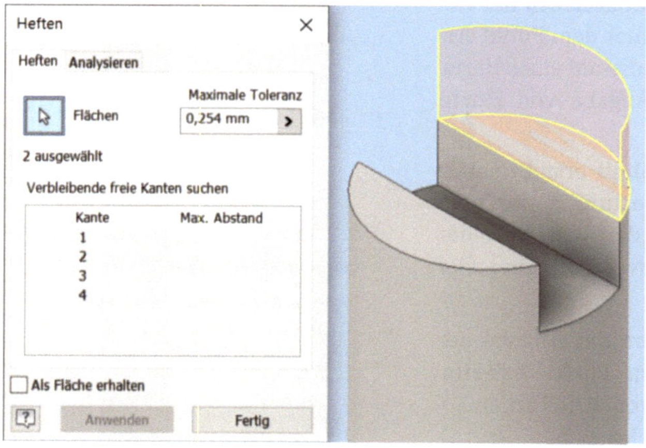

Die Anzeige **Verbleibende freie Kanten suchen** erfolgt durch Anklicken der Kantennummern im Dialogfenster und in der farbigen Darstellung der betroffenen Kanten. Sind keine freien Kanten vorhanden, so wird **Keine offenen Kanten** in dieses Feld eingetragen.

TIPP: Die Analyse auf der zweiten Registerkarte ist bei komplexen Flächen recht hilfreich. Sie zeigt die gehefteten Kanten mit einer schwarzen Unterlegung an und gibt so einen optischen Eindruck vom Erfolg der Methode.

Beispiel: Flächenverbund aus zwei Flächen

Es werden zwei Flächen mit **HEFTEN** zu einem Flächenverbund geheftet. Die erste Fläche wird mithilfe von **DREHUNG** und einer Kontur aus Bögen und Linien als Rotationsfläche mit einem Außendurchmesser von **10 mm** erzeugt. Die zweite Fläche wird als **UMGRENZUNGSFLÄCHE** auf Basis einer Skizze erstellt. Sie besitzt ein Loch mit einem **10-mm**-Innendurchmesser, welches konzentrisch zur Rotationsfläche liegt.

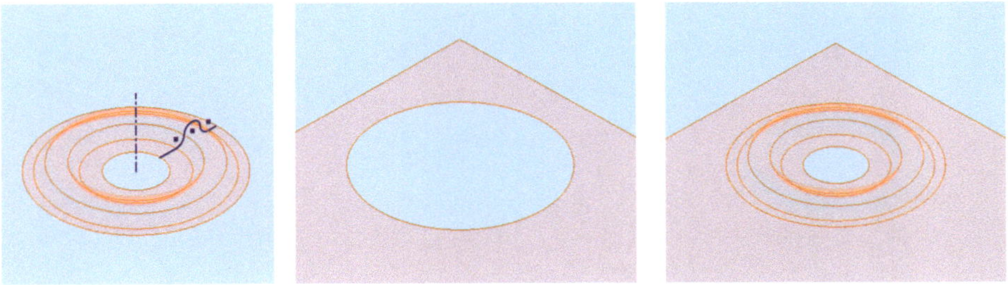

TEIL II

5.6.2 Umgrenzungsfläche

Umgrenzungsfläche

Die Funktion **UMGRENZUNGSFLÄCHE**, oder auch Füllfläche genannt, ist eine Funktion, um neue Flächen zu erstellen. Die neue Fläche wird aus selektierten Umgrenzungslinien (bzw. -bögen, -kreisen) erstellt, z. B. aus den Kanten eines Bauteils oder aus den Elementen einer Skizze. Die gewählten Kanten oder Skizzenelemente müssen nicht in einer Ebene liegen.

Beispiel: Mantelfläche einer Sicke

Ausgehend von einer bestehenden Rotationsfläche (Abschnitt 5.6.1) mit einem Außendurchmesser von **10 mm** wird eine Skizze auf einer Arbeitsebene erzeugt, die um **5 mm** versetzt zur Ursprungsebene unterhalb der Rotationsfläche liegt. Die Skizze enthält einen Kreis mit Durchmesser **14 mm** (innerhalb eines Rechtecks), dessen Mittelpunkt in der Achse der Rotationsfläche positioniert wird.

Mit **UMGRENZUNGSFLÄCHE** wird eine Mantelfläche erzeugt. Im Dialogfeld sind als Umgrenzungskontur die Außenkontur der Rotationsfläche und der Kreis in der Skizze zu wählen.

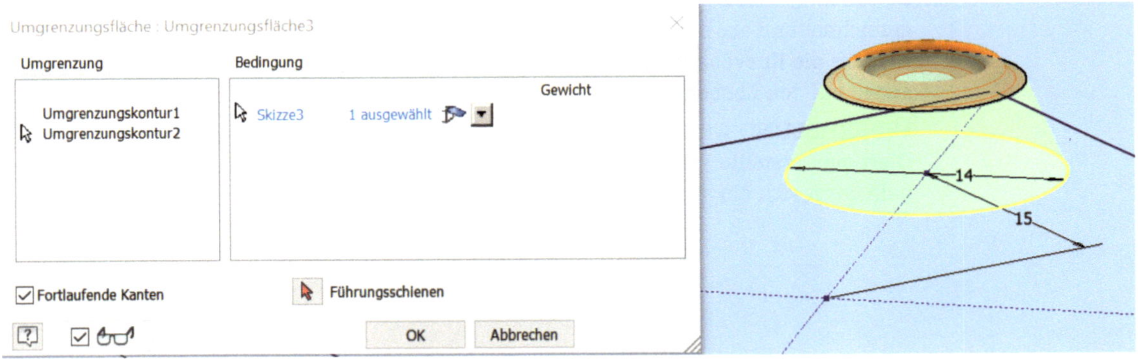

Durch **SKIZZE WIEDER VERWENDEN** wird die Skizze erneut für eine Umgrenzungsfläche genutzt. Als Umgrenzungskontur sind hier Rechteck und Kreis zu wählen, um in der planen Fläche den Kreis auszuschneiden. Somit grenzt die durch Umgrenzung erzeugte Mantelfläche an das Kreisloch, und es entsteht eine Sicke. Abschließend können die drei Flächen zu einem Flächenverbund geheftet und die Übergänge verrundet werden.

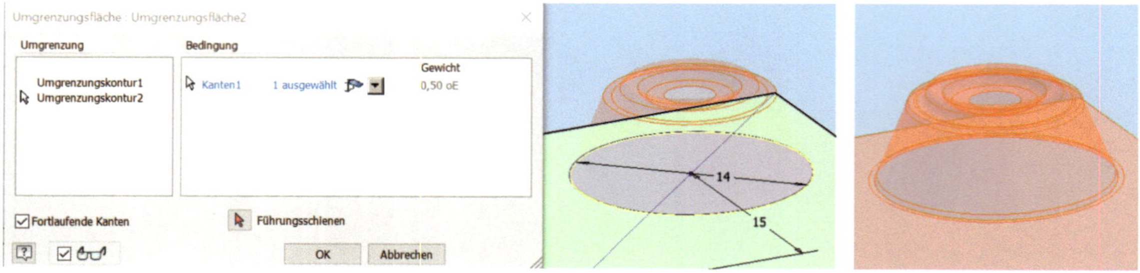

5.6.3 Formen, Körper aus Flächen erstellen

Formen

Mit dem Werkzeug **FORMEN** kann, basierend auf einer nicht gestutzten und überlappenden Flächengeometrie, ein neuer Volumenkörper erstellt werden. Als Begrenzungsflächen kommen dabei Flächen, Arbeitsebenen und Volumenkörperflächen als 3D-Umgrenzungen zum Einsatz.

HINWEIS: Es ist nicht möglich, einen offenen und unbegrenzten Raum als Volumenkörper zu verwenden. Die Flächen müssen zusammen oder mit einem eventuell bereits vorhandenen Bauteil einen geschlossenen, „wasserdichten“ Bereich bilden.

Beispiel: Volumenkörper aus vier Ebenen und einer Freiformfläche erzeugen

Zu Beginn dieses Beispiels wurden die Ursprungsebenen sichtbar geschaltet (Strukturbaum, Kontextmenü), und eine neue Arbeitsebene wurde durch das Versetzen der **XZ-Ebene** in Y-Richtung erstellt. Auf der XZ-Ebene wurde mit einer neuen Skizze ein **SPLINE** gezeichnet und auf der Arbeitsebene ein Viertelkreis. Wichtig beim Zeichnen der Splines ist, dass die Kurvenenden jeweils über die begrenzenden Ebenen hinausragen oder ganz genau auf den Ebenen enden.

Mit **ERHEBUNG** wird anschließend eine **Fläche** zwischen den beiden Kurven erzeugt. Diese neu erstellte Fläche wird jetzt von insgesamt vier Arbeitsebenen umgeben, innerhalb derer sich ein allseitig abgeschlossenes Volumen befindet.

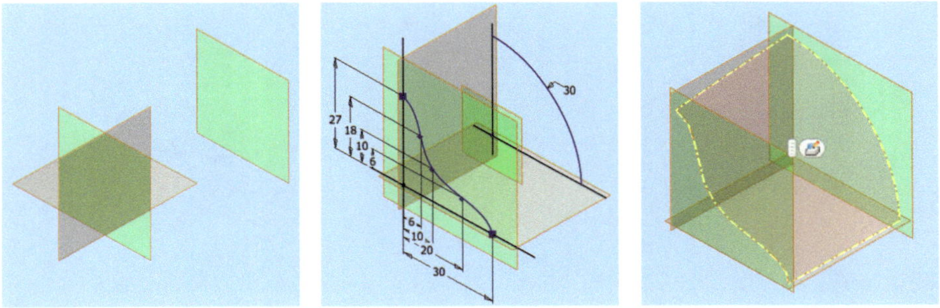

Jetzt kommt der Befehl **FORMEN** zum Einsatz, der aus dem Raum zwischen den vier Ebenen und der (Freiform-)Fläche einen Volumenkörper erzeugt, nachdem alle Begrenzungsflächen selektiert wurden.

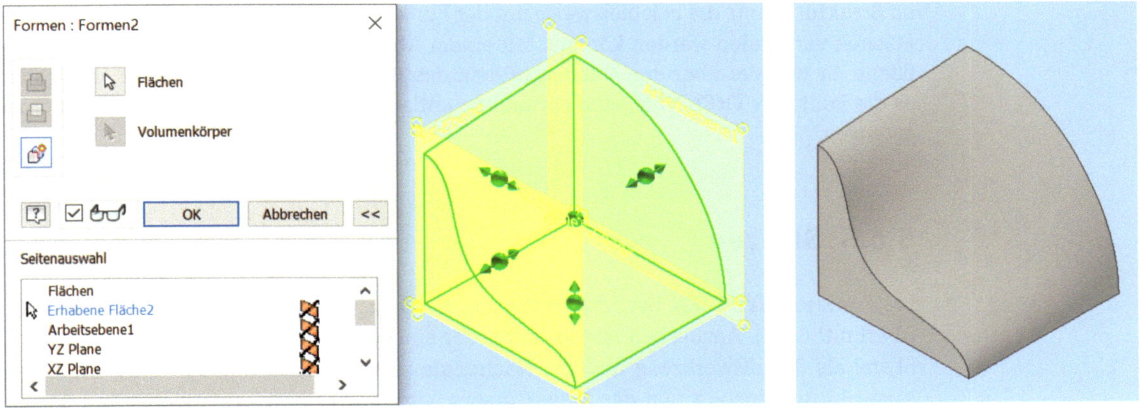

TEIL II

5.6.4 Regelfläche

Regelfläche

Regelflächen werden häufig bei der Konstruktion von Gussformen verwendet, um Trennflächen oder übergangslose Verlängerungen komplexer Flächen zu erzeugen. Das Dialogfeld der Funktion **REGELFLÄCHE** stellt drei Optionen zur Verfügung:

- **Normal** bedeutet, die zu erstellende Fläche verläuft lotrecht zur ausgewählten Kante (bei einem Winkel von 0 Grad).
- **Tangential** bedeutet, die zu erstellende Fläche verläuft tangential zur ausgewählten Kante.
- **Vektor** bedeutet, die zu erstellende Fläche folgt einer ausgewählten Fläche, Ebene, Kante oder Achse.

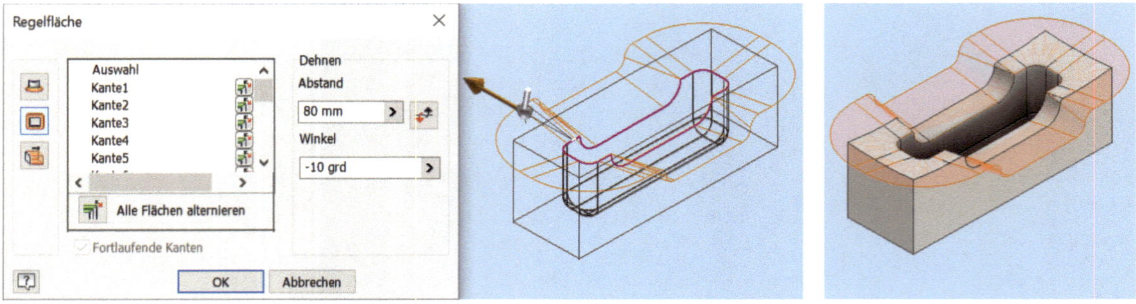

Für die Regelfläche ist ein Profil entlang von Körperkanten zu wählen. Diese Kontur verlängert sich dann um das unter **Abstand** eingestellte Maß zu einer Fläche. Das Beispiel zeigt das Ergebnis mit der eingestellten Option **Tangential** bei einem Winkel von **–10°** zur horizontalen Ebene. Es entstehen neue eigenständige Flächen (siehe auch den Eintrag im Strukturbaum), die beispielsweise mit der Funktion **HEFTEN** mit bereits vorhandenen Flächen verbunden werden können. Mit einem Abstandsmaß von **80 mm** ragt die Regelfläche im Beispiel über den Quader, in dem das Bauteil liegt, hinaus. Damit ermöglicht es die Funktion **TRENNEN**, eine Formhälfte entlang der Regelfläche aus dem Quader zu erzeugen.

5.6.5 Stutzen

Stutzen

Die Funktion **STUTZEN** bewirkt im Prinzip das Gegenteil der Funktion **DEHNEN** (siehe Abschnitt 5.6.6). Anzugeben ist hier entweder ein Skizzenelement, eine Fläche oder eine Ebene als Schnittwerkzeug und die Fläche, die zu stutzen ist. Mit der entsprechenden Auswahl und der Position des Maus-Cursors wird dabei festgelegt, welcher Teil der gestutzten Fläche entfernt werden soll. Mit der Schaltfläche **AUSWAHL UMKEHREN** kann die verbleibende Fläche gewechselt werden. Die Abbildung zeigt eine Rechteckfläche, die durch einen in einer Skizze definierten Kreis gestutzt wird.

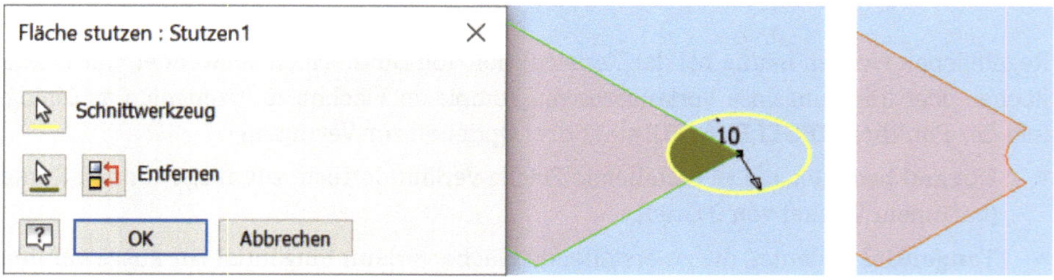

Die Funktion **STUTZEN** lässt sich ausschließlich auf Flächen oder flächenbasiert erzeugte Körper anwenden. Für Volumenkörper stellt **TRENNEN** (siehe Abschnitt 5.5.9) eine ähnliche Funktion zur Verfügung.

5.6.6 Dehnen

Dehnen

Mit der Funktion **DEHNEN** können Flächen in eine oder mehrere Richtungen vergrößert werden. Hierbei wird zunächst die Kante gewählt, die gedehnt werden soll und dann unter **Größe** mit der Option **Bis** ein Element, bis zu dem gedehnt wird. Alternativ kann mit **Abstand** ein Wert für die Dehnung einer Fläche und den Versatz zu einer Kante angegeben werden. In der Abbildung wurde exemplarisch eine Rechteckfläche bis zu einem Zylindermantel gedehnt.

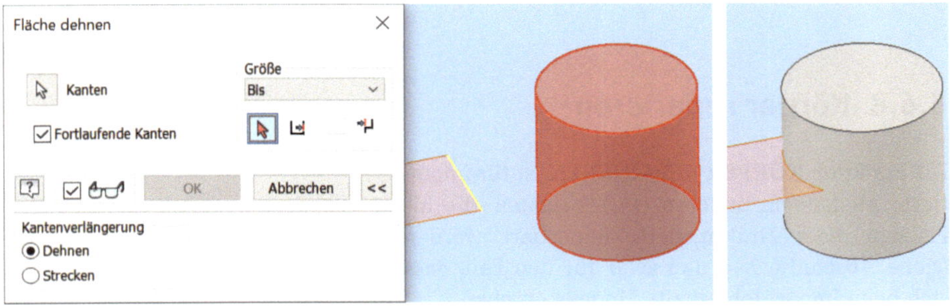

Im Feld **Weitere Optionen** kann zusätzlich die Methode eingestellt werden, wie Inventor die mathematische Umsetzung im rechnerinternen Modell vornimmt. Zur Auswahl stehen:

- **Dehnen:** Hier werden die Kanten entlang der Kurvenrichtung (Krümmungsradius) verlängert (gedehnt).
- **Strecken:** Die Kanten werden entlang einer geraden Linie verlängert.

5.6.7 Fläche ersetzen

Fläche ersetzen

Die Funktion **FLÄCHE ERSETZEN** substituiert eine oder mehrere Bauteilflächen durch eine andere Fläche. Das Bauteil muss hierbei die neue Fläche vollständig schneiden, d. h., die anschließende Dehnung oder das Stutzen des Bauteils muss vollständig durch die Fläche abgedeckt sein. Als Ersatzfläche muss eine Fläche selektiert werden, bis zu der hin das Bauteil gedehnt oder gestutzt werden soll.

Beispiel: Stirnfläche eines Zylinders mit einer Freiformfläche ersetzen

Im folgenden Beispiel eines Flächenersatzes wurde auf einer eigenen Skizze über dem Bauteil eine gewellte Fläche durch beidseitige Extrusion eines Splines erzeugt. Der anschließende Flächenersatz ersetzt die beiden Ebenen der kreisabschnittsförmigen Stirnflächen des Bauteils durch die neue gewellte Fläche. Das Bauteil wird zusätzlich entsprechend gedehnt.

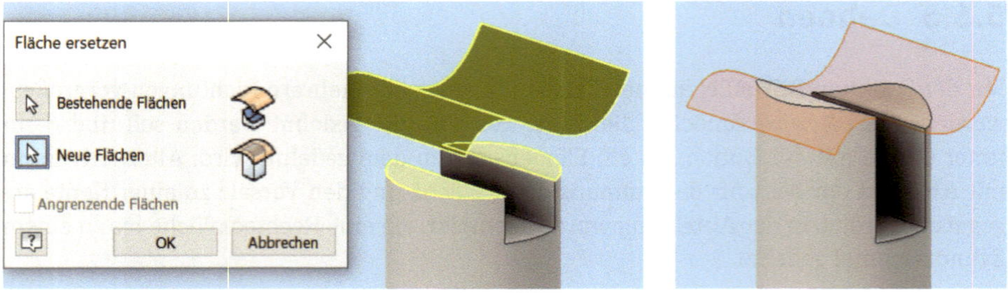

TEIL II

5.6.8 Körper reparieren

Körper reparieren

Die Funktion **KÖRPER REPARIEREN** ist für importierte Modelle in anderen CAD-Formaten, die als Flächen- oder Drahtmodelle importiert werden (siehe Abschnitt 9.1), und zwar für den Fall, dass sich beim Import fehlerhafte Modelle ergeben.

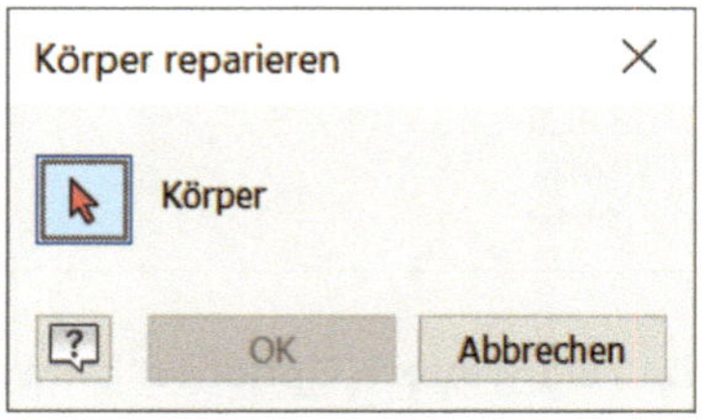

Nach Aufruf der Funktion erscheint das Dialogfeld **Körper reparieren**, und es ist ein Körper im Modellbereich oder im Strukturbaum auszuwählen.

Für die importierten Bauteile, Baugruppen und Flächenkonstruktionen erscheint eine eigene Reparaturumgebung, in der durch den Import entstandene Fehler gesucht und korrigiert werden können, z. B. überlappende Flächen, sich schneidende Kurven usw., wobei die Erkennungstoleranz einstellbar ist. Die nachfolgend abgebildete Menüleiste und Registerkarte erscheinen also nur, wenn der zu reparierende Körper als solcher ausgewählt und erkannt wurde. In der Standardumgebung sind sie nicht sichtbar.

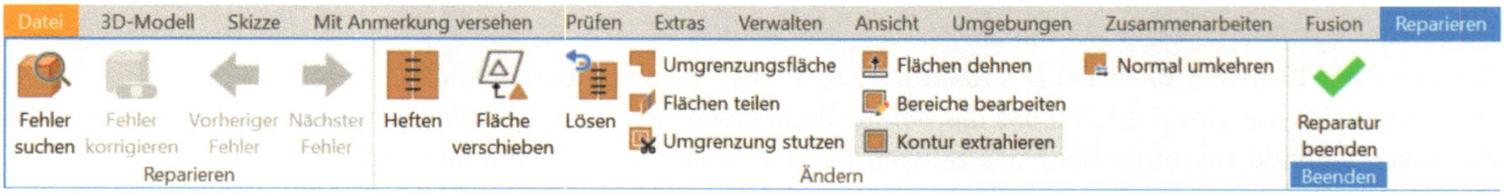

5.6.9 Netzfläche einpassen

Netzfläche einpassen

Bei einer **Netzfläche** (Netzgeometrie) handelt es sich um eine in Austauschformaten wie STL (**ST**ereo**L**ithography, **S**tandard **T**essellation **L**anguage) oder OBJ (offenes Dateiformat, das von vielen 3D-Grafikprogrammen unterstützt wird) verwendete Darstellungsform. In diesen Formaten wird die Geometrie von Bauteilen über ihre Oberflächen mithilfe von Dreiecksfacetten beschrieben. Daher auch die Bezeichnung „Netzfläche“.

Mit der Funktion **NETZFLÄCHE EINPASSEN** werden von gewählten Facettenflächen Basisflächen und Ebenen abgeleitet. Für die abzuleitende Fläche kann jeweils ein Flächentyp als Ziel der Ableitung voreingestellt werden. Beispielsweise wird mit der Voreinstellung **Konisch** versucht, eine Zylinder- oder Kegelfläche zu identifizieren. Mit der Einstellung **Automatisch anpassen** wird der Flächentyp automatisch erkannt. Mit **Pinselgröße** kann der Bereich für die Auswahl der Facettenflächen vergrößert oder verkleinert werden. Das Beispiel zeigt die gewählten Facettenflächen in einem geladenen STL-Bauteil und die von Inventor erkannte und abgeleitete Mantelfläche, nachdem die Sichtbarkeit des STL-Bauteils über das Kontextmenü deaktiviert wurde.

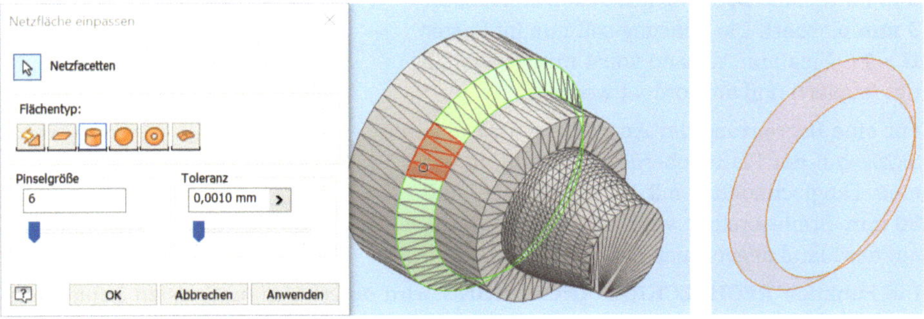

5.7 Muster

Die Funktionsgruppe **Muster** beinhaltet insgesamt vier ähnliche Funktionen, mit denen Elemente eines Bauteils gespiegelt oder in rechteckiger oder runder Form oder auch auf Basis von Pfadskizzen mehrfach angeordnet werden können.

5.7.1 Rechteckige Anordnung

Rechteckig

Rechteckige Anordnungen kopieren Elemente in Reihen- und Spaltenanordnung und sparen somit viel Arbeit. Im Dialogfenster kann zwischen **Einzelne Elemente** und **Volumenkörper** gewählt werden, je nachdem ob der gesamte Körper (in diesem Fall wird als Option noch die **Vereinigung** angeboten) oder nur Elemente (z. B. eine Bohrung) einbezogen werden sollen.

Durch das Dialogfeld wird über die Auswahl von zwei Richtungen ein Raster in einer Ebene definiert, anhand dessen die Elemente in gleichem Abstand angeordnet werden. Als anzuordnende Elemente können hierbei einzelne, aber auch mehrere Elemente zugleich gewählt werden. Im Auswahlfeld kann für jede **Richtung** zwischen **Abstand**, **Intervall** und **Kurvenlänge** gewählt werden. Mit **Abstand** erfolgt die gleichmäßige Verteilung innerhalb der angegebenen Länge. Der Abstand zwischen Elementen wird durch **Intervall** eingestellt. Mit **Kurvenlänge** entsteht eine gleichmäßige Verteilung passend zur Länge einer als **Richtung** gewählten Kurve oder Linie (die Funktion steht nicht für Splines zur Verfügung). Mit der Funktion **Begrenzung** lässt sich das Muster so ausführen, dass es nur innerhalb eines Rahmens ausgeführt wird. Der Funktionsbereich **Umschlossene Geometrie berücksichtigen** erlaubt die Einbeziehung oder den Ausschluss von Elementen, die direkt auf der Begrenzungskontur liegen.

Beispiel: Lochplatte mithilfe eines Rechteckmusters

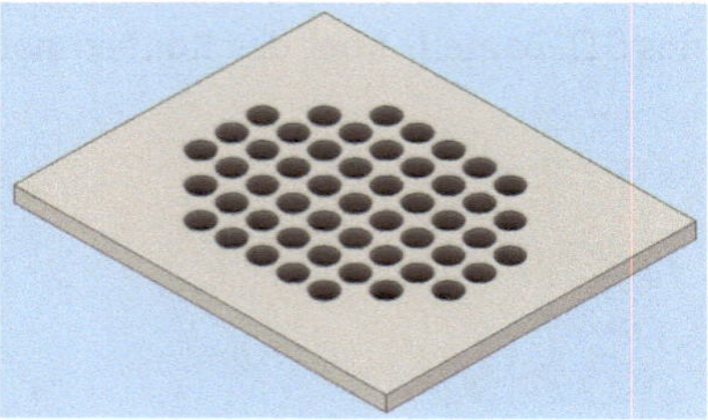

Um eine Lochplatte herzustellen, wird als Ausgangsbauteil eine Platte **40 × 48 × 2 mm** erstellt und mittig eine Bohrung mit dem Durchmesser **3 mm** platziert. Die Bohrung soll nun im Raster **11 × 9** (99-mal) im Abstand von **4 mm** vervielfältigt (kopiert) und angeordnet werden.

Für eine Begrenzung der Anordnung wird eine Skizze auf der Plattenoberfläche erstellt, in der eine Langlochkontur mit **40 mm** Länge und **30 mm** Breite erstellt wird, die wieder mittig auf der Platte angeordnet ist.

Die Funktion **RECHTECKIGE ANORDNUNG** wird aufgerufen, und als zu kopierendes Element wird die **Bohrung** selektiert. **Richtung 1** und **Richtung 2** werden jeweils durch die Auswahl der Kanten der Platte bestimmt. In **Richtung 1** werden **11** Elemente, in **Richtung 2** werden **9** Elemente eingestellt. Für beide Richtungen wird **Mittelebene** ausgewählt. Der Abstand zwischen den Bohrungen (Auswahl **Intervall**) beträgt entlang beider Richtungen je **4 mm**. Unter **Umgrenzung** wird die Langlochkontur als Element ausgewählt. Erzeugt werden nun die Bohrungen, die gänzlich innerhalb der Umgrenzung liegen.

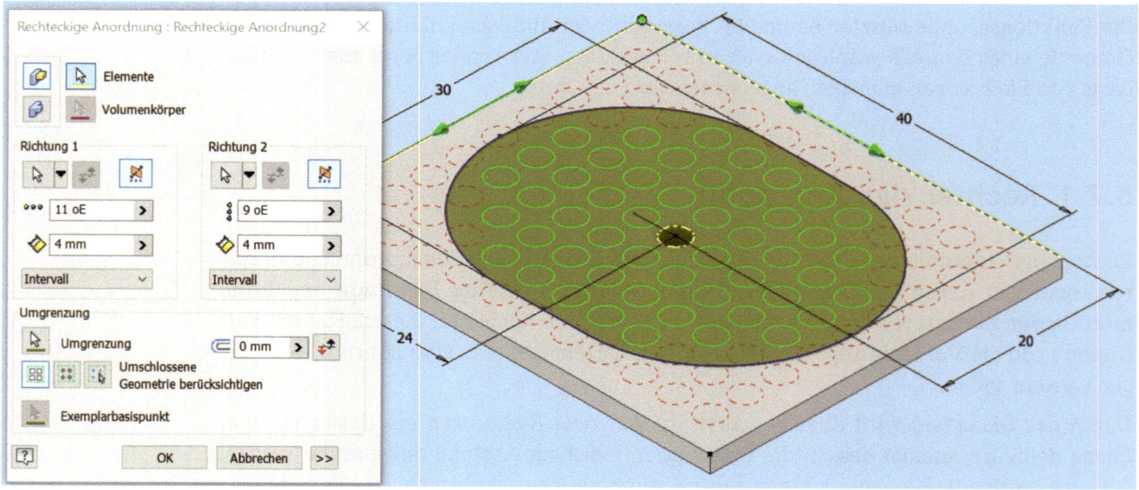

Beispiel: Zylinder entlang eines Sechseck-Pfads

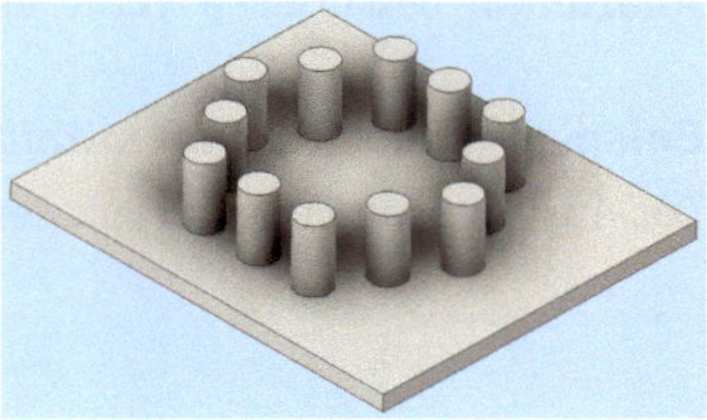

Eine besondere Form der Anordnung stellt das Kopieren entlang eines Pfads dar. Im Beispiel wird auf einer Platte eine Skizze mit einer sechseckigen Kontur (Kantenlänge **14 mm**) angelegt. Eine zweite separate Skizze auf der Plattenoberfläche enthält ein Zylinderprofil mit dem Durchmesser **6 mm** und mit einem Mittelpunkt auf einem Sechseckpunkt, welcher über **GEOMETRIE PROJIZIEREN** abgeleitet wird. Mit der zweiten Skizze und **EXTRUSION** wird zunächst der Zylinder mit der Höhe **8 mm** erstellt.

Im Anschluss erlaubt die **Rechteckige Anordnung** mit Auswahl des Zylinders als Element und der Auswahl der Sechseckkontur als Richtung nun eine Vervielfältigung entlang eines Pfades. Wird als Anzahl **12** und als Abstand die halbe Kantenlänge des Sechsecks (**7 mm**) gewählt, wird auf jedem Eckpunkt und auf jeder Kantenmitte ein Zylinder erzeugt.

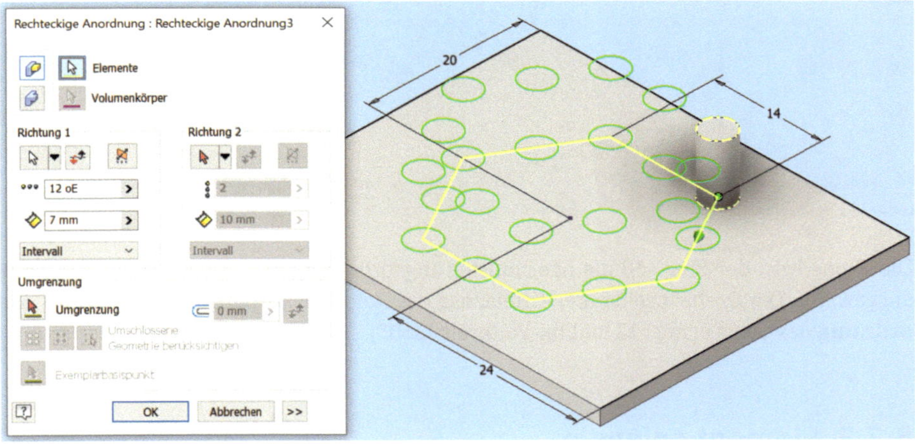

5.7.2 Runde Anordnung

Polar

Die Funktion **RUNDE ANORDNUNG** ist ähnlich der rechteckigen Anordnung. Hier erfolgt jedoch die Vervielfältigung mit einem kreisförmigen Kopiervorgang. In Bezug auf **Einzelne Elemente**, **Vereinigung** und **Volumenkörper** gilt das gleiche Vorgehen wie bei der rechteckigen Anordnung.

Neben dem (den) zu kopierenden Element(en) muss eine Drehachse vorhanden sein und ausgewählt werden. Es können Körperkanten, Koordinatenachsen und Mittellinien verwendet werden. Die **Anzahl**, der **Winkel** und die **Positionierungsart** können ebenfalls bestimmt bzw. vorgegeben werden. Unter **Drehbar** kann gewählt werden, ob sich die vervielfältigten Elemente zur Achse hin ausrichten sollen.

Für **Runde Anordnung** steht die Funktionsgruppe **Umgrenzung**, die unter **Rechteckige Anordnung** beschrieben wurde, ebenfalls zur Verfügung.

Beispiel: Flanschrippen mithilfe runder Anordnung vervielfältigen

Das Ausgangsbauteil wurde mit der Funktionen **RIPPE** erzeugt (siehe Abschnitt 5.4.5).

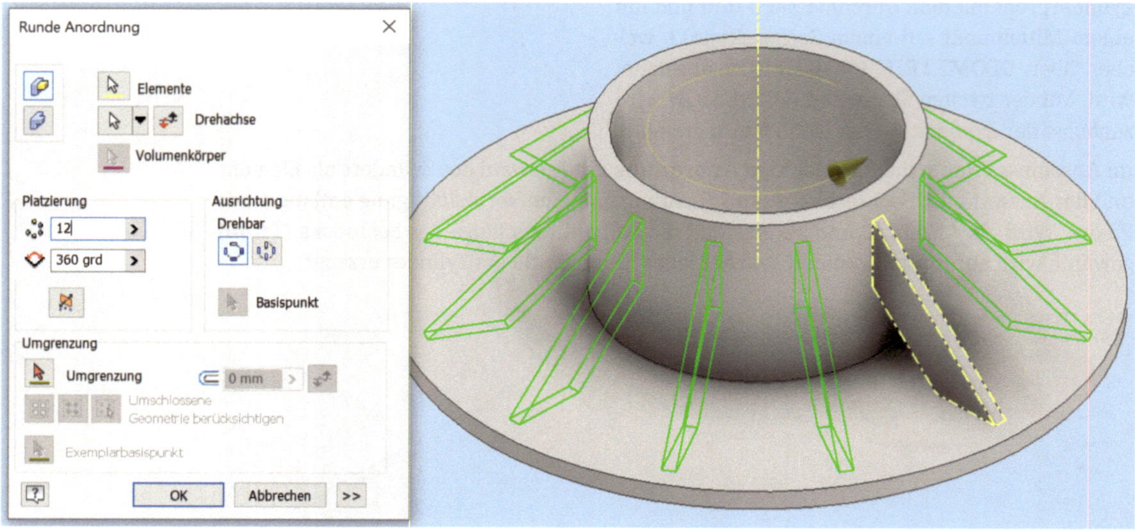

Die Rippe bzw. der Steg soll als Kreismuster angeordnet werden und wird als **Element** ausgewählt. Die Drehachse ist die Mittelachse des Rotationskörpers, und die **Runde Anordnung** des Stegs erfolgt **12**-mal im Vollkreis (**360°**).

5.7.3 Element spiegeln

Spiegeln

Die Funktion **SPIEGELN** spiegelt einzelne Elemente oder das vollständige Bauteil an einer (Spiegel-)Ebene. Gegebenenfalls kann die Option **Original entfernen** aktiviert werden, was z. B. Sinn ergeben kann, wenn ein linkes und ein rechtes Bauteil benötigt werden und die einzelnen Teile vorher als linkes und nachher als rechtes Bauteil (Kopie speichern) gespeichert werden sollen.

Beispiel: Spiegeln eines Volumenkörpers

Im Ausgangskörper wird der mit **RUNDE ANORDNUNG** erzeugte Flansch ausgewählt und an der ebenen Fläche zentrisch um einen Hohlzylinder ergänzt (Außendurchmesser **70 mm**, Innendurchmesser **40 mm**, Extrusionshöhe **20 mm**). Mit **SPIEGELN** wird nun der Volumenkörper erweitert. Die Option **Ganzes Bauteil spiegeln** wird hierbei eingestellt, und als **Spiegelebene** wird die Kreisringfläche gewählt.

Die Option **Original entfernen** wird nicht aktiviert, da das Original als zweite Hälfte beibehalten werden soll. Die vorausgewählte Funktion **Vereinigung** stellt sicher, dass als Ergebnis ein zusammenhängender Volumenkörper entsteht.

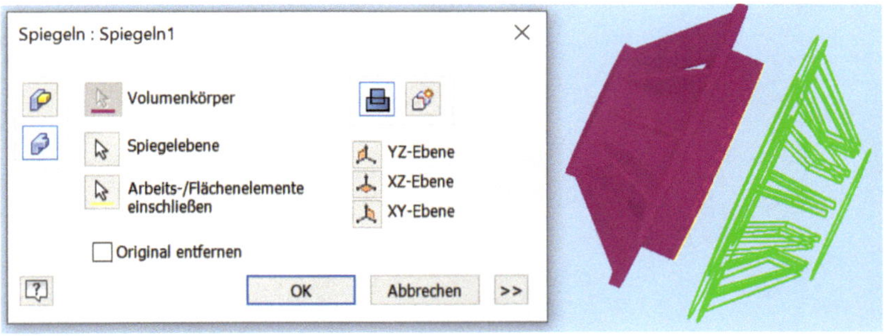

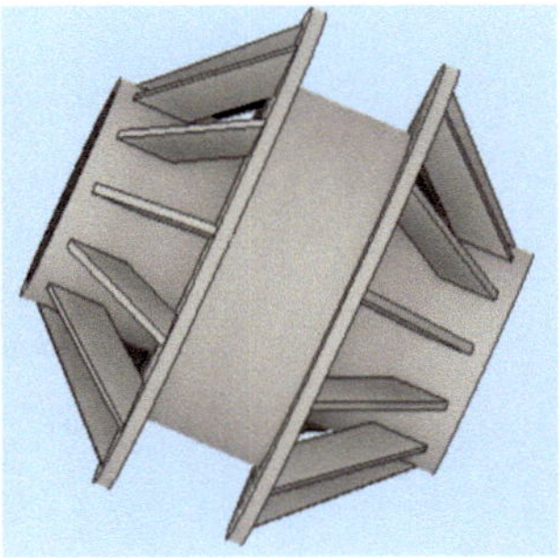

5.7.4 Skizzenbasierte Anordnung

Die vorgestellten Muster-Funktionen werden noch um eine skizzenbasierte Funktion zur Vervielfältigung eines oder mehrerer Objekte ergänzt.

Skizzenbasiert

Beispiel: Blindenschrift über eine Skizze mit Mittelpunkten

Ausgangspunkt ist eine flache Platte in der Größe **50 × 20 × 4 mm**. Am Rand der Platte befindet sich ein Ausgangszylinder mit **1,8 mm** Durchmesser, der mit **EXTRUSION** und **VERRUNDEN** (Radius von **0,7 mm**) erzeugt wird. In einer weiteren **2D-Skizze**, die auf der Bauteiloberfläche liegt, werden nun die Positionen der Braillepunkte vorgegeben (Die Brailleschrift besteht aus Punktmustern, denen ein System von sechs Punkten zugrunde liegt, die von vorne als Erhebung ertastet werden), indem mit **PUNKT** jeweils Mittelpunkte auf Rechteckvorlagen erzeugt werden (siehe Abschnitt 4.6.3).

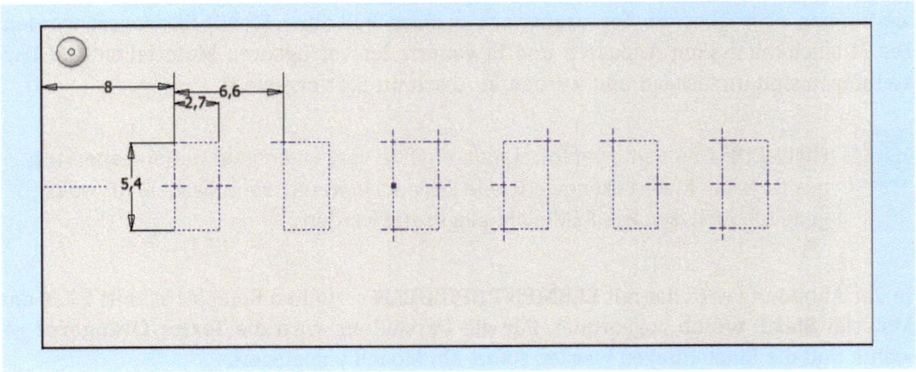

Anschließend wird im 3D-Modell die Funktion **SKIZZENBASIERTE ANORDNUNG** aufgerufen, das zu vervielfältigende Element (hier die **Zylinder und Verrundung**) wird ausgewählt und die Skizze mit den Mittelpunkten selektiert. An allen vordefinierten Positionen werden die Braillepunkte ausgeführt, um das Wort „Hanser“ zu schreiben.

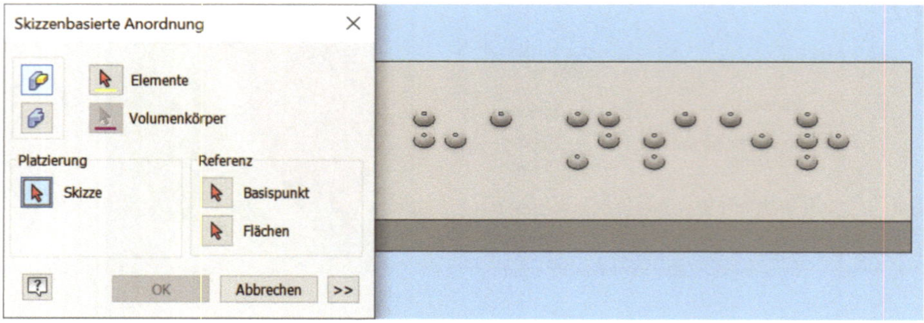

5.8 Einem Bauteil ein Material und weitere Eigenschaften als iProperties zuweisen

Bisher wurden die verschiedenen Möglichkeiten zur Erzeugung einer Bauteilgeometrie vorgestellt. Die Volumenkörper haben zunächst keine weiteren Bauteileigenschaften (Texturen, Materialattribute usw.). Für viele weiterführende Aufgaben, wie z. B. Simulation, FEM-Analyse oder Aufbereitung der modellierten Bauteile für Präsentationszwecke, ist die Zuweisung eines Materials erforderlich.

Oberhalb der Multifunktionsleiste im Kopfbereich des Inventor-Fensters befinden sich zwei Pull-down-Menüs, über die verschiedene vordefinierte Werkstoffe ausgewählt werden können. Den Werkstoffen sind zwar in der Regel eine Textur und Farbe zugeordnet, sie können aber über die Texturauswahl (rechtes Pull-down-Menü) überlagert werden. Die Möglichkeiten zum Anpassen und Erweitern der verfügbaren Materialien und Darstellungen sind umfassend und werden in Abschnitt 8.4 vorgestellt.

HINWEIS: Das von Inventor standardmäßig vorgegebene Material **Generisch** besitzt keine Materialkennwerte wie E-Modul usw. und kann deshalb für weitergehende Analysen wie FEM nicht eingesetzt werden.

In der Abbildung wird der mit **ELEMENT SPIEGELN** erstellten Rolle (Abschnitt 5.7.3) das Material **Stahl, weich** zugeordnet. Für die Darstellung wird die Textur **Orangerot** gewählt, und die Einstellungen werden sofort am Modell visualisiert.

Zusätzlich werden mit der Funktion **OBERFLÄCHE** die Funktionsflächen des Bauteils für eine Polishing-Behandlung markiert und mit der Darstellung (Textur) **Satiniert – gebürstet** versehen (siehe Abschnitt 5.5.16).

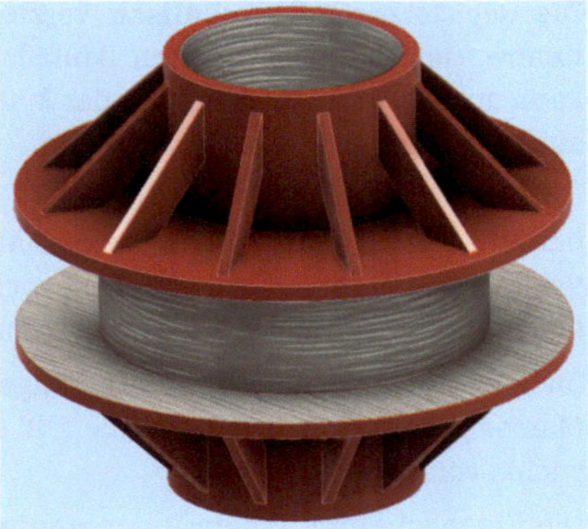

TEIL II

iProperies (Bauteileigenschaften)

Die Eigenschaften von Autodesk-Inventor-Bauteilen werden als **iProperties** bezeichnet. Mithilfe von **IPROPERTIES** lassen sich verschiedene Gruppen von Eigenschaften festlegen bzw. verwalten, u.a. auch die physikalischen Daten für ein Bauteil. Um die Bauteileigenschaften zu ändern, kann das Kontextmenü des Bauteils in der obersten Ebene des Strukturbaums gewählt werden. Das Dialogfenster zum Einstellen der Bauteileigenschaften lässt sich auch über die Registerkarte **Datei** in der Funktionsleiste aufrufen.

> **HINWEIS:** Für das automatisierte Ausfüllen von Schriftfeldern, Bauteillisten und Ähnlichem in Zeichnungen wird auf die in den iProperties hinterlegten Informationen zurückgegriffen (siehe Abschnitt 7.3.3).

Die Registerkarte **Allgemein** zeigt iProperties-Informationen zur Datei (Name, Speicherort, Größe und Datum). Der Dateiname kann zwar nicht über die Registerkarte, aber über Doppelklick auf den Dateinamen im Strukturbaum geändert werden.

Mit den Registerkarten **Übersicht**, **Projekt** und **Status** können alle Metadaten zum Bauteil verwaltet werden. Die Eingaben in diesen Dialogfenstern zeigen ihre Auswirkung auch an anderen Stellen der Projektbearbeitung. So werden z.B. in einer späteren Zeichnungsableitung im Schriftfeld (siehe Abschnitt 7.3.3) die hier eingetragenen Texte, wie Bearbeiter, Bauteilnummer, Erstellungsdatum usw., angezeigt. Über die Registrierkarte **Benutzerdefiniert** können eigene Felder angelegt werden.

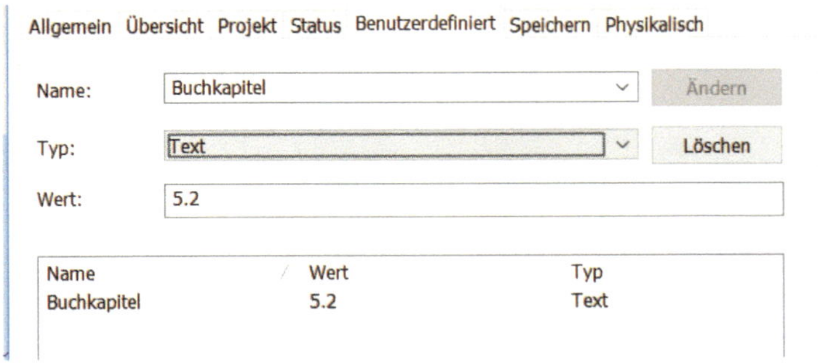

Die Registerkarte **Physikalisch** verzweigt auf die Übersicht mit den physikalischen Kennwerten des konstruierten Bauteils. In Bezug auf den selektierten Volumenkörper kann auch hier ein Material aus der Materialbibliothek zugeordnet werden (und mit ihm auch die angepasste Darstellung).

Über die Auswahl des Materials wird eine Dichte festgelegt. Hiermit lassen sich in Verbindung mit den von Inventor selbstständig ermittelten geometrischen Größen des Bauteils (Volumen, Querschnittsflächen) wichtige konstruktive Kenngrößen, wie Masse, Trägheitsmomente etc. eines Bauteils bestimmen und anzeigen.

Im Funktionsbereich **Allgemeine Eigenschaften** werden die geometrischen und die Masseeigenschaften angezeigt, die z. B. später in Stücklisten für die Ermittlung des Gewichts von Bedeutung sind.

Die **Eigenschaften Trägheitsmomente** sind für eine mögliche FEM-Analyse (siehe Abschnitt 12.6), mit der die Bauteilfestigkeit überprüft werden kann, wichtig.

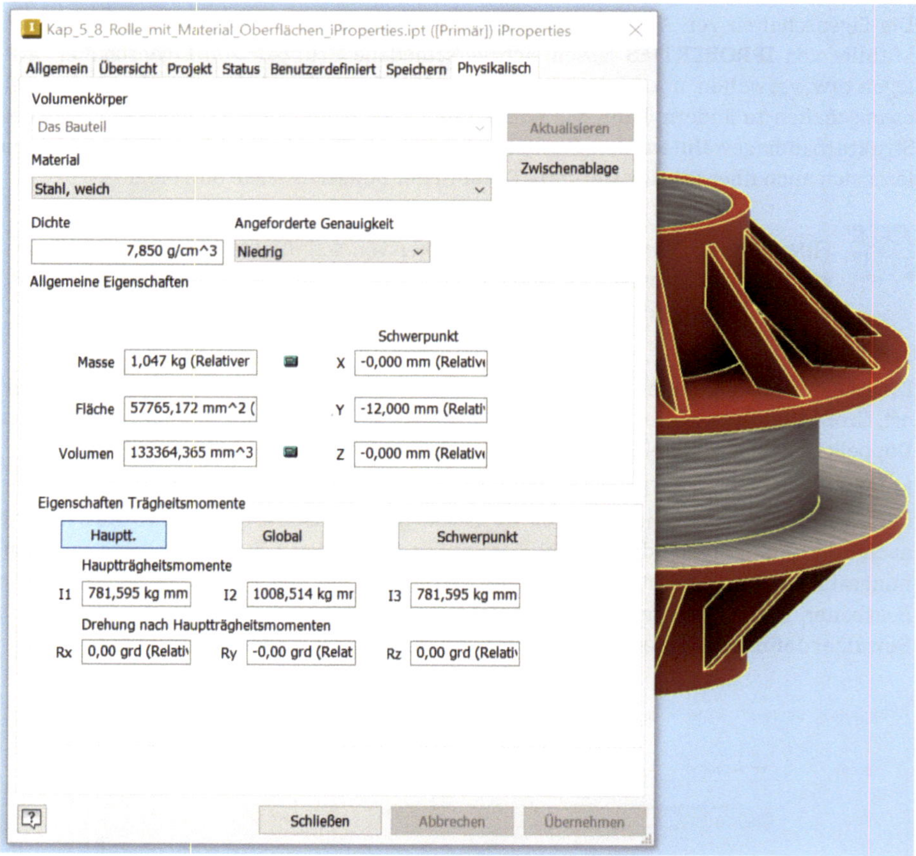

5.9 Adaptive Bauteile

Grundsätzlich sollten selbst erstellte Bauteile immer vollständig bestimmt, d. h. vollständig mit Bemaßungen und Abhängigkeit versehen sein, damit ihre Gestalt sich nicht mehr ungewollt verändern kann. In bestimmten Fällen kann aber eine begrenzte Gestaltänderung hilfreich sein, um adaptive Bauteile zu ermöglichen, also Bauteile, die sich an ihre Einbaubedingungen anpassen können. In diesem Zusammenhang werden zwei Arten der **Adaptivität** unterschieden.

5.9.1 Adaptive Bauteile durch unbestimmte Parameter

Als Ausgangspunkt kann zunächst ein Bauteil erzeugt werden, bei dem ein oder wenige Parameter nicht vorgegeben wurden. Beispiele hierfür sind: ein Bolzen, dessen Gesamtlänge nicht bemaßt wurde, oder eine Feder, die mithilfe einer Helix erstellt und deren Höhe nicht explizit angegeben wurde (siehe auch Abschnitt 4.15).

> **TIPP:** Um die automatische Kontrolle (durch Farbumschlag) hinsichtlich vollständig bestimmter Skizzen zu nutzen, empfiehlt es sich zunächst, das Bauteil vollständig zu bemaßen und erst im zweiten Schritt die adaptiven Maße gezielt zu löschen.

Im nächsten Schritt kann nun im Strukturbaum des Bauteils über das Kontextmenü des verwendeten Features der Schalter **adaptiv** gesetzt werden. Im Beispiel wurde ein Bolzen durch **DREHUNG** einer Skizze um eine Achse erzeugt. Die Abstände zwischen den Endpunkten der Achse und der jeweiligen Stirnfläche wurden ebenfalls bemaßt, um für jede Länge eine Drehung zu ermöglichen. Im Anschluss ist im Strukturbaum die **Umdrehung** über ihr Kontextmenü **Adaptiv** zu setzen, da in der Skizze gezielt auf die Vorgabe der Bolzenlänge verzichtet wurde. Mit **Speichern** des Bauteils wird das Erzeugen eines adaptiven Bauteils bereits abgeschlossen.

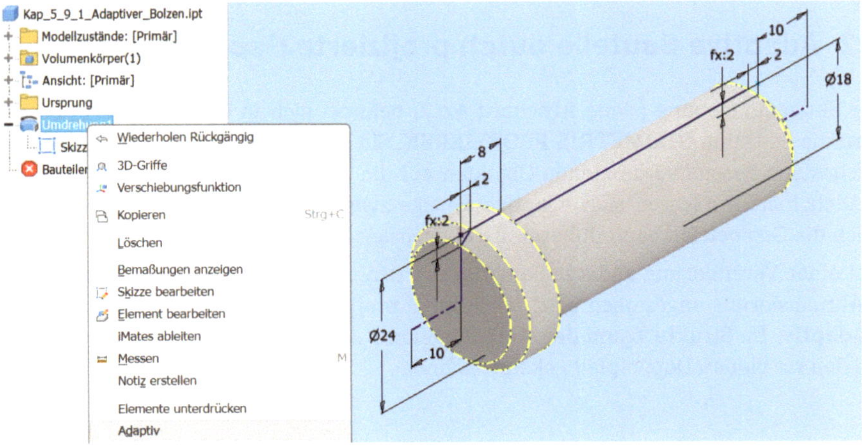

Im Strukturbaum erscheint jetzt ein **rot-blauer Doppelpfeil** vor dem Element, der die gesetzte Adaptivität kennzeichnet. Fügt man im Anschluss das Bauteil (also z. B. den Bolzen) in eine Baugruppe ein (siehe Abschnitt 6.3), so besteht zunächst kein Unterschied zu anderen Bauteilen. Das Bauteil kann normal mit 2D-Abhängigkeiten positioniert werden (siehe Abschnitt 6.6), also z. B. der Bolzen in Bezug auf das entsprechende Gegenstück.

Im Gegensatz zu vollständig definierten Bauteilen besteht jedoch nun die Möglichkeit, über das Kontextmenü im Strukturbaum das Bauteil für diese Baugruppe **Adaptiv** zu setzen. Der nicht festgelegte Parameter wird jetzt zur Variablen und wenn die Stirnflächen des Bolzens über 2D-Abhängigkeiten zum Gegenstück ausgerichtet wurden, passt sich die Länge des Bolzens immer an.

Die Abbildung zeigt beispielhaft den adaptiven Bolzen mit seinen Abhängigkeiten zum Gegenstück, wenn das Gegenstück eine Länge von **50 mm** oder eine Länge von **70 mm** besitzt. Der Bolzen passt sich in seiner Länge an, wenn mit 2D-Abhängigkeiten ein Versatz von **10 mm** zwischen Bolzen-Unterseite und U-Profil-Unterseite vorgegeben wird.

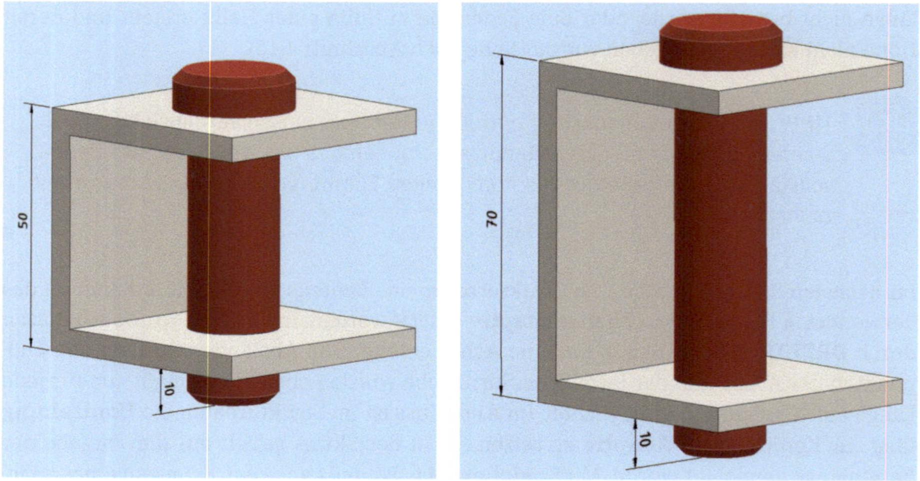

5.9.2 Adaptive Bauteile durch projizierte Geometrien

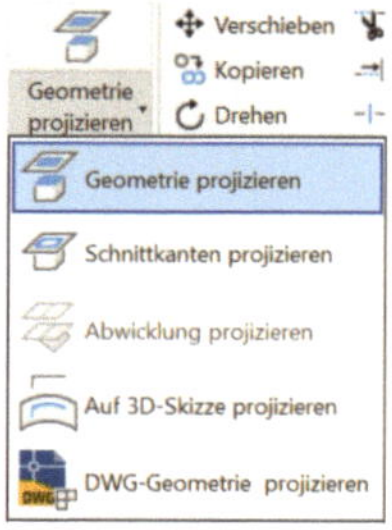

In der Skizzenumgebung (siehe Abschnitt 4.6.7) befindet sich in der Befehlsgruppe **Erstellen** die Funktion **GEOMETRIE PROJIZIEREN**. Sie ermöglicht, Kanten, Konturen und Ähnliches von bereits vorhandenen Objekten auf die aktuelle Skizzierebene zu projizieren. Auch hierüber lassen sich adaptive Bezüge zwischen Bauteilen herstellen, wenn nämlich die Geometrien bauteilübergreifend projiziert werden.

Da bei einer Veränderung anderer Bauteile, von denen Geometrie übernommen wurde, eine Aktualisierung angestoßen wird, wird durch projizierte Geometrie ein Bauteil ebenfalls **adaptiv**. Im Strukturbaum der Bauteildateien (***.ipt**) wird die Adaptivität ebenfalls durch den rot-blauen Doppelpfeil gekennzeichnet.

Beispiel: Rohrabschnitt mit adaptiv gestaltetem Flansch

Ein einfacher Rohrabschnitt mit dem Innendurchmesser **20 mm** und einer Wandstärke von **3 mm** wird als Extrusionskörper mit einer Länge von **100 mm** erzeugt. Anschließend wird dieses Bauteil gespeichert und in eine neu anzulegende Baugruppe (Datei **Neu**, **Baugruppe**) am Ursprung mit der Funktion **PLATZIEREN** (Befehlsgruppe **Komponente**) positioniert (siehe Abschnitt 6.3).

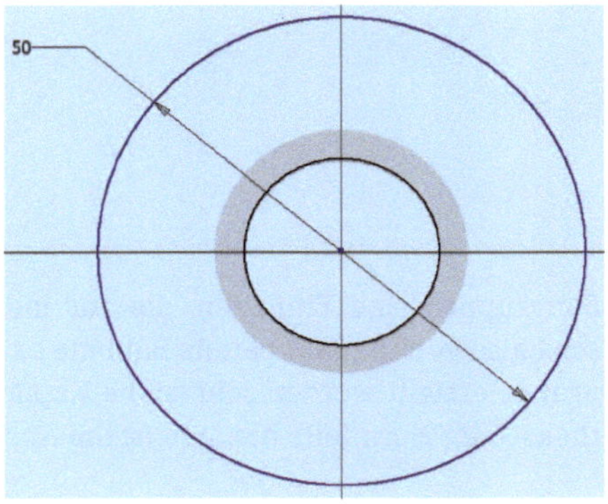

Es folgt das **ERSTELLEN** des Bauteils Rohrflansch innerhalb der Baugruppenumgebung (siehe Abschnitt 6.11). Als Bezug wird die XY-Ebene vom Rohrabschnitt eingestellt. Auf dieser wird eine neue Skizze mit **2D-Skizze starten** angelegt. Der innere Durchmesser wird mit der Funktion **Geometrie projizieren** vom ausgegraut im Hintergrund liegenden Rohrabschnitt übernommen. Farblich unterscheidet sich dieses Element dann von anderen skizzierten Geometrieelementen. Der äußere Durchmesser wird mit **50 mm** gezeichnet. Damit ist die Skizze bereits vollständig bemaßt und kann beendet werden.

Mit der Funktion **EXTRUSION** folgt das Aufziehen des Kreisrings für den Rohrflansch. Auszuwählen ist die Querschnittsfläche, die durch die beiden Durchmesser beschrieben wurde. Mit der Eingabe von **10 mm** für die Ausdehnung wird der Flansch erstellt.

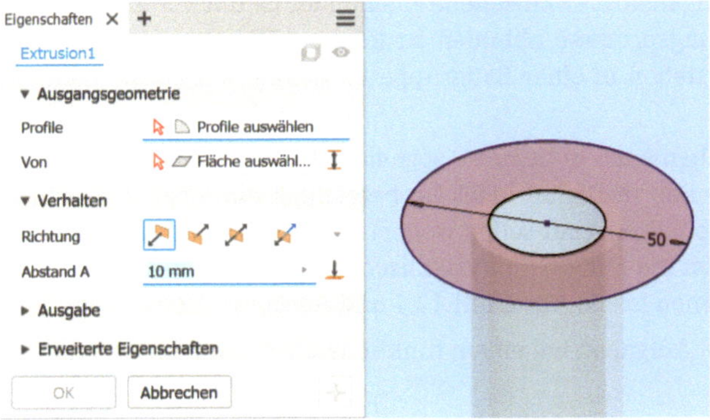

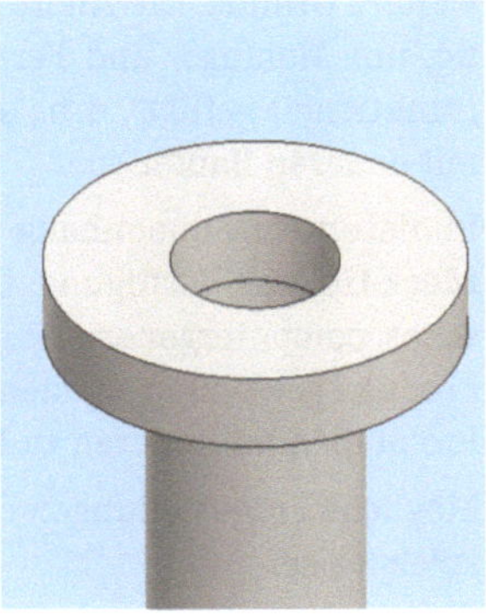

Das Ändern des Innendurchmessers vom Rohrabschnitt bedeutet nun gleichzeitig, dass sich der Innendurchmesser vom Rohrflansch anpasst, da sowohl die Extrusion im Bauteil als auch das Bauteil in der Baugruppe **Adaptiv** gesetzt wurden.

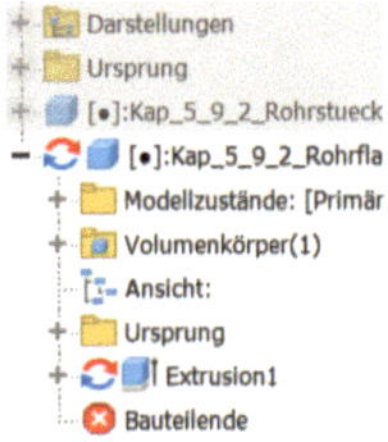

HINWEIS: In Inventor kann ein Bauteil nur in einer Baugruppe adaptiv gesetzt werden. Jede weitere Bauteil-Instanz in der Baugruppe (oder einer anderen) ändert sich adaptiv mit. Wenn adaptive Bauteile eingesetzt werden, sollte also möglichst nur eine Instanz des adaptiven Bauteils verwendet werden (siehe Abschnitt 6.12).

6 Baugruppen

Baugruppen sind Einheiten, die aus mehreren Einzelteilen bestehen. Eine Baugruppe setzt also voraus, dass bereits Bauteile existieren. Diese Teile können eigens für eine Baugruppe erstellt worden sein (siehe Kapitel 5), es kann sich hierbei aber auch um Bibliotheks- oder Normteile handeln (siehe Abschnitt 11.1).

6.1 Grundlagen

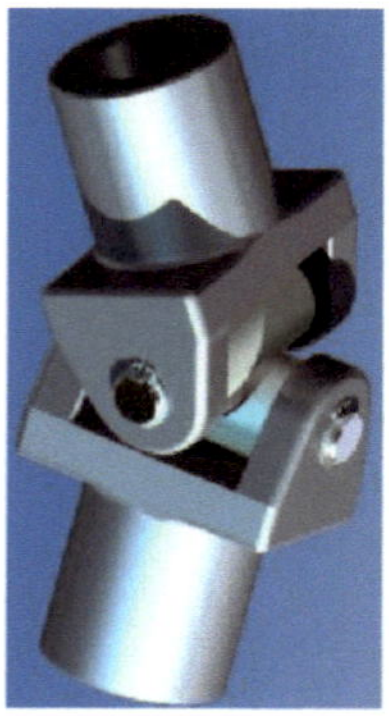

Das Zusammenfügen von Bauteilen zu Baugruppen hat neben der Visualisierung noch weitere Gründe. Die Anordnung mehrerer Einzelteile zueinander ist unter anderem wichtig, um Montage- und Fertigungsprozesse abbilden zu können. Die Einzelteile werden „funktionell gefügt", d. h., sie stehen in einer Baugruppe im definierten Zusammenhang mit anderen Bauteilen.

In diesem Zusammenhang stehen auch in Inventor sogenannte DMU-Funktionen (**D**igital **M**ock-**U**p) zur Verfügung. Der Begriff Digital Mock-Up bezeichnet ein möglichst realistisches, computergeneriertes Modell. Hiermit sollen weiterführende Erkenntnisse über ein Produkt gewonnen werden, um die teureren physikalischen Untersuchungen an realen Prototypen minimieren zu können (siehe Abschnitt 12.4 und Abschnitt 12.6).

Mögliche Fragestellungen bzw. Aufgaben bei einem funktionalen Zusammenbau sind beispielsweise:

- Ein Bolzen befindet sich genau in der für ihn vorgesehenen Bohrung und darf sich in ihr nur axial verschieben und um seine Längsachse verdrehen lassen.
- Ein Sicherungsring befindet sich in seiner Nut und kann sich nur in dieser verdrehen.
- Ein Gelenk soll sich nur um eine Achse innerhalb eines Bereiches drehen.
- Ein Kolben befindet sich in einem Zylinder und darf sich nur auf und ab bewegen.

Der Vorgang des Hinzufügens von Bauteilen zu einer Baugruppe kann auf unterschiedliche Art und Weise erfolgen. Inventor enthält hierfür in der Befehlsgruppe **Beziehungen** die drei Funktionen **Verbindung**, **Abhängigkeit** und **Zusammenfügen** (siehe Abschnitt 6.6, Abschnitt 6.7 und Abschnitt 6.8).

Alle Funktionen haben gemeinsam, dass das Festlegen der einzelnen Bauteile zu den vorher eingefügten Bauteilen über den Entzug der **Freiheitsgrade** erfolgt, die jedes Bauteil erst einmal nach dem Laden in die Arbeitsumgebung besitzt. Aus Verständnisgründen wird der Begriff der Freiheitsgrade, der auch in anderem Zusammenhang, z. B. bei der Präsentation und Animation von Baugruppen, eine Rolle spielt, getrennt und vorgezogen behandelt. Ein Schnelleinstieg ins Thema Baugruppen ist in Abschnitt 3.6 ff. zu finden (Zusammenbau eines Rollenständers).

6.2 Freiheitsgrade eines Bauteils

Als Freiheitsgrade werden die mathematisch definierten Bewegungsmöglichkeiten eines Körpers im 3D-Raum bezeichnet. Im kartesischen Koordinatensystem sind die möglichen Bewegungen wie folgt definiert:

- Verschiebung (Translation) in X-Richtung
- Verschiebung (Translation) in Y-Richtung
- Verschiebung (Translation) in Z-Richtung
- Drehung (Rotation) um die X-Achse
- Drehung (Rotation) um die Y-Achse
- Drehung (Rotation) um die Z-Achse

Mit den sechs Freiheitsgraden kann jede beliebige Position und Bewegung im 3D-Raum mathematisch beschrieben und damit festgelegt werden. Je nach Bestimmungsgrad, d. h. je nach der Art, wie sich ein Bauteil in einer Baugruppe noch bewegen darf, müssen bei der Verbindung von Bauteilen in einer Baugruppe entsprechende Freiheitsgrade zwischen den Bauteilen entzogen werden.

Ein vollständig in seiner Position festgelegtes Bauteil kann sich in keine Richtung bewegen und um keine Achse drehen. Ihm sind alle sechs Freiheitsgrade entzogen.

Beispiele für gewollte Freiheitsgrade sind:

- Eine gelagerte Welle hat genau noch einen Freiheitsgrad, nämlich die Rotation um ihre Längsachse.
- Ein Schlitten in einer Führung hat ebenfalls nur noch einen Freiheitsgrad, nämlich die Translation in Richtung seiner Längsachse.
- Die Position des Greifers eines Universalroboters hat im Prinzip alle sechs Freiheitsgrade, d. h. alle Bewegungsmöglichkeiten. Tatsächlich werden diese aber mithilfe des Roboterarms und seiner Gelenke ermöglicht. Der Greifer selbst hat nur die Freiheitsgrade, die ihm das letzte Gelenk lässt (oft nur eine Rotation).

> Eine funktionelle Baugruppe hat genau so viele Freiheitsgrade, wie es die vorgesehene Funktion erfordert. Freiheitsgrade werden durch das Vergeben von Abhängigkeiten bestimmt bzw. entfernt.

In Inventor können die Freiheitsgrade, die ein Bauteil besitzt, sichtbar gemacht werden. In der Baugruppenumgebung befindet sich hierzu auf der Registerkarte **Ansicht** in der Befehlsgruppe **Sichtbarkeit** die Schaltfläche **FREIHEITSGRADE**, welche die Symbolanzeige für alle Bauteile ein- oder ausschaltet.

Daneben gibt es noch unter der Registerkarte **Zusammenfügen** in der Befehlsgruppe **Produktivität** die Funktion **FREIHEITSGRAD-ANALYSE** (siehe Abschnitt 6.9.3). Mit dieser Funktion lassen sich die noch nicht eliminierten Freiheitsgrade in Bezug auf die verbauten Bauteile anzeigen.

Zusätzlich wird visuell direkt am Bauteil verdeutlicht, welche Freiheitsgrade noch vorhanden sind:

	Dieses Symbol zeigt die Anzeige bei einem Bauteil, das noch alle Freiheitsgrade besitzt (d. h., es kann sich frei im Raum bewegen).
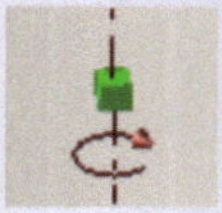	Dieses Symbol zeigt dagegen nur noch zwei Freiheitsgrade an: die vertikale Translation und die Rotation um die vertikale Achse.

6.3 Bauteile in eine Baugruppe einfügen

Eine neue Baugruppe wird mit der Auswahl einer entsprechenden Baugruppenvorlage gestartet, und wie bei den Bauteilen stehen unterschiedliche Vorlagen (Templates) zur Verfügung. Auf der Ebene *de-DE > Metric* sind dieses *Standard(DIN).iam* für **mechanische Baugruppen** und *Weldment(DIN).iam* für **Schweißbaugruppen**. Die verwendete Einheit ist jeweils **Millimeter**. Inventor stellt in Bezug auf die gewählte Vorlage wieder aufgabenspezifische Funktionen zur Verfügung.

Die Baugruppenumgebung in Inventor startet immer mit einer leeren Arbeitsfläche. Im zugehörigen Strukturbaum befinden sich anschließend drei Ordner, zum einen der noch leere Ordner **Beziehungen**, ein Ordner mit **Darstellungen** und ein Ordner, der Informationen zum **Ursprung** enthält.

Um also sehen zu können, an welcher Stelle sich der Ursprung der Baugruppe befindet, müssten entweder

- die drei Ursprungsebenen oder
- die drei Ursprungsachsen oder
- der Zentrumspunkt des Baugruppen-Koordinatensystems

sichtbar geschaltet werden.

HINWEIS: Der Ursprung einer Baugruppe wird nicht direkt angezeigt. Er befindet sich genau dort, wo sich die drei Ursprungsebenen der Baugruppe schneiden. ■

Der erste Schritt beim Erzeugen einer Baugruppe besteht darin, Bauteile einzufügen und sie zu platzieren. Der Befehl **PLATZIEREN** bzw. **KOMPONENTE PLATZIEREN** kann über die Multifunktionsleiste oder über das Markierungsmenü der Arbeitsfläche aufgerufen werden. Beim Markierungsmenü erscheint zusätzlich ein Kontextmenü, entsprechend dem selektierten Eintrag im Strukturbaum.

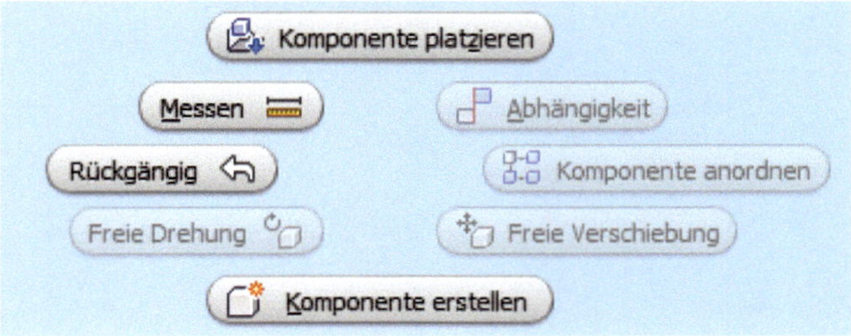

Beide Funktionsaufrufe sind identisch und zeigen anschließend ein Dialogfenster, in dem ein Bauteil ausgewählt werden kann. Mit gedrückter **SHIFT**- oder **STRG**-Taste können dabei mehrere Bauteile gleichzeitig zum Platzieren ausgewählt werden.

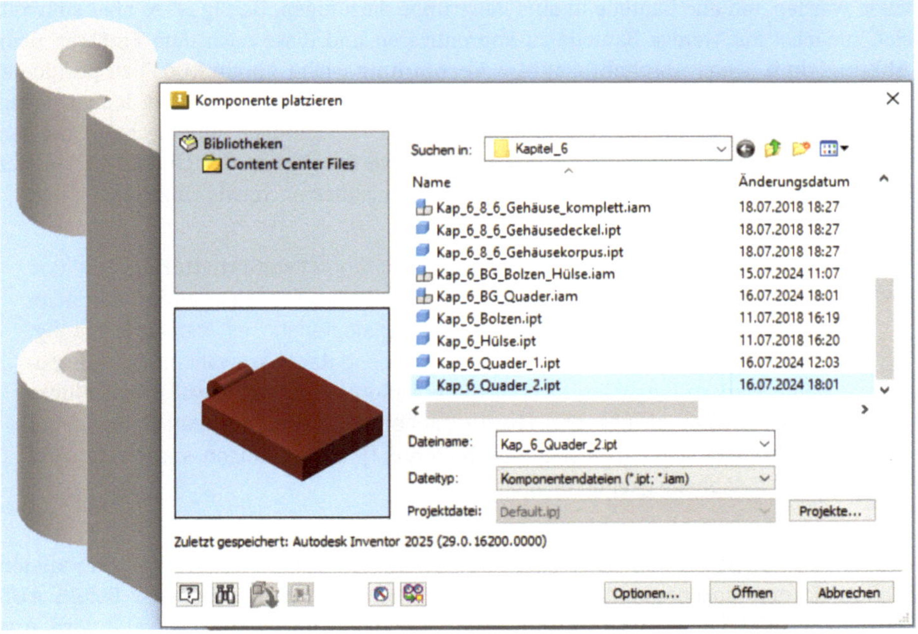

Mit **ÖFFNEN** hängt das Bauteil visuell an der Maus. Angezeigt wird zusätzlich der Koordinatenursprung, und mit einem Klick der linken Maustaste wird das Bauteil im Konstruktionsraum an der Stelle des Mauszeigers positioniert. Sinnvoll ist es aber, beim ersten eingefügten Teil über das Markierungsmenü (rechte Maustaste) **AM URSPRUNG FIXIERT PLATZIEREN** zu wählen. Eine Baugruppe bekommt so einen vom Anwender vorgegebenen Bezug und wird nicht willkürlich in die Arbeitsumgebung platziert.

> **HINWEIS:** Bei einem am Ursprung fixierten Bauteil wird der Ursprung des Bauteils (der Ursprungspunkt seines Koordinatensystems) am Ursprung der Baugruppe eingefügt. Dort wird das Bauteil fixiert.

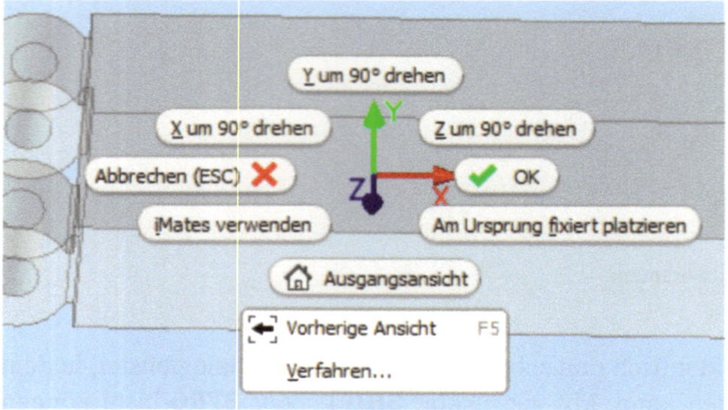

Die Funktion kann so oft nacheinander oder während der Arbeit an einer Baugruppe aufgerufen werden, um alle Bauteile in eine Baugruppe einzufügen. Häufig ist es aber sinnvoll, sich zunächst auf wenige Bauteile zu konzentrieren und diese nach dem Einfügen über **Abhängigkeit** (siehe Abschnitt 6.6) bzw. **Verbindung** (siehe Abschnitt 6.7) zu positionieren, bevor weitere Teile hinzugefügt werden. Inventor geht beim Platzieren immer davon aus, dass ein Bauteil mehrmals eingefügt werden soll. Das Einfügen muss deshalb über den Kontextmenü-Eintrag **ABBRECHEN (ESC)** beendet werden. Es reicht auch das Drücken der **ESC**-Taste. Ansonsten wird das Bauteil bei jedem Mausklick nochmals eingefügt.

> **HINWEIS:** Zusätzlich gibt es in der Befehlsgruppe **Produktivität** die Funktion **Am Komponentenursprung platzieren.** Nach Auswahl einer im Strukturbaum aufgeführten Komponente öffnet sich ein Dialogfenster mit der Aufforderung, eine entsprechende Bauteil- oder Baugruppendatei auszuwählen. Die Komponente wird so eingefügt, dass ihre drei Ursprungsebenen jeweils über **Fluchtend** abhängig zu den drei Ursprungsebenen der bestehenden Komponente ausgerichtet sind (siehe auch Abschnitt 6.6.1). Beim Einfügen werden also drei neue 3D-Abhängigkeiten erzeugt.

Aus Inhaltscenter platzieren

In eine Baugruppe können auch Standard-Bauteile aus einer von Inventor verwalteten Bibliothek, dem sogenannten Inhaltscenter, eingefügt werden, indem der Befehl **AUS INHALTSCENTER PLATZIEREN** in der Befehlsgruppe **Komponente** gewählt wird. Aus dem Inhaltscenter eingefügte Bauteile lassen sich in gleicher Weise positionieren und mit Abhängigkeiten versehen, wie selbst erstellte Bauteile. Das Inhaltscenter wird in Abschnitt 11.1 ausführlich beschrieben.

Importierte CAD-Dateien platzieren

CAD-Modelle, die nicht in Inventor erzeugt wurden, können über **IMPORTIERTE CAD-DATEIEN PLATZIEREN** (oder über die Befehlsgruppe **Komponente**) eingefügt werden. Auch diese Bauteile lassen sich in gleicher Weise positionieren und mit Abhängigkeiten versehen, wie selbst erstellte Bauteile. Je nach Ursprungsformat ist allerdings zu beachten, dass sie gegebenenfalls nur als Basisvolumenkörper vorliegen. Der Import von CAD-Modellen aus anderen CAD-Formaten nach Inventor kann über ein Dialogfenster spezifiziert werden. Näheres hierzu ist in Abschnitt 9.1 zu finden.

TIPP: Zum schnellen nachträglichen Einfügen neuer Exemplare eines bereits platzierten Bauteils kann das jeweilige Element im Strukturbaum ausgewählt und mit gedrückter linker Maustaste in den Modellraum geschoben werden.

6.3.1 Platzieren mit Lageveränderung

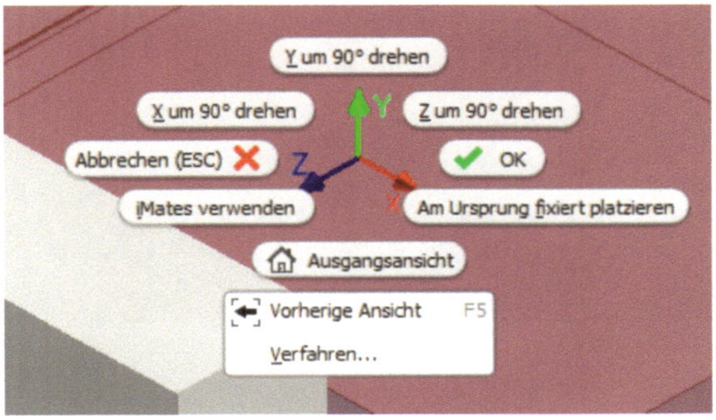

Wird nach dem Einfügen zuerst mit der rechten Maustaste das Markierungsmenü aufgerufen, kann das Bauteil um jeweils **90°** um die Koordinatenachsen gedreht werden. Dieser Vorgang kann auch wiederholt werden, und alle rechtwinkligen Positionen (**90°**, **180°** und **270°**) um die drei Achsen sind damit als Zielgrößen einstellbar. Ein abschließender Klick mit der linken Maustaste platziert das Bauteil in dieser neuen Lage an die entsprechende Stelle. Zusätzlich wird ein kleines Kontextmenü eingeblendet. **VORHERIGE ANSICHT** bezieht sich auf die bisher eingefügten Bauteile und richtet diese entsprechend wieder aus.

Das Bauteil wird damit in einer gewünschten Orientierung eingefügt, jedoch weder am Ursprung fixiert noch mit Abhängigkeiten (siehe Abschnitt 6.6) versehen.

TIPP: Bereits bei der Skizzendefinition ist darauf zu achten, wo der Ursprung des zu erzeugenden Bauteils liegen soll. Sollen mehrere Bauteile einer Baugruppe über ihre geometrische Definition in Bezug zueinander stehen, ist es an dieser Stelle arbeitssparend, wenn die jeweiligen Koordinatensysteme entsprechend der Bauteilanordnung zueinander passen.

6.3.2 Bauteile mit iMates einfügen

iMate

Viele Bauteile werden häufiger in Baugruppen verwendet, wobei sie immer auf die gleiche Art mit anderen Bauteilen zusammengefügt werden (z. B. Muttern passend zu den zugehörigen Schrauben). Um dies zu erleichtern, gibt es in Inventor vordefinierte Abhängigkeitseinstellungen in Bauteilen wie auch in Baugruppen, sogenannte **iMates** (siehe Abschnitt 11.2).

Bei Bauteilen, die mit iMates versehen sind und die bereits beim Einfügen mit einem anderen iMate verknüpft werden sollen, ist im Markierungsmenü (Aufruf mit der rechten Maustaste) die Funktion **iMates verwenden** zu wählen. Die entsprechend im iMate definierten 3D-Abhängigkeiten werden dann aktiviert, und das Bauteil kann mit diesen positioniert werden.

Mit iMates versehene Bauteile können zueinander positioniert werden, wenn bei gedrückter **ALT**-Taste ein iMate-Symbol eines Bauteils auf das zugehörige iMate-Symbol des anderen Bauteils verschoben wird.

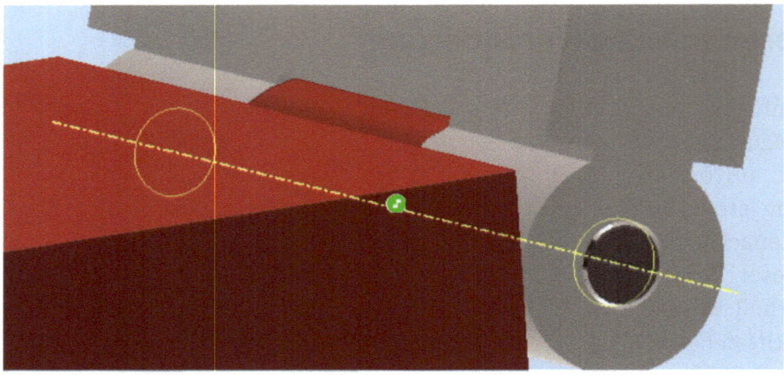

TIPP: Bauteile, die mit iMates versehen wurden und zusammengebaut werden sollen, sollten möglichst direkt hintereinander eingefügt werden. Dieses erleichtert die Zuordnung, da Inventor immer eine direkte Anbindung zum zuletzt eingefügten Bauteil, das iMates enthält, vornimmt.

6.3.3 Bauteile fixieren

Um bei Bauteilen die Fixierung zum Baugruppenursprung einzuschalten oder aufzuheben, gibt es in den Kontextmenüs der Bauteile, sowohl im Strukturbaum als auch in der Arbeitsfläche des markierten Bauteils, den Schalter **FIXIERT**. Im Strukturbaum ist die Fixierung am Pin-Nadel-Symbol vor der Bauteilbezeichnung zu erkennen.

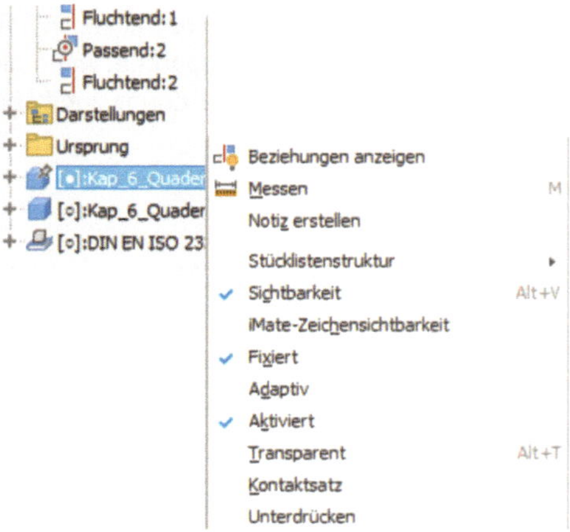

HINWEIS: Ist ein Bauteil in einer Baugruppe fixiert, kann es nicht verschoben oder gedreht werden. Dies gilt auch für die nachfolgend beschriebenen Befehle zum Verschieben und Drehen von Bauteilen, die deshalb ebenfalls nicht angewendet werden können.

6.3.4 Mehrere identische Kopien eines Bauteils nach Muster gleichzeitig einfügen

In der Befehlsgruppe **Muster** gibt es die Schaltfläche **MUSTER**, mit der das Mehrfachkopieren von Bauteilen innerhalb einer Baugruppe in rechteckiger oder runder Anordnung durchgeführt werden kann. Die Funktion, je nach Menüeinstellung auch **Komponente anordnen** genannt (**Markierungsmenü**), ist insbesondere beim Einbau von Normteilen aus dem Inhaltscenter (siehe Abschnitt 11.1) hilfreich. Ein Element muss nur einmal positioniert werden. Über die Bezüge aus dem Muster bei der Modellierung eines Bauteils wird das eingefügte Normteil nicht nur schnell vervielfältigt, sondern gleichzeitig auch an die richtige Stelle positioniert.

Beispiel: Gehäusekorpus und -deckel miteinander verschrauben

Ein Gehäusekorpus und -deckel sollen miteinander verschraubt werden. Mit **Abhängig machen** bzw. **Verbindung** (siehe auch Abschnitt 6.6 und Abschnitt 6.7) erfolgt die Ausrichtung der beiden Bauteile zueinander. Anschließend wird eine Schraube aus dem Inhaltscenter geladen.

Aus dem sich öffnenden Dialogfenster wird aus den angebotenen Kategorien in das Verzeichnis **Verbindungselemente** > **Schrauben** > **Zylinderkopf** > **metrische Zylinderschraube mit Schlitz nach DIN EN ISO 1207** verzweigt. Verbaut werden soll die Schraube **M5 × 16 mm**, was mit einem **Doppelklick** auf den Schraubentyp erfolgt.

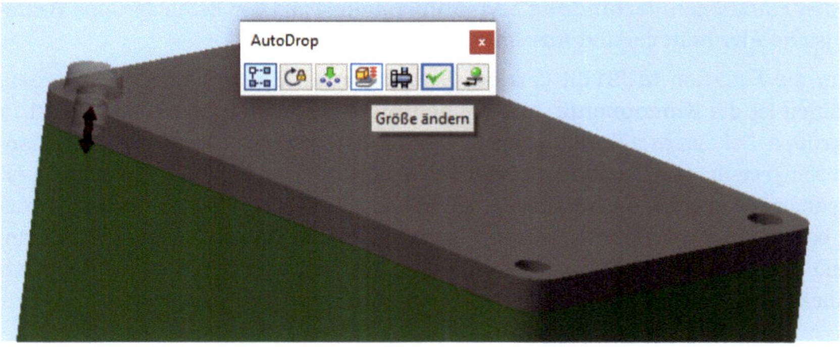

Über iMates erkennt Inventor das metrische Maß der Bohrung und wählt einen passenden Schraubendurchmesser aus. Bei der Vorauswahl der Schraubenlänge beschränkt sich das System auf die Höhe des Deckels. Entsprechend wird eine Schraube **M5 × 6 mm** vorgeschlagen. Mit der **linken Maustaste** erfolgt erst einmal die Bestätigung. Eingeblendet wird nun das **AutoDrop**, wo über den gekennzeichneten Menüpunkt die Längenanpassung erfolgt. Im Dialogfenster wird die passende Schraubenlänge ausgewählt, und gleichzeitig werden entsprechend dem Muster alle vier Schrauben automatisiert eingebaut.

Über den in der nebenstehenden Abbildung erkennbaren Pfeil kann die Schraubenlänge ebenfalls angepasst werden. Die Größensprünge richten sich dabei nach der Norm.

HINWEIS: Wird anstatt der linken Maustaste die **rechte Maustaste** geklickt, erscheint das Kontextmenü, über das ebenfalls die Größe geändert werden kann. Allerdings hat dieser Weg zur Folge, dass nur eine Schraube eingebaut wird. Das Bohrungsmuster vom Deckel wird nicht weiter berücksichtigt.

Alternativ kann die Schraube natürlich auch an einer beliebigen Stelle der Arbeitsfläche positioniert werden. Die korrekte Position erfolgt anschließend in einer der vier Bohrungen mit den Funktionen **Verbindung** bzw. **Abhängigkeit** aus der Befehlsgruppe **Beziehungen** (siehe Abschnitt 6.6 und Abschnitt 6.7).

Nun kann die Funktion **MUSTER** (aus der Befehlsgruppe **Muster**) eingesetzt werden. Auszuwählen ist die **Komponente**, hier die **Schraube** im Strukturbaum bzw. direkt in der Baugruppe. Bei den drei Schaltflächen unterhalb der Komponentenauswahl ist **Assoziativ** voreingestellt, und im Funktionsbereich **Auswahl der Elementanordnung** ist das Bohrungsmuster vom Gehäusedeckel zu wählen. Dieses ist mit der **linken Maustaste** zu bestätigen. Im Feld unterhalb von **Auswahl Elementanordnung** erscheint anschließend *Rechteckige Anordnung1*, und die drei weiteren Schrauben werden ergänzt. Abzuschließen ist der Vorgang mit **OK**.

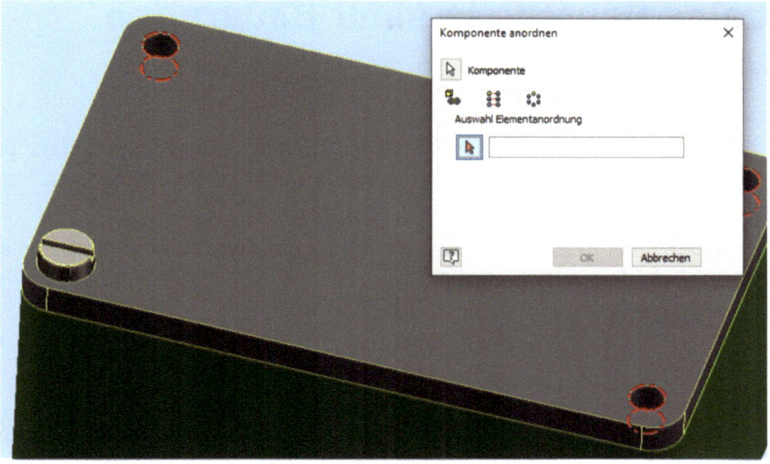

Bei dieser Funktion gibt es aber auch eine Alternative. Der mittlere Button **RECHTECKIG** ermöglicht über **Spalte** bzw. **Zeile** die Vorgabe des Rechteckmusters. Weiterhin sind die Richtungen vorzugeben (hier die zwei Kanten des Gehäusedeckels). Nun ist noch die Anzahl, d. h. jeweils **2**, und als Maß immer der **Lochabstand** (**48 mm** bzw. **88 mm**) einzustellen, und dann werden alle vier Schrauben an der korrekten Stelle platziert.

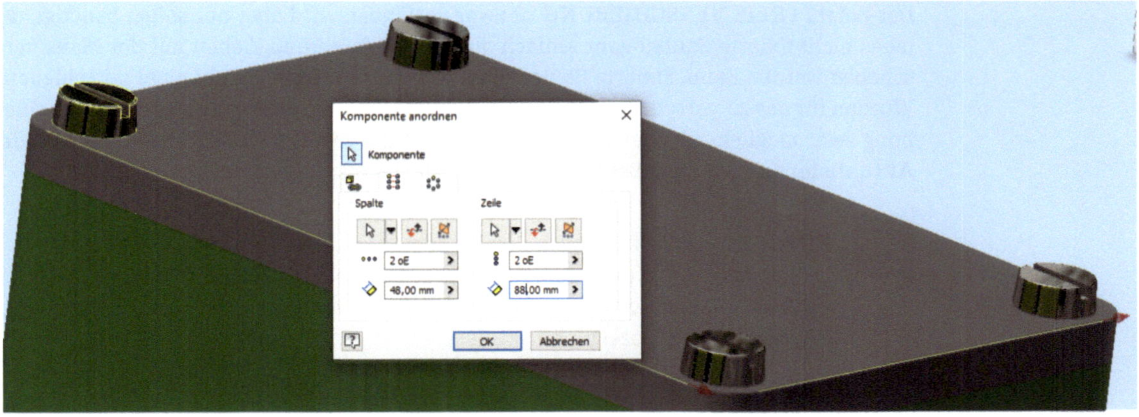

HINWEIS: Mit **MUSTER** eingefügte Bauteile sind nicht über 3D-Abhängigkeiten positioniert, sondern über ihre Abstände zum Ursprungsbauteil.

6.4 Einzelne Bauteile in einer Baugruppe bewegen

Grundsätzlich sollten Bauteile bereits beim Platzieren in einer Baugruppe ungefähr in ihrer Einbaulage angeordnet werden. Dieses Vorgehen erleichtert das Hinzufügen von Beziehungen erheblich.

Freie Verschiebung
Freie Drehung
Rasterfang

Zum Bewegen einzelner, nicht fixierter Bauteile in einer Baugruppe stehen in der Befehlsgruppe **Position** drei Befehle zur Verfügung:

- **FREIE VERSCHIEBUNG**
- **FREIE DREHUNG**
- **RASTERFANG**

Bauteile können mit diesen Befehlen neu positioniert bzw. ausgerichtet werden, wenn vorab der Fokus im Strukturbaum auf das entsprechende Bauteil gesetzt wurde. Dieses kann auch durch das einfache Auswählen des Bauteils mit der linken Maustaste (nach dem Aktivieren des jeweiligen Befehls) erfolgen.

6.4.1 Freie Verschiebung

Freie Verschiebung

Der Befehl **FREIE VERSCHIEBUNG** ist zwar verfügbar, wird aber nur selten benötigt, da jedes nicht fixierte Bauteil ganz einfach durch Markieren und Ziehen mit der Maus verschoben werden kann. Fixierte Bauteile lassen sich mit diesem Befehl nicht verschieben. Wurden für das zu verschiebende Bauteil bereits Abhängigkeiten gesetzt, ist die Verschiebung zwar möglich, sie überschreibt jedoch nicht die gesetzte Abhängigkeit. Mit **Lokale Aktualisierung** wird das Bauteil wieder zur Abhängigkeit positioniert.

> **HINWEIS:** Der Vorteil dieses Befehls liegt darin, dass mehrere Bauteile gleichzeitig markiert und nach dem Aufrufen des Befehls zusammen verschoben werden können. Auch werden bei diesem Befehl vordefinierte Einbaubedingungen (**iMates**) nicht angezeigt und aktiviert.

6.4.2 Freie Drehung

Freie Drehung

Der Befehl **FREIE DREHUNG** kann auf zwei Wegen aktiviert werden. Entweder wird das Bauteil zuerst markiert und dann der Befehl aufgerufen, oder es ist kein Bauteil markiert, und der Befehl wird vor der Bauteilselektion aufgerufen.

In jedem Fall erscheint nach der Aktivierung derselbe Kompasskreis wie beim Befehl **ORBIT** (siehe Abschnitt 2.3.3.1), allerdings wird dieser Kompasskreis nur um das aktivierte Bauteil gezogen. Die Funktionen sind jedoch identisch mit dem Ansicht-drehen-Kompass. Während die Drehung aktiv ist, kann das Teil nicht verschoben werden.

Aber auch hier gilt wieder: Wurden für das zu drehende Bauteil bereits Abhängigkeiten gesetzt, ist das Drehen zwar möglich, es überschreibt jedoch nicht die gesetzte Abhängigkeit. Mit **LOKALE AKTUALISIERUNG** wird das Bauteil wieder zur Abhängigkeit positioniert.

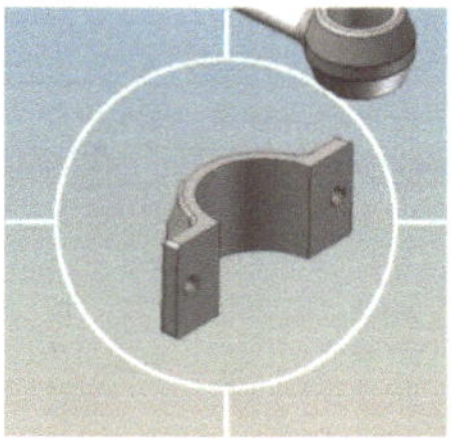

6.4.3 Rasterfang

Rasterfang

Der Befehl **RASTERFANG** in der erweiterten Befehlsgruppe **Position** stellt eine weitere Funktionsgruppe zur Verfügung, mit der Bauteile zu markanten Punkten bzw. um definierte Bewegungen verschoben werden können. Nach der Auswahl des Befehls hängt die in der Abbildung dargestellte Anzeige am Cursor, und eine Fläche, eine Kante oder ein Punkt ist auszuwählen. In den beiden Kästchen rechts werden die translatorischen und die rotatorischen Freiheitsgrade angezeigt. Da noch kein Bauteil selektiert wurde und der Cursor frei beweglich ist, werden noch alle sechs Freiheitsgrade, drei translatorische, drei rotatorische, angezeigt. Sobald jedoch ein Element eines Bauteils selektiert ist (hier die Längsachse), werden in Form von Schaltflächen die Manipulationsmöglichkeiten angezeigt.

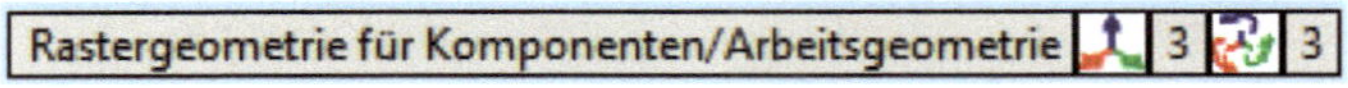

In der Abbildung links werden die Bewegungsmöglichkeiten des Bolzens entsprechend seiner Freiheitsgrade angezeigt. Ausgewählt wurde die Translation entlang seiner Längsachse (zweite Schaltfläche). In der Abbildung rechts wird der Körper entsprechend dieser Auswahl bewegt. In den Kästchen ganz rechts werden die Freiheitsgrade des selektierten Bauteils angezeigt (einmal Translation, einmal Rotation).

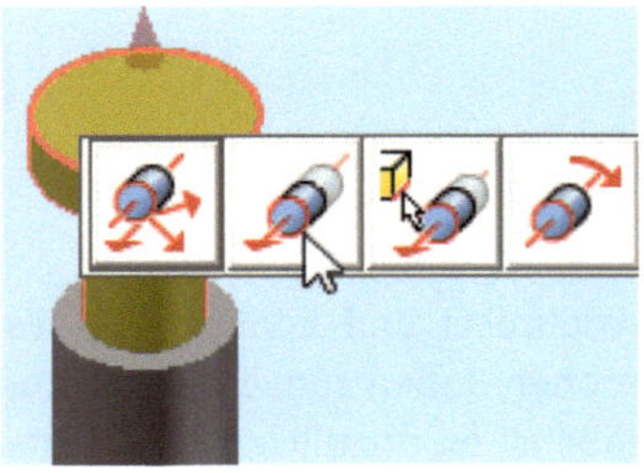

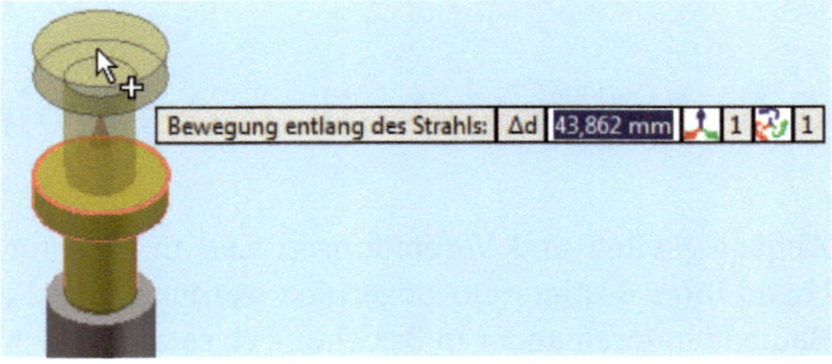

Je nach Element-Auswahl unterscheiden sich die angezeigten Schaltflächen. Die Bedeutung der jeweiligen Funktion ist über die Symbole erkennbar. Der letzte Eintrag bedeutet jeweils **Zurück**.

Icon(s)	Bedeutung
	Auswahl eines Punkts (Ecke, Mittelpunkt)
	Auswahl einer Kante eines prismatischen Körpers
	Auswahl einer Achse eines runden Körpers
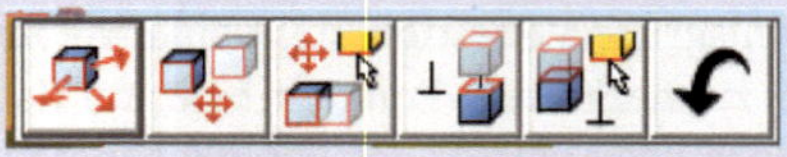	Auswahl einer Fläche

Ähnliche Funktionen wie für **Volumenkörper** existieren auch für die **Flächenselektion**. Die nachfolgende Tabelle zeigt die entsprechenden Möglichkeiten und deren Bedeutung.

Icon	Bedeutung	Icon	Bedeutung
	Freie Bewegung		Bewegung in der selektierten Ebene
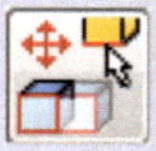	Bewegung in der Ebene anhand einer Referenzgeometrie, die sowohl die Richtung als auch den Abstand bestimmt		Lotrechte Bewegung senkrecht zur selektierten Fläche
	Lotrechte Bewegung anhand einer Referenzgeometrie, die sowohl die Richtung als auch den Abstand bestimmt		Zurück

6.5 Abhängigkeit und Verbindung

Verbindung

Abhängigkeit

Abhängigkeiten und Verbindungen sind in Inventor vordefiniert und können entsprechend ihrer Bestimmung abgerufen werden. Beide Funktionen haben zum Ziel, einzelne Bauteile untereinander in Beziehung zu setzen. Ihre Aufgabe ist es, unzulässige Freiheitsgrade zu entfernen, um ein eindeutiges Modell zu erhalten, das nur bestimmte Bewegungen ausführen kann, die beispielsweise einer vorgegebenen Funktion entsprechen.

Werden zwei Bauteile über **ABHÄNGIGKEIT** miteinander verknüpft, kann sich die gesamte Baugruppe noch beliebig im Raum bewegen. Die beiden Bauteile sind aber entsprechend der gesetzten Abhängigkeiten miteinander verbunden und lassen sich nicht mehr getrennt voneinander bewegen.

> **HINWEIS:** Abhängigkeiten werden immer an zwei Bauteile oder, genauer ausgedrückt, an je ein Element von zwei Bauteilen gebunden. Über Verbindungen bzw. Beziehungen können mehrere Elemente an je einem Bauteil mit anderen an einem zweiten Bauteil definiert werden.

Zusammenfügen

Als Elemente können je nach Abhängigkeitstyp Punkte, Linien, Kurven, Kanten und Ecken, Mittelachsen, ebene oder kreisförmige Flächen usw. ausgewählt werden. Die grundlegende Variante ist die Funktion **ABHÄNGIGKEIT**. Alle denkbaren geometrischen Varianten (Eben, Tangential, Winkel usw.) werden hier abgedeckt (siehe Abschnitt 6.6). Die sehr an der Praxis ausgerichtete Variante **VERBINDUNG** orientiert sich an der Funktion der Bauteile und kann weitgehend auch über das Mini-Menü aufgerufen werden (siehe Abschnitt 6.7). Die danach beschriebene schnelle Variante **ZUSAMMENFÜGEN** trägt dem Umstand Rechnung, dass nur selten bestimmte Optionen eingesetzt werden müssen. Auch sie arbeitet, wie das Verbinden, im Stil der direkten Manipulation mit Mini-Menüs (siehe Abschnitt 6.8).

6.6 Freiheitsgrade durch Abhängigkeit eliminieren

Abhängigkeit

Auf der Baugruppen-Registerkarte **Zusammenfügen** in der Befehlsgruppe **Position** befindet sich die Schaltfläche **ABHÄNGIGKEIT**, die das entsprechende Dialogfenster **Abhängigkeit** öffnet, in dem alle Einstellungen vorgenommen werden. Das Dialogfeld hat vier Registerkarten, von denen **Baugruppe** standardmäßig ausgewählt ist. Bezüglich der weiteren Registerkarten wird an dieser Stelle auf Kapitel 14 verwiesen.

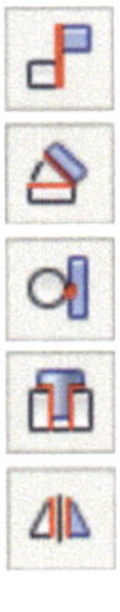

Die Funktion ermöglicht die grundsätzliche Ausrichtung zweier Bauteile zueinander. Es lassen sich verschiedene vordefinierte **Typen** (Funktionsbereich **Typ**) wählen. Unter anderem kann hier der Abstand zweier Bauteile zueinander (über **Versatz**) eingegeben werden. Weiterhin wird noch zwischen einem typabhängigen **Modus** (**Passend**, **Fluchtend**) unterschieden.

Die Anwendung erfolgt grundsätzlich immer nach dem gleichen Schema. Es wird die Methode (**Typ**, **Modus**) eingestellt und über **Auswahl** jeweils ein Geometrieelement von den beiden in Abhängigkeit zu setzenden Bauteilen festgelegt.

Unter der Registerkarte **Baugruppe** gibt es fünf grundsätzliche Typen von 3D-Abhängigkeiten, die jeweils weitere Unterscheidungs- bzw. Funktionsmerkmale enthalten. Diese sind:

- **Passend**
- **Winkel**
- **Tangential**
- **Einfügen**
- **Symmetrie**

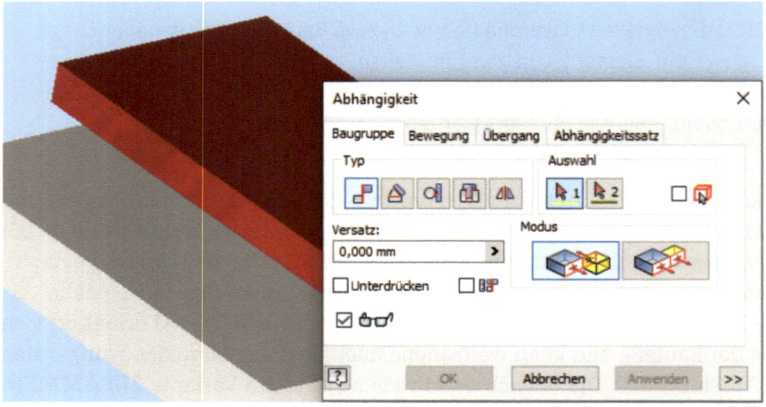

Das Dialogfenster **Abhängigkeit** kann nach unten erweitert werden. Die Schaltfläche >> eröffnet die Möglichkeit, eine gesetzte Abhängigkeit mit einem eigenen Namen zu versehen und darüber hinaus Grenzwerte (Maximum, Minimum) vorzugeben, in denen sich ein Bauteil bewegen darf. Die in Abschnitt 6.9.2 vorgestellte Funktion **Bewegen** übernimmt die für Maximum und Minimum gesetzten Werte als Start und Ende einer Bewegung.

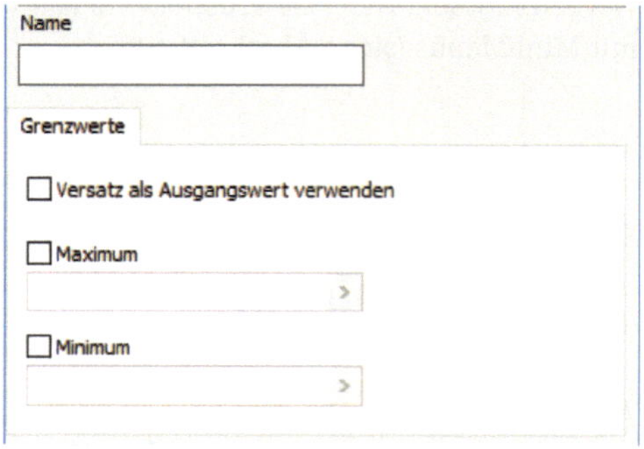

6.6.1 Abhängigkeit, Typ Passend

Über den **Typ Passend** können Kanten, Flächen und Achsen bzw. Mittellinien miteinander verknüpft werden. Die Abhängigkeit **Passend** positioniert beispielsweise die Komponenten Fläche an Fläche, wobei die Flächen gegenüberliegend oder gleich ausgerichtet sein können. Dies wird jeweils über den einzustellenden **Modus** erreicht, der bei diesem Typ zum einen **Passend** und zum anderen **Fluchtend** sein kann.

Werden Achsen oder Mittellinien für die Ausrichtung zweier Komponenten zueinander gewählt, ändern sich die Auswahlmöglichkeiten beim **Modus**. Neben **Entgegengesetzt** und **Ausgerichtet** steht hier eine dritte Variante **Nicht ausgerichtet** zur Auswahl.

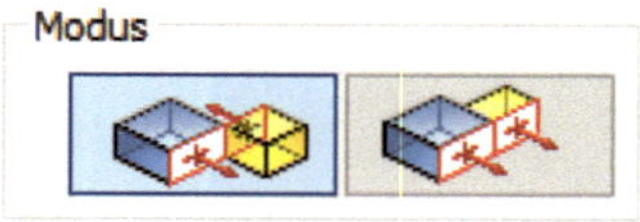

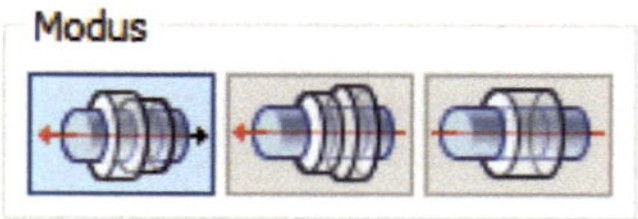

Bei der Verknüpfung von Flächen werden ein Freiheitsgrad der linearen Translation und zwei Freiheitsgrade der Winkeldrehung zwischen den Flächen entfernt. Bei der Verknüpfung zweier Kanten sind es zwei Translationen und zwei Rotationen, die entfernt werden.

Übrig bleibt ein sogenanntes Scharniergelenk, das noch in Richtung seiner Längsachse verschoben werden kann. Bei der Verknüpfung zweier Achsen werden ebenfalls zwei Translationen und zwei Rotationen entzogen.

Beispiel: Abhängigkeit zwischen zwei Flächen mit Versatz

Im Beispiel werden zwei Quader über den Typ **Passend**, über den Modus **Passend** und über die Auswahl ihrer jeweiligen Oberflächen miteinander verbunden. Im Eingabefeld **Versatz** wurde ein Abstand von **4 mm** zwischen den beiden Flächen eingegeben. Die Teile können noch seitlich verschoben und verdreht werden, sie bleiben jedoch immer im parallelen Abstand von **4 mm** miteinander verbunden. Nach der Auswahl der Elemente sowie dem Eingeben des Versatzes wird das Modell sofort aktualisiert.

Beispiel: Abhängigkeit zwischen zwei Achsen

Hierfür wurden eine Buchse und ein Bolzen mit Kopf erstellt. Der Bolzen soll in der Buchse axial verschiebbar und verdrehbar angeordnet werden. Die Abhängigkeit **Passend** und die Selektion der beiden **Mittelachsen** sind zu wählen. Beide Mittelachsen werden kollinear (deckungsgleich) ausgerichtet. Die beiden Bauteile sind aber noch axial verschiebbar.

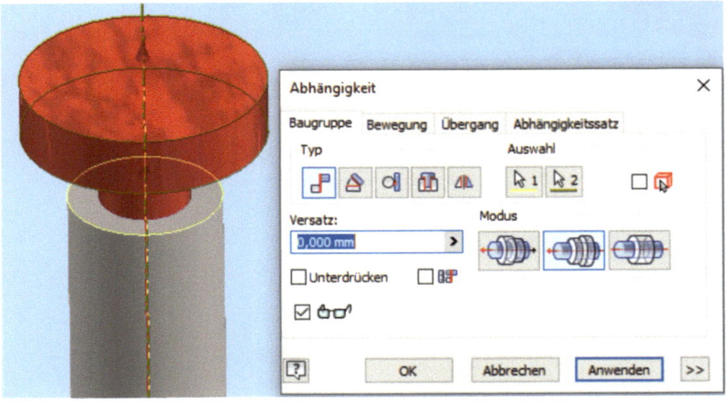

Beispiel: Abhängigkeit zwischen zwei Flächen ohne Versatz

Jetzt sind die beiden Bauteile mit dem Abhängigkeitstyp **Passend** und im Modus **Fluchtend**, miteinander verbunden worden. Die Flächen in der Abbildung sind koplanar, d. h., sie haben keinen Versatz.

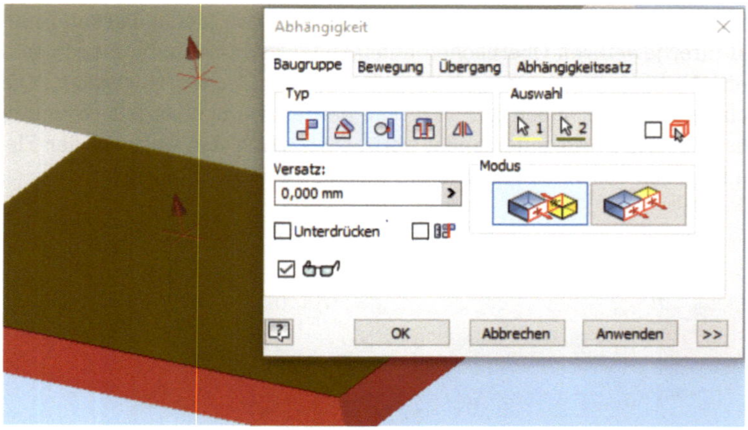

Beispiel: Abhängigkeit zwischen zwei Kanten

Die beiden Bauteile werden wieder mit dem Typ **Passend** im Modus **Passend** verbunden. Selektiert werden aber jeweils **Kanten** der beiden Bauteile. Die beiden Teile sind jeweils noch seitlich verschiebbar und können um die deckungsgleich gesetzten Kanten um **360°** geschwenkt werden (Scharnierfunktion). Bei dieser Abhängigkeitsart kann im Eingabefeld **Versatz** ebenfalls ein Abstand eingegeben werden.

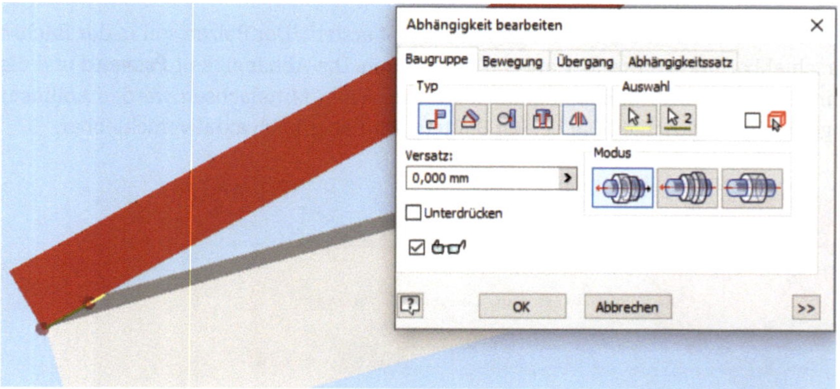

6.6.2 Abhängigkeit, Typ Winkel

Die Abhängigkeit **Winkel** positioniert Kanten oder ebene Flächen zweier Körper im angegebenen Winkel zueinander. Es wird hierdurch ein Freiheitsgrad der Rotation entfernt. Einzustellende Modi sind hierbei **Gerichteter Winkel**, **Ungeleiteter Winkel** und **Expliziter Referenzvektor** (von links nach rechts in der Abbildung).

Der Modus **Gerichteter Winkel** benutzt zur Ausrichtung der Komponenten die kartesische Definition, in der positive Winkel rechtsdrehend und negative Winkel linksdrehend verwendet werden. Beim Modus **Ungeleiteter Winkel** können die Komponenten frei angeordnet werden. Wird der Modus **Expliziter Referenzvektor** gewählt, wird ein drittes Auswahlwerkzeug verfügbar, mit dem eine Fläche, Kante, Arbeitsebene oder Arbeitsachse gewählt werden kann, um damit die Richtung des Vektorprodukts (Z-Achse) der Vektoren aus den ersten beiden Auswahlen zu bestimmen. Der explizite Referenzvektor sollte nach Möglichkeit eine nicht bewegliche Komponente sein. Mit diesem Modus werden alle Freiheitsgrade der Rotation entfernt, die Freiheitsgrade der Translationen bleiben erhalten.

Beispiel: Ausgerichteter Winkel

In diesem Beispiel wurde der Abhängigkeitstyp **Winkel** verwendet, und im Eingabefeld für die Winkeleingabe wird der Wert **-60°** eingegeben. Die beiden Teile sind nicht miteinander verbunden und können unabhängig voneinander in alle Richtungen verschoben werden. Der Winkel zwischen den beiden selektierten Oberflächen bleibt dabei immer erhalten.

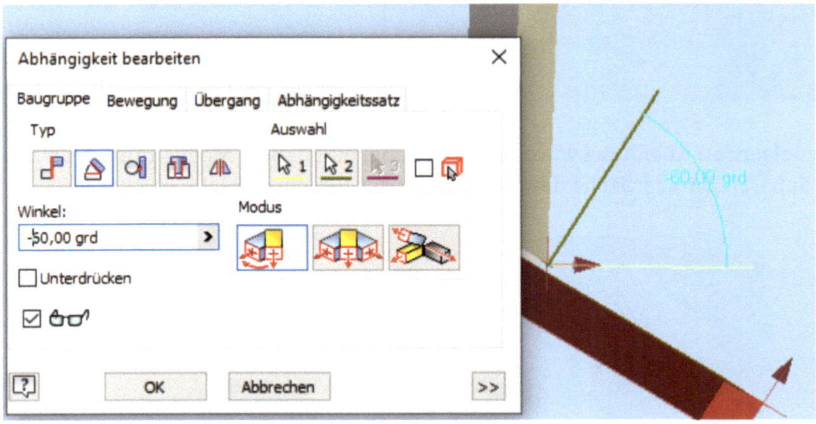

6.6.3 Abhängigkeit, Typ Tangential

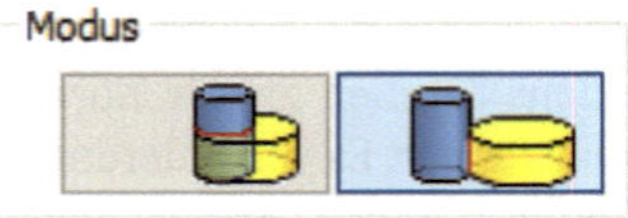

Die Abhängigkeit **Tangential** bewirkt, dass sich Flächen, Ebenen, Zylinder, Kugeln und Kegel an einem Tangentialpunkt bzw. an der Tangentiallinie berühren. Die Berührung kann **Innerhalb** (Abbildung links) oder **Außerhalb** (Abbildung rechts) einer Kurve erfolgen, abhängig von der Richtung der ausgewählten Flächennormale. Mit der Wahl der Abhängigkeit **Tangential** wird ein Freiheitsgrad (Translation in eine Richtung) entfernt.

Beispiel: Abhängigkeit zwischen Zylinder und Zylinderring

Die nächsten beiden Abbildungen zeigen Bauteilverbindungen, die mit dem Abhängigkeitstyp **Tangential** erzeugt wurden. Eine tangentiale Abhängigkeit verlangt immer Auswahlkombinationen, die auch tangential verbunden werden können, also entweder **Zylinder** > **Fläche** oder **Zylinder** > **Zylinder**. Jeweils die äußeren Zylinderflächen der beiden Bauteile wurden tangential zu einander ausgerichtet (Modus **Außerhalb**). Ein Abstand zwischen den Flächen lässt sich über **Versatz** realisieren.

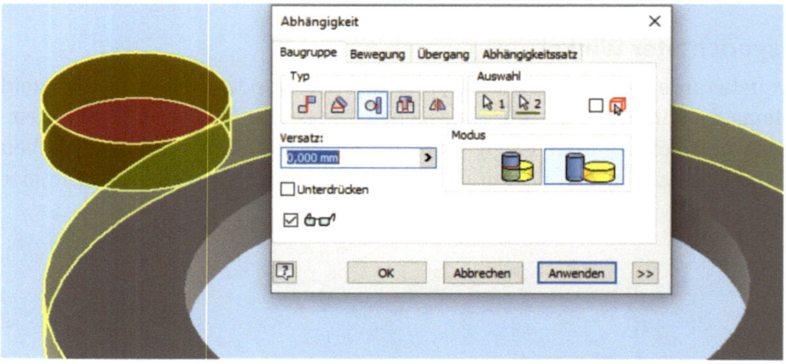

In der nachfolgenden Abbildung wurde die Abhängigkeit mit dem Modus **Innerhalb** zwischen der äußeren Zylinderfläche der Scheibe und der Ringinnenfläche gesetzt.

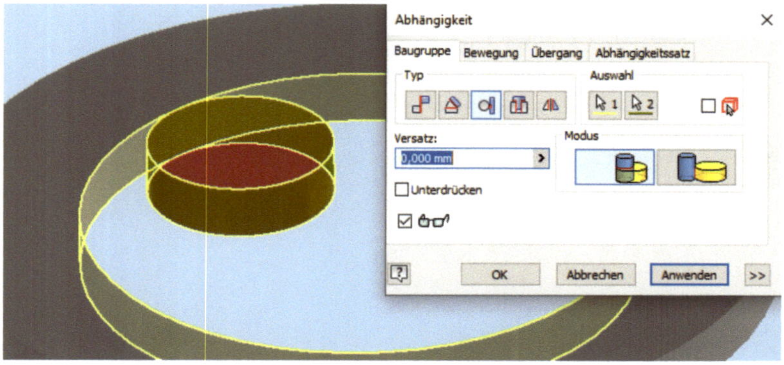

6.6.4 Abhängigkeit, Typ Einfügen

Die Abhängigkeit **Einfügen** ist ein Typ, der speziell bei rotationssymmetrischen Bauteilen, wie Schrauben, Bolzen usw., zum Einsatz kommt. Im Prinzip wird hier zweimal die Abhängigkeit **Passend** vergeben. Sie ist eine Kombination aus Kongruenz der Achsen zweier Körper und einer Abhängigkeit **Passend** zwischen zwei planaren Flächen der beteiligten Bauteile. Als Resultat ergibt sich hieraus, z. B. für eine Schraube, dass diese zugleich mit ihrer Kopfunterseite an einer Bauteilfläche aufliegt und ihre Mittelachse mit der der Bohrung übereinstimmt.

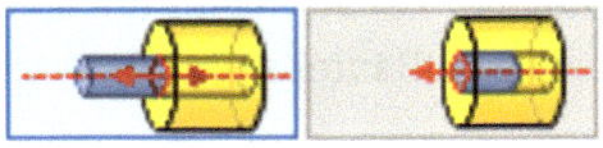

Der Modus **Entgegengesetzt** (Abbildung links) kehrt die Passungsrichtung der ersten ausgewählten Komponente um. **Ausgerichtet** kehrt die Passungsrichtung der zweiten ausgewählten Komponente um.

Über das kleine Kontrollkästchen besteht optional die Möglichkeit, den noch offenen Freiheitsgrad der Rotation um die Achse zu sperren. Damit ist ein Rotationskörper dann komplett festgelegt. Im Strukturbaum wird die Abhängigkeit, die mit einer Sperrung ausgeführt wurde, mit einem entsprechenden Symbol angezeigt.

Beispiel: Abhängigkeit zwischen Hohlzylinder und Zylinder mit Absatz

Es werden zwei rotationssymmetrische Bauteile über den Typ **Einfügen** zusammengefügt, was bei dieser Art von Teilen auch das einfachste Verfahren darstellt. Ausgewählt wurden jeweils die Achsen des Bolzens und der Hülse. Visuell wird die Wahl des entsprechenden Einfügemodus durch Pfeile deutlich gemacht. Hier ist es die Einfügerichtung am Bolzen und die entgegengesetzte Einfügerichtung an der Buchse. Über die Eingabe eines Versatzes von **5 mm** wird deutlich, dass die zweite Abhängigkeit der planaren Flächen ebenfalls gesetzt ist. Der gesetzte Haken **Drehung sperren** nimmt dem zweiten eingefügten Bauteil auch den letzten noch vorhandenen Freiheitsgrad.

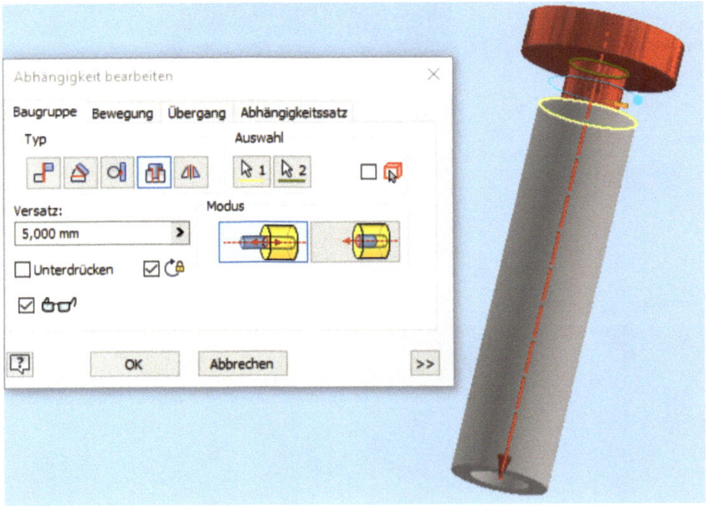

6.6.5 Abhängigkeit, Typ Symmetrie

Die Abhängigkeit **Symmetrie** kennt ebenfalls die Modi **Entgegengesetzt** und **Ausgerichtet**, hier haben sie allerdings eine etwas andere Bedeutung. Über diesen Typ wird ein Bauteil mithilfe einer Symmetrieebene oder -fläche symmetrisch zu einem zweiten Bauteil ausgerichtet. Die drei Schaltflächen zur Auswahl der Elemente bedeuten: Auswahl des ersten Bauteils, Auswahl des zweiten Bauteils und Auswahl der Symmetrieebene.

6.6.6 Abhängigkeiten kombinieren

Die meisten Abhängigkeitstypen entfernen lediglich einen oder zwei Freiheitsgrade. Soll jedoch die Lage zweier Bauteile exakt zueinander bestimmt werden, so müssen alle sechs Freiheitsgrade entzogen werden. Dies kann dadurch geschehen, dass die Teile gleichzeitig mit mehreren Abhängigkeiten versehen werden.

Die beiden abgebildeten Quader sind entsprechend der Aufgabenstellung Ecke an Ecke liegend zusammenzubauen. Insgesamt ist es notwendig, hierfür drei Abhängigkeiten zu vergeben:

- Die beiden Oberflächen sind mit **Typ Passend** und **Modus Passend**,
- die Längsseiten sind mit **Typ Passend** und **Modus Fluchtend**,
- die Stirnflächen werden ebenfalls mit **Typ Passend** und **Modus Fluchtend** miteinander verbunden.

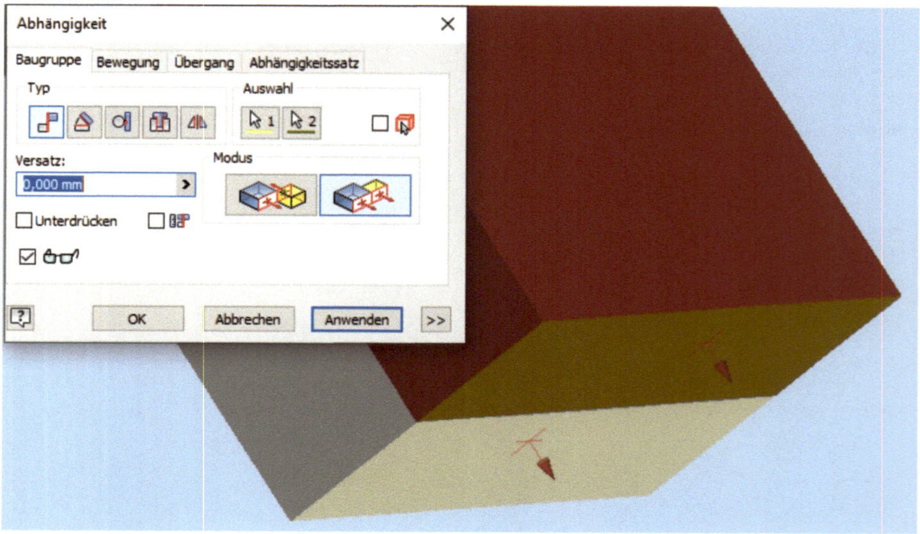

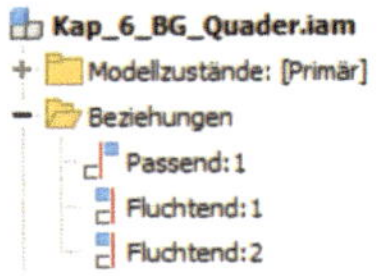

Alle gesetzten Abhängigkeiten werden anschließend im Strukturbaum hinzugefügt und erscheinen dort insgesamt dreimal, zum einen direkt unterhalb der Baugruppe im Ordner *Beziehungen* und zum anderen bei den beiden Bauteilen jeweils am Ende. Alle gesetzten Abhängigkeiten können bei allen beteiligten Elementen im Strukturbaum über das Kontextmenü **Bearbeiten** auch wieder nachträglich modifiziert werden. Bei sehr großen Baugruppen ist es aber sinnvoll, die Abhängigkeiten unterhalb der Bauteile zu wählen, da diese sich immer auf deren Einbaubedingungen beziehen.

Wird im Strukturbaum eine Abhängigkeit selektiert, dann werden die entsprechenden Elemente der Baugruppe farblich hervorgehoben.

TIPP: Um ausgehend von der Abhängigkeit eines Bauteils das zweite zugehörige Bauteil zu finden, kann über das Kontextmenü im Strukturbaum der Befehl **ANDERE HÄLFTE** genutzt werden.

6.7 Verbindung(en) zwischen Bauteilen erzeugen

Die Funktion **VERBINDUNG** für die Platzierung von Bauteilen ist stark auf funktionale Fragestellungen ausgerichtet und orientiert sich an der tatsächlichen Handhabung. Es handelt sich hierbei ebenfalls um eine Vergabe von Abhängigkeiten, die entsprechend dem ausgewählten Typ jedoch eine Aggregation verschiedener Grundabhängigkeiten darstellt und damit sehr leistungsfähig ist. Durch die visuelle Unterstützung sind Bauteile hiermit relativ einfach miteinander zu verbinden. Wie bei der Funktion **ABHÄNGIGKEIT** besteht auch hier die Möglichkeit, die gesetzten Verbindungen (z. B. **Gelenk platzieren**) namentlich zu benennen.

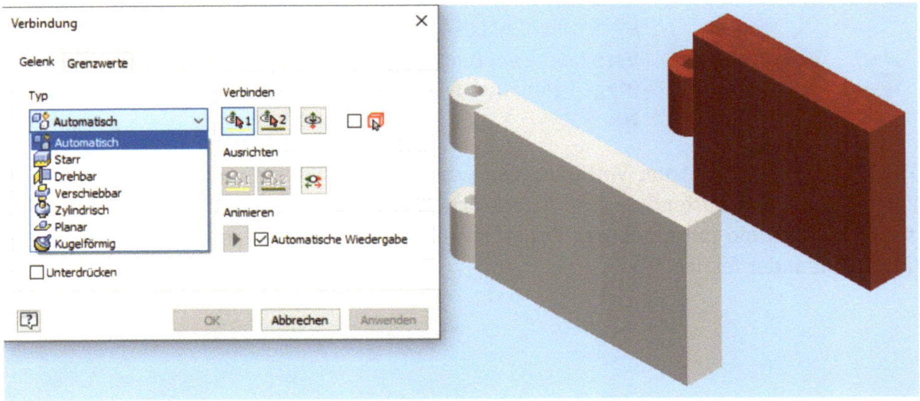

Ausgewählt werden kann zwischen sechs unterschiedlichen Typen. An erster Stelle im Auswahlmodus steht zusätzlich der Begriff **Automatisch**. Mit dieser Selektion entscheidet sich Inventor aufgrund von Bauteilflächen und der gewählten Bauteilelemente selbst für einen Verbindungstyp, der anschließend angezeigt und natürlich angepasst werden kann.

Die Funktion **Verbindung** kann weitgehend über das Mini-Menü bedient werden, was die Anwendung gegenüber der Funktion **Abhängigkeit** ebenfalls erleichtert.

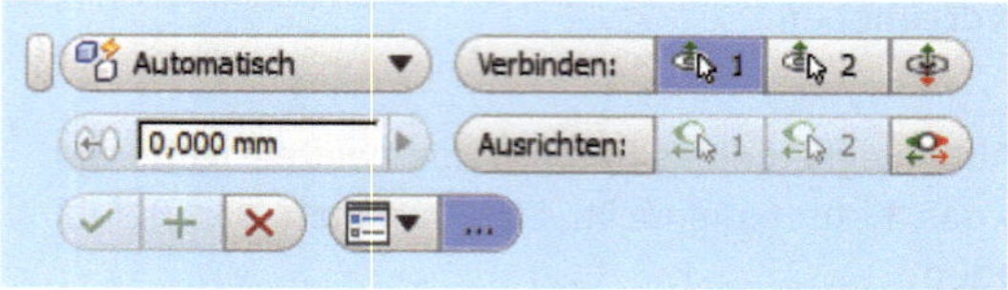

Für viele Fälle dürfte die Bedienung der Funktion mit dem Mini-Menü ausreichend sein. Etwas mehr Optionen bietet das Dialogfenster, dessen Auswahlmöglichkeiten nachstehend besprochen werden.

	Bezeichnung	Funktion
	**Starr**	Verbindet zwei Teile völlig starr miteinander, alle Freiheitsgrade werden entfernt.
	**Drehung**	Verbindet zwei Bauteile in der Art eines Scharniers miteinander und lässt nur noch einen Freiheitsgrad der Rotation zu.
	**Verschiebbar**	Verbindet zwei Bauteile in der Art eines Nutensteins miteinander und lässt nur noch einen Freiheitsgrad der Translation zu.
	**Zylindrisch**	Verbindet zwei Bauteile in der Art einer Loslager-Verbindung miteinander, lässt sowohl einen Freiheitsgrad der Rotation als auch einen Freiheitsgrad der Translation zu.
	**Planar**	Verbindet zwei Bauteile über eine plane Ebene und lässt noch drei Freiheitsgrade offen, die Translation (X und Y) in der Ebene und die Rotation um die lotrechte Achse (Z).
	**Kugelförmig**	Verbindet zwei Bauteile wie eine Kugel in einer Kugelschale (Kugelgelenk) und lässt alle drei Freiheitsgrade der Rotation zu.

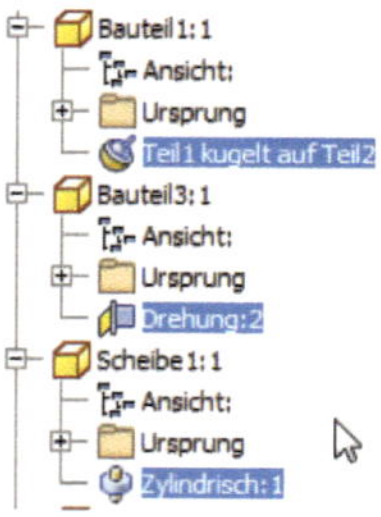

Die Symbole der gesetzten Verbindungen werden anschließend im Strukturbaum angezeigt. Bis auf den Verbindungstyp **Kugelförmig** kann bei allen Abhängigkeiten ein **Abstand** ins Textfeld unterhalb der **Typ**-Auswahl eingegeben werden, der den Versatz der Teile zueinander festlegt.

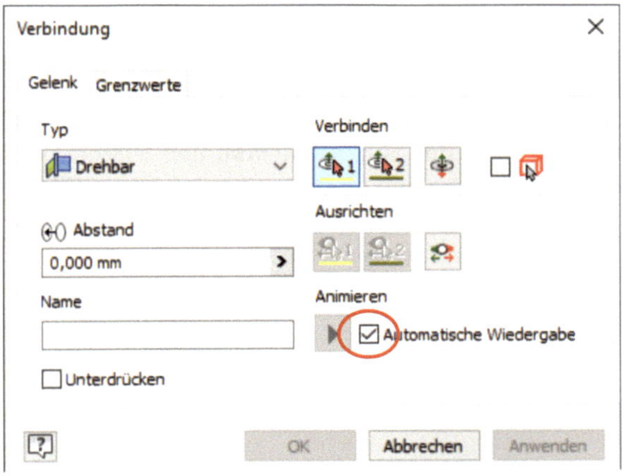

Im Textfeld **Name** kann die Verbindung völlig frei benannt werden. Diese Bezeichnung erscheint im Strukturbaum als Text neben der Verbindungsart. Im Bereich **Verbinden** wird in der Regel automatisch durch Zeigen das erste und das zweite Bauteil ausgewählt. Soll dies von Hand geschehen, ist das Auswahlfeld ganz links mit einem Haken zu versehen.

Im Bereich **Ausrichten** können die beiden Elemente (Button 1 und Button 2) nach ihren Kanten oder Flächen zueinander ausgerichtet werden. Diese Ausrichtung ist temporär und beeinflusst nicht etwaig vorhandene Freiheitsgrade, in deren Richtung das ausgerichtete Teil weiterhin beweglich bleibt.

Den Bereich **Animieren** gibt es nur im Dialogfenster. Die Animation bewirkt eine angedeutete Bewegung eines Bauteils im Rahmen seiner noch vorhandenen Freiheitsgrade.

Auch die Möglichkeit der Definition von **Grenzwerten** auf der zweiten Registerkarte, innerhalb derer sich das Bauteil im Rahmen seiner Freiheitsgrade bewegen kann, ist gegeben. **Start** gibt die Startposition, **Aktuell** die angezeigte Position und **Ende** die Endlage an, die das Bauteil annehmen kann. Je nach Abhängigkeit können Rotationen (**Winkel**) oder Translationen (**Linear**) begrenzt werden.

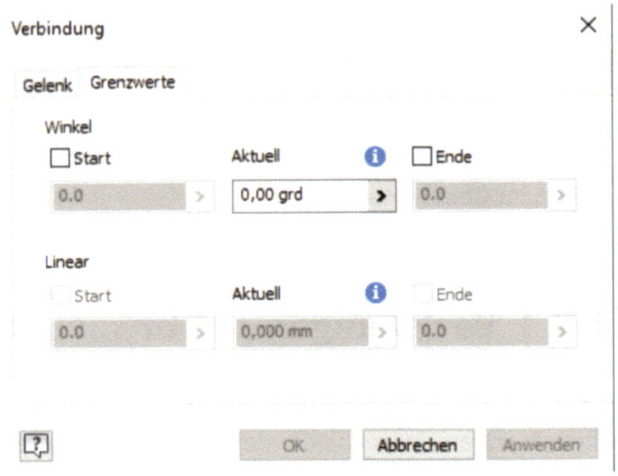

6.8 Zusammenfügen von Bauteilen

Zusammenfügen

Die Funktion **ZUSAMMENFÜGEN** ist einfach zu bedienen. Sie schließt die Möglichkeiten ab, in Inventor Bauteile innerhalb einer Baugruppe zu positionieren und auszurichten. Die Funktion blendet das Mini-Menü ein, über das alle Einstellungen erfolgen. **ZUSAMMENFÜGEN** bietet insgesamt aber weniger Möglichkeiten als die Funktion **Abhängigkeit**. In bestimmten Fällen ist mit dieser Funktion jedoch wesentlich schneller zu arbeiten.

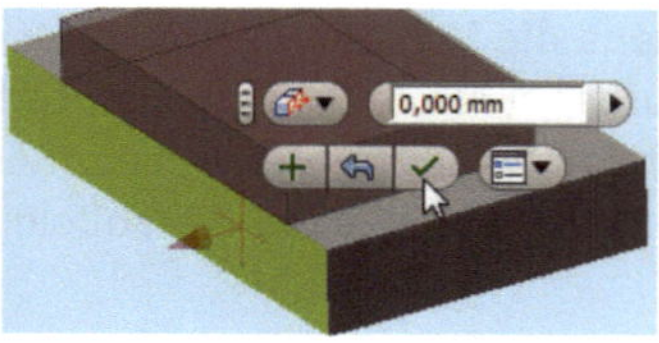

HINWEIS: Diese Funktion fasst einzelne Arbeitsschritte der Funktion **Abhängigkeit** zusammen und ist rationeller in der Anwendung. Wird eine mit dieser Funktion gefügte Verbindung bearbeitet, wird allerdings wieder das Dialogfenster **Abhängigkeit** aufgerufen und nicht **Zusammenfügen**.

6.9 Abhängigkeit und Verbindung: Sichtbarkeit und Bewegen

Die beiden nachfolgend beschriebenen Funktionen erlauben es, den Status der Abhängigkeiten zu überwachen.

6.9.1 Beziehungen ein- bzw. ausblenden

Einblenden

Über die Schaltfläche **EINBLENDEN** auf der Registerkarte **Beziehungen** lassen sich definierte Abhängigkeiten und Verbindungen einzeln sichtbar machen. Ist ein Bauteil, das eine Abhängigkeit enthält, markiert, geht das auch über das Markierungsmenü mit der Funktion **BEZIEHUNGEN ANZEIGEN** (Aufruf über das Kontextmenü, **rechte Maustaste**).

Am Bauteil wird das Symbol der Beziehung angezeigt, wobei zwischen Symbolen unterschieden wird, die auf die Funktion **Abhängigkeit**, und solchen, die auf die Funktion **Verbindung** zurückzuführen sind. Die detaillierten Informationen werden automatisch eingeblendet, wenn der Mauszeiger über das Symbol fährt.

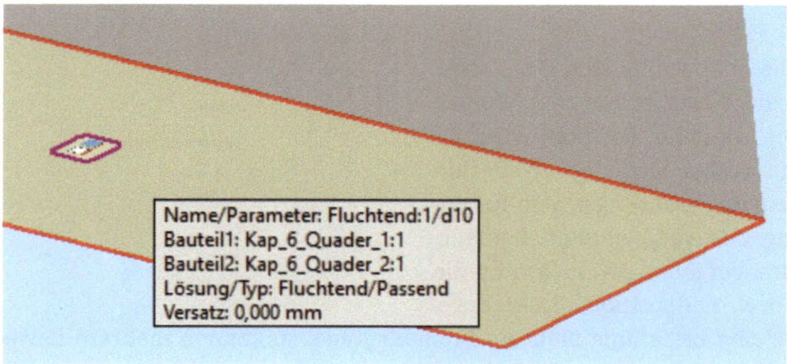

Einzelne Ein- bzw. Ausblendungen lassen sich ebenfalls im Strukturbaum im Kontextmenü der jeweiligen Beziehung über den Befehl **SICHTBARKEIT** steuern.

Eingeblendete Beziehungen sind im Strukturbaum an den Bauteilen durch eine eingeblendete leuchtende Glühbirne zu erkennen. Über die Schaltfläche **ALLE AUSBLENDEN** werden alle Beziehungsdarstellungen ausgeblendet.

Alle ausblenden

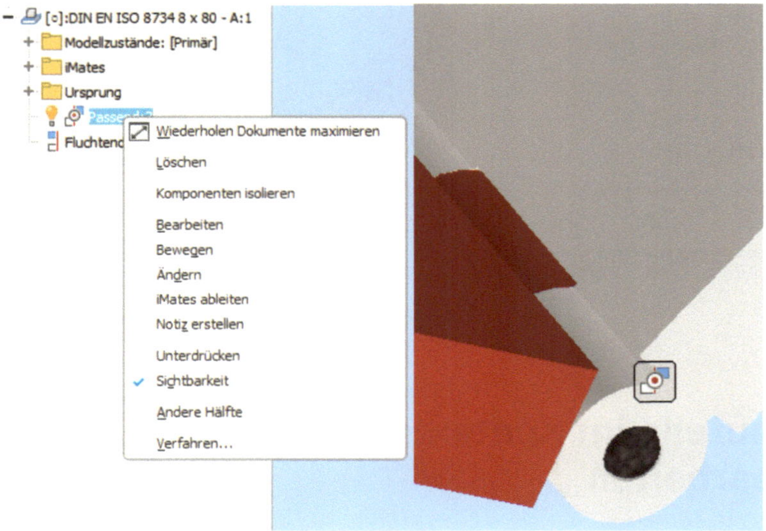

6.9.2 Bewegungen ausführen

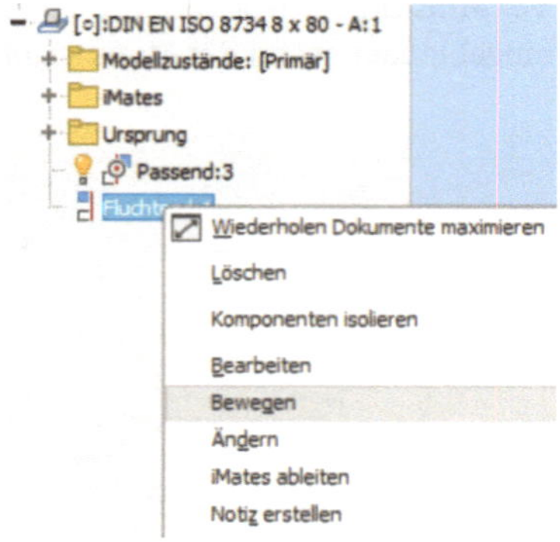

Ebenfalls im Strukturbaum über das Kontextmenü einer Beziehung lässt sich die Funktion **BEWEGEN** starten, die anschließend ein zugehöriges Dialogfenster öffnet.

Für die Start- und die Endposition sind Eingabefelder vorhanden (lineare Werte in mm oder Winkelmaße in Grad). Die aktuelle Position wird im Fensterbereich oben rechts angezeigt. Weiterhin enthält das Dialogfenster Steuerungstasten für die animierte Bewegung des ausgewählten Bauteils. Neben schrittweisem Vorgehen kann jeweils die angegebene Start- bzw. Endposition direkt angesteuert werden. Hat eine Beziehung mehrere Freiheitsgrade, so können mehrere Bewegungen je nach Freiheitsgrad zur Anzeige gebracht werden. Dargestellt ist in der Abbildung ein verbauter Bolzen, der mit **Fluchtend** zu den Gelenkbauteilen platziert wurde. Eingestellt wurde nun, dass dieser Bolzen bei der Animation **10 mm** heraus oder bei Rückwärtsablauf hineinwandert. Im erweiterten Dialogbereich lassen sich zusätzliche Bedingungen, wie z. B. die Anzahl an Wiederholungen der Bewegung, setzen. Auch das Erkennen von Kollisionen während der Bewegung steht hier als Funktion zur Auswahl.

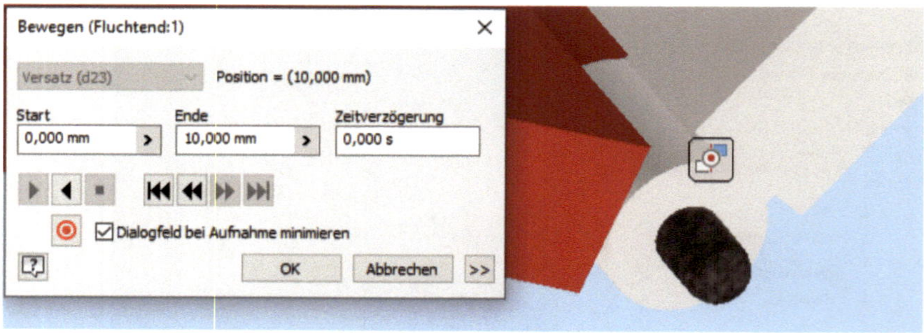

6.10 Bauteile im Kontext einer Baugruppe bearbeiten

Bauteile können auch in der Baugruppenumgebung bearbeitet werden. Ein großer Vorteil dieses Verfahrens ist, dass dabei häufig Adaptivitäten entstehen bzw. genutzt werden können und Änderungen sofort in der Baugruppe sichtbar sind. Ändert sich die bearbeitete Geometrie, dann ändern sich auch die Zusammenhänge mit dieser an den Nachbarbauteilen.

Beispiel: Nachträgliches Hinzufügen von Bohrung und Gewinde

Anhand einer einfachen Baugruppe, bestehend aus einer Welle mit Passfeder nach DIN 6885-1 A, soll dieses Vorgehen aufgezeigt werden. Die Passfeder soll zusätzlich mit einer Schraube in der Welle gesichert werden. Es muss also in der Passfedernut ein Gewinde und in der Passfeder eine zur Schraube passende Bohrung erzeugt werden. Alternativ hätte natürlich auch direkt eine Passfeder mit Bohrung nach DIN 6885-1 C gewählt werden können. Hier hätte dann aber eine Innensechskantschraube statt der geplanten Senkschraube verwendet werden müssen.

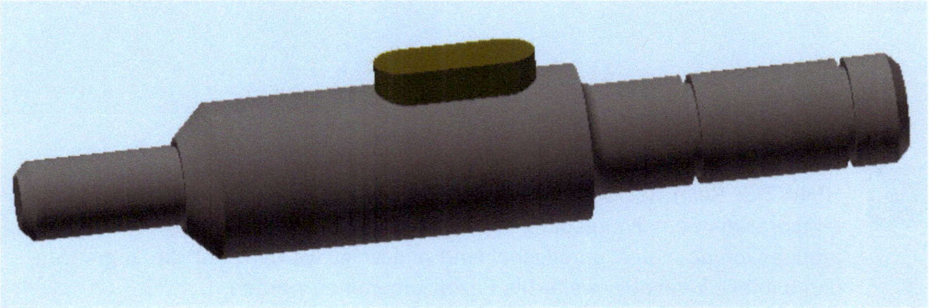

Die Wellenkonstruktion soll nicht im Vordergrund dieses Beispiels stehen. Die Baugruppe „Welle mit Passfeder“ (*Welle_Passfeder.iam*) kann unter *http://plus.hanser-fachbuch.de* heruntergeladen werden. Alternativ kann auch ein Wellenabschnitt mit dem Durchmesser **24 mm** erzeugt und eine Passfedernut (**20 × 8 × 4 mm**) eingebracht werden. Die Passfedernut ist im Abstand von **2,5 mm** zum Absatz mit den Ringnuten zu positionieren. Anschließend ist eine Baugruppe anzulegen, die Welle als fixiertes Teil zu positionieren und eine passende Passfeder hinzuzufügen. Über Bedingungen bzw. Abhängigkeiten ist die Passfeder dann zu positionieren (siehe Abschnitt 6.6).

HINWEIS: Falls die Passfeder über die Inhaltscenter-Bibliothek geladen wird, muss diese vor der weiteren Bearbeitung aus der Bibliothek ausgescheckt werden. Erst dann können Änderungen an dem Bauteil vorgenommen werden. Am einfachsten ist es, die aus dem Inhaltscenter geladene Passfeder unter einem eigenen Namen abzuspeichern und anschließend die Modellierung mit dieser Bauteildatei fortzuführen. ■

Die Welle ist nun durch Anklicken in der Baugruppe zu aktivieren. Im Markierungsmenü ist hierzu die Funktion **BEARBEITEN** zu wählen.

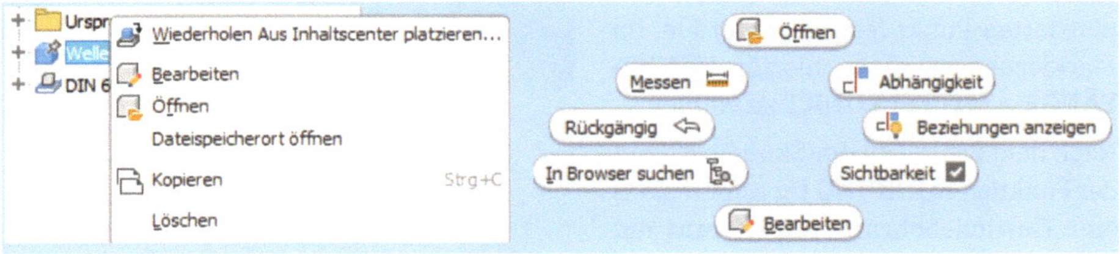

HINWEIS: Die Funktion **Bearbeiten** kann auch im Kontextmenü des Strukturbaums aufgerufen werden. Ist die zu bearbeitende Bauteildatei allerdings bereits geöffnet, so kann die Funktion **Bearbeiten** nicht aufgerufen werden.

Im Strukturbaum sind jetzt alle anderen Bauteile grau hinterlegt und im Modellbereich transparent dargestellt, sodass das zu bearbeitende Bauteil schnell erkannt werden kann.

HINWEIS: Beim Bearbeiten von Bauteilen in der Baugruppenumgebung wird temporär die Bauteilumgebung aktiv, während weiterhin die umgebenden Baugruppenkomponenten durchscheinend angezeigt werden. Auf die angrenzenden Bauteile kann aber weiterhin Bezug genommen werden.

Für die Platzierung der Bohrung ist nun mit Bezug zum Grund der Passfedernut die Funktion **2D-Skizze starten** aufzurufen, um den Mittelpunkt der Gewindebohrung zu erzeugen. Alternativ kann dies auch über das Markierungsmenü **Neue Skizze** erfolgen.

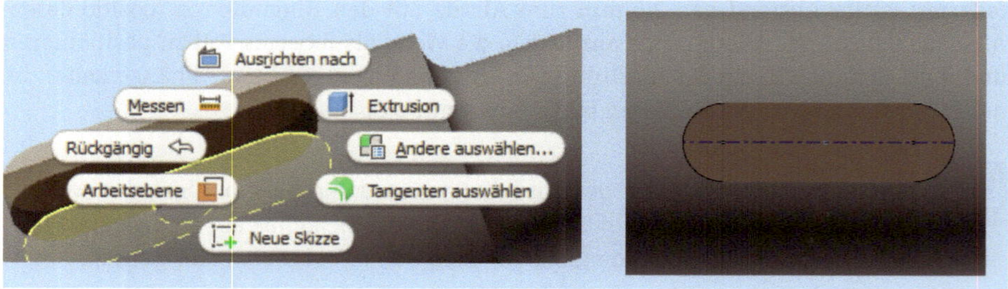

Es ist eine **LINIE** zu zeichnen, die **Koinzident** mit den beiden Halbkreis-Mittelpunkten gesetzt wird. Diese Linie ist als **MITTELLINIE** zu formatieren.

Punkt

Das Zentrum der Bohrung kann jetzt genau in der Mitte der Linie durch einen platzierten Punkt festgelegt werden. Im Markierungsmenü ist hierfür **PUNKTFÄNGE** > **MITTELPUNKT** zu wählen.

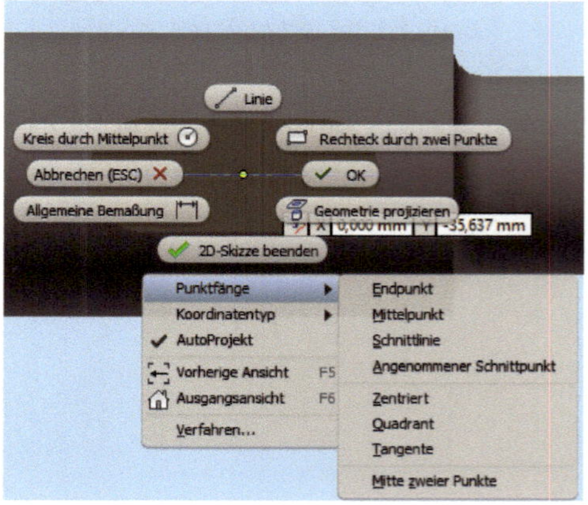

Nach dem Schließen der Skizze wird mit der Funktion **BOHRUNG** (Abschnitt 5.5.1) eine Gewindebohrung **M3 × 8 mm** mit einer Tiefe von **5 mm** erzeugt. Gleichzeitig kann mit dem Aufsatztyp **Konische Senkung** eine **90°-Senkung** mit dem Durchmesser **4 mm** erzeugt werden. In der Abbildung (Mitte) sind die verschiedenen Einstellungen eingetragen. Ein Klick auf das jeweilige Maß schaltet in den Eingabemodus um, und die Werte können editiert werden.

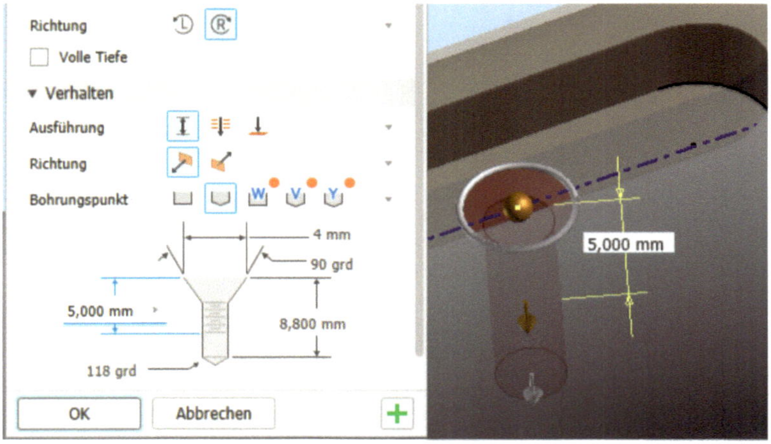

Nachdem die Bohrung erstellt wurde, wird die Bearbeitung der Welle wiederum über das Markierungsmenü mit dem Befehl **BEARBEITUNG BEENDEN** abgeschlossen. Alternativ kann auch der Befehl **ZURÜCK** verwendet werden.

Im Anschluss ist noch das Durchgangsloch mit der Kopfsenkung in die Passfeder einzubringen. Die Funktion **BEARBEITEN** wird nun für die Passfeder angewendet und auf der Oberfläche der Passfeder eine neue Skizze angelegt.

Da die Gewindebohrung bereits erzeugt wurde, lässt sich mithilfe der Funktion **GEOMETRIE PROJIZIEREN** (siehe Abschnitt 4.6.7) der Profilkreis der Gewindebohrung in der geraden angelegten Skizze übernehmen. Mit dem Profilkreis wird gleichzeitig der Mittelpunkt übernommen, der nun für die zu erstellende Bohrung maßgeblich ist. Anschließend kann die Skizze beendet werden.

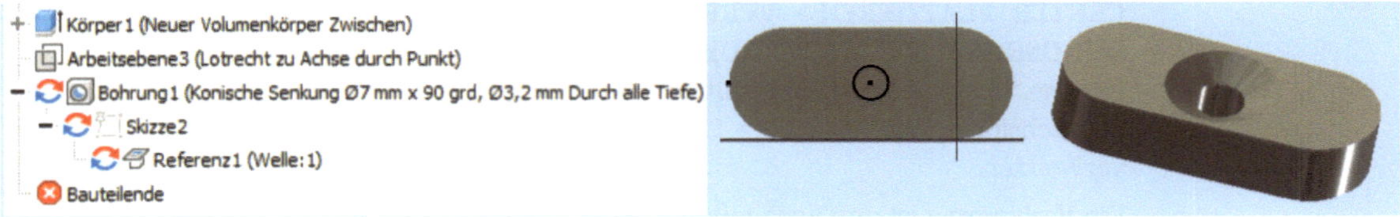

HINWEIS: Die Funktion **GEOMETRIE PROJIZIEREN** kann auch gemeinsam mit der **STRG**-Taste verwendet werden. Die gewählten Elemente werden kopiert und in der Skizze abgelegt. Man spricht hierbei von abgeleiteten Elementen. Änderungen an den ursprünglichen Elementen sind bei abgeleiteten Elementen nicht wirksam. Bei dieser Vorgehensweise fehlt folglich auch das Symbol für Adaptivität im Strukturbaum vor der Skizze.

Die zu erstellende **BOHRUNG** soll **Nach Skizze** platziert werden und einen Durchmesser von **3,2 mm**, eine **Senkung** von **7 mm** (Aufsatz: **Konische Senkung**) und den Ausführungstyp **Durch alle** haben.

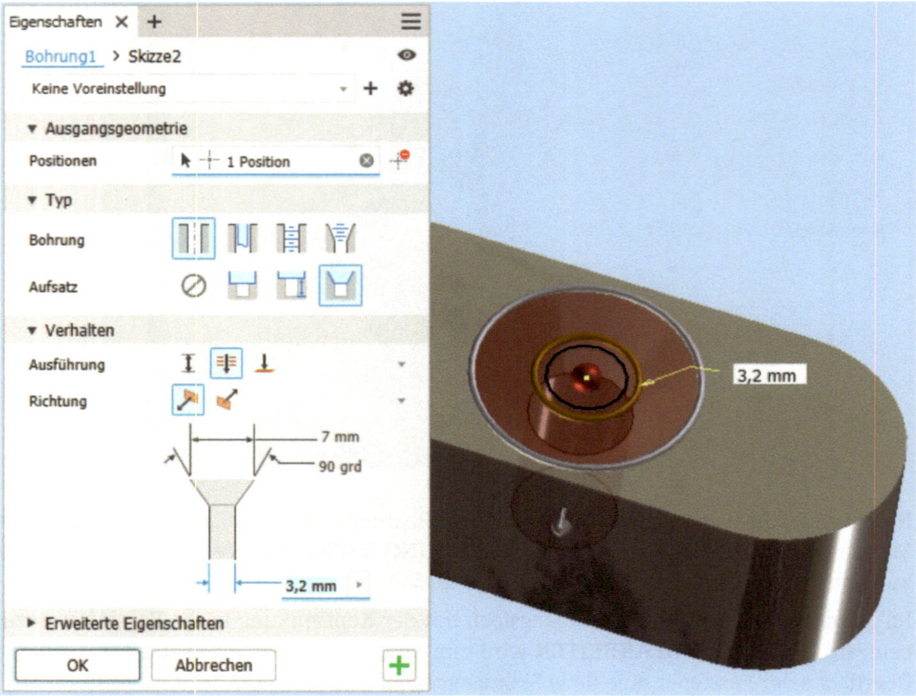

Zur Vervollständigung ist noch eine passende Schraube aus dem Inhaltscenter, die die Passfeder mit der Welle verbindet, auszuwählen. Über den Funktionsaufruf **AUS INHALTSCENTER PLATZIEREN > VERBINDUNGSELEMENTE > SCHRAUBEN** ist eine **Senkkopfschraube** mit Innensechskant: **ISO 10642 M3 × 12** zu verwenden.

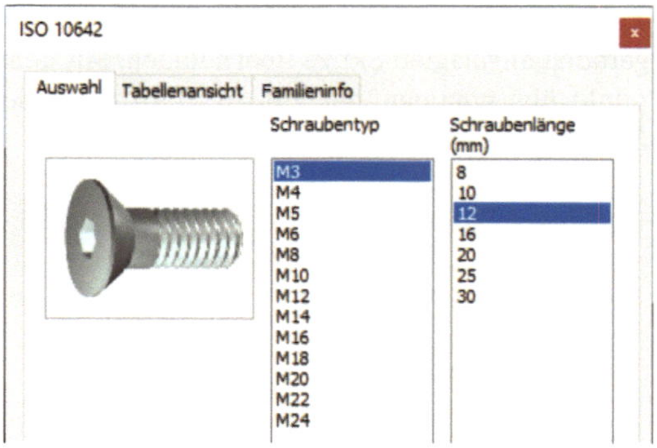

Die Verbindung ist nun noch mit der Funktion **ABHÄNGIGKEIT** und dem Typ **Einfügen** zu vervollständigen. Schlussendlich wird die Seitenfläche des Innensechskants mit der Passfederseite mit der gleichen Funktion, aber nun mit dem Typ **Winkel**, zu einer Passfederseite ausgerichtet. Damit ist auch der Freiheitsgrad längs der Achse der Schraube eliminiert.

Im Strukturbaum hat sich die Definition der Passfeder geändert. Ergänzt wurde ein zweifarbiges Doppelpfeil-Symbol, welches für **adaptiv** steht. Ausgang ist die projizierte Geometrie mit dem Bohrungsmittelpunkt, der von der Welle übernommen wurde.

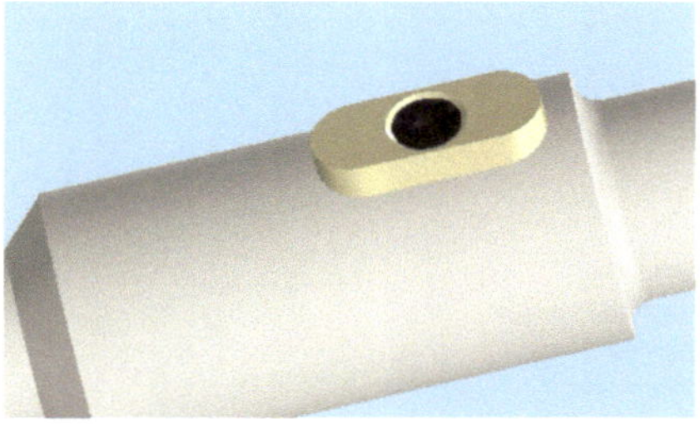

HINWEIS: Adaptiv bedeutet: Wird der Ort der Bohrung in der Welle verändert, verändert sich automatisch auch der Ort der Bohrung in der Passfeder und mit ihm auch die Position der Schraube. Das Thema wurde in Abschnitt 5.9 im Detail vorgestellt.

6.11 Ein neues Bauteil in einer Baugruppe erstellen

Um ein neues Bauteil zu erzeugen, muss die Bauteilumgebung nicht immer separat gestartet werden. Ein neues Bauteil in einer Baugruppe zu erzeugen hat den Vorteil, dass bei diesem Verfahren die Geometrie der schon vorhandenen Bauteile als Referenz benutzt werden kann. Die neu erzeugten Bauteile sind damit in diesen Bereichen adaptiv.

Beispiel: Bauteil innerhalb der Baugruppe erstellen (mit direktem Bezug)

Mit dem Beispiel aus dem vorangegangenen Abschnitt ist nun ein Flansch zu konstruieren, der auf der Welle sitzt und mit der Passfeder eine formschlüssige Verbindung bildet, d. h., der Flansch wird durch die Passfeder gegen Verdrehen gesichert.

Sollte das vorangegangene Beispiel nicht gespeichert worden sein, ist die entsprechende Baugruppe *Welle_Passfeder.iam*, die Grundlage dieser Übung ist, unter *http://plus.hanser-fachbuch.de* verfügbar.

Um möglichst viele Informationen aus der bestehenden Geometrie zu übernehmen, soll der Flansch nicht als Rotationsteil, sondern als Extrusionskörper erzeugt werden. So kann die Passfedernut unmittelbar in der Skizze definiert werden.

Die benötigte 2D-Skizze muss auf einer Arbeitsebene liegen, welche die Welle lotrecht schneidet. Hierfür wird die Ursprungsebene **XY-Ebene** der Baugruppe über das Kontextmenü im Strukturbaum auf **Sichtbar** gesetzt.

Anschließend kann das neue Bauteil entweder mit der Schaltfläche **ERSTELLEN** oder mit der Auswahl **Komponente erstellen** über das Markierungsmenü (Kontextmenü: Mauszeiger in den Konstruktionsraum setzen und **rechte Maustaste**) angelegt werden. Im sich öffnenden Dialogfenster sind anschließend Name und Speicherort anzugeben. Die neue Komponente soll den Namen *Flansch* erhalten, auf der Vorlage *Metric\Standard(DIN).ipt* basieren und im Ordner für Baugruppen gespeichert werden. Die Vorlage kann über den gekennzeichneten Button gewählt werden. Ansonsten ist noch der Haken bei **Skizzierebene von gewählter Fläche oder Ebene abhängig machen** zu setzen. Wurden alle Einträge vorgenommen, wird das Dialogfenster mit **OK** geschlossen.

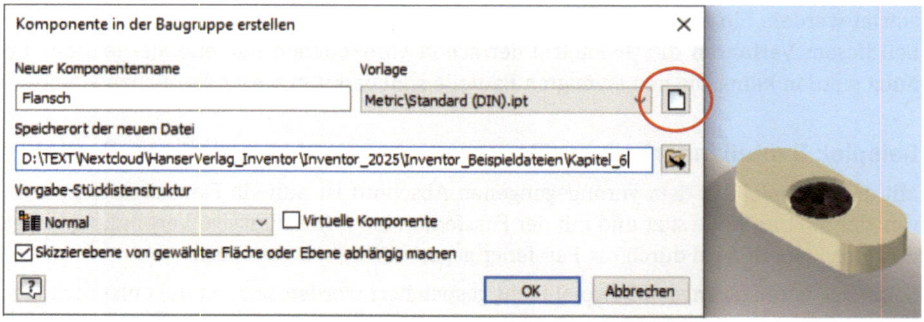

Nun gibt Inventor die Hilfestellung **Skizzierebene für Basiselement auswählen**. Hierfür wird die sichtbar gesetzte **XY-Ursprungsebene** als Arbeitsebene ausgewählt. Inventor legt anschließend im Strukturbaum das neue Bauteil (Komponente) mit dem vordefinierten Ursprung an und schaltet um in die Bauteilumgebung. Entsprechend werden die anderen Bauteile, wie Welle und Normteile ausgegraut.

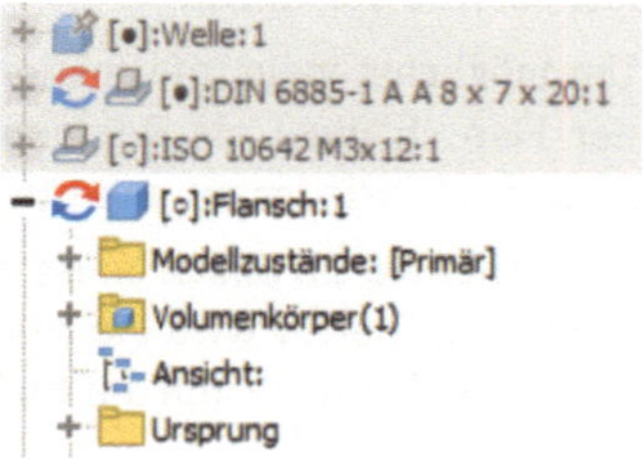

Inventor hat nun eine Kopie der gewählten Arbeitsebene erzeugt, die dem neu zu erzeugenden Bauteil zugeordnet wurde. Auf diese Ebene (im Ordner **Ursprung** des Bauteils *Flansch*) ist nun eine **Neue Skizze** über das Markierungsmenü zu erstellen.

TIPP: Für die bessere Sichtbarkeit der folgenden Arbeitsschritte ist es vorteilhaft, wenn die Sichtbarkeit der Ursprungsebene, die jetzt nicht mehr benötigt wird, wieder ausgeschaltet wird.

Über die Funktion **GEOMETRIE PROJIZIEREN** (siehe Abschnitt 4.6.7) wird die innere Geometrie des Flanschs als vollständige Referenz in die Skizze übernommen. Die Innenkontur muss nun nur noch nachgezeichnet werden. Da die Passfeder in der Nabe mit einem Rückenspiel montiert werden soll, ist die obere Linie in eine Konstruktionslinie zu ändern (Befehlsgruppe **Format**, Schaltfläche **KONSTRUKTION**). Für das Rückenspiel wird eine Linie im Abstand von **0,3 mm** ergänzt, und die Kontur wird mit Linien geschlossen. Als Außenkontur ist ein konzentrischer Kreis mit dem Durchmesser **40 mm** zu ergänzen. Die Skizze kann nun über **BEENDEN** verlassen werden.

Geometrie projizieren

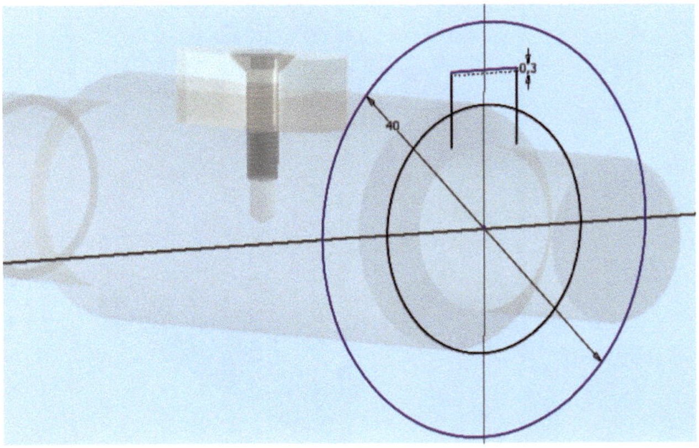

Nun ist noch der Befehl **EXTRUSION** aufzurufen und der Körper mit einer Breite von **25 mm** zu extrudieren.

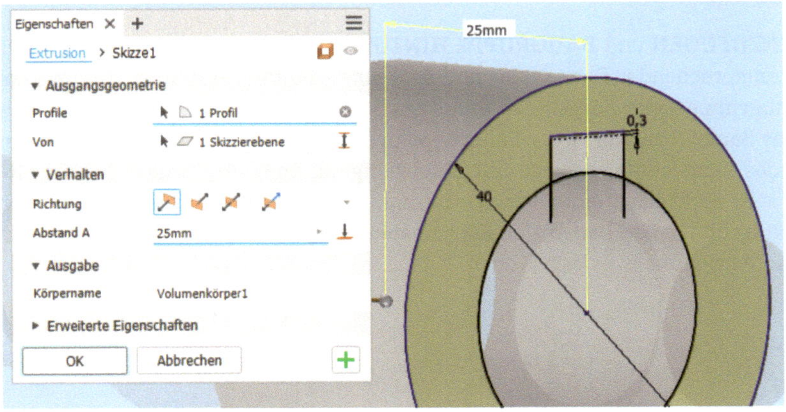

Mit **ZURÜCK** kann das Erstellen des Bauteils beendet werden, wodurch die Baugruppenumgebung mit allen Bauteilen wieder aktiv wird.

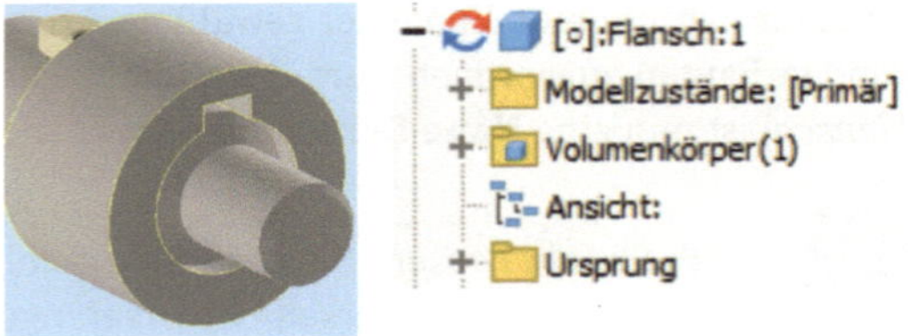

Der Flansch wurde nun als **adaptives Bauteil** erstellt, was an dem voranstehenden Symbol vor der Bauteilbezeichnung im Strukturbaum erkennbar ist. Durch seine Beziehungen zu Welle, Passfeder und Arbeitsebene ist der Flansch als eigenständiges (aber adaptives) Bauteil in die Baugruppe eingefügt worden, welches sich in seiner Größe und Ausprägung nach den Bauteilen richtet, zu denen es adaptiv ist. Beispielsweise würde sich eine größere Passfeder automatisch an die Größe der Passfedernut anpassen und auch die Breite des Flansches könnte sich bei entsprechenden Einstellungen adaptiv zur Länge der Passfeder verhalten (siehe Abschnitt 6.12).

Um den Einbau des Flanschs abzuschließen, kann nun noch mit der Funktion **ABHÄNGIGKEIT** die exakte Position in Achsrichtung der Welle eingestellt werden.

6.11.1 Bauteile hinzufügen (Befehlsgruppe Produktivität)

BAUTEIL HINZUFÜGEN und **BAUGRUPPE HINZUFÜGEN** stellen Vereinfachungen für das Anlegen entsprechender Dateien dar und sind eine weitere Alternative, um im Kontext einer Baugruppe neue Bauteile zu erstellen. Nur mit minimalen Eingabeoptionen wird ein neues Bauteil bzw. eine neue Baugruppe unter Angabe eines Dateinamens in ein auszuwählendes Verzeichnis abgelegt und gleichzeitig am Ende des Strukturbaums hinzugefügt. Es wird nicht nach einer Vorlage gefragt, und in die ansonsten leere Bauteildatei (bzw. Baugruppendatei) wird der Koordinatenursprung der übergeordneten Baugruppendatei übernommen.

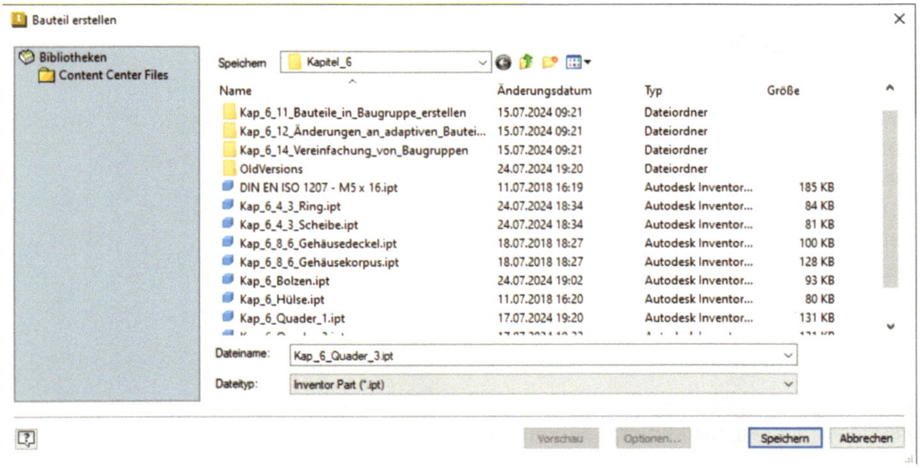

6.12 Änderungen an adaptiven Elementen einer Baugruppe

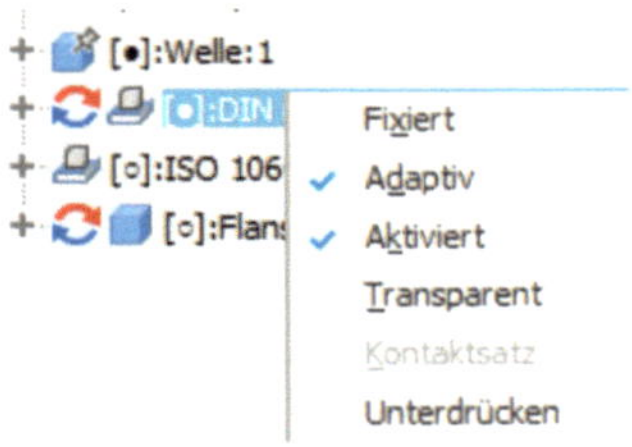

Das in den vorangegangenen Beispielen beschriebene adaptive Ableiten von Elementen und damit von Maßen an bereits vorhandenen Bauteilen hat einen hohen Praxisbezug. Selten kommt es vor, dass eine Konstruktionsaufgabe in ihrer Gesamtheit ohne Änderungen gelöst wird. Oftmals ist es so, dass erst beim Fortschreiten bzw. Vervollständigen festgestellt wird, dass Längenmaße nicht mehr passen, Durchmesserpositionen nicht stimmen usw. Hier kommen dann die Stärken von CAD zum Einsatz, sofern vorher einige CAD-spezifische Funktionen, wie beispielsweise das adaptive Ableiten, angewendet wurden.

Im Kontextmenü eines Bauteils im Strukturbaum kann die Adaptivität ein- und ausgeschaltet werden. Ist sie eingeschaltet, so befindet sich ein ergänzendes Symbol (Icon) neben dem Bauteil im Browser. Ist ein Bauteil adaptiv, sind in dessen Definition nicht bemaßte Geometrien vorhanden, die mit anderen Geometrien anderer Bauteile verknüpft sind. Werden dann in einer Baugruppe entsprechende Abhängigkeiten zwischen solchen Bauteilen vergeben, so passt sich das Bauteil automatisch den Abmessungen des korrespondierenden Bauteils an.

Beispiel: Erstellen einer Welle-Passfeder-Baugruppe mit adaptiver Passfederlänge

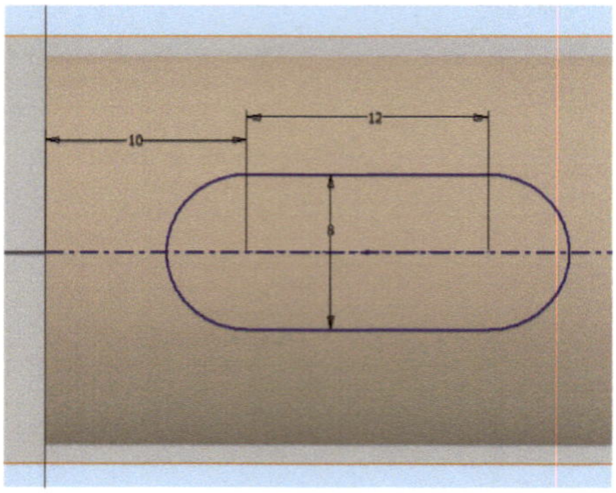

Als einfaches Beispiel wird eine Welle mit dem Durchmesser **24 mm** und einer Länge von **100 mm** erzeugt. Anschließend ist auf einer tangential am Durchmesser liegenden Arbeitsebene eine Skizze für eine Passfedernut zu skizzieren. Diese Nut soll passend für eine Passfeder nach DIN 6885 A der Größe **8 × 7 mm** mit der Länge **20 mm** erzeugt werden. Die Nut wird mit der Tiefe **4 mm** extrudiert.

Ist die Welle fertig modelliert, wird eine Passfeder als eigenständiges Bauteil mit denselben Maßen erzeugt. Es wird keine Passfeder aus dem Inhaltscenter verwendet! Beim Konstruieren der Passfeder ist darauf zu achten, dass in der Skizze nur die **Breite** und damit über tangentiale Abhängigkeiten auch der **Radius** bemaßt werden. Die Länge der Passfeder bleibt unbemaßt, sie soll sich später **adaptiv** der Länge der Passfedernut anpassen. Entsprechend wird zunächst die Passfederlänge bewusst größer gehalten, als sie hinterher benötigt wird. Die Passfederhöhe von **7 mm** wird über **EXTRUDIEREN** erstellt.

Im Strukturbaum ist jetzt über das Kontextmenü beim Eintrag **Extrusion1** die Funktion **Adaptiv** einzuschalten. Das Symbol für die Adaptivität wird dann vor dem Element und der Skizze angezeigt.

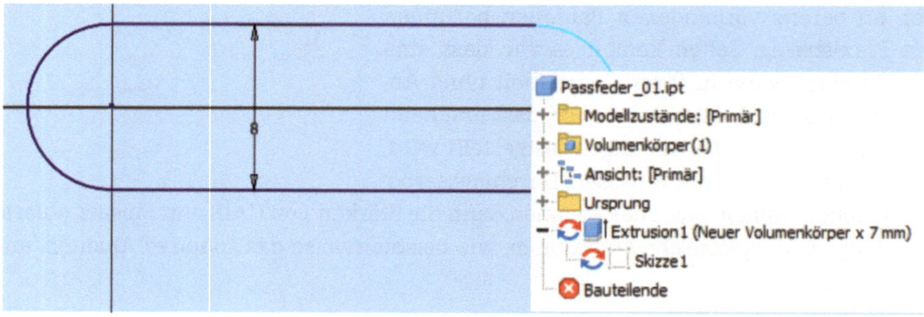

HINWEIS: In der **ipt-Datei** wird vermerkt, wenn ein Bauteil adaptiv geschaltet ist. Dies geht allerdings nur für genau eine **ipt-Datei**! Die Einstellungen können über die **Dokumenteinstellungen** (Registerkarte **Extras**, Befehlsgruppe **Optionen**) geändert werden. Anschließend öffnet sich ein Fenster mit verschiedenen Registern. Die Registerkarte **Modellieren** enthält den zu ändernden Eintrag in Bezug auf die Adaptivität.

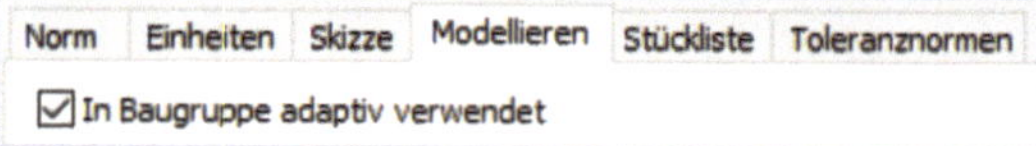

Ist auch die Passfeder fertig konstruiert, so wird eine neue Baugruppe gestartet. Die **Welle** und die **Passfeder** werden eingefügt. Die Adaptivität der Passfeder steht nun grundsätzlich auch innerhalb der Baugruppe zur Verfügung, sie muss aber über das Kontextmenü im Strukturbaum noch explizit für die konkrete Baugruppe aktiviert werden.

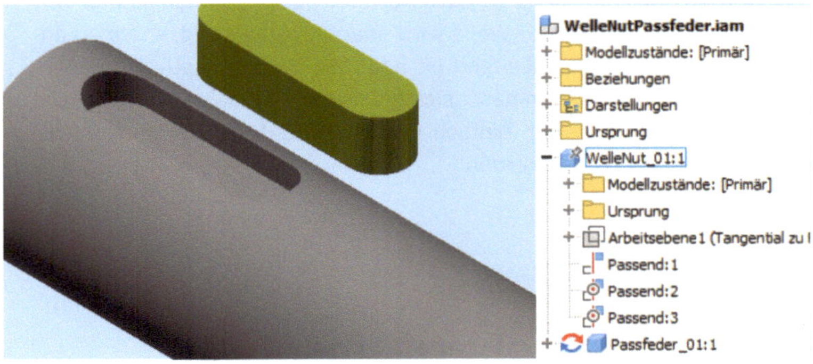

Der Einbau der Passfeder benötigt in der Passfedernut drei Abhängigkeiten:

- Die beiden **Mittelachsen** der Radien der Passfeder müssen mit den **Mittelachsen** der Radien der Nut **Passend** gesetzt werden, und
- die **Grundfläche** der Passfeder muss mit dem **Nutgrund Passend** gesetzt werden.

Die Passfederlänge wird sich nun aufgrund der Adaptivität und ihrer nicht festgelegten Länge der Passfedernutlänge anpassen.

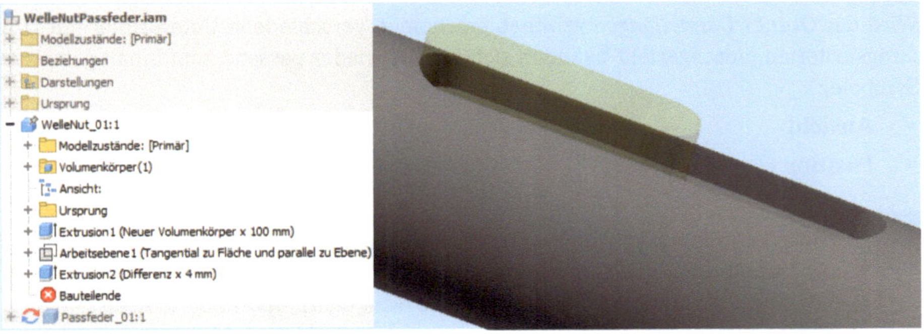

Wird nun im Bauteil „Welle" die Skizze für die Passfedernut geändert (die Länge soll **40 mm** betragen), so wird sich die Passfeder in der Baugruppe dieser neuen Länge anpassen, wenn die Bauteilumgebung der Welle verlassen wurde (Schaltfläche **ZURÜCK**).

Um diesen Effekt sehen zu können, kann es in einigen Fällen notwendig sein, die Schaltfläche **AKTUALISIEREN** anzuklicken, die sich ganz oben in der Schnellzugriffleiste befindet. Nach diesem Vorgang sollte in der Baugruppe die Passfeder in ihrer neuen Länge erscheinen.

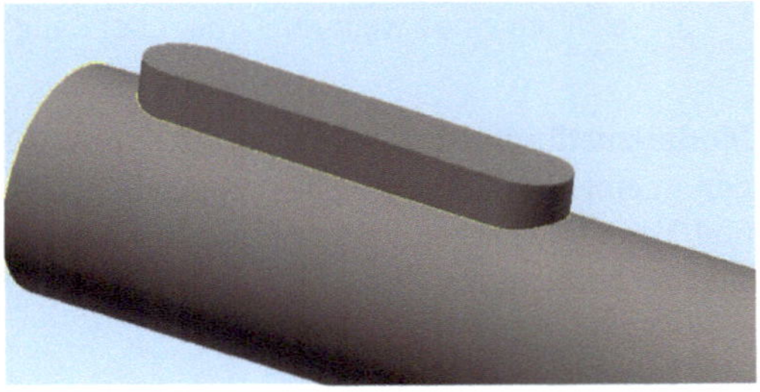

Aktualisieren

HINWEIS: Dieser Vorgang funktioniert eingeschränkt auch mit Bauteilen aus dem Inhaltscenter. Allerdings müssen diese Bauteile (Normteile) vorher als Kopie gespeichert und entsprechend geändert werden. Alternativ kann bei dem vorgestellten Beispiel aber auch die Vorgehensweise bei der Modellierung umgedreht werden. Eine Passfeder wird als Normteil aus dem Inhaltscenter verwendet, und die Passfedernut der Welle wird adaptiv gestaltet (d.h. ohne Längen- und Breitenangabe). Anschließend ist noch die Welle adaptiv zu stellen, und bei gesetzten Abhängigkeiten passt sich die Nut dann der Passfeder an. Die Größe der Passfeder selbst kann einfach mit **GRÖSSE ÄNDERN** im Kontextmenü der Passfeder angepasst werden.

6.13 Weitere Gliederungselemente im Strukturbaum der Baugruppenumgebung

Im Strukturbaum der Baugruppen befinden sich immer die Ordner *Modellzustände*, *Beziehungen* und *Darstellungen*. Auf den Ordner *Beziehungen* wurde bereits in den vorstehenden Abschnitten eingegangen. Hier werden alle gesetzten Einbaubedingungen (Verbindung, Abhängigkeit) noch einmal gesondert abgespeichert.

Wird der Ordner *Darstellungen* geöffnet, erscheinen verschiedene Unterordner mit Ordnungskriterien (vorangestellt befinden sich jeweils wieder passend zum Inhalt gestaltete Symbole):

- **Ansicht**
- **Position**

HINWEIS: Bis zur Version Inventor 2021 enthielt der Ordner *Beziehungen* noch die **Detailgenauigkeit**. Die Detailgenauigkeit ist in Inventor eine Funktion, um Speicherplatz und Leistung der Hardware nicht überproportional in Anspruch zu nehmen. Im Ordner *Detailgenauigkeit* konnten durch Unterdrückung einzelner Komponenten verschiedene Darstellungen in Bezug auf die Anzahl der abgebildeten Bauteile bzw. Komponenten gespeichert und jederzeit wieder aufgerufen werden. Baugruppen mit Detailgenauigkeiten und Ersatzobjekten werden seit der Version Inventor 2022 in *Modellzustände* konvertiert. Hierbei handelt es sich um einen weiteren Ordner bei Baugruppen.

Modellzustände ist seit Inventor 2022 bzw. 2023 eine neue Funktion, um Konstruktionen in einer Bauteil- oder Baugruppendatei in verschiedenen Größen, Fertigungsphasen und Vereinfachungen darzustellen. Der erste Eintrag wird immer als primärer Modellzustand bezeichnet.

In den folgenden Abschnitten soll kurz auf die einzelnen Einträge unterhalb dieser Ordner eingegangen und aufgezeigt werden, wie beispielsweise neue Ansichten erstellt und abgelegt werden können.

6.13.1 Ansicht

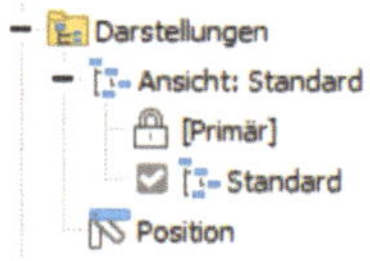

Bei anderen CAD-Systemen wird der Ordner *Ansicht* als Ansichtsmanager bezeichnet und gibt damit im Prinzip deutlich wieder, was hiermit erreicht werden kann. Darin lassen sich beliebige Darstellungen in Bezug auf

- **Farben**,
- **Sichtbarkeit** und
- **Schnittebenen** (Viertel-, Halbschnitt usw.)

speichern und jederzeit erneut aufrufen. Der grau hinterlegte Haken vor der jeweiligen Ansicht gibt dabei an, welche Darstellungen gerade aktiv gestellt wurde.

Beispiel: Schnitt durch eine definierte Arbeitsebene der Baugruppe

Die Position der Schraube in der Passfeder und der Welle aus dem vorangegangenen Beispiel soll visualisiert werden. Hierzu ist eine Schnittebene quer zur Welle und mittig durch die Schraube und Passfeder zu positionieren (Befehlsgruppe **Arbeitselemente**, darin **PARALLEL ZU EBENE DURCH PUNKT**).

Die Registerkarte **Ansicht** enthält die Befehlsgruppe **Darstellung** und Funktionen zum Erzeugen unterschiedlicher dynamischer Schnittdarstellungen. Beispielsweise bedeutet **HALBSCHNITT**, dass die Baugruppe in zwei Teile mit einer **Arbeitsebene** bzw. einer **planaren Fläche** geteilt wird. Der Teil, der nach vorne zeigt, wird dabei entfernt (das entspricht in einer technischen Zeichnung einem **Vollschnitt**!).

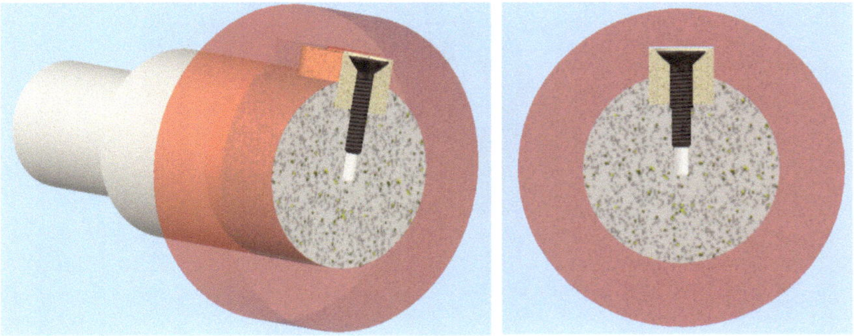

Die erzeugte Arbeitsebene kann nun wieder über das Kontextmenü ausgeblendet werden (der Haken vor **Sichtbarkeit** ist zu entfernen).

Für das Erzeugen einer neuen Ansicht ist der Mauszeiger im Strukturbaum auf den Eintrag **Ansicht** zu setzen, das Kontextmenü ist aufzurufen und der Eintrag **Neu** ist zu wählen. Für den aktuell dargestellten Schnitt wird jetzt ein neuer Eintrag, der direkt umbenannt werden kann, vorgenommen und gespeichert.

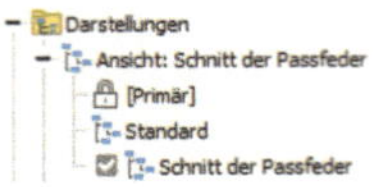

Mit der linken Maustaste kann über einen Doppelklick auf das Icon oder den jeweiligen Eintrag die aktuell eingestellte Ansicht geändert werden, die dann hinter dem übergeordneten Ordner (hier **Ansicht: Schnitt der Passfeder**) angezeigt wird. Ist die gesamte Struktur des Ordners geöffnet, wird zusätzlich durch ein Symbol vor der jeweiligen Ansicht die aktuelle Einstellung visualisiert.

6.13.2 Position

Im Ordner *Position* können verschiedene Darstellungen in Bezug auf ihre räumliche Anordnung gespeichert und jederzeit wieder aufgerufen werden. Über diese Funktion werden im Prinzip die bisher gesetzten Beziehungen und Abhängigkeiten mit neuen Werten belegt und einer neuen Ansicht (**Position**) zugeordnet.

Beispiel: Position der Nabe bei der Welle-Nabe-Verbindung neu festlegen

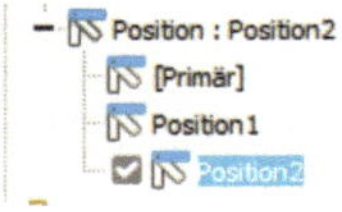

Das Vorgehen wird wieder an der Welle-Nabe-Verbindung verdeutlicht. Gestartet wird wieder mit dem Kontextmenü und dort mit dem Eintrag **Neu** in Bezug auf **Position** im Strukturbaum.

Inventor vergibt eigenständig einen Namen, der jedoch nutzerspezifisch angepasst werden kann. Wichtig ist nun für die weiteren Bearbeitungsschritte, dass diese „neue Position" aktiv geschaltet ☑ wird (erfolgt automatisch nach dem Erzeugen einer neuen Position). Anschließend lassen sich alle gesetzten Einbaubedingungen in Bezug auf die aktive „neue Position" verändern.

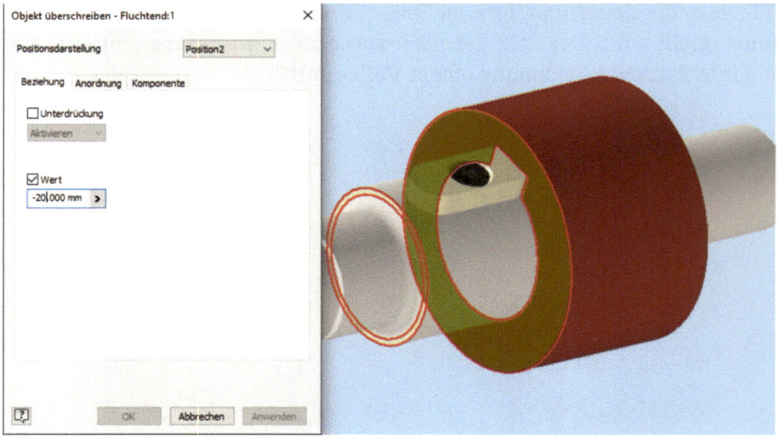

In dem Beispiel wurde die Bedingung **Fluchtend** zwischen Welle und Nabe, über die die axiale Position festgelegt wurde, geändert. Das Dialogfenster besitzt nun die Bezeichnung **Objekt überschreiben**, und im Strukturbaum wird der angepasste Eintrag **Fluchtend** in Fettschrift dargestellt.

Ein **Doppelklick** auf den Eintrag im Strukturbaum aktiviert jeweils die mit dem Mauszeiger gewählte Position.

6.13.3 Modellzustand

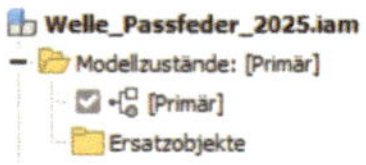

Modellzustände ist eine neuere Funktion in Inventor und hiermit lassen sich verschiedene Varianten eines Bauteils oder einer Baugruppe in einem Dokument (Datei) ablegen. Verschiedene Größen, Fertigungsphasen und Vereinfachungsebenen lassen sich damit darstellen. Jede Variante kann dabei über ihre eigenen Parameter, iProperties und Stücklisteninformationen verfügen. Standardmäßig wird im Strukturbaum der **Primär**-Zustand aufgeführt. Der primäre Modellzustand lässt sich, wie andere Modellzustände, ändern. Der primäre Modellzustand kann jedoch nicht umbenannt, neu angeordnet oder gelöscht werden.

Beispiel: Modellzustand der Welle-Nabe-Verbindung mit unterdrückter Nabe

An einem einfachen Beispiel soll das Vorgehen verdeutlicht werden. Der Mauszeiger ist im Strukturbaum auf **Modellzustände: [Primär]** zu setzen, und über das Kontextmenü ist **Neu** zu wählen. Der Name des neu angelegten Modellzustands kann umbenannt werden. In diesem Beispiel wurde der Name **Ohne_Nabe** vergeben. Das **Stift**-Symbol am Ende des Eintrags im Strukturbaum gibt den Status an (**Derzeit bearbeitet**). Für iParts/iAssemblies ist als Erstes festzulegen, ob der neue Modellzustand für den **Variantenbereich** oder den **Familienbereich** gelten soll (Registerkarte **Zusammenfügen**, Befehlsgruppe **iPart/iAssembly**). Beim Variantenbereich werden Änderungen, einschließlich der Änderungen an iProperties, nur auf die aktive Variante angewendet. Beim Familienbereich gelten die Änderungen für alle Varianten.

Nun lassen sich die geplanten Änderungen, wie beispielsweise das Unterdrücken der Nabe, vornehmen.

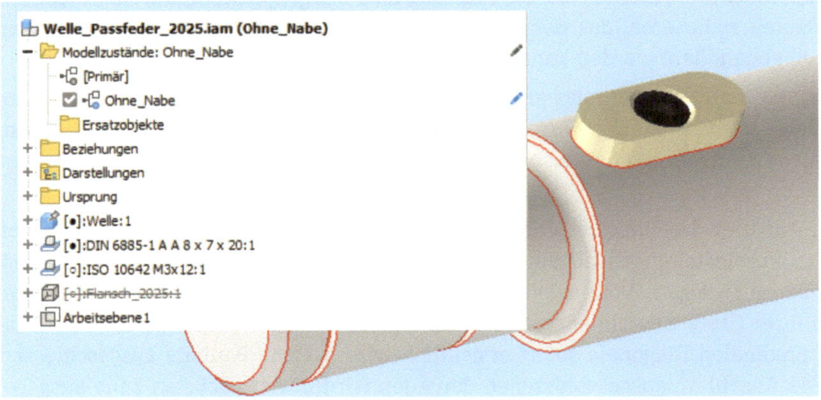

Ein Doppelklick auf **[Primär]** stellt wieder den ursprünglichen Zustand her.

Über den Unterordner **Ersatzobjekte** lassen sich Vereinfachungen in Bezug auf die Performance der darzustellenden Bauteile und Baugruppen durchführen. Näheres hierzu wird in Abschnitt 6.14 behandelt.

6.14 Vereinfachung von Baugruppen

In diesem Abschnitt werden Funktionen beschrieben, die bei der Fertigstellung größerer Baugruppen angewendet werden können, um die Leistungsfähigkeit des verwendeten Computers nicht übermäßig zu beanspruchen. Die Funktionen stehen in der Registerkarte **Zusammenfügen** in der Befehlsgruppe **Vereinfachung** zur Verfügung, aber auch im Strukturbaum unter dem Knoten (Ordner) **Modellzustand** > **Neues Ersatzobjekt**.

Symbol	Erklärung
	Der Befehl **VEREINFACHEN** ersetzt die Befehle **KONTURVEREINFACHUNG** und **ERSATZ FÜR KONTURVEREINFACHUNG** früherer Versionen von Inventor. Baugruppen können in eine vereinfachte Bauteildatei überführt werden. Dabei kann ein Volumenkörper oder ein Flächenverbund entstehen. Es erfolgt eine assoziative Verknüpfung mit der Baugruppe.
	**ANSICHT VEREINFACHEN** erzeugt im Strukturbaum-Ordner *Darstellungen > Ansicht* eine neue Ansichtskonfiguration, die nur die eingeschlossenen Komponenten erhält.
	**HÜLLEN DEFINIEREN** ersetzt die Darstellung von Bauteilen oder Bauteilgruppen durch eine vereinfachte Darstellung in Form von Quadern oder Zylindern.
	**VEREINFACHTES BAUTEIL ERSTELLEN** erzeugt aus einer Baugruppe und deren vereinfachter Darstellung eine vereinfachte Bauteildatei.

Mit der Vereinfachungsfunktion lassen sich komplexe Baugruppen im Extremfall auf ein einziges Bauteil reduzieren, das dann zwar keine Funktionalität mehr hat, dafür aber sehr schnell gehandhabt werden kann.

Einzusetzen ist die Funktion unter anderem auch, um in der FEM-Umgebung (siehe Abschnitt 12.6) relativ schnell zu Ergebnissen einer Festigkeitsberechnung zu kommen. Weitere Anwendungen ergeben sich beispielsweise auch in großen unübersichtlichen Baugruppen.

Nach dem Aufrufen der Funktion **VEREINFACHEN** öffnet sich ein Dialogfenster mit vier integrierten Voreinstellungen für eine Vereinfachung der geladenen Baugruppe. Es lassen sich aber auch eigene Voreinstellungen definieren. Darüber hinaus lassen sich Bauteile nach ihrer Größe ausschließen. Dieses ist eine hilfreiche Funktion, da mit der Eingabe der maximalen Diagonale sofort ersichtlich wird, welche Bauteile ausgeschlossen werden. Die Anzahl an ausgeschlossenen Bauteilen wird in der nächsten Zeile ausgegeben. Vereinfachte Baugruppen werden als Bauteildatei unter Verwendung einer vorzugebenden Vorlage gespeichert.

Die von Inventor bereits vordefinierten Voreinstellungen für das **VEREINFACHEN** sind:

- Vereinfachen
- Wenige Details entfernen (kleine Bauteile und Elemente)
- Einige Details entfernen (Bauteile mittlerer Größe und alle aufgelisteten Elemente)
- Die meisten Details entfernen (alle Bauteile durch Hüllen ersetzen)

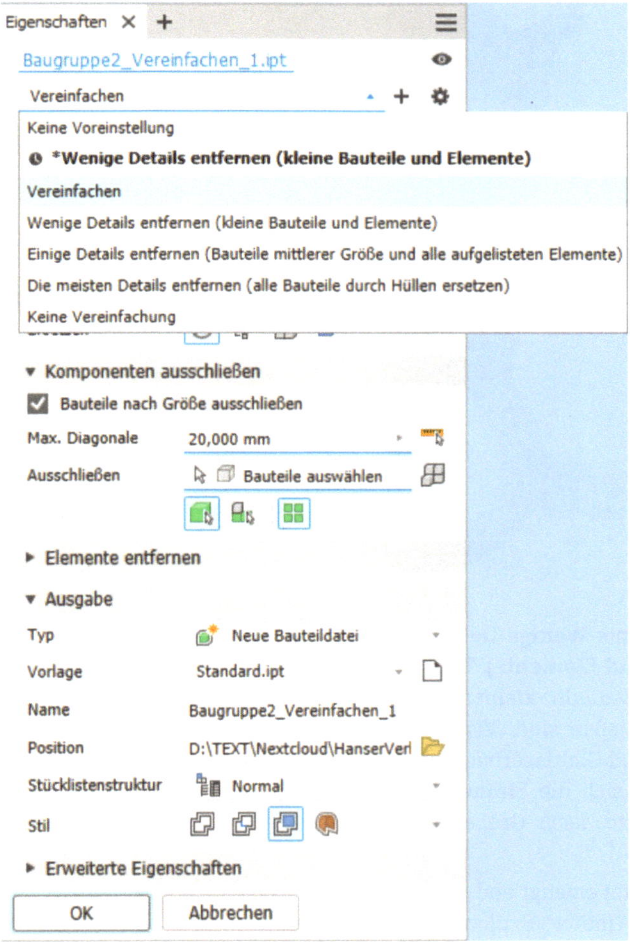

Beispiel: Vereinfachung eines Pleuels mit Lager und Verschraubung

Grundlage dieses Beispiels ist die Baugruppe *Pleuel.iam* (siehe *http://plus.hanser-fachbuch.de*), die aus acht verschiedenen Bauteilen besteht.

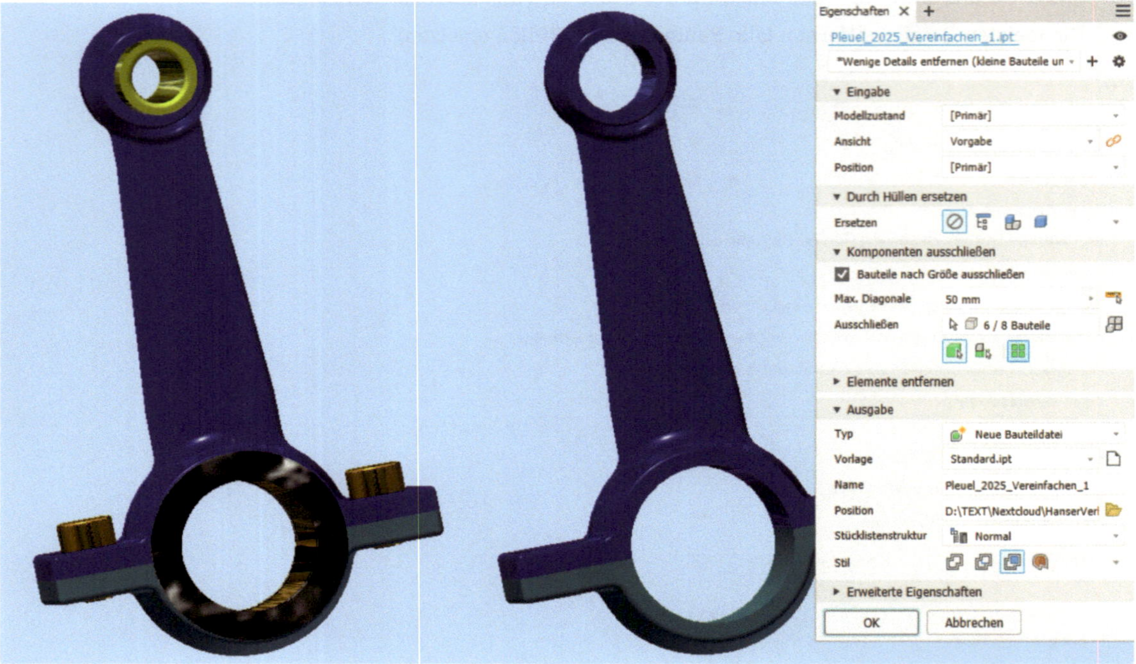

Eingestellt wurde die Variante **Wenige Details entfernen (kleine Bauteile und Elemente)**. Zusätzlich wurde angegeben, dass Bauteile kleiner **50 mm** (max. Diagonale) auszuschließen sind. Visuell werden sofort die Schrauben und Gleitlagerbuchsen entfernt. Des Weiteren lassen sich die **Elemente**, wie Bohrung, Rundung, Fase etc. nach Größe oder in ihrer Gesamtheit entfernen.

Mit **OK** wird eine Bauteildatei erzeugt und direkt geöffnet. Ein Blick mit dem Windows-Explorer in das Dateiverzeichnis zeigt, dass aus der Baugruppe tatsächlich eine Bauteildatei mit einer merklich geringeren Größe geworden ist.

TIPP: In Bezug auf den eingestellten Zahlenwert kann immer sofort überprüft werden, welche Bauteile nach dem Vereinfachen noch erhalten bleiben sollen.

6.14.1 Hüllen definieren

Hüllen definieren

Mit der Funktion **HÜLLEN DEFINIEREN** wird die komplexe Darstellung von Bauteilen oder Bauteilgruppen durch einen vereinfachten Quader oder Zylinder ersetzt. Über das eingeblendete Markierungsmenü können einzelne Komponenten ausgewählt und gewandelt werden.

Im Strukturbaum erscheint anschließend ein neuer Eintrag mit dieser Vereinfachung, und das eigentliche Bauteil wird im Strukturbaum gekennzeichnet. Eingestellt wurde **Virtueller Zylinder**, und in der Abbildung rechts ist anstelle des Kolbens nur ein Hüllzylinder sichtbar.

Der im Strukturbaum ergänzte Eintrag **Hülle1** kann über das Kontextmenü und **ELEMENT UNTERDRÜCKEN** wieder deaktiviert werden.

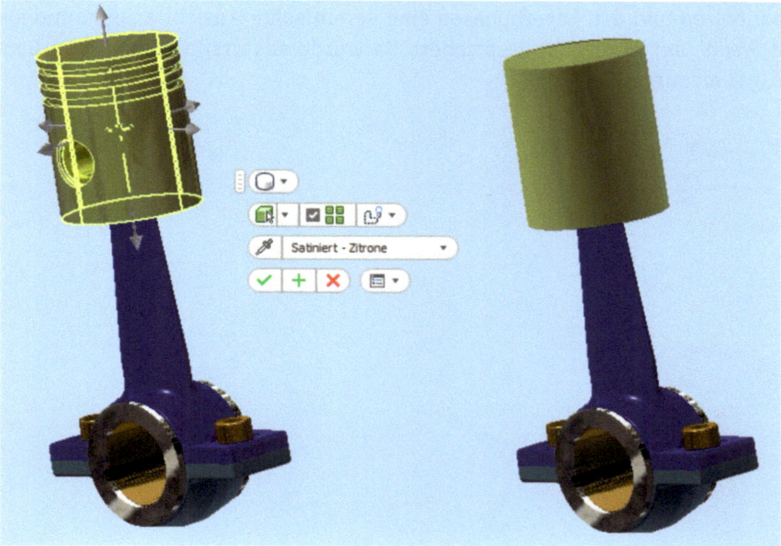

6.14.2 Vereinfachtes Bauteil erstellen

Vereinfachtes Bauteil erstellen

Mit der Funktion **VEREINFACHTES BAUTEIL ERSTELLEN** kann aus einer vereinfachten Ansichtsdarstellung **ein einzelnes Bauteil** erstellt werden.

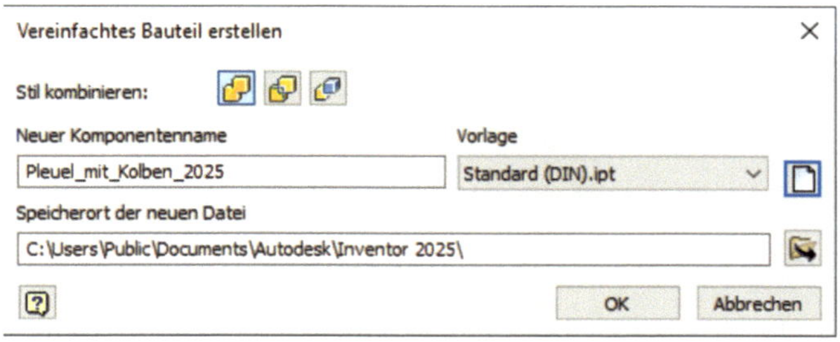

Die wichtigste und grundlegendste Einstellung wird im Bereich **Stil kombinieren** vorgenommen. Die Schaltflächen bedeuten im Einzelnen:

	Zusammenführung eines Volumenkörpers durch Verbindung planarer Flächen Ein einzelner Volumenkörper wird erstellt.
	Erhaltung des Volumenkörpers durch Verbindung planarer Flächen Ein einzelner Volumenkörper wird erstellt. Verbindungen zwischen planaren Flächen werden beibehalten.
	Jeden Volumenkörper als Volumenkörper erhalten Einzelne Volumenkörper bleiben erhalten.

Im nachstehend abgebildeten Beispiel wurde aus der Kolben-Pleuel-Einheit zusammen mit dem Kolbenbolzen und den Lagerbuchsen eine vereinfachte Ansicht erzeugt und als neues Bauteil *Pleuel_mit_Kolben.ipt* gespeichert. So wurde aus ursprünglich neun Bauteilen ein einziges erzeugt.

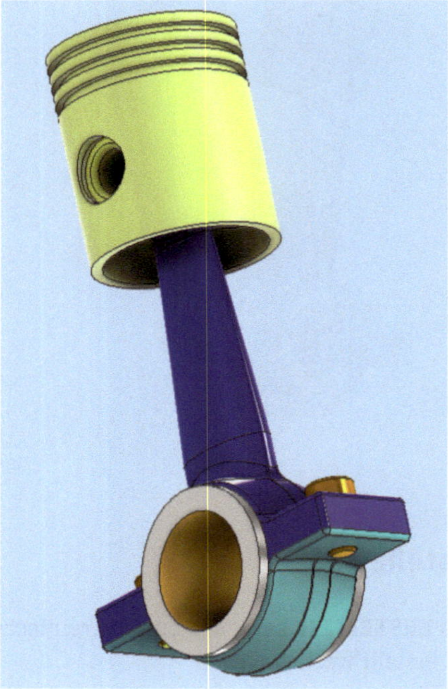

6.15 Die Befehlsgruppe Produktivität

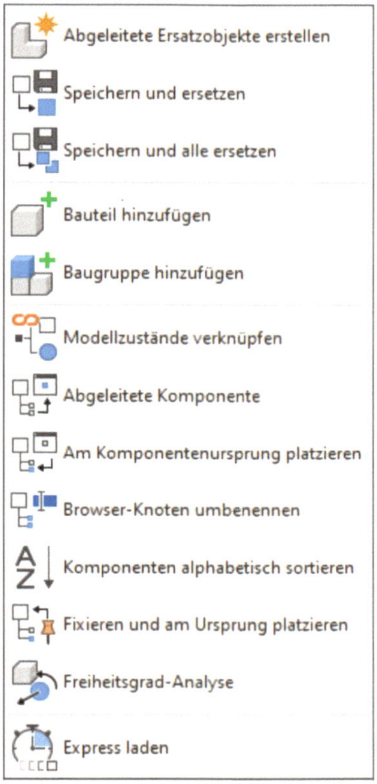

Einige Funktionen aus der Befehlsgruppe **Produktivität** wurden bereits in voranstehenden Abschnitten aufgrund der thematischen Nähe behandelt.

Das Schlagwort „Produktivität" kam im Kontext der Konstruktion ursprünglich mit der Einführung von CAD auf. Mittlerweile stellen CAD-Systeme gängige Werkzeuge dar, und „Produktivität" bezieht sich nun auf eine möglichst effektive und effiziente Strategie oder Methodik zum Erzeugen von CAD-Modellen. Komplexe Ansätze hierfür finden sich beispielsweise in den Konstruktionsassistenten (siehe Kapitel 10) und der Konstruktionsautomatisierung (siehe Kapitel 11) wieder. Darüber hinaus gibt es aber auch einfache Hilfen, die Inventor vorsieht.

Die zugehörige Arbeitsumgebung befindet sich unter der Registerkarte **Zusammenfügen** in der Befehlsgruppe **Produktivität**. Hierunter befinden sich verschiedene Befehle und Funktionen, die das schnelle und effiziente Erzeugen von Baugruppen unterstützen.

SPEICHERN UND ERSETZEN legt eine Kopie einer auszuwählenden Komponente an. Diese wird von Inventor mit dem Zusatz „copy" bezeichnet und kann in einem beliebigen Verzeichnis gespeichert werden. In der aktuellen Baugruppe wird die Komponente durch ihre Kopie ersetzt, was im Strukturbaum am Zusatz „copy" zu erkennen ist. Die Kopie übernimmt gleichzeitig die für das Original gesetzten Abhängigkeiten und ist somit positioniert.

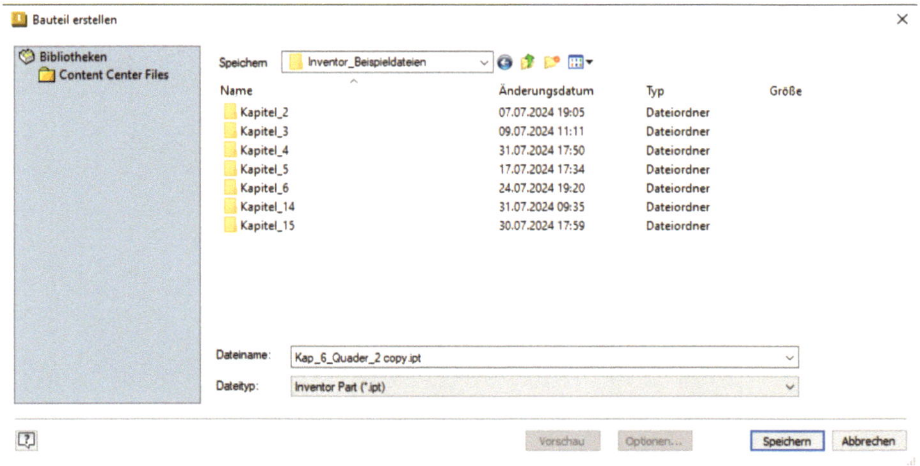

Komponenten alphabetisch sortieren

Eine Sortierfunktion befindet sich ebenfalls in dieser Befehlsgruppe. Alphabetisch aufsteigend werden mit **KOMPONENTEN ALPHABETISCH SORTIEREN** die in einer Baugruppe geladenen Bauteile nach ihrem Namen sortiert und im Strukturbaum umgeordnet.

Express laden

Mit **EXPRESS LADEN** werden große Baugruppen wesentlich schneller geladen. Nachdem diese Funktion aktiviert wurde, werden Informationen zum Ausführen von Befehlen bei Bedarf aktiviert. Geladen werden nur Daten und Grafiken der obersten Ebene im Strukturbaum. Die Symbole im Strukturbaum unterscheiden sich nicht von denen, die im Vollmodus angezeigt werden. Im Expressmodus besteht jedoch die Möglichkeit, über einen Doppelklick auf entsprechende Einträge im Strukturbaum diese wieder aufzulösen, d. h., komplett zu laden.

Komplett laden

Nach dem Aktivieren der Funktion wird eine weitere Befehlsgruppe hinzugefügt. **KOMPLETT LADEN** beendet den Expressmodus, und alle Komponenten werden in ihrer Gesamtheit geladen.

HINWEIS: Diese Funktion steht in Zusammenhang mit den **Anwendungsoptionen** (siehe auch Abschnitt 2.4) unter der Registerkarte **Extras** und der Befehlsgruppe **Optionen**. Das Register **Baugruppe** enthält Einstellmöglichkeiten, unter anderem die Option **Arbeitsabläufe für Expressmodus aktivieren**. Wird der Haken hier gesetzt, kann wiederum zwischen zwei Optionen gewählt werden, um festzulegen, ob und ab welcher Komponentenanzahl eine Baugruppe unmittelbar im Expressmodus geöffnet wird. Wenn der Expressmodus in den Anwendungsoptionen aktiviert ist, werden optimierte Anzeigedaten in der obersten Ebene der Baugruppendatei gespeichert. Die zusätzlichen Daten ermöglichen es Inventor, die Baugruppe schneller zu öffnen.

7 Zeichnungsableitung

Trotz der fast durchgängigen Nutzung von CAD in Unternehmen und der einfachen Möglichkeit des Austauschs von Produktdaten, besteht immer noch die Notwendigkeit, technische Zeichnungen zu erstellen. Die Bedeutung wird auch dadurch sichtbar, dass diese immer noch als rechtlich relevante Dokumente gelten.

7.1 Einzelteil- und Gesamtzeichnungen

Sowohl in Einzelteilzeichnungen als auch in Zusammenbauzeichnungen (Gesamtzeichnungen, Baugruppenzeichnungen usw.) bezieht sich Inventor immer auf die Modelldaten der Bauteil-(ipt-)Dateien. Bei den Zusammenbauzeichnungen geschieht das zwar indirekt über eine referenzierte Baugruppe (iam-Datei), letztendlich wird jedoch auch hier der Bezug zu den einzelnen Bauteildateien hergestellt.

HINWEIS: Weitere Unterscheidungsmerkmale zwischen den Zeichnungstypen **Einzelteil** oder **Baugruppe** gibt es beim Inventor nicht.

Die in der jeweiligen Zeichnungsumgebung erstellten technischen Zeichnungen werden immer in separaten Dateien mit der Endung *.idw* (Inventor-Drawing) oder *.dwg* (AutoCAD-Drawing) gespeichert.

HINWEIS: Für Zeichnungen kennt Inventor zwei unterschiedliche Formate, **idw** und **dwg** (steht für Drawing). Inhaltlich unterscheiden sich die beiden Formate nicht. Das **dwg-Format** ist ein seit Langem bekanntes Dateiformat und wurde von Autodesk für das CAD-Programm Autocad entwickelt. Es wurde bereits in früheren Versionen von Programmentwicklungen von Autodesk verwendet und kann von diesen Programmen auch geladen werden. Das **idw-Format** (Inventor Drawing) ist ein proprietäres Dateiformat und kann nur in Inventor geöffnet werden.

7.2 Arbeiten mit Zeichnungsnormen

7.2.1 Normenauswahl im Startfenster

Gleich zu Beginn der Arbeit in der Zeichnungsumgebung und mit der Erstellung der ersten neuen Zeichnung ist bereits am Startfenster zu erkennen (Unterverzeichnis *Metric*), dass den Inventor-Zeichnungsvorlagen verschiedene Zeichnungsnormen zugrunde liegen.

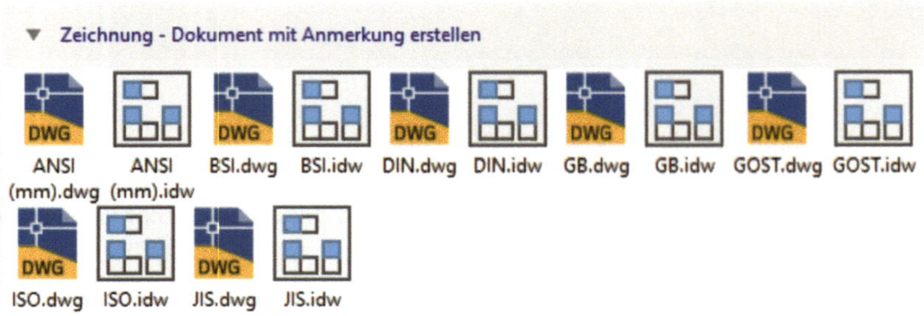

Die bekanntesten bzw. wichtigsten Normen sind:

- DIN (Deutsche Industrie Norm), *DIN.dwg/DIN.idw*,
- ISO (Internationale Organisation für Normung), *ISO.dwg/ISO.idw*,
- ANSI (American National Standards Institute), *ANSI.dwg/ANSI.idw*.

Durch Auswahl der entsprechenden Zeichnungsvorlagendatei, beispielsweise *DIN.idw*, wird die Zeichnungsumgebung mit den Definitionen nach der DIN-Zeichnungsnorm gestartet. Ein leeres Zeichnungsblatt wird geöffnet, in dem nur ein Zeichnungsrahmen und ein zugehöriges Schriftfeld dargestellt sind.

7.2.2 Erstellen einer neuen Zeichnung

Um den Arbeitsablauf zu verbessern, bietet Inventor bei Verwendung der Zeichnungsvorlagen vier Varianten an Papiergrößen mit unterschiedlichen Inhalten wie Zeichnungsansichten, Abwicklung etc. an.

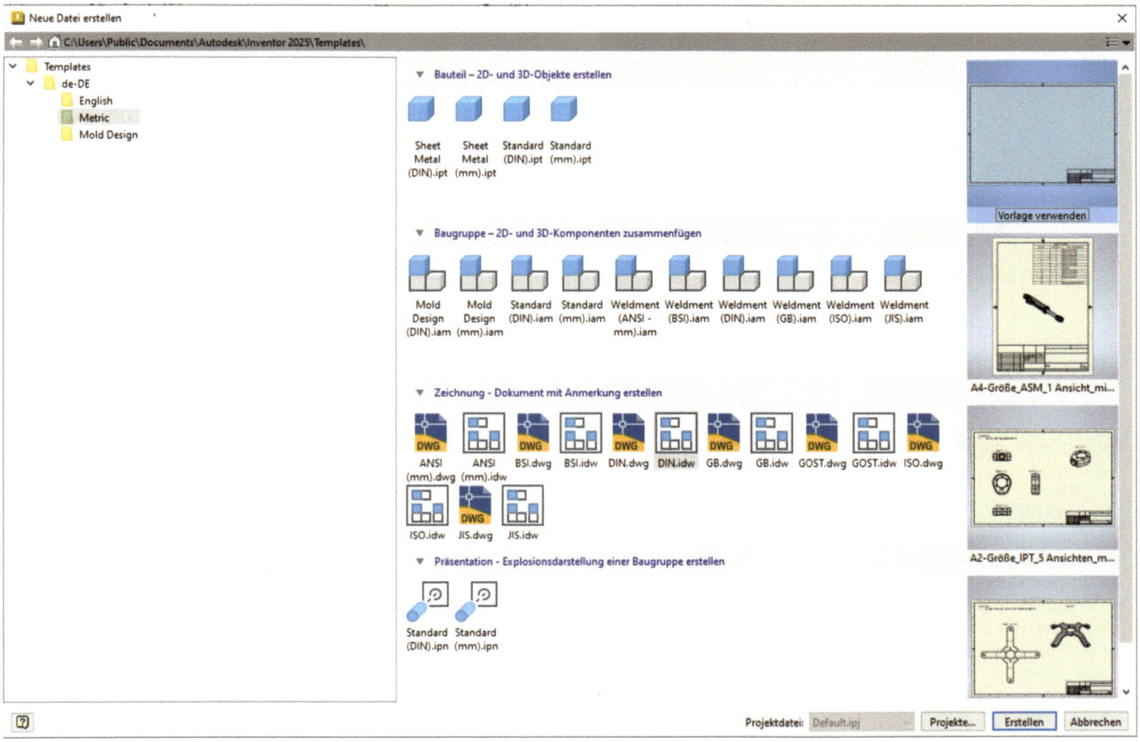

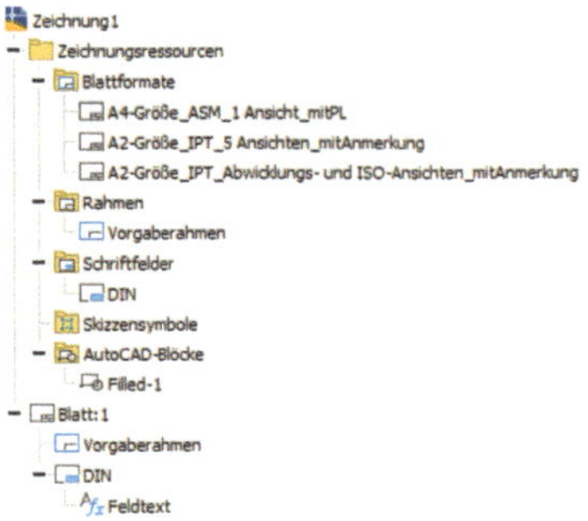

Ausgewählt werden kann zwischen einem leeren DIN-A2-Blatt, einer Blattgröße A4 mit der Ansicht einer Baugruppe sowie der Tabelle der Bauteilliste, einer A2-Blattgröße mit fünf Ansichten eines Bauteils inklusive einer isometrischen Darstellung sowie einer Vorlage für Blechteile mit einer Ansicht und einer Abwicklung. Alle Vorlagen enthalten einen Zeichnungsrahmen sowie ein Schriftfeld und können angepasst werden (siehe Abschnitt 7.2.3 und Abschnitt 7.3).

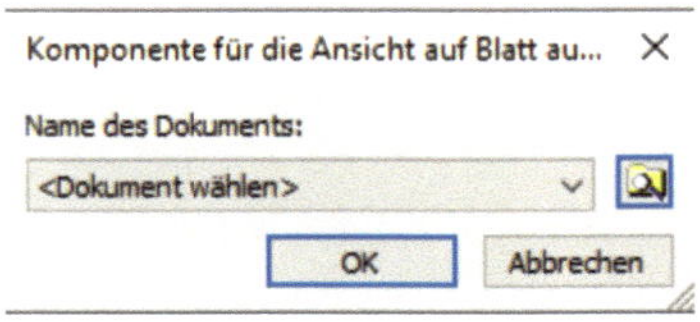

Diese verschiedenen Blattformate werden standardmäßig bei den **Zeichnungsressourcen** im Strukturbaum aufgeführt, und hierauf kann auch nachträglich zurückgegriffen werden. Wird eine Vorlage mit einer direkt einzufügenden Zeichnungsansicht gewählt, greift Inventor auf die bereits geöffnete Bauteil- bzw. Baugruppendatei zurück und verbindet diese mit der Zeichnungsdatei. Ist aber noch keine Bauteildatei geöffnet, erscheint ein Dialogfenster, in dem das Dokument auszuwählen ist.

7.2.3 Anpassen von Zeichnungsvorlagen

Da einerseits die Zeichnungsnormen in vielen Bereichen unterschiedliche Ausprägungen zulassen und andererseits in den Unternehmen sehr viele verschiedene Ausführungen von Zeichnungsdetails gebräuchlich sind, empfiehlt sich ein Blick auf die Möglichkeiten der entsprechenden Inventor-Einstellungen.

Stil-Editor

Ist die Zeichnungs-Arbeitsumgebung aktiv, befindet sich auf der Registerkarte **Verwalten** der Multifunktionsleiste in der Befehlsgruppe **Stile und Normen** der **STIL-EDITOR**. Diese Funktion ruft ein Dialogfenster auf, in dem die anzuwendenden Normausprägungen und viele andere Einstellungen vorgenommen werden können.

Die Einstellmöglichkeiten sind weitgehend selbsterklärend und so umfangreich, dass hier auf eine detaillierte Beschreibung verzichtet wird.

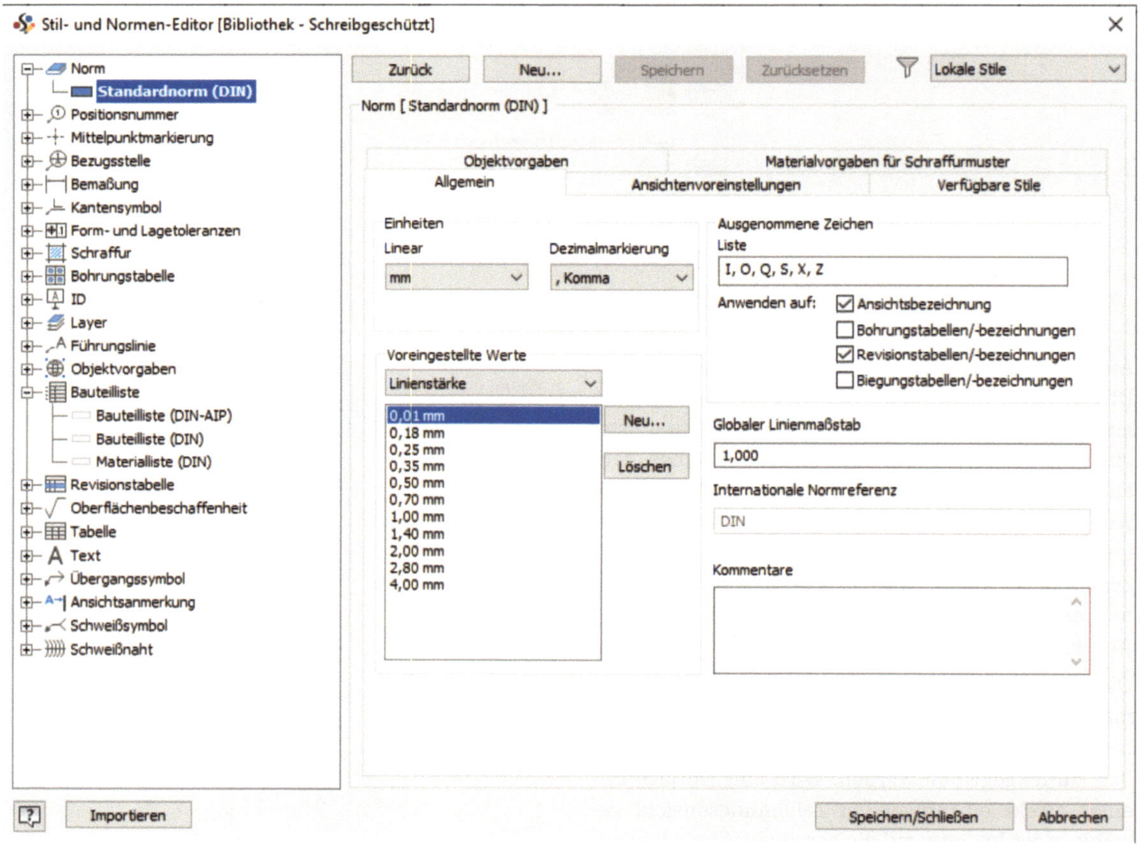

HINWEIS: Wichtig ist, dass alle Einstellungen nur jeweils in der aktuellen Zeichnungsdatei gespeichert werden. Sollen die Einstellungen permanent oder in verschiedenen Ausführungen zur Verfügung stehen, so sind die Änderungen in der jeweiligen Vorlagendatei (z. B. *DIN.idw*) vorzunehmen bzw. eigene Vorlagendateien zu erstellen.

7.3 Arbeitsblatt, Zeichnungsrahmen und Schriftfeld

In jeder Zeichnungsvorlage sind Vorgaben für Blattformate, Zeichnungsrahmen und Schriftfeld definiert. Diese Vorgaben werden beim Anlegen einer neuen **idw**-Datei bzw. **dwg**-Datei übernommen, können aber geändert und in der Datei abgespeichert werden.

HINWEIS: Die Vorlagen für Zeichnungen sind bereits verknüpft mit vier verschiedenen Blattformaten, die teilweise bereits Verknüpfungen mit Zeichnungsansichten enthalten.

7.3.1 Blattformate

Die Blattgrößen und die Position des Schriftfelds können eingestellt werden, indem im Strukturbaum **BLATT: X** > Kontextmenü (**RECHTE MAUSTASTE**) > **BLATT BEARBEITEN...** aufgerufen wird.

Im erscheinenden Dialogfenster können nun die Normgrößen ausgewählt oder benutzerdefiniert eingegeben, Hoch- oder Querformat selektiert und das Schriftfeld an den vier Ecken des Zeichnungsrahmens positioniert werden.

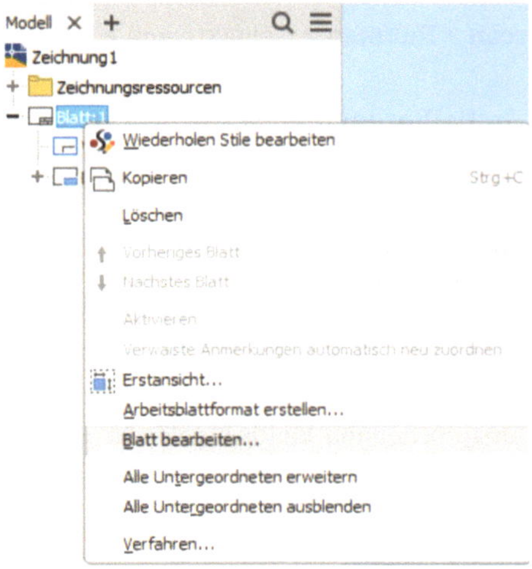

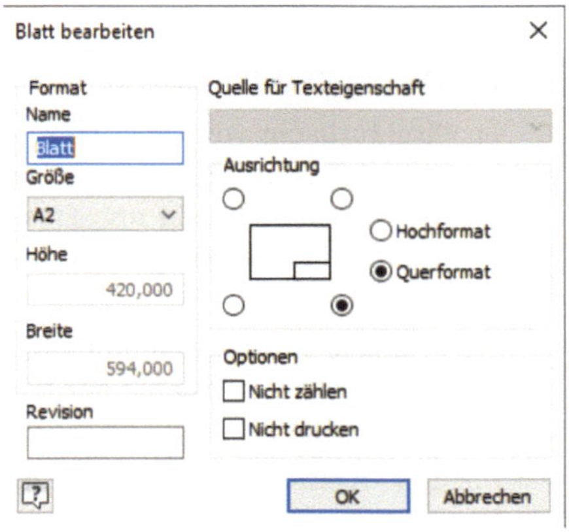

HINWEIS: Die Funktion **BLATT BEARBEITEN...** kann auch erreicht werden, indem der Mauszeiger auf einen Rand von einem Blatt gesetzt und mit einem **Klick** auf die rechte Maustaste das Kontextmenü aufgerufen wird.

Die Größe eines Blattformats kann ebenfalls mit der direkten Auswahl der **Blattformate** unterhalb des Ordners **Zeichnungsressourcen** eingestellt werden. Diese Blattformate sind bereits mit einer vorgegebenen Anzahl an Zeichnungsansichten verknüpft. Über diese vordefinierten Vorlagen werden sie gleichzeitig mit dem Blattformat eingefügt.

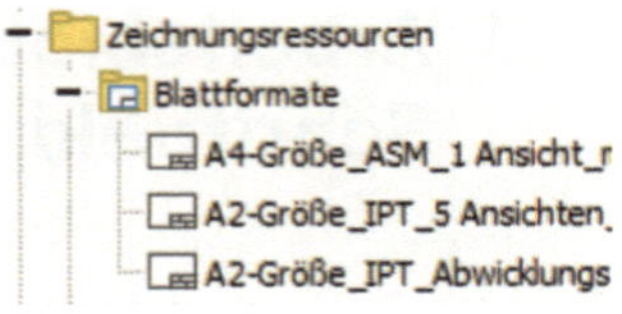

Die Einstellungen, wie z. B. Blattgröße, lassen sich aber auch nachträglich, d. h. nach dem Einfügen von Ansichten, anpassen. Nach der Festlegung für ein vorgegebenes Schema wird im Dialog die Verknüpfung zum Datenmodell abgefragt, und anschließend wird ein neues Blatt mit der gewählten Größe und den Zeichnungsansichten erzeugt.

7.3.2 Zeichnungsrahmen

Der voreingestellte Zeichnungsrahmen (**Vorgaberahmen**) kann nicht geändert werden. Unterhalb des Ordners *Zeichnungsressourcen* im Strukturbaum befinden sich jedoch weitere Einträge, u. a. *Rahmen*, mit denen neue Zeichnungsrahmen erzeugt werden können, die sich auch anpassen lassen.

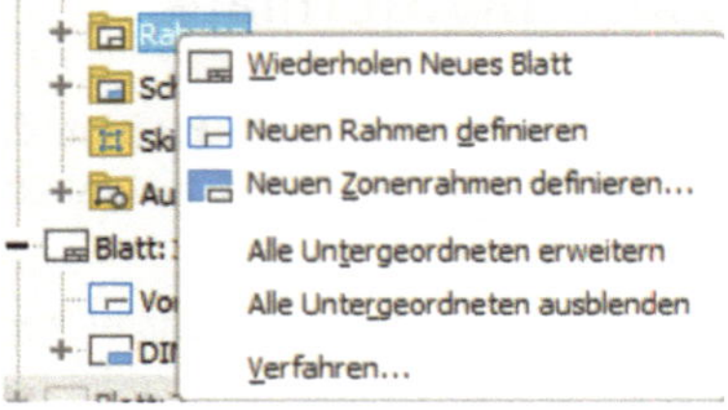

Ein eigener Rahmen wird in Inventor in den nachfolgenden Schritten erstellt:

- Im Strukturbaum ist **Zeichnungsressourcen** > **Rahmen** > Kontextmenü > **NEUEN RAHMEN DEFINIEREN** auszuwählen.
- Im Strukturbaum wird der „Platzhalter" **InitialBorderTemplate** hinzugefügt und in den 2D-Skizzen-Modus gewechselt. Hier stehen nun alle bekannten geometrischen Zeichenfunktionen zum Erzeugen eines Rahmens zur Verfügung. Im Arbeitsbereich, der in den Skizziermodus umschaltet, kann jetzt der neue Rahmen gezeichnet werden.
- Die ebenfalls bekannte Funktion **BEENDEN** schließt den Skizziermodus wieder, und nachdem über die Tastatur ein Name für den neu erstellten Rahmen eingegeben wurde, wird der zu Beginn angelegte „Platzhalter" durch diesen ausgetauscht.
- Der bisherige Rahmen kann nun in den entsprechenden Blättern gelöscht werden. Hierzu ist im Strukturbaum das entsprechende Blatt auszuwählen, darunter ist der aktuelle Rahmen zu selektieren und im Kontextmenü **LÖSCHEN** zu wählen.
- Abgeschlossen wird der Vorgang mit einem Doppelklick auf den neuen Rahmen (im Ordner *Rahmen*), der nun dem aktuellen Blatt zugeordnet wird.

Rahmen

Ein neuer Rahmen kann auch über **RAHMEN** in der Befehlsgruppe **Definieren** unterhalb der Registerkarte **Verwalten** erstellt werden.

7.3.3 Schriftfeld

Für die Erzeugung der Schriftfelder existieren ebenfalls mehrere Möglichkeiten, die im Folgenden vorgestellt werden. Darüber hinaus kann das existierende vordefinierte Schriftfeld auch bearbeitet, d. h., geändert werden.

- Im Strukturbaum das aktive Schriftfeld unter **Zeichnungsressourcen**, **Schriftfelder**, **DIN** wählen > Kontextmenü > **BEARBEITEN**.
- Im Strukturbaum **Zeichnungsressourcen**, **Schriftfelder** > **NEUES SCHRIFTFELD DEFINIEREN** wählen.
- Unterhalb der Registerkarte **Verwalten** aus der Befehlsgruppe **Definieren** die Funktion **SCHRIFTFELD** aufrufen.

Wie beim Erzeugen eines neuen Rahmens, erscheint in allen Fällen eine skizzenähnliche Arbeitsumgebung, in der das bestehende Schriftfeld verändert oder ein neues gezeichnet werden kann. Zur exakten Definition und Positionierung kann das Schriftfeld im Skizzen-Modus bemaßt werden. Die Maße werden beim Verlassen der Skizzenumgebung ausgeblendet.

Textfelder werden mit dem Befehl **TEXT** erzeugt. Wird der Befehl aufgerufen, dann erscheint der Standard-Texteditor des Inventors. Texte können beliebig formatiert und auf dem Zeichenblatt ausgerichtet werden. Vordefiniert sind die zwei Textstile **Bezeichnungstext** und **Notiztext**, die sich unter anderem in Größe und Ausrichtung unterscheiden.

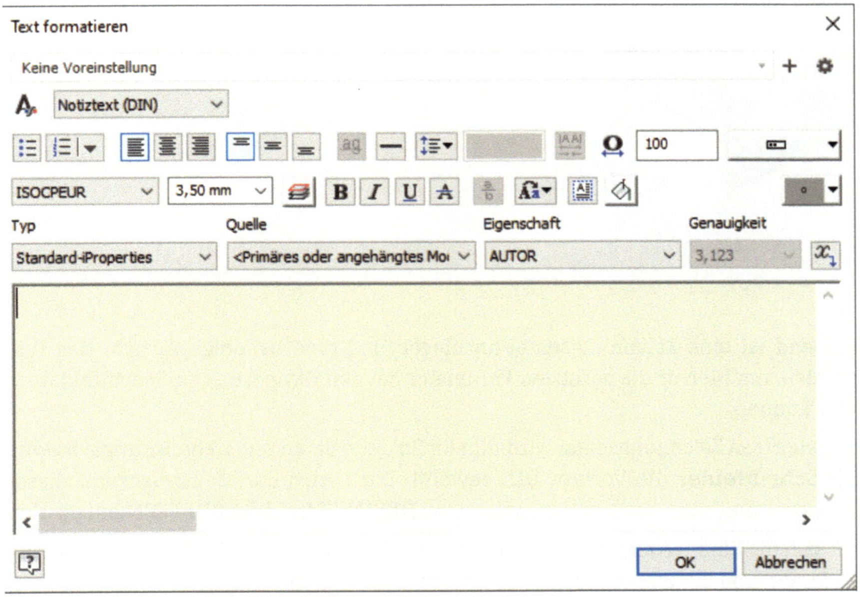

Schriftfelder und Stücklisten sind mit vordefinierten Parametern versehen, die das automatische Ausfüllen der Felder ermöglichen. Diese Parameter sind mit den **iProperties** (siehe Abschnitt 5.8) verknüpft. Hierdurch lassen sich beispielsweise auch Kombinationen aus einer Vielzahl an Parametern einfügen, die als gegebenenfalls benutzerdefinierte **iProperties** hinterlegt sind.

Beispiel: Verwendung von vordefinierten Eigenschaften

An dieser Stelle soll kurz auf die Verwendung vordefinierter Eigenschaften in einem Schriftfeld eingegangen werden, wobei hierfür das Einfügen einer Zeichnungsansicht (Multifunktionsleiste, Anwendungsbereich **Ansicht platzieren** > Befehlsgruppe **Erstellen** > Befehl **ERSTANSICHT**) vorweggenommen wird, um eine Zuordnung zwischen Bauteil- und Zeichnungsdatei zu erhalten.

In der Bauteildatei wird über das Kontextmenü **iProperties** aufgerufen und auf der Registerkarte **Übersicht** für den Parameter **Titel** die Bezeichnung *Abdeckblech, Zahnstangenpresse* eingegeben. Weitere Vorgaben, wie beispielsweise für den Parameter **Thema**, sind natürlich auch möglich.

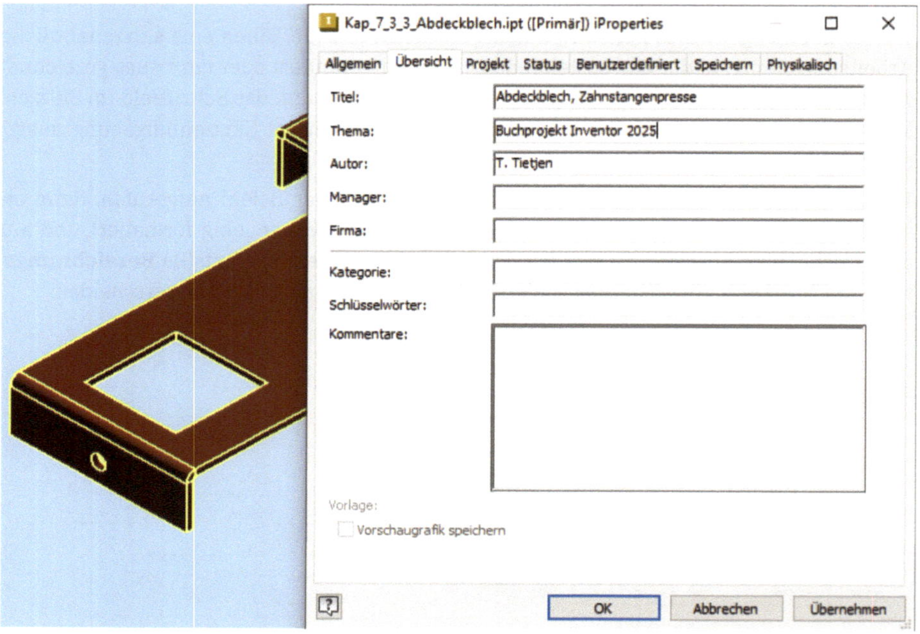

Anschließend ist eine Zeichnungsdatei anzulegen und eine beliebige Ansicht des Teils auszuwählen, um hierfür die gesetzten Parameter bei den iProperties im Schriftfeld überprüfen zu können.

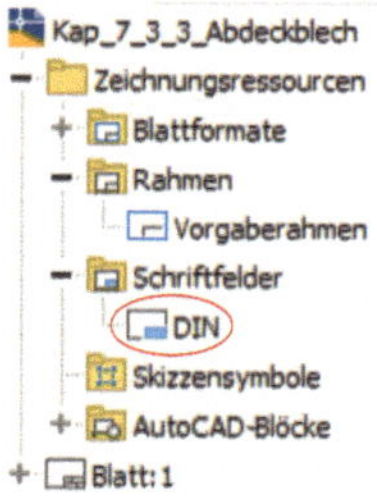

In der zugehörigen Zeichnungsdatei wird nun im Strukturbaum unter **Zeichnungsressourcen** und **Schriftfelder** die Vorlage **DIN** gewählt. Dazu wird der Mauszeiger auf diesen Eintrag gesetzt und über das Kontextmenü wird **DEFINITION BEARBEITEN** aufgerufen.

Es öffnet sich die Skizzierumgebung mit den für das Schriftfeld nach DIN erstellten Elementen, wie Linien und Texten, die jetzt geändert werden können. Auszuwählen ist für dieses Beispiel zum einen das Textfeld **Autor** und zum anderen das Textfeld **Titel**. Es öffnet sich jeweils der Standard-Texteditor des Inventors, und vorgegeben ist jeweils der Bezug zu **Eigenschaften – Zeichnung** mit den entsprechenden Parametern **Thema**, **Titel** bzw. **Autor**.

Hier sind nun im Drop-down-Menü die Bezüge zu **Standard-iProperties** einzustellen, die Textgröße ist vorzugeben und der Parameter mit dem gekennzeichneten Button **TEXTPARAMETER HINZUFÜGEN** zu bestätigen. Um die Kombination von **Thema** und **Titel** zu erhalten, erfolgt dieses zweimal mit der entsprechenden Eigenschaftsselektion in diesem Dialogfenster.

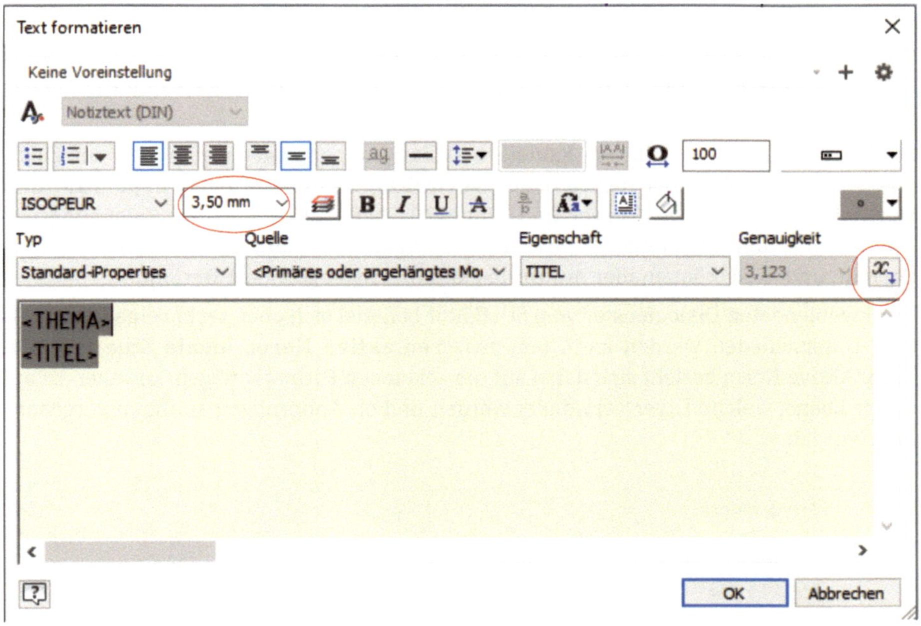

Anschließend wird nach dem Speichern der Bearbeitung gefragt, und dieses ist mit **JA** zu bestätigen. Es aktualisieren sich nun die Einträge im Schriftfeld entsprechend der geänderten Vorgaben.

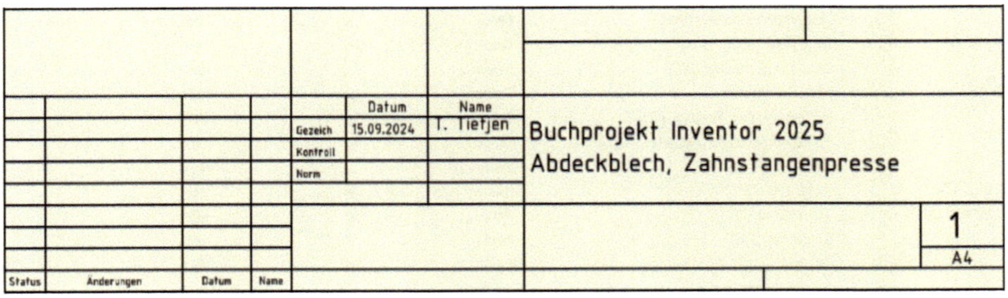

7.4 Layer und Linienstil

Layertechnik ist in Inventor und auch in anderen CAD-Systemen eine verbreitete Methode zur Strukturierung von Zeichnungsdaten. Zeichnungsbestandteile werden hierbei in mehreren Ebenen (engl. *layer*) angeordnet und können bei Bedarf ein- oder ausgeblendet werden. Am einfachsten ist die Layertechnik anhand des Schriftfelds bzw. des Zeichnungsrahmens zu erklären. Diese Elemente befinden sich auf einer eigenen Ebene (erkennbar auch am Strukturbaum, siehe Abschnitt 7.3) und können nicht direkt auf einer Blattansicht angesprochen werden.

Mit dem **Stil-Editor** bietet Inventor die Möglichkeit, Attribute (d. h. Eigenschaften) für die gemeinsame visuelle Anzeige von Zeichnungsobjekten festzulegen. Zum Beispiel kann eine Farbe oder eine Linienstärke einer vordefinierten Gruppe von Objekten zugewiesen werden.

Der **STIL-EDITOR** kann in der Bauteil- und Baugruppenumgebung und in der Zeichnungsumgebung über die Registerkarte **Verwalten** und die Befehlsgruppe **Stile und Normen** erreicht werden. Layer und Linienstile befinden sich in der Zeichnungsumgebung unter der Registerkarte **Mit Anmerkungen versehen** und der Befehlsgruppe **Format**, und diese können hier nur für die aktuelle Datei geändert werden.

Im eingeblendeten Dialogfenster vom Stil-Editor befindet sich oben rechts eine Filterfunktion. Unterschieden werden kann hier zwischen **aktive Norm**, **lokale Stile** und **alle Stile**. Aktive Norm bezieht sich dabei auf die geladenen Formatvorlagen. Zu sehen ist auf dieser Ebene, welche Layer verwendet werden und ob Änderungen an ihnen vorgenommen wurden.

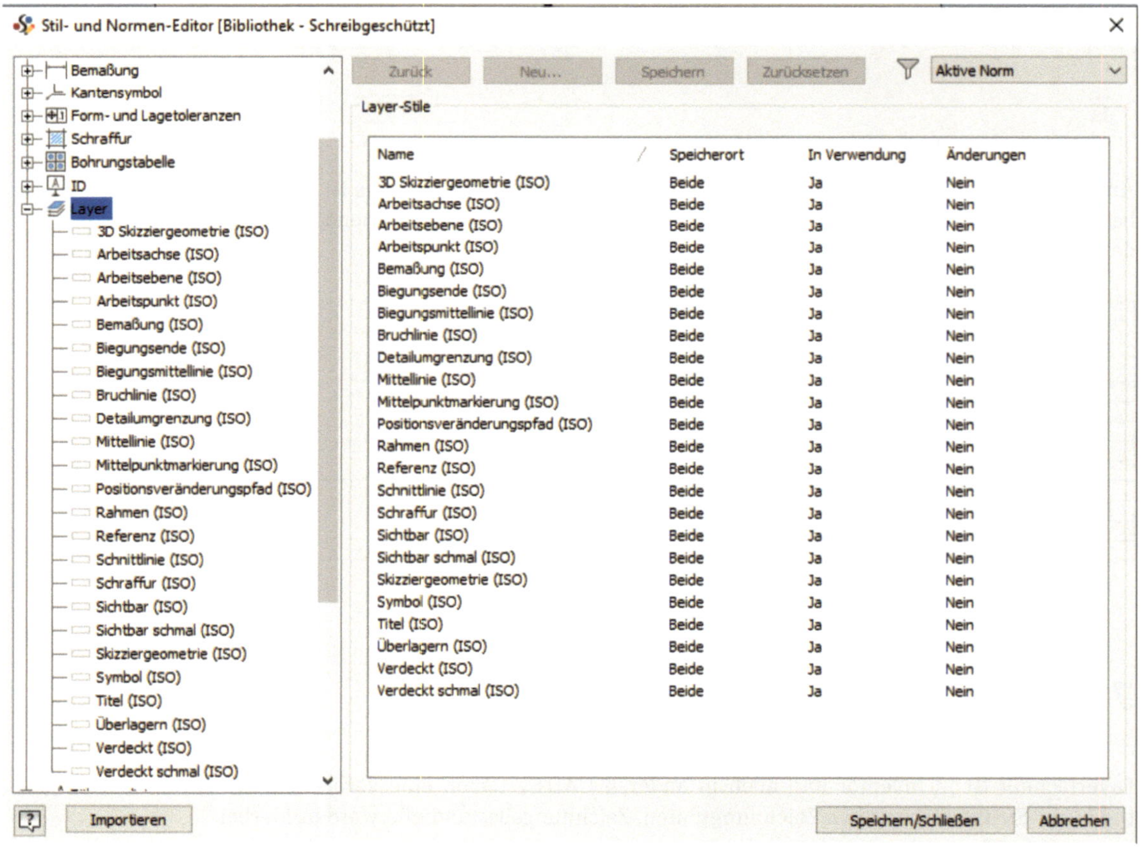

Exemplarisch wurde im **Stil-Editor** unter **Layer** der Layer mit dem Namen **Bemaßung (ISO)** aufgerufen (gefiltert nach **Aktive Norm**). Angezeigt werden im Fenster die zugeordneten Attribute wie Sichtbarkeit, Darstellung, Linientyp und Linienstärke, die nun geändert werden können.

Zum einen werden hierfür einfache „Schalter" (Sichtbarkeit **EIN/AUS**, Plot **EIN/AUS**) angeboten, und zum anderen öffnen sich bei einem Klick mit der linken Maustaste **Auswahllisten** bzw. es öffnet sich ein Dialogfenster.

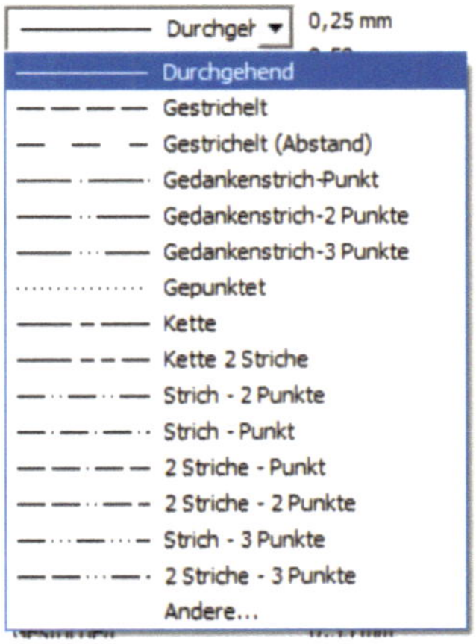

Das Kontrollkästchen bei **Skalieren nach Linienstärke** bezieht sich auf den eingestellten Linientyp. Nimmt die Linienstärke zu, nimmt auch die Länge der Segmente und Leerzeichen im Linienmuster zu. Verzerrungen in der Darstellung können hiermit verhindert werden.

TIPP: Um schnell erkennen zu können, ob bzw. welche Linien und Elemente jeweils im Layer gruppiert sind, kann man nur vorübergehend dem jeweiligen Layer eine ungewöhnliche Farbe zuweisen.

Schraffuren und Linien direkt in der Zeichnung bearbeiten

Jede Linie und Schraffur einer Zeichnung kann über das Kontextmenü (rechte Maustaste) separat angepasst werden. Hierdurch werden je nach Einstellung die Eigenschaften vom Layer überschrieben. Die von Inventor vorgeschlagene Schraffur von Bauteilen in der Schnittdarstellung auf einer Zusammenbauzeichnung bedarf häufig manueller Nacharbeit, da die vorgeschlagenen Schraffurabstände nicht mit den Bauteilgrößen harmonieren.

Im Kontextmenü einer Schraffur befindet sich der Befehl **STIL SCHRAFFUR BEARBEITEN...** Er öffnet das Dialogfenster **Schraffurmuster bearbeiten**, in dem über **Maßstab** und **Winkel** die jeweilige Schraffur angepasst werden kann. Ein kleiner Maßstab führt zu kleinen Schraffurabständen und umgekehrt. Für Schraffuren können beliebige Winkel angegeben werden. In Normen üblich sind allerdings Werte zwischen **45°** und **135°**. Auch für nicht metallische Bauteile kann das Schraffurmuster geändert werden. *ANSI 37* entspricht beispielsweise einer gekreuzten Schraffur.

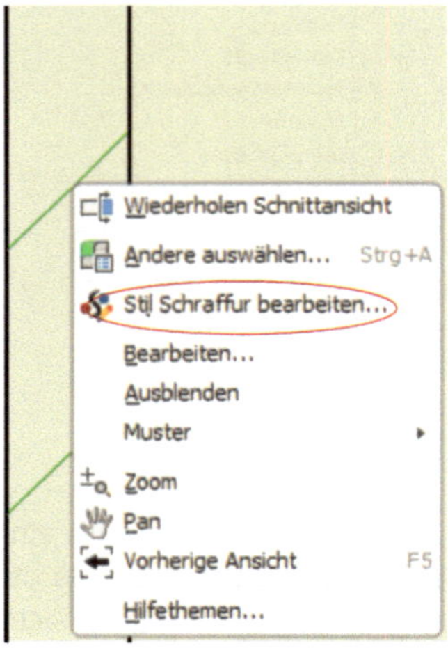

Linien, Bögen und ähnliche Zeichnungselemente können über den Befehl **EIGENSCHAFTEN** im Kontextmenü mit **Linienstärke**, **Typ** und **Farbe** angepasst werden.

7.5 Zeichnungsansichten

Dieser Abschnitt ist so aufgebaut, dass neben der Vorstellung der grundlegenden Begriffe, die im Zusammenhang mit Zeichnungsansichten stehen, auch kleine Beispiele enthalten sind, welche die Arbeitsweise in Inventor verdeutlichen.

HINWEIS: Eine Zeichnung entsteht durch das Ableiten einer oder verschiedener Ansichten eines Bauteils oder einer Baugruppe.

Unter *http://plus.hanser-fachbuch.de* befindet sich der Ordner *Kapitel 7*. Darin enthalten sind Baugruppen- und Bauteildateien verschiedener Komponenten Mit diesen Beispielen werden einzelne Funktionen im Folgenden erläutert.

Die Multifunktionsleiste mit dem Anwendungsbereich **Ansichten platzieren** bietet dazu verschiedene Funktionen, die im Anschluss kurz vorgestellt werden sollen.

Beispiel: Ein neues Blatt einfügen

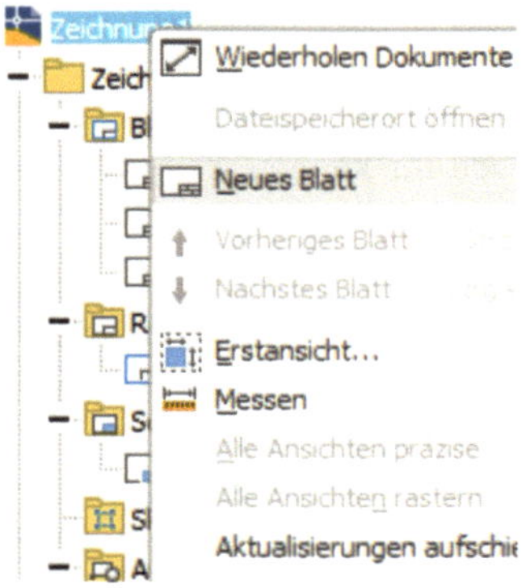

Standardmäßig wird beim Anlegen einer neuen Zeichnungsdatei bereits ein Blatt entsprechend der gewählten Vorlage eingefügt. Ein weiteres Blatt wird mit **Klick** auf den temporären Namen **Zeichnung1** bzw. den vorgegebenen Namen der Zeichnungsdatei und dann über das Kontextmenü **NEUES BLATT** angelegt. Es erhält dabei die Größe des ersten Blattes mit einem Zeichnungsrahmen, dem sogenannten Vorgaberahmen, und einem DIN-Schriftfeld. Die im Blatt eingetragene Blattnummer wird dabei automatisch hochgezählt.

Das Einstellen der Blattgröße kann individuell erfolgen, und das Vorgehen wurde in Abschnitt 7.3.1 beschrieben.

Ihren endgültigen Namen bekommt die Zeichnungsdatei immer erst beim ersten Speichern.

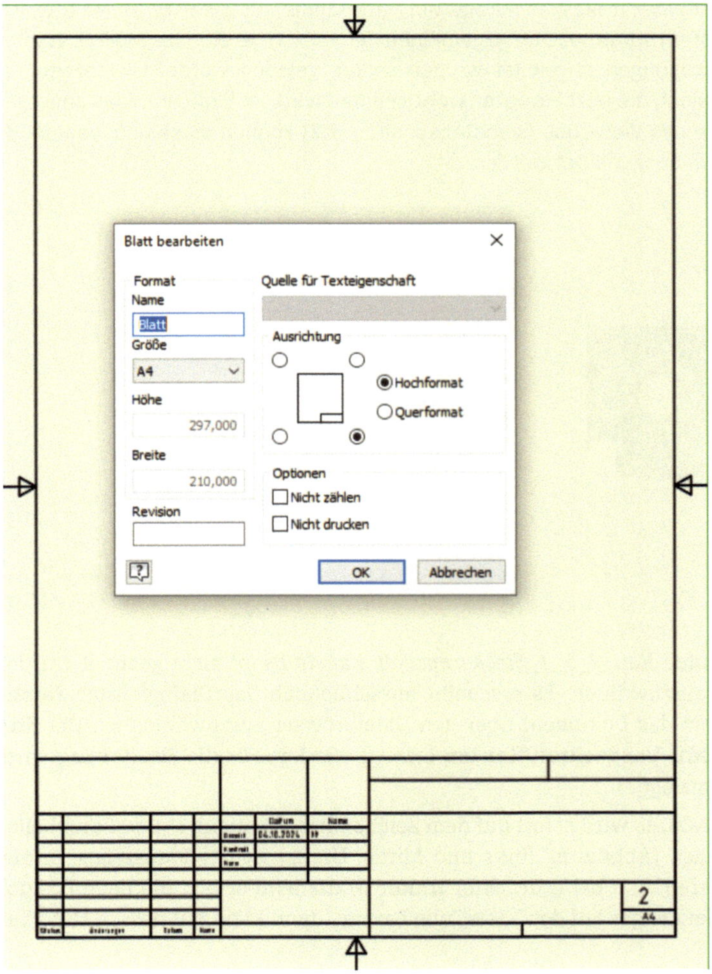

7.5.1 Erstansicht und parallele bzw. isometrische Ansicht einfügen

Erstansicht

Eine **Erstansicht** ist eine Darstellung, die direkt von der Bauteildatei abgeleitet ist. Von ihr können weitere Ansichten, wie etwa Parallel- oder Schnittansichten, abgeleitet werden.

HINWEIS: Jede Zeichnung benötigt mindestens eine Erstansicht.

Beispiel: Erstansicht erstellen

Mit **Klick** auf die Schaltfläche **ERSTANSICHT** werden Sie im folgenden Dialogfenster aufgefordert, eine Modell- (**.ipt*) oder Baugruppenauswahl (**.iam*) vorzunehmen.

HINWEIS: Eingestellt ist hier bereits ein Verzeichnis mit einer ipt-Datei bzw. iam-Datei, sofern vorab, was im Allgemeinen der Fall ist, bereits das Modell, von dem die Zeichnungen abgeleitet werden sollen, geladen wurde. Gleichzeitig wird eine Ansicht, die jetzt **Hauptansicht** genannt wird, im Einfügemodus angezeigt. Mithilfe des ViewCube (siehe Abschnitt 2.3.2) können diese und weitere Ansichten nun ausgerichtet werden.

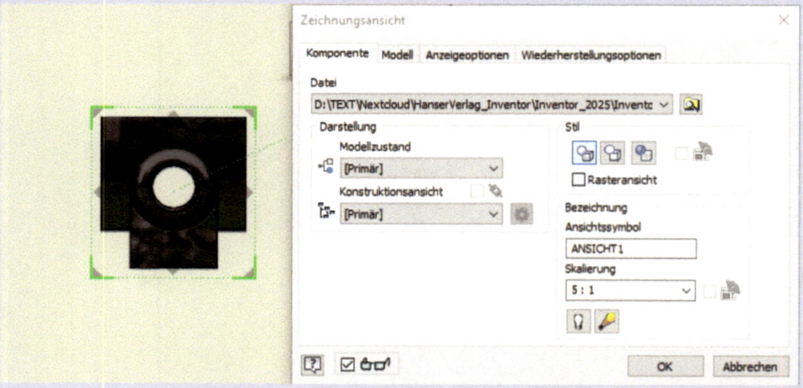

Falls vorweg das Bauteil *Kap_7_5_1_Steckernetzteil_Kabeltülle.ipt* nicht geöffnet wurde, ist die Bauteildatei auszuwählen. Es erscheint ausschließlich das Dialogfenster **Zeichnungsansicht**, in dem das Dokument über den Dateibrowser auszuwählen ist. Der **Stil** der Erstansicht soll **Mit Verdeckten Kanten** erzeugt werden. Für die **Skalierung** wird als Maßstab **5 : 1** festgelegt.

Eine Ansicht der Kabeltülle wird sofort auf dem Zeichenblatt positioniert und kann beliebig verschoben werden (Abbildung links und Mitte). Hierzu ist der Mauszeiger in die Ansicht zu positionieren, und bei gedrückter **linker Maustaste** erfolgt die neue Positionierung. Wird der Mauszeiger auf den ViewCube bewegt, dann kann mit dessen Hilfe die gewünschte Ausrichtung der Erstansicht eingestellt werden. Inventor zeigt die jeweilige Ansicht als Vorschau. Das abschließende Einfügen der Erstansicht erfolgt über den Button **OK** im Fenster **Zeichnungsansicht**. Gleichzeitig mit dem Einfügen der Erstansicht lassen sich auch weitere projizierte Ansichten einfügen. Der Mauszeiger wird hierzu neben der Ersatzansicht bzw. ober- oder unterhalb gesetzt, und ein **Klick** mit der linken Maustaste erzeugt in dem gleichen Arbeitsgang eine weitere Ansicht (Abbildung rechts).

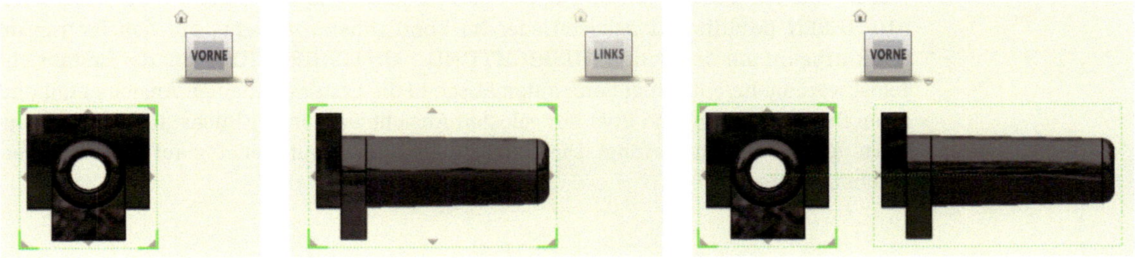

Alternativ wird der Mauszeiger auch auf die Erstansicht bewegt, und im Markierungsmenü (**Klick** auf die rechte Maustaste) wird die Auswahl mit **OK** bestätigt.

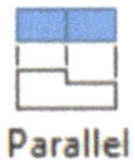

Nachdem die Erstansicht festgelegt wurde, können von ihr auch über die Multifunktionsleiste weitere Ansichten abgeleitet werden. Für weitere Ansichten, d. h. Parallelprojektionen der Hauptansicht, wird der Cursor neben bzw. ober- oder unterhalb der Erstansicht positioniert. Ein **Klick** mit der linken Maustaste legt die Position fest. Zu sehen ist nach dem **Klick** auf dem Arbeitsblatt erst einmal nur der Rahmen für die Ansicht! Nun wird mit einem **Klick** der rechten Maustaste das Markierungsmenü aufgerufen und **ERSTELLEN** gedrückt. Es können hierbei alle möglichen Parallelprojektionen durch die entsprechende Positionierung des Mauszeigers erzeugt werden, so auch eine isometrische Ansicht, wenn der Mauszeiger ca. **45°** versetzt positioniert wird. Auch hier ist es so, dass erst die Position festgelegt und anschließend die Ansicht über **ERSTELLEN** erzeugt wird.

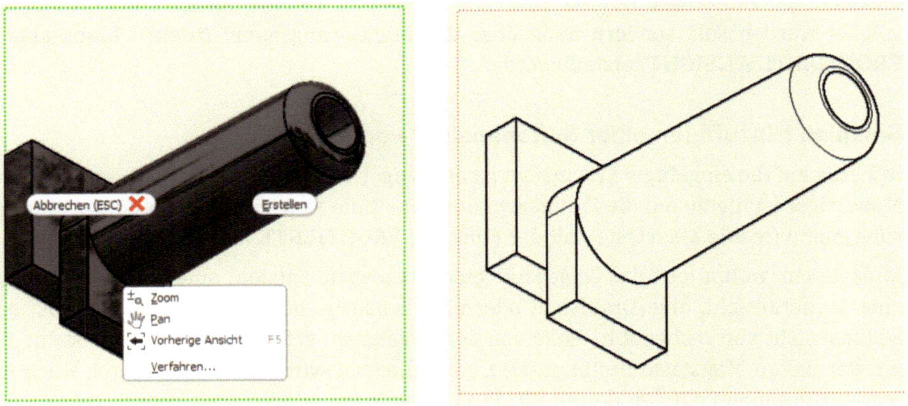

Eine Ansicht kann auch noch nachträglich auf dem Blatt an eine gewünschte Stelle positioniert werden. Hierzu wird der Mauszeiger über die Ansicht gefahren, sodass der Rand dieser Ansicht sichtbar wird. In der Nähe des Randes erscheint das Symbol zum Verschieben der Ansicht, und bei gedrückter linker Maustaste hängt die Ansicht am Mauszeiger und lässt sich in den gewünschten Bereich des Zeichenblatts positionieren.

Eine parallele oder projizierte Ansicht kann zunächst nur im Rahmen ihrer Abhängigkeiten verschoben werden, z. B. eine Seitenansicht nur horizontal und eine Draufsicht nur vertikal. Wenn die Erstansicht verschoben wird, folgt ihr die ausgerichtete Ansicht, um die Ausrichtung der Ansichten beizubehalten.

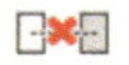

Wurde eine Parallel-Ansicht erzeugt, so kann sie aber mit dem Befehl **AUSRICHTUNG AUFHEBEN** (Multifunktionsleiste) oder im Kontextmenü in Bezug auf den Eintrag im Strukturbaum mit der Option **AUSRICHTUNG** > **UNTERBROCHEN** von der Erstansicht gelöst werden. Inventor fügt dann automatisch in die Erstansicht einen Ansichtspfeil und einen Buchstaben ein, und über der gelösten Ansicht werden der Buchstabe und in Klammern der Maßstab angeordnet. Diese Ansichten können nun beliebig auf dem Blatt verschoben werden.

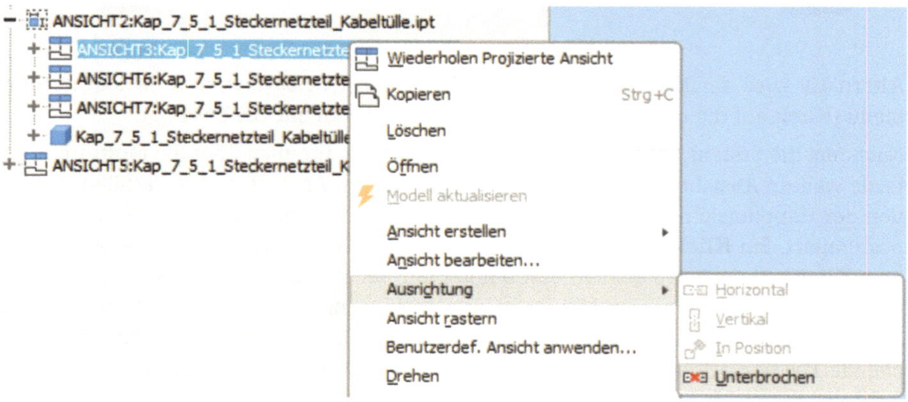

Eine neue Ansicht kann nicht nur über die Funktion **PARALLEL** in der Multifunktionsleiste mit der Aufforderung, eine Ansicht auszuwählen, von der aus die neue Ansicht abgeleitet werden soll, sondern auch über das Markierungsmenü (**rechte Maustaste** > **PROJIZIERTE ANSICHT**) erstellt werden.

Beispiel: Hinzufügen einer Seitenansicht von rechts

In Bezug auf die eingefügte Erstansicht ist eine zugehörige Seitenansicht zu erstellen. Der Mauszeiger ist hierzu auf die Erstansicht der Kabeltülle zu positionieren und das Markierungsmenü (rechte Maustaste) mit der Funktion **PROJIZIERTE ANSICHT** aufzurufen.

Je nachdem, wohin jetzt das Zeigegerät geschoben wird, entsteht automatisch entweder eine Vorderansicht, eine Draufsicht oder eine isometrische Ansicht. Einzufügen ist die Seitenansicht von rechts, d. h., links von der Erstansicht erfolgt erst eine Voransicht, die mit der linken Maustaste bestätigt wird. Abschließend wird die Ansicht durch Klick im Markierungsmenü auf den Button **ERSTELLEN** erzeugt.

HINWEIS: Beim Rechtsklick in der Ansicht ist darauf zu achten, dass keine Linie, kein Bogen oder Kreis markiert ist, sondern dass die punktierte Umrisslinie um die Ansicht dargestellt wird. Nur dann erscheinen die richtigen Funktionen.

Die Zeichnung besteht jetzt aus zwei Ansichten und sollte wie in der Abbildung aussehen. Die Ansichten können nun mit Mittellinien versehen werden und sind zu bemaßen. Dieses wird in den nachstehenden Abschnitten vorgestellt (siehe Abschnitt 7.9.1 und Abschnitt 7.9.2).

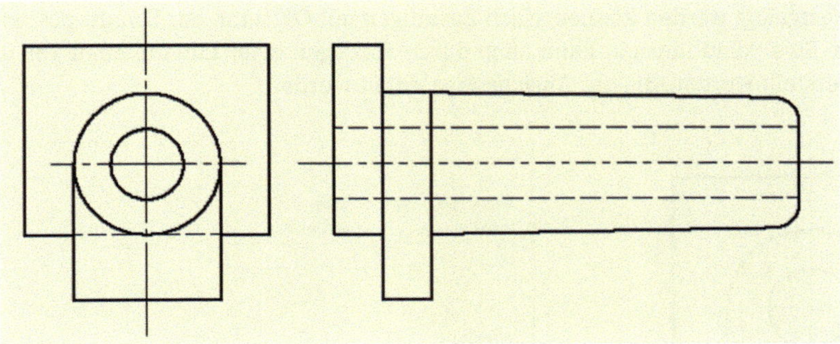

HINWEIS: Das Markierungsmenü jeder Ansicht bietet neben vielen Einträgen auch die Funktion **ANSICHT BEARBEITEN...**, die dazu benutzt werden kann, die Darstellung der selektierten Ansicht zu verändern.

7.5.2 Hilfsansicht erstellen

Eine **HILFSANSICHT** wird eingesetzt, um eine besondere Ansicht durch Projektion von einer Kante oder Linie aus einer anderen Ansicht zu erstellen. Die Hilfsansicht bekommt die Bezeichnung „Ansicht C“ mit einem Bezugspfeil und dem Buchstaben C in der Ausgangsansicht.

Hilfsansicht

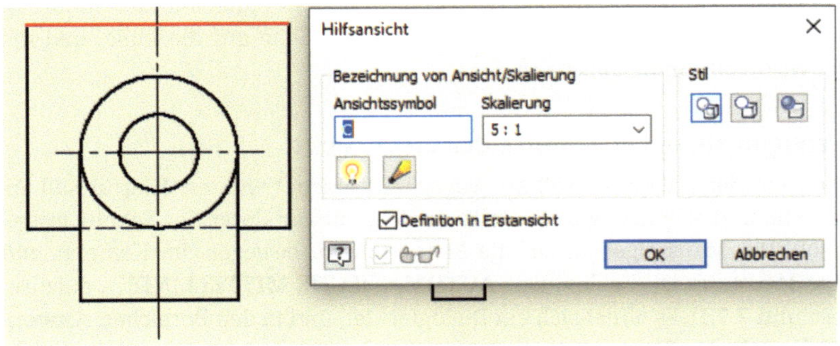

7.5.3 Schnittansicht erzeugen

Schnitt

Ein **SCHNITT** kann eine Vollschnittansicht, eine Halbschnittansicht, eine versetzte oder ausgerichtete Schnittansicht oder eine beliebige Ansicht sein. Um eine Schnittansicht erzeugen zu können, muss zuerst diejenige Ansicht, aus welcher der Schnitt abgeleitet werden soll, aktiviert werden, z.B. durch Auswahl der Ansicht im Strukturbaum. Eine Schnittansicht setzt voraus, dass vorab eine Schnittlinie gezeichnet wird, die den Schnittverlauf für die Schnittansicht definiert. Nachdem die Schnittlinie über die linke Maustaste festgelegt und mit **WEITER** (Markierungsmenü, rechte Maustaste) bestätigt wurde, erscheint ein Dialogfenster, in dem Skalierung, Ansichtssymbol (also die „Buchstaben") und der Stil festgelegt werden können. Nach Bestätigen mit **OK** kann der Schnitt positioniert werden. Eine Schnittansicht kann auch durch Festlegen einer Linie in einer Zeichnungsskizze erstellt werden, die der Ansicht zugeordnet wurde.

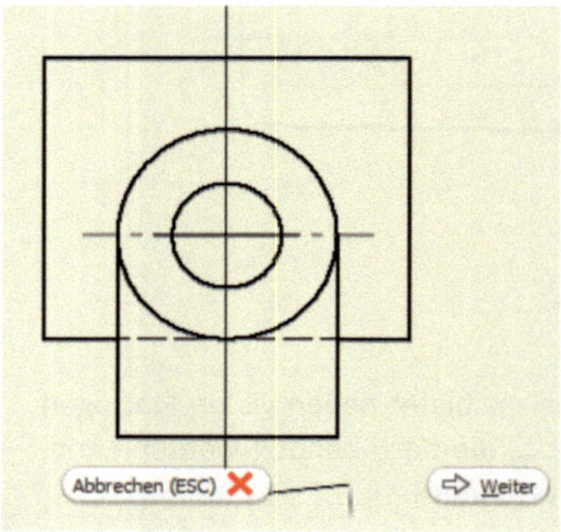

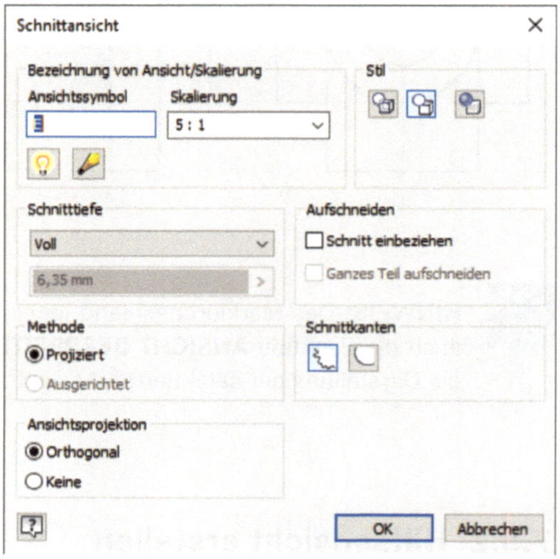

HINWEIS: Schnittlinien sind oftmals deckungsgleich mit Mittellinien. Diese sollten deshalb immer zuerst eingefügt werden, um den Schnitt daran auszurichten. ■

Über das Kontextmenü an einer bestehenden Schnittlinie kann die Schnittorientierung umgestellt werden. Der Pfeil zeigt dann von der anderen Seite auf die Linie, und die Schnittansicht wird vollständig angepasst.

Beispiel: Erzeugen eines Vollschnitts der Erstansicht

Von der Erstansicht der Kabeltülle soll ein Vollschnitt erzeugt werden. Hierfür soll zunächst die Mittellinie der Bohrung dargestellt werden, anhand derer der Schnitt festgelegt werden soll. Der Mauszeiger ist auf die Erstansicht zu bewegen. Im Kontextmenü über die rechte Maustaste ist die Funktion **AUTOMATISCHE MITTELLINIE...** aufzurufen (siehe Abschnitt 7.9.1). Es öffnet sich ein Dialogfenster, und in den Bereichen **Anwenden auf** ist **Zylindrische Elemente** und **Projektion** ist **Normale Achse** einzustellen.

Der Vorgang wird mit **OK** bestätigt. Die Ansicht bekommt damit eine Mittellinie, die nun für die Skizzierung des Schnittverlaufs herangezogen werden kann.

Nun wird der Befehl **SCHNITTANSICHT** aufgerufen, und als Startpunkt der Schnittlinie wird ein Ende der Mittellinie gewählt. Das andere Ende ist dann der Endpunkt der Schnittlinie. Im Kontextmenü ist der Button **WEITER** zu betätigen, der das Dialogfenster **Schnittansicht** öffnet. Hier können das zugehörige **Ansichtssymbol** und eine **Skalierung** eingegeben werden. Auch der Stil (mit/ohne verdeckte Kanten) ist einzustellen. Mit der Bestätigung durch **OK** im Dialogfenster wird die neue Ansicht auf dem Zeichenblatt erzeugt. Es reicht aber auch ein einfacher Klick mit der linken Maustaste aus.

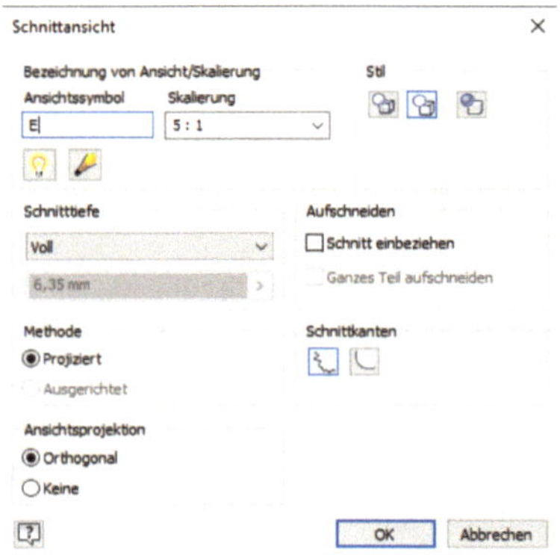

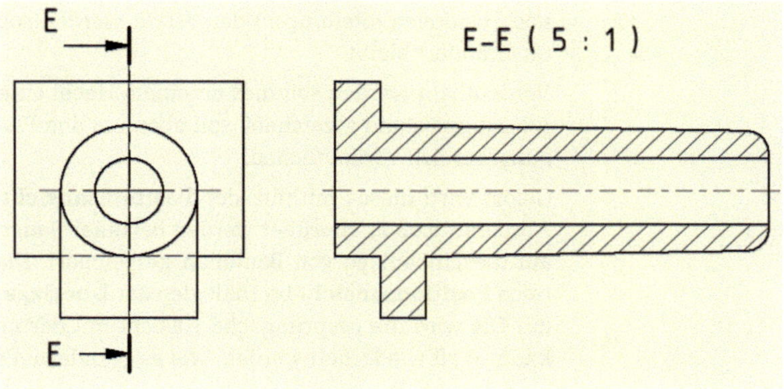

Die Ansicht kann nun in vertikaler Richtung beliebig verschoben werden. Auch lassen sich die Positionen des Schnittverlaufs und die Beschriftung in der zugehörigen Ansicht durch einfaches Anwählen beliebig verschieben.

7.5.4 Detailansicht erstellen

Ein **DETAIL** gibt in einem zu wählenden genormten Maßstab einen Ausschnitt einer anderen Ansicht wieder. In der Regel wird ein vergrößerter Maßstab gewählt, um detailgenaue Bemaßungen anbringen zu können.

Detail

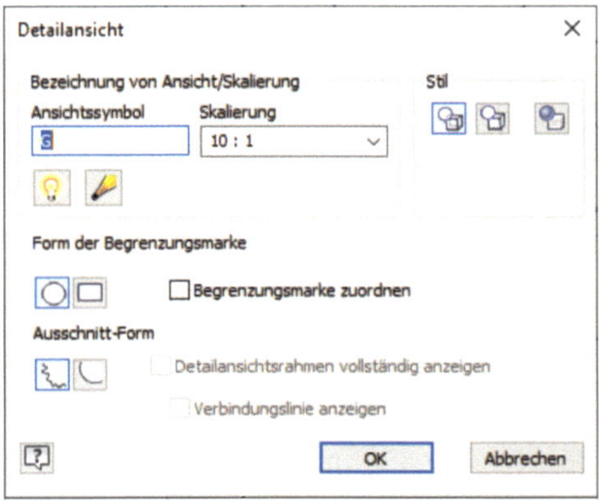

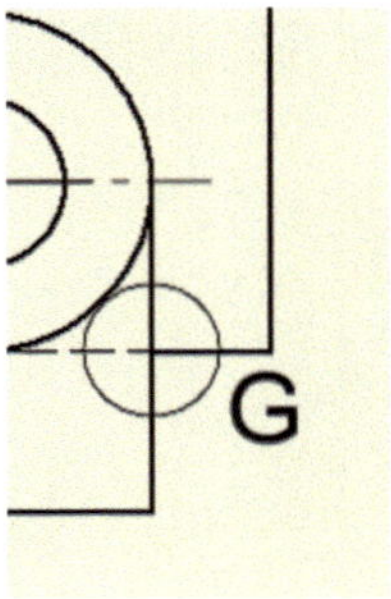

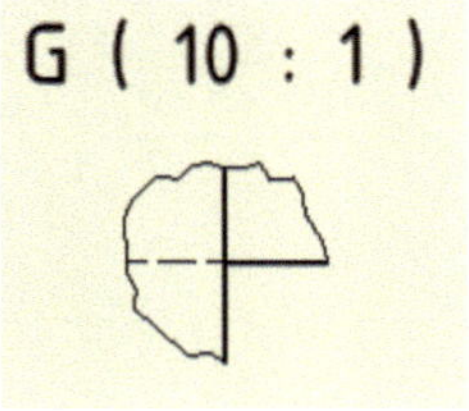

Die Ausführung erfolgt wieder mithilfe eines Dialogfensters, in dem zusätzlich die Form des Ausschnitts und der Begrenzungsmarke eingestellt werden kann. Nach der Bestätigung mit **OK** erfolgt die Festlegung des Mittelpunks des Details, und die Größe der Begrenzungsmarke ist festzulegen. Zum Schluss folgt dann noch die Position für die Detailansicht auf dem Zeichnungsblatt.

7.5.5 Überlagerung

Eine **ÜBERLAGERUNG** ist dann zu erstellen, wenn ein Teil eines Bauteils in verschiedenen Positionen (Stellungen) dargestellt werden soll, während der Hauptteil des Bauteils unverändert bleibt.

Verdeutlicht werden soll dies an einem Hebel eines Wagenhebers. Dieser wird in einem Ausgangszustand gezeichnet, soll aber, um den Platzbedarf darzustellen, auch den Bewegungsbereich verdeutlichen.

Gelöst wird dieses mithilfe der **Positionsansicht** in der Baugruppenumgebung (siehe Abschnitt 6.13.2). Hierüber werden bei einer Baugruppe verschiedene Zustände in Bezug auf die Einbaulage von Bauteilen gespeichert. Diese Einstellungen können nun im Bereich **Positionsansicht** im Dialogfenster **Überlagerungsansicht** eingestellt werden, und mit **OK** wird die ursprüngliche Ansicht mit der neuen Ansicht überlagert. Der Vorgang kann so oft wiederholt werden, wie es geänderte Positionsansichten gibt.

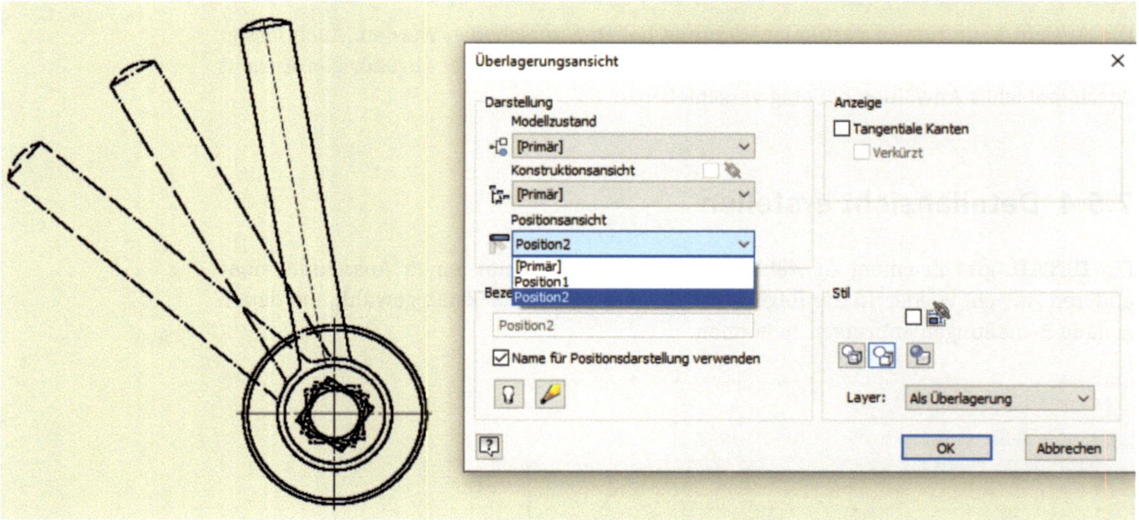

7.5.6 Nagelbrettansicht

Die **Nagelbrett**-Ansicht ist für Kabelverleger gedacht und auch nur in diesem Modul aktiv. Es wird z. B. eine flache 2D-Ansicht eines Kabelbaums in einer Zeichnung wiedergegeben. Alle Kabelbaumdrähte, -kabel und -segmente werden als gerade Linien gezeichnet.

7.5.7 Entwurfsansicht

Eine **Entwurf**-Ansicht ist eigentlich keine Ansicht im bisher beschriebenen Sinn. Sie bietet die Möglichkeit, innerhalb einer Zeichnung, völlig unabhängig von einem Modell, einen Entwurf zu erstellen. Dazu schaltet Inventor in den Skizziermodus um, und dem Anwender stehen alle Skizzenbefehle zur Verfügung. Er kann seine konstruktiven Gedanken nun in der Zeichnung ergänzen. In Entwurfsansichten lassen sich auch AutoCAD-Zeichnungen importieren.

Für Entwurfsansichten wird im Strukturbaum ein eigener Ordner *ENTWURF* angelegt, unter dem die Skizzen gespeichert werden.

7.6 Ansicht ändern

Die nachfolgenden Funktionen ermöglichen es, eine existierende Ansicht anzupassen. Die hierfür notwendigen Befehle befinden sich unter der Befehlsgruppe **Ändern** in der Registerkarte **Ansichten platzieren**.

7.6.1 Lösen, Unterbrochene Ansicht

Eine **unterbrochene Ansicht** wird genutzt, wenn die Ansicht der Komponente über die Länge der Zeichnung hinausragt und die Komponente beim Verkleinern der Ansicht nicht mehr deutlich dargestellt würde. Außerdem können unterbrochene Ansichten verwendet werden, wenn die Ansicht der Komponente größere, undefinierte Bereiche enthält. Dies wäre beispielsweise der Fall, wenn die beiden Enden einer Welle mit Kommentaren versehen werden sollen, die Welle selbst jedoch keine Elemente aufweist. Die Ansicht einer Komponente kann über eine beliebige Länge unterbrochen werden, eine Zeichnungsansicht kann auch mehrere Unterbrechungen enthalten. Bemaßungslinien, die durch eine unterbrochene Ansicht führen, deren beide Endpunkte jedoch außerhalb des durch die Unterbrechung entfernten Bereichs liegen, werden auf der Höhe der Bruchlinien mit einem Bruchsymbol versehen.

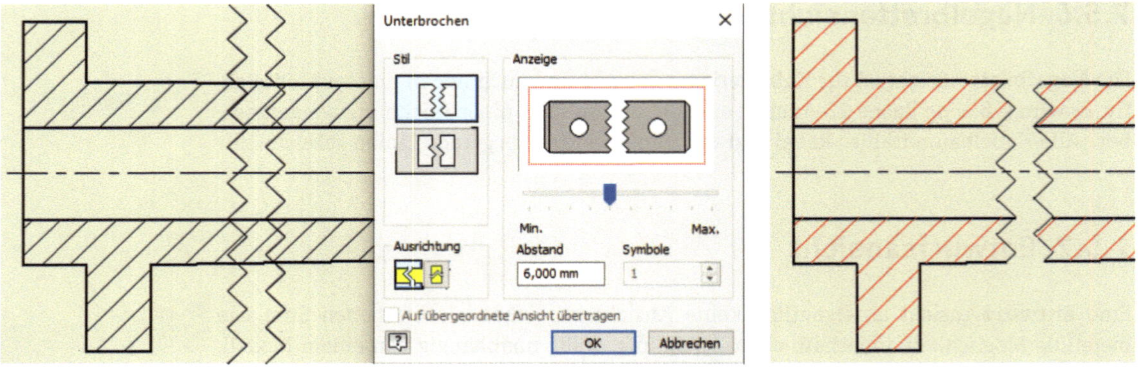

Nach dem Aufruf der Funktion **UNTERBROCHEN** (Befehlsgruppe **Ändern**) erscheint ein Dialogfenster, in dem zwischen zwei unterschiedlichen Stilarten gewählt werden kann. Der Abstand zwischen den unterbrochenen Linien kann hier ebenfalls vorgegeben werden. Es ist eine Ansicht zu wählen, in der die Unterbrechung umgesetzt werden soll, der Startpunkt und der Endpunkt der Linie sind festzulegen, und die Ansicht wird nach **OK** angepasst.

7.6.2 Ausschnitt – Ausbruch

Ausschnitt

Der Befehl **AUSSCHNITT** erzeugt innerhalb einer bestehenden Ansicht einen Ausbruch, d. h., ein Teil der Oberfläche eines Bauteils wird entfernt, damit die Details im Inneren, in einer zu bestimmenden Tiefe, zu sehen sind. Sinn macht diese Funktion in Zeichnungsansichten und in Baugruppenzeichnungen. Da diese aber in der aktuell beschriebenen Befehlsgruppe verortet wurde, wird sie nachfolgend kurz erläutert.

Ein Ausbruch in einer Zeichnungsansicht ist ein gebräuchliches Stilmittel, das alternativ zu Schnittansichten (Zeichnung; siehe Abschnitt 7.5.3) angewendet werden kann. Für den Ausschnitt muss nach dem Aufruf des Befehls **AUSSCHNITT** zunächst eine **Ansicht** bzw. **Ansichtsskizze** gewählt werden. Eine Ansichtsskizze wird im Strukturbaum immer der jeweiligen Ansicht zugeordnet. Hierin ist ein geschlossenes Profil zu erzeugen (üblicherweise ist dieses eine Freihandlinie, die über den Befehl **SPLINE** erzeugt werden kann), welches den Ausschnitt umschließt. Inventor verzweigt hierzu direkt in die Skizzenumgebung, falls noch keine Ansichtsskizze vorliegt. Mit **BEENDEN** wird die Skizzenumgebung geschlossen, und anschließend öffnet sich das Dialogfenster **Ausschnitt**. Hierin muss noch die Tiefe bestimmt werden, d. h. die Ebene, auf der sich der Ausschnitt befindet.

Vier Methoden stehen für die Tiefenangabe zur Verfügung. Die Tiefe des Ausschnitts kann beispielsweise mithilfe eines Bohrungselements in der Ansicht oder bei einer Zusammenbauzeichnung eines oder mehrerer Bauteile festgelegt werden. Die Tiefe wird also entweder durch die Achse der Bohrung oder durch die Tiefe des Bauteils definiert. Weiterhin kann beispielsweise die Methode **Von Punkt**, wie im nachfolgenden Beispiel, gewählt werden.

Beispiel: Ausschnitt für die Bemaßung einer Passfederlänge

In die Zeichnungsumgebung wurde eine Welle, die mit einer Passfedernut versehen ist, in Bearbeitungslage geladen. Beim Stil wird die gekennzeichnete Variante (**mit verdeckten Linien**) gewählt und mit **OK** bestätigt.

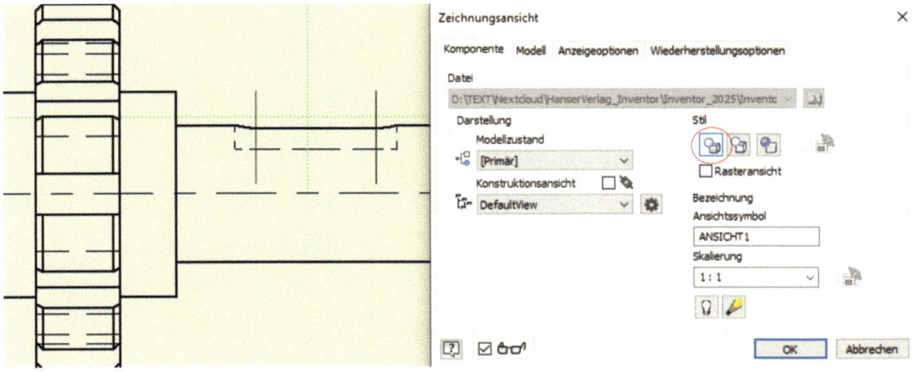

Aufzurufen ist nun unter der Registerkarte **Ansichten platzieren** der Befehl **AUSSCHNITT**. Es erfolgt die Aufforderung, eine Ansicht zu bestimmen. Hierzu wird der Fokus auf die Zeichnungsansicht gesetzt und mit einem **Klick** der linken Maustaste bestätigt. In der geöffneten Skizzierumgebung wird nun die Skizze gezeichnet, die direkt der Zeichnungsansicht zugeordnet wird (siehe Strukturbaum). Mit dem Befehl **SPLINE** wird eine geschlossene Kontur um die Passfedernut erstellt. Mit **BEENDEN** ist die Skizze abzuschließen.

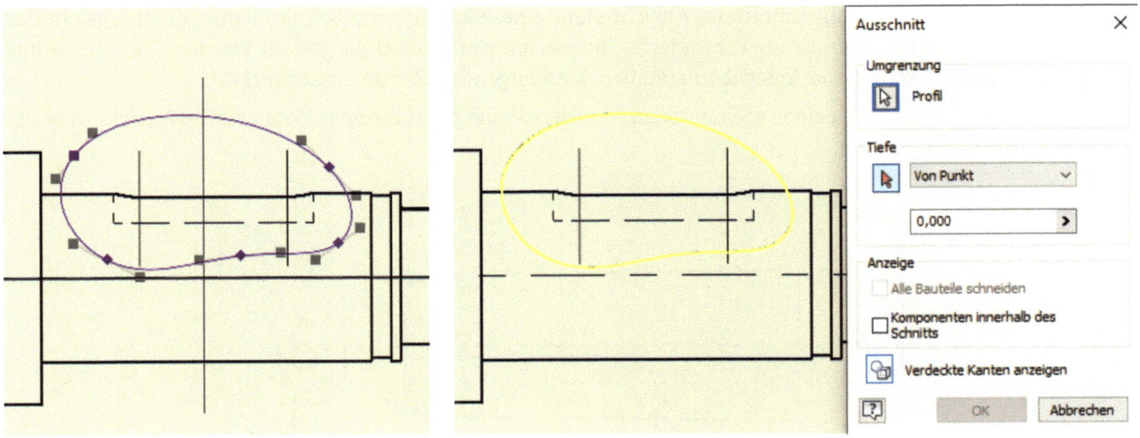

Nun öffnet sich ein Dialogfenster mit verschiedenen optionalen Einstellmöglichkeiten. Inventor erkennt automatisch ein geschlossenes Profil in der gewählten Zeichnungsansicht. Entsprechend folgen gleich die Aufforderungen zur Angabe der Tiefe, wobei die Methode **Von Punkt** voreingestellt ist und ein Bezug (Von wo wird gemessen?) vorzugeben ist. Es kann ein beliebiger Punkt ausgewählt werden. Die Tiefenangabe ist mit **0 mm** vorzugeben. Der Button **OK** wird anschließend aktiv geschaltet und ist zu betätigen.

Der gezeigte Ausschnitt ist gegebenenfalls noch anzupassen. Ein Abstand der Schraffuren und Maßangaben vervollständigen die Zeichnungsansicht.

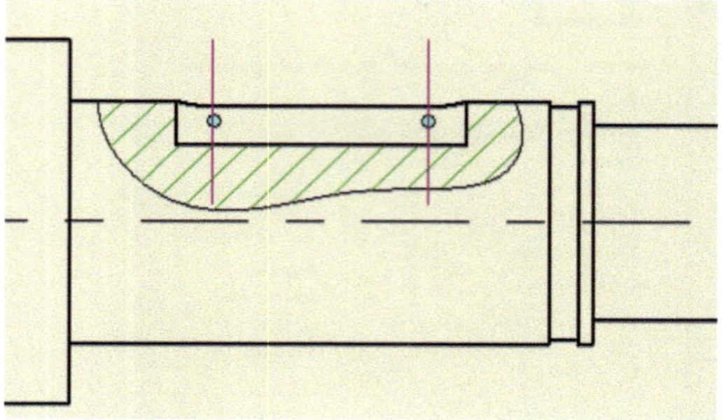

> **TIPP:** Um einen passenden Punkt für die Tiefenangabe bei der Methode **Von Punkt** zu wählen, kann eine Kante oder Ecke des Bauteils in einer **parallelen Ansicht** gewählt werden.

7.6.3 Aufgeschnittene Ansicht erstellen

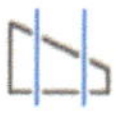

Aufgeschnitten

Eine aufgeschnittene Ansicht stellt eine oder mehrere Schnittebenen einer Ansicht dar, die alle nur als schraffierte Ebenen mit der Tiefe **0** dargestellt werden. Um eine aufgeschnittene Ansicht zu erstellen, sind folgende Schritte auszuführen:

- Aus einer vorhandenen Ansicht ist eine parallele oder isometrische Ansicht zu erstellen.

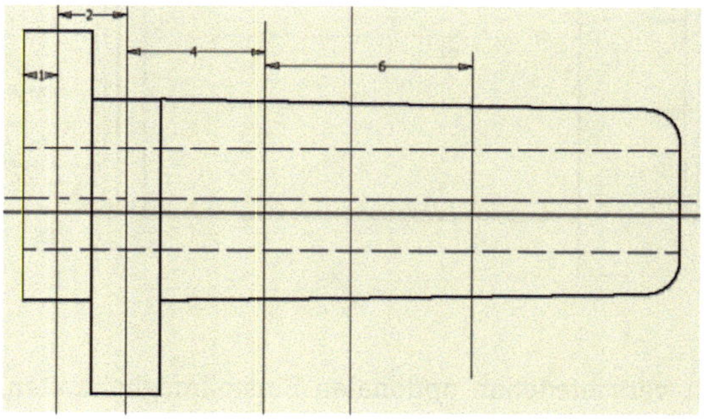

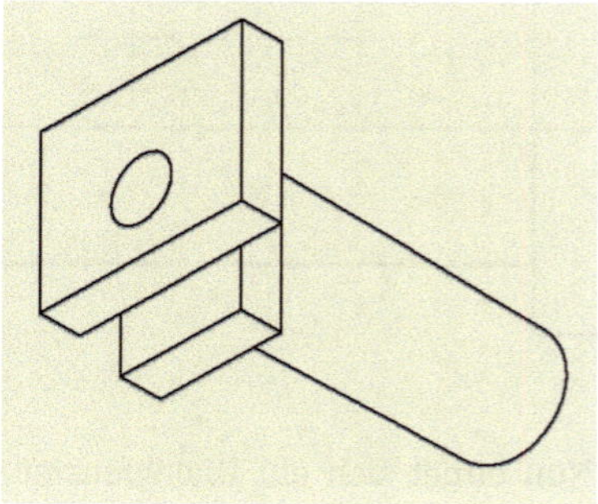

- In bzw. über der vorhandenen Ansicht ist eine Skizze mit zu erzeugen. Die Abstände können dabei auch bemaßt werden.

- Der Befehl **AUFGESCHNITTEN** ist aufzurufen, die aufzuschneidende Ansicht und die Skizze sind zu wählen. Mit der Option **Ganzes Teil aufschneiden** wird die aufgeschnittene Ansicht erstellt.

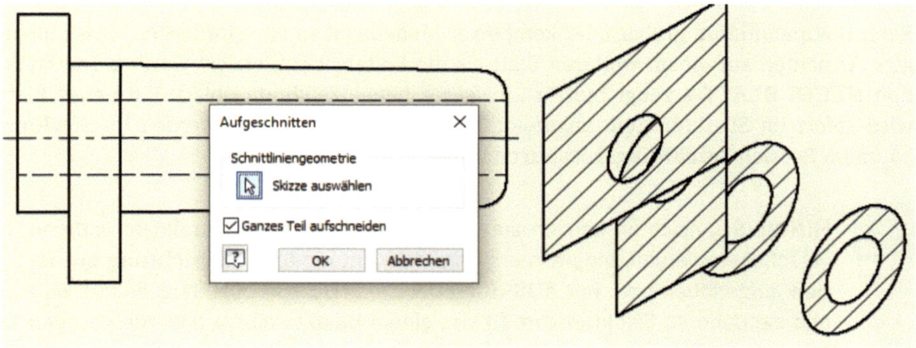

7.6.4 Zuschneiden

Die Funktion **ZUSCHNEIDEN** erzeugt keine Ansicht, sondern verändert sie. Mit ihr wird ein Rechteck beliebiger Größe in einer selektierten Ansicht aufgezogen, und alle Zeichnungsteile dieser Ansicht, die sich nicht innerhalb des aufgezogenen Rechtecks befinden, werden gelöscht. Die Funktion sollte möglichst verwendet werden, bevor eine Zeichnung mit Anmerkungen versehen wurde, da es sonst gegebenenfalls zu Fehlermeldungen kommen kann.

7.7 Skizze erstellen

Auch die Funktion **SKIZZE STARTEN** unterhalb der Registerkarte **Skizze** bzw. **Ansichten platzieren** erzeugt keine eigene Ansicht. Sie ermöglicht es aber, im Zeichnungsbereich eine Skizze zu erzeugen. Die Skizze kann durch Auswahl im Strukturbaum dem Blatt oder einer Ansicht zugeordnet werden. Ist diese Skizze einer Ansicht zugeordnet, liegt sie gegenüber der Ansicht im Vordergrund. Gegenüber den von 2D-Skizzen der Bauteilansicht bekannten Funktionen (siehe Abschnitt 4.5) wird der Befehle **GEOMETRIE PROJIZIEREN** hier nicht angeboten. Der Befehl **SCHRAFFURBEREICH** steht erst zur Verfügung, wenn eine umgrenzte Flächen, z. B. ein Rechteck, erzeugt wurde. Hiermit lassen sich genormte Schraffuren passend zu Schnittdarstellungen erzeugen.

> **TIPP:** Skizzen lassen sich nutzen, um Darstellungsmängel in abgeleiteten Ansichten zu überdecken, z. B. kann die Ansicht schnell um eine Linie für eine vereinfachte Freistichangabe ergänzt werden.

7.8 Neues Blatt, Ansichten auf mehreren Blättern

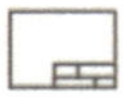

Neues Blatt

Beim Dokumentieren großer oder komplexer Modelle ist es oft erforderlich, dass abhängige Ansichten auf einem weiteren Blatt als die Erstansicht platziert werden. Die Funktion **NEUES BLATT** erzeugt hierfür ein leeres neues Zeichnungsblatt. Ein neues Blatt wird sofort im Strukturbaum angezeigt. Rahmen und Schriftfeld werden im Strukturbaum im Bereich **Zeichnungsressourcen** übernommen.

> **HINWEIS:** Ansichten können auch von einem Arbeitsblatt zu einem anderen verschoben werden, indem zuerst ihre Ausrichtung über **Ausrichtung aufheben** aufgehoben bzw. mit **AUSRICHTUNG** > **UNTERBROCHEN** geändert wird und sie dann im Strukturbaum **(!)** von einem Blatt zu einem anderen gezogen werden.

Wird eine abhängige Ansicht auf einem anderen Arbeitsblatt als dem mit der zugehörigen Erstansicht platziert, wird im Strukturbaum die verschobene Ansicht auf dem ursprünglichen Blatt mit einem Verknüpfungssymbol gekennzeichnet.

Auf dem Zielblatt wird die Erstansicht zwar im Strukturbaum eingetragen, jedoch nur als Verknüpfungsträger, der ebenfalls mit einem Verknüpfungssymbol gekennzeichnet ist. Die verschobene abhängige Ansicht wird unter ihrer verknüpften Erstansicht aufgeführt und auf dem Zeichenblatt dargestellt.

7.9 Zeichnung mit Anmerkung versehen

Um Zeichnungsansichten mit Bemaßungen, Anmerkungen und Kommentaren zu ergänzen, sind auf der Registerkarte **Mit Anmerkung versehen** verschiedene Funktionen zusammengefasst, die nötig sind, um eine Ansicht in eine normgerechte Zeichnung zu überführen.

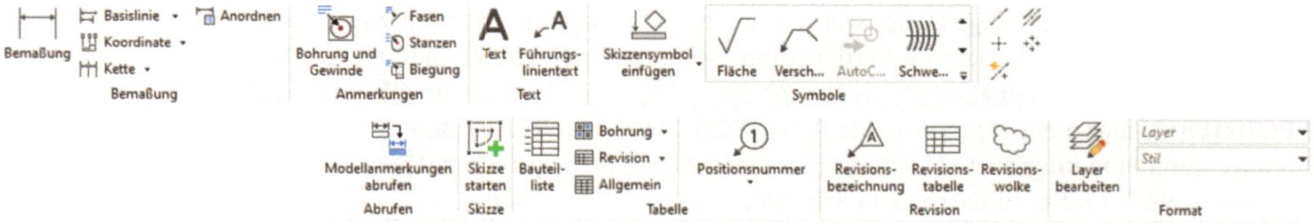

Bemaßungen, Symbole für Bohrungen, Gewinde, Schweißnähte, Texte, Oberflächen- und Bearbeitungssymbole, Mittellinien, Stücklisten usw. gehören alle zur Gruppe Anmerkungen, die mit diesen Funktionen erstellt werden können und die nachstehend vorgestellt werden.

7.9.1 Mittellinien in Ansichten erstellen

Inventor kennt verschiedene Arten bzw. Funktionen für Mittellinien, die sich in der Befehlsgruppe **Symbole** befinden.

Symbol	Bedeutung
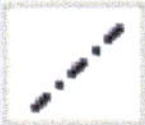	**FREIE MITTELLINIE** erzeugt eine „freie" Mittellinie zwischen zwei Elementpunkten einer Ansicht.
	**MITTELPUNKTMARKIERUNG** erzeugt Zentrumskreuze in Kreisen und an Bögen (Bohrungen und Gewinde).
	**SYMMETRIELINIE** erzeugt Mittellinien als Symmetrielinien zwischen zwei selektierten Kanten einer Ansicht, z. B. Längsachsen an runden Körpern.
	Die Funktion **ZENTRIERTE ANORDNUNG** erzeugt einen Mittellinienkreis oder -bogen für kreisförmig angeordnete Elemente, einschließlich Zentrumskreuzen (z. B. Lochkreise). Für eine Lochkreisbemaßung muss zunächst der Mittelpunkt des Teilkreises selektiert werden und dann alle Bohrungen bzw. kreisförmig angeordneten Elemente.
	**AUTOMATISCHE MITTELLINIENMARKIERUNG** bietet den Zugriff auf ein Dialogfenster, in dem das Verhalten für ausgewählte Ansichten eingestellt werden kann.

Mittellinien und Bemaßungen sind jeweils mit einem eigenen Stil belegt, der gegebenenfalls separat angepasst werden muss, insbesondere wenn Strich-Punkt-Abstände des Linienlayouts nicht zur Elementgröße oder Ansichtsmaßstab passen

Wird der Mauszeiger auf eine Ansicht bewegt, bietet Inventor u. a. auch die Funktion **AUTOMATISCHE MITTELLINIEN...** über das Kontextmenü an. In Ansichten werden hiermit die aus der Grundgeometrie bekannten Symmetrie- bzw. Mittellinien angezeigt.

Das zugehörige Dialogfenster ermöglicht Voreinstellungen, mit denen Inventor soweit möglich Mittellinien automatisch erkennt und diese in der jeweiligen Ansicht ergänzt. Der Anwender kann im Bereich **Anwenden auf** sechs verschiedene Elemente wählen und über **Projektion** sich zwischen normale Achse und parallele Achse entscheiden.

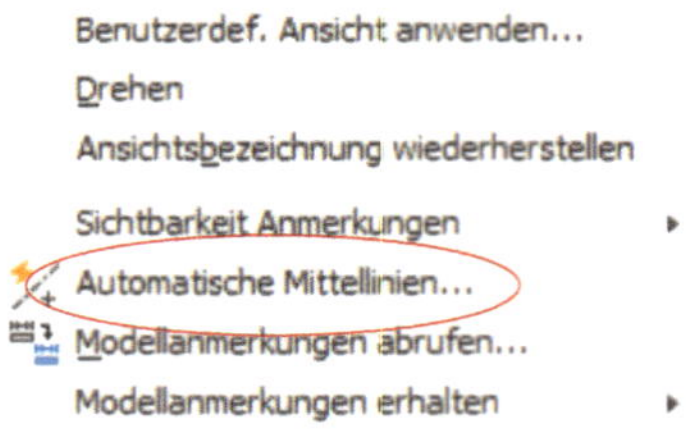

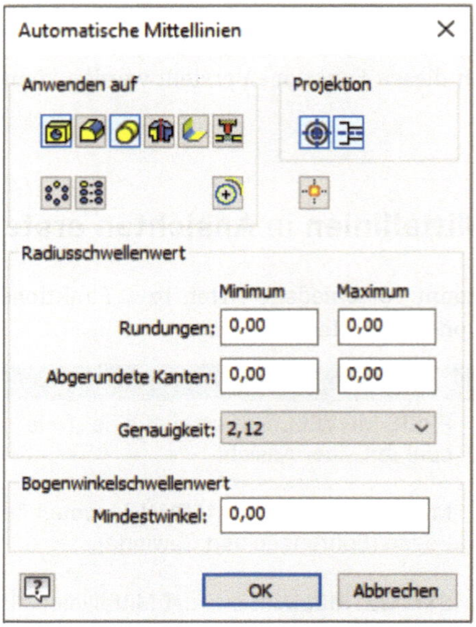

Beispiel: Symmetrielinie hinzufügen

Die Schnittdarstellung der Kabeltülle ist um eine Mittellinie zu ergänzen. Hierfür wird die Funktion **SYMMETRIELINIE** aufgerufen. Anschließend werden in der Schnittansicht die beiden Bohrungskanten selektiert, und die Mittellinie wird eingefügt.

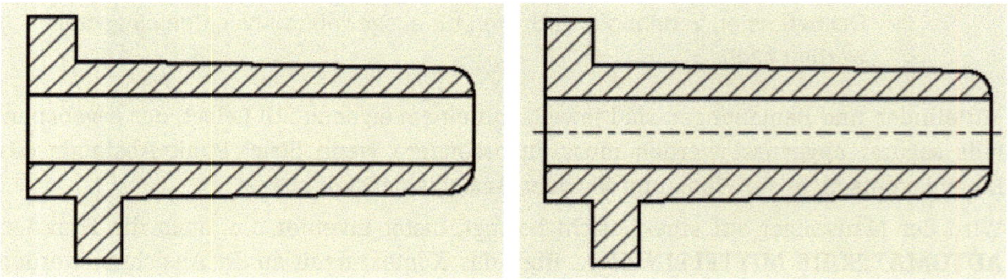

Beispiel: Mittelpunktmarkierung hinzufügen

Um in einer Vorderansicht das Achsenkreuz hinzuzufügen, ist der Befehl **MITTELPUNKTMARKIERUNG** aufzurufen. Das Achsenkreuz ist auf die äußere Kreiskontur zu setzen. Inventor fügt nun ein Achsenkreuz hinzu. Die vertikale Mittellinie ist dabei etwas kurz geraten, da Inventor den Durchmesser als Halbkreise erkennt. Da die vertikale Mittellinie bei dieser Ansicht jedoch nicht nur für die Kreisdurchmesser, sondern für die gesamte Ansicht gilt, kann nach dem Beenden der Funktion **MITTELPUNKTMARKIERUNG** einfach das Achsenkreuz mit dem Mauszeiger angefahren werden. Es leuchten dann die Endpunkte auf, die einzeln verschoben werden können.

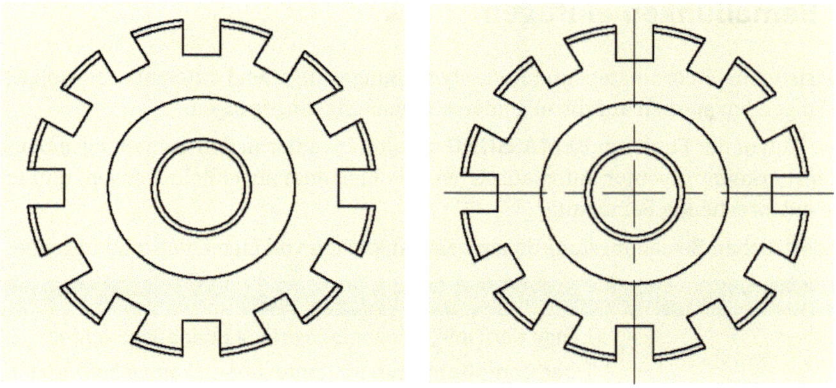

7.9.2 Zeichnungen bemaßen

Die Befehlsgruppe **Bemaßung** in der Registerkarte **Mit Anmerkung versehen** beinhaltet alle Funktionen, um eine Zeichnungsansicht normgerecht zu bemaßen.

Die Funktionen sind nachstehend in Kurzform beschrieben. Anschließend wird noch im Detail auf die Funktionen eingegangen.

Funktion	Bedeutung
Bemaßung	Die Funktion **BEMASSUNG** ist die Standardfunktion für Kanten, Abstände, Radien, Durchmesser, Bogenlängen, Sehnenlängen und Winkel. Inventor erkennt den ausgewählten Elementtyp und wählt automatisch die passende Bemaßung.
Basislinie Basisliniensatz	Nach der Auswahl einer Basislinie als erstes gewähltes Element in einer Ansicht und der anschließenden Selektion der zu bemaßenden Elemente werden Basisbemaßungen horizontal oder vertikal automatisch erzeugt.
Koordinate Koordinatensatz	Nach der Auswahl eines Ursprungspunkts in einer Ansicht und der anschließenden Selektion der zu bemaßenden Elemente werden Koordinatenmaße horizontal oder vertikal automatisch erzeugt. Der Ursprung wird mit einem Symbol gekennzeichnet.
Kette Gruppe	Alle selektierten Elemente in einer Ansicht werden automatisch mit einer Maßkette (horizontal oder vertikal) versehen.
Anordnen	Mit dieser Funktion werden die Bemaßungen einer Ansicht ausgerichtet. Es können einzelne, mehrere oder alle Maße mit einer Fensterauswahl einbezogen werden.

7.9.3 Bemaßungen einfügen

Bemaßung

Da die Basislinien-, Koordinaten- und Kettenbemaßung weitgehend automatisch erfolgen, wird im Folgenden speziell auf die allgemeine Bemaßung eingegangen.

Nach dem Aufruf der Funktion **BEMASSUNG** schaltet Inventor in den Bemaßungsmodus. In der Regel erkennt Inventor automatisch, welche Elemente angeklickt werden, und erzeugt die entsprechende Bemaßung.

Die grundsätzlichen Bemaßungsfunktionen beim Anklicken von Elementen sind folgende:

Angeklickte(s) Element(e)	Ausgeführte Bemaßung
Linie	Länge der Linie, horizontal, vertikal oder ausgerichtet Über **Bemaßungstyp** im Kontextmenü kann während der Bemaßung zwischen horizontal, vertikal und ausgerichtet umgestellt werden, bevor man das Maß absetzt.
Linie-Punkt Punkt-Punkt Linie-Linie, parallel	Abstand, horizontal, vertikal oder ausgerichtet Optional: linearer Durchmesser oder lineare Symmetrie
Linie-Linie, nicht parallel	Winkel Optional: Bogenmaß oder verkürzter Winkel
Bogen	Radius Optional: Durchmesser, Winkel, Bogenlänge, Sehnenlänge
Kreis	Durchmesser Optional: Radius
Punkt-Punkt-Punkt	Winkel

Über **BEMASSUNGSTYP** im Kontextmenü kann während der Bemaßung zwischen dem Standard und den optionalen Angaben umgestellt werden, bevor man das Maß absetzt.

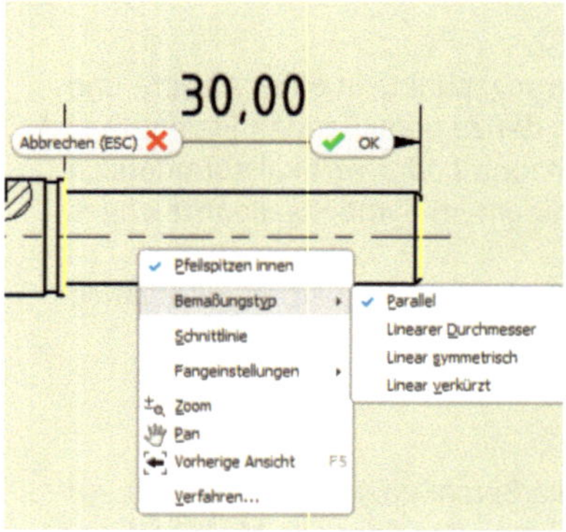

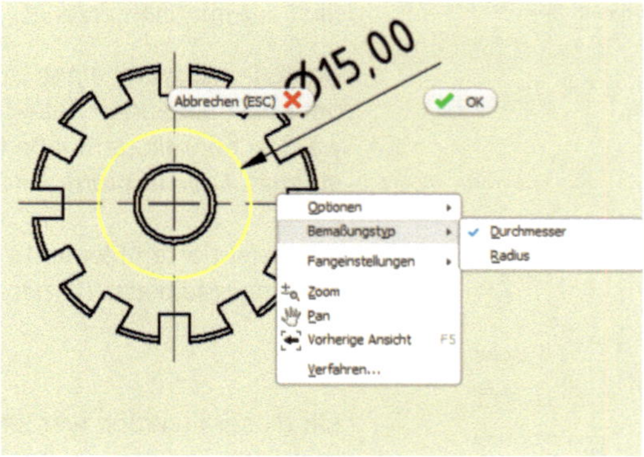

Voreingestellt ist bei Inventor, wie auch bei vielen anderen CAD-Systemen, ein Stil mit zwei Nachkommastellen. Wenn „nachfolgende Nullen“ als eher störend empfunden werden, kann die Darstellung über das Dialogfenster **Bemaßung bearbeiten** geändert werden. Dieses Fenster wird grundsätzlich nach dem Platzieren der gesetzten Bemaßung angezeigt, sofern der gekennzeichnete **Haken** im Dialogfenster gesetzt ist.

Das Aussehen einer Bemaßung lässt sich auch im **Stil- und Normen-Editor** einstellen (siehe Abschnitt 7.9.3.4).

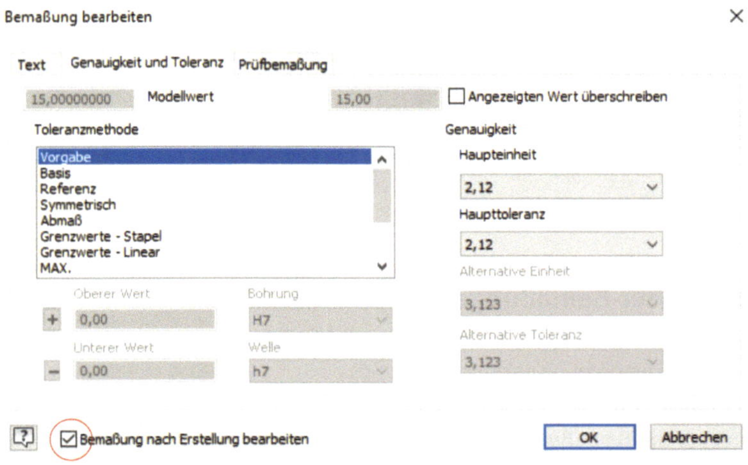

Beispiel: Bemaßungen hinzufügen

Die beiden Ansichten der Kabeltülle sind mit Bemaßungen zu versehen. Nach dem Aufruf der Funktion ist beispielsweise eine Linie zu selektieren. Sofort wird am Mauszeiger die Bemaßung mitgeführt. Das Ablegen (Positionieren) erfolgt über die linke Maustaste. Anschließend erscheint ein Dialogfenster, in dem nun noch Ergänzungen vorgenommen werden können. Die beiden Doppelpfeile stellen einen Platzhalter für die Maßzahl dar. Um Text oder ein Symbol vor einer Maßzahl zu ergänzen, muss der Mauszeiger vor den Platzhalter gesetzt werden. Soll der automatisch ermittelte Bemaßungswert manuell überschrieben werden, kann mit **Bemaßungswert ausblenden** der Platzhalter entfernt werden. Abzuschließen ist der Vorgang mit dem Button **OK**.

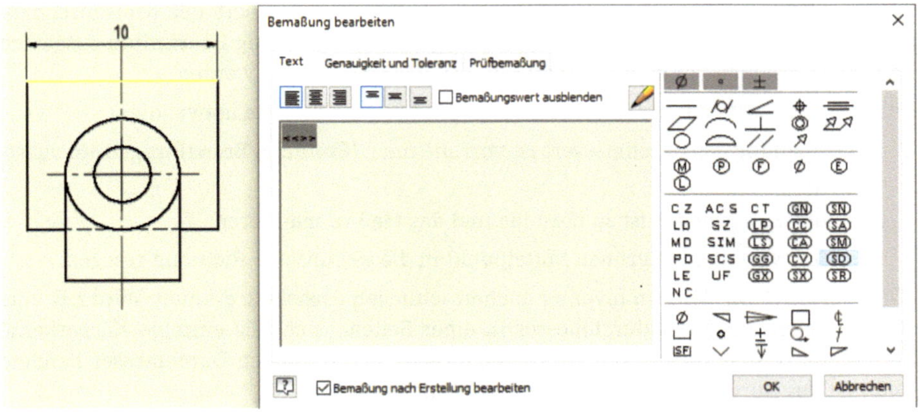

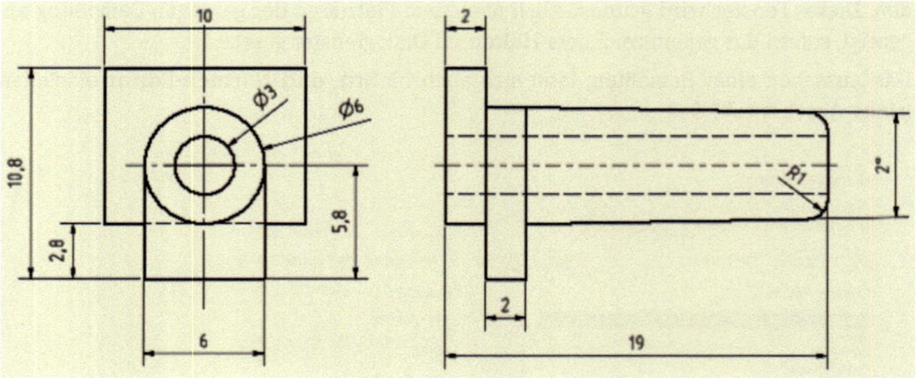

7.9.3.1 Durchmesser-Bemaßungen

Durchmesser lassen sich auf viele verschiedene Arten bemaßen. Konstruktionsabteilungen in Unternehmen verwenden oft ihren eigenen Stil.

Über den Eintrag **Optionen** und **Bemaßungstyp** im Kontextmenü einer Durchmesserbemaßung lassen sich die Bemaßungsarten der linken drei Bohrungen, die in der Abbildung zu sehen sind, erstellen.

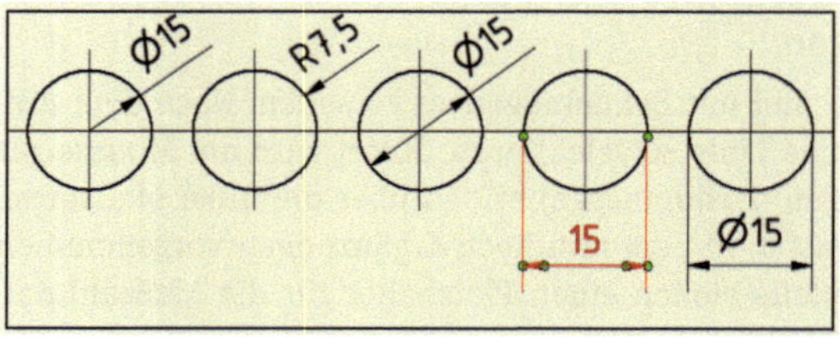

Für eine Durchmesserbemaßung entsprechend der beiden rechten Abbildungen sind zusätzliche Angaben notwendig.

Bei der gekennzeichneten Bemaßung wurden die beiden Schnittpunkte der Mittellinie mit dem Kreis selektiert und die Maßzahl anschließend unterhalb des Kreisdurchmessers abgelegt. Bei Bedarf kann über das Dialogfenster **Bemaßung bearbeiten** zusätzlich noch das Ø-Zeichen vor dem Platzhalter für die Maßzahl gesetzt werden.

Für die ganz rechts dargestellte Bemaßung sind folgende Schritte notwendig:

1. Die Bemaßung des Durchmessers ist vorzunehmen (**Einfache Bemaßungslinie** ausgeschaltet).
2. Der Bemaßungsmodus ist zu beenden und das Maß zu markieren.
3. Das Maß wird nun am grünen Mittelpunkt in die gewünschte Richtung gezogen.

„Durchmesser" werden von Inventor auch in seitlichen Ansichten erkannt. Wird z. B. eine Bohrung oder ein Außendurchmesser in einer Seitenansicht als einzelne Körperkante dargestellt, so erkennt Inventor trotzdem, dass es sich um einen Durchmesser handelt, und fügt das Durchmessersymbol der Bemaßung hinzu.

7.9.3.2 Bemaßung mit „gedachten“ Schnittpunkten

Eine Bemaßung, die an einer gedachten Schnittlinie beginnt, ist nur mit einigen Einstellungen bzw. Umstellungen über das Kontextmenü vorzunehmen. Die einzelnen Schritte werden im folgenden Beispiel erläutert. Der konisch auslaufende Durchmesser am linken Ende der Seitenansicht soll über einen gedachten Schnittpunkt bemaßt werden.

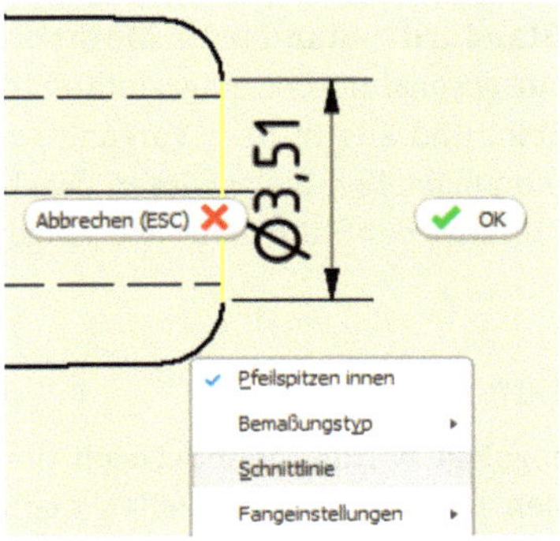

Die Funktion **BEMASSUNG** ist aufzurufen und ein Element zu selektieren. Im Kontextmenü ist **SCHNITTLINIE** auszuwählen.

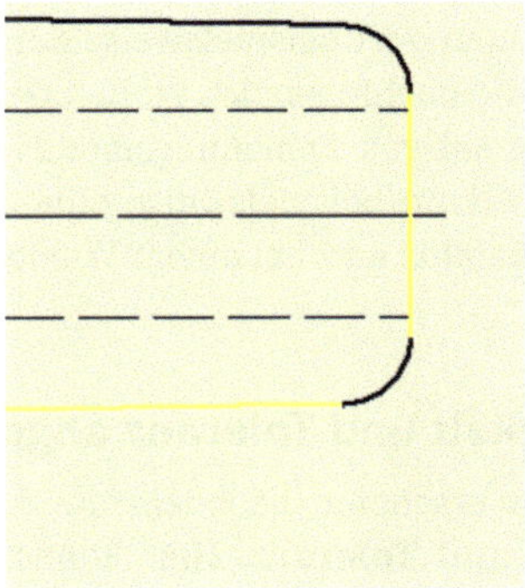

Als zweites Element zur Berechnung des gedachten Schnittpunkts ist das entsprechende Element zu wählen, das mit dem zuerst gewählten den gedachten Schnittpunkt bildet.

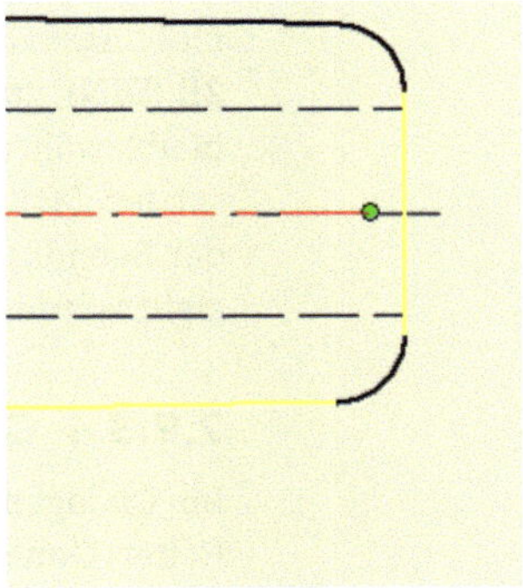

Im dritten Schritt ist das Element zu wählen, zu dem hin die Bemaßung ausgeführt werden soll. In diesem Fall ist es die Mittellinie.

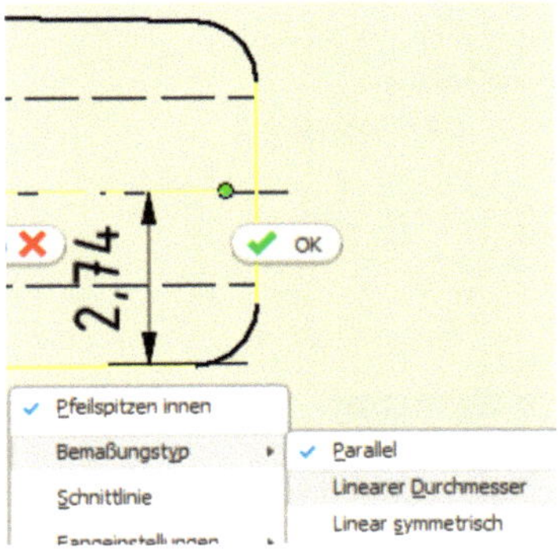

Eine Bemaßung zum gedachten Schnittpunkt wäre jetzt zu erzeugen. Im Beispiel soll jedoch das Maß als Durchmesser eingetragen werden, weswegen im Kontextmenü **LINEARER DURCHMESSER** auszuwählen ist.

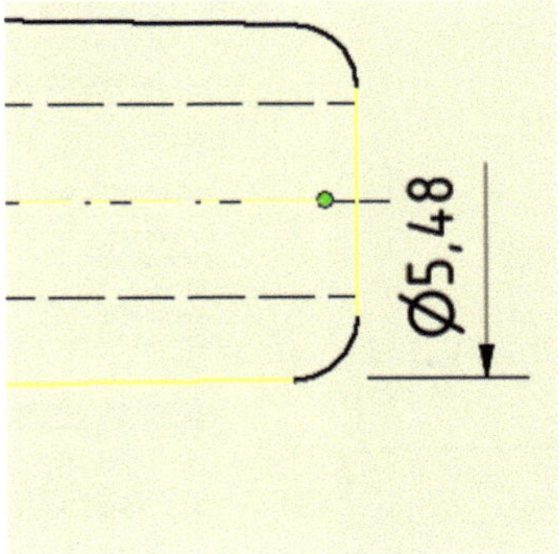

Jetzt wird der Durchmesser zwischen zwei gedachten Schnittpunkten vorgeschlagen, und das Maß kann positioniert werden.

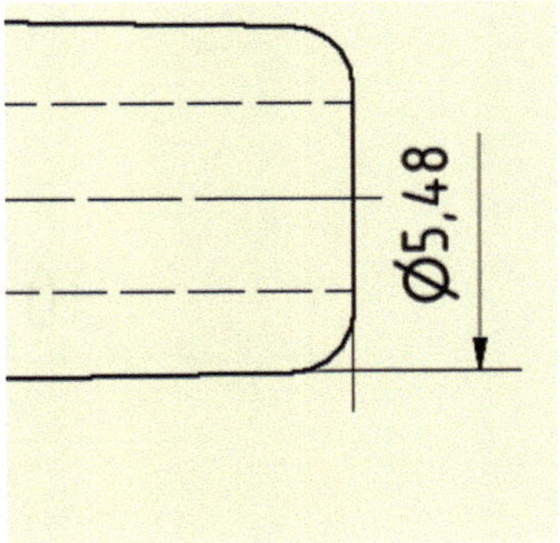

Die Abbildung zeigt die fertige Bemaßung gedachter Schnittpunkte.

7.9.3.3 Bemaßungsstil während der Bemaßung ändern

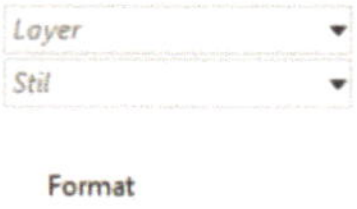

Eine Möglichkeit zum Anpassen des Bemaßungsstils bietet die Befehlsgruppe **Format** mit den beiden Listenfeldern für Layer- und Bemaßungsstil-Auswahl. Diese sind ausgegraut und werden erst aktiv gestellt, wenn nach Auswahl der Funktion **Bemaßung** eine Bemaßung erzeugt werden soll.

Das obere der beiden Listenfelder dient der Auswahl eines Layers, das untere eines Bemaßungsstils. Wählt man dort beispielsweise den Stil **Standard** > **Standard** > **Methode 2B (DIN)**, dann sind die nachfolgenden Nullen bereits ausgeschaltet. Der eingestellte Stil bleibt während eines aktiven Bemaßungsmodus erhalten, und alle in dem Vorgang gesetzten Maße werden dann beispielsweise ohne Nachkommastellen ausgewiesen. Nach der Beendigung des Befehls und bei einem Wiederaufruf muss der Stil wieder neu eingestellt werden.

7.9.3.4 Genauigkeit und Toleranz angeben und einstellen

Im Dialogfenster, das erscheint, nachdem das Maß abgelegt wurde, befindet sich der Reiter **Genauigkeit und Toleranz**. Hier können neben den Nachkommastellen auch Toleranzangaben festgelegt werden. In der Abbildung wurde exemplarisch als Toleranzmethode **Grenzwerte/Passungen – Stapel** ausgewählt, um eine Bohrung mit der Toleranz **H7** angeben zu können. Wurden bereits Toleranzen in Skizzen der Bauteilumgebung definiert, können diese Informationen gegebenenfalls übernommen werden (siehe Abschnitt 4.8.3).

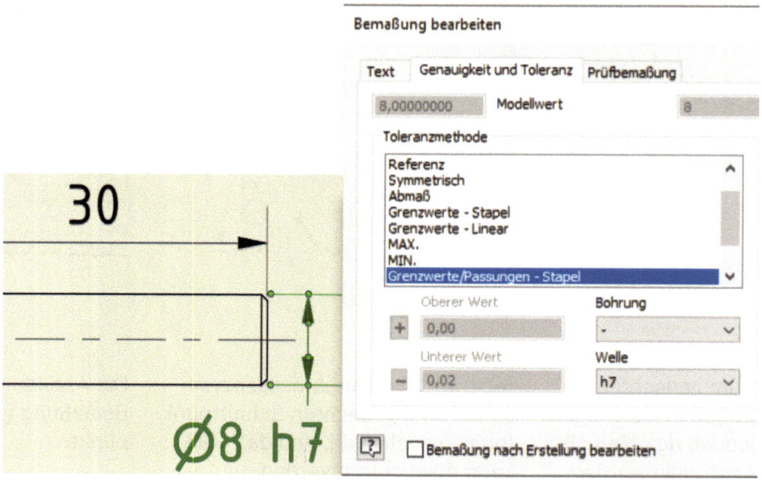

Um den Bemaßungsstil für alle Maße grundsätzlich anzupassen, kann der **Bemaßungsstil** im **Stil-Editor** (siehe auch Abschnitt 7.2.3) eingestellt werden.

Stil-Editor

Beispiel: Nachfolgende Nullen bei Bemaßungen grundsätzlich abstellen

In den Inventor-Voreinstellungen ist der **Bemaßungsstil** so eingestellt, dass nachfolgende Nullen mit zwei Dezimalstellen angezeigt werden.

Zur Änderung dieses Verhaltens wird auf der Registerkarte **Verwalten** der **Stil-Editor** aufgerufen. Im linken Listenfeld kann der Stil der **Bemaßung** und dort **Standard (DIN)** selektiert werden. Im rechten Bereich sind die Auswahlfelder **Anzeige** und **Winkelanzeige** zu sehen. Dort sind die Häkchen bei **Nachfolgende Nullen** zu entfernen. Die neue Einstellung ist zu speichern und das Dialogfenster zu schließen.

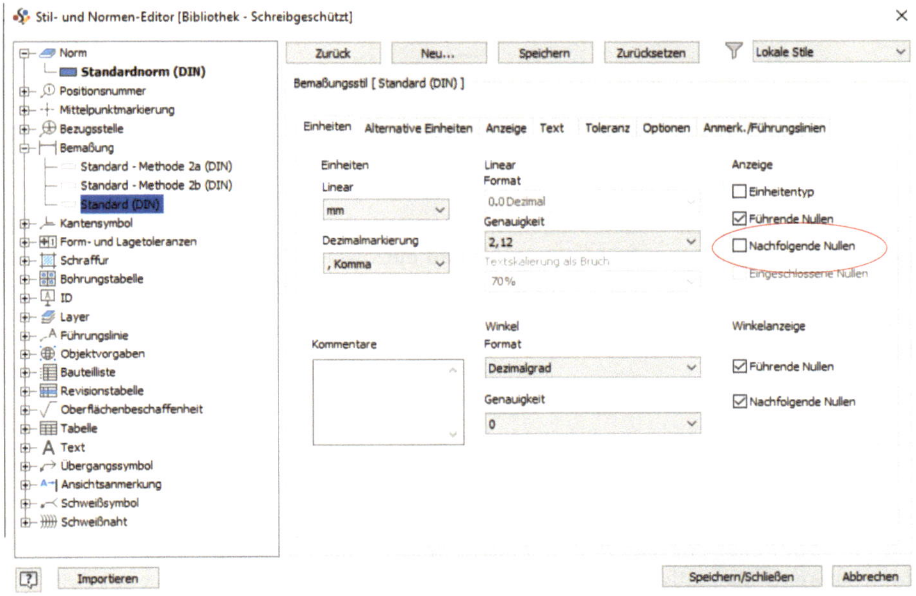

Der geänderte Bemaßungsstil wird sofort für alle bestehenden und zukünftigen Bemaßungen angewendet. Soll diese Einstellung, die nur für das aktuelle Dokument wirksam ist, auch in allen zukünftig zu erstellenden Zeichnungen wirksam sein, ist die Stiländerung in der Vorgabezeichnung (Template) vorzunehmen.

7.9.4 Bemaßungen ändern

Bemaßungen können jederzeit geändert werden, indem bei ausgeschaltetem Bemaßungsmodus der Mauszeiger auf die zu ändernde Bemaßung gesetzt wird. Ein Doppelklick mit der linken Maustaste ruft das Dialogfenster wieder auf. Die beim Überfahren mit dem Mauszeiger angezeigten Maßkontrollpunkte lassen sich direkt ändern.

Bemaßungsänderungen lassen sich ebenfalls mit dem Kontextmenü durchführen:

- **Optionen** ändert Pfeilspitzen und Führungslinien.
- **Genauigkeit** ändert die Genauigkeit der Maßanzeige.
- **Bearbeiten...** öffnet ein Dialogfenster, in dem der Bemaßungstext ergänzt oder geändert, Genauigkeit und Toleranzen eingestellt und Prüfmaße erzeugt werden können.
- **Text...** ruft einen Text-Editor auf, in dem der Bemaßungstext ergänzt oder geändert und seine Formatierung eingestellt werden kann.

Das Beispiel zeigt ein Prüfmaß, das nach der Bemaßung mit der Option **Bearbeiten** > **Prüfmaß** definiert wurde.

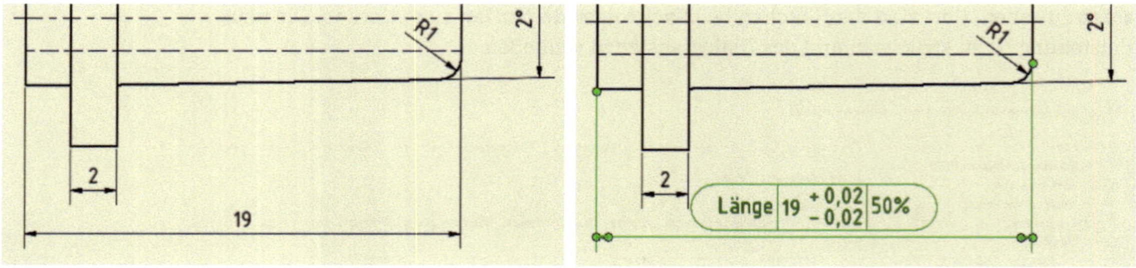

Im sich dann öffnenden Dialogfenster „Bemaßung bearbeiten“ ist unter dem Register **Genauigkeit und Toleranz** die Methode **Abmaß** einzustellen. Als Wert wird jeweils **0,02** eingeben. Unter dem Register **Prüfbemaßung** ist der **Haken** bei Prüfbemaßung zu setzen. Zusätzlich sind **Bezeichnung** und **Prüfrate** einzugeben. Mit **OK** werden die Vorgaben dann umgesetzt.

7.9.5 Bemaßungen verschieben

Mit dem Befehl **BEMASSUNG VERSCHIEBEN** im Kontextmenü einer Bemaßung kann ein Maß von einer Ansicht in eine andere verschoben werden, sofern dort die Maßkontrollpunkte ebenfalls vorhanden sind. Sinnvoll ist dies z. B. dann, wenn aus Gründen der Übersichtlichkeit eine neue Detailansicht erstellt wird und die Maße aus der Quellansicht direkt in die Detailansicht verschoben werden können.

HINWEIS: Maße können jedoch nicht von einer Vorder- in eine Seitenansicht verschoben werden, z. B. kann ein Kreisdurchmesser in der Vorderansicht nicht zu einer Linienbemaßung in der Seitenansicht werden.

7.9.6 Tabellen, Revisionstabellen, Bohrungstabellen einfügen

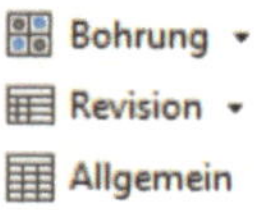

Mit den Funktionen **BOHRUNG**, **REVISION** und **ALLGEMEIN** in der Befehlsgruppe **Tabelle** lassen sich verschiedene Arten von Tabellen in Zeichnungen einfügen.

Einfache Tabellen, bei denen über einen Dialog manuell Zeilen und Spalten vorgegeben werden, können mit beliebigen Inhalten oder mit Inhalten aus der Modelldefinition (z. B. iPart-Definitionen) gefüllt werden.

Vorformatierte Tabellen sind die Revisions- und Bohrungstabelle. Mithilfe einer Revisionstabelle besteht in Inventor die Möglichkeit, einen Verlauf über Änderungen an bestehenden Bauteilen auf dem Zeichnungsblatt zu platzieren. Die Daten können dabei aus den **iProperties** übernommen werden.

REVISIONSVERLAUF				
ZONE	REV.	BESCHREIBUNG	DATUM	GENEHMIGT
	1		06.10.2024	

Für Bohrungstabellen werden im Dialog die Ansicht mit den Bohrungen und der Ursprung abgefragt. Im Kontextmenü wird abschließend **ERSTELLEN** gewählt, und die Tabelle wird eingefügt. Über das Kontextmenü lässt sich eine erstellte Bohrungstabelle noch weiter anpassen.

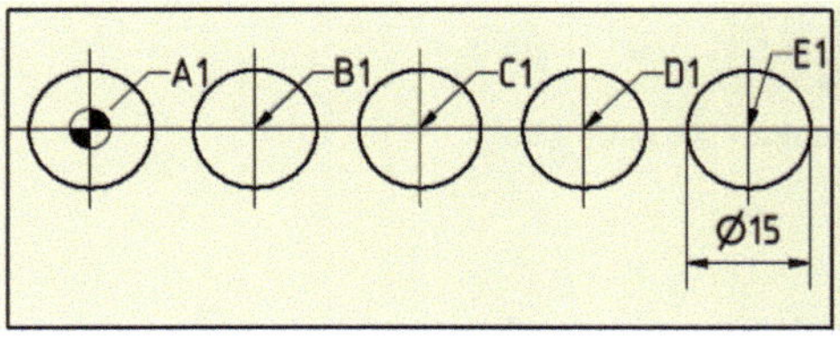

BOHRUNGSTABELLE			
BOHRUNG	XBEM	YBEM	BESCHREIBUNG
A1	0,00	0,00	-
B1	20,00	0,00	-
C1	40,00	0,00	-
D1	60,00	0,00	-
E1	80,00	0,00	-

Das Dialogfenster **Bohrungstabelle bearbeiten** enthält zwei Registerkarten; zum einen die **Formatierung** und zum anderen **Optionen**, wie Bezeichnungsreihenfolge, Filter etc.

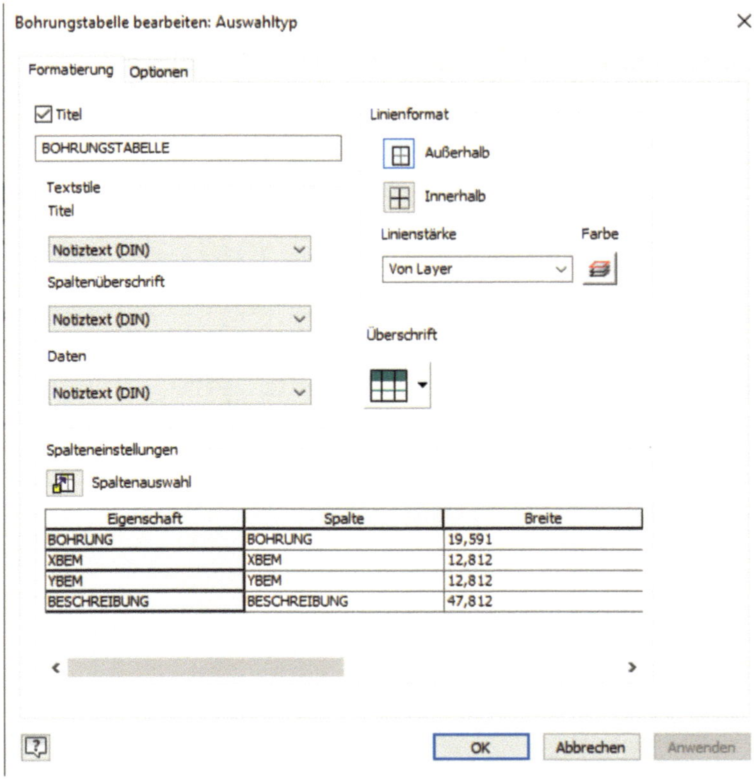

Bauteillisten (Stücklisten), die auch in Tabellen einer Zeichnung hinzugefügt werden können, werden in Abschnitt 7.10.4 und Abschnitt 7.10.5 gesondert behandelt.

7.9.7 Symbole in Zeichnungen verwenden

Symbole sind grafische Elemente in technischen Zeichnungen. Vordefinierte Anmerkungen wie Form- und Lagetoleranzen, Oberflächenbeschaffenheit, Schweißsymbole etc. helfen dabei, wichtige Eigenschaften eines Bauteils zu beschreiben. In der Befehlsgruppe **Symbole** sind die wesentlichen Befehle zusammengefasst.

Beispiel: Form- und Lagetoleranzen mit Bezugssymbol

Der Befehl **BEZUGSSYMBOL** ist aufzurufen, und eine Kante in einer Ansicht ist auszuwählen. Damit wird die Position der Führungslinie für den Bezug festgelegt. Bei einem **Doppelklick** auf eine Kante wird das Symbol direkt an der Stelle erstellt. Anschließend kann der Text noch im Dialogfenster **Text formatieren** angepasst werden. Es folgt der Aufruf des Funktion **FORM- UND LAGETOLERANZEN**. Hier öffnet sich wieder ein Dialogfenster, in dem die notwendigen Eingaben vorgenommen werden können; beispielweise, dass die beiden zylindrischen Flächen mit einer **Konzentrizität und Koaxialität** und einer maximalen Abweichung von **0,02 mm** auszuführen sind.

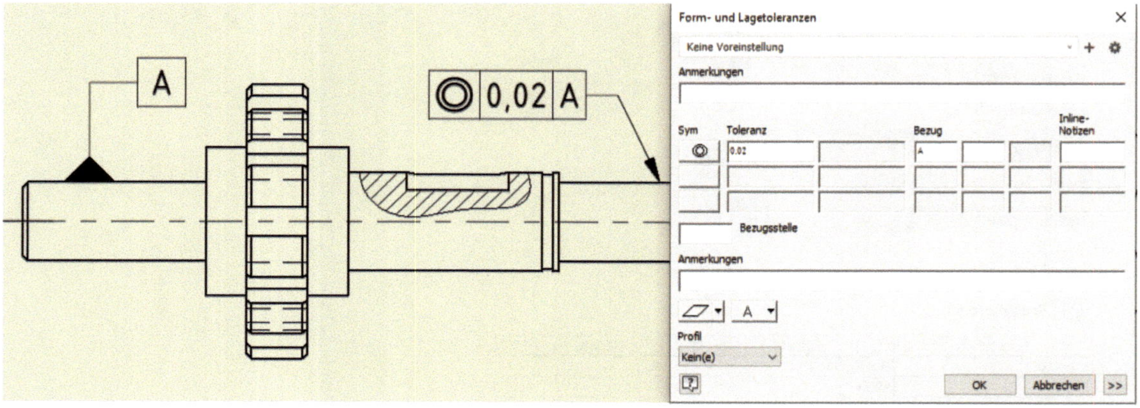

7.9.8 Revisionswolken

Revisions-
wolke

Revisionswolken sind ein Stilmittel, um zu verdeutlichen, welche Bereiche von Bauteilen und Baugruppen bei einer Revision einer besonderen Aufmerksamkeit gewidmet werden sollen. Der Befehl befindet sich in der Befehlsgruppe **Revision** unter der Registerkarte **Mit Anmerkungen versehen**. Mit **Klick** der linken Maustaste wird die zu markierende Stelle umschlossen und über das Kontextmenü im Markierungsmenü **ERSTELLEN** gedrückt.

Revisions-
bezeichnung

Revisions-
tabelle

Zusätzlich zur Revisionswolke kann noch eine Revisionsbezeichnung und Revisionstabelle ergänzt werden. Die Befehle befindet sich in der gleichen Befehlsgruppe. Nach dem Aufruf des Befehls **REVISIONSBEZEICHNUNG** öffnet sich ein Dialogfenster, in dem der Tabellenbereich festzulegen ist. Darüber hinaus kann die Art des Revisionsindex vorgegeben werden. Mit **OK** wird der Vorgang abgeschlossen. Anschließend ist mit dem Mauszeiger die zu markierende Wolke anzufahren, und mit einem **Klick** wird die Verbindung gesetzt. Die Position für die Bezeichnung ist noch zu wählen, und über das Markierungsmenü wird der Vorgang mit **WEITER** bestätigt.

7.9.9 3D-Anmerkungen übernehmen

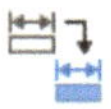
Modellanmerkungen
abrufen

3D-Anmerkungen, die in einem Bauteil- bzw. Baugruppenmodell erstellt wurden, können in Zeichnungen assoziativ eingefügt werden.

Beispiel: 3D-Anmerkungen bei einer Schweißkonstruktion

An der Schweißbaugruppe „Ständer" (siehe auch Abschnitt 3.6 und Abschnitt 13.2) wurden in der Baugruppenumgebung verschiedene Anmerkungen ergänzt (Registerkarte **Mit Anmerkungen versehen**, Befehlsgruppen **Allgemeine Anmerkungen** und **Anmerkungen**). Ergänzt wurden Maße über den Befehl **BEMASSUNG**, Symbole (Befehl **SCHWEISSSYMBOLE**) und eine **Allgemeine Anmerkung**.

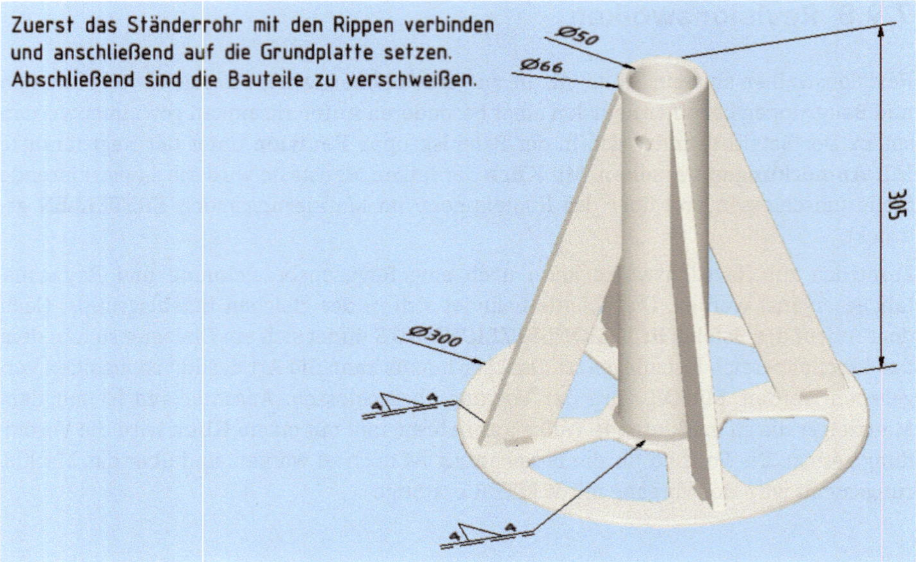

HINWEIS: Die gesetzten Anmerkungen müssen sich alle im Strukturbaum unter dem Ordner *Anmerkungen* wiederfinden. Bei gesetzten Schweißsymbolen aus der Schweißumgebung ist dieses nicht der Fall, und solche Symbole lassen sich auch nicht in Zeichnungen übertragen.

Nun kann eine Zeichnungsdatei angelegt und eine Erstansicht eingefügt werden. Zwei Varianten stehen zum Übernehmen der 3D-Anmerkungen zur Verfügung. Zum einen kann beim Einfügen der Erstansicht oder auch weiterer abgeleiteter paralleler Ansichten im Dialogfenster das **Zahnrad** hinter dem Feld **Konstruktionsansicht** angeklickt werden. Es öffnet sich das Dialogfenster mit den Darstellungsoptionen, und hier ist der Haken bei **3D-Anmerkungen einschließen** zu setzen. Damit werden dann alle 3D-Anmerkungen, die in der Zeichnungsebene liegen, aus der Baugruppendatei übernommen.

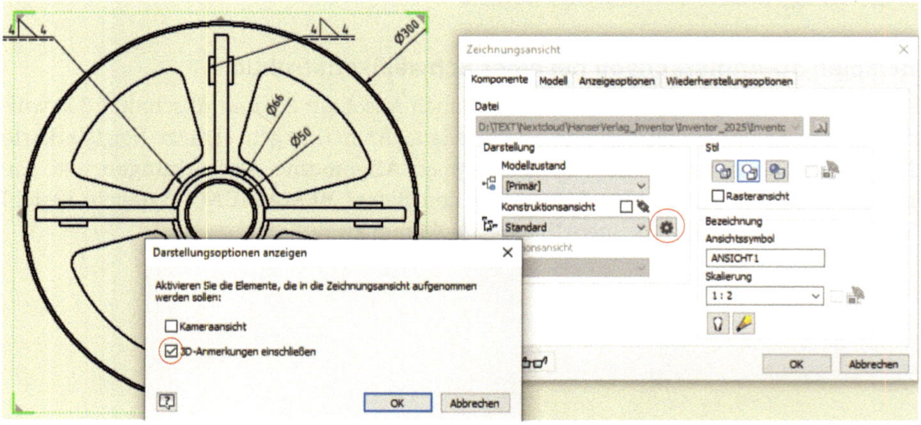

Die zweite Variante erfolgt über den Befehl **MODELLANMERKUNGEN ABRUFEN** in der Zeichnungsumgebung. Der Befehl befindet sich unter der Registerkarte **Mit Anmerkungen versehen** in der Befehlsgruppe **Abrufen**.

Als Quelle ist jeweils eine Ansicht zu wählen, und mit **ANWENDEN** werden wieder die in der Baugruppe gesetzten Maße, Symbole und Kommentare in die Zeichnung eingefügt.

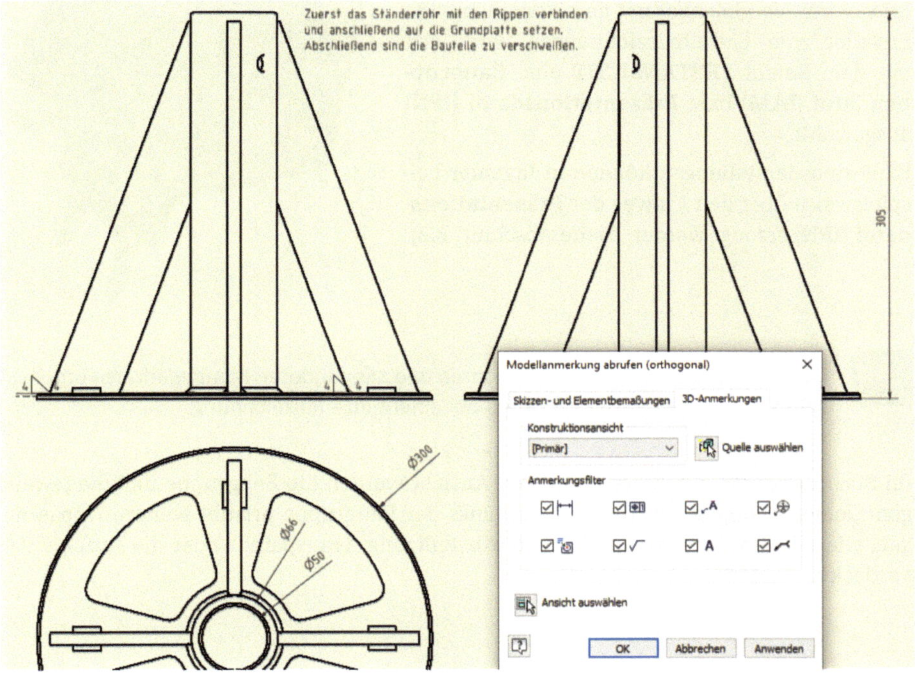

7.10 Baugruppenzeichnungen

Zeichnungen von Baugruppen (Zusammenbauzeichnungen, Gesamtzeichnungen) können auf die gleiche Weise erstellt werden, wie Zeichnungen von einzelnen Bauteilen.

Da jede Zeichnung viele Blätter haben kann (siehe Abschnitt 7.8), ist es möglich, einen vollständigen Satz genormter Zeichnungen für Baugruppen und alle ihre Komponenten in einer einzigen Zeichnungsdatei abzuspeichern.

7.10.1 Baugruppenzeichnung erzeugen

Mit **DATEI > NEU > ZEICHNUNG** im Startfenster wird eine neue Zeichnungsarbeitsumgebung entsprechend der gewählten Norm geöffnet. Ein neues, leeres Zeichenblatt erscheint auf dem Bildschirm. Vergleichbar mit dem Vorgehen beim Erstellen von Einzelteilzeichnungen wird jetzt mit dem Befehl **ERSTANSICHT** eine **Baugruppendatei (IAM)** bzw. **Präsentationsdatei (IPN)** ausgewählt.

Explosionsdarstellungen können in Inventor beispielsweise über den Umweg der **Präsentationsdatei (IPN)** erzeugt werden (siehe Abschnitt 8.2).

HINWEIS: Das Erstellen der Ansichten und aller anderen Manipulationen unterscheidet sich nicht vom Vorgehen bei einer Einzelteilzeichnung.

Im Strukturbaumbereich der jeweiligen Ansicht werden die Baugruppe und die jeweiligen Elemente aufgeführt. Das Kontextmenü der Baugruppe erlaubt weitere Anpassungen, wie z.B. die Sichtbarkeit, die Schnittbeteiligung, Transparenz oder die Anzeige von verdeckten Linien.

7.10.2 Ansichten in Baugruppenzeichnungen

Für Schnittansichten einer Baugruppe kann die Schnittbeteiligung der Bauteile definiert werden. Im Strukturbaumbereich der jeweiligen Ansicht werden die Elemente der Baugruppe unter dem Baugruppennamen aufgeführt. Über das Kontextmenü des jeweiligen Elements kann die **SCHNITTBETEILIGUNG** und **SICHTBARKEIT** des Bauteils in der Baugruppenzeichnung angepasst werden.

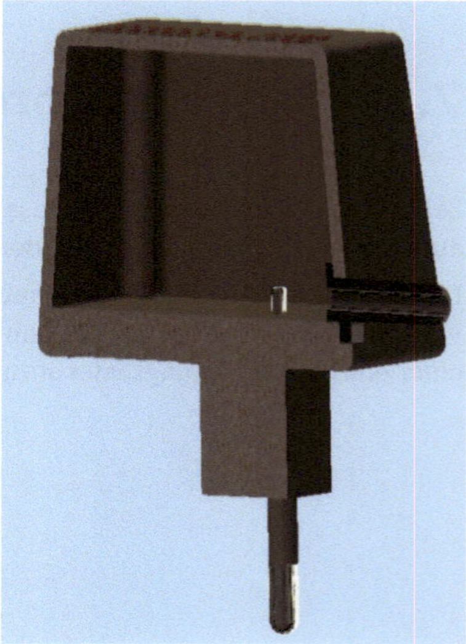

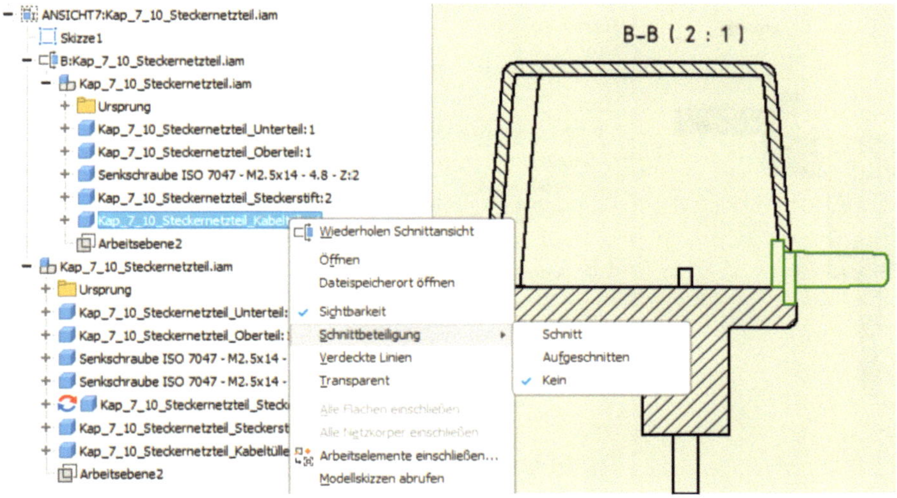

Beim Steckernetzteil_Kabeltülle wurde die Schnittbeteiligung aufgehoben. Entsprechend wird dieses Bauteil auch nicht mehr im Schnitt dargestellt.

Bezüglich der **Sichtbarkeit** gibt es bei Baugruppen eine weitere Variante. In der Baugruppenumgebung wird hierzu unter dem Ordner *Ansicht* eine neue *Ansicht2* angelegt (siehe Abschnitt 6.13). Durch **Doppelklick** wird diese aktiv gestellt, und nun kann wie in diesem Beispiel beim oberen Netzteilgehäuse der Haken bei **Sichtbarkeit** entfernt werden.

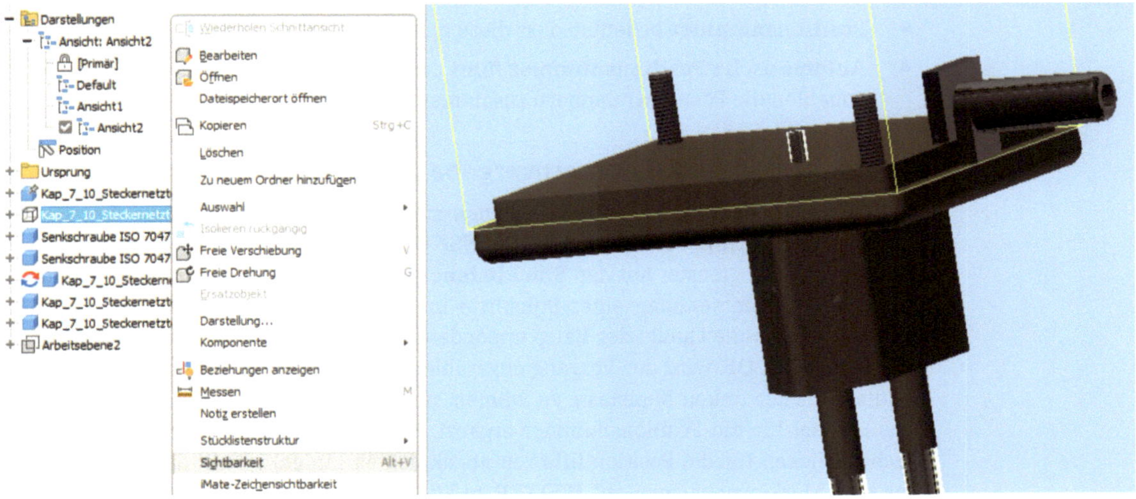

Nun ist wieder die Zeichnungsumgebung aufzurufen und die **ERSTANSICHT** zu platzieren. Im Dialogfenster ist noch im Bereich **Konstruktionsansicht** die erstellte Ansicht *Ansicht2* einzustellen, und mit **OK** wird der Vorgang abgeschlossen.

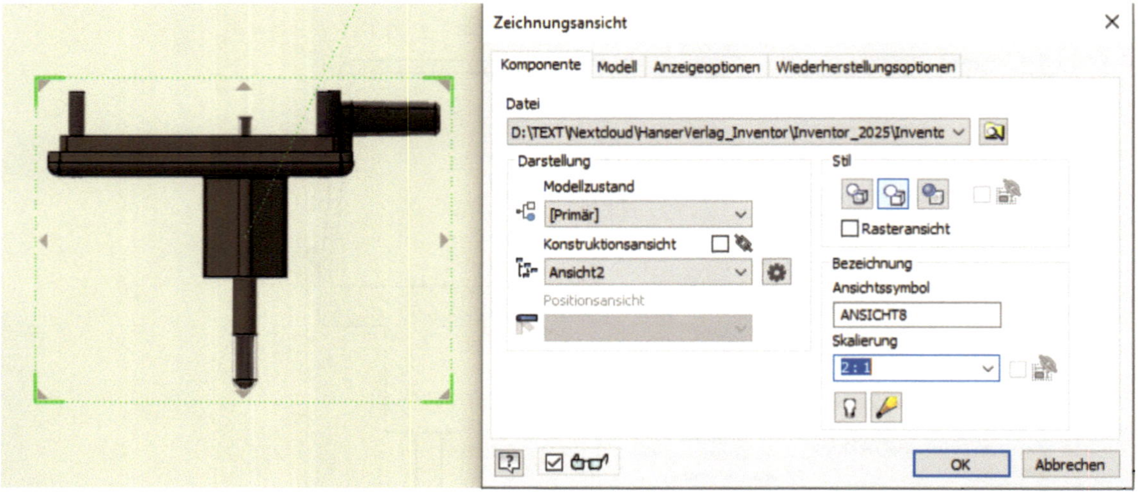

7.10.3 Zeichnungsansichten um Positionsnummern ergänzen

Um Positionsnummern in Zeichnungsansichten zu vergeben, stehen zwei Möglichkeiten zur Verfügung, die sich im Anwendungsbereich **Mit Anmerkung versehen** in der Befehlsgruppe **Tabelle** befinden.

- **Positionsnummer** bedeutet, dass diese einzeln „von Hand" eingefügt werden.
- **Automatische Positionsnummer** führt dazu, dass für ausgewählte Ansichten/Komponenten die Positionsnummern zusammenhängend vergeben werden.

7.10.3.1 Positionsnummernvergabe „von Hand"

Bauteile in Baugruppenzeichnungen können manuell um eine Positionsnummer ergänzt werden. Hierzu ist die Funktion **POSITIONSNUMMER** aufzurufen. Beim ersten Mal erscheint ein Dialogfenster mit den **Stücklisteneigenschaften**. Positionsnummern werden immer im Zusammenhang einer Stückliste in Zeichnungen angebracht, und über das Fenster werden die Quelle der Baugruppendatei und der Aufbau der Stücklistenansicht eingestellt. Mit **OK** wird der Vorgang abgeschlossen. Anschließend ist in der Ansicht ein Bauteil mit der linken Maustaste zu wählen, und der Mauszeiger wird automatisch um das Symbol für die Positionsnummer ergänzt. Nach dem Festlegen der Position (mehrfaches Klicken für die Position führt zu abgeknickten Linien) ist mit der rechten Maustaste im Markierungsmenü auf **WEITER** zu klicken. Sind alle Nummern eingefügt, wird ebenfalls im Markierungsmenü auf **ABBRECHEN** geklickt, um den Positionsnummern-Modus zu beenden. Ein Fangmodus unterstützt bei der Positionierung der einzelnen Nummern.

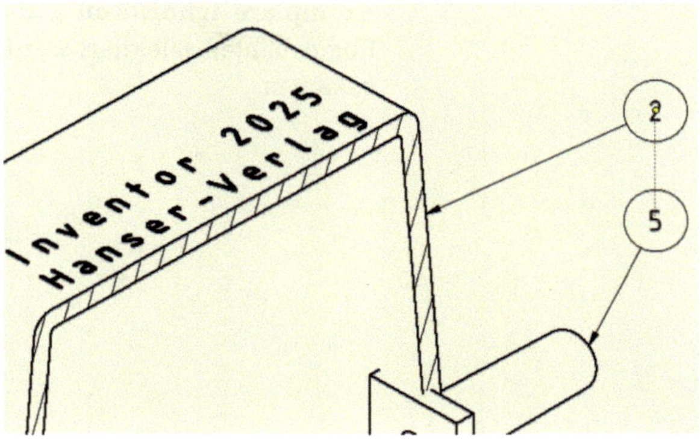

HINWEIS: Bei der Vergabe einzelner Positionsnummern kann beliebig zwischen den Ansichten gewechselt und gleiche Positionsnummern können unabhängig von den Ansichten für ein Teil auch mehrfach vergeben werden.

7.10.3.2 Automatische Positionsnummernvergabe

Ist man mit der Vergabe der einzelnen Nummern nicht festgelegt, empfiehlt sich die automatische Vergabe der Positionsnummern. Im Dialogfenster **Automatische Positionsnummer** sind drei Eingaben zwingend nötig.

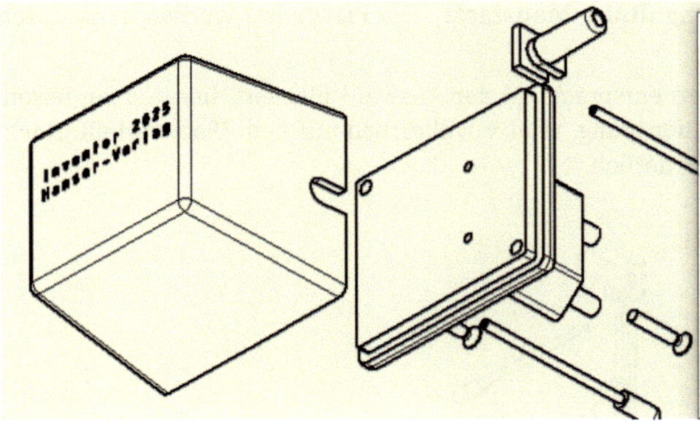

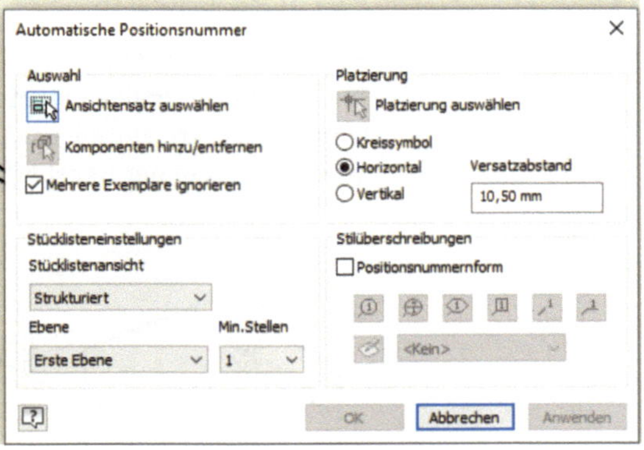

- **Ansichtensatz auswählen:** Für jede Vergabe kann eine Ansicht ausgewählt werden. Sollen Positionsnummern auf mehrere Ansichten verteilt werden, dann ist die automatische Vergabe für jede einzelne Ansicht gesondert durchzuführen. Beim Klick auf die Schaltfläche **ANWENDEN** bleibt das Dialogfenster offen.
- **Komponente hinzu/entfernen:** Für jede selektierte Ansicht sind die Komponenten auszuwählen, die mit Positionsnummern versehen werden sollen. Die Auswahl kann auch mittels Fenster/Kreuzen geschehen. Das Entfernen funktioniert nur durch einzelnes Anklicken zusammen mit der Umschalttaste. Ist das Auswahlfeld **Mehrere**

Exemplare ignorieren aktiv, können in einer zweiten oder weiteren Ansicht nur Komponenten selektiert werden, die zuvor noch keine Positionsnummer zugeordnet bekamen.

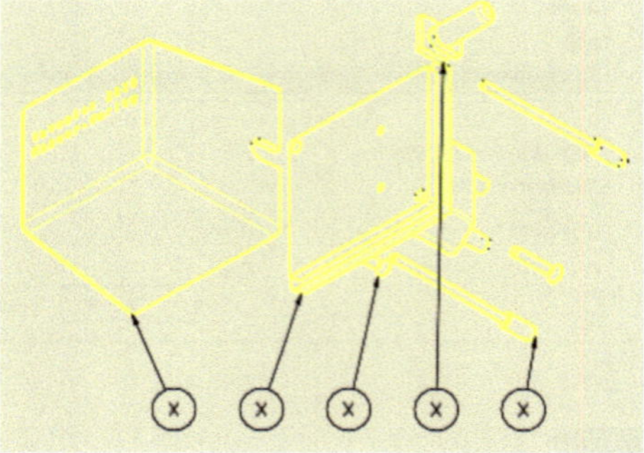

- **Platzierung auswählen** stellt den dritten Schritt dar. Hier muss die Platzierung der Positionsnummern auf dem Blatt angegeben werden. Der Ort kann beliebig gewählt werden, und als Anordnung stehen **Horizontal**, **Vertikal** und **Kreisförmig** zur Verfügung.

Nach der Auswahl der Komponenten ist das Markierungsmenü (**rechte Maustaste**) aufzurufen, und hier ist **WEITER** zu wählen. Anschließend werden Platzhalter für die einzelnen Nummern in den gewählten Formen eingetragen, und mithilfe des Mauszeigers erfolgt die endgültige Platzierung (**linke Maustaste**). Die Platzhalter werden dann durch Zahlenwerte ersetzt.

Die Positionsnummern werden entsprechend der Auswahl platziert, liegen aber, besonders bei der kreisförmigen Anordnung, relativ willkürlich auf dem Blatt verteilt. Nacharbeiten sind in der Regel erforderlich.

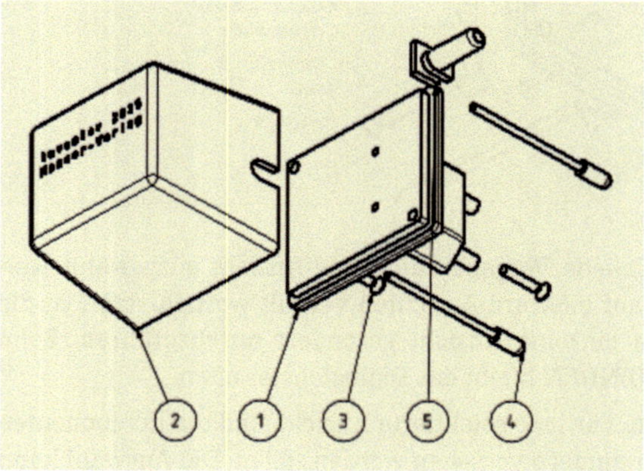

HINWEIS: Die Enden der Führungslinien werden an Kanten ausgerichtet und mit Pfeilen versehen. Sobald jedoch eine Positionsnummer bzw. -linie angeklickt wird, ist sie mit zwei dicken grünen Punkten an ihren Enden markiert und kann in die gewünschte Position verschoben werden. Ändert man den Linienbezug von einer Kante auf das Innere eines Bauteils, ändert sich auch die Form des Linienendes von einem Pfeil in einen Punkt.

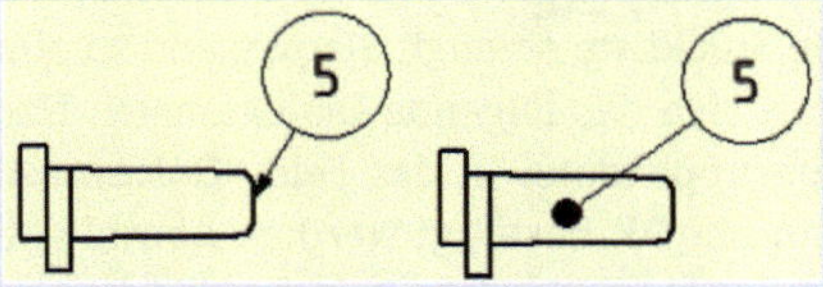

7.10.3.3 Positionsnummern ändern

Außerhalb des Positionsnummern-Modus beinhaltet das Kontextmenü einer selektierten Positionsnummer verschiedene Funktionen zum Verändern der Darstellung. Unter anderem werden folgende Funktionen angeboten:

- **Positionsnummer bearbeiten...** ermöglicht, anstelle von Kreisen andere Symbole für Positionsnummern zu verwenden und die Positionsnummern selbst mit anderen Werten zu überschreiben.
- **Positionsnummer zuordnen** ordnet der Position eine weitere Positionsnummer zu. Bei einer Verschraubung aus Schraube, Scheibe und Mutter können z. B. über eine Führungslinie drei Positionsnummern angezeigt werden.
- **Positionsnummer aus Liste zuordnen...** entspricht **Positionsnummer zuordnen**, die zuzuordnenden Positionen können jedoch aus einer temporären Stückliste ausgewählt werden.
- **Pfeilspitze bearbeiten...** ermöglicht eine Auswahl von verschiedensten Endformen (über zwanzig) der Führungslinie (Pfeil, Punkt, Kreis usw.).
- **Scheitelpunkt/Führungslinie hinzufügen** ermöglicht das Erstellen geknickter Führungslinien. Diese Möglichkeit besteht auch beim Erstellen von Hand, wenn mehrere Punkte für die Führungslinie eingegeben werden.

7.10.4 Teileliste, Stückliste erzeugen und einfügen

Aufbauend auf allgemeinen Tabellen (siehe Abschnitt 7.9.6) soll im Folgenden auf das Erzeugen einer Bauteilliste, die auf einer Stückliste basiert, eingegangen werden.

Bauteil-liste

HINWEIS: Eine **Stückliste** wird automatisch mit der Baugruppendatei (IAM) geführt und stellt praktisch deren Datenbank dar. In einer Stückliste werden grundsätzliche Daten definiert, z. B. welche Spalten enthalten sein sollen.

Eine **Bauteilliste** ist die Ableitung der Stückliste für die Zeichnung, ähnlich der Ableitung einer Zeichnungsansicht aus einem Modell. In einer Teileliste wird vor allem das Format der Darstellung definiert, z. B. welche Überschriften sollen die Spalten haben.

Die Funktion **BAUTEILLISTE** befindet sich in der Befehlsgruppe **Tabelle**. Mit ihr wird eine Stückliste erzeugt, die passend zu einer vorab selektierten Ansicht gehört. Zunächst öffnet sich das folgende Dialogfenster. Nach Auswahl einer Ansicht wird die zugehörige Baugruppendatei in das Feld **<Dokument wählen>** übernommen, und die Bauteilliste kann mit **OK** bestätigt werden. Abschließend wird die Stückliste in die Zeichnung eingefügt.

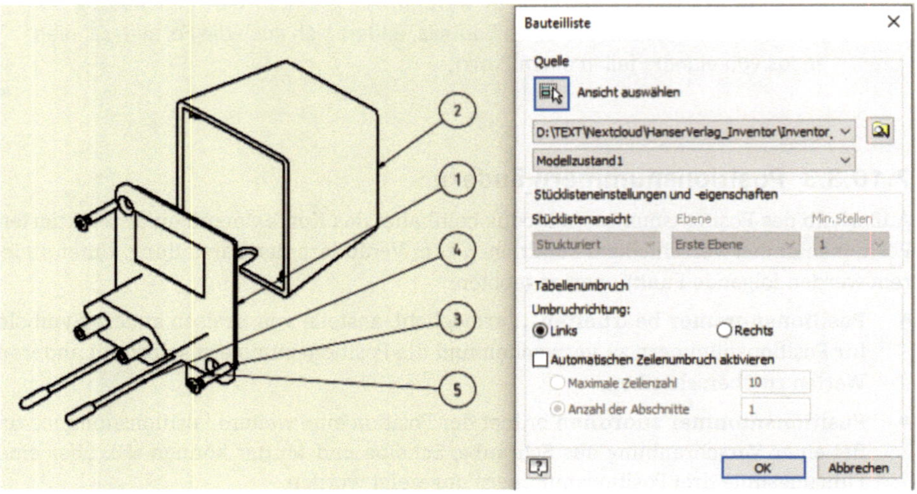

Die von Inventor automatisch erzeugte Stückliste erfüllt allerdings nicht immer alle Anforderungen eines Konstrukteurs und muss häufig angepasst werden.

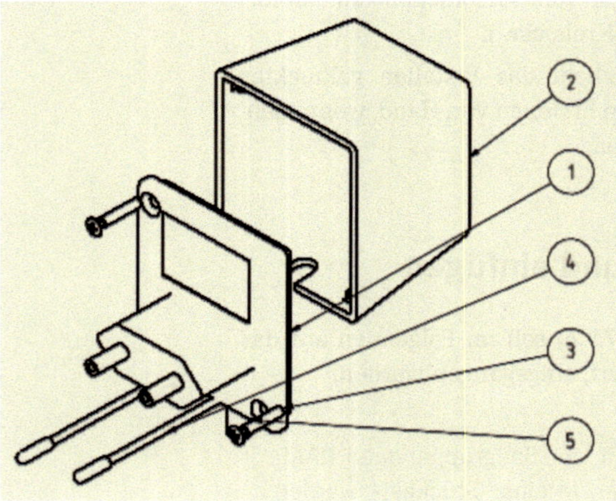

BAUTEILLISTE			
OBJEKT	ANZAHL	BAUTEILNUMMER	BESCHREIBUNG
1	1	STN-UNT-1312	Unterteil
2	1	STN-OBT-1005	Oberteil
3	2	I7047-2,5-14-4.8-ZA	Senkschraube ISO 7047 - M2.5x14 - 4.8 - Z
4	2	STN-STS-009	Steckerstift
5	1	STN-KBT-112	Kabeltülle

7.10.5 Stückliste bzw. Bauteilliste bearbeiten

Eine eingefügte Bauteilliste lässt sich selektieren und über ihr Kontextmenü (**rechte Maustaste**) ändern. Inventor unterscheidet dabei folgende Funktionen:

- **Stückliste...**
- **Bauteilliste bearbeiten...**

Die Funktion **STÜCKLISTE...** muss immer aus dem Kontextmenü heraus aktiviert werden. Die Funktion **BAUTEILLISTE BEARBEITEN...** kann auch durch einen Doppelklick mit der linken Maustaste auf die Stückliste ausgelöst werden.

In beiden Fällen erscheinen Dialogfenster (siehe Abbildungen), die ähnlich aufgebaut sind, jedoch unterschiedliche Funktionen aufweisen. Das Dialogfenster der **Bauteilliste** zeigt die Tabelle der auf der Zeichnung dargestellten Bauteilliste. Anpassungen werden unmittelbar in der Zeichnung sichtbar und wirksam. Änderungen an der Bauteilliste werden jedoch nicht in die Stückliste übernommen.

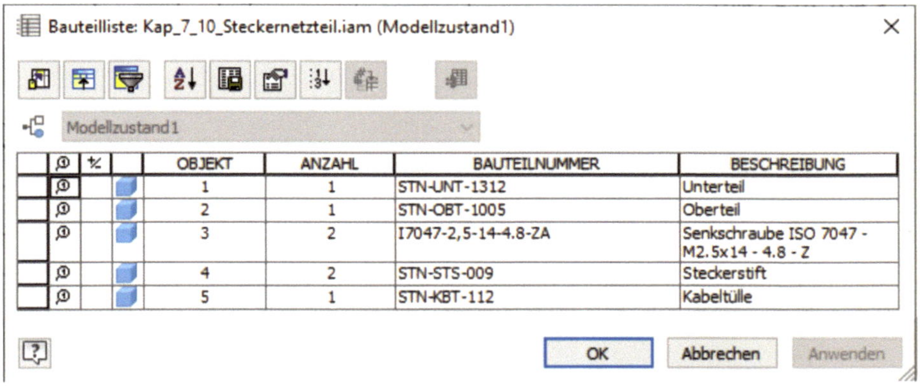

HINWEIS: Für die Veränderung der Spalten- bzw. der Stücklistenbreite und der Höhen benötigt man die Dialogfenster nicht, dieses kann direkt in der Zeichnung erfolgen.

Das Dialogfenster **Stückliste** erlaubt die Verwaltung der im Hintergrund vorliegenden Metadaten. So lassen sich beispielsweise auch von diesem Dialogfenster aus neue benutzerdefinierte iProperties erstellen oder das Gewicht der Baugruppenkomponenten anzeigen. Über das Kontextmenü der Tabellenkopfzeile lassen sich zusätzliche Spalten einfügen. Hier ist zu beachten, dass die zusätzlichen Felder (z. B. Masse) aus dem Auswahldialog per Drag & Drop in die Kopfzeile platziert werden müssen.

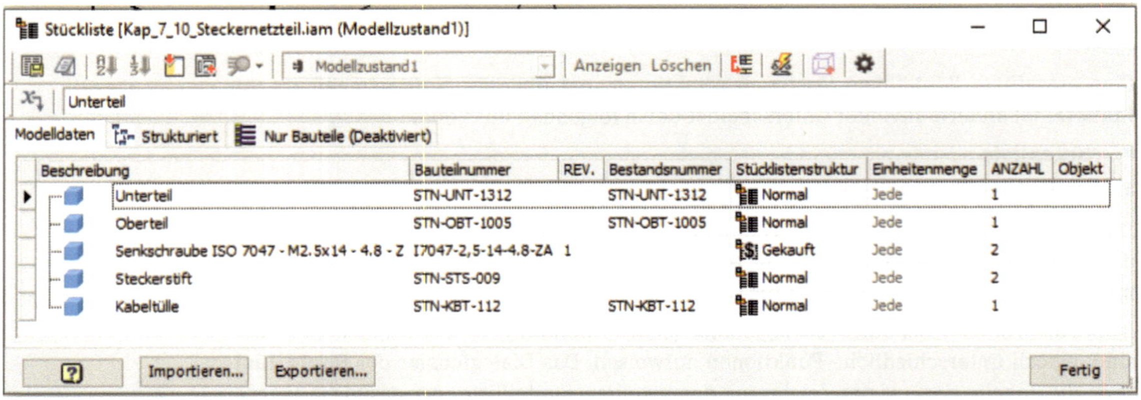
Stückliste [Kap_7_10_Steckernetzteil.iam (Modellzustand1)]
Modellzustand1
Anzeigen Löschen
Unterteil
Modelldaten
Strukturiert
Nur Bauteile (Deaktiviert)
Beschreibung
Bauteilnummer
REV.
Bestandsnummer
Stücklistenstruktur
Einheitenmenge
ANZAHL
Objekt
Unterteil STN-UNT-1312 STN-UNT-1312 Normal Jede 1
Oberteil STN-OBT-1005 STN-OBT-1005 Normal Jede 1
Senkschraube ISO 7047 - M2.5x14 - 4.8 - Z I7047-2,5-14-4.8-ZA 1 Gekauft Jede 2
Steckerstift STN-STS-009 Normal Jede 2
Kabeltülle STN-KBT-112 STN-KBT-112 Normal Jede 1
Importieren...
Exportieren...
Fertig

8 Modell-, Zeichnungs- und Präsentationsaufbereitung

Aktuell geht es nicht mehr alleine darum, Produkte mit einem CAD-System zu konstruieren. Ziel ist in vielen Fällen das vollständige digitale Modell- oder Digital Mock-Up (DMU), an dem Eigenschaften und Funktionen geprüft werden, der Zusammenbau simuliert wird oder auch das visuelle Erscheinungsbild, beispielsweise in der Zusammenstellung verwendeter Materialien oder in einer definierten Umgebung, präsentiert werden kann. Alle Anforderungen haben gemeinsam, dass die bisher beschriebene alleinige Umsetzung in Form eines Baugruppen-Modells nicht hinreichend ist. Weiterführende Bearbeitungsmöglichkeiten für die Modelle, wie sie für Inventor in diesem Kapitel vorgestellt werden, sind entsprechend üblich im Funktionsumfang heutiger CAD-Software.

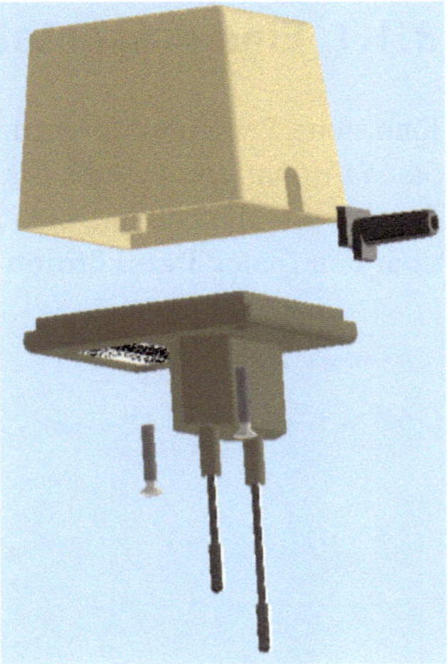

- Mit **3D-Anmerkungen** angereicherte Modelle können gegebenenfalls technische Zeichnungen ersetzen und sind vor allem hilfreich, wenn Konstruktionen nur elektronisch ausgetauscht werden. Sie lassen sich auch als 3D-PDF-Dateien exportieren (siehe Abschnitt 9.3).
- Die **Präsentationsumgebung** ermöglicht u.a. die Erstellung von Explosionsansichten. Diese können auch in die technischen Zeichnungen oder in die technische Dokumentation von Produkten übernommen werden.
- **Inventor Studio** ermöglicht die Aufbereitung mit fotorealistischen Oberflächen. Diese Arbeitsumgebung ist geeignet für ansprechende Präsentationen im und außerhalb des Unternehmens. In diesem Kontext sollen auch die **Materialbibliothek** und der Umgang mit Texturen vorgestellt werden.
- Die **Animationsumgebung** ermöglicht Einbau- und Zusammenbauanalysen für eine Baugruppe. Animationen lassen sich entsprechend der vorhandenen Freiheitsgrade und Bewegungsdefinitionen abspielen und können auch als Videosequenz aufgenommen werden.

8.1 Präsentation und Animation

Die Präsentation ist heute ein wichtiger Bereich, um mit verschiedenen Personengruppen aus anderen Abteilungen und auch mit externen Kunden kommunizieren zu können. Diese haben nicht immer die Kompetenz zum Lesen Technischer Zeichnungen. Über eine ansprechend aufbereitete Präsentation lassen sich dann sehr schnell Sachverhalte klären. Die Präsentationsumgebung dient der Erstellung von Dokumentationen mit statischen Explosionsansichten und zur Visualisierung mit Animationen, die z. B. für Montageanleitungen Verwendung finden können.

Die Präsentationsumgebung ist eine der Baugruppenumgebung ähnliche Arbeitsumgebung. In dieser Umgebung können jedoch keine Änderungen an Teilen oder der Baugruppe vorgenommen werden. Wenn jedoch an der Baugruppe oder an zugehörigen Modellen Änderungen erfolgen, auf die innerhalb einer Präsentation (**ipn-Datei**) referenziert wurde, so werden die zugehörigen Präsentationsansichten automatisch aktualisiert.

Präsentationen werden als eigene Dokumente (**.ipn*) in Ableitung einer Baugruppe erstellt, und Inventor stellt genau wie bei anderen Umgebungen verschiedene Vorlagen auf Basis der Normen zur Verfügung. Jede erzeugte statische Präsentationsansicht kann auch in eine Zeichnungsdatei (**.idw*) übernommen werden und stellt hier eine eigenständige Ansicht dar.

8.1.1 Eine Präsentation beginnen

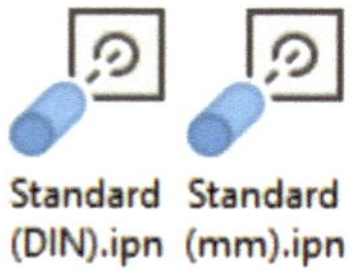

Eine neue Präsentation wird als **DATEI** > **NEU** mit der Vorlage *Standard(DIN).ipn* bzw. *Standard(mm).ipn* erstellt. Das sich öffnende Dialogfenster **Einfügen** bietet im oberen Bereich die Möglichkeit, eine geöffnete Baugruppe direkt oder eine beliebige Baugruppe über den Dialog **Datei öffnen** auszuwählen.

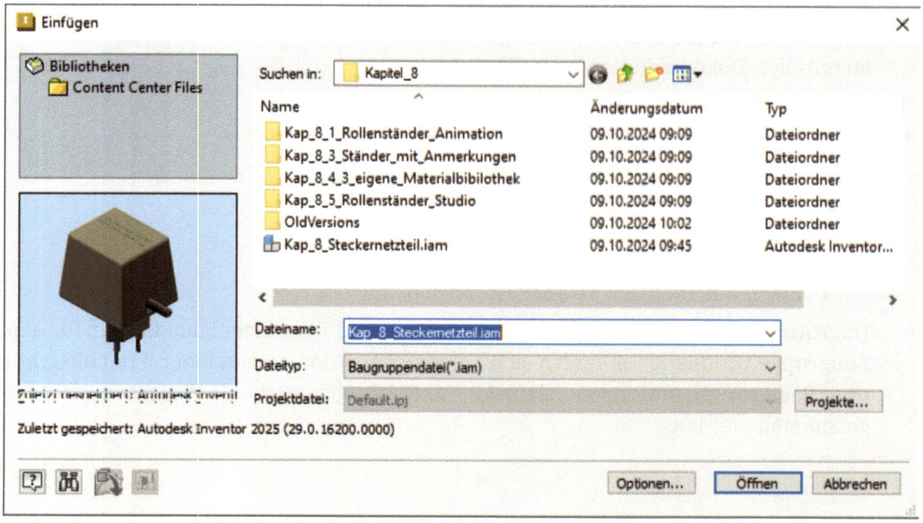

Als Bezeichnung für die Präsentation wird der Name der ausgewählten Baugruppe übernommen. Gleichzeitig wird im Strukturbaum ein Verzeichnis mit **Szene1** angelegt, unter der sich wiederum die geladene Baugruppe befindet. In der Präsentationsumgebung stehen nun verschiedene Funktionen in unterschiedlichen Befehlsgruppen zur Verfügung.

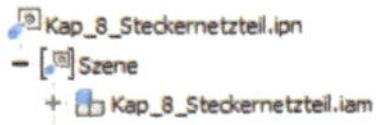

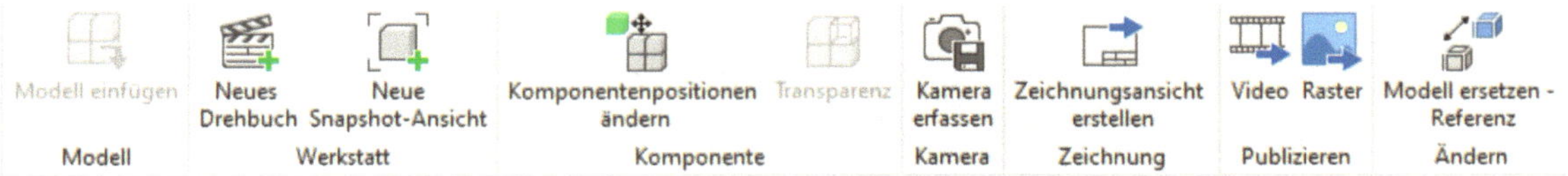

Am unteren Bildschirmrand befindet sich die zentrale Navigationsleiste für die erzeugten Ergebnisse in diesem Arbeitsbereich.

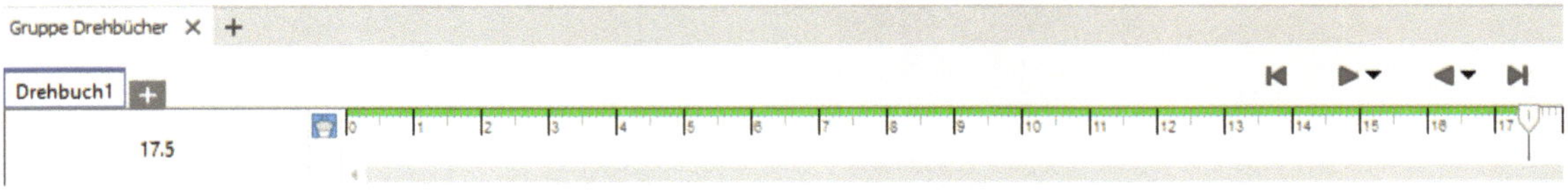

Die Begriffe „Drehbuch“ und „Szene“ sind an Film- & Videoproduktion angelehnt. Sie deuten an, welche Aufgaben innerhalb dieser Arbeitsumgebung vom Anwender durchzuführen sind. Verschiebungen, Drehungen usw. gehen in das „Drehbuch“ für eine „Szene“ ein und lassen sich über Wiedergabetasten abspielen und aufzeichnen. Inventor speichert hierfür alle Vorgänge, die an dem geladenen Objekt vorgenommen wurden.

Die unten eingeblendete Zeitachse eines Drehbuchs gibt Informationen über die Dauer der einzelnen gespeicherten Aktionen für die in der Szene definierte Abfolge.

8.1.2 Komponentenpositionen ändern

Über die Funktion **KOMPONENTENPOSITIONEN ÄNDERN** in der Befehlsgruppe **Komponente** lassen sich Änderungen für die von Inventor vorgegebene Position der Baugruppe oder auch einzelner Bauteile aus der Baugruppe vornehmen. Die Funktion lässt sich bei der Funktion **NEUES DREHBUCH** und **NEUE SNAPSHOT-ANSICHT** verwenden. Die Bedienung der Funktion **KOMPONENTENPOSITIONEN ÄNDERN** erfolgt mit einem Mini-Werkzeugkasten, der nach dem Aufruf eingeblendet wird. Einige Funktionen sind noch ausgegraut und deshalb inaktiv, was daran liegt, dass noch kein (Bau-)**Teil** bzw. keine **Komponente** ausgewählt wurde. Die Festlegung der Auswahl auf Bauteil oder Komponente kann im eingeblendeten Mini-Werkzeugkasten eingestellt werden.

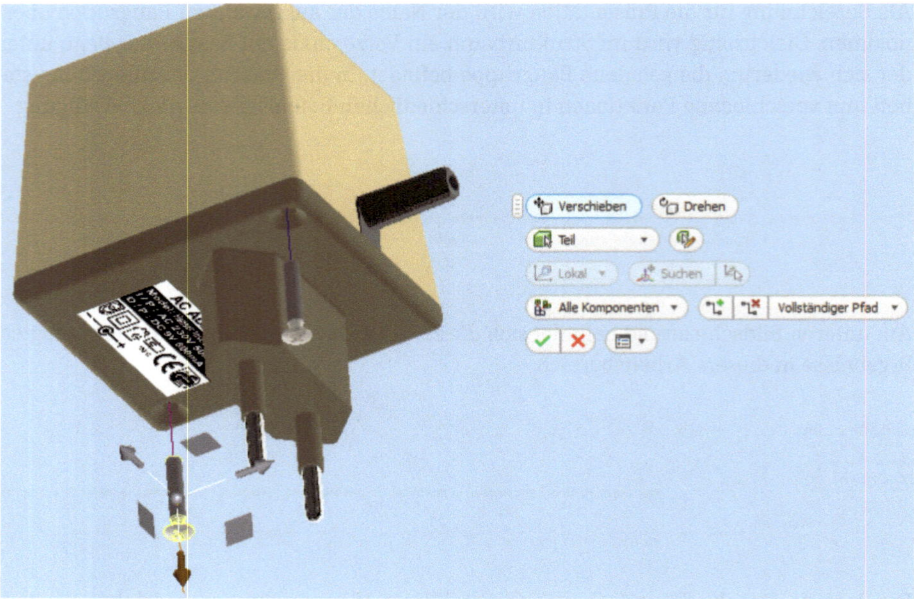

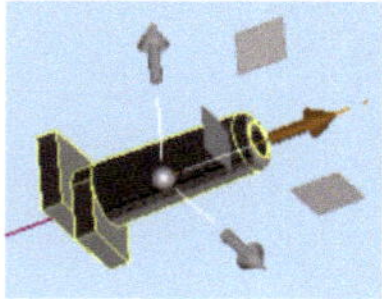

Das Auswählen der Komponente erfolgt durch Anklicken mit der linken Maustaste. Es erscheinen nun ergänzende Navigationssymbole mit unterschiedlicher Bedeutung:

- **Mittelpunkt:** Durch Bewegen der Kugel mit gedrückter Maustaste kann das Element frei im 3D-Raum positioniert werden.
- **Pfeile** (Koordinatenachsen): Durch Bewegen des Pfeils mit gedrückter Maustaste kann das Element entlang der gewählten Achse gezogen werden.
- **Ebenen:** Durch Verschieben der Ebene mit gedrückter Maustaste kann das Element auf der gewählten Ebene verschoben und positioniert werden.

Wurde die Funktion in Kombination mit **NEUES DREHBUCH** verwendet, erscheint nach jeder gewählten Aktion ein zugehöriger Balken unten in der Zeitleiste, über dessen Kontextmenü sowohl die Aktion an sich als auch die vorgesehene Dauer erneut bearbeitet werden können.

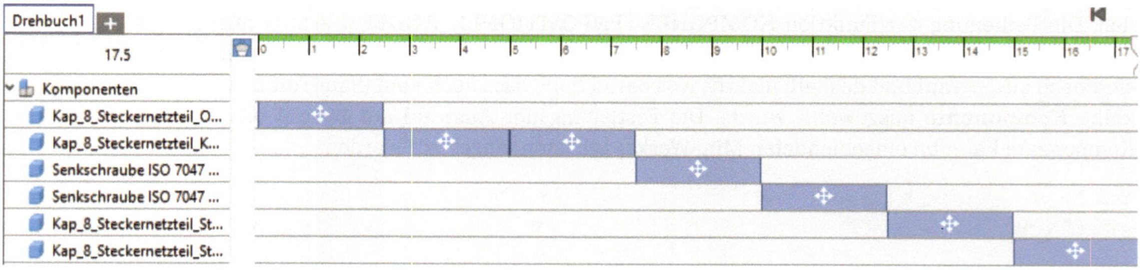

Der grundsätzliche Vorgang ist für alle Bauteile bzw. Baugruppen gleich und kann in jeweils vier Schritten dargestellt werden.

1. Das Bauteil oder die Komponente ist zu wählen. Die parallel gedrückte **STRG**-Taste erlaubt die gleichzeitige Auswahl mehrerer Bauteile.
2. Die Richtung ist durch das Setzen des Mauszeigers auf einen der angezeigten Pfeile, eine der Ebenen oder die Kugel zu wählen.
3. Der Abstand ist einzugeben, oder das Bauteil bzw. die Komponente ist am Richtungselement in die gewünschte Zielposition zu ziehen.
4. Dann ist auf **OK** zum Beenden oder auf **+** für eine weitere Verschiebung zu klicken.
5. Optional kann die Zeit angepasst werden, die der Vorgang bzw. das Verschieben von Ausgangs- in Endposition andauern soll.

TIPP: Für ein Bauteil oder eine Komponente kann durch mehrere nacheinander definierte Positionsveränderungen ein komplexer Ablauf festgelegt werden.

8.1.3 Kamera erfassen (Zoom und Sichtachse einstellen)

Animationen bestehen nicht nur aus relativen Bewegungen einzelner Bauteile, sondern können auch Größenänderungen der dargestellten Objekte und natürlich auch definierte Start- und Endperspektiven (sogenannte Kamerapositionen) erfassen.

Die „Ausgangsposition" für die geladene Komponente ist immer die Position, welche die Baugruppe nach dem Laden eingenommen hat. Um den Anfangszustand eines Modells und der Kamera festzulegen, ohne dass diese Aktion mitgeschnitten bzw. aufgezeichnet wird, ist der in der Abbildung gekennzeichnete Wiedergabeknopf in das Symbol für **Zone**, das am Beginn der Zeitachse liegt, zu verschieben. Jetzt kann das geladene Modell in Größe und Position so eingestellt werden, wie es zu Beginn der Präsentation vorgesehen ist, ohne dass eine Aufzeichnung erfolgt.

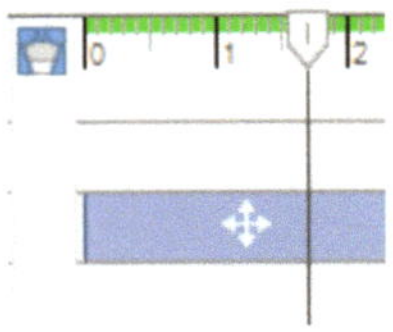

Um nun Aktionen auf der Zeitachse des Drehbuchs aufzuzeichnen, ist der Wiedergabeknopf auf die entsprechende Position zu verschieben. Anschließend ist die Funktion **KAMERA ERFASSEN** aufzurufen. Diese Funktion stellt so etwas wie einen Kameraauslöser dar. Die Ansicht (aktuelle Position, Zoom und Drehung) wird mit einem Klick auf die Funktion erfasst.

Für die gespeicherte Ansichtsänderung wird auf der Zeitachse ein Balken mit Kamerasymbol hinterlegt, und das Objekt kann nun in die nächste gewünschte Position gebracht werden.

Für die Beispielanimation wurde die Funktion **KAMERA ERFASSEN** noch einmal aufgerufen, um die neue Position zu erfassen. Damit wird der Vorgang quasi abgeschlossen und kann über die **Play**-Taste abgespielt und geprüft werden.

In der Abbildung links ist der die Baugruppe „Steckernetzteil" in seiner Ausgangsposition und rechts in der Endposition dargestellt. Über die in der Zeitachse eingestellte Spanne ändert sich die Ansicht auf das Modell durch Vergrößerung und Drehung bis zur Endposition.

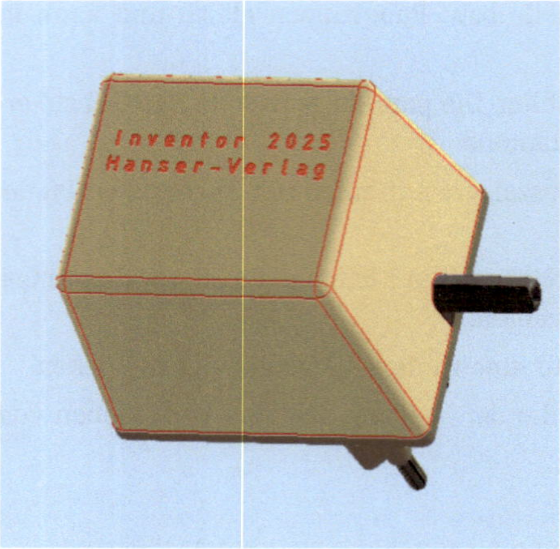

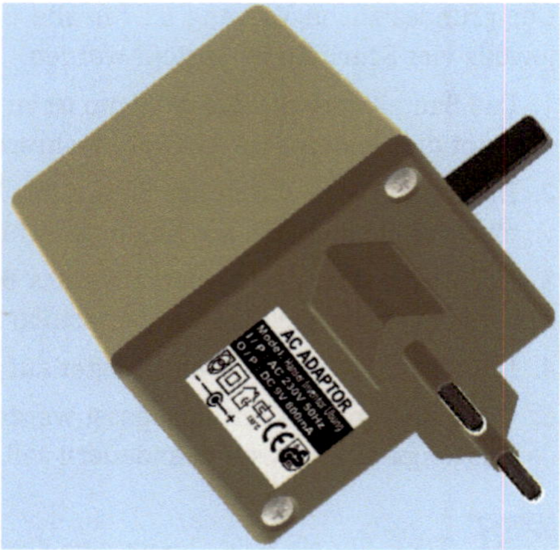

In der Zeitachse werden sowohl Perspektivenwechsel als auch Positionsänderungen der Bauteile in Form von Balken hinterlegt. Jeder Balken kann dabei in der Zeitleiste verschoben, verlängert oder verkürzt werden. So ist es möglich, die Aktionen parallel oder nacheinander ablaufen zu lassen. In der in der Abbildung dargestellten Zeitleiste wurde festgelegt, dass zunächst zwei Kamerawechsel ablaufen und dann eine Bauteilverschiebung der beiden Schrauben erfolgt. Anschließend gibt es noch eine Verschiebung der oberen Gehäusehälfte und einen parallel, also zur gleichen Zeit ablaufenden Perspektivwechsel. Die sechs Aktionen laufen in dieser Sequenz innerhalb von **12 Sekunden** ab.

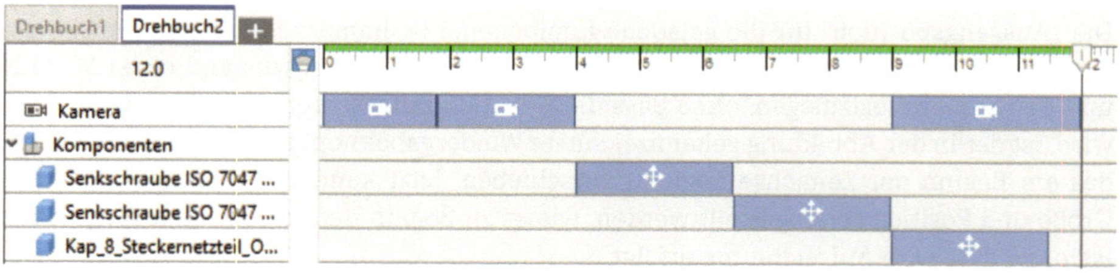

8.1.4 Aufzeichnungen als Videosequenz speichern

Die beschriebenen Vorgänge lassen sich beliebig oft wiederholen, mit weiteren Vorgängen kombinieren und als Video abspeichern. Die Funktion **VIDEO** kann über die Menüleiste oder über das Kontextmenü des Drehbuch-Reiters (Mauszeiger auf Registerkarte **Drehbuch2**) aufgerufen werden.

Im Dialogfeld stehen als Ausgabe die zwei gängigen Videoformate **avi**[1] und **wmv**[2] zur Verfügung. Die Formate beinhalten jedoch keine Komprimierung, weshalb für längere aufgenommene Sequenzen die Dateigröße signifikant ansteigen kann.

[1] **A**udio **V**ideo **I**nterleave ist ein von Microsoft definiertes Videoformat.

[2] Die Abkürzung **wmv** steht für **W**indows **M**edia **V**ideo und ist ebenfalls ein von Microsoft definiertes Format.

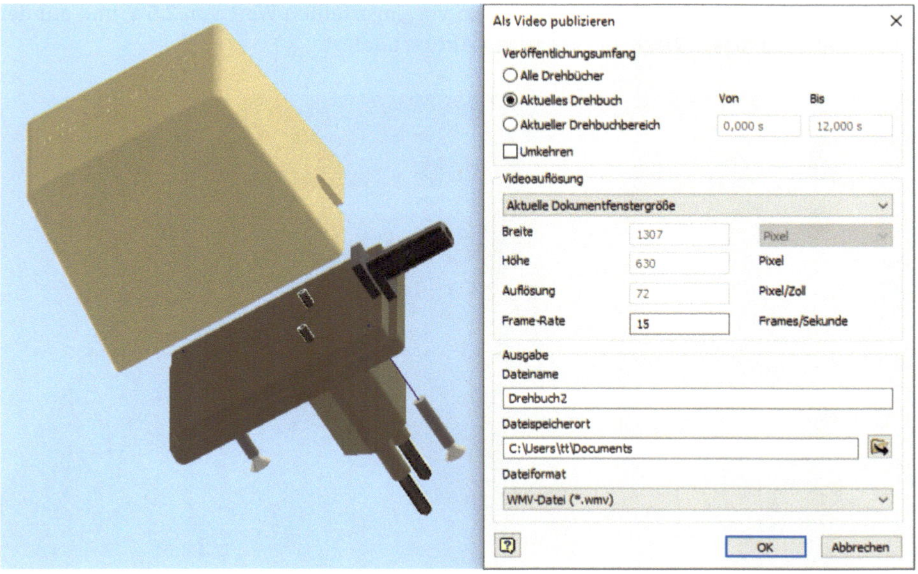

Beispiel: Animation über das Einstellen der Höhe am „Rollenständer“

Die Baugruppe „Rollenständer“ soll so animiert werden, dass ihre Gesamthöhe durch einen Bauteilumbau verändert wird. Hierzu wird der betroffene Bereich vergrößert dargestellt, und der Splint sowie der Bolzen werden entfernt. Anschließend wird die Höhe des Schiebeteils neu eingestellt, der Bolzen und der Stift werden wiedereingesetzt und der Rollenständer in seiner ganzen Größe dargestellt.

Der Wiedergabeknopf wird in seine Ausgangsposition gebracht und der Rollenständer für den Start ausgerichtet. Anschließend ist die Funktion **KAMERA ERFASSEN** aufzurufen, die Zeit einzustellen (hier: **2 s**) und der Rollenständer so zu vergrößern und zu drehen, dass der Splint gut erkennbar ist. Um die Endposition zu erfassen, ist die Funktion **KAMERA ERFASSEN** noch einmal aufzurufen.

Es folgt die Positionsveränderung der Bauteile mit der Funktion **KOMPONENTENPOSITIONEN ÄNDERN**. Der grundsätzliche Vorgang ist für alle Bauteile bzw. Baugruppen der gleiche und wird exemplarisch für den Splint aufgeführt:

- Das Bauteil (Splint) ist auszuwählen. Die Bauteilauswahl kann dabei auch über den Strukturbaum erfolgen. Unterhalb der Szene befinden sich Baugruppe und die einzelnen Bauteile.
- Der Splint in seiner Längsachse ist um **25 mm** herauszuziehen.
- Zum Beenden der Verschiebung ist auf **OK** zu klicken.

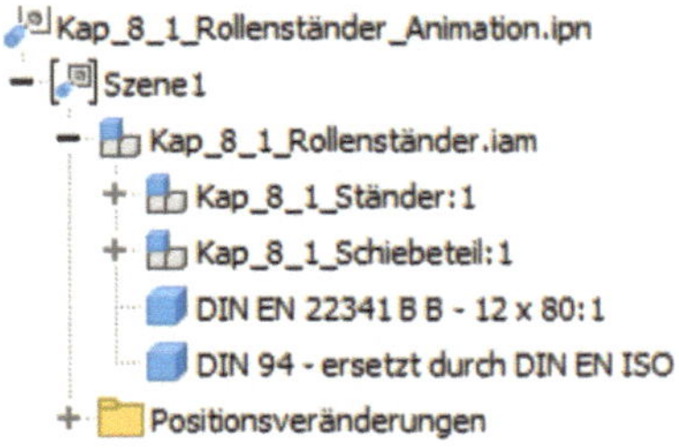

Die Dauer der Verschiebung erfolgt mit dem voreingestellten Wert von **2,5 s**, und auf der Zeitachse wird dieser Wert zur bisherigen Aktion addiert.

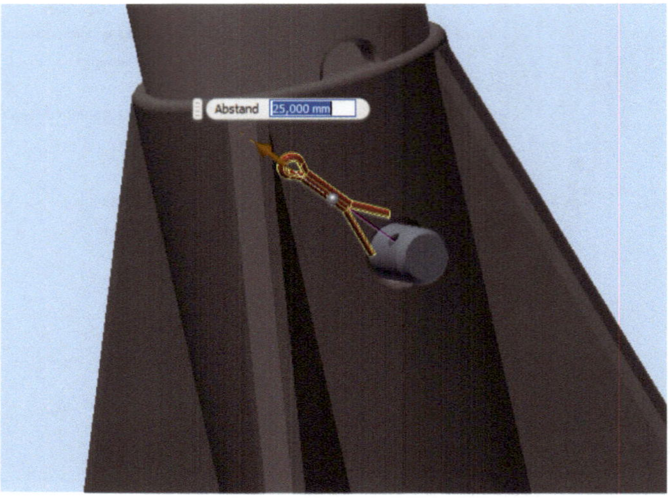

Es folgt eine Drehung des Rollenständers, um den Bolzen mit der Funktion **KAMERA ERFASSEN** sichtbar herausziehen zu können.

Analog zum Splint wird nun der Bolzen mit **KOMPONENTENPOSITIONEN ÄNDERN** entlang seiner Achsrichtung um **90 mm** herausgezogen. Im Anschluss folgt das Absenken des Schiebeteils um **80 mm** (die unterste Position).

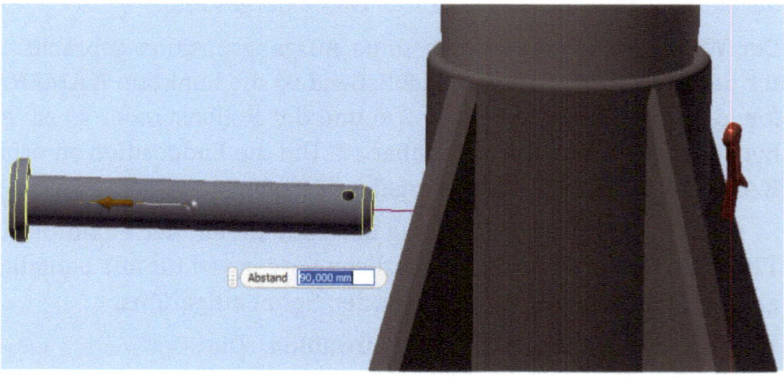

Um die ganze Baugruppe **Schiebeteil** herausziehen zu können, ist entweder im Werkzeugkasten von **Teil** auf **Komponente** umzuschalten, oder es wird wieder der bewährte Weg über den Strukturbaum gewählt, wo die Baugruppe direkt selektiert werden kann.

Zum Schluss sind Bolzen und Splint analog zu den beschriebenen Funktionen wiedereinzusetzen. Mit **KAMERA ERFASSEN** erfolgt eine Größenanpassung. Die Videosequenz sollte nun etwa **20 s** betragen und kann über die **PLAY**-Taste ▶ abgespielt und überprüft werden.

Die Speicherung der Animation kann nun mit dem Befehl **VIDEO** in der Befehlsgruppe **Publizieren** gestartet werden. In der Abbildung links ist der Rollenständer vor der Animation und rechts nach der Animation zu sehen.

HINWEIS: Die vollständige Animation des Rollenständers steht unter *http://plus.hanser-fachbuch.de* zum Download bereit.

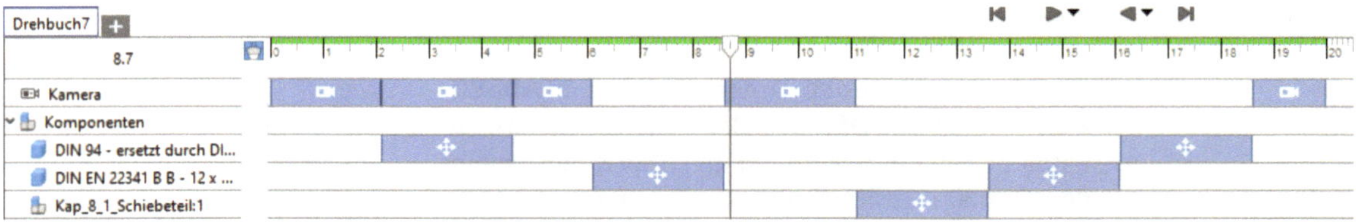

8.2 Zeichnungsableitung aus der Präsentationsumgebung

Am Beispiel „Rollenständer" (siehe auch Abschnitt 3.20.2) wurde bereits das Anlegen einer Explosionsdarstellung vorgestellt, was in Inventor über den Umweg einer Präsentationsdatei (**.ipn*) möglich ist. Für die Darstellung bzw. Positionierung der Bauteile in Explosion wird die gleiche Vorgehensweise genutzt wie für die Animation (siehe Abschnitt 8.1.2), weshalb dieser Abschnitt hauptsächlich auf die Zeichnungsableitung eingeht.

In der Befehlsgruppe **Zeichnung** gibt es die Funktion **ZEICHNUNGSANSICHT ERSTELLEN**. Hiermit erfolgt das Anlegen einer Zeichnung direkt aus der Präsentationsumgebung heraus.

Zeichnungsansichten, die in der Präsentationsumgebung erzeugt wurden, sind so etwas wie temporäre Abbildungen einer festgehaltenen Situation (Szene) und werden als **Snapshot-Ansicht** gespeichert. Aus einer vom Anwender definierten und festgelegten Modellansicht wird damit eine Zeichnungsansicht, die genauso behandelt wird wie andere Einzelteil- bzw. Baugruppenzeichnungen.

Mit der in Abschnitt 8.1.1 und Abschnitt 8.1.2 beschriebenen Vorgehensweise wird zum einen die Zuordnung zu einer Baugruppendatei hergestellt, und zum anderen wird die Positionierung der einzelnen Bauteile innerhalb einer Baugruppe für die Explosionsdarstellung vorgenommen.

Beispiel: Explosionsdarstellung einer Baugruppe

Über die Funktion **DATEI** > **NEU** und die Auswahl der Präsentationsvorlage *Standard(DIN).ipn* wird die Präsentationsumgebung gestartet und das Dialogfenster zur Festlegung der Baugruppendatei geöffnet.

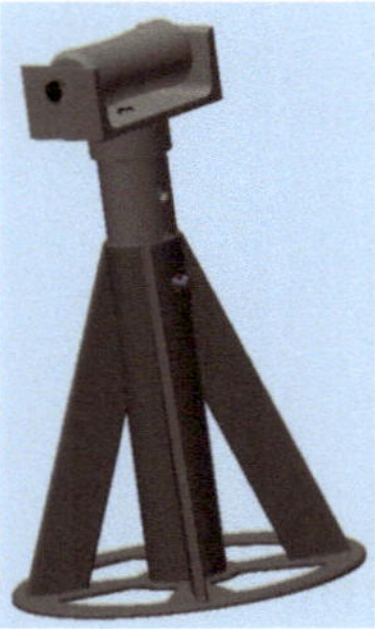

Die Auswahl wird mit **OK** bestätigt. Für eine Explosionsdarstellung ist nun der rechte Bereich des Fensters in der Präsentationsumgebung wichtig, da hier die sogenannten **Snapshot-Ansichten** erzeugt und abgelegt werden.

Zunächst sind die einzelnen Bauteile mit der Funktion **KOMPONENTENPOSITIONEN ÄNDERN** zu separieren und so zueinander auszurichten, dass die Ansicht für eine Explosionsdarstellung verwendet werden kann.

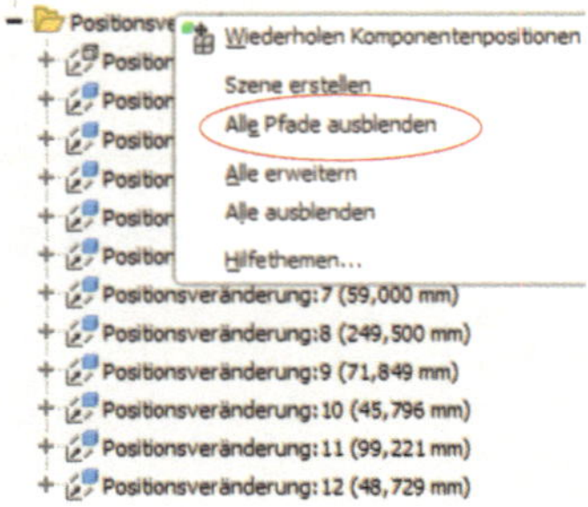

Die Verschiebung der einzelnen Bauteile wird durch die Anzeige sogenannter **Pfadsegmente** mit einer farbigen Linie visualisiert. Die Anzeige eines Pfadsegments lässt sich aber über das Kontextmenü des Elements und den Funktionsaufruf **PFADSEGMENT AUSBLENDEN** abstellen (siehe gekennzeichneten Bereich in der Abbildung). Das Kontextmenü des Ordners *Positionsveränderungen* im Strukturbaum erlaubt das gleichzeitige Ausblenden aller Segmente.

Mit der Funktion **NEUE SNAPSHOT-ANSICHT** kann nun ein Abbild von der Ansicht gespeichert werden, die auf der rechten Seite des Fensters unter **Snapshot-Ansichten** aufgelistet wird und jederzeit wieder aufgerufen werden kann. Der voreingestellte Name des Snapshots lässt sich durch Doppelklick umbenennen. Auf diese Art lassen sich beliebige Ansichten gestalten und speichern.

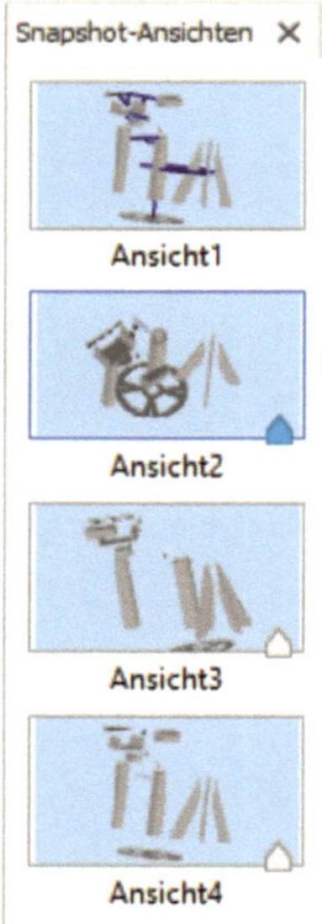

Nach dem Erstellen der gewünschten Ansichten kann die Präsentation gespeichert werden.

Nun kann eine neue Zeichnungsdatei mit einem leeren Blatt angelegt werden (**DATEI** > **NEU** > **ZEICHNUNG**). Wie in Kapitel 7 beschrieben, wird nun eine **Erstansicht** platziert. Es öffnet sich das Dialogfenster **Zeichnungsansicht,** und unter **Datei** ist hier die Präsentationsdatei eingestellt bzw. einzustellen. Unter **Ansicht** finden sich dann die zuvor erzeugten Snapshot-Ansichten wieder. Im Dialogfenster **Zeichnungsansicht** werden darüber hinaus verschiedene Optionen für die endgültige Einstellung der Ansicht angeboten (siehe Kapitel 7).

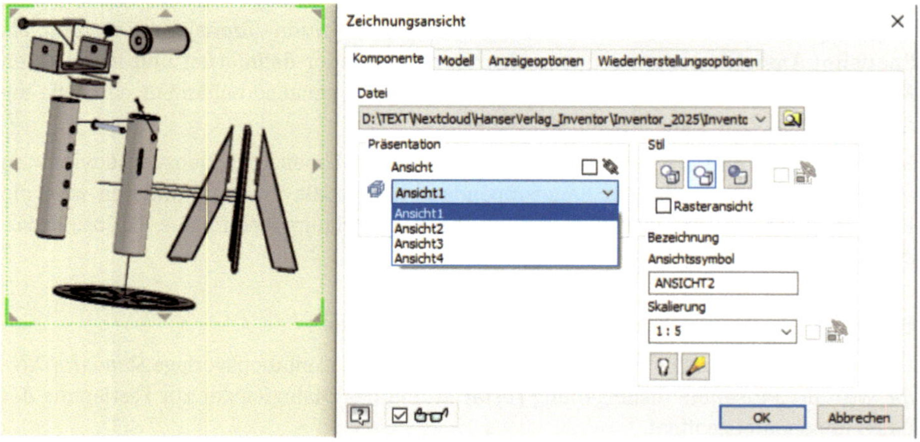

Aus der Präsentationsumgebung kann aber auch über die Funktion **ZEICHNUNGS-ANSICHT ERSTELLEN** dialoggeführt die Zeichnungsansicht mit der Explosionsdarstellung erstellt werden, ohne dass vorab eine **Snapshot-Ansicht** erzeugt wurde. Diese entsteht während des Dialogs.

Die Funktion **ZEICHNUNGSANSICHT ERSTELLEN** kann nun aufgerufen werden. Es folgt ein Hinweis von Inventor, dass bisher noch keine Snapshot-Ansicht in der *ipn*-Datei vorhanden ist. Mit **OK** wird diese aber zur *ipn*-Datei hinzugefügt. Es folgt das bekannte Dialogfenster mit der Auswahl an Vorlagen für Zeichnungen, und es kann zwischen den verschiedenen Formaten (siehe Abschnitt 7.1) gewählt werden. Die Auswahl ist mit **OK** zu bestätigen.

Inventor lädt nun die Zeichnungsumgebung mit der in der Vorlage gespeicherten Blattgröße, dem Rahmen und dem Schriftfeld und positioniert die ausgewählte Ansicht (**Ansicht1**) auf das Blatt.

Mit dem **ViewCube** (siehe Abschnitt 2.3.2) lässt sich die View-Ansicht grundsätzlich neu in der Zeichnung ausrichten. Der **Snapshot** wird außerdem von einem farblichen Rahmen umgeben. Innerhalb des Rahmens sind **vier Pfeile** zu sehen. Mit diesen lassen sich jeweils weitere abgeleitete Ansichten des Snapshots auf dem Blatt erzeugen.

Damit ist die Explosionsdarstellung eingefügt und kann um Positionsnummern und Stückliste ergänzt werden. Dieses Vorgehen wurde bereits in Abschnitt 7.10 beschrieben und wird an dieser Stelle deshalb nur in Kurzform wiedergegeben.

Unterhalb der Registerkarte **Mit Anmerkung versehen** befindet sich die Befehlsgruppe **Tabelle** mit den Funktionen für die Erstellung von **Positionsnummern**. Hier wird zwischen automatischer und manueller Erzeugung unterschieden. Nach dem Aufruf einer der beiden Funktionen erscheint der Hinweis, dass die Stücklistenansicht aktiviert werden muss, was mit **OK** bestätigt werden kann.

Die Funktion **POSITIONSNUMMER** verlangt nach der Auswahl eines Bauteils und erzeugt anschließend den Eintrag. Mit dem Befehl **AUTOMATISCHE POSITIONSNUMMER** wird ein Dialog gestartet, in dem die Ansicht oder die Komponenten gewählt werden können. Darüber hinaus ist die Platzierung der Referenzkreise (horizontal bzw. vertikal) einstellbar. Auch ist im Bereich **Stücklisteneinstellungen** die Umstellung auf **Nur Bauteile** vorzunehmen, damit alle Einzelteile erfasst werden.

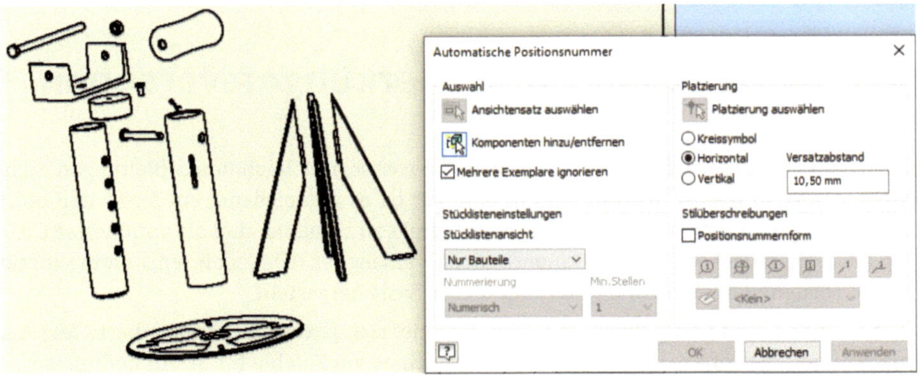

HINWEIS: Der **OK**-Button im Dialogfenster ist auch nach dem Selektieren der Bauteile noch ausgegraut! Über das Kontextmenü ist der Button **WEITER** zu betätigen. Erst dann erscheinen die noch mit „X" gekennzeichneten Positionsnummern in einer Voransicht.

Bauteil-
liste

Das Einfügen der Stückliste erfolgt über die Funktion **BAUTEILLISTE**, die sich ebenfalls in der Befehlsgruppe **Tabelle** befindet. Nach der Auswahl der Zeichnungsansicht schließt das Dialogfenster. Die Stückliste hängt am Mauszeiger und ist nur noch auf dem Zeichnungsblatt zu positionieren.

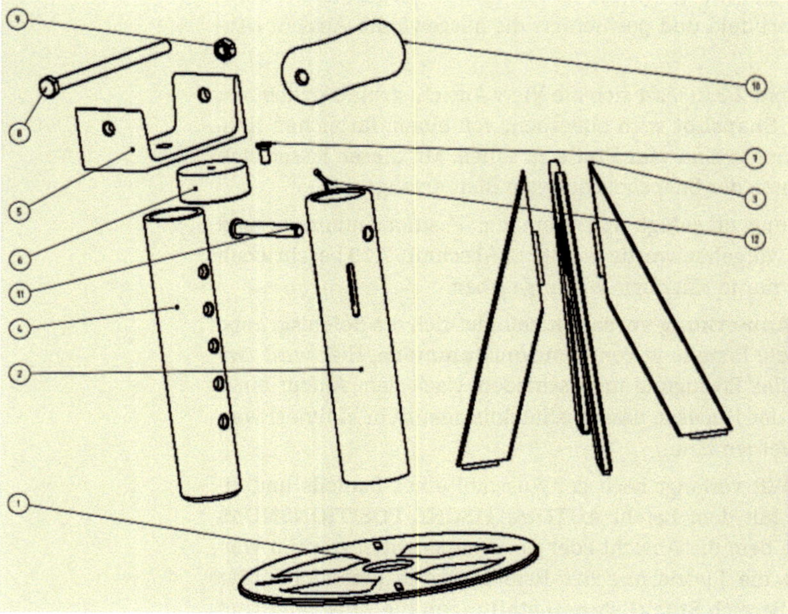

BAUTEILLISTE			
OBJEKT	ANZAHL	BAUTEILNUMMER	BESCHREIBUNG
1	1	Grundplatte	
2	1	Ständerrohr	
3	4	Rippe	
4	1	Schieberohr	
5	80,000 mm	DIN1026-1 - U 160 - 80	Warmgewalzter U-Profilstahl - Teil 1: U-Profilstahl mit geneigten Flanschflächen
6	1	Verbindungsteil	
7	1	DIN 7991 - M8 x 20	Senkschraube
8	1	DIN 960 - M12 x 1,5 x 180	Sechskantschraube
9	2	DIN 934 - M12 x 1,5	Sechskantmutter
10	1	Rolle	
11	1	ISO 2341 - B - 12 x 80	Bolzen
12	1	DIN 94 - 3,2 x 20	Splint

8.3 Bauteile mit 3D-Anmerkungen versehen

Innerhalb von Unternehmen sind für viele Prozessschritte Zeichnungsableitungen nicht mehr zwingend notwendig, und immer häufiger ist es ausreichend, ein 3D-Modell ohne den Umweg über eine technische Zeichnung direkt zu bemaßen und als annotiertes CAD-Modell weiterzugeben. Ein mit Anmerkungen versehenes 3D-Modell wird häufig direkt an die Fertigung übergeben und nur auf dieser Basis hergestellt.

In der Bauteil- und Baugruppenumgebung befindet sich jeweils die Registerkarte **Mit Anmerkungen versehen**, und hierunter sind verschiedene Befehle für 3D-Anmerkungen zusammengefasst, die teilweise ähnlich zu den Anmerkungsfunktionen in der Zeichnungsumgebung aufgebaut sind (siehe Abschnitt 7.9). Sie ermöglichen, technische Informationen, wie z. B. Bemaßungen oder Bohrungsinformationen, direkt am 3D-Modell anzugeben.

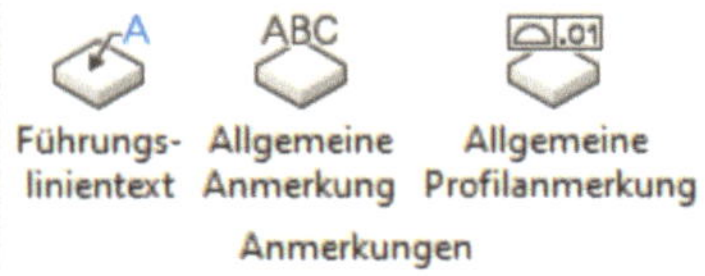

Mit der ersten zu setzenden 3D-Anmerkung in einer Datei wird über ein Dialogfeld die Kommentarnorm DIN, ISO oder ASME ausgewählt. Die Norm kann in den **Dokumenteinstellungen** unter der Registerkarte **Extras** geändert werden. Im eingeblendeten Dialogfenster kann im Register **Norm** die aktive Norm über das Auswahlmenü geändert werden. Einstellungen im Register **Einheiten** des Dialogfensters wirken sich jedoch nicht auf 3D-Anmerkungen aus (dieses Register bezieht sich auf Zeichnungen).

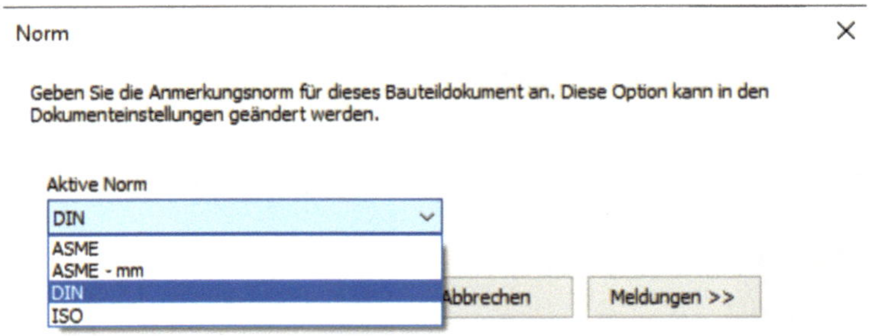

Nach dem ersten Aufruf einer **Anmerkung**-Funktion erweitert sich der Strukturbaum um den Ordner **Anmerkungen**, in dem für alle vorgenommenen Annotationen ein eigener Eintrag angelegt wird.

Eine 3D-Anmerkung für eine Bemaßung ist einfach zu setzen. Hierfür ist die Funktion **BEMASSUNG** aufzurufen. Anschließend ist ein Element (z. B. eine Kante) zu wählen. Bei einer Distanzbemaßung sind zwei Elemente (z. B. zwei gegenüberliegende Kanten) zu wählen. Der Anmerkungstext wird sofort angezeigt und mit der linken Maustaste in der aktuellen Position abgelegt. Anschließend erscheint ein kleines Dialogmenü mit verschiedenen Einstellmöglichkeiten, deren Einträge mit dem Button ✓ bestätigt werden.

Ein Aufruf des Kontextmenüs zeigt weitere Einstellmöglichkeiten für die gesetzte Anmerkung. Hier kann beispielsweise über die **Genauigkeit** festgelegt werden, wie viele Nachkommastellen angezeigt werden sollen. Diesen Menüpunkt gibt es jedoch ausschließlich für die Funktion **BEMASSUNG**. Bei den nachfolgend beschriebenen Funktionen weichen die Einstellungsmöglichkeiten hiervon ab.

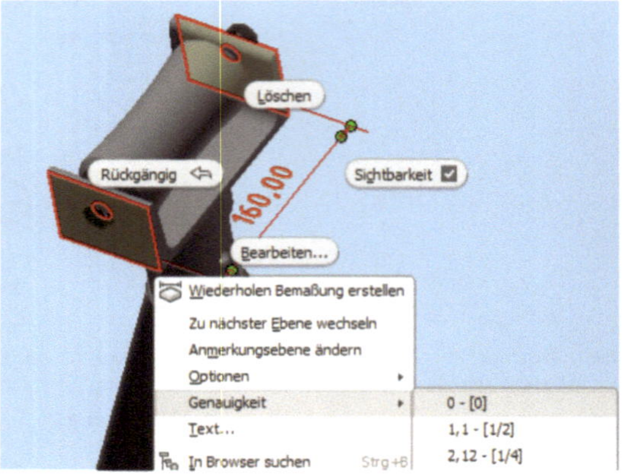

HINWEIS: BEMASSUNG kann sowohl für Linear- als auch Durchmesser- oder Radienbemaßungen verwendet werden. Der verwendete Bemaßungstyp wird erkannt und im Strukturbaum ausgewiesen. Kegelflächen (z. B. Fasen) können nicht bemaßt werden.

Bohrungs-/Gewindeinfos

Wird mit der Funktion **BOHRUNGS-/GEWINDEINFOS** gearbeitet, stehen nach dem Setzen einer Anmerkung andere Optionen zur Verfügung.

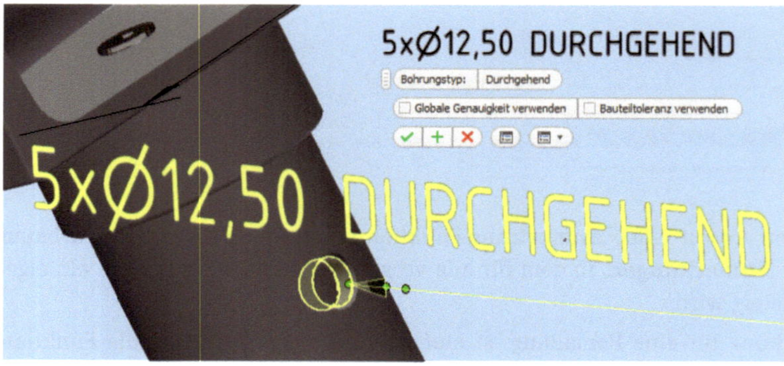

Das **Bohrungsinfo bearbeiten**-Dialogfenster mit dem Anmerkungstext erscheint über das **Symbol** neben dem Befehl **ABBRECHEN** im Mini-Werkzeugkasten. Mit den Schaltflächen unterhalb der Texteingabe können der Anmerkung weitere automatisch erkannte Parameter hinzugefügt werden. Über den im Dialogfenster angebotenen Befehl **GENAUIGKEIT UND TOLERANZ** ist es nun möglich, die gewünschten Nachkommastellen und die

Toleranzvorgaben einzugeben. Mit dem Button **OK** oder der Funktion aus dem Kontextmenü erfolgt die Bestätigung für die anzubringenden Anmerkungen.

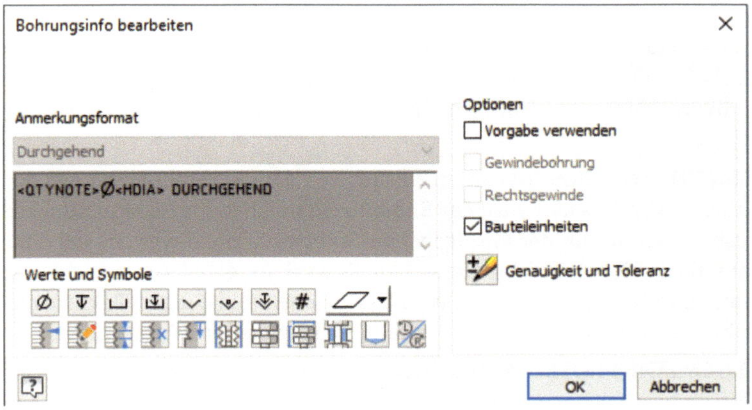

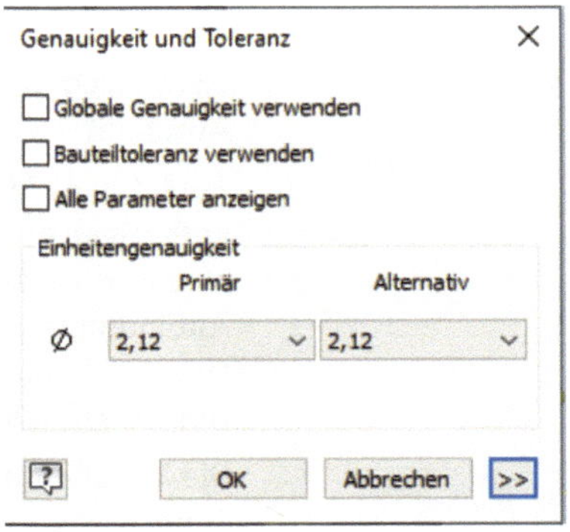

Die Funktion **OBERFLÄCHENBESCHAFFENHEIT** ermöglicht Angaben zur Beschaffenheit einer Oberfläche. Festgelegt wird über die anfangs eingestellte Norm jeweils die Darstellung der zu verwendenden Symbole. Nach der Selektion einer Oberfläche mit der linken Maustaste erscheinen eine Führungslinie und das Grundsymbol, bestehend aus zwei Linien, die um 60° geneigt sind. Der Eintrag wird mit einem weiteren Klick mit der linken Maustaste abgelegt, und im sich anschließend Dialog sind „Platzhalter" für die unterschiedlichen Angaben zugeordnet, die durch Eingabefelder mit realen Bezügen zu belegen sind. Hierfür ist jeweils der Platzhalter anzuklicken.

Oberflächen-beschaffenheit

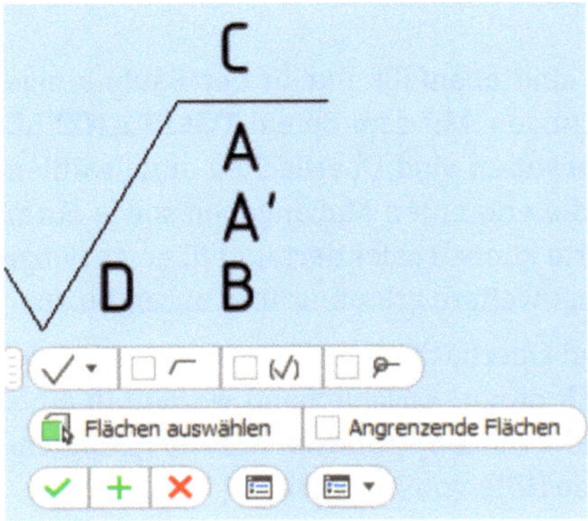

A: Angabe des Rauheitswerts.

A': Gibt eine zweite Angabe für einen Rauheitswert an.

B: Angabe zur Oberflächenbeschaffenheit.

C: Angabe zum Fertigungsverfahren oder zur Oberflächenbehandlung bzw. Beschichtung.

D: Angabe zur Oberflächenbeschaffenheit (Rillen und Rillenrichtung).

E: Angabe einer Bearbeitungszugabe.

Über das Kontextmenü des Mini-Werkzeugkastens (Auswahl von **Oberflächenbeschaffenheit**) ist auch die Gestaltung der Symbole anpassbar.

	Grundsymbol
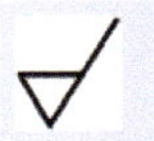	Materialabtrennung erforderlich
	Materialabtrennung nicht zulässig

Führungs-
linientext

Die Anmerkung über die Funktion **FÜHRUNGSLINIENTEXT** verlangt vom Anwender die Auswahl eines Ankerpunkts auf einer beliebigen Fläche, Kante oder Ecke. Im Anschluss wird von diesem Punkt ausgehend eine Linie erzeugt, deren Ende zunächst am Mauszeiger hängt und mit der linken Maustaste festgelegt werden muss. Es erscheint das Dialogfenster **Text formatieren**. Hier kann ein beliebiger Text verfasst und formatiert werden, der anschließend am Ende der Führungslinie dargestellt wird. Darüber hinaus lassen sich auch diverse Parameter einfügen, die mit dem Modell verknüpft sind (siehe Abschnitt 7.3.3).

Allgemeine
Anmerkung

Auch für **ALLGEMEINE ANMERKUNG** unterscheidet sich das Verhalten etwas von den vorherigen Funktionen. Von Inventor wird der Bildschirmbereich in vier Quadranten eingeteilt. Hier ist festzulegen, wohin der einzugebende Text geschrieben werden soll. Eine Anbindung an Bauteile ist hier also nicht vorgesehen. Es wird nur eine fixierte Position in einem der Quadranten festgelegt. Verwendet wird das gleiche Dialogfenster **Text formatieren**. Mit **OK** wird der geschriebene Text im vorab festgelegten Bereich eingefügt.

Allgemeine
Profilanmerkung

Die Funktion **ALLGEMEINE PROFILANMERKUNG** in der Bauteilumgebung verhält sich ähnlich wie die vorab beschriebene Funktion **ALLGEMEINE ANMERKUNG**. Mit einer allgemeinen Profilanmerkung wird Flächen, die nicht mit einer Toleranzelement-Anmerkung gekennzeichnet wurden, ein Anmerkungstext hinzugefügt. Hier ist nach dem Aufruf wieder ein Quadrant auszuwählen, in dem die erzeugte Profilanmerkung geschrieben werden soll. Als Besonderheit ist festzuhalten, dass diese Funktion nur einmal aufgerufen werden kann. Dann wird sie inaktiv gesetzt.

Die Funktionen zum Exportieren der Bauteile und Baugruppen mitsamt Annotationen werden in Abschnitt 9.3 vorgestellt. Mit ihnen lassen sich u. a. PDF-Dokumente erzeugen, in denen das CAD-Modell als annotiertes 3D-Modell ausgegeben werden kann. Öffnet man solche Dateien im Acrobat Reader, wird das exportierte Modell in einem 3D-Viewer angezeigt.

Toleranz-
element

3D-Anmerkungen für Form und Lagetoleranzen sind ebenfalls nur in der Bauteilumgebung und nicht in der Baugruppenumgebung zu finden. Mit dem Befehl **TOLERANZELEMENT** in der Registerkarte **Mit Anmerkung versehen** sind Oberflächen auszuwählen. Im sich anschließend öffnenden Dialog werden die erkannten Maßangaben sowie Form- und Lagetoleranzen sichtbar. Die angezeigten Werte können selektiert und überschrieben werden. Der Befehl **SEGMENT HINZUFÜGEN** fügt weitere erkannte Toleranzen hinzu.

Hilfreich ist bei den Angaben von Toleranzen und Oberflächen ein Toleranzratgeber, der sich über die Schaltfläche **TOLERANZRATGEBER** öffnet. Anschließend werden in einer Art Strukturbaum Auffälligkeiten aufgelistet, und beim **Doppelklick** auf die gefundene Auffälligkeit öffnet sich kontextbezogen die Online-Hilfe von Inventor.

In dem Beispiel hat der Toleranzratgeber eine Nullwert-Toleranz erkannt, da unteres und oberes Abmaß vom Nennmaß 200 identisch sind. Diese Angabe steht noch im Widerspruch zur tolerierten Rechtwinkligkeit. Ein Minus vor dem unteren Abmaß löst diesen Widerspruch auf.

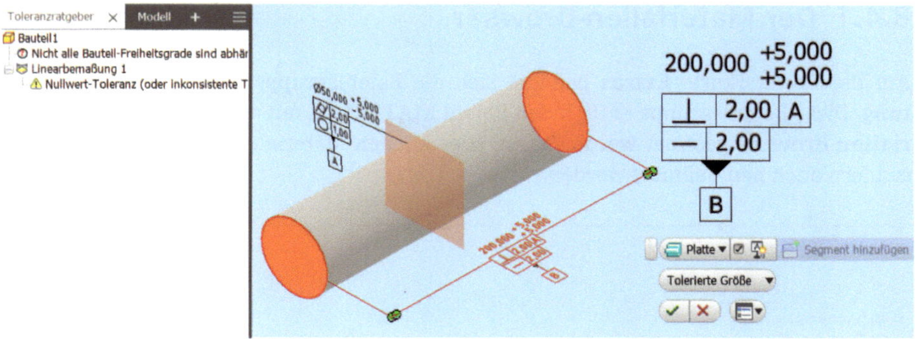

Zusätzlich lässt sich die Farbgebung für den Oberflächenstatus aktivieren. Die Schaltfläche befindet sich unten im **Toleranzratgeber**, der nach dem Anlegen eines Toleranzelements als zusätzliche Registerkarte neben dem Modellbaum aufgeführt ist.

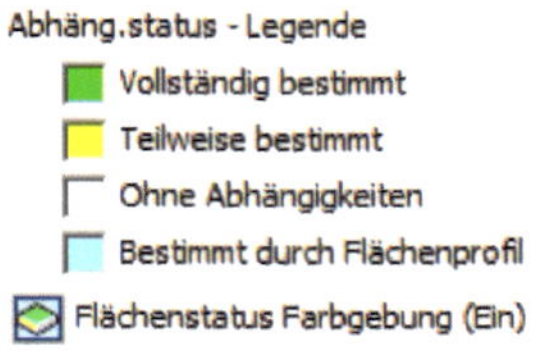

Flächenstatus Farbgebung (Ein)

TEIL II

8.4 Material- und Darstellungsbibliothek

Umfangreiche Materialbibliotheken gehören zum Standardumfang gängiger CAD-Systeme, so auch zu Inventor. Das Festlegen des Materials eines Bauteils spielt für viele Prozesse, die von der eigentlichen Bauteilkonstruktion abhängen, eine zentrale Rolle, beispielsweise für

- Gewichtsberechnungen, FEM-Analysen sowie dynamische Simulationen,
- die Auswahl des Herstellungsprozesses sowie die Fertigungsplanung (Zerspanungsdaten usw.),
- Materialwirtschaft, Kostenkalkulationen, Einkauf sowie Logistik.

Für die Definition von Materialien würde in vielen Fällen eine Zuordnung entsprechender Eigenschaften, wie Materialbezeichnung und relevante Festigkeitswerte, ausreichen. Um jedoch die vorhandenen Einstellungen zu visualisieren, sind in CAD-Systemen für die vordefinierten Materialen in der Regel zugehörige Darstellungen (Texturen) hinterlegt.

Inventor unterscheidet zwischen Materialien und ihren Darstellungen. Einem Bauteil kann also als Material *Stahl* zugewiesen und gleichzeitig eine Darstellung mit beispielsweiser gelber, grüner oder blauer Oberfläche gewählt werden. Die Inventor-Darstellung überdeckt gegebenenfalls auch Farb- und Darstellungsangaben, die mit einem Material angelegt wurden. Neben der Farbgebung können Oberflächen auch mit aufwendigeren Mustern versehen werden, sogenannten Texturen, die Oberflächen realitätsnah darstellen. Über Zusatzfunktionen wird mit Texturen sogar die fotorealistische Darstellung von Bauteilen möglich (siehe Abschnitt 8.5).

8.4.1 Der Materialien-Browser

Auf der Registerkarte **Extras** befindet sich die Befehlsgruppe **Material und Darstellung**. Diese Befehlsgruppe enthält den Befehl **MATERIAL**, mit dem wiederum der **Materialien-Browser** geöffnet werden kann. Hier können Materialen nicht nur ausgewählt, sondern auch neu definiert werden.

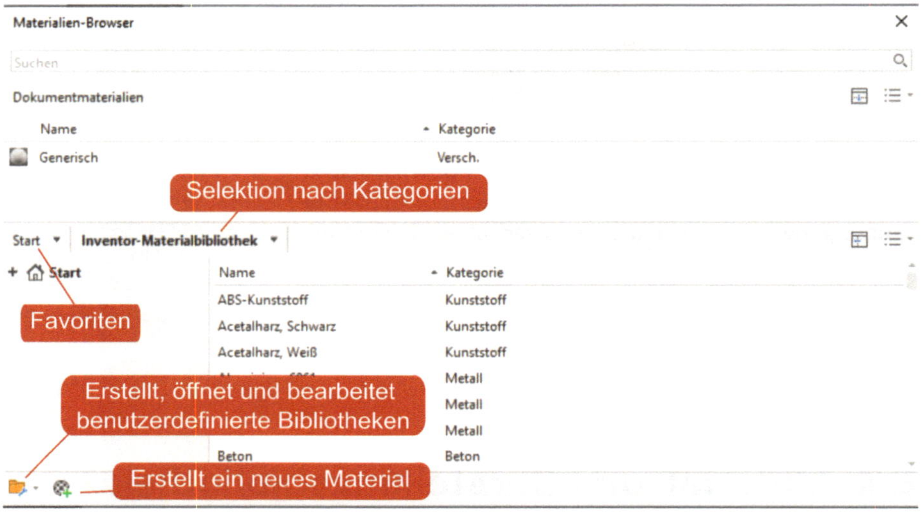

Es gibt neben der Inventor-Materialbibliothek die Autodesk-Materialbibliothek, die Favoriten und die Möglichkeit, eigene Materialbibliotheken zu erstellen.

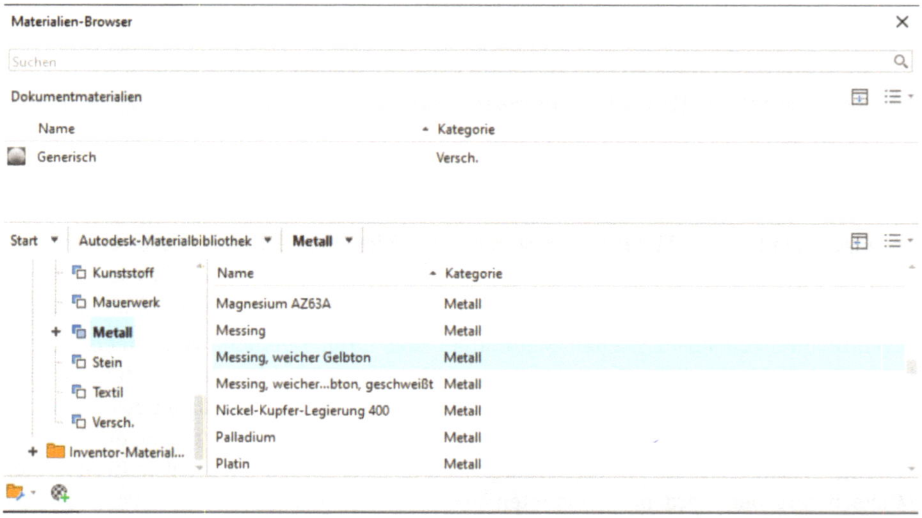

Materialien sind in **Kategorien** zusammengefasst, wodurch die Auswahl sehr viel übersichtlicher erfolgen kann. Zusätzlich können auch eigene Kategorien erzeugt werden (siehe Abschnitt 8.4.3).

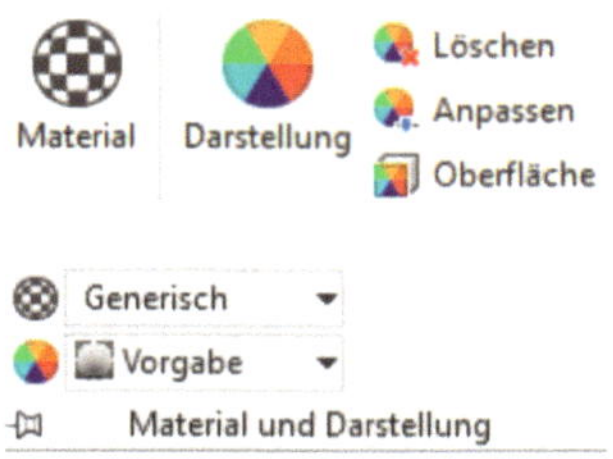

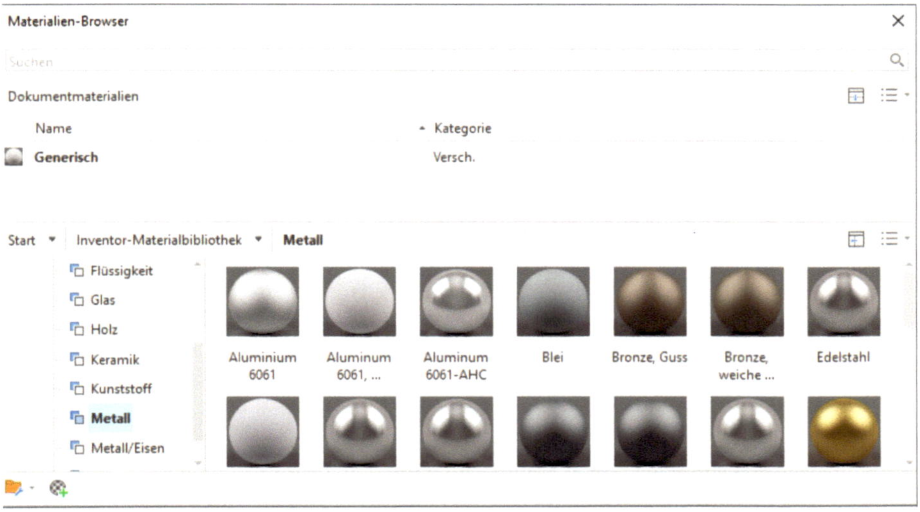

Mit dem Befehl **BEARBEITEN** im Kontextmenü des jeweiligen Dokumentmaterials öffnet sich der **Material-Editor**, der in drei Registern alle vordefinierten Eigenschaften des jeweiligen Materials anzeigt. Die unter **Physisch** definierten Kennwerte werden von Inventor für Simulationen, Berechnungen und Ähnliches zugrunde gelegt. Die unter **Aussehen** definierten Parameter legen die Darstellung des Materials fest, wenn keine alternative Darstellung im **Darstellungs-Browser** gewählt wurde.

Änderungen der Eigenschaften wirken sich zunächst nur auf die im Dokument verwendeten Materialien (**Dokumentmaterialien**) aus und nicht auf Bibliothekseinträge. Geänderte Materialien können aber in eigene Bibliotheken übernommen werden.

HINWEIS: Der **Darstellungs-Browser** zum Verwalten vordefinierter Darstellungen eines Materials ist analog zum **Materialien-Browser** aufgebaut. Auch das Anlegen entsprechender Bibliotheken ist analog und kann gemäß Abschnitt 8.4.3 vorgenommen werden.

8.4.2 Mit Materialien und Darstellungen arbeiten

In der oberen Menüleiste befinden sich die häufig benötigten Auswahllisten für die Materialien (*Generisch*) und deren Darstellung (*Vorgabe*). Davor, dazwischen und dahinter sind die kleinen Schaltflächen für die nicht so häufig benötigten Funktionen der Browser und der Änderungs- bzw. Löschfunktion angebracht.

Die **Material-Auswahlliste** ist als häufig benötigte Funktion in der Schnellzugriffleiste angeordnet und damit in allen Arbeitsbereichen sichtbar, egal welche Registerkarte aktiv ist.

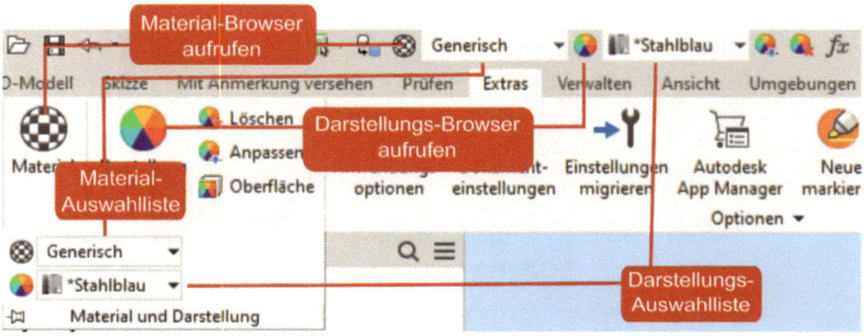

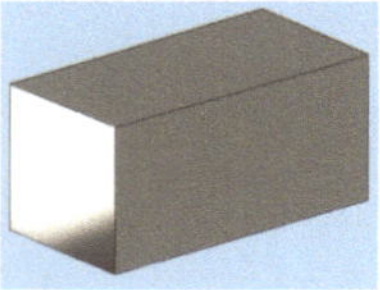

Wird ein Material selektiert, dann resultieren daraus mehrere Aktionen:

- Das Bauteil bekommt diesen Werkstoff zugewiesen und die Bauteilflächen werden mit einer dem Material hinterlegten Textur dargestellt.
- In der Darstellungs-Auswahlliste wird die zu diesem Material passende Darstellung automatisch selektiert und angezeigt.
- In die iProperties des Bauteils werden neben dem Materialnamen auch die physikalischen Eigenschaften des Werkstoffs eingetragen.

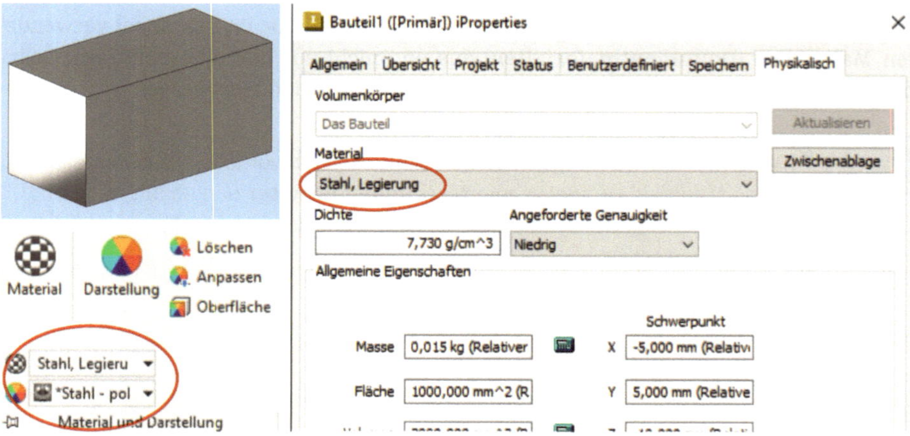

HINWEIS: Ist nur eine Fläche des Bauteils markiert, wird in der Material-Auswahlliste kein Werkstoff angezeigt. Einzelne Flächen können nur in der Darstellung geändert werden, d. h., Texturen werden angepasst. Die Funktion **OBERFLÄCHE** (Abschnitt 5.5.16) bietet hier weiterführende Möglichkeiten.

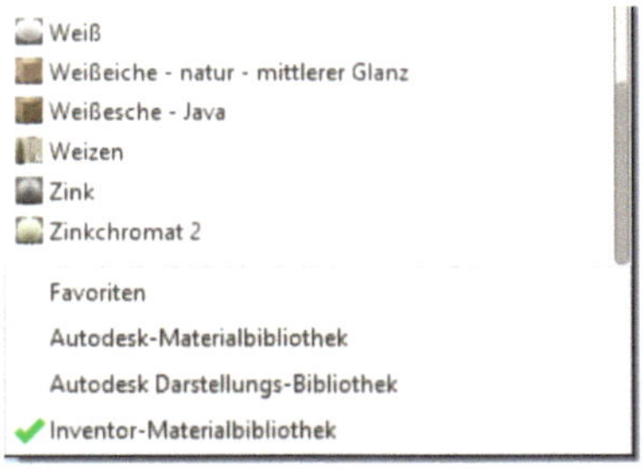

In der **Darstellungs-Auswahlliste** kann im unteren Bereich ebenfalls die zu verwendende Darstellungsbibliothek ausgewählt werden. In der Abbildung ist die **Inventor-Materialbibliothek** aktiv. Die Darstellung der entsprechenden Auswahl erscheint in der Auswahlliste.

Die Materialzuordnung bzw. die Darstellung erfolgt über das direkte Selektieren der Geometrie im Grafikfenster oder über den Strukturbaum. Ist während der Selektion in dieser Liste kein Element (keine Fläche) des Bauteils markiert, dann wird, wie in der Abbildung links zu sehen, das ganze Bauteil mit dieser Darstellung überzogen. Auch das Material kann dann noch festgelegt oder verändert werden.

Sind während der Selektion in dieser Liste ein oder mehrere Elemente (Flächen) des Bauteils markiert, dann erhalten, wie in der Abbildung rechts zu sehen, nur die markierten Elemente diese Darstellung. Das Einstellen des Materials ist nicht möglich, und diese Funktion ist deaktiviert, da einer Fläche kein Material, sondern nur eine Darstellung zugewiesen werden kann.

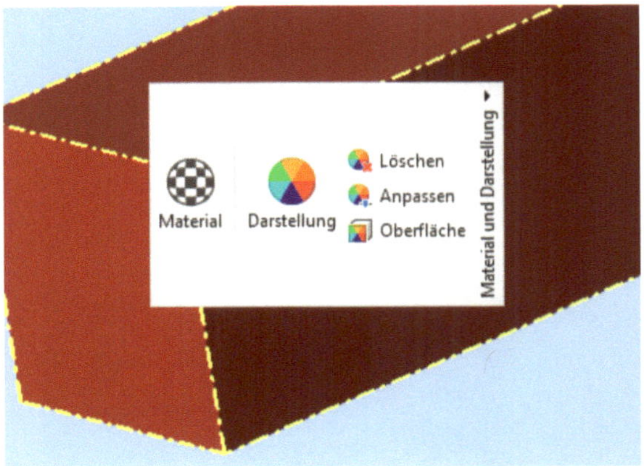

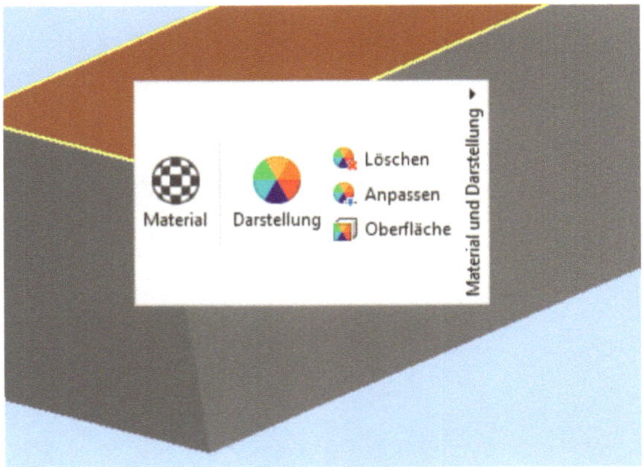

Beispiel: Darstellung anpassen bzw. löschen

Anpassen

Um diese Funktion zu verdeutlichen, wurde analog zum in Abschnitt 8.4.3 beschriebenen Vorgehen zum Anlegen eines neuen Materials eine neue Darstellung (Textur) *Hammerschlag-Design* angelegt. Mit der Funktion **ANPASSEN** erscheint ein Farbauswahl-Dialog, in dem Farbwerte entweder durch interaktive Auswahl im Farbkreis oder durch die direkte Eingabe der **RGB**- oder **HSL**-Anteile (Farbton | **H**ue, Sättigung | **S**aturation, Intensität |

Luminance, Luminanz) eingestellt werden können. Darüber hinaus sind auch die in Inventor hinterlegten Darstellungen (Texturen) über eine Auswahlliste im Mini-Werkzeugkasten wählbar. Hierüber kann auf das neue Design zurückgegriffen werden.

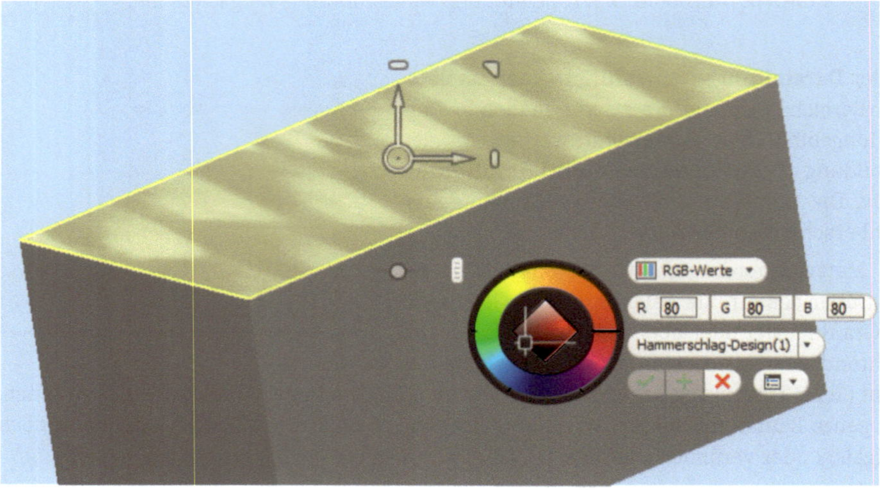

Mit dem auf der selektierten Fläche eingeblendeten **Textur-Manipulator** kann die Texturposition angepasst und die Rotation sowie Skalierung geändert werden, ohne die Modellierungsumgebung zu verlassen.

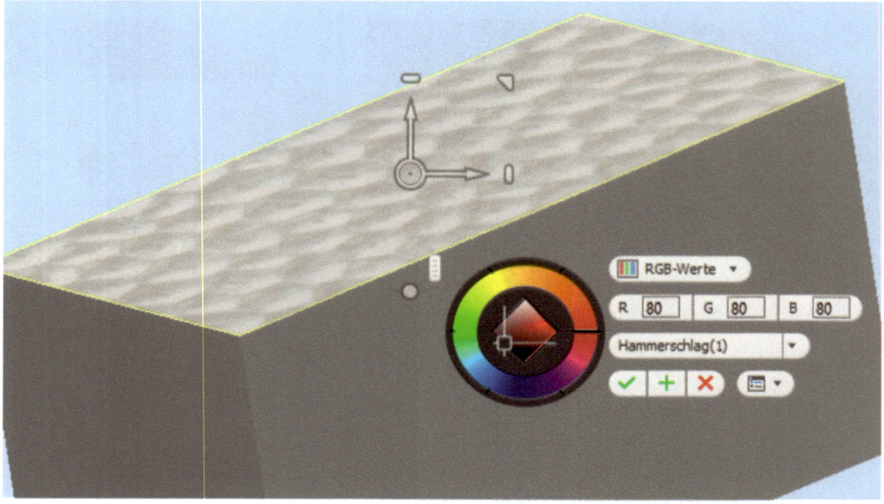

Wurden vorab ein oder mehrere Elemente des Bauteils oder Bauteile einer Baugruppe markiert, erscheint der Cursor direkt als **Farbkanne**, und die Farbe der Elemente verändert sich, sobald der Farbkreis verstellt wurde. Mit der Farbkanne können weitere Elemente ausgewählt werden, denen ebenfalls eine Farbe zugewiesen werden soll.

Ist kein Element am Bauteil aktiv, erscheint am Cursor eine **Pipette**, die zunächst die Auswahl eines Farbtons ermöglicht. Der gewählte Farbton wird in der Farbauswahl eingestellt und kann danach geändert und/oder beliebigen Elementen zugewiesen werden (es erscheint wieder die Farbkanne).

Mit dem Aufruf der Funktion **DARSTELLUNG LÖSCHEN** werden die Darstellungszuweisungen eines ausgewählten Elements entfernt.

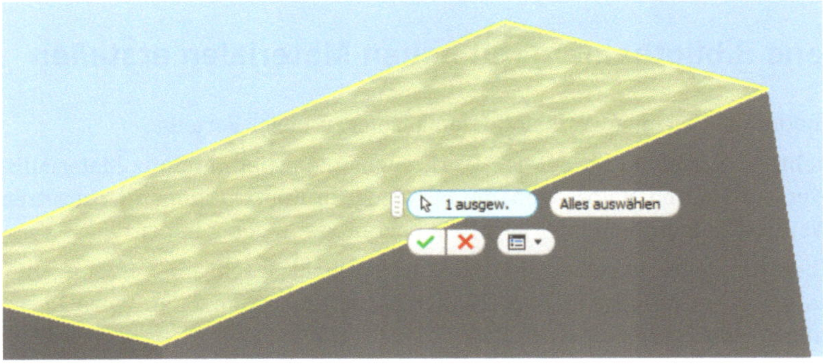

> **HINWEIS:** Nach dem Löschen einer Darstellung bekommt das entsprechende Element entweder wieder den Farbton zugewiesen, der dem Material zugeordnet ist, oder den Standardfarbton (*Generisch*) für Elemente ohne Materialzuweisung.

Beispiel: Oberfläche anpassen

Mit dem Befehl **OBERFLÄCHE**, der in der Bauteilumgebung auch in der Befehlsgruppe **Ändern** zur Verfügung steht, lassen sich flächenspezifische Eigenschaften, wie Materialbeschichtung, Vergütung, Oberflächenbeschaffenheit etc., festlegen, wie auch in Abschnitt 5.5.16 aufgeführt.

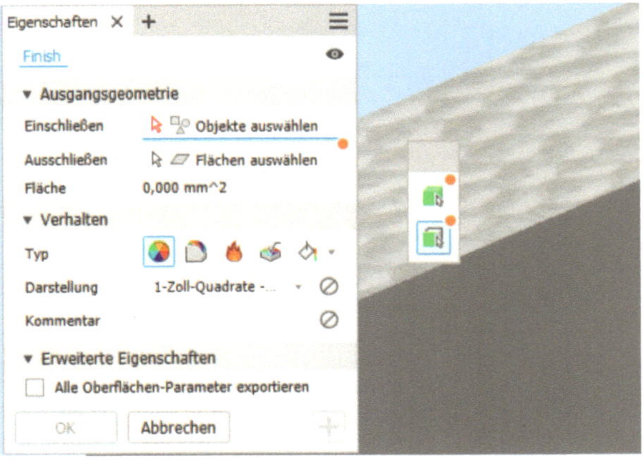

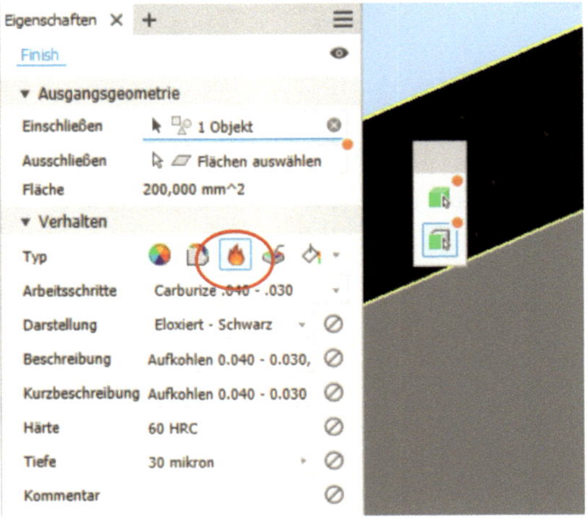

Es öffnet sich ein Dialogfenster, in dem die zu ändernde Ausgangsgeometrie zu wählen ist. Der Auswahlmodus kann über **Körper** bzw. **Flächen** eingestellt werden. Dann ist der Typ der Oberfläche festzulegen. Gekennzeichnet ist in der Abbildung **Wärmebehandlung anwenden**. Im Strukturbaum wird anschließend ein eigener Ordner **Oberflächen** angelegt, in dem alle für ein Bauteil geänderten Flächen aufgeführt werden (siehe auch Abschnitt 5.5.16).

8.4.3 Eigene Bibliothek(en) mit neuen Materialen erstellen

Eine neue Bibliothek mit eigenen Werkstoffdaten anzulegen bietet Vorteile:

- In Unternehmen, vor allem im Bereich Werkzeugbau, existieren häufig Materiallisten von Werkstoffen und Halbzeugen, die bevorzugt in Konstruktionen einzusetzen sind, da Werkstofflieferanten in der Regel ein begrenztes Angebot haben.
- Werkstoffbezeichnungen nach DIN EN 10027-1 sind nicht durchgängig in den Autodesk-Bibliotheken aufzufinden (z. B. SR255JR+C). In Stücklisten sollen diese Normbezeichnungen jedoch verwendet werden.
- Werkstoffnummern nach DIN EN 10027-2 sind nicht den standardmäßig installierten Bibliotheken enthalten (z. B. 1.0144 für S275J2+N). In Stücklisten sollen diese Nummern jedoch eingetragen werden.
- Die technologischen Eigenschaften der vordefinierten Werkstoffe weichen von den einzusetzenden Werkstoffen ab, was u. a. zu anderen Ergebnissen bei Simulationen oder Darstellungen führen würde.

Nach dem Aufruf des **Materialien-Browsers** über den Befehl **MATERIAL** in der Registerkarte **Extras** wird zum Erstellen einer neuen Materialbibliothek zuerst die Auswahl **Neue Bibliothek erstellen** im Abrollmenü der Schaltfläche links unten gestartet.

Der Windows-Explorer öffnet sich, und für die neue Bibliothek ist ein Name einzugeben, der den Windows-Dateinamenskonventionen entsprechen muss. Im beschriebenen Beispiel wurde *Meine Werkstoffe* als Name gewählt. Erzeugt wird mit diesem Schritt eine neue Bibliotheksdatei mit der Endung **.adsklib* (Autodesk Library).

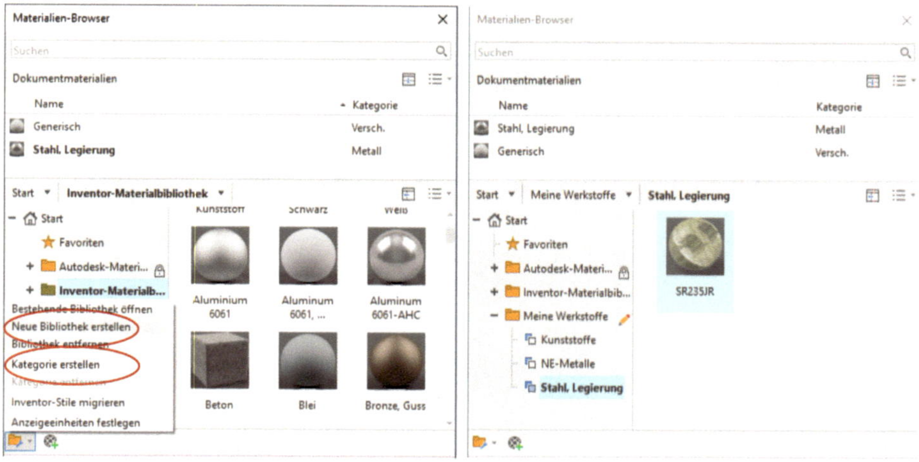

Da die neue Bibliothek noch keine Kategorien enthält, besteht der zweite Schritt darin, mit **Kategorie erstellen** neue Kategorien (im Beispiel *Kunststoffe, NE-Metalle* und *Stahl*) zuzuweisen. Die erstellten Kategorien werden sofort der selektierten Bibliothek zugeordnet und erscheinen im Strukturbaum des Materialien-Browsers (siehe Abbildung rechts).

> **HINWEIS:** Kategorien, die keine Materialien beinhalten, werden nicht dauerhaft gespeichert. Inventor speichert Kategorien erst, wenn ein Material hinzugefügt wurde.

Das Hinzufügen eines neuen Werkstoffs zu einer Bibliothek erfolgt in mehreren Schritten.

- Ein neues Material wird benannt und dem geöffneten und aktiven Dokument zugewiesen.
- Danach werden die technischen/physikalischen und die optischen Eigenschaften des neuen Materials definiert. Sie sind zunächst nur dem Dokumentmaterial zugewiesen.
- Abschließend wird das neu definierte Material einer Bibliothekskategorie hinzugefügt.

Nach Klick auf die Schaltfläche **ERSTELLT NEUES MATERIAL IM DOKUMENT** (siehe Kennzeichnung in der Abbildung links) öffnet sich der Material-Editor, mit den drei Registerkarten **Identität**, **Aussehen** und **Physisch**.

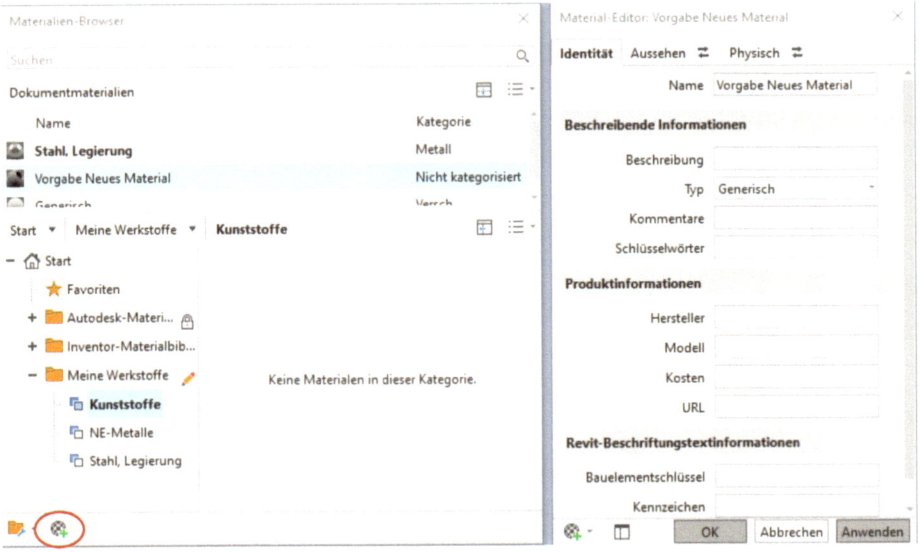

Nur der Name unter der Registerkarte **Identität** muss direkt ausgefüllt werden, damit die Eingabe gespeichert werden kann. Alle weiteren Eigenschaften können auch später noch modifiziert bzw. eingegeben werden. Durch die ausführliche Angabe von Schlüsselwörtern kann sichergestellt werden, dass später auch nach den Bestandteilen dieser Bezeichnung gesucht werden kann. So ist es beispielsweise möglich, nur nach „SR" oder „235" oder „1.0038" oder „Baustahl" zu suchen, um diesen Werkstoff auch in einer umfangreichen Bibliothek schnell finden zu können.

Darüber hinaus gibt es jeweils einen Bereich für Produktinformationen und Revit-Beschriftungstextinformationen. Neben AutoCAD ist Revit ein weit verbreitetes CAD-System zum Erstellen von Grundrissen, Werkplänen und ähnlichen 2D-Zeichnungen. Die Revit-Angaben gewährleisten anwendungsübergreifende Kompatibilität.

Der gespeicherte Werkstoff wird automatisch den **Dokumentmaterialien** hinzugefügt, die im oberen Bereich des Materialien-Browsers angezeigt werden, und ist somit sofort im aktiven Bauteil verfügbar.

Mithilfe des Kontextmenüs für einen neuen Werkstoff wird das Material über **HINZUFÜGEN ZU > MEINE WERKSTOFFE > XXX (gewählte Kategorie)** in der eigenen Bibliothek *Meine Werkstoffe* unter der Kategorie gespeichert und ist ab dann auch außerhalb der geöffneten Bauteile verfügbar.

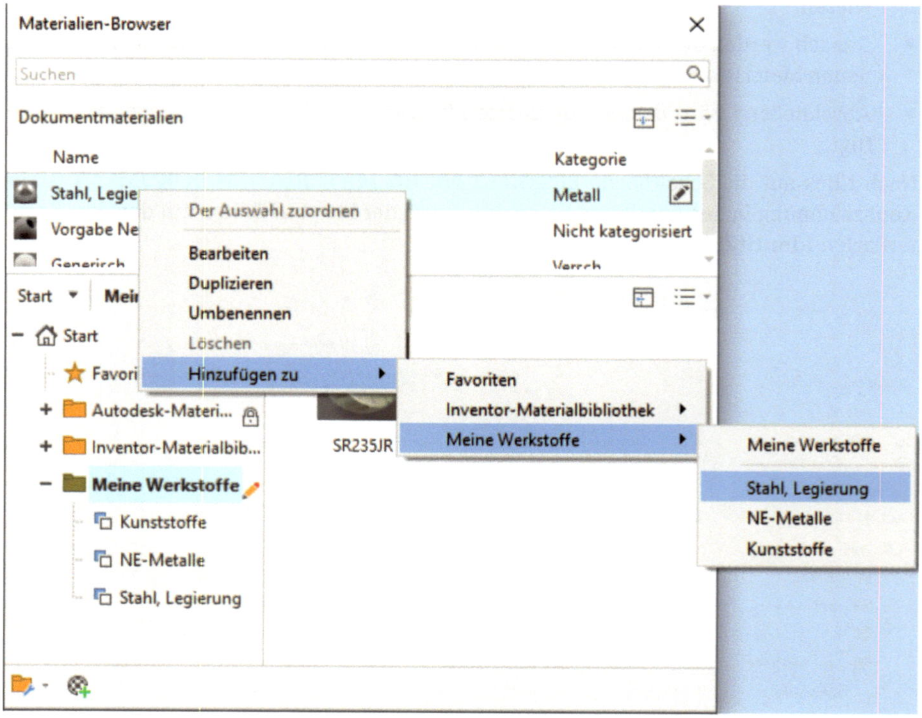

Ein Doppelklick auf den Werkstoff-Eintrag im Materialien-Browser öffnet den Material-Editor, in dem alle weiteren Eigenschaften des neuen Werkstoffs definiert werden. Je nach Auswahl werden im unteren Bereich des Dialogfensters die jeweiligen Eigenschaften mit ihren Eingabefeldern angezeigt.

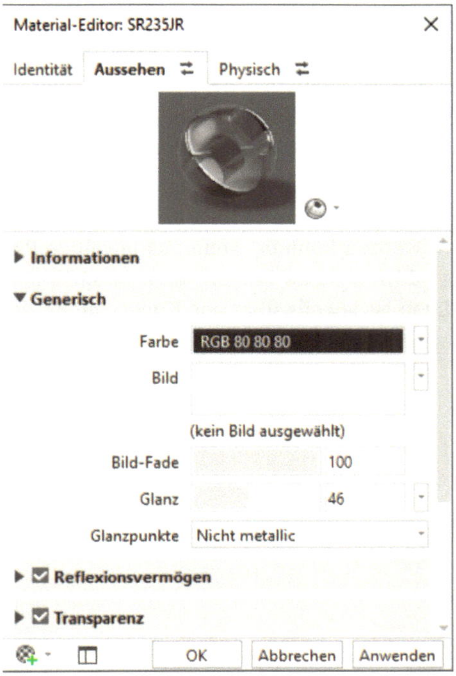

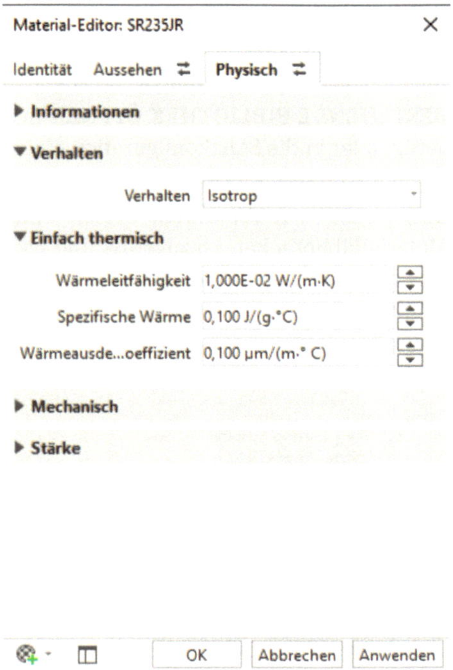

TIPP: Häufig ist es schneller und einfacher, ein bestehendes Material anzupassen, als ein vollständig neues Material anzulegen.

Nachfolgend sind die Schritte zusammengefasst, um ein bestehendes Material anzupassen und zur eigenen Bibliothek hinzuzufügen. Ein bestehendes Material kann dabei per Drag & Drop zu den Dokumentmaterialien hinzugefügt werden.

- Über das Kontextmenü des Dokumentmaterials ist **DUPLIZIEREN** zu wählen, und das duplizierte Material ist über das Kontextmenü **UMBENENNEN** anzupassen.
- Das Material ist über das Kontextmenü der eigenen Bibliothek hinzuzufügen (z. B. **HINZUFÜGEN ZU** > **MEINE WERKSTOFFE** > **XXX (Kategorie)**).
- Das neu definierte Material ist im Editor zu öffnen, und die Eigenschaften (z. B. die Dichte) sind anzupassen. Hiermit wurde das Material allerdings nur als Dokumentmaterial geändert!
- Das angepasste Material wird nun erneut der eigenen Bibliothek hinzugefügt, und damit wird das duplizierte Material (vor seiner Veränderung) überschrieben. Hierdurch werden die Änderungen aus den Dokumentmaterialien in die Materialien-Bibliothek übernommen.

Beispiel: Eigene Bibliotheken öffnen oder automatisch laden lassen

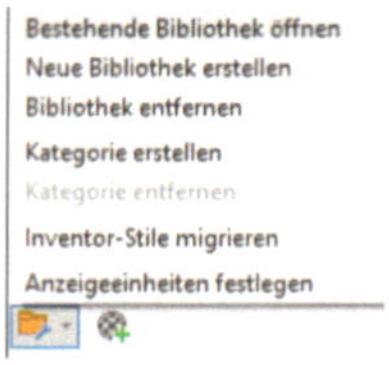

Eigene Bibliotheken (z. B. *Meine Werkstoffe*) werden nicht automatisch beim Start von Inventor geladen. Sie können entweder über den Materialien-Browser mit dem Befehl **BESTEHENDE BIBLIOTHEK ÖFFNEN** im Ausrollmenü bei einer geöffneten Datei hinzugefügt oder in die Startkonfiguration eines Projekts aufgenommen werden.

Der Befehl **PROJEKTE** in der Schnellstartleiste oder auf der Inventor- Startseite öffnet ein Dialogfenster zur Verwaltung der Projekte, in dem sowohl die Darstellungs- als auch die Materialbibliotheken hinzugefügt und entfernt werden können, wenn das jeweilige Projekt nicht aktiv ist, bzw. bei aktivem Projekt dürfen keine Bauteil- bzw. Baugruppendateien geöffnet sein. Der Befehl zum Hinzufügen ist jeweils über das Kontextmenü der Kategorie zu erreichen.

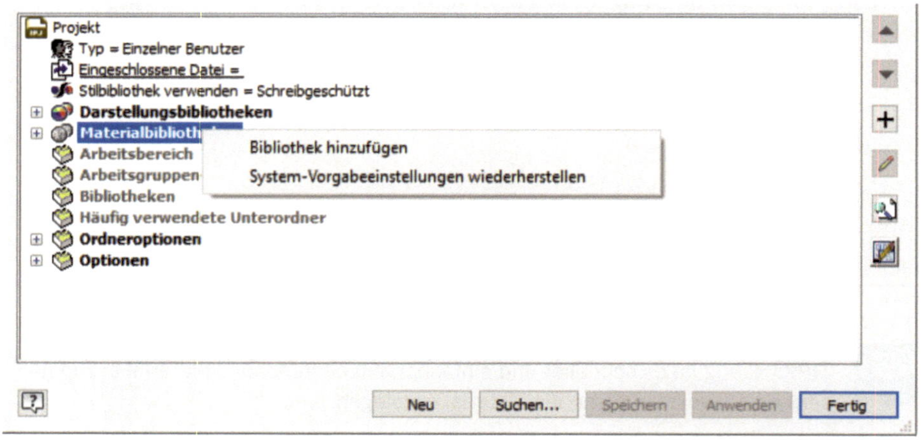

8.5 Inventor Studio – Rendering

Fotorealistische Darstellungen, sogenannte Renderings, stehen oft am Ende einer Entwicklungsaufgabe. Hierfür gibt es in Inventor die Programmumgebung **Inventor Studio**, mit dem sich qualitativ höherwertige Grafiken erzeugen lassen. Da verschiedene Bibliotheken mit diversen vordefinierten Einstellungen zur Verfügung gestellt werden, wird nicht zwingend vorausgesetzt, dass die Bedienung ausschließlich etwas für professionelle Bildgestalter ist.

Das **INVENTOR STUDIO** wird über die Registerkarte **Umgebungen** in der Befehlsgruppe **Beginnen** aktiviert. Es erscheint u. a. die Registerkarte **Rendern** mit verschiedenen Einstellmöglichkeiten für die fotorealistische Darstellung von Objekten.

Die nachfolgende Übersicht der verfügbaren Befehle zeigt die umfangreichen Möglichkeiten in diesem Bereich.

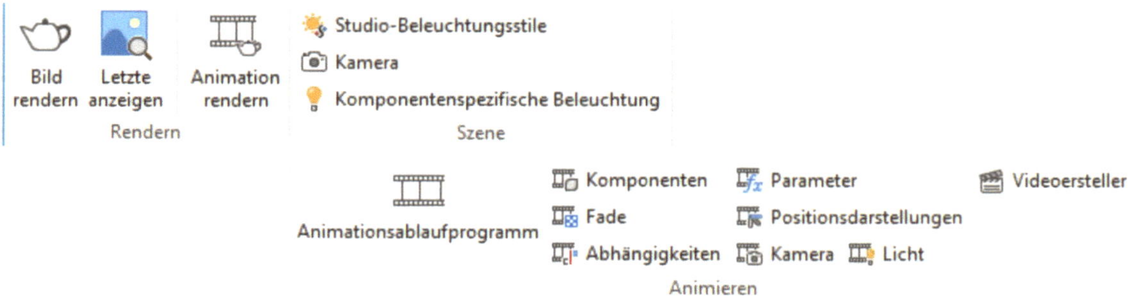

Bei einer fotorealistischen Darstellung kommt es auf die Definition von bestimmten Eigenschaften für das zu rendernde Produkt an, die sich in die drei Gruppen

- Oberflächen,
- Beleuchtungen, sowie
- Szenen und Kameras

gliedern lassen. Hierbei handelt es sich um Begriffe bzw. Funktionen aus Foto- oder Filmindustrie, die in Inventor Studio zur Verfügung stehen.

Oberflächen können mit verschiedenen Materialstrukturen bzw. Texturen (siehe Abschnitt 8.4) oder auch mit Bildern belegt werden. Neben den Szenenstilen (Anordnung der Szenenkomponenten) sind Kameraeinstellung und Beleuchtungsarten wähl- und einstellbar. Auch lassen sich Bauteilanimationen mit Kamerafahrten aufnehmen und als Film abspielen.

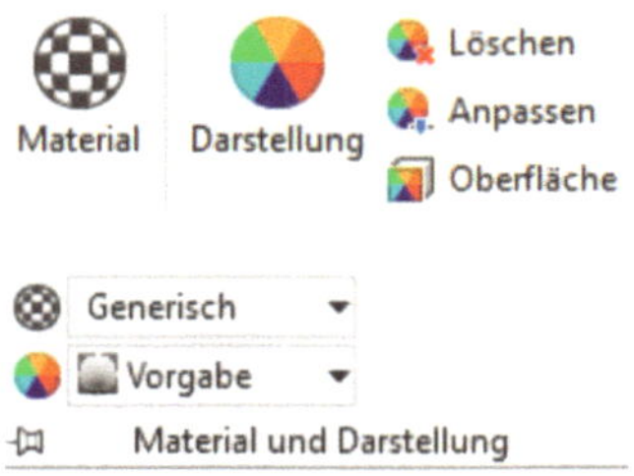

Die Materialzuordnung bzw. die Darstellung der zu rendernden Objekte wurde bereits in der Bauteil- bzw. Baugruppenumgebung (siehe Kapitel 5, Kapitel 6 und auch Abschnitt 8.4) vorgestellt. Die eingestellten Daten werden auch in Inventor Studio verwendet und müssen nicht erneut zugewiesen werden. Änderungen, wie z. B. die Zuordnung einer anderen Darstellung, können aber auch noch in dieser Arbeitsumgebung vorgenommen werden.

Mit der Art, wie ein Objekt ausgeleuchtet wird, können verschiedene Ziele erreicht werden. Emotionen bei Betrachtern und auch das Erzeugen von unterschiedlichen Stimmungen sind hiermit möglich. Details sollen sichtbar sein, helle Stellen sollen nicht zu hell sein und dunkle Stellen nicht zu dunkel erscheinen. Auch Reflexionen spielen eine wichtige Rolle, wenn es um die Umsetzung einer fotorealistischen Darstellung geht. Ohne Beleuchtungseinstellungen sind diese Effekte nicht zu erreichen.

HINWEIS: Nach dem Aufruf von Inventor Studio wird der Anwender bereits das erste Mal mit einem „Beleuchtungsstil" konfrontiert. Inventor weist darauf hin, dass eine sogenannte IBL-Umgebung geladen wird. IBL steht für eine Umgebungsbeleuchtung. Erkennbar ist der Unterschied bereits bei der Betrachtung der Objekte, die in der neuen Umgebung visuell in einer anderen Form präsentiert werden.

Als Beleuchtungsmodell wird in der Computergrafik allgemein ein Verfahren bezeichnet, welches das Verhalten von Licht simuliert. Beleuchtungsmodelle simulieren das Verhalten von Licht auf Oberflächen und ermöglichen die Bestimmung der Farbänderung und Helligkeit jedes Punkts auf dieser Oberfläche durch das eingestellte Licht. Allgemein wird bei Beleuchtungsmodellen unterschieden zwischen globalen Modellen, bei denen die Interreflexionen mit einfließen, und lokalen Modellen, bei denen die direkte Lichtreflexion berücksichtigt wird. In Inventor wird ein Beleuchtungsstil als global bezeichnet, wenn er in der Bibliothek gespeichert wird, und als lokal, wenn er sich auf eine Beleuchtung bezieht, die im betroffenen Dokument, d.h. der Datei mit den Objektdaten, gespeichert wird.

Inventor bietet insgesamt drei verschiedene Beleuchtungsarten an. Neben der Umgebungsbeleuchtung (IBL), auch **Studio-Beleuchtungsstil** genannt, existiert die **komponentenspezifische Beleuchtung**. Beide Beleuchtungsarten können auch kombiniert werden, was die dritte Variante darstellt.

Studio-Beleuchtungsstile

Studio-Beleuchtungsstile leiten ihre Beleuchtungsparameter, d.h. die Werte für Luminanz oder Glanz, von einem mit dem Beleuchtungsstil gespeicherten Bild ab. Mit den Stileinstellungen werden **Belichtung**, **Drehung** und **Skalierung** gesteuert, wobei die Einzelwerte zusätzlich angepasst werden können. Der Beleuchtungsstil wirkt sich immer auf das komplette Grafikfenster aus.

Über das Kontextmenü kann der Stil **Aktiv** gesetzt werden, womit der Stil gleichzeitig unter **Lokale Beleuchtungsstile** abgelegt und damit der Datei zugeordnet wird.

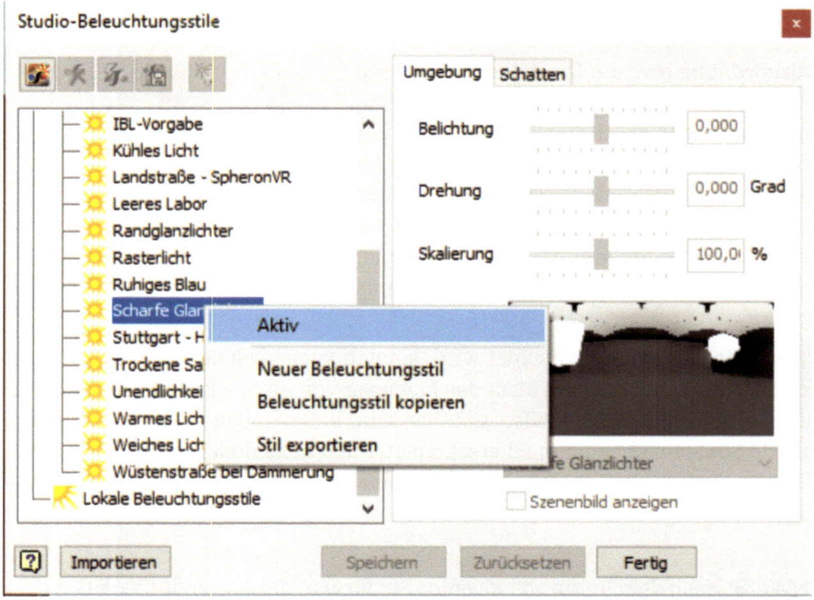

Wenn nicht nur die Beleuchtung, sondern auch das Szenenbild des Beleuchtungsstils in das Rendering übernommen werden soll, kann dies in der Umgebung **SZENENBILD ANZEIGEN** durch Setzen des Hakens in dem Kästchen unterhalb der Quelle ausgewählt werden. Je nach Beleuchtungsstil erscheint nun um das Bauteil bzw. die Komponente herum eine sphärische oder räumliche Umgebung. Deutlich wird dieser Effekt u.a. bei *Leeres Labor* oder *Landstraße*.

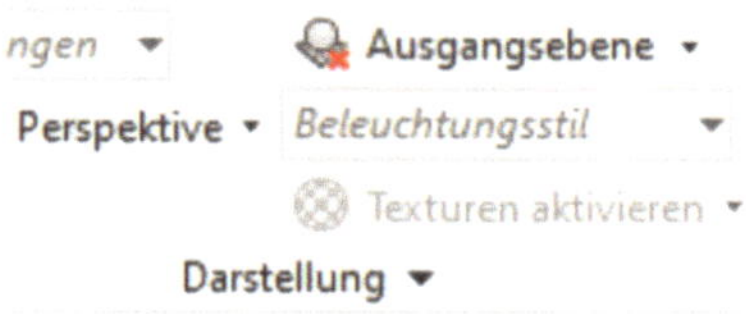

Wird **SZENENBILD ANZEIGEN** gewählt, kann die Ausrichtung des Bauteils zur Szene unter der Registerkarte **Ansicht** in der Befehlsgruppe **Darstellung** mit der Funktion **AUSGANGSEBENE > EINSTELLUNGEN...** angepasst werden. Im Dialogfeld lässt sich der Höhenversatz zwischen Bauteil und Grundebene der Szene einstellen. Ebenfalls kann in dieser Befehlsgruppe zwischen **Perspektive** und **Orthogonal** für den Anzeigemodus gewählt werden.

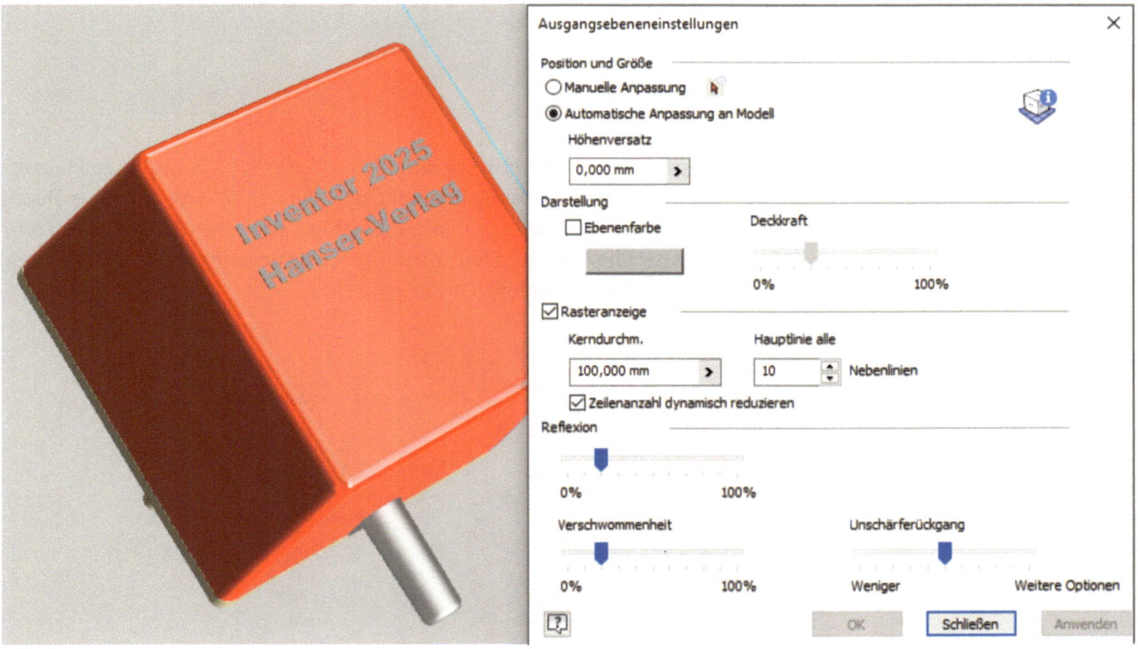

Das Ändern eines eingestellten Beleuchtungsstils erfolgt am einfachsten über den **Stil-Editor** (Registerkarte **Verwalten**, Befehlsgruppe **Stile und Normen**). Wird dieser Befehl aus der Studio-Umgebung aufgerufen, stehen die vorhandenen Beleuchtungsstile zur Auswahl. Ein Doppelklick auf den entsprechenden Stil aktiviert diesen. Alternativ kann über das Kontextmenü auch der Befehl **AKTIV** verwendet werden.

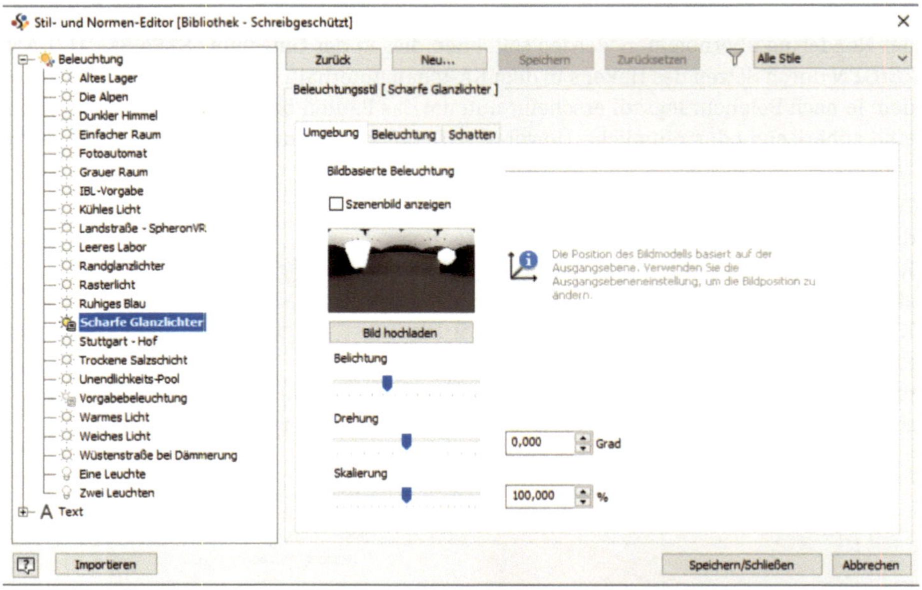

Komponentenspezifische Beleuchtung

Die **Komponentenspezifische Beleuchtung** simuliert Strahler als Lichtquelle. Mehrere gerichtete Lichter können dabei gleichzeitig in einer Szene verwendet werden. Über **Bezug** und **Position** sind die anzuleuchtenden Objekte (Flächen) bzw. die Position der Lichtquelle zu definieren. Anschließend werden diese im Strukturbaum aufgenommen und können hierüber auch jederzeit geändert werden.

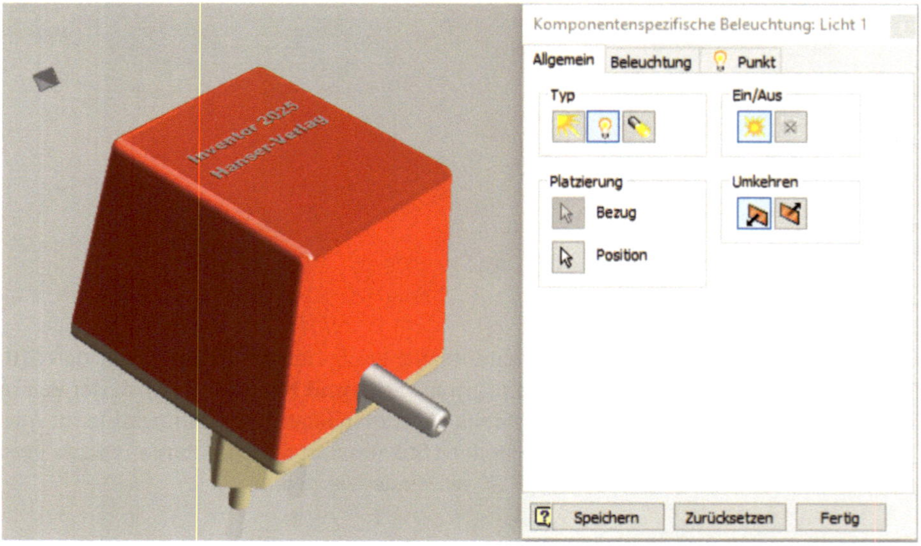

TEIL II

Kamera

Es fehlt noch die Position der **Kamera**. Kameras definieren den Blickwinkel auf eine beliebige Szene und haben damit einen erheblichen Einfluss auf ein zu renderndes Bild. Auch für die Anzahl der Kameras bzw. Blickwinkel gibt es keine Einschränkungen.

Wie für Lichtquellen sind auch hier der **Bezug** und die **Position** der Kamera einstellbar. Darüber hinaus lassen sich die Projektion (orthogonal/perspektivisch), der Zoomfaktor und weitere kameraspezifische Werte, wie Tiefenschärfe und Fokus, einstellen.

Die Einstellung **orthogonal** wird in der Regel verwendet, wenn isometrische Bilder erzeugt werden sollen. Die Einstellung **perspektivisch** eignet sich für die Vermittlung der Bildtiefe oder wenn die gerenderte Ausgabe eines Objekts mit einem Hintergrundfoto kombiniert wird.

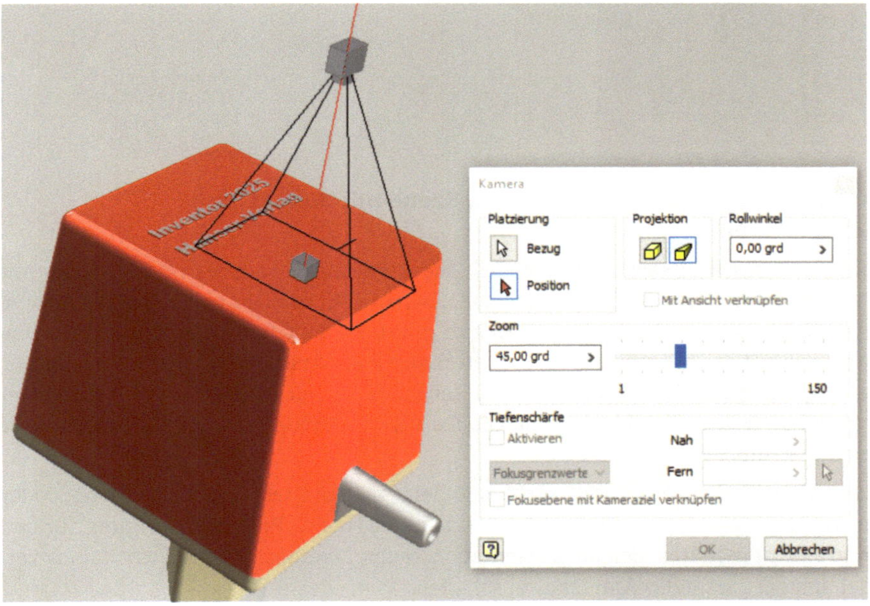

Bild rendern

Mit der Definition der Oberflächen, der Beleuchtung und der Kameraperspektiven ist die Vorbereitung für die Erzeugung einer fotorealistischen Darstellung abgeschlossen. Nun kann die Funktion **BILD RENDERN** aufgerufen werden. Es öffnet sich ein weiteres Dialogfenster, und nach der Bildgröße können die zu verwendende Kamera und der Beleuchtungsstil ausgewählt werden. Auf der Registerkarte **Renderer** ist darüber hinaus die gewünschte Dauer für die Berechnung einzustellen. Oftmals liefert erst eine hohe Anzahl an Wiederholungen (bis zu 250 Berechnungen) ein zufriedenstellendes Ergebnis. Eine erste visuelle Überprüfung ist jedoch bereits bei sehr viel weniger Wiederholungen möglich, da nach Anzeige des Ergebnisses zusätzliche Berechnungen gestartet werden können.

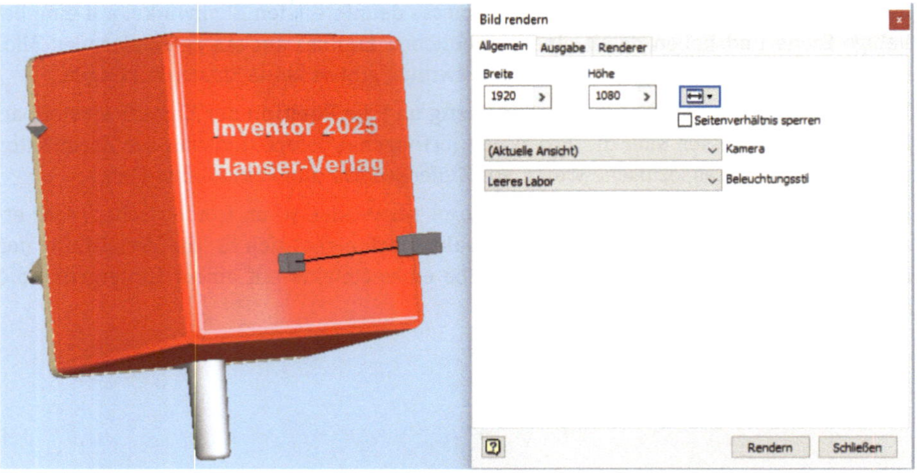

Beispiel: Erzeugung einer komplexen Szene mit dem Modell „Steckernetzteil"

Grundlage dieses Beispiels ist das Modell „Steckernetzteil", welches im Folgenden mit Inventor Studio in Szene gesetzt werden soll. Hierbei geht es nicht ausschließlich darum, eine möglichst fotorealistische Darstellung zu erzeugen, sondern das Modell in eine Umgebung einzubetten, die einen realistischen Bezug hat. Dieses gestaltet sich oft als sehr aufwendig und kann dabei auch sehr viel Zeit in Anspruch nehmen. Das Beispiel zeigt aber auch auf, welche Kombinationsmöglichkeiten unterschiedlicher Funktionen hierfür in Inventor genutzt werden können.

Um das Modell „Steckernetzteil" nicht mit dem eingestellten Grafikhintergrund oder einem vordefinierten Szenenbild rendern zu müssen, ist ein „Präsentationsraum" für den Hintergrund zu gestalten. Solche „Präsentationsräume" werden auch in Foto-Studios verwendet, um ein passendes Ambiente zu schaffen.

Steckernetzteile sind gebräuchliche Elektronikkomponenten im Haushalt. Hier bietet sich der Ausschnitt aus einem Raum mit einer Steckdose an. Der Aufwand hierfür muss überschaubar bleiben, und es bieten sich für die Gestaltung des Raumes Texturen an, die über **Materialien und Darstellungen** erzeugt bzw. ausgewählt werden können (siehe Abschnitt 8.4.2). Für den Boden sind Holzstrukturen geeignet, und Wände lassen sich optisch beispielsweise mit der Textur einer Raufasertapete annähernd realistisch darstellen. Die Steckdose selber ist ein Bild, welches über die Funktion **AUFKLEBER** (siehe Abschnitt 5.4.8) auf die zu erzeugende Wandfläche projiziert werden kann.

Die benötigte Größe richtet sich nach den Dimensionen des Steckernetzteils, damit die Proportionen insgesamt stimmig sind. Für die Bodenfläche wurde eine Skizze **400 × 200 mm** erzeugt. Mit dem Befehl **EXTRUSION** wurde hieraus ein Körper mit einer Höhe von **10 mm**. Analog hierzu wurden die Rückwand und die seitliche Wand erzeugt (**10 × 200 mm** und **410 × 10 mm**). Die Wände erhalten über **Extrusion** eine Höhe von **200 mm**. Eingestellt mit einer Stärke von **10 mm** sollte der Präsentationsraum in seiner Grundform analog der Abbildung dargestellt werden. Die Steckdose wird als Bild in eine quadratische Skizze eingefügt.

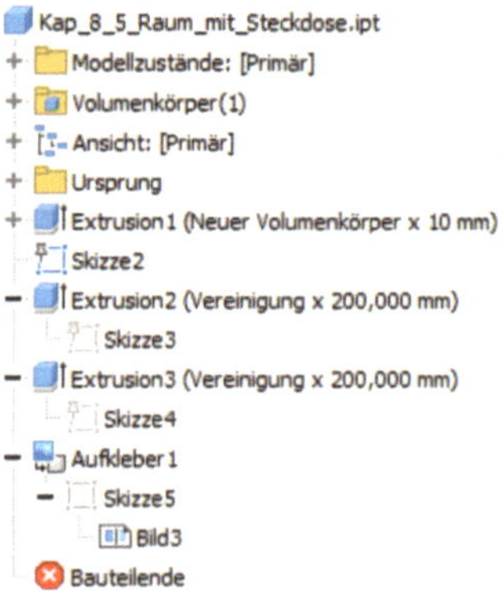

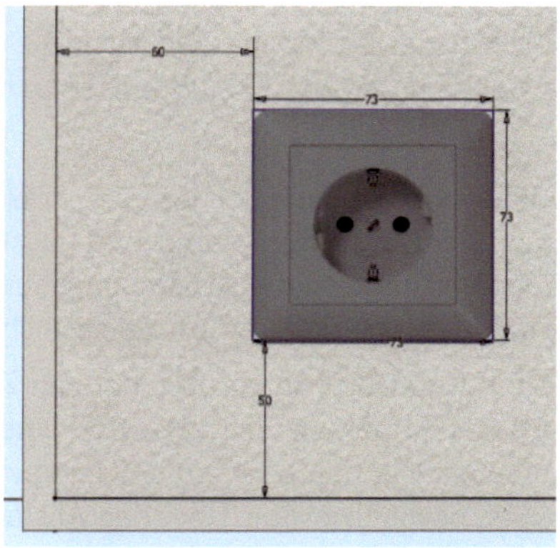

Im Anschluss sind noch ansprechende Texturen für die Boden- und Seitenflächen anzubringen. Diverse Holztexturen sind standardmäßig in der Material- und Darstellungsbibliothek von Inventor ausreichend vorhanden. Die Darstellung *Rauhfaser* ist aber neu anzulegen. Mithilfe eines Bildes einer Raufasertapete, in dem die Struktur deutlich wird, lässt sich die Textur schnell mit den gekennzeichneten Angaben im Darstellungseditor umsetzen.

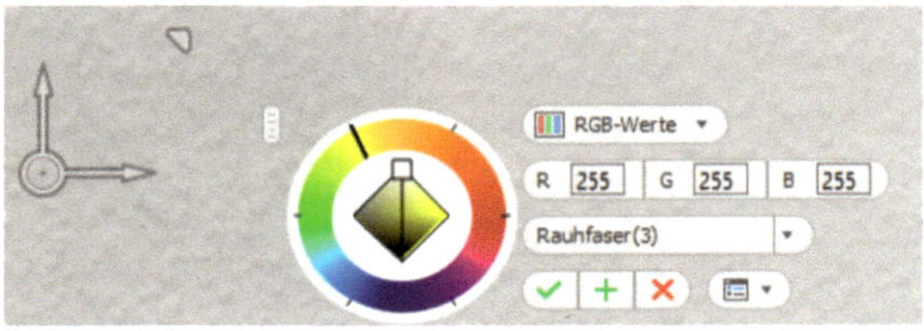

Die Feinheit der Struktur kann noch mit dem Textur-Manipulator angepasst werden. Damit kommen die Holzstruktur und auch die Struktur der Tapete deutlicher heraus.

Die Modellierung des Präsentationsraums ist damit für das Beispiel abgeschlossen, und die Baugruppendatei *Kap_8_5_Raum_mit_Steckdose.iam* kann geschlossen werden.

HINWEIS: Die Baugruppendatei und auch die Bilddateien für die Textur bzw. Steckdose stehen unter *http://plus.hanser-fachbuch.de* zum Download bereit.

Nun ist eine neue Baugruppe anzulegen, und der Präsentationsraum sowie das Steckernetzteil sind hierin zu platzieren, zu fixieren und auszurichten. Die Vorarbeiten sind damit abgeschlossen, und es kann in die Arbeitsumgebung **INVENTOR STUDIO** (Registerkarte **Umgebungen**, Befehlsgruppe **Beginnen**) gewechselt werden.

Hier wird die Funktion **KAMERA** aufgerufen und das Zentrum der hinteren Wand ausgewählt. Dadurch wird das Kameraziel markiert und eine lotrechte Linie für die Positionierung der Kamera erzeugt. Um den Abstand der Perspektive festzulegen, kann der Mauszeiger entlang der Linie bewegt werden. Über den Abstand und die Angabe des Zoomwerts ist die Ansicht so einzustellen, dass die Objekte erfasst werden. Die Projektion für die Kamera sollte auf **perspektivisch** stehen. Die eingestellte Kamera-Perspektive kann mit **OK** gespeichert werden.

Über den Befehl **BILD RENDERN** wird im zugehörigen Dialogfeld neben der Kameraperspektive auch die aktuelle Modellansicht gewählt. Hierfür sollte die Ansicht zuvor entsprechend ausgerichtet worden sein. Beim Beleuchtungsstil kann zwischen den vorhandenen Stilvorlagen gewählt werden.

Unter dem Reiter **Renderer** kann im Dialogfeld eine Anzahl von Wiederholungen für den Prozess vorgegeben werden. Der Vorgang kann aber schnell bei komplexen Szenen einige Zeit beanspruchen. Das Rendering selbst wird mit **RENDERN** gestartet. Inventor wechselt in das Ausgabe-Fenster, in dem der Status über einen Fortschrittsbalken verfolgt werden kann. Die gerenderte Datei kann über das Speichern-Symbol im Ausgabefenster oben rechts im gewünschten Dateiformat abgespeichert werden.

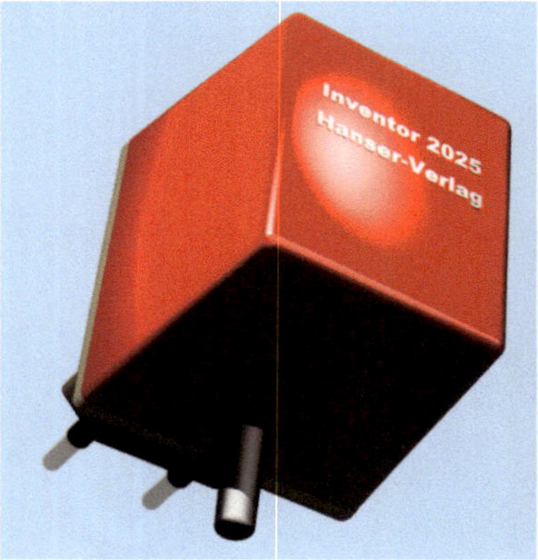

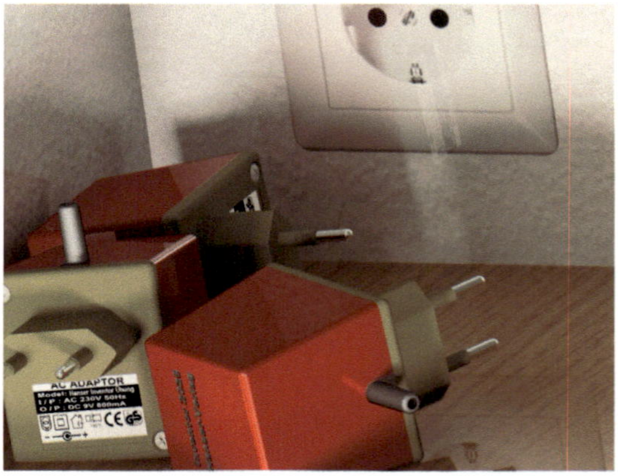

9 Datenaustausch

Neben der Möglichkeit des Datenaustauschs mit den verschiedenen Autodesk-Programmen, wie AutoCAD, Mechanical Desktop, 3ds Max, Multiphysics, Showcase usw., können viele Dateiformate der marktüblichen 3D-CAD-Programme, wie z. B. CATIA, NX, Creo Parametric (Pro/Engineer), Solid Works usw., direkt geladen und bearbeitet werden. Darüber hinaus kann Inventor mit vielen Datenaustauschformaten, wie ACIS, STEP, IGES, DXF, STL usw., umgehen.

9.1 Import von Bauteilen und Baugruppen

Bauteil- und Baugruppendateien aus anderen CAD-Programmen, in Nativ-Formaten oder in neutralen Datenaustauschformaten, können über das **Öffnen**-Dialogfeld importiert werden. Hierfür muss lediglich über **Dateityp** das passende Format ausgewählt werden.

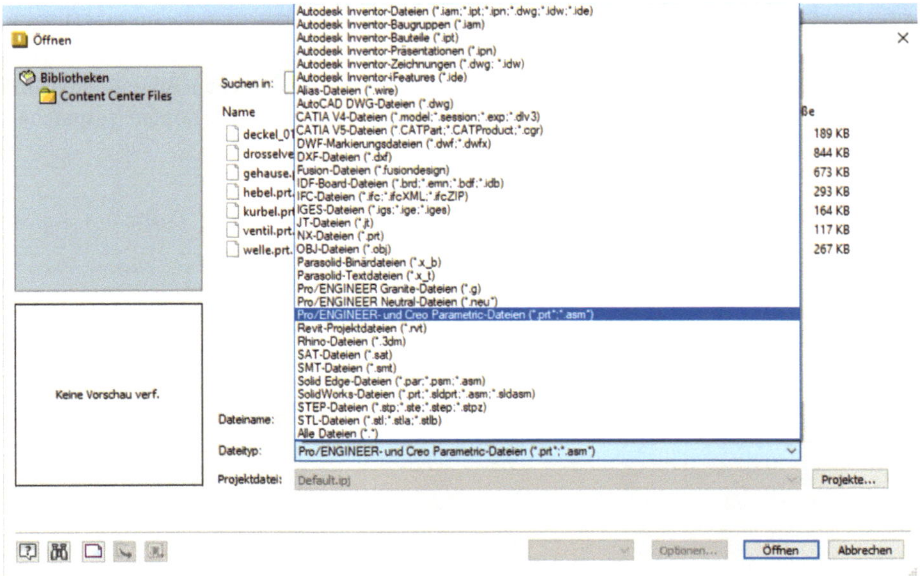

Am Beispiel einer Pro/Engineer-Baugruppe soll das Vorgehen vorgestellt werden. Je nach gewähltem Datei-Importformat öffnen sich zusätzliche Dialogfenster, mit denen die Umwandlung oder Einbettung in Inventor kontrolliert werden kann.

Die Option **Referenzmodell** ist dann sinnvoll, wenn die Datei weiterhin mit einer externen CAD-Software bearbeitet und in Inventor das referenzierte Modell nur für die Anzeige verwendet werden soll. Die Baugruppenoptionen sind gegebenenfalls ausgegraut, da sie vom Import abhängig sind.

Im unteren Bereich des Dialogfensters können über die Eigenschaftenzuordnung eventuell vorhandene Metadaten der Datei (z. B. Bauteilname) auf die zugehörigen iProperties (siehe Abschnitt 5.8) gemappt werden.

Inventor zeigt nach dem Importieren der Daten einen ausführlichen Translationsbericht an (Internet-Browser). Neben den Informationen zur Quelldatei werden die einzelnen erfolgreich importierten Bauteile bzw. Baugruppen aufgelistet. Das Gleiche gilt für fehlende Bauteildateien, wie beispielsweise Normteile. Hier verhalten sich andere CAD-Systeme ähnlich wie Inventor. Normteile befinden sich in programminternen Bibliotheken und werden grafisch erst bei Verwendung umgesetzt. Erst wenn lokale Kopien gespeichert wurden, lassen sich diese auch importieren.

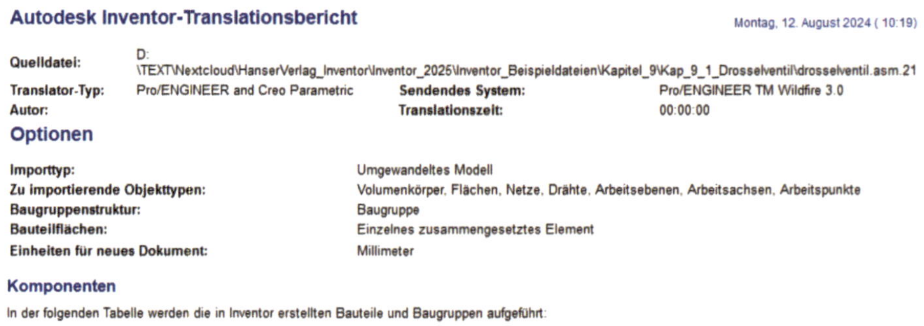

Autodesk Inventor-Translationsbericht — Montag, 12. August 2024 (10:19)

Quelldatei: D:\TEXT\Nextcloud\HanserVerlag_Inventor\Inventor_2025\Inventor_Beispieldateien\Kapitel_9\Kap_9_1_Drosselventil\drosselventil.asm.21

Translator-Typ: Pro/ENGINEER and Creo Parametric — **Sendendes System:** Pro/ENGINEER TM Wildfire 3.0

Autor: — **Translationszeit:** 00:00:00

Optionen

Importtyp:	Umgewandeltes Modell
Zu importierende Objekttypen:	Volumenkörper, Flächen, Netze, Drähte, Arbeitsebenen, Arbeitsachsen, Arbeitspunkte
Baugruppenstruktur:	Baugruppe
Bauteilflächen:	Einzelnes zusammengesetztes Element
Einheiten für neues Dokument:	Millimeter

Komponenten

In der folgenden Tabelle werden die in Inventor erstellten Bauteile und Baugruppen aufgeführt:

Um eine externe CAD-Datei in eine bestehende Modelldatei (Bauteil, **.ipt*) zu importieren, kann mit dem Befehl **IMPORTIEREN** in der Befehlsgruppe **Einfügen** auf der Registerkarte **Verwalten** über ein vergleichbares Dialogfenster eine Datei ausgewählt und geladen werden. Sie erscheint anschließend im Strukturbaum.

Um eine externe CAD-Datei in eine bestehende Baugruppendatei (**.iam*) einzufügen, kann über **IMPORTIERTE CAD-DATEIEN PLATZIEREN** in der Befehlsgruppe **Komponente** über ein vergleichbares Dialogfenster eine Datei ausgewählt und in die Baugruppe geladen werden. Informationen zum Positionieren finden Sie in Abschnitt 6.3.

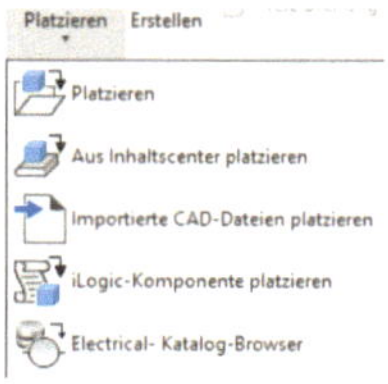

Beispiel: Import einer CATIA V5-Baugruppe

Das CATIA V5 CatProduct „Fahrradklingel" wurde nach Inventor importiert. Die Bauteile, also die CATIA V5 CatParts, wurden als Elemente erkannt und als Inventor-Bauteile im Strukturbaum angezeigt. Die Abhängigkeiten der Bauteile untereinander wurden nicht übernommen, obwohl die Anordnung der Elemente zueinander noch korrekt im Modellraum angezeigt wird. Die Abhängigkeiten müssen gegebenenfalls nachträglich ergänzt werden (siehe Abschnitt 6.6).

Unter **Drittanbieter** im Strukturbaum wurde von Inventor der HTML-Report (Translationsbericht) über den erfolgreichen Import angelegt.

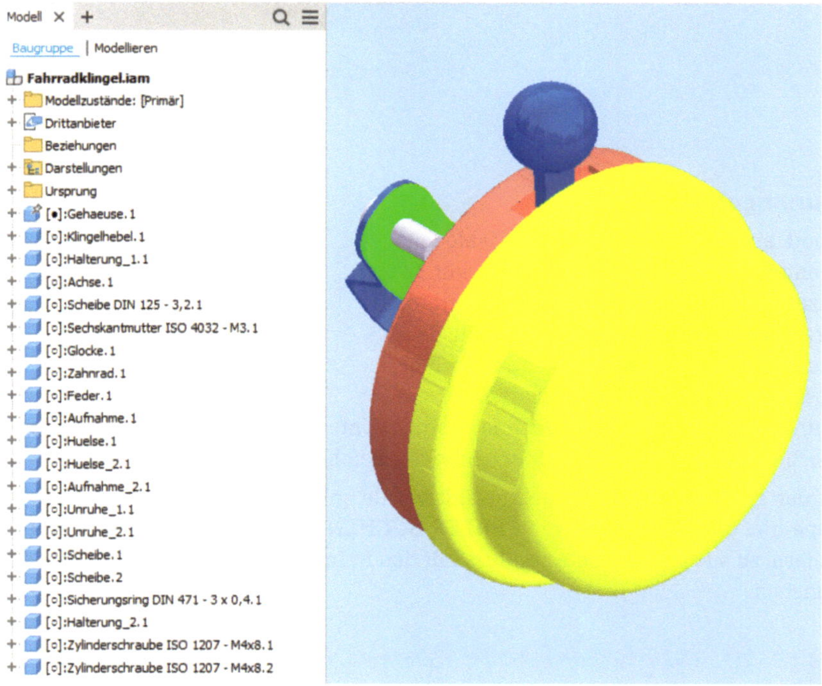

Wird nun eines der zur Fahrradklingel gehörenden Bauteile geöffnet, wird deutlich, dass die Bauteile als Volumenkörper eingefügt wurden (ausgewiesen als **PartBody** im Strukturbaum), deren Kontur sich nachträglich nur eingeschränkt anpassen lässt. Die Konstruktionshistorie, also die einem Körper zugrunde liegende Skizze(n), wurde(n) nicht mit übernommen. Das Ansprechen von Flächen, Ebenen und Achsen ist aber ohne Weiteres möglich, und damit lassen sich neue Skizzen anlegen und ergänzende Elemente erzeugen. Im Beispiel wurde die obere Fläche der Glocke nach dem Import mit einer Prägung ergänzt.

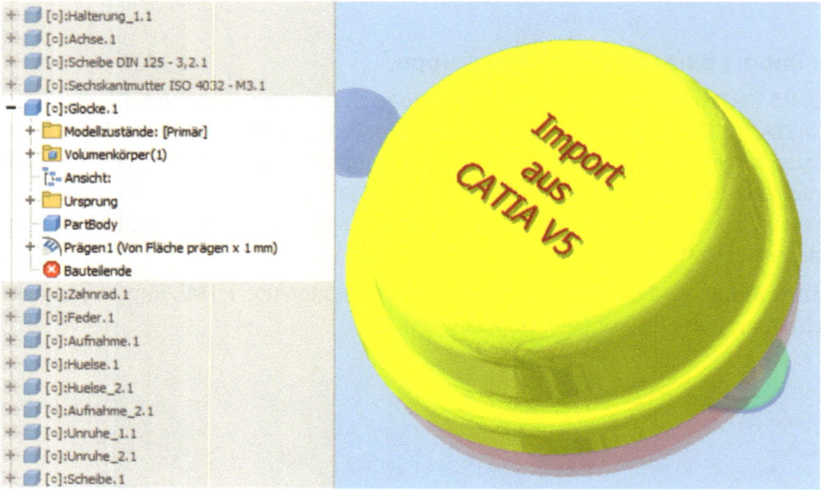

Reparaturumgebung

Beim Import eines flächenbasierten CAD-Modells führt Inventor automatisch eine Prüfung auf Inkonsistenzen und gegebenenfalls eine Reparatur des importierten Modells durch. Für den Fall, dass das flächenbasierte CAD-Modell auch nach dem abgeschlossenen Import fehlerhaft vorliegt, kann manuell eine Reparaturumgebung geöffnet werden. Unter der Registerkarte **3D-Modelle** befindet sich in der Befehlsgruppe **Oberfläche** der Befehl **KÖRPER REPARIEREN**.

Nachdem der gewünschte Körper ausgewählt wurde, gibt es in der neu geöffneten Befehlsgruppe u.a. die Möglichkeit, mit **FEHLER SUCHEN** nach Inkonsistenzen, d.h. logischen Fehlern, zu suchen und im Anschluss mit den in Inventor bereitgestellten Funktionen zu beheben.

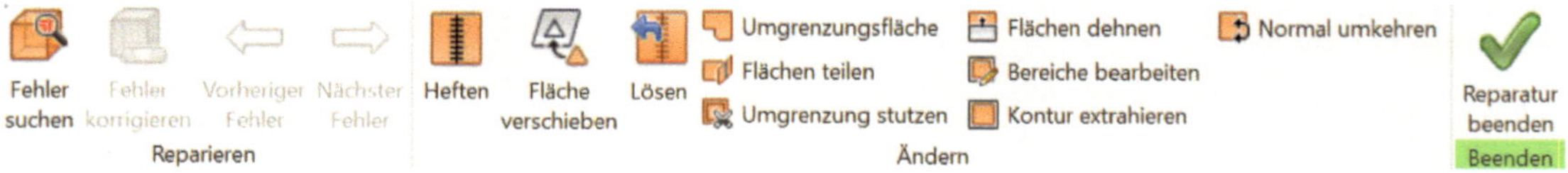

Beispiel: Import eines CATIA V5-Flächenmodells

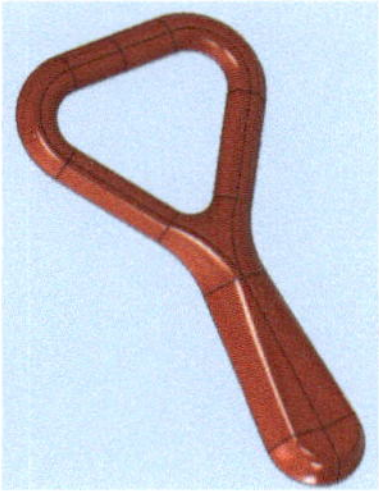

Im Beispiel wurde das flächenbasierte CATIA V5-Bauteil „Flaschenöffner" nach Inventor importiert. Die Flächen wurden laut Strukturbaum automatisch repariert. Die Fläche kann in Inventor jetzt weiter genutzt werden. So kann z. B. mit dem Befehl **VERDICKUNG** (siehe Abschnitt 5.5.8) ein Volumenkörper erzeugt werden.

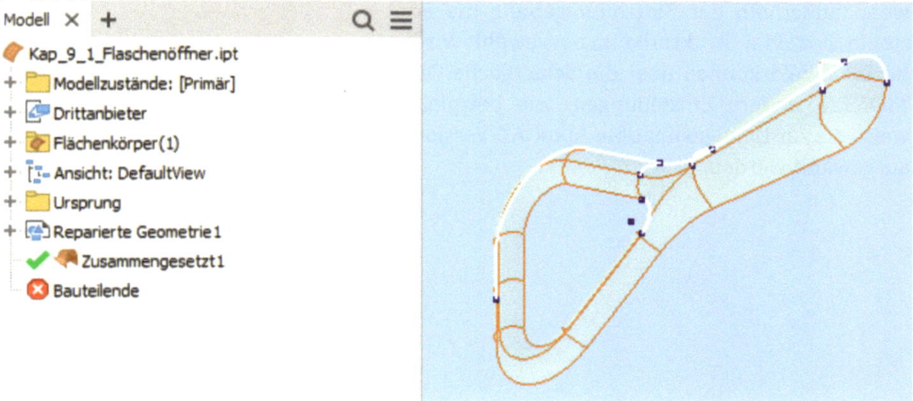

9.2 Import in und Export von Skizzen

Unter der Befehlsgruppe **Einfügen** in der Registerkarte **Skizze** finden sich drei verschiedene Importmöglichkeiten:

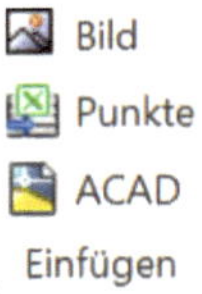

- **EINFÜGEN EINES BILDES:** Ein eingefügtes Bild kann in einer beliebigen Größe skaliert werden. Es liegt immer im Hintergrund der Skizze. Hierdurch können Elemente wie Linien, Splines oder Punkte so definiert werden, dass sie sich am Bild orientieren. In der Praxis können so Konturen, die sich an Bildern orientieren, z. B. eine eingescannte Freihandskizze, in Inventor nachmodelliert werden.
- **EINFÜGEN VON PUNKTEN:** Aus Excel-Dateien können Punkte in Form von Koordinatenangaben importiert werden. Hierfür müssen die Daten dem folgenden Format genügen: X-Werte in Spalte A, Y-Werte in Spalte B und Z-Werte in Spalte C. Für 2D-Skizzen werden Z-Werte ignoriert. Das Einfügen von Punktewolken in 3D-Skizzen ist in Abschnitt 4.15 detailliert beschrieben. Die erste Zelle (A1) kann eine Maßeinheit enthalten (z. B. cm). Falls keine Maßeinheit angegeben ist, wird die voreingestellte Einheit des Modells verwendet. Die zweite Zeile kann Überschriften enthalten, die beim Import jedoch ignoriert werden.
- **EINFÜGEN EINER AUTOCAD-ZEICHNUNG:** Die Zeichnung kann in die Skizze importiert werden, sodass die Geometrie zur weiteren Verarbeitung zur Verfügung steht. Der Import von AutoCAD-Zeichnungen steht sowohl für 2D- als auch 3D- Skizzen zur Verfügung.

Export von Skizzen

Skizzen, die mit Inventor erstellt wurden, können als eigenständige Dateien in die AutoCAD-Formate **.dxf* oder **.dwg* exportiert werden. Die Funktion **SKIZZE EXPORTIEREN ALS...** ist über das Kontextmenü (rechte Maustaste) zu erreichen, wenn außerhalb der Skizzenumgebung die erstellte Skizze im Strukturbaum ausgewählt wird. Im Dialogfeld können über die Schaltfläche **OPTIONEN** weitere Einstellungen, wie beispielsweise die zur Datei kompatible AutoCAD-Version, ausgewählt werden.

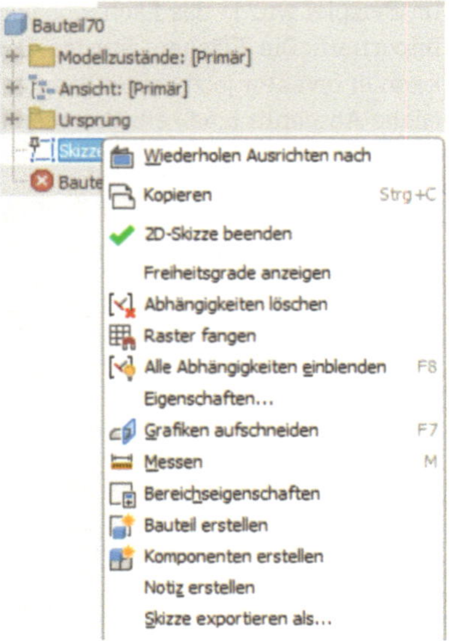

9.3 Export

Für den Export steht der Befehl **EXPORTIEREN** unter der Registerkarte **Datei** zur Verfügung. Als Kategorien bietet Inventor verschiedene Ausgaben an.

TIPP: Für einfache und schnelle Kommunikation mit „Nicht-CAD-Nutzern" empfiehlt sich das 3D-PDF-Format, da es zwei Vorteile miteinander vereint: der hohe Verbreitungsgrad des kostenlosen Acrobat Reader und der Funktionsumfang des bereits eingebetteten 3D-Viewers.

HINWEIS: Pack and go ist keine Funktion für ein bestimmtes Datenformat. Mit dieser Funktion lassen sich eine Autodesk Inventor-Datei und alle von ihr referenzierten Dateien an einem einzigen Speicherort ablegen. Sie befindet sich unter der Registerkarte **Datei** > **Speichern unter** > **Pack and go.**

9.4 Import und Export von Parametern

Aus XML importieren
Nach XML exportieren

In der Bauteilumgebung können über die Befehle **AUS XML IMPORTIEREN** und **NACH XML EXPORTIEREN** in der Befehlsgruppe **Parameter** unter der Registerkarte **Verwalten** Parameter mit anderen Programmen ausgetauscht werden Die Befehle befinden sich ebenfalls in der Baugruppenumgebung. Hier befinden sie sich unter der Registerkarte **Zusammenfügen**. Vom Anwender definierte Parameternamen werden bei dieser Funktion ebenso exportiert wie hinterlegte Formeln.

```
- <parameters>
  + <ParamWithValue></ParamWithValue>
  - <ParamWithValue>
      <name>Länge</name>
      <typeCode>mm</typeCode>
      <value>Breite * 2 oE</value>
      <comment/>
      <isKey>false</isKey>
    </ParamWithValue>
  + <ParamWithValue></ParamWithValue>
```

Das XML-Format für den Parameterimport entspricht dem Exportformat. Eine exportierte XML-Datei kann also als Vorlage interpretiert werden, um XML-Dateien für den Import zu erzeugen.

HINWEIS: Parameter lassen sich direkt mit Excel-Dateien oder anderen Inventor-Modellen verknüpfen. Diese Verknüpfung wurde in Abschnitt 4.13.3.1 anhand von Excel beschrieben.

TEIL II

Objekt einfügen

Objekt einfügen

Über den Befehl **OBJEKT EINFÜGEN** in der Befehlsgruppe **Einfügen** im Register **Verwalten** können Verknüpfungen zu anderen Dateien (z. B. Bilddateien, Dokumente aus Programmen für Textverarbeitung oder Tabellenkalkulation) eingefügt werden. Die Verknüpfung erscheint an oberster Stelle im Strukturbaum. Die verknüpften Objekte werden mit einem Doppelklick im jeweils zugehörigen Programm geöffnet. Die Verknüpfung ist also vergleichbar mit einer Verknüpfung in Windows Office-Dateien.

10 Konstruktionsassistenten

Unter der Registerkarte **Konstruktion** bietet Inventor in der Baugruppenumgebung unterschiedliche Assistenten für die Konstruktion häufig verwendeter Maschinenelemente an. Neben der Unterstützung zur Konstruktion klassischer Maschinenelemente (siehe Abschnitt 10.1) wird auch ein sogenannter Gestell-Generator angeboten, der die schnelle Erstellung von Tragwerken erlaubt. Die hierfür angebotenen Funktionen werden in Abschnitt 10.2 gesondert vorgestellt.

10.1 Befestigung, Feder und Berechnung

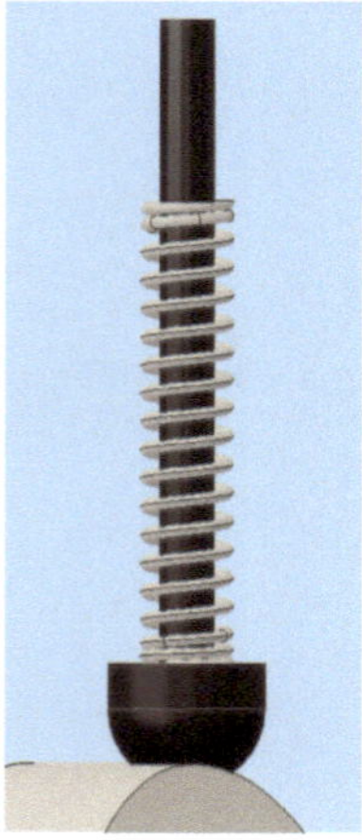

In den Befehlsgruppen **Befestigung, Feder** und **Berechnung** ähneln sich die Konstruktionsassistenten in ihrem Aufbau, weshalb sie in diesem Abschnitt zusammengefasst werden. Der Aufbau soll im Folgenden exemplarisch am Beispiel des Konstruktionsassistenten für eine Druckfeder dargestellt werden.

Im zugehörigen Dialogfeld der Assistenten werden immer die beiden Reiter **Konstruktion** und **Berechnung** angeboten. Der Reiter **Konstruktion** erlaubt die Auswahl und/ oder die geometrische Dimensionierung der Komponente. Hierfür können, je nach Assistenten, die Bezugselemente Ebenen, Flächen und Ähnliches abgefragt werden, anhand derer entweder Normteile gesucht oder Teile automatisch erstellt werden.

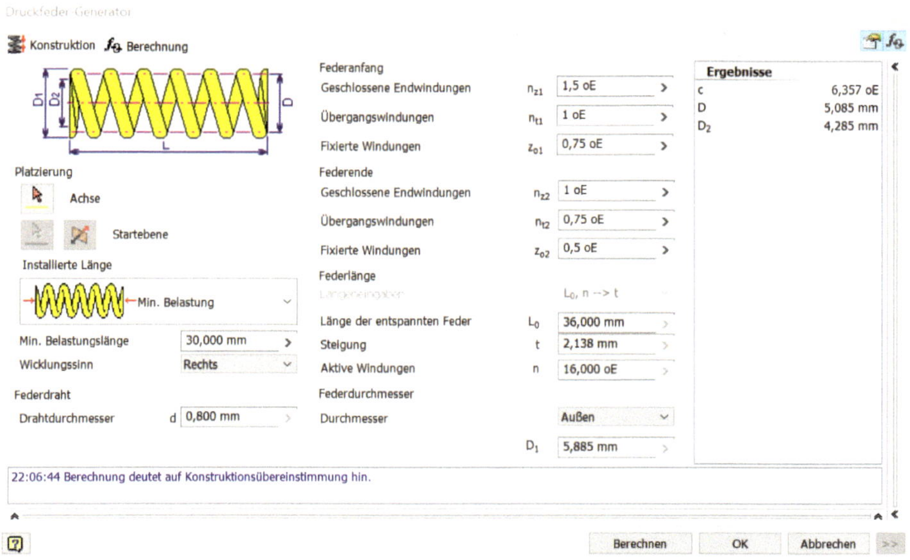

Die Registerkarte **Berechnung** erlaubt den rechnerischen Nachweis anhand vorgegebener Kennwerte, die über Eingabefelder abgefragt werden. Für einige Assistenten, z. B. für Federn, können anhand vorgegebener Kennwerte auch geometrische Kenngrößen (z. B. Drahtdurchmesser, Windungszahl usw.) vorgeschlagen werden.

In der folgenden Abbildung wurde für die Art der Berechnung im ersten Auswahlfeld **Entwurf der Druckfelder** gewählt, sodass mit Arbeitshub und vorgegebenen Kräften eine Feder dimensioniert und vorgeschlagen werden kann. Die berechneten Dimensionen der Feder erscheinen im Anschluss unter der Registerkarte **Konstruktion** und können gegebenenfalls weiter angepasst werden, bevor mit der Schaltfläche **OK** der Konstruktionsassistent geschlossen und das Bauteil (also die Feder) entsprechend der Konstruktionsdaten automatisch erzeugt wird.

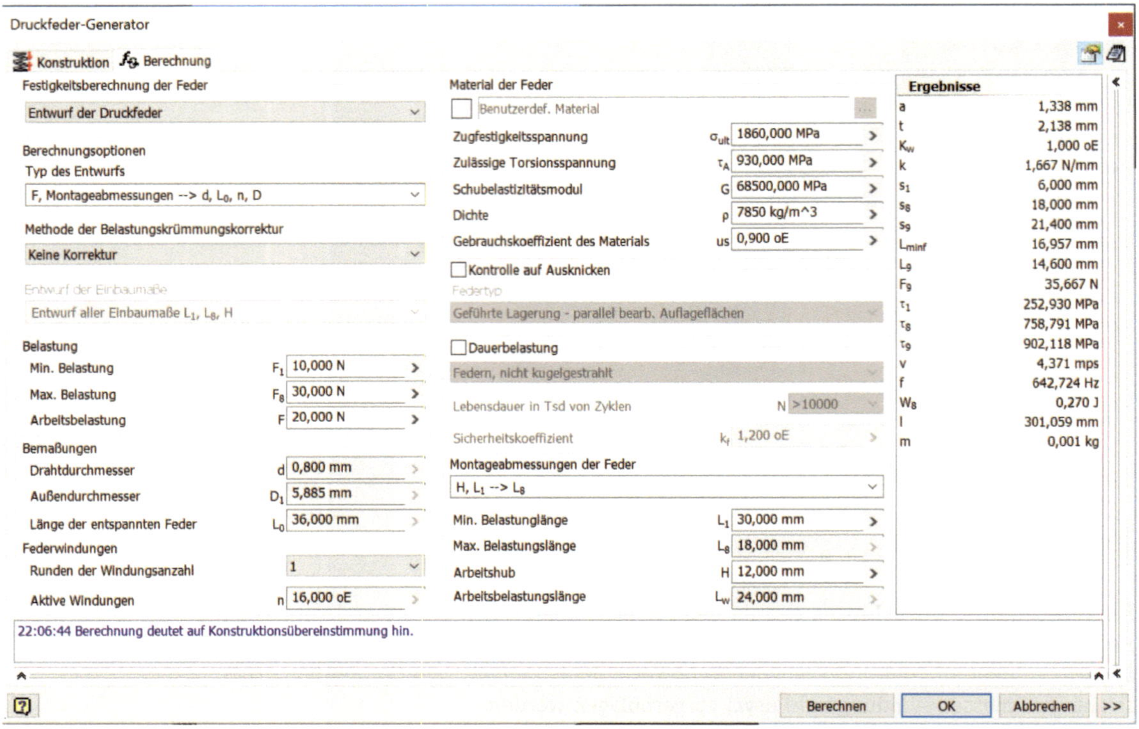

Zur Verdeutlichung der Vorgehensweise soll im Folgenden eine kleine Baugruppe mithilfe verschiedener Assistenten erstellt werden.

10.1.1 Wellen-Generator

Welle

Der Wellen-Generator erzeugt eine **Welle** (Befehlsgruppe **Berechnung**) auf Basis von Wellenabschnitten, d. h. Zylindern, Kegelstümpfen und ähnlichen Elementen, also nicht durch Drehung eines kompletten Halbprofils, welches die gesamte Welle beschreibt, um eine Achse. Unter der Registerkarte **Konstruktion** können die benötigten Wellenabschnitte definiert werden. Jeder Wellenabschnitt wird dabei in einer eigenen Zeile im Dialogfeld definiert.

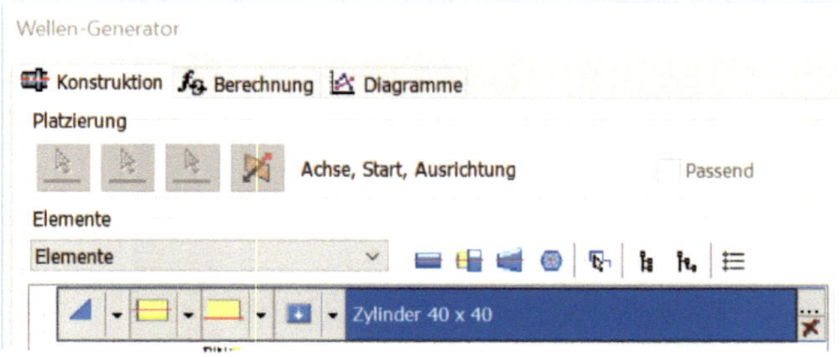

Zusätzliche Wellenabschnitte können durch Auswahl eines der jeweiligen Symbole hinzugefügt werden. Für jeden Wellenabschnitt können über die Schaltfläche ..., die sich am Ende jeder Wellenabschnittsdefinition befindet, in einem separaten Dialogfeld **Durchmesser** und **Länge** angegeben werden. Die Schaltfläche mit dem **roten Kreuz** löscht den jeweiligen Wellenabschnitt.

Außerdem kann zeilenweise die Geometrie am Anfang und Ende des jeweiligen Wellenabschnitts definiert bzw. geändert werden, wie z. B. mit dem Anbringen von Fasen und Freistichen. Das Abrollmenü erlaubt hierfür die Auswahl eines Elements, wie z. B. einer Fase. Die Anwahl des zuvor gewählten Elements mit der linken Maustaste öffnet einen separaten Dialog zur Anpassung der Werte.

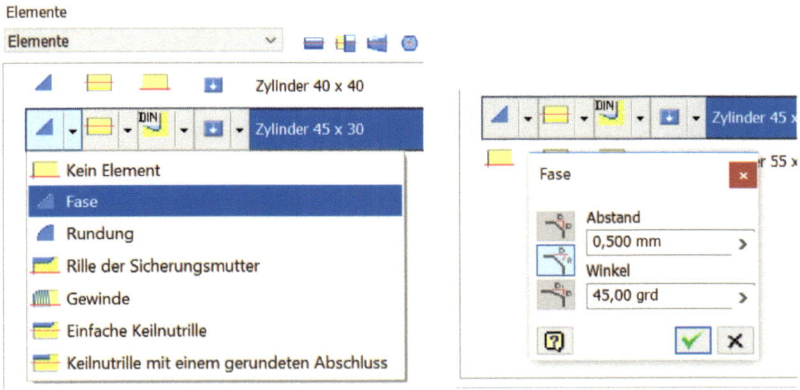

Im Beispiel werden drei Wellenabschnitte definiert, deren Maße im Infobereich rechts aufgelistet sind (siehe Abbildung). Am Absatz vom zweiten zum dritten Wellenabschnitt wurde zusätzlich über das Abrollmenü ein Freistich (**DIN A**) definiert. Alle geometrischen Angaben des Freistichs wurden von Inventor automatisch und passend für den Nenndurchmesser des Wellenabschnitts gewählt.

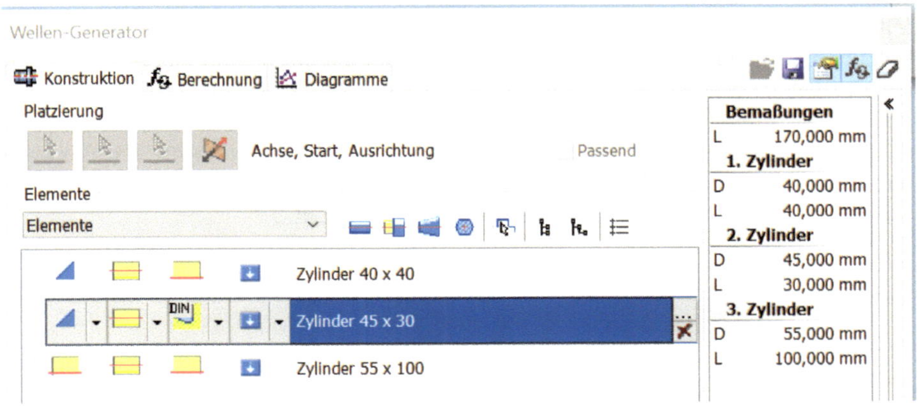

Unter der Registerkarte **Berechnung** können die Materialkennwerte (gegebenenfalls einfach durch Auswahl eines vordefinierten Materials) und die äußeren Belastungen entlang der Achse angegeben werden. Hierzu können die grünen Punkte in der **2D-Vorschau** angewählt werden, um zu markieren, welcher Wellenabschnitt **aktiv** gesetzt werden soll.

Im Bereich **Belastungen und Auflager** unter dem Abrollmenüpunkt **BELASTUNGEN** werden die Lasten, Kräfte und Momente definiert. Die Definition der Lagerpositionen findet sich im Abrollmenü unter **ABHÄNGIGKEITEN**. Neben einer direkten Positionseingabe lassen sich die Kräfte und Lager in der interaktiven **2D-Vorschau** auch verschieben.

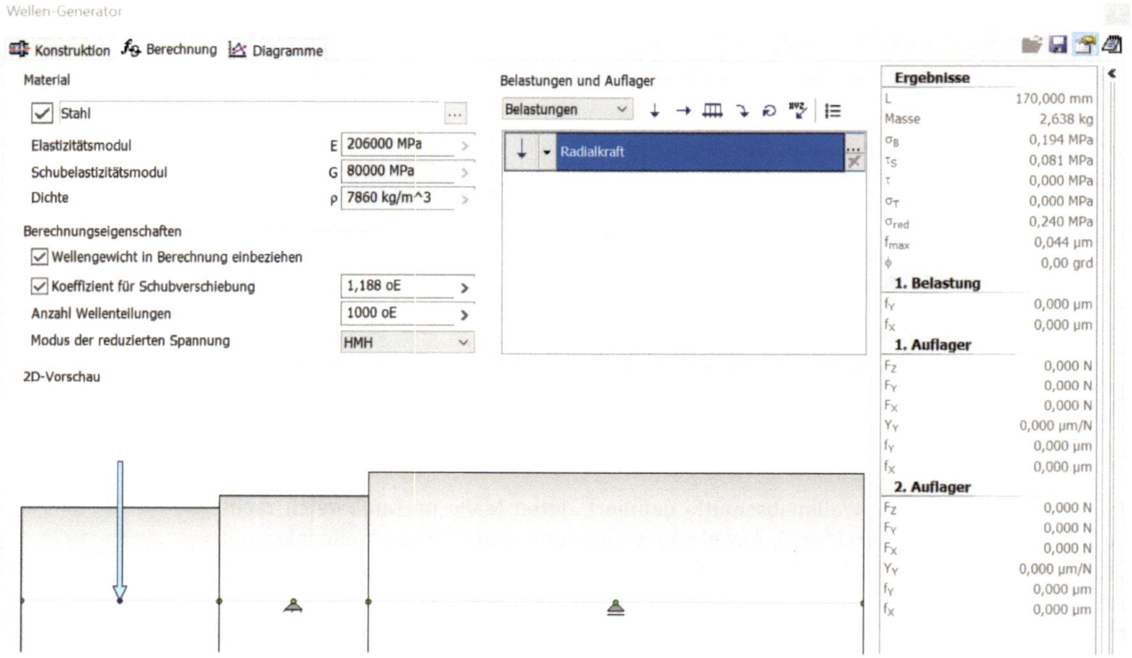

Mit der unten im Dialogfenster stehenden Schaltfläche **BERECHNEN** werden nach der Definition der äußeren Beanspruchungsgrößen die Spannungen, Biegemomente und Ähnliche berechnet und in der rechten Seitenleiste sowie in der Registerkarte **Diagramme** grafisch aufbereitet ausgegeben. Die Erweiterung im unteren Bereich des Assistenten (kleiner Doppelpfeil neben **ABBRECHEN**) zeigt einen Fensterbereich für Warnhinweise und Anmerkungen an (z.B. Überbeanspruchungen). Warnungen werden immer in roter Schrift ausgegeben, normale Informationen in blauer Schrift.

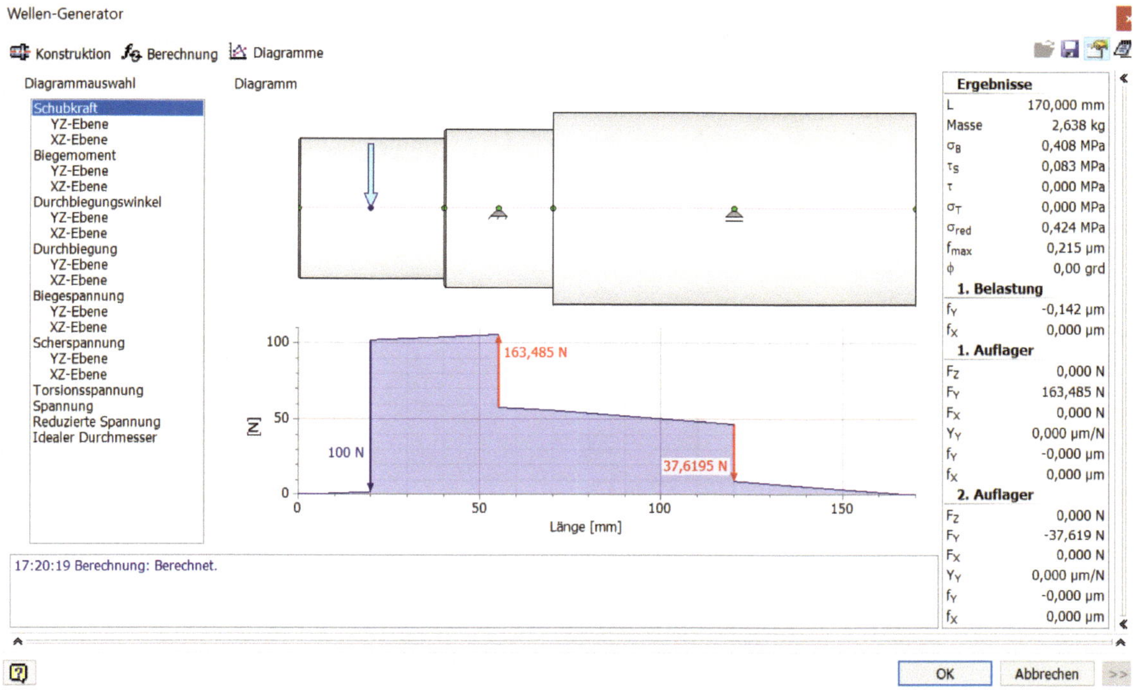

Nach Auswahl des Lagers (siehe auch Abschnitt 10.1.2) kann der Wellen-Generator über das Kontextmenü im Strukturbaum erneut geöffnet werden (**MIT KONSTRUKTIONS-ASSISTENT BEARBEITEN**).

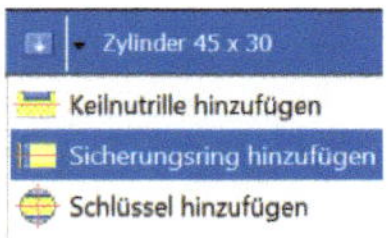

Entsprechend der üblichen konstruktiven Festlegung von Lagerinnenringen kann passend zum Lagersitz eine Nut für einen Sicherungsring im zweiten Wellenabschnitt hinzugefügt werden. Im Dialogfeld zur Positionierung der Nut, welches über die Schaltfläche ... zu öffnen ist, muss lediglich der Abstand zum Absatz entsprechend der Lagerbreite (hier **16 mm**) definiert werden. Im Abrollmenü unter **POSITION** ist nun noch die Bezugskante zur Positionierung der Nut zu wählen.

HINWEIS: Die Modifizierung der Welle kann natürlich auch nach dem Einbau eines Lagers (siehe Abschnitt 10.1.2) erfolgen. Damit ergibt sich direkt aus der Lagerbreite die Positionierung der Nut.

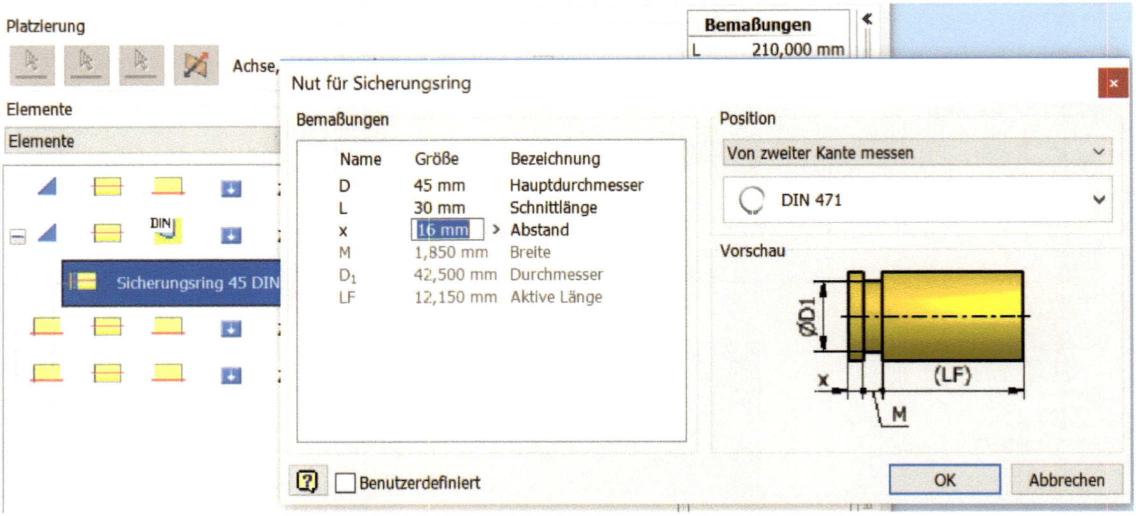

10.1.2 Lager-Generator

Lager

Für die Welle kann mit dem **Lager**-Generator ein passendes Lager ausgewählt werden. Nachdem der Assistent geöffnet wurde, befindet sich unter der Registerkarte **Konstruktion** ein Abrollmenü mit unterschiedlichen Lagertypen. Hier kann beispielsweise der Lagertyp **RILLENKUGELLAGER – DIN 625-T1** gewählt werden. Die Auswahl des zweiten Wellenabschnitts als **zylindrische Fläche** und des Absatzes als **Startebene** gibt die Randbedingungen zur Lagersuche im Inhaltscenter vor. Je nach Anzeige in der Vorschau muss gegebenenfalls noch die Richtung der **Startebene** verstellt werden. Die gewählten Bezugselemente zur Auswahl des passenden Lagers werden immer an der Welle farblich hinterlegt.

Falls die Suche nach passenden Lagern nicht automatisch startet, ist die Blitz-Schaltfläche (siehe mittlerer Bereich in der Abbildung auf der nächsten Seite) am rechten Rand zu betätigen. Inventor listet anschließend alle Lagertypen auf, die die vorgegebenen Rahmenbedingungen erfüllen.

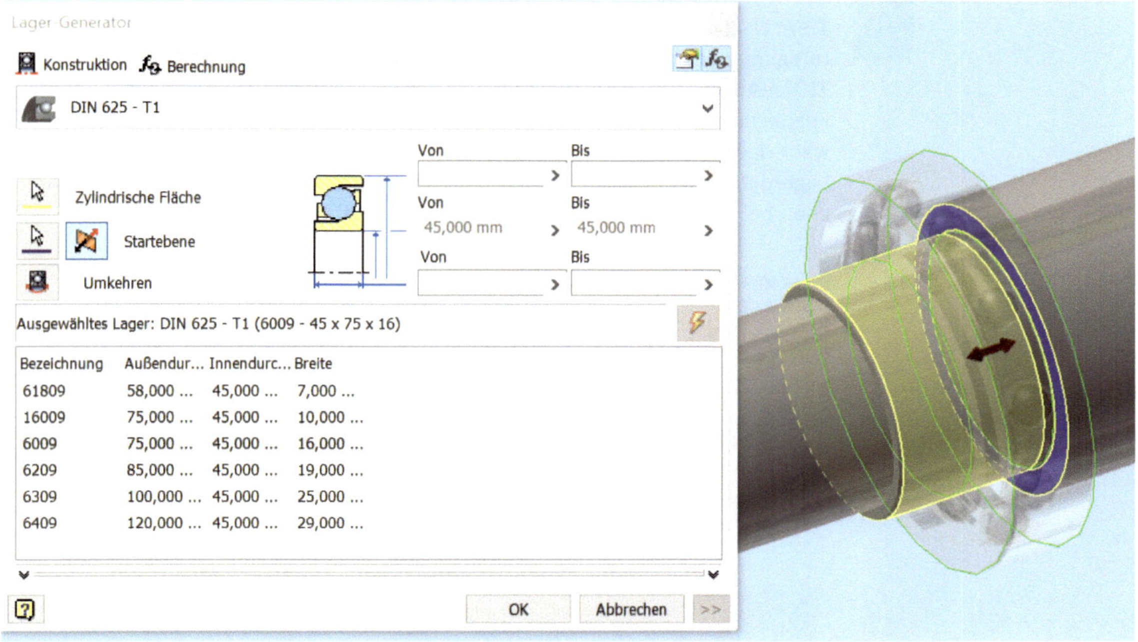

Aus der Vorschlagsliste kann ein Lager gewählt und mit **OK** bestätigt werden. Vorher können unter der Registerkarte **Berechnung** die vorhandene Lebensdauer und ähnliche Kenngrößen geprüft werden, um sicherzustellen, dass das Lager den angegebenen äußeren Axial- und Radialkräften standhält. Für unterschiedliche Drehzahlen oder Belastungen lassen sich durch direktes Anklicken des Diagramms weitere Lastfälle hinterlegen.

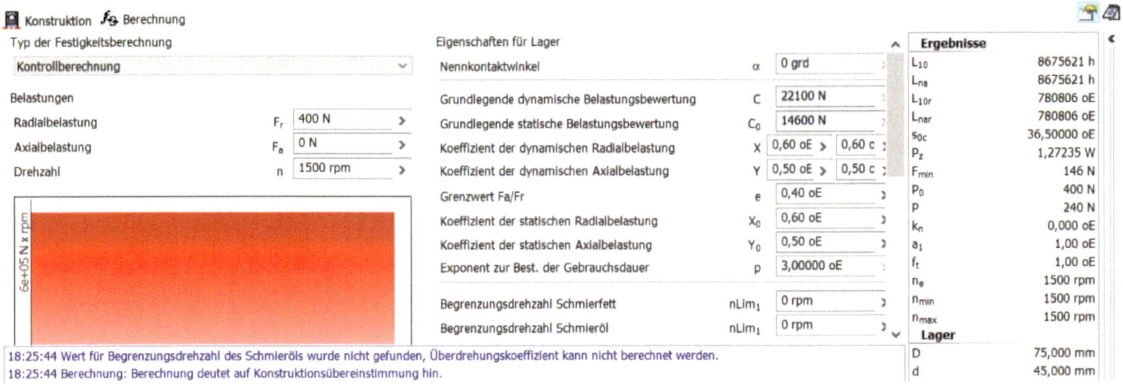

TIPP: Nachdem das Lager gewählt wurde, kann über das Kontextmenü im Strukturbaum der Wellen-Generator(!) erneut geöffnet werden (**MIT KONSTRUKTIONSASSISTENT BEARBEITEN**). Im Register **Berechnung** kann das verbaute Festlager gewählt werden. Sein Dialog erlaubt innerhalb der Baugruppe die Auswahl des zuvor definierten Lagers mit der Pfeil-Schaltfläche. So können die Lagerdaten für die Wellenberechnung übernommen werden. Das Kontrollhäkchen bei **Benutzerdefiniert** darf allerdings nicht angewählt sein.

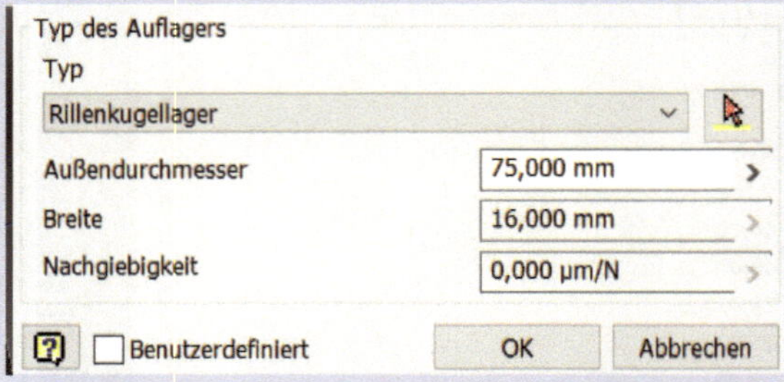

10.1.3 Riementrieb-Generator

Mithilfe dieses Konstruktionsassistenten werden Riementriebe als Antrieb oder Abtrieb in einer Baugruppe erstellt. Als Beispiel soll ein Antrieb am Wellenende der bereits erstellten Welle (siehe Abschnitt 10.1.1) positioniert werden.

Keilriemen

Nachdem mit dem Befehl **KEILRIEMEN** der zugehörige Assistent geöffnet wurde, können im Register **Konstruktion** genormte Keilriemen ausgewählt werden. Zuvor sollte jedoch eine Ursprungsebene der Welle zur späteren Positionierung der zweiten Riemenscheibe **Sichtbar** gesetzt werden (hier: **XY-Ebene**).

Die Wahl des Keilriemens, z. B. für **DIN 2215 13 × 630**, erfolgt über Drop-down-Auswahl des Typs und die Auswahl der **Bezugslänge** (**660 mm**). Nach dieser Auswahl kann als Ebene für die Riemenmitte die Stirnfläche am Wellenende gewählt und ein Versatz, hier von **–24 mm**, eingegeben werden, um die Ebene in Achsrichtung der Welle auf dem ersten Wellenabschnitt zu positionieren. Jetzt werden bereits zwei Riemenscheiben als Vorschau angezeigt, die jedoch noch nicht vollständig positioniert sind.

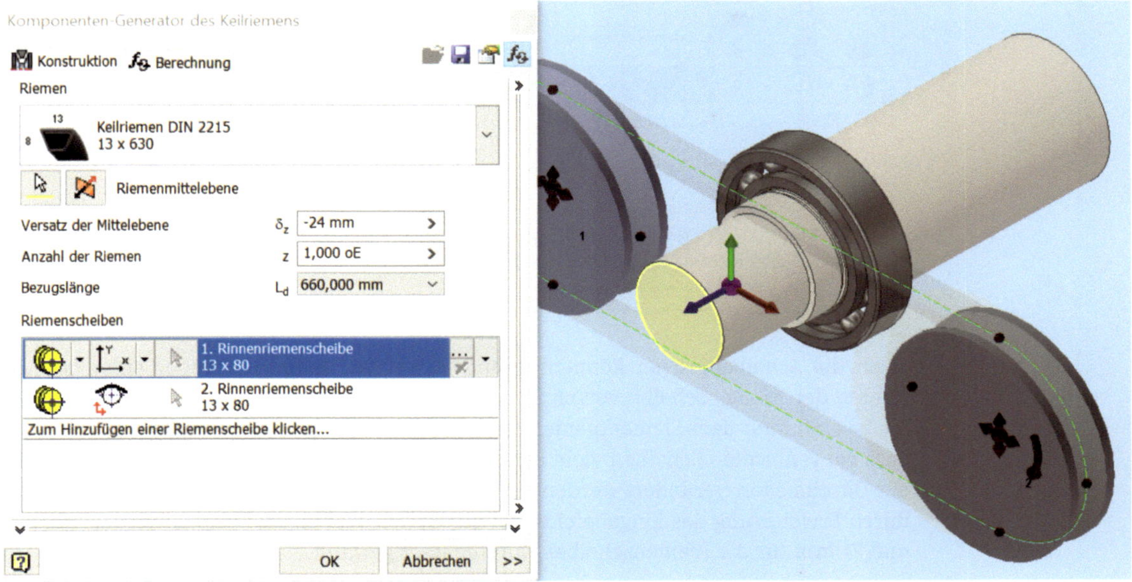

Im Anschluss können die Riemenscheiben positioniert und dimensioniert werden. Die Einträge in den Tabellenzeilen des Dialogfensters können hierbei direkt angeklickt und verändert werden. Die erste Riemenscheibe kann mit **Feste Position über ausgewählte Geometrie** positioniert werden, indem nach dem Befehl die Mantelfläche des Wellenendes ausgewählt wird. Die zweite Riemenscheibe kann mit **Richtungsorientierte verschiebbare Position** auf der Ursprungsebene der Welle verankert werden. Nach dem Befehl ist die zu Anfang sichtbar gesetzte XY-Ebene der Welle auszuwählen.

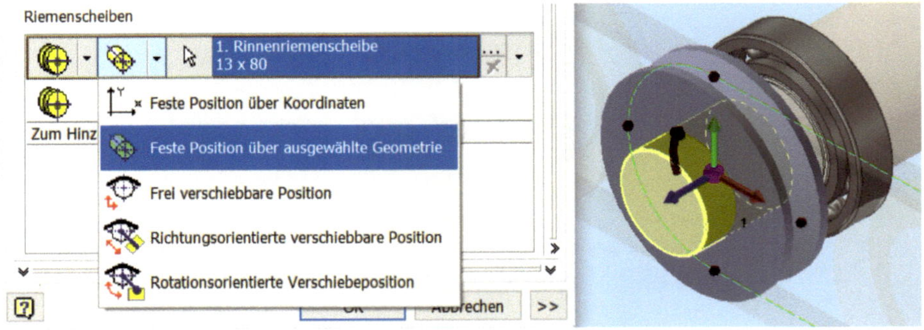

Rote Manipulator-Pfeile auf den Riemenscheiben zeigen die verbliebenen Freiheitsgrade an. Die zweite Riemenscheibe kann also noch entlang der Ebene (hier waagerecht) mithilfe des roten Doppelpfeils verschoben werden (siehe nachstehende Abbildung). Sie kann allerdings keine beliebige Position annehmen, da vom Assistenten vorberechnete Bezugslängen nur bestimmte Abstände zulassen, die auch unter **BEZUGSLÄNGE** im Abrollmenü aufgelistet sind.

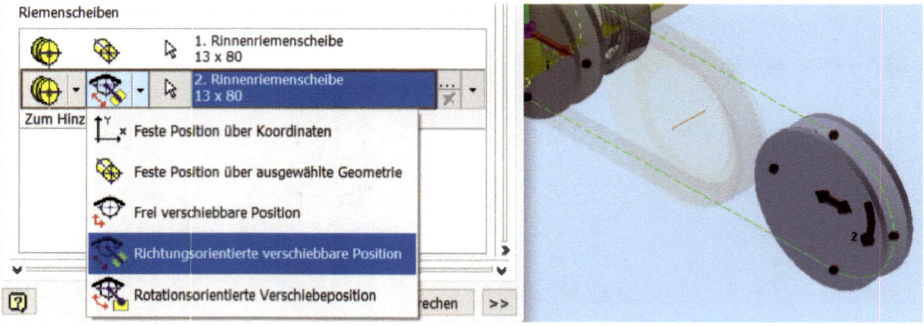

Auch die Scheibengrößen können verändert werden, indem entweder einer der vier Punkte der Riemenscheibe verschoben oder der **Eigenschaften**-Dialog über die Schaltfläche **...** (hinter dem Elementnamen) geöffnet wird. Am geöffneten Dialog wird deutlich, dass bei genormten Scheiben viele Parameter vordefiniert sind und im Wesentlichen nur der Durchmesser verändert werden kann. Das Drop-down für genormte Werte findet sich durch Erweiterung des Eingabefelds mit der Option **Werte**. Im Beispiel werden **100 mm** und **71 mm** für die Riemenscheiben-Durchmesser gewählt.

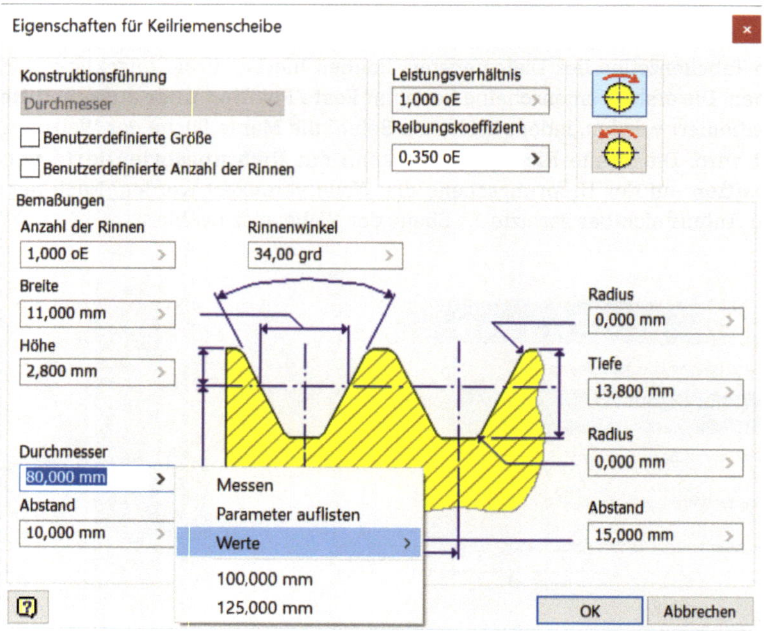

In der Registerkarte **Berechnung** kann der vordefinierte Riementrieb geprüft werden. Unter **Belastung** kann zunächst gewählt werden, welche zwei Kennwerte eingegeben werden sollen und welches der davon abhängige Parameter ist (Leistung bzw. Drehzahl und Drehmoment). Anstelle der Festigkeitskontrolle kann auch die Riemenanzahl berechnet werden. Die **Anzahl der Riemen** im Register **Konstruktion** wird dann nicht mehr manuell vorgegeben, sondern ergibt sich aus der Berechnung.

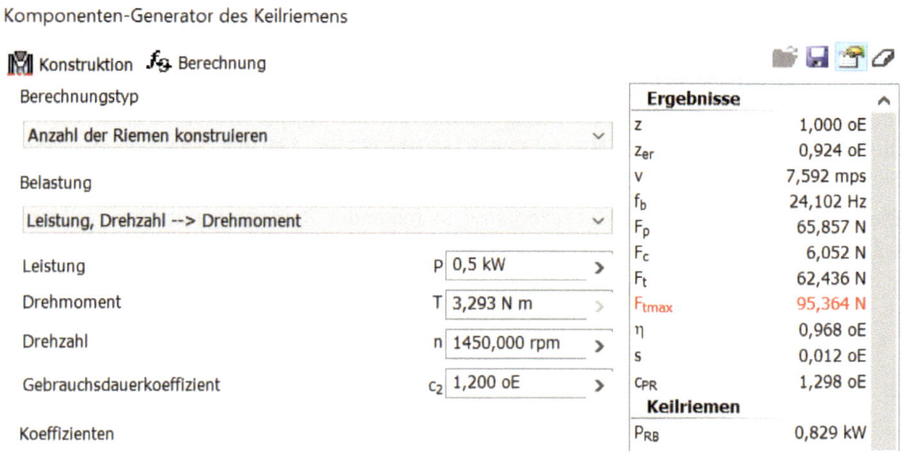

Werden zulässige Werte überschritten (hier F_{tmax}), sind diese rot eingefärbt. Zur Behebung solcher Fehler reicht es im ersten Ansatz aus, je nach Eingabe, **Drehmoment** oder **Leistung** zu reduzieren (im Beispiel wurde die Leistung auf **0,3 kW** reduziert). Bei vorgegebenen Leistungsdaten müssen allerdings konstruktive Veränderungen, wie z. B. (im Reiter **Konstruktion**) unter **Anzahl der Riemen** die Eingabe **2**, vorgenommen werden.

Nach Abschluss des Assistenten liegen beide Riemenscheiben als Bauteile im Strukturbaum unter **Kraftübertragung mit Keilriemen**. Sie können jeweils über ihr Kontextmenü geöffnet und weiterbearbeitet werden. Im Beispiel wurde die große Scheibe mit einer Bohrung von **40 mm**, einer beidseitigen Aufdickung der Nabe um **6 mm** und einem Außendurchmesser von **54 mm** versehen. Damit liegt die Scheibe am Wellenabsatz an, was in der Schnittdarstellung gut sichtbar wird. Sie zeigt auch das generierte Riemenscheibenprofil, welches passend zum gewählten Keilriemenprofil gestaltet wurde.

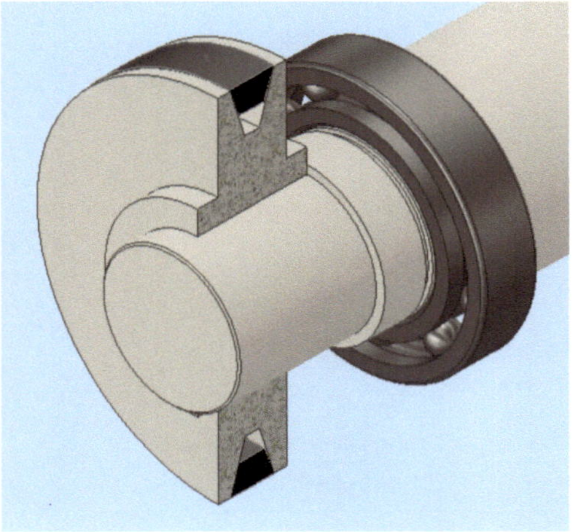

10.1.4 Keilverbindung (Welle-Nabe-Verbindung)

Mithilfe des zugehörigen Konstruktionsassistenten können Passfedern als Welle-Nabe-Verbindung in einer Baugruppe erstellt werden. Gleichzeitig prüft der Assistent, ob die zulässige Flächenpressung an den Seitenflächen der Passfeder aufgrund der von der Verbindung zu übertragenden Kräfte und Momente überschritten wird. Als Beispiel soll eine Riemenscheibe (siehe Abschnitt 10.1.3) auf einem Wellenende (siehe Abschnitt 10.1.1) verdrehsicher verbaut werden.

TEIL II

Keilverbindung

Nachdem mit dem Befehl **KEILVERBINDUNG** der zugehörige Assistent geöffnet wurde, kann im Register **Konstruktion** ein Passfedertyp entsprechend der Norm ausgewählt werden (z. B. **DIN 6885-1 A**).

Im Bereich **Nut in Welle** ist für die Erstellung der Nut **Neues erstellen** zu wählen und die obere Schaltfläche **RINNE MIT ABGERUNDETEN ENDEN**. Die beiden anderen Schaltflächen bieten alternativ noch seltener verwendete Nutformen.

Die Bezugselemente bzw. Referenzen sind in folgender Reihenfolge an der Welle anzuwählen:

1. **Referenz 1:** Als Auswahl wird eine zylindrische Fläche benötigt. Hier kann die Mantelfläche des Wellenendes gewählt werden. Ihr Durchmesser liegt der Passfederauswahl von Inventor zugrunde.
2. **Referenz 2:** Die Auswahl richtet die Passfeder axial aus. Hier kann die Stirnfläche am Wellenende gewählt werden. Der Abstand der Passfeder zur Stirnfläche lässt sich darüber hinaus anpassen.
3. **Ausrichtung:** Die Auswahl bestimmt die Ausrichtung über den Umfang. Hier kann also eine der Ursprungsebenen der Welle (z. B. XY-Ebene) gewählt werden. In der Regel wird diese aber bereits von Inventor erkannt.

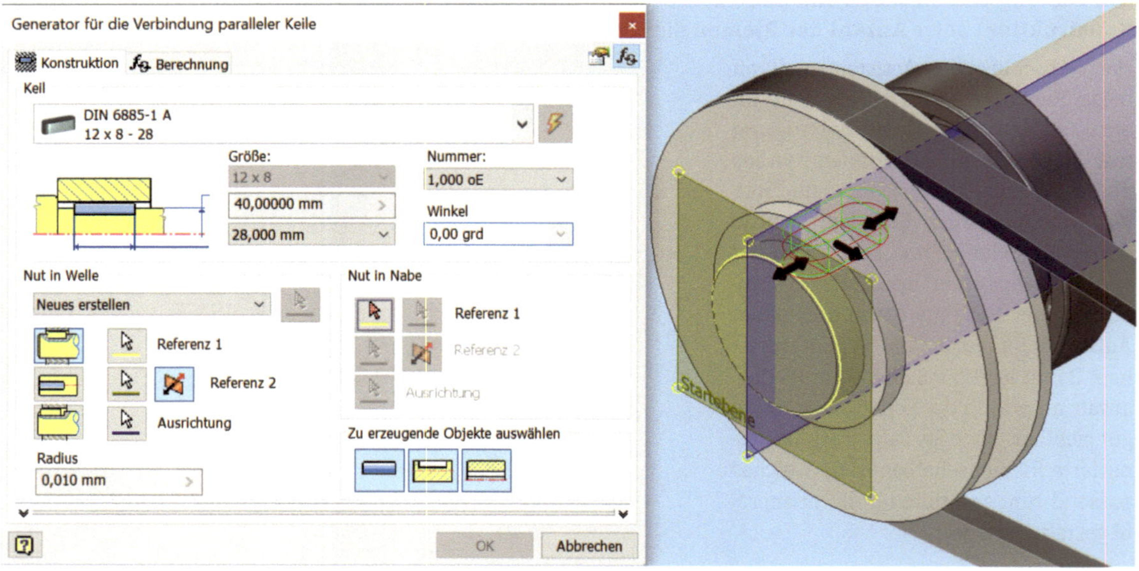

Da im Bereich **Zu erzeugende Objekte auswählen** die Schaltflächen **PASSFEDER**, **WELLE** und **NABE** angegeben sind, ist die **OK**-Schaltfläche so lange ausgegraut, bis auch der Bereich **Nut in Nabe** definiert wurde.

Im Bereich **Nut in Nabe** kann als **Referenz 1** die verstärkte Stirnfläche an der Riemenscheibe gewählt werden. Inventor erkennt im Anschluss die Gegenseite.

Als **Referenz 2** kann die Kante einer Scheibe gewählt werden. Im Anschluss schlägt Inventor eine Referenzebene vor. In diesem Fall ist es die **XZ-Ebene**. Der Doppelklick auf einen roten Doppelpfeil an der Passfedervorschau (in der Abbildung hellrot hervorgehoben) ermöglicht es, den Abstand von der Stirnfläche des Wellenendes, also von **Referenz 2**, auf beispielsweise **10 mm** anzupassen. Die Pfeile in der Passfedervorschau können jedoch nur angewählt werden, wenn alle Referenzschaltflächen von Nut und Nabe inaktiv sind.

Nachdem alle geometrischen Größen definiert wurden, kann im Register **Berechnung** die Festigkeit der Passfeder kontrolliert werden. Aus den konstruktiven Randbedingungen ergibt sich, dass die Kennwerte, wie Leistung, Drehzahl und Drehmoment, mit den Eingabewerten für die Dimensionierung des Keilriemens übereinstimmen müssen. Anstelle der Eingabe von Materialkennwerten können wieder Materialen ausgewählt werden, deren Kennwerte in Inventor hinterlegt sind.

Beim Verlassen des Konstruktionsassistenten werden Passfedernut, Nabennut und Passfeder in der Baugruppe erzeugt. Um die Position der Passfeder zu kontrollieren, kann vorübergehend die *Riemenscheibe1* über ihr Kontextmenü **TRANSPARENT** gesetzt werden.

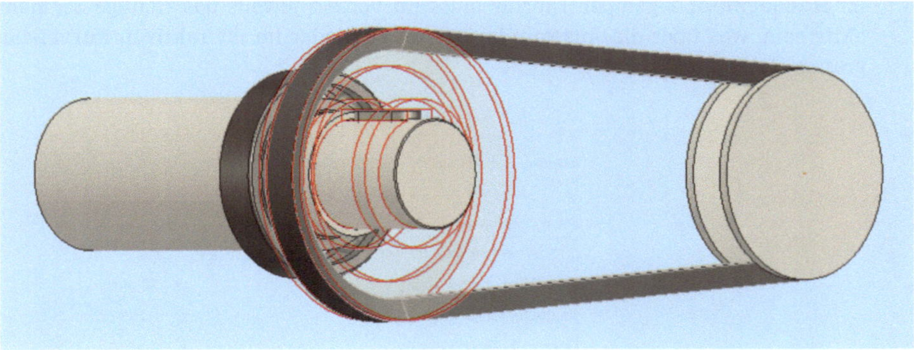

10.1.5 Kurvenscheiben-Generator

Mithilfe des zugehörigen Konstruktionsassistenten können nacheinander einzelne Wellenabschnitte als Nocken oder Kurvenscheiben erstellt werden. So lassen sich z. B. Nockenwellen konstruieren, wie sie in Verbrennungsmotoren zur Ventilsteuerung eingesetzt werden. Nocken besitzen eine spezielle Profilgeometrie, mit der bei Drehung der Welle andere Bauteile in eine kurze Längsbewegung, auch Hub genannt, umgewandelt werden.

Nachdem mit dem Befehl **KURVENSCHEIBE** der zugehörige Assistent geöffnet wurde, können im Register **Konstruktion** die Kennwerte der Nocken hinterlegt werden. Die Konstruktion der Nocken soll im Folgenden mit Bezug auf die bisherige Konstruktion (siehe Abschnitt 10.1.1 ff.) kurz vorgestellt werden. Im Abrollmenü im Bereich Nocken kann zunächst **KOMPONENTE** gewählt werden, da ja noch kein Körper vorhanden ist. Als zylindrische Fläche ist ein Wellenabschnitt (hier der dritte Wellenabschnitt) zu wählen und als Startebene die Stirnfläche am Ende des dritten Wellenabschnitts. Im Beispiel wurde mit **SEITE UMKEHREN** sichergestellt, dass Kurvenscheibe und Welle überlappend liegen. Alle anderen Eingabefelder sind vordefiniert, sodass die Konstruktion eines

Kurvenscheibe

Nocken bereits möglich wäre. Die nachfolgend vorgestellten Eingabewerte passen aber noch die Dimension des Nocken zur Welle an:

- **Grundradius:** Dieser Wert bestimmt die Größe des zylindrischen Teils des Nocken. Er wird im Beispiel mit **35 mm** gewählt.
- **Nockenbreite:** Die Breite des Nocken ist analog zur Länge eines Wellenabschnitts. Sie wird im Beispiel mit **30 mm** festgelegt.

Im Bereich **Hubsegment** beziehen sich die Werte immer auf das aktuell eingestellte Segment im Abrollmenü:

- **HUB AM ENDE:** Der Wert bestimmt den Maximalwert der Stößelbewegung. Er kann hier zum Beispiel auf **15 mm** gesetzt werden. Die Form des Nocken passt sich dann an.
- **BEWEGUNGSFUNKTION:** Aus der voreingestellten Bewegung kann Inventor das benötigte Querschnittsprofil des Nocken errechnen. Für das Beispiel wird der Wert **Doppeltharmonisch – Teil 1** im **Hubsegment 1** und **Doppeltharmonisch – Teil 2** im **Hubsegment 2** genutzt. Hierfür muss im Vorfeld jeweils das richtige Segment aktiv sein, was über die Auswahl im oberen Feld oder im interaktiven Kurvendiagramm festgelegt wird.

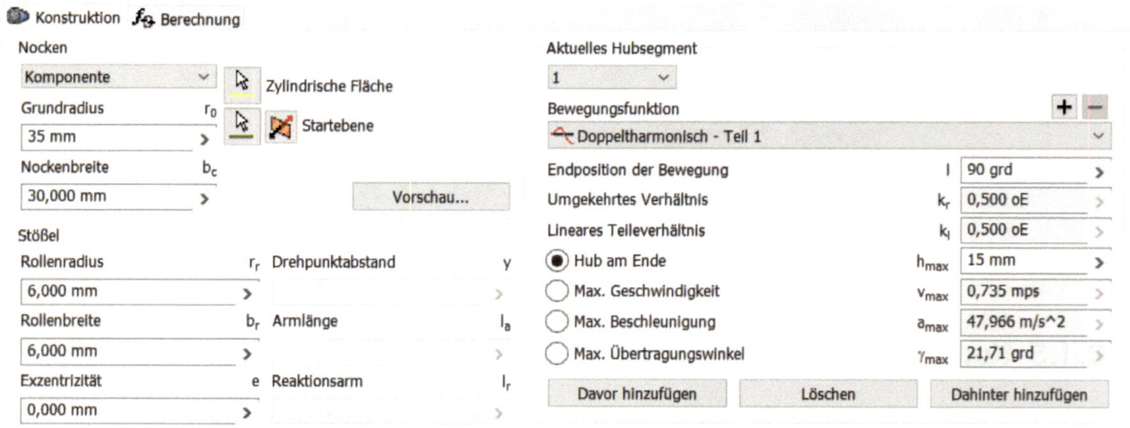

Die Kennwerte im Bereich **Stößel** werden nur für die Berechnungen benötigt. Der Stößel wird von Inventor nicht erzeugt. Der untere Bereich des Dialogfelds visualisiert die Kennwerte in Abhängigkeit vom Drehwinkel. Die Schaltflächen blenden nur die Kennwerte ein oder aus. Die Schaltfläche mit dem Doppelpfeil ganz unten rechts blendet weitere Optionen, wie z. B. die Drehrichtung, ein.

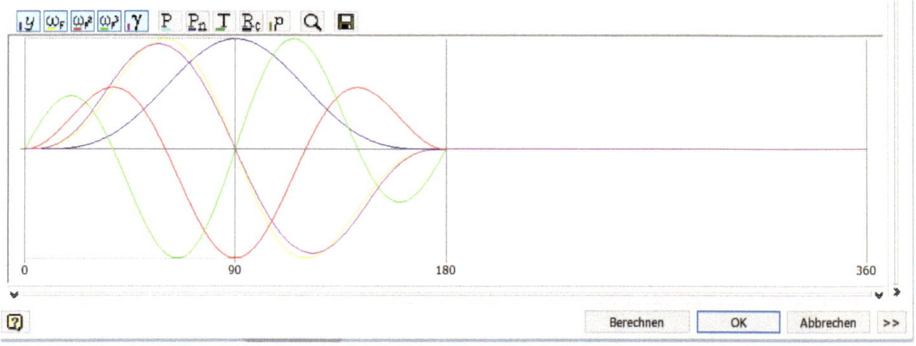

Im Register **Berechnung** können analog zu den anderen vorgestellten Assistenten, Geschwindigkeiten, Beschleunigungen, Kräfte und Ähnlichem geprüft werden, wenn vorab Materialwerte und äußere Kräfte eingegeben wurden.

Nach dem Bestätigen mit **OK** wird der Nocken als eigenständiges Bauteil in die Baugruppe übernommen. Der Nocken (im Strukturbaum als *Kurvenscheibe* bezeichnet) kann also über 2D-Abhängigkeiten vom Typ **Winkel** zu den Ursprungsebenen der Welle ausgerichtet werden. Im Beispiel wurde der Nocken mit **45°** zur horizontalen Wellenebene ausgerichtet und zuvor mit einer zur Welle passenden Bohrung versehen.

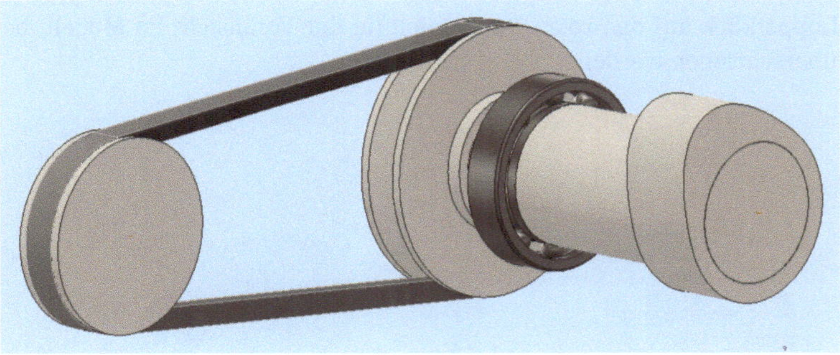

10.1.6 Schraubenverbindung

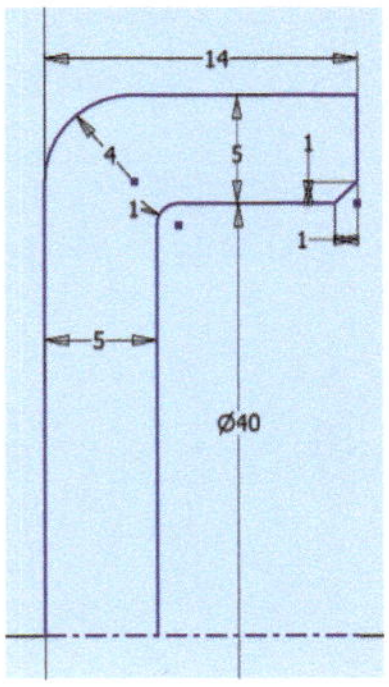

Mithilfe des zugehörigen Konstruktionsassistenten können Schraubenverbindungen als Einschraub- oder Durchsteckverbindungen erstellt werden. Der Assistent soll im Folgenden wieder mit Bezug auf die bisherige Konstruktion (siehe Abschnitt 10.1.1 ff.) kurz vorgestellt werden.

Für die axiale Sicherung der Riemenscheibe auf der Welle wurde zunächst mit **ERSTELLEN** und der nachfolgenden **2D-Skizze** mit der Funktion **DREHUNG** eine Haltebuchse für das Wellenende konstruiert. Diese wurde mit der 2D-Abhängigkeit **Passend** axial und bündig positioniert. Zur besseren Übersicht kann für die Darstellungen vorübergehend ein Halbschnitt gewählt werden.

Nachdem mit dem Befehl **SCHRAUBENVERBINDUNG** der zugehörige Assistent geöffnet wurde, kann im Register **Konstruktion** die Verbindung definiert werden. Für die Verschraubung wird im Dialogfeld im Bereich **Typ** als Verbindungstyp **Nicht durchgehend** gewählt. Für die Positionierung wird im Bereich **Platzierung** der Eintrag **Konzentrisch** gewählt. Das hier angebotene Auswahlmenü entspricht dabei der Bohrungsfunktion in einer Bauteilumgebung. Nacheinander werden jetzt folgende Bezugselemente vorgegeben:

- **Startebene:** Hierfür wird die Ebene gewählt, auf der der Schraubenkopf anliegt, d. h. die Stirnfläche der Buchse.
- **Runde Referenz:** Hierfür wird eine Mantelfläche der Buchse oder Welle gewählt, um die Schraubverbindung auf der Achse zu zentrieren.
- **Sackloch-Startebene:** definiert die Oberfläche, an der das Innengewinde beginnt. Hier muss also die Stirnfläche der Welle gewählt werden, die in der Halbschnittansicht gut zugänglich ist.

Im Bereich **Gewinde** wird die Größe der Schraubverbindung vorgegeben (**ISO Metrisches Profil** mit **12 mm** Durchmesser).

Nach diesen Eingaben werden vom Assistenten im rechten Fensterbereich bereits zwei genormte Bohrungen vorgeschlagen: Die Durchgangsbohrung im Deckel und die Gewindebohrung in der Welle. Über die lange, schmale Schaltfläche oberhalb der vorgeschlagenen Bohrungen kann jetzt eine genormte Schraube ausgewählt werden (**Zum Hinzufügen einer Schraube hier klicken**). Im Beispiel wird **ISO 4017** gewählt und Inventor schlägt eine entsprechende Schraube **M12 × 25** dieser Norm vor. Die Länge kann gegebenenfalls durch Doppelklick auf den roten Doppelpfeil (in der Voransicht im Modell) benutzerdefiniert überschrieben werden.

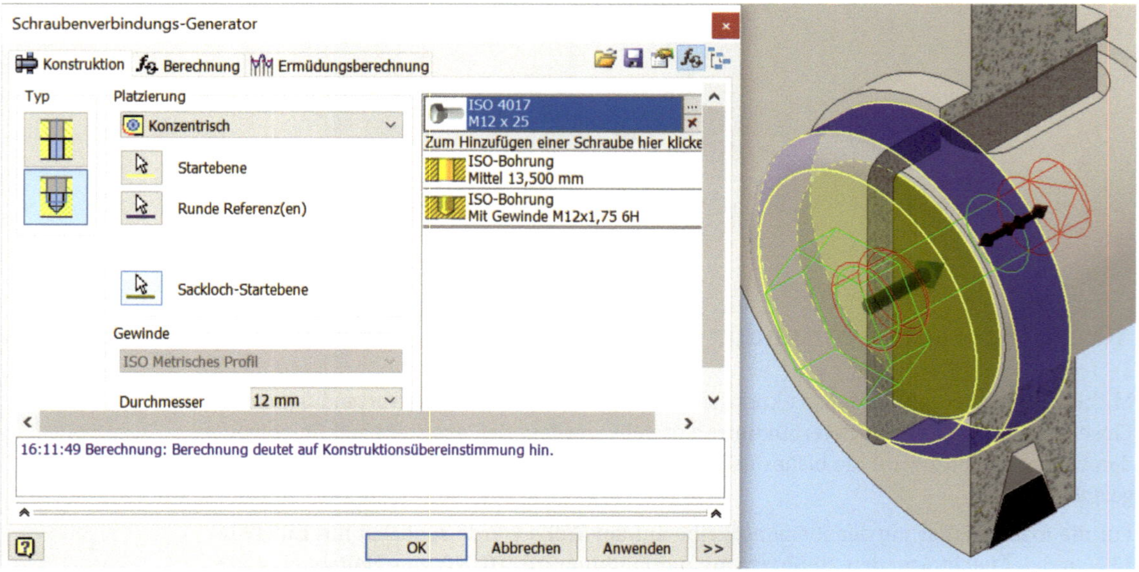

Nach Bestätigen durch **OK** werden Schraube, Gewindebohrung, und Durchgangsbohrung in der Baugruppe erzeugt, was durch die Wahl einer transparenten Darstellung oder transparenter Materialien überprüft werden kann.

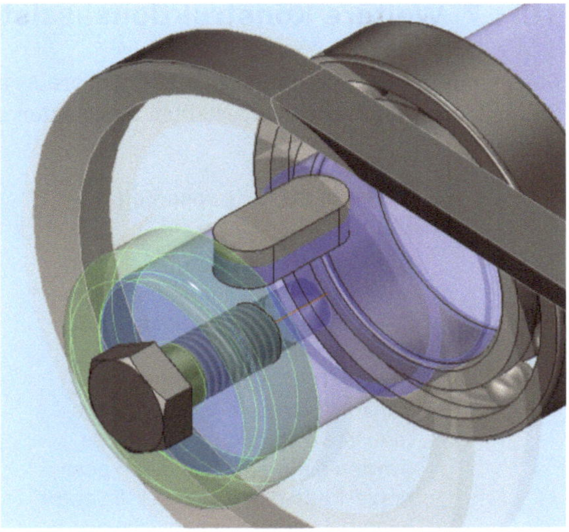

Über das Kontextmenü im Strukturbaum kann die erstellte Verschraubung **MIT KONSTRUKTIONSASSISTENT BEARBEITEN** erneut aufgerufen werden. Im Register **Berechnung** kann die Schraubenfestigkeit kontrolliert werden. Für das Beispiel ist diese Betrachtung jedoch untergeordnet, da die Belastung durch das übertragene Moment von der Passfeder aufgenommen wird. Entsprechend kann die Baugruppe nun abgeschlossen werden.

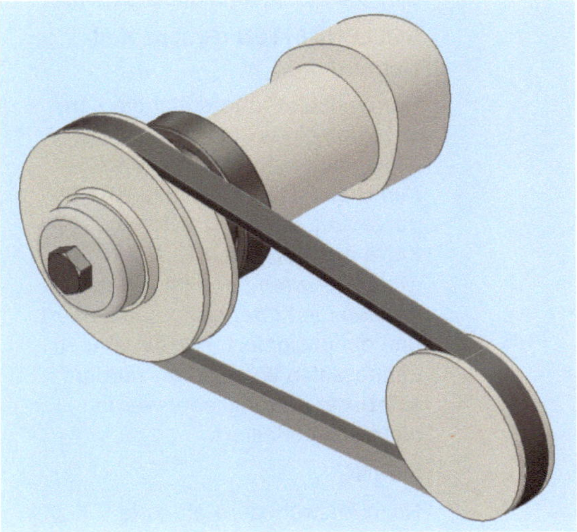

10.1.7 Weitere Konstruktionsassistenten

Die Befehlsgruppe **Berechnung** enthält weitere Assistenten, die in diesem Abschnitt, da sie analog zu den bisher vorgestellten Assistenten aufgebaut sind, nur kurz aufgelistet werden.

	**ZAHNRIEMEN** (Gruppe **Keilriemen**) Der Assistent unterstützt die Konstruktion eines Zahnriementriebs. Die Dialogfelder sind analog zum Riementrieb (siehe Abschnitt 10.1.3) gestaltet. Zunächst wird ein genormter Riemen gewählt, und im Anschluss werden die Riemenscheiben positioniert und dimensioniert. Inventor kann bei vorgegebenem Übersetzungsverhältnis die Riemenscheiben selbstständig dimensionieren.	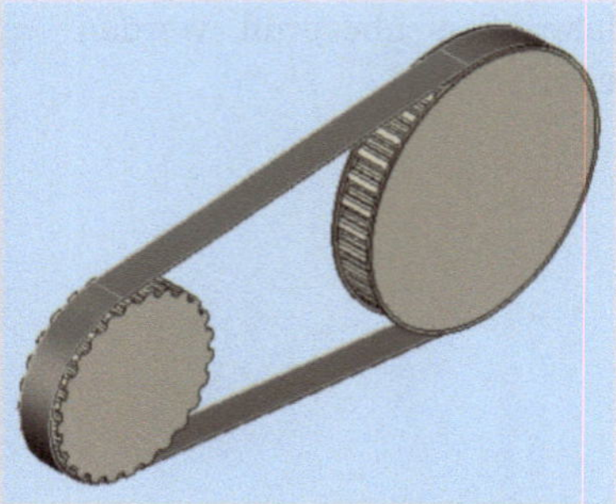
	**ROLLENKETTEN** (Gruppe **Keilriemen**) Der Assistent unterstützt die Konstruktion eines Kettentriebs. Die Dialogfelder sind analog zum Riementrieb (siehe Abschnitt 10.1.3) aufgebaut. Zunächst wird eine Kette gewählt (z. B. *ISO 10190 Motorradketten*), und im Anschluss werden die Kettenräder positioniert und dimensioniert. Hierfür können Zähnezahlen vorgegeben werden. **Achtung:** Kettenglieder werden nicht ausmodelliert.	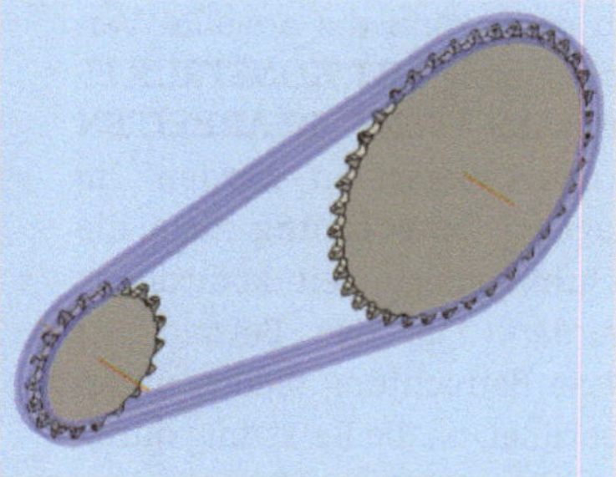
	**O-RING** Nach Auswahl der Kategorie (außen/innen sowie axial und radial) und der Norm, muss eine zylindrische Fläche zur Bestimmung des Ringdurchmessers und eine planare Fläche für die axiale Position in der Baugruppe selektiert werden. Neben dem Dichtring wird auch die passende Nut erzeugt und axial (analog zur Passfeder in Abschnitt 10.1.4) positioniert.	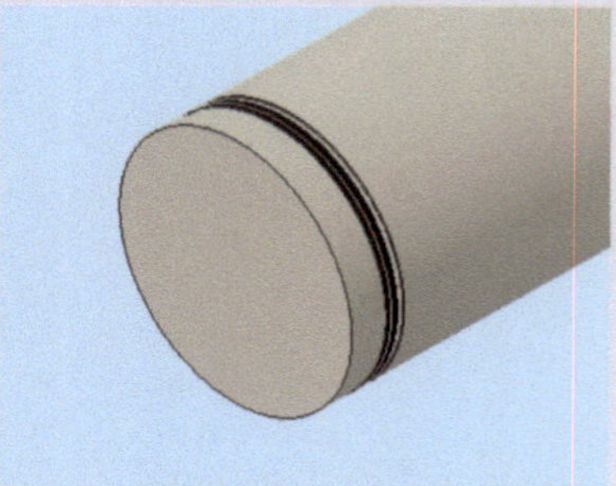

LINEARER NOCKEN (Gruppe **Kurvenscheibe**)

Wird der Stößel entlang des linearen Nockenprofils bewegt, entsteht eine ähnliche Hubbewegung, wie bei einer Kurvenscheibe. Die Eingaben, Berechnungen und Ausgaben sind analog zu Abschnitt 10.1.5. Die Abbildung rechts wurde mit einer doppelt harmonischen Bewegungsfunktion erstellt.

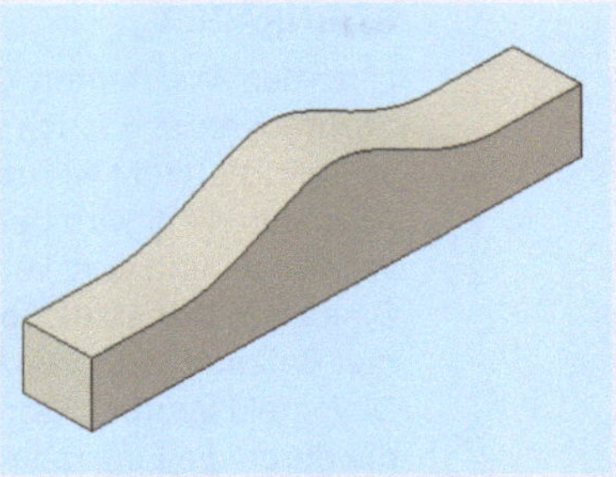

ZYLINDRISCHER NOCKEN (Gruppe **Kurvenscheibe**)

Im Unterschied zum linearen Nocken liegt das Profil auf einem Kreisring. Die Eingaben, Berechnungen und Ausgaben erfolgen analog zu Abschnitt 10.1.5. Die Abbildung rechts wurde ebenfalls mit einer doppelt harmonischen Bewegungsfunktion erstellt.

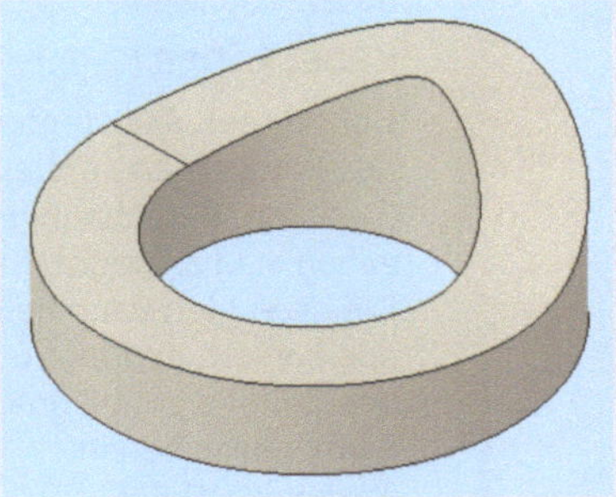

KEILWELLEN

Der Assistent unterstützt die Konstruktion einer Keilwellenverbindung mit Naben- und Wellenprofil. Nach Auswahl der Norm muss eine zylindrische Fläche zur Bestimmung des Ringdurchmessers und eine planare Fläche für die axiale Position in der Baugruppe selektiert werden. Die Länge ist ebenfalls einzugeben. Zu beachten ist, dass der Außendurchmesser des Wellenabschnitts zur Normabstufung passen muss.

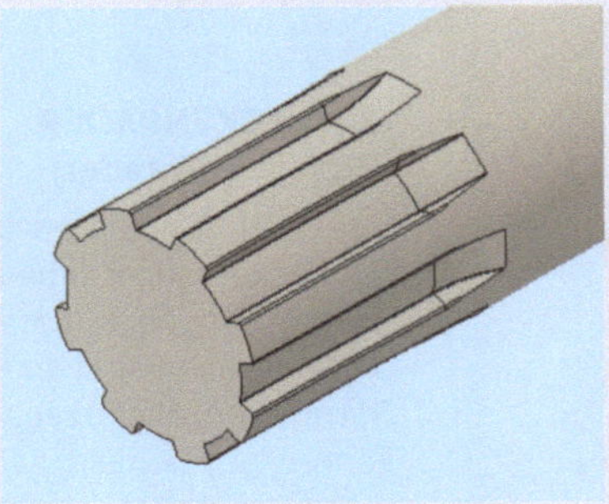

KERBZAHNPROFILE (Gruppe **Keilwellen**)

Die Dialogfelder sind analog zur Keilwelle gestaltet. Über **Berechnung** kann für die Profile geprüft werden, ob zulässige Materialkennwerte durch äußere Kräfte überschritten werden. Zu beachten ist, dass der Außendurchmesser des Wellenabschnitts zur Normabstufung passen muss.

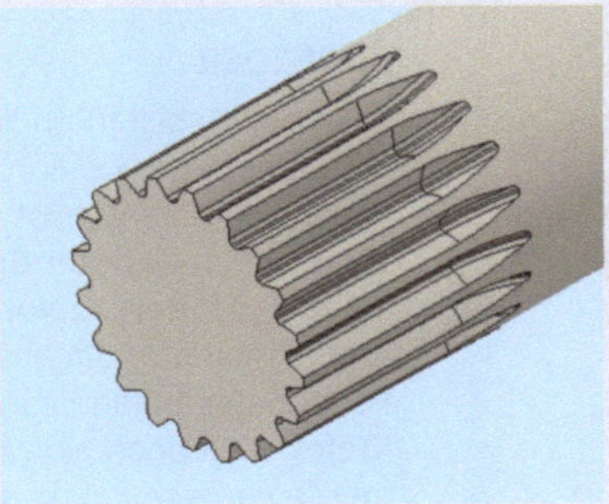

	**STIRNRÄDER** Über den Assistenten kann ein Stirnradgetriebe (auch schrägverzahnt) erstellt werden. In Abschnitt 14.5 wird der Assistent verwendet und kurz vorgestellt. Im Dialogfeld **Konstruktion** kann über den Befehl **VORSCHAU** ein neues Dialogfeld geöffnet werden, das die durch die Eingaben erzeugten Profile bzw. den Zahneingriff dynamisch visualisiert.	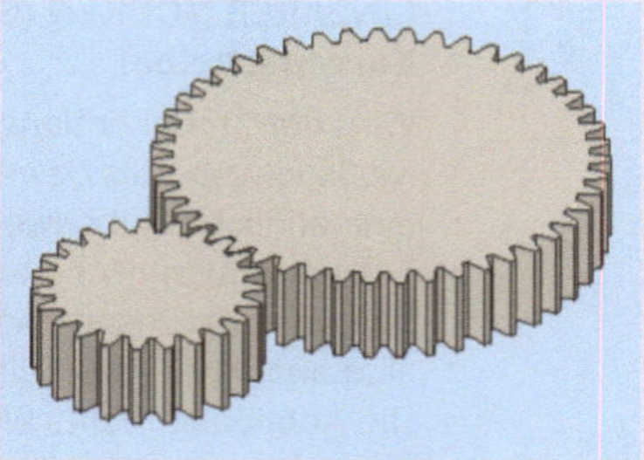
	**KEGELRÄDER** (Gruppe **Stirnräder**) Über diesen Assistenten kann ein Kegelradgetriebe erstellt werden. Eingaben, Berechnungen und Ausgaben sind analog zu Stirnrädern. Die erzeugten Bauteile können positioniert, geöffnet und weiterbearbeitet werden, analog zu den Riemenscheiben in Abschnitt 10.1.3.	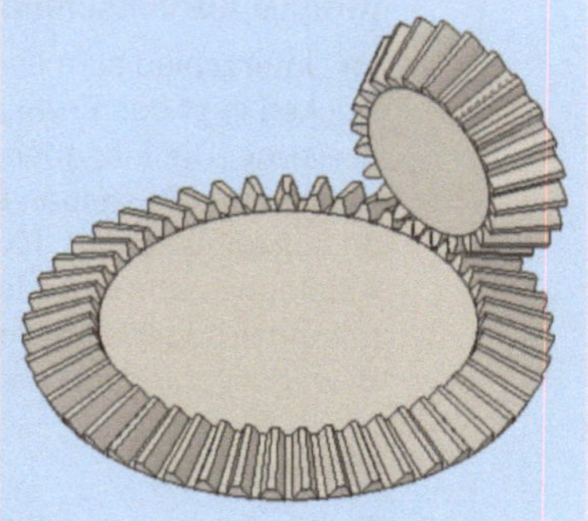
	**SCHNECKENRÄDER** (Gruppe **Stirnräder**) Über den Assistenten kann ein Schneckenradgetriebe erstellt werden. Eingaben, Berechnungen und Ausgaben sind analog zu Stirnrädern. Die erzeugten Bauteile können positioniert, geöffnet und weiterbearbeitet werden (analog zu Abschnitt 10.1.3).	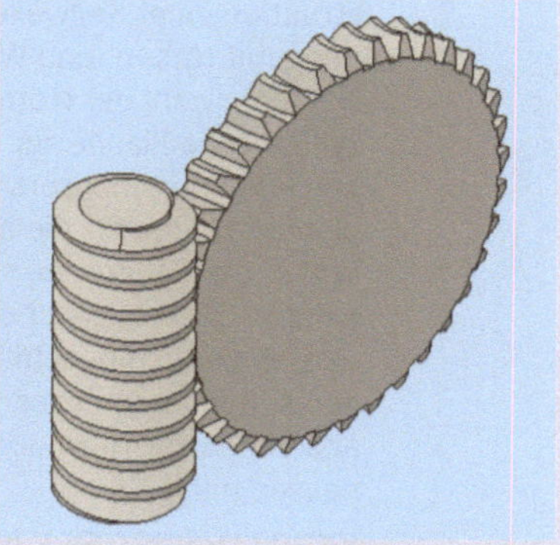
	**ZUGFEDER** Über den Assistenten kann eine Zugfeder dimensioniert werden. Bei diesem Assistenten ist es sinnvoll, zunächst im Register **Berechnung** einen **Zugfederentwurf** durchzuführen. Inventor dimensioniert die Feder dann anhand vorgegebener Kräfte. Ist jedoch eine Federgeometrie vorgegeben, kann auch eine Kontrollrechnung durchgeführt werden.	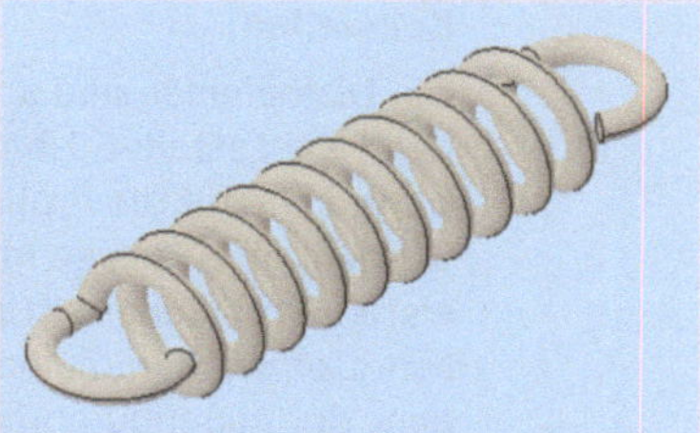

TELLERFEDER

Über den Assistenten können Tellerfederpakete berechnet werden. Auch hier kann im Register **Berechnung** der **Entwurf des Satzes für vorgegebene Federkraft** oder **Hub** eingestellt werden, womit dann ein Paket aus parallelen und in Reihe geschalteten Federn für einen zuvor gewählten genormten Tellerfedertypen vorgeschlagen wird.

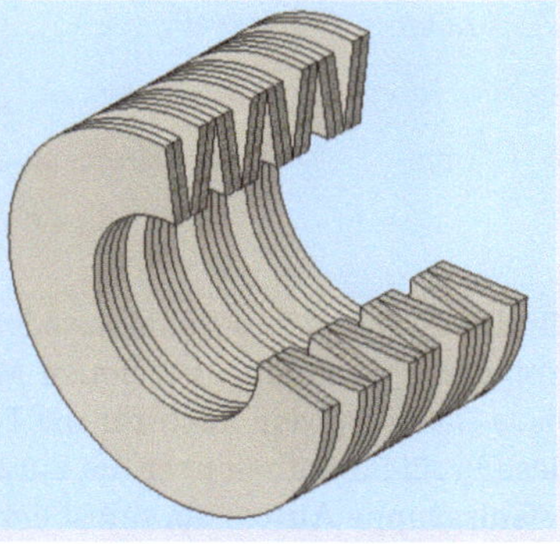

TORSIONSFEDER

Der Assistent ist analog zu den Assistenten für andere Federtypen aufgebaut. Die äußeren Kräfte liegen hier aber in Windungsrichtung oder entgegengesetzt.

BOLZEN, SICHERUNGSSTIFT, QUERSTIFT, AXIALSTIFT, RADIALSTIFT

Hiermit kann jeweils eine Stiftverbindung dimensioniert und/oder nachgerechnet werden. Für alle Arten der Stiftverbindungen werden zunächst Referenzelemente (z. B. Bohrungen) gewählt. Im Anschluss werden mithilfe der vorselektierten Norm bzw. Kategorie die Bauteile vorgeschlagen (ähnlich wie in Abschnitt 10.1.6).

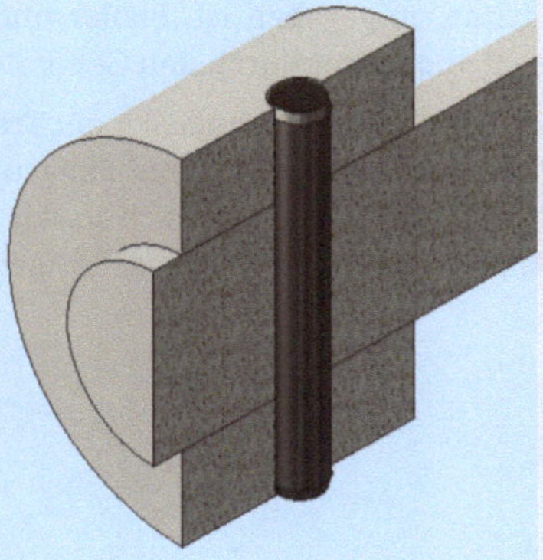

10.2 Gestell- und Rahmen-Generator

Der Gestell- und Rahmen-Generator ermöglicht es, einem Skelett-Modell vordefinierte Profile zuzuweisen, und erlaubt hierdurch die schnelle Erstellung von Rahmen und Ständer- oder Stützkonstruktionen.

In der Baugruppenumgebung im Register **Konstruktion** sind in der Befehlsgruppe **Gestell** die zugehörigen Funktionen aufgeführt. Mit diesen Funktionen lassen sich die Rahmen bzw. die Stützkonstruktionen modellieren. Mithilfe einer FEM-Analyse können diese hinsichtlich der äußeren Belastungen auch überprüft werden.

Für den Aufbau eines Rahmens oder einer Stützkonstruktion stehen vordefinierte Normprofile zur Verfügung, bei denen Materialkennwerte und Dimensionen hinterlegt sind. Diese Daten werden auch für die Festigkeitsanalysen verwendet. Für Sonderfälle kann diese Profil-Bibliothek über die Funktion **STRUKTURPROFIL** (Registerkarte **Verwalten**, Befehlsgruppe **Autor**) um selbst erstellte Profile ergänzt werden.

10.2.1 Konstruktiver Aufbau eines Gestells

Bevor ein Gestell eingefügt werden kann, sollte ein sogenanntes Skelett erzeugt werden, d. h. ein Bauteil oder eine Baugruppe, in dem/der der Verlauf des späteren Gestells durch Skizzen vorgegeben ist. Pfeiler und Träger werden hier nur als einfache Linien dargestellt, die später durch den Generator mit dem ausgewählten Profil ersetzt werden.

Als Beispiel wurde zunächst ein Tragwerk-Skelett skizziert und die Skizze als Bauteil mit **PLATZIEREN** in eine neue Baugruppe eingefügt. Aufgerufen wird nun der Gestell- und Rahmen-Generator, der sich in der Baugruppenumgebung unter der Registerkarte **Konstruktion** befindet. Die zugehörigen Befehle sind der Befehlsgruppe **Gestell** zugeordnet.

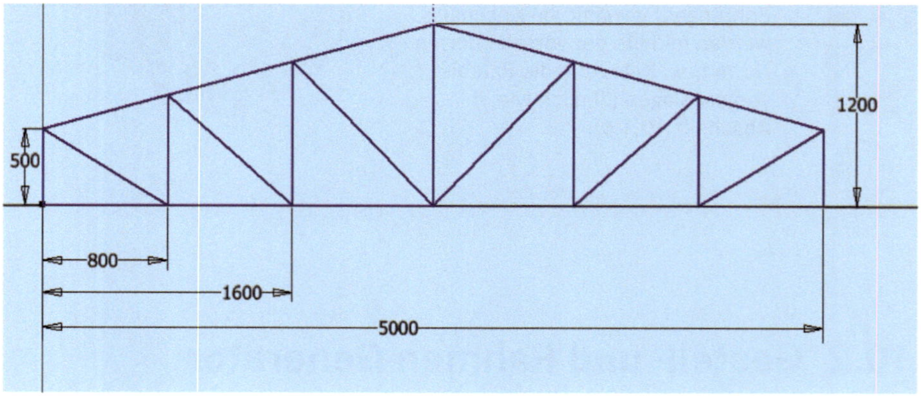

Mit dem Befehl **GESTELL EINFÜGEN** öffnet sich ein Dialogfeld. Im Funktionsbereich **Gestell-Profilelement** werden zunächst die gewünschte Profil-**Familie**, z. B. **DIN 1025-5 IPE**, und die gewünschte Profil-**Größe**, z. B. **IPE100**, ausgewählt. Im Funktionsbereich **Ausrichtung** kann im Anschluss definiert werden, ob der Träger mittig auf der Skelettlinie oder im Versatz zu ihr liegen soll. Zusätzlich kann unter **Drehung** noch die Rotation des Trägers um die Hauptachse eingestellt werden.

Im Funktionsbereich **Ausgangsgeometrie** ist die Platzierung **Entlang einer Kante** bzw. Linie voreingestellt. Alternativ kann mit **Rahmen Position durch zwei Punkte festlegen** auch ein Gestell zwischen ausgewählten Punkten erstellt werden. Die Ausrichtung des Trägers lässt sich dabei über eine Vorschau kontrollieren. Versatz- und Rotationseinstellungen können hier auch direkt im Modell mit Manipulator-Pfeilen eingegeben werden.

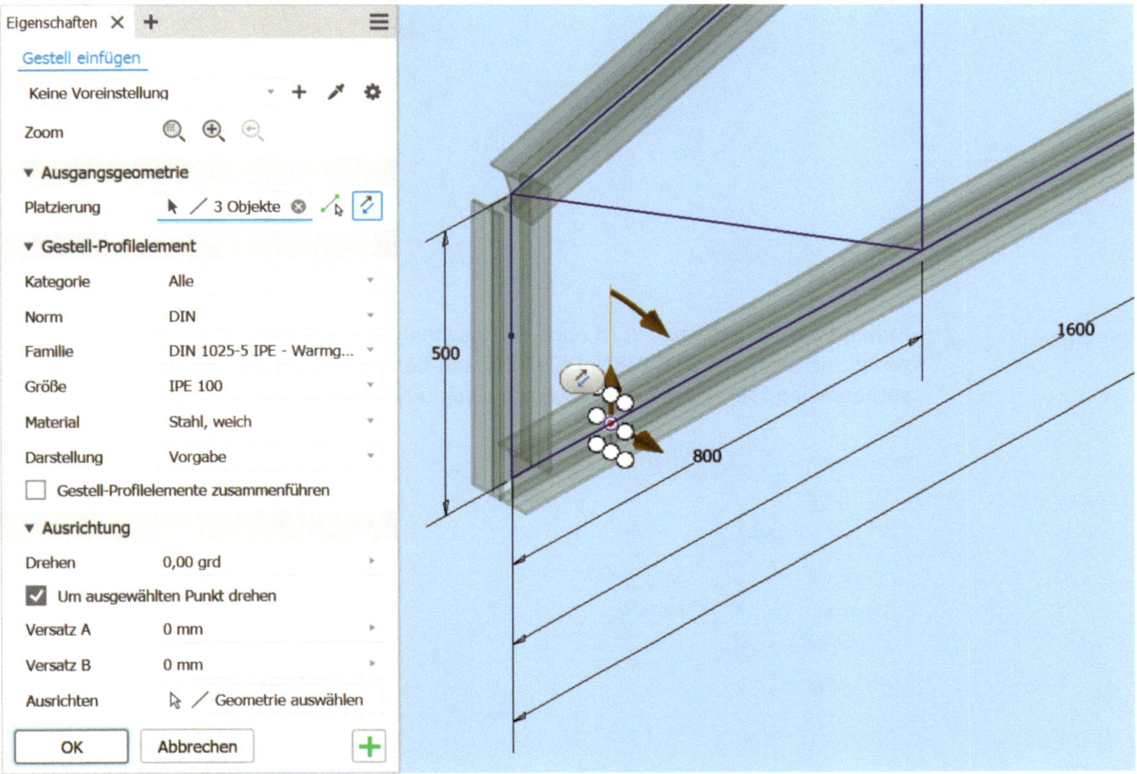

Die Stöße der eingefügten Profilträger können über die Befehle **GEHRUNG**, **NUTEN**, **STUTZEN/DEHNEN** oder mit dem Befehl **ECKVERBINDUNG** weiterbearbeitet werden.

Gehrung
Nuten
Eckverbindung
Stutzen/Dehnen

Für die beispielhafte Konstruktion wurden zunächst der Hochkant-Träger und oberer Träger mit dem Befehl **GEHRUNG** eingepasst. Im Anschluss wurde mit dem Befehl **ECKVERBINDUNG** der Hochkant-Träger passend zur Oberseite des unteren Trägers gestutzt und gleichzeitig der untere passend zur Kontur verlängert. Da es zwei Ausführungsmöglichkeiten gibt, ist hier auf die Auswahlreihenfolge zu achten. Das zuerst gewählte ist **gelb** hervorgehoben und wird gelängt, das zweitgewählte **blau** und wird gestutzt. In der interaktiven Zeichnung des Dialogfensters können direkt Versatzangaben eingegeben werden, wenn ein definierter Spalt zwischen Trägern geplant ist.

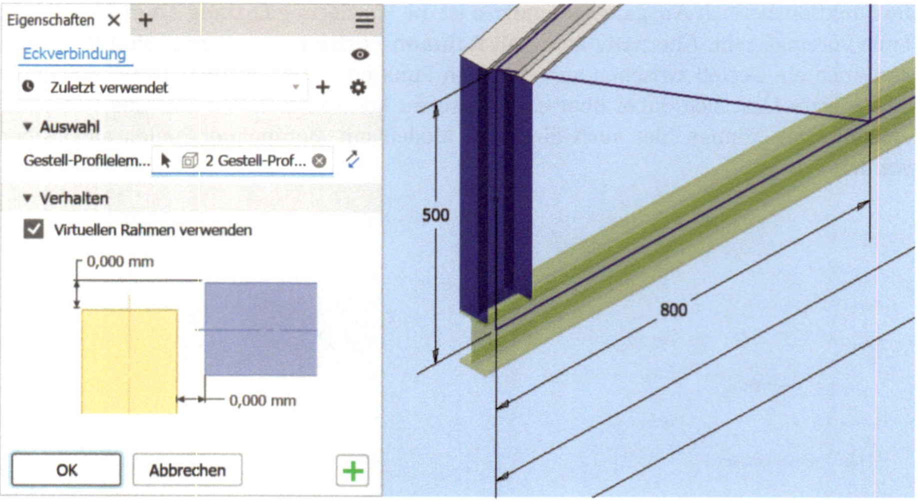

Stutzen/Dehnen

Anhand der Skelettskizze wird noch ein Diagonalträger mit **GESTELL EINFÜGEN** hinzugefügt. Er kann mit **STUTZEN/DEHNEN** und der Auswahl der Oberflächen der bereits vorhandenen Träger als Werkzeug (**gelb** selektiert) eingepasst werden.

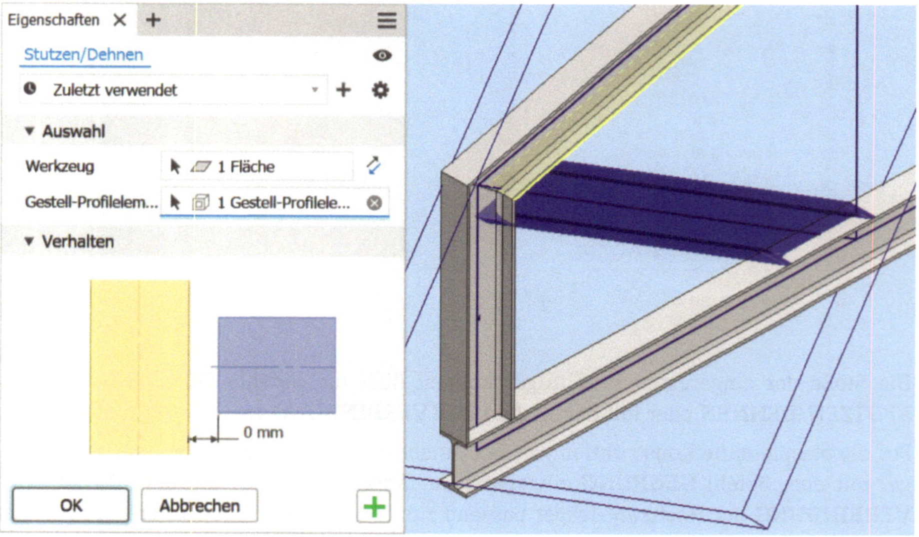

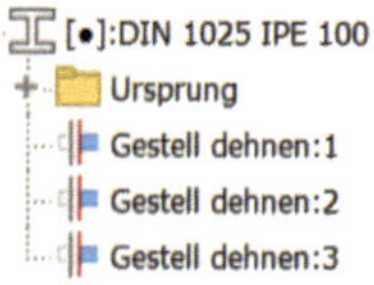

Der Vorgang ist für jedes Trägerende bzw. Trägerpaar durchzuführen. Jeder Vorgang erzeugt dabei gleichzeitig einen eigenen Eintrag im Strukturbaum unterhalb des jeweiligen Trägers. Durch Einfügen und Einpassen aller Träger in die Skelettskizze entsteht nach und nach das Tragwerk. Durch Kopieren der Skizze können das Skelett und damit das Gestell noch erweitert werden, indem zunächst auf der kopierten Skizze ebenfalls Träger platziert werden.

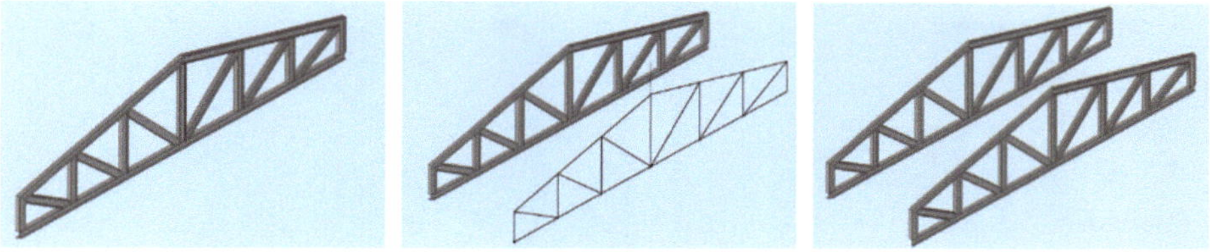

Da die Funktion **GESTELL EINFÜGEN** auch das Platzieren **Zwischen zwei Punkten** und damit zwischen zwei Skizzen erlaubt, wenn diese über ihr Kontextmenü beide **Sichtbar** gesetzt wurden, können jetzt die beiden Tragwerksteile mit weiteren Trägern verbunden werden. Für die Positionierung wird eine exzentrische Ausrichtung gewählt und mit einem Versatz von **5 mm** der Träger bündig zu den Tragwerken gesetzt.

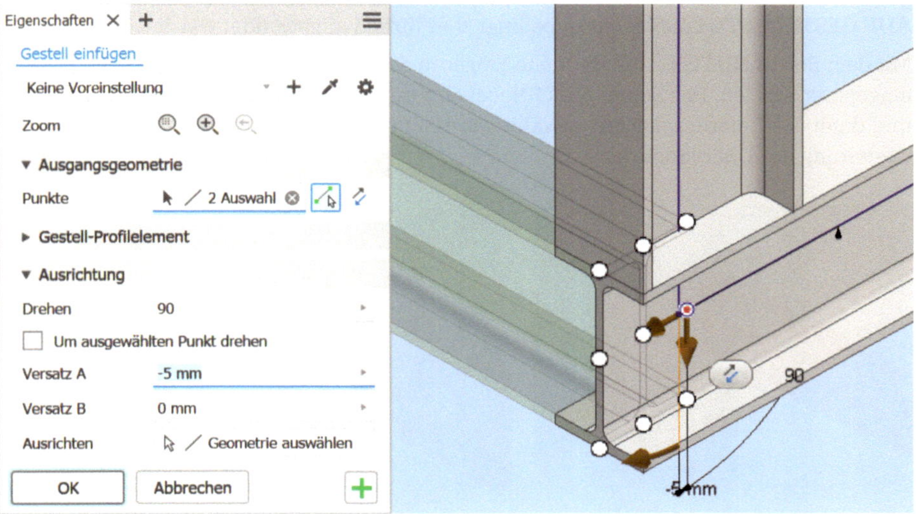

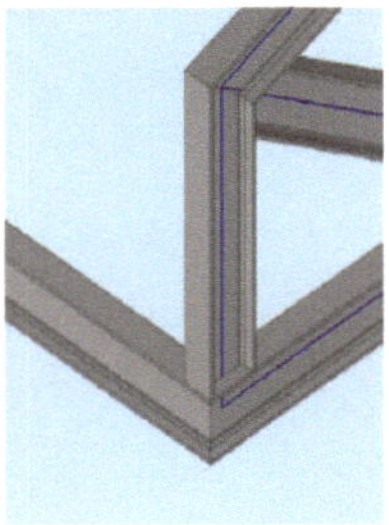

Auch bei Trägern, die zwischen zwei Punkten eingesetzt wurden, kann mit **Gehrung** oder **Eckverbindung** gearbeitet werden, um Übergänge anzupassen. Im Beispiel wurde nach der Positionierung der Übergang zwischen den Quer- und Längsträger durch eine Gehrung realisiert.

Um einen Träger in der Orientierung seines Profils nicht an den Ursprungsachsen, sondern an anderen Bauteilen auszurichten, sind im Dialogfeld **Gestell einfügen** das Kontrollfeld **Ausrichten** und eine Bezugsfläche zu wählen. Diese Funktion lässt sich auch mit **Drehen** und **Versatz** kombinieren.

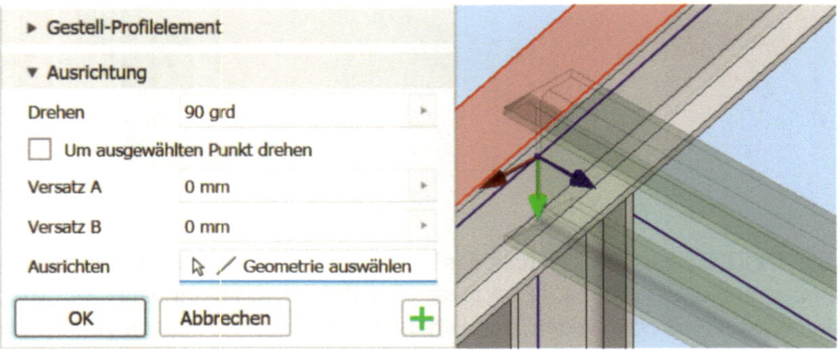

Aufgrund des verwendeten T-Profils überlappt der eingefügte Träger, nachfolgend vorübergehend **rot** hervorgehoben, in einer Art, in der die Befehle **STUTZEN/DEHNEN** oder **AUF GESTELL STUTZEN** nicht unbedingt zielführend angewendet werden können.

Nuten

Mit dem Befehl **NUTEN** kann der neue Träger in das Profil des bestehenden Trägers exakt eingepasst werden. Der Befehl **NUTEN**, bei dem zunächst auch wieder das anzupassende und dann das Referenzelement gewählt werden muss, stellt also eine Alternative für die Gestaltung der Übergänge dar.

Alle Elemente des Gestells, also alle Träger, finden sich im Strukturbaum wieder und können über ihr Kontextmenü mit dem Befehl **MIT GESTELLGENERATOR BEARBEITEN** erneut geöffnet und angepasst werden.

Ändern

HINWEIS: In einem Gestell lassen sich unterschiedliche Profiltypen miteinander kombinieren. Für die jeweilige Skelettlinie können alternative Profile ausgewählt werden, wenn der Träger zum Ändern geöffnet wurde. Änderungen können auch mit dem Befehl **ÄNDERN** und der nachträglichen Auswahl des Trägers erreicht werden.

Jedes Trägerelement kann über sein Kontextmenü im Strukturbaum mit dem Befehl **ÖFFNEN** als Bauteil geöffnet und bearbeitet werden. Im Beispiel wurden jeweils zwei Bohrungen in die unteren Querträger eingebracht, jeweils mit einem Durchmesser von **50 mm** und einem Abstand von **250 mm** von den Außenkanten.

10.2.2 Gestellanalyse

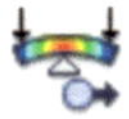

Gestell-analyse

Der Befehl **GESTELLANALYSE** ermöglicht die FEM-Analyse des Gestells bzw. Tragwerks in einer separaten Umgebung. Die Umgebung kann sowohl aus der Befehlsgruppe **Gestell**, d. h. dem Gestell-Generator, als auch aus der Befehlsgruppe **Beginnen** in der Registerkarte **Umgebungen** aufgerufen werden. Hier findet sich auch die **BELASTUNGS-ANALYSE**, die eine FEM-Analyse allgemeiner Bauteile ermöglicht.

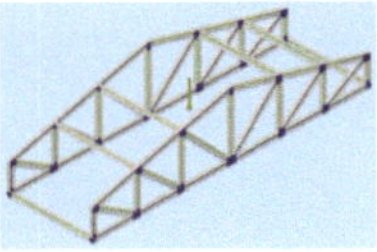

In der Umgebung der Gestellanalyse werden Knoten und starre Verbindungen des zuvor definierten Gestells automatisch erkannt und visualisiert. Bevor jedoch eine Simulation gestartet werden kann, müssen zunächst weitere Randbedingungen definiert werden.

Die Richtung der **Schwerkraft** ist festzulegen, da nicht immer zwingend das Modell in einer horizontalen Lage modelliert sein muss. Sie wird als dicker Pfeil im Gestell visualisiert und findet sich im Strukturbaum unter **Lasten** wieder. Über ihr Kontextmenü im Strukturbaum kann mit **BEARBEITEN** ein Dialogfeld geöffnet und die Richtung neu definiert werden (im Beispiel die Z-Richtung).

Alle weiteren Lasten, die auf das Gestell wirken, werden jetzt definiert. Hierfür werden in der Befehlsgruppe **Lasten** verschiedene Befehle zur Eingabe von **Kraft**, **Streckenlast**, **Drehmoment**, **Axialmoment** und **Biegemoment** angeboten.

Im Beispiel werden auf den vier oberen Trägern Streckenlasten aufgebracht, indem zunächst die jeweilige Linie als Bezug gewählt (siehe Abbildung auf der nächsten Seite) wird. Die Definition von Betrag und Kraftangriffswinkel ist dann durch Anklicken der Pfeile und Punkte in der sensitiven Vorschau möglich. Dies kann auch nachträglich im Dialogfeld erfolgen.

Das zugehörige Dialogfeld **Streckenlast** kann mit **BEARBEITEN** über das jeweilige Kontextmenü im Strukturbaum geöffnet werden. In diesem Beispiel wird der Betrag auf **10 N/mm** eingestellt. Welche Streckenlast gerade in Bearbeitung ist, wird durch Farben visualisiert. In der Abbildung wird die rot eingefärbte Streckenlast angepasst.

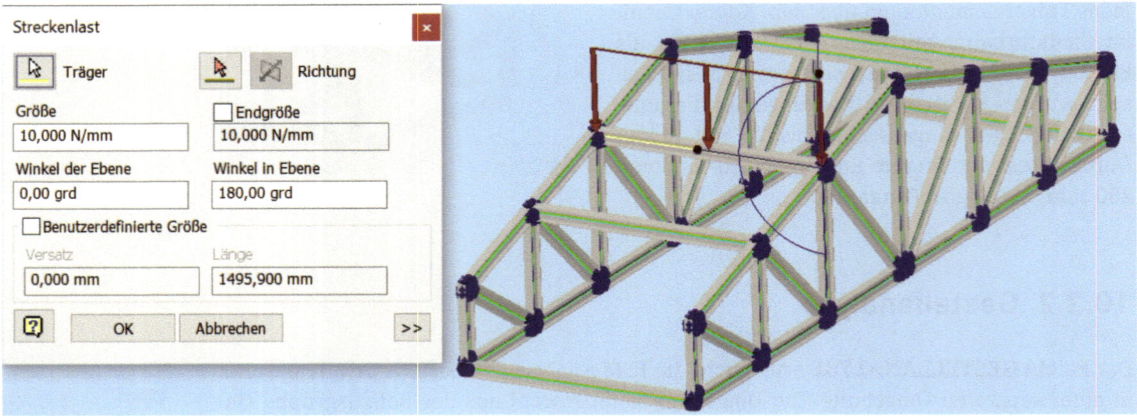

Im nächsten Schritt müssen die Auflagepunkte bzw. Einspannungen definiert werden, d.h. die äußeren Abhängigkeiten, denen das Gestell unterliegt. In der Befehlsgruppe **Abhängigkeiten** stehen hierfür die Befehle **FESTGELEGT**, **PIN**, **VERSCHIEBBAR** und **BENUTZERDEFINIERT** zur Verfügung.

Festgelegt

Im Beispiel werden mit **FESTGELEGT** die **vier** Auflagepunkte für das Gestell an den unteren Längsträgern definiert. Nach dem Klick auf den Befehl **OK**, welcher hier als grünes Häkchen dargestellt ist, werden diese über ihr Dialogfeld **Festgelegte Abhängigkeit** positioniert. Das Dialogfeld ist mit **BEARBEITEN** über den jeweiligen Eintrag im Strukturbaum zu erreichen.

Mit der Angabe **Relativ** und den Werten **0 oE** und **1 oE** werden die Auflagepunkte entlang des Trägers positioniert. Durch diese Angaben liegen die Auflagepunkte jeweils ganz außen.

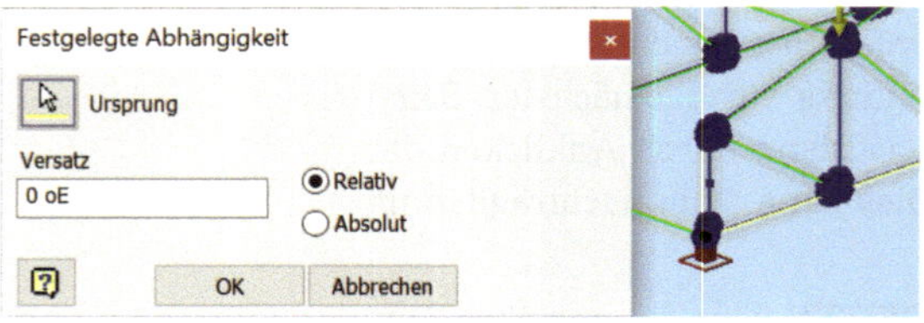

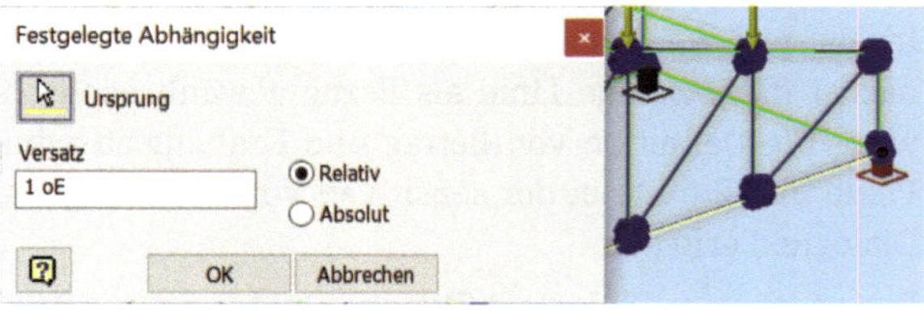

HINWEIS: Die Absolutwerte sind mit Vorsicht zu behandeln. Die inzwischen betrachtete Länge von **5045 mm** entsteht aus der Skizzenlänge von **5000 mm** zuzüglich Versatz um die halbe Trägerbreite an beiden Enden (**55 mm abzüglich 10 mm**).

Nachdem Knoten und starre Verbindungen erkannt wurden, die Schwerkraft entlang der Z-Achse ausgerichtet wurde, vier Streckenlasten mit **10 N/mm** an den Querträgern aufgebracht und vier festgelegte Abhängigkeiten an den Endpunkten der Längsträger positioniert wurden, ist das Gestell für die Simulation vorbereitet.

Die FEM-Berechnungen greifen auf Eigenschaften der Träger zurück, die über den Gestell-Generator definierten wurden. Profileigenschaften, wie z. B. Flächenträgheitsmomente, und Materialkennwerte können mit den Befehlen **MATERIAL** oder **EIGENSCHAFTEN** aus der Befehlsgruppe **Träger** verändert werden. Hierfür müssen im Dialogfeld die Träger ausgewählt und das Kontrollkästchen **Anpassen** angeklickt werden. Danach sind Eingabefelder oder Material-Auswahlliste nicht mehr ausgegraut.

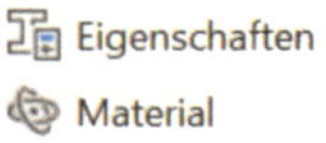

Mit dem Befehl **SIMULATION** kann die Analyse gestartet werden, was durch einen Fortschrittsbalken visualisiert wird. Unter der Kategorie **Ergebnisse** werden die verschiedenen Analyseergebnisse im Strukturbaum zusammengefasst. Sie können durch Doppelklick jeweils nacheinander an der Baugruppe visualisiert werden, wie beispielsweise die Kraft in Z-Richtung.

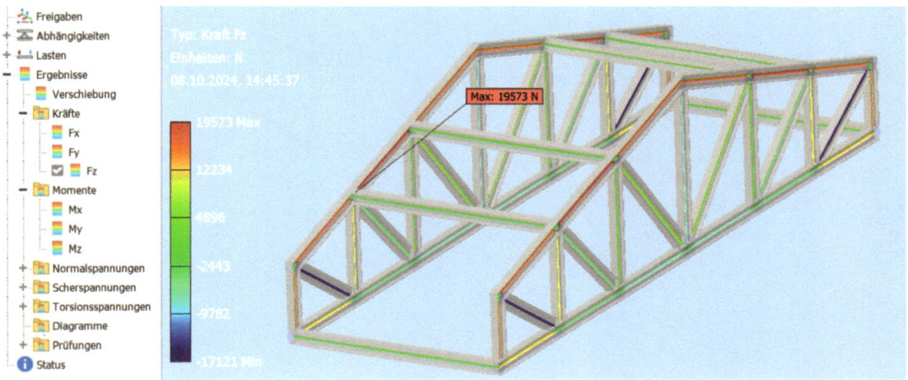

In den Befehlsgruppen **Anzeige**, **Publizieren** und **Ergebnis** stehen weitere Befehle zur Verarbeitung der Ergebnisse oder Änderung der Visualisierung zur Verfügung.

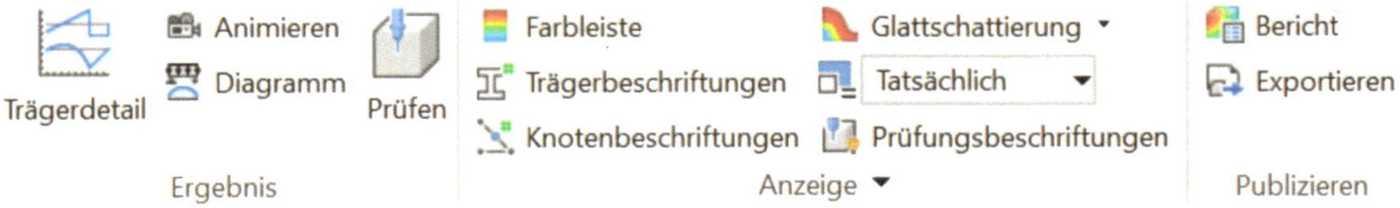

So kann beispielsweise über **VERSCHIEBUNGSANZEIGE ANPASSEN** in einer Auswahlliste eingestellt werden, ob oder wie stark die errechneten Deformierungen des Gestells in der Visualisierung skaliert, d. h. übertrieben dargestellt werden sollen.

In der erweiterten Befehlsgruppe **Anzeige** stehen die Befehle **HÖCHSTWERT** und **MINDESTWERT** zur Verfügung, die für jede Kenngröße den Maximalwert und Minimalwert aufzeigen. Im Beispiel wurden die größten Verschiebungen in der Mitte der **5 Meter** langen Längsträger errechnet, die sich nach den Berechnungen in der Mitte um fast **4 mm** verschieben.

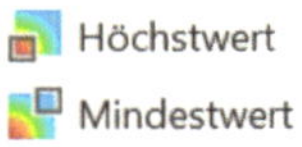

Prüfen

Prüfungs-beschriftungen

Mit dem Befehl **PRÜFEN** lassen sich Knotenpunkte auswählen, für die ein genauer Wert angezeigt werden soll. Die Anzeige der „Prüf"-Werte lässt sich dann mit der Schaltfläche **PRÜFUNGSBESCHRIFTUNGEN** ein- oder ausblenden. Im Beispiel wurden zwei Knoten ausgewählt, die verdeutlichen, dass die Träger an den Auflagepunkten keine bzw. fast keine Verschiebungen aufweisen.

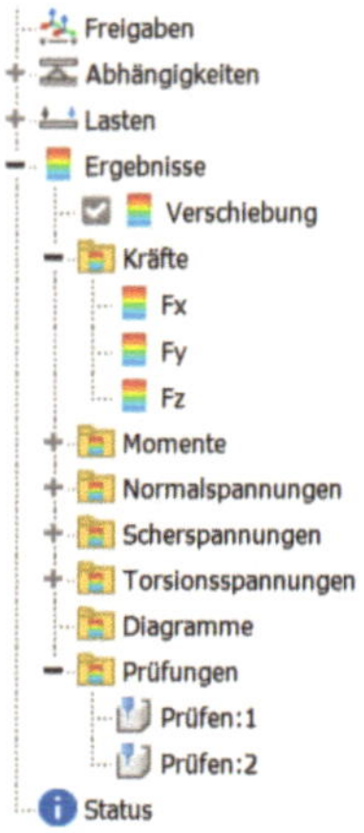

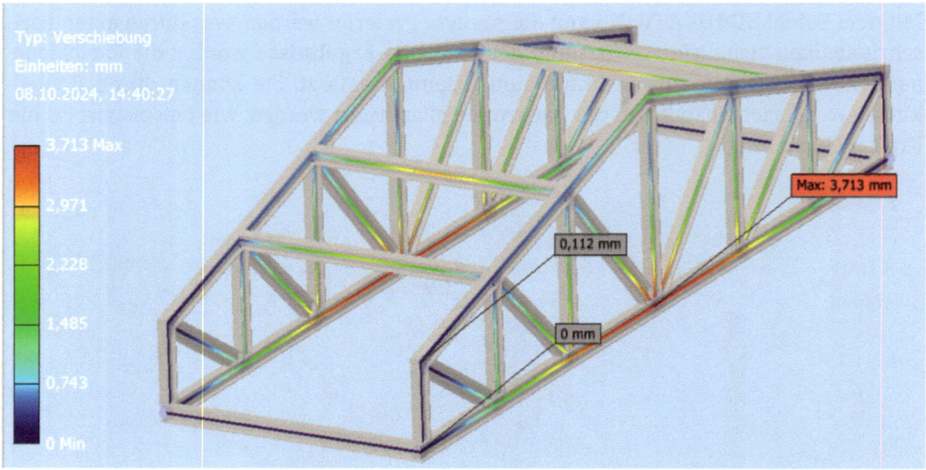

11 Konstruktions-automatisierung

Durch viele sich wiederholende Teilaufgaben kann das Konstruieren mit CAD-Systemen zeitaufwendig, monoton und ineffizient werden, z. B., wenn viele ähnliche Normteile in große Baugruppen eingefügt und positioniert werden sollen oder geometrisch ähnliche Teile, die sich nur in ihrer Baugröße unterscheiden, immer wieder neu angepasst und eingebaut werden müssen. Auch die Einhaltung von Standards und Richtlinien, die sich durch wiederkehrende Regeln, Formeln und die Einhaltung von Sollwerten auszeichnen, gehören dazu.

Ein weiterer Punkt betrifft die Qualitätsprüfung der CAD-Modelle. Um hier eine problemlose Weiterverarbeitung gewährleisten zu können, müssen diese entsprechend vordefinierter Regeln aufgebaut sein. Doch auch häufig wiederkehrende Arbeitsschritte, wie das Ausfüllen von Schriftfeldern, sind in der Regel mit erheblichem Ressourcenaufwand verbunden, ohne zur eigentlichen Entwicklungsaufgabe beizutragen.

In diesem Kapitel werden deshalb verschiedene, von Inventor angebotene Funktionen vorgestellt, die es erlauben, Konstruktionsschritte zu bündeln, zu automatisieren und damit zu einer effizienten Konstruktion beizutragen. Die Möglichkeiten reichen bis hin zur spezifischen Anpassung der Software über die zur Verfügung gestellten Programmierschnittstellen, mit denen, Programmierkenntnisse vorausgesetzt, die Software weitreichend auf das spezifische Entwicklungsumfeld zugeschnitten werden kann.

11.1 Normteilbibliothek – Inhaltscenter

Neben selbst erstellten Bauteilen können in eine Baugruppe auch Bauteile aus einer von Inventor verwalteten Bibliothek, dem sogenannten **Inhaltscenter**[1], eingefügt werden, indem der Befehl **AUS INHALTSCENTER PLATZIEREN** in der Befehlsgruppe **Komponente** gewählt wird. Im Anschluss öffnet sich ein Dialogfenster, das über einen eigenen Strukturbaum vordefinierte Bauteile anbietet. Hier finden sich viele Normteile entspre-

[1] Voraussetzung für die Verwendung des Inhaltscenters mit Normteilbibliotheken ist, dass bei der Inventor-Installation der Data Management Server installiert wurde.

chend der gebräuchlichen nationalen und internationalen Standards wieder, wie DIN, ISO, ANSI usw.

Zur Auswahl eines Normteils ist es zunächst sinnvoll, das Angebot über die **Filter**-Funktion auf die gewünschten Normen, wie z. B. ISO, einzuschränken.

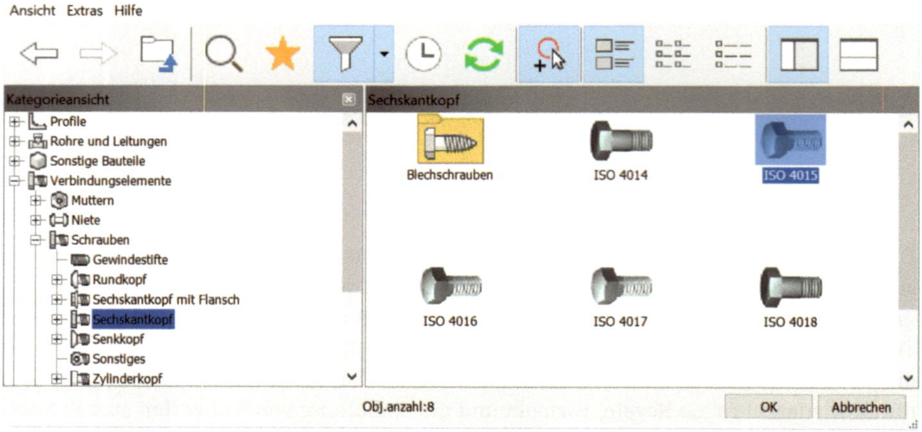

HINWEIS: Die Schaltfläche **FILTER ANWENDEN** verbleibt nach Verlassen des Dialogfeldes im jeweiligen Zustand, also **aktiv** oder **inaktiv**. Vorab ist also immer die Filtereinstellung zu prüfen.

Wird nun aus einer Kategorie, wie z. B. **Verbindungselemente** > **Schrauben** > **Sechskantkopf**, das Element **DIN EN ISO 4015** durch Doppelklick ausgewählt, erscheint ein Dialogfeld, in dem sich die Größe des Bauteils entsprechend der Norm auswählen lässt. Zur Auswahl stehen dann die entsprechend der Norm zulässigen Größen, wie **M10** mit einer Länge von **60 mm**. Nach der Auswahl hängt das Element am Mauszeiger und kann durch Mausklick in der aktuellen Baugruppe platziert werden. Wenn kein weiteres Exemplar des Bauteils eingefügt werden soll, kann der Vorgang mit **ESC** abgeschlossen werden.

Um eine Schnellauswahl von Bauteilen in richtiger Größe zu ermöglichen, kann der Befehl **AUTODROP** im Menü des Dialogfensters aktiviert werden. Nach dem ein Bauteil ausgewählt wurde (z. B. eine Schraube), ist die zugehörige Geometrie der abhängigen Bauteile (z. B. die Bohrung eines Flansches) auszuwählen. Inventor passt dann die Bauteilgröße, Position und gegebenenfalls Anzahl automatisch an. Für eine Flanschverbindung (siehe Abschnitt 11.4) können also mit nur einem Klickbefehl gleich sechs passende Schrauben gewählt und richtig positioniert werden.

Neben Bauteilen (Normteilen) können auch Bauteilelemente, wie z. B. Passfedernuten (siehe auch iFeatures in Abschnitt 11.5) aus dem Inhaltscenter gewählt und eingefügt werden. Nach der Auswahl im Inhaltscenter ist hierfür eine bereits existierende planare Bauteiloberfläche oder Arbeitsebene zur Positionierung auszuwählen.

11.1.1 Eigene Bibliotheken anlegen

Das Inhaltscenter kann um selbst erstellte Bauteile und eigene Bibliotheken ergänzt werden. Hierfür sollte zunächst eine Teilefamilie erstellt werden, entweder als **iPart** (siehe Abschnitt 11.3) oder als Gruppe von Bauteildateien, die später in einer Teilefamilie zusammenzuführen sind.

Hierfür ist zunächst eine neue Bibliothek anzulegen oder die standardmäßig miterstellte Nutzerbibliothek *My Library* ist mit Schreibrechten zu versehen.

> **HINWEIS:** Die Standardbibliotheken, die Inventor mitbringt, sind schreibgeschützt und können nur verändert werden, wenn sie zuvor als Kopie im Projekt erneut hinzugefügt wurden.

Projekte

Über den Befehl **PROJEKTE** in der Befehlsgruppe **Verwalten** unter der Registerkarte **Datei** öffnet sich ein Dialogfenster, das im oberen Bereich die bestehenden Projekte und Ablageorte zeigt. Der untere Fensterbereich zeigt für das jeweils selektierte Projekt die eingestellte Konfiguration. Am rechten unteren Rand befindet sich die Schaltfläche **INHALTSCENTER-BIBLIOTHEKEN KONFIGURIEREN** (siehe rote Markierung in der Abbildung), die ein zusätzliches Dialogfenster öffnet, in dem die vorhandenen Inhaltscenter-Bibliotheken angezeigt werden. Hier kann die Verwendung der Bibliotheken im jeweiligen Projekt über Kontrollkästchen festgelegt werden.

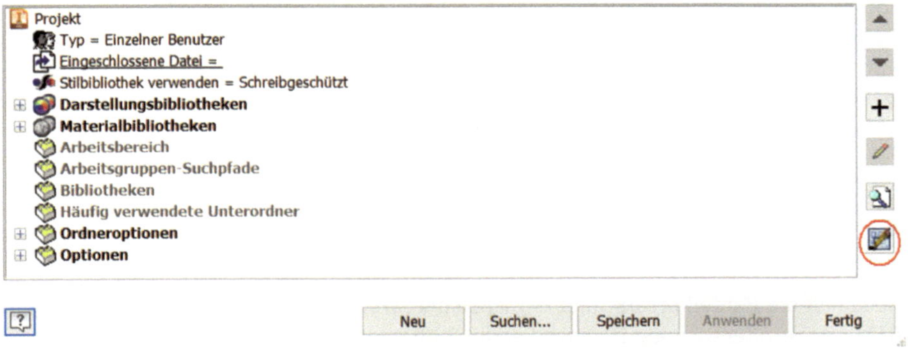

Über **BIBLIOTHEK ERSTELLEN** können auch eigene Bibliotheken, wie z. B. *Meine_Hanser_Verlag_Bibliothek*, hinzugefügt werden.

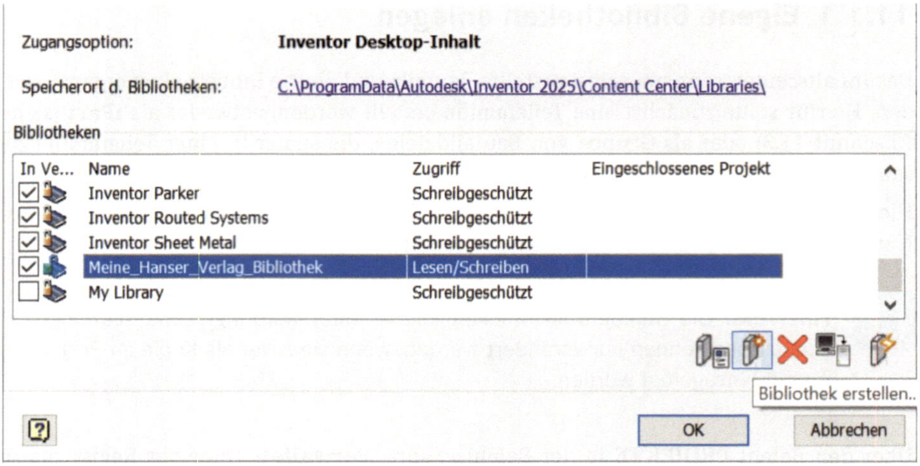

Die Verknüpfung zum Speicherort öffnet den Ordner mit den zugehörigen Bibliotheksdateien (**.idcl*). Um einer Bibliothek eigene Bauteile hinzuzufügen, muss unter der Spalte **Zugriff** *Lesen/Schreiben* eingestellt sein. Für alle nicht von Inventor bereitgestellten Bibliotheken, wie z. B. *Meine_Hanser_Verlag_Bibliothek*, kann der Zugriff direkt über die Windows-Datei-Berechtigungen festgelegt werden.[2]

Editor

Mit dem Befehl **EDITOR** in der Befehlsgruppe **Inhaltscenter** öffnet sich ein Dialogfenster, um Kategorien zu erstellen und zu verwalten. So kann zum Beispiel für die obige Bibliothek die neue Kategorie *Hanser Verlag Bauteile* mit der Unterkategorie *Hanser Verlag Dichtungen* angelegt werden. Unter **Bibliotheksansicht** ist neben der jeweiligen Bibliothek (z. B. *Meine Hanser Verlag Bibliothek*) auch eine zusammengeführte Ansicht auswählbar. Diese Ansicht stellt die Nutzerperspektive dar, also die Struktur, anhand derer die späteren Nutzer die Bauteile aus dem Inhaltscenter auswählen.

11.1.2 Eigene Bauteilfamilien in Bibliotheken anlegen

Editor
Inhaltscenter

Nachdem ein Bauteil erstellt und abgespeichert wurde, kann über **BAUTEIL PUBLIZIEREN** die Veröffentlichung in einer Bauteil-Bibliothek des Inhaltscenters eingeleitet werden. Der Befehl befindet sich unter der Registerkarte **Verwalten** in der Befehlsgruppe **Inhaltscenter**.

Im Dialogfenster müssen zunächst eine Bibliothek und die Anwendersprache ausgewählt werden, wie z. B. *Meine Hanser Verlag Bibliothek* und *Deutsch*. Im Anschluss wird für die zukünftige Teilefamilie eine Kategorie im Strukturbaum festgelegt, unter der sie später zu finden sein wird, wie beispielsweise *Hanser Verlag Dichtungen*.

[2] Die Datei ist im Windows-Datei-Explorer anzuwählen. Mit dem Kontextmenü unter **EIGENSCHAFTEN** > **SICHERHEIT** > **BENUTZERGRUPPEN** > **BEARBEITEN** ist diese auf Vollzugriff einzustellen.

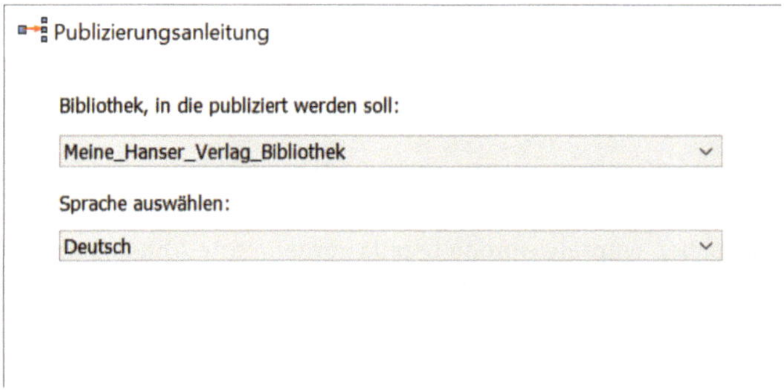

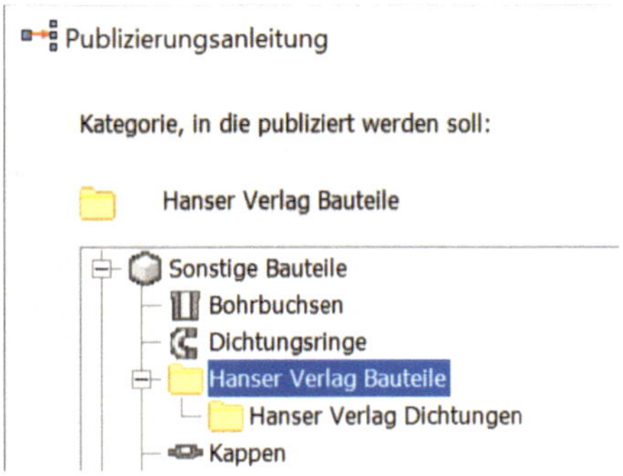

Der nächste Schritt, bei dem den Familienspalten Kategorie-Parameter zugeordnet werden, kann übersprungen werden.

Für die spätere Auswahl sind im vorletzten Schritt **Schlüsselspalten** auszuwählen, anhand derer der spätere Nutzer die Auswahl der jeweiligen Variante des Bauteils treffen kann. Für Flanschdichtungen sind dieses z. B. der Außendurchmesser der Dichtungen oder die Bohrungsanzahl.

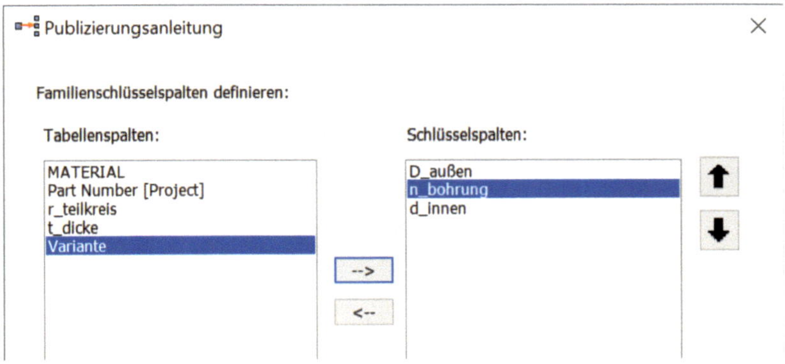

Im letzten Dialogfenster können Meta-Informationen, wie z. B. die Verknüpfung mit einem Standard, eingetragen werden. Letztere unterstützen die vom Inhaltscenter angebotenen Filter.

Um größere Teilefamilien im Inhaltscenter einzupflegen, existiert unter dem Befehl **STAPELPUBLIZIERUNG** eine Stapelverarbeitung von Dateien, die mit ähnlichem Vorgehen mehrere Bauteildateien gleichzeitig für die Veröffentlichung im Inhaltscenter verarbeiten kann.

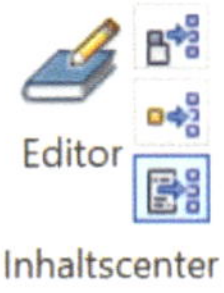

11.2 Vordefinierte Bauteilabhängigkeiten: iMates

iMates basieren auf den in Abschnitt 6.6 vorgestellten 3D-Abhängigkeiten (engl. *constraints*), die in Baugruppen das Positionieren der Bauteile zueinander ermöglichen. Bei Bauteilen, die mit iMates versehen wurden, werden bereits vordefinierte Abhängigkeiten angeboten, die später ein schnelles Positionieren ermöglichen.

11.2.1 Erstellen von iMates

iMate

Beim Erzeugen eines Bauteils kann in der Bauteilumgebung über **IMATE** eine Abhängigkeit vordefiniert werden. Der Befehl befindet sich unter der Registerkarte **Verwalten** in der Befehlsgruppe **Autor**.

Im Dialogfenster kann nun die Abhängigkeit, z. B. als Typ **Passend**, für das jeweilige Geometrieelement voreingestellt werden. Die Eingaben entsprechen dem Dialogfeld für 3D-Abhängigkeiten (siehe auch Abschnitt 6.6).

Das erstellte iMate erscheint jetzt als kleines, von einem Kreis umrandetes Symbol am Bauteil, und im Strukturbaum kann es über sein Kontextmenü auch bearbeitet, umbenannt oder gelöscht werden. Werden iMates im Strukturbaum selektiert, werden ihre zugehörigen Geometrieelemente sichtbar (im Beispiel die Mittellinie – siehe Abbildung).

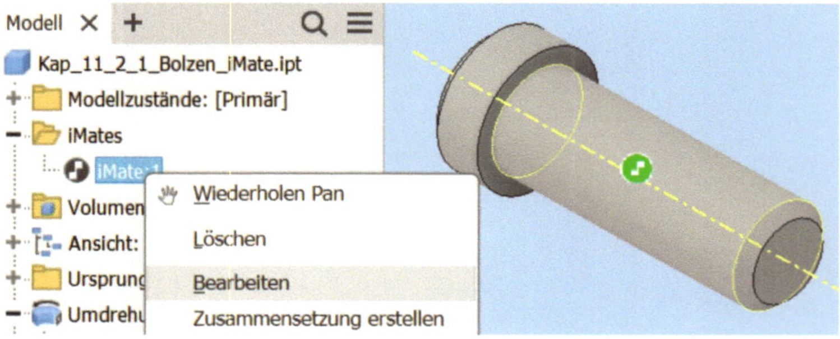

11.2.2 Positionierung mit iMates

Mit iMates versehene Bauteile können zueinander positioniert werden, wenn bei gedrückter **ALT**-Taste ein iMate-Symbol eines Bauteils auf das zugehörige iMate-Symbol des anderen Bauteils verschoben wird.

Besitzt nur eines der beiden Bauteile vordefinierte iMates, kann bei gedrückter **ALT**-Taste das iMate-Symbol des Bauteils auf das zugehörige Geometrieelement des anderen Bauteils verschoben werden. Im Beispiel ist es die Bohrung. Inventor zeigt eine erkannte 3D-Abhängigkeit durch Farbänderung des Geometrieelements.

HINWEIS: Bauteile aus dem Inhaltscenter (siehe Abschnitt 11.1) besitzen bereits vordefinierten iMates die sichtbar werden, wenn ein Bauteil, wie beispielsweise eine Schraube, bei gedrückter **ALT**-Taste selektiert wird.

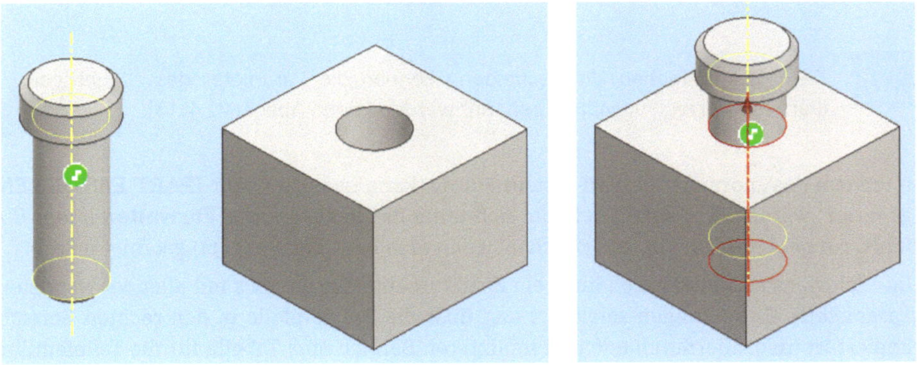

11.3 Teilefamilien: iParts

iPart erstellen

Mit iParts lassen sich Teilefamilien, d. h. Varianten einer Komponente, erstellen. Hierfür wird zunächst ein Referenz-Bauteil konstruiert, und im Anschluss werden ausgewählte Parameter des Bauteils über Tabellen verwaltet, sodass das Bauteil in verschiedenen Größen und Ausführungen durch tabellarische Auswahl verwendet werden kann. Als Referenz-Bauteil wird im Folgenden ein gemäß der Skizze (siehe Abbildung auf der Folgeseite) erstellter Flansch verwendet, der über den Umfang **fünf** verteilte Bohrungen besitzt, die auf dem Teilkreis mit einem Radius von **40 mm** liegen. Die Bauteildatei ist unter dem Namen *Kap_11_3_Flansch_iPart.ipt* zu speichern bzw. kann auch von *plus.hanser-fachbuch.de* heruntergeladen werden.

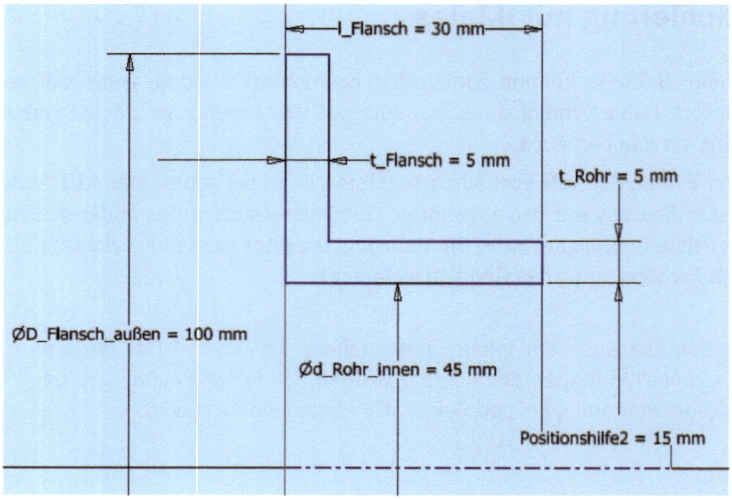

TIPP: Zur einfachen Unterscheidung können die Parameter des zukünftigen iParts im Vorfeld individuell benannt werden (siehe Abschnitt 4.13).

Nachdem das „normale“ Bauteil erstellt wurde, kann das iPart über **IPART ERSTELLEN** generiert werden. Der Befehl befindet sich unter der Registerkarte **Verwalten** in der Befehlsgruppe **Autor** und ist zu erreichen, wenn eine Bauteildatei (**.ipt*) geöffnet wurde.

Im Dialogfenster befindet sich links ein Strukturbaum des Bauteils mit allen verwendeten Parametern. Diese können selektiert und über die Doppelpfeile in den rechten Bereich kopiert werden. Hierdurch entsteht im unteren Bereich eine Tabelle für die Teilefamilie, in die zusätzliche Zeilen über **ZEILE EINFÜGEN** über das Kontextmenü (rechte Maustaste) eingefügt werden. Die in die neue Zeile kopierten, identischen Werte können im Anschluss direkt in der Tabellenzelle überschrieben werden.

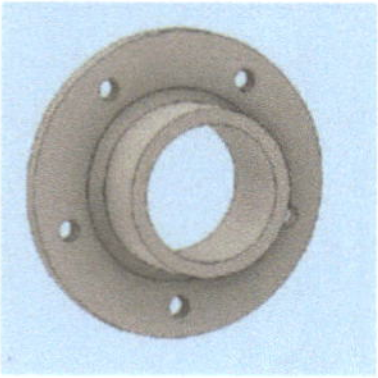

Flansch Gr01

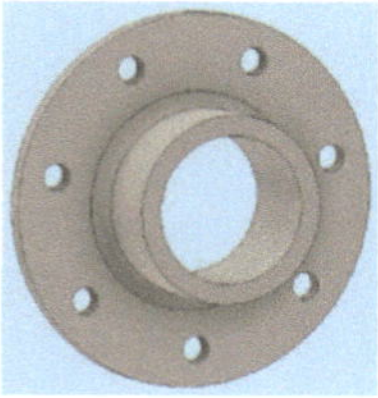

Flansch GR03

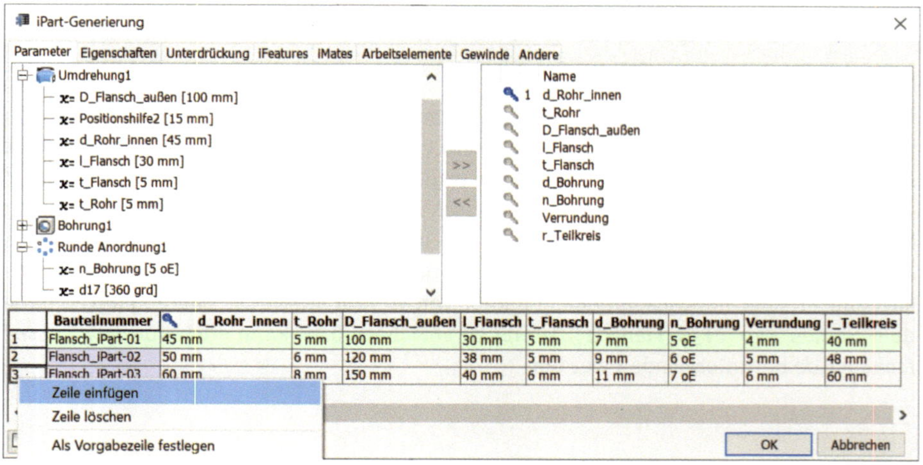

Die vorstehende Abbildung zeigt eine Wertetabelle für einen Flansch in drei Baugrößen. Über die Spalte **n_Bohrung** passt sich auch die Anzahl der Bohrungen der veränderten Flanschgröße an. Der kleine Flansch hat also nur fünf Bohrungen, demgegenüber weist der große Flansch sieben Bohrungen auf.

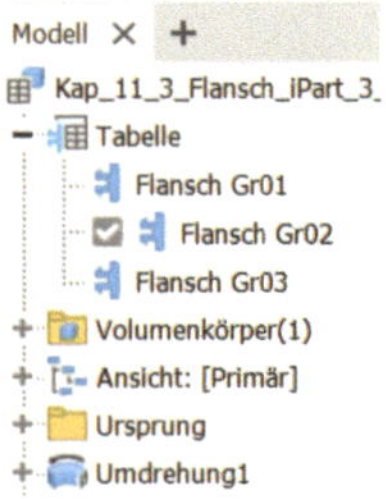

Nachdem das iPart erstellt wurde, erscheinen die Tabellenzeilen, also die Varianten, als Einträge im Strukturbaum. Ein Doppelklick (z. B. auf **Gr02**) aktiviert die jeweilige Flanschgröße, und das Bauteil passt sich sofort an. Über **TABELLE BEARBEITEN** im Kontextmenü kann die Tabelle editiert bzw. angepasst werden.

In Baugruppen kann ein iPart analog zu normalen Bauteilen über **KOMPONENTE PLATZIEREN** in eine Baugruppe eingefügt werden. Während des Einfügevorgangs erscheint ein Dialogfenster, in dem die Komponentengröße ausgewählt wird. Ein nachträgliches Ändern der iPart-Größe ist über den Strukturbaum der Baugruppe möglich. Mit dem Kontextmenü von **Tabelle**, das den Befehl **KOMPONENTE ÄNDERN** anbietet, kann dies durchgeführt werden.

11.4 Baugruppenfamilien: iAssemblies

Baugruppenfamilien können, ähnlich wie iParts, über den Befehl **IASSEMBLY ERSTELLEN** generiert werden. Der Befehl findet sich unter der Registerkarte **Verwalten** in der Befehlsgruppe **Autor** und kann aber nur aufgerufen werden, wenn eine Baugruppen-Datei (**.iam*) geöffnet ist.

Für eine Baugruppenfamilie muss zuerst eine Baugruppe durch **Platzieren** von Bauteilen und/oder Normteilen (siehe Abschnitt 6.3) erstellt werden. Die Baugruppe kann iParts (siehe Abschnitt 11.3) enthalten, die sich dann in ihrer Variante zur Baugruppen-Variante anpassen.

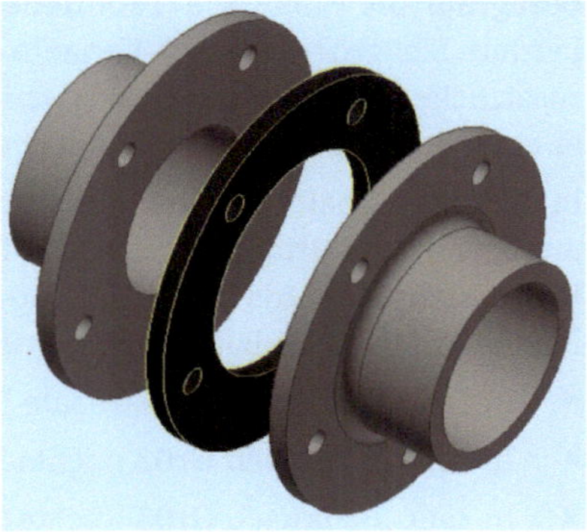

Als Beispiel soll aus dem in Abschnitt 11.3 verwendeten Flansch *(Kap11_3_Flansch_iPart.ipt)* eine Baugruppenfamilie *Flanschverbindung* erstellt werden. Hierfür wird zunächst das iPart zweimal eingefügt, die Instanzen werden in *Flansch: links* und *Flansch: rechts* umbenannt, und für jedes der beiden iParts wird die kleinste Variante eingestellt. In diesem Fall ist also **d1 = 45 mm** zu verwenden. Zusätzlich wurde für das Beispiel noch eine Flachdichtung als iPart mit drei Größen erstellt und zwischen den beiden Flanschen eingefügt. Auch hier wurde die kleinste Variante eingestellt. Darüber hinaus wurden alle Bauteile über 3D-Abhängigkeiten zueinander positioniert (für 3D-Abhängigkeiten siehe Abschnitt 6.6).

Mit dem Befehl **IASSEMBLY ERSTELLEN** öffnet sich ein neues Dialogfenster. Im linken Teil des Dialogfensters befindet sich der Strukturbaum mit den vorhandenen Bauteilen, beispielsweise **Flansch GR03:rechts**, **Flansch GR03:links**, **Flanschdichtung_ipart:1**. Durch die kleinen **Plus-Symbole** lässt sich der Strukturbaum für alle Bauteile erweitern. Für jedes Bauteil erscheinen vier Stellwerte:

- **Einschließen/Ausschließen** definiert, ob ein Bauteil in der Baugruppenvariante benutzt oder nicht benutzt werden soll.
- **Fixiert** legt für die jeweilige Baugruppenvariante fest, ob die Position des jeweiligen Bauteils fix im Raum verankert oder flexibel ist.
- **Adaptiv** erlaubt es, dass sich ein Bauteil in seiner Geometrie an andere Bauteile anpasst. Nur für eine Instanz bzw. Variante ist Adaptivität möglich (siehe Abschnitt 5.9).
- **Tabellenersetzung** definiert über eine Drop-down-Auswahl in der Tabellenzelle, welche Bauteilvariante eines iParts in der Baugruppenvariante verwendet werden soll. In dem Beispiel sind es **Gr01**, **Gr02** und **Gr03**.

Die Stellwerte können für jedes Bauteil selektiert und über die Schaltfläche mit Doppelpfeil in den rechten Bereich kopiert werden. Hierdurch entsteht im unteren Bereich des Dialogfensters eine Tabelle für die neue Baugruppenfamilie.

Die Zeilen der Tabelle definieren jeweils eine Baugruppenvariante, und die Spaltennamen der Tabelle beinhalten die bauteilbezogenen Stellwerte. Zusätzliche Zeilen können über **ZEILE EINFÜGEN** im Kontextmenü (rechte Maustaste) in die Tabelle eingefügt werden.

Um eine Baugruppenvariante zu definieren, wird in jeder Zelle ihrer Zeile festgelegt, wie sich das beteiligte Bauteil in der Variante verhält. Jede Zelle muss also angeklickt und über das Kontextmenü mit einem Wert versehen werden.

Die folgende Abbildung zeigt die Tabelle mit zwei Flanschen und der Flachdichtung. Nachdem zunächst für die beiden Flansche der Stellwert **Tabellenersetzung** mit Doppelpfeil aktiviert wurde, erfolgt im Anschluss der gleiche Vorgang für die Flachdichtung in Bezug auf die Stellwerte **Tabellenersetzung** und **Einschließen** bzw. **Ausschließen**. Letztere Stellgröße soll eine Variante ohne Dichtung ermöglichen. Nun werden noch drei zusätzliche Zeilen eingefügt, sodass vier Varianten der Baugruppen entstehen, die jeweils in einer der vier Zeilen abgebildet sind.

In der ersten Spalte wird der Baugruppenname vergeben, in der zweiten Spalte die Teilenummer. In der dritten, vierten und fünften Spalte, also den drei Spalten mit der **Tabellenersetzung**, wurde mit dem Drop-down-Menü der jeweiligen Zelle festgelegt, welche Bauteilgröße für die Baugruppenvariante verwendet werden soll.

- In Zeile 1: **Flansch Gr01** (rechte Seite), **Flansch Gr01** (linke Seite), **Dichtung-01**.
- In Zeile 2: **Flansch Gr02** (rechte Seite), **Flansch Gr02** (linke Seite), **Dichtung-02**.
- In Zeile 3: **Flansch Gr03** (rechte Seite), **Flansch Gr03** (linke Seite), **Dichtung-03**.

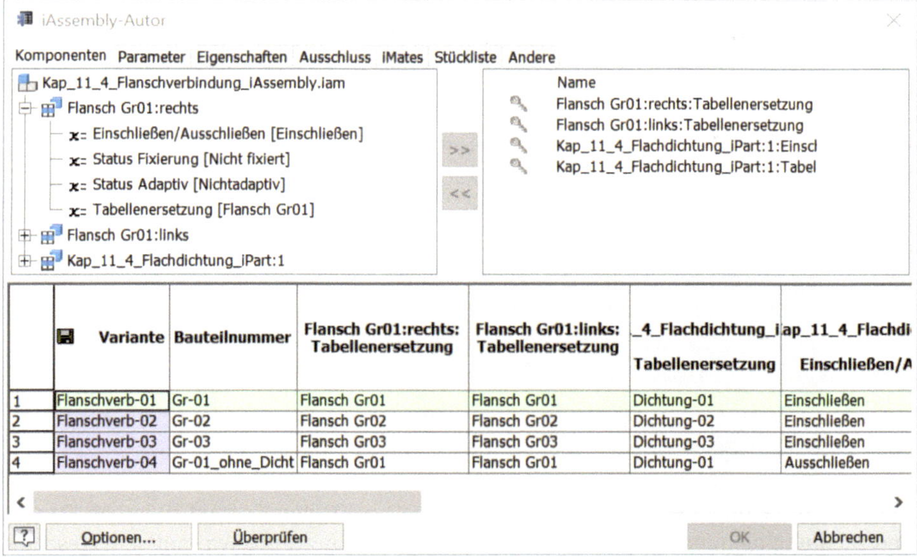

So werden für die ersten drei Baugruppenvarianten jeweils die passenden Bauteilvarianten der Flansche und der Dichtung verwendet. In der sechsten Spalte wird für die ersten drei Varianten mit **Einschließen** festgelegt, dass die Dichtung in allen drei Varianten aktiv ist.

In Zeile vier wird für die vierte Baugruppenvariante eine Flanschverbindung mit der kleinsten Größe ohne Dichtung definiert. In der ersten Spalte werden der Baugruppenname und in der zweiten Spalte die Teilenummer vergeben. In der dritten, vierten und fünften Spalte wird jeweils die kleinste Bauteilgröße eingestellt. In der sechsten Spalte (**Flanschdichtung_ipart:1 Einschließen/Ausschließen**) wird für die Dichtung **Ausschließen** gewählt, womit die Größe der Dichtung unerheblich ist.

Da in den ersten drei Baugruppenvarianten die Flansche nur mit der Dichtung Kontakt haben, aber in der vierten Baugruppenvariante direkten Kontakt untereinander aufweisen, muss über die siebte, achte und neunte Spalte (in der Abbildung nicht ersichtlich!) das Verhalten der 3D-Abhängigkeiten für jede Bauteilvariante separat festgelegt werden.

Über die Registerkarte **Ausschluss** wurden zunächst die Spalten mit den zugehörigen 3D-Abhängigkeiten für den Flächenkontakt durch die Auswahl **Passend:6**, **Passend:7** und **Passend:8** und anschließende Benutzung der Doppelpfeil-Schaltfläche der Tabelle hinzugefügt. Im Anschluss folgen die Achsen-Abhängigkeiten **Passend:3** und **Passend:4**.

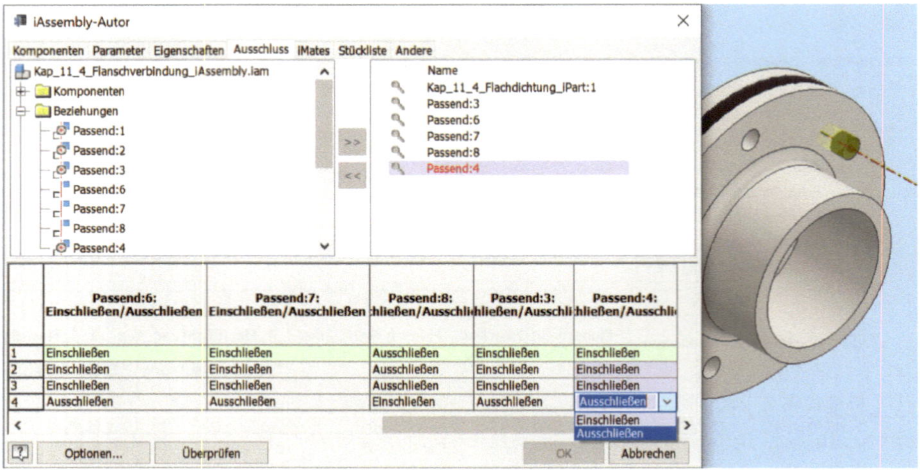

Die **Passend:6**- und **Passend:7**-Verbindungen, die jeweils den Kontakt zwischen Flansch und Dichtung definieren, sind nur in den ersten drei Baugruppenvarianten eingeschlossen, aber in der vierten Baugruppenvariante (also der vierten Zeile) ausgeschlossen. Die **Passend:3**- und **Passend:4**-Bedingungen beziehen sich auf die Achsen der Dichtung und werden in der vierten Baugruppenvariante ebenfalls ausgeschlossen.

Die **Passend:8**-Verbindung, die den direkten Kontakt zwischen den Flanschen definiert, ist nur in der vierten Baugruppenvariante eingeschlossen, aber in den ersten drei Baugruppenvarianten (also den ersten drei Zeilen) ausgeschlossen.

Das **iAsssembly** ist nun vollständig mit vier Varianten definiert und kann mit **OK** abgeschlossen werden.

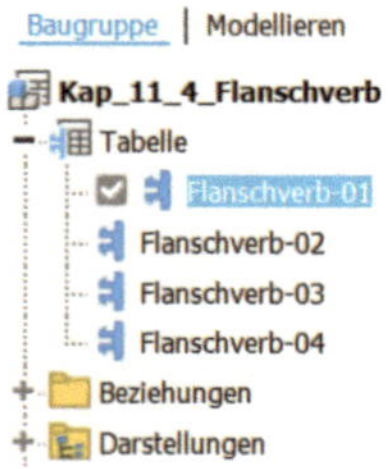

Nach der Erstellung erscheinen die Tabellenzeilen als Einträge im Strukturbaum. Ein Doppelklick, z. B. auf **Flanschverb-02**, aktiviert die jeweilige Variante, und die Bauteile passen sich sofort an. Die jeweils aktive Baugruppenvariante ist dabei mit einem **blauen** Häkchen versehen.

Falls das iAssembly bearbeitet werden soll, kann die Tabelle über **TABELLE BEARBEITEN** im Kontextmenü editiert werden. Es öffnet sich wieder das Dialogfenster mit den verfügbaren Stellwerten, und das Bauteilverhalten kann für jede Variante angepasst werden.

Da Normteile aus dem Inhaltscenter nicht als iParts, sondern als normale Bauteile in Baugruppen eingefügt werden, kann die Bauteilvariante bzw. die Größe des Normteils nicht mit **Tabellenersetzung** in einer iAssembly-Baugruppe angepasst werden. Es müssen zunächst alle verwendeten Varianten des Normteils eingefügt und dann jeweils mit **Einschließen/Ausschließen** für alle Baugruppenvarianten gesondert definiert werden.

Es besteht jedoch die Möglichkeit, erst eine Variante der intelligenten Baugruppe auszuwählen und dann über die Schnell-Einfügefunktion **AUTODROP** (siehe Abschnitt 11.1) die Normteile der Baugruppe hinzuzufügen.

11.5 Nutzerdefinierte Features – iFeatures

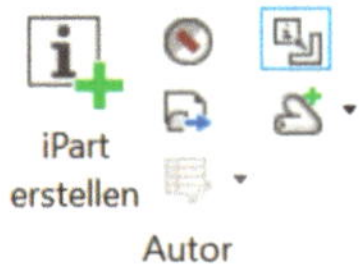

Im CAD-Kontext werden vordefinierte Gestaltungselemente für eine Bauteilgeometrie, die einen konstruktiven Bezug haben, als sogenannte Features bezeichnet. Die von Inventor angebotenen Gestaltänderungsfunktionen, wie z. B. Bohrungen, Taschen oder Rippen, können also auch Features genannt werden.

TIPP: Inventor stellt bereits eine kleine Auswahl an iFeatures, z. B. für Passfedernuten, zur Verfügung. Auch über das Internet sind verschiedene iFeature-Dateien zu finden, die andere Anwender frei zur Verfügung gestellt haben.

Über den **IFEATURE EXTRAHIEREN**-Befehl kann der Anwender eigene Funktionen und Befehle, d. h. Features, erstellen und später nutzen. Zur Verdeutlichung dieser Funktion wird im folgenden Beispiel ein neues Feature erzeugt, das zum Erstellen einer Zentrierbohrung angelegt wird.

Beispiel: iFeature für eine Zentrierbohrung

Wenn eine Bauteil-Datei (**.ipt*) geöffnet bzw. mit der entsprechenden Dateivorlage angelegt wurde, kann über **IFEATURE EXTRAHIEREN** unter der Registerkarte **Verwalten** in der Befehlsgruppe **Autor** ein vom Benutzer definiertes neues Feature erzeugt werden.

Eine Zentrierbohrung, in Anlehnung an DIN 332-B, dient im Folgenden als Vorlage.

Um das zunächst leere Dialogfenster zu füllen, können Konstruktionselemente des Bauteils mit der Maus im Strukturbaum des Bauteils ausgewählt werden, im Beispiel *Umdrehung*. Die ausgewählten Elemente erscheinen im iFeature-Dialogfenster zusammen mit den Referenzelementen **Punkte** bzw. **Ebenen** und zugehörigen Parametern. Diese können selektiert und über die Doppelpfeile in den rechten Bereich kopiert oder aus dem rechten Bereich gelöscht werden.

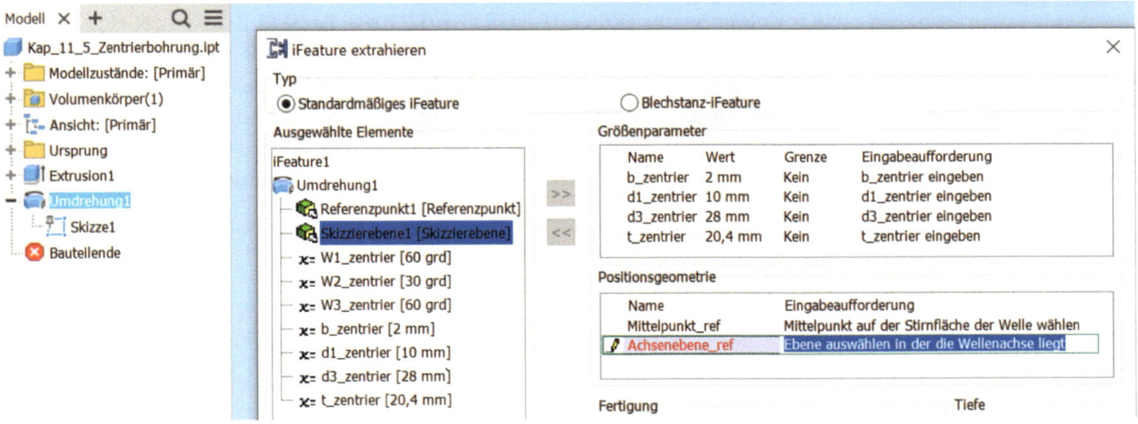

Über die Referenzebenen und -punkte wird beim späteren Einfügen eines Features der Bezug des Features zum zukünftigen Bauteil hergestellt. Entsprechend wurden Referenzpunkt und Skizzierebene hinzugefügt und die Tabelleneinträge durch Doppelklick in den Zeilen mit erklärenden Namen und Eingabeaufforderungen versehen. Bauteilparameter können als Größenparameter ebenfalls veröffentlicht werden, um später die Feature-Geometrie in ihren Abmessungen anzupassen. Hierfür wurden die Parameter bereits in der Skizze umbenannt. (Die drei Winkelangaben bleiben in allen Varianten unverändert und wurden deshalb von den Größenparametern ausgeschlossen.)

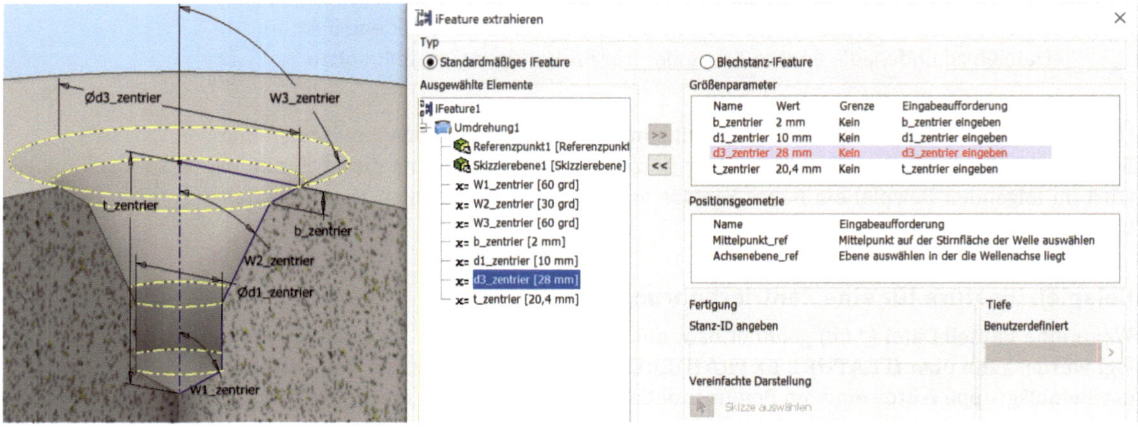

Über **SPEICHERN** wird das erstellte iFeature (z. B. für die Zentrierbohrung) standardmäßig im **FeatureCatalog-Bereich** von Inventor abgelegt und damit gleichzeitig dem Drop-down-Menü für das Einfügen von Features hinzugefügt. iFeature-Dateien besitzen die Endung **.ide*.

iFeature-Generierung Tabelle

Das iFeature kann auch an eine Konstruktionstabelle gekoppelt werden, um Zentrierbohrungen in unterschiedlicher Größe anbieten zu können. Hierfür muss zunächst die zuvor gespeicherte iFeature-Datei erneut geöffnet werden. Dann erscheint eine **iFeature**-Registrierkarte mit dem Befehl **IFEATURE-GENERIERUNG TABELLE**. Es öffnet sich ein Dialogfenster, das ähnlich wie für iParts aufgebaut ist. In die Tabelle für die Feature-Familie im unteren Bereich lassen sich nun über **ZEILE EINFÜGEN** zusätzliche Zeilen für die Größenvarianten ergänzen. Aufgerufen wird die Funktion über das Kontextmenü (siehe nachfolgende Abbildung). Die in die neue Zeile kopierten, identischen Werte können im Anschluss direkt in der Konstruktionstabelle überschrieben werden.

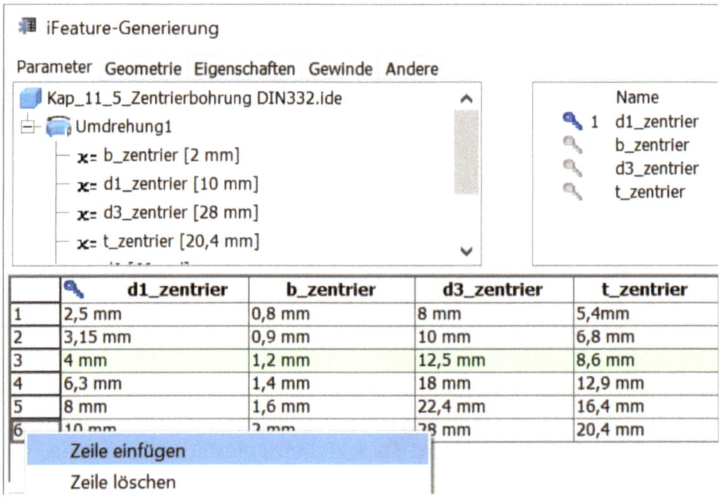

Beispiel: Verwenden des iFeatures bei einer Welle

Sobald das iFeature dem FeatureCatalog hinzugefügt wurde, kann es über **IFEATURE EINFÜGEN** in der Befehlsgruppe **Einfügen** der Registrierkarte **Verwalten** auf schnelle Weise in eine Bauteildatei eingefügt werden. Um das erstellte iFeature aber verwenden zu können, muss bereits ein Wellenende oder ein zylindrischer Körper vorhanden sein.

Über das Dialogfenster werden jetzt Mittelpunkt und Achse für das neue Bauteil abgefragt. Inventor erkennt den Kreismittelpunkt, wenn die Stirnkante der Welle ausgewählt wurde. Als Achsenebene können im Beispiel entweder die **XY**- oder die **YZ-Ebene** verwendet werden. Über **AKTUALISIEREN** kann die Lage per Vorschau geprüft und gegebenenfalls durch die Eingabe eines Winkels, z. B. **90°** oder **180°**, für die Skizzierebene korrigiert werden. Nach **WEITER** besteht im nächsten Dialogfeld noch die Möglichkeit, die Maße der Zentrierbohrung anzupassen.

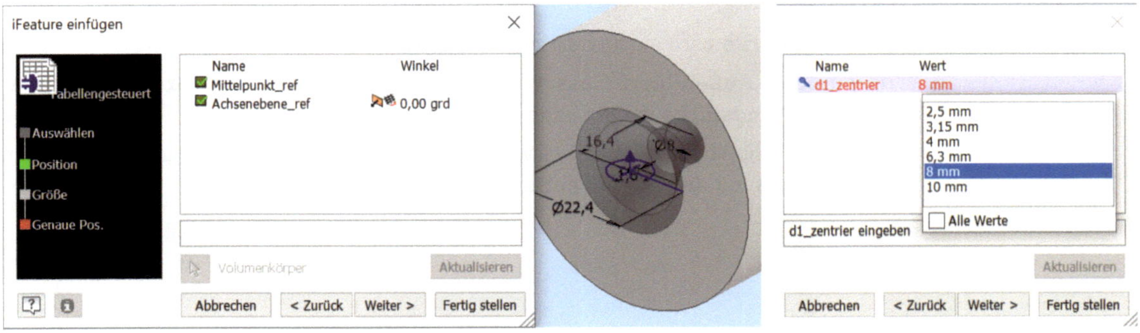

Im nächsten Schritt kann die Größe der Zentrierbohrung über den Schlüsselparameter **d1** ausgewählt (z. B. **d1 = 8 mm**) und über **AKTUALISIEREN** in einer Vorschau direkt am Bauteil geprüft werden. Gegebenenfalls muss zur Auswahl von **d1** das Häkchen bei **Alle**

Werte gesetzt werden. Nach **FERTIG STELLEN** erscheint das iFeature im Strukturbaum, inklusive der Konstruktionstabelle und der zugrunde liegenden Skizze. Letztere kann jedoch nur dann bearbeitet werden, wenn das iFeature nicht an eine Tabelle angebunden ist.

11.6 Regeln und Formulare: iLogic

Regel hinzufügen

Unter der Registrierkarte **Verwalten** befindet sich die Befehlsgruppe **iLogic**. Mit dem Befehl **REGEL HINZUFÜGEN** können eigene Regeln und Beziehungen auf Basis von Eingabe- oder Bauteilparametern definiert werden, die dann andere Bauteil- oder Baugruppenparameter steuern und somit die Bauteilgeometrie entsprechend der jeweiligen Regel anpassen. Regeln können mit Formularen bzw. Dialogfeldern verbunden werden, die Parameter oder Anwendereingaben abfragen.

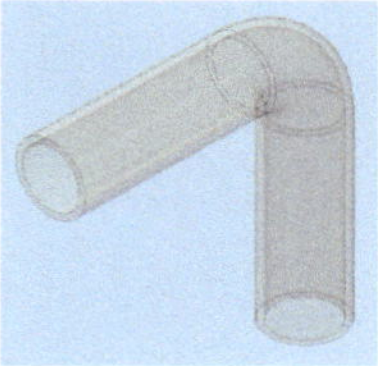

Als Beispiel für eine iLogic-Komponente soll nachfolgend ein Rohrkrümmer erstellt werden, dessen Material über ein Dialogfeld ausgewählt werden kann und dessen Wandstärke sich dem ausgewählten Material anpasst. Zusätzlich soll der Krümmungswinkel über einen Dialog vom zukünftigen Nutzer des Bauteils vorgegeben werden können.

Für das iLogic-Bauteil „Rohrkrümmer" wird folgendes Vorgehen gewählt:

1. Für das Bauteil werden zunächst eine Profilskizze mit einem Kreisring und eine Pfadskizze mit einer L-förmig verrundeten Linie erzeugt und vollständig bemaßt. Über den Befehl **SWEEPING** (siehe auch Abschnitt 5.4.4) wird dann der Kreisring entlang des Pfades aufgezogen.
2. Mit der Funktion **PARAMETER** (siehe Abschnitt 4.13) werden aussagekräftige Parameternamen vergeben. Zusätzlich werden folgende Benutzerparameter hinzugefügt:
   a) **Materialauswahl** wird als Text-Parameter mit dem Wert **PET-Kunststoff** hinzugefügt. Über das Kontextmenü des Werts werden im Anschluss mit **Mehrere Werte erstellen** noch weitere Materialnamen eingegeben wie **Kupfer** und **PVC-Rohrsysteme**.
   b) **Wandstärke** wird als numerischer Parameter mit **3 mm** hinzugefügt.
   c) Für den **Außendurchmesser** wird im Anschluss der Term **Innendurchmesser + Wandstärke** in die Spalte **Gleichung** eingetragen.

Die folgende Abbildung zeigt die verwendeten Parameter. Für **Materialauswahl** ist ein Drop-down-Feld mit drei Werten entstanden.

Modellparameter				
Aussendurchmesser	Skizze1	mm	Innendurchmesser + Wandstärke	22,000000
Innendurchmesser	Aussendurchme...	mm	18 mm	18,000000
Länge1	Skizze2	mm	80 mm	80,000000
Rohrkrümmung	Skizze2	grd	90 grd	90,000000
Verundung	Skizze2	mm	20 mm	20,000000
d7	Sweeping1	grd	0 grd	0,000000
d8	Sweeping1	grd	0 grd	0,000000
Länge2	Skizze2	mm	80 mm	80,000000
Benutzerparameter				
Materialauswahl		Text	PET-Kunststoff	
Wandstärke	Aussendurchme...	mm	4 mm	4,000000

11.6.1 Formular erstellen

iLogic-Browser

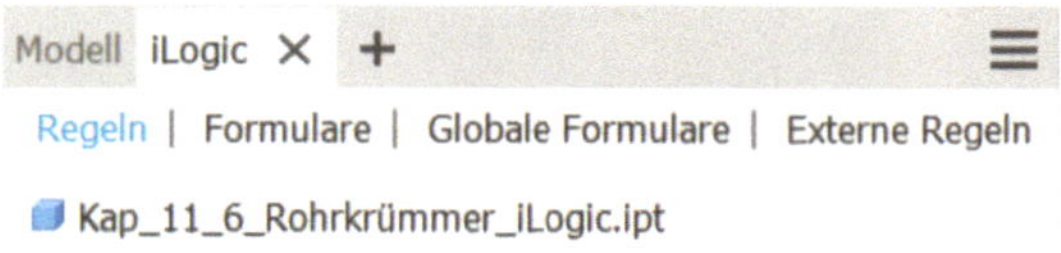

Nach diesen Vorarbeiten kann das zukünftige Dialogfeld erstellt werden. Mit dem Aufruf des Befehls **ILOGIC-BROWSER** erscheint links neben dem Strukturbaum ein eigenständiges Fenster mit der Registerkarte **iLogic**. Hierunter sind weitere Register (Tabs) angeordnet. Im Register **Formulare**, welches zunächst leer ist, kann über das Kontextmenü der Befehl **FORMULAR HINZUFÜGEN** gewählt werden und damit wird ein neues Dialogfeld erstellt.

TIPP: Falls nur wenige Programmierkenntnisse vorhanden sind, ist es häufig einfacher, zuerst Formulare und dann Regeln zu erstellen.

Im linken Bereich des **Formulareditor**-Fensters erscheinen, je nach Filtereinstellungen, alle umbenannten Modell- und Benutzerparameter und im linken unteren Bereich wählbare Formularelemente in einem „Werkzeugkasten". Über die Drag & Drop-Auswahl aus diesen beiden Bereichen kann das Formular im rechten Fensterbereich konfiguriert werden. Wird ein Element auf ein anderes geschoben, wie z. B. ein Parameter auf eine Gruppe, wird es diesem untergeordnet, sodass ein Strukturbaum entsteht, der das Formular logisch definiert.

Im Bereich links unten kann der Formularstil definiert werden. Gleichzeitig erscheint als Vorschau das zukünftige Formular in einem eigenständigen Dialogfenster. Für das exemplarische Formular wurden folgende Eingaben vorgenommen:

1. Mit Doppelklick in die Zelle wird das Formular in *Rohrkrümmereingabe* umbenannt.
2. Zwei neue Registerkartengruppen werden eingefügt und in *Parametereingabe* sowie *Materialeingabe* umbenannt.
3. In *Materialeingabe* wird der Benutzerparameter **Materialauswahl** per Drag eingefügt.

4. In *Parametereingabe* wird eine **Beschriftung** eingefügt mit dem Inhalt **Längenangaben in mm**.
5. In *Parametereingabe* werden zwei **Gruppen** eingefügt und in *Querschnitt* und *Krümmung* umbenannt.
6. In *Querschnitt* wird der Modellparameter **Innendurchmesser** eingefügt. In *Krümmung* werden die Modellparameter **Rohrkrümmung** und **Verrundung** ergänzt.

Die Abbildung zeigt den Formulareditor und das Vorschaufenster für die *Rohrkrümmereingabe*.

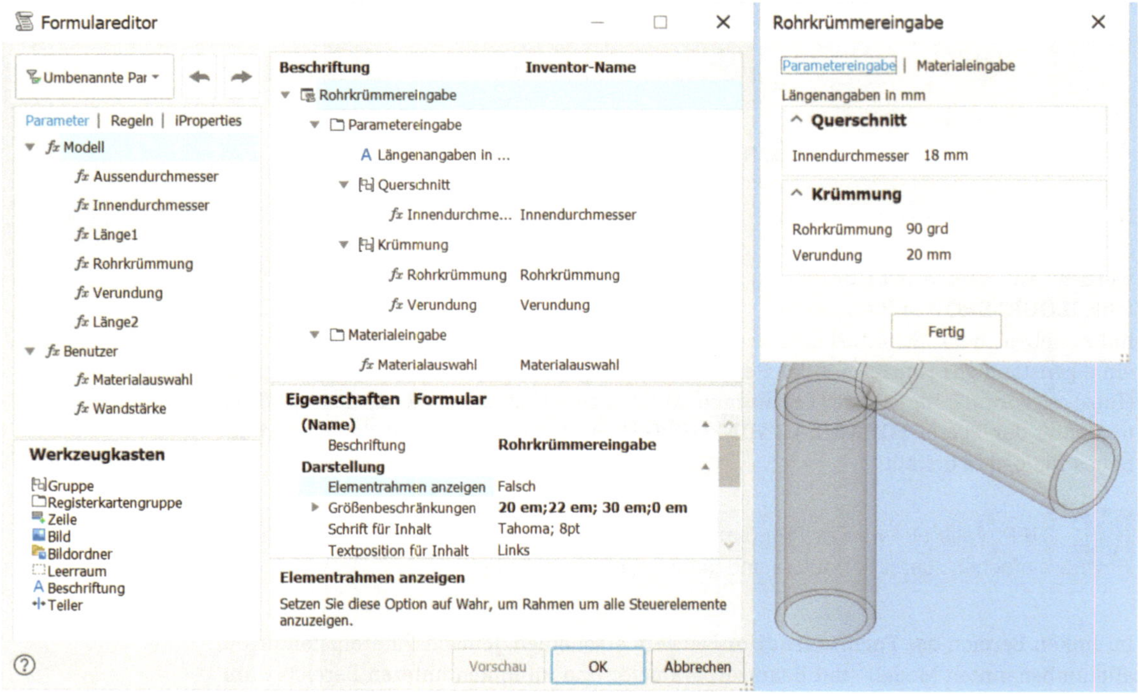

11.6.2 Regel erstellen

Das fertige Eingabefenster kann nun mit einer Regel verknüpft werden, welche die Wandstärke materialabhängig steuert. Im Reiter **Regeln**, der zunächst nur den Bauteilnamen zeigt, ist über das Kontextmenü **REGEL HINZUFÜGEN** eine neue Regel zu erstellen.

Im linken Bereich des Fensters **Regel bearbeiten** werden unter dem Punkt **Snippets/ System** verschiedene vordefinierte Objekte und Methoden angeboten. Durch Doppelklick auf das jeweilige Element wird der zugehöriger Makro-Code in das Haupteditorfeld in den rechten Fensterbereich kopiert.

Zunächst wird unter **FORMULARE > FORMULAR ANZEIGEN** ausgewählt und im Makro-Code der Platzhalter „Form 1“ durch **Rohrkrümmereingabe** ersetzt. So wird sichergestellt, dass das Dialogfeld beim Ausführen der Regel geöffnet wird.

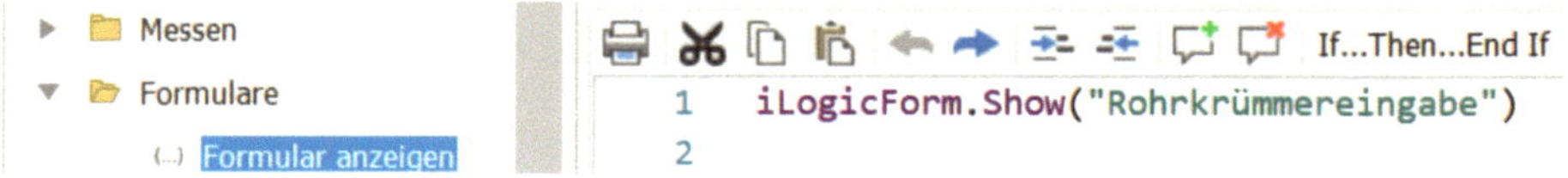

Im nächsten Schritt wird dem Bauteil ein Material zugewiesen, in dem der Wert des Benutzerparameters **Materialauswahl** verwendet wird. Hierfür wird unter den Objekten **iProperties**, **Material** ausgewählt und mit einem Gleichheitszeichen dahinter ergänzt. Die verfügbaren Modell- und Benutzerparameter werden nun in einem Strukturbaum oberhalb des Haupteingabefelds dargestellt und können dem Code per Doppelklick hinzugefügt werden.

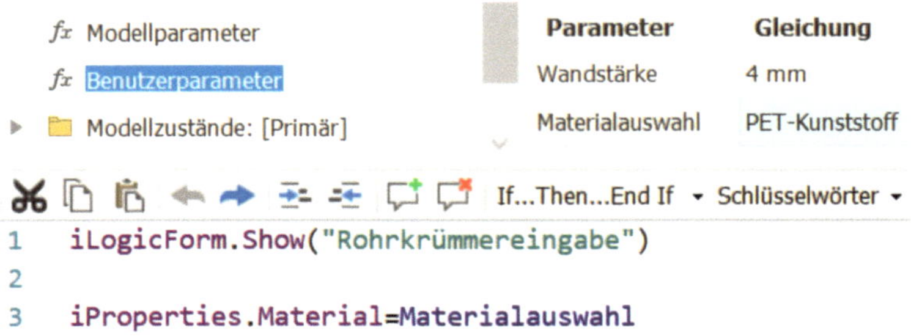

Für die Beziehung zwischen Material und Wandstärke wird anschließend eine Wenn-dann-Beziehung (engl. *If … Then …*) definiert. Diese kann einfach über das Drop-down-Menü oberhalb des Haupteingabefelds ausgewählt werden.

Anstelle des *My_Expression*-Platzhalters kann nun als erste Möglichkeit der Parameter **Materialauswahl** den Wert **Kupfer** annehmen. Für diesen Fall (im Code also unter *Then*) soll der Benutzerparameter **Wandstärke** den Wert **2 mm** erhalten.

Die anderen beiden möglichen Fälle für die Materialwahl sind nun noch mit *ElseIf* in der Bedingung zu ergänzen. Damit sind bereits alle notwendigen Eingaben erfolgt. Die Abbildung auf der nächsten Seite zeigt das Editorfenster mit den vollständigen Regeln. Rechts unten steht im Haupteingabefenster der Programmcode, die beiden zur Auswahl stehenden Benutzerparameter sind darüber angeordnet. Im linken Fensterbereich sind die Methoden und Objekte, die unter Inventor angeboten werden, aufgeführt. Der im Beispiel verwendete Systemparameter **Material** findet sich unter **iProperties** (siehe linken Bereich der nachfolgenden Abbildung).

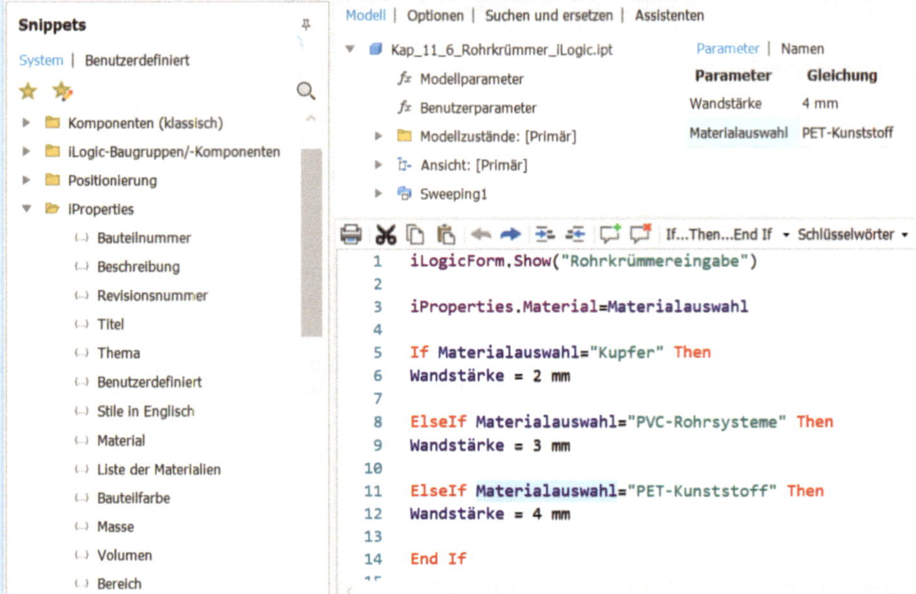

HINWEIS: Mit den neuen Rubriken **iLogic-Baugruppen/-Komponenten** und **Positionierung** wurde der Funktionsumfang ergänzt. Nun besteht beispielsweise die Möglichkeit, ein Inhaltscenter-Bauteil einzufügen oder ein Bauteil nach einem vorgegebenen Muster mehrfach zu verwenden.

Ereignisauslöser

Die mit dem Formular verknüpfte Regel kann im letzten Schritt über die Funktion **EREIGNISAUSLÖSER** mit Ereignissen verknüpft werden. Ereignisauslöser legen also fest, wann eine Regel ausgeführt wird, also beispielsweise bei einer Parameteränderung. Die Rohrregel soll beim Öffnen der Bauteildatei aktiv werden, was im Ereignisauslöser-Dialogfenster festgelegt wird, indem die Regel per Drag & Drop dem Ereignis zugewiesen wird.

11.6.3 iLogic-Komponente verwenden

Formular, Regel und Ereignisauslöser lassen sich zusammen mit dem Bauteil abschließend abspeichern. Wird das Dokument nun erneut geöffnet, erscheint der Rohrkrümmer mit seinem Eingabefenster. Hier kann die gewünschte Krümmung eingegeben und das Material ausgewählt werden. Für jedes gewählte Material wird dabei die Wandstärke sofort angepasst.

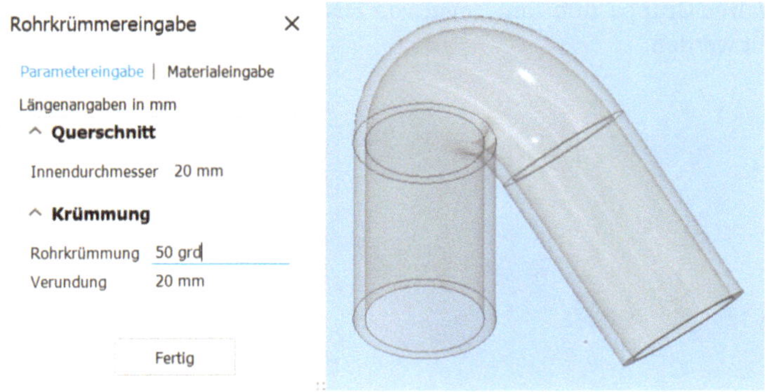

11.7 Intelligente Kopien – iCopies

Die Funktion **ICOPY** ermöglicht in Baugruppendateien das Mehrfachkopieren von Bauteilen mit jeweils angepassten Dimensionen an vordefinierte Stützelemente. So können beispielsweise für ein Stahlbaugestell mit einer einzigen Vorlage unterschiedliche Träger in eine Baugruppe eingefügt werden, die sich bei der Platzierung in Größe und Position anpassen.

HINWEIS: Prinzipiell können iCopies auch aus Unterbaugruppen bestehen. Hier ist jedoch zu beachten, dass nur ein Bauteil adaptiv sein darf und Inventor die Baugruppenabhängigkeiten der Unterbaugruppe nicht automatisch übernimmt. Baugruppenabhängigkeiten dürfen auf keinen Fall Bezug zur Adaptivität haben oder im Widerspruch zu ihr stehen.

Bauteile, die als iCopy eingefügt werden sollen, müssen zunächst als iCopy-Vorlage generiert werden, bevor sie genutzt werden können.

11.7.1 Generieren von iCopy-Vorlagen

Um eine iCopy-Vorlage zu erzeugen, sind drei Teilschritte notwendig.

1. Zuerst ist ein adaptives Bauteil zu erzeugen, das später als iCopy zur Verfügung stehen soll.
2. Durch Einfügen des Bauteils in eine neue Baugruppe und durch Anwendung der **ICOPY-GENERIEREN**-Funktion ist eine iCopy zu erzeugen.
3. In einer neuen Bauteildatei sind Pfadskizzen zu erzeugen, aus denen sich beim Verwenden der iCopy die Bauteildimensionen und -positionen ableiten.

Am Beispiel einer Walzen-Gruppe zum Umformen von Flachstahl sollen die Schritte exemplarisch dargestellt werden.

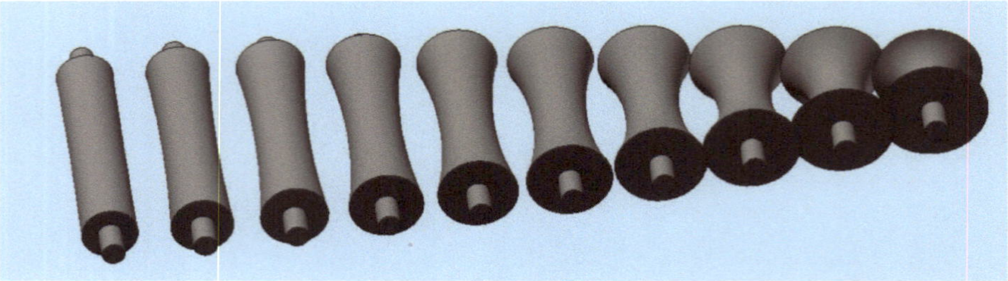

Adaptives Bauteil erstellen

iCopies basieren genauso wie adaptive Bauteile darauf, dass im Gegensatz zu anderen Bauteilen die dem Bauteil untergeordneten Skizzen nicht vollständig bemaßt werden. Um nun aber ein unkontrolliertes Verschieben bzw. Verändern der Bauteilkontur zu vermeiden, ist es hilfreich, das Bauteil zunächst vollständig zu bemaßen und im Anschluss gezielt einzelne Maße zu entfernen, die veränderbar werden sollen (siehe auch Abschnitt 5.9). Weiterhin ist zu beachten, dass die gesetzten Maße und Abhängigkeiten möglichst nur Bezug zueinander und nicht zum Koordinatenursprung haben, damit beim späteren Kopieren in eine andere Baugruppe bzw. in ein anderes Koordinatensystem keine falschen Bezüge entstehen.

Für die konkave Walze, die als neues Bauteil mit der Bezeichnung *Kap_11_7_Konkave Walze.ipt* erstellt wird, wurde zunächst eine Mittellinie definiert, auf welche die festgelegten Maße und Abhängigkeiten referenzieren. Anstelle der Abhängigkeiten **Vertikal** und **Horizontal** wurde die Kontur mit der Abhängigkeit **Lotrecht** rechtwinklig zur Achse ausgerichtet. Für die konkave Kontur wurde ein Bogen mit **395 mm** gezeichnet, dessen Bemaßung dann aber wieder entfernt wurde.

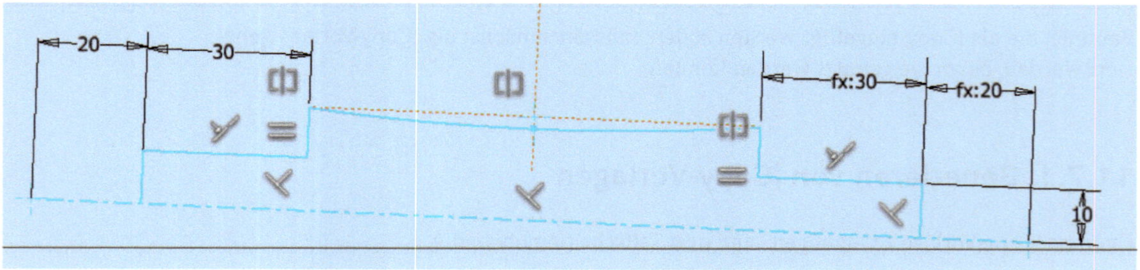

Um später die Dimensionen der Kontur leicht durch externe Referenzen kontrollieren zu können, sollten bereits in der Skizze Punkte gesetzt werden, die dann als Referenzpunkte genutzt werden können.

Für die Walze werden vier Punkte gesetzt: zwei Punkte, mit denen die Walzenlänge bestimmt wird, und zwei Punkte, deren Abstand zueinander die konkave Kontur bestimmt. Nach Verlassen der Skizze entsteht in der Bauteilumgebung die Walze durch **DREHUNG** des Profils um die Achse. Für die spätere Auswahl der Punkte ist es jetzt wichtig, dass die Profilskizze nach der Drehung wieder **Sichtbar** gesetzt wird.

Abschließend muss das Bauteil über das Kontextmenü im Strukturbaum **Adaptiv** (siehe Abschnitt 5.9) gesetzt werden, sodass sich das Profil flexibel verhalten darf, wenn die in der Baugruppe gesetzten Abhängigkeiten dies erzwingen.

ICopy erzeugen

Im nächsten Schritt muss das Bauteil *Kap_11_7_Konkave Walze.ipt* in einer neuen Baugruppe positioniert werden. Das eingefügte Bauteil muss anschließend über das Kontextmenü des Strukturbaums erneut **Adaptiv** gesetzt werden, da Inventor diese Information nicht automatisch in die Baugruppe übernimmt.

Nach Abspeichern der Baugruppe unter dem Namen *Kap_11_7_iCopy Konkave-Walze.iam* kann mit dem Befehl **ICOPY-GENERIERUNG** in der Befehlsgruppe **Autor** der Registerkarte **Verwalten** nun die eigentliche **iCopy**-Vorlage erzeugt werden. Im sich öffnenden Dialogfeld wird dabei die iCopy definiert:

- Im Register **Entwurf** ist als **Layoutbauteil** die Walze auszuwählen.
- Im Register **Geometrie** sind die vier Skizzenpunkte zu selektieren und eindeutig zu bezeichnen. Zur Auswahl der Punkte am Modell muss hierbei die Skizze sichtbar sein.
- Im Register **Parameter** werden zwei Maße gewählt, damit sie später angepasst werden. Im Anschluss sind diese mit *Achsende* und *Wellenende* eindeutig zu bezeichnen.

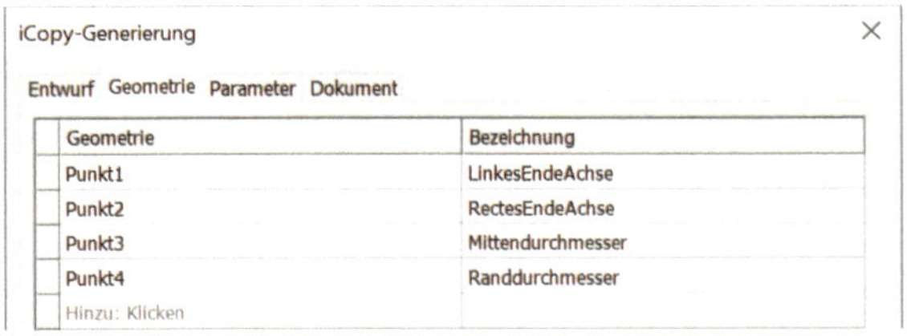

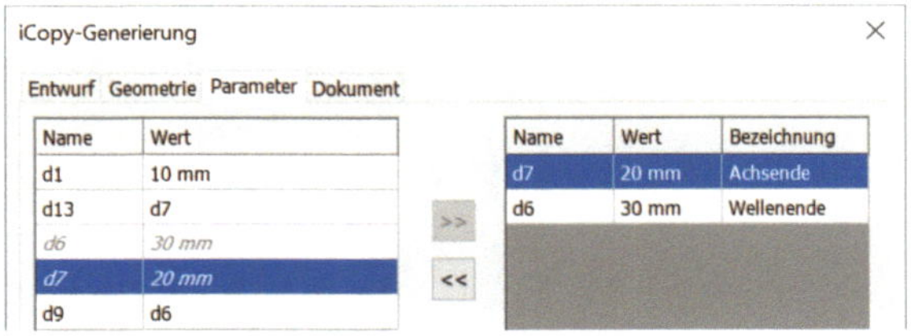

Mit **OK** wird die iCopy erzeugt, was durch den Eintrag **iCopy-Definition** im Strukturbaum sichtbar wird. Für eine nachträgliche Anpassung kann auch hier über das Kontextmenü die Funktion **BEARBEITEN** im Strukturbaum gewählt werden.

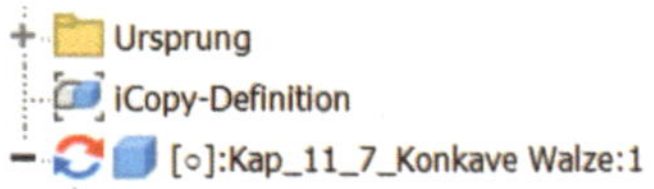

Nachdem die iCopy definiert ist, kann die Skizze des Bauteils wieder auf **Nicht sichtbar** gesetzt und die Baugruppe gespeichert werden.

Pfadskizze erzeugen

Ein oder auch mehrere Pfade werden in einer eigenen Bauteildatei mit dem Namen *Kap_11_7_Walzenpfad.ipt* erstellt. Durch den Abstand der Pfade zueinander werden später die Maße im adaptiven Bauteil angepasst. Eine Pfadskizze ist nicht auf gerade Linien beschränkt. Sie darf auch Splines oder Bögen enthalten. Wichtig ist noch, dass jeder zuvor gesetzte Punkt seinen eigenen Pfad benötigt.

Wenn alle iCopy-Referenzpunkte auf einer Ebene liegen und hierfür auch nur eine Skizze angelegt wurde, müssen alle Anfangspunkte der Pfade ebenfalls auf einer Ebene liegen.

HINWEIS: Pfadskizzen für iCopies dürfen nicht aus 3D-Skizzen bestehen. Es können aber mehrere 2D-Skizzen in unterschiedlichen Ebenen verwendet werden.

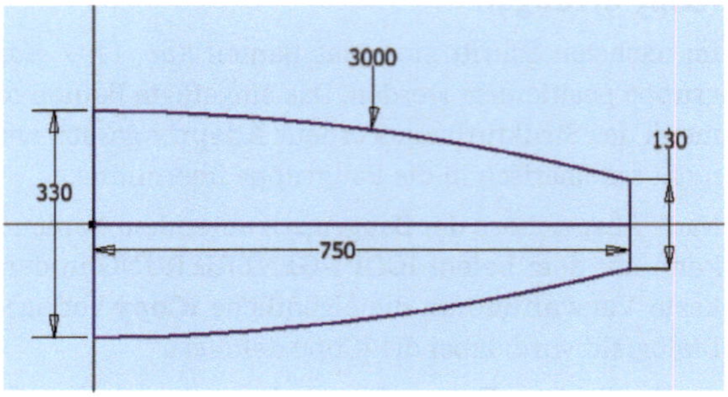

Für die Walzenpfade werden zwei 2D-Skizzen benötigt, die jeweils unterschiedliche Pfade für die Referenzpunkte festlegen.

In einer 2D-Skizze wird auf der **XY-Ebene** die Achsenlänge vorgegeben: Die Bögen definieren später, dass die eingefügten Instanzen von links nach rechts kürzer werden. Die mittlere Linie wird für die iCopy als Pfad für das mehrfache Einfügen genutzt.

In einer 2D-Skizze auf der **XZ-Ebene** werden nun *Randdurchmesser* und *Mittendurchmesser* der Walzen definiert. Die horizontale Linie definiert dabei die Mittellage und die Steigung bestimmt den Randdurchmesser der Walzen.

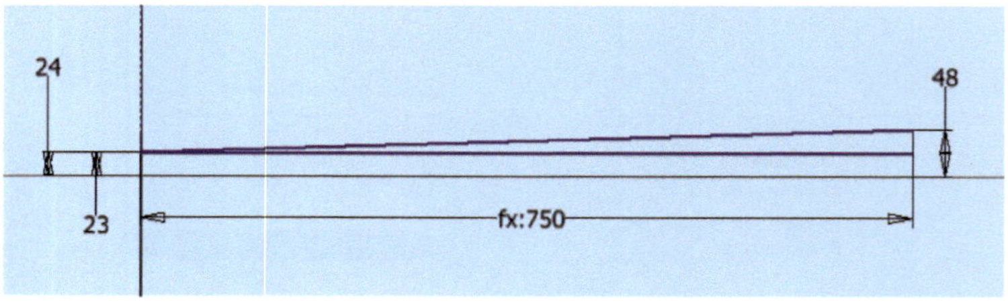

Über die drei erstellten Dateien (adaptive Bauteildatei, iCopy-Baugruppendatei und die Pfadskizzendatei) sind nun die Voraussetzungen gegeben, die iCopy zu verwenden.

11.7.2 iCopy-Komponente verwenden

Um eine **iCopy** in eine Baugruppe einzufügen, muss eine zuvor erzeugte Bauteildatei mit Pfadskizzen geladen werden. Für das Beispiel wurde entsprechend die Datei *Kap_11_7_Walzenpfad.ipt* (*plus.hanser-fachbuch.de*) geladen und positioniert.

Mit dem Befehl **ICOPY** in der erweiterten Befehlsgruppe **Muster** ist die zuvor erzeugte iCopy einzufügen, indem die Datei *Kap_11_7_iCopy Konkave-Walze.iam* ausgewählt wird. Im sich öffnenden Dialogfenster sind jetzt die Referenzpunkte zu wählen, über welche die Kontur des Bauteils definiert wurde. Hierfür sind die Anfangspunkte der Pfade, passend zu den Referenzpunkten, zu wählen. Im Beispiel wurden 3D-Anmerkungen gesetzt, um zu zeigen, welche Punkte nacheinander gewählt werden müssen. Die Parameter für **Achsenende** und **Wellenende** können hier ebenfalls angepasst werden, wie z. B. Achsenende **15 mm** und Wellenende **35 mm**.

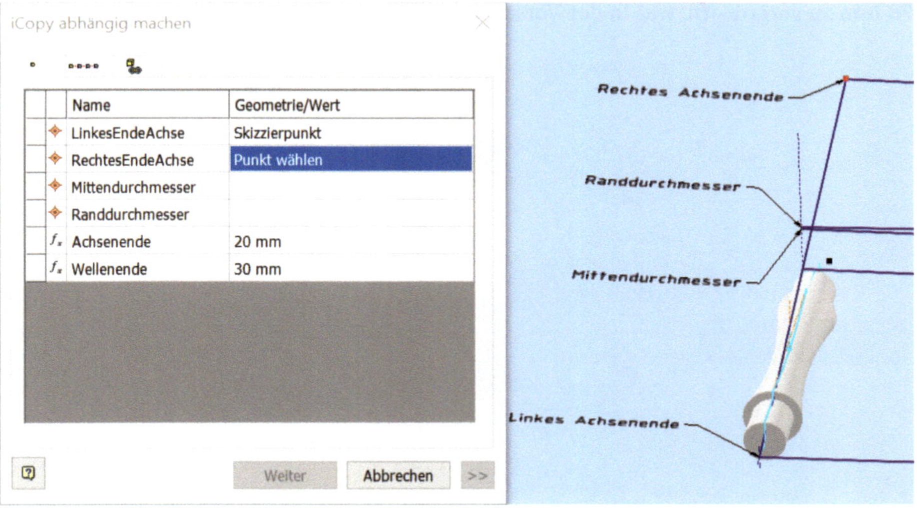

Eine Instanz der Walze sollte jetzt bereits in der Baugruppendatei sichtbar sein. Für weitere Instanzen ist nun das Register **Pfadanordnung** aufzurufen. Hier ist für die Referenzpunkte die **Verlaufsführung** passend zu den zuvor definierten Punkten zu wählen bzw. zu kontrollieren. Für *LinkesEndeAchse* ist der vordere Bogen, für *RechtesEndeAchse* der hintere Bogen anzuwählen. Für *Mittendurchmesser* sollte als Verlaufsführung bereits die horizontale Linie und für *Randdurchmesser* die ansteigende Linie hinterlegt sein.

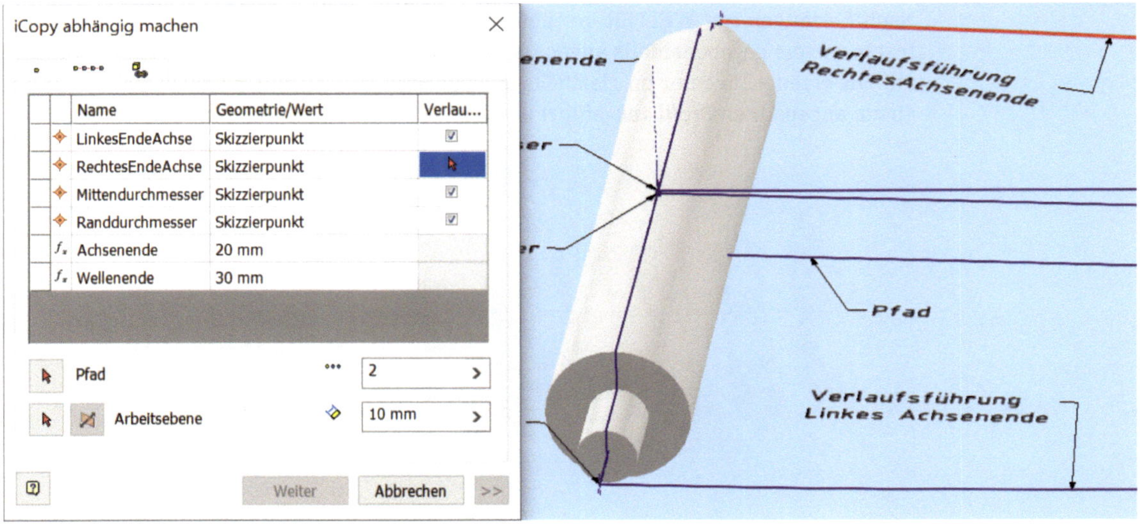

Im unteren Bereich des Dialogs sind **Pfad** und **Arbeitsebene** zu definieren. Die Pfadlinie bestimmt die Lage der Arbeitsebene und damit die Lage der mehrfach eingefügten Bauteile im Raum. Nachdem die Pfadlinie angewählt wurde, erscheint bereits eine von Inventor erkannte Arbeitsebene. Die Anzahl ist von **2** auf **10** zu erhöhen und der Abstand auf **78 mm** zu vergrößern, was in der Vorschau sofort angezeigt wird.

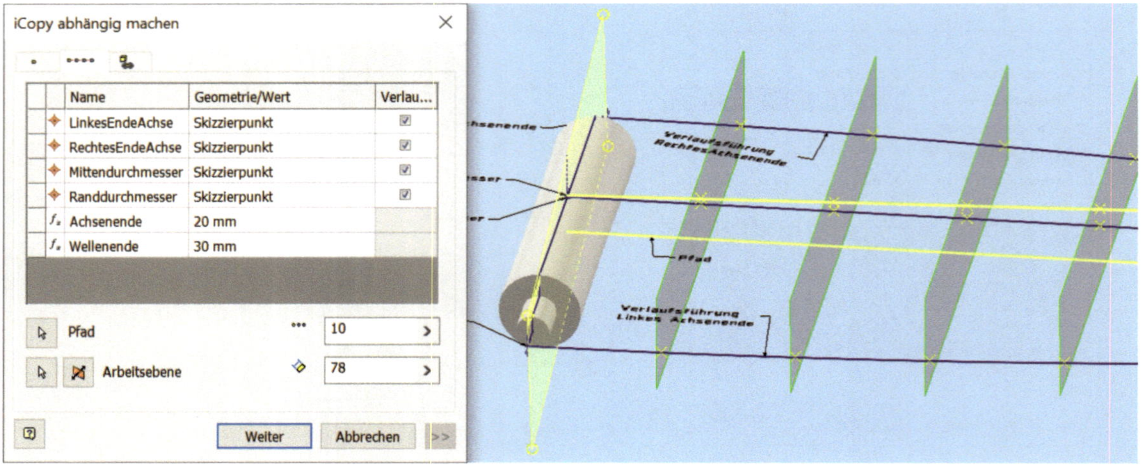

> **HINWEIS:** Pfade können auch Bögen oder Splines sein. Wichtig ist jedoch, dass Inventor eine Arbeitsebene erkennt, was je nach Pfad Schwierigkeiten bereiten kann, da Ebenen nicht beliebig gewählt werden können, sondern Bezug zum Pfad haben müssen.

Nach Bestätigen mit **WEITER** erscheint im Dialog eine Tabelle mit der Benennung der Instanzen, die gegebenenfalls angepasst und akzeptiert werden können. Nach Bestätigen mit **OK** erzeugt Inventor im gleichen Abstand zehn Instanzen der Walze, die jeweils mit einem angepassten Profil ausgeführt werden.

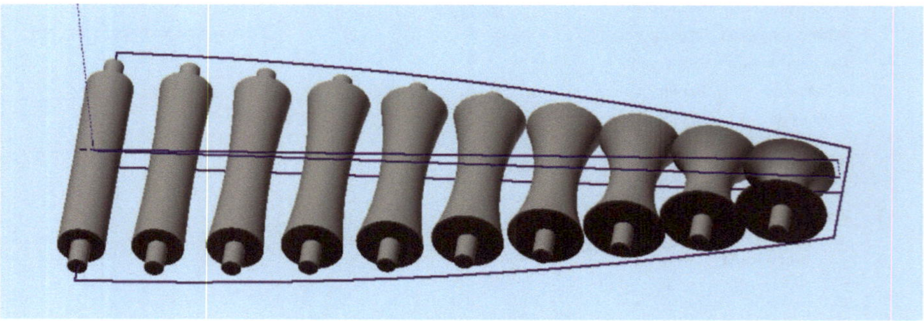

Die zuvor definierte Konturänderung kann durch Halbschnittdarstellung kontrolliert werden. In der Walzenmitte besitzen alle Walzen identische Durchmesser, am Rand vergrößert sich der Durchmesser entlang des Pfades.

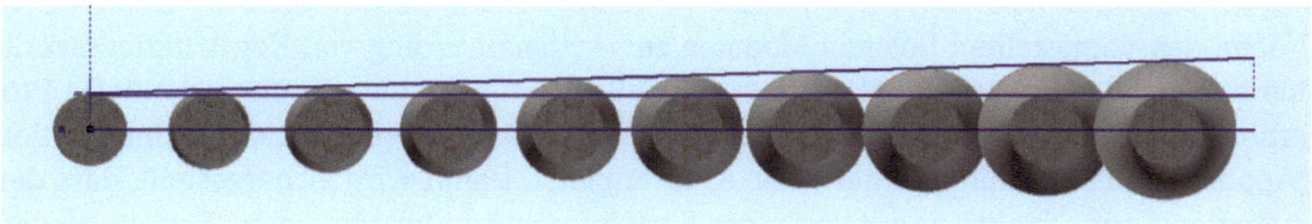

Die Länge der Walzen wird über Bögen definiert, sodass sich die Walzen trotz ihrer größer werdenden Durchmesser nicht gegenseitig behindern.

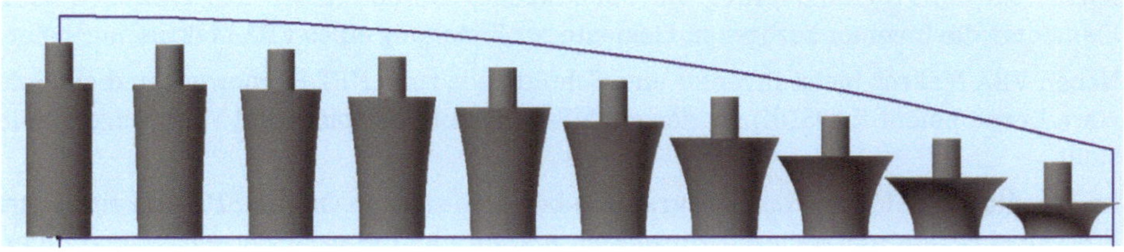

Durch Veränderung der Maße in den Pfadskizzen und durch das Kontextmenü der iCopy in der Baugruppe lassen sich die Walzen auch als Gruppe anpassen. Darüber hinaus kann jede Instanz als eigenständiges Bauteil geöffnet und ebenfalls angepasst werden.

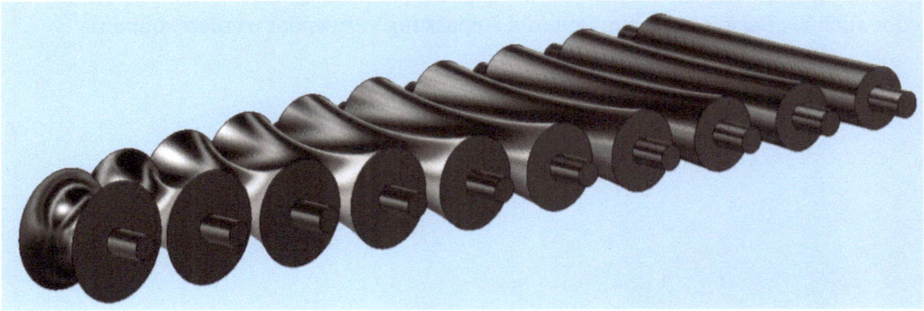

11.8 Programmerweiterung über VBA und APIs

Neben den vorgestellten Inventor-Modulen zur Automatisierung von Konstruktionsschritten soll nicht unerwähnt bleiben, dass die Software für die anwendungsorientierte Programmierung auf verschiedenen Ebenen des Systems unterschiedliche Schnittstellen (Application Programming Interfaces, APIs) anbietet. Damit wird sichergestellt, dass der Zugriff auf alle Objekte und Befehle des Systems gegeben ist, um eigene Erweiterungen und Anpassungen zu programmieren.

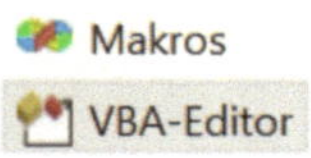

Um einfache Makros zu erstellen, wird unter der Registerkarte **Extras** in der Befehlsgruppe **Optionen** ein **VBA-Editor** angeboten. Der VBA-Editor bietet ein eigenes Dialogfenster für die Programmierung. Im Objektkatalog werden neben den typischen VBA-Elementen die Inventor-bezogenen Elemente zur Erstellung eines VBA-Makros angeboten.

Neben VBA-Makros bietet Inventor eine Schnittstelle zum .NET Framework und ein Software Development Kit (SDK) an, das auch Programmierbeispiele und Werkzeuge bereitstellt.[3]

Im Inventor-Verzeichnis unter **Programme** befinden sich ein Ordner *SDK* und eine Datei *SDK_Readme.htm* mit weiteren Hinweisen, u. a. mit dem je nach Betriebssystem unterschiedlichen Pfad zu der Installationsdatei *developertools.msi*. Für eine erfolgreiche Installation des Inventor-SDK wird jedoch die Programmierumgebung Microsoft Visual Studio benötigt.

Über die Installationsdatei *usertools.msi* werden Hilfsprogramme installiert, die sowohl als ausführbare Datei (**.exe*) als auch im Quellcode vorliegen, sodass sie direkt genutzt oder auch als Beispielcode zur weiteren Anpassung verwendet werden können.

[3] Ein englischsprachiges Tutorial zur API-Programmierung wird unter folgendem Link von Autodesk angeboten: *https://help.autodesk.com/view/INVNTOR/2025/ENU/?guid=UserManualIndex*

12 Prüf- und Analysewerkzeuge

Zum Umfang eines CAD-Systems gehören neben den Grundfunktionen zur Geometrieerzeugung in der Regel auch Befehle zur Bestimmung von Eigenschaften. Diese Funktionen reichen von der einfachen Längen- und Durchmesserbestimmung bis hin zu komplexen Analysewerkzeugen wie FEM (Finite-Elemente-Methode), MKS (Mehrkörpersimulation) und Topologie-Optimierung. Alle haben jeweils zum Ziel, physikalische Eigenschaften eines Systems zu bestimmen bzw. im Sinne einer Leichtbauweise einen Entwurf materialsparend zu gestalten (unter Einbeziehung physikalischer Eigenschaften).

Die detaillierte Beschreibung der zuletzt genannten Anwendungen kann in spezieller Literatur nachgelesen werden und steht nicht im Fokus dieses Buchs. Die Themen Simulation, Topologie-Optimierung und FEM werden hier nur kurz angerissen, um die vielfältigen Möglichkeiten, die Inventor bietet, aufzuzeigen.

12.1 Messen

Die Befehlsgruppe und der gleichnamige Befehl **MESSEN** ist sowohl über die Registerkarte **Extras** als auch über die Registerkarte **Prüfen** erreichbar.

Die Funktion **Messen** umfasst alle zur Verfügung stehenden „Messverfahren“. Diese Funktion untersucht bzw. berechnet Abstände, Winkel, Konturen und Flächen und zeigt die entsprechenden Längen- oder Flächenmaße in einem Dialogfenster und als temporäre Bemaßung an.

Beim Aufruf der Funktion erscheint ein Dialogfenster mit erweiterten Einstellungen, die für Bauteile (Abbildung links) und Baugruppen (Abbildung rechts) leicht variieren. Bei Baugruppen kann zusätzlich eine Auswahlpriorität gewählt werden (von oben nach unten: Komponente, Bauteil oder Flächen und Kanten), um das gewünschte Element leichter selektieren zu können.

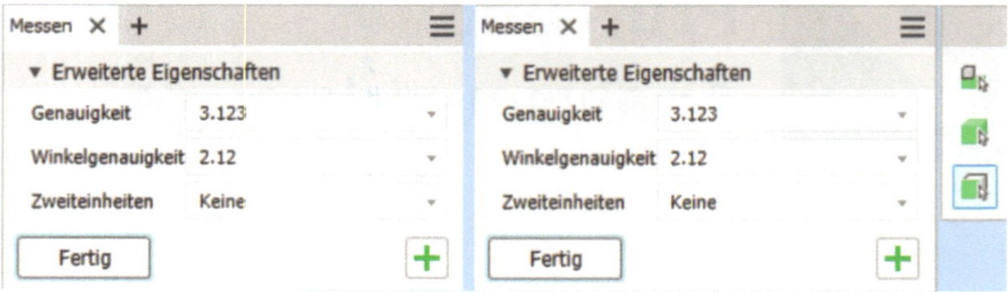

Die Vorgabe der Zahlenwerte für Genauigkeit und Winkelgenauigkeit bezieht sich ausschließlich auf die Nachkommastellen. Voreingestellt sind **0,001 mm** und **0,01°**. Zusätzlich bietet sich hier die Option für die Ausgabe der Ergebnisse in einer Zweiteinheit. Amerikanische Einheiten sind hier ebenso wählbar wie andere metrische Einheiten.

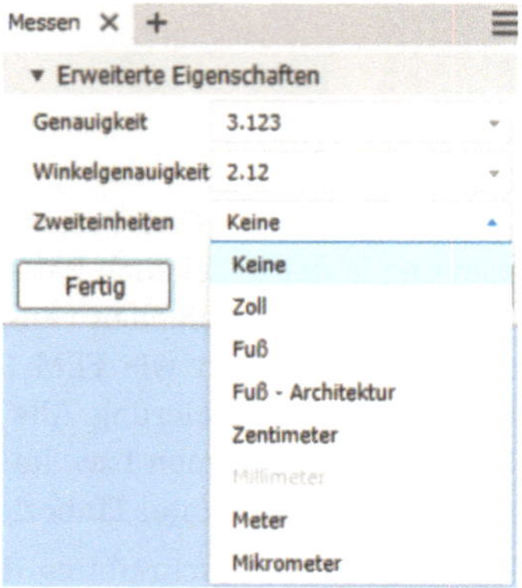

Beispiel: Winkelmaße

Gemessen wurden die Seitenflächen der abgebildeten Grundplatte. Da an den Grundeinstellungen nichts geändert wurde, wird das Ergebnis mit drei Nachkommastellen für Längenmaße und zwei Nachkommastellen für Winkelmaße ausgegeben. Die Ergebnisausgabe erfolgt über das Dialogfenster und wird unterstützt durch Maßangaben am Modell.

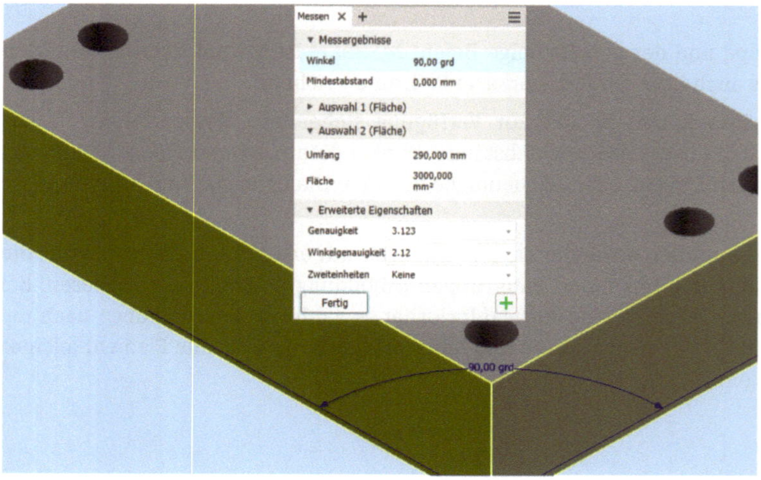

Nach der Auswahl der beiden Flächen (linke Maustaste) wird das Dialogfenster um den Ergebnisbereich erweitert. Gemessen wurde der Winkel zwischen den beiden Flächen. Im Beispiel werden zusätzlich noch der Umfang und der Flächeninhalt ausgegeben, wobei diese Informationen für die *Auswahl 1* über den voranstehenden Pfeil aufgeklappt werden können.

Beispiel: Bohrungsmaße

Vermessen wurden der Durchmesser (Abbildung links) und die Zylinderfläche (Abbildung rechts) der Bohrung. Zusätzlich wurde die Genauigkeit reduziert und als Zweiteinheit „Zoll" angegeben.

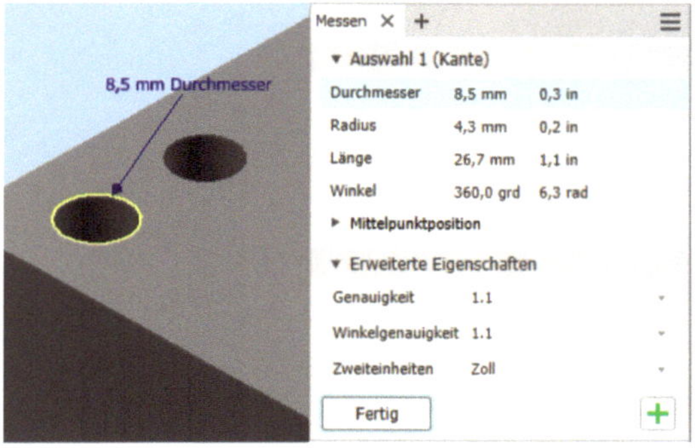

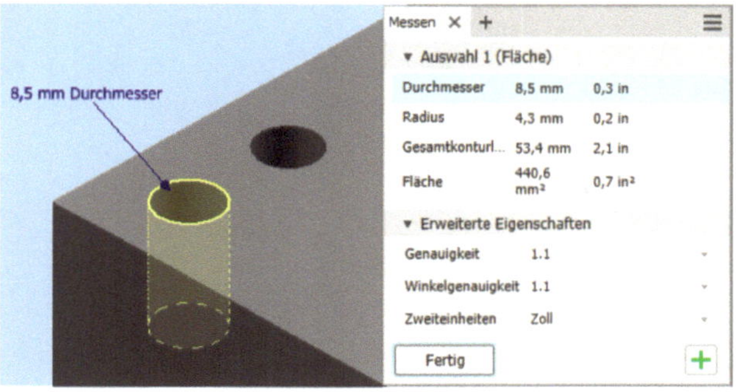

Das **+**-Zeichen startet immer eine neue Messung. Mehrere Elemente lassen sich auch gleichzeitig selektieren und vermessen. Das Ergebnisfenster erweitert sich entsprechend um die Anzahl der ausgewählten Elemente.

Die Vermessung von Elementen innerhalb einer Baugruppe verläuft ähnlich. Über die zusätzliche Selektionsmöglichkeit kann vorab bestimmt werden, welche Elemente einer Baugruppe gewählt werden können.

Beispiel: Gesamthöhe

Im Folgenden wird die Gesamthöhe der Baugruppe „Ständer" bestimmt (Beispiel aus Kapitel 3). Voreinzustellen ist **Flächen und Kanten auswählen**. Zu selektieren sind anschließend die obere Fläche des Ständerrohrs und die untere Fläche der Grundplatte. Um diese Flächen erreichen zu können, ist es erforderlich, die Baugruppe zu drehen, was auch während der aktivierten Funktion **Messen** möglich ist. Hierfür können sowohl der **ViewCube** (siehe Abschnitt 2.3.2) als auch die Funktion **Orbit** (siehe Abschnitt 2.3.3.1) verwendet werden.

Die Ergebnisse der Messungen sind entsprechend der in den ersten Beispielen beschriebenen Messungen aufgebaut.

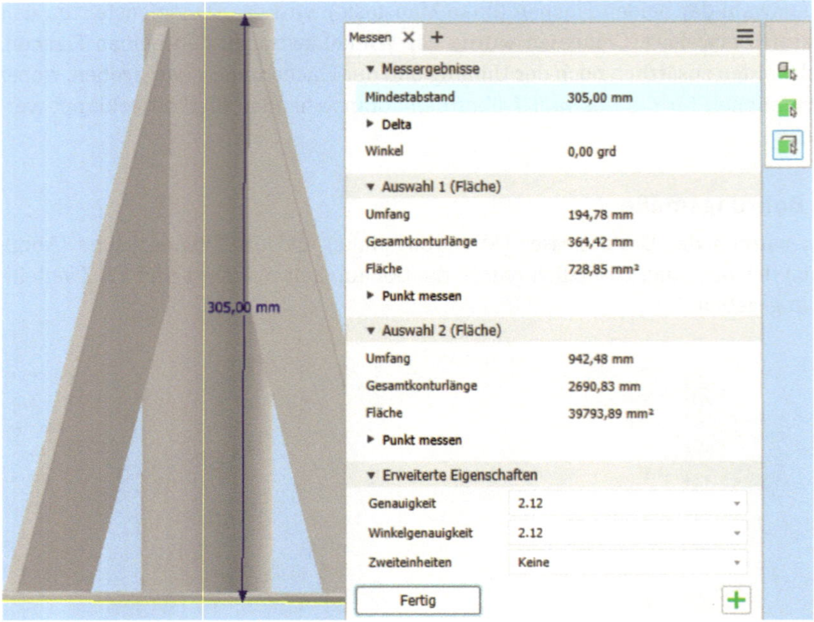

Bereichseigenschaften

Bereichs-eigenschaften

In der Befehlsgruppe **Messen** befindet sich außerdem der Befehl **BEREICHSEIGENSCHAFTEN**. Mithilfe dieser Funktion lassen sich innerhalb der Skizzenumgebung umfangreiche und komplexe Eigenschaften von Flächen bestimmen. Neben den Größen „Fläche" und „Umfang" berechnet Inventor die Lage des Flächenschwerpunkts, das axiale und das polare Flächenträgheitsmoment, eventuelle Drehwinkel zur Hauptachse und die Trägheitsradien.

Der Befehl ist bei Baugruppen bzw. Bauteilen ausgegraut und steht hier nicht zur Verfügung. Sofern Bauteilen ein Material zugeordnet wurde, finden sich diese zusätzlichen Informationen im Dialogfenster von **iProperties** (siehe Abschnitt 5.8). Aufgerufen wird dieses über das Kontextmenü, und unter der Registerkarte **Physikalisch** befinden sich die vorab aufgezählten Eigenschaften.

Die Abbildung zeigt ein Berechnungsergebnis für eine 2D-Skizze. Neben Fläche und Umfang stellen die Trägheitsmomente die zentralen Eigenschaften dar.

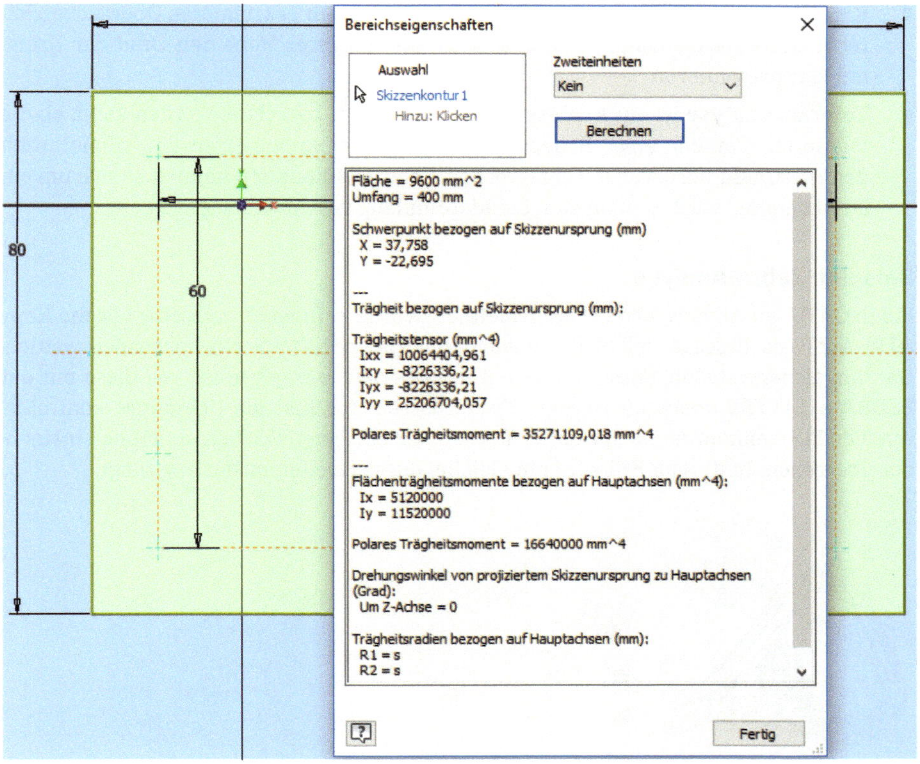

12.2 Oberflächenanalysen

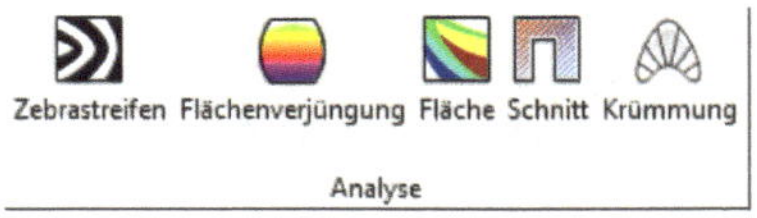

Nur in der Bauteilumgebung ist über die Registerkarte **Prüfen** der Funktionsbereich **Analyse** zu erreichen. Die Analysemethoden beziehen sich vor allem auf Flächen und untersuchen Ebenheit, Krümmungen, Verjüngungen und ähnliche Eigenschaften.

- **Zebrastreifen** überprüft die Ebenheit bzw. die Gleichmäßigkeit einer Oberfläche in Bezug auf Krümmungen. Hiermit werden auf den Freiformflächen eines Modells charakteristische Isoluxen (= Linien gleicher Helligkeit) dargestellt.
- **Flächenverjüngung** ist vor allem für Gussteile interessant und bewertet Verjüngungswinkel bzw. ihren Verlauf.
- **Fläche** zeigt Oberflächenkrümmungen in Farbabstufungen von hell nach dunkel eingefärbt an.
- **Schnitt** ist eine Querschnittsanalyse, die u. a. auch für Gussteile wertvolle Informationen über den Verlauf von Wandstärken ermittelt.

- **Krümmung** ist eine Krümmungskammanalyse, die auf gekrümmten Oberflächen lotrecht stehende Elemente visuell darstellt, die mit ihrer Höhe den Grad der Krümmung repräsentieren.
- **Toleranzanalyse** ist ein Analysewerkzeug, mit dem berechnet werden kann, ob die tolerierten Bauteile einer Baugruppe auf Basis der kumulierten Bauteiltoleranzen den Passungsanforderungen entsprechen. Bei dieser Funktion handelt es sich um ein Zusatzmodul, welches nicht zum Standardumfang von Inventor gehört.

Beispiel: Zebra-Analyse

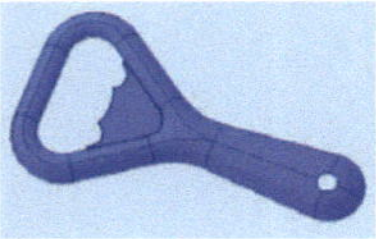

Ein in CATIA auskonstruierter „Flaschenöffner“ wurde in Inventor importiert (siehe Kapitel 9). Auf Basis dieses Modells soll in Inventor ein passendes Werkzeug konstruiert werden. Um nun sicherzustellen, dass die Qualität der Oberfläche gegeben ist, soll diese mit der **ZEBRA-ANALYSE** überprüft werden. Visuell lassen sich hier die Übergänge kontrollieren. Von Flächenkontinuität spricht man, wenn die einzelnen Flächen allmählich ineinander übergehen. In diesem Fall wird ein gleichmäßiges Streifenmuster angezeigt.

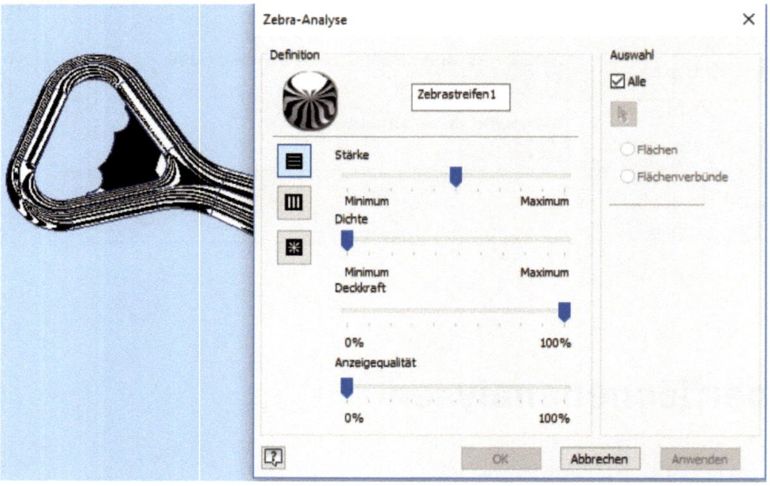

Die **Analysesichtbarkeit** des Ergebnisses kann über den Strukturbaum, wo nach dem Aufruf dieser Funktion ein neuer Ordner erscheint, ein- bzw. wieder ausgeschaltet werden.

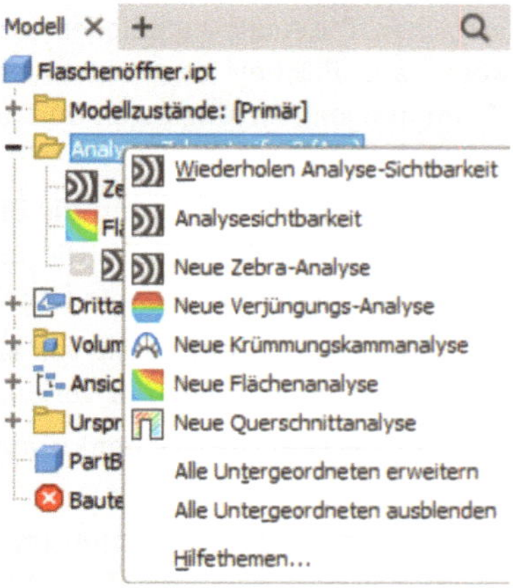

Beispiel: Flächenanalyse

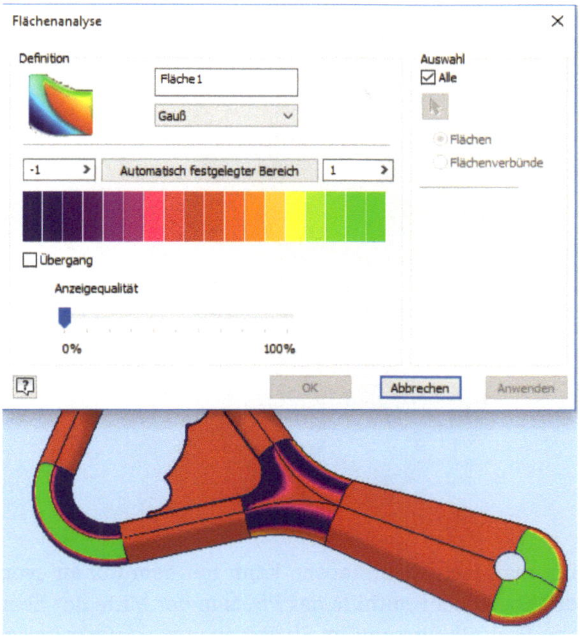

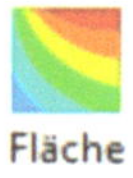

Ebenfalls am Beispiel „Flaschenöffner“ soll die **FLÄCHENANALYSE** vorgestellt werden. Auch hiermit lässt sich die Qualität einer Oberfläche visuell beschreiben. Die Flächenanalyse kann für ein komplettes Modell erfolgen; es lassen sich jedoch auch einzelne Flächen für eine Untersuchung selektieren.

Die farblichen Abstufungen zeigen die Oberflächenkrümmung entsprechend der voreingestellten Flächenanalyse-Typen. Zur Verfügung stehen **Gauss**, **Durchschn. Krümmung** und **Max. Krümmung**.

Die weiteren Befehle wie Schnitt- und Krümmungsanalysen funktionieren analog zu den beispielhaft beschriebenen Oberflächenanalysen.

Die Analyseergebnisse, die in der Bauteilumgebung generiert wurden, werden mit dem Speichern der Modelldatei ebenfalls gesichert und können jederzeit erneut aufgerufen werden (**Analysesichtbarkeit: ein**).

12.3 Dynamische Schnittdarstellungen

Schnittdarstellungen (siehe auch Abschnitt 6.13.1) sind oft hilfreich bei der Modellierung und sehr praktisch zu handhaben.

Auf der Registerkarte **Ansicht** in der Befehlsgruppe **Sichtbarkeit** befinden sich die zugehörigen Funktionen. Es kann hier beispielsweise die Ansicht **HALBSCHNITT** ausgewählt werden, die nach DIN einem **Vollschnitt** entspricht, sofern dieser durch die Symmetrieebene verläuft. Die gewünschte Schnittebene wird durch Auswahl einer Fläche am Bauteil direkt oder an einer der Ursprungs- oder Arbeitsebenen ausgewählt. Neben dem Halbschnitt sind auch **VIERTEL- UND DREIVIERTELSCHNITT** möglich. Mit der Funktion **SCHNITT BEENDEN** kann dieser Funktionsbereich wieder verlassen werden. Das Bauteil wird dann wieder in seiner Gesamtheit dargestellt.

Auf erzeugte Schnittdarstellungen, die im Strukturbaum abgelegt werden, kann über das Kontextmenü zurückgegriffen werden. Befehle und Optionen für Schnittansichten sind aber auch direkt über den Mini-Werkzeugkasten im Grafikfenster zu erreichen.

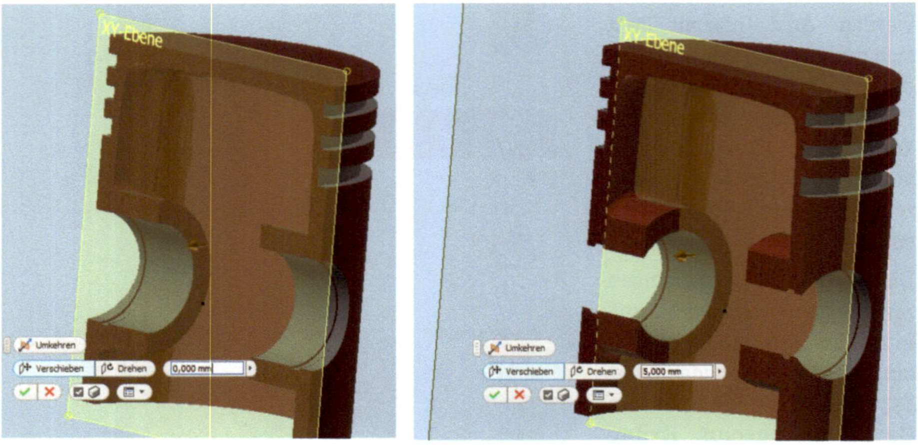

Die markierte Schnittebene kann mit dem Cursor „von Hand“, entweder an einer Ecke der Ebene oder mithilfe des Pfeils in der Mitte der Ebene, stufenlos verschoben werden. Die Darstellung kann im Strukturbaum als neue Ansicht gespeichert und jederzeit wieder aufgerufen werden.

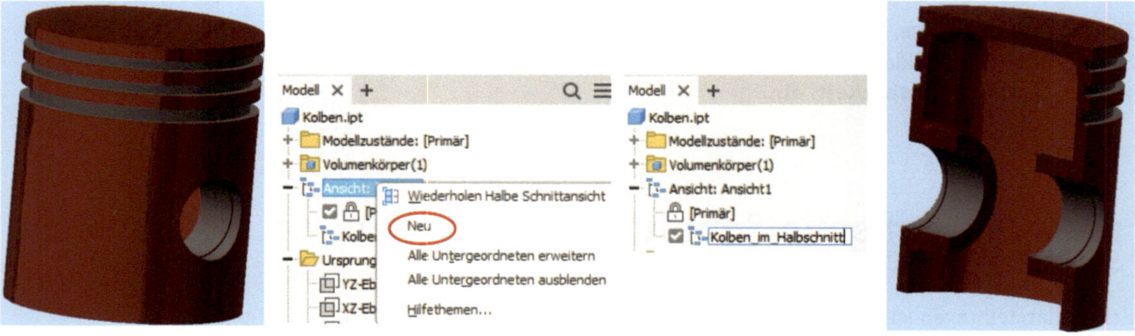

Die beiden Schnittverläufe Viertelschnitt und Dreiviertelschnitt benötigen eine weitere Schnittebene. Im Markierungsmenü (siehe folgende Abbildung, links) wird zur Festlegung mit Klicken auf die in der Abbildung markierte Schaltfläche ⇨ zur Festlegung der zweiten Ebene weitergeleitet. Über den in der Mitte erscheinenden Pfeil kann auch hier die Position der Schnittebene dynamisch verändert werden. Das Ergebnis des exemplarischen Viertelschnitts ist in der Abbildung rechts zu sehen.

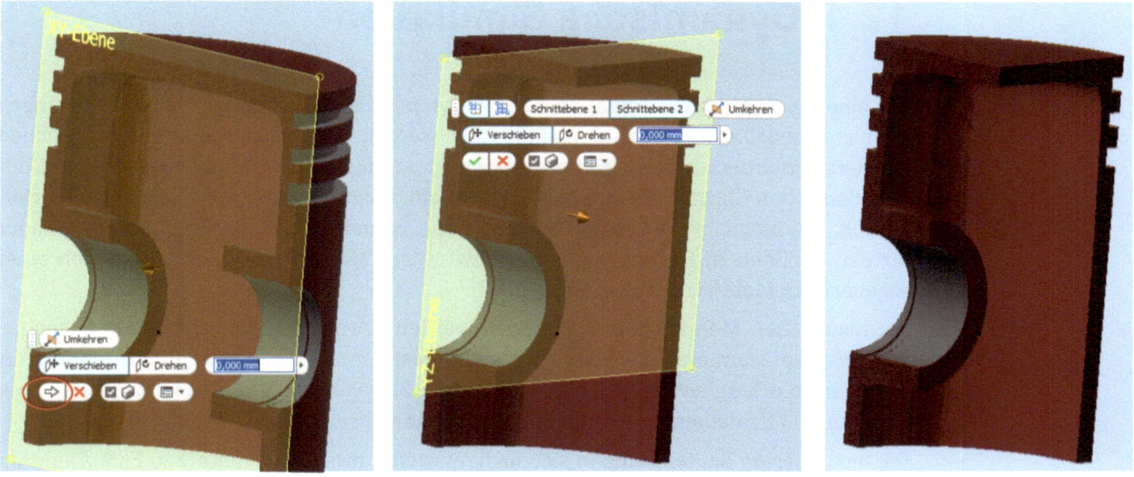

Grafiken aufschneiden – Sichtbarkeit in 2D-Skizzen

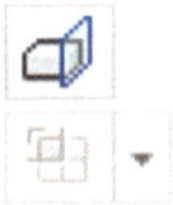

Eine weitere, sehr hilfreiche Funktion befindet sich auf der gleichen Registerkarte oberhalb der Schnittdarstellungen. **Grafik aufschneiden** ist eine Funktion, die innerhalb der Skizzierumgebung zum Einsatz kommen kann und entsprechend auch nur hier zur Verfügung steht.

Insbesondere, wenn im Kontext einer Baugruppe oder aber auch bei Bauteilen einzelne Ausprägungen direkt am Objekt geändert werden sollen, gibt es sehr häufig Überschneidungen mit anderen Geometrieelementen (siehe folgende Abbildung links). Auch kommt es nicht selten vor, dass die Skizzierebene bei symmetrischen und zylindrischen Bauteilen durch den mittigen Ursprung verläuft. Durch das Klicken auf den Befehl **GRAFIK AUFSCHNEIDEN** wird die Geometrie, die sich oberhalb der Skizzierebene befindet, ausgeblendet, und die Skizze wird sichtbar. Diese Funktion kann auch mit der Funktionstaste **F7** und über die Schaltfläche in der Statusleiste (siehe Abschnitt 2.1.2) aktiviert werden. Deaktiviert wird diese Funktion durch nochmaliges Anklicken der Funktion in der Befehlsgruppe **Sichtbarkeit**.

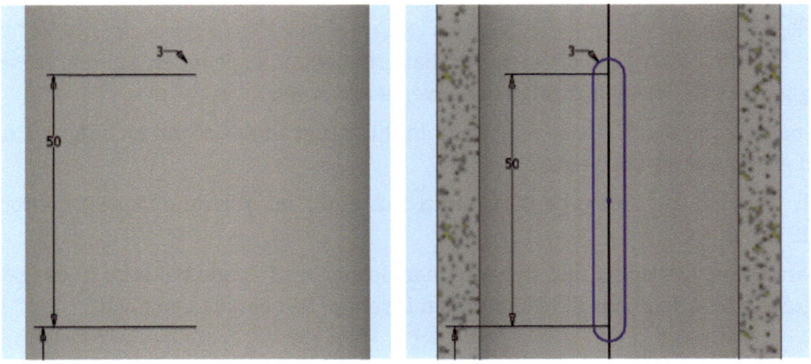

12.4 Dynamische Simulation

Mit einer dynamischen Simulation können dynamische Leistung und Höchstbelastungen über ein modelliertes Produkt vorhergesagt werden. Im Gegensatz zu den klassischen geometrieorientierten Bewegungssimulationen ist hierfür die Angabe bzw. Auswahl der physikalischen Eigenschaften wie Masse, Beschleunigung, Reibung, Trägheit usw. erforderlich, um möglichst die reale Bewegung von Bauteilen oder Baugruppen zueinander virtuell abbilden zu können, z. B. eine Schwingung. Man spricht hierbei auch von einer sogenannten Mehrkörpersimulation (MKS).

Bei klassischen Mehrkörpersimulationen werden Körper als idealisiert starr angenommen. Sie repräsentieren die Masse mit einem fest definierten Schwerpunkt und definieren somit die Trägheit des Systems gegenüber Bewegungen. Die Körper werden durch Gelenke und Kraftelemente miteinander verbunden.

Die modellierten Bauteile sind in sich nicht elastisch, d. h., im Gegensatz zu FEM-Analysen (siehe Abschnitt 12.6) verformen sie sich nicht und haben deshalb eine absolute Steifigkeit, die in der Realität nicht vorkommt. Entsprechend müssen für die dynamische Simulation die Elastizitäten bzw. die Steifigkeiten und Dämpfungen in die explizit definierten Gelenke verlagert werden.

Die Funktion ist nur in der Baugruppenumgebung über die Registerkarte **Umgebungen** zu erreichen. Besonders wichtige Merkmale des Funktionsbereichs **Dynamische Simulation** sind:

- Es steht eine umfangreiche Bibliothek mit Bewegungsgelenken zur Verfügung.
- Gelenke können Reibung, Dämpfung, Steifigkeit und Elastizität als Zeitfunktionen verwenden.
- Es lassen sich externe Kräfte und Drehmomente definieren.
- Das Erstellen von Bewegungen, basierend auf der Position, der Geschwindigkeit, der Beschleunigung und dem Drehmoment. Diese werden als Funktion über die Zeit beschrieben.
- Eine Schwerkraft zur dynamischen Simulation kann hinzugefügt werden.
- Mit der Funktion **Unbekannte Kraft** kann die Kraft berechnet werden, die aufgewendet werden muss, um ein dynamisches System in einem statischen Gleichgewicht zu halten.
- Mit der Funktion zum Konvertieren von Baugruppenabhängigkeiten können diese Abhängigkeiten in Bewegungsgelenke konvertiert werden.
- Die Visualisierung der 3D-Bewegung kann mithilfe sogenannter **Spuren** aufgezeichnet und weiter analysiert werden.
- Möglich ist auch ein **Ausgabe-Diagramm** mit einer integrierten Exportfunktion nach MS Excel.
- Die Übertragung statischer und dynamischer Gelenk- und Trägheitskräfte in die Belastungsanalyse, d. h. in das FEM-Modul von Inventor, ist ebenfalls möglich.

Die dynamische Simulationsumgebung besteht neben den Befehlsgruppen für die Visualisierung und Ausgabe der Ergebnisse (Befehlsgruppe **Verwalten** bzw. **Ergebnisse**) aus den Befehlsgruppen **Verbindung**, um Gelenke einzufügen und zu definieren, und **Laden**, um externe Kräfte und Drehmomente aufbringen zu können.

Für eine dynamische Simulation sind zunächst Bauteile (siehe Kapitel 5) und Baugruppen (siehe Kapitel 6) zu erstellen. Beim Wechsel in die dynamische Simulationsumgebung werden die in der Baugruppenumgebung angelegten Abhängigkeiten (siehe Abschnitt 6.5) übernommen und in sogenannte **Normverbindungen** umgewandelt, die sich in einem eigenen Ordner im Strukturbaum wiederfinden.

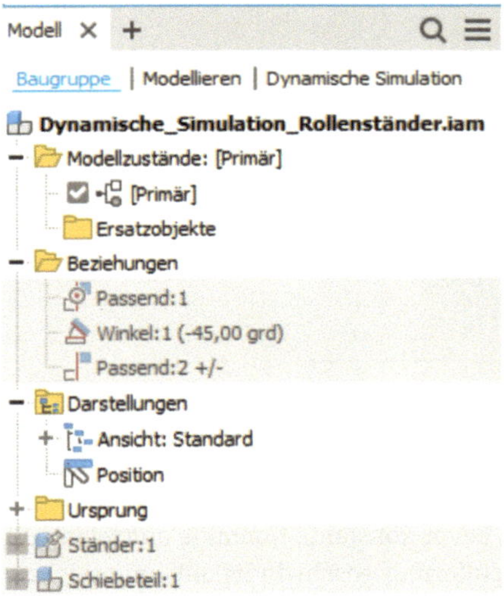

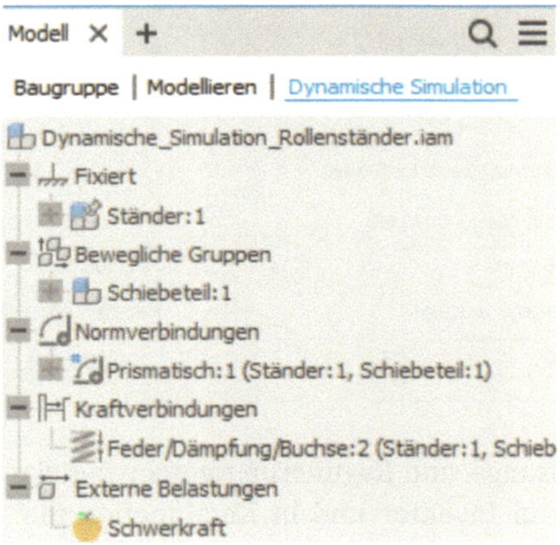

Über die Befehlsgruppe **Verwalten** ist die Funktion **SIMULATIONSEINSTELLUNGEN** zu erreichen. Im Dialogfenster kann mit der Funktion **ABHÄNGIGKEITEN AUTOMATISCH IN NORMGELENKE UMWANDELN** festgelegt werden, dass Inventor passende Baugruppenabhängigkeiten automatisch in Normverbindungen umwandelt, die anschließend im Strukturbaum als solche angezeigt werden.

Simulations-einstellungen

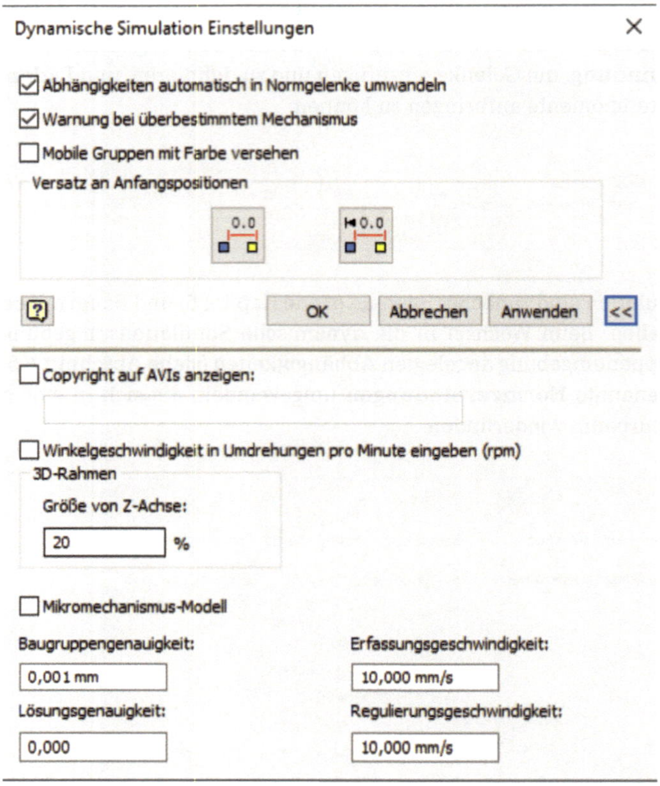

Erfassungs- und Regulierungsgeschwindigkeit sind dabei Parameter für den Gleichungslöser in Inventor und in Kombination mit der Verwendung des Mikromechanismus-Modell einstellbar. Der Parameter für die Erfassungsgeschwindigkeit hilft beispielsweise dabei, die Anzahl kleiner Stöße zu beschränken, bevor konstante Kontakte auftreten (z. B. Impulssatz; simulierter Kollisionsstoß). Die Regulierungsgeschwindigkeit kennzeichnet den Übergang zwischen Haft- und Gleitreibung in der verwendeten Reibungsfunktion. Bei 2D-Kontakten wird ein reales, nicht lineares Coulomb'sches Reibungsgesetz angewendet. Für Verbindungen und 3D-Kontakte kommt ein standardisiertes Coulomb'sches Gesetz zur Anwendung.

Beispiel: Einfügen und Simulation eines Gelenks

Der Rollenständer aus Kapitel 3 wird als Basis für die Umsetzung einer dynamischen Simulation verwendet und um ein einfaches Gelenk (**Feder/Dämpfung/Buchse**) ergänzt.

In der Baugruppe wird zunächst der Ständer als fixierte Komponente eingebaut. Anschließend wird das Schiebeteil ergänzt, und entsprechende Abhängigkeiten werden gesetzt, um das Schiebeteil passend auszurichten. In der vertikalen Achse bleibt der Freiheitsgrad des Schiebeteils erhalten.

Nun kann in den Funktionsbereich **DYNAMISCHE SIMULATION** gewechselt werden. Der Strukturbaum erweitert sich um die Registerkarte **Dynamische Simulation**, und das Dialogfenster **Simulationswiedergabe** wird eingeblendet.

Diese neue Registerkarte enthält die jeweiligen Baugruppen und Bauteile entsprechend der Definition aus der Baugruppenkonstruktion und hat die entsprechenden Verbindungen in **Normverbindungen** gewandelt.

HINWEIS: Mit dem Wechseln in den Funktionsbereich **Dynamische Simulation** werden sämtliche Einträge im Strukturbaum (Registerkarte **Dynamische Simulation**) ausgegraut. Anders als bei vielen anderen Funktionen bedeutet dieses aber in dieser Umgebung nicht, dass keine Bearbeitung der Einträge möglich ist. Über die in der Abbildung gekennzeichnete Schaltfläche in der Simulationswiedergabe kann wieder der **KONSTRUKTIONSMODUS** aktiviert werden. Nach der Betätigung der **PLAY**-Taste wird die Schaltfläche **KONSTRUKTIONSMODUS** wieder ausgegraut und damit deaktiviert.

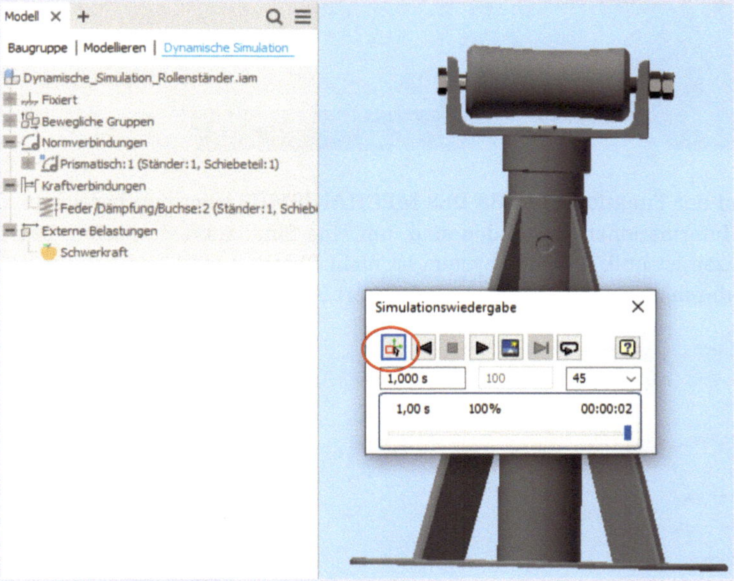

Der Anwender kann im **Konstruktionsmodus** weitere Verbindungen bzw. Gelenke hinzufügen. Für dieses Beispiel wird der Gelenktyp **Feder/Dämpfung/Buchse** ausgewählt.

Gelenk einfügen

Zu selektieren sind jeweils Punkte an zwei unterschiedlichen Komponenten, die mit dem Gelenk „Feder" verbunden werden sollen. Visuell werden die selektierten Punkte durch Vektorpfeile ergänzt. Inventor fügt anschließend im Strukturbaum den Ordner *Kraftverbindungen* ein und erweitert hier das hinzugefügte Gelenk. Nach dem Auswählen des Gelenks im Strukturbaum wird visuell das Modell noch um eine Feder ergänzt.

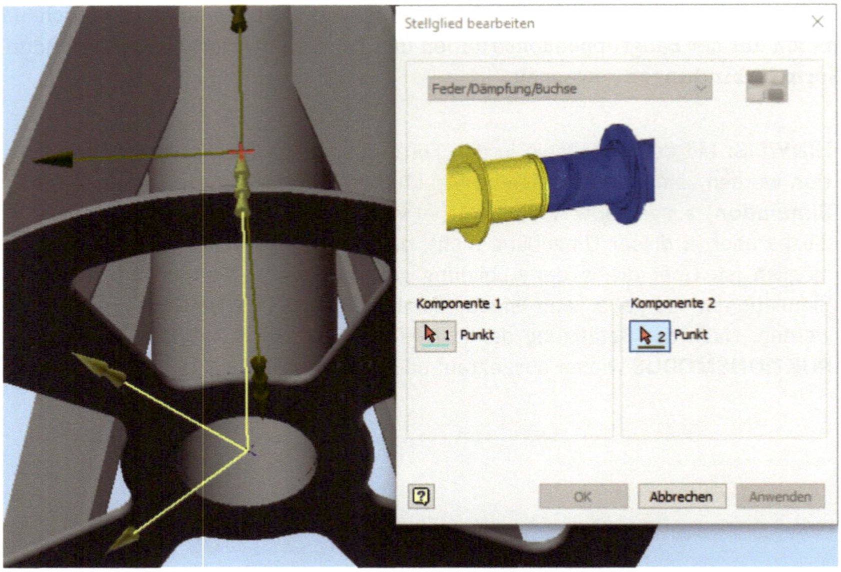

Der Aufruf der Funktion **STATUS DES MECHANISMUS** zeigt nun bereits an, dass ausreichend Informationen vorhanden sind, um eine Simulation zu starten. Der Grad der Redundanzen ist null, d. h., das System ist nicht überbestimmt und hat einen Freiheitsgrad, der durch das eingesetzte Gelenk definiert ist.

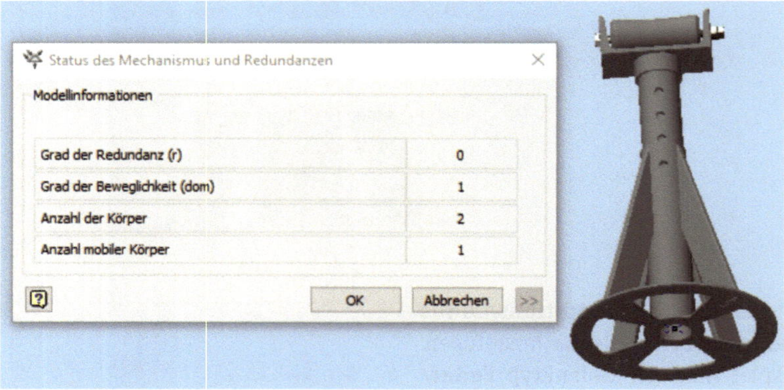

Über das Dialogfenster **Simulationswiedergabe** lässt sich bereits eine Bewegung visualisieren, wenn die **PLAY**-Schaltfläche verwendet wird. Die dargestellte Bewegung hat jedoch noch keinen Realitätsbezug. Hierfür müssen noch die gesetzten Gelenke mit Eigenschaften versehen werden. Eventuell sind auch die übernommenen Abhängigkeiten (Normverbindungen) anzupassen.

Der Mauszeiger ist hierfür auf die zu bearbeitende Verbindung zu setzen, und mit der rechten Maustaste wird das Kontextmenü mit dem Eintrag **Eigenschaften** aufgerufen. Es erscheint ein Dialogfenster, angepasst an die jeweilige Verbindung.

Selektiert wurde die in der Abbildung gezeigte **prismatische Verbindung**. Sie ist noch mit **einem Freiheitsgrad** (Registerkarte) versehen, was auch notwendig ist, um einen Bewegungsablauf simulieren zu können. Die drei Schaltflächen (von links nach rechts) im Dialogfenster haben folgende Bedeutung:

- Anfangsbedingungen bearbeiten
- Gelenkkraft bearbeiten
- Festgelegte Bewegung bearbeiten

Bei den Anfangsbedingungen sind **Grenzen** vorzugeben, innerhalb derer eine Verschiebung erfolgen soll. Im Beispiel ergibt sich, dass das innen liegende Rohr eine Überlappung mit dem äußeren Rohr aufweisen muss und dieses nur maximal bis zum Anschlag hineingeschoben werden kann. Der Realitätsbezug der gewählten Grenzen ergibt sich also durch konstruktive Randbedingungen oder Festlegungen.

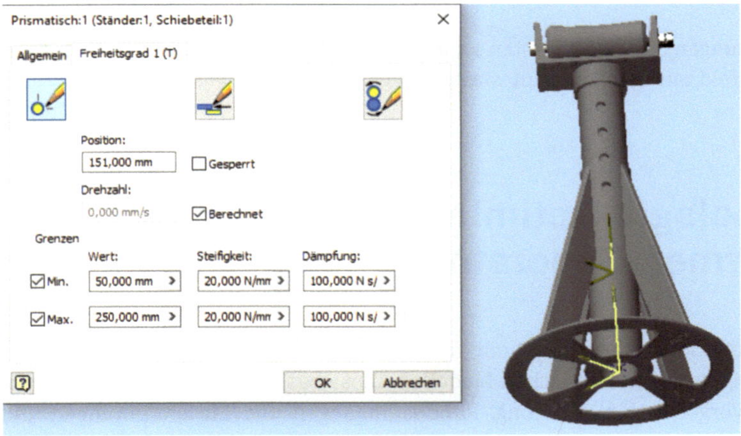

Gelenkkraft und Bewegung spielen in diesem einfachen Beispiel keine Rolle und bleiben jeweils deaktiviert.

Analog zum beschriebenen Dialogfenster für Normverbindungen können die Parameter auch für Kraftverbindungen, wie für das Federgelenk, angepasst werden. Die Steifigkeit/Dämpfung und der Typ der Feder mit den geometrischen Eigenschaften sind hier einstellbar. Über den Schieberegler **TRANSPARENZ** kann die Sichtbarkeit des Gelenks bzw. der Feder angepasst werden.

TEIL II

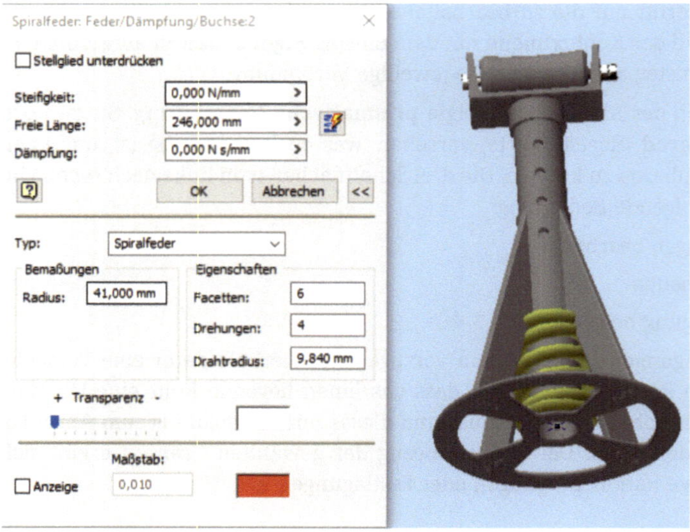

Simulations-
wiedergabe

Nach den Einstellungen der Eigenschaften kann über den Befehl **SIMULATIONSWIEDERGABE** das Dialogfeld mit den Steuerungstasten wieder aufgerufen werden.

12.5 Topologie-Optimierung (Formen-Generator)

Eine Topologie-Optimierung beschreibt ein Verfahren zur Ausgestaltung von Geometrien unter Verwendung von algorithmischen Modellen. Diese basieren wiederum auf anwenderspezifischen Vorgaben für Belastung, Randbedingungen und Einschränkungen und versuchen das bestmögliche Materiallayout zu ermitteln. Material in Bereichen, die keiner bedeutenden Belastung standhalten müssen, wird entfernt, um beispielsweise das Gewicht zu reduzieren und damit den Grundgedanken des Leichtbaus zu folgen. Verwendet wird hierfür im Inventor der Nastran-Solver.

HINWEIS: Nastran steht für **Na**sa **Str**uctural **An**alysis System. Es basiert auf der Finite-Element-Methode FEM und ist ein Solver (Gleichungslöser). Nastran war der erste kommerzielle FEM-Solver. Eine grafische Interaktion ist hiermit nicht möglich. Das Pre- und Postprocessing erfolgt mit Inventor-spezifischen Modulen, die auch bei der Belastungsanalyse (siehe auch Abschnitt 12.6) zum Einsatz kommen.

Formen-
Generator
Untersuchen

Der **Formen-Generator** befindet sich in der Bauteilumgebung. Die Funktion ist unter der Registerkarte **3D-Modell** und dort in der Befehlsgruppe **Untersuchen** zu finden.

Eine Materialzuweisung ist vorzunehmen (falls nicht bereits bei der Modellierung erfolgt), und es sind Abhängigkeiten und Lasten, die auf Bauteile wirken, zu beschreiben. **Ziele und Kriterien** stellen eine Besonderheit dar. Hier wird festgelegt, wo beispielsweise keine Optimierung bei der Geometrie vorgenommen werden soll. **Netzansicht** enthält Funktionen, mit denen eine Netzgenerierung beeinflusst werden kann. **Form erstellen** startet letztendlich den Gleichungslöser und führt zum Post-Processing mit der Ergebnisaufbereitung.

Die Topologie-Optimierung beinhaltet auch immer eine FEM-Berechnung. Entsprechend finden sich auch viele der hier verwendeten Funktionen in Abschnitt 12.6 wieder.

TEIL II

Beispiel: Simulation der Beanspruchungen an einem einfachen Wandhalter

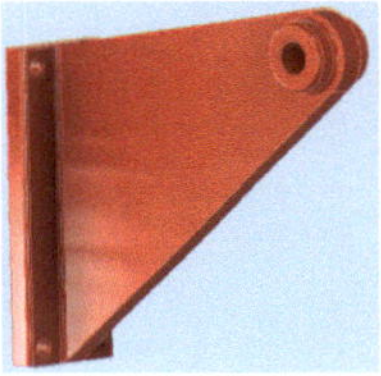

Die nachstehende Abbildung enthält alle wesentlichen Maße für den ersten Entwurf des Bauteils. Die zentrale Bohrung am Auge hat einen Durchmesser von **15 mm**. Die Übergänge am Auge sind jeweils mit einer Rundung von **2 mm** zu versehen. Die Bohrungen für die Wandverschraubung (**4 × 6 mm**) haben **beidseitig jeweils eine Fase von 1 mm**. Sie befinden sich jeweils **8 mm** vom seitlichen Rand und vom oberen bzw. unteren Rand des Blechs für die Wandverschraubung. Auf weitere Fasen und Rundungen wurde erst einmal verzichtet, da zu erwarten ist, dass nach der Topologie-Optimierung weitere Anpassungen am Entwurf anstehen.

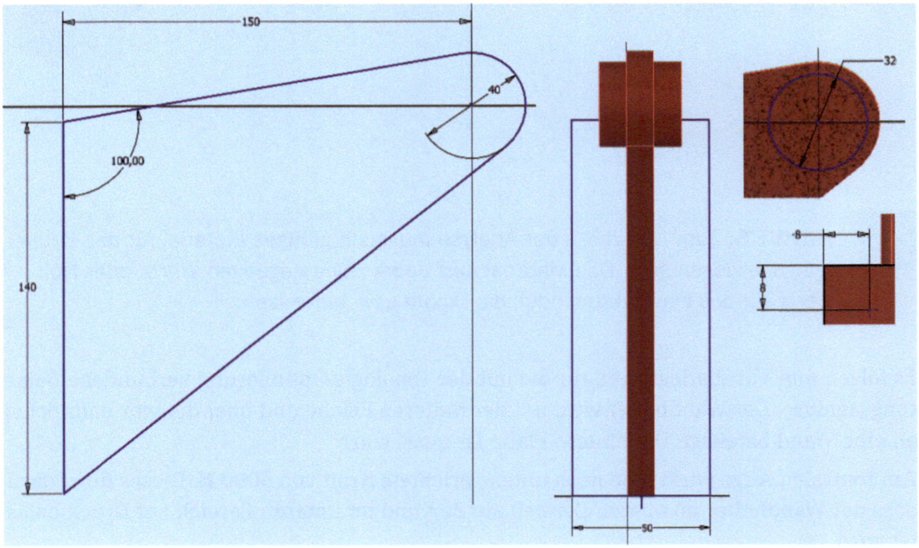

Einer der wichtigsten Schritte, bevor die Finite-Elemente-Untersuchung (FEM) stattfinden kann, ist die Zuweisung eines Werkstoffs, der technologische Kennwerte aufweist. Das von Inventor mit der Vorlage vorgegebene Material „Generisch" besitzt keine Materialkennwerte und ist für Festigkeitsuntersuchungen daher nicht verwendbar.

Über das Abrollmenü **Material** am oberen Bildschirmrand wird dem Bauteil das Material **Stahl** zugewiesen. Über das Kontextmenü kann überprüft werden, ob die Materialzuweisung erfolgreich durchgeführt wurde. Die Eigenschaften finden sich unter **iProperties** und dann der Registerkarte **Physikalisch** wieder.

Das Bauteil wird hier mit der bei Stahl üblichen Dichte von **7,850 g/cm³** und einem Gewicht von **1,770 kg** ausgewiesen.

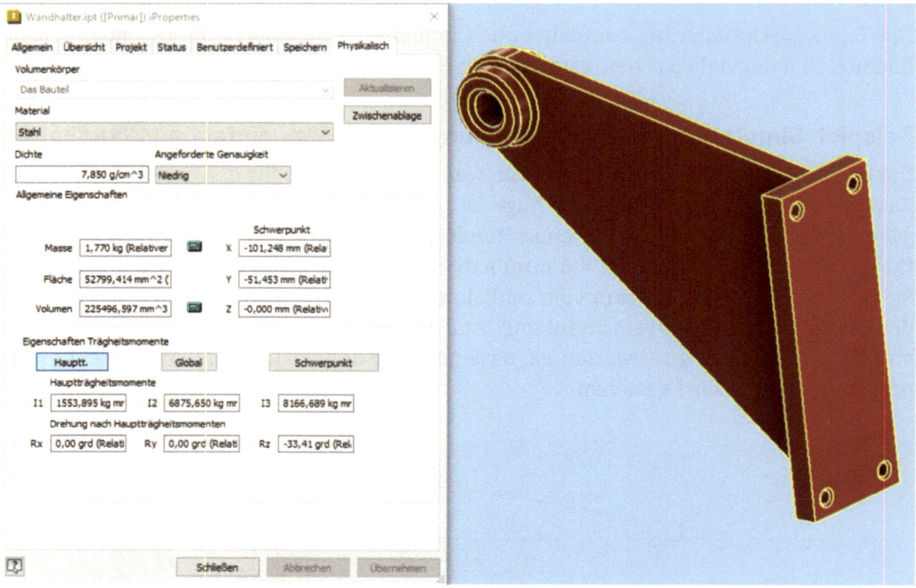

HINWEIS: Zum Ausführen der Analyse muss ein gültiges Material für das Bauteil zugewiesen sein. Das Material darf dabei keine negativen Werte oder Nullwerte für das Elastizitätsmodul, die Dichte usw. aufweisen.

Es folgen nun Vorüberlegungen für die mit der Topologie-Optimierung verbundene Belastungsanalyse. Der Wandhalter wird mit der hinteren Fläche und über die vier Bohrlöcher an eine Wand befestigt. Die hintere Platte ist quasi starr.

Am zentralen Auge wirkt eine nach unten gerichtete Kraft von **5000 N**. Dieses führt dazu, dass der Wandhalter im oberen Bereich auf Zug und im unteren Bereich auf Druck belastet wird.

Kraftangriffsflächen müssen sorgsam bestimmt und eingegrenzt werden, damit die Ergebnisse einer FEM-Analyse einigermaßen realistisch werden. Um dies zu erreichen, muss sich in diesem Bereich also eine eigene abgegrenzte Fläche oder Kante befinden. Bei einer

Belastung innerhalb einer zylindrischen Bohrung ist mithilfe einer Skizze und der Funktion **TRENNEN** die Kante (Linie) innerhalb der zylindrischen Mantelfläche der Bohrung zu erzeugen.

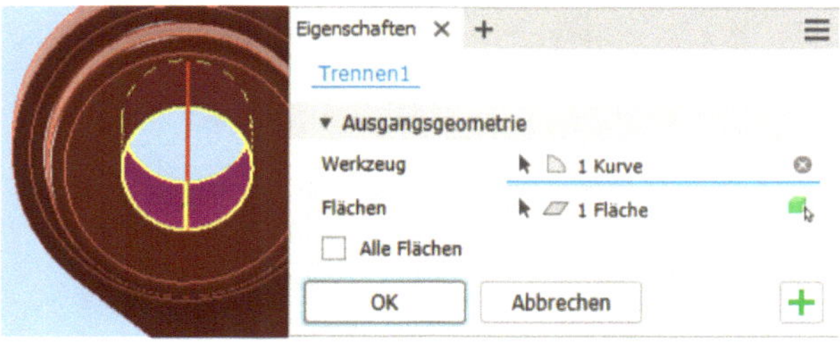

Damit ist die Vorbereitung abgeschlossen, und über die Funktion **FORMEN-GENERATOR** (Registerkarte **3D-Modell**, Befehlsgruppe **Untersuchen**) wird die Analyse-Umgebung aufgerufen.

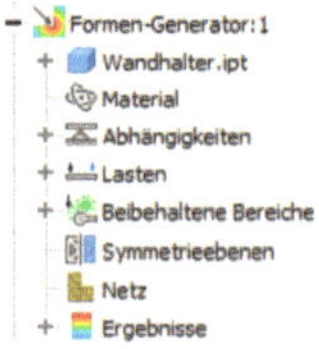

Die hier aufgeführten Befehle sind quasi von links nach rechts abzuarbeiten. Das Pre-Processing (Modellbildung), der Gleichungslöser und letztendlich das Post-Processing mit der Ergebnisaufbereitung gilt es zu durchlaufen. Gestartet wird mit **STUDIE ERSTELLEN**. Es wird ein Dialogfenster eingeblendet, in dem der **Studientyp** festgelegt wird. Die Voreinstellungen werden nicht geändert und mit **OK** bestätigt. Im Strukturbaum werden unter der Bauteil-Definition die für die Simulation maßgebenden Bereiche wie Material, Abhängigkeiten, Lasten usw. angezeigt.

Fest

Zuerst werden die **Abhängigkeiten** festgelegt. Da der Wandhalter **fest** verschraubt wird, sind die hintere Fläche sowie die beiden vorderen Teilflächen auszuwählen und mit **OK** zu bestätigen. Die Bewegung der ausgewählten Geometrie wird damit in allen Richtungen verhindert.

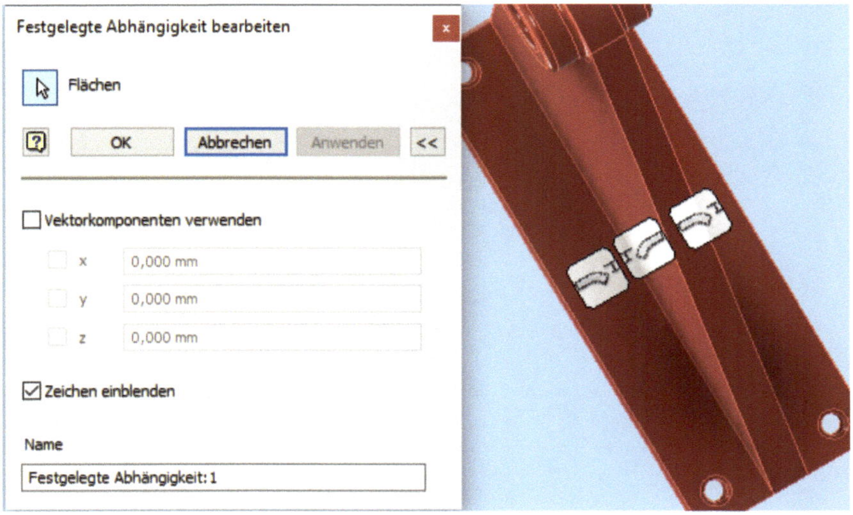

Es folgt die Eingabe der Belastungen. Angriffspunkt ist die mit **Trennen** erzeugte Kante (Linie). Über das auszuwählende Feld **Vektorkomponenten verwenden** lässt sich die Ausrichtung der Kraft einstellen. Da sie nach unten zeigen muss, ist der Wert von **–5000 N** bei **Fy** einzutragen.

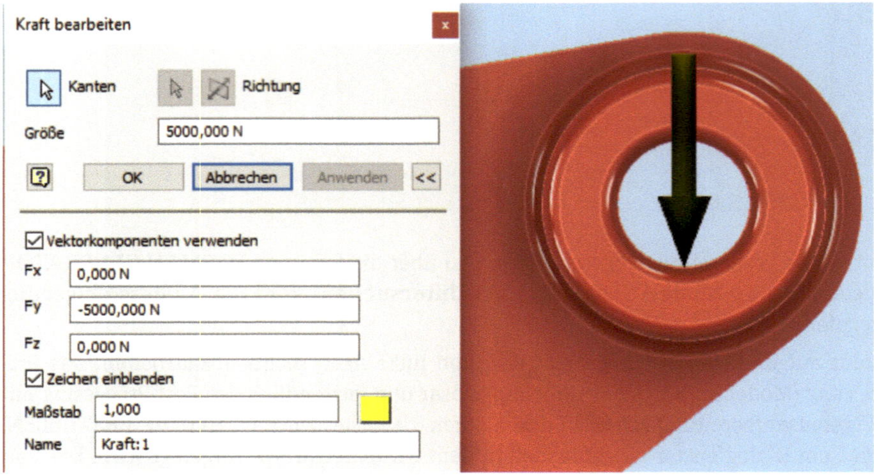

Mit der Befehlsgruppe **Ziele und Kriterien** geht es anschließend weiter. Bei einer Topologie-Optimierung gibt es oftmals Bereiche an einer Geometrie, die nicht verändert werden sollen. In diesem Beispiel ist es das Auge zum einen und zum anderen der Quader mit den Bohrungen, der an eine Wand geschraubt wird. Bereiche können in Inventor mit der Funktion **BEREICH BEIBEHALTEN** als **Zylinder** oder **Quader** markiert werden. Die Pfeile ermöglichen das direkte Einstellen der Größe an der Geometrie. Es lassen sich aber auch Bereichsbemaßungen angeben.

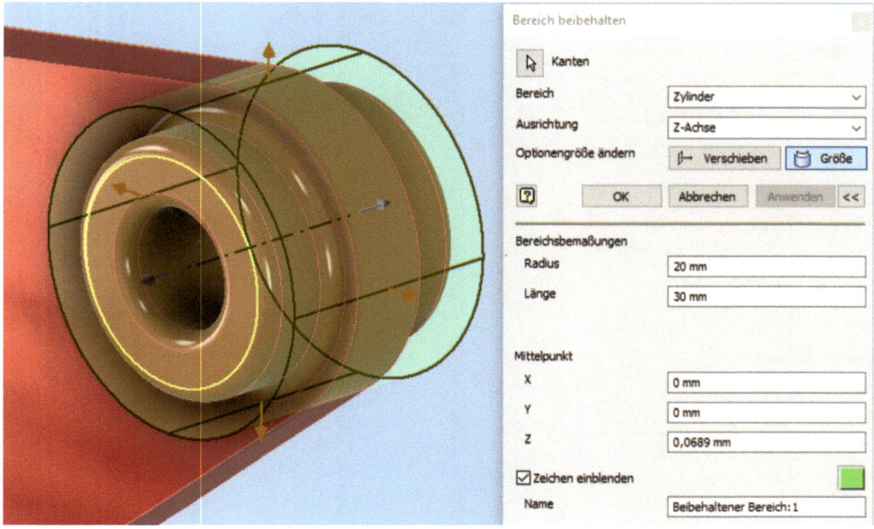

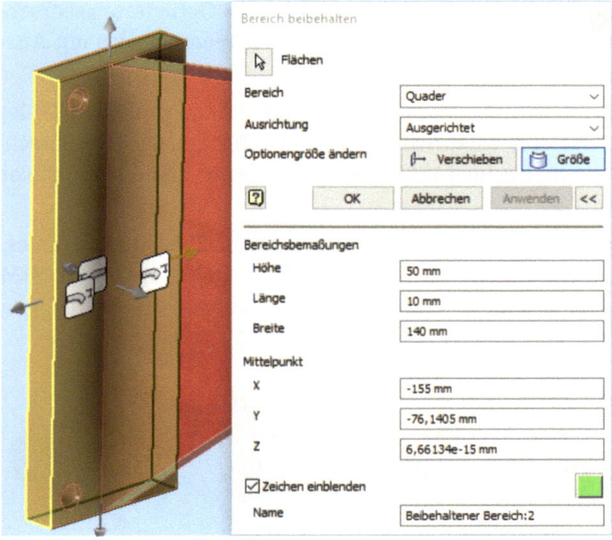

Bei den **FORMEN-GENERATOR-EINSTELLUNGEN** werden die Ziele der Optimierung eingestellt. Neben dem Masseziel kann auch die minimale Variantengröße gewählt werden.

HINWEIS: Wurden bei der Beschreibung der Kriterien zu viele Bereiche für die Optimierungsrechnung ausgespart, ist es möglich, dass die von Inventor standardmäßig eingestellte Zielgröße für die Massereduzierung nicht erreicht werden kann. Bei einer Fehlermeldung kann hier der prozentuale Wert (in dem Beispiel wurde er auf **40 %** reduziert) geändert werden.

Die **NETZANSICHT** ermöglicht eine Überprüfung der vernetzten Geometrie für den Gleichungslöser, und über **NETZEINSTELLUNGEN** lassen sich Anpassungen vornehmen. Geändert wurde hier der Einteilungsfaktor auf einen Wert von **1,000**.

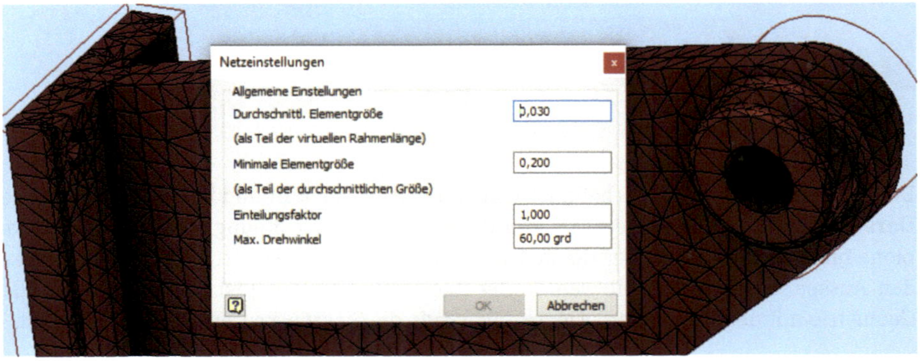

Form erstellen

Damit sind alle Eingaben und Einstellungen abgeschlossen, und die Optimierungsberechnung erfolgt über **Form erstellen**. In einem eingeblendeten Dialogfenster wird mit **Ausführen** die Berechnung gestartet.

Über die Topologie-Optimierung konnte die Masse des Bauteils von ursprünglich **1,77 kg** auf **1,09 kg** reduziert werden, was **38 %** entspricht. Aus der durchgeführten FEM-Berechnung ergaben sich Belastungen von maximal **112,8 MPa** bzw. **N/mm²** und ein minimaler Sicherheitsbeiwert in Höhe von **1,84**.

Form anwenden

Bericht

Letztendlich kann das Ergebnis in einen Bericht überführt werden. Ebenso kann die berechnete Form als Referenz zum bisherigen Geometriemodell hinzugefügt werden (**FORM ANWENDEN**). In einem Dialogfenster muss nun festgelegt werden, ob die Anwendung für die aktuelle Bauteildatei oder eine Datei im STL-Format erfolgen soll.

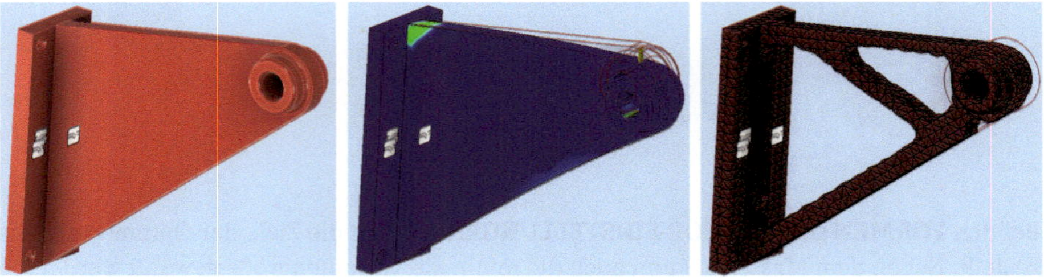

Anschließend wird noch ein Hinweis ausgegeben, wie mit dem Modell weiter verfahren werden soll. Inventor hat die berechnete Struktur dem Geometriemodell überlagert und einen neuen Eintrag im Strukturbaum erzeugt. Über das Kontextmenü und **Sichtbarkeit** kann die berechnete Form jederzeit ein- bzw. ausgeblendet werden.

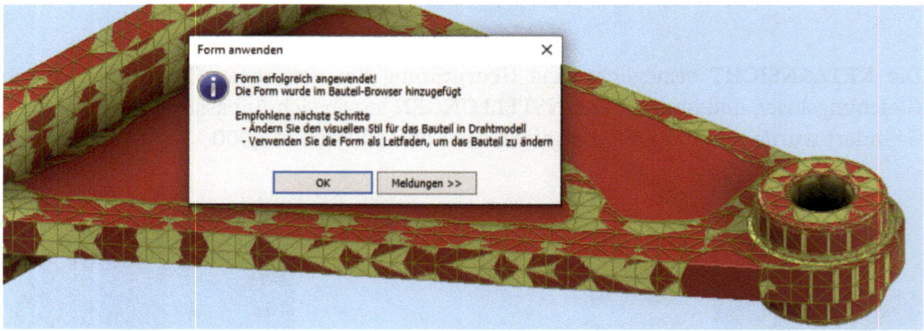

Visueller Stil

Der Befehl **VISUELLER STIL** befindet sich im Register **Ansicht** und in der Befehlsgruppe **Darstellung**. Die überblendete Struktur der Optimierungsrechnung wird quasi als Schablone für Anpassungen an der Geometrie verwendet. Als Erstes bietet sich es an, die beiden Aussparungen zu modellieren. In der folgenden Abbildung ist links abgebildet die Geometrie mit überblendeter Form, rechts wurde die Sichtbarkeit der Form deaktiviert.

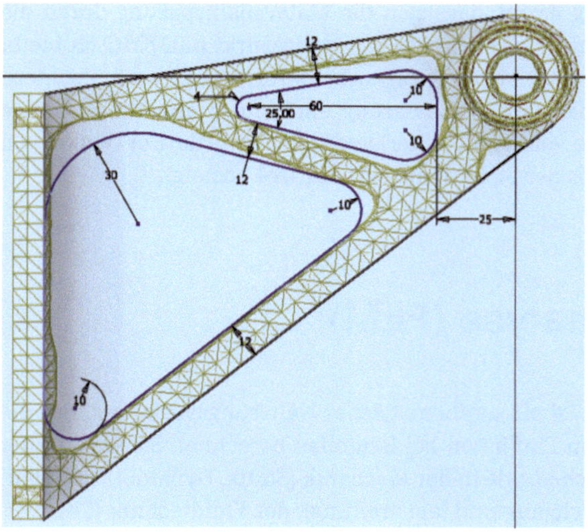

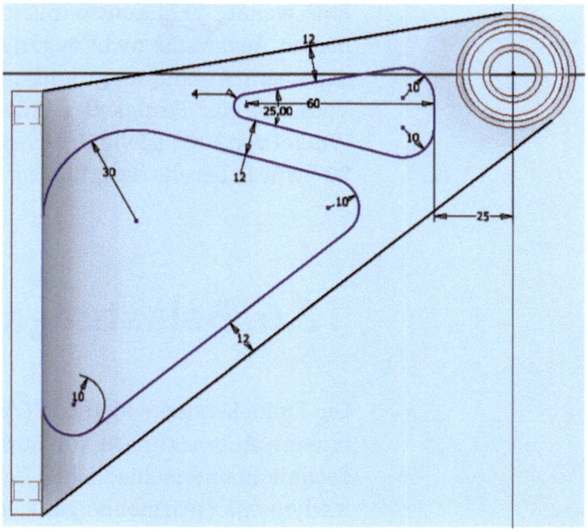

Zusätzlich wurde die rückseitige Platte um jeweils **10 mm** nach oben und unten verlängert. Dadurch war es möglich, an den Anknüpfungspunkten der beiden Streben einen Radius von **r = 8 mm** anzubringen. Entsprechend der FEM-Analyse treten am oberen Anknüpfungspunkt die höchsten Beanspruchungen für das Bauteil auf, und ein großzügiger Radius ist hier angebracht.

Die beiden Aussparungen wurden jeweils beidseitig mit **r = 2 mm** verrundet.

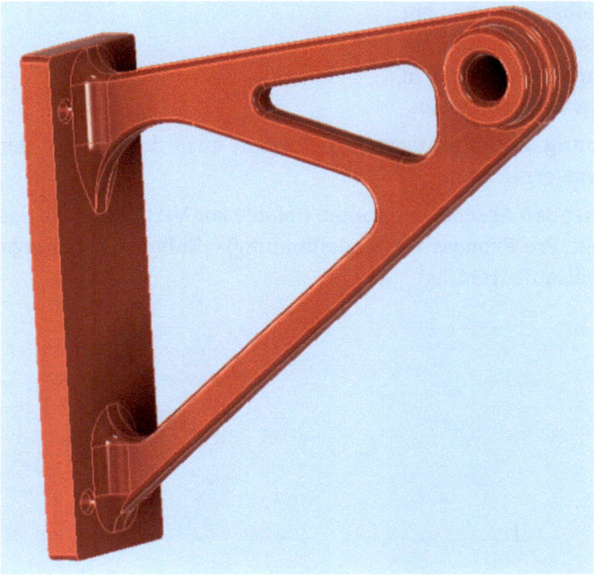

Eine weitere FEM-Kontrollrechnung ergibt, dass sich die Materialeinsparung durch die beiden Ausbrüche nicht negativ auf die Festigkeitswerte ausgewirkt hat. Kritisch bleibt der obere Anknüpfungspunkt, hier hat sich der Sicherheitswert etwas verschlechtert. Vonseiten der Festigkeit würde aber eine Verbesserung eintreten, wenn der bisherige Winkel von **100°** (siehe Grundskizze vom Wandhalter) verkleinert würde. Ein Winkel von **90°** würde bereits dazu führen, dass der Sicherheitswert auf **1,94** ansteigt.

12.6 Belastungsanalyse (FEM)

Die Finite-Elemente-Methode (FEM) ist ein mathematisches Näherungsverfahren, das die inneren Auswirkungen von äußeren Einflüssen bei Bauteilen berechnet. Sie wird in der Technik in unterschiedlichen Bereichen, wie in der Mechanik (Statik, Dynamik), der Thermodynamik (Wärmeübergang, -durchgang und -ausbreitung), der Fluidtechnik (Fließverhalten, Strömungssimulation) usw., eingesetzt.

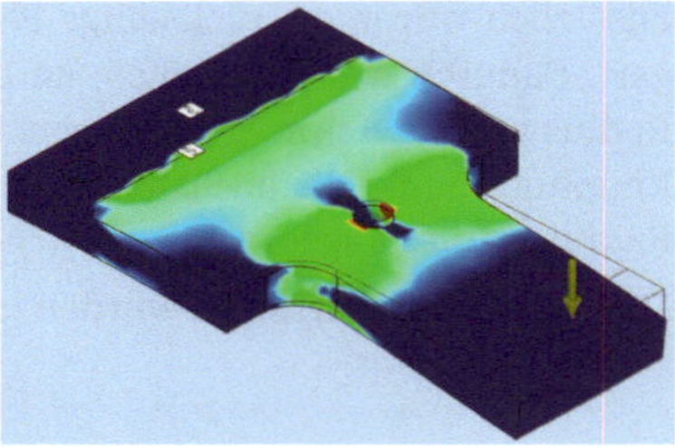

In Inventor stehen die rein mechanischen Aufgabenstellungen im Vordergrund. Die in diesem Programm installierten FEM-Module sind vor allem zum Lösen von Problemen der Statik, der Kinematik, der Dynamik und der Eigenfrequenzermittlung ausgelegt.

Das, was für die dynamische Simulation und die Topologie-Optimierung beschrieben wurde, gilt auch für die Belastungsanalyse (FEM). Es sind jedoch so umfangreiche Themengebiete, dass sie in diesem Buch nur kurz angerissen werden können.

Über die Registerkarte **Umgebung** sind die Auswahl und damit auch die Anzeige der Registerkarte **Belastungsanalyse** erreichbar.

Analog zu den beiden voranstehenden Abschnitten stehen Befehle zur Verfügung, die das klassische Vorgehen beschreiben: **Pre-Processing** (Modellbildung) – **Solver** (Gleichungslöser) – **Post-Processing** (Ergebnisaufbereitung).

Folgende Aufgaben sind in der Belastungsanalyse-Umgebung durchzuführen:

- Eingabe von Lasten und Abhängigkeiten, die auf ein Bauteil wirken.
- Festlegen der Netzgrobheit in den Einstellungen der Belastungsanalyse.

- Auswählen eines Analysetyps, z. B. Belastungsanalyse, Modalanalyse oder beider Typen für die Bauteilanalyse.
- Auswählen verschiedener Anzeigemodi und Ändern der Farbeinstellungen.
- Simulieren des Bauteilverhaltens unter den vorgegebenen Bedingungen.
- Erzeugen von Berichten.

Beispiel: Simulation der Beanspruchungen an einem einfachen Blechteil

Aus der abgebildeten Skizze wird ein Bauteil mit einer Dicke von **10 mm** erstellt. Auf dieses Bauteil soll einseitig eine Belastung wirken, die zu einer Biegebeanspruchung und zu einer elastischen Verformung des Bauteils führt.

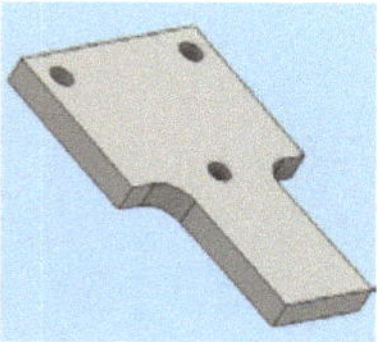

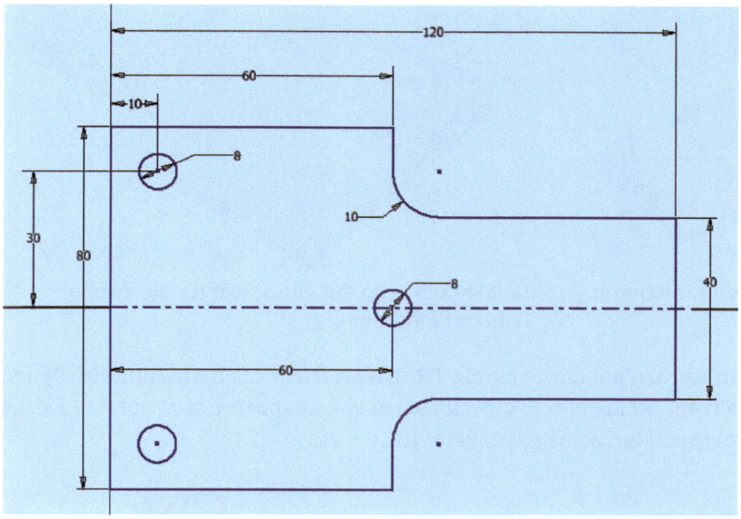

Über das Abrollmenü **Material** am oberen Bildschirmrand können die verschiedenen Werkstoffe ausgewählt werden. Für unser Beispiel soll wieder ein einfacher **Stahl** zur Anwendung kommen.

Über das Icon **MATERIAL** am oberen Bildschirmrand kann zur Kontrolle der **Materialien-Browser** aufgerufen werden. Auf der Registerkarte **Physisch** sind alle physikalischen Eigenschaften, wie z. B. das E-Modul, die Zugfestigkeit usw., für das gewählte Material aufgeführt. Die Daten können gegebenenfalls an dieser Stelle angepasst werden (siehe auch Abschnitt 12.5).

Es folgen nun wieder Vorüberlegungen für die Belastungsanalyse. Das Bauteil soll im hinteren Bereich wie in einem Schraubstock eingespannt und auf Biegung beansprucht werden. Die Biegekraft soll nur im vorderen Bereich der Oberfläche des Bauteils wirken.

HINWEIS: Kraftangriffe, die auf Flächen positioniert werden, sind Flächenlasten, die über die ganze Fläche verteilt wirksam sind.

Mithilfe von Skizzen und der Funktion **TRENNEN** werden die benötigten Flächen erzeugt.

Auf der Oberfläche des Bauteils ist dazu eine neue **Skizze** zu erstellen und im vorderen Bereich, in dem die Biegekraft angreifen soll, ein **Rechteck**, das mit den Bauteilkanten übereinstimmt (**GEOMETRIE PROJIZIEREN**) und **10 mm** breit ist, zu zeichnen.

Gleiches ist für die Einspannstelle notwendig. Hier erfolgt das Skizzieren eines Rechtecks mit der Breite **20 mm**. Da die Einspannung schraubstockähnlich erfolgen soll, benötigen wir dieses Rechteck zusätzlich noch einmal auf der Rückseite des Bauteils, und zwar wieder auf Basis einer eigenen Skizze.

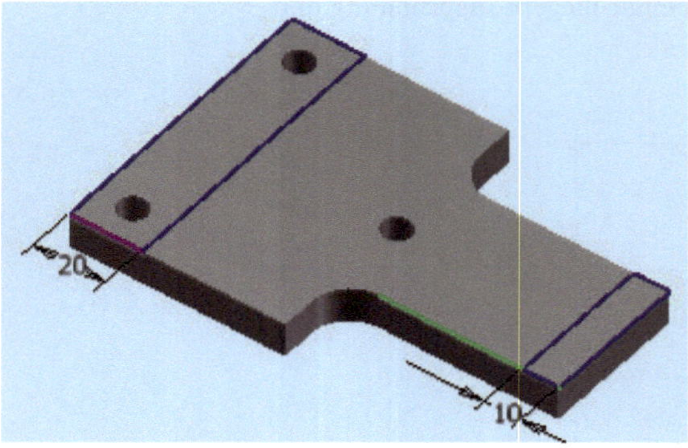

Bauteil-Oberseite mit den Skizzen für den Kraftangriff und die Einspannung

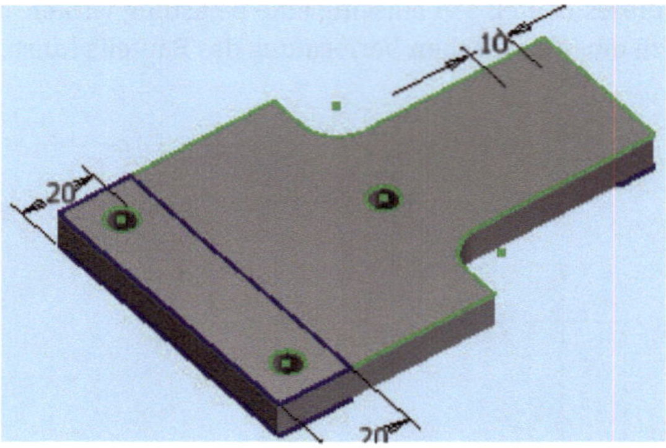

Bauteil-Rückseite mit der Skizze für die zweite Seite der Einspannung

Trennen

Im nächsten Schritt werden mit der Funktion **TRENNEN** (siehe auch Abschnitt 5.5.9) und der Option **Fläche trennen** die drei Rechteckflächen von der oberen bzw. unteren Fläche des Bauteils in drei separaten Schritten abgetrennt.

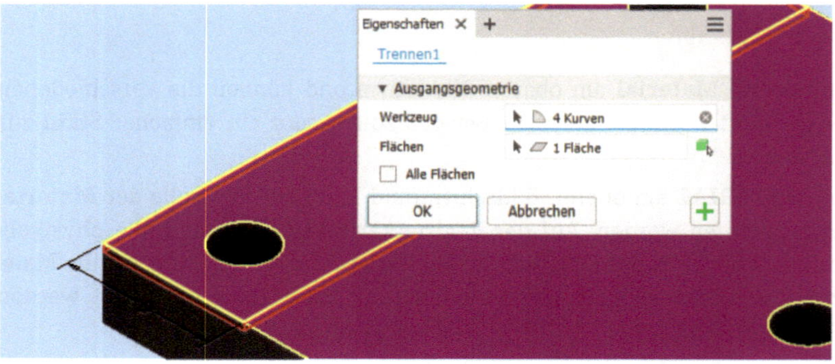

Am Werkstück selbst sind keinerlei Veränderungen wahrnehmbar, nur beim Überfahren der Oberfläche mit der Maus wird sichtbar, dass die Oberfläche jetzt dreigeteilt ist.

Damit ist die Vorbereitung abgeschlossen. Über die Funktion **BELASTUNGSANALYSE** wird nun in die Arbeitsumgebung für die FEM-Simulation verzweigt.

Hier sind zu Beginn die meisten Funktionen ausgegraut, d. h., sie stehen erst einmal nicht zur Verfügung.

Über die Schaltfläche **STUDIE ERSTELLEN** ist der FEM-Bereich zu aktivieren. Es erscheint ein Dialogfenster mit Voreinstellungen, die alle übernommen werden.

- Als **Konstruktionsziel** ist **Einzelner Punkt** voreingestellt.
- Als Simulationstyp ist die **Statische Analyse** ausgewählt.
- Die Checkbox **Modi für starres Bauteil suchen und entfernen** bleibt leer.
- Die Eingabemöglichkeiten im Bereich **Kontakte** bleiben unberücksichtigt.

Nachdem das Dialogfenster mit **OK** verlassen wurde, befindet man sich in der FEM- und Simulationsumgebung, und es erscheinen alle anderen Schaltflächen als aktiv, von denen die wichtigsten auch über das Kontextmenü erreicht werden können.

Bevor nun dem Modell Kräfte und/oder Momente zugeordnet werden, sollte zunächst das FEM-Netz untersucht und gegebenenfalls angepasst werden. In der Befehlsgruppe **Netz** befindet sich hierfür die Schaltfläche **NETZEINSTELLUNGEN**, deren Funktion auch über den Strukturbaum (Kontextmenü des Eintrags **Netz**) aufgerufen werden kann.

Alle Einstellungen sind bis auf den **Einteilungsfaktor** zu übernehmen. Dieser wird für das Beispiel auf die Größe **1,200** geändert. Das Netz wird damit etwas feiner generiert, und es werden fast doppelt so viele Knoten und Elemente für die Berechnung definiert.

HINWEIS: Vereinfacht kann folgender Zusammenhang angenommen werden: Je feiner das Netz gewählt wird, desto aufwendiger ist die Simulation, aber umso exakter ist ihr Ergebnis. Entsprechend sollten FEM-Netze in kritischen Geometriebereichen engmaschiger sein.

Um Fehler bei der Netzerstellung ausschließen zu können, kann die Funktion **NETZANSICHT** aufgerufen werden. Die Zeit bis zum Ergebnis der Berechnung ist abhängig von der Leistungsfähigkeit der verwendeten Hardware. Das Netz wird als Überlagerung auf der Modellgeometrie erzeugt, und die Netzanzahl, -knoten und -elemente werden in der Ecke des Grafikfensters angezeigt.

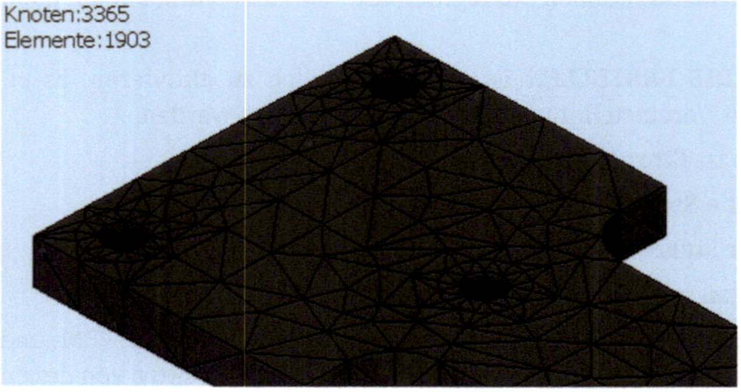

Im Bereich FE-Netz gibt es verschiedene Möglichkeiten, mit denen eine Netzgenerierung beeinflusst werden kann. Die einfachste Art und Weise, die Netzerstellung zu beeinflussen, bietet die Funktion **LOKALE NETZSTEUERUNG**. Im Bereich der Radien beträgt der einzugebende Wert **3 mm**. Dieser gibt in etwa die absolute Größe an, mit der die Maschen in diesem Bereich erzeugt werden sollen.

Nach der Änderung wird im Strukturbaum das Symbol **NETZ** um einem „roten Blitz“ ergänzt. Im Kontextmenü des Netzeintrags ist jetzt die verfügbare Funktion **NETZ AKTUALISIEREN** aufzurufen.

HINWEIS: Immer, wenn im Strukturbaum neben einem Eintrag ein roter Blitz erscheint, muss dieser Bereich aktualisiert, d. h., neu berechnet werden.

Die aktualisierte Netzansicht zeigt deutlich die Veränderung im Bereich der Radien, die nun viel feinmaschiger vernetzt sind. Ebenfalls gut zu erkennen ist, dass sich im Übergangsbereich von den Radien zu den angrenzenden Flächen die Maschengröße nicht abrupt ändert, sondern ein stetiger Größenübergang berechnet wird.

Um nun ein Bauteil belasten zu können, muss es einerseits fixiert und festgehalten werden, und andererseits müssen externe Kräfte und/oder Momente an den geplanten Stellen des Bauteils angreifen können. Die Vorbereitung des Bauteils mit den zusätzlich eingefügten Flächen steht hiermit im Zusammenhang.

Bei der Belastungsanalyse bzw. dem Formen-Generator hat das **Fixieren** eine etwas andere Bedeutung, obwohl auch hier die Bauteile mit Abhängigkeiten versehen werden. Über die Befehlsgruppe **Abhängigkeiten** sind die folgenden Funktionen nutzbar.

Abhängigkeit	Erklärung
Fest	Die Abhängigkeit **Fest** entfernt alle Freiheitsgrade der ausgewählten Flächen, Kanten oder Scheitelpunkte. Das entsprechende Element ist so festgelegt, als wäre es absolut starr verschweißt.
Verankern	Das sogenannte **Verankern** oder auch die Pin-Abhängigkeit wird bei zylindrischen Flächen, die einen Freiheitsgrad der Rotation behalten sollen, angewendet. Die Rotation um eine Zylinderachse simuliert z. B. eine Welle.
Reibungslos	Die Abhängigkeit **Reibungslos** kann nur auf Flächen angewendet werden und verhindert alle Bewegungen, die nicht in der Flächenebene selbst oder tangential dazu liegen, also alle Bewegungen lotrecht zur ausgewählten Fläche. Gleitverbindungen oder Führungen können damit simuliert werden, etwa eine Passfeder in einer Nut.

Am Bauteil wurden die beiden hinteren Flächenstreifen angelegt, um den Körper an diesen Flächen festhalten zu können. Die Abhängigkeit **Fest** macht diese Flächen starr und unbeweglich, belegt sie aber mit keiner Kraft.

Die Vergabe der Abhängigkeit erfolgt in einem Zug an beiden Flächen. Weitere Eingaben sind nicht erforderlich.

Nach erfolgter Abhängigkeitsvergabe wird im Strukturbaum im Ordner *Abhängigkeiten* die **Festgelegte Abhängigkeit** angezeigt. Diese kann gegebenenfalls dort auch bearbeitet werden.

Die Erweiterung des Dialogfensters **Festgelegte Abhängigkeit** ermöglicht die Definition von Vektorkomponenten für die jeweilige Festlegung, d.h., die Einspannstelle kann genauer bestimmt werden. Am Bauteil würde dann der Einspannvektor angezeigt. Im Beispiel bleibt diese Option jedoch ausgeschaltet.

In der Befehlsgruppe **Lasten** befinden sich die Funktionen, mit denen Belastungen auf ein Bauteil aufgebracht werden können.

Eine **Kraft** kann auf Flächen, Kanten und Scheitelpunkte einwirken. Sie wird über das ausgewählte Element verteilt. Bei Flächen wird sie zentrisch und lotrecht, bei Kanten parallel angeordnet. Bei Scheitelpunkten müssen Vektorkomponenten zur Richtungsangabe verwendet werden.

Ein **Druck** kann nur auf Flächen angewendet werden und wirkt immer gleichmäßig und lotrecht auf die Fläche bzw. bei gewölbten Flächen lotrecht nach allen Richtungen. Druckbelastungen können auch auf Behälter oder Rohre wirken.

Die Belastung für ein **Lager** kann nur auf zylindrische Flächen einwirken. Mit der Angabe von Vektorkomponenten kann die Richtung der Lagerbelastung angegeben werden.

Ein **Drehmoment** kann nur auf eine Fläche angewendet werden. Mit der Angabe von Vektorkomponenten wird die Richtung des Moments angegeben.

Für die Definition einer **Schwerkraft** können eine Fläche oder eine Kante ausgewählt werden. Die Schwerkraft wirkt unabhängig davon immer im Schwerpunkt. Mit der Angabe von Vektorkomponenten wird die Richtung der Schwerkraft angegeben.

Für die Simulation soll auf der dritten am Bauteil erzeugten Fläche eine **Kraft** von **1000 N** aufgebracht werden und zu einer Biegebeanspruchung führen. Die Funktion **Kraft** ist aufzurufen, im Dialogfenster ist die vorgesehene Fläche zu wählen und der Größenwert der Kraft einzustellen. Mit **OK** bzw. **ANWENDEN** wird die Kraft im Strukturbaum ergänzt, und die Vorbereitung der Simulation ist damit abgeschlossen.

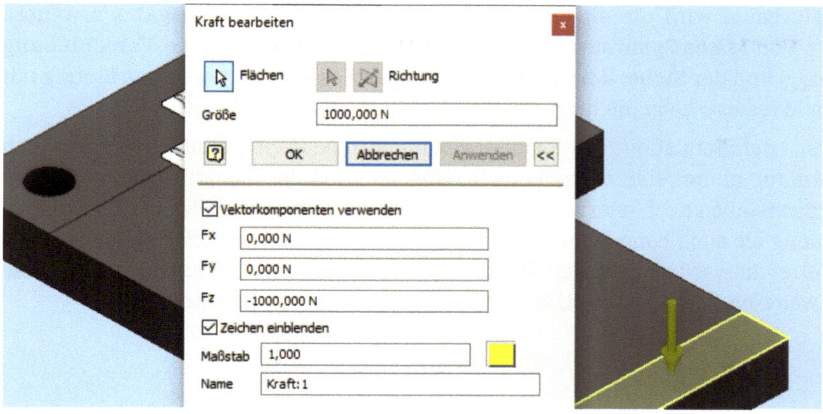

Zur Durchführung der Festigkeitsberechnung ist noch die Funktion **SIMULIEREN** im Kontextmenü oder die entsprechende Schaltfläche in der Befehlsgruppe **Lösen** anzuklicken.

Simulieren

Das dazugehörende Dialogfenster zeigt den, bei komplexeren Teilen durchaus langwierigeren, Berechnungsprozess mit einem grünen Fortschrittsbalken an. Sobald dieser durchgelaufen ist und weder Fehler noch Warnungen angezeigt werden, schließt das Fenster von selbst, und das Ergebnis wird als eine **Vergleichsspannung**, die sogenannte **Von-Mises-Spannung**, angezeigt.

HINWEIS: Die Von-Mises-Spannung ist eine Vergleichsspannung, welche die gleiche Gestaltänderungsenergie hervorruft wie eine eindimensionale Spannung. Sie ist ein Skalar und hat keine Richtung, kann aber in Bezug zur Streckgrenze des Werkstoffs gesetzt und gut zur Ermittlung des Sicherheitsfaktors bei zähen Werkstoffen herangezogen werden.

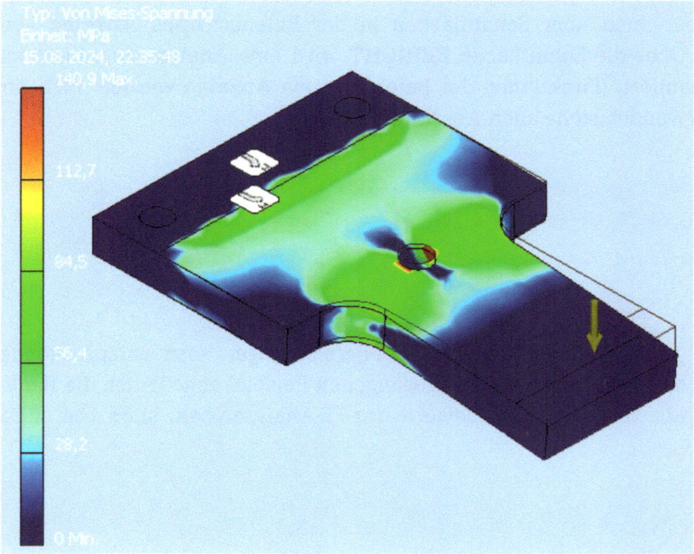

Der Strukturbaum wird um einen weiteren Bereich, die **Ergebnisausgabe**, erweitert. Neben der **Von-Mises-Spannung** sind dies die **Hauptspannungen**, die **Verschiebung** (Verformung) und der **Sicherheitsfaktor**. Ein Doppelklick auf den jeweiligen Eintrag mit der linken Maustaste zeigt die hierzu passende Grafik an.

Das Ergebnis der Simulation zeigt Spannungen im hoch beanspruchten Bereich an. Auch die Verformung nimmt eine nennenswerte Größe an, und der Sicherheitsfaktor liegt in einer wahrscheinlich noch tolerierbaren Größenordnung. Interessant ist, dass sowohl bei der Spannung als auch beim Sicherheitsfaktor die kritischen Werte an den Rändern der Bohrung erreicht werden. In diesem Bereich kann man zur Verbesserung der Ergebnisse in einem weiteren Iterationsschritt gegebenenfalls das FE-Netz verfeinern.

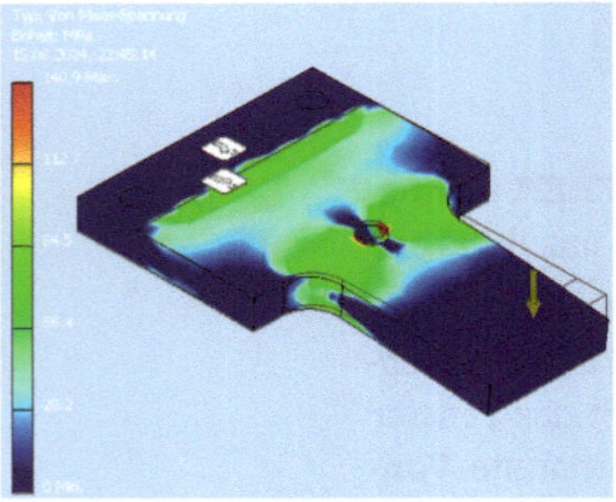

Die **maximale Spannung** von **140,9 N/mm²** tritt an den Bohrungsrändern auf.

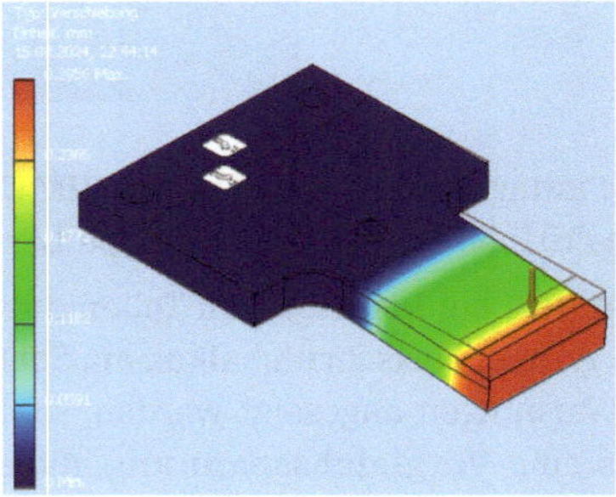

Die **Verschiebung** im vorderen Bereich erreicht Werte von fast **0,3 mm.**

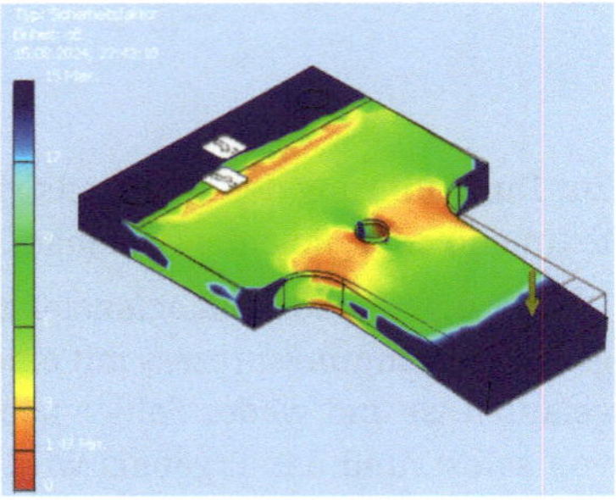

Der **Sicherheitsfaktor** ist mit **1,47** wahrscheinlich akzeptabel.

Neben den vorgestellten Funktionen enthält dieser Arbeitsbereich eine Vielzahl von Möglichkeiten, das Simulationsergebnis zu prüfen, zu verfeinern und zu dokumentieren. Die Funktionen stehen nach einer erfolgreichen Simulation zur Verfügung und sind nicht mehr deaktiviert (ausgegraut). Die Verformung zu animieren ist ebenso möglich wie das Prüfen einzelner Punkte vom Modell mit der Ausgabe der Spannung oder des Sicherheitsfaktors (je nach Auswahl der Ergebnisse im Strukturbaum). Minimum- bzw. Maximum-Werte lassen sich aber auch über Schaltflächen in der Befehlsgruppe **Anzeige** von Inventor einblenden. Über die Schaltfläche **BERICHT** wird eine Analyse detailliert im HTML-Format dokumentiert. (Funktionen der Befehlsgruppe **Anzeige** werden auch für die Gestellanalyse verwendet, siehe auch Abschnitt 10.2.2.)

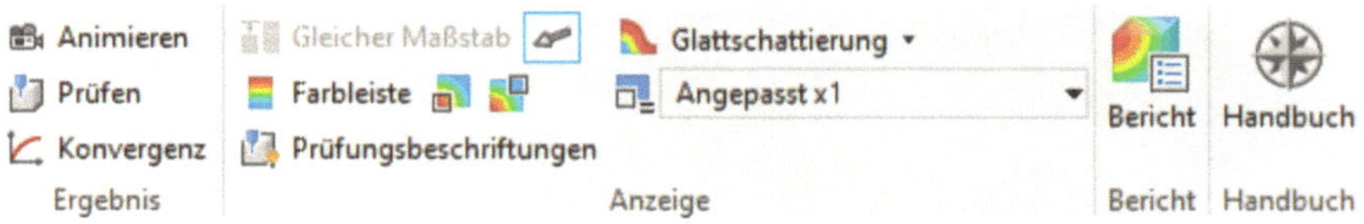

Die richtige Analyse und Interpretation von FEM-Berechnungen setzt entsprechende Fachkenntnis voraus, da, wie bereits im vorangegangenen Beispiel angedeutet, die Randbedingungen der Eingabewerte die Ausgabewerte der FE-Analysen sehr stark beeinflussen können.

Dieser Abschnitt und auch der vorherige, können nur einen kleinen Einblick und Einstieg in die sehr umfangreiche Thematik der Topologie-Optimierung und der FEM bieten. Neben umfangreicher Fachliteratur zu diesen Themen (auf die an dieser Stelle verweisen werden soll) steht in Inventor die Schaltfläche **HANDBUCH** zur Verfügung. Hierbei handelt es sich um ein Simulationshandbuch für Anfänger und Fortgeschrittene mit Empfehlungen und Hinweisen für eine erfolgreiche FEM-Simulation.

Die Möglichkeiten von FEM-Simulationen innerhalb von CAD-Systemen sind im Vergleich zu eigenständigen FEM-Systemen nicht so umfangreich. Die Inventor-Umgebung bietet jedoch hinreichenden Funktionsumfang, um viele der alltäglichen Dimensionierungsprobleme zu analysieren.

TEIL III

Arbeitsbereiche und Übungen

Einführung in die Inventor-Arbeitsbereiche anhand von Beispielaufgaben, kurze Anleitungen zum Erstellen hierfür benötigter Bauteile (auch als zusätzliche Übungen für bereits vorgestellte Funktionen), weiterführende Übungen mit durchgängigen Modellierungsaufgaben:

- Blechteil inklusive Abwicklungen
- Verrohrung eines Tanks mit einer Pumpe
- Verkabelung eines Steckers auf einer Platine
- Zweiteilige Gussform für einen Kunststoffhaken
- Kunststoffgehäuse mit Verschlussdeckel und Lüftungsgitter
- Zahnstangenpresse
- Flasche mit Bügelverschluss

13 Inventor-Arbeitsbereiche

Dieses Kapitel enthält eine umfassende, aber kurze Beschreibung der verschiedenen Arbeitsbereiche von Inventor. Es beschreibt die grundlegenden Funktionen, geht dabei aber nicht mehr ganz so ausführlich wie in den voranstehenden Kapiteln darauf ein und setzt die in Teil II beschriebenen Grundlagen voraus.

Das Kapitel richtet sich primär an Anwender, die bestimmte weiterführende Funktionen (Arbeitsbereiche) suchen und kennenlernen wollen. Kurze Anleitungen zum Erstellen benötigter Bauteile, wie z. B. der Kabelklemmen, sind dabei gleichzeitig auch als zusätzliche Übungen für bereits vorgestellte grundlegende Funktionen konzipiert.

Zusätzlich werden Umsteiger, die von einem anderen CAD-System zu Inventor gewechselt sind bzw. wechseln wollen und sich einen schnellen Überblick über die grundlegenden Arbeitsbereiche des Programms verschaffen möchten, über den Funktionsumfang informiert.

13.1 Das Blechmodul

Aus CAD-Sicht sind Blechteile ebenfalls Bauteile (Volumenkörper), allerdings mit der Besonderheit einer spezifizierten durchgängigen Wandstärke. Aufgrund der fertigungsbezogenen Anforderungen (Biegung, Faltung usw.) und der großen Bedeutung für den Maschinen- und Anlagenbau gibt es in vielen CAD-Systemen eigenständige Arbeitsumgebungen für die Erstellung einer Blechkonstruktion. Dies gilt auch für Inventor.

Das Blechmodul von Inventor ist als eine eigene und speziell auf die Erzeugung und Bearbeitung von Blechteilen ausgerichtete Bauteilumgebung. Die Besonderheit dieses Moduls liegt in seinen Definitions- und Bearbeitungsbefehlen, mit denen sehr praxisnah Bleche z. B. gebogen, gefalzt und gestanzt werden können. Ebenfalls lassen sich hiermit Abwicklungen erstellen.

Bei einer Konstruktion steht meist bereits zu Beginn fest, ob ein Bauteil als Blechkonstruktion ausgeführt werden soll. Somit ist bei Inventor vorgesehen, dass die entsprechende Arbeitsumgebung über die zu verwendende Vorlage im Vorfeld geöffnet wird.

Über die Registerkarte/Schaltfläche **Datei** sowie den Befehl **NEU** wird das Dialogfenster **Neue Datei erstellen** zur Auswahl der zu verwendenden Vorlage aufgerufen. Direkt unter *de-DE* im Strukturbaum befindet sich die Vorlage für die Blechkonstruktion. Auszuwählen ist die Vorlage *Sheet Metal(mm).ipt*. Eine DIN-gerechte Vorlage steht ebenfalls im Unterverzeichnis *Metric (Blech(DIN).ipt)*.

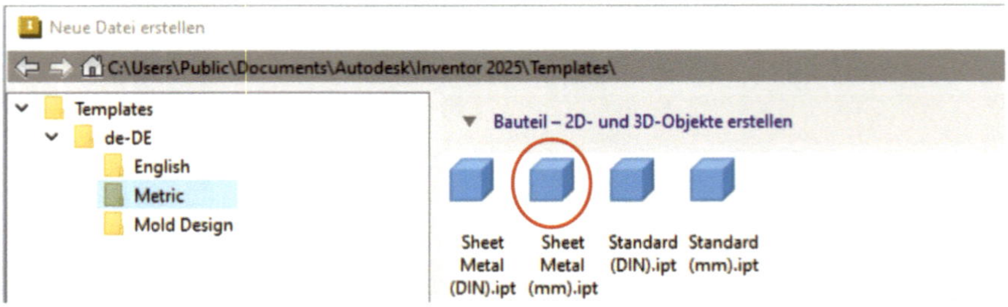

Inventor passt anschließend die Arbeitsumgebung an und fügt vor der Registerkarte **3D-Modell** ein zusätzliches Register **Blech** ein, in dem die spezifischen Funktionen zusammengefasst wurden. Blechteile haben also eine eigene Vorlagendatei und einen eigenen Befehlsbereich.

Sehr viele Funktionen in dieser Umgebung sind zu Beginn erst einmal ausgegraut und damit deaktiviert. Die Funktion **BLECHSTANDARD** lässt sich aber bereits aufrufen. Es öffnet sich ein Dialogfenster, in dem die wichtigsten Einstellungen, wie **Blechdicke**, d. h. **Stärke**, und **Material** vorgenommen werden. Wenn im Modellbereich des Fensters das Kontextmenü aufgerufen wird, heißt diese Funktion **Blechvorgaben**.

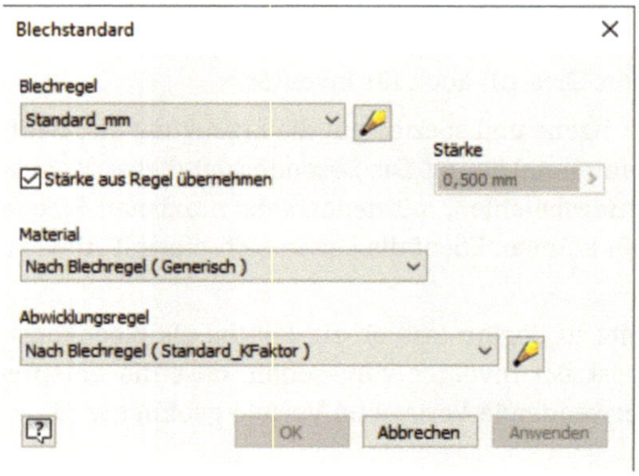

HINWEIS: Die Auswahl bzw. Vorgabe des Materials bei den Blechstandards wird nicht automatisch für die **Blechregel** im **Stil und Normen-Editor** übernommen, der direkt aus dem Dialogfenster **Blechstandard** aufgerufen werden kann. Gleiches gilt für die Materialstärke!

Im Stil- und Normen-Editor werden neben Material und Blechdicke die technologischen Einstellungen für die zu modellierenden Blechteile eingestellt. Vorschriften für Biegeradien gehören ebenso dazu, wie die Ausführung von Abwicklungen für das spätere Ausstanzen oder Zuschneiden der Bleche sowie der Umgang mit kritischen Stellen (Schnittpunkt von zwei Biegungen, Eckenausführung). Es ist auch möglich, eigene Regeln zu definieren.

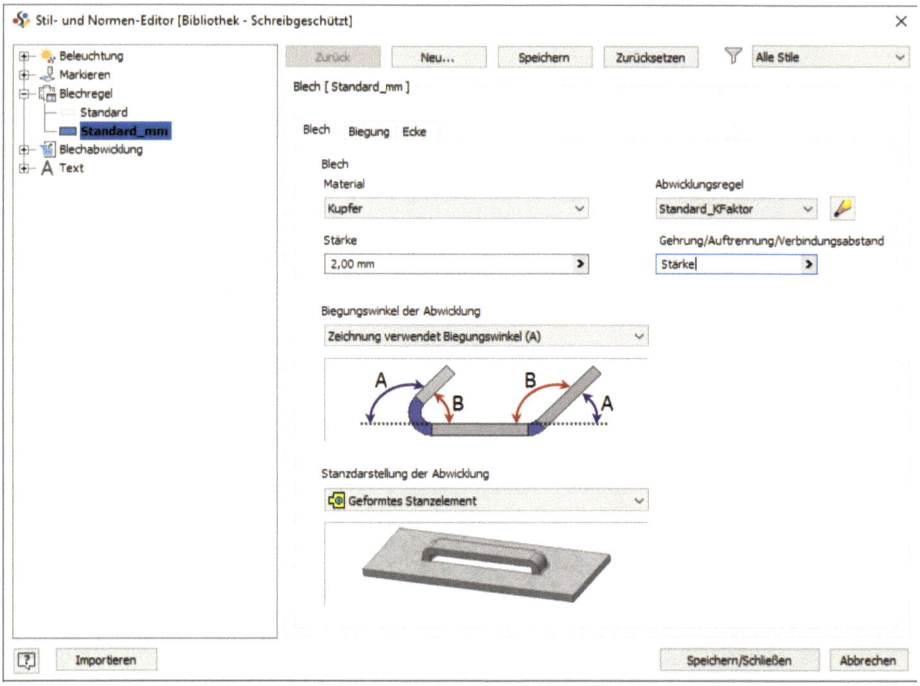

Alternativ kann auch ein modelliertes Bauteil in ein Blechbauteil umgewandelt werden. Nach der Umwandlung ist zunächst eine **Basisfläche** festzulegen (siehe Mitteilungsbereich am unteren Bildschirmrand), bevor sich anschließend das Dialogfeld **Blechstandard** öffnet.

In Blech konvertieren

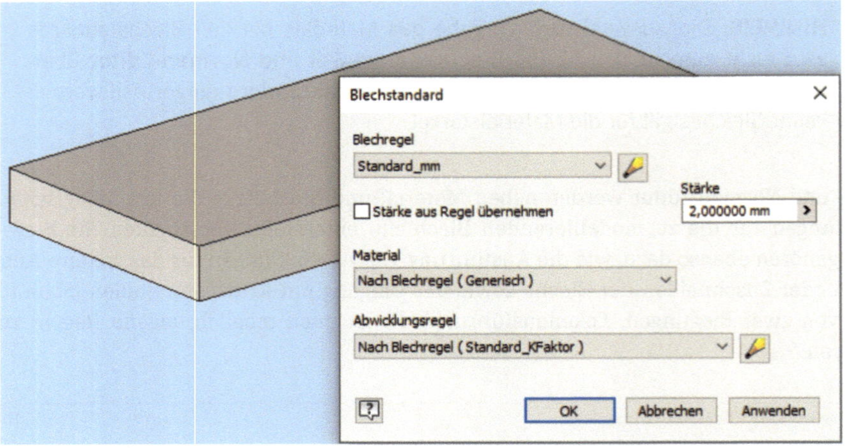

HINWEIS: Die Materialstärke wird vom Modell übernommen, kann an dieser Stelle aber auch angepasst werden. Dabei ist zu beachten, dass bei einer Abweichung die Funktionen der Blechumgebung nicht mehr auf das bestehende Modell anzuwenden sind. Bei der Übernahme der gleichen Blechstärke kann aber direkt eine weitere Bearbeitung des abgebildeten rechteckigen Blechs erfolgen.

Fläche

Die Blechumgebung erfordert zu Beginn die Ausgestaltung eines Grundkörpers, der anschließend mit den Blechbefehlen bearbeitet werden kann. Der Befehl **FLÄCHE** hat im Prinzip die gleiche Funktion wie die **Extrusion** bei herkömmlichen Bauteilen. Einziger Unterschied ist, dass über die Definition der Blechvorgaben eine einheitliche Dicke bzw. Stärke für alle konstruktiv umgesetzten Elemente verwendet wird. Es wird also aus einer skizzierten geschlossenen Kontur mit den Blechvorgaben und der hier eingestellten Materialstärke ein Bauteil erzeugt.

HINWEIS: Das Vorgehen ist beliebig. Es kann auch erst mit dem Skizzieren und der Erzeugung des Grundkörpers begonnen werden. Anschließend erfolgen dann die Einstellungen bei den Blechvorgaben (**Blechstandard**).

Nachstehend werden wesentliche Funktionen der Blechumgebung anhand eines Beispiels vorgestellt. Es handelt sich um ein zweigeteiltes Lüftergehäuse. Beide Blechbauteile werden anschließend in eine Baugruppe überführt und um Normteile ergänzt.

13.1.1 Beispiel – Lüftergehäuse in Blechausführung

Das Lüftergehäuse besteht aus einem Korpus sowie einem Deckel, und beide Teile werden mit vier Schrauben miteinander verbunden. Ergänzt werden noch eine Kabeldurchführungstülle und Klebedichtungen an den Verbindungsstellen des Korpus.

13.1.1.1 Modellieren des Gehäusedeckels

Begonnen wird mit der Modellierung des Deckels. Nach dem Anlegen einer **FLÄCHE**, basierend auf einer **2D-Skizze** (**80 mm × 80 mm**), sind viele Befehle in der Multifunktionsleiste nicht mehr ausgegraut und stehen jetzt zur Verfügung. Diese Funktionen, die typisch für die Blechverarbeitung sind, wurden in den Befehlsgruppen **Erstellen** und **Ändern** zusammengefasst.

Ein Blechteil kann über den Befehl **AUSSCHNEIDEN** verschiedene Ausstanzungen erhalten. Hierfür ist vorab das Profil in der Skizzierumgebung festzulegen. In der Skizzenumgebung stehen wieder alle bekannten Funktionen zur Verfügung, die bereits in Kapitel 4 vorgestellt wurden.

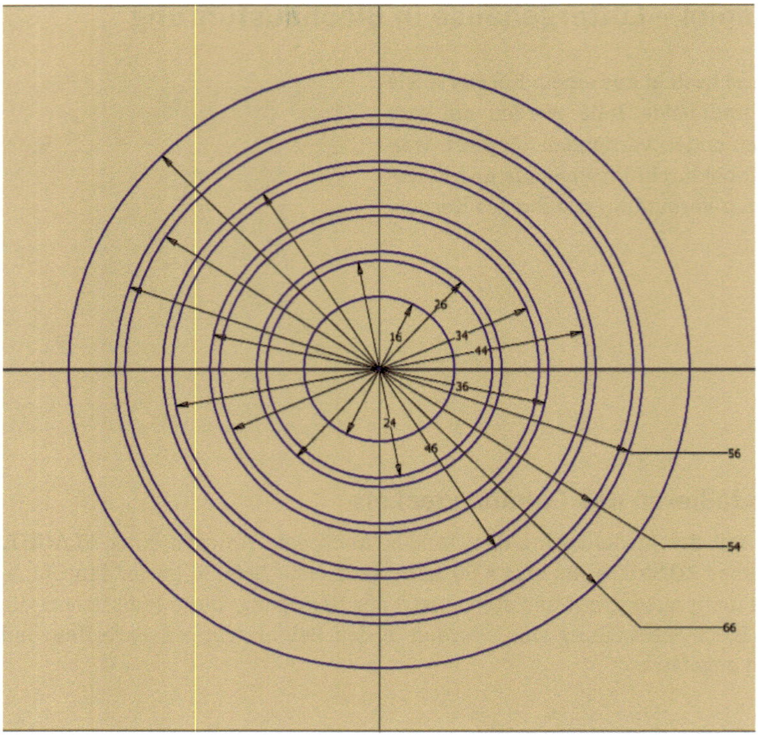

Für das Lüftergitter sind diverse konzentrische Kreise zu skizzieren. Das Skizzieren kann dabei in einer einzigen 2D-Skizze erfolgen, die anschließend über die Funktion **SKIZZE WIEDERVERWENDEN** für die nachfolgenden Aussparungen freigegeben wird (siehe auch Abschnitt 4.14).

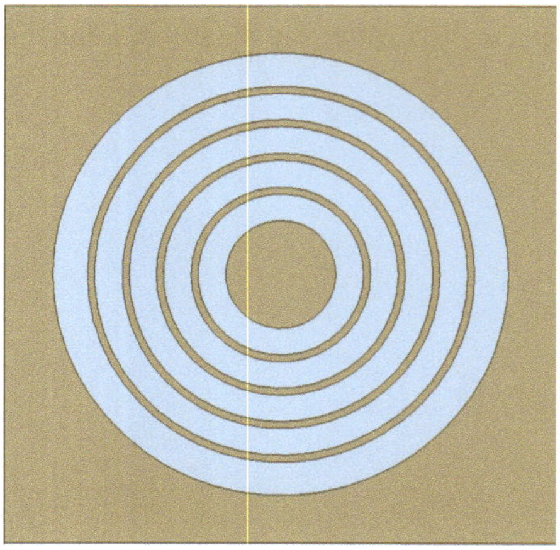

Ergänzt werden nun noch sechs Stege mit einer Breite von **2 mm**, die jeweils um einen Winkel von **60°** versetzt angeordnet sind.

Anbringen von Laschen

Bei dem zu erstellenden Blechteil sollen nun an den vier Seiten Laschen, die jeweils senkrecht nach unten bzw. oben ragen, entstehen. Herstellungstechnisch würde man Laschen mithilfe einer Biegevorrichtung am Blechteil umformen. Konstruktiv wird jedoch nicht die bestehende Kontur gebogen, sondern es werden Laschen angefügt.

Lasche

Nach Klick auf den Befehl **LASCHE** muss eine Kante ausgewählt werden. Hierbei wird zwischen einer oberen und einer unteren Kante unterschieden. Wird, wie in diesem Fall, die untere Kante gewählt, wird die Lasche nach unten gebogen. Ansonsten wird sie nach oben ragen. Wenn gleichzeitig mehrere Laschen angebracht werden sollen, sind die betroffenen Kanten nacheinander auszuwählen. Sie werden damit in einem **Laschenkantensatz** zusammengefasst. Wenn die ausgewählten Kanten aneinanderstoßen, sind mit dem Anfügen der Laschen gleichzeitig die Eckverbindungen zu definieren. Sie können entweder über den Funktionsbereich **Eckenvorgabe** des Dialogfelds für alle Ecken gleichzeitig oder über die am Bauteil eingeblendeten Symbole für jede Ecke separat festgelegt werden, was dann die allgemeinen Einstellungen überlagert. Wird die Ecke separat definiert, lassen sich neben der **Form der Freistellung** auch **Überlappungen** festlegen.

Das sich öffnende Dialogfeld weist insgesamt fünf verschiedenen Funktionsbereiche auf. Unter **Ausgangsgeometrie** werden die Laschenkantensätze (Linien) gesammelt. Optional kann zwischen einer gesamten Länge einer ausgewählten Kante und der Eingabe einer Breite für die Lasche gewählt werden. Letzteres erweitert diesen Funktionsbereich dann um ein weiteres Feld, in dem die Breite eingegeben werden kann. Die Lasche wird dann mittig angeordnet. Weitere Optionen, wie den Abstand von einem vorzugebenden Punkt, werden kontextsensitiv angeboten. Das **+**-Zeichen ergänzt einen weiteren Laschenkantensatz, der wieder individuell ausgestaltet werden kann.

Bei einer Blechkonstruktion entsteht ein mit Maßen vorgegebenes, funktional orientiertes Bauteil. Es handelt sich bei der Skizzierung im Allgemeinen weder um eine definierte Zeichnungsansicht noch um eine Abwicklung. Eine skizzierte Fläche zeigt zumeist die tatsächliche Größe, die beispielsweise für eine Abdeckung einer Gehäuseöffnung benötigt wird. Durch die an der Kante der Fläche angesetzte Biegung entstehen, je nach Bezug, unterschiedlich große Bauteile. Dieser Bezug wird mit einzelnen Funktionsbereichen eingestellt.

Im Abschnitt **Höhenverlängerung** wird die Laschenhöhe von **10 mm** eingetragen. Des Weiteren werden hier die Richtung und der Bezug für die Laschenhöhe (unter **Messung**) eingestellt. Vier Varianten stehen hierbei zur Auswahl:

- **Vom Schnittpunkt zweier Außenflächen:** Hilfreich, wenn das Außenmaß relevant ist. Die vorgegebene Laschenhöhe wird von der oberen Fläche gemessen (siehe Abbildung).
- **Vom Schnittpunkt zweier Innenflächen:** Hilfreich, wenn das Innenmaß relevant ist. Die Laschenhöhe wird von der unteren Fläche gemessen.
- **Von ausgewählter Kante:** bei einem 90°-Winkel identisch mit **Vom Schnittpunkt zweier Innenflächen**. Unterschiede werden erst bei einem abweichenden Winkel sichtbar.
- **Von Tangentialebene:** bei einem 90°-Winkel identisch mit **Vom Schnittpunkt zweier Außenflächen**. Unterschiede werden erst bei einem abweichenden Winkel sichtbar.

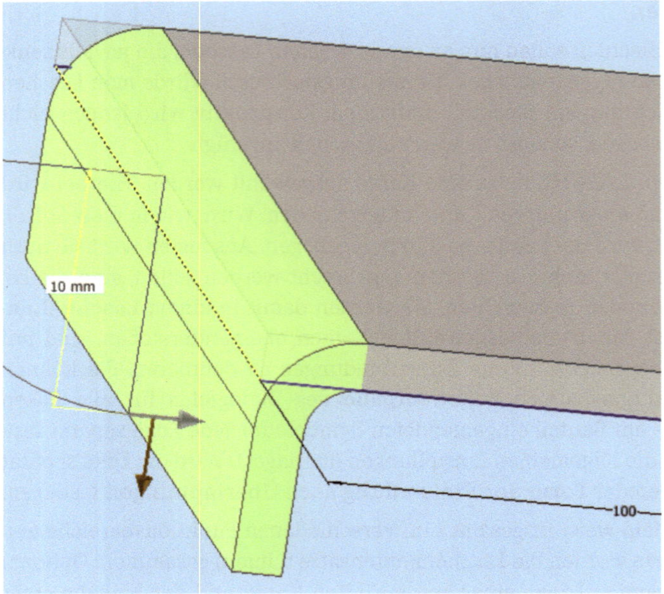

In Bezug auf den Deckel des Lüftergehäuses erfolgt unter **Messung** die Selektion der linken Schaltfläche (**Vom Schnittpunkt zweier Außenflächen**), und die Laschen sollen in einem **90°-Winkel** nach unten ragen (**Winkel und Platzierung**). Bei der Position ist **Innenfläche durch Ebene** einzustellen. Hierdurch bleibt das Grundmaß von **80 mm × 80 mm** als Innenmaß erhalten.

Der nächste Funktionsbereich behandelt die **Biegungseigenschaften**. Im Feld **Biegeradius** wird der voreingestellte „Platzhalter" **Biegeradius** nicht verändert. Der Wert für den Biegeradius entspricht dem Systemparameter **Biegeradius**, der für das ganze Modell im Dialogfeld **Blechstandard** unter der **Blechregel** (Registerkarte **Dialogfeld**) festgelegt wird. Hier ist voreingestellt, dass der Biegeradius gleich der Materialstärke ist. Alternativ kann der **Biegeradius** an dieser Stelle aber auch durch einen abweichenden Zahlenwert eingestellt werden. Der letzte Punkt betrifft die **Form der Freistellung**. Hier wird die Vorgabe unverändert übernommen. Gleiches gilt für den Bereich **Eckenvorgaben**, bei denen ebenfalls die Standardvorgaben unverändert bleiben.

HINWEIS: Der K-Faktor (Abwicklungsregel) ist ein Verhältnis zwischen dem Abstand der neutralen Biegelinie zum inneren Biegeradius und der Materialstärke. Hiermit wird die Biegezugabe bestimmt, damit eine gewünschte Biegung und Länge, bspw. einer Lasche, erreicht werden kann.

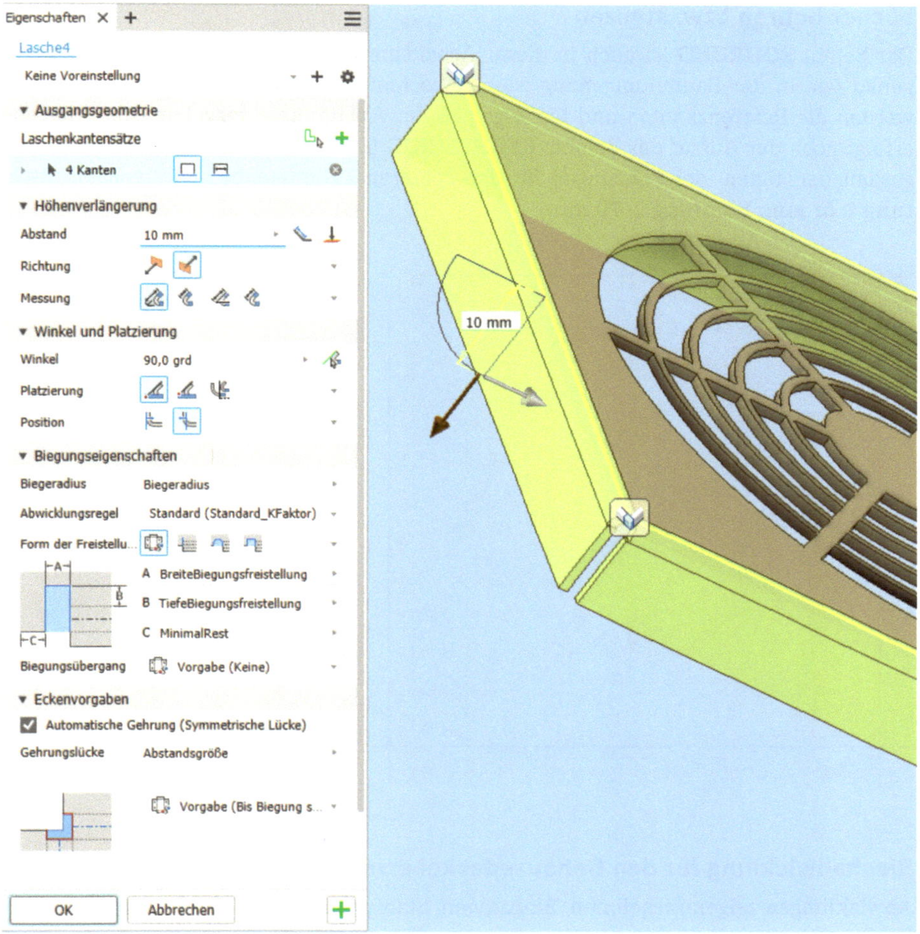

Nachträglich, z.B. wenn Laschen nicht gleichzeitig, sondern nacheinander erzeugt wurden, kann auch der Befehl **ECKVERBINDUNG** über die Befehlsgruppe **Ändern** aufgerufen werden. Hier sind die betroffenen, vertikal stehenden Kanten zu wählen. Anschließend werden die einstellbaren Optionen im Dialogfenster aktiv. Form, Ausrichtung usw. können nun eingestellt werden. Dann ist der Vorgang mit **OK** bzw. **ANWENDEN** zu bestätigen. In der nachfolgenden Abbildung links wurde eine runde Freistellungsform gewählt. Rechts stehend wurde die quadratische Variante eingestellt.

Eckverbindung

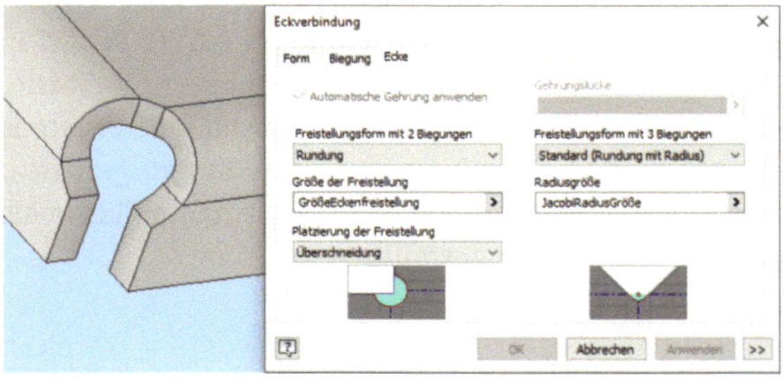

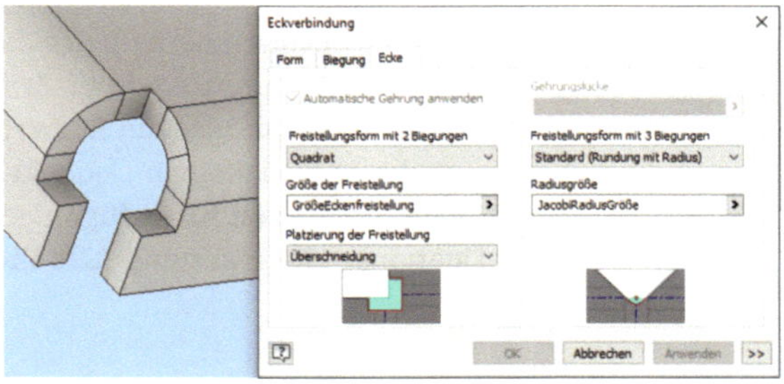

Löcher bohren bzw. stanzen

Bohrung

Der Befehl **BOHRUNG** ist auch in dieser Arbeitsumgebung verfügbar und funktioniert genau wie in der Bauteilumgebung (siehe Abschnitt 5.5.1). Im Dialogfenster **Bohrung** werden die Referenzkanten und Maße gemäß der Abbildung eingegeben. Anschließend erfolgt noch der Aufruf des Befehls **RECHTECKIG** (Befehlsgruppe **Muster**), um die insgesamt benötigten vier Bohrungen für den späteren Zusammenbau zu erzeugen (**Richtung 1: 61 mm**, **Richtung 2: 70 mm**).

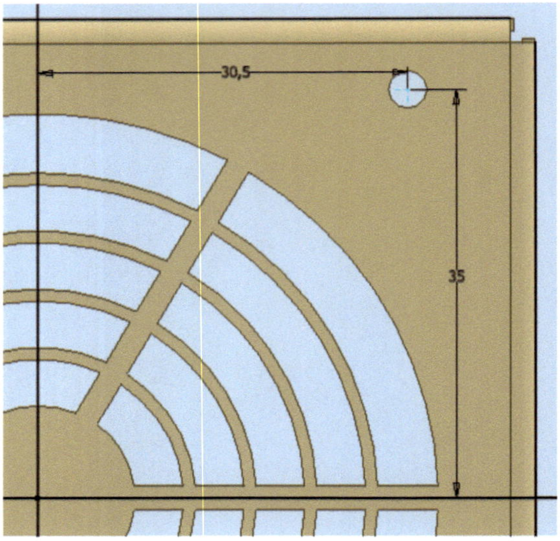

Blechabwicklung für den Gehäusedeckel erzeugen

Abwicklungen zeigen Biegelinien, Biegezonen, Stanzpositionen und die Form des gesamten Bauteils unter Berücksichtigung aller abgewickelten Biegungen und Biegefaktoren.

Abwickeln

In Inventor gibt es zwei verschiedene Möglichkeiten, Abwicklungen zu erstellen:

1. Ein Blechteil kann mit der Funktion **ABWICKELN** entfaltet und wieder gefaltet werden. Diese Vorgänge sind variabel handhabbar und werden im Strukturbaum als Elemente des Blechteils eingetragen.
2. Die Funktion **ABWICKLUNG ERSTELLEN** erzeugt eine vollständige Abwicklung, die mit ergänzenden Funktionen, wie die Festlegung der Reihenfolge einzelner Biegungen, bearbeitet werden kann. Dieser Vorgang und die Bearbeitungen werden im Strukturbaum in einer eigenen Kategorie unterhalb des Blechteils eingetragen.

Das Abwickeln innerhalb der Bauteildefinition erfolgt mit der Funktion **ABWICKELN** in der Befehlsgruppe **Ändern**. Zwei Entscheidungen sind zu treffen. Erstens ist die **Stationäre Referenz**, also die Auswahl der Fläche, die unverändert bleiben soll, und zweitens ist die abzuwickelnde Geometrie zu bestimmen. Hier kann zwischen **Biegungen** bzw. **Alle Biegungen hinzufügen** gewählt werden. Beim Deckel werden die obere Fläche als stationäre Referenz und **Alle Biegungen hinzufügen** gewählt.

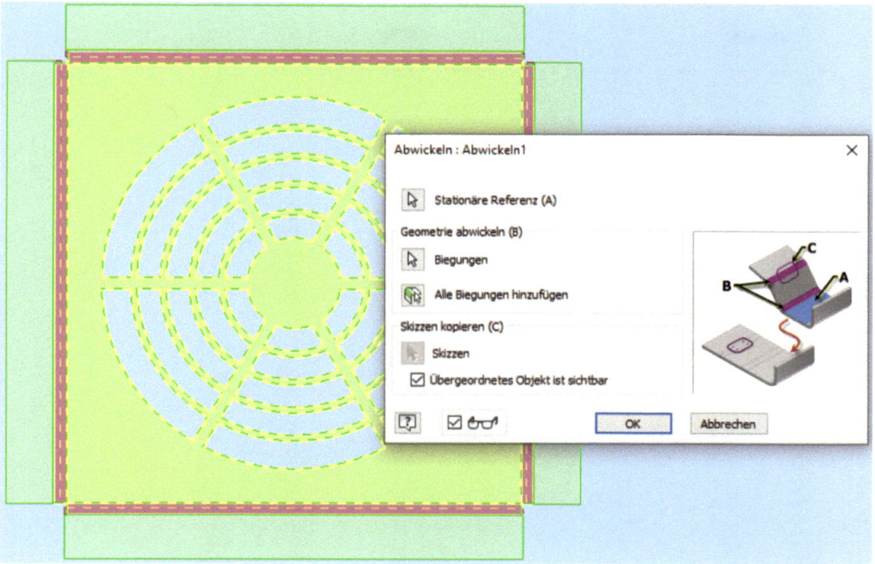

Zurückfalten

Mit der Funktion **ZURÜCKFALTEN** kann der ursprüngliche Zustand des Blechteils wiederhergestellt werden. Das Abwickeln und das Zurückfalten erzeugen entsprechende Einträge im Strukturbaum.

Abwicklung erstellen

Der Aufruf der Funktion **ABWICKLUNG ERSTELLEN** erzeugt sofort und ohne Nachfrage eine vollständige Abwicklung des Blechteils und einen entsprechenden neuen Bereich im Strukturbaum.

Bei der Fertigung von Blechbauteilen müssen die physischen Biegungen häufig in einer bestimmten Reihenfolge erstellt werden. Diese Biegereihenfolge kann bei der Abwicklungserzeugung definiert werden, während das Modell im Abwicklungszustand angezeigt wird.

Biegereihenfolgen-Anmerkung

Nach dem Aufruf der Funktion **ABWICKLUNG ERSTELLEN** wird in der Funktionsleiste innerhalb der Befehlsgruppe **Verwalten** zusätzlich die Funktion **Biegereihenfolgen-Anmerkung** angezeigt. Der Aufruf dieser Funktion fügt eine Nummerierung der einzelnen Biegungen in das Modell ein, die im Anschluss nach dem Setzen des Mauszeigers auf eine bestimmte Zahl und einem **Doppelklick** mit der linken Maustaste einzeln geändert werden können. Geänderte Zahlen werden anschließend in einer geänderten Form und Farbe angezeigt.

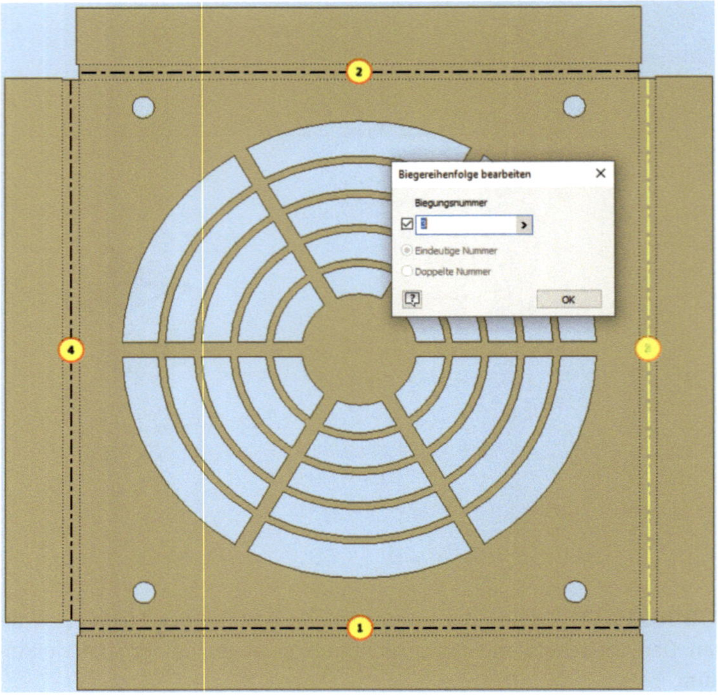

Gehe zu Abwicklung

Gehe zu gefaltetem Bauteil

Nachdem eine Abwicklung mit dieser Funktion und ein neuer Eintrag nach dem Bauteilende im Strukturbaum erzeugt wurden, stehen in der Schnellzugriffsleiste je nach Anzeige des Modells entweder **Gehe zu Abwicklung** oder **Gehe zu gefaltetem Bauteil** zur Verfügung.

Abschließend ist das Bauteil unter dem Namen *Kap_13_1_Lüfterdeckel_Blech.ipt* abzuspeichern.

Mit der metrischen Standardvorlage (DIN) wird eine neue Baugruppe erstellt, und der Lüfterdeckel wird hierin platziert (siehe auch Abschnitt 6.3). Abgespeichert wird die Baugruppe unter dem Namen *Kap_13_1_Lüftergehäuse_Blech.iam*.

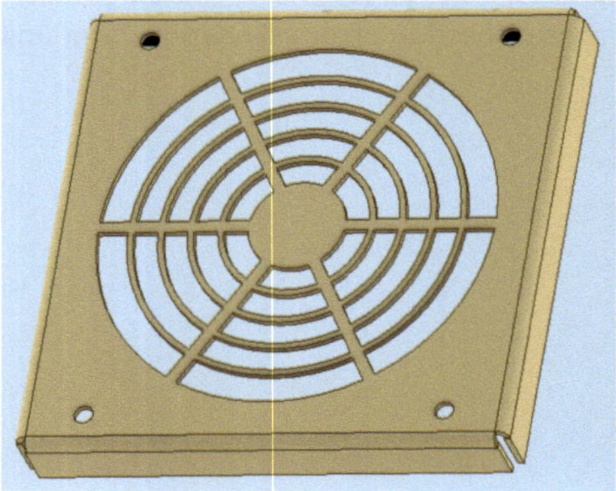

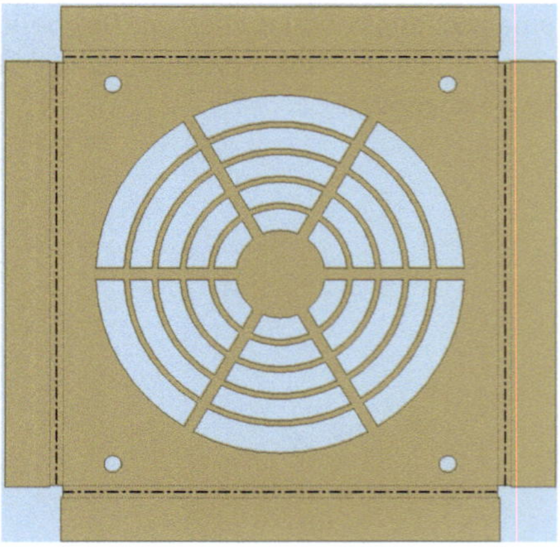

13.1.1.2 Erstellen des Gehäusekorpus

Die Vorgehensweise beim Modellieren ist im Prinzip identisch mit der vom Gehäusedeckel. Das Bauteil wird allerdings im Kontext der Baugruppenumgebung modelliert (siehe auch Abschnitt 6.11), um die Grundabmaße vom Deckel übernehmen zu können (siehe auch Abschnitt 4.6.7). Bei diesem Bauteil sind im Gegensatz zum Deckel weitaus mehr Biegungen durchzuführen; zum einen unterschiedlich ausgeführte Laschen und zum anderen Falzungen, auf die nachstehend eingegangen wird.

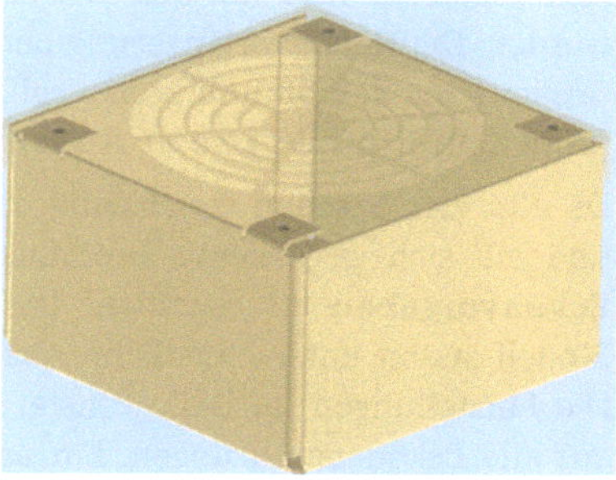

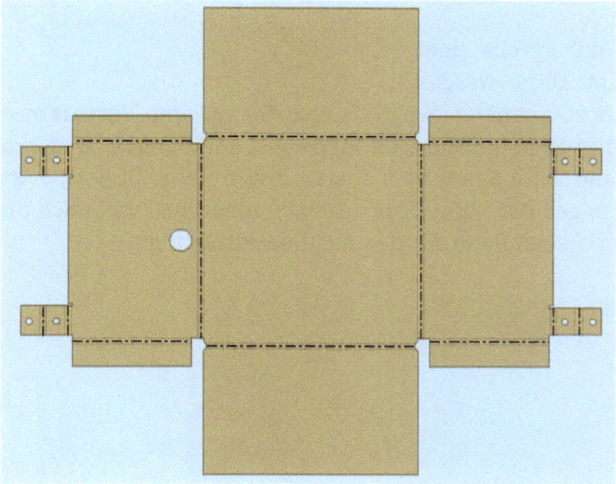

Die Konturen der Grundfläche (**80 mm × 80 mm**) werden über den Befehl **2D-SKIZZE STARTEN** vom Gehäusedeckel über **GEOMETRIE PROJIZIEREN** übernommen. Zusätzlich werden zwei Arbeitsebenen erzeugt, wenn der Ursprung für das Gehäusebauteil nicht in der Mitte der Grundfläche liegt. Gefertigt werden soll ein Bauteil aus dem gleichen Material und der Materialstärke wie der Deckel. Die Blechvorgaben sind entsprechend nicht anzupassen. Nun ist das Bauteil unter dem Namen *Kap_13_1_Lüfterkorpus_Blech.ipt* zu speichern, und es kann in der Bauteilumgebung geöffnet werden.

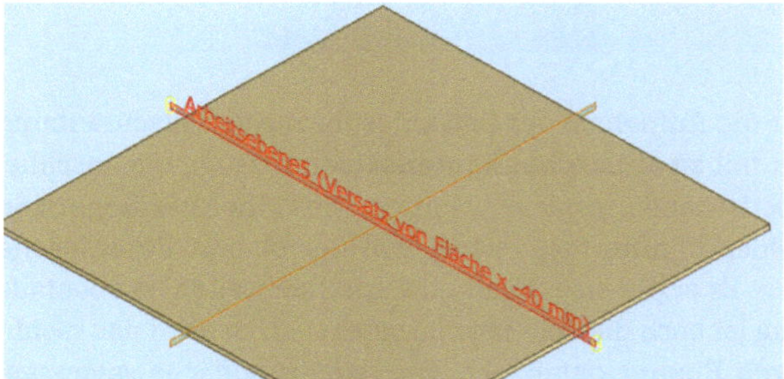

Hierauf aufbauend lassen sich dann sämtliche weiteren Bearbeitungsschritte durchführen. Begonnen wird mit den vier seitlichen Laschen, die in **einem Kantensatz** erzeugt werden. Die Höhenverlängerung beträgt **48 mm**, da das gesamte Gehäuse hinterher eine Gesamthöhe von **50 mm** haben soll. Einzustellen ist bei **Messung** die linke Schaltfläche (**Vom Schnittpunkt zweier Außenflächen**).

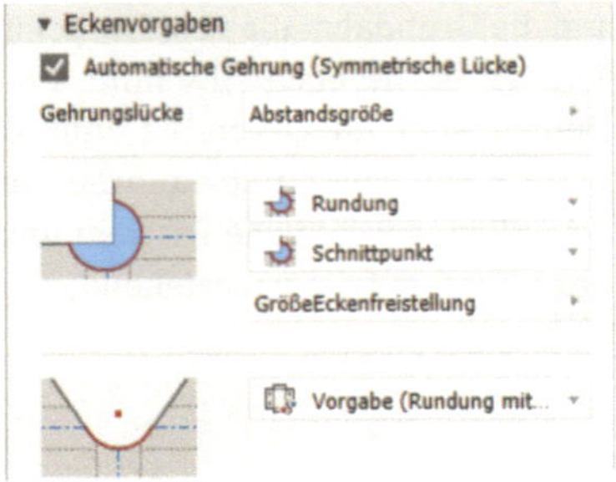

Da alle vier Laschen gleichzeitig erzeugt werden und sie sich gegenseitig beeinflussen, sind die **Eckenvorgaben** zu beachten. Die Symbole am Modell lassen unterschiedliche Ausführungen zu. Die Einstellungen im Dialogfenster beziehen sich auf alle Eckenausführungen. Einzustellen ist hier **Rundung**, und mit **OK** wird der Vorgang abgeschlossen.

Es folgen vier weitere Laschen mit jeweils einer **Höhenverlängerung** von **10 mm**. Diese werden jedoch nicht in einem Kantensatz zusammen erzeugt, da hier die Variante **Versatz** zum Einsatz kommt, um keinen Konflikt zu den bisherigen Biegungen aufkommen zu lassen. Einzustellen ist jeweils ein Abstand von **1,5 mm** vom oberen bzw. unteren Bezugspunkt. Damit bleiben die Eckenausführungen der vorherigen Laschen unberührt, und auch die noch zu erzeugenden Laschen am oberen Rand werden nicht beeinträchtigt.

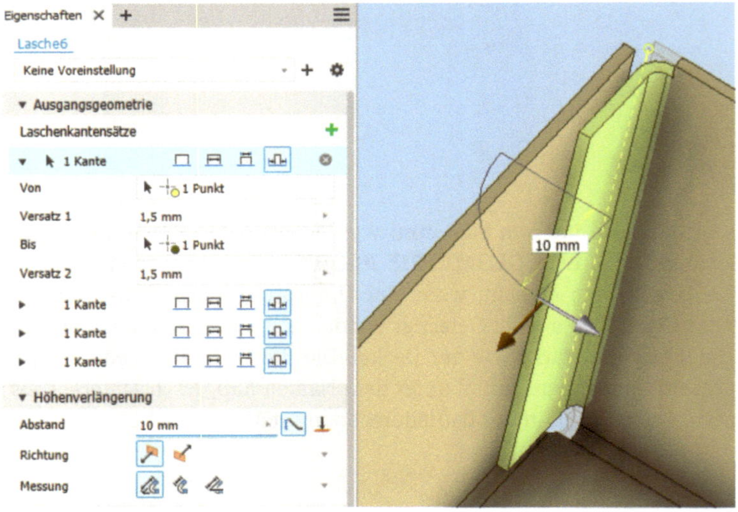

Die Laschen am oberen Rand für die Aufnahme der Gewindebohrungen (Verschraubung von Deckel und Korpus) werden mit **zwei Laschenkantensätzen** erzeugt, die anschließend an einer der erzeugten Arbeitsebenen gespiegelt werden. Die **Höhenverlängerung** beträgt bei beiden Laschen wieder **10 mm**, der Versatz von der oberen Bezugsfläche **2 mm** und vom unteren **62,6 mm**. Es ergibt sich damit eine Laschenbreite von ebenfalls **10 mm**. Unter **Winkel und Bezug** ist noch die Position einzustellen. Hier wird das rechte Icon aktiviert (**Innenfläche durch Ebene**), damit sich, von der Grundfläche gemessen, eine Höhe von **49 mm** für den Korpus ergibt. Mit der Materialstärke des Deckels von **1 mm** ergibt sich nach dem Zusammenbau die gewünschte Gesamthöhe von **50 mm**.

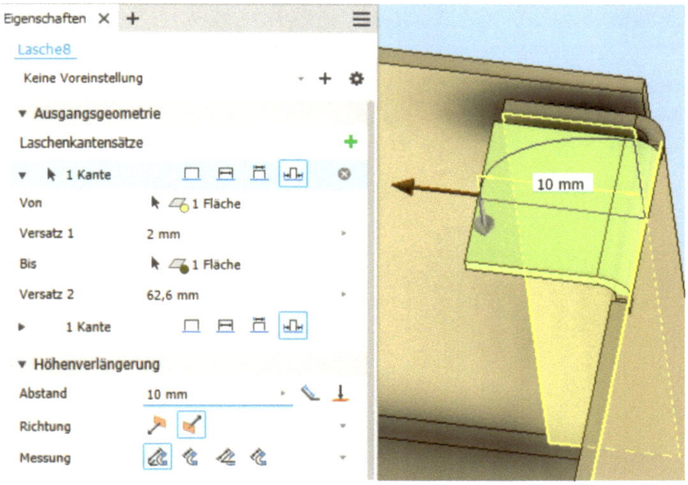

Die Laschen für die Aufnahme der Gewindebohrungen sollen nun noch gedoppelt werden, um eine höhere Materialstärke für das Gewinde zu erhalten. Mit der Funktion **FALZ** wird wieder ein Dialogfenster geöffnet, in dem die notwendigen Einstellungen vorgenommen werden.

Falz

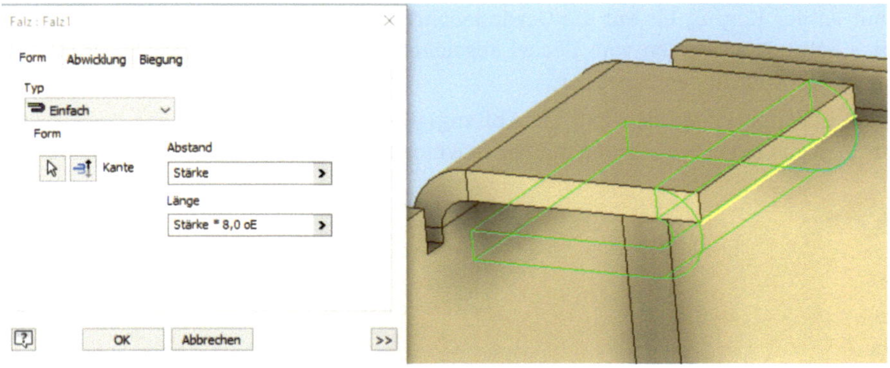

Die untere Kante ist zu selektieren, und **Abstand** (**0,5 mm**) und **Länge** (**8 mm**) sind vorzugeben. Das Ganze wird bei der gegenüberliegenden Lasche wiederholt, da es bei dieser Funktion nicht möglich ist, mehrere Kanten gleichzeitig zu selektieren.

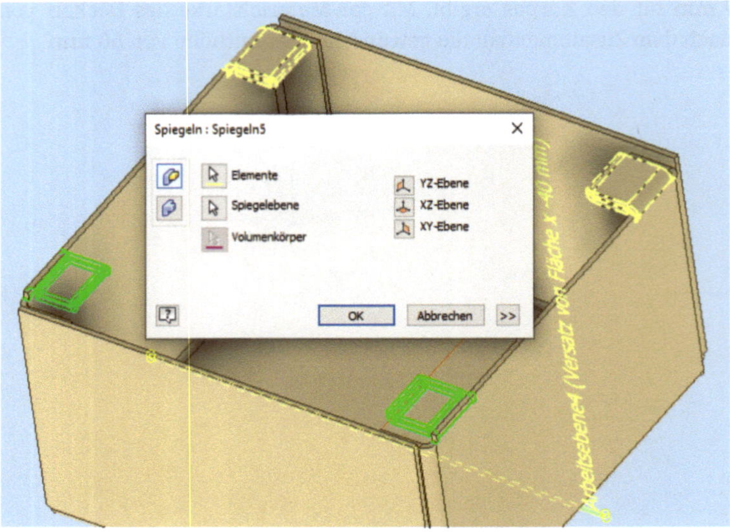

Es folgt noch das **SPIEGELN** der Laschen und Falzen (Befehlsgruppe **Muster**). Selektiert werden die vier Elemente, und als Spiegelebene ist die zu Beginn angelegte Arbeitsebene zu wählen.

Bohrung

Die **BOHRUNG** für die Kabeldurchführungstülle (**d = 8 mm**) wird mittig und auf der Seite mit den Befestigungslaschen in einem Abstand von **40 mm** zur oberen Kante eingebracht.

Damit ist der Korpus, bis auf die Gewindebohrungen, fertig modelliert. Die Positionen dieser Bohrungen werden vom Deckel abgeleitet, und entsprechend erfolgt dieser Vorgang in der Baugruppenumgebung.

Deckel und Korpus werden mit der **Abhängigkeit passend** (Innenfläche des Deckels und Oberseite einer der Laschen mit der Gewindebohrung) zueinander ausgerichtet.

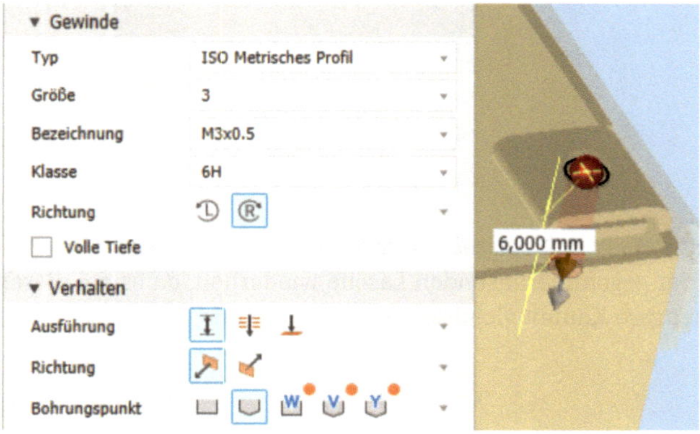

Erzeugt wird eine **M3 x 0,5**-Gewindebohrung, die durch die Lasche und den Falz geht. Der Mittelpunkt der Gewindebohrung wird **Konzentrisch** zum Durchmesser des abgeleiteten Bohrungsdurchmessers vom Deckel gesetzt.

Mit dem Befehl **RECHTECKIG** wird die erzeugte Gewindebohrung vervielfältigt (**Richtung 1: 61 mm**, **Richtung 2: 70 mm**).

Zur Vervollständigung des Lüftergehäuses sind noch vier Schrauben (**DIN EN ISO 7045 H M3 × 6–4.8-H**), eine Kabeldurchführungstülle und Klebedichtungen für die kleinen Schlitze an den Seitenflächen des Korpus zu ergänzen.

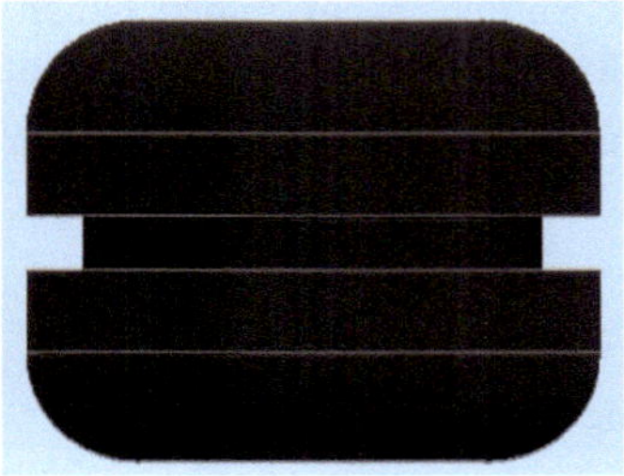

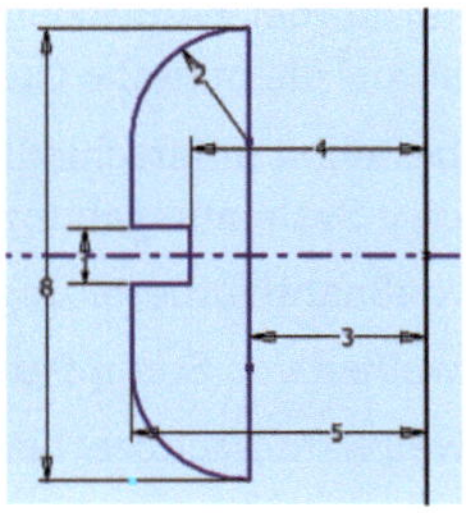

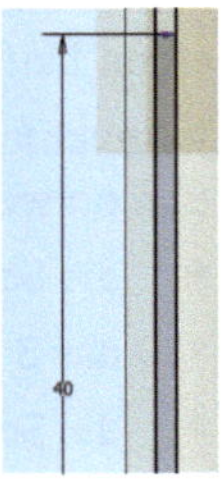

Die Kabeldurchführungstülle wird entsprechend den in der Abbildung aufgeführten Bemaßungen mit dem Befehl **DREHUNG** erzeugt (Material Gummi). Eine der Klebedichtungen wird aus der vorhandenen Geometrie abgeleitet, und der Streifen bekommt eine Länge von **40 mm**. Als Material wird ebenfalls Gummi zugewiesen. Die weiteren drei Dichtungen werden durch **KOMPONENTEN SPIEGELN** erzeugt.

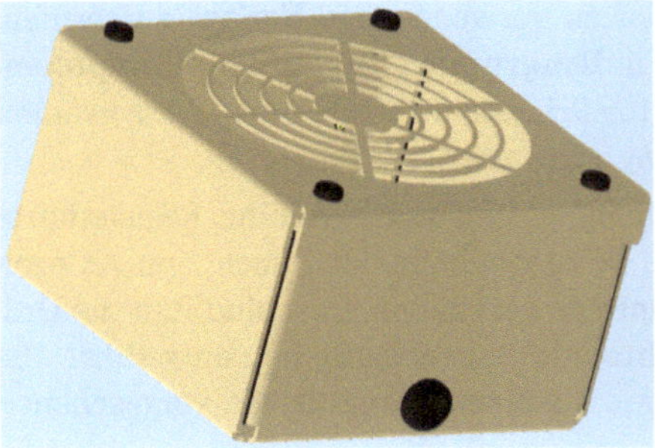

Rechts abgebildet ist ein Vollschnitt (Befehl **HALBSCHNITT**, Registerkarte **Ansicht** und Befehlsgruppe **Sichtbarkeit**) zur Überprüfung der korrekten Anordnung der einzelnen Bauteile.

An diesem Beispiel sollte verdeutlicht werden, welcher Modellierungsaufwand bei einer Blechkonstruktion notwendig ist. Die grundsätzlichen Überlegungen hinsichtlich einer technischen Umsetzung sind dabei ebenso wichtig, wie die Anwendung der spezifischen Befehle und Funktionen. In Abschnitt 13.6 erfolgt noch zum Vergleich die Modellierung von einem Lüftergehäuse in einer Kunststoffausführung.

13.2 Schweißumgebung

Üblicherweise sind Angaben zu Schweißnähten in technischen Zeichnungen aufgeführt und werden zunächst nicht explizit beim Skizzieren bzw. beim Aufbau einer Geometrie berücksichtigt. Für spätere Simulationsverfahren, wie z. B. Festigkeitsberechnungen mit der FEM, sind die Schweißnähte jedoch ein wichtiger Bestandteil, weshalb in Inventor eine gesonderte Arbeitsumgebung angeboten wird.

Außerdem können genaue Gewichtsberechnungen nur dann erfolgen, wenn auch die Schweißnähte hierbei berücksichtigt werden. Nicht zuletzt haben Schweißnähte auch einen Einfluss auf die optische Gestaltung bzw. das Design von Produkten.

In Inventor bestehen unterschiedliche Möglichkeiten, um die für eine Schweißkonstruktion notwendige Systemumgebung zu laden. Dort erfolgen sowohl

- die Schweißnaht-Vorbereitung,
- das Schweißen von Stumpf- und Kehlnähten und
- die Schweißnaht-Nachbearbeitung.

Die Schweißnähte werden zunächst in einem Dialogfenster vordefiniert und anschließend, optisch hervorgehoben, zwischen den zu verbindenden Bauteilen eingefügt und angezeigt.

Im Allgemeinen steht bereits zu Beginn einer Konstruktionsaufgabe fest, ob für die Verbindung einzelner Bauteile ein Schweißverfahren verwendet werden soll und die Einzelteile schweißgerecht modelliert werden müssen.

Nachdem die Einzelteile erstellt wurden, wird über die Schaltfläche **NEU** in der Registerkarte **Datei** das Dialogfenster zur Auswahl der zu verwendenden Vorlage aufgerufen. Unter **Metric** im Strukturbaum befinden sich in **Baugruppe – 2D- und 3D-Komponenten zusammenfügen** verschiedene Vorlagen für Schweißkonstruktionen. Auszuwählen ist die Vorlage *Weldment(DIN).iam* (engl. *welding*, schweißen).

Inventor passt anschließend die Arbeitsumgebung an und startet mit der Registerkarte **Schweißen** und den zugehörigen Funktionen. Im Modellbaum sind nach dem Anlegen einer Schweißkonstruktion drei zusätzliche Einträge vorhanden. Dort sind nun die Ordnungskriterien **Vorbereitungen**, **Schweißnähte** und **Bearbeitung** neu aufgeführt. Unterhalb dieser Einträge werden sämtliche Daten, die einen Bezug zu den vorgesehenen Schweißnähten haben, eingeordnet.

In Schweißkonstruktion konvertieren

Alternativ zum Anlegen einer neuen Schweißkonstruktion kann aus der Umgebung heraus eine bestehende Baugruppe zu einer Schweißbaugruppe konvertiert werden. Der Befehl hierfür befindet sich auf der Registerkarte **Umgebungen** in der Befehlsgruppe **Konvertieren.** Vor dem Konvertieren werden die einzelnen Bauteile zunächst normal erzeugt und in eine „normale" Baugruppe eingefügt. Um diese Baugruppe als Schweißbaugruppe definieren zu können, wird sie mit dem Befehl **IN SCHWEISSKONSTRUKTION KONVERTIEREN** überführt.

HINWEIS: Wurde eine Baugruppe in eine Schweißkonstruktion überführt, kann dies nicht mehr rückgängig gemacht werden. Ein Nachteil für die weitere Bearbeitung besteht dadurch aber nicht, da alle weiteren Bearbeitungsmöglichkeiten zur Verfügung stehen.

Soll eine Baugruppe in eine Schweißkonstruktion überführt werden, erscheint ein Meldungsfenster mit einem Hinweistext und der Frage, ob man fortfahren möchte. Die Frage kann mit **JA** bestätigt werden. Im folgenden Dialog werden anschließend die **Norm**, nach der die Schweißkonstruktion auszuführen ist, sowie das für die Schweißnaht vorgesehene **Material** abgefragt.

13.2.1 Beispiel – Ausführung der Baugruppe „Ständer" als Schweißkonstruktion

Exemplarisch soll die Vorgehensweise am Beispiel der Baugruppe „Ständer" (siehe Kapitel 3) verdeutlicht werden. Die dort ausgeführte Konstruktion aus Rippen, Grundplatte und Rohr wird mit formschlüssigen Verbindungen (Nut und Feder) zusammengehalten. Zusätzlich sollen jetzt Schweißnähte die Verbindungen absichern, und entsprechend muss diese Baugruppe in eine Schweißbaugruppe konvertiert werden. Nach dem Klick auf **KONVERTIEREN** ist im Dialogfeld als Norm **DIN** und als Material **Stahl, weich, geschweißt** einzugeben.

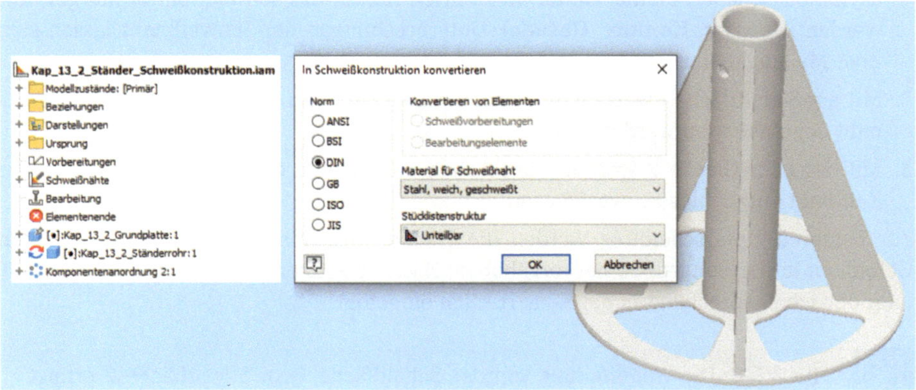

Inventor wechselt im Anschluss automatisch in die Arbeitsumgebung bzw. zur Registerkarte **Schweißen**. Die Arbeitsschritte für die konstruktive Umsetzung einer Schweißverbindung sind hier als Schaltflächen ausgeführt und können in der sinngemäßen Reihenfolge aufgerufen werden. Erst nach der **Auswahl** eines **Arbeitsschritts** stehen zugehörige Funktionen zur Verfügung.

TEIL III

Die Vorbereitung einer Schweißnaht ist vielfach mit Änderungen an den bestehenden Bauteilen verbunden. Beispielsweise müssen häufig Fasen als Vorbereitung für eine anzulegende Schweißnaht vorgesehen werden. Sie oder ähnliche Bauteilanpassungen können an dieser Stelle eingefügt werden. Das während der Schweißvorbereitung entfernte Material wird gewöhnlich durch die Schweißnaht wieder ersetzt und hat somit nur für die Schweißverbindung eine Relevanz.

Die Zuordnung im Strukturbaum erfolgt deshalb nicht mehr unterhalb des Bauteils, sondern wird unter **Vorbereitungen** in der Schweißbaugruppe eingefügt.

Das Ständerrohr stützt sich auf der Grundplatte ab, und am unteren Ende ist eine Fase von **2 mm** anzubringen, da im folgenden Schritt eine Kehlnaht ergänzt werden soll.

Ähnlich wie bei der Vorbereitung, stehen erst nach dem Aufruf des Befehls **SCHWEISSNÄHTE** die jeweiligen Funktionen zur Verfügung, die vorher ausgegraut waren.

Mit der Schaltfläche **KEHLNAHT** werden durchgängige oder unterbrochene Kehlnähte in die Konstruktion eingefügt. Die Befehle öffnen ein Dialogfenster für das Anbringen einer Schweißnaht. Für durchgehende Kehlnähte sind lediglich drei Arbeitsschritte erforderlich:

1. Im Dialogfenster **Kehlnaht** wird die Größe der Schweißnähte festgelegt (hier **4 × 4 mm**). Es stehen zwei unterschiedliche Modi zur Verfügung, und zwar für symmetrische und asymmetrische Kehlnähte. Weiterhin kann die Kontur des Schweißnahtprofils gewählt werden (**Konvex**, **Konkav**, **Gerade**). Unterbrechungen der Schweißnaht lassen sich über Maßangaben ebenso festlegen.

2. Mit der Schaltfläche **1** werden die Flächen ausgewählt, an die die erste Seite der Kehlnaht angeschlossen werden soll.
3. Mit der Schaltfläche **2** werden die Flächen ausgewählt, an die die zweite Seite der Kehlnaht angeschlossen werden soll.

Zur besseren Unterscheidung werden die Flächen anschließend in unterschiedlichen Gelbtönen in der Baugruppe hervorgehoben. Nach Bestätigen mit **OK** wird die Schweißnaht optisch ansprechend in die Konstruktion eingefügt.

HINWEIS: Die Weiterleitung von der Schaltfläche **1** zur Schaltfläche **2** erfolgt nicht automatisch nach dem Festlegen der ersten Fläche! Vor der Wahl der zweiten Fläche ist immer erst die Schaltfläche **2** zu drücken.

Die Darstellung einer Schweißnaht lässt sich um ein zusätzlich eingeblendetes Schweißsymbol ergänzen. Hierzu ist im Dialogfeld das Kontrollkästchen **Schweißsymbol erstellen** zu aktivieren. Anschließend kann der Eintrag, d. h. das Schweißsymbol, mit verschiedenen Eingabefeldern ergänzt werden. Das Schweißnahtsymbol erscheint dann zusammen mit der Naht direkt am Bauteil.

Ein Schweißnahtsymbol kann auch über den Befehl **SYMBOL** (Befehlsgruppe **Schweißen**) erzeugt werden. Es öffnet sich das gleiche Dialogfenster.

Symbol

Die Rippen sind mit Nut und Feder in der Grundplatte eingelassen und sollen zusätzlich mit einer kurzen Heftnaht (**4 × 4 mm**) gesichert werden. Der einzustellende **Anfangs- und Endversatz** beträgt jeweils **15 mm**. Zu wählen ist bei dieser Schweißnaht, dass ein Schweißsymbol zu erstellen ist. Das Dialogfenster erweitert sich dadurch, und hier können die spezifischen Angaben für die Schweißausführung vorgegeben werden.

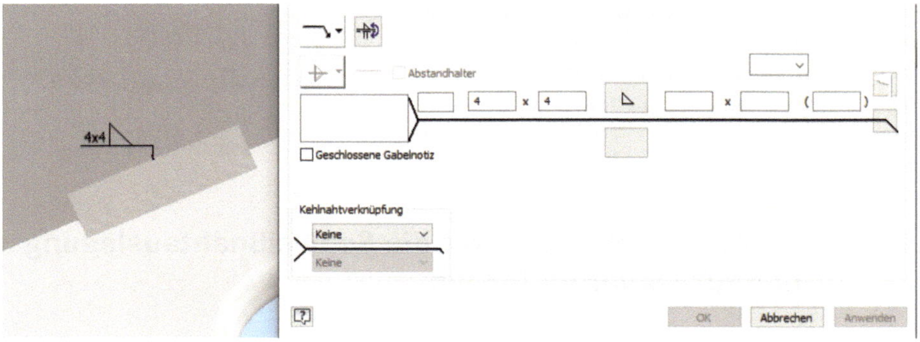

HINWEIS: Die Schaltfläche **ANWENDEN** bekommt im Zusammenhang mit der Erstellung von Schweißnähten eine wichtige Bedeutung. Sind die Einstellungen für eine Schweißnaht einmal vorgenommen, lassen sich immer wieder neue Flächen für weitere Schweißnähte auswählen.

Füllnaht

Neben dem Befehl **KEHLNAHT** enthält Inventor noch den Befehl **FÜLLNAHT**. Die Vorgehensweise ist hierbei ähnlich. Bei der Abbildung erfolgte eine Schweißnahtvorbereitung mit dem Anbringen von Fasen (**2 mm × 30°**). Mit dem Befehl **FÜLLNAHT** wird ein Dialogfenster geöffnet (bezeichnet mit Kelchnaht), in dem wieder die zu verschweißenden Flächen auszuwählen sind. Aufgrund der Vorbereitung mit der Fase sind jeweils zwei Flächen zu selektieren. Ebenfalls sind die Haken bei **Vollständige Fläche schweißen** zu setzen. **ANWENDEN** bzw. **OK** setzt die Vorgaben dann um.

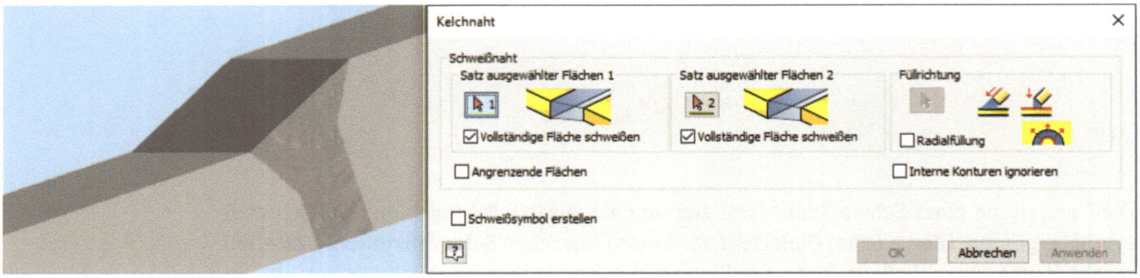

TIPP: Mit einem Doppelklick auf den Eintrag **SCHWEISSNÄHTE** im Strukturbaum wird zur Registerkarte **Schweißen** mit den Befehlen zur Schweißumgebung verzweigt.

Bearbeitung

Nach Einfügen der Schweißnähte können mit der Schaltfläche **BEARBEITUNG** weitere Änderungen am Bauteil vorgenommen werden. Die angebotene Befehlsgruppe ist zwar identisch zur Befehlsgruppe **Vorbereitung**, die Änderungen beeinflussen allerdings hier nur die zuvor erstellte Schweißnaht. In der Abbildung wurde eine **Bohrung** nach dem Erstellen der Schweißnaht eingefügt.

13.2.2 Berechnungsmodule für die Schweißnahtauslegung und für Lötverbindungen

Schweißnaht-berechnung

Kraft und Momente übertragende Schweißnahtkonstruktionen bzw. Lötverbindungen erfordern einen vollständigen Festigkeitsnachweis. In Inventor wurden hierfür diverse Berechnungsvorschriften in einem Berechnungsmodul hinterlegt.

Über die Schaltfläche **SCHWEISSNAHTBERECHNUNG** in der Befehlsgruppe **Schweißen** kann das Modul aufgerufen werden. Es werden hierbei folgende Berechnungen unterstützt:

Schweißnahtauslegung

- Kehlnahtberechnung (flach)
- Kehlnahtberechnung (räumlich)
- Loch / Kelchnahtberechnung
- Stoßnahtberechnung
- Punktnahtberechnung

Auslegung von Lötverbindungen

- Berechnung für Schräglötverbindung
- Berechnung für Stumpflötverbindung
- Berechnung für überlappgelötete Verbindung
- Berechnung für Stufenlötverbindung
- Berechnung für Stufenrohrlötverbindung

Nach der Auswahl eines Berechnungsfalls öffnet sich ein Dialogfenster mit verschiedenen Eingabefeldern. Belastungsdaten, geometrische Abmessungen der Schweißnaht und Materialkennwerte müssen hier zunächst angegeben werden. Der Button **BERECHNEN** gibt anschließend die Ergebnisse der Schweißnahtberechnung im rechten Bereich des Dialogfelds aus. Die Ergebnisausgabe kann dabei in unterschiedlicher Schriftfarbe erfolgen. Wenn Ergebnisse in roter Schrift angezeigt werden, wurde die untersuchte Schweißverbindung unzureichend ausgelegt.

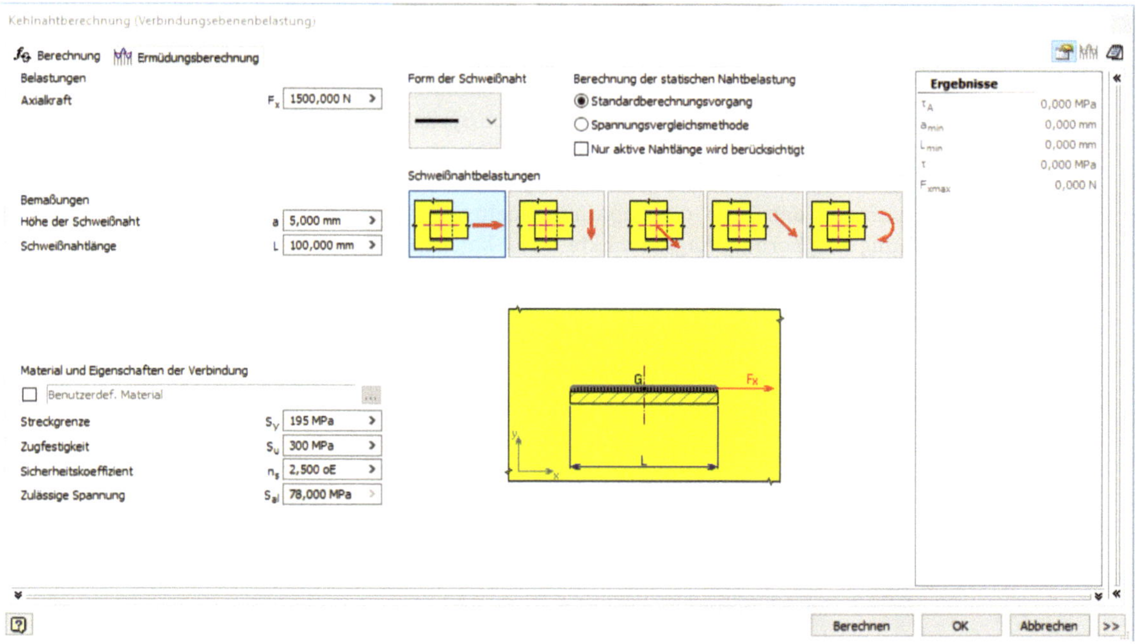

HINWEIS: Die unter **Schweißnähte** festgelegten Dimensionen und Eigenschaften werden nicht in das Berechnungsmodul übernommen. Alle Daten müssen manuell eingegeben werden.

Der **NOTIZBLOCK**-Button oben rechts im Dialogfenster gibt die als Bericht formatierten Berechnungsergebnisse in einem Browser-Fenster aus.

Abschließend sei angemerkt, dass auf die verschiedenen Berechnungsvorschriften nicht näher eingegangen wird. Hier wird auf entsprechende Fachliteratur aus der Konstruktionslehre verwiesen.

Um einschätzen zu können, wie die ausgegebenen Ergebnisse einzuordnen sind, sollte stets sichergestellt sein, dass dem Anwender die Grundlagen hinter den Berechnungsverfahren bekannt sind.

TIPP: Auf der Autodesk-Webseite (*https://knowledge.autodesk.com/de*) kann mit dem Suchbegriff „Handbuch für Konstrukteure" eine Übersichtsseite aufgerufen werden, die eine Kurzübersicht mit Informationen und Berechnungsformeln über sämtliche in Inventor implementierte Berechnungsvorschriften („Komponenten-Generatoren") enthält.

13.3 Formenbau (Werkzeugbau)

Die **Formenbau-Umgebung** bietet vor allem Funktionen für den Formenbau und die technische Ausgestaltung von Kunststoff-Spritzgussformen. Komplette Werkzeuge und viel Zubehör befinden sich in eigenen Bibliotheken und können um ein zu erstellendes Kunststoffteil herum funktionell angeordnet werden. Die Ausgestaltungsmöglichkeiten umfassen dabei u.a. die Anordnung mehrerer Kunststoffteile in einer Form, die Anordnung von Kernen, Angusspunkten und -kanälen, Kühlkanälen, Auswerfern, Seitenschiebern usw.

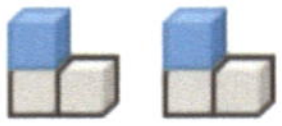

Mold Design (DIN).iam Mold Design (mm).iam

Aufgerufen wird diese Umgebung über eine eigene Baugruppen-Vorlage. Diese erstellt eine spezielle 3D-Baugruppe einer Spritzgussform für ein oder mehrere Kunststoffteile. Die Moldflow-Umgebung arbeitet ausschließlich mit einem festen Koordinatensystem! In Inventor ist eine Formöffnung standardmäßig an der positiven Z-Achse ausgerichtet, und sämtliche Funktionen der Arbeitsumgebung beziehen sich hierauf. Die Bauteile sollten also so vorbereitet werden, dass die Trennfuge für eine Form immer auf der XY-Ebene liegt.

HINWEIS: Ab der Inventor-Version 2022 wurden einige Funktionen und Werkzeuge (Formprozesseinstellungen, Material auswählen etc.) aus diesem Arbeitsbereich aus Sicherheitsgründen entfernt (siehe auch *Autodesk Webseite*). Verwiesen wird in Bezug auf Analyseergebnisse mit Inventor-Modellen auf die Anwendungen *Moldflow Adviser* und *Moldflow Insight*, die aber nicht zum Standardumfang von Inventor gehören.

Es ist eine neue Baugruppe mit der Vorlage *Mold Design(DIN).iam* anzulegen. In einem Dialogfenster werden in einem ersten Schritt Dateiname und Speicherort für die Formgestaltung eingegeben. Der vorgegebene Dateiname kann übernommen werden, und der Speicherort ist gegebenenfalls anzupassen. Mit **OK** startet anschließend die Arbeitsumgebung, in der die meisten Funktionen zu Beginn noch inaktiv sind.

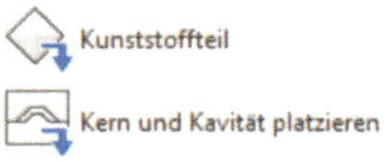

Einzig die Funktion **KUNSTSTOFFTEIL** bzw. **KERN UND KAVITÄT PLATZIEREN** ist aktiv gestellt. Der Unterschied besteht darin, dass zum einen eine Form direkt aus einem Kunststoffteil erzeugt werden kann und dass zum anderen eine Negativform (Kern und Kavität), die über die Standard-Bauteilumgebung erstellt wurde, geladen und hier weiterbearbeitet werden kann. Diese Vorgehensweise wird nachstehend zuerst vorgestellt.

HINWEIS: Kern und Kavität sind für Inventor die beiden Formhälften.

13.3.1 Bauteil-Negativform über die Baugruppenumgebung erzeugen

In der Baugruppe sind über **PLATZIEREN** bzw. **ERSTELLEN** das abzuformende Kunststoffbauteil und ein umhüllender Quader zu laden bzw. zu erzeugen. Das Erzeugen einer Negativform ist in Inventor nur über abgeleitete Komponenten möglich. Vom Prinzip her müssen hierfür zwei Volumenkörper vorhanden sein, die mithilfe der booleschen Operationen voneinander abgezogen werden.

Verdeutlicht werden soll das Vorgehen an einem Beispiel. Das Kunststoffteil ist hier ein Zughaken (*Kap_13_3_Zughaken.ipt*), der von einem Quader mit einer Grundfläche von **L = 420 mm**, **B = 200 mm** und einer Höhe von **H = 120 mm** umschlossen wird. Die **Extrusion** soll symmetrisch umgesetzt werden. Anzulegen ist die **2D-Skizze** für den Quader auf der XY-Ebene, damit die Ausrichtung für die spätere Verwendung in der Formbau-Umgebung stimmt.

Anschließend ist das Kunststoffteil, also der Haken, im Quader so auszurichten, dass es komplett abgedeckt wird. Um die spätere Verwendung im Formenbau zu gewährleisten, sollten alle Bauteile so positioniert sein, dass die XY-Ebene die Baugruppe im Hakenprofil mittig schneidet. Hierfür müssen gegebenenfalls Ursprungsebenen der Baugruppe und der Bauteile zueinander abhängig gesetzt werden.

Das Ergebnis kann mit der Auswahl **Drahtkörper** geprüft werden oder indem der Quader mit **ALT + T** auf transparent gesetzt wird. Alternativ kann dieses auch über das Kontextmenü (**rechte Maustaste**) erfolgen. Anschließend kann die Baugruppe gespeichert und geschlossen werden.

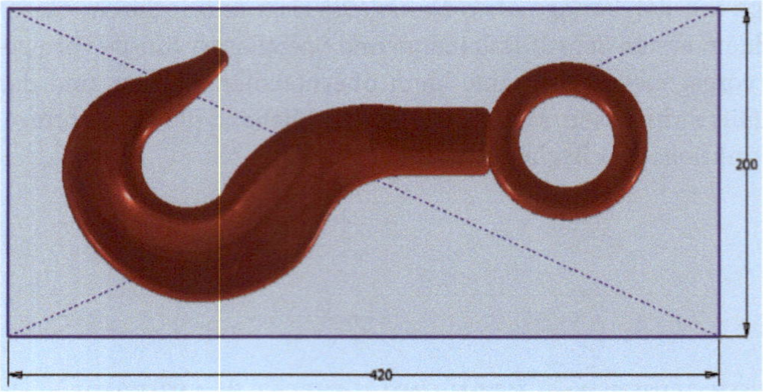

Ableiten

Im nächsten Schritt folgt das Anlegen einer neuen Bauteildatei mit dem Namen *Kap_13_3_Form_Zughaken.ipt*. Aus der Befehlsgruppe **Erstellen** kommt die Funktion **ABLEITEN** (siehe auch Abschnitt 5.4.9) zum Einsatz. Es öffnet sich ein Dialogfenster, in dem die gerade erzeugte Baugruppendatei (*Kap_13_3_Formenbau_Zughaken.iam*) auszuwählen ist.

Nun öffnet sich das Dialogfenster **Abgeleitete Baugruppe**. Hier ist über den angezeigten Strukturbaum ersichtlich, aus welchen Volumenkörpern diese Baugruppe besteht. Darüber befindet sich die Auswahlgruppe **Stil ableiten**, die das Verhalten der abgeleiteten Baugruppe bestimmt. Es stehen die folgenden vier Optionen zur Auswahl:

	Zusammenführung eines Volumenkörpers durch Verbindung planarer Flächen
	Erhaltung des Volumenkörpers durch Verbindung planarer Flächen
	Jeden Volumenkörper als Volumenkörper erhalten
	Einzelnes zusammengesetztes Element erhalten

Der **Status** zeigt an dieser Stelle ausschließlich an, welche Einstellungen direkt an den Komponenten im Strukturbaum vorgenommen werden können. Die Auswahlmöglichkeit ist hierbei abhängig vom eingestellten Stil.

Insgesamt sind die nachstehend aufgeführten fünf Einstellungen möglich.

	Schließt die ausgewählten Komponenten ein (Addition).
	Schließt die ausgewählten Komponenten aus.
	Subtrahiert die ausgewählten Komponenten.
	Schließt virtuelle Rahmen der ausgewählten Komponenten ein.
	Schneidet die ausgewählten Komponenten mit dem abgeleiteten Ergebnis.

TEIL III

Im Beispiel soll der Zughaken vom umhüllenden Quader abgezogen werden. Also ist der Stil **Erhaltung des Volumenkörpers durch Verbindung planarer Flächen** einzustellen. Vor dem Zughaken ist das **Minuszeichen** für das Subtrahieren einzufügen, was mit der Auswahl des Status erfolgt. Die Vorgabe wird mit **OK** abgeschlossen, und die Bauteildatei kann gespeichert werden.

Abschließend ist die erzeugte Negativform mit der Funktion **TRENNEN** in der Mitte, d. h. an der XY-Ebene, zu teilen (Registerkarte **3D-Modell**, Befehlsgruppe **Ändern**). Als Modus ist hier **Volumenkörper teilen** zu wählen, um beide Hälften zu behalten. Beim Trennen entstehen zwei Volumenkörper, die im Strukturbaum unterhalb des Eintrags **Volumenkörper** aufgeführt werden.

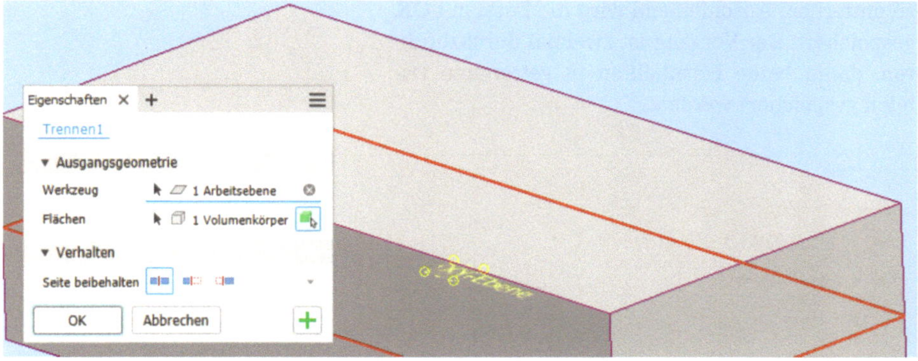

Im versteckten Bereich der Befehlsgruppe **Ändern** befindet sich die Funktion **KÖRPER VERSCHIEBEN**, mit der sich im Anschluss die eine Hälfte der geteilten Form in Relation zur anderen Hälfte neu positionieren lässt. Mit der Einstellung **Z-Versatz = 100 mm** wird die Trennung der beiden Volumenkörper visuell deutlich gemacht. Aus dem Quader und dem Haken wurde eine zweigeteilte Negativform erstellt.

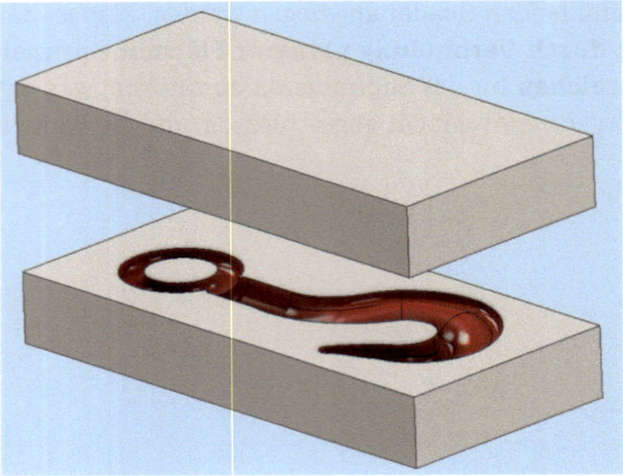

Der Mauszeiger kann nun jeweils auf die einzelnen Volumenkörper im Strukturbaum gesetzt werden. Mit dem Kontextmenü (rechte Maustaste) wird der Befehl **BAUTEIL ERSTELLEN** aufgerufen. Im Dialogfenster wird über die Optionen **Stil ableiten** und **Status** die entsprechende boolesche Operation angestoßen. Für die jeweiligen Volumenkörper ist ein neuer Bauteilname einzugeben und die Vorlagendatei festzulegen. Der Kontrollhaken bei **Bauteil in Zielbaugruppe platzieren** ist zu entfernen. Anschließend wird die Datei mit **OK** gespeichert. Der Vorgang ist zweimal durchzuführen, damit beide Formhälften in getrennten Dateien gespeichert werden.

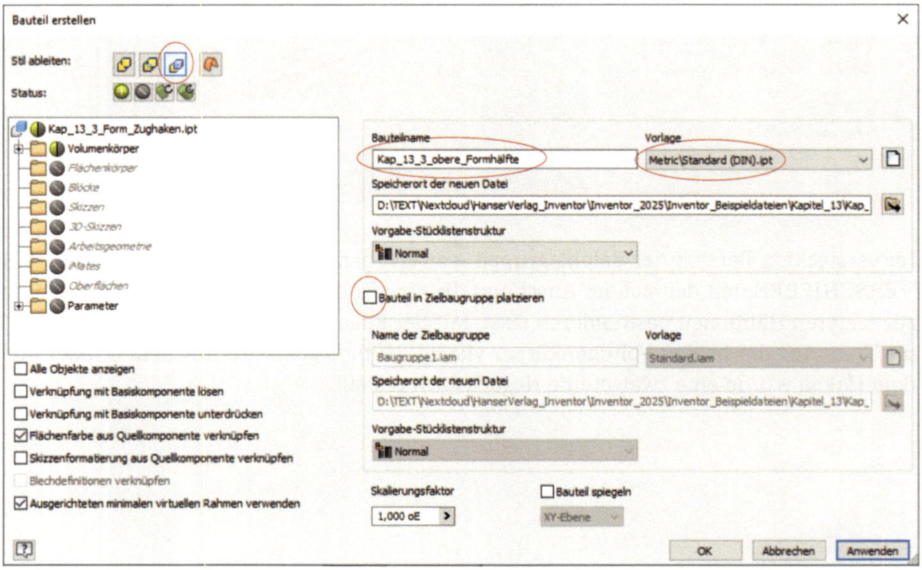

Damit wurden Kavität und Kern einer Spitzgussform über die Bauteilumgebung erstellt, und diese können nun in der Umgebung für den Formenbau geladen und mit den spezifischen Funktionen, wie Angusskanal, Kühlkanal etc., weiter vervollständigt werden.

13.3.2 Die Bauteilumgebung für den Formenbau

Vorgestellt werden an dieser Stelle die beiden vorab genannten Möglichkeiten mit der Verwendung der erzeugten Negativform bzw. des bereits fertigen Kunststoffgussteils.

13.3.2.1 Kern und Kavität platzieren

Kern und Kavität platzieren

Mit der Funktion **KERN UND KAVITÄT PLATZIEREN** sind die jeweiligen Dateien der Form auszuwählen. Es öffnet sich ein Dialogfenster, in dem der Produktname sowie Kerndatei und Kavitätsdatei vorzugeben bzw. zu wählen sind. Die zu erstellende Form wird als neues Produkt eingefügt.

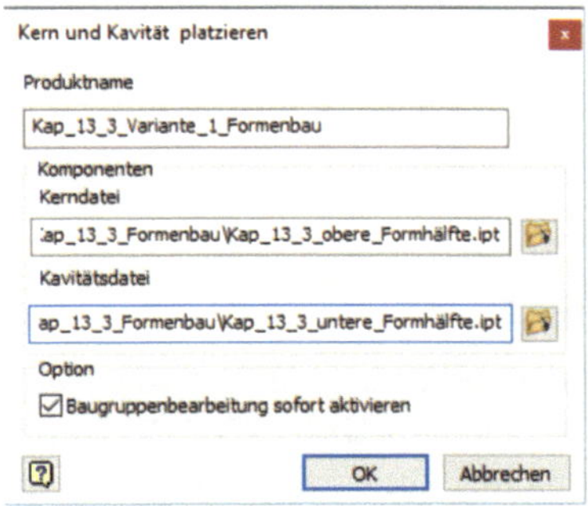

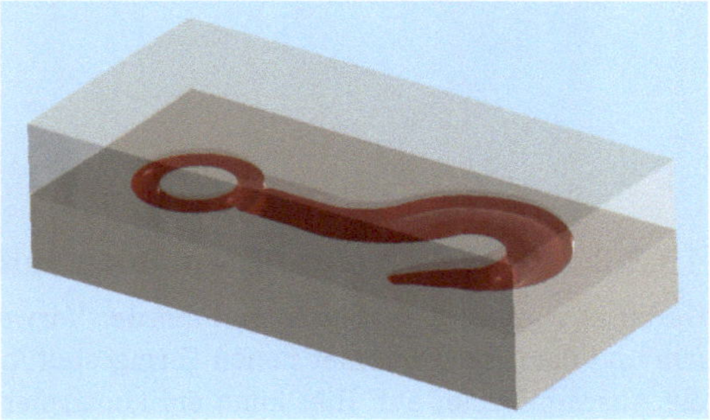

Durch den gesetzten Haken bei **Baugruppenbearbeitung sofort aktivieren** verzweigt Inventor direkt in die Baugruppenumgebung. Hier lassen sich noch Änderungen an den beiden Formhälften vornehmen. Über die Schaltfläche **ZURÜCK** in der Multifunktionsleiste wird wieder die Umgebung für den Formenbau verzweigt. Die zur Verfügung stehenden spezifischen Befehle sind nun auch nicht mehr ausgegraut.

Die Funktionen für den Formenbau sind unterhalb der Registerkarten **Form-Anordnung** und **Formbaugruppe** zusammengefasst. Hier erfolgen die spezifischen Einstellungen bzw. Arbeitsschritte, die im Prinzip der Reihe nach auszuwählen sind.

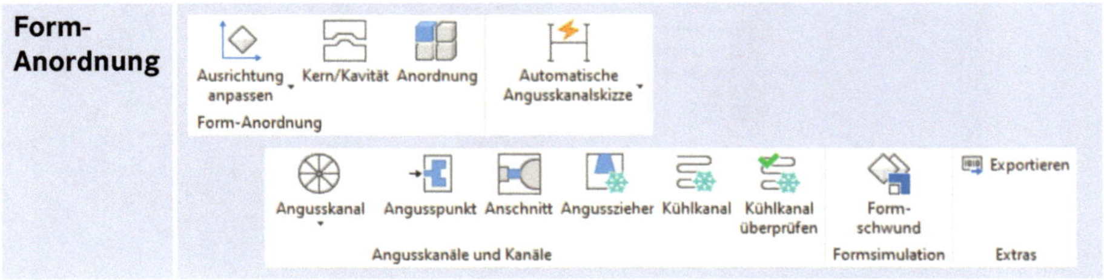

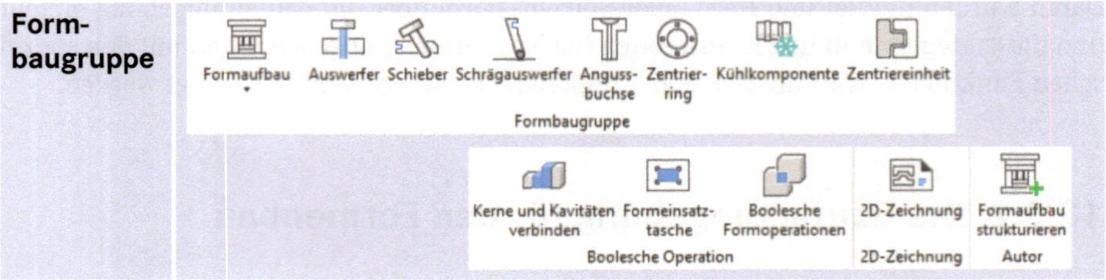

Kern/Kavität

Für die Erstellung der Gussformen steht der Befehl **KERN/KAVITÄT** zur Verfügung. Dieser Funktionsaufruf ergänzt noch eine weitere Registerkarte mit einer eigenständigen Werkzeugleiste, die weitere Funktionen, die teilweise bereits unterhalb der Registerkarte **Form-Anordnung** aufgeführt sind, zur Verfügung stellt.

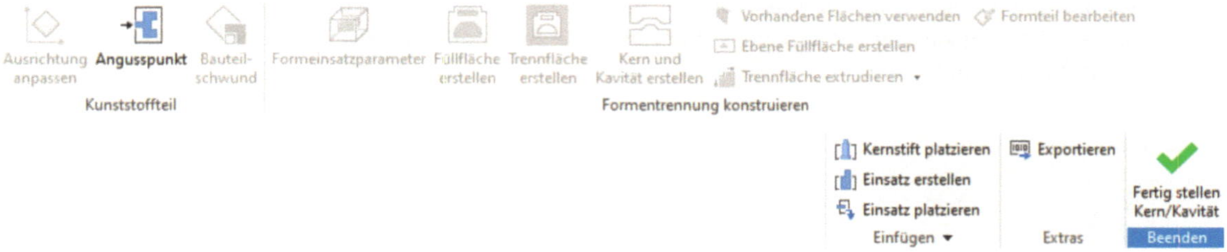

13.3.2.2 Erstellen einer Form innerhalb der Formenumgebung

Kunststoffteil

Gestartet wird auch in diesem Fall mit der Verwendung der Vorlage *Mold Design(DIN).iam* und dem Anlegen einer neuen Formgestaltung. Der Befehl **KUNSTSTOFFTEIL** ruft ein Auswahlfenster auf. Hier kann ein konstruiertes Bauteil ausgewählt und in die Arbeitsumgebung geladen werden (*Kap_13_3_Zughaken.ipt*; *http://plus.hanser-fachbuch.de*). Im sich öffnenden Dialogfenster **Kunststoffteil ableiten** werden neben den Volumenkörpern zwei Umgrenzungsflächen aufgeführt. Die beiden Umgrenzungsflächen beinhalten zum einen die äußere Kontur des Hakens auf einer Schnittebene, an der sich die spätere Formteilung orientieren soll, und zum anderen den kreisrunden Ausschnitt für das Auge des Hakens.

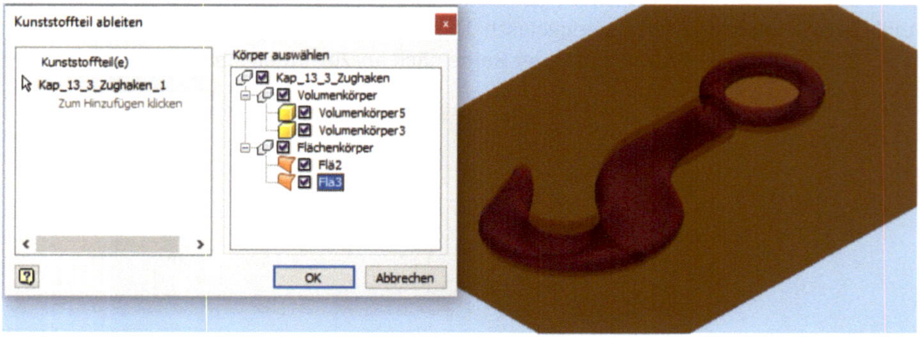

Inventor kann Trennflächen, welche die eigentliche Formteilung definieren, bereits mit dem Modell laden. Diese müssen zuvor jedoch in der **3D-Modellierung** erstellt werden. Beim Öffnen der ausgewählten Bauteildatei prüft Inventor die Inhalte. Sind neben dem Volumenkörper noch geeignete Flächen vorhanden, können diese ausgewählt werden. Im Dialogfenster **Kunststoffteil ableiten** sind entsprechend die beiden Flächenkörper auszuwählen.

Nach der Bestätigung mit **OK** wird der Zughaken grob positioniert. Über das Kontextmenü ist zum einen die **Zuordnung zum Ursprung** festzulegen und zum anderen **FERTIG STELLEN** zu betätigen. Das Bauteil erscheint nun im Strukturbaum unterhalb der **Formgestaltung**. Inventor konvertiert die Volumenkörper in den Typ Kunststoffteil, was u. a. durch das Rauten-Symbol im Strukturbaum angezeigt wird.

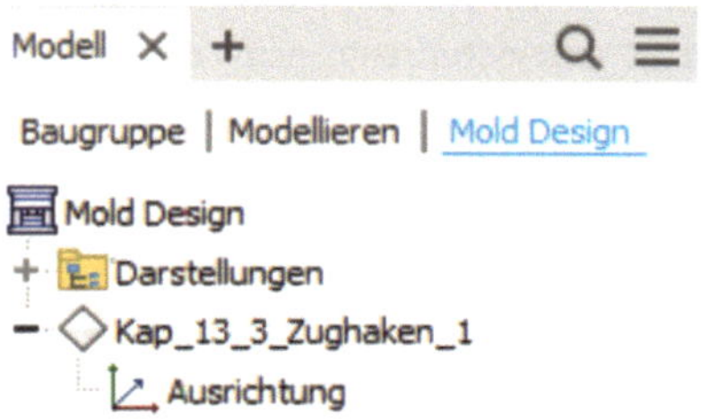

AUSRICHTUNG ANPASSEN passt die Öffnungsrichtung des Kunststoffteils an.

Nachdem ein Bauteil platziert wurde, kann mithilfe dieser Funktion festgelegt werden, wie die spätere Formöffnung ausgerichtet werden soll. In Inventor ist die Formöffnung standardmäßig an der positiven Z-Achse ausgerichtet. Wurde das Bauteil, wie eingangs beschrieben, auf der XY-Ebene modelliert bzw. ausgerichtet, sollte dieser Befehl nur noch eine Kontrollfunktion ausüben.

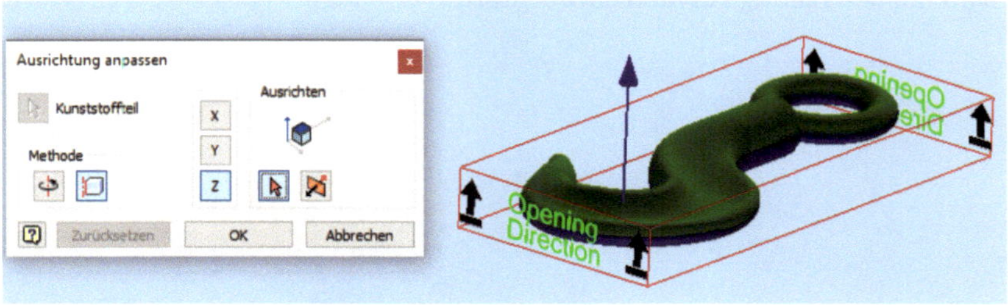

Viele Modelle werden jedoch häufig mit abweichenden Koordinatensystemen erstellt. Dann ist es erforderlich, die Ausrichtung manuell anzupassen. Mit der Schaltfläche **UM ACHSE DREHEN** können auch Bauteile ohne gerade Kanten neu ausgerichtet werden. Die Winkeleingabe muss mit dem **Anwenden**-Häkchen bestätigt werden.

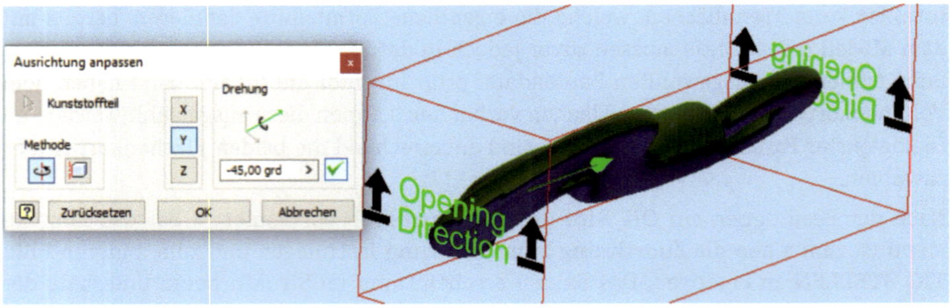

HINWEIS: Die Bedeutung der Ausrichtung sollte nicht unterschätzt werden. Insbesondere bei komplexen Bauteilen wird es ansonsten sehr schwierig, die später noch festzulegende Trennfläche zu beschreiben.

Unter der Registerkarte **Form-Anordnung** befindet sich der Befehl **KERN/KAVITÄT**, und hierüber werden anhand des geladenen Bauteils die beiden Formhälften modelliert.

Die Befehlsgruppe **Formtrennung konstruieren** enthält Funktionen, mit denen die eigentliche Form erstellt werden kann. Beispielsweise kann mit dem Befehl **FORMEINSATZPARAMETER** die umhüllende Form festgelegt werden, analog zum umhüllenden Quader, der in Abschnitt 13.1.1 erzeugt wurde.

Für die Form kann zwischen **Rechteckig** und **Zylinder** unterschieden werden. Die Hüllgeometrie kann durch Vorgabe der Gesamtabmessungen (bei **X_gesamt**, **Y_gesamt** und **Z_gesamt**) angegeben werden. Die Erweiterung des Dialogfensters bringt zusätzlich noch die Option, die Form mit Radien und Fasen anzupassen. Verwendet werden die gleichen Abmessungen vom Quader. Mit **X = 200 mm**, **Y = 420 mm** und **Z = 120 mm** werden die Außenmaße der Form festgelegt. Nach den Eingaben ist **OK** anzuklicken, und der Strukturbaum wird um den Eintrag **Formeinsatz** ergänzt.

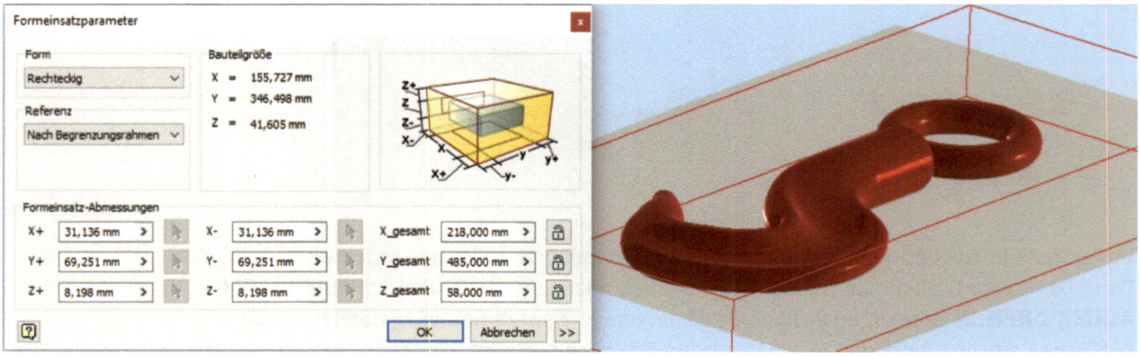

FÜLLFLÄCHE ERSTELLEN bzw. **TRENNFLÄCHE ERSTELLEN** sind weitere unterstützende Arbeitsschritte. Viele Kunststoffteile, beispielsweise Abdeckungen mit Bedienelementen, weisen Bohrungen oder andere Elemente auf, für die eine Füllfläche erforderlich wird. Hierfür steht die Funktion **Füllfläche erstellen** zur Verfügung. Inventor enthält ein Feature, mit dem Füllflächen automatisch gesucht werden.

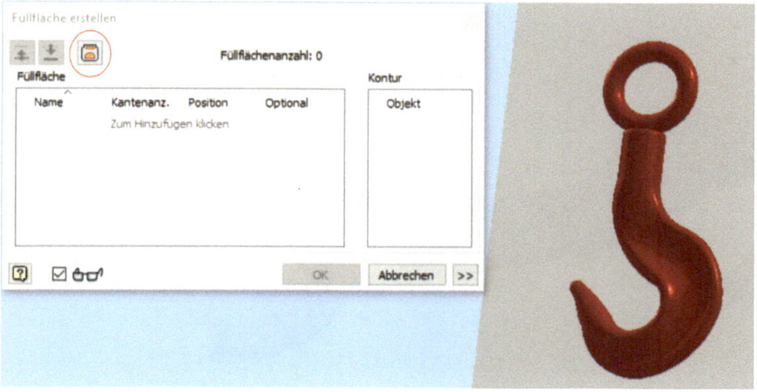

Ist die Suche nicht erfolgreich gewesen, kann mit dem Befehl **VORHANDENE FLÄCHEN VERWENDEN** eine manuelle Auswahl durchgeführt werden.

Mit diesem Befehl können auf schnelle und einfache Weise entweder Trenn- oder Füllflächen aus bestehenden Flächen abgeleitet werden. Voraussetzung ist jedoch, dass bereits bei der Bauteilkonstruktion geeignete Flächen angelegt wurden. Sofern diese Flächen mathematisch „sauber" definiert sind und das Kunststoffteil nicht durchdringen oder Lücken lassen, können diese Flächen dann genutzt werden, um den Formeinsatz in Kern und Kavität zu teilen.

Vorhandene Flächen verwenden

Für den Zughaken wurden zwei Umgrenzungsflächen definiert und zusammen mit dem Volumenkörper geladen: zum einen die äußere Kontur, zum anderen die Fläche im Auge des Zughakens. Die beiden Flächen werden jeweils für die Trenn- und die Füllfläche genutzt.

TEIL III

Analog zur Funktion **FÜLLFLÄCHE ERSTELLEN** gibt es den Befehl **TRENNFLÄCHE ERSTELLEN**. Eine Trennfläche definiert, wo und wie die Form geteilt wird, und stellt damit sicher, dass das Bauteil aus der Form entnommen werden kann. Inventor hält verschiedene Funktionen bereit, um die Trennfläche zu generieren. Es ist jedoch sicherzustellen, dass das Kunststoffteil zueinander stetige Kanten besitzt, die für die Funktion genutzt werden können.

Trennfläche erstellen

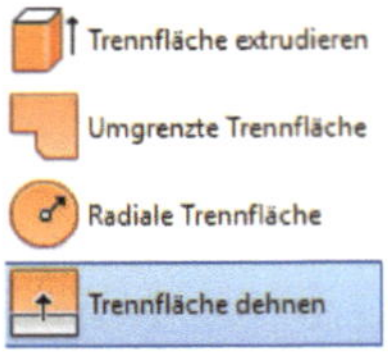

Die verschiedenen Funktionen für die Trennflächenerzeugung können beliebig kombiniert werden. Die Richtung ist jeweils für die gewählte Kante einstellbar (**X**, **Y**, –**X**, –**Y**).

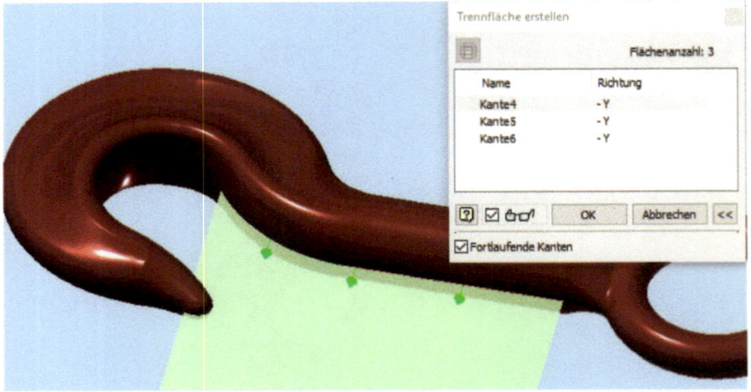

HINWEIS: Eine Trennfläche darf man sich bei komplexen Bauteilen nicht als eine homogene Fläche vorstellen. Sie setzt sich aus verschiedenen Flächen-Elementen zusammen, welche die Kontur komplett umschließen müssen. Außerdem reagiert Inventor sehr empfindlich, wenn die Flächen in das Bauteil hineinragen. Auch dann gibt es Fehlermeldungen, denen zu folgen ist.

Kern/Kavität

Nach einer erfolgreichen Definition der kompletten Trennflächen kann die Funktion **KERN UND KAVITÄT** erstellen aufgerufen werden. Das Dialogfenster enthält zwei Registerkarten. Zum einen die **Vorschau** und zum anderen die **Trennungsdiagnose**. Die Schaltfläche **VORSCHAU/DIAGNOSE** erstellt dabei eine „Trennungsdiagnose" und gibt an, wo noch Probleme auftreten. Als Reparaturtoleranz ist der Wert **0,01 mm** eingestellt, und als Ergebnis der Diagnose wird angezeigt, dass bei dieser Einstellung noch nachgearbeitet werden muss (ein maximaler Abstand beträgt **0,04496 mm**). Neben der Korrektur bei den Trennflächen besteht die Möglichkeit, die **Reparaturtoleranz** zu verändern. Es wird wieder die Registerkarte **Vorschau** aktiviert, und eine größere Toleranz von **0,06 mm** führt nun zum erhofften Ergebnis.

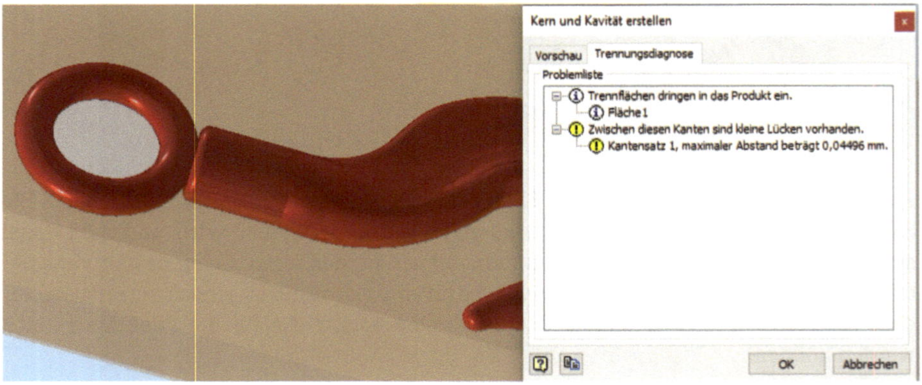

Bei einem erfolgreichen Teilen des Formeinsatzes bzw. auch wenn die beiden Formhälften direkt geladen wurden, wird die Kavität, also das Oberteil, transparent dargestellt. Zusätzlich werden bei dieser Vorgehensweise unterschiedliche Farben verwendet. Optisch ist die Trennebene sofort erkennbar und kann über den Schieberegler **Körpertrennung** in der **Vorschau** gesteuert werden.

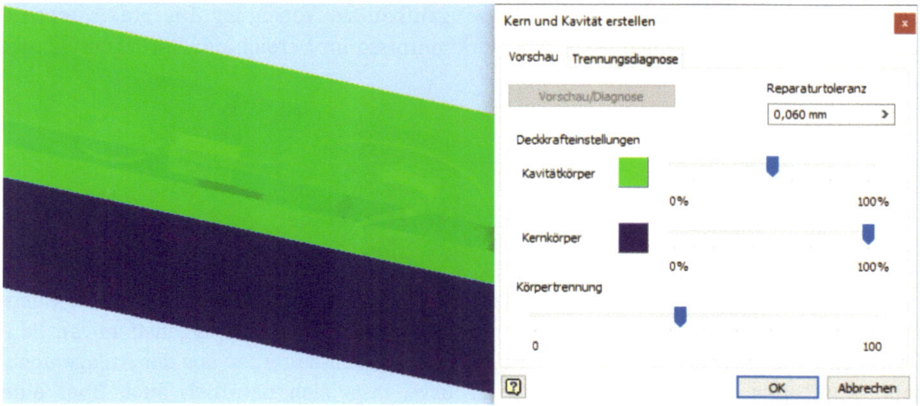

13.3.2.3 Weitere Funktionen in der Form-Umgebung

Weitere für eine Spritzgussform wichtige Elemente sind **Angusspunkt**, **Angusskanal**, **Kühlkanal** usw. Bei jeder der Funktionen gibt es jeweils eigene Dialogfelder, die hier nicht vorgestellt werden. Exemplarisch wird nur kurz das Platzieren von Kernstiften vorgestellt.

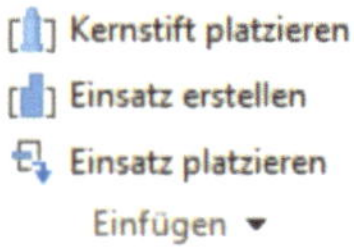

In den meisten Fällen werden Kernstifte in einer Kunststoffform befestigt und dienen dazu, dem Teil eine gewünschte Form zu verleihen. Ein Loch oder Innendurchmesser wird beispielsweise in einem Gussteil erzeugt, indem ein Kernstift in die Kavität eingeführt wird. Die Definition erfolgt über den Befehl **KERNSTIFT PLATZIEREN**, und es startet wieder ein Dialogfeld mit den notwendigen Festlegungen. Die Platzierung der Kernstifte ähnelt dabei der von Bohrungen.

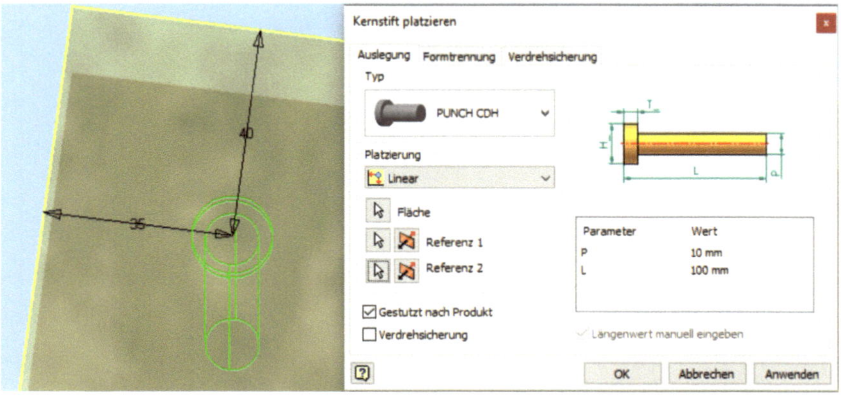

> **HINWEIS:** An dieser Stelle wird deutlich, ob eine falsche Ausrichtung gewählt wurde. Für die Platzierung der Elemente lassen sich nur Positionen auf der XY-Ebene auswählen und als Referenz auch nur entsprechende Kanten.

Dem Konstrukteur oder der Konstrukteurin von Spritzgussformen stehen insgesamt umfangreiche Funktionen bis hin zum Werkzeugaufbau zur Verfügung. Die praxisgerechte Anwendung der Funktionen setzt gute Vorkenntnisse im Bereich der Spritzgusstechnik voraus.

13.4 Rohre und Rohrleitungen

Die Rohr- bzw. Leitungsverlegung, die an jeder Maschine mit hydraulischen oder pneumatischen Funktionen zum Einsatz kommt, zählt ebenfalls zu den eigenständigen Baugruppenumgebungen von Inventor. Eine Verrohrung von Bauteilen aus der Anlagentechnik, wie Tanks, Pumpen, Wärmetauscher usw., lässt sich natürlich auch über eine „klassische“ Baugruppe in Inventor abbilden. Insbesondere bei der „Verlegung“ der Rohrleitungen wird der Anwender jedoch gegebenenfalls feststellen, dass eine Umsetzung dann mit mehr Aufwand verbunden sein kann.

Rohr und Leitung

Nach der konstruktiven Fertigstellung der mit Rohren zu verbindenden Bauteile und/oder Baugruppen kann mit dem Verlegen der Rohrleitungen in der eigenständigen Inventor-Umgebung begonnen werden. Nur in der geöffneten Baugruppenumgebung und nicht in der Bauteilumgebung steht unter dem Register **Umgebungen** der Funktionsaufruf **Rohr und Leitung** in der Befehlsgruppe **Beginnen** zur Verfügung.

Der Baugruppe wird mit **Neue Route** ein Rohr- oder Leitungsverlauf als Skelett-Modell hinzugefügt. Anschließend kann dieser Verlauf mit den entsprechenden Rohr- bzw. Leitungselementen, Fittings usw. aus dem Inhaltscenter ergänzt werden.

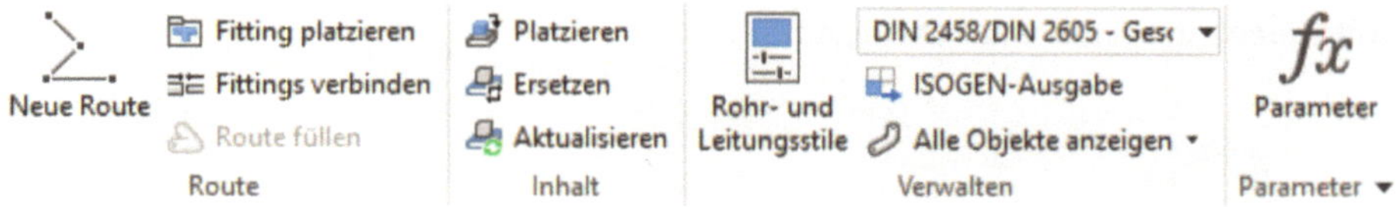

13.4.1 Rohr- und Leitungsverlauf

Rohr und Leitung

Der Befehl **ROHR UND LEITUNG** öffnet zunächst ein Dialogfenster mit verschiedenen Eingabe- und Auswahlfeldern für Dateinamen und Ordner. Neben Ergänzungen im Strukturbaum legt Inventor für den Rohr- und Leitungsverlauf einen eigenen Ordner und eigenständige Dateien an dem hier gewählten Speicherort an. Mit **OK** werden die Einstellungen übernommen.

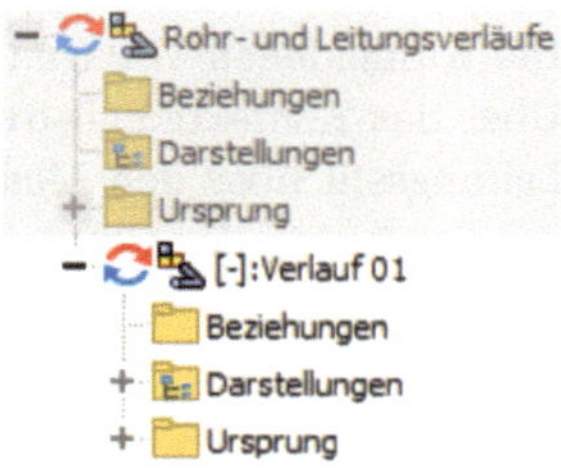

Im Strukturbaum wird ein adaptiv gekennzeichneter Ordner (*Rohr- und Leitungsverläufe*) mit den Kategorien **Beziehungen**, **Darstellungen** und **Ursprung** ergänzt. Darunter wird der zuvor vorgegebene Verlaufsdateiname (*Verlauf01*) ergänzt, ebenfalls mit den bekannten Kategorien **Beziehungen**, **Darstellungen** und **Ursprung**. Der Rohr- und Leitungsverlauf bringt also eigene Koordinatenebenen und -achsen mit, die nicht mit den Koordinaten der Baugruppe verbunden sind.

TIPP: Mit einem Doppelklick mit der linken Maustaste auf den obersten Eintrag der Baugruppe kann im Strukturbaum zurück zur Baugruppenumgebung gewechselt werden. Nun lassen sich die Ursprungsebenen mit **Abhängigkeit** jeweils auf **Baugruppenebene** und *Verlauf01* in Beziehung setzen und zueinander ausrichten. Damit sind wieder vergleichbare Zuordnungen möglich.

Rohr- und Leitungsstile

Zentrales Element der Arbeitsumgebung **Rohr und Leitung** sind die **ROHR- UND LEITUNGSSTILE**. Hierüber wird gesteuert, welche genormten Elemente (z. B. Fittings) für die geplante Rohrverlegung zur Verfügung stehen und welcher Rohrdurchmesser vorgegeben ist.

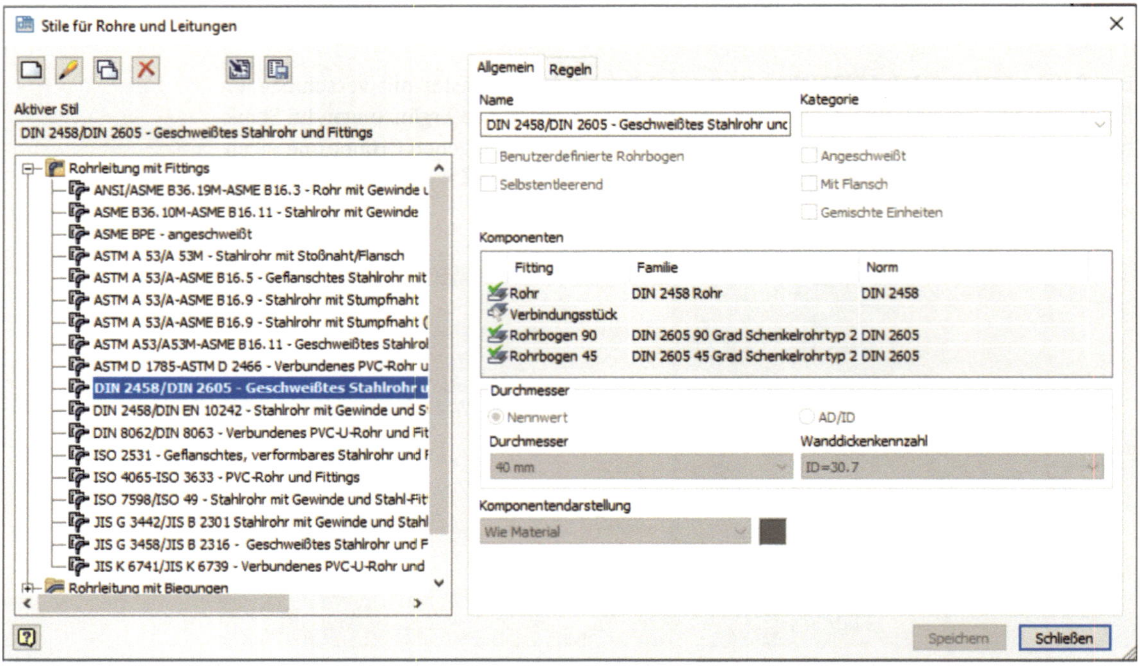

Die vorhandenen Vorlagen decken ein breites Angebot an Normen und Vorschriften ab. Über das Kontextmenü (rechte Maustaste) erfolgt die Festlegung für einen Rohr- und Leitungsstil über den Menüpunkt **AKTIV** (**rechte Maustaste**, Kontextmenü). Im Beispiel stehen in der aktiven Vorlage neben dem **Rohr** und dem **Verbindungsstück** noch **Rohrbögen** über **90°** und **45°** zur Verfügung. Der eingestellte Rohrdurchmesser beträgt **40 mm**.

Neben der Verwendung der Vorlagen besteht auch die Möglichkeit, eigene Stile anzulegen. Der einfachste Weg hierfür ist, eine Kopie eines Stils anzulegen, diese hinsichtlich des zu verwendenden Durchmessers anzupassen und unter einem eigenen Namen abzuspeichern. Jede Route kann dabei ihren eigenen Stil haben.

13.4.2 Beispiel – Verrohrung eines Tanks mit einer Pumpe

Auch diese Arbeitsumgebung soll anhand eines Beispiels vorgestellt werden. Ein Tank auf einer Plattform ist mit einer Pumpe zu verrohren. Hierfür sollen zunächst die zu verrohrenden Bauteile vorbereitet und anschließend in der gesonderten Umgebung verbunden werden. Für die Umsetzung sind drei Rohrleitungsverläufe geplant. Zum einen gilt es, die Verbindung zwischen Pumpe und Tank herzustellen, zum anderen den Zulauf zur Pumpe und den Ablauf vom Tank.

Die Bauteile bzw. Baugruppen der Bodenfläche, des Tanks mit den beiden Tankstutzen sowie die Pumpe stehen im Download-Bereich (*plus.hanser-fachbuch.de*) zur Verfügung. Diese lassen sich teilweise aber auch mit den nachstehenden Daten modellieren.

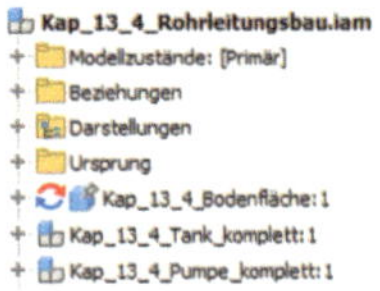

Die Bauteile (Tank, Pumpe etc.) sollen auf einer Plattform montiert und positioniert werden, die als Quader mit den Maßen: **2500 × 1800 × 50 mm** zu erzeugen ist. Abzuspeichern ist die Bauteildatei unter dem Namen *Kap_13_4_Bodenfläche.ipt*.

Der Tank mit den Tankstutzen wird als Bauteil bzw. Baugruppe modelliert. Die Außenmaße des rechteckigen Tanks betragen **1200 × 800 × 1500 mm**. Der Tank kann über den Befehl **WANDUNG** mit der Wandstärke **10 mm** als Hohlkörper ausgeführt werden und besitzt für den Ein- und Auslass Bohrungen mit aufgesetzten Rohrabschnitten. Für den Zulauf an der Seitenwand oben links befindet sich der Bohrungsmittelpunkt jeweils **150 mm** von den Kanten. Der Bohrungsdurchmesser beträgt **d = 54,5 mm**. Für den Ablauf an der Vorderseite unten links wird der Bohrungsmittelpunkt **200 mm** von der Seitenkante und **185 mm** von der Unterkante platziert. Der Bohrungsdurchmesser beträgt **d = 107,1 mm**. Gespeichert wird das Bauteil unter *Kap_13_4_Tank.ipt*.

Anzulegen ist nun eine Baugruppe (*Kap_13_4_Tank_komplett.iam*), in der die Bauteildatei des Tanks geladen wird. Ergänzt wird der Tank mit einem aufgesetzten Rohrabschnitt. Die Länge beträgt **80 mm** und der Außendurchmesser **60,3 mm**. Der Innendurchmesser mit dem Maß von **d = 54,5 mm** kann als projizierte Geometrie (siehe Abschnitt 4.6.7) vom Tank übernommen werden. Analog hierzu wird ein zweiter aufgesetzter Rohrabschnitt (Länge von **80 mm** und Außendurchmesser von **114,3 mm**) an der unteren Bohrung ergänzt.

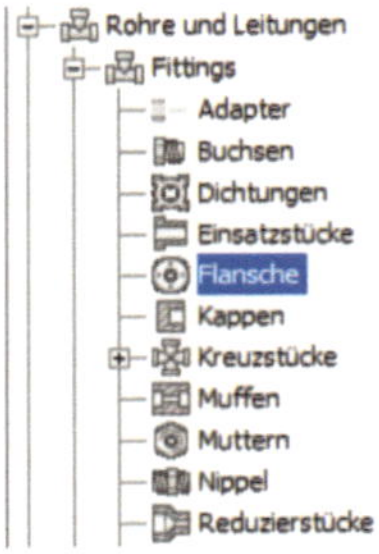

Um Baugruppen mit Anschlusskomponenten, wie z. B. Anschlussflansche oder Nippeln, für die Verrohrung zu versehen, können vordefinierte Komponenten für den Anlagen- und Rohrleitungsbau aus dem Inhaltscenter (siehe Abschnitt 6.3 und Abschnitt 11.1) in die Baugruppe geladen und positioniert werden. Benötigt werden genormte Flansche für den Tankbau. Die hier modellierten Rohrabschnitte werden mit jeweils einem Flansch verbunden. Die Ausführung kann beispielsweise auch als Schweißbaugruppe (siehe Abschnitt 13.2) umgesetzt werden.

Die genormten Flansche werden aus dem Inhaltscenter unter der Kategorie **Flansche** geladen sowie bündig und zentrisch zu den Rohrabschnitten positioniert.

- Zulauf: **DIN EN 1092-1 Schweißhalsflansch Typ 11 – PN 16 M50**
- Ablauf: **DIN EN 1092-1 Schweißhalsflansch Typ 11 – PN 16 M100**

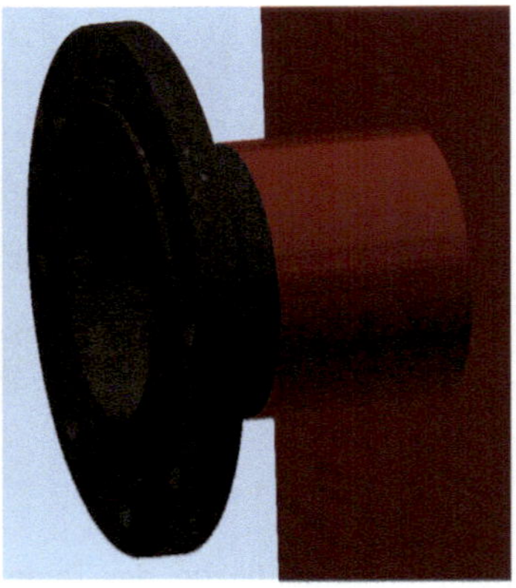

Damit ist die Modellierung des Tanks abgeschlossen.

Die Pumpe ist aufwendiger zu modellieren, und es empfiehlt sich, diese aus dem Download-Bereich des Hanser-Verlags herunterzuladen.

Anzulegen ist nun eine Baugruppendatei, in der Bodenfläche, Tank und Pumpe positioniert und zueinander ausgerichtet werden (*Kap_13_4_Rohrleitungsbau.iam*).

Der Tank wird zur rechten Seitenkante und Hinterkante bündig mit der Funktion **ABHÄNGIGKEIT** auf der Bodenplatte/Plattform positioniert.

Die Pumpe wird im Abstand von **100 mm** von der vorderen Plattformkante und im Abstand von **142,5 mm** von der linken Plattformkante mit 3D-Abhängigkeiten positioniert.

Die Pumpe wird mit sechs Schrauben (**DIN EN ISO 4762 M12 × 45** und **DIN EN ISO 4762 M14 × 45**) mit der Bodenfläche verschraubt. Vorab sind entsprechende Gewindebohrungen in die Plattform einzubringen.

Die genormten Dichtungen für die Flansche am Tank und an der Pumpe können wieder aus dem Inhaltscenter geladen werden. Mit der Funktion **ABHÄNGIGKEIT** werden diese auf den Flanschen bündig und zentrisch platziert. Für die bessere Sichtbarkeit kann als Darstellung eine andere Farbe gewählt werden.

- **ISO 7483 Nichtmetallische Flachdichtung, innerhalb des Bolzenkreises – ISO PN 10 M50-1,2**
- **ISO 7483 Nichtmetallische Flachdichtung, innerhalb des Bolzenkreises – ISO PN 10 M100-1,2**

Der Rohrhalter steht auf einer Grundplatte mit den Maßen **612 × 200 × 30 mm**. Er soll die noch zu erzeugenden Rohre abstützen. Die Formgebung für die Aufnahme der Rohre erfolgt **adaptiv** (siehe Abschnitt 5.9) und entsprechend erst nach dem Erstellen der Rohrleitungen.

Damit sind die Vorbereitungen soweit abgeschlossen, und es kann in die Arbeitsumgebung **Rohr und Leitung** gewechselt werden.

13.4.2.1 Leitungsverlauf des Pumpenzulaufs erstellen

Mit dem Wechseln in die Arbeitsumgebung **ROHR UND LEITUNG** wurde der *Verlauf01* angelegt, in dem die erste Rohrverbindung angelegt wird, welche die Zulaufleitung zur Pumpe dargestellt. Für die Zulaufleitung soll zunächst ein Flansch als Endstück des Zulaufrohrs verbaut werden.

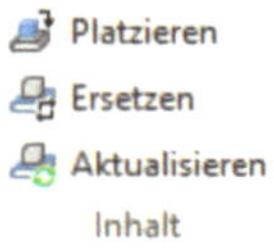

Die Befehlsgruppe **Inhalt** steht in Verbindung mit dem Inhaltscenter. **PLATZIEREN** ruft dieses auf. Nach Auswahl eines Fittings oder einer Verbindung wird das Bauteil in die aktuelle Arbeitsumgebung geladen. Die eingefügten Komponenten werden dann unterhalb des aktiven **Verlaufs** (hier *Verlauf01*) im Strukturbaum eingetragen.

Die dort aufgeführten Komponenten können zusätzlich mit dem Befehl **ERSETZEN** ausgetauscht werden. Die Funktion **AKTUALISIEREN** versorgt veraltete Normbauteile mit den neuesten Daten aus dem Inhaltscenter.

Als Gegenstück für den an der Pumpe vorhandenen Flansch wird über die Funktion **PLATZIEREN** aus dem Inhaltscenter ein passender Flansch des Typs **DIN EN 1092-1 Schweißhalsflansch Typ 11 – PN 16 M100** geladen.

FITTINGS VERBINDEN ist eine stark vereinfachte Möglichkeit, die Komponenten an einer vorgesehenen Position zu verankern. Auszuwählen sind jeweils nur **Fitting** und **Ausrichtung**. Das Bohrbild der Verschraubung des Fittings und die axiale Position werden von Inventor korrekt zugeordnet. Mit der Funktion **FITTINGS VERBINDEN** erfolgt nun eine Verbindung zwischen Flansch und Flachdichtung. Als **Freies Fitting** wird der gerade eingefügte Flansch ausgewählt, und als **Basis-Fitting** ist die Flachdichtung auszuwählen. Die Richtungspfeile müssen hierfür immer zum jeweiligen Gegenstück zeigen.

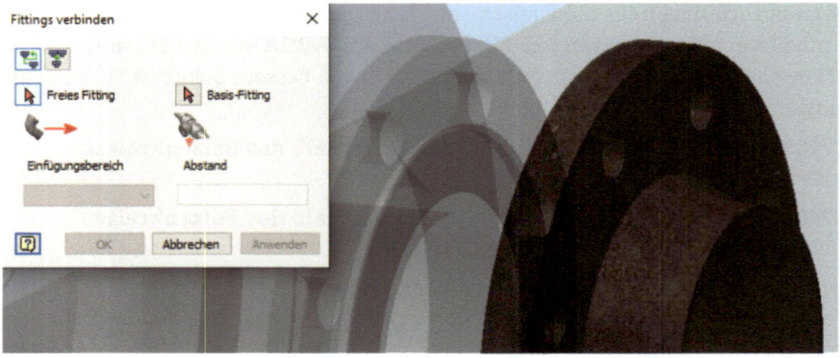

Die Fitting-Verbindung erzeugt keinen eigenen Eintrag im Strukturbaum. Änderungen sind aber über das Kontextmenü des Flansches unter dem Befehl **FITTING VERBINDUNGEN BEARBEITEN** möglich.

Fitting platzieren
Fittings verbinden
Route füllen

Alternativ zum Laden von Komponenten aus dem Inhaltscenter kann mit dem Befehl **FITTING PLATZIEREN** eine zuvor erstellte Bauteildatei in die Arbeitsumgebung geladen werden.

Neue Route

Bevor das Rohr zum Flansch hinzugefügt wird, muss die Route des Rohrs, also der Verlauf, definiert werden. Dieses erfolgt mithilfe eines Linienzugs und ist Grundlage für die dann anstehende Verrohrung. Routen beschreiben somit einen Weg von „A“ nach „B“.

Mit dem Befehl **NEUE ROUTE** öffnet sich eine eigene Befehlsleiste zum Erstellen der Routen, nachdem zuvor der Speicherort der Route über ein Dialogfeld festgelegt wurde.

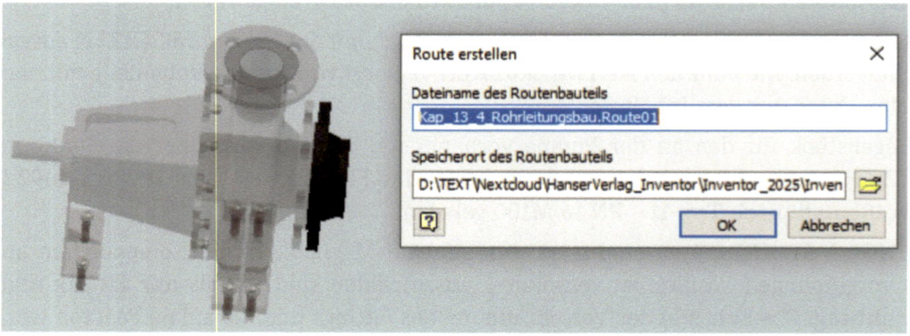

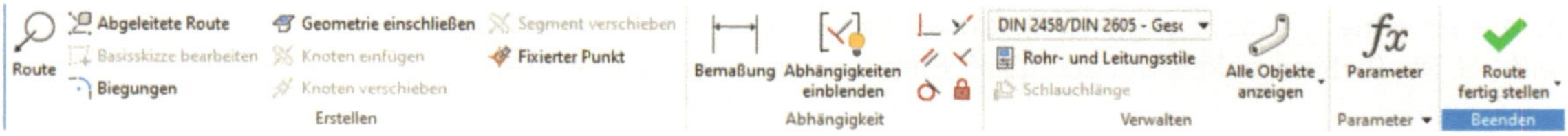

Route

Mit dem Befehl **ROUTE** wird diese direkt im 3D-Konstruktionsraum angelegt. Für den Startpunkt ist ein Punkt zu selektieren. Die Anzeige eines Abstandsmaßes unterstützt hierbei die Festlegung.

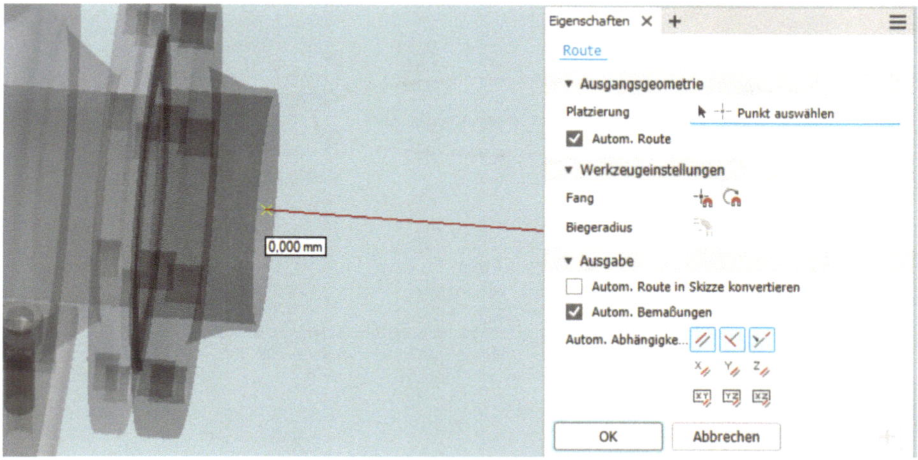

Als Startpunkt kann der von Inventor identifizierte Mittelpunkt des Fittings bzw. des Flansches gewählt werden. Über das Kontextmenü (bei geöffnetem Dialogfenster!) kann mit **Abstand eingeben...** eine Länge von **1963 mm** eingestellt werden, sodass die Route bis zum Ende der Plattform reicht. Am Endpunkt der Linie erscheint jetzt ein Koordinatensystem, mit dem der weitere Routenverlauf bestimmt werden kann. Da die Route hier nur aus einer Linie bestehen soll, kann über **OK** der Vorgang abgeschlossen werden.

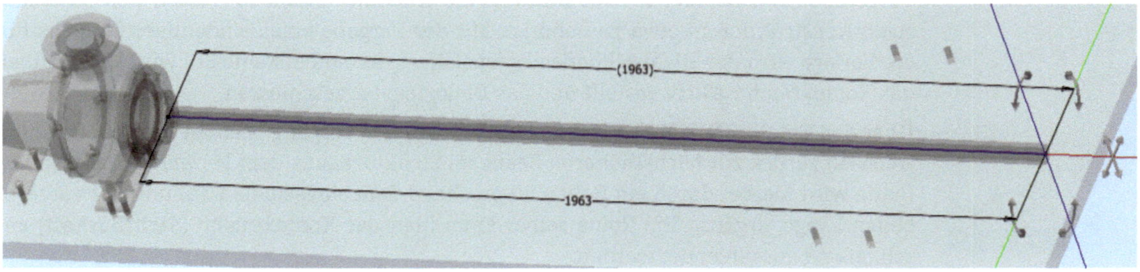

Über die Befehlsgruppe **Verwalten** kann jetzt der zu verwendende **Rohr- und Leitungsstil** eingestellt werden. Abweichend zum bisher eingestellten Rohrdurchmesser (**d = 40 mm**) haben die Rohre für den Zulauf zur Pumpe sowie für den Ablauf vom Tank einen Durchmesser von **d = 100 mm**. Es wird also ein weiterer Rohr- und Leitungsstil benötigt.

In der folgenden Abbildung sind die wesentlichen Funktionen zum **Kopieren** und zum **Bearbeiten** der Vorlagen markiert. Es ist eine Kopie der Vorlage **DIN 2458/DIN 2605 Geschweißtes Stahlrohr und Fittings** anzulegen. Im Anschluss können über die Funktion **BEARBEITEN** der Durchmesser und die Wanddickenkennzahl eingestellt werden.

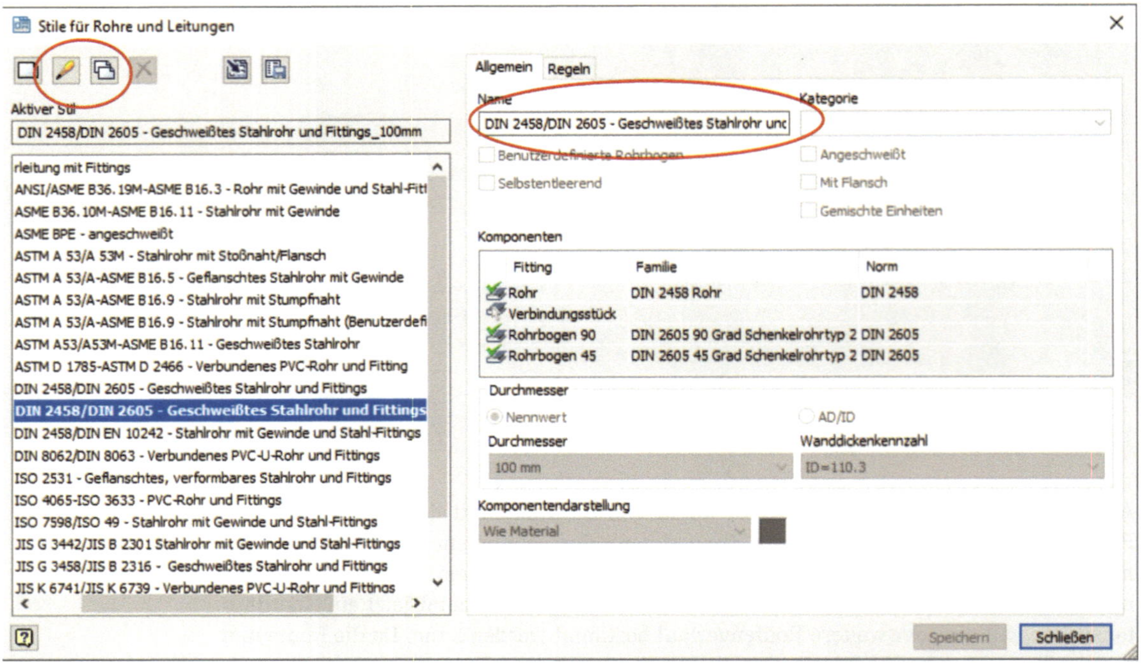

Vorgegeben werden hier **d = 100 mm** und die Wanddickenzahl **ID = 110.3**, was zur bisherigen Konstruktion in etwa passend ist. Mit der Vergabe eines eindeutigen Namens für die Vorlage wird der Stil abschließend gespeichert, der neu erstellte Stil wird wieder über das Kontextmenü **Aktiv** gestellt und das Dialogfenster geschlossen.

Über den Befehl **ROUTE FERTIG STELLEN** kann der Vorgang beendet werden. Inventor wechselt zurück zur nächsthöheren Ebene im Strukturbaum, dem *Verlauf01*. Die erstellte Route wird hierbei durch ein Rohr, entsprechend dem eingestellten Stil und der vorgegebenen Länge, ergänzt. Die Route selber kann über das Kontextmenü (**Sichtbarkeit**) anschließend ausgeblendet werden.

Wird das erzeugte Rohr nicht angezeigt, kann es über den Befehl **ROUTE FÜLLEN** (Befehlsgruppe **Route**) sichtbar gemacht werden. Entsprechend dem eingestellten Rohr- und Leitungsstil wird hierüber die Route durch ein passendes gerades Stück Rohr ersetzt.

Abschließend werden noch die Verschraubungen ergänzt. Der Flansch der Pumpe und der Flansch vom erzeugten Rohr werden mit insgesamt acht Schrauben und Muttern verbunden. Die Normteile werden jeweils aus dem Inhaltscenter geladen.

- **Sechskantschraube DIN EN 28676 M18×1,5×50 (ISO 8676)**
- **Sechskantmutter DIN EN 24032 M18 (ISO 4032)**

13.4.2.2 Leitungsverlauf des Tankablaufs erstellen

Leitungsverlauf erstellen

Für das zweite Rohrstück (**Ablauf vom Tank**) ist über die Funktion **LEITUNGSVERLAUF ERSTELLEN** eine neue Verlaufsgruppe anzulegen. Es öffnet sich wieder das Dialogfenster **Verlauf erstellen**, in dem der Dateiname von Inventor hochgezählt wurde. Der Name kann aber auch individuell vorgegeben werden. Analog zum ersten Leitungsverlauf kann mit **PLATZIEREN** ein weiterer Flansch des Typs **DIN EN 1092-1 Schweißhalsflansch Typ 11 – PN 16 M100** aus dem Inhaltscenter geladen und mit dem baugleichen Flansch des Tanks verbunden werden. Um den Flansch gleich beim Platzieren zu verbinden, kann über das Kontextmenü beim Einfügen **FITTING VERBINDEN** gewählt werden, sodass nur noch das feste Fitting ausgewählt werden muss.

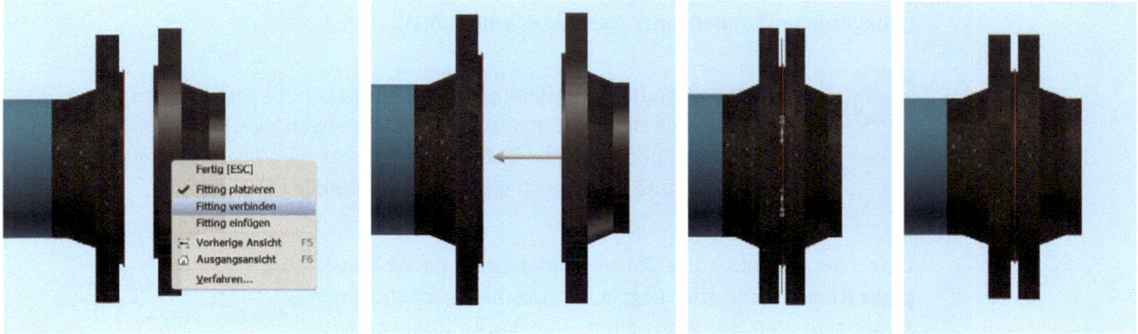

Mit dem Befehl **NEUE ROUTE** wird wieder das Dialogfenster mit dem Dateinamen und Speicherort des Routenbauteils geöffnet. Die Vorgaben sind mit **OK** zu bestätigen, und anschließend wird die Multifunktionsleiste zum Erstellen angezeigt. Der Befehl **ROUTE** legt wieder den Verlauf der **Route** fest. Nach der Wahl des Flansches als Startpunkt und der Auswahl von **ABSTAND EINGEBEN** (**rechte Maustaste**, Kontextmenü) erfolgt die Eingabe von **200 mm**. Am Endpunkt wird wieder ein Koordinatensystem eingeblendet, das dabei hilft, weitere Punkte zu setzen. Je nach gewünschter Richtung können nun dünne Linien des Koordinatensystems mit der Maus angewählt werden (**ohne** Betätigung der linken Maustaste). Über das Kontextmenü wird wieder **ABSTAND EINGEBEN...** gewählt und das Längenmaß **1000 mm** eingegeben. Nach Auswahl der Richtung kann über das Kontextmenü der Route aber auch **PUNKTFANG** ausgewählt werden (siehe folgende Abbildung).

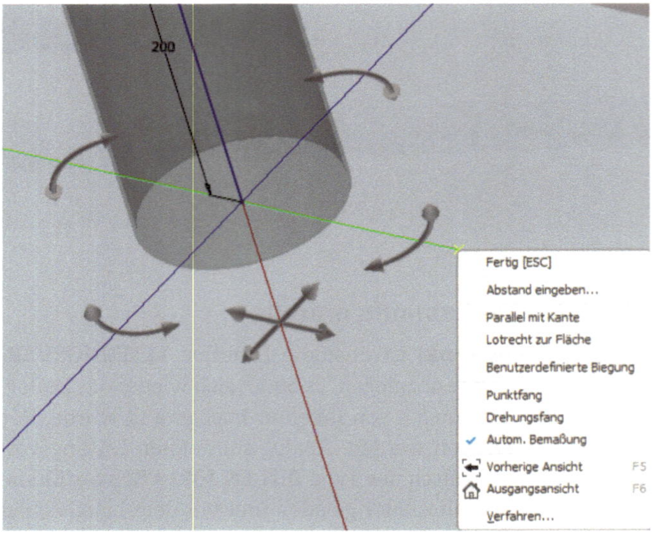

Im Anschluss lässt sich ein Punkt wählen, und nach Bestätigung mit der linken Maustaste verlängert Inventor die Route bis zu diesem. Der neue Routenabschnitt wird dabei in einer hellblauen Farbe dargestellt, was bedeutet, dass für diesen Abschnitt noch Freiheitsgrade vorhanden sind (siehe Abschnitt 4.6.1).

HINWEIS: Neben den Koordinatenachsen sind auch die angezeigten Symbole, beispielsweise für die Rotation um eine Achse, verwendbar. Die Symbole lassen sich auswählen, und über die Tastatur kann direkt ein Winkel vorgegeben werden, dem die Route folgt, wenn sie nicht rechtwinklig verlaufen soll.

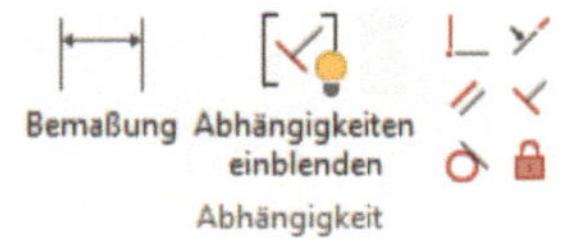

Unter der Registerkarte **Route** (Befehlsgruppe **Abhängigkeit**) steht nur eine begrenzte Anzahl an möglichen Abhängigkeiten zur Verfügung. Das Verknüpfen eines Routenabschnitts mit der Funktion **ABHÄNGIGKEITEN EINBLENDEN** ist auch nur mit Bezug zu Elementen und Komponenten möglich, die unterhalb der jeweils aktiven Ebene im Strukturbaum (hier *Verlauf02*) angeordnet sind, was gegebenenfalls eine Einschränkung darstellt.

Wesentlich mehr Funktionen befinden sich unter der Registerkarte **3D-Skizze**, links neben dem Register **Route**, in der sich ebenfalls die Befehlsgruppe **Abhängigkeit** befindet. Hier besteht die Möglichkeit, eine parallele Ausrichtung in Bezug auf zugehörige Ebenen und Achsen durchzuführen. Der Leitungsabschnitt kann hier **Parallel zur XY-Ebene** gesetzt werden. Anschließend wechselt auch dieser Abschnitt seine Farbe in **Dunkelblau**.

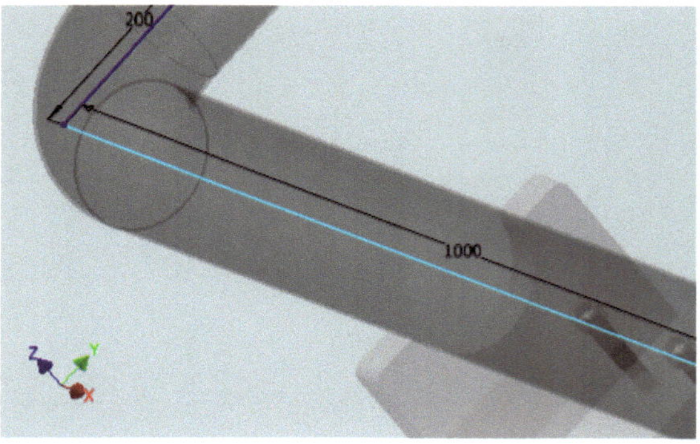

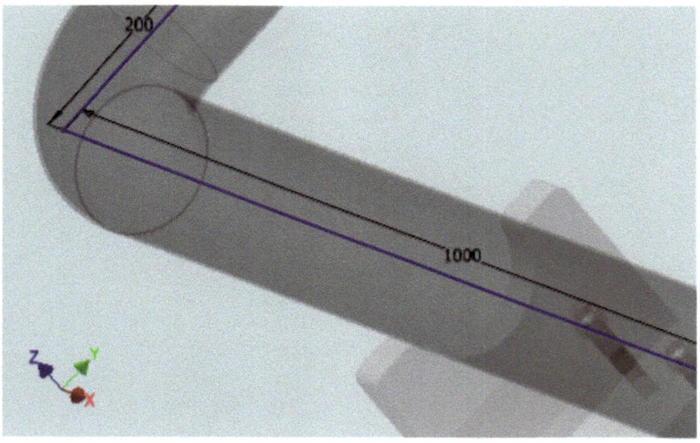

Über den Befehl **ROUTE FERTIG STELLEN** wird auch die zweite erzeugte Route beendet, und im Strukturbaum wird der *Verlauf02* hinzugefügt. Die erstellte Route wird wieder durch ein passendes Rohr entlang der erzeugten Route ergänzt. Die Route selber kann wieder über das Kontextmenü (rechte Maustaste) und den Menüeintrag **Sichtbarkeit** ausgeblendet werden.

HINWEIS: Die Farbgebung der Routen ist aus dem Skizzierer bekannt. Die Bedeutung in dieser Arbeitsumgebung ist jedoch etwas anders. Bei der vorgegebenen Einstellung heißt Dunkelblau, dass das Segment der Route in seiner Lage festgeschrieben ist. Wird das Maß gelöscht, bleibt die Farbgebung erhalten, der Endpunkt kann aber verschoben werden. Hellblau heißt also, dass dieser Routenabschnitt in seiner Lage noch nicht festgelegt wurde. Es sind beispielsweise noch Rotationen um Achsen möglich.

Vervollständigt wird auch dieser Rohrverlauf durch das Hinzufügen der Schraubenverbindungen. Die Normteile werden wieder aus dem Inhaltscenter geladen, über **Abhängigkeit** positioniert und mit **Muster** vervielfältigt.

- **Sechskantschraube DIN EN 28676 M18×1,5×50 (ISO 8676)**
- **Sechskantmutter DIN EN 24032 M18 (ISO 4032)**

13.4.2.3 Leitungsverlauf zwischen Tank und Pumpe ergänzen

Anzulegen ist ein weiterer Verlauf, der nach den Vorgaben von Inventor den Dateinamen *Verlauf03* erhalten soll. Dieser soll über sog. Auto-Routing entstehen.

Mit **PLATZIEREN** werden zunächst zwei Flansche **DIN EN 1092-1 Schweißhalsflansch Typ 11 – PN 16 M50** aus dem Inhaltscenter eingefügt und mit **FITTING VERBINDEN** mit den jeweils vorhandenen Flanschen an Tank bzw. Pumpe verbunden.

Mit **NEUE ROUTE** und **ROUTE** kann jetzt die dritte Route festgelegt werden. Nach Auswahl des Startpunkts am Flansch kann über das Kontextmenü der Linie **PUNKTFANG** eingestellt werden (siehe zweiter Leitungsverlauf). Als Punkt ist nun der zweite Flanschmittelpunkt auszuwählen. Inventor zeigt einen **automatisch** erstellten Routenverlauf mit drei Segmenten an. Mit **OK** ist die Route vollständig definiert und wird mit dem dreiteiligen Rohr, inklusive zwei 90°-Rohrbögen, ergänzt.

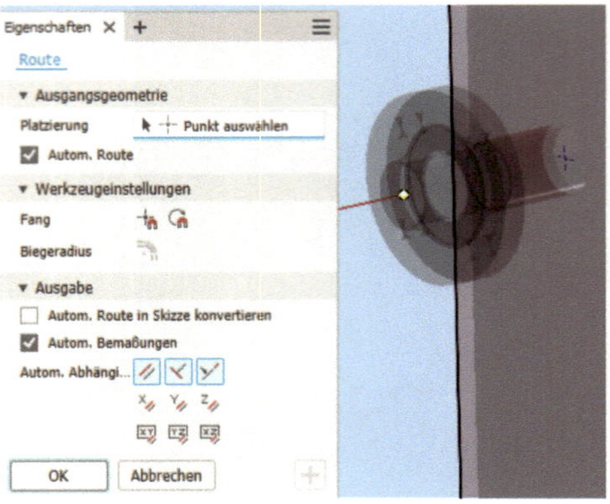

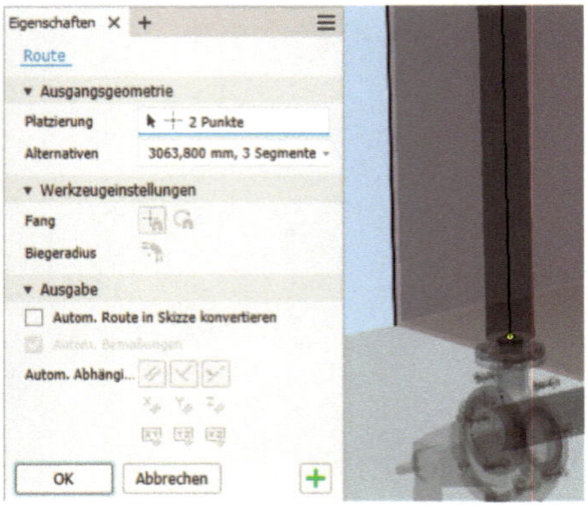

TIPP: Bei aufwendigen Routen kann bei manuellem Routenverlauf von zwei Seiten begonnen werden. Am Fitting wird jeweils ein Startpunkt gesetzt, und die beiden Linienzüge werden an einem beliebigen Punkt im Raum beendet. Nun lassen sich die beiden letzten Linienabschnitte so ausrichten, dass sie kollinear liegen. Abschließend werden die beiden Endpunkte noch koinzident gesetzt und damit die Route geschlossen.

Visuell fällt sofort auf, dass das angezeigte Rohr noch einen zu großen Durchmesser aufweist, da bisher der Rohr- und Leitungsstil nicht geändert wurden und noch mit **d = 100 mm** aktiv sind. Benötigt wird aktuell **d = 50 mm**. Dieses lässt sich auch nachträglich noch ändern.

Über den Stil-Editor ist wieder eine Kopie anzulegen und auf den neuen Durchmesser von **50 mm** anzupassen und auf **Aktiv** zu stellen. Der gewählte aktive Stil wird farblich hinterlegt, und das Rohr wird nach dem **SCHLIESSEN** des Stil-Editors in der neuen Größe angezeigt.

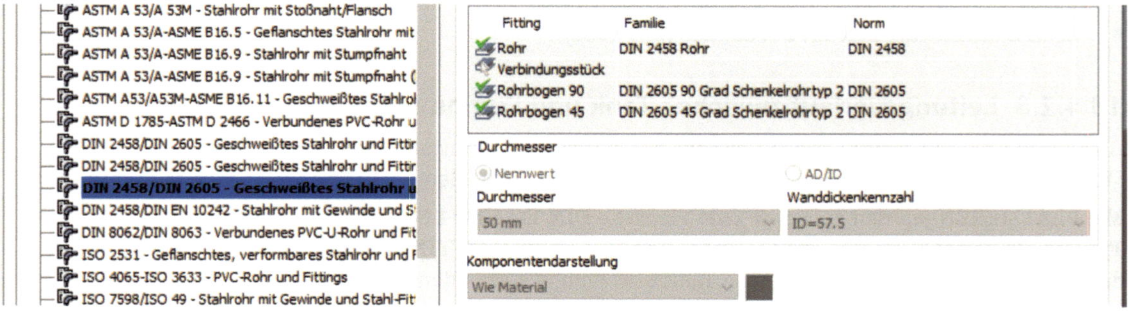

ROUTE FERTIG STELLEN beendet auch diesen Prozess und verzweigt zurück zur übergeordneten Komponente im Strukturbaum, d. h. zum *Verlauf03*. Die Rohrabschnitte mit den Rohrbögen werden automatisch ergänzt. Ansonsten besteht noch die Möglichkeit mit **Route füllen** zu arbeiten.

Vervollständigt wird auch der letzte Rohrverlauf durch das Hinzufügen der jeweils vier Schraubenverbindungen an beiden Flanschen. Die Normteile werden wieder aus dem Inhaltscenter geladen, über **Abhängigkeit** positioniert und mit **Muster** vervielfältigt.

- **Sechskantschraube DIN EN 28676 M18×1,5×50 (ISO 8676)**
- **Sechskantmutter DIN EN 24032 M18 (ISO 4032)**

Zum Schluss kann noch der Rohrhalter zum Abstützen der freien Rohrenden modelliert werden. Die Gestalt ist frei wählbar. Über die Bodenplatte sowie die Lage beider Rohre lassen sich aber für die 2D-Skizze die wesentlichen Konturen bestimmen. Verschraubt wird dieses Bauteil mit der Bodenplatte über vier Schrauben (**DIN EN ISO 4762 M16 × 45**), für die vorab Bohrungen in den Rohrhalter und Gewindebohrungen in der Bodenplatte eingebracht werden müssen. Die Bauteildatei (*Kap_13_4_Rohrhalter.ipt*) ist auch über den Download-Bereich des Hanser-Verlags (*plus.hanser-fachbuch.de*) herunterzuladen.

Dieses Beispiel lässt sich zu einer kompletten Anlagenplanung erweitern, da die Autodesk-Bibliotheken viele weitere Fittings, wie z. B. Schieber oder Ventile, bereitstellen. Darüber hinaus lassen sich nicht vorhandene, aber benötigte Bauteile, wie Stützstrukturen (z. B. den Rohrhalter) oder Befestigungselemente, schnell selbst erstellen.

TEIL III

13.5 Kabel und Kabelbäume

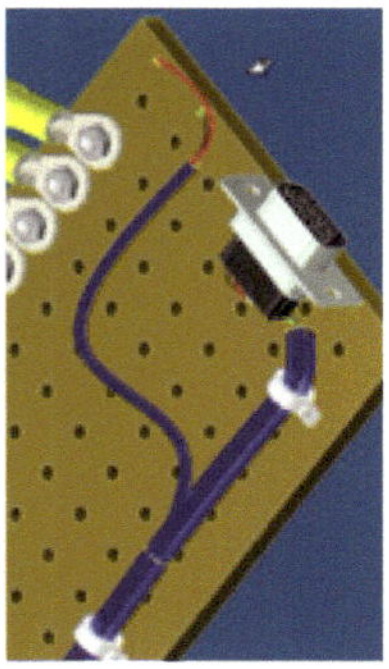

Häufig unterschätzt und meist vernachlässigt ist die Thematik der Elektroinstallation in Maschinenbaukonstruktionen. Es gibt kaum Maschinen, in bzw. an denen sich keine elektrischen Bauteile, Anschlüsse, Stecker usw. bis hin zu kompletten Steuerungen oder Computern befinden. Die fast an jedem Gerät vorkommenden elektrischen Komponenten lassen sich im **Kabel-Modul**, das ebenfalls in der Baugruppenumgebung aktiviert werden kann, erstellen. Einer Baugruppe wird dabei ein Leitungsverlauf hinzugefügt. Anschließend kann dieser Verlauf mit den entsprechenden Befehlen zu Kabelbäumen erweitert und mit Anschlussteilen zu einer vollständigen Elektroinstallation erweitert werden.

Die in der Arbeitsumgebung bereitgestellten Funktionen bzw. die Vorgehensweise ähnelt dem „Verlegen" von Rohrleitungen. Hier wird ebenso über Routen skizziert, die den Verlauf von Kabeln und Drähten festlegen. Wie bei anderen Baugruppen sind auch hier Verbindungselemente, wie Stecker und Buchsen, auszuwählen und zu positionieren.

Anhand eines Beispiels soll an dieser Stelle ebenfalls die Vorgehensweise innerhalb dieser Arbeitsumgebung kurz vorgestellt werden.

13.5.1 Beispiel – Verdrahtung einer Kabelbaugruppe durchführen

Die Baugruppe besteht aus einer **Grundplatte**, die als Steckplatte ausgeführt wird, und verschiedene Bauteile sind hierauf anzuordnen. Die Platte ist **120 × 80 mm** groß und **5 mm** dick. Sie hat **sieben Lochreihen** in Längsrichtung mit jeweils **elf Löchern**. Der Lochdurchmesser beträgt **3 mm**, der Lochabstand **10 mm**.

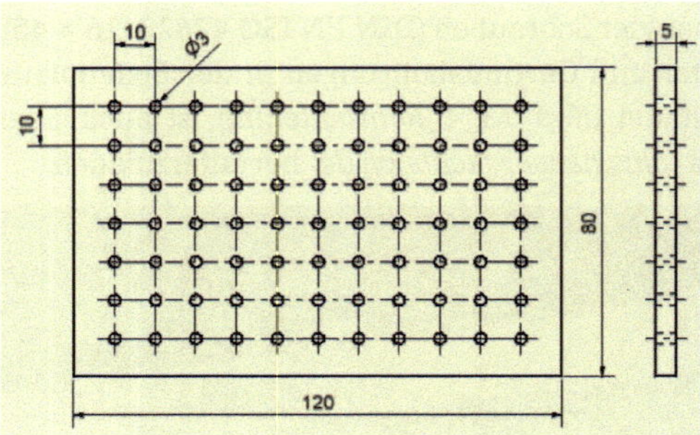

Das zweite Bauteil ist ein Kabelstützpunkt mit Gewinde, an dem Kabelklemmen befestigt werden können. Diese Bauteile werden in die Löcher der Steckplatte gesteckt, die Kabelklemmen werden anschließend mit Muttern befestigt.

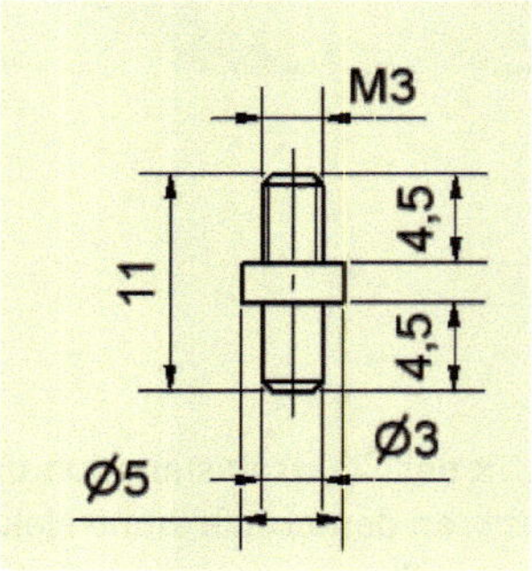

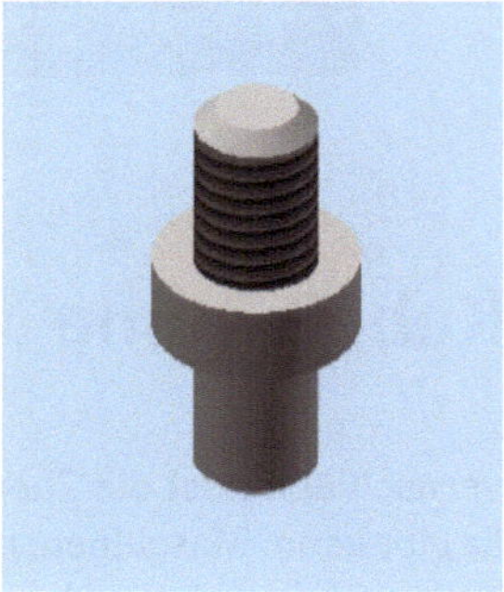

Ein Kabelbaum, der in oder an einem Maschinenbauteil verlegt wird, wird üblicherweise mit Kabelschellen befestigt. Entsprechend gehört auch dieses Bauteil zur Vorarbeit.

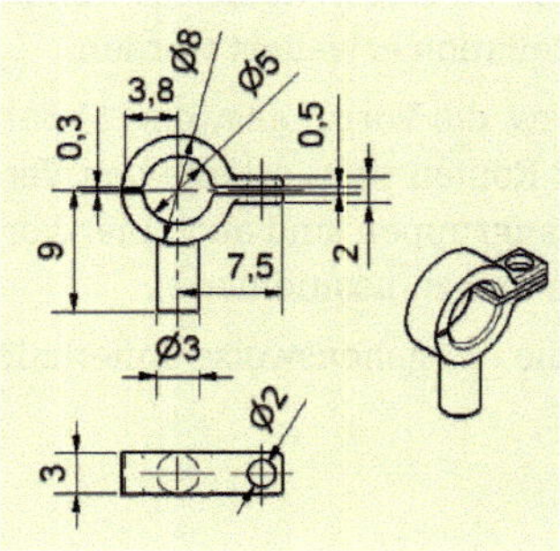

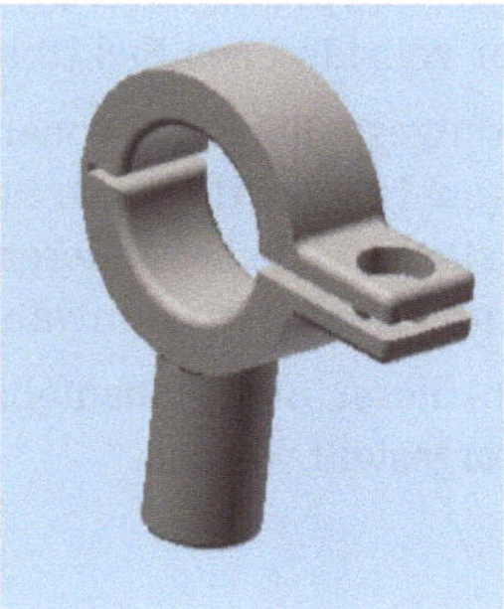

Die Einzelteile werden nun in der bekannten Form in einer neuen Baugruppe namens *Kap_13_5_Kabelbaugruppe.iam* zusammengeführt. Über die Registerkarte **Datei** und den Befehl **NEU** ist diese Baugruppe anzulegen. Anschließend werden über den Befehl **PLATZIEREN** die Teile der Baugruppe zugefügt. Entsprechend der Abbildung sind insgesamt **neun Kabelstützpunkte** und **drei Kabelschellen** in Beziehung zu den Bohrungen der Grundplatte zu setzen (Registerkarte **Zusammenfügen**, Befehl **ABHÄNGIGKEIT**).

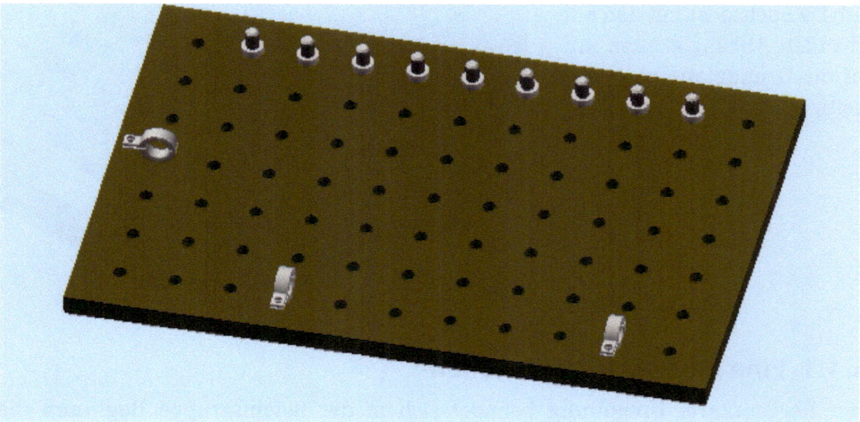

Hinzu kommen noch Bauteile aus dem Inhaltscenter. Hier sind in der Kategorie **KABEL UND KABELBAUM** > **STECKVERBINDER** > **EINZELDRAHT** verschiedene Bauteile vorhanden. Die dort als **Klemmring** und **Klemmstecker** bezeichneten Elemente werden für den Anschluss von Kabeln benötigt. Ebenfalls benötigt wird das hier aufgeführte Bauteil **D-Sub Crimpanschluss, Buchse**.

HINWEIS: Die Auflistung **Kabel und Kabelbaum** ist erst sichtbar, wenn über die Filterfunktion keine Norm ausgewählt wurde!

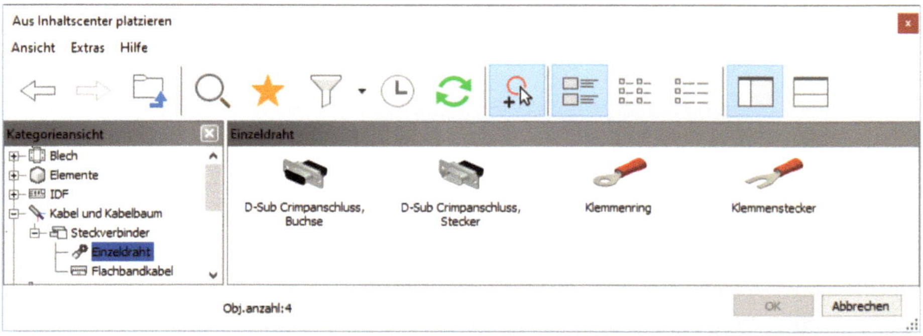

Insgesamt **neun Klemmringe** der Sorte **#6 Terminalring 12–10 AWG** sind in der Baugruppe mit der Abhängigkeit **Einfügen** auf den Kabelstützpunkten zu platzieren und auszurichten. Für die Buchse ist die Variante **D-Sub Female Crimp 9CKT** mit neun Anschluss-Pins auszuwählen.

TEIL III

Die zu den Teilen passenden Schrauben und Muttern sind ebenfalls aus dem Inhaltscenter einzufügen:

- **9 × M3 Sechskantmutter, DIN EN 24032**
- **3 × M1,6 × 4 Zylinderkopfschraube, DIN EN ISO 1207**
- **3 × M1,6 Sechskantmutter, DIN EN 24032**

Die Sub-D9-Buchse ist mit den entsprechenden Abhängigkeiten mittig auf die Grundplatte sowie am stirnseitigen Rand zu platzieren.

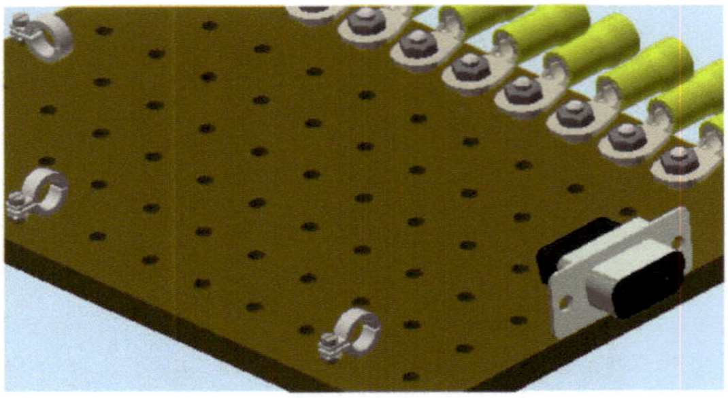

13.5.1.1 Eine Verkabelung erstellen

Auf der Registerkarte **Umgebung** befindet sich in der Befehlsgruppe **Beginnen** die Schaltfläche **KABEL UND KABELBAUM**, die nun aufgerufen wird. Es erscheint das Dialogfenster zum Anlegen eines neuen Kabelbaums, dessen Dokumente in einem eigenen Unterverzeichnis angelegt werden. Der erste Kabelbaum erhält vorgabemäßig den Namen *Kabelbaum1*. Außerdem wechselt die Multifunktionsleiste von **Zusammenfügen** zur Registerkarte **Kabel und Kabelbaum** mit den **Kabelbefehlen**.

Die wichtigsten Befehle in diesem Arbeitsfeld sind:

- **SEGMENT ERSTELLEN:** Diese Funktion legt den Kabelverlauf fest.
- **KABEL ERSTELLEN:** Mit dieser Funktion werden erstens die Art des Kabels und die Anzahl der zu verbindenden Drähte bestimmt und zweitens die Verbindung zwischen den Anschlussstellen, den Pins, hergestellt.
- **ROUTING/ROUTE:** Das Routing bestimmt, welche Drähte zu welchem Segment gehören, legt also letztendlich die Definition eines Kabelbaums fest.

Funktionen, wie das Importieren und Exportieren von Kabelbaumdaten, stehen ebenso zur Verfügung wie das Erzeugen eigener Drähte, das Spleißen von Kabeln und auch das Erstellen virtueller Bauteile (z. B. Schrumpfschlauch, Spiralschlauch, Lötstelle usw.). Das sind jedoch alles Funktionen, die erst bei fortgeschrittenen Arbeiten in diesem Bereich eine Bedeutung haben und deshalb bei der Vorstellung der Arbeitsumgebung ausgelassen werden.

Eine Verkabelung lässt sich im Prinzip in drei Schritten vornehmen.

1. Es ist ein Kabel zu erstellen, und die Pins der Buchse sind mit den einzelnen Kabeladern zu verbinden.
2. Als Nächstes muss ein Segment erstellt und der Verlauf festgelegt werden.
3. Dann wird das Routing durchgeführt und ein Kabelbaum erstellt.

Kabel erstellen

Der Funktionsaufruf **KABEL ERSTELLEN** in der Befehlsgruppe **Erstellen** öffnet ein Dialogfenster, in dem an erster Stelle ein geeignetes Kabel auszuwählen ist. Da an der verbauten D-Sub-Buchse neun Anschlüsse vorhanden sind und alles mit einem einzigen Kabel verbunden werden soll, bietet sich hier ein neunadriges Kabel an (auszuwählen ist **1179C**).

Für jede Kategorie befindet sich im Listenfeld **Name** eine Auswahl verschiedener Kabel mit vordefinierten Drähten. Je nach Vorkenntnis kann ein Kabel direkt über seine Bezeichnung gewählt werden. Alternativ stehen zusätzliche Informationen, die für jede Auswahl in dem darunterliegenden Feld angezeigt werden. Beispielsweise kann dies die Anzahl der Adern sein oder auch, welche Farbgebung für die Ummantelung vorliegt.

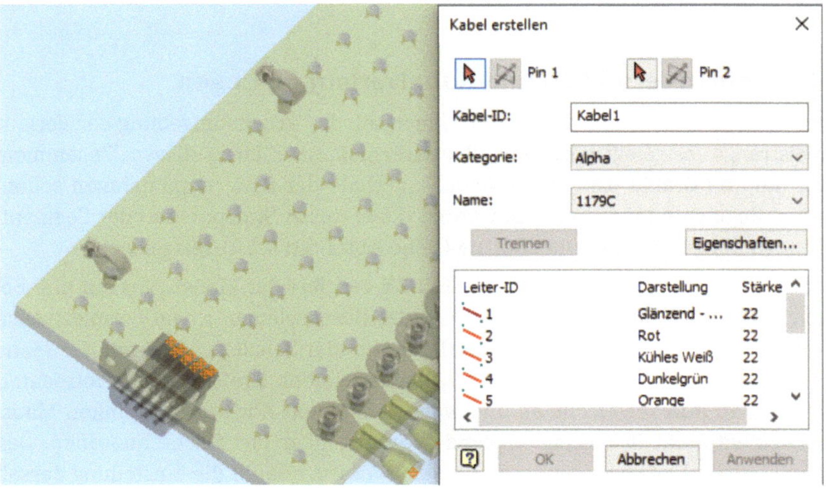

Mit der Auswahl eines Kabels ist der **OK**-Button immer noch inaktiv, da vorab die zur Verfügung stehenden Leitungen erst noch zu verbinden sind. Hierfür stehen die Auswahlfelder mit den Bezeichnungen **Pin 1** und **Pin 2** zur Verfügung. Die Belegung muss für jeden einzelnen Draht bestimmt werden.

Mit der linken Maustaste sind ein Draht und anschließend jeweils die Pins an der Buchse und den Klemmringen auszuwählen. Diesen Vorgang wiederholt sich noch achtmal, sodass schlussendlich alle neun Drähte mit ihren beiden Enden an einem Pin an der Buchse und an den Klemmringen hängen. Fehlerhaft verbundene Drähte werden im Dialogfenster gekennzeichnet.

> **HINWEIS:** Die Belegung von Buchsen und Steckern ist durch Richtlinien und Vorschriften eindeutig vorgegeben, sodass Kabel, Drähte und deren Querschnitte sowie Ummantelungen nicht beliebig gewählt werden können. Die Farbwahl im Beispiel ist ausschließlich zu Übungszwecken.

Nach Klick auf **ANWENDEN** zeigt Inventor die Farben der Drähte, die im Moment noch „fliegend" verdrahtet sind, richtig an, sodass kontrolliert werden kann, ob die Verbindung wie gewünscht erstellt wurde.

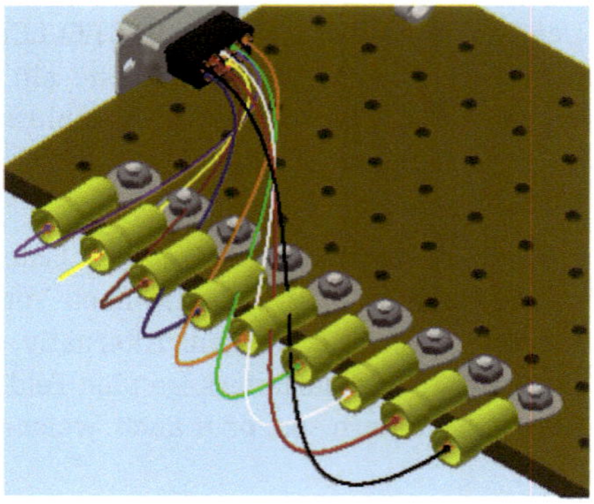

13.5.1.2 Segment erstellen und Kabelverlauf festlegen

Segment erstellen

Segment erstellen ist die Funktion, mit der innerhalb der Arbeitsumgebung der Verlauf eines Kabelstrangs festgelegt wird. Kabelbaumsegmente stellen in diesem Zusammenhang Pfade dar, die Drähte bzw. Drahtbündel innerhalb der Baugruppe nehmen sollen. Die einzelnen Segmente eines Verlaufs werden dabei durch Stützpunkte oder Segmentpunkte, ähnlich der Zeichenfunktion **Spline** (siehe Abschnitt 4.6.4), festgelegt.

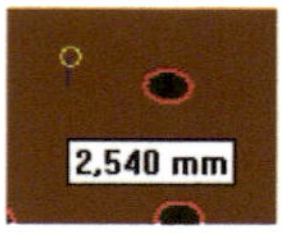

Nach Aufruf der Funktion **SEGMENT ERSTELLEN** reagiert der Mauszeiger auf alle Bezugselemente und auch auf mögliche Punkte eines Bezugselements, wie beispielsweise die Bohrungen der Grundplatte oder die Mittelpunkte der Schellen. Wird mit der Maus eine Fläche überfahren, zeigt Inventor einen kleinen gelben Kreis in einem lotrechten Abstand von **2,540 mm** zur Fläche an und würde bei einem Klick mit der linken Maustaste den Segmentpunkt in diesem Abstand (**Versatz**) über der Fläche anordnen. Das Kontextmenü bei der Platzierung eines Punkts mit Versatz erlaubt die Einstellung desselben (**Versatz bearbeiten**).

Punkte in diesem Zusammenhang können Arbeitspunkte, Mittelpunkte von Kreisen und Bögen, Skizzenpunkte und Modellscheitelpunkte sein.

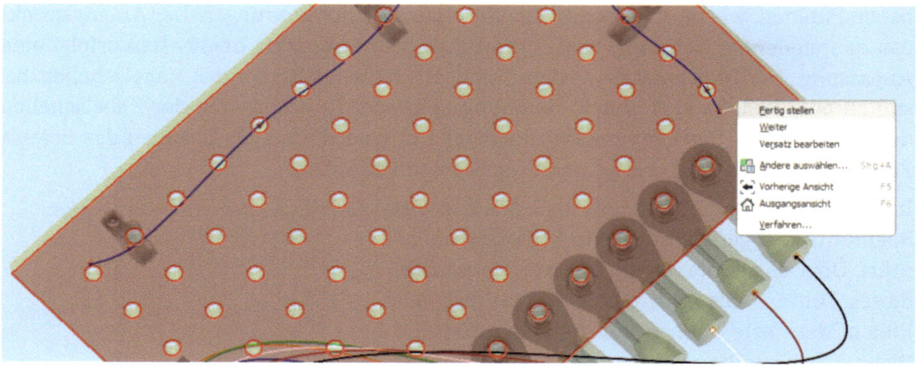

Über das Kontextmenü wird zum Schluss die Funktion **FERTIG STELLEN** aufgerufen, und das Segment wird anstelle des Spline nun mit einer farbigen Ummantelung dargestellt.

Die Darstellung des Segments kann jedoch mit den Funktionen der Befehlsgruppe **Sichtbarkeit** jederzeit umgestellt werden.

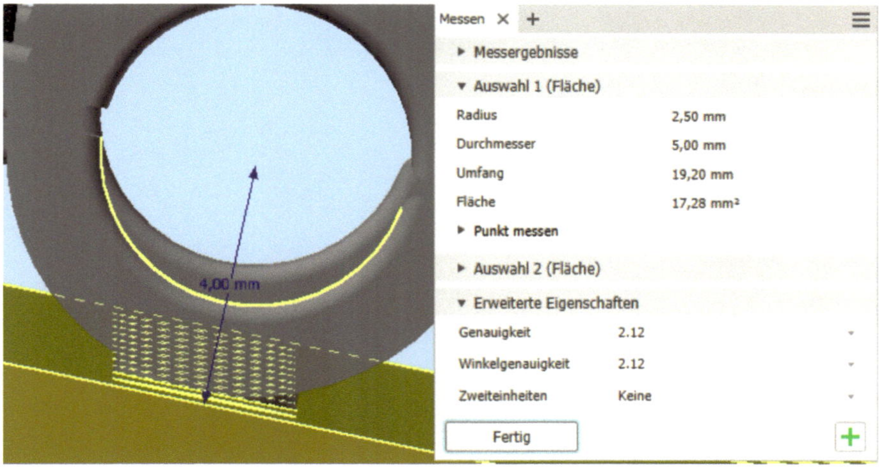

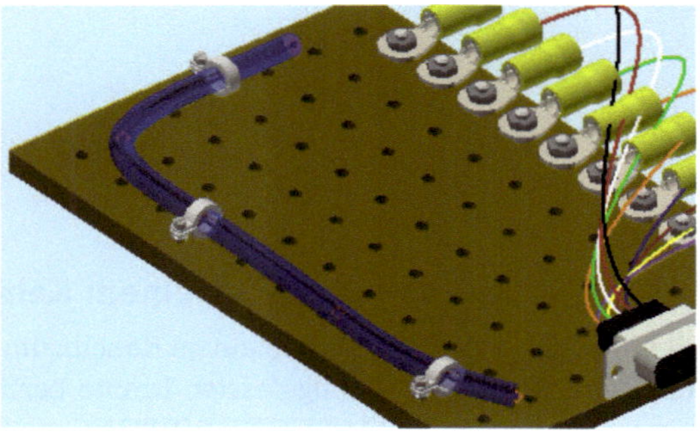

Für das kleine Beispiel wird das Segment entsprechend der Vorgaben (Position der Kabelschellen) gelegt. Das Ausmessen des Abstands zwischen der Grundplatte und dem Mittelpunkt der Kabelschellen ergibt **4,000 mm**. Der standardmäßig eingestellte Versatz von **2,540 mm** ist also bei freien Punkten anzupassen, damit ein ebener Verlauf skizziert werden kann. Der eingestellte Versatz gilt aber nicht bei vorgegebenen Punkten, wie beispielsweise den Mittelpunkten der Bohrungen! Der Anfangspunkt des zu erstellenden Segments wird frei bestimmt. Über **Versatz bearbeiten** erfolgt eine Anpassung. Die Folgepunkte werden durch die runden Flächen der Kabelschellen bestimmt oder können auch durch die Mittelpunkte der Kreiskonturen der Kabelschellen definiert werden. Der Endpunkt wird wieder frei gesetzt, und das Beenden des Befehls **FERTIG STELLEN** zeigt den gerenderten Segmentverlauf an.

Im Strukturbaum wird nun unterhalb des Eintrags **Segmente** das gerade angelegte *Segment1* aufgeführt. Über das Kontextmenü (**rechte Maustaste**) dieses Eintrags oder mit einem Doppelklick der linken Maustaste können auf vielfältige Art und Weise die **Kabelbaumeigenschaften** beeinflusst werden. Die Bezeichnung, der Biegeradius, der Durchmesser und, nach der Fertigstellung des Kabelbaums, die Drahtzuordnung usw. werden hier bestimmt.

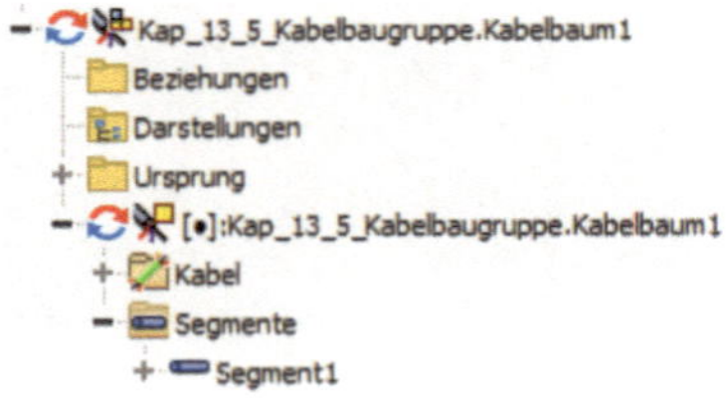

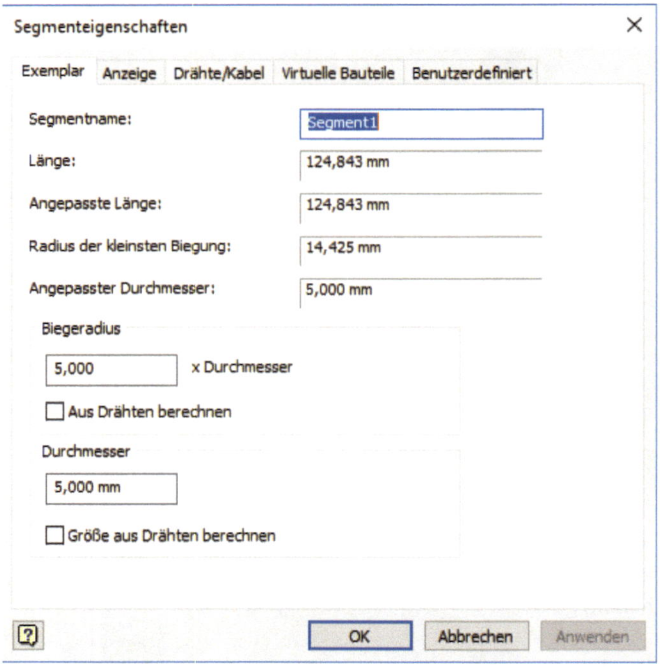

13.5.1.3 Routen – Kabel zu einem Kabelbaum zusammenfassen

Beim Routen werden Drähte zu einem Kabelbaum zusammengefasst, wobei die Segmente den Verlauf der zusammengefassten Drähte bestimmen und die Hülle des Kabelbaums darstellen. Das **AUTOMATISCHE ROUTING** stellt die einfachste Art der Zusammenführung dar. Voraussetzung ist, dass noch Drähte ohne Route vorhanden sind und diese noch einem Segment zugeordnet werden können. Im Beispiel werden alle neun Drähte automatisch erkannt.

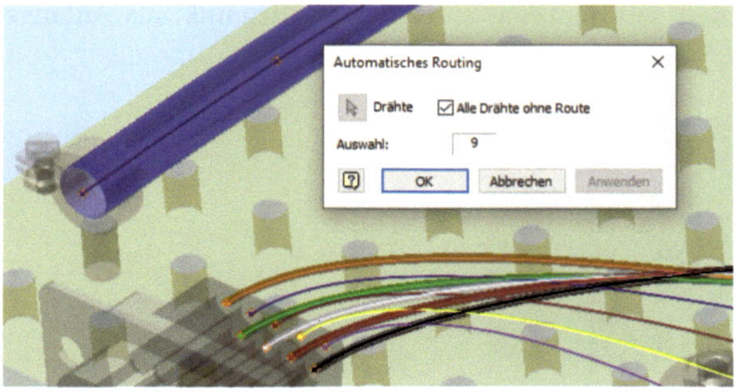

Die einzelnen Drähte sind anzuklicken, oder es wird ein Haken bei **Alle Drähte ohne Route** gesetzt. Mit **OK** wird anschließend der Kabelbaum erzeugt, und die vorher frei verlegten Kabel werden zusammengefasst. Sie befinden sich jetzt im vorher erstellten Segment.

Beim Befehl **ROUTE** muss dagegen fast alles von Hand eingegeben werden, d. h., die Drähte und Segmente, möglicherweise sogar einzelne Segmentteile, was u. a. bei sich verzweigenden Kabelbäumen auch zwingend notwendig sein kann.

13.5.2 Weitere Bearbeitungsfunktionen in der Umgebung

In den vorangegangenen Abschnitten wurden direkte Verbindungen und das Erzeugen eines durchgängigen Kabelbaums vorgestellt. In der Realität ist es jedoch oft so, dass Kabelbäume stark verzweigt sind. Abschnittsweise kommen also weitere Kabel hinzu, oder einzelne Kabel werden herausgeführt. Auch solche Funktionen sind in dieser Arbeitsumgebung vorhanden.

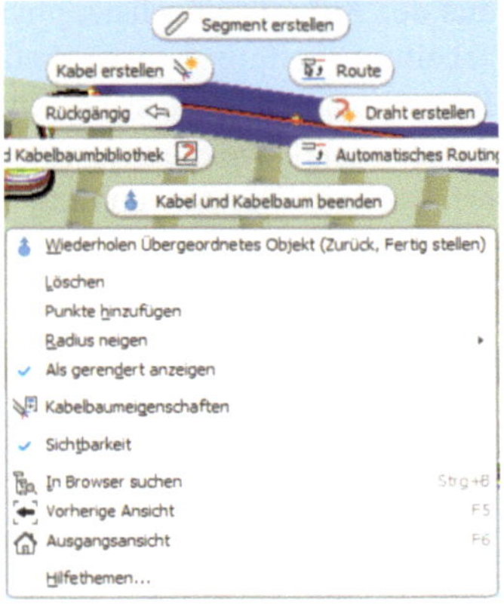

Der Beginn einer **Verzweigung** kann nur an einem definierten Punkt am vorhandenen Kabelbaum realisiert werden. Das Kontextmenü bietet hierfür den Eintrag **Punkte hinzufügen** an. Hierüber lassen sich weitere Stützpunkte einfügen. Im nächsten Schritt kann ein neues Segment erstellt werden, mit dem neu eingefügten Stützpunkt als Anfangspunkt der Definition.

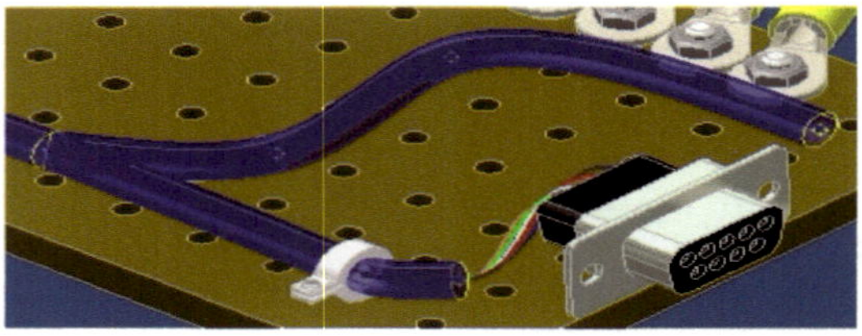

Das Verlegen von Kabeln verläuft wieder analog zur beschriebenen Vorgehensweise.

13.6 Kunststoffteile

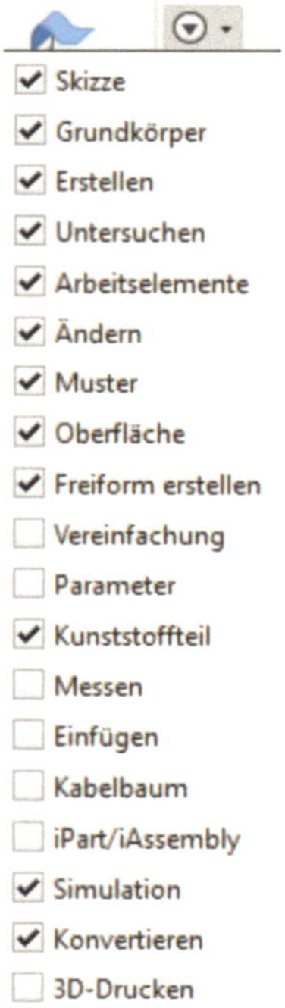

Es gibt nur wenige technische Erzeugnisse, die ohne Kunststoffteile auskommen. Für die Modellierung werden zumeist spezifische Funktionen benötigt, wie Schnappverschlüsse, Lüftungsöffnung oder Verschraubungselemente. Über vordefinierte Features lassen sich solche Elemente relativ einfach entwickeln, und die mühsame detaillierte Konstruktionsarbeit entfällt, da hierbei auf einfache Skizzen und eine Vielzahl an einstellbaren Parametern zurückgegriffen werden kann.

Eine eigene Befehlsgruppe **Kunststoffteile** auf der Registerkarte **3D-Modell** stellt die benötigten Funktionen zur Verfügung.

HINWEIS: Je nach Bildschirmgröße kann es vorkommen, dass nicht alle Befehlsgruppen angezeigt werden, wie beispielsweise die Gruppe für die Kunststoffteile. Oben rechts in der Befehlsleiste steht das Menü **Gruppen anzeigen**. Hierüber lassen sich nun weitere Gruppen mit den entsprechenden Funktionen anzeigen.

Die Konstruktion bzw. Entwicklung von Kunststoffteilen ist oftmals vielschichtig. Daten aus der Anforderungsliste, physikalische und geometrische Grunddaten, Werkstoffe, Bearbeitungsverfahren usw. sind, wie bei anderen Bauteilen auch, zu berücksichtigen. Hinzu kommen zumeist bei Kunststoffbauteilen, wie auch bei Gussteilen, Überlegungen dahingehend, wie die spätere Fertigung mit entsprechenden Werkzeugen (Formenbau) zu erfolgen hat. Die Anwendung von Ein- oder Mehrvolumenkörpern und fertigungs- bzw. bearbeitungsgerechte Konstruktionsschritte bestimmen dabei auch die Produktgestaltung.

Exemplarisch soll das Konstruieren von Kunststoffteilen am Beispiel eines Gehäuses mit einer Abdeckung, in die ein Lüftungsgitter eingelassen ist, erfolgen. Gehäuse und Abdeckung sollen mit vier Schnappverschlüssen ausgestattet werden. Eine Lippe an der Abdeckung und eine Kelchnaht am Gehäuse sollen hinzugefügt werden, um die Abdeckung passgenau auf das Gehäuse setzen zu können.

13.6.1 Beispiel – Aufbau eines Kunststoffteils auf Basis eines Mehrfachbauteils (Multipart)

Bei Kunststoffgehäusen trifft es häufig zu, dass diese aus zwei oder mehreren Gehäuseteilen bestehen, die zueinander passend gestaltet werden müssen. Wenn hierfür nur eine einzige Bauteildatei als sogenanntes Mehrfachbauteil (Multipart) angelegt wird, vereinfacht sich in der Regel der Konstruktionsprozess, da zunächst die geschlossene Hülle gestaltet und im Anschluss in Gehäuseteile getrennt werden kann. Solche Konstruktionen sind änderungsfreundlich, da Teile, die alle aus einem einzigen Grundkörper entstehen, auch dann unmittelbar zueinanderpassen, wenn sich Hauptabmessungen ändern.

Die einzelnen Bauteildateien, aus denen die Baugruppe zusammengesetzt wird, sind dann Ableitungen aus dem Grundkörper und könnten als Varianten dort modifiziert werden.

Die spätere Baugruppe besteht aus der Fügung der abgeleiteten Bauteile.

Da über Ableitungen letztendlich eine vollwertige Baugruppe erzeugt wird, ist es trotzdem möglich, die Teile einzeln zu verwalten, Stücklisten generieren zu lassen usw.

Wandung

Exemplarisch soll ein Grundkörper, bestehend aus einem Volumenkörper mit den Maßen **80 × 80 × 50 mm**, erzeugt werden. Die vier kurzen Kanten werden mit dem Radius **5 mm** und die umlaufende Kontur auf der oberen Fläche mit dem Radius **2 mm** verrundet. Das Gehäuse bekommt über **WANDUNG** (Befehlsgruppe **Ändern**, siehe auch Abschnitt 5.5.4) die Wandstärke **2 mm** zugewiesen, ohne dass eine Fläche entfernt wird. Anzugeben ist nun noch die Richtung der Wandungsbegrenzung relativ zur Bauteilfläche. Unterschieden wird hier zwischen folgenden Optionen:

- **Innerhalb:** Die äußere Bezugsgröße bleibt der Volumenkörper. Die Wandung erfolgt zum Inneren des Bauteils hin.
- **Außerhalb:** Die äußere Bezugsgröße des Volumenkörpers bleibt als Maß für das zu entfernende Volumen erhalten. Der Körper wird um die eingegebene Wandstärke vergrößert.
- **Beide:** Die Wandung erfolgt mit gleichem Abstand zum Äußeren und Inneren des Bauteils hin.

Für das Beispiel soll die Schaltfläche **AUSSERHALB** gewählt werden.

Nun kann das Gehäuse, das aus insgesamt zwei Teilen bestehen soll, geteilt und geöffnet werden. Um den Hohlkörper aufteilen zu können, ist eine **Trennebene** nötig, die als **Arbeitsebene** erzeugt wird. Diese wird im Abstand von **15 mm** zur oberen Fläche, an der die Kanten abgerundet wurden, erzeugt.

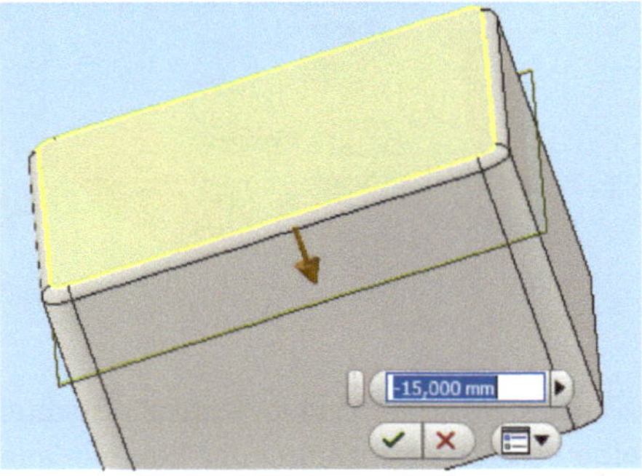

Trennen

Die Funktion **TRENNEN** ist nun aufzurufen (siehe auch Abschnitt 5.5.9). Trennwerkzeug ist die Arbeitsebene, und zu referenzieren ist auf den **Volumenkörper**.

Nach dieser Aktion befinden sich ganz oben im Strukturbaum insgesamt zwei Volumenkörper. Zur besseren Identifizierung werden diese in *untere und obere Gehäusehälfte* umbenannt.

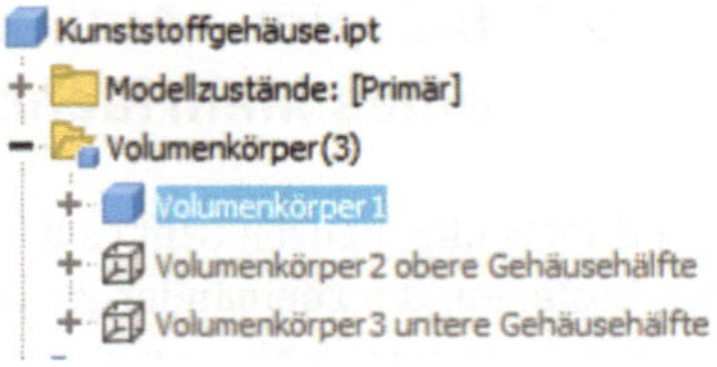

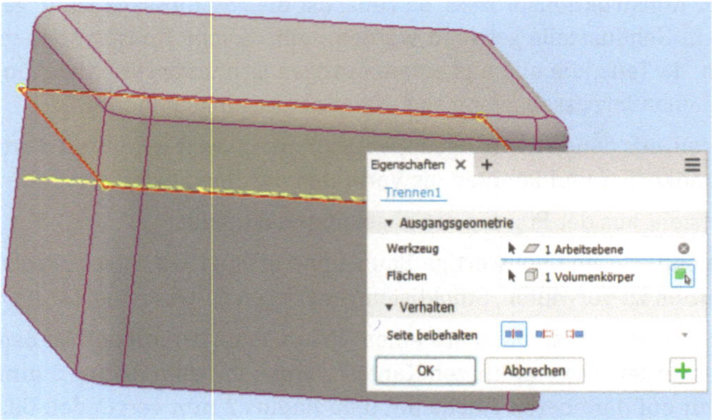

Körper verschieben

Die Einzelteile eines Mehrfachbauteils lassen sich mit der Funktion **KÖRPER VERSCHIEBEN** (Befehlsgruppe **Ändern**, im aufzuklappenden Bereich) in Richtung der drei Koordinatenachsen bewegen. Der Befehl wird genutzt, um das untere Gehäuseteil mit einem Versatz von **30 mm** nach unten zu verschieben (gegebenenfalls ist ein negatives Vorzeichen zu setzen). Die beiden Gehäuseteile können nun einzeln ausgewählt und vervollständigt werden.

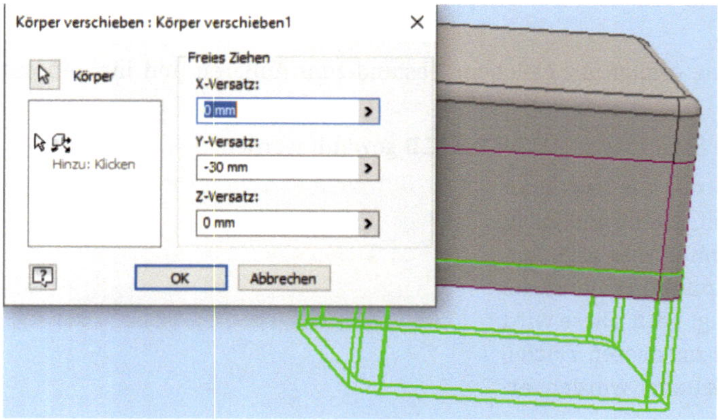

Flächenverjüngung

Üblicherweise werden an Kunststoffbauteilen und auch Gussteilen Aushebeschrägen für eine bessere Entformung der Bauteile angebracht. Die entsprechende Funktion heißt in Inventor **FLÄCHENVERJÜNGUNG** (siehe auch Abschnitt 5.5.5) und befindet sich ebenfalls in der Befehlsgruppe **Ändern**. Im Beispiel wird aber auf die Aushebeschrägen verzichtet.

Der untere Gehäuseteil kann nun für die nächsten Arbeitsschritte ausgeblendet werden. Hierzu ist der Mauszeiger auf den **Volumenkörper3 untere Gehäusehälfte** zu setzen, und über das Kontextmenü wird der Haken bei **Sichtbarkeit** entfernt. Begonnen wird mit dem Gehäusedeckel, in dem die Lüftungsöffnungen eingebracht werden.

13.6.1.1 Lüftungsöffnung (bzw. -gitter) im Deckel erzeugen

Lüftungsöffnung

Die Funktion **LÜFTUNGSÖFFNUNG** erzeugt in mehreren Schritten aus einer vorab angelegten Skizze ein Lüftungsgitter mit verschiedenen Verstrebungen.

Die zugrunde liegende Skizze wird auf der Bauteilinnenseite positioniert. Sie besteht aus verschiedenen, zentrisch angeordneten Kreisen, ausgehend von **65 mm** bis zu **15 mm** in einem Abstand von jeweils **5 mm**. Weiterhin gibt es sechs Verbindungslinien, die radial vom Mittelpunkt ausgehen und über den Umfang gleichmäßig verteilt werden.

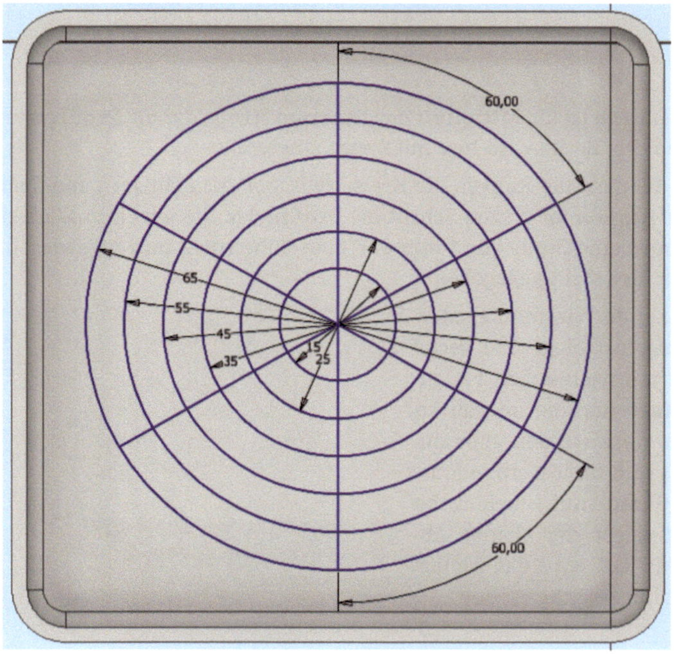

Die Funktion **Lüftungsöffnung** ruft ein Dialogfenster mit fünf Registerkarten auf, die einzeln „abzuarbeiten“ sind. Grafisch unterstützt werden die Eingaben durch die farbliche Hervorhebung der jeweils betroffenen Bereiche im Dialogfenster. Auf der ersten Registerkarte ist als **Umgrenzung** im ersten Schritt der **Äußerste Kreis** der Gitterskizze als **Profil** auszuwählen. Die Breite beträgt **1 mm** und die Höhe **2 mm**. Ein Überstand (Außenhöhe) wird nicht angegeben.

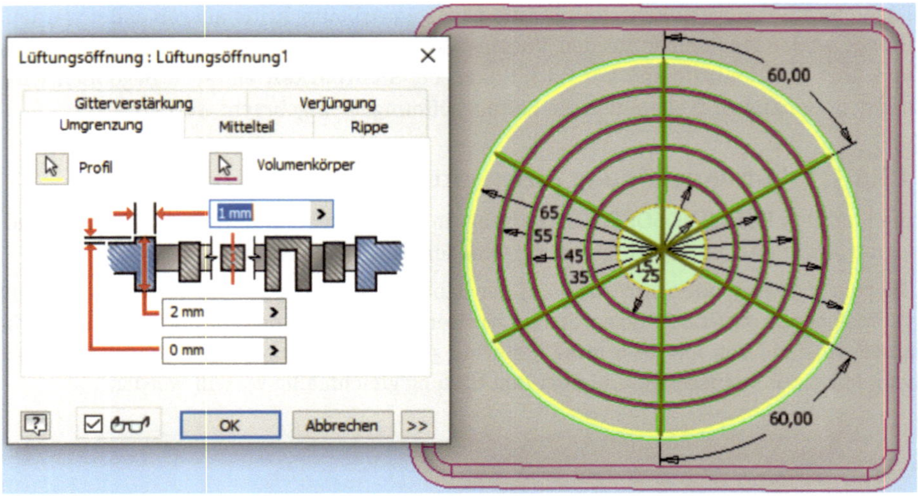

Auf der nächsten Registerkarte ist als **Mittelteil** der **Innerste Kreis**, der als **Profil** anzuklicken ist, zu bestimmen. Die Breite wird hier mit **2 mm** eingestellt.

Die dritte Registerkarte definiert die Rippen. Die Kreise zwischen dem äußeren und dem inneren Kreis stellen als **Rippen** im dritten Schritt die **Profile** dar, die jetzt anzuklicken sind. Die Rippen bekommen eine Breite von **1 mm** und eine Höhe von **2 mm** zugewiesen. Ein Überstand wird auch hier nicht angegeben.

Die Gitterstege werden auf der vierten Registerkarte **Gitterverstärkung** festgelegt. Die sechs **Geraden**, die vom Zentrum nach außen verlaufen, stellen die **Gitterstege** dar, die im vierten und letzten Schritt markiert werden müssen. Auch diese Teile sollen **1 mm** breit werden (oberer und unterer Versatz **0 mm**). Auf eine Eingabe einer **Verjüngung** wird wegen der kleinen Abmessungen verzichtet. Mit **OK** wird das Dialogfeld verlassen und das Lüftungsgitter erzeugt.

13.6.1.2 Lippen (Montageränder, Dichtungslippen) erzeugen

Lippe

Werden Kunststoffteile montiert, so befinden sich zum Zwecke der Zentrierung und aus Dichtigkeitsgründen zumeist kleine umlaufende Absätze, die sogenannten Lippen, an den Bauteilen. Die Erzeugung dieser Geometrie ist in der Befehlsgruppe **Kunststoffteil** vordefiniert und mit der Funktion **LIPPE** schnell umgesetzt. Es öffnet sich wieder ein Dialogfenster, in dem zuerst zwischen einer Lippe und einer Kelchnaht gewählt werden kann.

KELCHNAHT		Die Kontur wird vom Grundkörper abgezogen (Negativform).
LIPPE		Die Kontur wird dem Grundkörper hinzugefügt (Positiv-Form).

Für das Lüftergehäuse werden am unteren Gehäuseteil eine Lippe und am oberen Gehäusedeckel eine Kelchnaht ausgeführt.

Für das obere Gehäuseteil gilt: Nach dem Öffnen des Dialogfelds mit dem Befehl **LIPPE** und der Auswahl **Kelchnaht** über das entsprechende Symbol, folgt als Auswahl der **Pfadkanten** die innere Begrenzungslinie am Gehäuse und als **Führungsfläche** die umlaufende Stirnfläche vom Gehäuse. Die Kelchnaht wird nun in der Vorschau dargestellt. In der Registerkarte der **Kelchnaht** können Breite und Lippenhöhe von **1 mm** und ein Winkel von **25°** an der Außenseite eingestellt werden. Mit der Vorschau kann das Ganze kontrolliert werden.

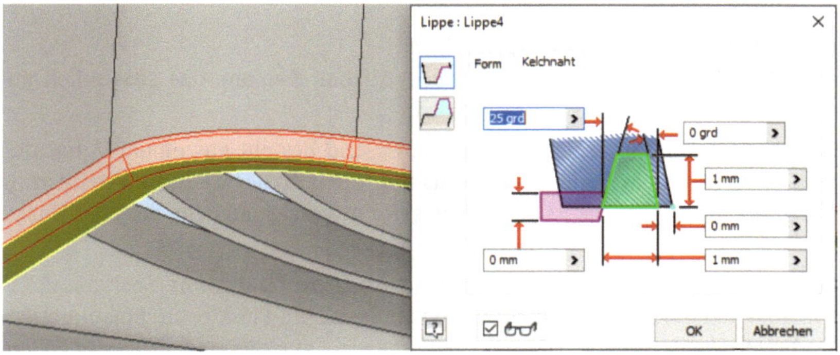

Für das untere Gehäuseteil gilt: Nach Auswahl von **Lippe**, über das Symbol im Dialogfenster, folgt unter der Registerkarte **Form** wieder die Auswahl der **Pfadkanten**. Hierfür ist ebenfalls die äußere Begrenzungslinie an der Abdeckung auszuwählen und als **Führungsfläche** die umlaufende **2 mm** breite Stirnfläche. Die Lippe wird nun in einer Vorschau dargestellt.

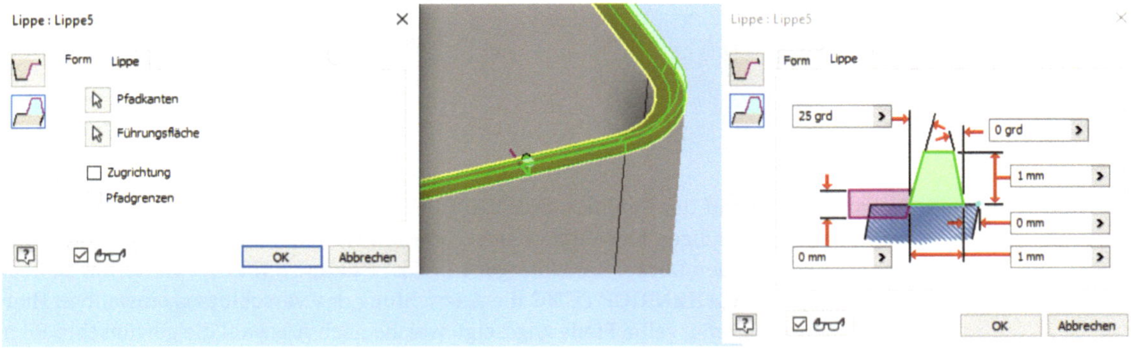

In der Registerkarte **Lippe** können wieder die Abmessungen des Lippenprofils mit den jeweiligen Eingabefeldern festgelegt werden. Einzustellen sind eine Lippenbreite und eine Lippenhöhe von **1 mm** sowie ein Winkel von **25°** an der Innenseite der Lippe. Das Ganze kann anschließend mit der Vorschau kontrolliert werden. Mit **OK** wird der Vorgang abgeschlossen und die umlaufende Lippe an der unteren Gehäusehälfte erzeugt.

Nun weisen beide Volumenkörper zueinander passende Lippenprofile auf, was beispielsweise geprüft werden kann, indem der Wert bei **Körper verschieben** vorübergehend auf **3 mm** verringert und eine Schnittdarstellung gewählt wird (Registerkarte **Ansicht**, Befehlsgruppe **Sichtbarkeit**, Befehl **HALBSCHNITT**).

13.6.1.3 Schnappverschlüsse erzeugen

Schnappverschluss

Ein **Schnappverschluss** steht ebenfalls für ein typisches Element, das gedanklich mit einem Kunststoffteil in Verbindung gebracht wird.

Der **Cantilever** ist der häufigste Schnappverschluss und besteht aus einem Vorsprung (Wulst oder Haken) an einem Ende des Balkens und einer strukturellen Unterstützung am anderen Ende. Das Gegenstück ist als Lasche geformt und ermöglicht, dass der Haken einrastet.

Für das obere Gehäuseteil gilt: Die Schnappverschlüsse benötigen eine Positionsskizze auf der Stirnfläche der Abdeckung. Zu skizzieren sind hier die Punkte, an denen die Verschlüsse angebracht werden sollen. Für den Gehäusedeckel gilt, dass jeder der vier Haken im Abstand von **25 mm**, gemessen von der Symmetrieachse, angebracht werden soll.

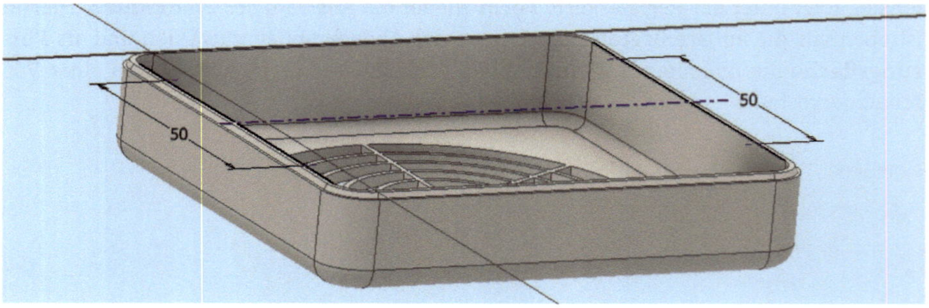

Das mit dem Aufruf der Funktion **SCHNAPPVERSCHLUSS** eingeblendete Dialogfenster enthält alle notwendigen Einstellparameter. Gewählt werden kann zwischen **Haken** und **Gegenstück**. Für den Deckel des Lüftergehäuses ist **Haken** zu wählen. Weiterhin ist über den Menüpunkt **HAKENRICHTUNG** die Ausrichtung des Verschlusses einstellbar. Hierfür werden am Bauteil gelbe Pfeile angezeigt, welche nach Auswahl die gewünschte Richtung des Hakens vorgeben.

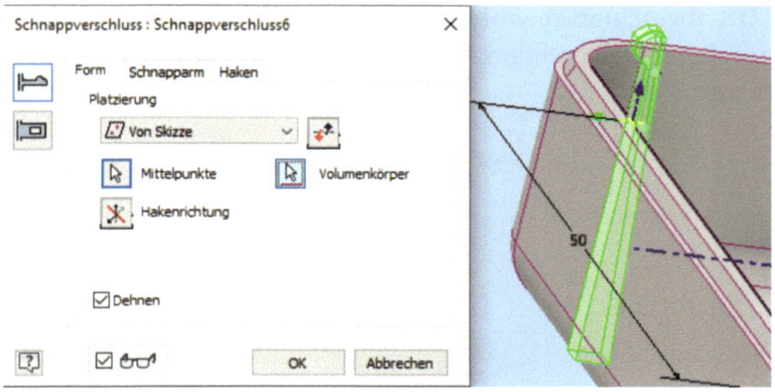

Über die Register **Schnapparm** und **Haken** kann nun die Geometrie beschrieben werden. Die Werte können aus den Abbildungen übernommen werden.

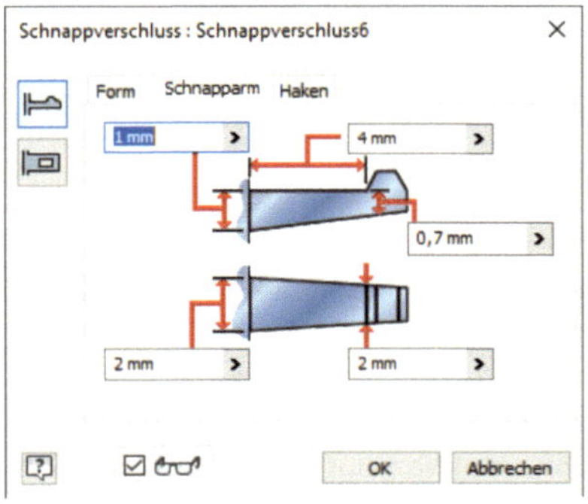

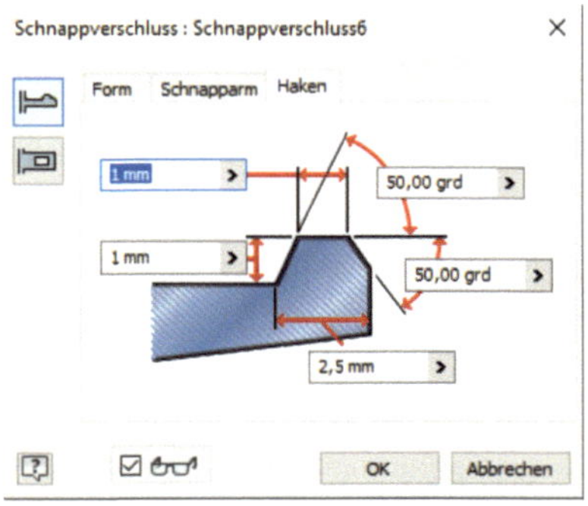

Für das untere Gehäuseteil gilt: Die Gegenstücke benötigen ebenfalls nur eine Positionsskizze für die Lage der zu erzeugenden Elemente. Die Skizze liegt auf der Bodenfläche der unteren Gehäusehälfte mit vier Punkten, die jeweils einen Abstand von **25 mm** zur Symmetrieachse aufweisen. Über die Register **Klemme** und **Gegenstück** kann nun das Gegenstück mit den Pfeilen am Bauteil ausgerichtet und die Geometrie definiert werden. Die Werte können wieder aus den Abbildungen übernommen werden.

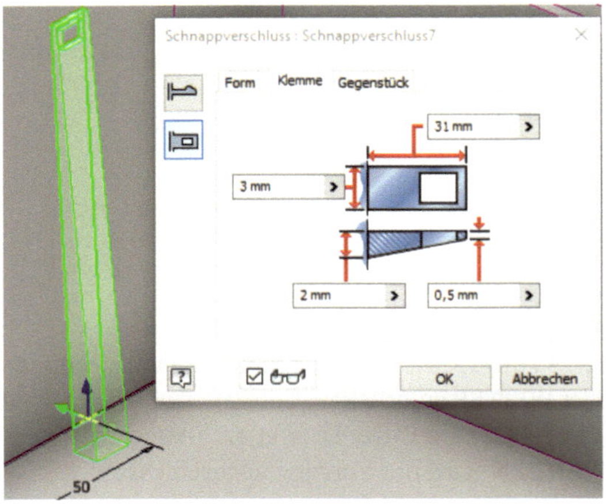

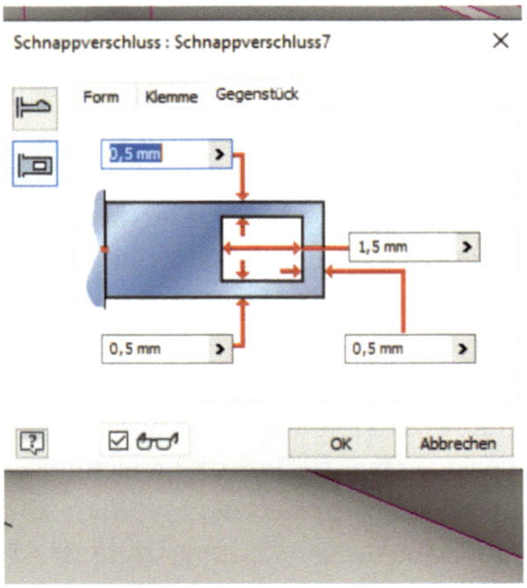

Nachdem der Vorgang mit **OK** abgeschlossen wurde, weisen beide Volumenkörper zueinander passende Schnappverschlusselemente auf, was geprüft werden kann, wenn eine Schnittdarstellung gewählt wird.

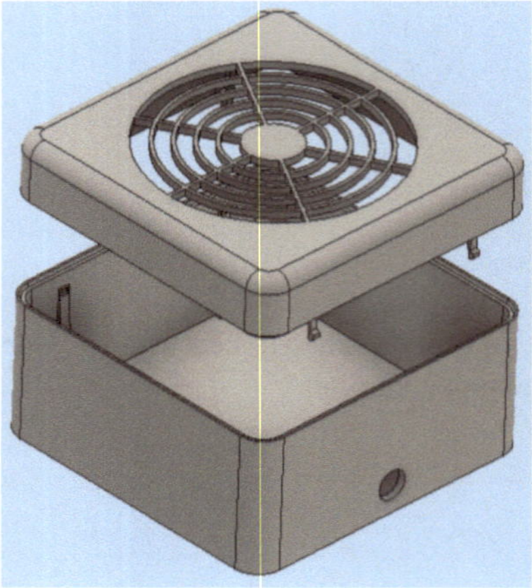

HINWEIS: In CAD-Systemen werden elastische Bauteile, z. B. Kunststoff oder Gummiteile, üblicherweise nicht im deformierten Zustand dargestellt. Legt man die obere und untere Gehäusehälfte passend aufeinander, entstehen beim Zusammenbau gegebenenfalls Überschneidungen zwischen den Bauteilen in der Baugruppenumgebung, was aber keine Fehlkonstruktion darstellt. Diese Überschneidungen existieren beim realen Modell nicht, da sich die eingeschnappten Haken nach innen biegen.

13.6.2 Überführen von Multiparts-Bauteilen in eine Baugruppe

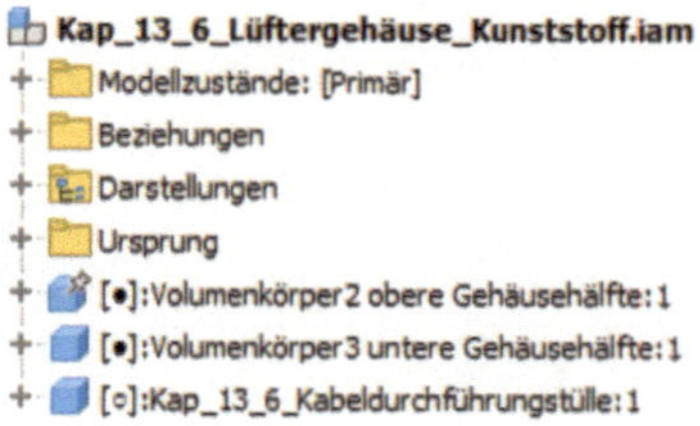

Die beiden Volumenkörper innerhalb des Mehrfachbauteils (Multipart) lassen sich nun in eine Baugruppendatei überführen. Im Strukturbaum der geöffneten Bauteildatei *Kap_13_6_Kunststoffgehäuse.ipt* wird der Eintrag **Volumenkörper2 obere Gehäusehälfte** selektiert und über das Kontextmenü **Komponenten erstellen** aufgerufen. Der Speicherort der Zielbaugruppe ist anzugeben (*Kap_13_6_Lüftergehäuse_Kunststoff.iam*). Der Name der Zielbaugruppe wird entsprechend angepasst. Nun ist noch die zu verwendende Vorlage einzustellen, und anschließend ist **WEITER** zu drücken. Gefragt wird nun, ob eine neue Baugruppe erzeugt werden soll. Hier ist **JA** zu wählen. Es folgt ein Dialogfenster mit einer Zusammenstellung, und mit **ANWENDEN** wird der Vorgang abgeschlossen.

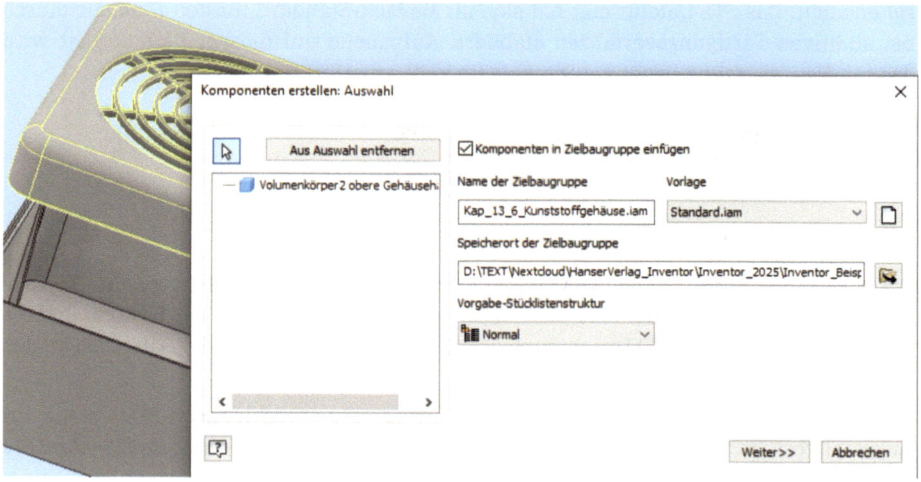

Analog hierzu wird der **Volumenkörper3 untere Gehäusehälfte** in die Baugruppe eingefügt. Einziger Unterschied ist hierbei, dass die Frage nach dem Anlegen einer neuen Baugruppe mit **NEIN** beantwortet wird. Auszuwählen ist die vorab erstellte Baugruppe *Kap_13_6_Lüftergehäuse_Kunststoff.iam*.

In der Baugruppenumgebung können nun beide Gehäuseteile zueinander ausgerichtet werden (siehe Kapitel 6). Ebenfalls wird hier noch eine Kabeldurchführungstülle (siehe Abschnitt 13.1) eingefügt.

13.7 3D-Drucken

3D-Drucken

Auf der Registerkarte **Umgebungen** befindet sich die Funktion **3D-DRUCKEN**. Diese kann sowohl aus der **Bauteilumgebung** als auch aus der **Baugruppenumgebung** gestartet werden.

3D-Drucken gehört zu den Verfahren der generativen Fertigungstechnologien, die auch mit den Oberbegriffen „Additive Fertigung“ oder „Rapid Prototyping“ (RP) umschrieben werden. Ziel ist es, direkt auf Basis des CAD-Modells ein physikalisches Modell zu erzeugen. Es ist also naheliegend, im CAD-System entsprechende Funktionen zu realisieren, um einen Programm- oder Systemwechsel zu vermeiden. Additive Verfahren sind streng genommen 2,5D-Verfahren, also aufeinandergeschichtete 2D-Verfahren. Die eigentliche Formgebung erfolgt in einer Ebene und damit flächig. Die dritte Dimension, die kontinuierliche Z-Achse, wird dann durch das Aufeinanderlegen der einzelnen Schichten erzeugt. Dadurch können die Konturen des Gebildes in der XY-Ebene sehr genau, in der Z-Richtung aber nur stufig, in Abhängigkeit von der Schichtdicke bzw. der Genauigkeit des verwendeten 3D-Druckers, erzeugt werden.

Mit mathematischen Methoden wird ein 3D-CAD-Modell in das STL-Dateiformat gewandelt (STL steht für **S**urface **T**esselation **L**anguage). In diesem Format werden Modelle mithilfe von Dreiecksfacetten beschrieben, womit eine Vernetzung aller Punkte einer 3D-Geometrie entsteht. Das STL-Dateiformat hat sich als De-facto-Standard für den Datenaustausch bei additiven Fertigungsverfahren etabliert. Aufbauend auf diesem Datenformat wird das für die Umsetzung benötigte Schichtenmodell generiert.

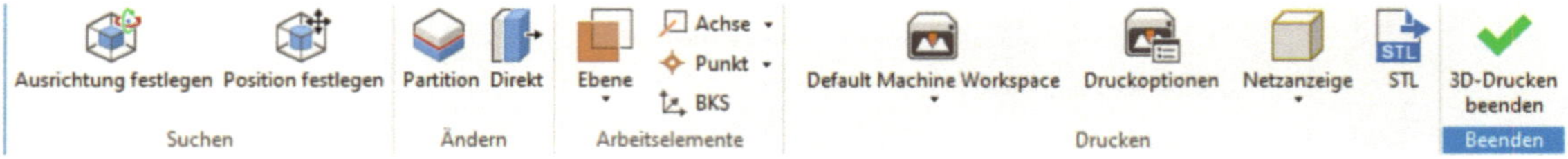

Die kurz vorgestellten Grundlagen spiegeln indirekt die in der Arbeitsumgebung **3D-Drucken** aufgeführten Funktionen wider. Ausgehend von der Lage und der Position im Bauraum des ausgewählten 3D-Druckers steht am Ende der Funktionen die Datenausgabe im STL-Format.

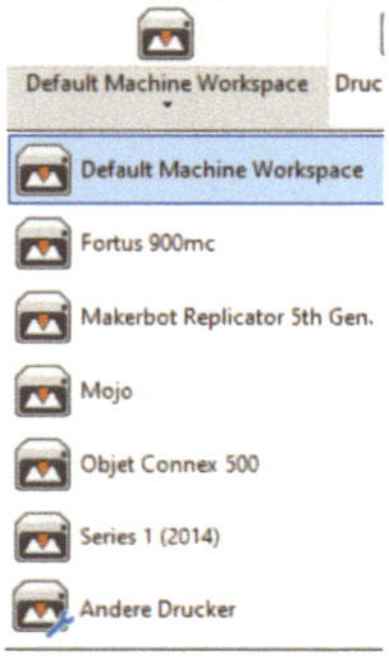

In der Befehlsgruppe **Drucken** werden von Inventor unterschiedliche 3D-Drucker zur Auswahl gestellt. Neben ausgewählten Modellen wird über den letzten Eintrag **Andere Drucker** eine Reihe weiterer Geräte angeboten. Das benutzerdefinierte Anlegen eines Druckers ist jedoch nicht vorgesehen und kann nur über Umwege realisiert werden. Druckerkonfigurationen werden im Inventor-Programmverzeichnis in Form von XML-Dateien verwaltet.

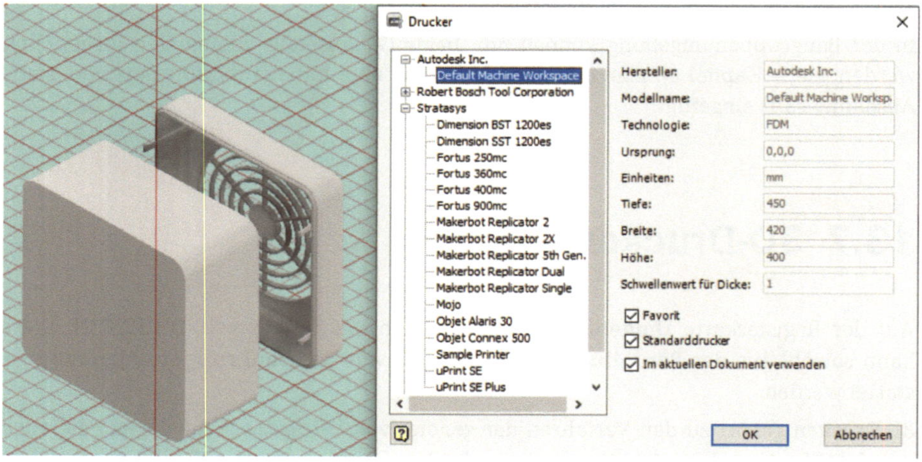

Eine wesentliche Eigenschaft der vordefinierten Drucker ist, dass damit der zur Verfügung stehende Bauraum festgelegt wird. Dieser wird bei Auswahl eines Druckers grafisch als Quader angezeigt und ermöglicht die sofortige Einschätzung, ob ein konstruiertes Modell mit dem ausgewählten Drucker hinsichtlich der Größe überhaupt gefertigt werden kann.

Mit dem eingestellten Drucker und dem damit festgelegten Bauraum kann über die beiden Funktionen **AUSRICHTUNG FESTLEGEN** und **POSITION FESTLEGEN** das geladene CAD-Modell neu positioniert werden. Bei der Funktion **Ausrichtung festlegen** wird als Bezugsgröße zum Bauraum zwischen **Bett** und **Wand** unterschieden. Zusätzlich ist eine Fläche vom Modell auszuwählen. Das Bauteil richtet sich anschließend parallel zur Bezugsfläche neu aus.

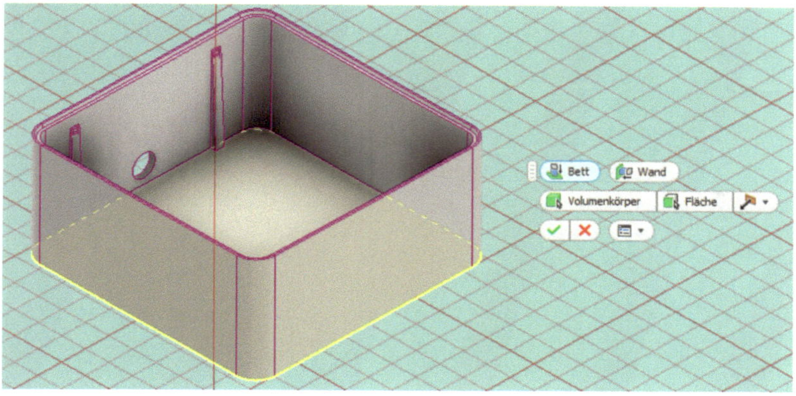

Ähnlich verhält sich das Bauteil in Bezug auf die Funktion **POSITION FESTLEGEN**. Hier sind neben der Bezugsgröße (beliebige Wand) die X- und Y-Koordinaten anzugeben, um die das Bauteil verschoben werden soll. Durch das Einblenden von Pfeilen, welche die Richtung vorgeben, wird der Vorgang grafisch unterstützt.

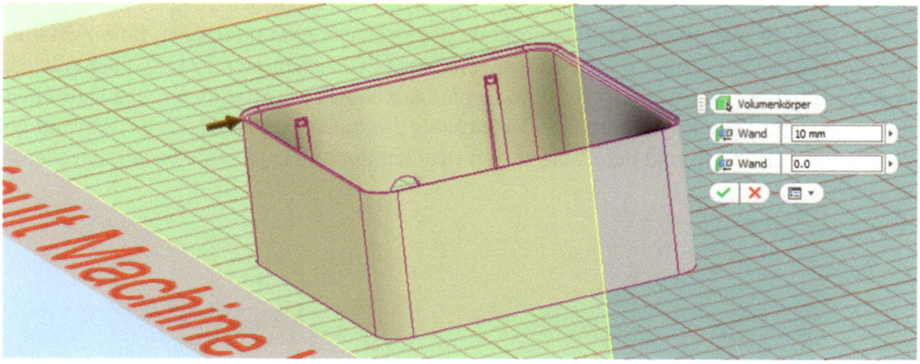

Mithilfe der Funktion **PARTITION** lassen sich Bauteile, die zu groß für den ausgewählten 3D-Drucker sind, in mehrere Segmente aufteilen. Die Funktion basiert auf der in Abschnitt 5.5.9 vorgestellten Funktion **TRENNEN** und erzeugt mehrere Volumenkörper (im Strukturbaum ganz oben), wenn mit der Schaltfläche **KÖRPER** das Bauteil und mit der Schaltfläche **EBENE** eine Trennebene ausgewählt wurden.

Für den späteren passgenauen Zusammenbau können an der Trennebene Ausrichtungselemente definiert werden. Die Zapfen (hier als Pfosten bezeichnet) mit Bohrungen werden über die Schaltfläche **PUNKTE** auf der Trennebene durch einfache Anwahl ohne Bemaßungsangabe positioniert. **Durchmesser**, **Tiefe** und **Verjüngung** des Pfostens werden über Maßeingaben definiert. Für die Größe der Bohrung definiert der **Skalierungsfaktor**, ob sie identisch zum Pfosten ist oder ob sich Spiel ergibt. Eine Partition lässt sich über das Kontextmenü mit dem Befehl **ELEMENT AUFLÖSEN** in die aus Kapitel 5 bekannten Bauteiloperationen überführen.

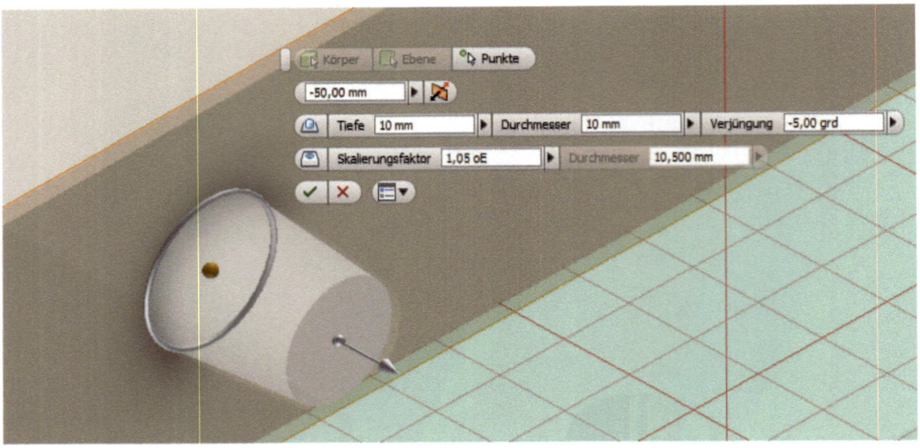

Druckoptionen

Netzanzeige

DRUCKOPTIONEN und **NETZANZEIGE** stehen für die Datenumwandlung in das STL-Format. STL-Daten können prinzipiell in ASCII-Format oder auch im Binär-Format abgespeichert werden. Beide Ausprägungen werden von Inventor unterstützt und stehen unter den **Druckoptionen** zur Auswahl. Jede Dreiecksfacette wird durch die drei Eckpunkte und die zugehörige Flächennormale des Dreiecks charakterisiert. Eine Präsentation im STL-Format stellt also nur eine angenäherte Beschreibung eines CAD-Modells dar und ist abhängig von der eingestellten Genauigkeit. Diese Einstellungen erfolgen ebenfalls unter den **Druckoptionen**. Die **Netzanzeige** visualisiert das in das STL-Format gewandelte CAD-Modell und damit die in den Druckoptionen eingestellte Facettengröße.

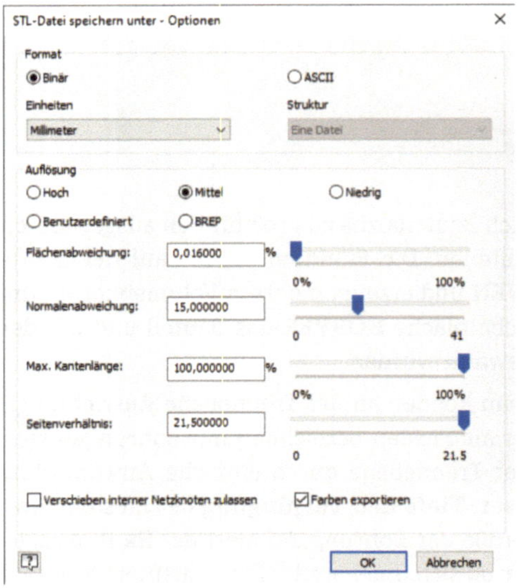

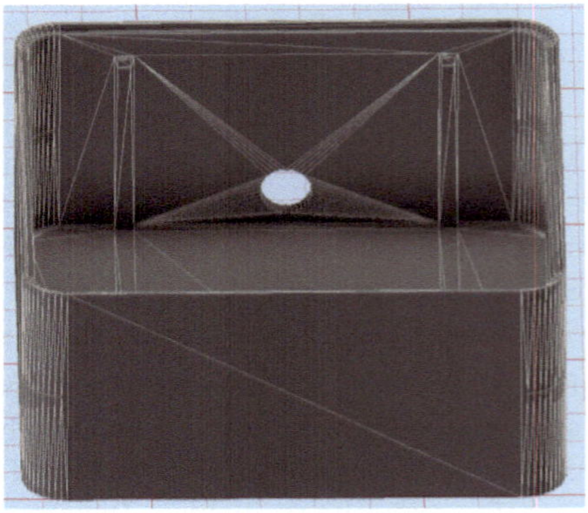

STL

Das für den 3D-Druck häufig verwendete STL-Format kann über den Befehl **STL** erzeugt werden. Der Speicherort ist zu wählen, und anschließend wird die Bauteilgeometrie in das neue Format überführt.

Die Umwandlung in STL kann auch über die Registerkarte **Datei** und dem Befehl **EXPORTIEREN** erfolgen. Der Menüpunkt **CAD-FORMAT** enthält verschiedene Dateiformate, unter anderem auch das **STL-Format**.

14 Übung: Zahnstangenpresse

Der Inhalt dieser Übung entspricht der Umsetzung einer klassischen Konstruktionsaufgabe. Alle Einzelteile werden zunächst als solche konstruiert. Am Ende werden sie zu einer Baugruppe verbunden, sodass sie gemäß ihrer technischen Bestimmung funktionieren. Ergänzt werden dabei diverse Bauteile aus dem Inhaltscenter. Zusätzlich zeigt die Übung anhand von Zahnrad und Zahnstange, wie der Konstruktionsassistent und die herkömmliche Konstruktion miteinander kombiniert werden können.

Im Folgenden werden zunächst die technischen Daten als Rahmenbedingungen für die zu erstellende Zahnstangenpresse vorgestellt. Aus solchen Kenngrößen lassen sich schrittweise die Abmessungen der einzelnen Bauteile ableiten. Aus Pressenhub und Hebelbewegung kann z. B. der Teilkreisdurchmesser des Zahnrads festgelegt werden, dessen Umfang hier annähernd dem doppelten Pressenhub von 80 mm entsprechen muss. Aus der immer ganzzahligen Zähnezahl ergibt sich dann für das Zahnrad ein Umfang von ca. 157 mm.

Da in den weiteren Abschnitten jedoch der Umgang mit Inventor und nicht der übergeordnete Konstruktionsprozess im Vordergrund stehen soll, sind die Bauteile bereits geometrisch vorgegeben, und Vorüberlegungen zur Dimensionierung der Bauteile werden nicht mehr explizit aufgeführt.

Technische Daten

- Pressentisch: 180 mm breit, 200 mm tief, mit T-Nuten
- Freie Presshöhe: ca. 150 mm
- Freier Abstand von der Mitte des Stempels nach hinten: ca. 100 mm
- Pressenhub: ca. 80 mm
- Übersetzung: Pressenhub bei ca. 180° Hebelbewegung

14.1 Projekt „Zahnstangenpresse“ anlegen

Diese Übungsaufgabe enthält nach Fertigstellung mit allen Bauteilen, Baugruppen, Zeichnungsableitungen usw. mehr als 30 Dateien. Deshalb ist es hilfreich, hierfür ein eigenes Projekt anzulegen. Der erste Schritt besteht also darin, ein neues Projekt mit dem Namen *Kap_14_Zahnstangenpresse* zu erstellen. Auf der Inventor-Startseite ist **NEU...** zu wählen und im sich öffnenden Dialogfenster **PROJEKTE...** bei den unten stehenden Schaltflächen. (Alternative Einstiegsmöglichkeiten zum Anlegen neuer Projekte wurden in Kapitel 2 und Kapitel 3 beschrieben.)

Erstellt wird ein **Neues Einzelbenutzer-Projekt**. Mit dem Befehl **WEITER** wird über das Dialogfenster die Eingabe eines Namens angefordert. Der eingegebene Name wird automatisch als Verzeichnisname und als Name für die Projektdatei übernommen. Der Dialogbereich *Bibliotheken wählen* kann übersprungen und der Vorgang mit der Schaltfläche **FERTIG STELLEN** abgeschlossen werden. Das Projekt *Kap_14_Zahnstangenpresse.ipj* erscheint nun in der tabellarischen Auflistung der Projekte und wird durch ein vorangestelltes Häkchen bereits als aktives Projekt markiert.

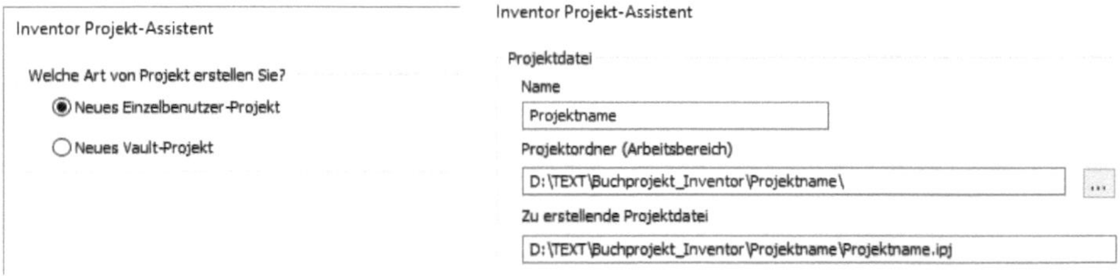

14.2 Konstruktion des Grundkörpers (Gestell)

Als erstes Bauteil wird das Gestell der Presse konstruiert, welches die zentrale Komponente der Baugruppe darstellt. Nachdem eine neue Bauteildatei mit der Vorlage *Standard(DIN).ipt* erzeugt wurde (*Einheiten: mm, Material: Generisch*), ist die erste Skizze (**2D-SKIZZE STARTEN**) auf der XY-Ebene zu erstellen.

Die erstellte Skizze ist eine für das Bauteil mehrfach verwendete Skizze, weshalb in ihr mehrere Geometrieprofile gleichzeitig enthalten sind, aus denen später verschiedene Teilkörper erzeugt werden.

Die Skizze wird mit zwei sich im Ursprung des Koordinatensystems kreuzenden Mittellinien begonnen (Befehlsgruppe Format, Funktionsaufruf **MITTELLINIE**). Beide Mittellinien bekommen die Abhängigkeit **Koinzident** zum **Ursprung** des Koordinatensystems. Sie werden später als Symmetrieachsen für die Ausrichtung und für das Spiegeln verschiedener Skizzenelemente benötigt. Unter Ausnutzung der Mittellinien wird die Skizze gemäß der Abbildung aufgebaut. Um den Bemaßungsaufwand zu reduzieren, kann gezielt die Abhängigkeit **Symmetrie** eingesetzt werden.

Das große, der Skizze zugrunde liegende Rechteck (**200 mm × 220 mm**) wurde mit der Funktion **Rechteck, Mitte mit zwei Punkten** im **Ursprung** begonnen und ist damit bereits fertig.

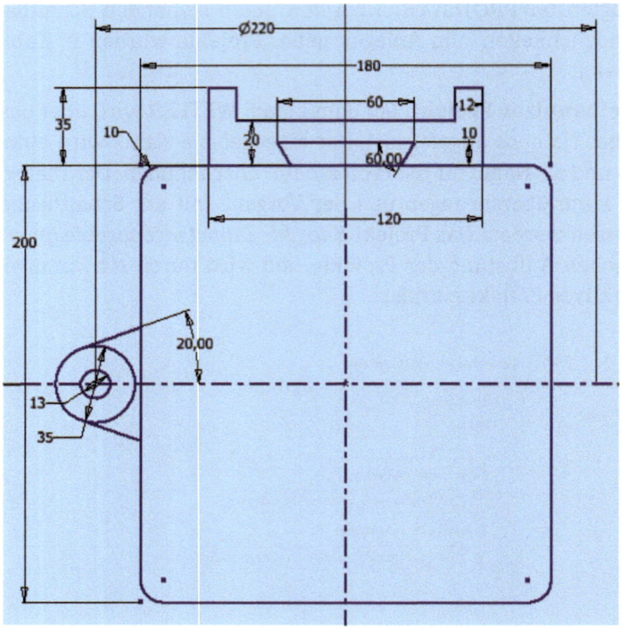

Die Skizze ist mit den gesetzten Abhängigkeiten und Bemaßungen voll bestimmt, was am Farbumschlag aller Skizzenelemente (von hell nach dunkel) zu erkennen ist. Nach Beenden der Skizze kann die Bauteildatei mit **SPEICHERN** unter dem Namen *Kap_14_2_Gestell.ipt* gesichert werden. Nacheinander werden jetzt über den Befehl **EXTRUSION** die Teilkörper des Gestells (Ständer, Tisch sowie die Mittelbohrung, die beiden seitlichen Laschen und die Laschen-Abrundungen) erstellt.

Für die **Extrusion** des Ständers werden die beiden Teilflächen oberhalb des Rechtecks in der Skizze verwendet. Sie werden mit einer Höhe von **300 mm** aufgezogen. Sie können gleichzeitig selektiert werden, wenn mit dem Cursor ein Rechteck aufgezogen wird, das die beiden Flächen einschließt. Alternativ können sie nacheinander extrudiert werden. Hierfür muss jedoch die Skizze zunächst zur Wiederverwendung bereitgestellt werden (siehe Abbildung auf der Folgeseite).

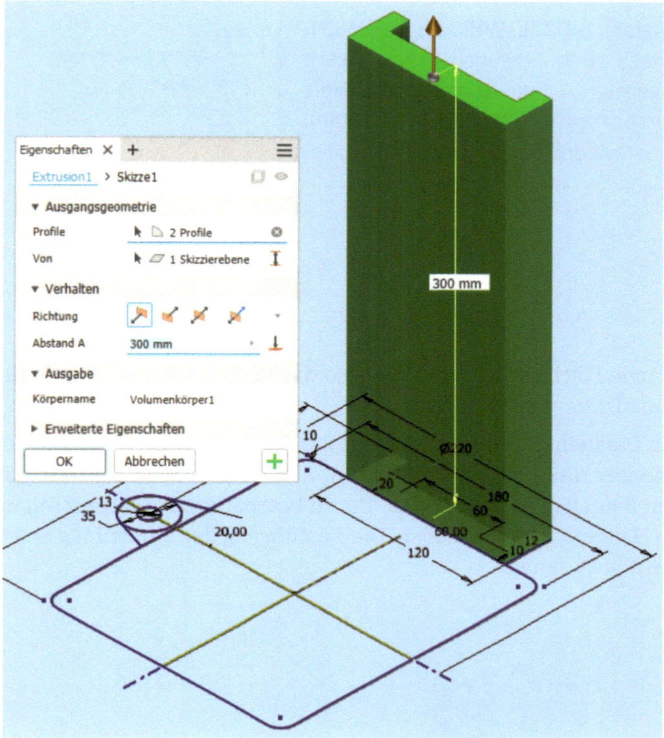

Nach erfolgter Extrusion kann über das Kontextmenü (Mauszeiger ist auf die Skizze zu setzen, **rechte Maustaste**) der Befehl **SKIZZE WIEDER VERWENDEN** ausgeführt werden. Damit lassen sich dann die weiteren Extrusionen, basierend auf der zentralen Skizze, durchführen. Im Strukturbaum ist die Skizze danach als freie und sichtbar geschaltete Skizze wieder verfügbar. Es folgt durch Inventor ein Eintrag im Strukturbaum, gleich unterhalb vom Ursprung.

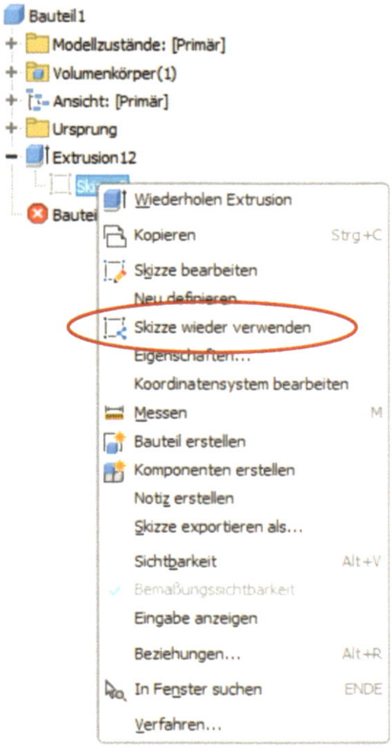

HINWEIS: Der Befehl **SKIZZE WIEDER VERWENDEN** wird nur nach dem Erzeugen eines ersten Grundkörpers angezeigt! Auf die Skizze (positioniert unterhalb des Ursprungs im Strukturbaum) kann anschließend immer wieder zurückgegriffen werden.

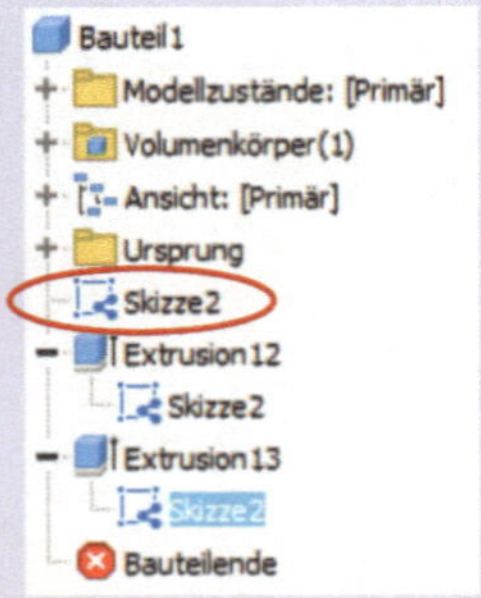

Als nächste zu extrudierende Fläche wird der Tisch, also das Rechteck in der Skizze, gewählt. Der Tisch erhält eine Dicke von **30 mm**.

Für das Bauteil wurde die Darstellung **Dunkelgrün** aus der Darstellungsauswahlliste gewählt. Der als Gussteil hergestellte Grundkörper soll in dieser Farbe angezeigt werden und sich von den anderen Bauteilen unterscheiden. Die zu bearbeitenden Flächen sollen sich jedoch mit der Farbe Hellgrau davon abheben. Die Ausführung der Darstellung ist in den nächsten Arbeitsschritten zu sehen.

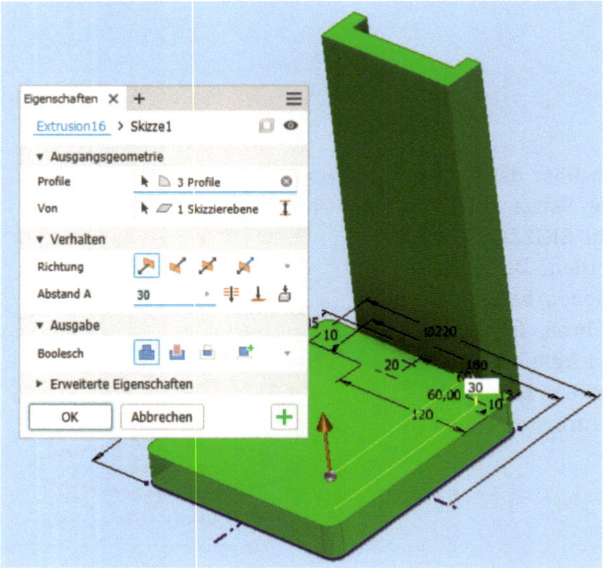

Die Befestigungslaschen werden in zwei Schritten erstellt. Zuerst wird der Verbindungssteg zum Tisch extrudiert, der **18 mm** hoch werden soll, und anschließend das Befestigungsauge, das **22 mm** hoch extrudiert wird. Es ist darauf zu achten, dass bei **Extrusion** durch Inventor nicht versehentlich Differenz voreingestellt wurde.

Die Darstellung **Dunkelgrün** ist für das Bauteil bereits eingestellt und wird entsprechend übernommen. Die Oberfläche der Augen soll allerdings als bearbeitet dargestellt werden, da diese Flächen die Auflage für Befestigungsschrauben abbilden. Die Oberfläche muss entsprechend ausgewählt und in der Darstellungsauswahlliste die Farbe **Hellgrau** gewählt werden.

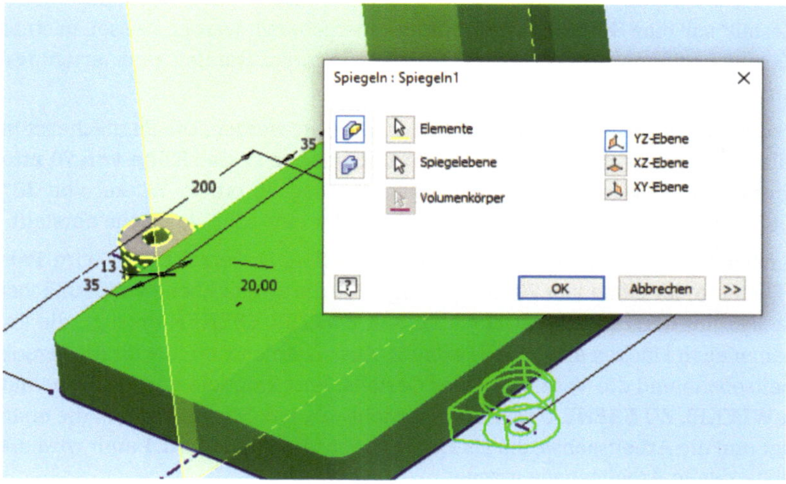

Zum Schluss werden die Befestigungslasche und der Verbindungssteg über die Funktion **SPIEGELN** an der YZ-Ebene als Symmetrieebene auf die andere Seite kopiert. Für die Ringoberfläche ist auch hier wieder die Darstellung **Hellgrau** zu wählen.

Damit ist der Volumenkörper in seiner Grundstruktur bereits vollständig modelliert. Es fehlen allerdings noch diverse Ausfräsungen am Ständer und Tisch.

Über die Registerkarte **Extras** kann in den **Anwendungsoptionen** auf der Registerkarte **Bauteil** der Eintrag **Erweiterte Informationen nach Elementknotennamen im Browser anzeigen** aktiviert werden.

Erreicht wird damit, dass die Systemeinträge, wie **Extrusion1** usw., mit ergänzenden Informationen ausgeführt werden. Damit wird dem Anwender sofort deutlich, was bei den einzelnen Funktionsaufrufen realisiert wurde. Bei später eventuell notwendigen Änderungen am Bauteil kann dies sehr hilfreich sein.

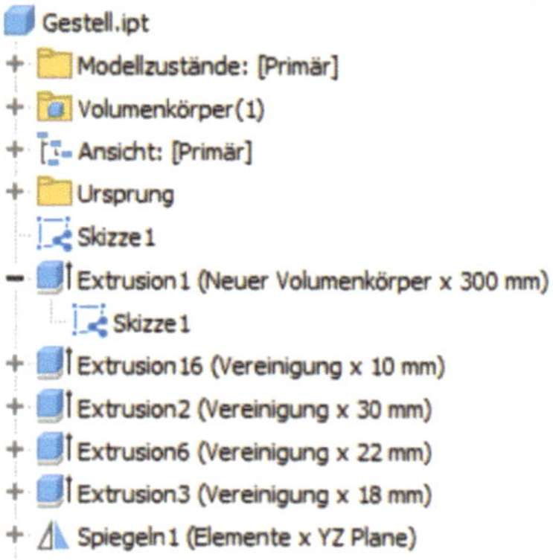

14.2.1 Konstruktive Umsetzung der zu bearbeitenden Flächen am Bauteil „Gestell“

Im Bauteil „Gestell“ soll eine Schwalbenschwanznut untergebracht werden. Sie soll in einer Höhe von **70 mm** beginnen, am oberen Ende des Ständers auslaufen und fertigungsgerecht konstruiert werden.

Extrusionen können auch zwischen zwei Flächen ausgeführt werden. Die Endfläche ist in diesem Fall die obere Fläche des Ständers. Die **Anfangsfläche in der Höhe von 70 mm** muss jedoch erst erstellt werden. Diese Anfangsfläche liegt in einem Winkel von **30°** schräg zum Ständer, da der Fräser auch am Grund der Nut eine schräge Fläche herstellt.

Hierfür sind nacheinander zwei Arbeitsebenen zu erstellen. Die erste Ebene wird **Parallel** zur XY-Ebene in der Höhe von **70 mm** erzeugt. Für die zweite Ebene wird zunächst eine Arbeitsachse mit der Funktion **SCHNITTLINIE ZWEIER EBENEN** erzeugt, die anstelle von Ebenen auch Flächen als Eingabe erlaubt. Auszuwählen sind hierfür die gerade erzeugte Arbeitsebene und die Vorderseite des Gestells. Jetzt kann die andere Ebene mit der Funktion **WINKEL ZU EBENE UM KANTE** erstellt werden. Hierfür werden die erste Ebene benötigt und die Arbeitsachse, die als Rotationsachse gewählt wird. Damit wird die um **30°** geneigte zweite Arbeitsebene erzeugt.

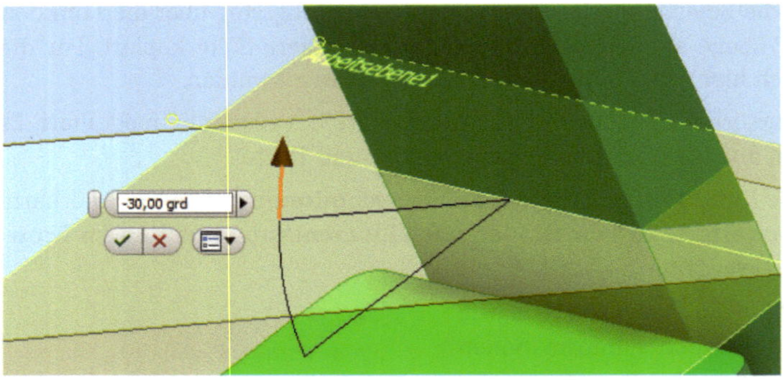

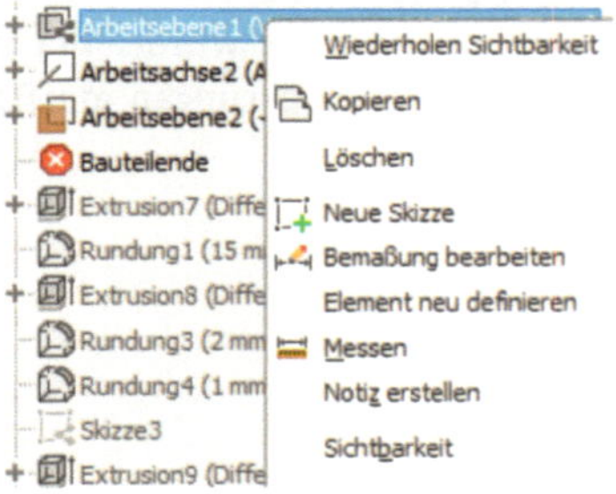

Für die Erstellung der Extrusion ist es sinnvoll, die Sichtbarkeit der nicht mehr benötigten Hilfselemente auszuschalten. Im Strukturbaum sind hierfür jeweils die Arbeitsachse und die erste Ebene zu wählen. Über das Kontextmenü ist der Haken vor **Sichtbarkeit** zu entfernen.

Die Extrusion der Schwalbenschwanznut erfolgt jetzt als **Differenz** mit der Einstellung **Zwischen** und der Angabe der beiden Flächen, zwischen denen sich die Nut befinden soll. Grundlage der Schwalbenschwanznut bildet dabei wieder die Generalskizze, in der die Form der Nut als Trapez oberhalb des Rechtecks bereits enthalten ist. Anschließend kann auch die Sichtbarkeit der schräg liegenden Arbeitsebene ausgestellt werden.

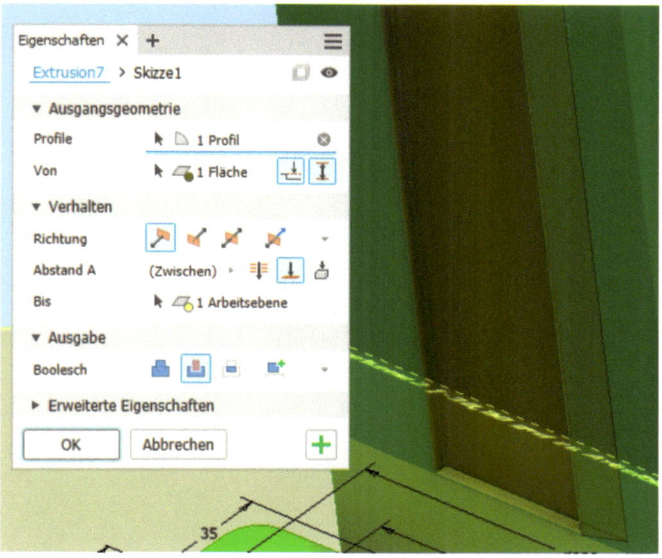

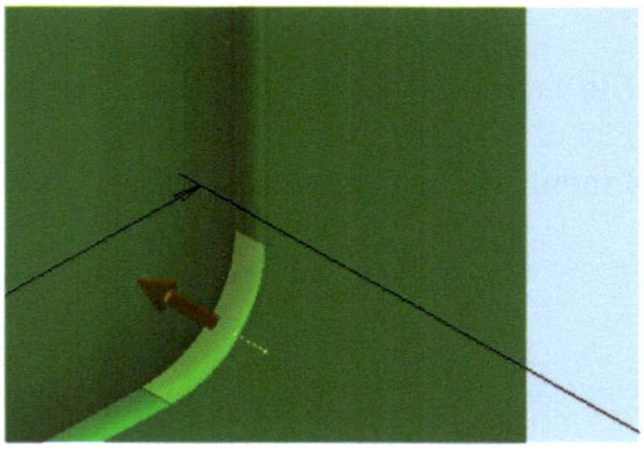

In Abhängigkeit vom Fräser-Durchmesser sind nun noch die beiden Ecken der Nut abzurunden. Dazu wird die Funktion **RUNDUNG** aufgerufen, ein Radius von **15 mm** wird eingestellt, und die beiden nach innen zeigenden Kanten werden hierfür angewählt.

Die Fräsbearbeitung am Gestell wird mit der Umsetzung eines Langlochs zur Höheneinstellung des Pressenkopfs abgeschlossen. Für diesen Arbeitsschritt wird eine neue Skizze benötigt, die auf der rückseitigen Oberfläche des Ständers liegt. Das Langloch erhält eine Breite von **11 mm**. Im Abstand von **30 mm** von oben soll dieses **180 mm** lang werden.

Bei der Skizzenerstellung ist es wichtig, dass genau in die vertikale Mitte der Ständerfläche gezeichnet wird. Um diese Mitte zu finden, werden die oben und unten liegenden Begrenzungslinien vom Ständer in die Skizze projiziert. Nun kann eine Linie, die jeweils durch den Mittelpunkt der beiden projizierten Linien führt, als Mittellinie skizziert werden.

Das Langloch kann über verschiedene Methoden erzeugt werden. Zwei Kreisbögen und zwei Linien bieten sich hier ebenso an wie die Funktion **LANGLOCH, MITTE ZU MITTE**, die erheblich schneller auszuführen ist. Die anschließende Extrusion ist auch hier eine **Differenz-Extrusion**, die entweder **Zur nächsten** oder durch **Alle Ebenen** gehen kann.

Nun sind noch die zu bearbeitenden Flächen der Schwalbenschwanznut auszuwählen und in der Darstellung auf **Hellgrau** einzustellen.

TEIL III

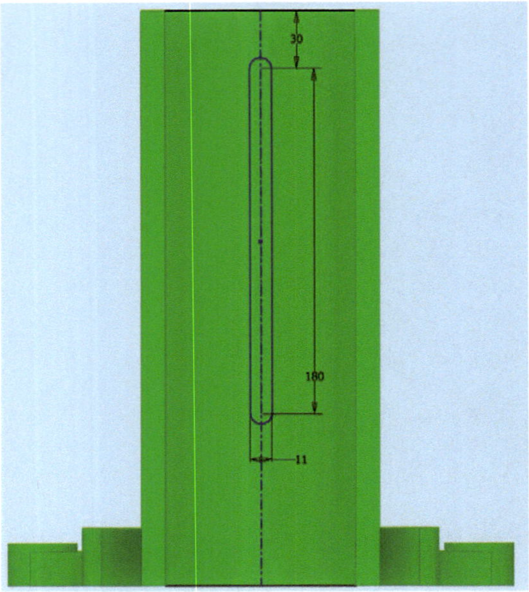

Rundung

Die Kanten der gerade modellierten Schwalbenschwanznut sind jetzt noch abzurunden. Für die Innenkanten wird **R = 2 mm**, für die Außenkanten **R = 1 mm** gewählt. Für die Innenkante am Nutgrund kann wieder die Darstellung **Hellgrau** verwendet werden.

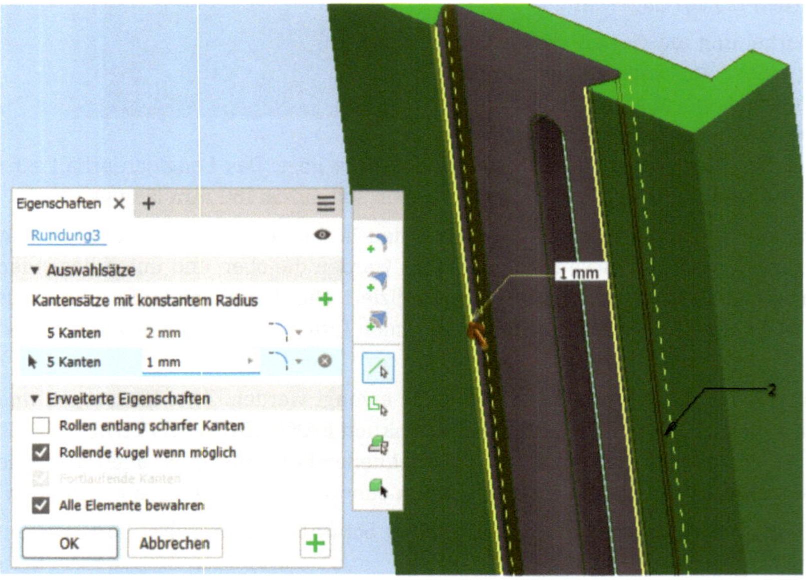

14.2.2 Konstruktive Umsetzung der zu bearbeitenden Flächen am Pressentisch vom Gestell

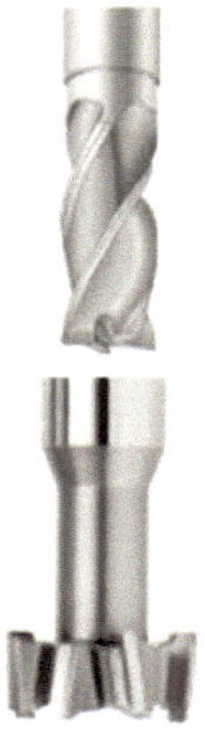

Im Pressentisch sind im nächsten Schritt die T-Nuten zu erzeugen. Solche Nuten werden für das Fixieren eines Schraubstocks oder für das direkte Aufspannen von Werkstücken auf einem Pressentisch benötigt. Der Tisch erhält eine Nut, die mittig von vorne nach hinten verläuft, und zwei Nuten, die quer durch den Tisch verlaufen.

In einem Gussteil können T-Nuten auf unterschiedliche Art hergestellt werden. In diesem Beispiel ist vorgesehen, die Nuten zu fräsen. Die Konstruktion der Nuten soll fertigungsgerecht erfolgen, was bei durchgehenden Nuten kein Problem darstellt. Die T-Nut, die von der vorderen Stirnfläche aus nach hinten verläuft, ist jedoch eine Sacknut, die ein fertigungsgerechtes Ende entsprechend des Fräserauslaufs erhalten muss.

Bei klassischer Fertigung sind für eine T-Nut zwei Arbeitsgänge notwendig. Mit einem Fingerfräser (**d = 10 mm**) wird zuerst eine schmale Nut gefertigt und dann mit einen T-Nuten-Fräser der untere breitere Teil mit einem Durchmesser von **d = 19 mm**. Im CAD-Modell können beide Nuten auf Basis einer gemeinsamen Skizze erzeugt werden, die nacheinander für zwei getrennte Extrusionen verwendet wird.

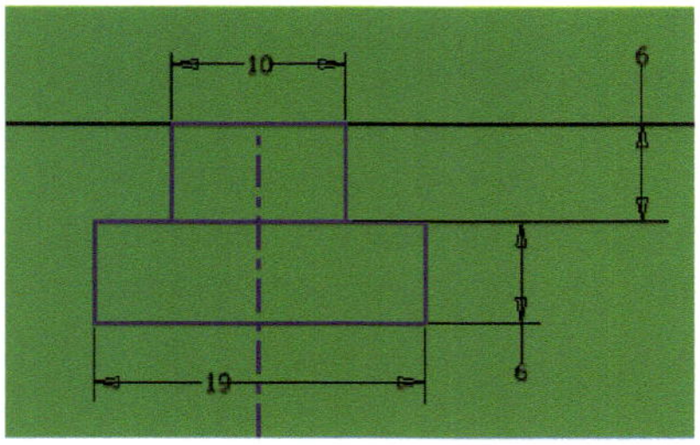

Auf der vorderen Stirnfläche des Tisches entsteht eine neue Skizze (**2D-SKIZZE STARTEN**), welche die Geometrie der T-Nut, bestehend aus zwei Rechtecken, aufnimmt.

Wie bei der Schwalbenschwanznut und beim Langloch ist es auch hier wichtig, dass die Geometrie der Stirnfläche projiziert (**GEOMETRIE PROJIZIEREN**) und die Abhängigkeit **Koinzident** auf die Mittelinie der Nut und den Mittelpunkt der projizierten Tischkante aufgebracht wird. Nur so befindet sich die Nut genau in der Mitte des Tisches, unabhängig davon, wie breit dieser ist.

Mit dem Button **EXTRUSION** und der Einstellung **Differenz** werden die beiden Extrusionen in zwei unterschiedlichen Längen ausgeführt. Die Länge der oberen Extrusion beträgt **160 mm**, die der unteren Extrusion muss um den Radius des T-Nuten-Fräsers länger sein, also **169,5 mm**. Nach der ersten Extrusion muss über das Kontextmenü die Funktion **SKIZZE WIEDER VERWENDEN** aufgerufen werden, um die Skizze erneut zu nutzen.

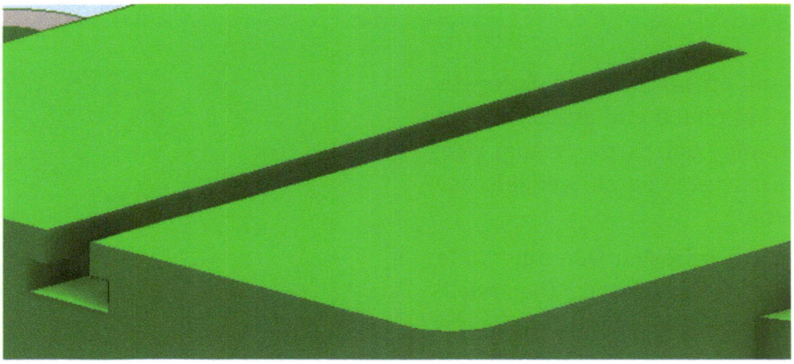

Die beiden Extrusionen (Nuten) sind nun in zwei Schritten auf die vollen Breiten abzurunden. Die Option **VOLLE ABRUNDUNG** der Funktion **Abrunden** mit der Auswahl der entsprechenden Seiten- und Mittelflächen ist hier sinnvoll. Da für jede der beiden Nuten nacheinander **Seitenfläche links**, **Stirnfläche** und **Seitenfläche rechts** gewählt werden müssen, bietet es sich an, unter der Registerkarte **Ansicht** vorübergehend **Drahtkörper** als **Visueller Stil** einzustellen.

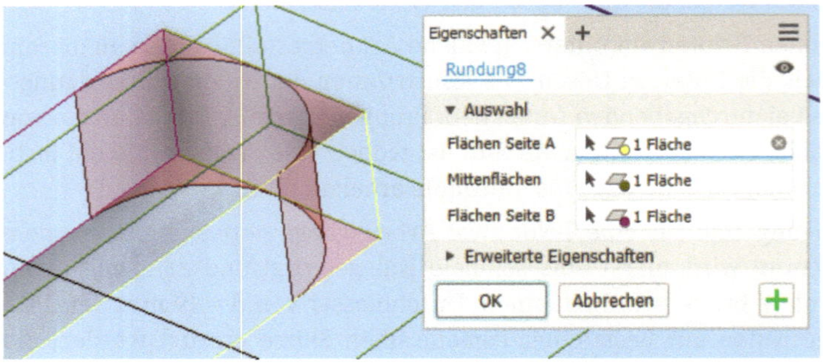

Dieser Aufwand muss bei den beiden durchgehenden seitlichen Nuten nicht betrieben werden. Sie können durch **Extrusion** mit den Einstellungen **Differenz** und **Alle** mit einer einzigen Skizze erzeugt werden, die auf einer Seitenfläche des Tisches liegt. Zunächst wird wieder eine **Mittellinie**, die **Koinzident** zum Mittelpunkt der projizierten Tischkante liegt, gezeichnet. Dann wird die Skizze des Nutprofils um eine Mittellinie gezeichnet, die parallel, aber um **60 mm** versetzt, liegt.

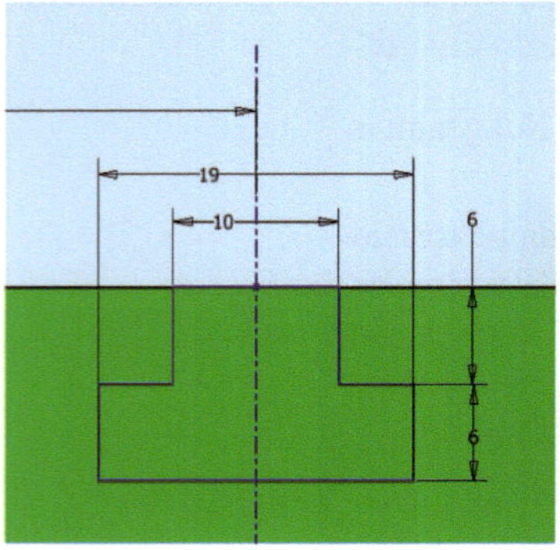

Die zweite Nut kann entweder durch **Spiegeln** des Profils an der Mittellinie und anschließende mehrfache Verwendung der Skizze erzeugt werden oder nach der Extrusion durch **Spiegeln** der Nut um die XZ-Ebene.

Das Ergebnis zeigt die gefrästen Quernuten, die den Auslauf der Sacknut überlagern. Die erstellten Konturen sind im Modell aber noch hinterlegt. Wird vorübergehend die erste Extrusion mit **Element ändern** im Kontextmenü von **160 mm**

auf **175 mm** und die zweite Extrusion von **169,5 mm** auf **184,5 mm** verlängert, sind die Verrundungen wieder sichtbar.

14.2.3 Bearbeitung der Tischfläche

Die Oberfläche des Pressentischs soll nun bearbeitet werden. Da dieser Schritt dem sogenannten Planfräsen entsprechen soll, d. h. dem Ebnen der Gussoberfläche durch eine Fräsbearbeitung, wird er nicht nur durch eine Darstellungsänderung, sondern zusätzlich durch einen Materialabtrag dargestellt.

Auf der Tischoberfläche ist dazu eine neue Skizze zu erstellen, in welche die Kontur der zu bearbeitenden Fläche zu zeichnen ist. Die Konturgrenzen zum Ständer bzw. zum Tisch können wieder auf verschiedene Wege übernommen werden. **Geometrie projizieren** ist ebenso möglich wie das Zeichen der Linien und das Setzen der **Abhängigkeit kollinear** oder eine Kombination aus Linien und projizierten Linien. Zu berücksichtigen ist allerdings, dass die Bearbeitungsfläche im Bereich des Ständers **4 mm** vor dem Ständer enden soll.

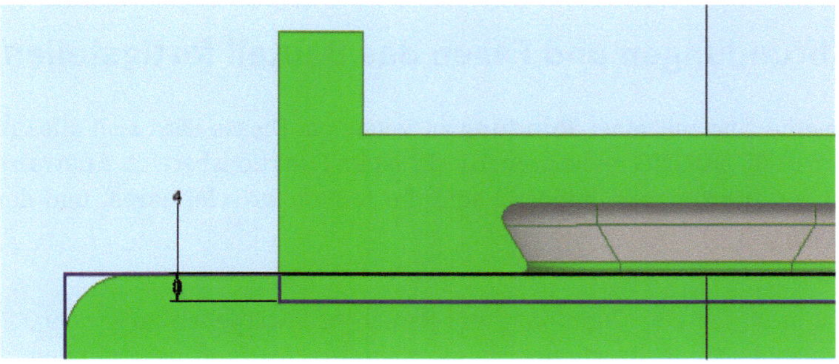

Die **Extrusion** mit der Einstellung **Differenz** wird **1 mm** tief ausgeführt. Die neu entstandene Fläche bekommt wieder den Flächenfarbstil **Hellgrau**.

Nun fehlt noch eine zentrale Bohrung in der Mitte der Pressenplatte. Der Bohrungsmittelpunkt liegt im Ursprung des Bauteils, der als Mittelpunkt einer Skizze auf der Oberfläche durch einen **Punkt** markiert werden kann. Mit einem Durchmesser von **d = 12 mm** und dem Ausführungstyp **Durch alle** wird die Bohrung nach Skizze platziert.

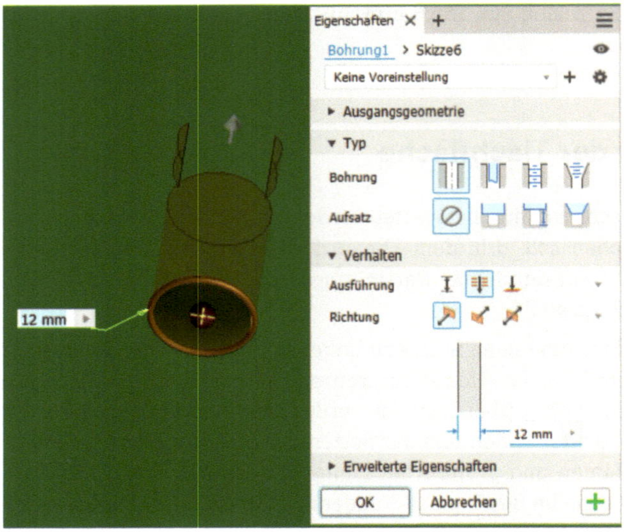

14.2.4 Mit Abrundungen und Fasen das Bauteil fertigstellen

Rundung

Die folgenden Elemente sind mit einer **Rundung** zu versehen. Dieses lässt sich alles in einem Funktionsaufruf **RUNDUNG** realisieren. Hierzu ist im Funktionsbereich **Auswahlsätze** das +-Zeichen zu drücken, anschließend sind die Kanten zu selektieren, und der Radius ist einzugeben.

HINWEIS: Um visuell eine Zuordnung der Radien nachvollziehen zu können, erfolgt die nachfolgende Beschreibung mit mehreren Aufrufen der Funktion **Rundung**.

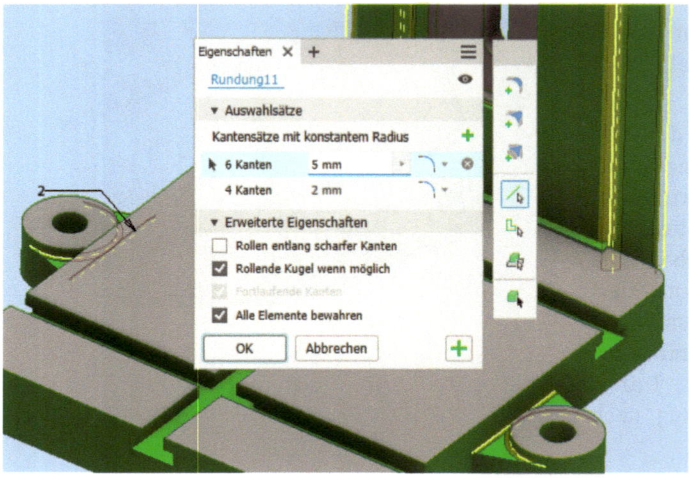

- Alle vier senkrechten Außenkanten und die beiden hinteren Innenkanten am Gestell erhalten einen Radius von **5 mm**.
- Die Verbindungsstege zwischen den Augen und dem Tisch erhalten einen Radius von **2 mm**.

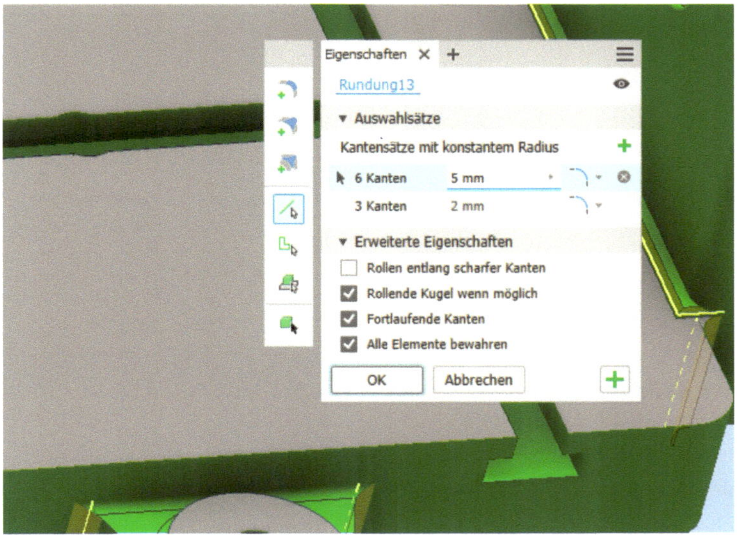

- Alle vertikalen Kanten am Tisch (Stege und Ständer) erhalten einen Radius von **5 mm**.
- Der Übergang beim Gestell zwischen Ständer und Tisch wird mit einem Radius von **2 mm** ausgeführt.

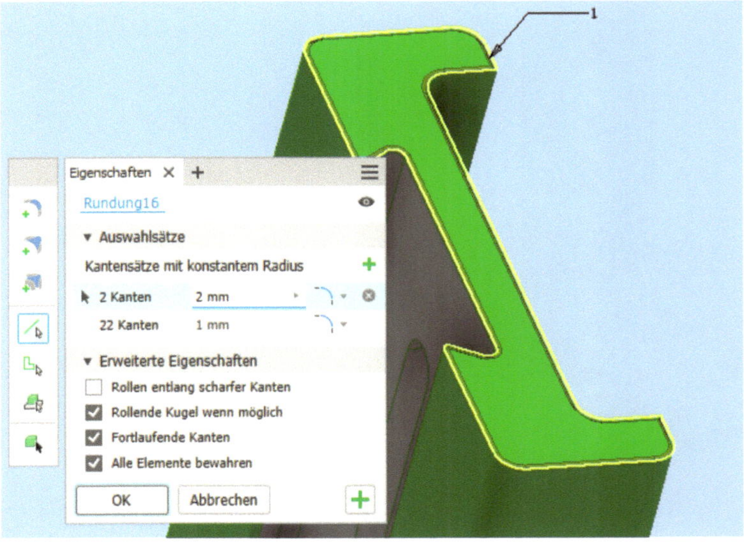

- Die Kanten am Übergang werden mit **R = 2 mm** ausgeführt.
- Die Oberseite des Gestells wird mit **R = 1 mm** ausgeführt, wobei die Option **Kontur** eingesetzt werden kann.

Fasen

Die folgenden Elemente sind mit einer **1-mm-Fase** zu versehen:

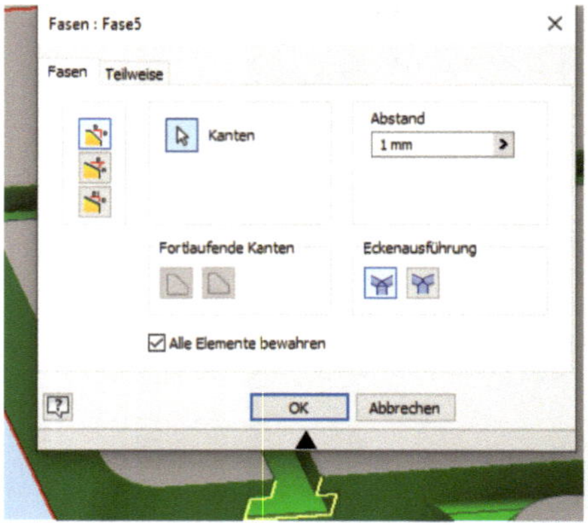

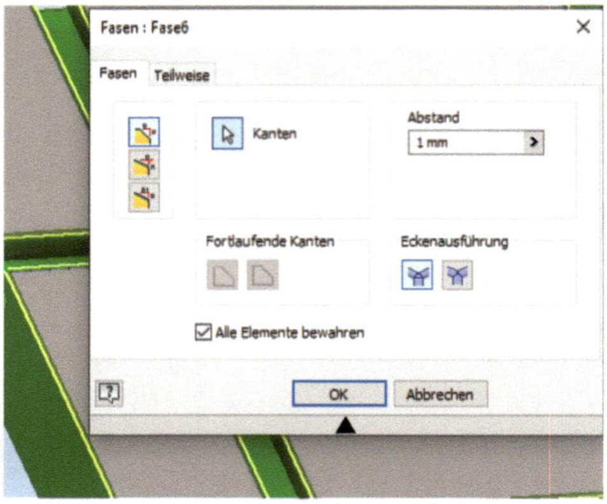

- Alle seitlichen Ausgänge der T-Nuten.
- Alle Tischkanten an der bearbeiteten Tischfläche.
- Die obere Fläche der Befestigungsaugen wird ebenfalls mit einer Fase versehen.
- Letztendlich erhält das Langloch im Ständer beidseitig eine Fase.

Der Ständer ist damit fertiggestellt, und durch die gewählte Farbgebung werden die einzelnen Funktionsflächen deutlich hervorgehoben.

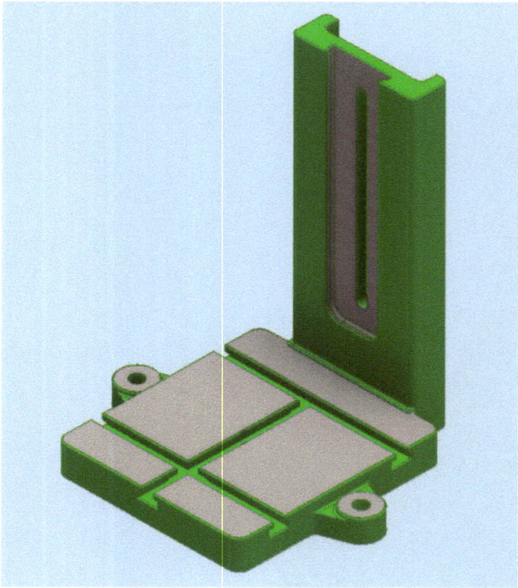

14.3 Führungsplatte

Die Führungsplatte stellt die Verbindung zwischen dem Kopfteil und dem Gestell her. Sie sorgt für die einwandfreie Führung in der Schwalbenschwanznut und beinhaltet die Aufnahme der Sechskantschraube für die Höhenverstellung.

HINWEIS: Da die meisten der folgenden Teile einfach zu erstellen sind, werden im Folgenden einige Teile nur als Zeichnungen und nicht mit schrittweiser Anleitung vorgestellt. Komplexe Bauteile werden aber weiterhin detailliert beschrieben.

Es sollte grundsätzlich kein Problem bereiten, dieses Teil aufgrund der vorliegenden Zeichnung eigenständig zu erstellen. Für die Erzeugung des Grundkörpers bietet es sich an, zunächst den im Schnitt B-B dargestellten Querschnitt beidseitig zu extrudieren (siehe folgende Abbildung).

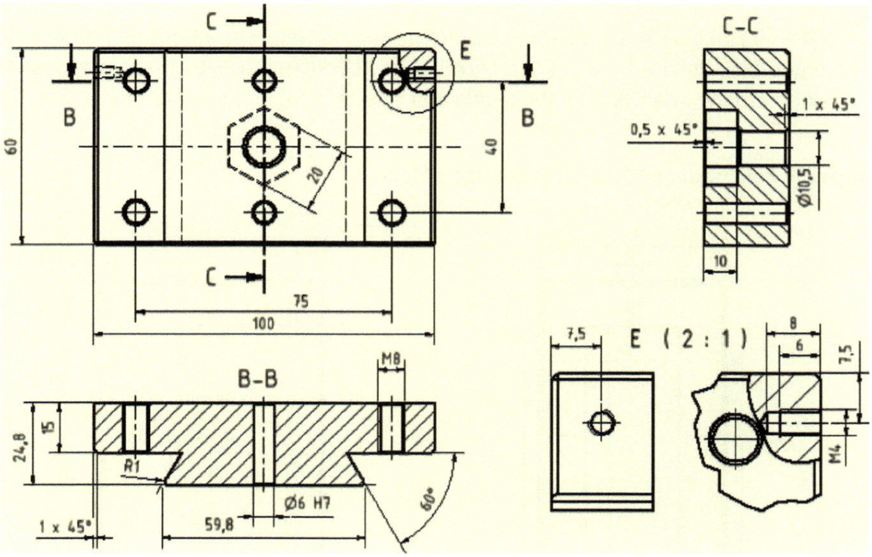

Die Bohrungen werden alle nach Skizze eingebracht, d. h., auf den jeweiligen Flächen werden Skizzen mit den bemaßten Bohrungsmittelpunkten aufgebracht. Die Bohrungen und Gewinde werden mit dem Befehl **BOHRUNG** erstellt. Die im Ausbruch E (siehe Abbildung) dargestellte Gewindebohrung wird, wie an den verdeckten Körperkanten links oben zu erkennen ist, nicht vierfach, sondern nur zweifach im Bauteil eingebracht.

Die Sechskantaussparung wird als eigene Skizze mit dem Befehl **POLYGON** und einer anschließenden **Differenz-Extrusion** erstellt. Bei der Skizzenerstellung ist darauf zu achten, dass das Sechskantprofil entsprechend zur Achse ausgerichtet ist. **Fasen** und **Rundungen**, wie in der Zeichnung angegeben, sollten im CAD-System möglichst als letzter Arbeitsschritt ausgeführt werden, da sie die Bezugskanten beeinflussen. Als Darstellungsstil wird **Blau** eingestellt.

14.4 Kopfteil

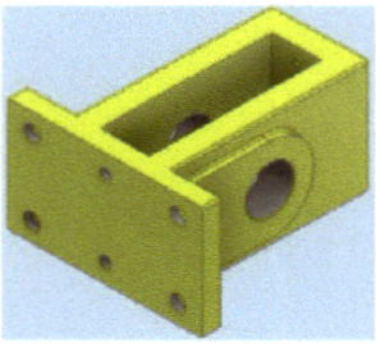

Auch das Kopfteil, das die Aufnahme für die Welle, das Zahnrad und die Zahnstange ermöglicht, benötigt kaum neue Funktionen und kann deswegen einfach nach den Angaben in der Zeichnung erstellt werden.

Im ersten Schritt wird die T-Form mit der Aussparung in der Mitte als Skizze erstellt und auf Höhe **60 mm** extrudiert. Sie kann wieder als beidseitige **Extrusion** ausgeführt werden. Im zweiten Schritt wird auf einer Seite die Verstärkung in einer neuen Skizze gezeichnet und **4 mm** extrudiert. Anschließend wird auf der anderen Seite eine neue Skizze erstellt, in die die erste Skizzenkontur projiziert wird. Die Kontur wird auch hier um **4 mm** extrudiert. Alternativ kann die zweite Verstärkung auch als **Gespiegeltes Element** erzeugt werden. Danach werden mithilfe von mehreren Skizzen auf den jeweiligen Oberflächen die Bohrungen, die Senkungen und das M4-Gewinde erzeugt. Im vorletzten Arbeitsschritt werden alle Kanten mit den entsprechenden Fasen bzw. Radien versehen und im Darstellungs-Browser **Gelb** gewählt.

> **TIPP:** Im Skizziermodus befindet sich am unteren Bildschirmrand eine ergänzende Menüleiste. Die Funktion **GRAFIKEN AUFSCHNEIDEN** blendet die Geometrie vor der Skizzierebene aus und erleichtert somit das Arbeiten.

Die folgende Zeichnung enthält alle wichtigen Maße.

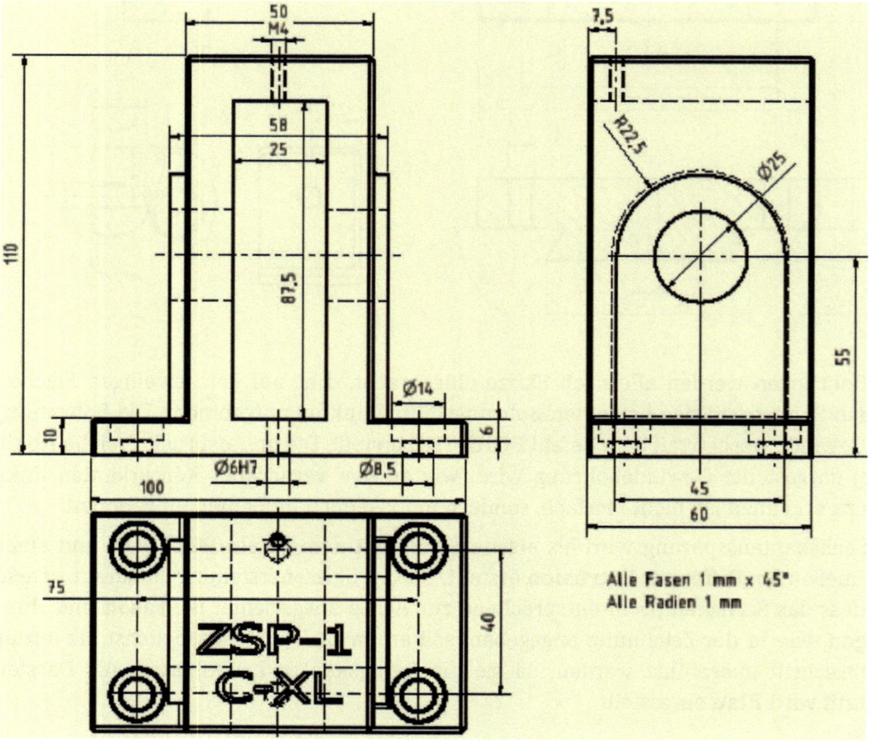

Zum Schluss wird eine **Prägung** mit der Typenbezeichnung der Zahnstangenpresse ausgeführt. Das Prägen einer Gravur oder Ähnliches erfolgt in folgenden Schritten:

Prägen

1. Es ist eine Skizze über **2D-SKIZZE STARTEN** auf der Stirnfläche zu erzeugen.
2. Der Text „ZSP-1 C-XL" wird in die Skizze eingefügt. Hierfür steht in der Befehlsgruppe **Erstellen** der Befehl **TEXT** zur Verfügung, der einen Text-Editor aufruft, nachdem die Position für den Text mit dem Mauszeiger (**linke Taste**) bestimmt wurde.
3. Es folgen die Eintragung der Typenbezeichnung und die Formatierung des Textes (Schriftgröße **3,5 mm**, **Ausrichtung Mitte**). Anschließend kann der Text-Editor wieder beendet werden.

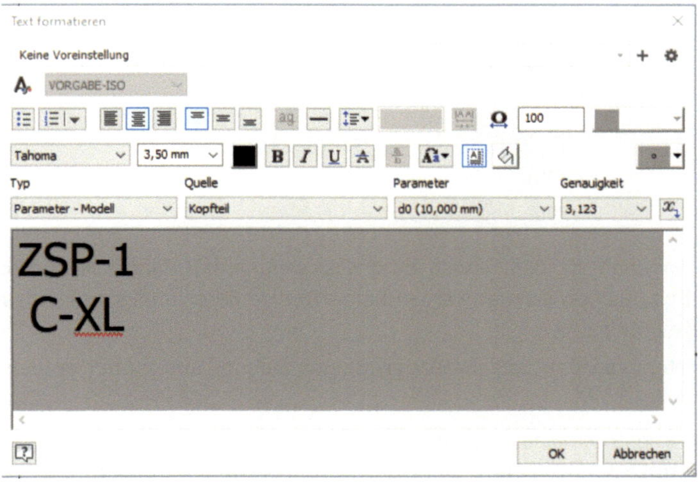

4. Der Text ist nun noch auszurichten. Der Mittelpunkt der oberen gestrichelten Textumrandung kann hierbei **Koinzident** zum Skizzenursprung gesetzt werden.
5. Im letzten Schritt wird die Funktion **PRÄGEN** aufgerufen und ausgeführt. Einzugeben ist hier die **Tiefe 1,5 mm**, und beim **Profil** ist die Skizze auszuwählen.

Um auch bei diesem Bauteil ein deutliches Hervorheben der Prägung (Gravur) zu erzielen, werden die einzelnen Buchstaben selektiert und mit **Rot** hinterlegt.

14.5 Zahnrad und Zahnstange

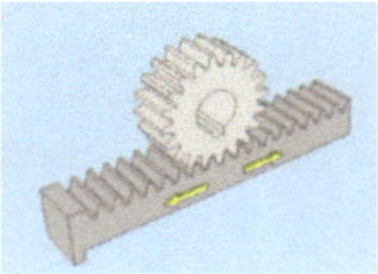

Zahnräder und Zahnrad-Kombinationen können in Inventor sowohl von Hand also auch mit dem Konstruktionsassistenten angefertigt werden. Der wesentliche Nachteil einer händischen Konstruktion ist, dass eine umfangreiche Zahnradberechnung durchgeführt werden muss, damit die Maße für die Zahnkontur in die Skizzen übertragen werden können.

Folgende technische Daten wurden für das vorgesehene Zahnrad gewählt:

Modul m	2,5 mm
Zähnezahl z	20
Teilkreis d = m · z	50 mm
Eingriffswinkel α	20°
Kopfspiel	0,25 · m
Radbreite (Zahnbreite)	22 mm
Tragende Zahnbreite	20 mm

Vorgestellt wird das Vorgehen mit dem Konstruktionsassistenten, mit dem leider keine Zahnrad-Zahnstangen-Kombination erzeugt werden kann. Wenige Berechnungen sind deshalb für die Zahnstange notwendig.

Der Konstruktionsassistent kann nur aus der Baugruppenumgebung aufgerufen werden.

TIPP: Obwohl Konstruktionsassistenten vorsehen, ein Bauteil, inklusive der technisch konstruktiven Auslegung, zu erstellen, können sie auch genutzt werden, um schnell und einfach Bauteile zu erzeugen, indem mögliche voreingestellte Werte genutzt und um wenige angepasste Geometrieparameter ergänzt werden.

Für die Zahnradkonstruktion wird eine neue Baugruppe angelegt und gespeichert. Anschließend wird unter der Registerkarte **Konstruktion** der Assistent für **STIRNRÄDER** aufgerufen, der sich in der Befehlsgruppe **Berechnung** befindet. Nach dem Speichern unter *Zahnradkonstruktion.iam* gemäß der Aufforderung öffnet sich ein Dialogfeld – der **Stirnräder-Generator**.

Da Modul und Anzahl der Zähne vorgegeben sind, wird die Konstruktionsausführung im Dialogfeld auf **Achsabstand** umgestellt. Nun können **Modul**, **Zähnezahl** und **Zahnradbreite** für das **Zahnrad1** gemäß der vorangegangenen Tabelle eingegeben werden. Für **Zahnrad2** wird die Einstellung **Kein Modell** gewählt. Damit entfällt das zweite Zahnrad bei der Erstellung im Konstruktionsassistenten, was auch die Anpassung des Übersetzungsverhältnisses und des Achsabstandes überflüssig macht. Nach Bestätigung mit **OK** wird das mit seinen Kenngrößen beschriebene Zahnrad von Inventor modelliert und mit der **linken Maustaste** in den Konstruktionsraum eingefügt.

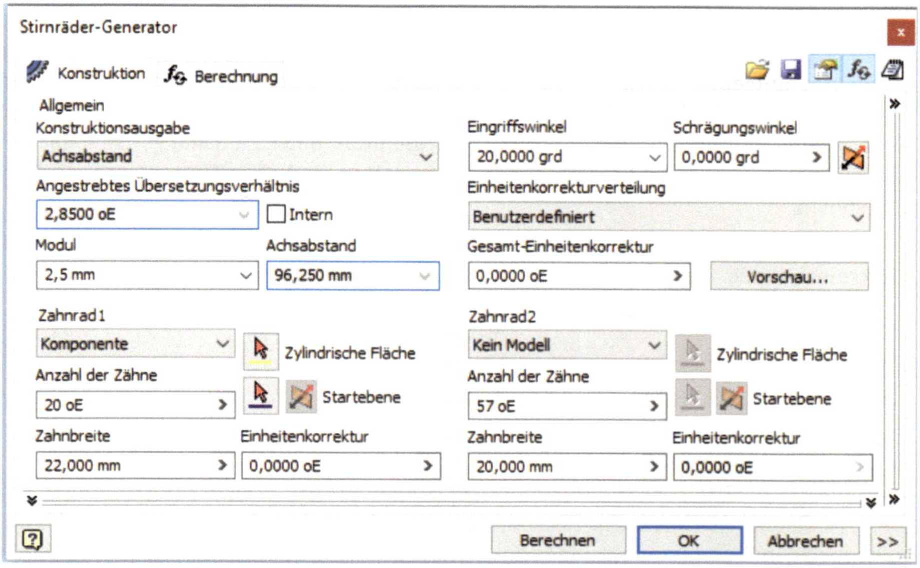

Im Strukturbaum befindet sich nun unter **Stirnzahnräder** das Bauteil **Stirnzahnrad1**, das über das **Kontextmenü** mit der Funktion **ÖFFNEN** in die Bauteilumgebung geladen werden kann. Hier wird es unter einem eigenen Namen (*Kap_14_5_Zahnrad.ipt*) vervollständigt und gespeichert. Die zuvor angelegte Baugruppe wird nicht mehr benötigt und kann geschlossen werden.

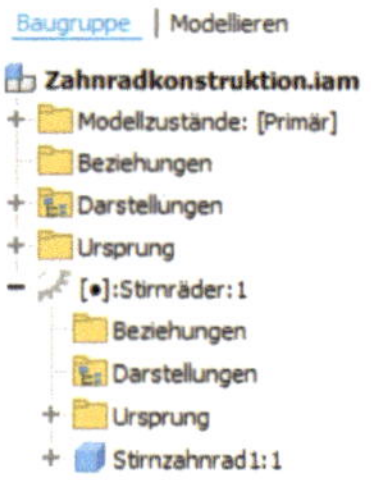

In der Bauteilumgebung erfolgt das Einbringen einer Bohrung für die Welle sowie einer Passfedernut. Auf der Stirnseite des Zahnrads werden hierfür jeweils 2D-Skizzen angelegt. Die erste Skizze enthält einen zentrischen Kreis von **20 mm** und die zweite Skizze die Geometriedaten der Passfedernut. Mit **Extrusion** als **Differenz** (und der Größe **Alle**) werden jeweils Kreisdurchmesser und Rechteck in Bohrung und Nut verwandelt. Damit ist die Konstruktion des Zahnrads abgeschlossen.

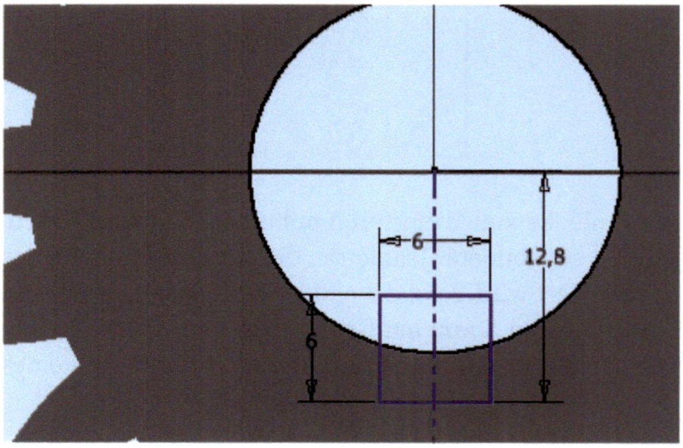

Zahnstange

Bei einer Zahnstange ist zu beachten, dass diese wie ein Zahnrad mit unendlich großem Grundkreis aufgebaut ist. Legt man diese Definition zugrunde, so werden sowohl der Grundkreis als auch die Evolvente zu einer Geraden. Die Neigung der Zahnflanken ist passend zum Zahnrad mit **20°** genormt. Das Zahnprofil einer Zahnstange ist somit für eine Evolventenverzahnung ein Trapez mit definiertem Winkel und damit recht einfach zu erstellen.

Die technischen Daten der Zahnstange sind passend zu denen, mit denen das Zahnrad konstruiert wurde. Sie sind in der nachfolgenden Tabelle zusammengefasst.

Modul m	2,5 mm
Zahnhöhe	h = m + 1,25 · m = 5,625 mm
Kopfspiel	0,25 · m = 0,25 · 0,25 = 0,0625 mm
Teilung	m · π = 7,854 mm

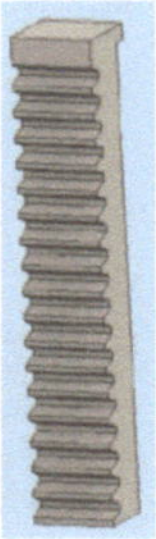

Die Zahnstangenkonstruktion beginnt mit dem Grundkörper in einer neuen Bauteildatei des Typs *Standard(DIN).ipt*. Ein Rechteck mit den Maßen **20 × 24,8 mm**, das mit Mittellinien gezeichnet und im Ursprung festgelegt ist, bildet die Profilskizze. Die nachfolgende **Extrusion** wird auf eine Länge von **150 mm** ausgeführt.

Am oberen Ende der Zahnstange soll sich eine Nase befinden, die verhindert, dass beim Bedienen der Presse die Zahnstange zu weit nach unten bewegt wird. Die Skizze dazu wird auf die seitliche Stangenfläche ans obere Ende mit **GEOMETRIE PROJIZIEREN** und einer Breite und einer Höhe von **5 mm** aufgebracht. Damit ist der Grundkörper der Zahnstange fertiggestellt.

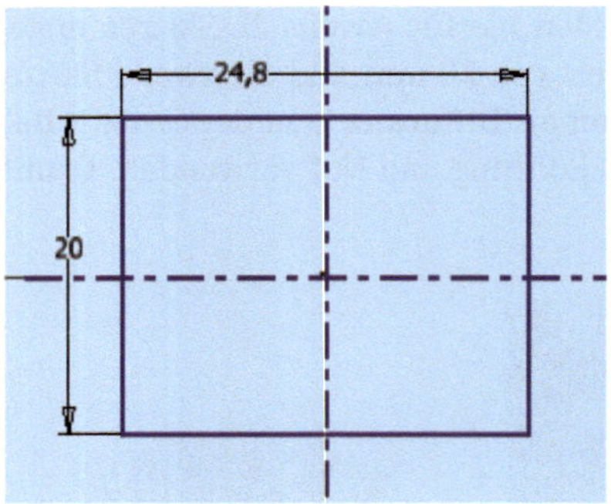

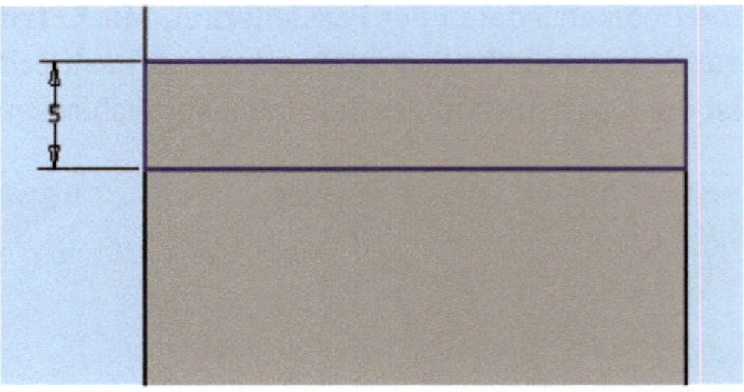

Für das Zahnprofil wird nun eine Zahnlücke konstruiert und mit einer **Differenz-Extrusion** vom Grundkörper abgezogen. Die abgebildete Geometrie, die am unteren Ende des Grundkörpers auf eine Seitenfläche skizziert wird, zeigt die erste Zahnlücke, die bei einem Öffnungswinkel von **40°** und einer Breite von **2 mm** am Grund nach obiger Berechnung **5,625 mm** tief hineinreicht. Diese wird mit der Option **Alle** über die gesamte Breite des Grundkörpers extrudiert.

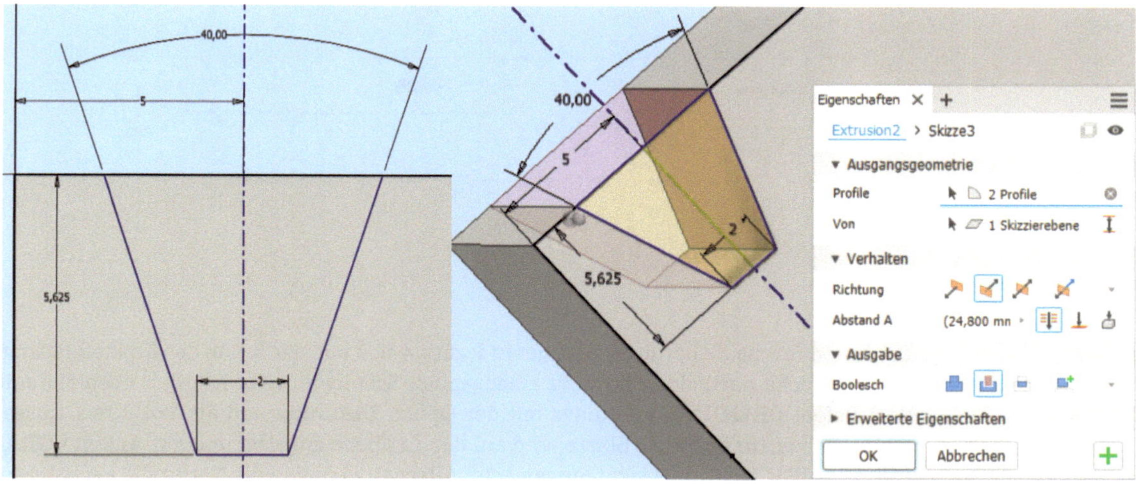

Mit der errechneten Teilung von **7,854 mm**, die den Musterabstand definiert, und der Funktion **Rechteckige Anordnung** wird die erstellte Lücke **18-mal** entlang der oberen Kante als Richtung der Anordnung kopiert.

Nun ist am unteren Ende der Zahnstange, an die später die in Abschnitt 14.8 erstellte Druckplatte angeschraubt werden soll, noch eine Gewindebohrung mit der Platzierung **Nach Punkt** zu erzeugen.

Schnittpunkt von Ebene/Fläche und Linie

Als Mittelpunkt der Bohrung wird zunächst ein Punkt mit der Funktion **SCHNITTPUNKT VON EBENE/FLÄCHE UND LINIE** erzeugt, indem die Stirnfläche des Bauteils und der Z-Achse als Eingabe gewählt werden. Das Gewinde **M8** mit einer Tiefe von **20 mm** soll mit einer **Bohrung**, die **35 mm tief** ist, und einer Fase mit **1 mm × 45°** erzeugt werden. Ausführungstyp der Gewindebohrung ist **Abstand**.

Die Überprüfung des Gewindes kann mit einer Schnittdarstellung erfolgen. Auf der Registerkarte **Ansicht** in der Befehlsgruppe **Darstellung** befindet sich die Funktion **ANSICHT HALBSCHNITT**. Als Bezug für die Schnittebene wird die XZ-Ebene gewählt und mit dem Abstand **0 mm** eingestellt.

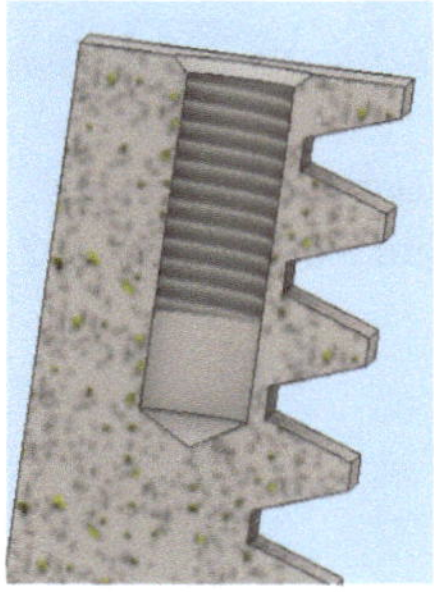

14.6 Welle

Drehung

Die Welle zum Antrieb des Zahnrads wird mit der Funktion **DREHUNG** als Rotationskörper erstellt. Die abgebildete Skizze zeigt das Rotationsprofil. Der Absatz **Ø 20 mm/Ø 25 mm** dient als axialer Anschlag bei der Montage des Zahnrads.

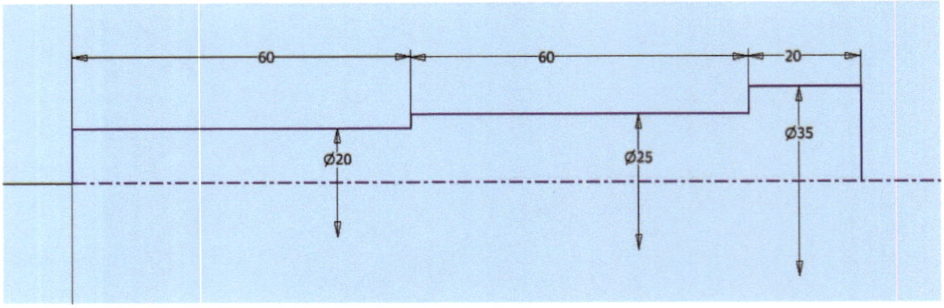

Die Nuten für die Sicherungsringe, deren Position sich aus der Breite des Kopfteils zuzüglich der Dicke der beiden noch zu erzeugenden Scheiben ergibt, werden ebenfalls mit dem Befehl **DREHUNG**, allerdings mit der Option **Differenz** und als **Voll**-Kreis, ausgeführt. Die hierfür benötigte Skizze wird auf der XY-Ebene angelegt und mit **Ansicht GRAFIKEN AUFSCHNEIDEN** sichtbar gemacht. Alternativ können die Nutprofile auch direkt in die Kontur der Welle gezeichnet werden.

Das erste Nutprofil wird im Abstand von **40 mm** vom rechten Absatz erstellt. Der Nutgrund hat den Wert **Ø 23,9 mm.**

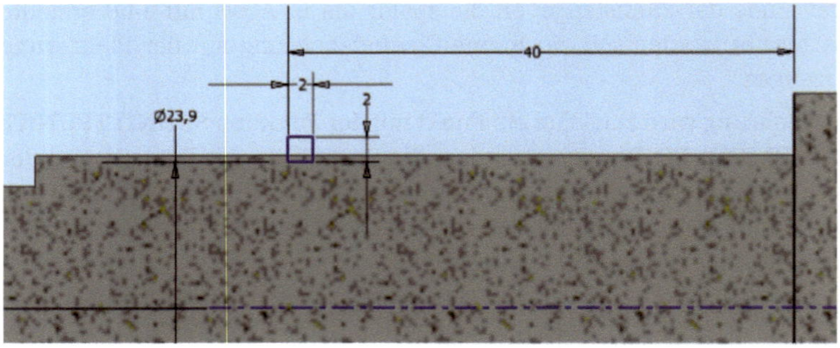

Das zweite Nutprofil wird ebenfalls vom rechten Absatz (am Wellenabschnitt mit **Ø 25 mm**) im Abstand von **102 mm** erstellt. Der Nutgrund hat den Wert **Ø19 mm**.

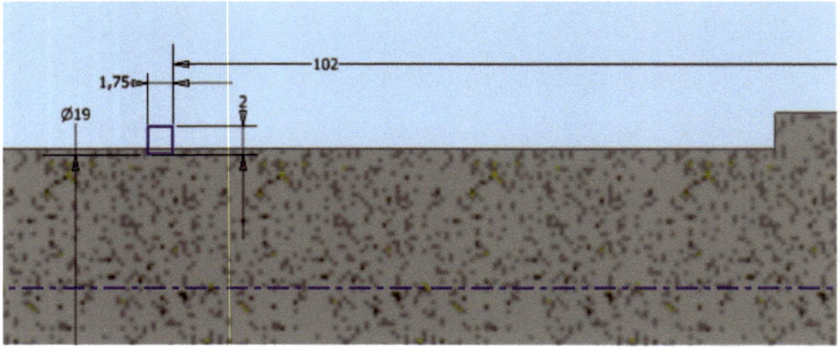

> **TIPP:** Passend zu den Sicherungsringen, die im Inhaltscenter als vordefinierte Normteile angeboten werden, findet man die Angaben zu den Abmessungen der zugehörigen Nuten in zusätzlichen Tabellenspalten.

Für die Skizze der Passfeder ist es notwendig, eine neue **Arbeitsebene**, die **Tangential** auf dem **Durchmesser 20 mm** liegt, zu erzeugen. Die neue Arbeitsebene kann von der XY-Ursprungsebene zusammen mit der Mantelfläche des Wellenabschnitts mit **Ø 20 mm** abgeleitet werden.

Tangential zu Fläche und parallel zu Ebene

Auf dieser Arbeitsebene ist mit **2D-SKIZZE STARTEN** die Kontur der Passfeder zu erstellen. Um die Abhängigkeiten platzieren und die Nut in der richtigen Position festlegen zu können, ist der Bezug zur Wellengeometrie herzustellen. Die Funktion **LANGLOCH** übernimmt die Konturerstellung. Die Mittellinie des Langlochs muss **Koinzident** zum Skizzenursprung gesetzt werden. Die Tiefe der **Differenz-Extrusion** beträgt **3,5 mm**.

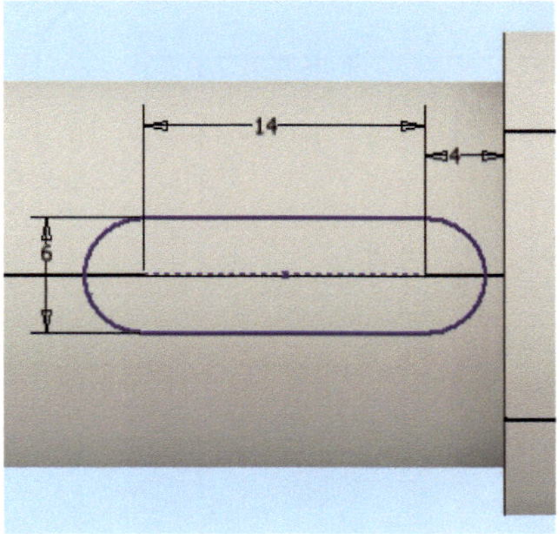

Langloch
Mitte zu Mitte

Die Arbeitsebene kann nach der Extrusion ausgeblendet werden.

Nach dem gleichen Schema wird eine weitere **Arbeitsebene** am Durchmesser **35 mm** erzeugt. Diese dient zur Skizzierung des Mittelpunkts für eine Durchgangsbohrung, die hinterher den Knebel aufnehmen soll. Für die Positionierung des Mittelpunkts ist zunächst eine Mittelinie zu setzen und dann der Punkt im Abstand **10 mm** von der Stirnfläche zu erstellen.

Die Bohrung wird mit dem Durchmesser **12,5 mm** und dem Typ **Durch alle** erstellt. Fertiggestellt wird die Welle durch das Anbringen von **Fasen**, die alle **1 mm × 45°** betragen.

Bohrung

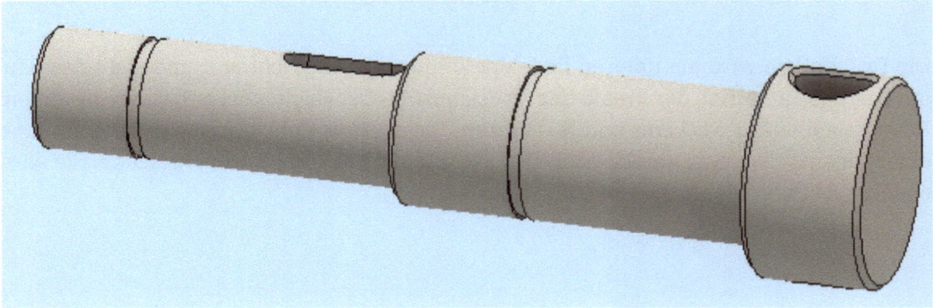

14.7 Knebel und Knebelknopf

Der Knebel und der Knebelknopf sind zwei einfache Rotationsbauteile. Das Rotationsprofil wird jeweils gemäß der Zeichnung skizziert. Die Funktion **Drehung** wird ausgeführt, und es wird jeweils axial eine **Bohrung** mit **Gewinde** bzw. mit einer **45°-Senkung** eingebracht.

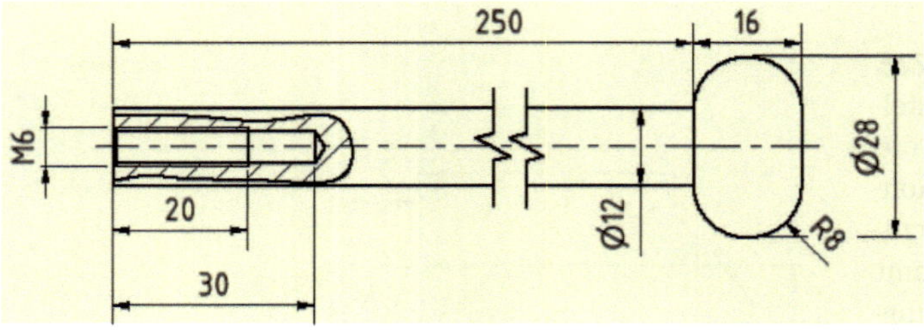

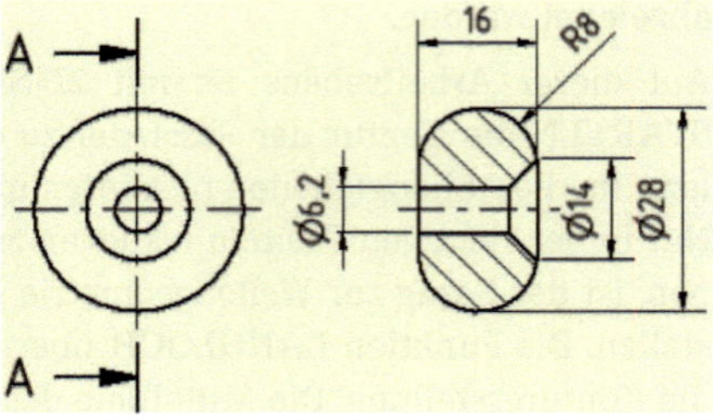

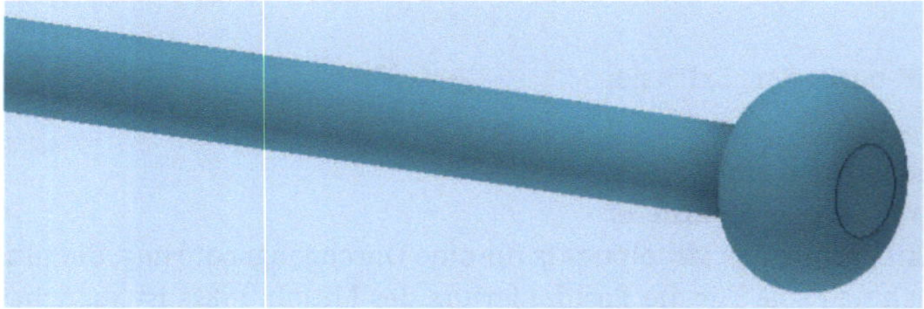

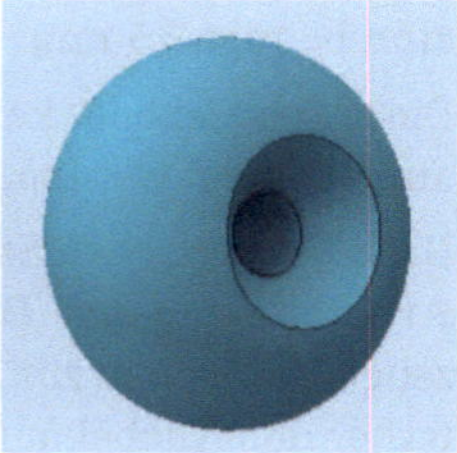

14.8 Druckplatte

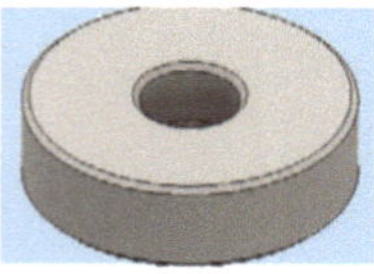

Die Druckplatte wird am unteren Ende der Zahnstange angeschraubt und stellt das Bauteil dar, das im Betrieb der Presse den Druck ausübt. Der Grundkörper besteht aus einem Rotationsteil mit **d = 50 mm** und **H = 15 mm**. Die zentrale Bohrung ist für die Aufnahme einer Innensechskantschraube nach DIN EN ISO 4762 mit **M8 × 16** vorgesehen. Sie wird ebenso wie die Außenkante mit **1 mm** angefast.

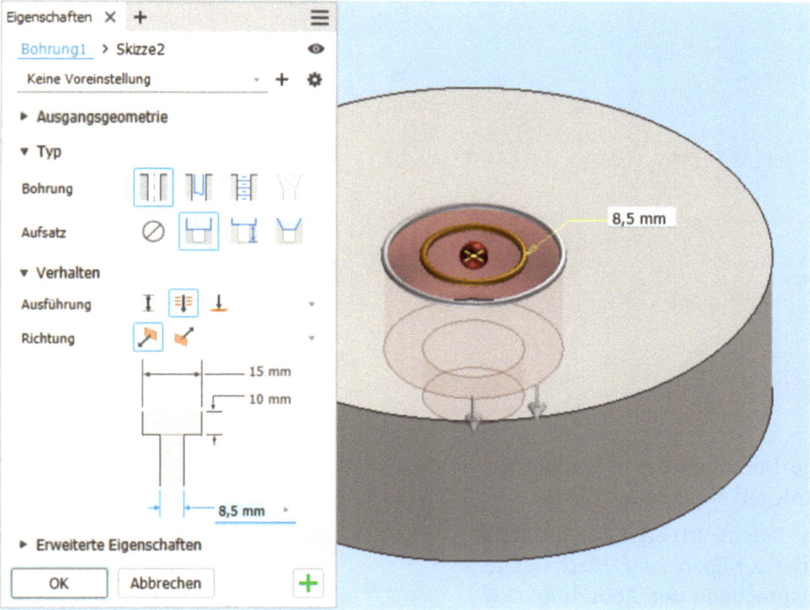

14.9 Abdeckblech

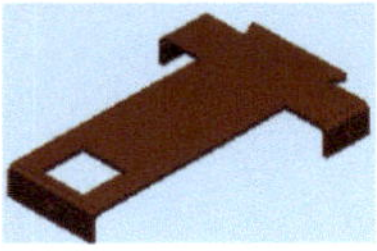

Blechbauteile unterscheiden sich von anderen Bauteilen in der bereitgestellten Arbeitsumgebung (siehe Abschnitt 13.1). Sie haben eine eigene Vorlagendatei, die *Blech(DIN).ipt*, und einen eigenen Befehlsbereich.

Über das Menü **DATEI** > **NEU** wird ein neues Bauteil mit der Vorlage *Sheet Metal.ipt* gestartet. Es erscheint zunächst, wie gewohnt, der leere Arbeitsbereich mit einer angepassten Menüleiste. Funktionen für die Blechbearbeitung sind hier hinzugekommen.

Im Arbeitsablauf wird zunächst der Blech-Grundkörper erstellt, dem nach und nach weitere Elemente, wie z. B. Laschen, hinzugefügt werden.

14.9.1 Grundkörper

Blechstandards

Die Blechumgebung erfordert die Festlegung der sogenannten **Blechstandards**, die sich in der Befehlsgruppe **Dialogfeld** befinden. Hiermit werden die Blechregeln, das Material (**Kupfer**) und vor allem die Materialstärke mit **2 mm** festgelegt. Diese kann eingegeben werden, wenn das Häkchen bei **Stärke aus Regel übernehmen** nicht gesetzt ist.

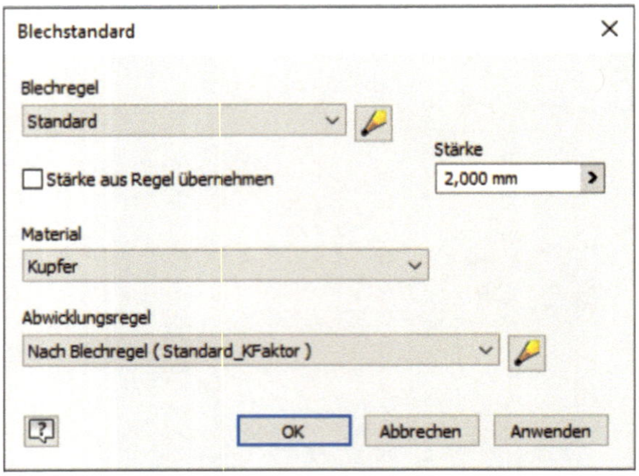

Es folgt die Definition des Grundkörpers mit dem Anlegen einer neuen Skizze.

Über den Befehl **2D-SKIZZE-STARTEN** wird auf der XY-Ebene der Blech-Grundkörper entsprechend der Abbildung skizziert. Diese Skizze ist anschließend beim Befehl **FLÄCHE** (Befehlsgruppe **Erstellen**) zu verwenden.

Im gleichnamigen Dialogfenster **Fläche** wird die Skizze als Profil ausgewählt. Die Stärke von **2 mm** wird hierbei automatisch aus dem Blechstandard übernommen (Einstellung: Blechregel **Vorgabe (Standard)**).

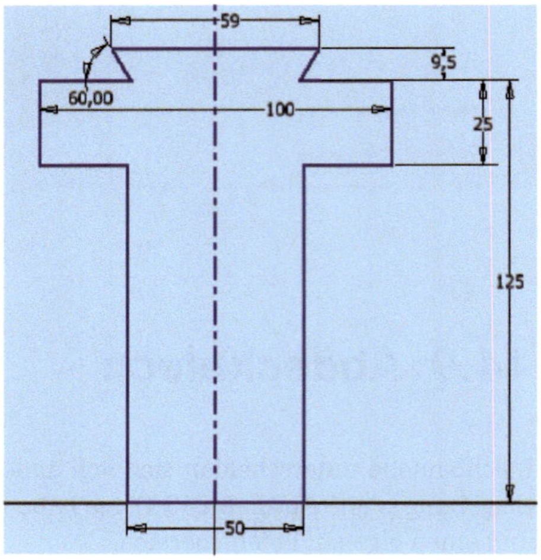

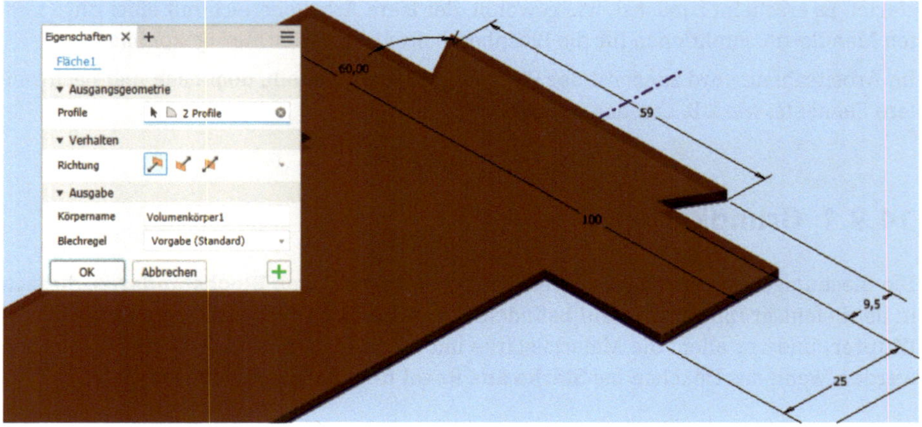

Mit der Funktion **ECKENRUNDUNG** in der Befehlsgruppe **Ändern** sind nun die beiden oberen Ecken vom Schwalbenschwanz mit **2 mm** abzurunden.

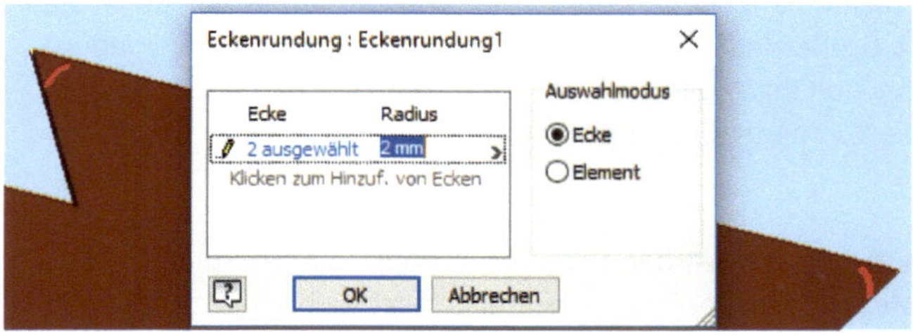

Ein weiterer Arbeitsschritt ist das Ausklinken der quadratischen Fläche **26 × 26 mm**. Hierfür ist eine **2D-Skizze** anzulegen. Der Blechbefehl **AUSSCHNEIDEN** öffnet ein Dialogfeld, in dem die Skizze auszuwählen ist.

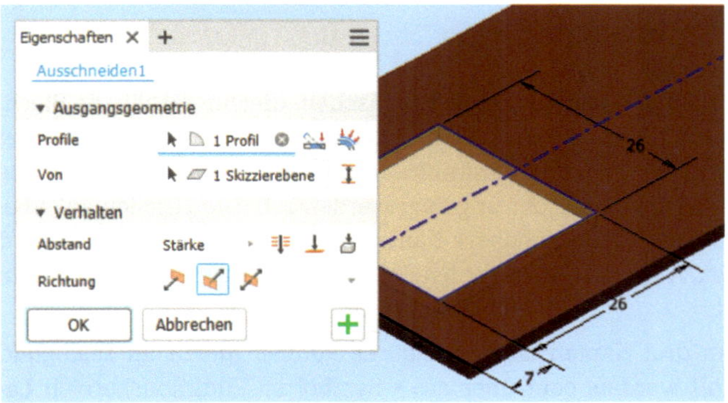

Damit ist der Grundköper fertiggestellt, und das Blechteil liegt vor (siehe Abbildung). Es handelt sich jedoch noch nicht um eine Abwicklung, und es ist auch keine Draufsicht, wie man aufgrund der Kontur fälschlich schließen könnte.

HINWEIS: Alternativ zum beschriebenen Vorgehen kann die Abdeckung auch als adaptives Bauteil (siehe Abschnitt 5.9) erzeugt werden, wenn die Baugruppe zuvor vollständig zusammengebaut wurde. Der Vorteil hierbei ist, dass die Abdeckung in ihrer Größe dann nicht durch fest vorgegebene Maße, sondern durch geometrische Abhängigkeiten zu anderen Bauteilen festgelegt ist und sich bei Änderungen von anderen Bauteilen automatisch anpasst.

TIPP (für Fortgeschrittene): Werden adaptive Bauteile durch Projektion von bestehender Geometrie in neue Skizzen erstellt, lässt sich der Aufwand für nachträgliche Geometrieanpassungen deutlich reduzieren, da abhängige Bauteile automatisch angepasst werden.

14.9.2 Laschen anbringen

Lasche

Die zu erstellende Abdeckung bekommt an drei Seiten Laschen. Hierfür enthält die Blechumgebung die Funktion **LASCHE**. Nach dem Aufruf der Funktion öffnet sich wieder ein Dialogfenster, in dem im Funktionsbereich **Laschenkantensätze** die jeweilige Kante ausgewählt werden muss, an welche die Lasche angefügt werden soll. Die Laschenlänge beträgt **15 mm** und der Winkel **90°**. Wird die obere Kante der Stirnfläche gewählt, so wird die Lasche nach oben zeigen. Analog hierzu wird bei der Auswahl der unteren Kante eine Lasche nach unten erzeugt.

Laschen sind insgesamt an drei Kanten anzubringen. Es können hierzu im Dialogfeld mehrere Kanten ausgewählt werden, oder über das +-Symbol im Funktionsbereich **Laschenkantensätze** kann eine weitere Zeile eingefügt werden. Alle drei Laschen werden mit denselben Abmessungen am Grundkörper angefügt.

Wesentlich beim Anbringen von Laschen ist noch die **Position** der Biegung. Die skizzierte Fläche zeigt die tatsächliche Größe, die für die Abdeckung der Öffnung benötigt wird. Durch das Anbringen der Laschen und der damit verbundenen Biegung des Blechs entstehen Größenänderungen, die mit dieser Option eingestellt werden können. Die Option **Innenfläche durch Ebene** sorgt dafür, dass die Laschen so angebracht werden, dass die skizzierten Maße als „Innenmaß“ bestehen bleiben.

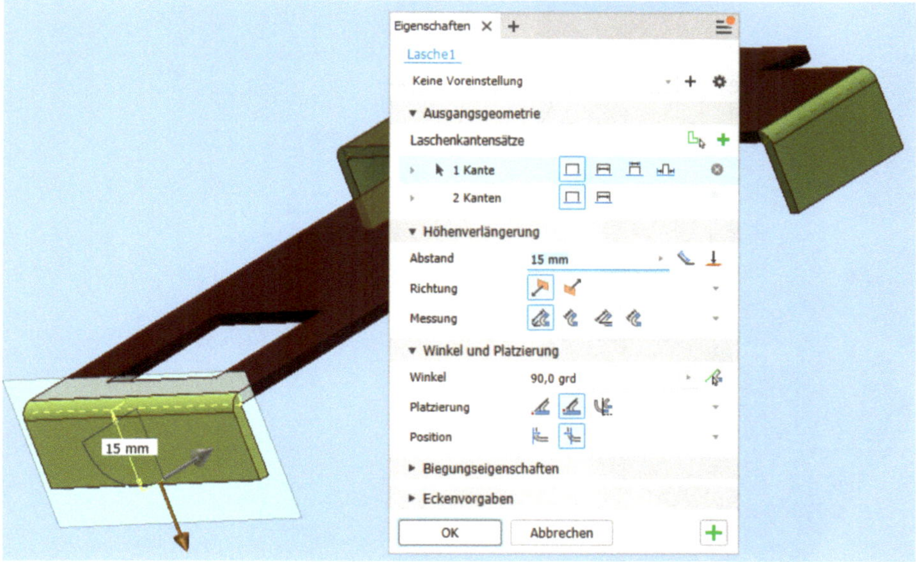

14.9.3 Befestigungslöcher einbringen

Der Befehl **BOHRUNG** steht auch in der Blechumgebung in der Befehlsgruppe **Ändern** zur Verfügung. Die drei Laschen erhalten Befestigungslöcher, mit denen die Abdeckung festgeschraubt werden kann. Die Lochdurchmesser betragen jeweils **4,2 mm** für M4-Schrauben.

Im Dialogfenster **Bohrung** wird für die Bohrungen die Fläche gewählt, in der die Bohrung eingebracht werden soll. Angezeigt wird die Bohrung mit dem Mittelpunkt, und direkt im Anschluss können zwei Referenzkanten gewählt und der Abstand hierzu kann bemaßt werden. Alternativ lässt sich auch die Skizze, die von Inventor nach der Auswahl der Fläche angelegt wurde, aufrufen, und die Maße können hier eingegeben werden. Mit dem Button **OK** werden die jeweiligen Löcher gebohrt, und das Dialogfenster wird geschlossen.

- Die stirnseitige Bohrung befindet sich horizontal mittig (also **25 mm**) und vertikal im **5,5-mm**-Abstand von der unteren Kante.
- Die seitliche Bohrung befindet sich horizontal **7,5 mm** und vertikal ebenfalls **5,5 mm** von den jeweiligen Kanten entfernt.

HINWEIS: Die beiden Bohrungen in den seitlichen Laschen können mit einem Schritt erstellt werden. Als Ausführungstyp ist hierfür die Auswahl **Durch alle** anzugeben. Die Bohrung durchdringt dann alle Teilkörper bzw. Laschen.

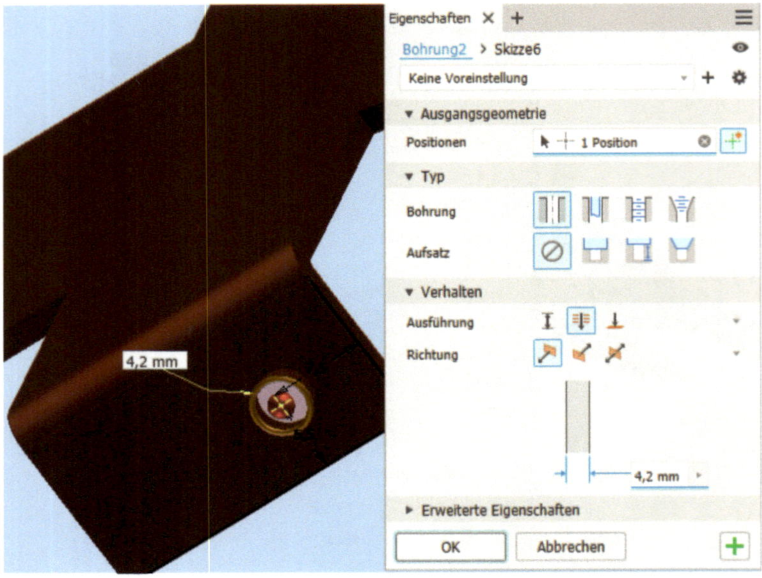

14.9.4 Blechabwicklung

Die Blechabwicklung ist für den Zusammenbau zwar nicht relevant, gehört aber grundsätzlich zu einer vollständigen Blechkonstruktion und soll deshalb kurz vorgestellt werden. Im Inventor gibt es zwei verschiedene Möglichkeiten, Abwicklungen zu erstellen:

1. Ein Blechteil kann mit der Funktion **ABWICKELN** entfaltet und wieder gefaltet (**ZURÜCKFALTEN**) werden. Beide Funktionen befinden sich unter der Registerkarte **Blech** und in der Befehlsgruppe **Ändern**. Diese Vorgänge sind variabel handhabbar und werden im Strukturbaum als Elemente des Blechteils eingetragen.
2. Die zweite Möglichkeit wird in einer eigenen Befehlsgruppe (**Abwicklung**) aufgeführt. Mit der Festlegung **A-SEITE DEFINIEREN** wird eine vollständige Abwicklung erzeugt. Die A-Seite markiert die obere Fläche des Teils und ist relevant für weitere Prozessschritte, wie beispielsweise das Stanzen. Die Bearbeitung der Abwicklung kann dann mit verschiedenen Funktionen, die mit dem Befehl **GEHE ZU ABWICKLUNG** zur Verfügung stehen, bearbeitet werden. Dieser Vorgang und die Bearbeitungen werden in einer eigenen Strukturbaum-Kategorie unterhalb des Blechteils eingetragen.

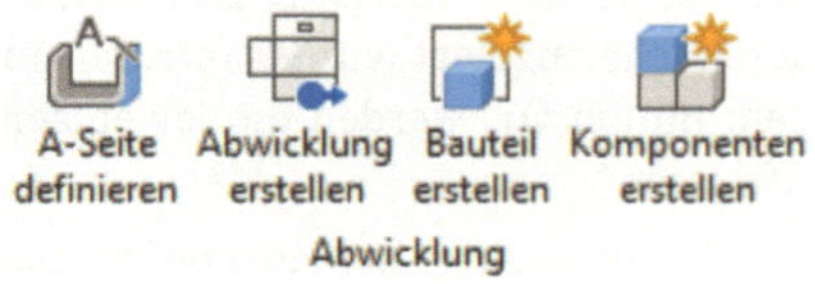

Exemplarisch soll an dieser Stelle die erste Methode angewendet werden. Als stationäre Referenz ist der **Grundkörper** anzugeben. Nun ist nur noch die abzuwickelnde Geometrie vorzugeben. Hier kann anstelle der einzelnen Auswahl der drei Biegungen die Option **Alle Biegungen hinzufügen** gewählt werden. Der Vorgang wird mit **OK** beendet.

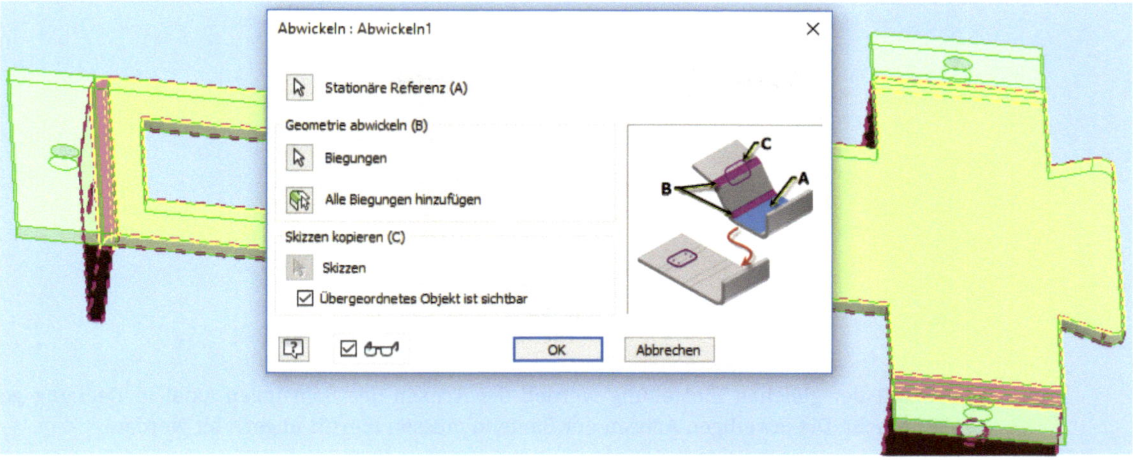

Mit der Funktion **ZURÜCKFALTEN** kann ebenso flexibel der ursprüngliche Zustand des Blechteils wiederhergestellt werden. Das Abwickeln und das Zurückfalten erzeugen entsprechende Änderungen der Einträge im Strukturbaum.

14.10 Baugruppen der Zahnstangenpresse

Für den Zusammenbau der Zahnstangenpresse sind neben den konstruierten Bauteilen noch diverse Normteile aus dem Inhaltscenter zu wählen und in die gesamte Baugruppendatei *Kap_14_11_Zahnstangenpresse_Zusammenbau.iam* zu integrieren. Um in Baugruppen mit vielen Bauteilen nicht den Überblick zu verlieren, ist es häufig sinnvoll, zunächst mit kleineren Einheiten zu arbeiten, die als eigenständige Unterbaugruppe erzeugt werden und anschließend die so erzeugten Unterbaugruppen zusammenzufügen. Diese Vorgehensweise wurde auch hier gewählt.

Unabhängig von Unterbaugruppe oder Baugruppe werden im Wesentlichen 3D-Abhängigkeiten bzw. Verbindungen verwendet, um die Bauteile zueinander zu positionieren. Sie wurden in Abschnitt 6.5 detailliert vorgestellt und werden hier nicht mehr wiederholt.

14.10.1 Zahnstange mit Druckplatte

Es wird eine neue Baugruppe mit dem Namen *Kap_14_10_1_BG_Zahnstange.iam* und der Vorlage *Standard(DIN).iam* angelegt. Die Zahnstange wird mit der Funktion **KOMPONENTE PLATZIEREN** als erstes und fixiertes Teil eingefügt. Es folgt die Druckplatte. Mit der Funktion **Abhängigkeit** wird diese zur Zahnstange hin ausgerichtet und platziert.

Standard.iam

Gewählt wird der Typ **Passend** und der Modus **Gegengerichtet**. Auszuwählen sind anschließend die untere Stirnfläche der Druckplatte und die Stirnfläche der Zahnstange.

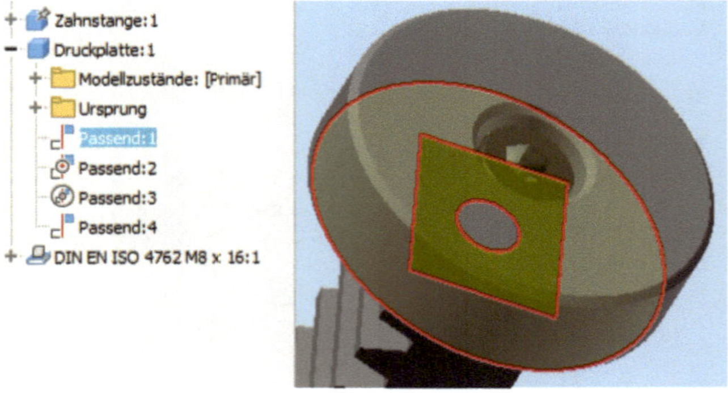

Mit der gleichen Einstellung werden die Achsen der Bohrungen axial in Deckung gebracht. Die jeweiligen Achsen der Bauteile müssen hierfür angewählt werden.

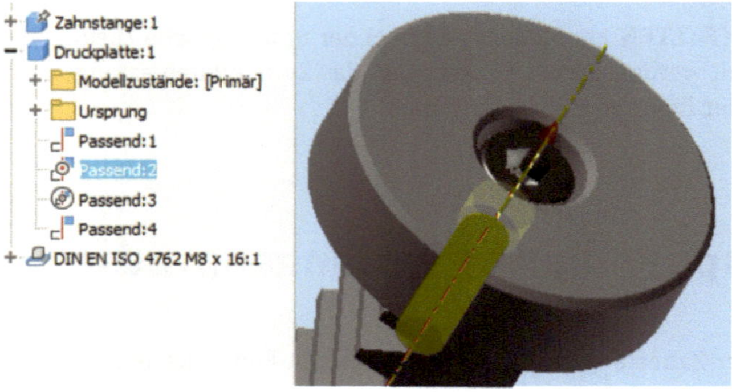

Für die Montage der beiden Bauteile wird zum Schluss aus dem Inhaltscenter (siehe Abschnitt 11.1) die Schraube **M8 × 16 nach DIN EN ISO 4762** geladen und positioniert. Die Positionierung erfolgt sowohl **Passend** über die Mittellinien als auch **Passend** mit der Ringfläche unter dem Schraubenkopf entgegengerichtet zur Stirnfläche im Bohrungsabsatz.

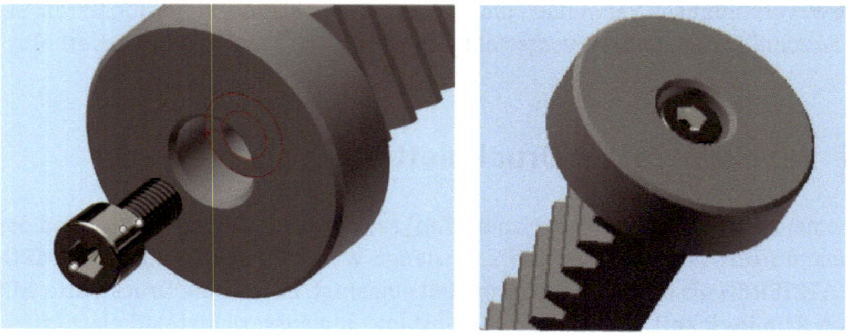

14.10.2 Welle mit Stirnrad und verschiedenen Normteilen

Für die Vormontage der Welle mit dem Stirnrad werden neben den Bauteilen die folgenden Normteile benötigt:

- **Passfeder 6 × 6 × 20 nach DIN 6885-A**
- **Unterlegscheibe 20 × 2 nach DIN 988**, (Inhaltscenter-Kategorie: *Wellenteile*)
- **Unterlegscheibe 25 × 2 nach DIN 988**
- **Wellen-Sicherungsring Ø 20 × 1,75 : 1 nach DIN 471 > 9 mm ≤ 300 mm**
- **Wellen-Sicherungsring Ø 25 × 2 : 1 nach DIN 471 > 9 mm ≤ 300 mm**

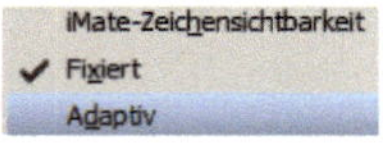

Die Welle ist das erste Bauteil, das in der neu anzulegenden Baugruppe *Kap_14_10_2_BG_Welle.iam* als fixiertes Bauteil zu laden ist. Die Passfeder wird mit dreimaliger Auswahl von **Passend** montiert. Zum einen ist die Funktion **Abhängigkeit** beim Nutgrund und der Unterseite der Passfeder anzuwenden. Die beiden anderen Male beziehen sich auf die abgerundeten Stirnflächen von Nut und Passfeder.

Das Stirnrad kann mit drei Abhängigkeiten positioniert werden:

- **Passend** (Achsen des Zahnrads und entsprechender Wellenabsatz)
- **Passend** (Nut-Seitenfläche – Passfeder-Seitenfläche)
- **Passend** (Stirnfläche des Zahnrads auf Stirnfläche des Wellenabsatzes)

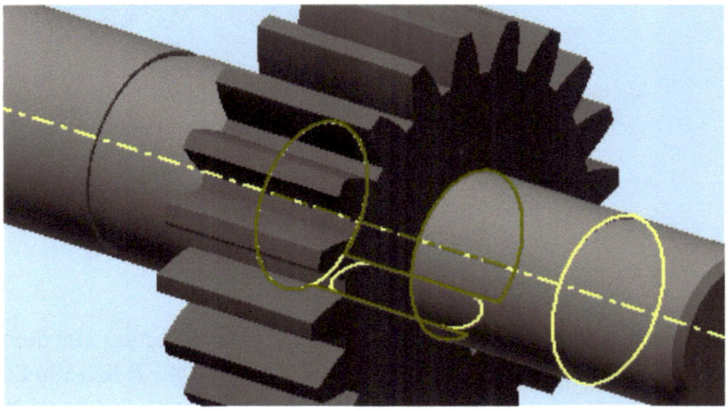

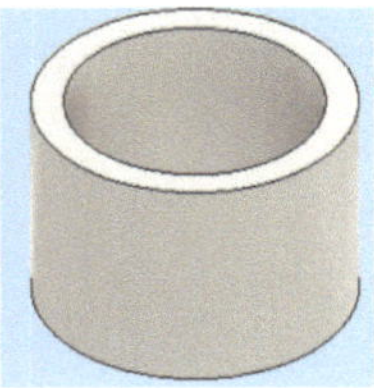

Für die andere Wellenseite ist vorab noch eine einfache Distanzhülse zu erzeugen. Sie kann direkt über die Funktion **ERSTELLEN** aus der Baugruppenumgebung heraus als neues Bauteil erzeugt werden. Mit einem Innendurchmesser von **d = 20 mm** und einem Außendurchmesser von **d = 25 mm** bei einer Länge von **18 mm** ist die Distanzhülse schnell durch eine **Extrusion** des Kreisringprofils erzeugt. Mit der Distanzhülse wird das Zahnrad axial an der vorbestimmten Position gehalten. Entsprechend sind axiale Abhängigkeiten und Stirnflächen-Abhängigkeiten (**Passend**) zu setzen.

Im nächsten Schritt erfolgt die Montage der Scheibe und des Sicherungsrings mit den Durchmessern **20 mm** am Ende der Distanzhülse. Auch hier erfolgt der Einbau wieder über die Funktion **ABHÄNGIGKEIT**. Mit der Einstellung **Passend** werden jeweils die Achslagen beider Bauteile und die Stirnfläche des Sicherungsrings gegen die Stirnfläche der Ringnut positioniert. Für die Scheibe nach DIN 988 gilt dies analog.

Es folgt der Einbau des zweiten Sicherungsrings in seiner Ringnut mitsamt der Unterlegscheibe (**d = 25 mm**). Die Unterbaugruppe sollte damit die in der Abbildung dargestellte Gestalt angenommen haben.

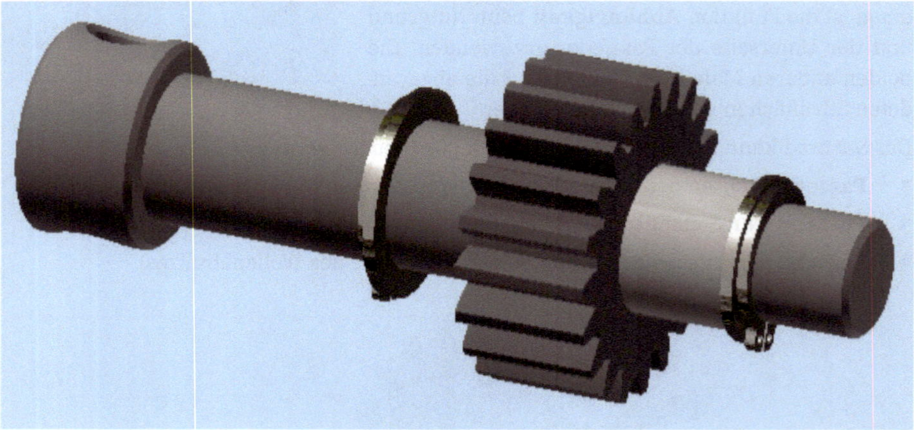

14.10.3 Knebelstange

Die letzte kleinere Unterbaugruppe (*Kap_14_10_3_BG_Knebelstange.iam*) besteht aus dem Knebel, dem Knebelknopf und einer Senkkopfschraube **M6 × 20 nach DIN EN ISO 10642**, die aus dem Inhaltscenter geladen werden kann. Der Knebel wird als erstes Teil geladen und am Ursprung **fixiert** (Kontextmenü, **rechte Maustaste**). Anschließend kommt die Funktion **ABHÄNGIGKEIT** für die Positionierung des Knebelknopfs und der Senkschraube zum Einsatz. Die drei Bauteile können sowohl koaxial als auch mit den Oberflächen zueinander passend ausgerichtet werden.

Bei der Senkschraube ist zu beachten, dass kegelige Flächen nicht zueinander passend gesetzt werden können. Hier ist mit Kanten oder der Schraubenstirnfläche zu arbeiten.

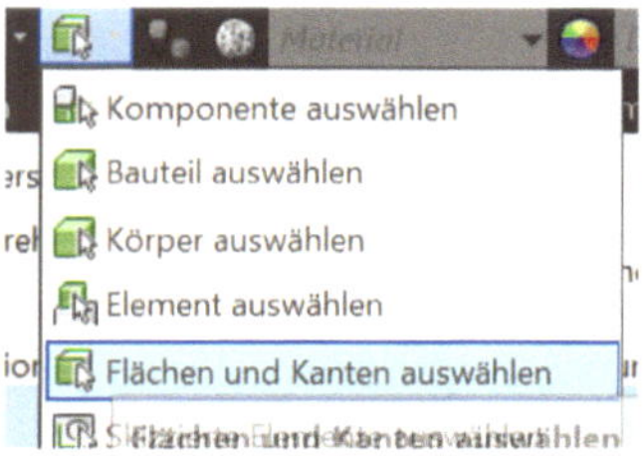

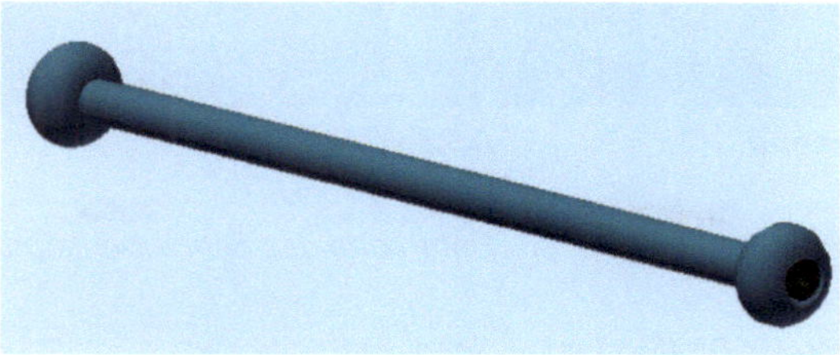

14.10.4 Gestell mit den Führungselementen

In dieser Unterbaugruppe werden die meisten modellierten Bauteile zusammengeführt. In die noch fehlende Baugruppe *Kap_14_10_4_BG_Gestell.iam* wird mit der Funktion **PLATZIEREN** als erstes Bauteil das „Gestell“ eingefügt und fixiert. Als zweites Teil wird das Bauteil „Führung“ so eingefügt bzw. gedreht und verschoben, dass es in seiner Einbaulage in etwa vor dem Gestell platziert ist. (**Achtung:** Die seitlichen kleinen Gewindebohrungen müssen oben liegen, da diese für die Befestigung des Abdeckblechs genutzt werden.) Hierfür können beim Einfügen des Bauteils die über das Kontextmenü verfügbaren Funktionen (z. B. **Um X-Achse drehen**) genutzt werden (siehe Abschnitt 6.3.1).

Der Einbau erfolgt über die Funktion **ABHÄNGIGKEIT**. Mit der Einstellung **Passend** und dem Modus **Passend** werden jeweils die Grundfläche der Führungsplatte und die Grundfläche der Nut aufeinandergelegt sowie eine der angewinkelten Seitenflächen der Führungsplatte auf eine der angewinkelten Flächen der Nut. Im Anschluss sollte sich die Führungsplatte in der Nut nur noch hoch- und runterschieben lassen.

Im nächsten Schritt wird die Normteilbibliothek mit der Funktion **AUS INHALTSCENTER PLATZIEREN** aktiviert. Folgende Normteile werden nacheinander eingefügt und positioniert:

- **Sechskantschraube M10 × 45 nach DIN EN 24014**
- **Scheibe 10 mm nach DIN 125-2 A**
- **Sechskantmutter M10 nach DIN EN 24032**

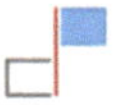

Für die Positionierung der Sechskantschraube wird die bewährte Funktion **ABHÄNGIGKEIT** eingesetzt. Notwendig sind insgesamt drei Abhängigkeiten, da bei dieser Schraube auch der Schraubenkopf auszurichten ist. Bei rotationssymmetrischen Bauteilen spielt dieses ansonsten keine Rolle.

Abhängigkeitstyp	Abhängigkeitselement am Schraubenkopf	Abhängigkeitselement am Führungsteil
Passend	*Achse (Mittellinie) der Schraube*	Führung, *Mittellinie der Bohrung*
Passend	*Unterseite des Schraubenkopfs*	Führung, *gesenkte Fläche des Sechskantkopfs*
Winkel = **0°** (Modus: **Gerichteter Winkel**)	*Sechskantseite des Schraubenkopfs*	Führung, *Sechskantseite*

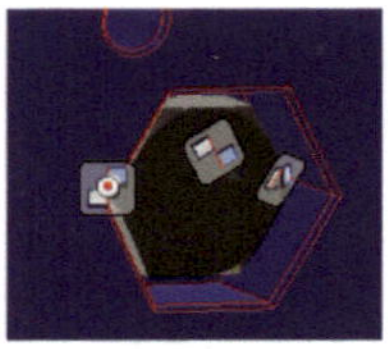

TIPP: Alternativ können die beiden erstgenannten Abhängigkeiten durch den Abhängigkeitstyp **Einfügen** ersetzt werden (Modus: **Ausgerichtet**). Die Unterseite des Schraubenkopfes wird mit dem Bohrungsrand auf der Sechskantseite der Führung verbunden. Damit sind Achslagen und axiale Ausrichtung gleichzeitig festgelegt.

Auch für die *Unterlegscheibe* kommt wieder die Funktion **Abhängigkeit** zum Einsatz.

Abhängigkeitstyp	Abhängigkeitselement an der Scheibe	Abhängigkeitselemente an der Schraube und am Gestell
Passend	*Mittelachse der Scheibe*	*Mittelachse der Schraube*
Passend	*Flache Stirnseite der Scheibe*	*Gestell, Scheibenauflagenfläche, Rückwand*

Anschließend wird mit **Abhängigkeit** die Mutter an Scheibe und Gestell ausgerichtet.

Abhängigkeitstyp	Abhängigkeitselement an der Mutter	Abhängigkeitselement an der Scheibe und am Gestell
Einfügen (Modus: **Entgegengesetzt**)	*Bohrungsrand der Mutter*	*Bohrungsrand der Scheibe*
Winkel = **0°**	*Sechskantseite der Mutter*	*Vertikale Seitenfläche des Gestells oder des Langlochs*

Falls für das Einfügen der Mutter die Funktion **AUTODROP** verwendet wird, können Einfügen und Positionierung im gleichen Arbeitsgang erfolgen. Die Funktion kann über eine Schaltfläche im Inhaltscenter-Dialogfeld aktiviert oder deaktiviert werden.

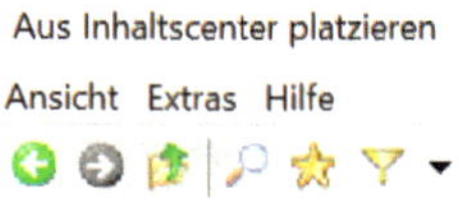

Nach dem Einfügen hängt die Mutter zunächst am Mauszeiger, und wenn dieser zur vorgesehenen Position geleitet wird, erkennt Inventor die Größe des Gewindes automatisch. Zusätzlich werden passende 3D-Abhängigkeiten vorgeschlagen. Der Einbau ist nun zu bestätigen. Es ist keine separat aufzurufende Einbaubedingung mehr notwendig.

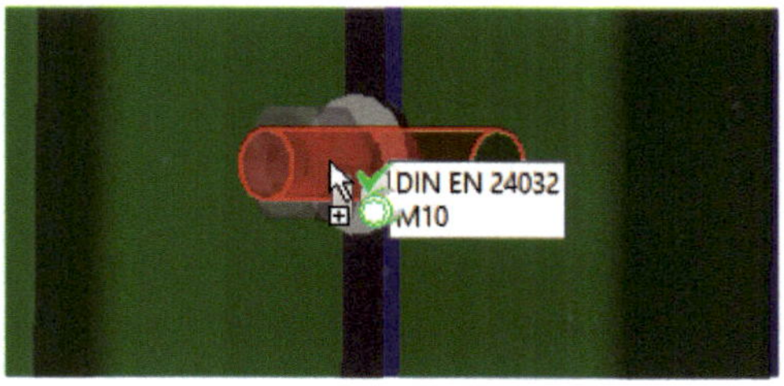

HINWEIS: Über den Befehl **AUTODROP** besteht die Möglichkeit, dass beispielsweise eine Schraubengröße anhand einer Bohrungsgröße oder ein Wellensicherungsring anhand des Wellendurchmessers von Inventor erkannt und ausgewählt wird. Wurde von Inventor ein Bauteil in falscher Größe vorgeschlagen, kann über das Kontextmenü (oder, wie abgebildet, mit der linken Maustaste im **AUTODROP**-Menü) die Funktion **Größe ändern** gewählt werden. Es öffnet sich ein Dialogfeld, in dem die Größe des Normteils geändert werden kann.

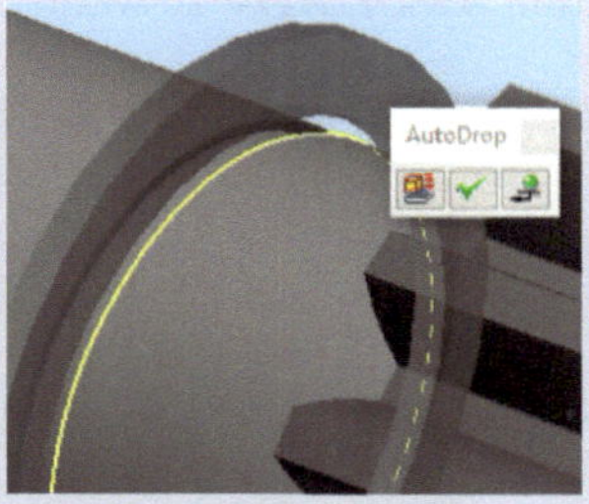

In gleicher Art und Weise wie die Führungsplatte wird nun das Kopfteil platziert, ausgerichtet, mit 3D-Abhängigkeiten versehen und so an der Führung montiert, dass die Prägung von vorne lesbar ist. Das Kopfteil wird mit der Abhängigkeit **Passend** montiert, wobei einmal der Modus **Passend** gewählt und an den Seitenflächen zweimal der Modus **Fluchtend** eingestellt wird, um es vollständig zur Führungsplatte zu positionieren.

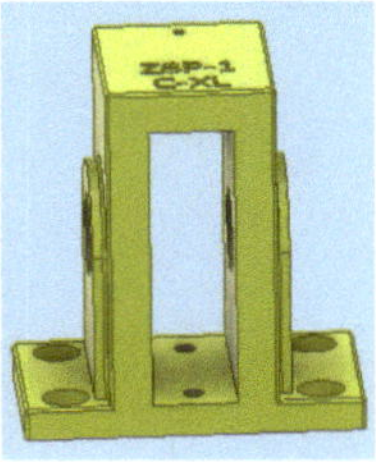

Aus dem Inhaltscenter sind im Anschluss folgende Teile einzufügen:

- viermal Zylinderkopfschraube mit Innensechskant **M8 × 16 nach DIN EN ISO 4762**
- zweimal Zylinderstift **Ø 6 h8 × 30 : 1 nach DIN EN ISO 2338**

Die Schrauben und Stifte können jeweils mit der Abhängigkeit **Passend** oder **Einfügen** an ihre Stellen gebracht werden, wobei die Schrauben im Modus **Entgegengesetzt** und die Stifte nach der axialen Abhängigkeitsfestlegung im Modus **Ausgerichtet** einzufügen sind.

> **HINWEIS:** Um die normgerechte Darstellung der Zylinderkopfschrauben in späteren Zeichnungsableitungen zu gewährleisten, sollte zusätzlich die Abhängigkeit **Winkel** gesetzt werden. Hiermit können die Innensechskantflächen der Schrauben vertikal oder horizontal ausgerichtet werden.

Beim Platzieren der vier Schrauben bietet es sich an, die Funktion **MUSTER** der Baugruppenumgebung anzuwenden. Bei der Konstruktion des Kopfteils wurde bereits für die Bohrungen die Funktion **Muster** angewendet, die hier allerdings auf Komponentenebenen oder Skizzenebene angewendet wird.

Es ist ein Vorteil, wenn zunächst nur eine Schraube eingefügt und platziert wird. Die anderen drei Schrauben werden mit Angabe der Ausrichtung (hier können die Kanten des Kopfteils gewählt werden) und der Anzahl (Button **RECHTECKIG**, Spalte: **2 oE/40 mm**; Zeile: **2 oE/75 mm**) nun ebenfalls korrekt kopiert und eingesetzt (**oE** steht für ohne Einheit). Alternativ kann natürlich auch das Muster, welches bei der Modellierung des Kopfteils für die vier Bohrungen verwendet wurde, ausgewählt werden. Hier ist dann der Button **ASSOZIATIV** zu wählen.

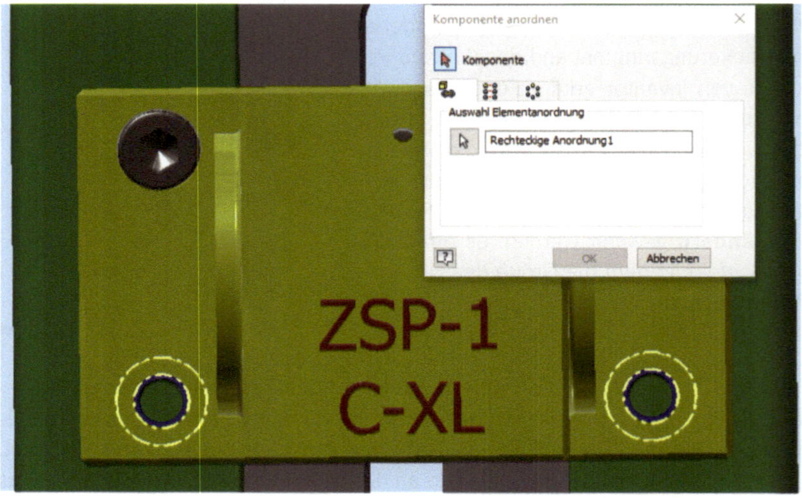

Damit ist auch diese Baugruppe abgeschlossen, und es kann im nächsten Schritt das komplette Produkt *Zahnstangenpresse* mithilfe der Unterbaugruppen montiert werden.

14.11 Zusammenbau der Zahnstangenpresse

Für den Gesamtzusammenbau wurden folgende Unterbaugruppen vorbereitet:

- *Kap_14_10_4_BG_Gestell.iam*
- *Kap_14_10_2_BG_Welle.iam*
- *Kap_14_10_1_BG_Zahnstange.iam*
- *Kap_14_10_3_BG_Knebelstange.iam*

Hinzu kommen noch die verbliebenen Einzelteile, wie das Abdeckblech und die notwendigen drei Kreuzschlitzschrauben zur Befestigung des Bleches.

Zuerst ist eine neue Baugruppe anzulegen. Die erzeugten Unterbaugruppen werden beim Einbau wie normale Bauteile behandelt. Als Erstes wird die *Kap_14_10_4_BG_Gestell.iam* am Ursprung **Fixiert**. Es folgt die *Kap_14_10_2_BG_Welle.iam*, die mit der bekannten Funktion **ABHÄNGIGKEIT** zu platzieren ist.

Mit zwei Beziehungen sind beide Baugruppen schnell miteinander zu verbinden. Mit **Passend** können zunächst die Mittellinien von Welle und Bohrungen im Kopfteil axial ausgerichtet werden. Dann kann die Stirnfläche der rechten Scheibe **Passend** zur Seitenfläche des Kopfteils ausgerichtet werden.

Als nächste Unterbaugruppe wird die vormontierte Zahnstange *Kap_14_10_1_BG_Zahnstange.iam* im Kopfteil untergebracht. Die 3D-Abhängigkeit **Passend** bringt die Rückenfläche der Zahnstange an die innere Stirnfläche des Kopfteils. Darüber hinaus fehlt nun noch eine seitlich ausgerichtete Abhängigkeit. Da sich die Breite der Zahnstange und die Aussparung am Kopfteil im Maß unterscheiden und beidseitig ein Spiel von **0,1 mm** vorgesehen ist, können die Seitenflächen nicht unmittelbar passend zueinander ausgerichtet werden. Am einfachsten wäre es hier, für die Abhängigkeit **Passend** einen Versatz von **0,1 mm** vorzugeben. Das hätte jedoch den Nachteil, dass bei einer späteren Konstruktionsanpassung, z. B. einer Verkleinerung der Zahnstangenbreite, die Bauteile nicht mehr zentrisch zueinander angeordnet wären.

Also ist es eleganter, sich im Strukturbaum über das Kontextmenü **Sichtbarkeit** die Ursprungsebenen der beiden betroffenen Bauteile „Zahnstange“ und „Kopfteil“ anzeigen zu lassen. Mit der Abhängigkeit **Passend** lassen sich nun die beiden Ebenen deckungsgleich zueinander ausrichten. Die Sichtbarkeit der Ebenen kann anschließend wieder ausgestellt werden.

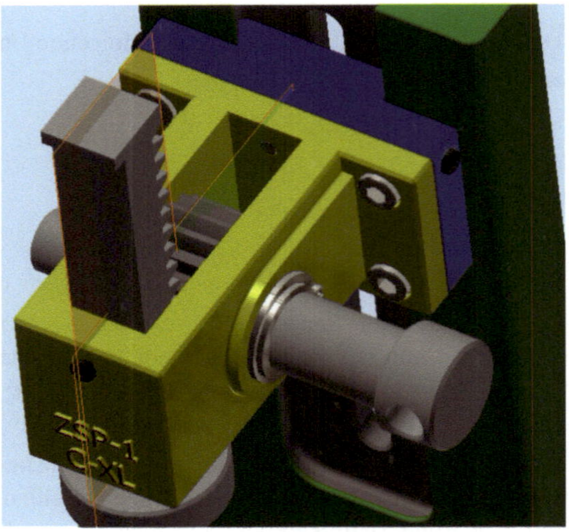

Freiheitsgrade

Unter der Registerkarte **Ansicht** in der Befehlsgruppe **Sichtbarkeit** befindet sich die Funktion **FREIHEITSGRADE**. Hiermit ist es möglich, das Modell auf noch vorhandene Freiheitsgrade zu überprüfen (siehe Abschnitt 6.2).

Nach derzeitigem Stand kann sich die Welle noch drehen und die Zahnstange in vertikaler Richtung bewegen, d. h., die verbliebenen Freiheitsgrade entsprechen den Funktionen, die auch am Produkt vorzufinden sein sollen.

Um im Folgenden den Zahneingriff zu positionieren, sollte das Kopfteil über das Kontextmenü im Strukturbaum mit der Funktion **Sichtbarkeit** ausgeblendet werden.

Halbschnitt

TIPP: Alternativ kann auch mit der Funktion **HALBSCHNITT** auf der Registerkarte **Ansicht** eine Seitenfläche des Kopfteils so als Schnittebene verschoben werden, dass Zahnstange und Zahnrad im Eingriff sichtbar werden.

Zwischen der Evolvente des Zahnrads und der Zahnstange wird eine **Tangentiale Abhängigkeit** vergeben. Für das Kopfteil kann wieder **Sichtbarkeit** eingeschaltet, oder bei zuvor gewählter Schnittansicht kann diese beendet werden.

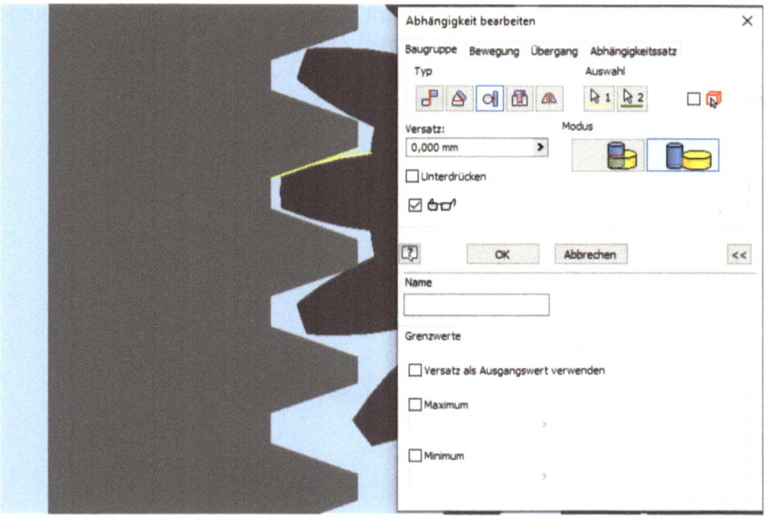

Zur Vervollständigung der Zahnstangenpresse werden nun noch die letzten Bauteile montiert. Die Positionierung der *Kap_14_10_3_BG_Knebelstange.iam* erfolgt nach dem gleichen Prinzip wie bei den anderen Baugruppen. Neben der Ausrichtung der Mittellinie des Knebels zur Mittellinie der Bohrung kann die Stirnfläche des Knebels zur Ursprungsebene der Welle mit **Passend** und eingestelltem **Versatz** ausgerichtet werden. Als Versatz sollte die halbe Knebellänge angegeben werden, was einem Abstand von **133 mm** entspricht.

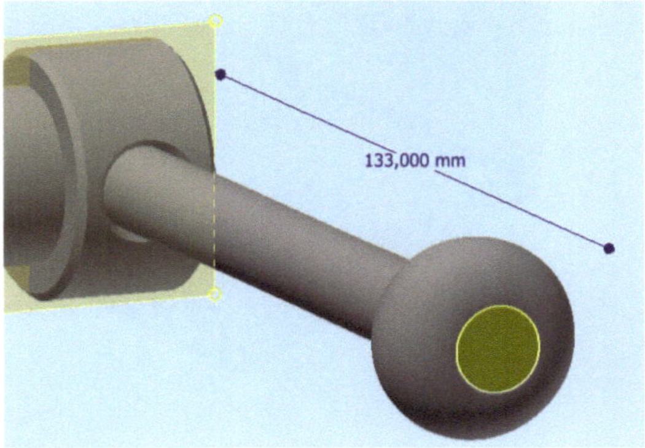

Das mit drei Schrauben montierte Abdeckblech schließt den Zusammenbau ab. Zum Platzieren des Blechteils stehen dabei verschiedene Möglichkeiten zur Verfügung, da die Ausrichtung sowohl an der Führungsplatte als auch am Kopfteil möglich ist und sich darüber hinaus das Blechbauteil an verschiedenen Bohrungen ausrichten lässt. Mit der Positionierung ist also gleichzeitig eine Überprüfung der bisherigen Konstruktion verbunden, da Kollisionen und nicht fluchtende Bohrungen den Einbau des Abdeckblechs verhindern würden.

Neben den verschiedenen innenliegenden Flächen können alternativ auch die sichtbar gesetzten Ursprungsebenen des symmetrischen Bauteils (z. B. die YZ-Ebene) zur Positionierung für die Funktion **ABHÄNGIGKEIT** verwendet werden.

Die drei Kreuzschlitzschrauben **M4 × 5 – 4.8 nach DIN EN ISO 7045 H** finden sich im Inhaltscenter unter der Rubrik **Rundkopf**.

Bei voreingestellter **AUTODROP**-Funktion steht die komfortable Einbauvariante mit automatischer Größenerkennung zur Verfügung. Bohrungsdurchmesser und Auflagefläche für den Schraubenkopf sind zu wählen, und Inventor schlägt im Anschluss die passende Schraubengröße und die zugehörigen 3D-Abhängigkeiten vor.

14.12 Bewegungsfunktion der Presse

Grundsätzlich gibt es in Inventor vier Bereiche, in denen Bewegungen simuliert (abgespielt) werden können:

- die *Präsentationsumgebung*
- die *Simulationsumgebung*
- das *Inventor Studio*
- die *Baugruppenumgebung*

Die Präsentationsumgebung wird eher für Explosionsdarstellungen und Montage- bzw. Demontagedarstellungen genutzt. Die Bewegungsdefinitionsmöglichkeiten in diesem Bereich sind sehr vielfältig, jedoch auch komplexer als in der Baugruppenumgebung.

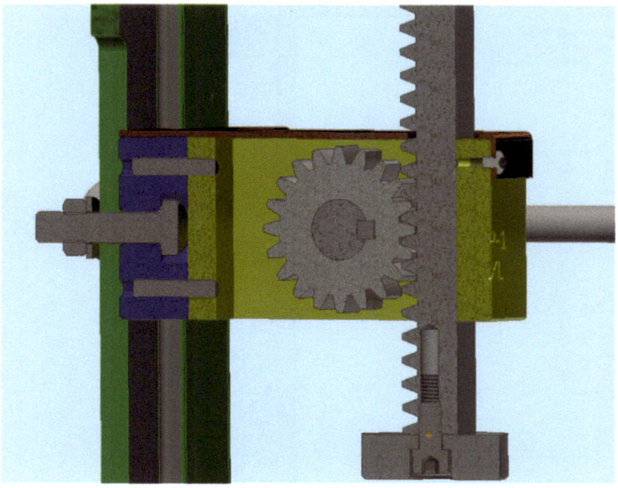

In der Baugruppenumgebung kann eine Bewegung direkt über die Abhängigkeiten definiert werden. Für die Welle wird zunächst eine Abhängigkeit **Winkel** eingefügt, die den Winkel zwischen der Knebelachse und einer waagrechten Fläche (z. B. des Gestells) auf **0°** festlegt. Der Knebel ist jetzt in waagrechter Position, wie in der Abbildung im Halbschnitt dargestellt.

Im Anschluss wird im Strukturbaum unter **Beziehungen** die zuvor gesetzte Abhängigkeit **Tangential** über das Kontextmenü mit **UNTERDRÜCKEN** inaktiv gesetzt, wodurch es möglich wird, eine weitere Abhängigkeit zu platzieren, die Bewegungen zueinander synchronisiert.

TIPP: Gesetzte Abhängigkeiten können über ihr Kontextmenü im Strukturbaum unterdrückt werden. Die Position bleibt dann bis zu einer Änderung weiterhin bestehen. So kann für andere Abhängigkeiten die korrekte Ausgangsposition geschaffen werden. Ein Unterdrücken verhindert dann, dass sich Abhängigkeiten widersprechen.

Für die nachfolgenden Schritte ist es hilfreich, vorübergehend die **Sichtbarkeit** des Kopfteils über sein Kontextmenü im Strukturbaum zu deaktivieren.

Mit **ABHÄNGIGKEIT** wird wieder das Dialogfeld aufgerufen, und unter der Registerkarte **Bewegung** werden der Typ **Drehung-Translation** und der Modus **Rückwärts** eingestellt. Als Elemente müssen zunächst das rotierende Bauteil, also das Zahnrad, und dann das linear bewegte Bauteil, also die Zahnstange, gewählt werden. Beim rotierenden Bauteil ist es wichtig, die Zahnradflanke, also die Seitenfläche, zu wählen, die zum Hebel zeigt, während bei der Zahnstange die Stirnfläche oben gewählt wird (und nicht die Seitenfläche). Im Eingabefeld **Abstand** wird der Umfang des Teilkreises hinterlegt, also $\pi \cdot 50$ mm ≈ **157,08 mm**. Hierdurch bewegen sich Zahnstange und Zahnrad synchron, was überprüft werden kann, indem die Winkelabhängigkeit des Hebels von **0°** vorübergehend unterdrückt wird.

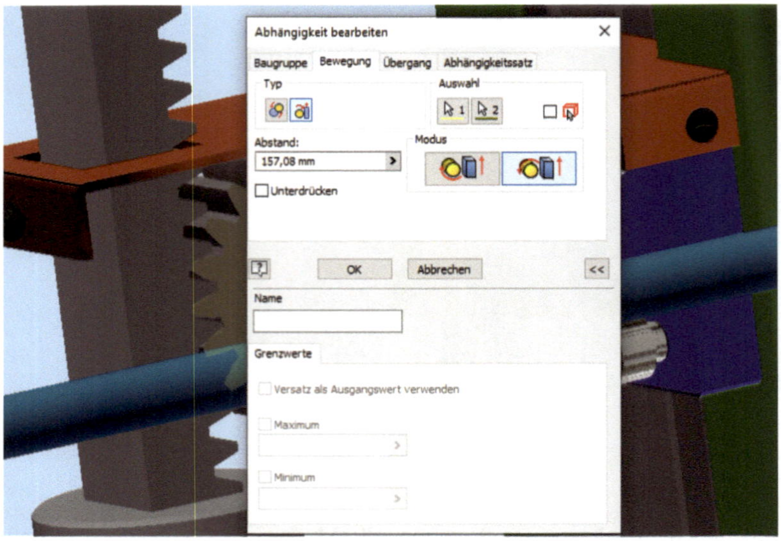

Über das Kontextmenü der Beziehung **Winkel** im Strukturbaum kann nun der Befehl **BEWEGEN** aufgerufen werden. Wird diese Funktion ausgewählt, erscheint das Dialogfenster zur Bewegungssimulation, in das ein **Start- und Endwinkel** eingegeben werden kann. Je nachdem, wo sich die Zahnstange befindet, können jetzt die Start- und Endwinkel der Bewegung so gewählt werden, dass eine Drehung um 180° möglich wird, ohne eine Kollision zwischen Bauteilen zu erzeugen. Kollidiert die Zahnstange bei der Bewegung nach unten, müssen die Winkel verkleinert werden. Bei einer Kollision bei der Bewegung nach oben müssen die Winkel vergrößert werden.

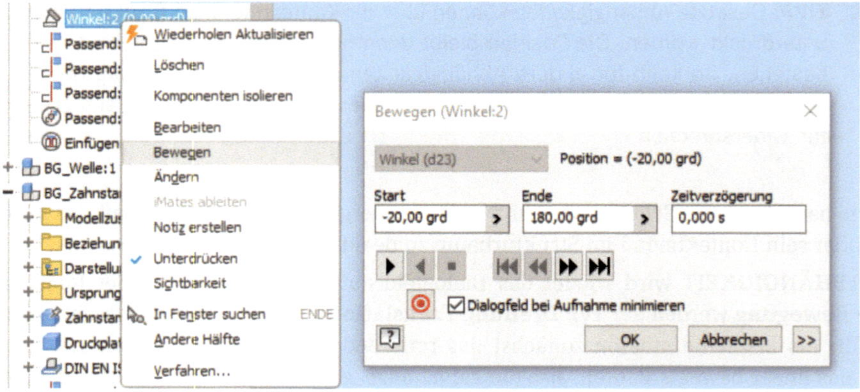

Da die Welle mit dem Zahnrad und dem Knebel fest verbunden ist und es zur Zahnstange hin eine synchrone Bewegung gibt, kann mit einer Winkeländerung ein Bewegungsablauf aller Bauteile animiert werden.

In der Abbildung wurden die untere und obere Position kontrolliert. Ein Halbschnitt ermöglicht dabei, die Position von Zahnstange zu Zahnrad zu überprüfen. Es kann aber auch das Kopfteil wieder ausgeblendet werden (Kontextmenü **Sichtbarkeit**).

15 Übung: Bügelflasche

Auf den ersten Blick hat diese Übung wenig mit einer üblichen Konstruktion aus dem Bereich Maschinenbau zu tun. Bei genauerem Hinsehen wird aber schnell deutlich, dass einige Details enthalten sind, die für eine CAD-Konstruktion kleinere Herausforderungen darstellen, sich aber mit Inventor gut lösen lassen.

15.1 Flaschenkörper

Als Erstes wird der Flaschenkörper erstellt. Hierfür wird zunächst das Halbprofil der Flasche skizziert und vollständig bemaßt. Die Erstellung der 2D-Skizze sollte keinerlei Probleme mehr bereiten, da die Vorgehensweise in den vorangegangenen Kapiteln bereits mehrfach beschrieben wurde. Wie in technischen Zeichnungen üblich, sollte mit der **MITTELLINIE** begonnen werden. Am Flaschenboden erleichtert eine senkrechte Hilfslinie die Arbeit. An den Übergängen der Rundungen bzw. den Übergängen von Rundungen in Linien muss gegebenenfalls die Abhängigkeit **Tangential** gesetzt werden. Die Kreisringsymbole zeigen in der Skizze Bögen an, die **Konzentrisch** gesetzt wurden.

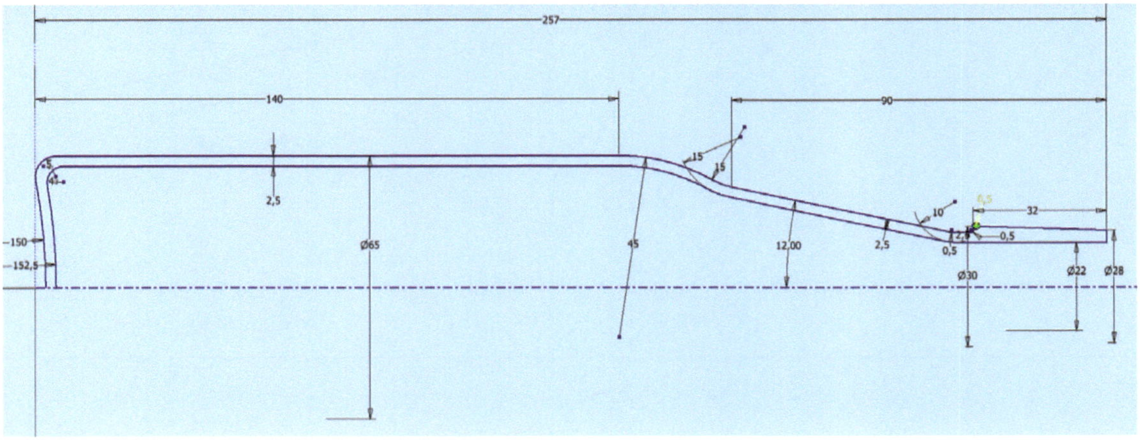

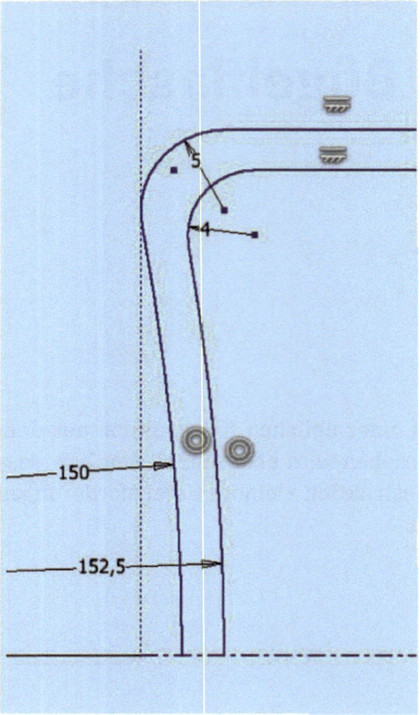
5
4
150
152,5

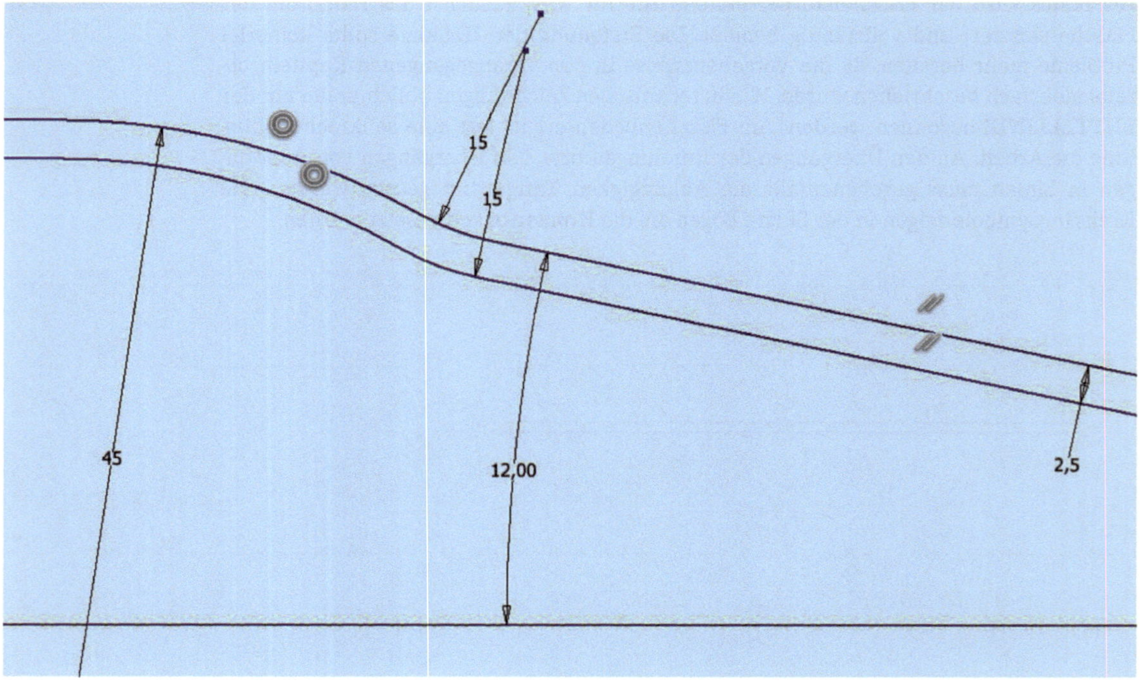
15
15
45
12,00
2,5

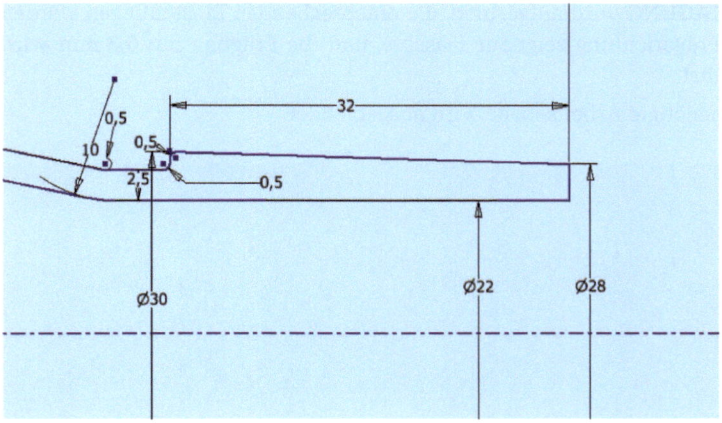

Aus der skizzierten geschlossenen Fläche kann nun mit der Mittellinie als Drehachse über eine **DREHUNG** ein Volumenkörper erstellt werden. Anschließend kann die Flaschenöffnung nach innen und außen mit **1 mm** verrundet werden (**RUNDUNG**). Wird über die Materialauswahl **Glas** gewählt und die Darstellung **Klar – blau** eingestellt, sollte der Flaschenkörper wie in der Abbildung aussehen.

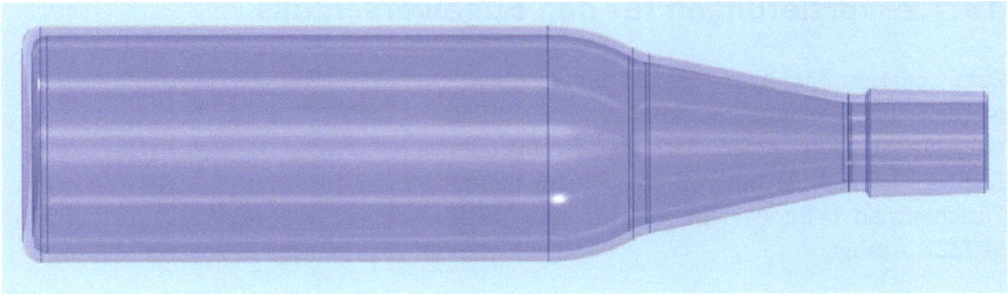

15.1.1 Prägung am unteren Flaschenrand anbringen

Eine Prägung aufzubringen, ähnelt in Funktion und Ablauf dem Aufbringen eines Aufklebers (siehe auch Abschnitt 5.4.7 und Abschnitt 5.4.8). Zur Erzeugung sind folgende Schritte auszuführen:

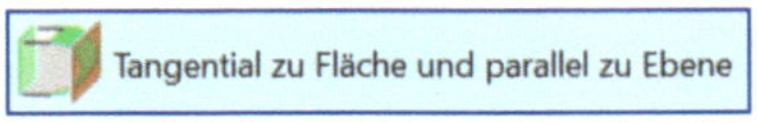

1. Zuerst ist eine **EBENE** parallel zur XY-Ebene in der Ausführung **TANGENTIAL ZU FLÄCHE UND PARALLEL ZU EBENE** auf der Mantelfläche der Flasche zu erzeugen.

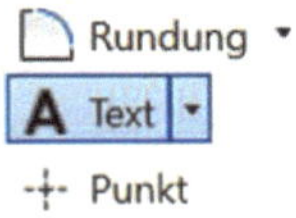

2. Dann wird eine **2D-SKIZZE** auf dieser Ebene angelegt. Der **TEXT** für die Prägung (**06.12.24/0,7 l**) wird wie gewünscht formatiert und über die Funktion **ABHÄNGIGKEIT** mittig und zum Boden hin mit **15 mm** Abstand angeordnet.

3. Die Funktion **PRÄGUNG** wird aufgerufen, die entsprechenden Einstellungen werden vorgenommen (Prägerichtung zeigt zur Flasche), und die Prägung mit **0,3 mm** wird erhaben ausgeführt.
4. Die nicht mehr benötigte Arbeitsebene wird ausgeblendet.

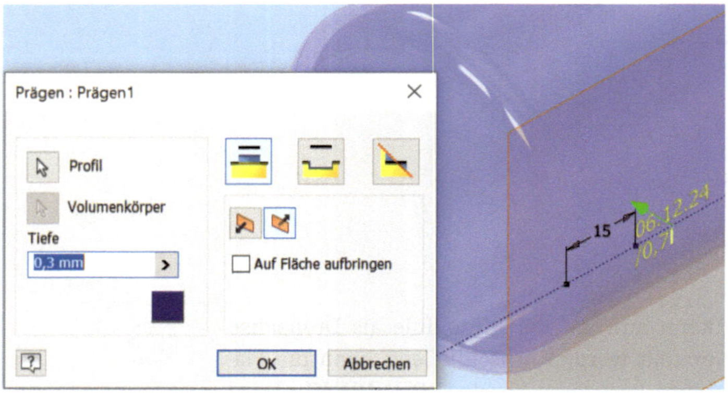

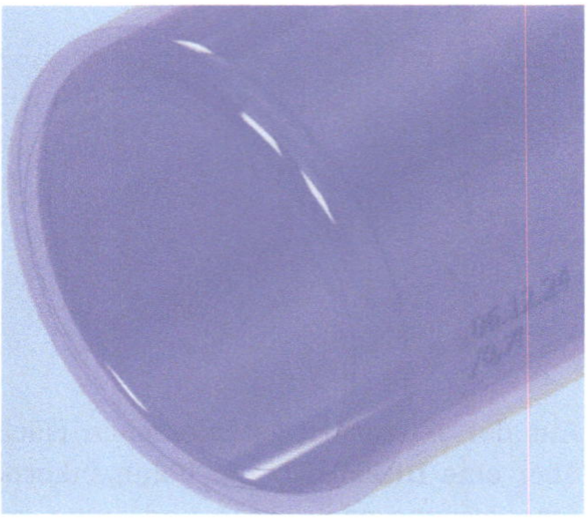

15.1.2 Vertiefungen für den Bügelverschluss

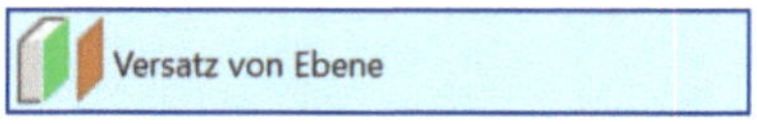

Zum späteren Einhaken des Bügelverschlusses werden nun Vertiefungen in den Flaschenhals eingebracht. Auf einer neu zu erzeugenden **EBENE**, die sich **22 mm** unterhalb vom oberen Flaschenrand befindet, wird hierfür eine **NEUE SKIZZE** erzeugt.

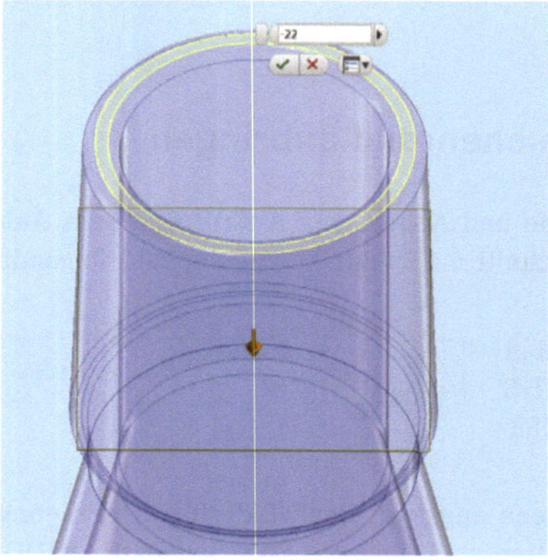

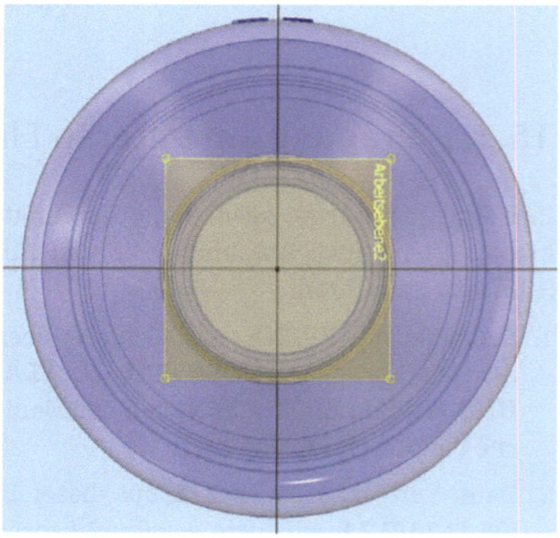

Damit die Skizzierebene gut zu sehen ist, werden mit der Funktionstaste **F7** oder mit der Funktion **GRAFIKEN AUFSCHNEIDEN**, die sich am unteren Bildschirmrand in der Statusleiste befindet, die vor der Skizzierebene liegenden Elemente ausgeblendet.

In der Skizze werden zunächst die Schnittkanten projiziert, die dann als Kreisring sichtbar sind. Nun wird als Hilfslinie eine **MITTELLINIE** durch den Mittelpunkt der Skizze gelegt und an dieser Hilfslinie ein **RECHTECK** ausgerichtet. Es ist gemäß der Abbildung bemaßt. Die linke obere Ecke ist mit **0,5 mm** abgerundet, und die linke Kante hat **2 mm** Abstand zum äußeren Kreis.

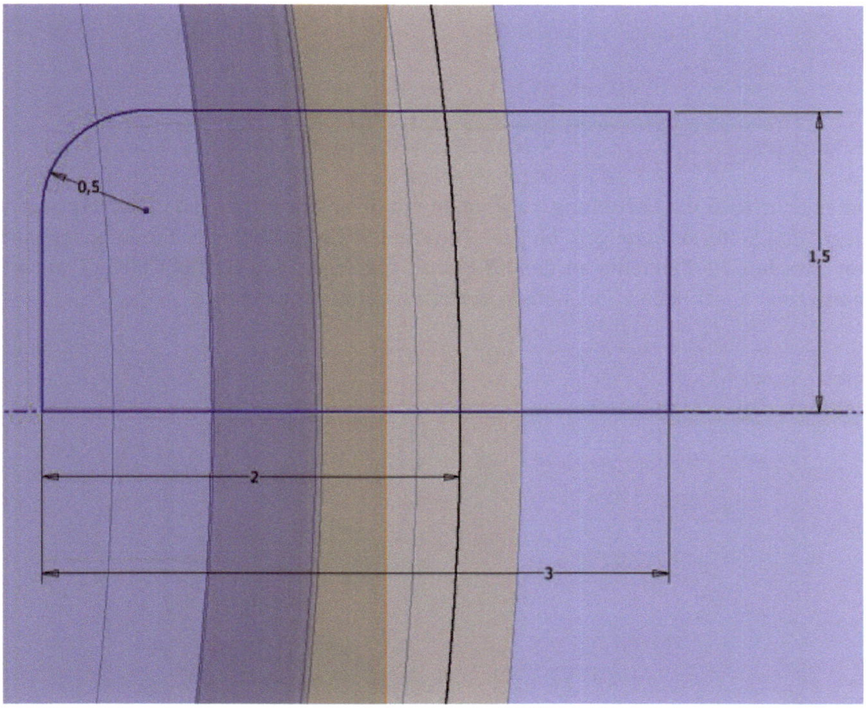

Eine **DREHUNG** der Rechteckfläche mit der Einstellung **Differenz** sowie die Hilfslinie als **Achse** erzeugt die gewünschte Vertiefung im Flaschenhals. Die Außenkante der entstandenen Vertiefung bekommt mit **ABRUNDEN** eine solche von **1 mm**.

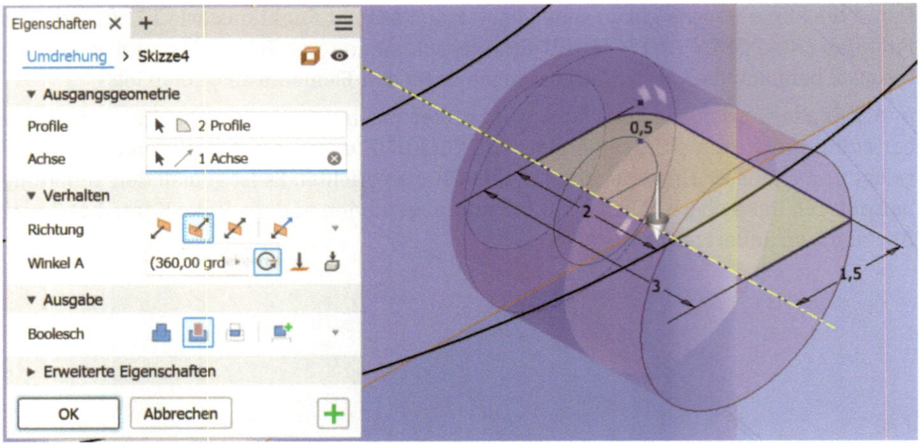

Spiegeln

Halbschnitt

Im letzten Schritt ist die Vertiefung, zusammen mit ihrer Abrundung auch auf der gegenüberliegenden Seite, zu erzeugen. Mit der Funktion **SPIEGELN** (in der Funktionsgruppe **Muster**) werden die Elemente an der **XY-Ebene** gespiegelt. Ein **HALBSCHNITT** an der **XZ-Ebene** zeigt anschließend die beiden Vertiefungen im Querschnitt.

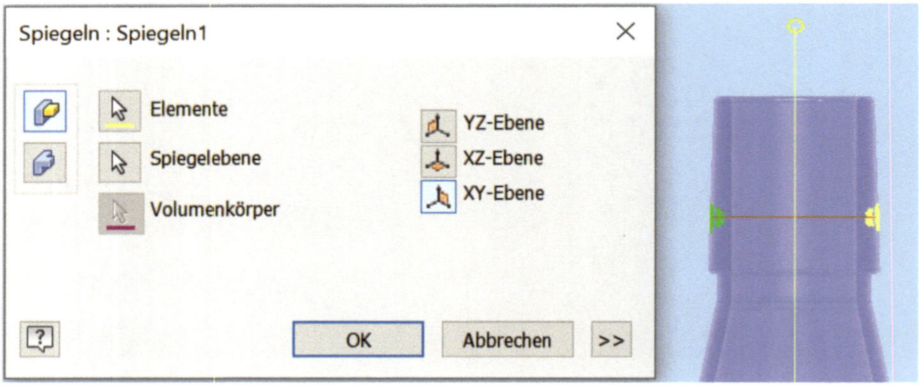

15.1.3 „Braunes Glas“ erzeugen

Inventor kennt als Material zwar normales und dunkel getöntes Glas, allerdings kein Braunglas. Über das Farbkreis-Icon **DARSTELLUNG** am oberen Bildschirmrand wird deshalb der Darstellungs-Browser aufgerufen, um das gewünschte Erscheinungsbild für den Flaschenkörper zu erzeugen.

*Klar - Blau

In der **Inventor-Materialbibliothek** wird hierfür der Werkstoff **Glas** ausgewählt. Die Darstellung **Klar – hell** wird mit einem Klick auf den Pfeil (mit Spitze nach oben) in die **Dokumentdarstellungen** kopiert. Über das Kontextmenü wird dieses Material in **Glas Braun** umbenannt und mit Klick auf das Bleistift-Symbol unterhalb im Editor geöffnet.

In den Grundeinstellungen kann im Funktionsbereich **Generisch** die Farbe mit **FARBE BEARBEITEN** geändert werden. Es wird ein brauner Farbton ausgewählt (**RGB 174 0 0**) und in den Einstellungen im Funktionsbereich Transparenz der **Betrag** auf **20%** gesetzt. So kann die Durchsichtigkeit zurückgenommen werden. Abschließend wird auf **ANWENDEN** geklickt, und die Fenster werden geschlossen.

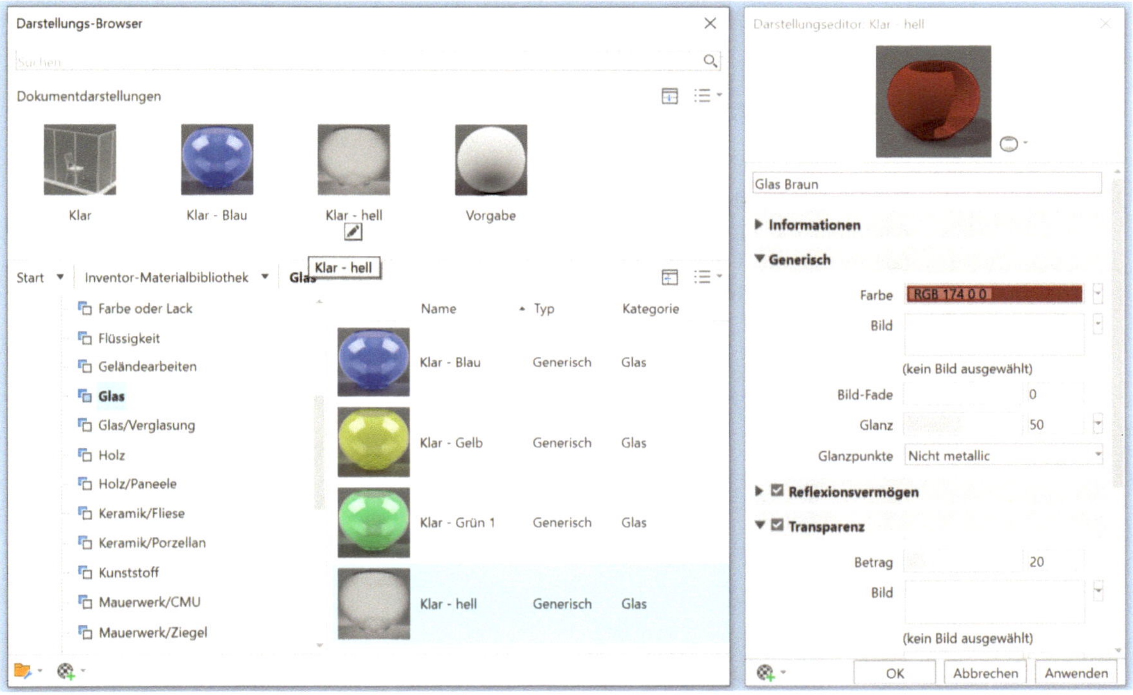

Im Drop-down Menü für die **Darstellungen** befindet sich nun die Darstellung **Glas Braun**, die der Flasche zugewiesen werden kann, wenn das ganze Bauteil selektiert ist. Der Zugriff auf die Darstellung wird hierbei vereinfacht, wenn unten der Filter **Favoriten** gesetzt wurde.

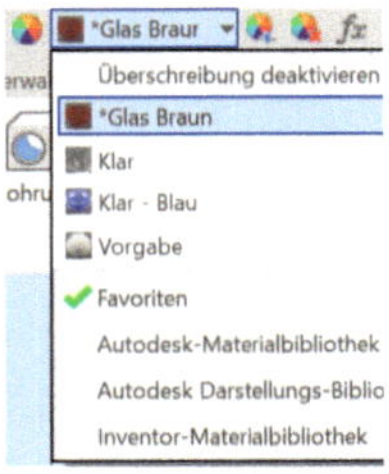

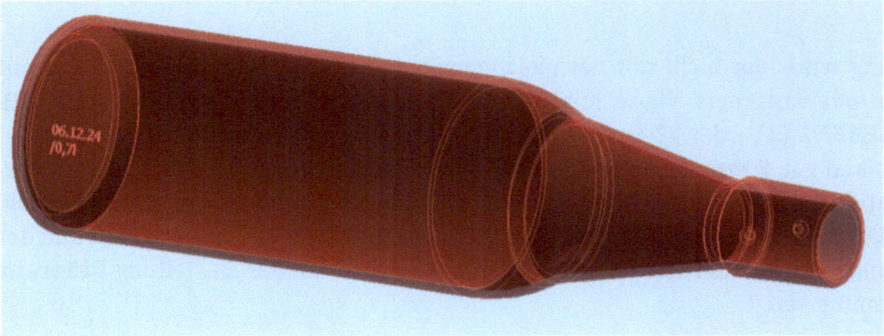

> **TIPP:** Damit die neu definierte Darstellung **Glas Braun** auch in anderen Dokumenten verwendet werden kann, ist der Darstellungs-Browser noch einmal zu öffnen und im Kontextmenü der Darstellung **HINZUFÜGEN ZU → INVENTOR-MATERIALBIBLIOTHEK → GLAS** auszuwählen.

15.2 Verschluss

Drehung

Der Körper für den Flaschenverschluss gehört ebenfalls zu den einfach zu erstellenden Bauteilen, der mit einer **2D-SKIZZE** des Halbprofils und einer nachfolgenden **DREHUNG** fast fertiggestellt werden kann. Die Kurven können am schnellsten mit **TANGENTIALBOGEN** erstellt werden, da dann die Abhängigkeit **Tangential** sofort vorhanden ist.

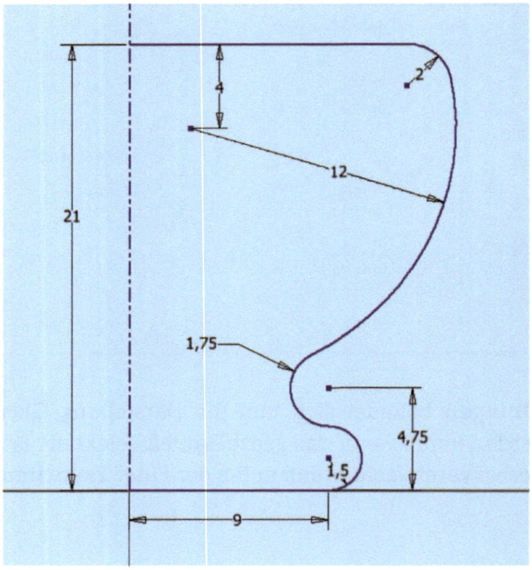

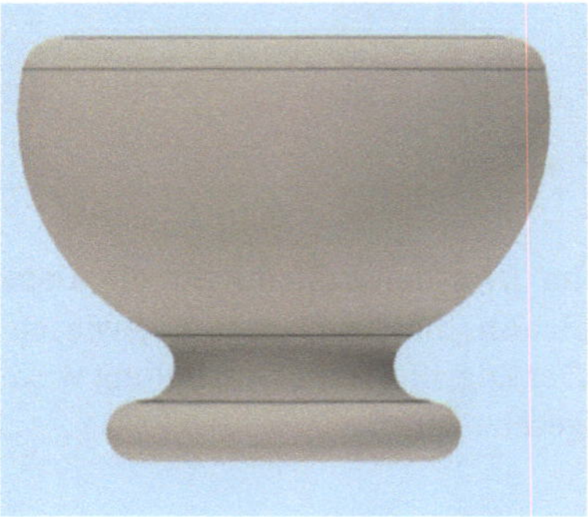

Die Bohrung wird hier nicht mit der gleichnamigen Funktion ausgeführt, sondern auf schnellere und einfachere Weise mit einer **SKIZZE**, die diesmal direkt auf einer **URSPRUNGSEBENE** (XY- oder YZ-Ebene) liegt. Mit einem Kreis von **3 mm** Durchmesser und einem Abstand von **7 mm** vom oberen Rand wird die Skizze erzeugt. Die Ansichtseinstellung **Drahtmodell** erleichtert dabei das Skizzieren (siehe nachstehende Abbildung). Die **EXTRUSION** der Bohrung erfolgt mit der **Richtung** und Wahl von **Symmetrisch** und der Abstandsangabe **Alle**. Im Funktionsbereich **Ausgabe** wird mit der Einstellung **Differenz** der Hohlraum erzeugt.

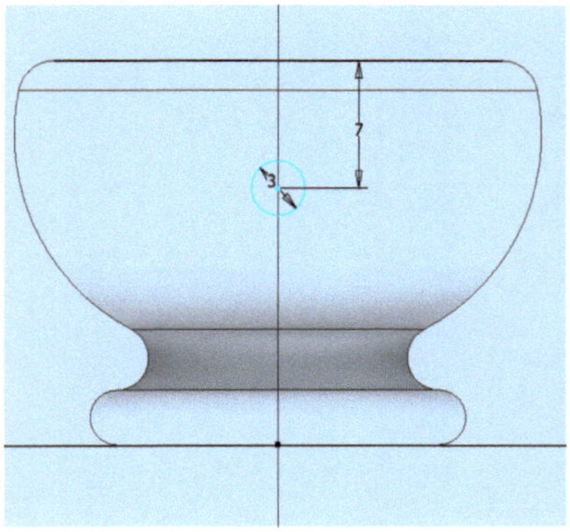

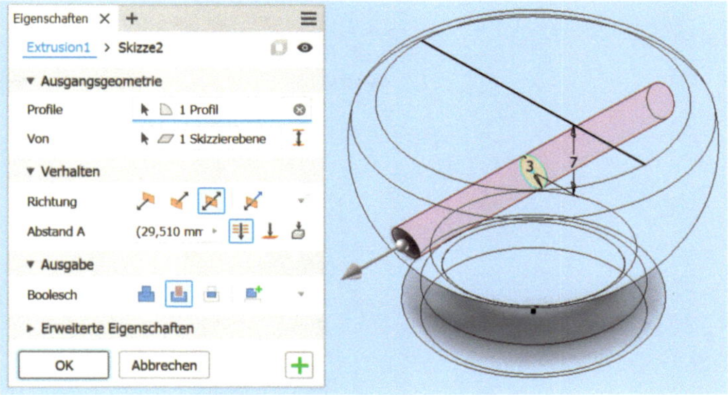

Im letzten Schritt ist beidseitig eine **FASE** vom **1 mm** an den Bohrungsrändern anzubringen. Für den Verschluss kann aus der Autodesk-Materialbibliothek das Material **Porzellan, Elfenbein** gewählt werden.

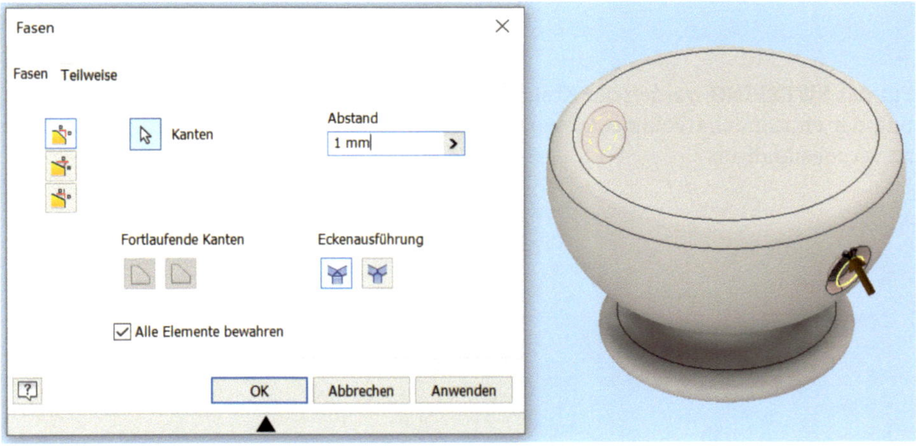

15.3 Drahtbügel für den Verschluss

Der Verschlussbügel soll durch Extrusion eines Profils entlang eines Pfades erstellt werden und erfordert somit zwei Skizzen, eine Profil- und eine Pfadskizze. Um einen hohen Realitätsbezug zu erhalten, wurden die Maße einem echten Bügel entnommen.

In der Pfadskizze wird nur der halbe Bügel gezeichnet, da die andere Hälfte nach der Pfadextrusion (**SWEEPING**) gespiegelt wird. Während sich die Pfadskizze auf der **XY-Ebene** befindet, wird die Profilskizze, ein **KREIS** mit dem Durchmesser **2 mm**, mit einer Skizze auf der **YZ-Ebene** erstellt.

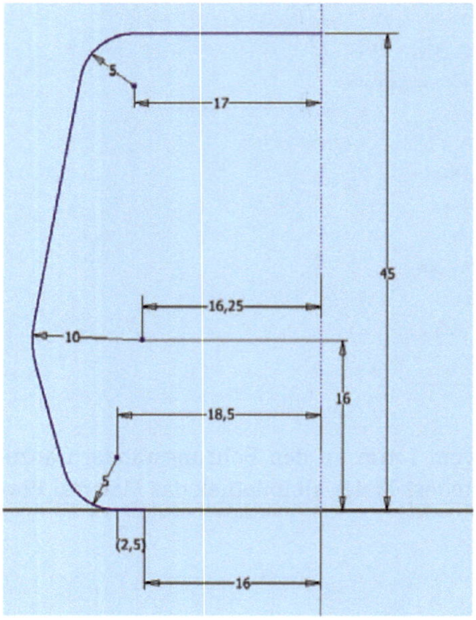

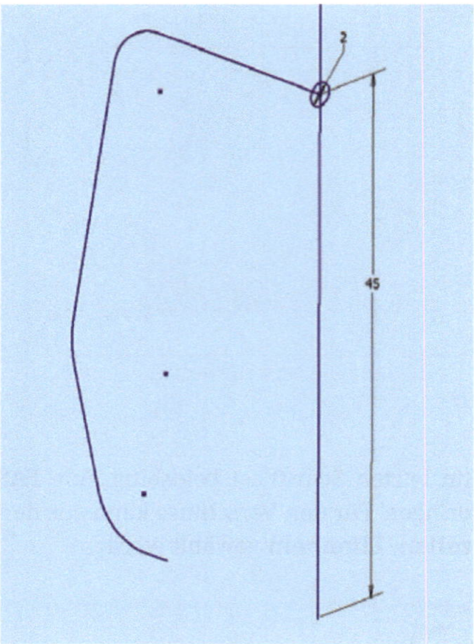

Spiegeln

Für das **SWEEPING** werden der Kreis als Profil und die erste Skizze als Pfad ausgewählt, und der entstandene Volumenkörper ist anschließend über **SPIEGELN** an der YZ-Ebene zu vervollständigen.

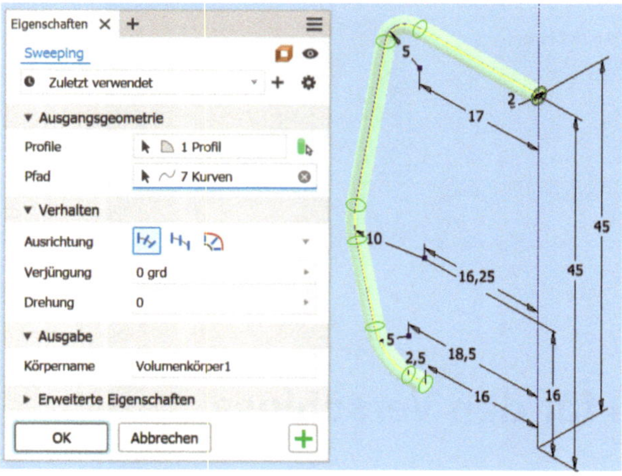

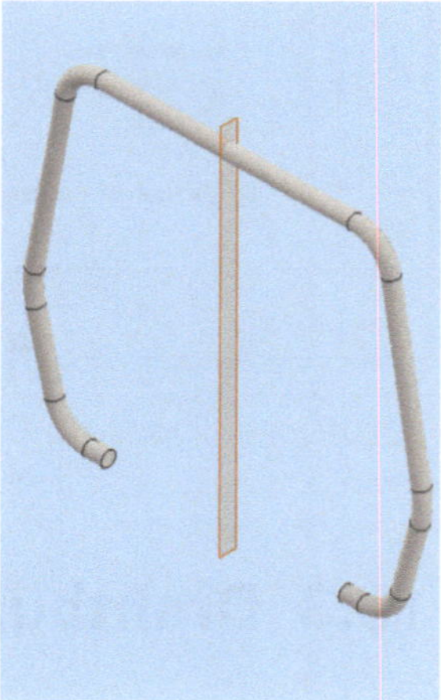

15.4 Drahtbügel für den Schließmechanismus

Das grundsätzliche Vorgehen, also die Konstruktion eines halben Bügels und seine Vervollständigung durch Spiegeln, soll auch hier angewendet werden. Allerdings setzt sich dieser Bügel aus mehreren Teilstücken zusammen.

15.4.1 Erstes Teilstück: Halterung am Flaschenkörper

Den Anfang bildet die Profilskizze **KREIS** mit einem Durchmesser von **2 mm** auf der **XY-Ebene** und der Pfadskizze auf der **YZ-Ebene**. Mit der Funktion **SWEEPING** wird hieraus das erste Teilstück des Bügels erstellt, in dem zunächst der Kreis als Profil und dann die Linie als Pfad angewählt werden.

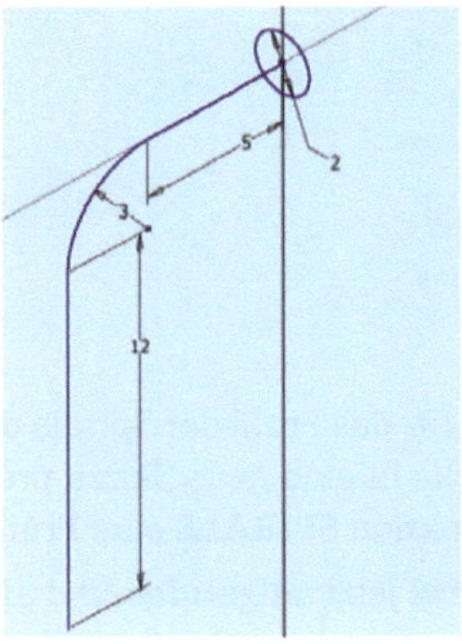

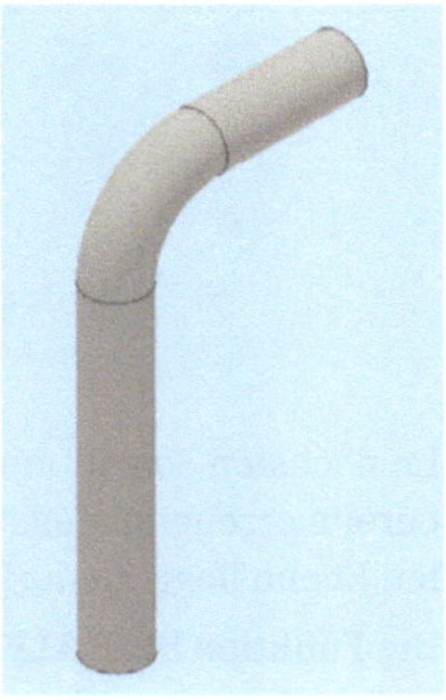

15.4.2 Zweites Teilstück: Spirale

Die Weiterführung der Drahtkonstruktion erfordert jetzt eine Spirale, die mit einer **3/4-Windung** um **3 mm** nach innen läuft. Neben den Profil-, Windungs- und Steigungsangaben erfordert eine Spirale auch eine Drehachse, die im Folgenden mithilfe von zwei ebenfalls zu erstellenden Arbeitsebenen definiert wird.

Die vertikale Ebene ist mithilfe der **YZ-Ebene** und **VERSATZ VON EBENE** von **3 mm** zu erzeugen. Die untere horizontale Ebene kann durch Auswahl der gesweepten Endfläche des Teilstücks bestimmt werden mit (mit **VERSATZ VON EBENE** von **0 mm**).

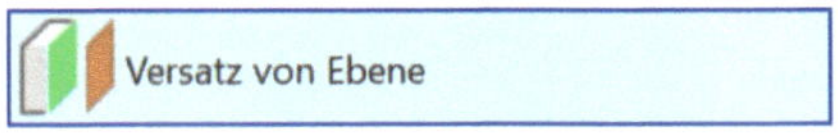

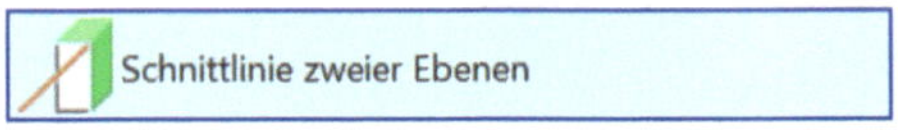

Die **Arbeitsachse** ergibt sich aus dem Schnitt der beiden Arbeitsebenen. Sie wird im Anschluss als Drehachse der Spirale genutzt.

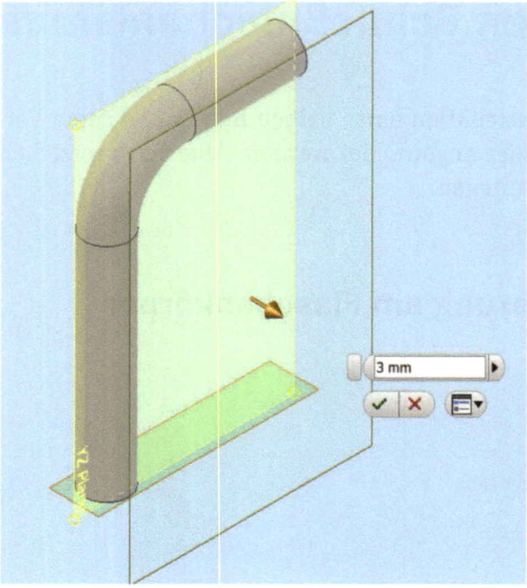

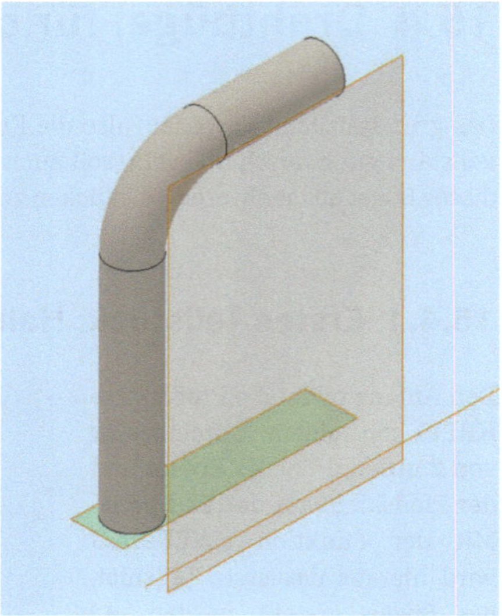

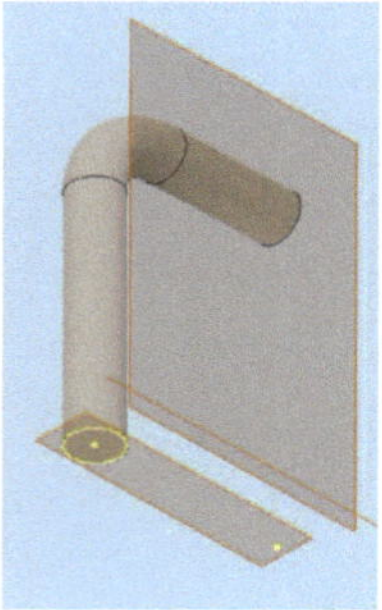

Im nächsten Schritt muss für das Profil der Spirale die Endfläche, also die Kreisfläche, des bereits erzeugten Teilstücks in eine neue Skizze projiziert werden, die auf der horizontalen Ebene liegt, da die Funktion **SPIRALE** eine Profilskizze benötigt.

Die Funktion **SPIRALE** wird jetzt aufgerufen und als Profil kann die projizierte Kreisgeometrie der neuen Skizze verwendet werden, als Achse die zuvor definierte Arbeitsachse. Die Drehung muss gegebenenfalls angepasst werden.

Spirale

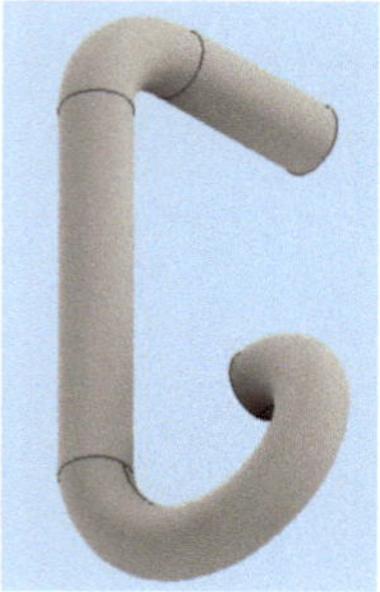

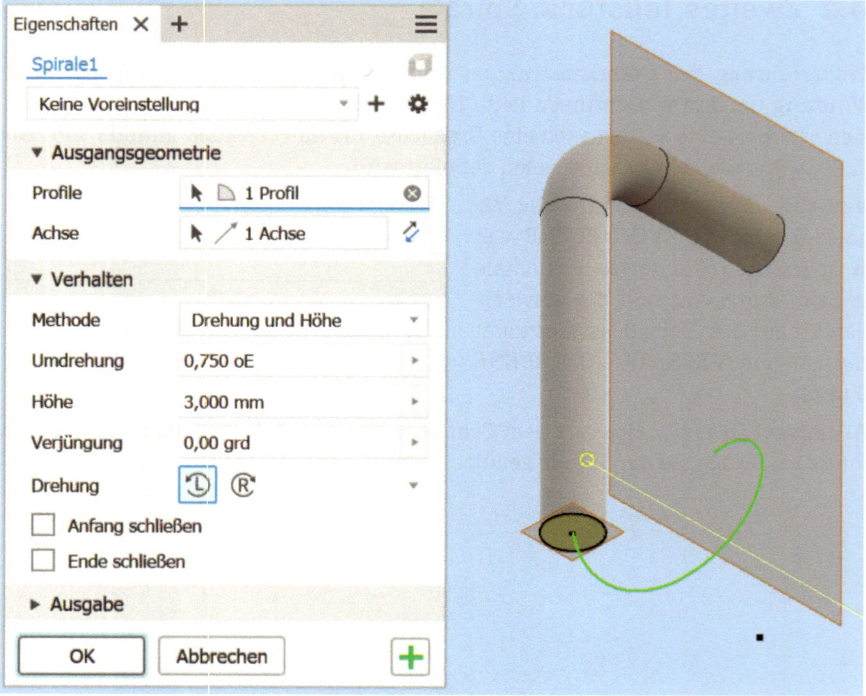

Im Funktionsbereich **Verhalten** des Dialogfelds ist als Methode **Drehung und Höhe**, als **Umdrehung 0,75 oE** und als Höhe **3 mm** einzustellen. Zuletzt können Arbeitsachse und Ebenen je nach Bedarf über das Kontextmenü im Strukturbaum ausgeblendet werden.

15.4.3 Drittes Teilstück: Betätigungsbügel

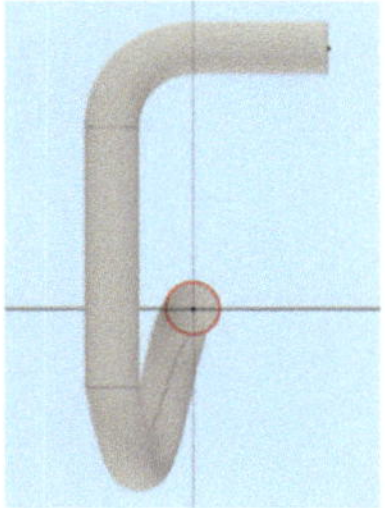

Auch das dritte Teilstück wird über **SWEEPING** erzeugt und erfordert wieder Profil- und Pfadskizze. Für die Profilskizze wird die Endfläche der Spirale verwendet. Auf der Fläche wird eine neue Skizze erzeugt und mit der Funktion **GEOMETRIE PROJIZIEREN** die Kreisfläche übernommen.

Für die Pfadskizze muss zunächst eine weitere Ebene erzeugt werden, die durch den Mittelpunkt des Kreises, d.h. die Stirnfläche des Spiralendes, verläuft. Die Ebene liegt parallel zur **XZ-Ebene**. Mit **PARALLEL ZUR EBENE DURCH PUNKT** wird die Arbeitsebene erzeugt. Hierzu sind die **XZ-Ebene** und der **Kreismittelpunkt** zu selektieren, der durch die Profilskizze sichtbar wurde. Durch eine Drehung des Bauteils in die Position der Abbildung rechts wird verhindert, dass die Skizze auf der Ebene vom Bauteil überdeckt wird.

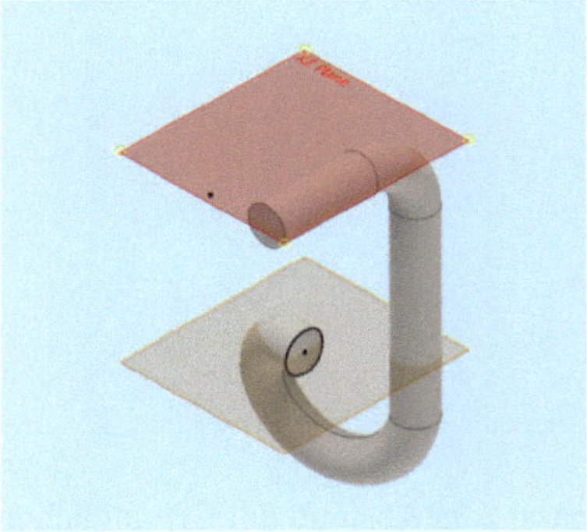

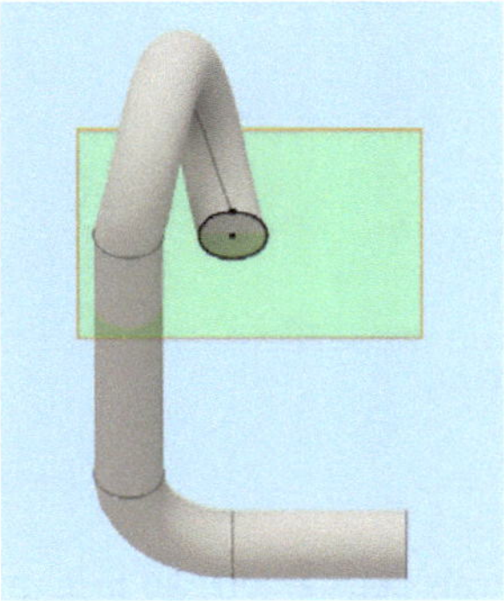

Auf der erzeugten Ebene wird eine neue Skizze für das Profil angelegt. Das Profil besteht aus einer **3-mm-Linie**, die genau im Mittelpunkt des Profilkreises beginnt, und einen **Bogen** mit **18 mm** Radius (**Bogen Tangente**) aufweist. Der genauso bemaßte Abstand zwischen Bogenendpunkt und Linie definiert einen Viertelkreis.

Durch **SWEEPING** mit Profil (Kreis) und Pfad wird nun der Volumenkörper erstellt. Es entsteht der halbe Bügel. Dieser kann durch **SPIEGELN** vervollständigt werden. Auch wenn als Spiegelebene direkt die Stirnfläche genutzt werden kann, sollte zunächst auf der Stirnfläche eine Arbeitsebene erzeugt werden, da sie für das spätere Positionieren des Bauteils hilfreich ist. Als Spiegelelemente sind die drei Teilstücke und als Spiegelebene die Arbeitsebene zu wählen.

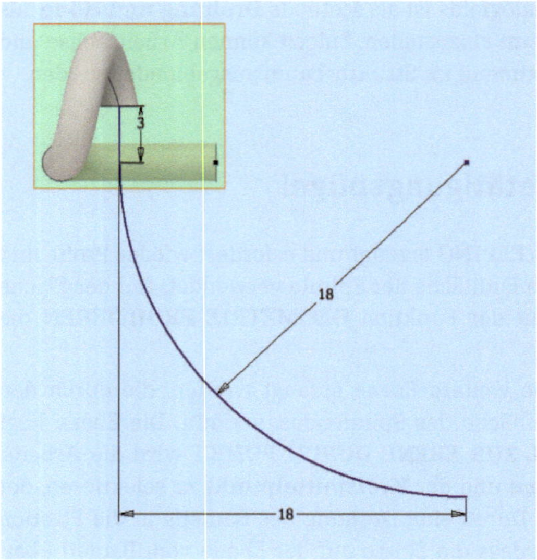

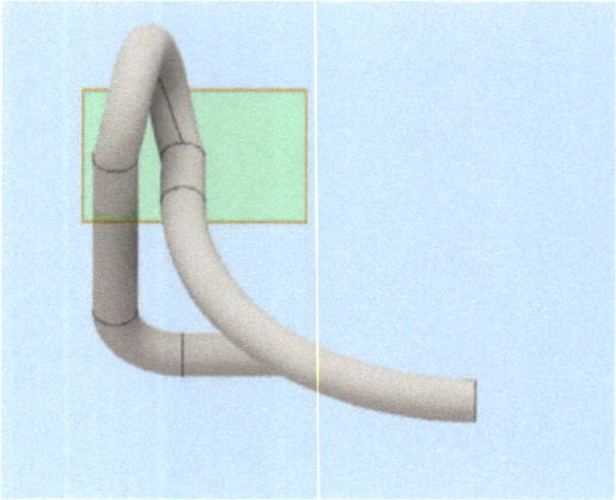

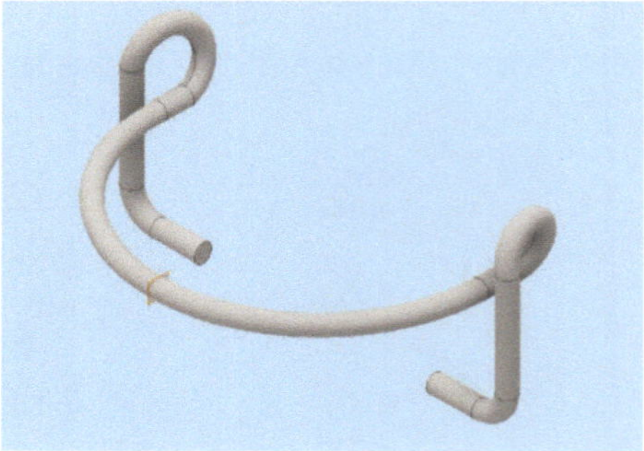

Die Innenweite des Bügels beträgt jetzt **26 mm** und passt zum Abstand der Grundflächen der Vertiefungen am Flaschenhals, die mit **25,38 mm** gemessen werden können.

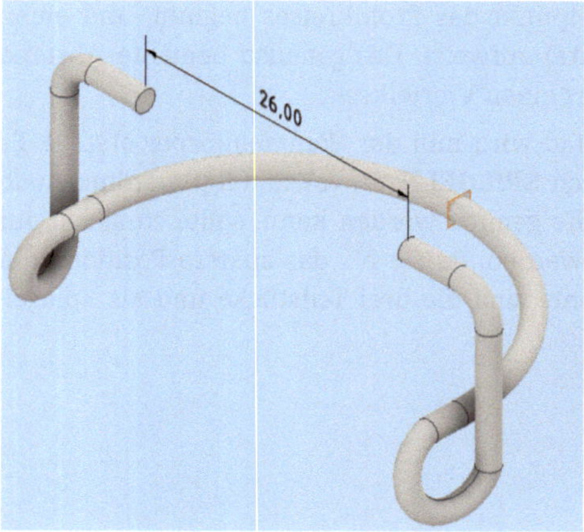

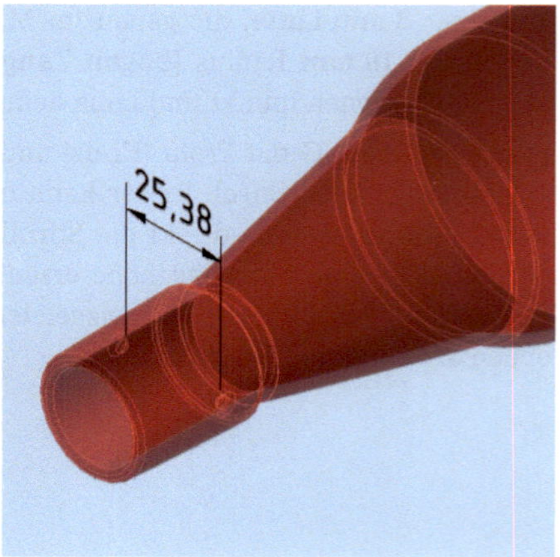

15.5 Gummidichtung

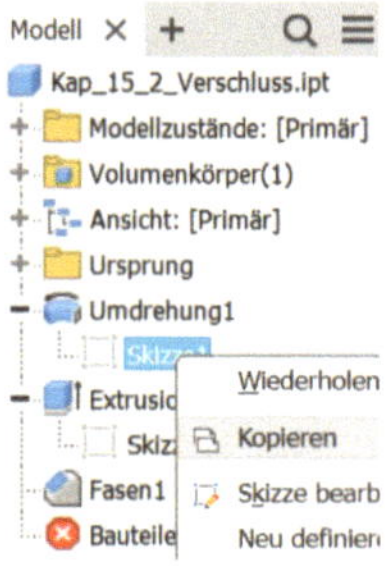

Die Gummidichtung lässt sich am einfachsten mithilfe der kopierten Skizze des Verschlusses herstellen. Öffnet man das Bauteil „Verschluss" und wählt im Strukturbaum die erste Skizze mit dem Profil des Verschlusses aus, so kann über das Kontextmenü die Funktion **KOPIEREN** aufgerufen werden.

Im nächsten Schritt wird eine neue Bauteil-Datei geöffnet und als *Kap_15_5_Gummidichtung.ipt* abgespeichert. Wird nun in dieser Datei eine neue Skizze auf der **XY-Ebene** erzeugt und das Verschluss-Profil per **EINFÜGEN** über das Kontextmenü in diese eingefügt, werden alle anderen Maße und Abhängigkeiten übernommen. Um die Skizze vollständig zu bestimmen, muss nur noch der Eckpunkt der Kontur mit **Koinzident** zum Skizzenursprung abhängig gesetzt werden.

Mit Bezug auf das Verschluss-Profil kann nun das Profil der Dichtung erstellt werden. Das zu zeichnende schräg liegende Rechteck wird mit **RECHTECK DREI PUNKTE** und der Länge von **8 mm** erzeugt und liegt mit zwei Eckpunkten **Koinzident** und einer Kante **Tangential** am Profil des Verschlusses an. (Um die Abhängigkeiten korrekt auszuführen, sollten sich die Eckpunkte des Rechtecks bereits in der Nähe der Bogenkurve befinden.) Zusätzlich wird der Winkel zwischen einer der langen Kanten und einer horizontalen Linie mit **45°** bemaßt, sodass die Dichtung später passend an der Flaschenöffnung anliegen kann.

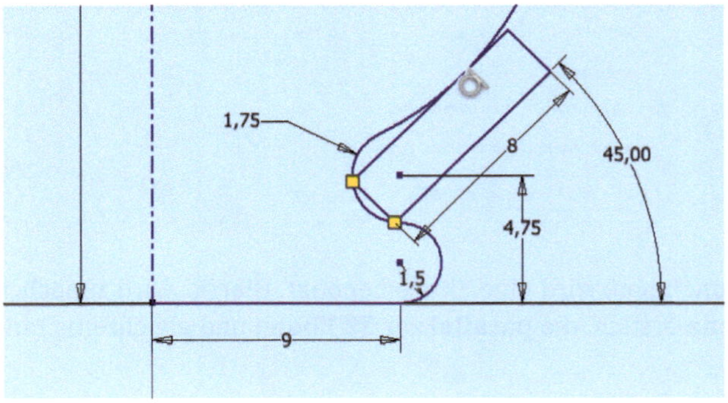

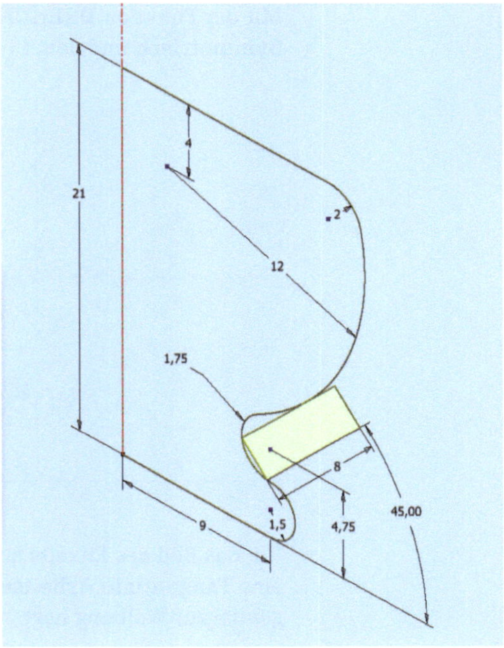

Die Funktion **DREHUNG** stellt die Dichtung fertig. Als Drehachse wird die aus dem Verschlussprofil übernommene Achse ausgewählt. Der Dichtung werden anschließend das **Material Gummi** und die **Darstellung Rot** zugeordnet.

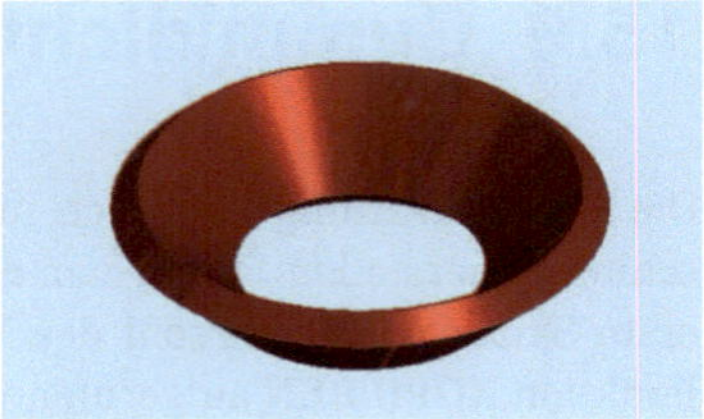

15.6 Etikett

Das Aufbringen bzw. die Erstellung von Etiketten ist nicht kompliziert und wurde bereits in Abschnitt 5.4.8 ausführlich vorgestellt. Zunächst wird ein schalenförmiger Grundkörper mit einem Innendurchmesser erzeugt, der dem Außendurchmesser der Flasche entspricht. Die Höhe des Körpers entspricht der Höhe des Etiketts. Anschließend wird mit der Funktion **AUFKLEBER** ein Bild des Etiketts auf diesen Grundkörper aufgebracht.

Auf der **XY-Ebene** wird eine Skizze mit einem vertikalen dünnen **RECHTECK** erstellt, das **90 mm** hoch (Etikettenhöhe) und **0,2 mm** breit ist. Anschließend wird eine vertikale Mittellinie durch den Skizzenursprung gelegt. Der innere, über die Mittellinie bemaßte Durchmesser beträgt **65 mm**. Er entspricht also dem Außendurchmesser der Flasche.

Mit der Funktion **DREHUNG** wird aus dem Rechteck-Profil mit der gewählten Richtung **Symmetrisch** und dem Drehwinkel **130°** der Grundkörper für den Aufkleber.

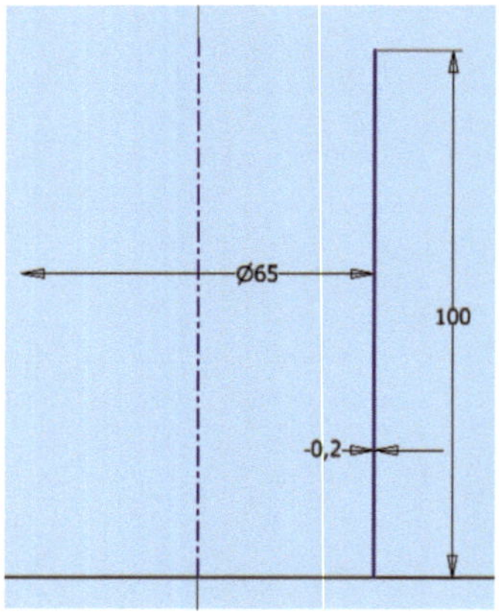

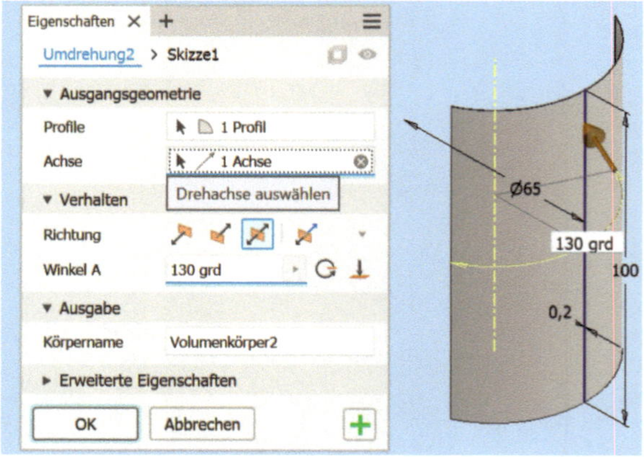

Um das Bild des Etiketts aufzunehmen, wird eine Skizze benötigt. Hierfür wird zunächst eine **Tangentiale Arbeitsebene** erstellt, die **parallel** zur **YZ-Ebene** und gleichzeitig tangential zur Wölbung liegt.

Bild

Auf dieser Ebene liegt eine **2D-Skizze**, die über die Funktion **BILD** das Etikett aufnimmt. Die Größe des Bildes ist so anzupassen, dass das Etikett vertikal mittig ausgerichtet ist und an allen vier Seiten möglichst kein Rand bleibt. Hierfür wurde die Mitte der unteren Bildkante in den Skizzenursprung gelegt.

Nach dem Beenden der Skizze wird das Bild mit der Funktion **AUFKLEBER** auf den Grundkörper aufgebracht, indem die Skizze mit Bild und als Fläche die Mantelfläche ausgewählt werden. Die nicht mehr benötigte Arbeitsebene kann abschließend ausgeblendet werden.

Aufkleber

15.7 Zusammenbau

Nach dem Erzeugen aller Bauteile werden diese in einer Baugruppen-Datei platziert und zusammengefügt. Hierfür werden wieder die Funktionen aus der Befehlsgruppe **Beziehungen** verwendet, die ausführlich in Kapitel 6 beschrieben wurden.

Verschluss und Gummidichtung sind mit **PASSEND** über ihre Mittellinien koaxial zueinander auszurichten. Im Anschluss ist die Gummidichtung mit der **Tangential**-Abhängigkeit zum Verschluss zu positionieren. Der obere Bügel ist über seine Drahtmitte im Anschluss koaxial zur Bohrung im Verschluss auszurichten. Verschluss und oberer Bügel können über ihre Ursprungsebenen mittig zueinander ausgerichtet werden.

Um den oberen Bügel zum unteren Bügel zu positionieren, kann die Arbeitsachse, die für die Spirale genutzt wurde, eingeblendet werden. Diese kann koaxial zu den offenen zylindrischen Enden (Drahtmitte) des oberen Bügels gesetzt werden. Um den unteren und oberen Bügel mittig zueinander zu positionieren, sind die Ebenen, die zum Spiegeln genutzt wurden, zueinander **PASSEND** auszurichten.

Im Anschluss wird der untere Bügel mit seinen offenen Enden über die Drahtmitte koaxial zu den Einkerbungen der Flasche gesetzt und über Spiegel- und Ursprungsebenen sind die Bauteile mittig auszurichten. Um Freiheitsgrade zu prüfen, kann die Flasche über ihr Kontextmenü im Strukturbaum **fixiert** werden. Die Verschluss-Bauteile lassen sich so um ihre Achsen bewegen, während die Flasche in ihrer Position verbleibt.

Das Etikett liegt koaxial zur Flaschenachse und kann über seine Ursprungsebenen zu den Ursprungsebenen der Flasche positioniert werden. Abschließend kann der Verschluss koaxial zur Flasche gesetzt werden. Wurde alles korrekt positioniert, hebt sich der Verschluss, wenn man den unteren Bügel bewegt, nach oben.

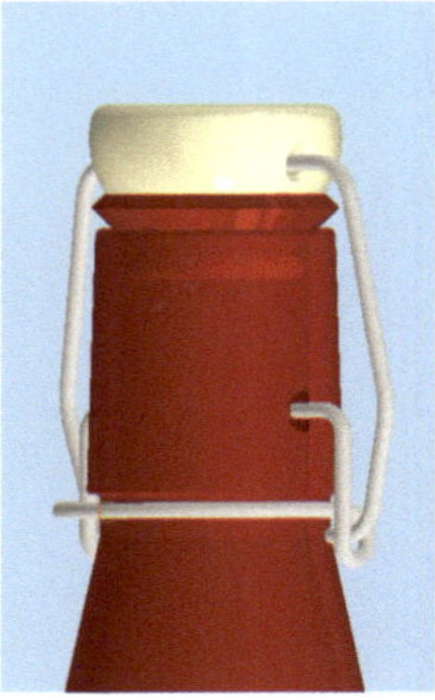

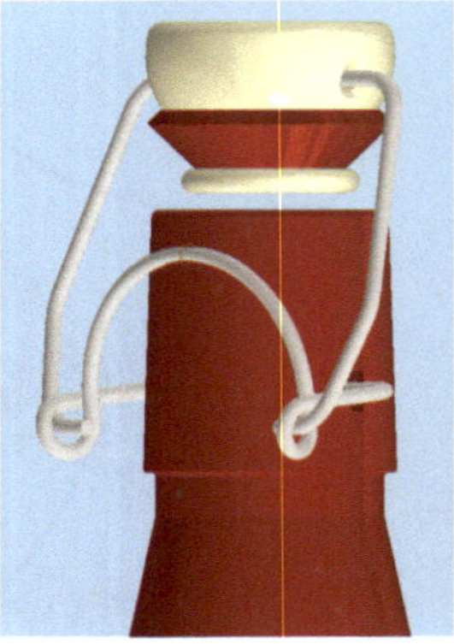

Abgebildet ist zum einen die fertige Inventor-Baugruppe, zum anderen ein Renderbild, das mit Inventor Studio (siehe auch Abschnitt 8.5; verwendete Einstellung: **Entwurf**) erzeugt wurde. Für die Ausgabequalität wurde die Glas-Transparenz (Abschnitt 15.1.3) von **20%** auf **80%** gesetzt. Zusätzlich wurde für die Drahtbügel die Darstellung **Aluminium Poliert** ausgewählt.

16 Anhang

16.1 3D-CAD-Begriffe

Im Folgenden sind die wichtigsten Begriffe aus der 3D-CAD-Welt, die in der Fachliteratur immer wieder genannt werden und die vereinzelt auch in diesem Buch vorkommen, aufgeführt. Dies soll zu einem besseren Verständnis bezüglich der Arbeitsweise eines CAD-Programms führen und manches Problem im Umgang mit dem Programm verständlicher machen.

16.1.1 3D-Kernel

Ein 3D-CAD-Programmpaket besteht aus mehreren Komponenten. Im Innersten wirkt der eigentliche 3D-Modellierer, mit dem die Konstruktionsbefehle in 3D-Modellgeometrien umgesetzt werden. In Inventor ist der Modellierer ein von Autodesk weiterentwickelter ACIS-Kernel, der Shapemanager. ACIS[1] ist ein leistungsfähiger Modellierkern (Programmbibliothek, die CAD-Modellierfunktionalität zur Verfügung stellt), der bei vielen CAD-Programmen eingesetzt wird. Mit ACIS können Draht-, Flächen- und Volumenmodelle erzeugt, verwaltet und manipuliert werden.

Der auf der ACIS-Version 7 basierende Shapemanager wurde ab 2003 von Autodesk zu einem eigenen 3D-Kernel weiterentwickelt und ist seitdem in den Inventor-Versionen integriert.

---

1) ACIS ist ein Kunstwort. Die Buchstaben stehen für die Initialen der Vornamen der Entwickler Alan, Charles und Ian. Der letzte Buchstabe steht für die Firma Spatial Technology Inc. (STI), die diesen Programmteil vertreibt (*http://www.spatial.com/products/acis.html*).
Ebenfalls von Spatial begründet wurde das zum ACIS-Kern passende Dateiformat **.sat*, mit dem 3D-Daten gespeichert und zwischen Systemen ausgetauscht werden können.

16.1.2 3D-Datenmodelle

Aufgabe von Datenmodellen ist, die formale Beschreibung aller in einer Datenbasis enthaltenen Daten zu speichern. Darüber hinaus muss gesichert sein, dass diese Informationen auch gezielt abgerufen und geändert werden können.

Im Bereich der 3D-Modellierung können unterschiedliche Modelle eingesetzt werden. Die am häufigsten eingesetzten Volumenmodelltypen sind:

- **CSG** (Constructive Solid Geometry): CSG repräsentiert einen Modellbaum, d. h. eine strukturierte Auflistung von Volumenelementen und ihren booleschen Verknüpfungen (Vereinigung, Differenz und Schnittmenge).
- **B-Rep** (Boundary Representation): Die B-Rep-Methode baut ein 3D-Modell aus seinen Flächenbestandteilen auf. Flächenbestandteile sind Flächen, Kanten und Punkte. Jede Fläche wird durch Kanten und jede Kante durch Punkte gebildet. Insofern können über die Definitionen Punkt (X, Y, Z) → Kante → Fläche → Körper beliebige 3D-Modelle dargestellt werden.

Moderne CAD-Systeme, wie auch Inventor, benutzen nicht nur eine dieser Methoden, sondern speichern die 3D-Modelle als hybride Datenmodelle. Hybride Datenmodelle beschreiben die jeweilige 3D-Form in der für sie günstigsten oder in der durch die Erzeugung vorbestimmten Variante.

Import, Export und die Weiterverarbeitung von CAD-Dateien hängen sowohl vom Typ der Modelldatei als auch vom 3D-Modellierkernel des jeweiligen Systems ab, was den Datenaustausch zwischen Systemen erschwert. Die von Inventor angebotenen Möglichkeiten sind in Kapitel 9 zusammengefasst.

16.1.3 Geometrieelemente

CAD-Programme arbeiten mit verschiedenen Geometrieelementen, um damit 3D-Modelle darstellen bzw. erzeugen zu können. Im Wesentlichen kann zwischen folgenden Geometrieelementen unterschieden werden:

- Analytisch definierbare Geometrieelemente, wie Linie, Bogen, Kreis, Parabel, Ellipse usw., und alle Kurven, die mithilfe von analytischen Funktionen beschrieben werden können.
- Parametrisch definierbare Geometrieelemente, wie Freiformgeometrien (Kurven, Flächen, Körper), Splines, Bézier-Kurven, Basis-Splines und NURBS (Non Uniform Rational Basis Spline). Diese Kurvenformen werden durch die Definition von Kontrollpunkten und einen Kurvenverlauf, der mithilfe der Kontrollpunkte interpoliert wird, bestimmt. Die Standard-Freiformkurve in Inventor ist NURBS, wobei jeder einzelne Kontrollpunkt einen bestimmten Kurvenabschnitt formt und über seine Gewichtung einen stärkeren oder schwächeren Einfluss auf diese Kurvenform in diesem Abschnitt nehmen kann.

16.1.4 Kurvenübergänge, Stetigkeiten

Die geometrische Stetigkeit wird als Begriff überall dort verwendet, wo zwei geometrische Elemente zusammentreffen und ein harmonischer Übergang von einem zum anderen Element hergestellt werden soll. In Inventor werden drei definierte geometrische Stetigkeiten unterschieden, die mit G0, G1 und G2 bezeichnet werden.

- **G0 = Stetigkeit der Lage**

  Die Stetigkeit der Lage (G0) bedingt lediglich, dass der Anfangspunkt eines Elements und der Endpunkt eines anderen dieselben X-, Y- und Z-Koordinaten haben. Die Richtungen können jedoch unterschiedlich sein (Ecken).

- **G1 = Stetigkeit der Tangenten**

  Die Stetigkeit der Tangenten (G1) bedingt, dass die Stetigkeit G0 vorliegt und dass die beiden Tangenten, die an den Endpunkten der Elemente zusammentreffen, richtungsgleich sind.

- **G2 = Stetigkeit der Krümmungen**

  Die Stetigkeit der Krümmungen (G2) bedingt, dass die Stetigkeit G1 vorliegt und dass die beiden Krümmungsradien an den Endpunkten der Elemente, die zusammentreffen, gleich groß sind.

16.2 Inventor-Module

Module sind Inventor-Erweiterungen, die zum Teil fest in das Grundprogramm eingegliedert, zum Teil aber auch in den unterschiedlichen Inventor Versionen branchenspezifisch zugeordnet sind. Ausnahme bildet die Version Inventor Professional, in der alle Module integriert sind. Zusätzlich zu den klassischen CAD-Funktionen zur Erzeugung von 3D-Volumenmodellen werden zunehmend Berechnungs- und Engineering-Funktionen als Erweiterungsmodule für Inventor angeboten.

Für die in Kapitel 13 vorgestellten Arbeitsbereiche, die mit eigenen Funktionen und Befehlen ausgestattet sind und die zum Teil separate Arbeitsumgebungen anbieten, erlaubt Inventor auch die Verwaltung über den Befehl **ZUSATZMODULE** unter den Registerkarten **UMGEBUNGEN** oder **EXTRAS**.

Darüber hinaus hat Autodesk einen App-Store aufgesetzt, in dem kleine Zusatzprogramme, sowohl von Autodesk, als auch von Drittanbietern angeboten werden. Der Zugang findet sich unter dem Befehl **AUTODESK APP MANAGER** in der Registerkarte **EXTRAS**, sowie über das Einkaufswagen-Icon in der obersten Menüleiste im linken Bereich. Hiermit wird auf die App Store Webseite verlinkt *https://apps.autodesk.com/INVPROSA/de/Home/Index?from=inproduct*.

Speziell für die Einbettung von Inventor in Unternehmensprozesse stellen die beiden nachfolgend aufgeführten Lösungen wichtige Erweiterungsmodule dar.

- **Autodesk Vault**: Eine von Autodesk angebotene PDM-Lösung zur Modell-, Dokumenten- und Versionsverwaltung, welche sich vollständig in Inventor integriert.
- **Inventor CAM** (früher Inventor HSM): Eine CAD/CAM Erweiterung, die Inventor Bauteile für die Maschinelle Fertigung vorbereitet und sich ebenfalls nahtlos in die Anwenderoberfläche integriert.

16.3 Tastaturkurzbefehle/Hotkeys (Auszug)

In Inventor lassen sich fast alle Befehle auch über Tastaturkürzel (sogenannte Shortcuts) aufrufen. Neben den aufgeführten Funktionen werden unter *https://www.autodesk.com/shortcuts/inventor* weitere Möglichkeiten aufgelistet.

16.3.1 Funktionstasten

F1	Die Inventor-Hilfe wird über den eingestellten Browser aufgerufen.
F2	Bei gedrückter Funktionstaste können die mit der Maus gewählten Objekte verschoben werden.
F3	Bei gedrückter Funktionstaste können die mit der Maus gewählten Objekte gezoomt werden.
F4	Bei gedrückter Funktionstaste können die mit der Maus gewählten Objekte gedreht werden.
F5	Geht zur vorherigen Ansicht.
F6	Geht zur Ausgangsansicht.
F7	Schneidet Grafiken auf. In der Skizzierumgebung wird die Anzeige der Geometrie, die vor der Skizzierebene liegt, unterdrückt.
F8	In der Skizzierumgebung werden alle gesetzten Bedingungen angezeigt.
F9	In der Skizzierumgebung werden alle gesetzten Bedingungen ausgeblendet.
F10	Tastaturkurzbefehle werden über den jeweils in der aktiven Umgebung dargestellten Befehlen angezeigt.

16.3.2 Werkzeuge

ESC	Abbruch
ALT + F8	Dialog für das Starten von Makros aufrufen.
ALT + F11	Visual Basic Editor aufrufen.

16.3.3 Allgemein

CTRL + A **ALLES SELEKTIEREN**	Auf dem Bildschirm dargestellten Objekte werden selektiert.
CTRL + C **KOPIEREN**	Selektierte Objekte werden in die Zwischenablage kopiert.
CTRL + F **SUCHEN**	Oberhalb des Strukturbaums erscheint ein **Suchfeld**, in dem Suchbegriffe eingegeben werden können. **Bauteilumgebung:** Der gesamte Strukturbaum wird durchsucht und die Ergebnisse werden kenntlich gemacht. **Baugruppenumgebung:** Neben dem Suchfeld werden **Schaltflächen** für **veraltete bzw. nicht aufgelöste Dateien** herausgefiltert angezeigt. Gesucht wird nur nach Einträgen, die im direkten Kontext mit der Baugruppe stehen.
CTRL + N **DATEI NEU**	Der Dialog für **NEUE DATEI ANLEGEN** wird gestartet.
CTRL + O **DATEI ÖFFNEN**	Der Datei-Explorer zum Auswählen einer neuen Inventor-Datei wird geöffnet.
CTRL + P **DRUCKEN**	Der Windows Drucken-Dialog wird geöffnet.
CTRL + S **SICHERN**	Die aktive Datei wird gesichert.
CTRL + V **EINFÜGEN**	Aus der Zwischenablage werden Objekte in das aktive Grafikfenster eingefügt.
CTRL + X **AUSSCHNEIDEN**	Die im Strukturbaum oder im Grafikfenster selektierten Objekte werden ausgeschnitten und in die Zwischenablage gestellt.
CTRL + Y **WIEDERHERSTELLEN**	Der letzte Befehl **RÜCKGÄNGIG** wird wieder aufgehoben.
CTRL + Z **RÜCKGÄNGIG**	Der letzte Befehl wird zurückgenommen.
DELETE **LÖSCHEN**	Selektierte Objekte werden gelöscht.
QUIT **BEENDEN**	Inventor wird beendet.

TEIL III

16.3.4 Bauteilumgebung

CTRL + SHIFT + K **FASEN**	Die Funktion **FASEN** wird aufgerufen.
CTRL + SHIFT + L **ERHEBUNG**	Erstellt eine Übergangsform zwischen einer Skizze oder mehreren Skizzen.
CTRL + SHIFT + M **MIRROR**	Die Funktion **SPIEGELN** wird aufgerufen.

16.3.5 Baugruppenumgebung

CTRL + H **REPLACE**	Ein ausgewähltes Objekt (Bauteil) wird durch ein anderes ersetzt. Hierbei wird der Datei-Explorer zum Auswählen einer neuen Inventor-Datei geöffnet.
ALT + T	Ausgewählte Objekte im Strukturbaum oder im Grafikfenster werden auf transparent gestellt.
ALT + V	Ausgewählte Objekte im Strukturbaum oder im Grafikfenster werden ausgeblendet bzw. wieder eingeblendet.
ALT + Bereich mit der Maus auswählen	Gesetzte iMates an den im selektierten Bereich befindlichen Objekten werden angezeigt.
CTRL + SHIFT + E	Die vorhandenen Freiheitsgrade werden angezeigt.

16.3.6 Zeichnungsumgebung

CTRL + SHIFT + N	Das Dialogfenster zum Öffnen eines neuen Blatts wird aufgerufen.
CTRL + SHIFT + T	Der Mauszeiger erlaubt das Anbringen eines Führungslinientextes.
ALT + C	Eine neue Zeichnungsansicht wird erzeugt.

Index

C

D

E

F

Q

R

S

T

U

V